绿色建材

同继锋　马眷荣　主编

化学工业出版社

·北京·

《绿色建材》系统介绍了绿色建筑的发展及对建筑材料的要求、绿色建材的研究和评价技术、绿色建材评价标识、绿色建筑部品及其评价和室内空气质量的检测与评价；详细论述了水泥、混凝土及制品、建筑玻璃、建筑卫生陶瓷、建筑石材制品、建筑用金属材料、建筑用木材制品、化学建材产品、建筑墙体材料及制品、建筑门窗、建筑屋面、建筑楼板等建筑材料及产品的绿色化制造技术和绿色化评价指标；系统介绍了水泥生产协同处置废弃物、建筑海砂的应用技术、建筑垃圾的绿色化利用，以及绿色建材产品的应用技术。融科学性、技术性和实用性于一体。

本书适于从事建材及建筑领域教学、科研、生产、设计及管理等各类人员阅读和参考。

图书在版编目（CIP）数据

绿色建材/同继锋，马眷荣主编. —北京：化学工业出版社，2015.8

ISBN 978-7-122-24425-3

Ⅰ.①绿…　Ⅱ.①同…②马…　Ⅲ.①建筑材料-无污染技术　Ⅳ.①TU5

中国版本图书馆CIP数据核字（2015）第140639号

责任编辑：窦　臻　　　　　　　　　　　文字编辑：向　东
责任校对：王　静　　　　　　　　　　　装帧设计：尹琳琳

出版发行：化学工业出版社（北京市东城区青年湖南街13号　邮政编码100011）
印　　装：北京科印技术咨询服务有限公司数码印刷分部
787mm×1092mm　1/16　印张42¼　字数1077千字　2015年10月北京第1版第1次印刷

购书咨询：010-64518888　　　　　　　　售后服务：010-64518899
网　　址：http://www.cip.com.cn
凡购买本书，如有缺损质量问题，本社销售中心负责调换。

定　　价：180.00元　　　　　　　　　　　　　　　　版权所有　违者必究

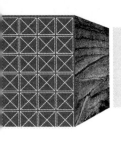

前言

　　绿色建材是指在原料采取、产品制造、产品使用以及达到使用寿命后再循环等环节中对地球环境负荷最小和有利于人类健康的建筑材料。

　　"绿色建材"是从"绿色材料"和"生态环境材料"的定义演变而来的。1988年第一届国际材料科学研究会议上首次提出了"绿色材料"这一概念。1992年国际学术界给其以明确的定义：绿色材料是指在原料采取、产品制造、使用或者再循环以及废料处理等环节中对地球环境负荷最小和有利于人类健康的材料。1990年，日本学者山本良一提出"生态环境材料"的概念，认为生态环境材料应是将先进性、环境协调性和舒适性融为一体的新型材料。我国学者左铁镛提出：生态环境材料是同时具有满意的使用性能和优异的环境协调性，或者是能够改善环境的材料。1998年，在我国有关部门组织召开的"生态环境材料研究战略研讨会"上，提出生态环境材料的基本定义为：具有满意的使用性能和优良的环境协调性，或能够改善环境的材料。所谓环境协调性是指所用的资源和能源的消耗量最少，生产与使用过程对生态环境的影响最小，再生循环率最高。1999年，在我国首届全国绿色建材发展与应用研讨会上首次提出绿色建材的定义，指出绿色建材是采用清洁生产技术，不用或少用天然资源和能源，大量使用工农业或城市固态废弃物生产的无毒害、无污染、无放射性，达到使用周期后，可回收利用，有利于环境保护和人体健康的建筑材料。根据这一定义，绿色建材不仅仅是指在使用中对环境没有危害、对人类健康没有影响的建筑材料，而且还要求建筑材料在原料采集、制备生产、使用消费、循环利用、资源再生等整个生命周期对环境均是有利的。后来，中国建筑材料科学研究院按照绿色材料的定义，提出绿色建材是指在原料采取、产品制造、产品使用以及达到使用寿命后再循环等环节中对地球环境负荷最小和有利于人类健康的建筑材料。《国家中长期科学和技术发展规划纲要》（2006～2020年）在城镇化与城市发展领域中指出，重点研究开发节能建材与绿色建材。2014年5月，住房和城乡建设部、工业和信息化部发布的《绿色建材评价标识管理办法》中提出：绿色建材是指在全生命周期内可减少对天然资源消耗和减轻对生态环境影响，具有"节能、减排、安全、便利和可循环"特征的建材产品。

　　绿色建材是绿色建筑重要的物质基础，绿色建材与绿色建筑相辅相成、互为促进、相互发展。2006年，我国正式颁布了《绿色建筑评价标准》（GB/T 50378—2006），2007年8月出台《绿色建筑评价技术细则（试行）》和《绿色建筑评价标识管理办法》，开始建立起适合中国国情的绿色建筑评价体系。《绿色建筑评价标准》的正式颁布实施是我国大力发展绿色建筑的一个里程碑，把建筑领域的资源节约和环境保护工作重点从建筑节能推向了更加全面的"四节一环保"。2014年4月颁布实施《绿色建筑评价标准》（GB/T 50378—2014），为绿色建筑的发展提供了更为科学和全面的评价依据。

　　绿色建筑对建筑材料的具体要求主要体现在四个方面，一是建筑材料能够有助于延长建筑的使用寿命；二是建筑材料的生产和运输过程本身是节能、节水、节约矿产资源和环保的；三是建筑材料的功能和性能有助于建筑的节能环保；四是建筑材料最好能易于回收再利用。一种建筑材料要同时具备以上所有的优点，或者说满足上述所有的要求是不太现实的。因此，在材料的选择上应该结合建筑的特点突出重点。

　　从广义上讲，绿色建材不是一种单独的建材产品，而是对建材"健康、环保、安全"等属性的一种要求。绿色建材区别于传统建材的基本特征主要表现为，一是建筑材料环境特性，就是要在其整个生命周期中对环境产生尽可能少的影响，从原材料获取与加工、生产与制造、使用维护以及废弃处理过程中都应具有良好的环境协调性，不危及人身健康与安全，资源和能源消耗低、环境污染小、废弃物排放少，正常使用寿命内便于维护，当其丧失使用功能时应具有一定的回收利用性。 二是功能特性，就是除了具有优良的使用功能和可靠的质量保证，还要有优良的功能特性，应以改善居住环境为目的，不仅不应损害人体健康，还应有益于人体健康，具有抗菌、防霉、调温湿、隔热、隔声、抗静电等多种功能。 三是多生命周期特性，就是在进行绿色建材设计和评价时，应从建材的整个生命周期考虑问题，从而实现建材的环境特性和功能特性。绿色建材的生命周期不但包括本代建材的生命周期的全部时间，而且还包括废弃或停止使用以后各代建材中的循环使用或循环利用的时间。

2003 年，中国建筑材料科学研究院组织国内建材行业的专家编写出版了《绿色建材及建筑材料的绿色化》一书，在重点论述绿色建材概念的同时分别讨论了水泥、混凝土及制品、建筑卫生陶瓷、建筑玻璃、建筑石材、墙体材料、建筑用金属材料、木材、化学建材等建筑材料的绿色化技术和绿色化评价技术，全书共 11 章。

十多年来，我国在绿色建材领域的研究、开发、生产、应用、评价以及管理等方面取得了实质性的进展，新成果不断涌现，各种绿色化制造技术、产品标准及绿色化评价标准和管理体系更加系统、完善和明确。 为了全面总结这些成果，应广大读者和出版社的要求，以《绿色建材及建筑材料的绿色化》一书的作者和内容为基础，邀请国内有关专家，编著出版了这本《绿色建材》，目的在于尽可能系统、全面介绍绿色建材及我国主要建筑材料产品的绿色化制造技术和主要评价指标等，更好地为绿色建筑的发展提供更为绿色的建筑材料，推进绿色建材产业的快速发展。

本书共 21 章，在概述了绿色建筑的发展及对建筑材料的要求、绿色建材的研究和评价技术和绿色建材评价标识等 3 个共性问题后，系统论述了水泥、混凝土及制品、建筑玻璃产品、建筑卫生陶瓷产品、建筑石材制品、建筑用金属材料、建筑用木材制品、化学建材产品、建筑墙体材料及其制品、建筑门窗、建筑屋面和建筑楼板 12 类产品的绿色化制造技术和绿色化评价指标；系统论述了水泥生产协同处置废弃物、建筑用海砂的应用和建筑垃圾综合利用 3 项热点技术；系统介绍了室内空气质量的检测与评价、绿色建筑部品及其评价和绿色建材应用 3 项人们更为关注的内容。

本书由同继锋、马眷荣担任主编，并负责全书的统稿和审定。

主要编写分工：第一章：林海燕；第二章：翁端、刘爽、同继锋、云斯宁；第三章：李彬、马眷荣；第四章：萧瑛、何捷；第五章：王玲、林晖；第六章：包玮、毛志伟、曹宗平、程群、邓飞飞、甘昊、廖玉云、王梦瑜；第七章：马眷荣；第八章：廖惠仪、同继锋、尹君、苑克兴；第九章：胡云林；第十章：陈杏婕、倪文、徐丽；第十一章：陈杰、倪文、徐丽；第十二章：冀志江、曹延鑫、王继梅；第十三章：李寿德、王科颖、李惠娴、孙晓楠；第十四章：王洪涛、万成龙；第十五章：朱冬青、朱志远；第十六章：张仁瑜、孟玉洁、赵盟盟、袁扬；第十七章：冷发光；第十八章：李秋义、秦原；第十九章：闫文周、谭雪瑶、孙家超；第二十章：马振珠、张平；第二十一章：薛孔宽、吴瑞民、周文华。

由于本书是以《绿色建材及建筑材料的绿色化》为基础编写而成，参与该书编写的赵平、隋同波、陈爱芬、谢钰、韩建宏、张京玲仍作为本书的参编成员。

本书的出版得到了中国建筑科学研究总院和中国建筑科学研究院以及行业同仁的大力支持，在此谨向为本书的编辑和出版做出贡献的单位和个人表示深深地谢意。

由于编著者水平有限，缺憾不足之处在所难免，希望读者批评、指正并提出建议。

同继锋、马眷荣

2015 年 2 月

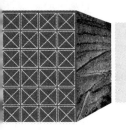

目录

第六章　水泥生产协同处置废弃物

第七章　建筑玻璃产品的绿色化

第八章　建筑卫生陶瓷产品的绿色化

第九章　建筑石材制品的绿色化

第十章　建筑用金属材料的绿色化

第十一章　建筑用木材制品的绿色化

第十二章　化学建材产品的绿色化

314

第十三章　建筑墙体材料及其制品的绿色化

358

第十四章 建筑门窗的绿色化
401

第十五章 建筑屋面的绿色化
421

第十六章　建筑楼板的绿色化
448

第十七章　建筑用海砂的应用技术
465

第十八章　建筑垃圾的绿色化利用

第十九章　绿色建筑部品及其评价

第二十章　室内空气质量的检测与评价

第二十一章　绿色建材的应用

第一章
绿色建筑的发展及对建筑材料的要求

我国绿色建筑的目标被形象地定义为"四节一环保"，即节能、节水、节地、节材和保护环境，其中"保护环境"又隐含着创建一个良好的室内环境和小范围的建筑室外环境。"四节一环保"中的节能、节水、节地、节材和保护环境之间既有区别和侧重，又有相互关联。其中"节材"最能体现这个特点。

本章重点介绍了国内外绿色建筑的发展历程、本质、特征及发展前景，详细介绍了我国绿色建筑评价体系的发展及内容并结合我国绿色建筑的发展提出了绿色建筑对建筑材料的要求。

第一节 绿色建筑的发展概述

从穴居时代起，建筑活动就是人类最主要的生存活动之一，城市和建筑是地球上规模最大、分布最广的人工环境。进入 21 世纪，可持续发展成了人类共同的主题。毫无疑问，城市和建筑也必须纳入可持续发展的轨道，必须由传统高消耗型模式转向高效生态型模式，绿色建筑正是实施这一转变的必由之路，是当今世界建筑发展的必然趋势。

与其他所有的人工产品相比，建筑应对自然资源、能源的消耗和环境污染负有更多的责任。研究表明：欧洲建设活动引起的环境负担占总环境负担的 15%～45%，制造和运输建筑材料所消耗的能源占总能耗的 10%，建筑采暖、空调、照明等占总能耗的 20%～40%，整个欧洲所消耗的能源大约有 1/2 用于建筑的运行，这些能源大部分来源于日益减少的不可再生的原油，因此，这样的能源消费模式已不可能维持长久。而且，石油转化为能源过程中产生的有害物质排放也加剧了对环境的负面影响。从世界范围看，整个世界当代建筑活动消耗的能源占总能源的 40%，占自然资源总量的 40%，同时成为最主要的污染源，大约有一半的温室效应气体排放来自于建筑材料的生产运输、建筑的建造以及建筑运行管理有关的能源消耗，建筑造成的垃圾占人类活动的垃圾总量的 40%。这样的形势迫使人类不得不认真考虑建筑与环境如何适应的问题，绿色建筑的概念由此应运而生。

关于绿色建筑的定义和内容，全世界尚无完全一致的意见，但是，在以下 3 个基本点上，世界各国的专家学者是没有分歧的：在全生命期内，绿色建筑将占用和消耗尽可能少的能源和资源，对环境和生态产生尽可能小的影响，同时为居住和使用者提供一个健康、舒适的工作、居住、活动的空间。可见绿色建筑是实现"以人为本"以及"人-建筑-自然"三者和谐统一的重要途径，也是我国实施 21 世纪可持续发展战略的重要组成部分。

一、绿色建筑的发展历程

20 世纪 60 年代以来，工业化国家不断发生类似于伦敦烟雾事件、洛杉矶光化学污染之类的严重公害，人们越来越感到生活在一个不健康的环境中。美籍意大利建筑师保罗·索勒瑞（Paola Soleri）把生态学（ecology）和建筑学（architecture）两词合并为"arcology"，提出了著名的"生态建筑"（即"绿色建筑"）的新理念。

1972 年，联合国第一次人类环境会议在瑞典的斯德哥尔摩召开，会议提出了人类"只有一个地球"的口号。从此，以关注生态环境为主旨的绿色运动便一直活跃在国际社会的前沿。绿色建筑在整个绿色运动中扮演着重要的角色。

如果说学者们的大声疾呼和绿色运动的不懈宣传并没有引起普遍重视的话，那么发生在 20 世纪 70 年代的全球性能源危机则给全世界特别是发达国家敲响了警钟。高昂的油价迫使欧美发达国家从政府到普通老百姓都开始关心建筑中采暖、空调等方面的大量耗能，降低建筑能耗成为了一个紧迫的课题。此外，建筑能耗与环境的矛盾此刻也显得更加突出，例如供暖所排放的温室气体是造成全球变暖的重要因素，而粉尘、SO_2 等则更是城市环境的杀手，空调系统所大量使用的氟利昂则对南极臭氧层造成巨大破坏，生活垃圾成为制约城市发展的因素等等。

从 20 世纪 70 年代后期开始，国际社会越来越认识到环境问题和能源问题是关系到人类自身生存和发展的核心问题。1976 年联合国召开第一次人居环境大会，1989 年联合国环境署理事会会议通过了"关于可持续发展"的声明，1992 年在巴西的里约热内卢召开的"联合国环境与发展大会"发表了《21 世纪议程》，1996 年在伊斯坦布尔，联合国召开了第二次人居环境大会。这些会议逐渐将环境问题和能源问题结合起来，在二者的基础上形成了可持续发展的思想，并为包括我国在内的广大国家所接受。绿色建筑渐成体系，并在不少国家实践推广，成为世界建筑发展的方向。

1988 年，我国建筑学家吴良镛教授吸取中国传统文化及哲学的精华，融汇多方面的研究成果，创造性提出了"广义建筑学"，提出以城市规划、建筑与园林为核心，综合工程、地理、生态等相关学科，构建"人居环境科学"体系，以建立适宜居住的人类生活环境。

多年来，绿色建筑由理念到实践，在世界上逐步完善，形成了较成体系的设计方法、评估方法，各种新技术、新材料层出不穷。一些发达国家还组织起来，共同探索实现建筑可持续发展的道路。如加拿大的"绿色建筑挑战"（green building challenge）行动，采用新技术、新材料、新工艺，实行综合优化设计，使建筑在满足使用需要的基础上所消耗的资源、能源最少。日本颁布了《住宅建设计划法》，提出"重新组织大城市居住空间（环境）"的要求，满足 21 世纪人们对居住环境的需求，适应住房需求变化。德国在 20 世纪 90 年代开始推行适应生态环境的住区政策，以切实贯彻可持续发展的战略。法国在 20 世纪 80 年代进行了包括改善居住区环境为主要内容的大规模住区改造工作。瑞典实施了"百万套住宅计划"，在住区建设与生态环境协调方面取得了令人瞩目的成就。

另外，随着人们对生活质量的要求不断提高，以及长期工作生活与空调环境中而导致所谓病态建筑综合征的出现等，使得人们开始思索什么是更高水平、更真正意义上的健康舒适的人居环境。作为消耗能源和破坏生态环境的"大户"，建筑界责无旁贷地成为了推动这一潮流的中坚力量。在 20 世纪 80 年代末，科学家提出了在建筑设计与建造中应全面考虑能源资源利用、环境保护与健康舒适等问题，与之相关的生态建筑的理论和实践得到全面发展。

建筑师在对大气污染、全球变暖、资源枯竭等一系列问题忧心忡忡的同时，也深刻地反省了西方文化（特别是美国文化）所造成的奢靡浪费的生活方式，并积极探求社会层面和技术层面的解决途径。

二、绿色建筑的本质和特征

"绿色建筑"这一理念的提出，给建筑设计、建造、运行以及与此相关的技术带来了一系列的变革。在创造一个适合人们生活、工作和开展其他社会活动的场所的同时，尽可能提高资源利用率，节约用能、节约用水、节约用地、节约用材，减少对环境的污染，这是我们建筑科技工作者的一项光荣而艰巨的任务，也是我们应该承担的社会责任，任重而道远。

绿色建筑不是一种刻板的技术标准而是一种理念，绿色建筑理念的核心是"减少对各种资源的占有和消耗，减轻对环境的影响，创造一个健康、适宜的室内环境"，它是经过精心规划、设计和建造，实施科学运行和管理的建筑。所有的普通建筑都可以践行绿色建筑的理念。

建筑的根本目的或作用就是为人们的生活、生产和开展其他社会活动提供一个适宜的空间。为达此目的，功能和安全是建筑必须具有的两大属性，传统的建筑就主要关注功能和安全。绿色建筑除了和传统建筑一样关注建筑的功能和安全之外，还特别关注"节地、节能、节水、节材、室内环境质量、室外环境保护"，而且这种关注体现在建筑从规划、设计、建造到运行、维护甚至拆除的整个生命期的各个环节。这就是绿色建筑的本质和特点。

另外，绿色建筑还特别突出"因地制宜，技术整合，优化设计，高效运行"的原则。

在大力推广和发展绿色建筑的过程中，标准显然发挥着非常重要的作用。我国的绿色建筑明确以节能、节水、节地、节材和保护环境并创造一个适宜高效的室内环境为具体目标。建筑由于其数量巨大，虽然每一栋建筑耗能、耗水、耗材、占地的绝对量都不大，但当总合起来却都是数量惊人。因此，为了取得显著的节能、节水、节地、节材的总体效果，必须普及绿色建筑。

建筑行业是个分散度很高的行业，我国的建筑设计院数以万计，建筑施工企业更是数以十万计，为了规范如此大量的设计和施工企业的技术行为，标准规范无疑发挥着决定性的作用。绿色建筑的标准又与其他的技术标准有着很大的不同。大部分标准都是具体规范某类具体的建筑或某项技术、某个产品，而绿色建筑则涉及各类建筑多方面的性能，因此对绿色建筑而言评价标准显得特别重要。

为了实现节能、节水、节地、节材和保护环境，绿色建筑可以在设计、施工、运行管理阶段采取许多种不同的技术措施和手段来达到目的。以节材为例，既有旧材料的重复利用是节材，使用将来可循环利用的材料也是节材，而选择受力合理的建筑体型是一种更具根本意义的节材。节能、节水、节地等方面也都是如此，无法强制绿色建筑一定要采用某几种指定的技术措施和设备及产品。绿色建筑评价标准通过分门别类的一条条条文，引导建筑的业主、设计单位、施工单位、运行管理人员根据当地的气候、环境、经济、技术条件，选择适宜的技术措施和设备及产品，设计、建造和运行绿色建筑，达到节能、节水、节地、节材和保护环境的目的。

三、国外绿色建筑的发展

1. 国外绿色建筑发展的历程

第二次世界大战之后，随着欧洲、美国、日本经济的飞速发展，建筑能耗问题开始受关注，节能要求促进了建筑节能理念的产生和发展，20世纪60年代，出现了"生态建筑"新理念；70年代，建筑节能被提上议事日程，低能耗建筑先后在世界各国出现；80年代，节能建筑体系逐渐完善并开始应用。1992年巴西的里约热内卢"联合国环境与发展大会"的召开，标志着"可持续发展"这一重要思想在世界范围达成共识。从此一套相对完整的绿色建筑理论初步形成，并在不少国家实践推广，成为世界建筑发展的方向。

20世纪末以来，西方发达国家开始建立绿色建筑评价体系与评估系统，其主旨在于采用具体评估技术定量客观地描述绿色建筑中节能率、节水率、减少温室气体排放、材料的生态环境性能以及建筑经济性能等指标来指导建筑设计，为决策者和规划者提供参考标准和依据。此模式已经成为绿色建筑在发达国家成熟的标志性运行模式。

1999年，世界绿色建筑委员会（World Green Building Council，WGBC）成立，她是一个致力于促进建筑市场从传统转向绿色生态的国际组织。目前，许多国家都成立了绿色建筑委员会，并积极参与世界绿色建筑委员会的活动。到目前为止，世界绿色建筑委员会国家（或地区）会员数量已有100家（见表1.1），另外还有27000多家公司和机构会员。表明世界各国和地区对绿色建筑的高度重视，同时也表明绿色建筑市场正以引人注目的速度遍及全球市场，绿色建筑显示出巨大的市场机会。

表1.1　世界绿色建筑委员会成员分布情况　　　　　　单位：家

划分区域	正式会员 Established GBC	预备会员 Emerging GBC	预期会员 Prospective GBC	意向群体 Associated Groups	合计
欧洲区域	9	9	9	7	34
美洲区域	7	3	8	5	23
非洲区域	1	0	5	4	10
亚洲太平洋区域	7	3	3	5	18
中东和北非区域	2	2	7	4	15
合计	26	17	32	25	100

注：数据来源，世界绿色建筑委员会网 http://www.worldgbc.org/worldgbc/members/。

2. 国外绿色建筑发展特征

40多年以来，绿色建筑研究由建筑个体、单纯技术上升到体系层面，由建筑设计扩展到环境评估、区域规划等领域，形成了整体性、综合性和多学科交叉的特点，绿色建筑发展过程从理念到理论再到理论结合实践，发展范围也逐渐扩大。

自20世纪60～70年代始，绿色建筑由理念到实践，在世界各国逐步发展完善。例如加拿大兴起的"绿色建筑挑战"行动，日本在颁布的《住宅建设计划法》中提出"重新组织大城市居住空间（环境）"的要求，以及瑞典实施的"百万套住宅计划"等，在住区建设与生态环境协调方面都取得了令人瞩目的成就。

绿色建筑的发展经历了由少数学者到技术从业人员，再到各相关社会组织和企业、大众广泛参与的过程，如世界绿色建筑大会（World Sustainable Building Congress）每年在不同的国家举行，2014年已经是第14届，在西班牙巴塞罗那举行。最近几届大会的参会者都达到了好几万人。

绿色建筑的发展从最初的英国和美国，逐渐扩大到许多发达国家及地区，并向深层次应用发展。如绿色建筑评价体系方面，继英国开发绿色建筑评价体系"建筑研究中心环境评估法"（BREEAM）后，美国、加拿大、澳大利亚、意大利、丹麦、法国、芬兰、德国、中国台湾等国家和地区也相继推出了各自的绿色建筑评价体系（见表1.2）。

表 1.2 世界各个国家和地区绿色建筑评估体系

国家和地区	评估体系(标准)	国家和地区	评估体系(标准)
英国	BREEAM	芬兰	Promis E
美国	LEED	德国	LNB
加拿大等多国	GBTool	挪威	Ecoprofile
加拿大	BEPAC	荷兰	Eco-Quantum
澳大利亚	NABERS	瑞典	Eco-effect
意大利	Protocollo	日本	CASBEE
丹麦	BEAT	中国台湾	EMGB
法国	Escale	中国香港	HK-BEAM

此外，逐渐有国家和地区将绿色建筑标准作为强制性规定。在美国，2007 年 10 月 1日，洛杉矶西好莱坞卫星城出台了美国第一个强制性绿色建筑法令，给出了该城的绿色建筑标准，规定新建建筑、改建建筑都应该达到最低绿色标准。波特兰市要求城区内所有的新建建筑都要达到 LEED 评价标准中的认证级要求，纽约政府要求建筑面积大于 7500ft^2 （约697m^2）的新建建筑都符合 LEED 标准。目前美国已有 10 个城市采用了基于 LEED 要求的法规，还有几十个城市已设定了自己的绿色标准。5 个州有绿色建筑法，20 个市政府设定了关于强制开发商建造更多节能和环保项目的法令，另外还有 17 个城市有关于绿色建筑的决议案，还有 14 个市有相关的行政命令。

从 20 世纪 80 年代起，为应对能源危机以及人们对居住环境的需求变化，节能建筑体系开始在英国、法国、德国、加拿大等发达国家发展并广为应用。几十年来，绿色建筑从理念到实践在发达国家已经完成了跨越式的进步。例如丹麦、瑞典等北欧国家，现在的平均建筑性能指标比许多国家的绿色建筑的性能指标都要高。欧盟和英国已经在制定绿色建筑的强制性条例，例如英国在 2008 年 2 月 27 日宣布从当年 5 月开始，所有新建住宅将被强制使用2007 年 4 月出台的"可持续住宅规范"作为评价方法。美国许多地方政府的公共建筑已经强制性要求采用 LEED 标准。从理论到实践的发展，可以说这些国家的绿色建筑到目前已经建立起了一套相对成熟的体制与系统。

四、我国的绿色建筑实践和发展

与国际上的发展历程相似，我国绿色建筑的发展最初可以追溯到建筑节能工作的开展。1986 年，我国第一本建筑节能设计标准《民用建筑（采暖居住建筑部分）节能设计标准》JGJ 26—1986 正式颁布实施。一直到 2005 年前后，建筑领域的资源节约工作重点主要就是建筑节能，而且也取得了很大的成绩。

2004 年 9 月建设部"全国绿色建筑创新奖"的启动标志着我国的绿色建筑发展开始进入了全面发展阶段。2005 年 3 月召开的首届国际智能与绿色建筑技术研讨会暨技术与产品展览会发表了《北京宣言》，公布"全国绿色建筑创新奖"获奖项目及单位，同年发布了《建设部关于推进节能省地型建筑发展的指导意见》。2006 年，第二届国际智能、绿色建筑与建筑节能大会在北京召开，并且住房和城乡建设部在大会上正式颁布了《绿色建筑评价标准》。2007 年 8 月，住房和城乡建设部又出台了《绿色建筑评价技术细则（试行）》和《绿色建筑评价标识管理办法》，开始建立起适合中国国情的绿色建筑评价体系。

2006 年《绿色建筑评价标准》（GB/T 50378—2006）的正式颁布实施是我国大力发展绿色建筑的一个里程碑。该标准确定了我国绿色建筑节地、节能、节水、节材和保护环境的具体目标，规定了绿色建筑的星级划分，将建筑领域的资源节约和环境保护工作重点从建筑节能推向了更加全面的"四节一环保"。

我国政府设立了一个远大的目标：到 2020 年 50% 的新建建筑要建成绿色建筑。为达到这个目标，从现在起就应该以评价标准为核心建立起完整的绿色建筑标准规范体系，提高绿色建筑标准规范的执行率，调动业主、设计单位、施工单位、运行管理人员以及公众的积极性和参与度，不断提高绿色建筑的水平和普及程度，为我国的可持续发展做出建筑行业的应有贡献。

目前国内的绿色建筑的定义已经被各界所认可并逐步推广开来，即"在建筑物的全生命期中，最大限度地节约资源（节能、节地、节水、节材）、保护环境和减少污染，并能够为人们提供健康、适用和高效的，且与自然和谐共生的建筑"。

虽然我国大力推广和发展绿色建筑的历史还不长，但是通过政府与相关组织的大力宣传推广与研究实践，已经取得了举世瞩目的成绩，目前正处于快速、高效发展的时期。国家和地方政府的相关指导和支持性政策法规不断出台，而且支持的力度越来越大。技术标准规范体系基本建立，正在逐步完善。绿色建筑综合技术的发展有条不紊地向前推进，绿色建筑评价标识也完成了约 1500 个项目近 2 亿平方米的评价工作，这些都是 2006 年以来我国绿色建筑事业取得的重大成绩。

根据当前国际的节能减排形势，我国政府加大了在节能减排工作上的投入。建筑行业对绿色事业的追求再次被提高到一个新的台阶。可以看出，今后很长一段时间内，我国都将走有中国特色的绿色建筑之路，为生态文明建设，建成资源节约型、环境友好型社会起到积极的作用。

1. 我国绿色建筑发展现状

从 2008 年以来，我国的绿色建筑数量始终保持着强劲的增长态势，截止到 2013 年 12 月 31 日，全国共评出 1446 项绿色建筑评价标识项目，总建筑面积达到 16270.7 万平方米（见图 1.1～图 1.3），其中，设计标识项目 1342 项，占总数的 92.8%，建筑面积为 14995.1 万平方米；运行标识项目 104 项，占总数的 7.2%，建筑面积为 1275.6 万平方米。

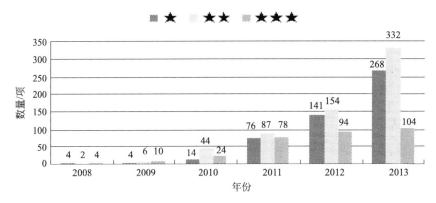

图 1.1　2008～2013 年绿色建筑评价标识项目数量
引自《中国绿色建筑 2014》的"2013 年我国绿色建筑发展情况"

2013 年，我国绿色建筑数量及建筑面积继续快速增长，全国共评出 704 项绿色建筑标识项目，总建筑面积达到 8689.7 万平方米，项目数和面积均占了累年总量的一半左右，这大体反映了我国绿色建筑规模化发展正在加速这样一个现实。可以预计，2014 年绿色建筑的数量增长还会保持这样的势头。2013 年评出的 704 项绿色建筑标识项目中，除了住建部科技促进中心和中国城市科学研究会绿建中心这两个国家级的评审机构评审的项目外，地方

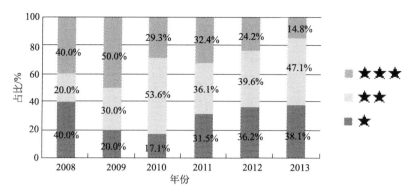

图 1.2　2008～2013 年绿色建筑评价标识项目各星级比例

引自《中国绿色建筑 2014》的"2013 年我国绿色建筑发展情况"

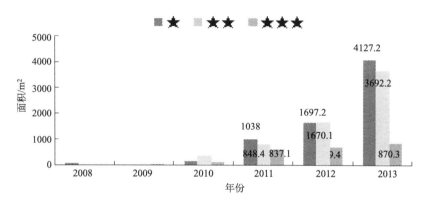

图 1.3　绿色建筑评价标识项目面积逐年发展

引自《中国绿色建筑 2014》的"2013 年我国绿色建筑发展情况"

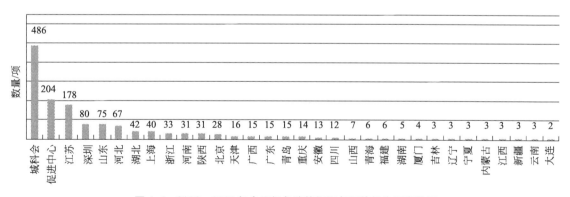

图 1.4　2008～2013 年全国绿色建筑标识各评价机构评审数量

行政主管部门组织评审的项目数量进一步增加，共有 463 项，其中以江苏、山东、深圳、河北等地方评审机构评审数量较多（见图 1.4、图 1.5）。相比 2011 年和 2012 年，江苏、深圳、河北、山东、上海、浙江、陕西、河南、安徽、天津等地方评审机构评审数量增幅较大，而绿色建筑也开始在青海、湖南、内蒙古、河南、云南等地实现了零的突破（见图 1.6）。这反映出我国绿色建筑的发展已经从东部经济发达地区开始向全国辐射。按照项目地区分布来看，青海、贵州、甘肃也开始有了获得标识的绿色建筑，现除西藏以外各省、自治区及直辖市都有获得标识的绿色建筑。标识项目数量在 30 项以上的地区占比 38.7%，数量在 10~30 项的地区占比 32.3%，数量不足 10 项的地区占比 29.0%，其中江苏、广东、山东、上海四个沿海地区的数量继续遥遥领先（见图 1.7）。

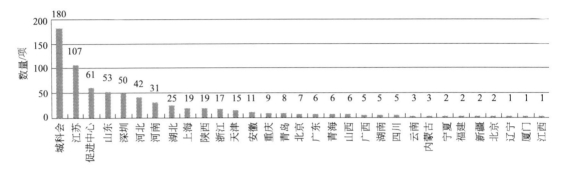

图 1.5　2013 年全国绿色建筑标识各评价机构评审数量

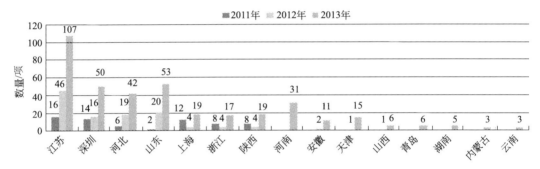

图 1.6　2011~2013 年绿色建筑评价标识地方评价机构评审数量

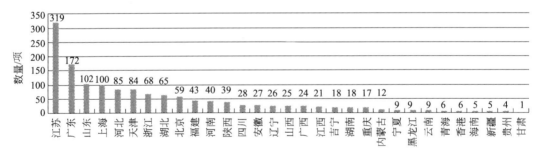

图 1.7　2008~2013 年各省市绿色建筑评价标识项目数量统计

近年来，绿色建筑的发展已经不仅仅局限于单体建筑，而是向规模化发展，如绿色生态城区、城市等。为了鼓励低碳生态城市的建设，住房和城乡建设部先后与天津、无锡、深圳和唐山等城市共建了中新天津生态城、无锡太湖新城、深圳光明新区、深圳坪山新区和唐山湾（曹妃甸）生态新城等示范区并进行了相关研究，上海南桥新城、河北省 4+1 示范城市（区）、昆明呈贡新城、厦门、德州和淮南等城市也开展了规划建设实践。低碳生态城市发展需要更开阔的全球视野，更深入的国际交流，从标准与机制层面上达到更多共识，进而切实有效地指导我国生态城市的发展。为此，住建部积极与国外政府开展合作，与规划建设单位一道，努力推动我国绿色生态城区的发展，如中新合作中新天津生态城项目，中瑞合作无锡中瑞低碳生态城项目，中德合作青岛中德生态园项目，中日合作唐山湾生态城示范区项目。

在 2013 年，又增加了中美合作低碳生态城市合作试点项目（潍坊、日照、合肥、廊坊、济源和鹤壁）和首批确立的 12 个"中欧城镇化伙伴关系合作城市"（天津、深圳、沈阳、西安、广州、成都、常州、潍坊、威海、洛阳、长沙、海盐）等。

2012 年，住房和城乡建设部从 26 个申报城区中通过了 8 个首批国家级绿色生态示范城区（包括天津市中新生态城、河北省唐山市唐山湾新城、江苏省无锡市太湖新城、湖南省长沙市梅溪湖新城、重庆市悦来生态城、贵州省贵阳市中天未来方舟生态城、云南省昆明市呈贡新区和深圳市光明新区）。

2013 年 4 月，住房和城乡建设部发布《"十二五"绿色建筑和绿色生态城区发展规划》（建科［2013］53 号），指出在"十二五"时期，将选择 100 个城市新建区域按照绿色生态城区标准规划、建设和运行。为此，住建部加大我国示范城区申报的工作力度，已批准设立 22 个绿色生态示范城区，审查批准了南京河西新城区、肇庆新区中央绿轴生态城、苏州云龙新城、西安产坝生态区，并审查了北京长辛店生态园和上海虹桥商务区等 11 个城区的申报材料。

我国生态城市建设实践正处在探索阶段，实践广度与深度的不断延伸，这些生态示范城区的建设无疑会对我国构建强调生态环境综合平衡的全新城市发展模式起到积极的促进作用，而我国绿色生态城区的建设将会引领我国城镇化的绿色进程。

2. 我国绿色建筑政策法规、标准规范的建设

绿色建筑的规模化发展，离不开政策法规和标准规范的支持。从 2005 年开始，我国政府和建设行业行政主管部门就不断推出支持和促进绿色建筑发展的政策法规和标准规范。

2005 年 5 月 31 日，建设部发布了《关于发展节能省地型住宅和公共建筑的指导意见》（建科［2005］78 号）。

2006 年 02 月 7 日，国务院颁布了《国家中长期科学和技术发展规划纲要》（2006～2020 年）（国发［2005］44 号），首次将"城镇化与城市发展"作为十一个重点领域之一。在"城镇化与城市发展"领域中，"建筑节能与绿色建筑"是其中的一个优先发展主题。

2006 年 3 月 5 日，国务院总理温家宝在十届全国人大四次会议上作政府工作报告时，提出：抓紧制定和完善各行业节能、节水、节地、节材标准，推进节能降耗重点项目建设，促进土地集约利用。鼓励发展节能降耗产品和节能省地型建筑。

2006 年 3 月 7 日，建设部与国家质检总局联合发布了工程建设国家标准《绿色建筑评价标准》，这是我国第一部从住宅和公共建筑全寿命周期出发，多目标、多层次对绿色建筑进行综合性评价的国家标准。

2007 年 7 月 27 日，建设部决定在"十一五"期间启动"100 项绿色建筑示范工程与100 项低能耗建筑示范工程"（简称"双百工程"）。通过"双百工程"的建设，形成一批以科技为先导、节能减排为重点、功能完善、特色鲜明、具有辐射带动作用的绿色建筑示范工程和低能耗建筑示范工程。其中绿色建筑示范工程的申报条件是：优化集成在节能、节地、节水、节材、室内环境和运营管理等方面的先进适用技术，有显著社会、经济与环境效益的住宅和公共建筑。

2007 年 8 月 21 日，建设部发布了《绿色建筑评价技术细则》，为绿色建筑的规划、设计、建设和管理提供更加规范的具体指导，为绿色建筑评价标识提供更加明确的技术原则，为绿色建筑创新奖的评审提供更加详细的评判依据，从三个层面推进绿色建筑理论和实践的探索与创新。

2007 年 11 月 8 日，建设部发文《关于组织申报"绿色建筑评价标识"的通知》，开展住宅建筑和公共建筑申报绿色建筑标识的相关工作。

2008 年 6 月 24 日，住房和城乡建设部发文（建科［2008］113 号），发布了《绿色建筑评价技术细则补充说明（规划设计部分）》。住房和城乡建设部为进一步规范和细化绿色建筑评价标识工作，根据绿色建筑评价标识工作的实际情况，对《绿色建筑评价技术细则（试行）》进行了补充完善，以指导绿色建筑评价标识工作。

2008 年 7 月 23 日，国务院第 18 次常务会议审议通过了《民用建筑节能条例》，并于 2008 年 10 月 1 日起正式实施。这标志着中国建筑节能法规体系进一步完善。《条例》鼓励和扶持在新建建筑和既有建筑节能改造中采用太阳能、地热能等可再生能源；鼓励制定、采用优于国家民用建筑节能标准的地方民用建筑节能标准。

2008 年 10 月 10 日，住房和城乡建设部科技发展中心印发通知（建科综函［2008］61 号），对《绿色建筑评价标识实施细则（试行）》进行了修订，重新印发，并编制了《绿色建筑评价标识使用规定（试行）》和《绿色建筑评价标识专家委员会工作规程（试行）》。

2009 年 6 月 18 日，住房和城乡建设部印发《关于推进一二星级绿色建筑评价标识工作的通知》（建科［2009］109 号）。为贯彻落实《国务院关于印发节能减排综合性工作方案的通知》精神，充分发挥和调动各地发展绿色建筑的积极性，促进绿色建筑全面、快速发展，提高我国绿色建筑整体水平，有一定的发展绿色建筑工作基础并出台了当地绿色建筑评价相关标准的省、自治区、直辖市、计划单列市，均可开展本地区一、二星级绿色建筑评价标识工作。绿色建筑评价标识的标志和证书由住建部监制，规定统一的格式和内容，对标志和证书进行统一编号管理。开展绿色建筑评价标识工作的省市需得到住建部的确认，经评审确定的绿色建筑需报住建部备案。《通知》中还印发了《一二星级绿色建筑评价标识管理办法（试行）》。

2009 年 9 月 24 日，住房和城乡建设部印发《绿色建筑评价技术细则补充说明（运行使用部分）》（建科［2009］235 号）并开始执行。住建部组织专家在绿色建筑评价标识工作实践的基础上，对《绿色建筑评价技术细则》进一步完善，编制了《绿色建筑评价技术细则补充说明（运行使用部分）》，使绿色建筑评价更加严谨、准确，使评价结果更加客观公正，更加具有权威性。

2009 年 10 月 15 日，为进一步贯彻落实《住房和城乡建设部、教育部关于推进高等学校节约型校园建设进一步加强高等学校节能节水工作的意见》（建科［2008］90 号）要求，指导高等学校节约型校园建设工作，住房和城乡建设部会同教育部组织有关专家编制了《高等学校校园建筑节能监管系统建设技术导则》《高等学校校园建筑节能监管系统运行管理技术导则》《高等学校校园建筑能耗统计审计公示办法》《高等学校校园设施节能运行管理办法》和《高等学校节约型校园指标体系及考核评价办法》，并以建科［2009］163 号文联合下发通知，要求参照执行。

2011 年 1 月 21 日，国家财政部和住房地乡建设部联合印发《关于进一步深入开展北方采暖地区既有居住建筑供热计量及节能改造工作的通知》（财建［2011］12 号）。

2011 年 5 月 4 日，国家财政部和住建部联合印发《关于进一步推进公共建筑节能工作的通知》（财建［2011］207 号）。

2011 年 6 月 3 日，国家财政部、住房和城乡建设部决定"十二五"期间开展绿色重点小城镇试点示范，制定并印发了《绿色重点小城镇试点示范实施意见》（财建［2011］341 号）。

2011 年 8 月 31 日，国务院（国发［2011］26 号）印发《"十二五"节能减排综合性工作方案》。《"十二五"节能减排综合性工作方案》由国务院于 2011 年 8 月 31 日印发（国发

[2011] 26 号）。国务院在印发通知中明确提出"树立绿色、低碳发展理念"，"进一步形成政府为主导、企业为主体、市场有效驱动、全社会共同参与的推进节能减排工作格局"。文件第（十八）项内容专门论述"推动建筑节能"，其中提出"制定并实施绿色建筑行动方案，从规划、法规、技术、标准、设计等方面全面推进建筑节能"。

2012 年 4 月 27 日，财政部和住建部联合发布《关于加快推动我国绿色建筑发展的实施意见》（财建［2012］167 号），意见中明确将通过建立财政激励机制、健全标准规范及评价标识体系、推进相关科技进步和产业发展等多种手段，全面加快推动我国绿色建筑发展。

2012 年 5 月 9 日，住房和城乡建设部印发《"十二五"建筑节能专项规划》（建科［2012］72 号）。《规划》分为发展现状和面临形势，主要目标、指导思想、发展路径，重点任务，保障措施，组织实施 5 部分。提出新建绿色建筑 8 亿平方米，到规划末期，城镇新建建筑 20％以上达到绿色建筑标准要求。

2012 年 8 月 6 日，国务院印发《节能减排"十二五"规划》（国发［2012］40 号）。文件指出到 2015 年，城镇新建绿色建筑标准执行率达到 15％。累计完成北方采暖地区既有居住建筑供热计量和节能改造 4 亿平方米以上，夏热冬冷地区既有居住建筑节能改造 5000 万平方米，公共建筑节能改造 6000 万平方米，公共机构办公建筑节能改造 6000 万平方米。"十二五"时期形成 600 万吨标准煤的节能能力。

2013 年 1 月 1 日，国务院办公厅转发发展改革委、住房城乡建设部《绿色建筑行动方案》（国办发［2013］1 号），要求各地区、各部门结合实际认真贯彻落实。

2013 年 2 月 20 日，住房和城乡建设部科技司关于印发《住房城乡建设部建筑节能与科技司 2013 年工作要点》（建科综函［2013］12 号）的通知，工作要点包含"着力抓好建筑节能，大力推动绿色建筑发展"。

2013 年 4 月 3 日，住房和城乡建设部制定并印发《"十二五"绿色建筑和绿色生态城区发展规划》（建科［2013］53 号）。

2013 年 8 月 11 日，国务院印发《关于加快发展节能环保产业的意见》（国发［2013］30 号），《意见》中将开展绿色建筑行动作为政府引领社会资金投入节能环保工程建设的内容之一。

2013 年 9 月 24 日，住房和城乡建设部办公厅、工业和信息化部办公厅联合印发《关于成立绿色建材推广和应用协调组的通知》（建办科［2013］30 号）。

2013 年 12 月 16 日，住房和城乡建设部印发《关于保障性住房实施绿色建筑行动的通知》（建办［2013］185 号），《通知》要求自 2014 年起直辖市、计划单列市及省会城市市辖区范围内的保障性住房，应当率先实施绿色建筑行动，至少达到绿色建筑一星级标准。

2013 年 12 月 31 日，住房和城乡建设部发布《绿色保障性住房技术导则》（建办［2013］195 号），自 2014 年 1 月 1 日起施行。

在近期发布的政策文件中，2013 年 1 月 1 日，国务院办公厅转发的国家发展和改革委、住房和城乡建设部《绿色建筑行动方案》（国办发［2013］1 号）对我国绿色建筑的发展影响最大，将大力发展绿色建筑和生态城区上升为了一个国家行动。文件明确要求"从政策法规、体制机制、规划设计、标准规范、技术推广、建设运营和产业支撑等方面全面推进绿色建筑行动"，而且提出了新建建筑节能、既有建筑节能改造、城镇供热系统改造、可再生能源建筑规模化应用、公共建筑节能管理、相关技术研发推广、绿色建材、建筑工业化、建筑拆除管理、建筑废弃物资源化利用十项重点任务。文件将对我国绿色建筑发展产生深远影响。

2013 年 1 月国务院发布了《绿色建筑行动方案》（国办 1 号）文件之后，各地纷纷响应文件要求，陆续出台了加快推动绿色建筑发展的地方性文件，明确了绿色建筑的发展目标，提出了针对性的激励性政策以及强制性政策。

在发展目标方面，北京市、上海市、江苏省等 15 个省市制定了各自的绿色建筑行动实施方案，提出了绿色建筑的总体发展目标，明确了新建绿色建筑面积要求和绿色建筑占新建建筑比例的具体要求。如，北京市、深圳市分别要求从 2013 年 6 月、2013 年 5 月起，所有新建建筑必须执行绿色建筑标准，推进绿色建筑规模化发展；重庆市要求从 2013 年起主城区公共建筑率先执行绿色建筑标准；更多的省市则对政府投资建筑、大型公建、公益性建筑、保障性住房和大型住宅小区提出了不同的强制性要求。

在财政奖励方面，北京市、上海市、江苏省、山东省、陕西省、西安市、青岛市等制定了地方财政奖励政策，例如，北京市对二星、三星级绿建运行项目分别给予 22.5 元/m^2、40 元/m^2 的财政资金奖励；上海市对二星级及以上绿色建筑项目给予 60 元/m^2 的财政资金奖励；江苏省对一星级绿色建筑设计标识的项目，按 15 元/m^2 的标准给予奖励，对获得绿色建筑运行标识的项目，在设计标识奖励标准基础上增加 10 元/m^2 奖励；山东省对一、二、三星级绿建标识奖励标准分别为 15 元/m^2、30 元/m^2、50 元/m^2，其中规定，获设计标识后，可获相应星级 30％奖金，竣工后，可再获 30％奖金，获评价标识后，获剩余 40％奖金。

在减免城市基础设施配套费的优惠方面，内蒙古自治区对取得一星、二星、三星级绿色建筑评价标识的项目城市配套费分别减免 50％、70％、100％；青海省、海南省对取得二星、三星级绿色建筑评价标识的项目城市配套费分别减免 20％、40％。

在容积率返还激励方面，贵州省对获得星级绿色建筑设计标识项目，按建筑面积的 3％以内给予奖励；南京市对于超过 1 万平方米的二星级以上绿色建筑，规划审批时可以给予一定容积率奖励。

标准规范在绿色建筑的发展过程中起着非常重要的技术支撑作用，建立一个科学、完备、操作性强的绿色建筑标准体系一直是住房与城乡建设部的一个重要工作目标。经过十年的努力，这个标准体系已经基本建立，并在不断发展和完善之中。

目前，正在实施的和即将编制完成的绿色建筑主要标准规范有：《绿色建筑评价标准》GB/T 50378—2014、《民用建筑绿色设计规范》JGJ/T 229—2010、《建筑工程绿色施工评价标准》GB/T 50640—2010、《绿色办公建筑评价标准》GB/T 50908—2013、《绿色工业建筑评价标准》GB/T 50878—2013、《绿色商店建筑评价标准》、《绿色医院建筑评价标准》、《绿色饭店建筑评价标准》、《绿色博览建筑评价标准》、《既有建筑改造绿色评价标准》、《绿色校园评价标准》、《绿色生态城区评价标准》、《绿色照明检测及评价标准》，等等。此外还有一大批与绿色建筑密切相关的专业标准规范和产品标准。

在标准制定方面，除了国家层面，全国共有 22 个省市制定了地方的绿色建筑评价标准。根据中国城市科学研究会绿色建筑研究中心的比对研究来看，与绿建评价标准国标相比，一些省市的地标一定程度上体现了当地的特色，促进了本地区绿色建筑的发展。

3. 我国绿色建筑推广机构的建设

建设部在继续抓好建筑节能的同时，积极推进发展绿色建筑的基础性工作。一方面抓规范性技术文件的制定，一方面借鉴国外经验，抓推广机构平台的建设。

2008 年 3 月 31 日，经过近两年的努力和筹备，经建设部和中国科协批准，民政部审批登记注册，中国城市科学研究会绿色建筑与节能专业委员会，英文名称：China Green

Building Council（简称：中国绿色建筑委员会，CHINA GBC），于 2008 年 3 月 31 日在北京正式成立。委员会的办会原则是产学结合、务实创新、服务行业、民主协商，要把各种资源组合在一起，团结尽可能团结的力量，组织尽可能组织到的资源，利用一切可以利用的机遇促使绿色建筑发展得更快、标准更高、能力更强。

中国绿色建筑委员会要承担的主要工作任务，一是研究中国绿色建筑内涵，开展绿色建筑理论研究和技术的创新；二是探索发展绿色建设实现的方式和有效的途径；三是开展绿色建筑和建筑节能标识认证管理工作；四是整合绿色建筑与节能相关的研究课题，协助政府做好科研任务的立项、评审工作；五是定期举办国内外学术交流、研讨和培训，绿色建筑对所有的建筑师都是一项挑战，大家都是从零开始重新进入到一个全新的建筑领域，需要再培训、再教育；六是积极开展国际科技的合作活动；七是协助相关院校开设绿色建筑的课程，积极培养绿色建筑人才；八是普及绿色建筑的相关知识，做好绿色建筑的宣传教育工作；九是组建绿色建筑研究机构和能源服务公司。

2008 年 3 月 31 日，中国绿色建筑委员会成立之初就协助承办了"第四届国际智能、绿色建筑与建筑节能大会暨新技术与产品博览会"。该大会是由中华人民共和国建设部发起，中华人民共和国国家发展与改革委员会、中华人民共和国科学技术部、中华人民共和国国家环境保护总局会同国外相关政府机构、协会组织共同举办的国际性盛会，每年的 3 月底至 4 月初在北京举办一届。2014 年 3 月 28 日已经是第十届了，中国绿色建筑委员会承担了历届大会的组织工作。

中国绿色建筑委员会自成立之日起，从《中国绿色建筑 2008》到《中国绿色建筑 2014》每年都编撰一本绿色建筑年度发展报告，详尽地记录了中国绿色建筑的发展历程，同时也总结经验，发现问题，探讨中国绿色建筑的发展方向。年度报告在历届"国际智能、绿色建筑与建筑节能大会暨新技术与产品博览会"呈献给国内外广大读者，发挥了很好的作用，也赢得了良好的声誉。

中国绿色建筑委员会成立之初只有委员 63 人，截止到 2014 年 3 月 28 日委员会的第七次会议，委员的总数已超过 200 人，而且还在不断增加。委员们来自推进绿色建筑涉及的各个方面，包括科研设计专业人员、大学教授、房地产开发企业老总和总建筑师、施工企业技术负责人，以及行政管理部门的官员，其中还包括 10 位外籍委员。委员会还有国际团体会员 14 个，国内团体会员 42 个。

中国绿色建筑与节能委员会组织机构建设分两条线，一是内部设置专业学组，形成专业技术核心，开展学术和技术研发与交流活动；二是建立地方分支机构，形成推进工作的联盟和网络，发挥中央和地方两个积极性。目前已经根据绿色建筑的发展设置绿色规划设计组、绿色技术组、绿色房地产组、绿色施工组、绿色智能组、绿色人文组、绿色工业建筑组和绿色建材组等 22 个学组，广西、浙江、江苏、深圳、四川、新疆、厦门、山东、福建、辽宁、重庆、天津、河北、内蒙古、安徽等 23 个地方机构。未来将考虑推进绿色建筑发展的实际需要和会员的积极性，增添设置专业学组，以利于绿色建筑相关专业的交流和学术、技术水平的提高。

五、我国绿色建筑发展前景

我国已把生态文明建设与经济建设、政治建设、文化建设、社会建设并列，提出要"五位一体"地建设具有中国特色的社会主义。我国正处于工业化、信息化、城镇化和新农村建设快速发展的历史时期，新增基础设施、公共服务设施以及工业与民用建筑投资对建筑业需求巨大。另外，随着建筑面积的扩张和居民生活水平的不断提升，建筑领域将成为未来20年我国用能的主要增长点之一，决定我国建筑的能耗问题是走中国特色低碳发展道路必须要解决的重要问题。

绿色建筑在全生命周期内，最大限度地节约资源，保护环境，具有投入低、比较效益高的特点，技术也已相对成熟，既是节能减排和应对气候变化的重要抓手，也是改善民生、建设社会主义生态文明的重要举措。绿色建筑在我国的发展与推广，是符合政府提倡的科学发展观，顺应我国政府加强建筑节能减排的信心与决心；符合国际上的可持续理念与绿色建筑的发展，从而推进我国建筑业的国际化，提高在国际上的竞争力；发展绿色建筑也能推动一系列相关产业的发展，例如绿色建材、绿色建筑工程咨询、可再生能源产业、工程检测评估、建筑系统调试、能源服务行业等等，能带动整个产业的优化升级。

从技术的层面来说，当前和今后相当长的一段时期内，我国的绿色建筑发展需要特别关注以下各方面的工作。

1. 开展绿色建筑后评估研究，总结绿色建筑发展中的问题，不断提升绿色建筑性能和质量

截止到2013年底绿色建筑标识的项目已近1500项，规模超过1.6亿平方米，面对到2015年城镇20%新建建筑都需达到绿色建筑的要求，如何保证绿色建筑标识项目的质量？绿色建筑建成后实际的节能、节水、节费及环境品质改善情况如何？需要对一批获得绿色建筑标识的建筑开展后评估研究，将绿色建筑的实际情况和存在的问题反馈给业主，反馈给设计与施工和运营管理单位，不断改进建筑的设计、施工和运行管理，不断提高绿色建筑的性能和质量。

2. 要进一步开展绿色建筑技术和产品研究与开发，依靠科技来支撑绿色建筑的健康发展

我国地域广阔，气候、经济及资源条件差别巨大，建筑类型多样化，必须因地制宜地发展绿色建筑技术；同时，绿色建筑的发展带动了一系列新型技术、设备和产品的开发，因此急需解决技术成熟度与建筑寿命同步的问题。例如在绿色建造与施工集成技术方面，虽然住宅工业化、产业化保证了住宅的品质，避免了现场施工所产生的安全、能耗与排放、环境等问题，但我国在该领域仅处于起步阶段，与发达国家和地区相比存在较大的差距。

在绿色施工领域，我国在材料替代、资源循环利用、新工艺、新工具、新施工技术等重点技术领域取得一些成果，特别是建筑信息模型（BIM）的引入，实现了施工过程中自动检查分析、精确施工、精确计划、限额领料，实现了施工过程信息的共享和协同；但从整体上看，施工阶段信息化水平仍然不高，需要进一步开展研究和工程示范应用。

3. 要推动绿色建筑的规模化发展，从单体绿色建筑到绿色生态城区

绿色建筑只有进入规模化的发展轨道，其节地、节能、节水、节材、保护环境的作用才能得到充分的体现。建设绿色生态城区乃至建设绿色生态城市，无疑是绿色建筑规模化发展的一条捷径，尤其是在建设绿色生态城区时，从区域规划入手，可以从一个更全面的视角来审视节约资源保护环境，更高程度地发挥绿色建筑节地、节能、节水、节材、保护环境的作用。

绿色建筑的发展，逐步从单体走向区域，除技术支撑外，还需要上位规划与市政基础设施的支持，才能事半功倍。目前我国一些科研单位和高校在探索绿色生态示范区建设模式上做了大量研究，提出了政府主导的驱动模式、产业带动的建设模式、自然环境的发展模式等几种适宜建设模式，推动了绿色生态示范区的发展。目前已经完成了8项绿色生态城区的规划和认定工作，为实现单体绿色建筑与绿色生态城区联动、推动我国绿色生态城区的发展与建设做了有益的探索。

4. 要关注绿色建筑产业的培育与升级，促进绿色产业的快速发展

绿色建筑的快速发展，会极大激发我国城镇新建建筑和既有建筑改造必需的新型绿色建材与产品、新型设备和部品、绿色施工平台与技术、建筑节能与环境等相配套的材料、产品、设备、工艺、工法等科技诉求。我们应加速建筑业和房地产业提升科技原创能力，推动绿色建筑新技术、新材料、新产品的应用，使产业链不断拓展和延伸，带动一批相关新兴产业的形成和发展，增强绿色建筑相关企业核心竞争力，推动绿色建筑产业的快速发展。

绿色建筑将是整个建筑行业未来的发展方向，特别是我国当前又正处于城镇化发展的高速增长期，绿色建筑的大规模推广，既能帮助我们应对经济挑战，又能帮助我们节约资源、保护环境、减少温室气体的排放，具有不可估量的潜力与前景。

第二节　绿色建筑评价标准体系

绿色建筑是一种理念，其终极目标是使建筑在为人们的生活、生产和开展各种社会活动创造一个适宜的空间的同时，尽可能少地占用和消耗各种资源，尽可能少地排放污染物和废弃物，尽可能少地产生对环境的影响。在我国，绿色建筑的特点被形象地归纳为节地、节能、节水、节材和保护环境，简称"四节一环保"，其中的保护环境也包含着创造一个适宜的室内环境。

达到"四节一环保"的目的，在不同的地区，对不同的建筑可以有很多种技术措施和管理措施，很难用一种整齐划一的技术规定来决定应该如何建造和运行绿色建筑。因此，绿色建筑评价标准和绿色建筑评价体系就应运而生。简言之，绿色建筑评价标准和体系就是通过给建筑的设计、建造、运行来评价定级，从而来引导绿色建筑的发展。

绿色建筑评价标准是一种比较特殊的标准。建筑行业最常见的标准是产品标准和工程标准，产品标准通常是规定相关产品的性能必须满足某些规定的指标，达到某个规定的等级，而工程标准通常是规定建筑在设计、建造和运行管理过程中某些事必须如何做，从而使建筑满足某个指定的要求。例如工程抗震设计规范，就是要求所设计和建造的建筑，必须通过一定的技术措施，保证建筑满足当地地震设防等级的要求。绿色建筑评价标准与上述两类标准不同，它不是规定建筑必须怎么设计和建造，而是引导设计、施工、运营的相关各方根据建筑的具体情况，采取各种适宜的技术措施，使建筑最终达到"四节一环保"的目标。

绿色建筑评价标准体系，是在绿色建筑评价标准的基础上发展建立起来的。由于功能和用途不同，不同类的建筑在其设计、建造和运营过程中差异很大。为了达到绿色建筑"四节一环保"的目的，用一本评价标准来引导各种不同功能和用途的建筑显然比较困难，难免无法顾及各类建筑的特点，因此需要一套绿色建筑评价标准体系来解决突出不同类型绿色建筑的特点。

目前，我国的绿色建筑评价标准体系正在发展和完善过程中，体系主要包含绿色建筑评价标准、绿色办公建筑评价标准、绿色商场建筑评价标准、绿色饭店建筑评价标准、绿色博览建筑评价标准、绿色医院建筑评价标准、绿色工业建筑评价标准、绿色校园评价标准等等。在这个体系中，绿色建筑评价标准是我国第一本绿色建筑评价标准，也是体系中最基础的标准。在这本基础标准中，规定了绿色建筑评价必须包括

"四节一环保"的评价内容和相应的评价指标，规定了绿色建筑的评分和定级的原则和方法等等。其他的评价标准均遵循统一的评价原则和评分定级原则，突出各自关照的某类建筑的特点。另外，绿色建筑评价标准也是居住建筑绿色评价的标准，同时也适用于其他的公共建筑绿色评价。

一、我国绿色建筑评价的早期发展

国标《绿色建筑评价标准》GB/T 50378—2006 的颁布实施是我国绿色建筑发展过程中的一个里程碑。从此以后，在国家的大力倡导和住房和城乡建设部的直接领导下，我国的绿色建筑工作以统一的模式、快速的步伐大规模地开展起来。

事实上，在 GB/T 50378—2006 颁布实施之前，建筑行业也已经开展过一些类似的建筑评估、评价工作，这些工作可以作为我国大规模开展绿色建筑工作的前期铺垫、准备和实践。

早在 1998 年，当时的建设部就根据我国房地产发展的形势开始推进"住宅性能评定"工作。1999 年，建设部标准定额司发文布置《住宅性能评定技术标准》的编制工作。该标准由建设部住宅产业促进中心与中国建筑科学研究院负责，会同有关单位组成编制组共同编制完成。

《住宅性能评定技术标准》将评定分为适用性能、环境性能、经济性能、安全性能、耐久性能五个方面。适用性能的评定内容包括：单元平面、住宅套型、建筑装修、隔声性能、设备设施、无障碍设施。环境性能的评定内容包括：用地与规划、建筑造型、绿地与活动场地、室外噪声与空气污染、水体与排水系统、公共服务设施、智能化系统。经济性能的评定内容包括：节能、节水、节地、节材。安全性能的评定内容包括：结构安全、建筑防火、燃气及电气设备安全、日常安全防范措施、室内污染物控制。耐久性能的评定内容包括：结构工程、装修工程、防水工程与防潮措施、管线工程、设备和门窗。评定的具体方法也是给 5 个性能分别打分，最后根据总分的高低给住宅定 A 级和 B 级。B 级住宅——执行了现行国家强制性标准，可以认为是性能合格的住宅，A 级住宅则是性能好的住宅，其中 A 级住宅又根据其得分的高低细分为 A 级、AA 级、AAA 级。

2001 年，全国工商联住宅产业商会公布了我国生态住宅技术标准《中国生态住宅技术评估手册》，虽然住宅产业商会是一个民间组织，但该技术标准由建设部科技司组织编写，建设部科技发展促进中心、中国建筑科学研究院、清华大学等单位参与了编写。该生态评估体系包括小区环境规划设计、能源和环境、室内环境质量、小区水环境、材料与资源五大指标。其中小区环境规划设计评估包括：小区区位选址、交通、降低噪声污染、日照与采光等小区微环境指标。能源和环境评估包括：建筑主体节能、常规能源系统的优化利用（采暖、空调、热水、炊食、照明系统）、可再生能源利用等。室内环境质量包括：室内热、光、声环境和空气品质。小区水环境评估包括：给排水系统、污水处理与利用、雨水利用、绿化与景观用水、节水器具和设施等。材料与资源评估包括：使用绿色建材、资源再利用、住宅室内装修、垃圾处理等等。该评估手册在住宅性能评定标准的基础上进一步突出生态性能，同时也将评估从单体建筑扩展到了小区。

显然，住宅建筑的性能评定以及生态住宅技术评估与后来的绿色建筑评价有许多相似之处，只是不如绿色建筑那样非常明确地突出"四节一环保"，没有强调建筑的全生命期，评价的建筑类型也仅限于住宅建筑或住宅小区。但它们却可以认为是我国绿色建筑评价工作的前期准备。

2002 年，为落实我国政府将 2008 北京奥运会办科技奥运、人文奥运、绿色奥运的承诺，国家科技部和北京市科委启动了奥运科技专项《奥运绿色建筑评估体系及标准的研究》。该项目由清华大学负责，联合中国建筑科学研究院、北京市建筑设计院、中国建筑材料科学研究院、北京环境科学研究院、北京工业大学等单位组成学科齐全的研究班子，共同开展研究工作。研究工作包括奥运绿色建筑评估指标的制定、评估分析工具的模拟预测软件系统及管理机制的研究等，其目的是保证奥运建筑达到绿色和可持续发展的目标，为我国发展绿色建筑起示范作用。绿色奥运建筑评估体系按照全过程监控、分阶段评估的指导思想，将评估分成 4 个阶段：规划与方案阶段、技术设计阶段、施工阶段、验收与运行管理阶段。针对这 4 个不同建设阶段的特点和要求，分别从环境、能源、水资源、材料与资源、室内环境质量等诸方面进行评估。每一评价条款都包括目的、要求、措施与评价等内容。每个阶段的总分为 100 分。每个阶段得分必须高于 60 分。各阶段的得分不直接加权，而是按照场地、能源、水、材料与资源、室内环境等不同方面，针对不同阶段各自所涵盖的内容和重要程度，进行加权计分，从而可从不同方面实现对奥运建筑的绿色评价。在建筑各阶段评估各自形成完整的体系，可以单独进行各阶段的评价，也可在建筑竣工后进行整体的"绿色"评价，这样可以避免建筑在设计或建造的前期阶段忽视"绿色"的各种影响因素而导致建筑最终验收时"绿色"不达标。

绿色奥运建筑评估体系评价方法和日本的 QL 绿色建筑评价体系非常接近，但在评价指标的量化程度上更进一步，对能源、建筑材料、水资源等具体的评价指标进行了科学的研究，对材料的评价采用了全生命期评价方法，对设计阶段材料的选择依据以资源消耗、能源消耗、环境污染、本地化、可再生性、旧建筑材料利用率、固体废物处置等方面进行评分。该评估体系直接为我国 2008 年北京奥运会实现"绿色奥运"的目标服务，依据这个评估体系，研究团队对各个奥运场馆开展了评估。虽然该评估体系在奥运后没有得到继续发展和推广，但它是我国绿色建筑评价发展历史过程中的一次重大尝试和实践，发挥过重要的作用。

二、《绿色建筑评价标准》简介

为了更好地推动和促进绿色建筑工作的进展，我国目前正在构建一个绿色建筑评价标准体系，该体系由《绿色建筑评价标准》GB/T 50378 和多本建筑的分类专用绿色评价标准组成，如《绿色办公建筑评价标准》《绿色商场建筑评价标准》《绿色饭店建筑评价标准》《绿色博览建筑评价标准》等等。《绿色建筑评价标准》（GB/T 50378）是该标准体系中第一本标准，也是体系中唯一的一本通用的、基础性的标准，在体系中发挥着重要的作用。

《绿色建筑评价标准》到目前为止有两个版本，2006 年的第一版和 2014 年的修订版。

《绿色建筑评价标准》GB/T 50378—2006 是总结我国绿色建筑方面的实践经验和研究成果，借鉴国际先进经验制定的第一部多目标、多层次的绿色建筑综合评价标准。该标准明确了绿色建筑的定义、评价指标和评价方法，确立了我国以"四节一环保"为核心内容的绿色建筑发展理念和评价指标体系。自 2006 年发布实施以来，该评价标准有效地指导了我国绿色建筑实践工作。另外，该标准已经成为我国各级、各类绿色建筑标准研究和编制的重要基础。

《绿色建筑评价标准》GB/T 50378—2006 明确了我国绿色建筑以"四节一环保"为核心内容，围绕着核心内容从全生命期的角度对建筑开展绿色评价。它将评价条文分成 3 类：控制项、一般项、优选项。绿色建筑依据达标条文的数量来确定等级，一共分为一星、二星、三星三级。三个星级的绿色建筑都必须首先满足所有控制项条文的要求，分别满足节地、节能、节水、节材、室内环境、运营管理六个方面一定数量的一般项条文的要求。优选项条文满足的难度相对较大，一星级绿色建筑没有优选项条文的达标要求，二星和三星级绿色建筑分别要求有 3 条和 5 条优选项条文达标。

《绿色建筑评价标准》GB/T 50378—2006 将建筑分成居住建筑和公共建筑两大类开展绿色评价，其中公共建筑主要包括办公、商场和旅馆三类建筑，这三类建筑占了公共建筑 70% 以上的比例。

《绿色建筑评价标准》GB/T 50378—2006 颁布实施以来，一直有力地推动着我国绿色建筑的发展，截止到 2013 年 12 月 31 日，全国共评出 1446 项绿色建筑评价标识项目，总建筑面积达到 16270.7 万平方米。所有这些项目的评审，都是按照这本标准开展的。

"十一五"期间，我国绿色建筑快速发展。随着绿色建筑各项工作的逐步推进，绿色建筑的内涵和外延不断丰富，各行业、各类别建筑践行绿色理念的需求不断提出，GB/T 50378—2006 已不能完全适应现阶段绿色建筑实践及评价工作的需要。因此有必要开展标准的修编工作。

2011 年 9 月，根据住房和城乡建设部的工作部署，《绿色建筑评价标准》GB/T 50378—2006 启动了修订工作。修订工作由中国建筑科学研究院和上海市建筑科学研究院牵头负责，参加单位主要有中国城市科学研究会绿色建筑与节能专业委员会、中国城市规划设计研究院、清华大学、中国建筑工程总公司、中国建筑材料科学研究总院、中国市政工程华北设计研究总院、深圳市建筑科学研究院有限公司、城市建设研究院、住房和城乡建设部科技发展促进中心、同济大学等。

经过两年多的工作，标准编制组完成了标准的修订工作。住房和城乡建设部于 2014 年 4 月 15 日发布第 408 号公告，批准《绿色建筑评价标准》为国家标准，编号为 GB/T 50378—2014，自 2015 年 1 月 1 日起实施（原《绿色建筑评价标准》GB/T 50378—2006 同时废止）。

《绿色建筑评价标准》GB/T 50378—2014 充分注意了标准的延续性，继续坚持以"四节一环保"为核心内容的绿色建筑发展理念，继续保留绿色建筑一星、二星、三星的定级制度，同时也在许多方面对原标准进行了实质性的修改。

《绿色建筑评价标准》GB/T 50378—2014 共分 11 章：总则、术语、基本规定、节地与室外环境、节能与能源利用、节水与水资源利用、节材与材料资源利用、室内环境质量、施工管理、运营管理、提高与创新。对于《绿色建筑评价标准》GB/T 50378—2006 修订的重点内容包括如下几个方面。

1. 适用建筑类型

《绿色建筑评价标准》GB/T 50378—2014 的适用范围，由原《绿色建筑评价标准》GB/T 50378—2006 中的住宅建筑和公共建筑中的办公建筑、商场建筑和旅馆建筑，进一步扩展至民用建筑各主要类型。其确定依据如下。

① 由近些年的绿色建筑评价工作实践来看，绿色建筑的内涵和外延不断丰富，各行业、各类别建筑践行绿色理念的需求不断提出。截至 2012 年年底，742 项绿色建筑标识项目中已有医疗卫生类 5 项、会议展览类 9 项、学校教育类 12 项，但具体评价中却反映出原《绿色建筑评价标准》GB/T 50378—2006 对于这些类型的建筑考虑得不够。

② 近些年先后立项了《绿色办公建筑评价标准》GB/T 50908—2013、《绿色商店建筑评价标准》《绿色饭店建筑评价标准》《绿色医院建筑评价标准》《绿色博览建筑评价标准》等针对特定建筑类型的绿色建筑评价标准，逐步在构建一个比较完整的绿色建筑评价标准体系。作为这个评价体系中的一本基础性标准，《绿色建筑评价标准》GB/T 50378—2014 对

包括上述建筑类型在内的各类民用建筑予以统筹考虑，比如评价指标体系的设立、评分和定级方法等，必将有助于各特定建筑类型的绿色建筑评价标准之间的协调，形成一个统一的绿色建筑评价体系。

③ 标准修编过程中，编制组开展了多次大规模的项目试评工作，其中也纳入了 4 项医疗卫生类、5 项会议展览类、7 项学校教育类以及航站楼、物流中心等建筑，初步验证了《绿色建筑评价标准》GB/T 50378—2014 对此的适用性。

2. 评价阶段划分

《绿色建筑评价标准》GB/T 50378—2006 要求评价应在建筑投入使用一年后进行。但在随后发布的《绿色建筑评价标识实施细则（试行修订）》（建科综［2008］61 号）中，已明确将绿色建筑评价标识分为"绿色建筑设计评价标识"（规划设计或施工阶段，有效期 2 年）和"绿色建筑评价标识"（已竣工并投入使用，有效期 3 年）。而且，经过多年的工作实践，证明了这种分阶段评价的可行性，以及对于我国推广绿色建筑的积极作用。因此，《绿色建筑评价标准》GB/T 50378—2014 在评价阶段上就作了明确的划分，分为设计评价和运行评价，便于更好地与相关管理文件配合使用。

3. 评价指标体系

指标大类方面，在原《绿色建筑评价标准》GB/T 50378—2006 中，节地与室外环境、节能与能源利用、节水与水资源利用、节材与材料资源利用、室内环境质量和运营管理 6 大类指标的基础上，《绿色建筑评价标准》GB/T 50378—2014 增加了"施工管理"，更好地实现对建筑全生命期的覆盖。

具体指标（评价条文）方面，根据前期各方面的调研成果，以及征求意见和项目试评两方面工作所反馈的情况，以标准修订前后达到各评价等级的难易程度略有提高和尽量使各星级绿色建筑标识项目数量呈金字塔形分布为出发点，通过补充细化、删减简化、修改内容或指标值、新增、取消、拆分、合并、调整章节位置或指标属性等方式进一步完善了评价指标体系（汇总情况见表 1.3）。

4. 评价定级方法

根据对于《绿色建筑评价标准》GB/T 50378—2006 的修订意见和建议，修订组在第一次工作会议上就确定了采用量化评价手段。经反复研究和讨论，《绿色建筑评价标准》GB/T 50378—2014 的评价方法定为逐条评分后分别计算各类指标得分和加分项附加得分、然后对各类指标得分加权求和并累加上附加得分计算出总分。等级划分则采用"三重控制"的方式：首先仍与原《绿色建筑评价标准》GB/T 50378—2006 一致，保持一定数量的控制项，作为绿色建筑的基本要求；其次每类指标设固定的最低得分要求；最后再依据总得分来具体分级。

严格地讲，上述"各类指标得分"和"总得分"实际上都是"得分率"。因为建筑的情况多样，各类指标下的评价条文不可能适用于所有的建筑，对某一栋具体的被评建筑，总有一些评价条文不能参评。因此，用"得分率"来衡量建筑实际达到的绿色程度更加合理。但是在习惯上，"按分定级"更容易被理解和接受，《绿色建筑评价标准》GB/T 50378—2014 在"基本规定"章中规定了一种折算的方法，避免了在字面上出现"得分率"。表 1.4 给出了一个分值计算示例。表 1.4 中"理论满分"是某类评价指标所有评价条文的分值之和（除创新和提高外，每类指标都是 100 分），"实际满分＝理论满分（100 分）－Σ不参评条文的分值""评价得分"是实际评价的直接得分，"折算得分＝评价得分/实际满分×100"。

表 1.3 《绿色建筑评价标准》GB/T 50378—2014 评价指标体系（不含加分项）

项目	节地与室外环境	节能与能源利用	节水与水资源利用	节材与材料资源利用	室内环境质量	施工管理	运营管理
控制项	1. 选址合规 2. 场地安全 3. 污染源 4. 日照标准	1. 节能设计标准 2. 电热设备 3. 用能分项计量 4. 照明功率密度	1. 水资源利用方案 2. 给排水系统 3. 节水器具	1. 禁限材料 2. 400MPa钢筋 3. 建筑造型要素	1. 室内噪声级 2. 构件隔声性能 3. 照明数量与质量 4. 空调设计参数 5. 内表面结露 6. 内表面温度 7. 室内空气污染物	1. 施工管理体系 2. 施工环保计划 3. 职业健康安全 4. 绿色专项会审	1. 运行管理制度 2. 垃圾管理制度 3. 污染物排放 4. 绿色设施工况 5. 自控系统工况
评分项	1. 节约集约用地 2. 绿化用地 3. 地下空间 4. 光污染 5. 环境噪声 6. 风环境 7. 降低热岛强度 8. 公交设施 9. 人行道无障碍 10. 停车场所 11. 公共服务设施 12. 生态保护补偿 13. 绿色雨水设施 14. 场地径流总量 15. 绿化方式与植物	1. 建筑设计优化 2. 外窗幕墙可开启 3. 热工性能 4. 冷源源机组 5. 输配系统 6. 系统选择优化 7. 过渡季节能 8. 部分负荷节能 9. 照明功率密度 10. 照明控制 11. 电梯扶梯 12. 其他电气设备 13. 排风热回收 14. 蓄冷蓄热 15. 余热废热 16. 可再生能源	1. 节水用水定额 2. 管网漏损 3. 超压出流 4. 用水计量 5. 公用浴室 6. 卫生器具 7. 绿化灌溉 8. 空调冷却技术 9. 其他技术措施 10. 非传统水源 11. 冷却水补水 12. 景观水体	1. 建筑形体规则 2. 结构优化 3. 土建装修一体化 4. 灵活隔断 5. 预制构件 6. 整体化厨卫 7. 本地材料 8. 预拌混凝土 9. 预拌砂浆 10. 高强结构材料 11. 高耐久结构材料 12. 可循环利用材料 13. 利废材料 14. 装饰装修材料	1. 室内噪声级 2. 构件隔声性能 3. 噪声干扰 4. 专项声学设计 5. 户外视野 6. 采光系数 7. 天然采光优化 8. 可调节遮阳 9. 空调末端调节 10. 自然通风优化 11. 气流组织 12. IAQ监控 13. CO监测	1. 施工降尘 2. 施工降噪 3. 施工废弃物 4. 施工节能 5. 施工用水 6. 混凝土损耗 7. 钢筋损耗 8. 定型模板 9. 绿色专项实施 10. 设计变更 11. 耐久性检测 12. 土建装修一体化 13. 竣工调试	1. 管理体系认证 2. 操作规程 3. 管理激励机制 4. 教育宣传机制 5. 设施检查调试 6. 空调系统清洗 7. 非传统水源记录 8. 智能化系统 9. 物业管理信息化 10. 病虫害防治 11. 植物生长状态 12. 垃圾站(间) 13. 垃圾分类

表 1.4 《绿色建筑评价标准》GB/T 50378—2014 评分算例（公共建筑运行评价） 单位：分

评价指标类别	理论满分	实际满分	评价得分	折算得分	分项权重	计算值	总得分
节地与室外环境	100	90	90	100	13%	13	
节能与能源利用	100	87	87	100	23%	23	
节水与水资源利用	100	90	81	90	14%	12.6	
节材与材料资源利用	100	80	40	50	15%	7.5	84.1
室内环境质量	100	90	72	80	15%	12	
施工管理	100	50	20	40	10%	4	
运营管理	100	76	76	100	10%	10	
创新与提高	16	10	2	—	—	2	

　　绿色建筑量化评分的方式现已非常成熟，目前通行于世界各国的绿色建筑评价体系之中。而引入权重、计算加权得分（率）的评分方法，也早为英国 BREEAM、德国 DGNB 等所用，并取得了较好的效果。《绿色建筑评价标准》GB/T 50378—2014 中加入的大类指标最低得分率，则是一种避免参评建筑某一方面性能存在"短板"的措施，并已通过项目试评工作论证了控制最低得分率的必要性。

5. 加分项评价

　　为了鼓励绿色建筑在节约资源、保护环境等技术、管理上的创新和提高，同时也为了合理处置一些引导性、创新性或综合性等的额外评价条文，参考国外主要绿色建筑评估体系创新项的做法，《绿色建筑评价标准》GB/T 50378—2014 设立了加分项。加分项包括规定性方向和可选方向两类，前者有具体指标要求，侧重于"提高"；后者则没有具体指标，侧重于"创新"。加分项最高可得 10 分，实际得分累加在总得分中。

6. 评价条文分值

　　《绿色建筑评价标准》GB/T 50378—2014 的评价分值以 1 分为基本单元，按照评价条文在本章内的相对重要程度赋予不同分值。而在某些评价条文内，也可分别针对不同建筑类型分别设项（并列式），也可根据指标值大小分别设评分项（递进式），进一步细化了评分。此外，各章评价条文分别由相关专业的专家组成的专题小组编写并分配分值，有利于提高其专业性和可行性。

7. 各等级分数要求

　　《绿色建筑评价标准》GB/T 50378—2014 不仅要求各个等级的绿色建筑均应满足所有控制项的要求，而且要求每类指标的评分项得分不小于 40 分。对于一星、二星、三星级绿色建筑，总得分要求分别为 50 分、60 分、80 分。这是修订组从国家开展绿色建筑行动的大政方针出发，综合考虑评价条文技术实施难度、绿色建筑将得到全面推进、高星级绿色建筑项目财政激励等因素，经充分讨论、反复论证后的结果。

　　《绿色建筑评价标准》GB/T 50378—2006 以达标的条文数量为确定星级的依据，《绿色建筑评价标准》GB/T 50378—2014 则以总得分为确定星级的依据。就修订前后两版标准星级达标的难易程度，修订组对两轮试评的 70 余个项目的得分情况进行了分析，得出的结论是：一星、二星级难度基本相当或稍有提高，三星级难度提高较为明显。之所以规定三星级达标分为 80 分，适当提高难度，主要是希望国家的财政补贴主要用在提高建筑的"绿色度"上，而非减少开发商的实际支出；另外，适当提高三星级的达标难度也有助于推动我国绿色建筑向着更高的水平发展。

　　对于上述各项内容，标准审查委员会专家也一致认可，标准审查委员会认为：标准修订稿的评价对象范围得到扩展，评价阶段更加明确；评价方法更加科学合理；评价指标体系完善，克服了编制中较大的难度，且充分考虑了我国国情，具有创新性。标准的实施将对促进我国绿色建筑发展发挥重要作用。标准架构合理、内容充实，技术指标科学合理，符合国情，可操作性和适用性强，总体上标准编制达到国际先进水平。

三、我国绿色建筑评价标准与国外相关评价体系的对比

世界其他国家的绿色建筑评价体系主要有英国 BREEAM、美国 LEED、日本 CASBEE、德国 DGNB、澳大利亚 Green Star、新加坡 Green Mark 等。

英国的 BREEAM（Building Research Establishment Environmental Assessment Method）是国际上最早成形的绿色建筑评价体系，1990 年首发，2011 年最近一次修订，在世界上享有很好的声誉。

美国的 LEED（Leadership in Energy and Environmental Design）是世界上推广最好的绿色建筑评价体系。1998 年首发，2013 年最近一次修订。目前，LEED 系统在世界上推广最好，主要原因并不在它的技术先进，而是得力于美国国内市场大，美国的国际影响大，以及美国最善于做市场化运作。LEED 在中国也有不少认证的建筑项目，虽然其中的不少项目在技术上受到业界人士的指责，但这并没有影响业主们申请认证的热情。

日本的 CASBEE（Comprehensive Assessment System for Building Environmental Efficiency）于 2003 年首发，2010 年最近一次修订。与绝大多数国家的绿色建筑评价系统都不相同，CASBEE 使用了一种 Q/L 评级方法。Q 就是 Quality，指室内环境质量、建筑服务水平、室外环境质量。L 就是 Load，指建筑消耗的能源、水源、消耗的材料以及对周边环境的不利影响。依据质量除以负荷的结果来给绿色建筑定级，有其独到之处。比如一栋建筑其 Q 得分并不很高，但只要其 L 分低到一定的程度，仍旧可以被认定为高等级的绿色建筑。

德国的 DGNB（Deutsche Gesellschaft für Nachhaltiges Bauen）是上述几个体系中最年轻的一个绿色建筑评价体系，首发时间是 2008 年，甚至于比我国的《绿色建筑评价标准》发布还晚了两年。但是得益于德国的技术基础雄厚和一贯认真细致的精神，DGNB 的体系非常的严谨和系统。比如为了评价一栋建筑物的直接和间接碳排放量，DGNB 的支持数据库提供了德国几乎所有建筑材料的全国平均生产能耗，隐含的碳排放量等等基础数据。这些数据甚至还包括材料回收再利用能够抵消多少碳排放量。

在上述这些绿色建筑评价体系中，《绿色建筑评价标准》GB/T 50378—2014 与 BREEAM 在评价指标体系、评分和定级方法等方面最接近。

英国（BREEAM）、美国（LEED）、日本（CASBEE）、中国（GB/T 50378）、德国（DGNB）的基本内容汇总见表 1.5。

绿色建筑的一个非常重要的原则就是"因地制宜"，各国的国情差异很大，自然资源禀赋、气候条件、经济和技术发展水平、历史文化传统等等都差异很大，因此无法用统一的尺子来衡量各国的绿色建筑评价体系孰优孰劣。除了 LEED 依靠美国在国际上的重要影响和成功的商业运作，在包括我国在内的其他国家大规模的推行 LEED 认证外，其他国家的绿色建筑评价体系基本上都限于在本国应用，在国外的推广应用都很有限甚至没有。适合本国国情和发展阶段的评价体系就是最好的体系。尤其是我国幅员辽阔，气候多样性，人均资源占有量大都低于世界平均水平，当前又正处于城镇化的高速发展阶段，这样一些制约条件决定我国的绿色建筑评价标准肯定有别于其他一些发达国家，必须依靠我们自己的力量逐步建立和完善，当然在这个发展过程中，我国也要注意吸收国际上其他评价体系的优点和长处。

表1.5　世界主要绿色建筑评价标准（体系）对比

国家	英国 BREEAM	美国 LEED	日本 CASBEE	中国 GB/T 50378	德国 DGNB
发布更新	1990 年首发，1998 年、2008 年、2011 年进行了三次大的更新	1998 年首发，2000 年、2009 年、2013 年进行了三次大的更新	2003 年首发，2008 年、2010 年进行了两次大的更新	2006 年首发，2013 年进行了更新	2008 年首发，2010 年进行了更新
评价方法	评分(得分率)	评分(百分制)	评分(比率值)	评分(得分率)	评分(得分率)
指标层级	二级	二级	三级	三级	二级
一级指标	管理、健康舒适、能源、交通、水、材料、废弃物、用地与生态、污染、创新	可持续场地、节水、能源与大气层、材料与资源、室内环境质量、区位与交通、创新性设计、地区优先级	室内环境、服务设置、室外环境、能源、资源与材料、场地外环境	节地与室内环境、节能与能源利用、节水与水资源利用、节材与材料资源利用、室内环境质量、施工管理、运行管理	环境质量、经济质量、社会与功能质量、技术质量、过程质量、场地质量
具体指标	49 个(NC)	69 个(BD&C)	52 个(NC)	138 个	61 个(部分下设子指标)
评价种类	新建（NC）、改造（Refurbishment）、住宅（EcoHomes）、社区（Communities）、运营（In-Use）	新建（BD&C）、内装（ID&C）、既有（EB O&M）、住宅（Homes）、社区开发（ND）	新建（NC）、既有（EB）、改造（Renovation）、城市区域（UD）、热岛效应（HI）、城市（Cities）、单栋住宅 H（DH）、临时（TC）	设计评价、运行评价	新建（New），含更新、租户内装、既有（Existing）
类型细分	办公、工业、商场、教育、医院、监狱、法院、酒店、多层住宅、机房、住宅	通用，但对住宅、学校、商场、饭店、医院、机房、物流等建筑单独评价	办公、学校、商场、餐饮、会所、工业、医院、宾馆、公寓、单栋住宅	另有工业、办公、商店、医院、旅馆、博览	办公、教育、商场、酒店、工业、医院、实验、城市区域、装配式
等级划分	杰出（Outstanding）、优异（Excellent）、优秀（Very Good）、良好（Good）、通过（Pass）	铂金（Platinum）、金（Gold）、银（Silver）、认证（Certified）	五星或 S、四星或 A、三星或 B⁺、二星或 B⁻、一星或 C	三星、二星、一星	金（Gold）、银（Silver）、铜（Bronze）

第三节　我国绿色建筑对建筑材料的要求

　　我国绿色建筑的目标被形象地定义为"四节一环保"，即节能、节水、节地、节材和保护环境，其中"保护环境"又隐含着创建一个良好的室内环境和小范围的建筑室外环境。

　　"四节一环保"中的节能、节水、节地、节材和保护环境之间既有区别和侧重，又有相互关联。其中"节材"最能体现这个特点。众所周知，建筑离不开各种建材，而建材的生产又消耗大量的能源和资源，如果考虑生产建材的所需原材料的开采和制备，建材的生产还与节地和环境保护密切相关。因此，广义的"节材"对绿色建筑非常重要。所谓广义的"节材"首先是选择一个良好合理的建筑体形使其受力合理。随着设计、建造技术的进步，当今世界体形怪异、受力不合理的建筑并不鲜见。这类建筑可以确保安全和使用，但这都是要付出巨大代价的，直接的代价就是造价高，其背后就是要多采取非常规的构造措施，多消耗大量的建筑材料甚至高性能的特殊建筑材料。这一点与绿色建筑的宗旨是根本违背的。当然，社会的多样性决定了建筑不可能都简单划一，一个城市、一个国家建一些地标性的建筑也是应该的，既可以反映该城市的特点和文化，聚拢人气，促进当地经济和社会的发展，又可以给人以鼓舞和精神上的享受。然而，过多地、片面地追求建造超高超限外形奇特的建筑，追求所谓的视觉冲击，有时甚至不计代价，是技术界乃至全社会应该坚决反对的。

在最新的《绿色建筑评价标准》GB 50378—2014 中就设有关于建筑体形是否规则，受力是否合理的评分条文。当然该条文的设立并不能彻底阻止怪异奇特建筑的出现，但至少表明了一种态度，即绿色建筑追求简洁，希望建筑回归理性，理性的美才是一种真正的美、健康的美。

绿色建筑对建筑材料的具体要求主要体现在以下几个方面：一是建筑材料能够有助于延长建筑的使用寿命；二是建筑材料的生产和运输过程本身是节能、节水、节约矿产资源和环保的；三是建筑材料的功能和性能有助于建筑的节能环保；四是建筑材料最好能易于回收再利用。一种建筑材料要同时具备以上所有的优点，或者说满足上述所有的要求是不太现实的。因此，在材料的选择上应该结合建筑的特点突出重点。

一、建筑材料应具有长的使用寿命

建筑的长寿命是一种根本意义上的节材。耐久、耐候是建筑材料最重要的性能要求之一。近年来，国内的建筑行业正在关注"百年建筑"这样一个命题。要使建筑的寿命达到百年甚至更长，设计和建造技术固然起着非常关键的作用，同时建筑材料本身的使用寿命也是至关紧要的，没有百年的建材何来百年的建筑？从一个宏观的角度看，地球表面最大量的人类痕迹就是建筑，建筑平均寿命的长短当然直接涉及节约还是浪费的问题。从一个微观的角度讲，虽然随着技术的进步，建筑材料的回收和利用越来越变得可能，但无论技术如何进步，回收和再利用总是和再次消耗大量的能源和资源联系在一起的。从这个意义上来说，保证建筑材料耐久性、耐候性，延长建筑的使用寿命对节能、节水、保护环境是非常重要的。可以说，建筑材料的长寿命是建筑长寿的基本保证，也是绿色建筑"节材"的根本。

二、建筑材料的生产过程要节约资源和降低环境污染

建筑材料的种类非常多，建筑材料的生产是非常耗费资源的，常常还伴随着严重的环境污染。例如，最大宗的建材水泥和钢材的生产需要大量的原材料，耗费大量的燃料和水，不可避免地伴随着大量废气、废水和粉尘的排放，严重影响着周边的环境。近年来，京津地区雾霾天气出现得越来越频繁，河北省大量新建的钢铁厂和水泥厂很可能是主要原因之一。河北省大量存在的小规模钢铁厂和小型水泥炉窑，生产技术工艺落后，产品质量低，单位产量的能耗和水耗高，又大大加剧了这种环境污染的现象。除水泥钢铁之外，砖瓦这样的传统建材同样也存在着资源耗费大和破坏环境的问题。秦砖汉瓦在我国沿用了 2000 年，到了现代，城市发展的规模越来越大，耕地资源越来越紧缺，而传统的砖瓦生产不仅消耗大量的燃料，而且消耗大片的耕地，以至于国家在很多地区都实行了严格的禁黏（禁止使用黏土砖）、禁实（禁止使用实心黏土砖）的政策。因此，绿色建材很重要的一个方面就是降低生产能耗、水耗和原材料消耗。通过技术创新，不断地改进工艺，无疑是降低生产能耗、水耗和原材料消耗的一条最重要的途径。取缔关闭一批规模过小的钢铁厂、水泥厂也是达到同样目的的另一条必要的途径。实践证明，由于受技术和成本的限制，规模过小的钢铁厂、水泥厂无法根治产品质量差、能耗水耗高、污染排放失控的顽疾。

三、建筑材料及其制品应具有高的性能和功能

建筑材料的性能和功能的提升对绿色建筑而言更是非常重要。高强钢筋和高标号混凝土

的大规模推广使用可以相当可观地节省钢筋和水泥的用量。各种特种水泥的出现，使得各种高性能混凝土能满足建筑所提出的一些特殊需要。这也是一种直接的"节材"。

众所周知，绿色建筑一个很重要的特征就是它具有良好的保温隔热性能，而这种性能依赖于高效保温材料的大量应用。"建筑节能"的概念明确提出大约是在20世纪70年代，在此之前，建筑围护结构（墙、窗、屋顶等）的保温隔热性能不太受关注，冬天室内温度过低，人们就加大供暖的力度。我国北方地区建筑的墙体主要是砖墙，在京津一带，墙体基本上就是所谓的37墙或一砖半墙。一块砖的长度约为25cm，宽度约为长度的一半，37墙也就是一块纵砖加一块横砖的厚度。到了沈阳多为50墙或二砖墙，更冷的地方如哈尔滨就用62墙或二砖半墙。当时没有高效的保温墙材，只能靠增加砖墙的厚度来抵御不同的严寒。

20世纪70年代，中东战争引起了西方世界的第一次能源危机，欧洲的一些发达国家突然发现冬季采暖的能源供应出现了严重的危机。为了降低对中东阿拉伯国家能源资源的依赖，他们发现大幅提高建筑围护结构的保温性能，可以降低采暖能耗而同时保持室内舒适的温度。于是建筑节能就从应用高效保温材料提高建筑的保温性能开始了。时至今日，欧洲节能建筑的这个重要发展方向之一仍在继续。以德国的超低能耗住宅、被动房为例，其结构墙体外面敷设的EPS保温板的厚度甚至达到了30cm，这一层保温材料层的保温性能与600mm厚的黏土砖墙相当。

我国的建筑节能工作开始于20世纪80年代，从那时起，建材行业持续不断地从发达国家引进高效保温材料的生产技术。先是引进加气混凝土生产技术，后是引进岩棉矿棉生产技术，再后来是聚苯乙烯泡沫板、聚氨酯等。目前，国际上几乎所有的高效保温材料国内都具有相当可观的生产能力。正是具有了这样的生产能力，才使得我国能够全面开展建筑节能工作。

选择和使用好的建筑材料，一方面要考虑材料本身的保温隔热性能，另一方面也要考虑材料生产过程的资源消耗和环境污染情况，除此之外，考虑材料的安全性和耐久性也非常重要。我国地域辽阔，气候多变，根据一月和七月的平均温度，960万平方公里国土被分为严寒、寒冷、夏热冬冷、夏热冬暖、温和五大气候区。在严寒和寒冷地区，由于保温要求高，选择墙体复合的高效保温材料可能首要考虑的因素是材料的保温性能，其次才是材料的使用寿命和其他因素。而在夏热冬冷和夏热冬暖地区，对保温材料的保温性能要求肯定不如在严寒和寒冷地区那么高，因此可以多考虑材料的使用寿命。另外，高效保温材料大都为有机材料，防火性能差，近几年来的几次建筑火灾造成了重大的人员伤亡。为预防火灾事故的发生，保温材料的防火性能也越来越受到业界的关注，显然这也是绿色建筑选用建材时的重要因素之一。有机材料的寿命一般都会显著地短于以钢筋混凝土为代表的建筑结构材料，虽然目前的技术水平还无法生产出既具有非常高的保温性能同时又具有与建筑结构材料同寿命的有机保温材料，但尽量选用寿命长的有机保温材料也是绿色建筑选用保温材料的一个重要考量。绿色建筑又讲求全生命期，考虑到有机保温材料更换拆除之后的循环再利用也是很重要的。

四、建筑材料要易于回收再利用

建筑材料易于回收再利用对绿色建筑而言也是非常重要的。绿色建筑的理念中很重要的一个特点就是"全生命期"，"四节一环保"不仅要在规划、设计、建造、使用过程中得以体现，而且还要在建筑的拆除过程中也有所体现。在建筑的拆除过程中体现节材，回收再利用无疑是最重要的。再利用又可分成两种不同的程度。最理想的当然是不加处理或经过简单的清理和修复直接应用于新的建筑中，如某些建筑构件，室内的活动分隔和围挡，以及木墙板、木地板等装修材料。另一种是回收的旧建材作为原材料通过再次生产过程成为新的建筑材料，如钢铁、玻璃的回炉再生等。随着技术的进步，回收混凝土、破碎砖瓦等旧建筑拆除固体废弃物，就地生产成墙材等新建筑材料也已经成为可能。这种回收再利用的方式非常值得提倡，节约资源和保护环境的意义也很明显很重大。但是这种就地回收再生产的模式受制于经济原因一时还难以推广普及。当今社会，许多有利于节约、环保的事情都受制于经济的原因推广普及受阻。其实所谓的经济原因主要还是未将环境成本考虑在内。直接成本事关生产者和消费者，马上就能看得清清楚楚。而环境成本事关大众、事关社会，其影响也非当时能够显现。但一旦环境受到破坏，其影响非同小可，需要极大的社会成本和时间加以修复，甚至根本无法彻底修复。随着人们对保护环境重要性认识的不断提高，将环境成本转化为直接成本的步伐肯定会加快，碳交易就是一个很好的例子。一旦环境成本转化为直接成本，很多生产过程的经济性就不得不重新审视。

无论技术如何进步，百分之百的建筑材料直接和间接回收再利用也是不太可能的，当建筑拆除时，大量的旧建筑材料肯定还会是固体废弃物。因此，除考虑回收再利用外，使用易于破碎风化和自然降解，最终无毒无害地回归自然的建筑材料也是非常重要的。特别是当今的建筑大量的使用各种塑料等化学材料，这类材料的无毒快速降解特性是非常有必要加以重视和考虑的。同样是受制于经济原因，目前整个社会对这方面的关注还远远不够。

以上从几个方面简述了绿色建筑对建筑材料的基本要求。一方面建筑材料很难同时满足上述各方面的要求；另一方面从更细处着眼，这些要求也非绿色建材的全部。近10年来，我国的绿色建筑在政府的强力推动下已经取得了长足发展，政策和法规体系都已基本建立。但是，目前绿色建筑的发展与绿色建材的发展似乎还缺乏直接的关联，这不能不说是一个缺憾，因为毕竟建筑是离不开建筑材料的。2012年，国家财政部与住房和城乡建设部联合发布《关于加快我国绿色建筑发展的实施意见》，其中明确提出"加大高强钢、高性能混凝土、防火与保温性能优良的建筑保温材料等绿色建材的推广力度。要根据绿色建筑发展需要，及时制定发布相关技术、产品推广公告、目录，促进行业技术进步"等要求。

目前住房和城乡建设部正在着手开展我国绿色建材的认定工作，随着认定工作的开展，绿色建材的概念一定会越来越清晰、越来越完整、越来越能满足绿色建筑的需求。

第二章
绿色建材的研究和评价技术

　　材料产业支撑着人类社会的发展，为人类带来了便利和舒适，但同时在材料的生产、处理、循环、消耗、使用、回收和废弃的过程中也带来了沉重的环境负担。这促使各国材料研究者重新审视材料的环境负荷性，研究材料与环境的相互作用，定量评价材料生命周期对环境的影响，研究开发环境协调性的新型材料。建筑材料工业是主要的原材料基础工业，同时也是资源过度消耗、能源短缺和环境污染的主要原因之一。绿色建材是生态环境材料的一个分支，对绿色建材的基础理论的探讨、产品开发及评价是各国建材工作者非常重要的研究内容。

第一节　绿色建材的研究现状

一、绿色建材的定义及内涵

　　"绿色建材"是从"绿色材料"和"生态环境材料"的定义演变而来的。"绿色材料"是20世纪80年代后期世界各国为适应全球环保战略，进行产业结构调整的产物。1988年第一届国际材料科学研究会议上首次提出了"绿色材料"这一概念。1992年国际学术界给其以明确的定义：绿色材料是指在原料采集、产品制造、使用或者再循环以及废料处理等环节中对地球环境负荷最小和有利于人类健康的材料。

　　1990年，日本学者山本良一提出"生态环境材料"的概念，认为生态环境材料应是将先进性、环境协调性和舒适性融为一体的新型材料。我国左铁镛院士提出：生态环境材料是同时具有满意的使用性能和优异的环境协调性，或者是能够改善环境的材料。1998年，在国家科学技术部、国家863新材料领域专家委员会、国家自然科学基金委员会等单位联合组织的"生态环境材料研究战略研讨会"上，提出生态环境材料的基本定义为：具有满意的使用性能和优良的环境协调性，或能够改善环境的材料。所谓环境协调性是指所用的资源和能源的消耗量最少，生产与使用过程对生态环境的影响最小，再生循环率最高。

　　绿色建材是绿色材料和生态环境材料在建筑材料领域的延伸，从广义上讲，绿色建材不是一种单独的建材产品，而是对建材"健康、环保、安全"等属性的一种要求。1999年，在我国首届全国绿色建材发展与应用研讨会上首次提出绿色建材的定义，指出绿色建材是采用清洁生产技术，不用或少用天然资源和能源，大量使用工农业或城市固态废物生产的无毒害、无污染、无放射性，达到使用周期后可回收利用，有利于环境保护和人体健康的建筑材料。根据这一定义，绿色建材不仅仅是指在使用中对环境没有危害、对人类健康没有影响的建筑材料，而且还要求建筑材料在原料采集、制备生产、使用消费、循环利用、资源再生等整个生命周期对环境均是有利的。

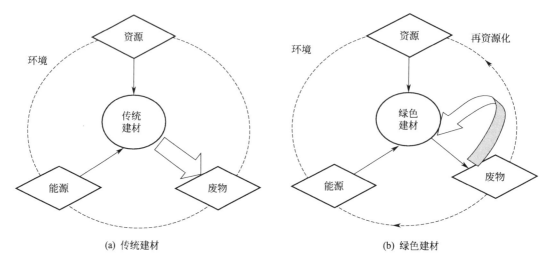

图 2.1　传统建材及绿色建材与环境关系示意

图 2.1 通过对传统建材与绿色建材和环境关系的对比，反映了绿色建材与环境保持着良好的协调性。可以看出，传统建材的生产、使用和废弃的过程是一种提取资源、消耗能量，再大量地将废弃物排回到环境之中的恶性循环过程。而绿色建材对资源和能源消耗少，对生态环境破坏性影响小，且再生循环利用率高，有利于环境资源和能源的循环再生。

总体而言，绿色建材区别于传统建材的基本特征可以归纳为以下几个方面。

1. 建筑材料的环境特性

绿色建材要在其整个生命周期中对环境产生尽可能少的影响，从原材料获取与加工、生产与制造、使用维护以及废弃处理过程中都应具有良好的环境协调性，不危及人身健康与安全，资源和能源消耗低、环境污染小、废弃物排放少，正常使用寿命内便于维护，当其丧失使用功能时应具有一定的回收利用性。

2. 建筑材料的功能特性

绿色建材首先应具有优良的使用功能和可靠的质量保证，又要有优良的功能特性。绿色建材应以改善居住环境为目的，不仅不应损害人体健康，还应有益于人体健康，具有抗菌、防霉、调温湿、隔热、隔声、抗静电等多种功能。

3. 建筑材料的多生命周期特性

在进行绿色建材设计和评价时，应从建材的整个生命周期考虑问题，从而实现建材的环境特性和功能特性。绿色建材的生命周期不但包括本代建材的生命周期的全部时间，而且还包括废弃或停止使用以后各代建材中的循环使用或循环利用的时间。

二、在我国发展绿色建材的意义和必要性

截至 2012 年年底，我国建材行业年工业产值达到 40979.17 亿元，同比增长 36.86%。表 2.1 是 2009~2013 年来我国主要原材料的产量统计，表 2.1 中所有材料的产量都占世界第一。相应地，建筑材料对资源和环境的影响也列第一位。以我国建筑材料生产而言，目前每年生产各种建筑材料要消耗资源 50 亿吨以上，消耗能源达 2.2 亿多吨标准煤，破坏农田

0.7 万公顷。每生产 1t 普通硅酸盐水泥熟料要排放 0.527t CO_2，每生产 1t 建筑石灰要排放 0.4t CO_2，仅这两种产品每年排放 CO_2 达 10 亿多吨。再加上生产玻璃、陶瓷、砖瓦等消耗燃料产生的废气，全国建材工业每年排放的 CO_2 达 15 亿吨以上，占我国温室效应气体排放总量的 1/3，是造成地球温室效应的主要原因之一。

表 2.1　2009~2013 年我国主要原材料产量统计

原材料	钢/亿吨	水泥/亿吨	平板玻璃/亿箱	有色金属/万吨	建筑陶瓷/亿立方米
2009 年	5.68	16.3	5.79	2681	67.24
2010 年	6.27	18.7	6.30	3153	78.09
2011 年	6.83	20.6	7.38	3424	87.01
2012 年	7.16	21.8	7.14	3691	89.93
2013 年	7.79	24.1	7.79	4029	96.90

表 2.2 是我国主要建材产品能源消耗与世界水平的比较结果。可见，我国的主要建材产品水泥、玻璃、建筑卫生陶瓷的能耗都比国外同类产品的能耗高 10%~50%。不过我们也应该看到，我国在降低建筑材料综合能耗方面，近些年来已经取得了长足进步。在 2005 年以前，我国主要建筑材料产品的综合能耗甚至高达世界水平的 50%~200%。

表 2.2　我国主要建材产品能源消耗与世界水平的比较

项　　目	我国	国外先进水平	我国与国外比较
水泥熟料烧成能耗/(kg 标煤/t 熟料)	90	73	高 20%~25%
平板玻璃综合能耗/(kg 标煤/重量箱)	16.5	14.7	高 13%
建筑陶瓷综合热耗/(kg 标煤/m³)	2.5~9.5	0.77~6.42	平均高 50%
卫生陶瓷综合热耗/(kg 标煤/t)	330~670	238~467	平均高 40%

长期以来，人们生产与使用传统建材，只考虑其使用性能，而忽视其对生态环境与社会发展的影响。传统建材在生产过程中不仅消耗大量的天然资源和能源，还向大气中排放大量的有害气体（CO_2、SO_2、NO_x 等），向地域环境排放大量固体废物，向水域环境排放大量污水。某些建筑装饰、装修材料在使用过程中释放出对人体健康有害的挥发物。废旧的建筑物与构筑物被拆除后，被废弃的建筑材料通常不再利用，而成为又一环境污染源。建筑材料和建筑工程造成的环境问题主要有以下几个方面。

1. 产生大气污染

建材工业是仅次于电力工业的全国第二位耗能大户。煤、油、燃气大量燃烧排出 CO_2、SO_2、SO_3、H_2S、NO_x、CO 等气体。在水泥、石棉等建筑材料生产和运输过程中产生大量粉尘。化学建材中塑料的添加剂、助剂的挥发，涂料中溶剂的挥发，黏结剂中有毒物质的挥发等都对大气带来各种污染。

2. 产生建筑垃圾

建筑垃圾也就是建设、施工单位或个人对各类建筑物、构筑物、管网等进行建设、铺设或拆除、修缮过程中所产生的渣土、弃土、弃料、余泥及其他废弃物。还有废建筑玻璃纤维、陶瓷废渣、金属、石棉、石膏、装饰装修中的塑料、化纤边料等都需要再生利用。目前，我国建筑垃圾的数量已占到城市垃圾总量的 30%~40%。以每万平方米 500~600t 的标准推算，到 2020 年，我国还将新增建筑面积约 300 亿平方米，新产生的建筑垃圾将是一个令人震撼的数字。然而，绝大部分建筑垃圾未经任何处理，便被施工单位运往郊外或乡村，露天堆放或填埋，耗用大量的征用土地费、垃圾清运费等建设经费，同时，清运和堆放过程中的遗撒和粉尘、灰砂飞扬等问题又造成了严重的环境污染。

3. 排放废水产生污染

国家规定，混凝土拌和用饮用水，一般都用自来水，pH 要求大于 4。但建筑工地废水（混凝土搅拌地）碱性偏高，pH＝12～13，还夹杂具有可溶性、有害的混凝土外加剂。水泥厂及有关化学建材生产企业超标废水大量排放。还有窑灰和废渣乱堆或倒入江湖河海，造成水体污染。

4. 消耗大量可耕土地

每生产一亿块黏土砖，就要用去 1.3×10^4 m² 土地，对我国人口众多、人均土地偏少的国家是很严重的资源浪费。

5. 产生噪声和强烈的振动

建筑施工中建筑机械发出噪声和强烈的振动。噪声已成为城市四大污染之一，即废水、废气、废渣和噪声。噪声对人的听觉、神经系统、心血管、肠胃功能都造成损害。据测试，有相当部分的施工现场，噪声都在 90～100dB，远高于国家规定的白天施工小于 75dB、夜间施工小于 55dB 的噪声控制标准。

6. 产生光污染及光化学污染

城市高层建筑群不利于汽车尾气及光化学产物的扩散，使 NO_x 等气体对人体产生光化学作用，危害人体健康。另外城市高楼的玻璃幕墙产生光污染现象也相当严重。

7. 可能造成放射性污染

有些矿渣、炉渣、粉煤灰、花岗岩、大理石放射性物质超量，制成建筑制品对人体造成外照射（γ 射线）和内照射（氡气吸入）。人生活在这样的居室中长期受放射性照射，影响身体健康。

在充分关注地球环境问题的今天，上述的环境影响将对建材和建筑工程设计提出新的要求。国家颁布执行《绿色建筑评价标准》（GB/T 50378）对绿色建材提出具体要求，主要体现在建筑材料能够有助于延长建筑的使用寿命；建筑材料的生产和运输过程本身是节能、节水、节约矿产资源和环保的；建筑材料的功能和性能有助于建筑的节能环保；建筑材料最好能易于回收再利用等。绿色建材是实现绿色建筑的物质基础得到了建材和建筑行业的认同，催生了绿色建材的开发和应用。同时，发展绿色建材也必将推动传统建材行业的技术改造和产品的升级换代，促进建材行业施行清洁生产、材料循环再生制度和能源最大化利用技术，从而形成一批新的产业和新的经济增长点，提升建材行业的科技含量和水平。因此，为了提高人民的居住水平和生活质量，同时保障国民经济建设快速发展，开展绿色建材的研究、开发和推广应用势在必行。

建筑材料的生命周期一般包括原材料的选取和建材的制造、使用和废弃等阶段，各阶段可能对生态环境的影响如图 2.2 所示。从绿色建材的定义出发，应当针对建材生命周期各个阶段分别加以研究和改进，降低对相关能源、资源的消耗和对环境的污染，进而实现传统建材的绿色化过程。

三、建材原材料选取阶段的"绿色化"研究方向及进展

在我国，由于加工技术落后，导致建筑材料行业对不可再生资源的综合利用率非常低。不合理的开采和浪费更加剧了资源短缺，如冶金矿山中大量石英等矿物被作为脉石丢弃；与煤共生的高岭土、陶瓷土等矿产大都未被利用；石棉矿山中，占采掘量 95% 的蛇纹石也基本作为尾矿丢弃。生产 1t 生铁，消耗矿石量 3～5t，生产 1t 钢，消耗铁矿石 10t 以上。据统计，我国矿产资源总回收率仅 30%～50%，与世界先进水平相比低 20%。

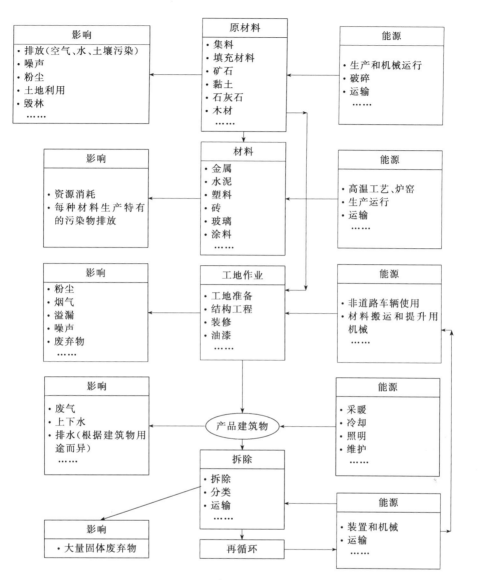

图 2.2 建筑材料生命周期对生态环境的影响

表 2.3 我国主要建筑材料单位产量的资源消耗情况

类别	铁	钢	铝	水泥	玻璃	陶瓷	黏土砖	防水涂料
资源消耗量①/(t/t)	5.0	12.1	5.5	1.7	1.4	1.3	1.9	1.2
资源效率/%	20.0	8.3	18.2	58.8	71.4	76.9	65.5	78.7

① 指材料单位产量的资源消耗量。

如表 2.3 所示,从资源效率看,甚至常用的原材料如钢、铁、铝材的资源效率都低于 50%。亦即每生产 1t 上述建筑材料,要向环境排放一半以上的废弃物,给环境带来难以承受的负担,远远超出了环境的容纳和消化能力。为了解决这一问题,工业废渣和其他废料的建材资源化是一个合理的研究方向。

1. 工业废渣的建材资源化研究

据中国环境公报统计,2013 年,全国工业固体废物产生量为 32.8 亿吨,综合利用量(含利用往年储存量)为 20.6 亿吨,综合利用率为 62.3%。建材行业是消化工业废渣的主力军。据统计，全国建材业每年消纳和利用的各类工业废渣约占全国工业废渣利用总量的80%。

我国常见的工业废渣有煤矸石、粉煤灰、高炉矿渣、固硫渣等。多数工业废渣通过技术手段都适合用作建筑材料，是因为：①从化学成分看，多数工业废渣适合做建筑材料的原料；②建筑材料是最大宗的材料，有能力消耗大量的工业废渣，利废为宝；③利用工业废渣生产建筑材料，能产生良好的经济效益。可以说，从综合经济、社会、环境效益来看，工业废渣用于建筑材料方面的资源化程度更高。各类工业废渣的综合利用如表2.4所示。

表2.4　各类工业废渣的综合利用

工业废渣	主　要　用　途
采矿废渣	煤矸石尾矿渣水泥、砖瓦、轻混凝土集料、陶瓷、耐火材料、铸石、水泥和砖瓦等
燃料废渣	粉煤灰水泥、砖瓦、砌块、墙板、轻集料、道路材料、肥料、矿棉、铸石等
冶金废渣	高炉渣矿渣水泥、混凝土集料、筑路材料、砖瓦砌块、矿渣棉、铸石、肥料、微晶玻璃、钢渣水泥、磷肥、筑路材料、建筑防火材料等
有色金属废渣	水泥、砖瓦、砌块、混凝土、渣棉、道路材料、金属回收等
化学废渣、塑料废渣	再生塑料、炼油、代砂石铺路、土壤改良剂等；生产水泥、矿渣、矿渣棉、轻集料等
硫铁矿渣、电石渣	炼铁、水泥、砖瓦、水泥添加剂、生产硫酸、制硫酸亚铁等
磷石膏、磷渣	制砖、代石灰作建筑材料、烧水泥、水泥添加剂、熟石膏、大型砌块等

在以上几类工业废渣中，目前回收利用较为成熟的是煤矸石（采矿废渣）、粉煤灰（燃料废渣）和高炉矿渣（冶金废渣），其相关研究进展表现在以下几个方面。

（1）煤矸石利用方面　利用煤矸石烧结空心砖和制备水泥是煤矸石综合利用量最大、应用面最广、社会效益和经济效益最为显著的两个途径。在我国，利用煤矸石全部或部分代替黏土，采用适当烧制工艺生产烧结砖的技术已经成熟，且生产出来的烧结砖的质量可以达到甚至超过传统黏土砖的质量标准。以煤矸石为原料生产水泥，主要是根据煤矸石和黏土的化学成分相近，再加上煤矸石能释放一定的热量，可节省部分燃料。煤矸石作水泥原料使用时，可改善水泥生料的易烧性，有利于热工制度的稳定，提高水泥熟料的质量。也可改善水泥干缩性和安定性，降低水化热，提高抗耐硫酸盐性能。据不完全统计，我国现有煤矸石制砖厂200多个，年生产能力达到30亿块以上；利用煤矸石等原料生产水泥的粉磨站和水泥厂有100处左右，年生产能力2916万吨左右。

（2）粉煤灰利用方面　20世纪90年代以后，大掺量粉煤灰混凝土已经成了混凝土研究应用的最大主题。近年来，粉煤灰开始作为混凝土的独立组分进行研究，标志着粉煤灰在混凝土中的应用进入了新的阶段，为发展优质高性能混凝土开辟了新的道路。在理论研究方面，甘昌成等围绕粉煤灰混凝土冻融耐久性，研究了不同粉煤灰掺量、冻融方式和混凝土组成材料的变化对混凝土在冻融循环中损伤程度的影响，并取得了一定的研究成果。潘钢华等探讨了强度等级、引气量水平、水灰比等因素对普通混凝土和粉煤灰混凝土抗冻融耐久性的影响。张德思和成秀珍在耐腐蚀方面，高掺量粉煤灰混凝土抗压强度、抗氯离子渗透性能及抗钢筋锈蚀性能。此外，在抗碳化及模型预测等方面我国研究人员也进行了深入研究。这些研究资料和实际应用成果均说明大掺量粉煤灰混凝土具有良好的耐久性。

（3）高炉渣利用方面　目前我国高炉渣的主要用途是用作建筑材料及其制品，大约占总用量的70%。主要用于水泥原料、混合材、制作高炉渣微粉、混凝土集料与掺合料、空心砖、高炉渣刨花板、工程回填、公路路基垫层材料等。在利用高炉渣之前，需要对其加工处理。目前，高炉渣的综合利用已经有很多成熟的技术和经验。如将高炉熔渣水淬成粒状渣（即高炉水渣），是生产水泥的原料；用适量的水处理的高炉渣可以形成浮石状的物质；经过急冷加工成膨胀渣珠或膨胀渣，可以作为轻质混凝土的集料；用气体可以将熔渣吹制成渣棉并制成各种材料。

值得注意的是，虽然以上几大类工业废渣已经广泛应用于绿色建材领域，但是目前仍有大量的较难以资源化的磷石膏、磷渣、电石渣、赤泥等有待开发利用。由于含氟、磷、碱或放射性元素等有害或有毒物质，或水含量高，"三渣一泥"的再生利用，特别是磷石膏、赤泥的利用，是全国乃至全世界的难题。其相应的研究进展和研究方向体现在以下几个方面。

（1）磷石膏的利用　由于其所含杂质多、含水率高、质量不稳定，会降低相应石膏产品、水泥制品的强度，且导致产品性能不稳定。因此，磷石膏被用于生产石膏砌块、石膏板材、水泥缓凝剂和硫酸联产水泥时，需要对磷石膏进行净化处理，除去其中的磷酸盐、氟化物、有机物和可溶性盐。国内外目前采用的净化方法有水洗、浮选、筛分、石灰中和等，经过预处理后的精制磷石膏产品基本符合建筑材料的要求。但是，处理后的磷石膏与天然石膏相比，对水泥性能的不利影响，特别是与其他外加剂适应性方面的问题仍然存在，致使磷石膏作为水泥缓凝剂使用受到限制。因此，从目前的磷石膏建材资源化水平来看，磷石膏用于生产水泥缓凝剂和硫酸联产水泥仍然存在较多困难，将磷石膏用于生产石膏砌块和石膏板材是磷石膏建材资源化的主要方向。

（2）磷渣的利用　由于其含磷、氟有害杂质，延缓水泥混凝土凝结硬化，进而影响施工进度。磷渣水泥的应用研究主要集中在外加剂的开发以及少熟料及无熟料水泥的工艺研究方面。李东旭等人运用钠-钙-硫混合激发理论，研制出成本低廉的复合外加剂来生产高掺量磷渣水泥，磷渣掺量为 $50\%\sim70\%$ 时，使用外加剂技术可生产 425# 和 525# 磷渣水泥。方荣利等开发出 FR-2 型低碱性固体激发剂，以黄磷渣、钢渣为主要原料，可生产抗折强度高、耐磨性好的少熟料磷渣道路水泥。推荐的水泥配比为：水泥：熟料：磷渣：钢渣：添加剂为 $15:60:15:6:4$。内蒙古工学院成功研究出一种被称为全黄磷渣水泥即无熟料磷渣水泥的技术，在黄磷渣中加入少量氢氧化钠、亚硝酸钠、氯化钙、硫酸钠、高岭土等，经混合不用煅烧，只需经细磨后即可制成。此种水泥能在自然条件下硬化，具有 525# 普通水泥的强度。

（3）电石渣的利用　电石渣碱度高（pH＝12～13）、比表面积大、保水性强、脱水困难，使之难以取代石灰石烧制水泥，对电石渣碳化砖又缺乏系统研究和相应标准。目前，电石渣在建材方面的研究方向主要包括制作水泥的缓凝剂，与流化床燃煤灰渣、工业废渣混合生产免烧砖、蒸压砖及加气混凝土砌块，以及作防水涂料的主要填料等。其中，利用电石渣-流化床燃煤灰渣制砖可同时利用两种固体废物，具有良好的经济和社会效益。据报道，随着我国新建流化床锅炉的电厂建成投产和国家对燃煤 SO_2 排放控制力度的加强以及我国电力高速发展，固硫灰渣的排放量近期将很快突破 3000 万吨。若用电石渣-流化床燃煤灰渣制砖，按 500g 流化床燃煤灰渣消耗 100g 的干电石渣计算，需要消耗电石渣 600 万吨，几乎能消耗全部的电石渣。

（4）赤泥的利用　由于赤泥中的铝铁含量高，导致其烧结范围窄且水硬活性差，苛性碱含量高，使之难以制备烧结砖与免烧砖。然而国内外实践表明，赤泥可生产出多种型号水泥。俄罗斯第聂伯铝厂利用拜耳法赤泥生产水泥，生料中赤泥配比可达 14%。日本三井氧化铝公司与水泥厂合作，以赤泥为铁质原料配入水泥生料，水泥熟料可利用赤泥 5～20kg/t。我国山东铝厂早在建厂初期就对赤泥综合利用进行了研究，在 20 世纪 60 年代初建成了综合利用赤泥的大型水泥厂，利用烧结法赤泥生产普通硅酸盐水泥，水泥生料中赤泥配比年平均为 $20\%\sim38.5\%$，水泥的赤泥利用量为 $200\sim420kg/t$，产出赤泥的综合利用率 $30\%\sim55\%$。为更加有效地利用赤泥生产水泥，山东铝业公司已完成国家"八五"科技攻关项目

"常压氧化钙脱碱与低碱赤泥生产高标号水泥的研究"和"低浓度碱液膜法分离回收碱技术"。使以烧结法、联合法赤泥为原料生产水泥的技术向前迈进了一大步，提高了赤泥配比，使赤泥配料提高到 45%，并提高了水泥质量，由以生产 425# 普通水泥为主，提高到以生产 525# 水泥为主。

2. 其他废料的建材资源化

（1）废塑料的利用 在废塑料中加入作为填料的粉煤灰、石墨和碳酸钙，采用熔融法制瓦。产品的耐老化性、吸水性、抗冻性都符合要求。抗折强度为 14～19MPa。用废塑料制建筑用瓦是消除"白色污染"的一种积极方法；以粉煤灰作瓦的填料可实现废物的充分利用。

利用废聚苯乙烯经加热消泡后，可重新发泡制成隔热保温板材。将消泡后的聚苯乙烯泡沫塑料加入一定剂量的低沸点液体改性剂、发泡剂、催化剂、稳定剂后，经加热使可发性聚苯乙烯珠粒预发泡，然后在模具中加热制得具有微细密闭气孔的硬质聚苯乙烯泡沫塑料板。该板可以单独使用，也可在成型时与陶粒混凝土形成层状复合材料。亦可成型后再用薄铝板包覆做成铝塑板。在北方采暖地区，该法所生产的聚苯乙烯泡沫塑料保温板具有广泛用途和良好的发展前景。

（2）生活垃圾的利用 利用生活垃圾制造的烧结砖质轻、强度高，既可达到垃圾减量化处理的目的，减少污染，又可形成环保产业，提高效益。

（3）下水道污泥和河道淤泥的利用 日本已成功开发利用下水道污泥焚烧灰生产陶瓷透水砖的技术。陶瓷透水砖的焚烧灰用量占总量的 44%，作为集料的废瓷砖用量占总用量的 48.5%，该砖上层所用结合剂也是废釉，所以废弃物的总用量达 95%。该陶瓷透水砖内部形成许多微细连续气孔，强度较高，透水性能优良。日本还开发了利用下水道污泥焚烧灰为原料制造建筑红砖的技术。中国台湾在黏土砖中掺入重量不超过 30% 的淤泥，在 900℃ 下烧制砖。这种方法不仅处理了污泥，还在烧制中将有毒重金属都封存在污泥中，也杀灭了所有有害细菌和有机物。

（4）废玻璃的利用 废玻璃的传统利用技术是使用 80% 的废玻璃生产深色瓶罐玻璃，一般加入 10% 的废玻璃，可节能 2%～3%。另外，利用废玻璃还可以生产玻璃马赛克、泡沫玻璃及玻璃饰面材料等建筑玻璃制品。

① 玻璃马赛克 采用低温烧结法和熔融法。低温烧结法废玻璃掺加量为 80% 以上，熔融法废玻璃掺加量为 20%～60%。用作建筑物内外饰面材料和艺术镶嵌材料。

② 泡沫玻璃 是一种整体充满微孔的玻璃材料，其气孔占总体积的 80%～90%，是一种性能优良的隔热隔声材料。废玻璃掺加量为 60%～80%，加热发泡温度为 800～850℃。

③ 玻璃饰面材料 是利用废玻璃粉与钢渣、着色剂一次烧结法生产的微晶玻璃仿大理石板材。利用废玻璃生产玻璃微珠、玻璃砖、玻璃棉等多种具有重要使用价值的新型材料，进一步扩大了绿色建材的品种和范围。

（5）废旧轮胎的利用 全世界汽车保有量已超过 10 亿辆，每年因汽车报废产生的固体废物达上千万吨。其中，废旧汽车轮胎是一类较难处理的有机固体废弃物，目前大量的应用也是在建材方面。其应用方向如图 2.3 所示。

四、建材制造生产阶段的"绿色化"研究

传统建材的制造是一个高能耗过程。表 2.5 给出了各国建材产品生产能耗比较。可以看出，我国的主要建材产品的生产能耗比国外同类产品的能耗高 10%～200%。从 1995 年我国建材工业消耗能源就突破 2 亿吨标准煤，且一直保持在全国能源消耗的 15％以上的水平。因此，节能降耗技术是我国建材工业大力推广的技术，同时也是绿色建材的必备条件之一。

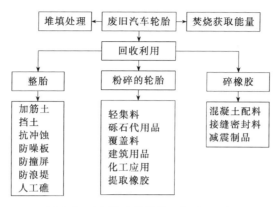

图 2.3　废旧汽车轮胎的回收利用示意

表 2.5　各国建材产品生产能耗比较

种　　类		钢	铝	水泥	玻璃	陶瓷	砖瓦
中国能耗	MJ/kg	29.0	220.0	5.5	16.0	15.0	2.5
	kg 标准煤/t	991.0	7518.0	185.0	547.0	512.0	85.4
日本能耗	MJ/kg	—	—	3.8	12.5	7.0	—
	kg 标准煤/t	—	—	130	427.0	240.0	—
澳大利亚能耗	MJ/kg	38.0	180.0	4.6	12.7	—	2.0
	kg 标准煤/t	1299.0	6152.0	157.0	434.0	—	68.4
荷兰能耗	MJ/kg	—	200.0	5.8	12.3	—	2.0
	kg 标准煤/t	—	6835.0	198.0	420.0	—	68.4

　　除了能耗问题以外，传统建材的生产过程也会对环境和人体健康造成较大危害。随着我国近年来建材产业的快速发展，随之产生的排放问题也日益严重。据报道，钢铁、水泥和玻璃工业每年都会将大量工业粉尘、NO_x、SO_2、CO 和 CO_2 排放到大气中，同时产生超标废水、废渣造成水体污染。例如，钢铁行业每年排放的废气和废水分别约占工业总排放量的 30％和 15％；水泥工业每年年产废水近 3 亿吨，粉尘的排放更为可观，为水泥产量的 2％～3％；玻璃行业每年的废水排放量也达 2 亿吨左右。建材行业除废水、废气外，另一个污染源是工业固体废物。传统建材生产过程中产生的废料、废渣、粉尘和污泥大约 95％都废置在陆地上。据统计，至 1999 年，工业固体废物累计储存量为 64 亿吨左右，占地约 5.5 亿平方米。我国工业固体废物每年产出量 6 亿～7 亿吨，平均每年约产生 200 万～300 万吨废钢铁、600 万吨废纸、200 万吨碎玻璃、70 万吨废塑料、30 万吨废橡胶。除了污染环境外，部分传统建材的生产过程本身也会对人体健康造成直接伤害。例如，石棉制品之所以被限制生产和使用，就是因为长期接触石棉纤维会对生产者造成"硅肺病"。现已证实，工业污染物、重金属等会对免疫、神经和生殖系统造成损害。由此可见，抓好建材行业生产过程中的污染治理对我国环保产业具有重要的意义。

　　为了降低建材生产过程中的能耗和环境污染，国外自 20 世纪 70 年代开始着手研究用可燃性废料作为替代燃料应用于水泥生产。大量的研究与实践表明，水泥回转窑是得天独厚处理危险废物的焚烧炉。水泥回转窑燃烧温度高，物料在窑内停留时间长，又处在负压状态下运行，工况稳定。对各种有毒性、易燃性、腐蚀性、反应性的危险废物具有很好的降解作用，不向外排放废渣，焚烧物中的残渣和绝大部分重金属都被固定在水泥熟料中，不会产生对环境的二次污染。同时，这种处置过程是利用水泥生产过程同步进行，处置成本低，因此被国外专家认为是种合理的处置方式。欧盟在 2000 年公布了 2000/76/EC 的指令，对欧盟国家在废弃物焚烧方面提出技术要求，其中专门列出了用于在水泥厂回转窑混烧废弃物的特殊条款，用以促进可燃性废料在水泥工业处置和利用的健康发展。

可燃性废物的种类主要有工业溶剂、废液（油）和动物骨粉等。目前，世界上至少有 100 多家水泥厂已使用了可燃性废物。

2008 年日本所有废物再生利用中有 15% 为水泥再生利用，到 2010 年，每吨水泥的废物利用量已达 469kg；德国水泥工业中用废物作为替代燃料达到了 35%，利用较好的厂家达到 78%；美国共有 37 家水泥厂或轻集料厂用危险废物作为替代燃料烧制水泥，处理了近 300 万吨危险废物，占美国 500 万吨危险废物的 60%，全美国液态危险废物的 90% 在水泥窑进行焚烧处理；法国、挪威、加拿大、瑞士等发达国家也利用水泥窑焚烧废物，并不断提高工艺技术，提高替代燃料和原料的比率。欧洲每年要焚烧处理 100 万吨有害废物；瑞士豪西蒙（Holcim）公司可燃废物替代燃料已达 80%，其他 20% 的燃料仍为二次利用燃料石油焦；法国拉法基（Lafarge）公司可燃废物替代率达到 50% 以上。2009 年，各国水泥工业可燃废料对煤的替代率分别是：德国 60%、荷兰 81%、挪威 98%、比利时 50%、法国 34%、捷克 45%、日本 12%、美国 24%，其原料替代率均在 40% 以上，极大地减少了化石类燃料的使用，改善了环境。

我国从 20 世纪 90 年代开始进行利用水泥窑处理危险废物的研究和实践，并已取得一定的成绩。北京金隅集团在国内最早开始进行水泥窑协同处置城市废物的探索和试验，1999 年初在所属的北京水泥厂开始利用水泥窑进行废弃物处置，建成了国内第一条利用水泥窑处置危险废物示范线和处置生活污泥示范线；上海市新建两条 5000t 熟料生产线，用于协同处置生活污泥；广州市越堡水泥公司于 2010 年 2 月建成一条日处理 600t 生活污水厂污泥的生产线；重庆市与拉法基合作研发污泥处置项目以解决重庆市主城区污水处理后污泥处置的难题；天津市为解决城市废物处置问题依托金隅集团所属的天津振兴水泥公司开展水泥窑协同处置生活污泥的试验，并取得较大进展；2010 年 4 月 10 日，安徽省铜陵市政府与海螺水泥合作建成铜陵市水泥窑协同处置城市生活垃圾焚烧，实现了生活垃圾"无害化、安全化、资源化、减量化、稳定化"处置。到 2012 年，国内已投产运行的水泥窑协同处置废物项目约 19 个企业的 20 条生产线。"十二五"期间我国水泥工业协同处置废物将取得重大突破。国内外城市废物处理的成功经验表明，利用水泥窑协同处置城市废物不仅安全可行，而且是大势所趋。

北京水泥厂建成的国内第一条利用水泥窑处置危险废物示范线和处置生活污泥示范线，又先后承建运营北京市危险废物处置中心、自主研发建设利用水泥窑处置城市污泥示范线和生活垃圾焚烧飞灰无害化利用中试线等重点循环经济项目。截至 2012 年，已处置北京现代汽车、京东方、印钞厂等 1000 多家在京企业的危险废物，累计 26 万吨；处置城市开发建设过程中地铁 10 号、5 号线、广华新城、化工厂、农药厂、焦化厂等地块污染土壤 100 多万吨；处置清河、酒仙桥、北小河、北苑污水处理厂生活污泥，累计 15 万吨；处置高安屯、首都机场、顺义综合垃圾厂生活垃圾焚烧飞灰，累计 3 万多吨。为首都城市建设做出了积极贡献。

我国所采用的可燃性废物中，较为值得研究的是煤矸石和秸秆。

1. 利用煤矸石作燃料

煤矸石是可燃固体废物的主要组成部分。煤矸石是煤炭开采和洗选加工过程中产生的固体废物，其中含有一定量的可燃的碳成分。如果长期放置，煤矸石不但占用大量土地，还可能由于其硫铁矿物和碳物质的存在，在干旱季节自燃引起森林火灾，排放大量的 SO_2、NO_x 和烟尘，造成严重的大气污染。据有关部门分析测算，我国由煤矸石排放每年带来的直接经济损失高达 120 亿元。因此，燃烧和热量回收是实现煤矸石能源化和资源化利用的有效方式之一。然而，与传统燃料相比，煤矸石还具有热值低、难燃烧的特点，因此需要对其燃烧过程（加热、挥发分析出、挥发分着火和燃烧及固定碳着火、燃烧 4 个阶段）进行详细的研究，以深入了解煤矸石的燃烧特性和规律，进而提高煤矸石的综合利用水平。

2. 利用秸秆作燃料

据统计，随着我国粮食连年增产，2013 年全国秸秆总产量已达 8 亿吨。同时，随着我国农业、农村经济的发展，农作物产量呈逐年增加之势，秸秆产量也势必增加。长期以来，秸秆是我国农村居民主要生活燃料、牲畜饲料和有机肥料的原料，少部分秸秆会作为工业原料和食用菌基料，但大量资源尚未有效利用。近年来，随着农村劳动力转移、能源消费结构调整和各类替代原料的应用，加上秸秆综合利用成本偏高、经济性差、产业化程度低等原因，开始出现了地区性、季节性、结构性的秸秆过剩。如何处置大量剩余的秸秆成为一个新问题，特别是在粮食主产区和沿海经济发达地区，违规焚烧现象屡禁不止，秸秆的任意焚烧不仅浪费资源、污染环境，还严重威胁交通运输安全。

自 1999 年《秸秆禁烧和综合利用管理办法》实施以来，各地加强对秸秆禁烧和综合利用力度，并研究秸秆资源合理化利用方法，发现实现秸秆工业化利用是秸秆综合利用的关键；同时由于利用秸秆生产建筑材料不会产生游离甲醛，具有环境友好性，可为我国建材工业的发展提供广阔前景。因此将秸秆用作建材原料，以及生产建材时的燃料，都是秸秆综合利用的有效方法。

五、建材使用阶段的"绿色化"研究

1. 降低建材使用阶段能耗的研究

建筑物是建筑材料使用的最主要的表现形式，建筑物的使用和维护要消耗大量能源。建筑物生命周期能源消耗主要有三个方面，包括建筑材料制造的能耗、建筑材料运输和施工的能耗以及建筑物使用能耗。由表 2.6 可知，建筑物使用能耗与建筑材料制造能耗比大致是 1∶4，建筑物使用能耗与整个生命周期能耗比大致是 1∶6，也就是说建筑使用 6 年后其使用能耗将超过总建筑能耗。

表 2.6　建筑生命周期能源消耗

建筑物规模：三层公共建筑，建筑面积 40133m²		
结构：钢筋混凝土		
建筑物生命周期阶段	能耗/(MJ/m²)	近似比例
建筑材料生产能耗	5292	4
施工阶段能耗	2328	2
建筑物使用阶段能耗	1249	1

据估计，全球一次性能源高达 1/3 用于建筑物的使用和维护。大部分建筑物能源消耗是用作室内温度调节、采暖、空调、照明及设备运转需消耗大量的能源。我国建筑使用能耗中，仅占全国人口 14% 的采暖人口每年用于采暖的能源高达 1.3 亿吨标准煤以上，占全国能源生产的 15%，单位面积能耗相当于发达国家的 3 倍。降低建筑物的使用能耗取决于建筑设计和建筑材料，我国每年因保温不良的墙体造成的热损失估计达 1.2 亿吨标准煤。由于

建筑物的外墙、屋面与窗户是降低建筑能耗的关键，因此开发保温隔热材料用于建筑物墙体和窗户，是降低建材使用能耗的重要研究方向。

（1）保温墙体材料　目前，我国绝大多数建筑的外墙仍采用实心黏土砖，实心黏土砖的热导率是矿棉等保温材料的 20 倍左右，保温效果很差。其他一些普通的墙体材料（低容重的加气混凝土除外）也不能满足建筑节能的要求，必须与一些高效的热绝缘材料相复合，诸如岩棉板、玻璃棉毡、膨胀珍珠岩、阻燃的聚苯乙烯泡沫板、聚氨酯泡沫板、改性酚醛泡沫树脂板等。为实现建筑节能新标准的要求，根本出路是发展高效保温节能的外保温墙体和自保温墙体。

外墙外保温体系就是在基层墙体外面附加聚苯板，聚氨酯等保温性能良好的绝热保温材料作保温层或外涂保温砂浆。这种技术既能完全消除墙体中的热桥，达到比较满意的绝热效果，同时提高居住面积和舒适性。我国外墙外保温的发展是伴随着中国建筑节能工作的不断推进，在学习和引进国外先进技术和理念的基础上进行的，但主要集中在北方采暖地区。20世纪 90 年代出现了一种透明绝热材料（transparent insulated material，TIM）。可将 TIM 与外墙复合成透明隔热墙（transparent insulated wall，TIW）。TIW 由保护玻璃、遮阳卷帘、TIM 层、空气间层、吸热面层和结构墙体组成。不仅可以得到太阳辐射热，还可以得到 TIM 的反射能。TIM 层在黑色吸热面外侧，在冬季可阻止吸热面向室外散热，在夏季可避免室外过多的热量进入室内。玻璃内的遮阳卷帘（卷帘外表面为高反射面）可调节抵达墙面的太阳辐射量。

另一类是自保温体系，指的是以单一墙体材料即能满足现有节能要求的外墙保温体系，墙体自保温技术作为近年来国内学者提出的一个新技术方向，随着外墙外保温系统应用中存在的问题特别是防火问题的出现才逐步得到关注，但现有研究主要集中在自保温墙体材料方面，针对墙体自保温系统性研究少且基本停留在讨论阶段。目前，我国应用较多的自保温墙体材料有加气混凝土砌块、轻集料混凝土小型砌块、陶粒自保温砌块、泡沫混凝土砌块等。

① 加气混凝土砌块　加气混凝土制品在国外已有近百年的发展历史，我国引进该技术也有近 40 年的历史，其生产工艺和设备趋于成熟。加气混凝土砌块是目前最常见的自保温墙体材料，由含钙材料（水泥、石灰）、含硅材料（石英砂、粉煤灰、页岩）和加气剂（铝粉）等原材料，经磨细、配料、搅拌、浇注、切割、蒸压养护等工序生产而成，具有轻质、高强、保温、隔热、吸声、防火、可加工等特点，且原材料丰富。目前市场上的加气混凝土砌块的干密度一般在 $300 \sim 850 \mathrm{kg/m^3}$ 之间，上海伊通有限公司与同济大学合作开发的加气混凝土砌块干密度在 $400 \sim 850 \mathrm{kg/m^3}$ 之间，传热系数在 $0.12 \sim 0.16 \mathrm{W/(m^2 \cdot K)}$ 之间，但抗压强度较低。此外，已于 2006 年 9 月竣工的福建大学建筑节能示范公寓以加气混凝土砌块作为墙体材料，采用专用砌筑砂浆、界面剂、抹面砂浆等配套材料进行干法施工，在实践中完善了加气混凝土自保温体系。该体系具有适用范围广、工艺简便合理等优点。

② 轻集料混凝土空心砌块　轻集料混凝土空心砌块由于原材料的种类不同，其产品表观密度差别较大，进而造成其热阻差异较大，这些都直接影响了产品的保温隔热性能。而且因受力需要，砌块必须具有一定厚度的混凝土肋，这就形成了热流通道，即"热桥"。同时，孔洞中的空气在冷热面温差的作用下产生对流传热，也加快了热量的传递。因此，轻集料混凝土空心砌块的保温效果并不理想。

③ 陶粒自保温砌块　陶粒自保温砌块是一种新型轻质自保温节能砌块，规格品种多样，具有优良的技术性能和热工性能。陶粒自保温夹芯砌块的主砌块规格与陶粒自保温空心砌块

相同，是为了进一步降低其传热系数而在陶粒自保温空心砌块中填充了轻质保温材料。根据设计墙体对传热系数的不同要求，可以填充其中的一排或两排孔，也可以将孔全部填满。浙江大学与浙江上虞科元自保温墙体材料有限公司联合研制的陶粒增强加气砌块以河道淤泥、粉煤灰、混凝土管桩厂的离心余浆为主要原料，经过轻质陶粒和引气浆体制备、混合、浇模、静养、自动切割、蒸汽养护等工艺制备而成。其干体积密度为 $450 \sim 750 kg/m^3$，可有效减轻墙体施工的劳动强度，减小建筑物的自重，其传热系数为 $0.11 \sim 0.18 W/(m^2 \cdot K)$，是黏土砖的 1/5、混凝土的 1/8。该产品已在浙江和江苏两省推广应用。在夏热冬冷地区，240mm 厚的陶粒增强加气砌块墙体即可满足建筑节能 50％的要求，与其他措施相结合则可实现建筑节能 65％的目标。陶粒自保温墙体坚固耐用，施工方法简单易操作，且造价相对于其他外墙外保温体系低很多。

④ 泡沫混凝土砌块　泡沫混凝土是将专用发泡剂与水按一定比例混合，经机械搅拌或与空气强制混合后产生大量气泡，再与水泥浆等物料进行混合而形成的一种保温性能好、强度高的低密度材料。在制作过程中可掺入粉煤灰、炉渣、聚苯颗粒等大量固体材料，以改善其自身的物理性能。在容重为 $500 kg/m^3$ 的情况下，发泡水泥的传热系数一般 $\leqslant 0.09 W/(m^2 \cdot K)$。实际生产中的容重一般控制在 $400 kg/m^3$ 左右，此时的传热系数约为 $0.085 W/(m^2 \cdot K)$。在容重一定的情况下，泡沫水泥的强度随水泥标号及掺和料数量的变化而变化。在不掺加任何混合料，选用 $525^\#$ 水泥，容重不足 $300 kg/m^3$ 的情况下，每立方米发泡水泥的抗压强度可达到 3MPa 以上。与加气混凝土相比，发泡水泥的性能更加优良，这是由于二者的发泡机理不同。加气混凝土的气泡不规则、大小不均匀且离散，而发泡水泥的气泡周围均挂满了水泥浆，形成了一层光滑的水泥浆壁，气泡光滑、独立、均匀、密集的气泡群结合在一起，构成了具有一定特性的发泡水泥。若使用发泡水泥砌块作为外墙砌体材料，传热系数按 $0.1 W/(m^2 \cdot K)$ 计算，在厚度不足 300mm 的情况下，用于寒冷地区的墙体自保温体系中，完全可以实现建筑节能 65％的标准。

（2）保温门窗玻璃材料　随着对居室美观、舒适要求的不断提高，建筑玻璃门窗所占面积逐渐增大，已经占到总墙体面积的 15％左右。为解决现代建筑功能要求和节能的矛盾，国内外正在积极研究开发具有保温功能的玻璃门窗体系。国际上从传热系数为 $2 \sim 3 W/(m^2 \cdot K)$ 的红外反射覆面层玻璃窗、到内充氩气的双层玻璃窗，再到传热系数仅为 $0.4 W/(m^2 \cdot K)$ 的内充硅气凝胶的抽真空的双层电镀玻璃窗，门窗材料的发展适应了建筑节能的要求。北欧和北美国家的窗户传热系数一般小于 $2.0 W/(m^2 \cdot K)$。目前，我国除采用低辐射中空玻璃的 PVC 塑料双层窗外，其他类型窗很少达到这样的要求。

玻璃是目前门窗材料的主体。但由于玻璃不仅传热系数高，更会通过热辐射散失大量热量，玻璃材料保温隔热技术的研究至关重要。目前节能保温玻璃主要可以分为热传导阻碍型玻璃、热辐射阻碍型玻璃、变色玻璃等。

① 热传导阻碍型玻璃　其主要原理是阻碍声子在玻璃中的传播，从而降低热传导系数。因此除了保温功能，热传导阻碍型玻璃还可以有效地隔绝室外噪声，一举两得。热传导阻碍型玻璃具体又可分为中空玻璃和真空玻璃两种。前者类似于双层玻璃，这种玻璃是将两片或多片玻璃以有效支撑均匀隔开，并对其周边黏结密封。玻璃层之间是一层有干燥气体的空腔，这层被限制了流动的气体层具有极低的热导率，从而降低了玻璃整体的传热系数。与普通玻璃相比，中空玻璃的传热系数至少可降低 40％；真空玻璃类似于中空玻璃，区别是真空玻璃空腔内的气体非常稀薄，气压极低，接近真空。真空中声子不能传播，因此其热导率近乎为零。与中空玻璃相比，其保温性能更好，热阻更高，因此具有更好的防结露性能和隔

热节能。澳大利亚悉尼大学是真空玻璃研发成功的鼻祖，该大学应用物理学院于 1993 年首家研发成功真空玻璃，1996 年转让专利使用权给日本板硝子（NSG），进行商业化生产。目前悉尼大学对真空玻璃的研发工作仍在继续，研究主要集中在传热机理、力学研究、真空的稳定性、热流量的测量、产品技术和成本等方面。

② 热辐射阻碍型玻璃　主要通过调节对不同波长的光的吸收或反射，从而在达到理想采光效果的同时，降低进入室内的热辐射。热辐射阻碍型玻璃又可具体分为反射型玻璃和吸收型玻璃。反射型玻璃主要通过镀膜的方法，提高对红外光的反射率，从而实现隔绝热辐射的玻璃。这种玻璃一般在表面镀一层或多层金属，例如铬、钛或不锈钢等，或使用其他化合物组成的薄膜。与普通玻璃相比，反射型玻璃提高了遮阳性能，但基本不改变热导率，因此通常需要与中空玻璃复合，将金属镀层放置在中空隔层内，既保护了镀层免受风吹雨淋的侵蚀，又降低了热导率。吸收型玻璃与镀膜的反射型玻璃不同，吸收型玻璃将金属离子分散在内部，这些离子能强烈吸收特定波长的光，并再次辐射。其保温效果与温室效应类似，只不过此时"温室"变成了室外环境。对光线的吸收率越高，返回环境中的二次辐射就越多，越能隔绝外界光辐射的进入。相关研究中，A. Seeboth 等采用聚醚/聚羟基凝胶填充在玻璃夹层中制取了温致透光率可逆变化材料，该材料透光率可由 20℃ 以下的 10% 左右变化至 30℃ 以上的 90% 左右，但其温致变化方向性与建筑方面要求相反。Haruo Watanabe 教授等采用一种水溶性聚合物与其他材料配合填充于玻璃夹层中，制取了温致透光率可逆变化材料，该材料透光率可由 28℃ 以下的 90% 左右变化至 32℃ 以上的 10% 左右，结果表明基本符合建筑方面的需要。

③ 变色玻璃　为了解决反射型玻璃和吸收型玻璃光学特性单一，在日照状况波动时不能自动调节的问题，人们又开发出了一系列变色玻璃，其在阳光强烈时颜色变深，提高吸收率或者反射率；采光不够时颜色变浅，提高透过率。变色玻璃主要包括主动型与被动型两种。主动型变色玻璃主要依靠人为地提供指令，改变玻璃的颜色，最常见的一种类型就是液晶调光玻璃。液晶调光玻璃又称为电致变色玻璃、智能调光玻璃，它的中间夹有液晶膜，并经过特殊工艺方法添加透明电极制作而成。当液晶分子取向与传播光的光轴方向一致时，光线可以透过；当液晶分子混乱排列时，光线被强烈反射或者吸收。由于液晶分子不导电，电场改变其取向时耗能极低。合理的调节程序可以使室内保温能耗下降约 48%，大大低于其自身能耗。被动型变色玻璃主要依靠化学方法使玻璃根据室外光学或者温度条件自行调节吸收率与反射率。

2. 降低建材使用阶段环境污染的研究

（1）室内污染及控制　建筑材料使用阶段的污染主要是对人体健康的影响。人的居住环境是由建筑材料所围成的与外环境隔开的微小环境，居室内空气的污染物，除我们人体放出的 CO_2 和有机氨基酸等外，还有化学物质、细菌等生物物质，有时甚至有放射性物质。另外，还有穿墙而过的电子磁波辐射等。建筑材料特别是装饰装修材料对室内空气质量有很大的影响。据美国环保局对各类建筑物室内空气连续 5 年的监测结果，发现室内空气中某些有毒化学物质含量比室外绿化区高出 20 多倍。而新完工或新装修的建筑物室内空气中有害物质更是比室外含量高出 100 多倍。一项调查报告显示，美国的 120 万幢商业建筑中有 2500 万名工作人员患"不良建筑物综合征"，由此可见，室内空气的污染对人体直接危害比室外大气污染更大。

建筑材料引起室内污染，影响人的健康主要有三个方面：一是建材本身造成的污染，如混凝土中的外加剂，混凝土砌块中含有氡，矿渣砖里含有放射性物质；二是装饰材料带来的污染，如花岗岩往往含有放射性元素，涂料、油漆中含有甲醛、苯、甲苯等，这些化合物对人体都是有害的，甚至会致癌；三是家具带来的污染，如家具用各种板材、涂料、油漆同样会释放出甲醛等有害气体，严重影响人的身体健康。

为了改善居住环境，各国研究出无毒无污染的绿色建材。在结构建材方面，经过处理的工业副产物石膏，在化学、物理性能方面可与天然石膏等效，不含放射性、不污染环境，是生产纸面石膏板、石膏木质纤维板、石膏纸质纤维板、石膏砌块、石膏天花板、石膏人造火埋、粉制石膏等绿色建材制品的价廉物美的原材料；在装饰材料中，现流行欧美的纸基壁纸、布基壁纸、石英纤维装饰物则是绿色墙壁装饰材料的典型代表。这些产品以天然植物石英纤维为基本原料，在防火、耐酸碱、抗冲击、防开裂、抗静电、透气性等方便表现优越，不会产生有毒物质，已在国内外高级建筑物广泛应用；在涂料方面，建筑涂料的水性化是建筑涂料发展的必然方向。水性涂料的制备均选用水作为溶剂，代替了有害的有机溶剂，减少了有机溶剂对环境的污染。目前已开发的绿色涂料有有机硅丙烯酸树脂、含氟树脂、水乳型乳氨酯等，绿色地面涂料如水性环氧地坪、水性聚氨酯地坪等。

（2）噪声污染及控制　噪声对人的听觉、神经系统、心血管都造成损害。据测试有相当部分的施工现场的噪声都在 90～100dB，远高于国家规定的噪声控制标准。目前由于环境噪声日益严重，已经成为污染自然环境和人类社会环境的一大公害，消除噪声一直以来是人们控制污染的重心之一。

选用适当的材料对噪声源进行吸声和隔声处理是噪声控制工程中最常用、最基本的技术措施之一，早期的噪声控制材料为植物纤维制品（棉麻纤维、毛毡等）、有机合成纤维材料（腈纶棉、涤纶棉等）和无机纤维（玻璃棉、矿渣棉和岩棉等）等纤维状材料，主要利用它们膨松多孔、易于吸收噪声的特点。砖、木材、石材等可以隔绝噪声的材料在建筑领域中发展得比较早，例如隔声墙等，主要利用此类材料厚实的特点来阻断声音的传播，隔绝外界噪声对室内的影响。随着工业的发展，铝质纤维和变截面金属纤维等金属吸声材料，有机高分子材料与金属基复合材料等隔声材料迅速发展，目前已经广泛应用到音乐厅、展览馆、教室、高架公路底面中，适用于社会生活与生产的各个领域。

噪声控制材料按照噪声控制方式可以分为吸声材料和隔声材料。前者主要利用声音传播时与材料发生特定相互作用导致声音能量的衰减而实现降低噪声的目的，后者主要利用材料对噪声的隔绝、隔断、分离等作用而实现。在工程处理上，吸声处理和隔声处理所解决的目标和侧重点也不尽相同，吸声处理所解决的目标是减弱声音在室内的反复反射，也即减弱室内的噪声；在连续噪声的情况下，这种减弱表现为室内噪声级的降低，这一点是针对声源与吸音材料同处一个建筑空间而言。隔声处理则着眼于隔绝噪声自声源处向相邻处的传播，以使相邻房间免受噪声的干扰。在具体的工程应用中，两种材料常常结合在一起，以发挥综合降噪效果。

（3）噪光污染及控制　噪光是指对人体心理和生理健康产生一定影响及危害的光线，噪光污染主要指白光污染和人工白昼。近年来，我国许多城市大面积采用玻璃幕墙和白色瓷砖装饰建筑外墙面，由此造成的白光污染是严重的。研究发现，长时间在白色光亮污染环境下工作和生活的人，易导致视力下降，同时还会产生神经衰弱症状。因玻璃幕墙对周围建筑和街景的折射而造成的错觉，影响着车辆和行人的交通安全。

为了降低噪光污染，目前研究认为应避免使用反射系数较大的装饰材料。据报道，一般白粉墙的光反射系数为 69%～80%，镜面环境的光反射系数为 82%～88%，而白色瓷砖装修的光滑墙壁、地面和洁白纸张的反射系数高达 90%，这个数值大大超过人体所能承受的生理适应范围。因此，家庭装修使用的瓷砖最好选择亚光砖，书房和儿童间最好用地板代替地砖。

六、建材废弃阶段的"绿色化"研究

建筑废物也是建筑施工阶段的主要污染形式。由于相应的法律法规不完善,目前我国建筑废物数量增长迅速,已占到城市垃圾总量的 30%~40%,堆存侵占土地面积达 5 亿平方米,全国有 200 多座城市陷入垃圾包围之中。据统计,废弃混凝土是建筑业排出量最大的废弃物,但废弃混凝土用于回填或路基材料是极其有限的。作为再生集料用于制造混凝土、实现混凝土材料的自己循环利用是混凝土废物回收利用的重要发展方向。

再生集料混凝土是指利用废弃混凝土破碎加工而成的再生集料,部分或全部代替天然集料配制而成的新混凝土。再生集料是指废弃混凝土经特定处理、破碎、分级并按一定的比例混合后形成的以满足不同使用要求的、粒径在 40mm 以下的集料。其中粒径在 0.5~5mm 的集料为再生细集料,粒径在 5~40mm 的集料为再生粗集料。再生集料混凝土一般为表面包裹着部分水泥砂浆的石子,小部分是与砂浆完全脱离的石子,还有极少一部分为水泥石颗粒,RFA 主要由砂浆体破碎后形成的表面附着水泥浆的砂粒、表面无水泥浆的砂粒、水泥石颗粒及少量破碎石块所组成。目前相关研究集中于对再生集料混凝土制备工艺、力学性能和耐久性方面。

1. 再生集料混凝土制备工艺研究

废弃混凝土块的回收、破碎和再生集料生产工艺是废弃混凝土再生利用的前提。废弃混凝土经破碎加工后,集料表面粗糙度加大,棱角效应增加,集料表面包裹着相当数量的水泥砂浆,混凝土块解体过程中的损伤积累导致再生集料内部形成大量微裂纹。上述因素使得再生集料与天然集料相比,压碎指标及孔隙率较高,密度较小,吸水性强,黏结力弱,集料强度较低,所以再生集料主要来配制中低强度的混凝土,道路建设中用于路基、路面、路面砖、马牙砖等工程,建筑工程中用于基础垫层、底板、填充墙、非结构构件等部位。再生集料的加工方法是将各种破碎设备、传送机械、筛分设备、清除杂质设备一体化,经破碎、筛分、去除杂质等工序,获得符合质量要求的再生集料。日本采用加热碾磨法、螺旋粉碎法、机械粉碎法、重力浮选法等先进工艺改善了再生集料的品质,其性能与天然集料相当,可用以配制高强度混凝土。加热碾磨法是指将废弃混凝土加热至约 300℃,包裹于再生集料表面硬化的旧水泥浆逐渐软化,然后通过碾磨工序将其与废弃混凝土分离,获得清洁的原生集料。螺旋粉碎法是指利用螺杆轴去除再生集料表面的水泥浆。机械粉碎法的主要装置是以钢球为媒介物、内部设有隔板的转筒。它在转动时,钢球沿水平、竖直方向移动,混凝土块在转筒内旋转,相互碰撞、摩擦、碾磨,利用隔板去除附着于集料表面的水泥浆和砂浆。

2. 再生集料混凝土力学性能研究

对再生混凝土主要力学性能的研究,大多侧重于抗压性能和弹性模量。巴西 S. C. Angulo 等人研究了混凝土再生集料的孔隙率对混凝土力学性能的影响,结果表明:混凝土的抗压强度和弹性模量与再生集料的孔隙率成指数关系;使用特定功率的机械分离机足可以生产出孔隙率平均均值为 6.7% 的再生集料,此种再生集料可以配制出性能良好的混凝土制品;李俊、尹健等采用三因素、三水平的正交试验设计方法,建立了再生混凝土强度与水胶比、再生集料掺量、超细粉煤灰掺量的经验公式。结果表明水胶比是影响再生混凝土强度的最主要因素,也是最显著因素;陈兵研究表明,与天然集料混凝土相比,部分再生集料混凝土后期抗压强度较高。全部使用再生集料的混凝土抗压强度比天然集料混凝土下降约 8%。掺加微细硅粉与高效减水剂后,再生集料混凝土抗压强度及劈裂抗拉强度显著提高;夏琴对再生混凝土与普通混凝土的单轴受压性能进行了对比试验,发现在相同配合比条件下,再生混凝土弹性模量比普通混凝土降低 8%~15%;石建光在水灰比 0.55,水泥、细集料、粗集料的配合比为 1：2：2.75 时，测试了不同粗集料级配情况下的再生混凝土工作性能和抗压强度，结果表明采用再生集料自然级配制备的混凝土尽管 γ 值较小，但工作性能差，抗压强度低；邓旭华结合超声和回弹的测试方法，探讨了水灰比对再生混凝土抗压强度的影响，结果表明：当水灰比大于 0.57 时，再生混凝土的抗压强度随着水灰比的增大而减小；当水灰比小于 0.57 时，再生混凝土的抗压强度随着水灰比的增大而增大。基准混凝土和再生混凝土超声声速和回弹值随水灰比的变化规律与其实际抗压强度值的变化规律基本一致。

3. 再生集料混凝土耐久性能研究

对再生混凝土的研究大多集中在物理性能与力学性能方面，而对其耐久性方面的研究相对较少，尤其对于多因素复杂环境条件下再生混凝土耐久行为与特性的研究尚显薄弱。对再生混凝土在多种破坏因素作用下的耐久性能进行研究，可为再生混凝土耐久性评估体系的建立提供科学的理论依据。

崔正龙研究表明随着水灰比的增加，全再生混凝土抗冻融循环的耐久性指数及抗碳化能力均有所降低；水灰比分别为 0.45、0.55 时，全再生混凝土的耐久性指数比普通混凝土分别降低 6% 和 9%，抗碳化能力差，碳化速度比普通混凝土几乎快 3 倍。张雷顺发现，加入引气剂后再生混凝土能达到甚至超过普通混凝土的抗冻融性能；降低水灰比，再生混凝土抗冻性能提高；宜于采用强度损失表征再生混凝土抗冻性能。宋少民研究表明再生混凝土收缩较大，抗碳化和抗氯离子渗透性能中等，抗冻融性较差。掺加粉煤灰和高效减水剂、降低水胶比可以提高再生混凝土耐久性。掺加粉煤灰后，再生混凝土密实度增大，抗氯离子扩散性能增大，碳化深度稍有增大，深度为 10mm，可以满足工程需要。孙家瑛研究表明：再生混凝土坍落度随再生集料的增加而降低，抗渗性和抗碳化能力较普通混凝土差；掺加活性掺和料后，再生混凝土工作性可有效改善，抗气渗性和抗碳化能力大幅度提高。朱崇绩研究了颗粒整形对再生集料混凝土耐久性的影响，结果表明颗粒整形去除了集料表面黏附的水泥石，再生集料变得圆滑，混凝土需水量减小，显著改善了混凝土收缩性、抗氯离子渗透性、抗碳化性能和抗冻性能。陈爱玖发现：随着再生粗集料掺量的增加，再生混凝土抗冻融能力减弱，但较普通混凝土的抗冻性降低不多；引气减水剂掺量是影响再生混凝土抗冻性的主要因素，再生粗集料掺量为 70%、聚丙烯纤维掺量为 0.7kg/m³、引气减水剂掺量为 0.6% 的配合比拌制的再生混凝土抗冻耐久性较好，抗冻等级可达 F250 以上；提出将饱和面干吸水增长率作为评判再生混凝土抗冻性能的技术指标。考虑再生混凝土的强度和耐久性，吴红利建议再生混凝土水胶比不高于 0.36，在不影响早期强度的情况下尽量掺加 30% 左右粉煤灰，再生集料的最大粒径建议使用 16mm。

第二节　绿色建材产业的发展现状

按材料的加工、生产、使用、废弃过程的特点及其与环境协调的关系，材料的发展可大致分为四个主要阶段（图 2.4），即毫无节制地向自然界索取和废弃——末端治理（治废利废，开始具有环境协调意识）——生产和使用过程的改造（环境协调化、提高性能、节约能源、资源，降低污染）——材料生态化设计（生产绿色产品，实现对环境的零污染和废弃材料作为资源的循环再生）。这四个阶段不仅体现了人类环境意识的演变和升华，也反映在材料性能上的提高与发展。目前国内外的绿色建材的发展主要是在第三阶段，即环境协调化为主的发展阶段。

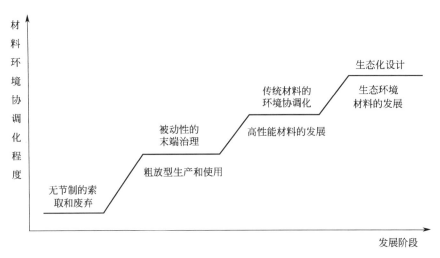

图 2.4　材料环境协调性发展历程

发达国家由"被动的末端治理"向"环境协调化"方向发展的过程中，大力发展先进的生态型生产工艺技术。如水泥新型干法大型窑外分解技术、大吨位优质浮法玻璃生产技术、万吨级玻璃纤维池窑拉丝技术、卫生陶瓷高压注浆成形及建筑陶瓷低温烧成技术等，成为绿色建材生产的主导技术。我国目前基本达到世界先进水平，但还存在如立窑水泥、劣质的小平拉玻璃等落后产能。扩大资源的利用和再生，也是国外绿色建材发展的重点，如水泥在熟料生产过程中，扩大低品位原料的利用技术；降解有害物质焚烧技术；余热利用再生能源技术；玻璃的全氧、富氧燃烧技术；节水型卫生陶瓷设计制造技术等等。大力研究开发符合环境要求的新型建筑材料也是当今世界各国非常关注的问题。为满足人们生活质量的提高，国内外正研究开发应用现代高科技，如：纳米技术、薄膜技术、梯度复合技术、溶胶技术、凝胶技术等来研制生产具有杀菌、防霉、除臭、自洁、调温、调光等特性并促进人体健康的功能系列绿色建材，如纳米涂覆材料、森林功能材料、高效净化材料、高效保温隔热材料、轻质高强承重材料、智能材料等，向多功能、智能型、功能结构一体化方向发展。

因绿色建材的生产工艺和技术涉及内容很多，以后各章还有专门叙述。在此，只将目前一些主要的绿色建材产品分节能和节资源型绿色建材、利用清洁能源型绿色建材以及改善人类生活质量的绿色建材等几方面，对其国内外现状加以介绍。

一、节能、节资源、环保型绿色建材产业

国外科学家从发展战略角度预测，21 世纪将以研究开发节能、节资源、环保型的绿色建材为中心工作，研究和开发节省资源的建筑材料、废弃混凝土和建筑材料的回收利用、高性能长寿命建筑材料、生态水泥、抑制温暖化建材生产技术、绿色混凝土、家居舒适化和保健化建材等。美国、西欧等国家绿色建材的研究主要集中在节能、节资源、工业固体废物再资源化、高性能、长寿命等建材方面的研究。在这些研究和应用领域中，生态水泥和生态混凝土是较有代表性的产业。

1. 生态水泥产业

水泥是一种重要的资源性和影响国民经济发展的基础性产品，目前仍属不可替代的基础建筑材料，并且不能重复利用。作为基础材料，水泥被广泛应用于工业建筑、民用建筑、交通工程、水利工程、海港工程、核电工程、国防建设等新型工业和工程建设等领域。自

1985 年起，我国水泥产量已连续 28 年居世界第一位，图 2.5 是 1995～2013 年中国与世界水泥工业年总产量的变化趋势，2013 年中国水泥产量占世界总产量的 60.5％。未来随着我国城镇化发展、基础设施投资增长、保障房建设规模扩大以及农村住房需求提高，水泥产销规模有望持续保持适度增长，水泥行业对国民经济发展的基础性资源地位不会改变。然而，水泥产业的高速发展也给环境带来了越来越大的威胁，如表 2.7 所示，生产 1t 水泥熟料约需原料 1～1.2t 石灰石，即便采用先进的大型新型干法技术，粉碎过程约需消耗 159kg 煤、65kW·h 电力。同时，1t 水泥熟料排放近 900kg CO_2、1.6kg NO_x 等。可以看出水泥生产的环境负荷很高，特别是温室气体 CO_2 的排放影响人类的生活环境。我国大气中约有 20％的 CO_2 和 30％的颗粒物是由水泥生产排放的。

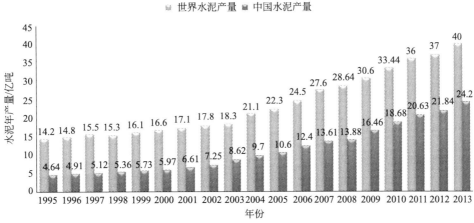

图 2.5 中国与世界水泥工业年总产量对比（1995～2013 年）

表 2.7 生产 1t 水泥的资源消耗及污染物排放情况

生产工艺	煤/(kg/t)	电/(kW·h/t)	CO_2/(kg/t)	SO_2/(g/t)	NO_x/(kg/t)	粉尘/(g/t)
大型新型干法	159	64.9	837	99	1.58	189
中型新型干法	170	70.0	860	109	1.75	189
小型新型干法	192	79.0	905	119	1.75	275
立窑	202	83.0	926	352	0.223	405
JT 窑	155	45.2	829	352	0.223	131

因此，降低水泥生产和使用的环境负担性极其重要。目前的措施主要有节省能源（燃料和电力）、减少 CO_2 的排放量，以及利用水泥生产的特点掺加大量固体废物作为原料等。利用这些节能减排方法生产的水泥一般被称为生态水泥。目前，世界各国均有生态水泥产业，其中该产业发展较早和较为迅速的地区是日本、欧美和澳大利亚。

（1）日本的生态水泥产业 1973 年世界石油危机后，日本加大生态水泥的发展，通过大量推广窑外预分解（达 90％以上），余热发电（达自用电的 22％），以废油、废轮胎为燃料和扩大高炉水渣、粉煤灰在混合材中的利用等措施，使 1990 年的水泥能耗比 1973 年降低了 40％，达到了国际领先水平。同时为了对环保、CO_2 减排和为可持续发展做出贡献，日本重点扩大了对各种废物的综合利用，废物利用比由 1990 年的 25％上升到 1999 年的 35％（其中高炉废渣约为 18％），按照前几年的统计数字推算，各种废物在总量中的比例为：高炉废渣 52％，粉煤灰 12％，副产石膏 9％，炉渣烟尘等 9％，污泥 5％，橡胶轮胎和废油2％，其他 2％。2001 年 9 月，日本太平洋水泥公司利用垃圾灰做原料建成"生态水泥厂"，投产后运转正常。这是世界上第一座真正意义上的生态水泥厂。该厂建设在千叶县境内的水原生态小区，原料是城市垃圾灰和石灰石，0.6t 垃圾灰和 0.8t 石灰石可制造 1t 水泥，设计年产能力为 11 万吨。在垃圾灰用作水泥原料之前，该厂还通过重金属回收系统从中分离和回收铜、铅、锌等金属成分，经过回转窑里 1350℃ 的高温烧结，其中的二噁英等有害物质会被分解。该厂的产品有两种：一种是清除了氯成分的普通型生态水泥，另一种是含氯的快速硬化型生态水泥，二者均可用作建造房屋、道路、桥梁和改良土壤的材料等。在 2002—2004 年，日本工业标准委员会相继颁布了生态水泥标准 JIS R 5214、生态水泥用于预拌混凝土的标准 JIS A 5308，以及生态水泥用于预浇注混凝土制品的标准 JIS A 5364，还有生态水泥厂的各种污染物排放标准等一系列有关规范与法规。截至 2006 年，日本相继又新建了 4 座生态水泥厂，每年消纳垃圾飞灰残渣总量约 45 万吨，生态水泥总产能 75 万吨。2009 年 11 月，日本制定了世界上第一部生态水泥标准（JIS R5214：2009）。2010 年其用于水泥制造的单位能耗（用于水泥制造＋自我发电＋购买电力）为 3451MJ/t 水泥，比 1990 年（3586MJ/t 水泥）减少 3.8%，同时计划废弃物的平均利用量达到 400kg/t。

(2) 欧美的生态水泥产业　20 世纪 70 年代初，发达国家开始着手研究用可燃性废料作为替代燃料应用于水泥生产。1974 年，加拿大 Lawrence 水泥厂首次试验，试验结果表明，含聚氯苯基等化工废料在回转窑中焚烧是安全的。随后美国的 Peerless、Lonestar、Alpha 等 10 多家水泥厂先后也进行了试验。目前，美国的大部分水泥厂都使用液体可燃性废料，替代量达到 25%～65%。美国环保署规定，每个工业城市只保留一座水泥厂，在部分满足水泥需求的同时将其用于处理城市产生的有害废物。

欧洲联合会自 1994 年开始在回转窑中焚烧危险废物，此外瑞典诺迪克（Nordic）水泥公司所属的 Euroc 废弃物回收治理公司有一条大型生产线，回收加工各种废油和化学溶剂，用作水泥窑二次燃料。Nordic 公司已在 Slite 水泥厂采用了废橡胶、废塑料为二次燃料，替代部分煤粉。1996 年瑞士建立的 HCBRekingen 水泥厂是世界上第一个具有利用、处置废弃物的环境管理系统的水泥厂，并得到 ISO 14001 国际标准的认证。而世界最大的水泥生产商——法国的拉法基（Lafarge）公司 2001 年利用可燃废物作燃料的替代率已达 50%～55%，降低燃料成本 33%，减少 CO_2 气体排放量 5×10^6 t。拉法基公司在 2010 年节约 300×10^4 t 矿物质燃料，降低燃料成本达 34%，收回了约 500×10^4 t 的废料，减少了 600×10^4 t CO_2 气体的排放。2011 年，集团制定了世界各洲所属企业不同的替代率指标：北美 26% 以上；欧洲 49% 以上；在亚洲，泰国、马来西亚、菲律宾等国的企业逐渐开展这项技术的应用。

(3) 澳大利亚的生态水泥产业　2003 年，澳大利亚生态技术公司宣布开发成功一种能够吸收 CO_2 的新一代生态水泥。该产品由 JohnHarrison 开发研制，其主要成分为废料、粉煤灰、普通水泥和氧化镁。这种生态水泥在技术上被认为是一项重大突破。科学家认为，人类所制造的温室废气的浓缩物，尤其是 CO_2，还在继续增加，会导致地球平均温度升高，海平面提高。而这种新型建材利用氧化镁可回收、低能耗、释放 CO_2 少的特点，消化大量废料。生态技术公司已经证明，生态水泥更能耐硫酸盐、氯化物和其他腐蚀性化学元素的侵蚀，完全可以在强度上与普通水泥相媲美。该公司声称，如果生态水泥能代替世界所产普通水泥的 80%，将会有 15×10^8 t 的二氧化碳被吸收（每生产 1t 普通水泥，就释放出 1t CO_2）。生态水泥制成的砌块等产品是 CO_2 的中和物，当这种砌块与有机废料纤维相结合时，它们甚至还是 CO_2 的吸收物。

(4) 我国的生态水泥产业　我国国内利用各种工业废物作为水泥生产代用原料已有近百年的历史。如上海水泥厂，自 1929 年开始成功地用黄浦江泥来代替黏土成分，直至今日仍在使用。1930 年该厂成功地将本厂自备电站锅炉煤渣用于原料配料，既解决了炉渣的出路，又开创了利用炉渣的先河。1953 年又成为首家成功试用电厂粉煤灰的厂家。现今国内外绝大多数的粉煤灰、矿渣和硫铁渣等废弃物都是由水泥工业利用的。上海金山水泥厂成功利用水泥窑焚烧危险废物，现已取得经营许可证；同济大学和上海建材集团合作，已在下属几个水泥厂成功地进行过利用污泥等废弃物煅烧水泥熟料的工业性试验；北京水泥厂利用水泥窑焚烧处置有毒、有害废物也已取得了一定成果；华润集团越堡水泥厂利用水泥窑协同处置城市污泥（日处理 60t），污泥干化后作为替代燃料和脱硝材料使用，每年可节约标准煤 $1.36 \times 10^4 t$，减少 CO_2 排放 $3.4 \times 10^4 t$，避免污泥填埋而减少甲烷排放 5000t，各种检测表明烟气排放达标，没有二次污染产生。另外，台湾"中央大学"利用垃圾焚烧炉灰制成炉渣，这种炉渣经激发具有火山灰活性，再用炉灰炉渣可生产出生态水泥。2013 年我国水泥产量达到了 $24.2 \times 10^8 t$，所需原料中有 1/5 是来自各种废弃物，水泥工业无疑是利废大户。随着水泥技术的不断发展，作为水泥代用原燃料的范围也越来越大。我国最终要实现城市垃圾处理的无害化、资源化、减量化、社会化和产业化，发展生态水泥是实施可持续发展战略的重要组成部分，是将各大城市建成生态化城市必不可少的重要环节。

2. 生态混凝土产业

混凝土是各种建筑物、构造物的重要建设物资，其特点是用量很大，而且所建造的建筑物、构造物大多与自然直接融合在一起。可是，混凝土生产消耗大量的资源和能量，其主要原料水泥在生产时排放出大量 CO_2，是造成地球温室效应的主要原因。每年还有大量的混凝土建筑物因各种原因要拆除，废弃混凝土又难以处理。此外，到目前为止，混凝土只是作为基础结构材料，用于道路、铁路、清污上下水道等构造物以及各种建筑物的建设，对自然循环、动植物、生物等的保护，自然景色的保护等考虑得很少，造成了与生态环境的不协调。在高度重视环境的今天，这些都是应该解决的问题。因此，兼顾优异的环境协调性和自然循环、生物保护等生态学问题的生态混凝土应运而生。

生态混凝土又叫绿色生态混凝土，是一类具有特殊的结构与表面特征，能减小环境负荷，适应生物生长，对调节生态平衡、美化环境景观、实现人类与自然的协调具有积极的作用的特种混凝土。目前生态混凝土的研究和应用主要在护堤（主要指道路、河流、大坝及蓄水池的倾斜面）、路面排水、植生、净化水质、降低噪声、防菌杀菌、吸收去除 NO_x 以及阻挡电磁波等方面，但研究和应用较为成熟的生态混凝土是透水混凝土路面、多孔植被混凝土护坡和多孔净水混凝土等。在生态混凝土的产业化方面，日本、美国和德国走在世界的前列。

（1）日本　1977 年日本政府制定了《再生集料和再生集料混凝土使用规程》，1991 年又制定《资源重新利用促进法》，规定建筑施工过程中所产生的建筑垃圾必须送往"再资源化设施"进行处理，将建筑垃圾视为"建筑副产品"，回收利用率已达到 95%。在日本，透水混凝土已应用在停车场、公园、人行道、高速公路的中央分隔带及路肩等处。如五福公园和上野不忍池公园中铺有透水性道路，路面厚度 70~20mm，水灰比约为 0.35，使用的是 5~13mm 级配的碎石。为了美化环境，改善混凝土的色调，人行道所采用的透水混凝土面层一般铺有 10mm 厚的彩色混凝土；除了透水混凝土，多孔植被混凝土也在日本得到了应用。该类混凝土最早即起源于日本，日本于 1994 年 5 月在日本茨城县渡里地区那珂河河堤进行过一次用多孔植被混凝土作为护岸材料的试验工程，此试验工程成功地证明了多孔植被混凝土适用于河川护岸、植物生长等，具有良好的发展前景。2001 年 4 月，日本"先端建设技术中心"制定了多孔植被混凝土河川护岸工法，以推进具有生态效应的多孔植被混凝土的应用进程。日本国内应用这种技术已经有数百个工程实例，普遍用来构筑堤坝、河岸、公路边坡等。

（2）美国　美国政府制定了《超级基金法》，规定"任何生产有工业废物的企业，必须自行妥善处理，不得擅自随意倾卸"。在美国，透水混凝土一般不含细集料，称为无砂混凝土。美国的佛罗里达州、新墨西哥州和犹他州已经将无细集料混凝土作为路面面层材料用于停车区路段。佛罗里达州 Sarasota 教堂停车场的路面混凝土由I型波特兰水泥，粒径 6～12.5mm 的集料以及引气剂拌和而成。佛罗里达州的沿海地区共修建了 53 座透水混凝土停车场。

（3）德国　德国的每一个地区都有大型的建筑废物再加工综合工厂，仅在柏林就建有20 多个，回收利用率达 80%。目前在德国再生集料混凝土主要应用于公路路面，例如在德国 Lower Saxong 的一条双层公路就采用了再生集料混凝土，该混凝土路面总厚度 26cm，底层混凝土 19cm 采用再生混凝土，面层 7cm 采用天然集料配制的混凝土。另外，德国联邦环境基金会总部的建筑也用了旧混凝土集料。德国有望将 80% 的再生集料用于 10%～15%的混凝土工程中。

（4）中国　在 21 世纪初期，我国政府在《中国 21 世纪议程——中国 21 世纪人口、环境和发展白皮书》中，制定了长期的社会可持续发展战略，鼓励废弃物的研究和利用。将"建筑废渣综合利用"列入了 1997 年科技成果重点推广项目。国内青岛海逸景园、宜昌馨园等工程中均成功应用了再生混凝土，强度等级达到了 C30。汶川地震都江堰灾区重建过程中，采用再生混凝土（C30）、再生砌块（MU10）建成了多栋示范建筑。上海市在世博会城市最佳实践区内的"沪上·生态家"案例中也采用了再生混凝土。北京建筑工程学院实验 6号楼工程中使用了 C30、C40 全再生集料混凝土（即粗细集料均为建筑垃圾再生集料）。北京崇文区草场 5 条 20 号院改建工程、北京中国古陶瓷研究中心等工程中采用了北京一家建筑垃圾再生建材企业生产的再生集料砖和再生砂浆。邯郸市在大型公共建筑"邯郸市金世纪国际商务中心"建设中采用了 130 万块再生砌块，消纳建筑垃圾约 8000t。2010 年 10 月，武夷山市建溪三期防洪工程，防洪堤总长 9.305km，堤体以土质为主，铺设生态混凝土$10\times10^4 m^2$，引进植生型、生态型混凝土作为迎水坡面护坡，施工情况良好，草的根系已穿透混凝土扎入堤内的土层中。经过一年多的时间观察，与长在正常土壤中的草本植物比较，完全没有区别，草根系依旧十分发达，没有出现因混凝土盐碱度处理不当而影响根系生长而枯死的现象，实现了预期的目标。

从目前的技术水平和工程应用经验来看，混凝土已经可以看作是我国的主要可再循环材料了。不过由于建筑垃圾再生建材利用技术水平在我国分布不均，尚未形成全国范围内的产业群体，尚处于局部推广阶段。预计近几年全国范围内将会有快速发展，尤其是在北京、上海、深圳等经济较发达且建筑垃圾排放量巨大的城市和地区发展会更快。

二、开发新能源的绿色建材产业

能源问题，特别是清洁可再生能源的开发利用问题，是世界各国十分重视的热点。太阳能发电、太阳能热能利用、潮汐发电，地热资源的开发应用，以及风力资源的开发利用等等都少不了特殊的建材。特别是太阳能发电和太阳能热能的开发利用更是引起各国的高度重视。随着技术的日新月异，现代绿色建筑将太阳能发电、热能利用与建筑的外墙材料、窗户材料、屋面材料和构件一体化，形成一种崭新的建筑材料，成为建筑材料整体的一部分，更是发展的趋势。

1. 美国太阳能建材的发展

美国在开发利用太阳能光热和光伏发电，太阳能建材化、太阳能建筑一体化等方面在世界居于领先水平。太阳能住宅建筑一体化的设计思想是美国太阳能协会创始人史蒂文斯特朗在 20 年前倡导的。即不再采用屋顶安装一个笨重的装置来收集太阳能，而是将半导体太阳能电池直接嵌入墙壁和屋顶内。根据史蒂文斯特朗这一设计思想，后来，美国电力供应部和能源部合作推出太阳能建材化产品，如住宅屋顶太阳能屋面板、"窗帘式墙壁"等产品。

美国建筑学家设计了一幢新颖的太阳能住宅。采用了现代化的光电技术和多种新型建筑材料。该住宅安装了 36 块非晶硅光电池板，每块可产生 50W 电能，电池板与 12 个 24V 的蓄电池相连接。这些电池板产生的电能可以满足厨房设备、照明和其他家用电器的用电需求。1997 年，美国实施"百万太阳能屋顶计划"。目标到 2010 年，要在全国的住宅、学校、商业建筑等屋顶上安装 100 万套太阳能发电装置，光伏组件累计用量将达到 3025MW，相当于新建 3~5 个燃煤发电厂的电力，每年可减少 CO_2 排放量约 351 万吨，通过大规模的应用，使光伏组件的价格可从 1997 年的 22 美分/（kW·h）降到 2010 年的 7.7 美分/（kW·h）。2010 年，美国参议院能源委员会又通过了"美国千万太阳能屋顶计划"。根据该计划，预计从 2012 年开始，美国将投资 2.5 亿美元用于太阳能屋顶的建设。从 2013~2021 年，每年扩大投资到 5 亿美元。预计到 2021 年，美国太阳能光伏市场总量将超过 100GW。该计划既能保护环境，又能推动经济，并且促使全球范围内太阳能屋顶计划越来越流行。

2. 欧洲太阳能建材的发展

自 20 世纪 70 年代开始研发太阳能技术以来，德国的太阳能工业发展十分迅猛。如今德国建造了世界 50% 左右的太阳能光伏设备，其全国光伏发电量占全世界光伏发电总量的 55% 之多，可以说是世界光伏产业的带头人。此外，美国的"百万太阳能屋顶计划"引发了世界范围内的类似的太阳能屋顶大规模安装活动。欧盟也制定了"百万太阳能屋顶计划"的框架，德国在欧盟的框架下发起了"十万太阳能屋顶计划"，该计划与上述法案几乎相继发布，配合得天衣无缝。德国居民在屋顶安装太阳能设备后，即可无投入地享受高额电价购买，政府并没有投入很多资金，却拉动了太阳能在德国的快速发展。该计划的顺利实施，奠定了德国在全球太阳能市场的强者地位。

法国国家实用技术研究所最近发明了一种建筑外墙玻璃兼作太阳能热水器的产品，这种一体化产品是一种双层中空玻璃，其中 40% 面积是透明的，余下的部分被盘旋状的可以通水的铜管及银反射管所覆盖，覆盖物位于玻璃内层。这种双层中空玻璃可以吸收太阳能，并利用它把水加热。对于一个大楼来说，仅仅利用建筑外墙玻璃，就能把热水问题解决，每年可以节省大量的电力和煤气。因此，具有很强的市场竞争力。

瑞士科学家发明了一种可利用太阳能发电的住宅用窗玻璃，其发电原理类似植物叶片的光合作用。这种玻璃的结构很像树叶，是夹心式的，含有捕捉光能的涂料及半导体物质。当光线激发涂料层中的电子，经过定向传递，便产生电流。其光电转化率为 10% 以上，可发电 150W/m² 左右，虽与普通太阳能电池差不多，但其成本只有太阳能电池的 1/5，因此，有着很好的使用价值和广阔的发展前景。

2009 年，希腊出台太阳能新补助方案并宣布了太阳能屋顶计划，屋顶计划目标为无期限下超过 750MW 的装机质量。2010 年，瑞典公司 SolTechEnergy 推出一种新型环保太阳能建材——透明玻璃瓦。这种透明玻璃瓦主要由普通透明玻璃和黏土做成，可双弯曲，与传统的建筑标准是一致的，重量也跟普通瓦片相同，但寿命要比传统瓦片长，既抗紫外线，又具有高耐腐蚀性。阳光透过玻璃瓦片照射到特殊的热吸油毡上形成空气层，SolTech 系统中换热器将热空气流和热液体产生的热能，转化为电能储存在蓄电池内，从而给房屋供暖。正常气候条件下，每 10ft²（1ft² = 0.092903m²）可产生 350kW·h 的热量。这种瓦片的好处在于冬季时可产生更多的能量，只要安装时考虑好太阳光入射的线角度就可以了。

3. 日本太阳能建材的发展

日本是自然资源极其匮乏的经济大国，非常重视太阳能等可再生能源的发展，用新能源替代传统能源是举国上下的共同愿望和追求。政府颁布各种政策和法令全力支持太阳能等新能源的发展。截至 1993 年，包括太阳能在内的新能源消费量约占全日本能源消费总量的 3％。到 2010 年，太阳能发电量达到 482 万千瓦（为 1999 年的 23 倍）。2012 年年底，九州 4 家大型太阳能电池生产企业年产能合计达到 1375.5MW（$1MW＝1×10^6W$），相当于 2008 年产能（约 127.5MW）的 10 倍。2013 年，日本光伏市场预计全年安装总量可能在 5GW 左右（彭博新能源财经一份报告预计 2013 年日本的光伏安装量将高达 6.1～9.4GW）。

如美国、德国以及其他国家一样，日本也为推广太阳能而在全国启动了"日本新阳光计划"。该计划承诺：对于参加在住宅上安装太阳能发电设备的居民，给予安装设备成本 50％ 的补贴，补贴分 10 年递减。这种高额的补贴极大地促进了日本居民安装太阳能发电设备的意愿，在活动开启之后，无论是太阳能电池的生产，还是光伏发电的电量，都以每年 60％ 以上的速度猛增，同时居民太阳能使用率也逐年增加。日本政府还采取了同样的低息贷款优惠、税收返还等措施，鼓舞了企业对太阳能光伏技术的开发。

这些措施的合理运用使得日本从 2000 年开始太阳能的发电量就一直居世界首位，不但借助太阳能解决了能源问题，还出口最新的技术和产品，广销全球。目前，太阳能光伏组件产业世界前 10 大厂商有 4 家在日本，并且现阶段日本的太阳能企业掌握着世界上大部分的太阳能专利。

4. 我国太阳能建材的发展

我国太阳能建材经过近 20 年的努力，获得了可喜的发展。到 2004 年年底，太阳能热水器年生产能力达到 $1350×10^4m^2$，利用量达到 $6500×10^4m^2$，占全球安装量的 60％，居世界首位，并出口 30 多个国家和地区。太阳能光伏发电约达 $6.5×10^4kW$，解决了 700 多个乡镇，约 300 万偏远人口的基本用电问题。如西藏已建成近 400 个县级和乡级太阳能光伏电站，总装机容量达近 8000kW，成为我国集中型光伏电站最多的省区。近年来，在科研开发、住宅小区大面积推广应用、太阳能建材化、太阳能与建筑一体化设计等方面都取得了一些成绩。

2005 年 6 月，上海的"十万太阳能屋顶计划"拉开了国内光伏建筑大规模应用的序幕，推出一系列绿色电力机制，由单位和个人自愿认购绿电，所得绿电费用专款专用，发展上海绿电事业。截至 2007 年 6 月 9 日，上海已有 5138 户居民认购，认购总量 $77×10^4kW·h$。此外，还有 22 家单位认购了总共 $1476×10^4kW·h$ 绿电。

我国山东皇明太阳能集团推出名为"龙光 1 号"建筑一体化光伏组件，在 2005 年 10 月上海举行的第十五届国际光伏科学与工程大会上受到国内外专家的关注。"龙光 1 号"既是光伏发电组件，又是一种全新的中空、透明、节能建筑材料。作为实用价值极高的现代化建筑构件，可广泛应用于玻璃幕墙、建筑物屋顶（相当于瓦）、门窗玻璃，制成融采光、发电于一体的光伏瓦天窗、屋顶、门窗等，结束了常规光伏组件在建筑物上悬挂安装的历史。应用该产品的建筑不仅自己会发电，还可以任意拼接成各种图案，实现了光伏发电与建筑物的一体化，提高了光伏电池组件的功率和寿命，使电池组件大规模应用于现代化建筑成为可能，为我国光伏产业市场化推广拓宽了道路。

北京清上园为北京第一个全部使用太阳能热水器的板式小高层建筑住宅小区，全小区共519 户，每户阳台护栏外都安装了由山东澳华电器有限公司生产的"澳华·维丽亚"牌阳台壁挂式太阳能热水器；阳台内分户墙壁上安装着与电热水器一模一样的分体式水箱，管道经地下直通卫生间，业主只需轻轻扳动把手，70℃ 左右的热水便顺畅流动，即可轻松洗浴。此系统还配有电辅助设施，无论在春夏秋冬，还是雨雪天气都可正常使用，实现了自动控制，恒温出水，达到了安全、舒适、节能的目的。据初步估算，通过利用太阳能采暖器，每年可

节省近 $600kW/m^2$ 电能。

浙江舟山凤凰岛置业发展有限公司，将投资 630 万元，在舟山建一座浙江省第一个太阳能中央空调。太阳能空调是利用太阳能为能源，溴化锂制冷机用水做冷媒，整机没有任何氟利昂类化学产品，达到完全无污染和接近零运行费用。尽管投资成本比使用油、煤等能源的中央空调要增加 5 倍多，但运转 5～6 年就可收回投资。

安徽应天新能源有限公司采用中国科技大学陈应天教授发明的专利技术，将投资 2000 万元，在蚌埠建成亚洲最大的 1.25MW 太阳能发电示范推广站并与蚌埠电网并网。在上海莘庄工业区上海市建筑科学院科技发展园区内，新建成的"零能源"生态建筑示范工程，为 1 幢生态办公示范楼（1994 m^2，已于 2004 年 6 月竣工并投入使用）及 2 幢生态住宅示范楼（640 m^2，于 2005 年 8 月竣工）。生态住宅示范楼实现了"零能耗建筑"、"资源高效循环利用"、"智能高品质居住环境"三大技术目标。集成应用了太阳能光伏发电（3kW）并网系统、太阳能景观灯、庭院灯、太阳能热水系统等太阳能技术，项目总体达到国际先进水平。

中国工程院院士、清华大学江亿教授设计的清华大学超低能耗示范楼，造价 2000 万元，为总建筑面积 3000 m^2 的五层小楼。由于采用相变地板、镀膜玻璃、真空玻璃、遮阳装置等多种新型建材和近百项新型技术，致使整座大楼的围护结构能耗仅为常规建筑物的 10%，基本实现零采暖能耗，其中也采用了多种太阳能建筑技术。

中国首座太阳能综合利用示范搂在北京奥运公园东侧建成并成功运行。该楼屋顶一个紧挨一个排列着太阳能真空管集热器和光伏电池板，朝南的墙面檐口为光伏电池板所覆盖。楼内所有管线流动的热水、冷气、电流等，都由太阳能转化而得。

截至 2008 年年底，我国太阳能热水器总集热面积运行保有量约 $1.35 \times 10^8 m^2$，年生产能力超过 $2500 \times 10^4 m^2$，较 2007 年增长 10%，目前太阳能热水器使用量和年产量均占到了世界总量的一半以上。截至 2010 年有 1300 多家有一定规模的太阳热水器生产企业。尤其是我国自主创新的真空管热管技术，技术水平居于世界领先地位，真空管热水器在我国得到广泛应用，年产量超过 $1600 \times 10^4 m^2$，占世界真空管热水器市场的 90% 以上。同时真空管热水器以其优良的性能，出口亚洲、欧洲、非洲等几十个国家。截至 2011 年 3 月份，国内的光伏玻璃生产线共有 41 条，日熔量达到 8000t，折合年产量约 $13560 \times 10^4 m^2$。但是目前的有效产能不超过 $8000 \times 10^4 m^2$。有效产能之所以很低，主要原因是几条熔化量大的生产线基本上是近期刚刚点火，尚处于设备调试和磨合过程之中，尚未形成有效产能。

我国政府十分重视太阳能、风能等可再生能源的发展，根据国家发改委的规划，到 2020 年，我国太阳能等可再生能源在一次能源消费结构中的比重将由目前的 7% 左右提高到 15% 左右，其中太阳能热水器集热面积由目前的 $6500 \times 10^4 m^2$ 到 2020 年将达到 $3 \times 10^8 m^2$，年替代石化能源约 $4000 \times 10^4 t$ 标准煤；太阳能光伏发电由目前的 $6.5 \times 10^4 kW$，到 2020 年达 $220 \times 10^4 kW$。届时，太阳能、风能、水电、沼气等可再生能源，将为缓解能源短缺和节能压力做出巨大贡献。

三、改善居室生态环境、提高生活质量和健康水平的绿色建材产业

居室内的潜在污染物质有化学物质、放射物质、细菌等生物性物质。一方面，某些装修材料由于生产过程中引入了大量的化学成分，会在室内装修后的很长时间内缓慢释放到空气中，造成人们眼鼻不适、头疼、疲劳、恶心，严重的甚至会致癌；另一方面，随着工业的不断发展，噪声、电磁辐射、光污染等越来越多地影响着人类的居室环境，室内环境污染的控制刻不容缓。从 20 世纪 80 年代起，"绿色房屋"、"生态房屋"等在世界各地不断兴起，这些建筑往

往都采用了先进的健康功能材料来营造清洁的室内环境，达到了建筑、人与自然的和谐统一。

健康功能材料是指对人体或环境具有积极意义的某种特殊功能材料，应具有抗菌、辐射红外线、释放负离子等功能。健康功能材料大致经历了两个发展阶段，第一阶段为抗菌、净化材料，具有抗菌、净化空气、防污染的功能。主要产品为涂料、玻璃、陶瓷材料的表面涂层。第二阶段为功能性材料，与前代环保型涂料相比，增加了一些健康功能，如具有自动调节室内温度、湿度、光线等，这些功能一般是以新型材料制备建材而得以表现的。目前国内外均有相应新型健康功能材料上市出售。

1. 抗菌材料产业

抗菌材料是通过添加具有抗菌功能并能在材料中稳定存在的抗菌剂，经一定工艺加工后，制得具有抗菌和杀菌功能的材料，其既不污染环境，又能长时间保持抗菌和杀菌功效。目前抗菌材料所用抗菌剂主要有天然抗菌剂、有机抗菌剂和无机抗菌剂三大类。无机抗菌剂是利用银、锌、铜等金属及其离子本身所具有的抗菌或杀菌的能力，通过物理吸附、离子交换和多层包覆等方法，将银、锌、铜等金属及其离子负载于沸石、磷酸盐等多孔材料上，经加工制得的一类抗菌剂。国内外研究较多的无机抗菌材料具有广谱的抗菌作用，应用前景广泛。无机抗菌材料可分为光催化抗菌材料、含金属离子的抗菌材料、金属氧化物抗菌材料以及稀土激活保健抗菌材料。

（1）抗菌卫生陶瓷、抗菌釉面砖　日本 TOTO 公司的光催化银系抗菌面砖，荧光灯下 1h 抗菌率为 97%；NIAX（伊奈）开发的抗菌陶瓷是用釉中外加含银抗菌陶瓷粉的方法烧制而成的。广东佛山园林陶瓷厂与中国建材研究院在国内首次采用釉中添加无机保健抗菌剂生产抗菌釉面砖，解决了表面质量问题，开始批量生产，生产成本只提高 1%～2%。

（2）抗菌、除臭、防污涂料　国际上涂料技术向低环境负荷、高功能化和复合化方向发展。要求涂料的生产和使用过程中环境负荷为最小、有机挥发物（VOC）为最小并对健康环境有贡献。世界各国都在研究同时具有防菌、抗菌、除臭以及防污等各种功能的多功能涂料。早期的防霉抗菌涂料使用的是有机防霉剂，这些抗菌剂具有对人体有害、有效期较短等致命的缺点。1994 年以来出现了无机抗菌剂，日本品川（株）研制的无机抗菌剂首先用于涂料，后来又研制了防污涂料。山田善市等人采用银的铵络合盐对膨润土中的碱金属离子进行离子交换达到了较好的抗菌效果。日本 Sinanen Zeomic 公司研制的载银沸石抗菌剂对各类细菌和真菌类最小抑菌浓度（MIC）分别为 62.5～500mg/L 和 500～1000mg/L。日本住友水泥（株）研制的防污涂料采用 Ag_3PO_4 型抗菌剂，采用无机-有机复合的方法。涂料表面硅氧烷结合，提高了密度和硬度，提高了表面亲水性以及降低电阻率及防止静电作用等。日本涂料（株）开发的防霉涂料 DN 以及消臭涂料，消臭剂主要由氧化物组成，可消除臭味和甲醛等有害气体，同时可消除涂料本身排放的有害气体。上述涂料主要用于医院、公共场所、卫生间和厨房，可有效抑制霉菌的生长，也可除臭、防污自洁。

（3）抗菌自洁玻璃　抗菌自洁玻璃是采用目前成熟的镀膜玻璃技术（如磁控浇注、溶胶-凝胶法等）在玻璃表面覆盖一层二氧化钛薄膜。这层薄膜在阳光下，特别是在紫外线的照射下，能自行分解出自由移动的电子，同时留下带正电的空穴。空穴能将空气中的氧激活变成活性氧，这种活性氧能把大多数病菌和病毒杀死，同时还能把许多有害的物质及油污等有机污物分解成氢气和二氧化碳，从而实现了消毒和玻璃表面的自清洁。

2. 调温、调湿材料产业

（1）调温材料　储能调温建筑新材料是将相变储热技术用于建筑节能领域产生的新型材料，这种新型材料可以根据环境温度的变化在一定的温度范围内自动储存和释放可观的潜热，减小室内温度的波动幅度，提高室内热舒适性。储能调温建筑材料可用于墙体、墙板、地板以及家具材料，在冬季晴朗的白天可以储存太阳热能以备夜晚采暖之需；在夏季可以吸收室内多余的热量，防止室内过热，达到节约采暖和空调能耗、减少温室气体排放的目的。相变储热技术应用于建筑领域始于 1982 年，由美国能源部太阳能司发起，1988 年起由美国能量储存分配办公室推动此项研究。经过 30 多年的发展，相变储热技术开始转入大规模商业化应用，成熟的 PCM 单体产品（如石蜡、脂肪酸、多元醇、水合盐等）、PCM 复合材料产品（如 PCM 石膏板、PCM 水泥砌块、PCM 砂浆、PCM 储能材料、PCM 有机涂料、相变储能遮阳板、相变储能墙板、相变储能地板、相变储能天花板等）和设备（如电加热定形相变材料辅助采暖系统、屋顶及墙体内 PCM 辅助通风系统、PCM 热控制单元等）相继出现，储能调温建筑材料的产业化进程步入正轨。建材用调温材料中，最重要的是相变温度在 22～25℃ 范围内的材料，因为该温度范围被广泛认为是建筑墙体和被动式供冷系统（利用夜间的自然冷量）的合适工作温度。表 2.8 列出了近年来国外市场上一些典型 PCM 产品的热性能。

表 2.8 国外一些典型 PCM 产品的热性能

产品	熔点/℃	潜热/(J/g)	相变材料成分	生产商
RT20	20	172	石蜡	RUBITHERM GmbH
RT25	25	232	石蜡	RUBITHERM GmbH
RT26	26	131	石蜡	RUBITHERM GmbH
RT27	27	179	石蜡	RUBITHERM GmbH
RT30	30	206	石蜡	RUBITHERM GmbH
RT32	32	130	石蜡	RUBITHERM GmbH
TH24	24	158	水合盐	TEAP
TH25	25	N/A	水合盐	TEAP
TH29	29	284	水合盐	TEAP
Climsel C21	21	50	水合盐	Climator
Climsel C23	23	148	水合盐	Climator
Climsel C24	24	108	水合盐	Climator
Climsel C32	32	212	水合盐	Climator
STL27	27	213	水合盐	Mitsubishi Chemical
S27	27	207	水合盐	Cristopia

在应用方面，储能调温石膏板、储能调温混凝土一般做成板状或空心砌块直接用于建筑墙体。美国 Los Alamos 国家实验室（Los Alamos National Lab）的计算结果表明，使用相变墙可使建筑的逐时负荷均匀化，减少空调设备的初投资和运行费用。德国巴斯夫股份公司（BASF）研制的相变砂浆含 10%～20%（质量分数）的微胶囊化相变材料，用这种砂浆抹于内隔墙，每平方米墙面含有 750～1500g 石蜡，每 2cm 厚的石蜡砂浆蓄热能力相当于 20cm 厚的砖木结构墙。该砂浆已用于德国建筑节能工程中。Neeper 等将石蜡和脂肪酸添加到石膏板中，在不影响其使用性能的情况下，相变储能石膏板的储热能力较普通石膏板提高了 10 倍。1996 年，德国莱比锡材料研究与测试中心将相变材料包裹在微胶囊中，制成微囊型相变材料。每平方米膜材料中掺入 40g 微囊型相变材料，膜材料的综合保温能力大约增加 4 倍；每平方米膜材料中掺入 90g 微囊型相变材料，膜材料的综合保温能力大约增加 8 倍。1999 年，美国俄亥俄州戴顿大学研究所成功研制的用于建筑保温的固液共晶相变材料，其固液共晶温度是 23.3℃，当温度高于 23.3℃ 时，晶相熔化，积蓄热量。一旦气温低于这个温度时，结晶固化再现晶相结构，同时释放出热量。在墙板或轻型混凝土预制板中浇注这种相变材料，可以保持室内温度适宜。加拿大康考迪亚（Concordia）大学建筑研究中心用

49％丁基硬脂酸盐和48％丁基棕榈酸盐制备出相变储能墙板比相应的普通墙板的储热能力增加10倍。

瑞士的建筑师Dietrich Schwarz设计并申请了"神奇玻璃"的专利，并于2001年前后安装在了一面向阳的玻璃墙上。太阳光被玻璃墙吸收，转化为热量使PCM熔化，在完全熔化之前，墙体的温度保持在PCM的相变温度27℃附近。达50℃时，4cm厚的PCM玻璃墙储存的热量相当于30cm砖墙可储存的热量。晚上自然冷却或阴天时，温度又可维持在27℃附近，墙体在一个小的温度范围内释放储存的热量。保温良好时，可避免热量向外界散失。在夏季或太阳光强烈时，为避免模块化PCM墙过热，高于40℃的太阳直射光被玻璃三棱镜反射回去，不能被吸收。由于PCM玻璃的光学特性，玻璃墙是半透明的，可透过太阳光。墙体蓄热量越大，其导热性就越好，如今的"神奇玻璃"幕墙可满足供暖、透光和室内装修等多方面的要求。此外，用含相变材料的微胶囊制备涂料，或用多孔超细材料作为涂料的主要填充介质制备涂料，可以用来提升老房屋的储热能力，有利于相变储能建筑材料的推广使用。中国建筑材料科学研究院与北京首创纳米科技有限公司利用多孔超细SiO_2等材料复合作为隔热涂料的主要填充介质，联合开发出低成本、高隔热性的涂料。

（2）调湿材料　调湿材料是指不需要借助任何人工能源和机械设备，依靠自身的吸放湿性能，感应所调空间空气温湿度的变化，从而自动调节空气相对湿度的材料。调湿材料对节约能源、改善环境舒适性、促进生态环境的可持续发展等具有重要的实际意义。20世纪80年代起，日本成为最早开发和发展调湿材料产品的国家，成果覆盖文物保存、纺织、化工、建筑材料等多个领域。继日本之后，西班牙、德国等西方国家也先后展开了对调湿材料的研究。我国潮湿地区年平均相对湿度在70％～80％，有时高达95％～100％，北方干燥时期的相对湿度甚至可以达到10％以下。这些地区的建筑要达到室内环境的舒适要求，就需要采取高效的方法解决相对湿度带来的室内环境质量问题。因此，近10年来我国相继开展了一些有关调湿材料的研究工作，大多集中在硅胶、高分子聚合物、无机矿物质以及复合材料上。但由于调湿机理的复杂性，这方面的研究进展缓慢，某些调湿产品存在制造工艺复杂、生产成本高、湿容量过小、调湿速度慢等缺点。因此，工艺简单、生产成本低廉且调湿性能优良的调湿材料，成为目前调湿材料研发的主要方向。

在应用方面，典型的建筑用调湿材料有硅胶、天然沸石、硅藻土等，相关产业以日本最为发达。硅胶是一种具有多孔结构的无定形的二氧化硅，其孔径一般为15～20nm，有效面积可达$700m^2/g$，对极性分子（水分子）的吸附能力超过对非极性分子（如烷烃类）的吸附能力，且吸附可逆。硅胶能吸收重量为其自身重量50％的水分。硅胶虽然是一种公认的最有效的湿度控制剂，但由于其在水的吸附与解吸循环中呈现较严重的滞后现象，使其应用受到很大的限制，目前人们正致力于研究一种具有吸湿容量大和响应速度快的特种硅胶。美国W.P. Crace公司生产的中等密度硅胶、规则密度硅胶都具有较高的吸湿容量。沸石方面，日本已经开发出多种以天然沸石为原料的板状吸放湿建材。例如，町长治等将30％的天然沸石与水泥及纤维混合，发泡成形后在高压蒸汽中养护成"A型沸石板"。木村启一等开发出"B型沸石板"，将天然沸石的量增加到60％，与水泥及纤维混合后在室温下养护而成。寒河江昭夫等以天然沸石为原料，将其研磨成细小颗粒，与灰浆混合调制，开发出了一种称为"沸石灰浆护墙板"的新型调湿材料。硅藻土是由浮游生物硅藻在地层中沉积而成，将硅藻土按一定工艺加工，就可以制成各种形状的调湿材料。目前，国内外均已开发出硅藻土系调湿板材或调湿纸。硅藻土调湿材料的调湿性能略低，但其具有较好的杀菌、脱臭、绝热、吸音等功能。

复合调湿材料是将上述不同类型的调湿材料与其他无机、有机材料经反应或混合后制得。针对上述单一调湿材料难以同时满足高吸湿容量、高吸（放）湿速度要求的现状，近年来人们开始着手将上述不同类型的调湿材料进行复合，或与其他无机材料反应混合制成复合调湿材料，如无机盐/有机高分子、无机物/有机高分子、多孔调湿陶瓷、生物质类等复合材料，使材料的吸湿容量和吸（放）湿速度得到大幅度地提高。比较常见的有吸水性树脂与无机填料的复合，这样使聚合物内部离子浓度提高，增大了聚合物内外表面的渗透压，加速聚合物外表面水分进入内部，且使原聚合物规整表面变得疏松，增大了调湿材料与空气中水蒸气分子的接触表面。复合调湿材料不仅吸湿速度增大，而且放湿速度也得到很大的提高。美甘纯一等将高分子树脂与无机材料复合制得复合型调湿剂调湿时间短，并能恒湿于43％的相对湿度。

第三节　绿色建材的评价体系

绿色建材领域的研究工作有两个重要分支，一个是研究具体的绿色建材生产、制造、加工、再生技术的工艺、装备和技术，其研究有助于减轻建材工业对环境的不良影响。另一个是研究建材在某一过程或其生命全周期过程对环境的具体影响的特征及其程度大小，其工作有助于人们正确客观地评价材料技术或工艺。前者属于"硬件研究"，而后者属于"软件研究"，这两方面相辅相成、缺一不可。与绿色相关的各种建材生产制造工艺的研究虽然已在国内外，特别是国际上迅速发展，但是欲使绿色建材研究工作能够取得实效，其关键在于对绿色概念的研究深化及"绿色度"的定量化。

一、常见的环境指标及其表达方法

在进行材料的环境影响评价过程之前，首先要确定用何种指标来衡量材料的环境负担性。关于衡量材料环境影响的定量指标，已提出的表达方法有能耗表示法、环境影响因子、环境负荷单位、单位服务的材料消耗、生态指数、生态因子等。下面简单介绍这些表达方法。

1. 能耗表示法

早在20世纪90年代初，欧洲的一些旅行社为了推行绿色旅游和照顾环保人士的度假需求，曾用能耗来表达旅游过程的环境影响。例如，对某条旅游线路，坐飞机的能耗是多少，坐火车的能耗是多少，自驾车的能耗是多少。这是最早的曾采用能量的消耗多少来表示某种过程对环境的影响。

在材料的生产和使用过程中，也有用能耗这项单一指标来表达其对环境的影响。表2.9是一些典型材料生产过程的能耗比较，可见水泥的环境影响要比钢和铝材的环境影响大。由于仅采用一项指标难以综合表达对环境的复杂影响，故在全面的环境影响评价中，现已基本淘汰能耗表示法。

表2.9　一些典型材料生产过程的能耗比较

材　　料	钢	铝	水泥
环境影响/(10^6 MJ/t)	31.8	36.7	142.4

2. 环境影响因子

某些学者曾用环境影响因子（environmental affect factor，EAF）来表达材料对环境的影响，即 EAF=[资源、能源、污染物、生物影响、区域性]。相对于能耗表示法，环境影响因子考虑了资源、能源、污染物排放、生物影响以及区域性的环境影响等因素，把材料的生产和使用过程中原料和能源的投入以及废物的产出都考虑进去了，比能耗指标要全面综合一些。

3. 环境负荷单位

除环境影响因子外，还有一些研究单位和学者提出了用环境负荷单位（environmental load unit，ELU）来表示材料对环境的影响。所谓环境负荷单位也是用一个综合的指标，包括能源、资源、环境污染等因素来评价某一产品、过程或事件对环境的影响。这个工作主要是由瑞典环境研究所完成的，现在在欧美较流行。

表 2.10 是某些元素和材料的环境负荷单位比较，可见一些贵金属元素的环境负荷单位特别大，与实际情况基本一致。由于环境负荷单位是一种无量纲单位，在实际应用中如何换算某种材料的环境负荷单位并与其他材料的环境影响进行比较，目前还没完全让公众了解和接受。

表 2.10　某些元素和材料的环境负荷单位比较

元　　素	ELU/kg	元　　素	ELU/kg
铁	0.38	锡	4200
锰	21.0	钴	12300
铬	22.1	铂	42000000
钒	42	铑	42000000
铅	363	石油	0.168
镍	700	煤	0.1
钼	4200		

4. 单位服务的材料消耗

德国渥泊塔研究所的斯密特教授（Schmidt）于 1994 年提出了一种表达材料环境影响的指标方法，叫单位服务的材料消耗量（materials intensity per unit of service，MIPS），简称 MIPS 方法。其意指在某一单位过程中的材料消耗量，这一单位过程可以是生产过程也可以是消费过程。详细介绍可参见斯密特教授的专著"人类需要多大的世界"一书。

5. 生态指数表示法

除上述表示材料的环境影响指标外，国外还有一种生态指数表示法（eco-points），即对某一过程或产品，根据其污染物的产生量及其他环境作用大小，综合计算出该产品或过程的生态指数，判断其环境影响程度。例如，根据计算，玻璃的生态指数为 148，而在同样条件下，聚乙烯的生态指数为 220，由此即认为玻璃的环境影响比聚乙烯要小。由于同环境负荷单位、环境影响因子相同，都是一种无量纲单位表示法，计算新产品或新工艺的环境影响的生态指数是一个很复杂的过程，故目前这些表达法都还不是很通用。

6. 生态因子表示法

以上环境影响的表达指标都只是计算了材料和产品对环境的影响，在这些影响中并未将其使用性能考虑进去。由此有些学者综合考虑材料的使用性能和环境性能，提出了材料的生态因子表示法（eco-indicators，ECOI）。其主要思路是考虑两部分内容，一部分是材料的环境影响（environmental Impacts，EI），包括资源、能源的消耗，以及排放的废水、废气、废渣等污染物，加上其他环境影响如温室效应、区域毒性水平、噪声等因素；另一部分是考虑材料的使用或服务性能（service performance，SP），如强度、韧性、热膨胀系数、电导率、电极电位等力学、物理和化学性能。

对某一材料或产品，可用 ECOI=EI/SP 来表示其生态因子，其中 ECOI 是该材料的生态因子，EI 是其环境影响，SP 是其使用性能。因此，在考虑材料的环境影响时，基本上扣除了其使用性能的影响，在较客观的基础上进行材料的环境性能比较。

二、国内外有关绿色建材的评价体系

1. 世界各国的环保标志

20 世纪 80 年代以来，欧美国家开始注意室内建筑材料的污染。1987 年以来曾在瑞典召开了两次"健康材料学术研讨会"。到了 90 年代，一些工业发达国家对绿色建材的发展、研究和应用更加重视，思路逐渐明确，制定出一些有机挥发物散发量的试验方法，并推行低散发量标志认证。1994 年联合国设立了"可持续产品开发"工作组。随后，国际标准化机构 ISO 开始讨论制定环境调和制品（ECP）的标准化。由于绿色建材需要用科学评价体系进行评价才能予以认定，其评价体系的公正和完善与否影响着绿色建材的发展。国外发达国家都是以制定建材产品环保"绿色"标志认证制度入手，并辅之以完善而有效的制度使绿色建材逐步推广。

环境标志是一种标在产品或其包装上的标签，是产品的"证明性商标"，它表明该产品不仅质量合格，而且在生产、使用和处理处置过程中符合特定的环境保护要求，与同类产品相比，具有低毒少害、节约资源等环境优势。目前国际上已有几十个国家采用不同的环境标志（见表 2.11）。

表 2.11　国际上一些环境标志

国家（地区）	建立年份	环境标志制度名称
德国	1977	蓝色天使制度
加拿大	1988	环境选择方案
日本	1989	生态标志制度
北欧四国	1989	白天鹅制度
美国	1989，1990	绿色签章制度、科学证书制度
印度	1991	生态标志制度
奥地利	1991	奥地利生态标章
法国	1991	NF 环境
葡萄牙	1991	生态产品
欧盟	1992	欧洲联盟制度
瑞典	1992	良好环境选择
新西兰	1992	环境选择制度
韩国	1992	生态标章制度
新加坡	1992	绿色标章制度
荷兰	1992	Stichting Milieukeur
克罗地亚	1993	环境友好
丹麦	1992	DICL 认证标志计划

（1）德国　德国于 1978 年率先发布了世界上第一种环境标志——蓝色天使标志。考虑的因素包括污染物散发、废料产生、再次循环使用、噪声和有害物质等。现已建立了 75 个产品组，准则每三年修改一次。对各种涂料规定最大 VOC 含量，一些有害材料禁用。对于木制品的基体材料，在标准室试验中的最大甲醛浓度为 0.1mg/kg 或 4.5mg/100g 干板，装饰后产品在标准室试验中的最大甲醛浓度为 0.05mg/kg，最大散发率为 2mg/m³。带蓝色天使标志的产品已超过 3500 个。

（2）日本　日本从 1988 年开始开展环境标志工作，1993 年日本科技厅制定并实施了"环境调和材料研究计划"，通产省制定了环境产业设想并成立了环境调查和产品调整委员会。1989 年日本环境厅开始实施"生态标志"计划，1999 年年底，该计划已有 68 个产品类别、约 4400 种生态标志产品。近年来日本在绿色建材的产品研究开发和健康住宅样板工程的兴建方面取得了可喜的成果。

（3）美国　美国各州市对建材的污染物已有严格的限制，而且要求愈来愈高，不符合限定的产品被课以重税和罚款。美国有关单位制定出地毯标志计划，对室内饰面材料和家具中有害物质的散发量做了规定，其中包括 TVOC 含量、可吸入颗粒物含量、甲醛含量等指标。产品范围涉及办公家具、地毯、胶黏剂、墙体涂料、防火材料。

（4）加拿大　加拿大的 Ecologo 环境标志计划始于 1988 年，对一些建材产品制定了"住宅室内空气质量标准"，规定材料有机物散发总量（TVOC），见表 2.12。相应地规定水基性建筑涂料、刨花板、中密度纤维板、地毯、PVC 弹性地板、石膏板用胶黏剂中总有机挥发物含量、甲醛含量、苯含量。

表 2.12　加拿大的 Ecologo 计划 TVOC 准则

材　料	TVOC/(g/L)	材　料	TVOC/(g/L)
涂料：水性，溶剂型	250，380	胶黏剂	20
木饰面：水性，溶剂型	300，不可取	密封膏	20
木着色剂：水性，溶剂型	250，不可取		

（5）中国　1993 年国家环保局正式颁布中国的环境标志图形，由青山、绿水、太阳及十个环组成。水性涂料作为建材第一批首先实行环境标志的产品，而后，建筑胶黏剂、磷石膏建筑产品、人造木质板材、建筑用塑料管材管件等产品陆续制定了相关的认证标准。2002 年 7 月 1 日正式实施了《室内空气质量》国家标准。十项"装饰装修材料污染物限量标准"国家标准也已实施，强制性地限制室内空气有害物质含量，对室内装饰装修材料用建材提出了有害物质限量标准，促进了绿色建材定量化研究进程。香港、台湾也都有环境标志计划产品，涉及的产品范围包括瓷砖、地面材料、砌块、石材以及建筑用的各种化学材料等。

世界不同国家和地区的环境标志图样见图 2.6。

德国蓝天使	加拿大Ecologo	日本生态标志	中国台湾环保标章

中国I型环境标志	中国II型环境标志	中国III型环境标志

图 2.6　不同国家和地区的环境标志

各国的环境标志产品的应用领域、评价内容和评价指标各不相同。大多数计划是针对室内建筑材料（装饰装修材料）的污染物指标制定定量规定，从评价方法上基本采用单因素评价，对一些具体而单一的污染物指标如甲醛含量进行成分限制。迄今为止，国际上尚未有一种标志计划是采用建筑材料生命全周期分析方法，从建筑材料的原料采集、生产制造、使用和废弃回收各阶段对建筑材料的资源消耗、能源消耗、环境污染、经济性、资源再利用性等各项指标进行全方面综合评价，从而做出是否是绿色建材以及"绿色"程度的评判。我国在这方面做了大量的工作，处于国际领先水平。

2. 我国绿色建材产品评估标准

目前，我国市场上有关绿色建材产品的评估标准大致是根据以下几方面确定的。

（1）ISO14000 体系认证 ISO14000 被形象地喻为"通往国际市场的绿卡"。它是由国际标准化组织（ISO）制定的，是目前世界上最为完善和系统的环境管理的国际化标准。ISO14000 是从环境因素入手，通过制定一系列标准而形成的一个系统的、严密的、文件化的体系。该体系以使企业达到遵章守法、预防污染和持续改进为目的。该系列环境管理标准侧重评价材料的环境负荷特性，是保证整个生命周期产生最低的环境负荷的有效评价方法。

ISO14000 系列标准颁布以来，立即引起世界各国的重视，掀起了认证热潮。日本各企业积极认证，目前获得认证的企业数为 1091 家，居世界第一。欧洲各国也积极认证，是推行 ISO14000 最活跃的一个洲。面对这股认证热潮，我国政府采取了积极的反应，1997 年 5 月成立了"中国环境管理体系认证指导委员会"，开展 ISO14000 环境管理系列标准的认证工作。

（2）环境标志产品认证 具有环境标志产品质量优、环境行为优的双优特性，是唯一同时以产品性能达标和环境安全性为依据的认证，获得此标志的产品在生产使用及处置过程都符合环保要求，对环境无害或危害极少，同时有利于资源的再生和回收利用，具有权威性。其中包括涂料、无石棉板材、胶黏剂、建筑用塑料管材管件、磷石膏建筑产品在内的建筑材料产品占有一定的比例。该体系也只是把产品性能标准与环境标准的简单结合，难以在通过认证的产品中定量评价那种性能指标和安全性更好。

（3）国家相关安全性标准体系 国家标准《室内空气质量标准》、10 项《室内装饰装修材料有害物质限量》（GB 18580～GB 18588）、《民用建筑工程室内环境污染控制规范》共同构成我国一个较为完整的室内环境污染控制的评价体系。但该标准体系评价的产品范围为室内装饰装修材料，其他很多建筑材料包括水泥、平板玻璃、建筑卫生陶瓷、墙体材料等大宗的建材都不包括在内。而且符合该体系要求的装饰装修材料也仅达到了环境安全性，但却不能确定该产品在生产或其他环节也具有最小的环境污染。

上述三种评价体系在评价内容上各有侧重，很难以一种体系对绿色建材进行定量的、全面的综合评价。国际上公认，用 ISO14000 标准中全生命周期理论评价材料的环境负荷性能是最科学和最全面的。

三、材料的环境影响评价方法与标准

早期曾采用单因子方法来评价材料的环境影响。如测量材料在生产过程中的废气排放量，用以评价该材料对大气污染的影响。测量其废水排放量，评价其对水污染的影响，测量其废渣的排放量，评价其对固体废物污染的影响。后来，科学家发现，如此单因子评价不能反映其对环境的综合影响，如全球温室效应、能耗、资源效率等。而且，用如此多的单项指标，比较起来也太麻烦，甚至有些指标还无法进行平行比较。到 20 世纪 90 年代初，专家提出了一个综合的、被称之为生命周期评价的方法（life cycle assessment，LCA）。LCA 方法现已基本为科学工作者所接受，成为全世界通行的材料环境影响评价方法。

1. LCA 的定义和起源

生命周期评价（LCA）是一种评价某一过程、产品或事件从原料投入、加工制备、使用到废弃的整个生态循环过程中环境负荷的定量方法。具体地说，LCA 是指用数学和物理方法结合实验分析对某一过程、产品或事件的资源、能源消耗，废物排放，环境吸收和消化能力等环境负担性进行评价，定量确定该过程、产品或事件的环境合理性及环境负荷量的大小。

1990 年，由国际环境毒理学与化学学会（SETAC）首次主持召开了有关生命周期评价的国际研讨会，在该次会议上首次提出了"生命周期评价（life cycle assessment，LCA）"的概念。在以后的几年里，SETAC 又主持和召开了多次学术研讨会，对生命周期评价（LCA）从理论与方法上进行了广泛的研究，对生命周期评价的方法论发展做出了重要贡献。1993 年，SETAC 根据在葡萄牙的一次学术会议的主要结论，出版了一本纲领性报告"生命周期评价（LCA）纲要：实用指南"。该报告为 LCA 方法提供了一个基本技术框架，成为生命周期评价方法论研究起步的一个里程碑。

目前生命周期评价的方法论还处在研究和发展阶段，SETAC 与国际标准化组织（ISO）正积极促进生命周期评价方法论的国际标准化研究。1993 年 6 月，ISO 正式成立了环境管理标准技术委员会（TC-207），负责环境管理体系的国际标准化工作。TC-207 技术委员会在 ISO14000 系列环境管理标准中为生命周期评价预留了 10 个标准号（ISO14040～ISO14049），其中 ISO14040（环境管理-生命周期评价-原则与框架）、ISO14041（清单分析）、ISO14042（影响评价）、ISO14043（结果解析）、ISO14044（要求事项与指南）和 ISO14045（产品系统的生态效益评估原则、要求和指南）已分别于 1997 年、1998 年、2000 年、2000 年、2006 年和 2012 年颁布，相应的 ISO14046～ISO14049 标准号也将在今后几年内颁布。LCA 将成为 ISO14000 系列标准中产品评价标准的核心和确定环境标志和产品环境标准的基础，它同时也是环境标志计划与清洁生产实施的重要基础。事实上，由于 ISO 的组织，有众多的学术组织、政府机构、企业和环境保护组织参与的 LCA 研究已成为国际上LCA 研究和应用的主流。

2. LCA 的技术框架及评价过程

由于 ISO14000 环境标准在世界上已全面贯彻实施，目前，利用生命周期分析来考虑生产过程、工业产品乃至一些生活事件对环境的综合影响已经成为全球范围内一项常规方法。按照 ISO14040 系列标准，如图 2.7 所示，LCA 评价方法的技术框架一般包括四部分。主要

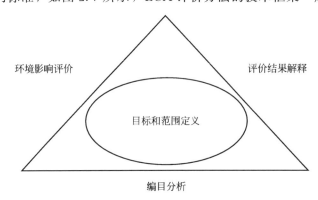

图 2.7　LCA 的技术框架

有目标和范围定义、编目分析、环境影响评价以及评价结果解释等，下面做一详细分析。

（1）目标和范围定义 确定目标和范围是生命周期评价研究中的第一步，也是最关键的部分，包括确定研究目标和范围、建立功能单位、建立保证研究质量的程序等内容。目标定义即要清楚地说明开展此项生命周期评价的目的和原因，以及研究结果的预期应用领域。范围界定需要考虑产品系统的功能、功能单位、系统边界、数据分配程序、环境影响类型、数据要求、假定的条件、限制条件、原始数据质量要求、对结果的评议类型、研究所需的报告类型和形式等项目并作清楚地描述。LCA 的评价范围一般包括评价功能单元定义、评价边界定义、系统输入输出分配方法、环境影响评价的数学物理模型及其解释方法、数据要求、审核方法以及评价报告的类型与格式等。范围定义必须保证足够的评价广度和深度，以符合对评价目标的定义。评价过程中，范围的定义是一个反复的过程，必要时可以进行修改。研究范围的界定要足以保证研究的广度、深度和详尽程度与要求的目标一致，使所研究的对象生命周期所有过程都落入系统的边界内，如图 2.8 所示。

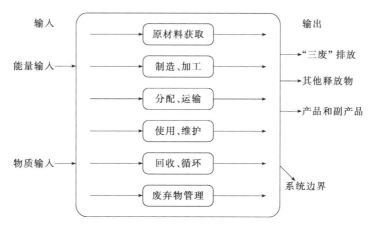

图 2.8 产品生命周期系统的一段范围

由于 LCA 是一个反复的过程，在数据和信息的收集过程中，可能修正预先界定的范围来满足研究的目标。在某些情况下，也可能修正研究目标本身。为保证 LCA 评价方法符合国际标准、评价结果客观和可靠，在 LCA 评价过程结束后可以邀请第三方对结果进行审核。审核方式将决定是否进行审核，以及由谁、如何进行审核。尽管审核并非 LCA 评价的组成部分之一，但在对多个对象进行比较研究并将结果公之于众时，为谨慎起见应该进行审核。

（2）编目分析 编目分析又称生命周期清单分析、列表分析，是生命周期评价四部分中发展最完善、应用最多的一部分。事实上，20 世纪 80 年代末和 90 年代初，在研究者们加入了其他三个部分并与编目分析组合在一起之后，才产生了 LCA 方法。编目分析是指根据评价的目标和范围定义，针对评价对象收集定量或定性的输入输出数据，并对这些数据进行分类整理和计算的过程。该分析评价贯穿于整个生命周期，即对产品整个寿命期间消耗的原材料、能源以及固态废物、大气污染物、水质污染物等，根据物质平衡和能量平衡进行正确的调查获取数据的过程。如图 2.9 所示，需要收集的输入数据包括资源和能源消耗状况，输出数据则主要考虑具体的系统或过程对环境造成的各种影响。编目分析在 LCA 评价中占有重要的位置，后面的环境影响评价过程就是建立在编目分析的数据结果基础上的。另外，LCA 用户也可以直接从编目分析中得到评价结论，并做出解释。

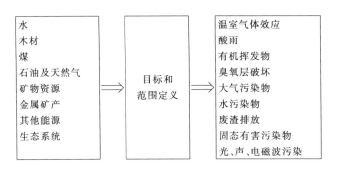

图 2.9 LCA 编目分析示意

在编目分析中通常包含以下几个过程或步骤。

① 系统和系统边界定义 如前所述,系统是指为实现特定功能而执行的、与物质和能量相关的操作过程的集合,这是 LCA 的评价对象。一个系统通过其系统边界与外部环境分隔开。系统的所有输入都来自于外部环境,系统所有的输出都输出到外部环境。编目分析正是对所有穿过系统边界的物质、能量流进行量化的过程。系统的定义包括对其功能、输入源、内部过程等方面的描述,以及地域和时间尺度上的考虑。这些因素都会影响评价的结果。尤其在对多个产品或服务系统进行对比评价时,定义的各个系统应该具有可比性。

② 系统内部流程 为更清晰地显示系统内部联系,以及寻找环境改善的时机和途径,通常需要将产品系统分解为一系列相互关联的过程或子系统,分解的程度取决于前面的目标和范围定义,以及数据的可获得性。系统内部的这些过程从“上游”过程中得到输入,并向“下游”过程产生输出。这些过程及其相互间的输入输出关系可以用一个流程图来表示。

在一个产品的流程中通常可以分为主要产品和辅助性产品。例如一个聚乙烯塑料饮料瓶的主要流程如图 2.10 所示,这个流程图中没有包括辅助性产品如标签、纸箱、黏胶等,但在完整的编目分析中应该包括它们。

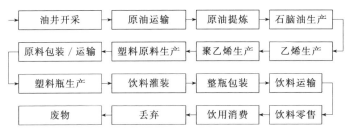

图 2.10 聚乙烯塑料饮料瓶的主要流程

在绝大多数的产品系统中都要涉及能源和运输,所以能源生产和不同运输方式的环境编目数据是一种基础数据,一次收集和分析之后会多次被用到。与此类似,一种材料也会在多种产品中被用到,所以对常用材料的基础评价也是非常重要并需要首先解决的问题。

③ 编目数据的收集与处理 一旦得出系统的内部流程图,就可以开始数据的收集工作。编目数据包括流入每个过程的物质和能量,以及从这个过程流出的,排放到空气、水体和土壤中的物质。编目数据的来源应该尽可能从实际生产过程中获得,另外也可以从技术设计者,或者通过工程计算、对类似系统的估计、公共或商业的数据库中得到相关信息。在编目分析中还应注意分配问题和能源问题这两类问题的处理方式。

分配问题:当产品系统中得到多个产品,或者一个回收过程中同时处理了来自多个系统的废弃物时,就产生了输入输出数据如何在多个产品或多个系统之间分配的问题。尽管没有统一的分配原则，通常可以从系统中的物理、化学过程出发，依据质量或热力学标准，甚至经济上的考虑，进行分配。

能源问题：能源数据中应考虑能源的类型、转化效率、能源生产中的编目数据，以及能源消耗的量。不同类型的化石能源和电能应该分别列出，能源消耗的量应以相应的热值如焦耳或兆焦单位计算。对于燃料的消耗也可使用质量和体积。

编目数据应该是足够长的一段时间，例如一年中的统计平均值，以消除非典型行为的干扰。数据的来源、地域和时间限制，以及对数据的平均或加权处理应该明确地说明。所有的数据应该根据系统的功能单元进行统一的规范化，这样才具有叠加性。得到所有的数据后就可以计算整个系统的物质流平衡，以及各子系统的贡献。

（3）环境影响评价　环境影响评价建立在编目分析的基础上，其目的是为了更好地理解编目分析数据与环境的相关性，评价各种环境损害造成的总的环境影响的严重程度。即采用定量调查所得的环境负荷数据定量分析对人体健康、生态环境、自然环境的影响及其相互关系，并根据这种分析结果再借助于其他评价方法对环境进行综合的评价。目前，环境影响评价的方法有许多，但基本上都包含分类、表征、归一化和评价四个环节，见图 2.11。

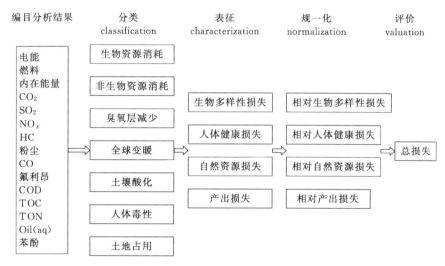

图 2.11　环境影响评价示意

① 分类　是一个将编目条目与环境损害种类相联系并分组排列的过程，它是一个定性的、基于自然科学知识的过程。在 LCA 中将环境损害总共分为三类，即资源消耗、人体健康和生态环境影响。然后又细分为许多具体的环境损害种类，如全球变暖、酸雨、臭氧层减少、沙漠化、富营养化等等。一种编目条目可能与一种或多种具体的环境损害有关。

② 表征　不同编目种类造成同一种环境损害效果的程度不同，例如二氧化硫和氧化氮都可能引起酸雨，但同样的量引起酸雨的浓度并不相同。表征就是对比分析和量化这种程度的过程。它是一个定量的，基本上基于自然科学的过程。通常在表征中都采用了计算"当量"的方法，比较和量化这种程度上的差别。将当量值与实际编目数据的量相乘，可以比较相关编目条目对环境影响的严重程度。常用的环境影响表征指标见表 2.13。

表 2.13　常用的环境影响表征指标

环境损害类型	指标名称	参照物	环境损害类型	指标名称	参照物
温室效应	GWP100	CO_2	酸雨	AP	SO_2
臭氧层减少	ODP	CFC11	富营养化	NP	P

③ 归一化　由于环境影响因素有许多种，除资源消耗、能源消耗、废气、废水、废渣外，还有温室气体效应、酸雨、有机挥发物、区域毒性、噪声、电磁波污染、光污染等，每一种影响因素的计量单位都不相同。为实现量化，通常对编目分析和表征结果数据采用加权或分级的方法进行处理，简化评价过程，使评价结果一目了然。这个量化的处理在 LCA 应用中被称为归一化处理。该方法主要是将环境因素简化，用单因子表示最后的评价结果。后面的环境影响评价模型里将详细介绍一些归一化的数学方法。

④ 评价　为了从总体上概括某一系统对环境的影响，将各种因素及数据进行分类、表征、归一化处理后，最后进行环境影响评价。这个过程主要是比较和量化不同种类的环境损害，并给出最后的定量结果。环境评价是一个典型的数学物理过程，经常要用到各种数学物理模型和方法。不同的方法往往带有个人和社会的主观因素和价值判断。这是评价结果容易引起争议的主要原因。因此，在环境评价过程中，一般要清楚、详细地给出所采用的数学物理方法、假设条件和价值判断依据等。

(4) 评价结果解释　在 20 世纪 90 年代初 LCA 方法刚提出时，LCA 的第四部分称为环境改善评价，目的是寻找减少环境影响、改善环境状况的时机和途径，并对这个改善环境途径的技术合理性进行判断和评价。即对改换原材料以及变更工艺等之后所引起的环境影响以及改善效果进行解析的过程。其目的一方面在于表明所有的产品系统都或多或少地影响着环境，并存在着改进的余地；另一方面也强调了 LCA 方法应该被用于改善环境，而不仅仅是对现状的评价。由于许多改善环境的措施涉及具体的技术关键、专利等各种知识产权问题，许多企业对环境改善评价过程持抵触态度，担心其技术优势外泄。而且环境改善过程也没有普遍适用的原则，难以将其标准化。例如，同样是污水排放和处理，有的有机物含量高、有的有害金属离子含量高，有的需采用氧化法处理，有的需采用还原法处理，不可能采用同一种工艺或同一种方法来处理所有的废水。鉴于此原因，1997 年，国际 ISO 组织在 LCA 标准中去掉了环境改善评价这一步骤。但这并不是否定 LCA 在环境改善中的作用。

在新的 LCA 标准中，第四部分由环境改善评价被修改为解释过程。主要是将编目分析和环境影响评价的结果进行综合，对该过程、事件或产品的环境影响进行阐述和分析，最终给出评价的结论及建议。例如，对于决策过程，依据第一部分中定义的评价目标和范围，向决策者提供直接需要的相关信息，而不仅仅是单纯的评价数据。

以上几个阶段是相互独立的，也是相互联系的。可以完成所有阶段的工作，也可以完成部分阶段的工作，几个阶段在事实中通过反馈对前一阶段进行修正。经过 20 多年的发展，作为一种有效的环境管理工具，LCA 方法已广泛地被应用于生产、生活、社会、经济等各个领域和活动中，评价这些活动对环境造成的影响，寻求改善环境的途径，在设计过程中为减小环境污染提供最佳判断。

3. 常用的 LCA 评价模型

在 LCA 评价过程中，常需要用到一定的数学模型和数学方法，简称为 LCA 评价模型。到目前为止，关于 LCA 评价模型可分为精确方法和近似方法。前者有输入输出法，后者有线性规划法、层次分析法等。

(1) 输入输出法　输入输出法是一种最简单也是最常用的 LCA 评价模型，见图 2.12。在评价过程中仅考虑系统的输入和输出量，从而定量计算出该系统对环境所产生的影响。系统的输入量主要包括整个过程完成所需要的能源和资源的消耗量，如煤、石油、天然气、电力，以及原料投入等，需要输入定量的数据。系统的输出首先是该系统的有效产品，然后是该系统在生产和使用过程中产生的废弃物排放量，也包括该系统完成过程中对生态环境产生的人体健康影响、温室气体效应、区域毒性影响，以及光、声、电磁污染等影响。一般情况下，输出量也是定量的数据。由于输入输出法数据处理简单，计算也不复杂，各种环境影响的指标定量且具体，在 LCA 模型应用中发展比较成熟。但其缺点是输入输出的指标数据分类较细，不能对环境影响进行综合评价。

图 2.12　材料生产或使用过程的 LCA 评价输入输出法框架

（2）线性规划法　线性规划法是一种常用的系统分析方法。其原理是在一定约束条件下寻求目标函数的极值问题。当约束条件和目标函数都属线性问题时，该系统分析方法即被称为线性规划法。在环境影响评价过程中，无论是资源和能源消耗，还是污染物排放，以及其他环境影响如温室效应等，一般情况下都在线性范围内，可以用线性规划法对系统的环境影响进行定量分析。例如，一个系统的环境影响因素用线形规划方法可以被定义为如下数学模型：

$$[A_i,j][B_i,j]=[F_i,j] \quad i,j=1,2,\cdots,n$$

式中，A 为环境影响的分类因子；B 为各环境影响因子在系统各个阶段的环境影响数据；F 为该环境影响因子的环境影响评价结果；i、j 为系统各阶段序号。可见，环境影响因子和这些因子在阶段的环境影响数据组成了一个矩阵序列，通过矩阵求解，最后可得到各因子的环境影响评价结果。

线性规划法是一种评价和管理产品系统环境性能的常用方法。它不仅可以解决环境负荷的分配问题，而且对环境性能优化也能进行定量的分析。由于 LCA 方法是探讨人类行为和环境负荷之间的一些线性关系，故线形规划法可以定量地应用于各种领域的环境影响评价。

（3）层次分析法　层次分析法的英文全称为 anylytic hierachy process，简称 AHP 方法，是一种实用的多准则决策方法。近年来，层次分析法在 LCA 中获得了广泛的应用。AHP 方法的具体过程是根据问题的性质以及要达到的目标，把复杂的环境问题分解为不同的组合因素，并按各因素之间的隶属关系和相互关系程度分组，形成一个不相交的层次，上一层次对相邻的下一层次的全部或部分元素起着支配作用，从而形成一个自上而下的逐层支配关系。

图 2.13 是一个典型的层次分析法示意。由图 2.13 可见，层次分析法的结构可分为目标层、决策层和方案层，其中目标层可作为 LCA 的评价目标并为范围定义服务，相当于环境影响因子。决策层在 LCA 应用中可作为数据层，不同的环境影响因子在系统各个阶段有不同的数据。最后的方案层则对应着环境影响的评价结果。

随着 ISO14000 环境管理标准在全球的实施，有关 LCA 评价的数学物理模型和方法一直在不断地发展和完善。除以上介绍的几种常用模型外，还有模糊数学分析法、逆矩阵法等用于 LCA 分析也有应用，详细可参阅其他文献资料。

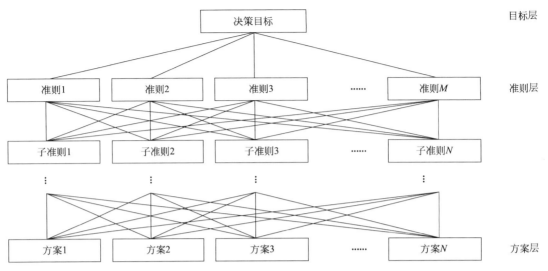

图 2.13　层次分析法示意

4. LCA 应用举例

在过去的 10 多年中，通过 ISO14000 国际环境管理标准的实施，LCA 的应用已遍及社会、经济的生产、生活的各个方面。在材料领域，LCA 用于环境影响评价更是日臻完善。到目前为止，LCA 在钢铁、有色金属材料、玻璃、水泥、塑料、橡胶、铝合金、镁合金等材料方面，在容器、包装、复印机、计算机、汽车、轮船、飞机、洗衣机、其他家用电器等产品方面的环境影响评价应用都有报道。下面分类列举一些 LCA 应用例子。

（1）建筑陶瓷砖的环境影响评价　我国是世界上最大的建材生产国。从资源的消耗到环境的损害，建材行业一直是污染较严重的产业。为考察建材生产过程对环境的影响，用 LCA 方法评价了某建筑陶瓷砖生产过程对环境的影响。该陶瓷砖生产线的年产量为 30 万平方米，采用连续性流水线生产。所需原料有钢渣、黏土、硅藻土、石英粉、釉料以及其他添加剂等，消耗一定的燃料和电力、水，排放出一定的废气、废水、废渣。某建筑瓷砖生产工艺示意见图 2.14。

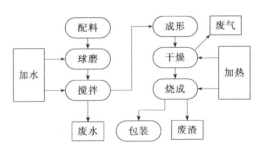

图 2.14　某建筑瓷砖生产工艺示意

在 LCA 实施过程中，首先是目标定义。对该瓷砖生产过程的环境影响评价的目标定义为只考察其生产过程对环境的影响，范围界定在直接原料消耗和直接废物排放，不考虑原料的生产加工过程，以及废水、废渣的再处理过程。

对该陶瓷砖环境影响 LCA 评价的编目分析，主要按资源和能源消耗，各种废弃物排放及其引起的直接环境影响进行数据分类、编目。如能耗可按加热、照明、取暖等过程进行编目；资源消耗则按原料配比进行数据分类；污染物排放按废气、废水、废渣等进行编目分析。由于该生产过程排放的有害废气量很小，主要是CO_2，故废气排放量可以忽略，而以温室效应指标进行数据编目。另外，在该瓷砖生产过程中其他环境影响指标如人体健康、区域毒性、噪声等也很小，因此在编目分析中也忽略不计。

在环境影响评价过程中采用了输入输出法模型，其输入和输出参数如图2.15所示。其中输入参数有能源和原料，输出参数包括产品、废水、废渣以及由CO_2排放引起的全球温室效应。

图2.15 某陶瓷砖生产线的输入输出法评价模型

通过输入输出法计算，得到该陶瓷砖生产过程对环境的影响结果，见图2.16，其中图2.16(a)为能源和资源的消耗情况，图2.16(b)为对环境的影响。由图2.16可见，该陶瓷砖生产过程的能耗，以及水的消耗较大。由于采用钢渣为主要原料，这是炼钢过程排放的固态废物，因此在资源消耗方面属于再循环利用，是对保护环境有利的生产工艺。

另外，该工艺过程的废渣排放量较小，仅为0.5 kg/m²。废水的排放量为30 kg/m²，且可以循环再利用。相对而言，该工艺过程中温室气体效应较大，生产$1m^2$瓷砖要向大气层排放19.8kg CO_2，则年产量为$30×10^4 m^2$的瓷砖向空中排放的CO_2总量是相当可观的。对LCA评价结果的解释，除上述的环境影响数据外，通过对该瓷砖生产过程的LCA评价，可提出的改进工艺主要有降低能耗、降低废水排放量、减少温室气体效应影响等。

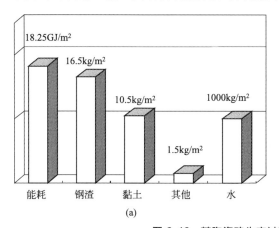

(a)

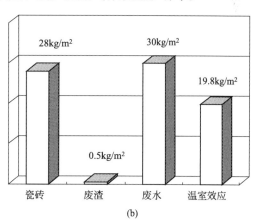

(b)

图2.16 某陶瓷砖生产过程的环境影响LCA评价结果

(2) 聚氨酯防水涂料生产过程的环境影响评价 全世界约有4万家涂料生产厂。包括乡镇企业在内，我国目前约有上万家，有一定规模的涂料厂也有几百家。由于高能耗、低质量、污染环境、损害人体健康等原因，亟须先进技术改进生产工艺和相应的施工技术。而且在近几十年内，建材行业（包括建筑涂料）将是我国材料应用的主要行业。因此，发展高档的环境兼容性建筑涂料是国际上一个重要趋势。

为研究有机涂料的生产和使用对环境的影响，这里选取一个防水涂料生产的实例，用 LCA 方法进行环境影响评价。其目标定义在该防水涂料的生产过程对环境的影响，不考虑涂料的施工及使用对环境及人体健康的影响。范围定义在直接原料消耗和直接废物排放，以及其他因素对环境的直接影响，不考虑原料的生产加工过程，以及废水、废渣的再处理过程。

根据防水涂料生产工艺示意图（图 2.17），对该涂料的环境影响因素进行编目分析（图 2.18）。主要按资源和能源消耗，各种废弃物排放及其引起的直接环境影响进行数据分类、编目。如能耗可分为加热、照明、取暖等过程进行编目；资源消耗按原料配比进行数据分类；污染物排放按废气、废渣等进行编目分析。由于是生产涂料的工艺过程，生产中排放大量的有机废气。除二氧化碳以温室效应指标进行数据编目外，还用区域毒性和挥发性有机物来评价有害气体排放对环境和人体健康的影响。相对而言，涂料生产过程中的废水排放量很小，可以忽略。另外，在该生产过程中噪声等的影响因素也很小，因此在编目分析中也可忽略不计。

图 2.17　某防水涂料的生产工艺示意

图 2.18　某防水涂料生产过程的输入输出法评价模型

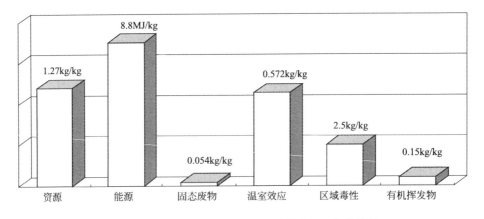

图 2.19　某防水涂料生产过程的环境影响 LCA 评价结果

用输入输出法评价了该防水涂料对环境的影响，其输入和输出参数如图 2.18 所示。其中输入参数有能源和原料，输出参数包括涂料产品、废渣、有机挥发物、区域毒性水平以及由二氧化碳排放引起的全球温室效应。

根据输入和输出数据计算得到该防水涂料对环境和人体健康的影响结果见图 2.19。其中资源的消耗包括原料和燃煤获取能源的消耗，能源的需求相对较高，每千克产品需耗能 8.8MJ。从环境的影响看，该工艺过程的固态废物排放量较小，仅为 0.054kg/kg。由于能耗较高，相应的温室气体效应较明显，当量二氧化碳气体排放达 0.572kg/kg。对人体健康有影响的有机挥发物排放较少，为 0.15kg/kg。包括有机固体废物在内，该防水涂料生产过程排放的有害物的区域毒性影响为 2.5kg/kg，表明该工艺尚有改进的余地。

对 LCA 评价结果的解释，除上述的环境影响数据外，通过对该涂料生产过程的 LCA 评价，可提出的改进工艺主要有提高资源效率、降低能耗、降低总有害物的排放量以及减少温室气体效应影响等。

（3）用层次分析法评价一般材料的环境影响
这里介绍一个用层次分析法评价铁、铝和高密度聚乙烯等三种常用材料在使用过程中的环境影响。前已介绍过层次分析法（AHP）的基本原理。定义一个环境指数为 LCA 的评价目标，如下式所示。评价范围界定为材料的使用过程对环境的影响。

$$\text{Eco-indicator}=\frac{\text{environmental impact}}{\text{service performance}}$$

式中，Eco-indicator 为环境指数；environmental impact 为环境影响；service performance 为材料性能。如图 2.13 所示，将目标层、准则层以及方案层构造完毕后，按照 LCA 原理，可以进行环境影响评价的编目分析。由于是评价材料在使用过程中的环境影响，除考虑被评价材料的环境因素如能

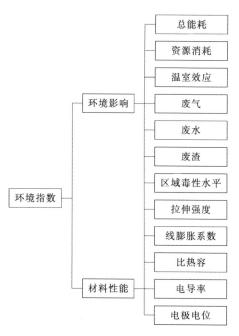

图 2.20　AHP 分析常用材料环境影响的编目分析示意

耗、资源消耗、温室效应、人体健康影响、排放的废气、排放的废水及固态废物外，还应考虑材料的使用性能如拉伸强度、线膨胀系数、比热容、电导以及电极电位等，详细见图 2.20 的编目分析示意。图 2.20 中目标层为环境指数，准则层为环境影响及材料性能，方案层为具体的各种指标。

收集编目分析的各种具体数据，可构造如下两个矩阵：

$$S^{*}=\begin{matrix}\text{Fe}\\ \text{Al}\\ \text{HEDP}\end{matrix}\begin{bmatrix}21.2 & 1.18 & 8.70 & 0.11 & 0.44\\ 6.4 & 2.36 & 2.66 & 0.22 & 1.66\\ 3.6 & 12.0 & 0 & 0.51 & 0\end{bmatrix}$$

$$E^{*}=\begin{matrix}\text{Fe}\\ \text{Al}\\ \text{HEDP}\end{matrix}\begin{bmatrix}53260 & 12.1 & 22004 & 1.95 & 16304 & 33.2 & 1.17\\ 2100000 & 15.5 & 31000 & 2.06 & 1200000 & 1300 & 5.40\\ 43000 & 1.67 & 11800 & 1.72 & 48000 & 16.0 & 0.09\end{bmatrix}$$

式中，S^{*} 为材料性能指标；E^{*} 为环境影响指标。解以上两式，得到三种材料环境影响及性能指标的 AHP 分析结果见表 2.14。显然，从环境指数来看，这三种材料在使用过程中，高密度聚乙烯的环境影响最小，铁的环境影响也比较小，铝的环境影响最大。这个结果与用输入输出法评价的同样三种材料的环境影响趋势是一致的。

表2.14 材料的环境影响及性能指标的 AHP 分析结果

材　　料	Fe	Al	HDPE
环境影响	2.0276	59.9513	1.9384
材料性能	1.1116	1.3031	2.9910
环境指数	1.8240	46.0067	0.6481

由以上介绍可见，LCA 对评价材料的环境影响是一种有效的定量的方法、工具及手段。尽管 LCA 方法不具有行政和法律管理手段的强制性，有关其研究和应用仍风靡全球，一方面是由于其在环境影响评价中的重要作用，另一方面也是环境保护思想深入发展的结果。另外，LCA 评价是建立在整个寿命循环的概念和环境编目数据的基础上，亦即从摇篮到坟墓的全程分析，可以系统地、充分地阐述与系统相关的环境影响，进而寻找环境改善的时机和途径。体现了环境保护由简单粗放向复杂精细发展的趋势。

在开发和生产环境友好型产品的过程中，LCA 方法是一种有效的环境评价方法和管理工具。许多跨国公司都认为，出于市场和成本的考虑，使用 LCA 方法来评价和管理企业及其产品的环境影响，有助于公司适应日益激烈的竞争和今后的发展。

5. LCA 的局限性

尽管 LCA 已在全球各个领域获得了广泛的应用，随着对 LCA 应用经验的丰富，人们逐渐发现 LCA 还存在一些不足，在应用范围、评价范围甚至评价方法本身等方面还有一些局限性。表 2.15 给出了目前关于 LCA 方法局限性的初步考虑。

表2.15 LCA 方法的局限性

应用范围局限性	只考虑产品、事件以及活动对环境的影响，不考虑技术、经济或社会效果，也不考虑诸如质量、性能、成本、利润、公众形象等影响因素
评价范围局限性	在不同的时间范围、地域范围及风险范围内，会有不同的环境编目数据，相应地评价结果也只适用于某个时间段和某个区域
评价方法局限性	由于评价目标以及所采用的量化方法、评价模型的可选择性，使其对 LCA 结果的客观性有很大的影响；另外，权重因子的选择和定义也不确定

（1）应用范围的局限性　作为一种环境管理工具，LCA 并不总是适用所有的环境影响评价。例如，LCA 只评价产品、事件以及活动对环境的影响，亦即只考虑生态环境、人体健康、资源和能源消耗等方面的影响因素，不涉及技术、经济或社会效果方面的评价，也不考虑诸如质量、性能、成本、利润、公众形象等影响因素。所以在决策过程中，不可能依赖 LCA 方法解决所有的问题，必须结合其他方面的影响因素进行综合评价。

（2）评价范围的局限性　LCA 的评价过程中有一个范围定义，在实践中这个范围定义往往使 LCA 的评价结果发生一些误差。LCA 评价范围一般包括时间范围、地域范围以及风险范围等。

无论 LCA 中的原始数据还是评价结果都存在时间和地域上的限制。在不同的时间和地域范围内，会有不同的环境编目数据，相应的评价结果也只适用于某个时间段和某个区域。这是由系统的时间性质和空间性质决定了的。从时间范围看，一般 LCA 评价对象的周期越长，相应其环境影响越小。因为污染物的排放量一定时，时间越长，单位时间内的排放量越小。相反，评价对象的周期越短，在相同环境负荷条件下，其环境影响越大，因为单位时间内的排放量增加了。

除时间范围外，LCA 应用过程中的地域范围定义也有一些局限性。同时间范围定义一样，一般情况下，地域范围定义越大，从评价结果看，环境影响越小。当污染物总量一定时，地域范围越大，单位空间内的污染物排放量越小。反之亦然。

除时间和地域范围的影响外，LCA 评价还有风险范围界定的局限性。LCA 的应用不可能包括所有与环境相关的问题，对未来的、不可知的环境风险在 LCA 应用中无法定量描述，从而产生了 LCA 的风险范围局限性。例如，LCA 只考虑发生了的或一定会发生的环境影响，不考虑可能发生的环境风险，及其必要的预防和应急措施。LCA 方法也没有要求必须考虑环境法律的规定和限制。但这些在企业的环境政策制定和经济活动的决策过程中都是十分重要的方面。

（3）评价方法的局限性　LCA 的评价方法既包括了客观因素，也包括了一些主观成分。例如系统边界的确定、数据来源的选择、环境损害种类的选择、计算方法的选择，以及评价过程的选择等。无论其评价的目标和范围定义如何，所有的 LCA 过程都包含了假设、价值判断和折中这样的主观因素。所以，对运用 LCA 评价得出的结论，需要给出完整的解释说明，以区别由试验测量得到的结果和基于假设和判断得出的结论。

评价方法的局限性首先体现在 LCA 的标准化方面。LCA 作为一种环境影响的评价方法，最重要的是保证其评价结论的客观性。由于评价目标以及所采用的量化方法的可选择性，使其对 LCA 结果的客观性有很大的影响。减少这种影响的唯一途径是实施 LCA 的标准化。其目的在于确立普遍适用的原则与方法，为 LCA 的应用提供统一的方案和指南。只有通过标准化的评价过程，才能减少人为的影响因素，提高评价结果的客观性和一致性，从而有利于评价结论的互换和交流。

由于缺乏普遍适用的原则与方法，在 LCA 实施的许多环节中很难实现标准化，而只能提供一些指导性的建议。事实上，由于环境问题的复杂性，在 LCA 的每个环节上实现完全的标准化是不可能的。换句话说，LCA 实施的每一步既依赖于 LCA 的标准，也依赖于实施者对 LCA 方法的理解和对被评价系统的认识，以及自身积累的评价经验和习惯。显然，这些难以完全避免的非标准化的因素会影响 LCA 评价结果的客观性。

另外，评价方法的局限性表现在数据的量化过程中。首先是在编目分析过程中产生的量化问题。编目分析是量化评价的开始，在收集和计算输入输出的量化数据时，采用的数据来源、计算方法并不是唯一确定的，而取决于实施者的主观选择。原则上讲，在评价一个事件、产品或过程的环境影响时，该系统应包括所有的输入输出数据并进行具体的量化处理。但当一个系统有多个过程时，或一个过程有多个子系统时，各子系统或过程相互间的输入输出对应关系并不是绝对的，如何进行量化数据的分配是一个十分困难的问题。尽管 ISO14041 和 ISO14049 给出了一些指导性的意见，但没有一个通用的方法，只能取决于实施者的选择。

在数据量化处理过程中，权重因子的选择和定义也是一个不确定的问题。量化有利于概括和理解某产品、事件或过程的环境影响，给出一个确定的结果。但在量化过程中对不同类型的环境影响进行比较和叠加时，由于量纲定义上的差异，必然引入一些无量纲的权重因子。而这些权重因子往往由 LCA 实施者来自由选择和定义，由此必然引入一些主观因素，从而产生了数据量化与客观性之间的矛盾。通常希望将 LCA 尽量建立在自然科学的基础上，避免价值判断等主观因素的影响，获得一个客观的评价结果。但事实上在很多环节仅仅依靠自然科学是不足以实现量化的。反过来讲，通过引入大量的主观参数去量化环境影响，其评价的结果必然是因人而异的，没有重复性并且难以验证，使得其客观性受到损害，也就很难得到认同。

数据量化与客观性的矛盾根源在于 LCA 技术框架中试图将环境影响定量化处理。但环境影响是否可以进行客观地量化，并是否能够量化为一个绝对的环境指标，是一个值得商榷的问题。所以不能过分强调和依赖 LCA 得出的量化的环境指标。而应该把 LCA 当做是一种提供环境决策信息的工具，其方法本身自然地带有一定的主观性。

LCA 理论上的问题也导致了在 LCA 评价实践中的困难。尽管 ISO14000 对 LCA 方法进行了标准化，但不可能覆盖 LCA 评价中每一个环节的具体问题。所以在很大程度上，当前的 LCA 实践是建立在实施者对 LCA 的认识和经验上的，缺乏一个普适的和操作性强的 LCA 实施方案。

例如，关于塑料杯和纸杯环境负担性的评价，结果是塑料杯比纸杯的环境影响小。但有些专家指出，现在纸张生产技术和废弃物处理技术都有很大的改进，而且纸杯的重复利用和废弃处理过程对环境的影响比塑料小。例如，每个纸杯所消耗的石油应在 2g 左右，BOD 和有机氯的排放量经过处理后也大大减少。建议重新对纸杯和塑料杯的环境负担性进行 LCA 评价。从这个例子中可以看到 LCA 研究的系统并不是固定不变的，而是具有很强的时间和地域性，这进一步增加了 LCA 评价的复杂程度。

另外，在选择产品和服务时，人们通常都是根据需求和本能进行选择，而没有经过仔细的环境影响分析，因为这超出了消费者的能力范围。所以对特定产品系统的整个寿命周期进行完整的评价和比较，并将评价结果公之于众，可以引导消费转向有利于环境保护的方向。

6. 材料的环境性能数据库

从 LCA 的评价过程可知，用 LCA 评价环境影响主要是一个数据处理过程。显然，用计算机进行评价可以进行批量处理和重复进行，具有明显的优势。更进一步是建立 LCA 评价数据库则可将评价结果进行平行比较。

大量的事例表明，在评价环境影响时，数据的收集和编目分析对评价结果有重要影响。另外，为了使评价结果具有可比性和互换性，需要有一定量的数据积累和比较方法。由此产生了对材料的环境性能数据库和 LCA 评价软件的需求。

（1）建立材料环境性能数据库的基本原则　为了使建立的材料环境性能数据库能够在广泛意义上被应用和运行，需要确立一些材料环境性能数据库的基本原则。

① 建立的数据库要有一定的通用性，能够在一般情况下被不同领域、不同类型、不同行业以及不同层次的用户兼容和使用。

② 所建立的材料环境性能数据库要具有可比性。即不同国家、不同地区的数据库对同一类材料在相同条件下可以进行比较，以判断不同地区的材料在生产和使用过程中环境影响的大小。

③ 所建立的材料环境性能数据库应具有服务性的功能。能够为用户所面临的环境问题提供决策信息咨询服务，使所建立的数据库具有可持续发展的可能性。

④ 所建立的材料环境性能数据库要具有预测性的功能，以使新研制的材料在环境性能方面有所改善和提高，为材料的生态设计提供可靠的依据和手段。

（2）常用环境数据库介绍　大多数从事 LCA 研究的单位，基本上都经历了从具体的 LCA 案例分析，到建立环境影响数据库这样一个过程。从 20 世纪 90 年代初到现在，全世界围绕 LCA 研究建立的环境影响数据库已超过 1000 个，著名的也有十几个。到目前为止，与材料类别及用途等方方面面的 LCA 数据库几乎都在建立。由于 LCA 数据具有很强的地域性，几乎各个国家和地区都需要建立自己的环境影响数据库。表 2.16 介绍了一些典型的环境影响数据库。由表 2.16 可见，LCA 具有地区和国别的差异。这些数据库的更新程度也差异较大。

表 2.16　一些典型的环境影响数据库

年　份	建立单位或所属项目	内　容	环境指标
1990	瑞士联邦环境局	包装材料	生态指数
1992	国际 LCA 发展组织	产品	单项
1993	荷兰莱登大学	产品	加权系数
1993	美国中西研究所	容器、包装材料	单项
1994	瑞典环境所	汽车、钢铁	环境因子
1994	欧洲塑料协会	塑料	单项
1995	德国斯图加特大学	塑料、汽车	单项
1996	日本三菱电力	发电	单项
1996	清华大学	涂料	生态因子
1998	国家高技术研究发展计划（"863"计划）	原材料	单项

　　图 2.21 是一个材料的环境影响数据库框架结构示意。可见该数据库包括两大部分，一部分是 LCA 评价软件，由数据输入、评价、输出、打印等组成。各种 LCA 的数学物理评价模型也在其中，如输入输出法、线性规划法以及层次分析法等。另一部分是材料的环境性能数据，包括表面处理工艺流程、涂料、建材、稀土以及其他各种材料的环境影响数据。

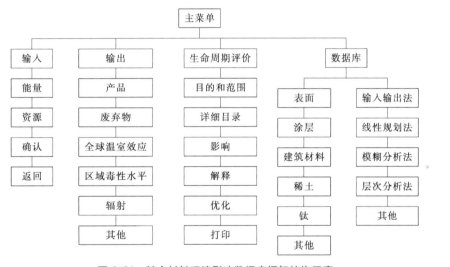

图 2.21　某个材料环境影响数据库框架结构示意

　　不同材料具有不同的流程，同一材料也有不同的生产工艺，其环境影响性也有不同，通用数据库必须包含不同材料、不同性能、不同环境影响等。如何合理制定数据库框架，编制数据库软件是一个基本问题。为了便于 LCA 数据的交流和使用，国际 LCA 发展组织（SPOLD）提出了一种统一的编目数据格式——SPOLD 格式，得到了比较广泛的认同。同时，SPOLD 还策划建立了一个 SPOLD 数据库网络。这个数据库网络由世界各地提供的 SPOLD 格式的编目数据组成。这些数据按照各自的功能定义组织为数据集，在数据集中包含许多的数据字段，记录了对评估系统的描述、系统的输入输出以及数据的来源和有效性等方面的内容。用户可以通过查询 SPOLD 数据目录，找到需要的数据集，并自动向数据提供者发出数据下载请求。而数据提供者可以用口令的方式限制用户对一个或多个数据集的访问。其网址为：http://www.spold.org。

　　我国的材料环境影响数据库研究起始于 20 世纪 90 年代中期。清华大学建立了涂料及表面材料环境影响数据库，重庆大学建立了金属材料环境影响数据库等。在国家"863"项目的支持下，由国内几家单位联合开展了材料的环境影响评价技术研究的课题，其中一项任务是建立一个材料的环境性能数据库框架，该数据库框架包括了钢铁、有色金属、陶瓷、建材、高分子塑料、橡胶、涂料、耐火材料等材料的环境性能数据。现该数据库已基本建成，正逐步完善充实，对推动我国环境材料的研究具有重要意义。

参 考 文 献

[1] 中国建筑材料科学研究院．绿色建材与建材绿色化．北京：化学工业出版社，2003.

[2] 蒋荃．绿色建材——评价·认证.北京：化学工业出版社，2012.

[3] 顾真安．中国绿色建材发展战略研究．北京：中国建筑工业出版社，2008.

[4] 翁端．环境材料学.第2版．北京：清华大学出版社，2011.

[5] 张仁瑜，冷发光．绿色建材发展现状及前景．建筑科学，2006，22：5-9.

[6] 赵霄龙．论我国绿色建材发展方向及趋势．住宅产业，2013，11：63-66.

[7] 王兵，王鹏起．论我国绿色建材发展方向及趋势．中华民居，2014，2：90-98.

[8] 王毅，张瑞．氧化铝工业废渣的含碱特性与综合利用．中国资源综合利用，2013，31：51-52.

[9] 赵平．生态环境与建筑材料．中国建材科技，2004，2：13-20.

[10] 艾红梅，白军营．环境协调型绿色混凝土的发展．混凝土，2010，12：93-95.

[11] 王世忠．日本生态水泥的发展动向．中国建材科技，2001（3）：36-38.

[12] 杨忠．太阳能光伏发电现状与发展趋势．金陵科技学院学报，2008（1）：10-13.

[13] 吴斌，邢玉明．移动电子设备相变热控制单元热性能的数值仿真.北京航空航天大学学报，2010(11)：1331-1334.

[14] 李小学．建筑用相变储能材料的研究进展．国外建材科技，2006，27(4)：24-27.

[15] Lei Wang，Anne Toppinen，Heikki Juslin．Use of wood in green building：a study of expert perspectives from the UK．Journal of Cleaner Production，2014，65：350-361.

第三章
绿色建材评价标识

自 2006 年住房和城乡建设部正式颁布《绿色建筑评价标准》以来，绿色建材随着绿色建筑的推广被广泛关注。 绿色建材应是节能、健康、环保、安全、可循环利用的建筑材料，绿色建筑在建造过程中应使用绿色建材。 为了推广绿色建材，政府出台了一系列政策，尤其是 2014 年颁布的《绿色建材评价标识管理办法》，特别提出要建立绿色建材评价体系。 绿色建材评价体系的建立和完善不仅满足了绿色建筑的需求，而且可以促进建材工业转型升级、淘汰落后产能，对绿色建筑以及可持续发展社会的建设都有着重要的意义。

第一节　绿色建材评价标识及其意义

一、绿色建材评价标识的必要性

目前，国内对绿色建材不断积极探索。政府逐步推进绿色化进程，陆续出台节能减排的法律法规以及相关标准，并逐步开展绿色建材产品评价方法的探索，科技工作者对绿色建材的研发工作不断深入，绿色建材应用领域不断拓展，绿色建材产品市场需求增长潜力巨大，产品领域也在逐步扩大。

但是，绿色建材的发展仍然存在诸多问题。首先，缺乏统一的评价标准和评价方法，建筑材料品种繁多，从材料成分、制造工艺、性能指标、应用场合、废弃后的处理方式等有千差万别的特点，评价标准和评价方法针对这些差别要分门别类制定绿色度指标影响因子或权重系数，既要满足绿色建筑的需要，又要引导绿色建材的发展，编制标准的工作需要从现在开始通过多年的努力来逐步完善。其次，绿色建材产品与同用途的其他产品相比成本较高，由于节能减排的先期投入和原材料与制作工艺的优化，与原有产品比较竞争优势不明显，并且目前绿色产品的种类少，配套性差，这就需要政府的支持和引导，宣传比较价格和性价比，使绿色建材产品的认知度不断提高。

绿色建材现正处于发展的初期阶段，存在概念不统一、评价体系不统一、认证标准不同等问题。狭义上的绿色建材是与社会平均在生产力的同类建材相比，某一方面是绿色的，比如其在生产过程中采用了固体废物，制造过程更加环保，能源消耗少，或其使用过程中更加节能等，可以称之为相对绿色。目前市场上多数的所谓绿色建材皆为此类。住房和城乡建设部、工业和信息化部以建科 ［2014］75 号印发的《绿色建材评价标识管理办法》中第二条称："绿色建材是指在全生命周期内可减少对天然资源消耗和减轻对生态环境影响，具有'节能、减排、安全、便利和可循环'特征的建材产品。"节能意味着节约资源和能源，如矿物资源、原油和煤炭等能源、土地资源等都是不可再生的资源，同时还包括节约水资源、耕地、森林等对人类生活环境有重大影响的资源。节约能源是指在产品全生命周期中节约生产能耗、运输能耗、施工能耗，使用过程中节能，废弃拆除能耗小等。减排指排放少，包括原材料开采过程、材料生产过程、施工过程、使用过程、废弃过程的废渣、废气、废水排放，要求在全生命周期中对环境的污染最小。安全是指对人类健康和人身安全不发生威胁，如材料的放射性对人体应不造成伤害，服务于建筑期间，应保证不发生灾难性破坏，遇地震等特殊情况应不坍塌，给予人足够的逃生时间，发生破坏的时候碎片应没有尖锐边缘，不对人造成致命伤害。便利是指在为人类提供方便快捷的生活条件，同时有较高的性价比，如在同样的需求下，性能能够满足需求的两种产品，价格低的性价比高，视为便利。可循环指在材料废弃阶段可以经过回收重复利用，作为其他材料的原材料使用，如混凝土废弃后经过分拣回收，破碎后可以作为较低标号混凝土中的集料使用；而钢筋废弃后可以直接回炉重复利用。

建筑材料已经开展了多项质量环保相关认证，包括中国环境标志产品认证、ISO9000认证、ISO14000认证、能源管理体系认证等。以上认证体系在国内已经较为成熟，认可度较高，可以将是否通过这几项认证作为绿色建材评价的必要条件，能够提高绿色建材评价的认可度，同时也可以推动这几项评价的健康发展。

1. 中国环境标志产品认证

俗称"十环认证"。表明产品不仅质量合格，而且符合特定的环保要求，与同类产品相比，具有低毒少害、节约资源能源等环境优势。2006年10月24日，国家环保总局和财政部以财字［2006］90号发布《财政部、环保总局关于环境标志产品政府采购实施的意见》，明确指出"采购人采购的产品属于清单中品目的，在性能、技术、服务等指标同等条件下，应当优先采购清单中的产品"，同时发出中国第一张《环境标志产品政府采购清单》，要求政府采购选择环境标志产品。特别是近几年来，国务院在《国务院关于加快发展循环经济的若干意见》《国务院关于落实科学发展观加强环境保护的决定》和国务院关于《节能减排综合性工作方案的通知》都强调：要鼓励使用环境标志产品，大力倡导环境友好的消费模式。中国环境标志如图3.1所示。

图 3.1　中国环境标志

2. ISO9000 质量管理体系

ISO9000质量管理体系应用范围广，在国内和国际贸易中促进相互理解起到了积极的作用。体系共四个包括：GB/T 19000，表述质量管理体系基础知识并规定质量管理体系术语；GB/T 19001，规定质量管理体系要求，用于证实组织具有能力提供满足顾客要求和适用的法规要求的产品，目的在于增进顾客满意；GB/T 19004，提供考虑质量管理体系的有效性和效率两方面的指南，目的是改进组织业绩并达到顾客及其他相关方满意；GB/T 19011，提供质量和环境管理体系审核指南。ISO9000 质量管理体系标识如图 3.2 所示。

图 3.2　ISO9000 质量管理体系标识

3. ISO14000 认证标准

ISO14000 认证标准是在当今人类社会面临严重的环境问题（如：温室效应、臭氧层破坏、生物多样性的破坏、生态环境恶化、海洋污染等）的背景下产生的，目的是规范企业和社会团体等所有组织的环境行为，以达到节省资源、减少环境污染、改善环境质量，促进经济持续、健康发展的目的。ISO14000 系列标准主要内容包括环境管理体系（EMS）、环境审核（EA）、环境标志（EL）、环境行为评价（EPE）、生命周期评估（LCA）以及产品标准中的环境指标。ISO14000 体系认证标识如图 3.3 所示。

图 3.3　ISO14000 体系认证标识

4. 能源管理体系认证

能源管理体系就是从体系的全过程出发，遵循系统管理原理，通过实施一套完整的标准、规范，在组织内建立起一个完整有效的、形成文件的能源管理体系，达到预期的能源消耗或使用目标。GB/T 23331—2012《能源管理体系要求》国家标准于 2013 年 10 月 1 日正式实施，该标准旨在为组织确定有效的能源管理体系要素和过程，帮助组织实现能源方针和目标，通过统一方法，提高组织能源管理效率和水平。国家认监委以国认可〔2009〕44 号印发的《关于开展能源管理体系认证试点工作有关要求的通知》中规定，"由于《能源管理体系要求》的内容适用于各类组织，属于组织建立能源管理体系的通用要求。因此，能源管理体系认证试点的依据应是以国家标准为基础，根据我国不同行业能源使用和管理的实际情况，制定行业认证实施规则"。

二、绿色建材评价标识相关政策

我国自 20 世纪 90 年代以来，给予绿色建材高度重视，在节能、环保以及综合利用方面出台了一系列技术政策和经济政策。其中技术政策包括清洁生产政策、资源节约与综合利用政策、节能政策、环保政策、节水政策等；经济政策主要有税收政策、财政信贷政策、绿色采购政策等。技术政策如《中华人民共和国清洁生产促进法》《中华人民共和国循环经济促进法》《国家重点行业清洁生产技术导向目录》，系列能源消耗限额和污染物排放标准有水泥行业、陶瓷行业及平板玻璃行业的《水泥工业大气污染物排放标准》《清洁生产评价指标体系》等。经济政策如《"十二五"节能减排综合性工作方案》《关于电解铝企业用电实行阶梯电价政策的通知》《国务院办公厅关于进一步推进排污权有偿使用和交易试点工作的指导意见》等。2010～2014年9月我国对节能减排方面的一系列重要政策见表3.1。

表3.1 2010～2014年9月我国对节能减排方面的重要政策

序号	政策	部门	时间	内　容
1	国务院办公厅关于进一步推进排污权有偿使用和交易试点工作的指导意见	国务院	2014-8-25	建立排污权有偿使用制度,加快推进排污权交易
2	关于推广应用高性能混凝土的若干意见	住建部 工信部	2014-8-13	通过完善高性能混凝土推广应用政策和相关标准,建立高性能混凝土推广应用工作机制,优化混凝土产品结构,到"十三五"末,高性能混凝土得到普遍应用
3	国家重点推广的低碳技术目录	发改委	2014-8-7	列出34项低碳技术,水泥行业低碳喷射混凝土技术、低水泥用量堆石混凝土技术、电石渣制水泥规模化应用技术入选
4	部分产能严重过剩行业产能置换实施办法	工信部	2014-8-2	将产能等量或减量置换落实到位,坚决遏制盲目扩张。提出钢铁(炼钢、炼铁)、电解铝、水泥(熟料)、平板玻璃等产能严重过剩行业的项目建设须制定产能置换方案
5	住房和城乡建设部关于推进建筑业发展和改革的若干意见	住建部	2014-7-2	开放市场,消除市场壁垒;创新和改进政府对建筑市场、质量安全的监督管理机制;转变建筑业发展方式,推进建筑产业现代化
6	绿色建材评价标识管理办法	住建部 工信部	2014-5-21	明确依据绿色建材评价技术要求,按照本办法确定的程序和要求,对申请开展评价的建材产品进行绿色建材标识评价,规定其管理办法
7	2014～2015年节能减排低碳发展行动方案	国务院	2014-5-15	提出工作目标:2014～2015年,单位GDP能耗、化学需氧量、二氧化硫、氨氮、氮氧化物排放量分别逐年下降3.9%、2%、2%、2%、5%以上,单位GDP二氧化碳排放量两年分别下降4%、3.5%以上
8	2014～2015年节能减排科技专项行动方案	科技部 工信部	2014-2-19	加快节能减排关键共性技术研发,加快节能减排先进适用技术推广应用,深入实施节能减排科技创新示范工程,完善节能减排科技创新平台和服务体系,开展全民节能减排科技行动
9	关于电解铝企业用电实行阶梯电价政策	发改委 工信部	2013-12-13	对电解铝企业用电实行阶梯电价
10	大气污染防治行动计划	国务院	2013-9-10	加强工业企业大气污染、面源污染、移动源污染治理。严控"两高"行业新增产能。加快淘汰落后产能,压缩过剩产能。加快企业技术改造,提高科技创新能力,加快调整能源结构,增加清洁能源供应,严格节能环保准入,优化产业空间布局等
11	国务院关于化解产能严重过剩矛盾的指导意见	国务院	2013-10-6	化解钢铁、水泥、电解铝、平板玻璃、船舶等行业产能严重过剩的矛盾
12	国务院关于加快发展节能环保产业的意见	国务院	2013-8-1	推进园区循环化改造,加快城镇环境基础设施建设,开展绿色建筑行动。推广节能环保产品
13	"十二五"绿色建筑和绿色生态城区发展规划	住建部	2013-4-3	推进绿色生态城区建设,推动绿色建筑规模化发展,大力发展绿色农房,加快发展绿色建筑产业,着力进行既有建筑节能改造,推动老旧城区的生态化更新改造
14	绿色建筑行动方案	住建部	2013-01-01	大力促进城镇绿色建筑发展,推进可再生能源建筑规模化应用,加快绿色建筑相关技术研发推广,大力发展绿色建材,推进建筑废物资源化利用
15	关于完善可再生能源建筑应用政策及调整资金分配管理方式的通知	财政部 住建部	2012-08-21	推广太阳能在建筑中的应用,包括太阳能浴室工程,保障性住房太阳能推广工程,农村被动式太阳能暖房工程,阳光学校、阳光医院工程等

序号	政策	部门	时间	内　容
16	节能减排"十二五"规划	国务院	2012-08-06	规定"十二五"期间主要节能目标,要求加强工业节能,强化建筑节能
17	"十二五"节能减排综合性工作方案	国务院	2011-08-31	明确节能减排总体要求,包括推动建筑节能
18	关于绿色重点小城镇试点示范的实施意见	财政部住建部	2011-06-03	绿色重点小城镇试点的原则内容以及相关政策与实施方法
19	2011~2015年建筑业信息化发展纲要	住建部	2011-05-10	推动信息化标准建设,促进具有自主知识产权软件的产业化,形成一批信息技术应用达到国际先进水平的建筑企业
20	国务院关于进一步加大工作力度,确保实现"十一五"节能减排目标的通知	国务院	2010-05-04	加大淘汰落后产能力度,推动重点领域节能减排,大力推广节能技术和产品
21	国务院关于进一步加强淘汰落后产能工作的通知	国务院	2010-02-06	细化目标任务,建材行业主要针对水泥及平板玻璃落后产能
22	2009年节能减排工作安排	国务院	2009-07-19	严控高耗能、高排放行业盲目扩张,加快技术开发和推广
23	可再生能源建筑应用城市示范实施方案	财政部住建部	2009-07-06	开展可再生能源建筑应用城市示范
24	国务院关于加强节能工作的决定	国务院	2006-08-06	加快构建节能型产业体系,着力抓好重点领域节能,推进节能技术进步
25	国务院办公厅关于进一步推进墙体材料革新和推广节能建筑的通知	国务院	2005-06-06	积极推广新型墙体材料,逐步禁止生产和使用实心黏土砖

　　在节能、环保及资源综合利用等一系列政策的推动下,我国绿色化建设进程不断推进,绿色建材得到了极大的发展,表现在以下五个方面。

1. 清洁生产技术不断提高

　　近年来,建材工业先进生产工艺得到广泛推广,落后生产工艺的淘汰速度不断加快。目前工信部已经从2013年起分批公布淘汰落后产能企业名单,截至2014年9月已公布两批,共包括145家企业,第二批涉及行业包括炼钢、铁合金、铜冶炼、水泥、平板玻璃、造纸、制革、印染、铅蓄电池、稀土十个产业。在国家政策的引导下,各地政府也相继制定和颁布了地方清洁生产政策法规,用以引导当地绿色建材的发展。北京、天津、河北、河南、山西、浙江、海南等省陆续推出清洁生产审核实施办法、验收办法以及管理办法,加强重点工业污染源的环境管理。

2. 绿色节能减排技术得到大力推广

　　住建部2013年一号文件特别指出:"加快绿色建筑相关技术研发推广,大力发展绿色建材"。我国建材行业节能减排技术科研实力逐步加大,主要研究方向在超高强混凝土、节能墙体等方面上。2014年8月,发改委发布《国家重点推广的低碳技术目录》中,包括三项建筑行业技术,分别是水泥行业低碳喷射混凝土技术、低水泥用量堆石混凝土技术、电石渣制水泥规模化应用技术,对全行业节能减排以及提高资源利用率有积极地推广作用。

3. 绿色建材产品进入政府绿色采购清单

　　我国环境标志计划始于1994年,由国家环保局联合国家11个部委共同发起。20年来,环境标志建立了较完善的标准体系和审核体系，获得环境标志的产品包括绿色建材和资源综合利用产品等。中国多次分批发布《环境标志产品政府采购清单》，提高企业发展绿色建材的积极性。

4. 资源节约与综合利用取得显著成效

我国 2010 年发布《第一次全国污染源普查公报》，对 2007 年度境内排放污染物的工业污染源、农业污染源、生活污染源和集中式污染治理设施进行普查。普查内容包括各类污染源的基本情况、主要污染物的产生和排放数量、污染治理情况等。其中工业固体废物产生量38.52 亿吨，综合利用量 18.04 亿吨。我国多次要求淘汰落后产能，发布节能减排工作方案后，已初显成效。

5. 节能降耗取得很大进展

根据我国建筑节能发展的基本目标：新建采暖居住建筑 1986 年起，在 1980～1981 年当地通用设计能耗水平基础上普遍降低 30％，为第一阶段；1996 年起在达到第一阶段要求的基础上再节能 30％（即总节能 50％），为第二阶段；2005 年起在达到第二阶段要求基础上再节能 30％（即总节能 65％），为第三阶段。2011 年 11 月，北京市公布了《北京市居住建筑节能设计标准（征求意见稿）》，文中指出："北京市'十二五'时期建筑节能发展规划中的重点工作任务指出，从 2012 年起，北京市新建居住建筑要执行修订后的北京市居住建筑节能设计标准，节能幅度将达到 75％以上。"清洁能源使用量呈上升趋势。国土资源部统计称：据 2012 年全球清洁能源投资报告显示，2012 年全球投资总额为 2687 亿美元，相当于2004 年的 5 倍。其中，中国在清洁能源方面的投资达到创纪录的 677 亿美元，较 2011 年增加 20％，投资总额位居世界第一。

2014 年 5 月，住建部与工信部联合发布了《绿色建材评价标识管理办法》（下称《管理办法》），《管理办法》中将绿色建材定义，指出行业将进行绿色建材标识的评价工作，提出绿色建材评价标识进行组织管理、申请评价、监督检查的办法。其中将绿色建材评价标识分为三个等级，从低到高分别是一星级、二星级、三星级。《管理办法》的发布促使企业提高对绿色建材的积极性及投入。绿色建筑评价兴起的近几年，各企业对绿色建筑带来的经济及社会效益有了深刻的认识，绿色建筑带来的社会效益是无形的，成果是不可估量的。对开发商以及建设企业而言，绿色建材是绿色建筑的基础，随着绿色建筑的发展，绿色建材必定会迎来更加迅速的进步。对建材生产企业而言，获得绿色建材评价标识不仅可以提高企业的社会效益，也大大增加了材料的认可度，增大了适用性。绿色建材评价标识将成为企业发展的方向。

第二节　绿色建材评价

一、绿色建材评价体系

自 1988 年第一届国际材料科学研究会上绿色材料的概念提出以来，绿色建材受到广泛关注。目前国际上主要有两种绿色建材评价体系，分别为单因子评价体系和生命周期（LCA）评价体系。

1. 单因子评价体系

单因子评价体系是指根据单一影响因素判定建材是否为绿色。单因子评价体系虽没有对材料的全生命周期进行考核，但在一些场合仍然有效。如某工程使用的混凝土中掺加粉煤灰减少了熟料的用量，由于混凝土中使用了建筑垃圾或生产过程降低了原材料能耗等，仅这一指标可以参与绿色建材评价；又如某墙体材料采用了工业废物作为原料，从而保护了生态环境，也可参与绿色建材评价；又如某种装饰装修材料在其他指标达标的情况下还具有释放负离子的功能，可以在满足其他功能的情况下，附加了释放负离子的功能，改善室内环境，仅对此因子进行评价，也可以进行绿色建材评定。

对于一些同类材料比较，这种方法简单有效，无需对全生命周期过程进行研究，节省资源人力，针对一定的突出优势达到为材料绿色度评级的效果。

2. 生命周期（LCA）评价体系

生命周期（LCA）评价体系是国际公认的绿色建材评价体系，根据绿色建材的定义，完全遵照了对材料生产、施工、使用、废弃的全生命周期进行评价，具有较高的可参考性。生命周期评价体系的评价内容，包括材料对资源能源的消耗、对环境的影响、材料的回收利用等。

全生命周期评价对材料的性能指标进行量化，能够进行无量纲比较，因此对材料的绿色度评价之后，可以在同类材料之间比较，也可以对使用在相同工程部位的不同材料进行比较，甚至对完全不同的两种材料绿色度比较也有一定的借鉴意义。如同类材料的使用过程性能差别不大，而材料制造过程和废弃之后回收的差别较大的情况，可以通过全生命周期评价方法对其制造过程和废弃过程分别进行量化评价。可以用在相同工程部位的不同材料如混凝土结构和钢结构，钢结构的材料成本较高，但废弃后钢结构可以回收利用，而混凝土会成为建筑垃圾，回收利用后对标号有限制，工程上钢结构和混凝土结构的绿色度比较可以采用全生命周期评价方法。

此外，全生命周期方法能客观地评价材料绿色度，对很多传统意义上的绿色材料，经过全生命周期评价方法分析之后，可能并不绿色。如现存争议的单晶硅太阳能电池，其原料单晶硅制造过程能量消耗巨大，产生大量废弃物，但其使用过程中是清洁能源，在使用过程中节约的能耗是否足以弥补制造过程的能源消耗，有一种观点认为太阳能电池并不是绿色材料。

二、建筑材料的分类

为进行绿色建材的评价，宏观上应该有分类的评价技术导则，微观上应该有每一品种的绿色度评价方法，所以首先要对建筑材料进行分类。建筑材料种类繁多，有不同的分类方法，如可按照使用功能分类、按照材料属性分类或按照部品分类等。

1. 按照使用功能分类

中国建筑材料科学研究总院牵头的"十一五"支撑计划绿色建材项目组对建筑材料进行过分类，按使用功能将建筑材料领域分为 14 大类、56 小类，14 大类分别为混凝土结构材料、砌体结构材料、砂浆、金属结构材料、木结构材料、膜结构材料、预制混凝土构配件、装饰装修材料、门窗幕墙、防水材料、嵌缝密封材料、胶黏剂、管网材料、保温吸声材料。具体分类如表 3.2 所示。

表 3.2　建筑材料按照使用功能分类

序号	类别	材　　料
1	混凝土结构材料	水泥、石灰、石膏、砂、石、轻集料、钢纤维、混凝土用水、外加剂、掺合料、钢筋、普通混凝土、轻集料普通混凝土、预应力混凝土用波纹管
2	砌体结构材料	砖、瓦、砌块、隔墙板

序号	类别	材　料
3	砂浆	普通砂浆、特种砂浆
4	金属结构材料	钢材、铝型材、其他金属
5	木结构材料	木材、木制品、木质复合材料
6	膜结构材料	
7	预制混凝土构配件	预制混凝土桩、预制预应力混凝土楼板、混凝土管
8	装饰装修材料	建筑涂料、陶瓷砖、壁纸、普通装饰板材、天花板材料、天然饰面石材、人工装饰石材、竹木地板
9	门窗幕墙	门窗、幕墙、建筑玻璃、密封条、建筑遮阳
10	防水材料	防水卷(片)材、道桥防水材料
11	嵌缝密封材料	
12	胶黏剂	
13	管网材料	金属管材管件、塑料管材管件、复合管材、陶土(瓷)管、检查井盖和雨水箅、阀门
14	保温吸声材料	无机颗粒类、有机与金属泡沫类、纤维类、复合板类

2. 按照材料属性分类

目前普遍采用的是按材料属性分类的方法，这种方法简便，认可度高。按材料属性分类可以分为水泥混凝土、陶瓷、玻璃、建筑用金属、木材、石材、化学建材七类。具体分类如表3.3所示。

表3.3　建筑材料按照材料属性分类

序号	类别	材　料
1	水泥混凝土	水泥、外加剂、砂石、掺合料(粉煤灰、高炉矿渣、硅灰、煤矸石等)、石膏等
2	陶瓷	卫生洁具、瓷砖等
3	玻璃	建筑门窗玻璃、玻璃幕墙、卫生洁具等
4	建筑用金属	钢材、铝型材、金属紧固件等
5	木材	木地板、木模板、木质室内装修材料等
6	石材	
7	化学建材	橡胶、塑料、涂料、化学建材类墙体材料等

3. 按照部品分类

该课题组也对部品进行分类研究，认为建筑部品可分为墙体围护部品、门窗部品、管件部品、楼地面部品、内外墙装饰部品、屋面部品等。其中，墙体围护部品体系又可分为砖墙、砌块墙、混凝土墙；门窗部品体系可分为木门窗、钢门窗、铝合金门窗、塑料门窗；管件部品体系可分为钢管、铜管、复合管、塑料管；楼地面部品体系可分为水泥楼地面、水磨石楼地面、块料楼地面、木材面楼地面和其他楼地面；内外墙装饰部品体系分为普遍抹灰墙面、块料面层墙面、装饰板面层墙面、油漆或涂料墙面；屋面部品体系分为三元乙丙丁基橡胶水泥苯板屋面、三元乙丙丁基橡胶发泡聚苯板屋面、三元乙丙丁基橡胶聚塑聚苯板屋面、改性沥青现浇膨胀蛭石屋面和改性沥青现浇膨胀珍珠岩屋面。具体分类如表3.4所示。

表3.4　建筑材料按照部品分类

序号	类别	材　料
1	墙体围护部品	砖墙、砌块墙、混凝土墙
2	门窗部品	木门窗、钢门窗、铝合金门窗、塑料门窗

续表

序号	类别	材 料
3	管件部品	钢管、铜管、复合管、塑料管
4	楼地面部品	水泥楼地面、水磨石楼地面、块料楼地面、木材面楼地面和其他楼地面
5	内外墙装饰部品	普遍抹灰墙面、块料面层墙面、装饰板面层墙面、油漆或涂料墙面
6	屋面部品	三元乙丙丁基橡胶水泥苯板屋面、三元乙丙丁基橡胶发泡聚苯板屋面、三元乙丙丁基橡胶聚塑聚苯板屋面、改性沥青现浇膨胀蛭石屋面、改性沥青现浇膨胀珍珠岩屋面

　　行业专家通过对绿色建材评价体系进行系统地研究，认为对绿色建材的评价应从建筑材料的使用性、功能性、安全性和生命周期环境影响性四个方面进行综合研究，构建了"使用

表 3.5　对"生命周期环境影响性子系统"的具体指标及评分规则

分类	序号	指标		判定	依据	审核方式	对应生命周期阶段
宏观性指标	1	是否通过环境管理体系认证		是/否	ISO14000 环境管理体系标准《环境管理体系认证管理规定》	企业提供证明文件	考察企业
	2	是否通过能源管理体系认证		是/否	GB/T 23331—2012	企业提供证明文件	
	3	是否属于国家重点鼓励发展产品及技术		是/否	《当前国家重点鼓励发展的产业、产品和技术目录》	企业提供证明文件	
微观性指标	定性	4	是否获得Ⅰ型环境标志认证证书	是/否	GB/T 24021	企业提供证明文件	产品使用
		5	是否获得清洁生产审核证书	是/否	清洁生产标准	企业提供证明文件	
		6	是否获得节能产品认证证书	是/否	相关认证实施规程	企业提供证明文件	
		7	是否获得节水产品认证证书	是/否	相关认证实施规程	企业提供证明文件	
		8	是否获得环保产品认证证书	是/否	相关认证实施规程	企业提供证明文件	
		9	是否获得可循环再生/可回收标识	是/否	相关实施规则	企业提供证明文件	产品回收
		10	是否获得资源综合利用产品认定证书	是/否	《资源综合利用目录》省级《资源综合利用认定实施细则》	企业提供证明文件	产品生产
	定量	11	资源消耗	原材料替代比率	打分	行业水平调研论证	企业提供证明文件	
		12	能源消耗	单位产品综合能耗	打分	能源消耗限额标准	能源标定报告	全生命周期
		13	废水排放	污水综合排放	打分	GB 8978	环境监测报告	
		14	废气排放	大气污染物综合排放	打分	GB 16297、GB 4915、GB 13271、GB 9078	环境监测报告	
		15	固废排放	处理处置率	打分	《国家危险废物名录》、GB 18599、GB 18484、GB 18597、GB 18598	企业提供证明文件	
		16	原材料本地化	运输半径	打分	行业水平调研论证	企业提供证明文件	原材料采集
		17	产品回收利用	回收利用率	打分	行业水平调研论证	企业提供证明文件	产品回收
		18	噪声	昼夜噪声排放	打分	GB 12348	噪声监测报告	产品生产

注：表格引用自论文《绿色建材评价、认证技术的研究进展》。

性能子系统"、"功能性子系统"、"安全性子系统"、"生命周期环境影响性子系统"四个子系统。其中"功能性子系统"评价指标主要包括材料的电磁屏蔽、抗菌性、吸声降噪性能、抗静电性、蓄能、导热性、调温调湿、释放负离子、阻燃性、采光遮阳等。"安全性子系统"评价指标主要包括内外照射指数，挥发性有机化合物释放、苯系化合物释放、可溶性重金属（铅、镉、铬、汞、等）含量、氨等。对"生命周期环境影响性子系统"的具体指标和评分规则构想如表3.5所示。

在对绿色建筑部品分类的基础上，构建了绿色建筑部品评价指标体系，如图3.4所示，建议根据每类建筑部品自身的特点，分别建立各自的评价指标体系，每项评价指标提出建筑部品绿色度评价指标效用这一概念，根据专家意见将评价指标的绿色度效用测算出来。

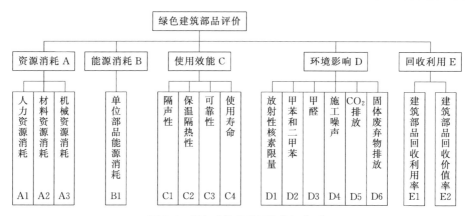

图3.4　绿色建筑部品评价指标体系

三、绿色建材标识评价程序

绿色建材的种类很多，各类材料评价重点不同，对绿色建材的评价应针对不同的类别有重点地进行。综合绿色建材相关认证方法以及绿色建筑评价方法，建议可以将绿色建材评价过程分为申报、形式审查、会审、复审、公示以及公告六步。

申报过程由申报单位向评价机构提出申报意向，并且提供申报材料。绿色建材评审前，绿色建材评价机构应已完成对申报材料的形式审查。绿色建材评价机构适时组织绿色建材评审专家委员会专家对申报项目进行会审。绿色建材评审可在会审前先进行预审，进行预审前，绿色建材评价机构需委托检测认证机构对项目申报材料提前进行现场调研以及质量检测，并将结果连同申报材料送达至评审专家委员会。会审前，根据预审反馈情况，绿色建材评价机构需委托检测认证机构对项目申报材料补充进行现场调研以及质量检测，并将结果送达至评审专家委员会。对未进行预审的项目，专业组组长或会审组长指定的委员负责组织该组委员对其所在组别负责的内容进行审查，汇报该组审查意见，提出需会议讨论确定的事项。会审研究确定相关事项，形成会审意见。对通过评审的申报项目，会审意见原则上应明确评定星级；对评审不能通过的项目，会审意见原则上应明确理由；对不能明确评定星级或理由的申报项目，应提出处理意见。

会审后，企业可就会审意见再次补充材料，并进行复审，复审意见须由评审专家做出书面回复，超过2/3的评审专家认为通过则项目评审通过。对通过评审的申报项目，绿色建材评价机构办理公示、备案；对未通过评审的项目，由绿色建材评价机构返回评审意见。公告期结束，由评价机构向申报单位发布标识，颁发证书，并提交报告。绿色建材评价流程如图3.5所示。

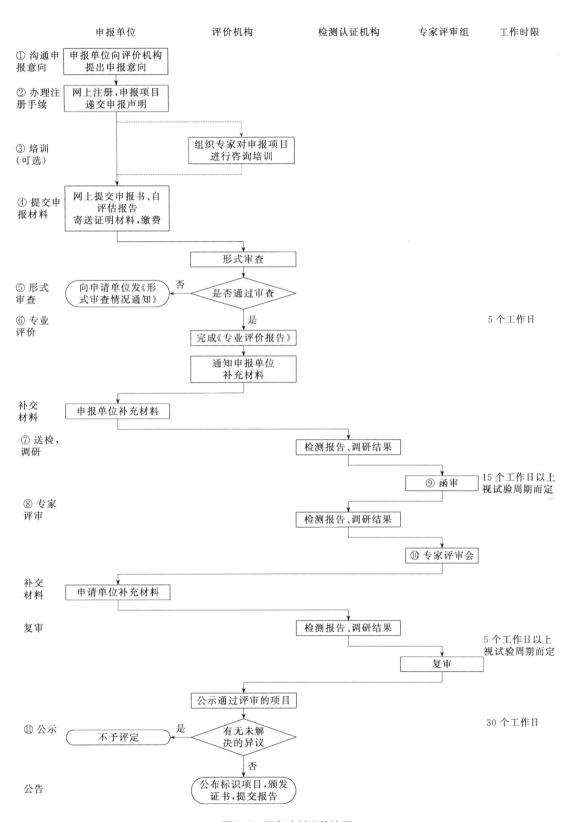

图 3.5 绿色建材评价流程

第三节　绿色建材标准

一、绿色建材标准的内容

如本章第一节所介绍，绿色建筑认证在我国已经发展多年，中国环境标志产品认证、ISO9000 质量体系认证、ISO14000 认证、能源管理体系认证分属不同体系，评价方法都较为成熟，对绿色建材评价有借鉴意义。目前，绿色建材评价标准尚未出台，现有建材标准主要为产品标准，针对产品的使用功能，如力学性能、传热系数、抗渗性能等，大部分为产品使用过程中的性能要求，而对产品全生命周期的能耗以及对环境的影响等问题均未涉及。绿色建材标准应该补充产品从生产阶段、施工阶段、使用阶段、废弃阶段各方面的相关要求。目前可以纳入绿色建材标准体系的内容包括产品标准、能耗限额标准、国家相关政策、建材相关认证标准等。

中国建筑材料科学研究总院牵头的"十一五"支撑计划项目组将国内外对建筑材料环境负荷影响的一些评价因素做了总结，依照全生命周期阶段可以分为以下五个阶段。①原材料：原料开采过程对环境的破坏；原料的存量、再生量；废物产生量；温室气体排放量；原料运输能耗；②制造过程：废物产生量；温室气体排放量；有毒物质产生量；生产能耗；③施工过程：成品运输能耗；施工能耗；施工现场废物产生量；④使用过程：有毒物质产生量；维护消耗；寿命；⑤废弃过程：拆毁能耗；材料再生的难易程度。

不同建筑材料的原材料各有不同，无机材料的原材料大部分是从矿物中提取的，有机材料除木材类外的原材料一般是从石油中分离提取的，因此其原料的开采过程对环境会存在废气、废物的排放，同时可能出现粉尘污染，而原料开采过程需要耗费能量，并对环境有一定的破坏。无论石油还是矿物原料，都是不可再生的资源，特别是石油枯竭问题已经成为世界力求攻克的难题。原材料的运输消耗视原料的不同可能会有较大差别，对于容重大、成品附加值小的材料来说，原材料产地对成本的影响很大，因此应将原料是否为本地材料或原料进货渠道是否为本地企业考虑进去。

材料制造过程不同，对环境造成的影响重点不同。某些制造过程需要高耗能的材料如水泥、玻璃、陶瓷、钢铁等，大量消耗能源之外，会产生温室气体，同时排放各种废水废物。国家为了控制企业生产能耗，截至 2013 年发布了单位产品能耗限额标准共 68 项，建筑材料相关限额标准如表 3.6 所示。可以参考能耗限额标准为材料绿色度定级。

表 3.6　截至 2013 年国家发布的建筑材料相关限额标准

序号	标准号	标准名称	实施日期
1	GB 21341—2008	铁合金单位产品能源消耗限额	2008-06-01
2	GB 16780—2012	水泥单位产品能源消耗限额	2013-10-01
3	GB 29450—2012	玻璃纤维单位产品能源消耗限额	2013-10-01
4	GB 29442—2012	铜及铜合金板、带、箔材单位产品能源消耗限额	2013-10-01
5	GB 29443—2012	铜及铜合金棒材单位产品能源消耗限额	2013-10-01
6	GB 21350—2013	铜及铜合金管材单位产品能源消耗限额	2014-08-01
7	GB 21256—2013	粗钢生产主要工序单位产品　能源消耗限额	2014-10-01
8	GB 21340—2013	平板玻璃单位产品能源消耗限额	2014-09-01
9	GB 21346—2013	电解铝企业单位产品能源消耗限额	2014-09-01
10	GB 30252—2013	光伏压延玻璃单位产品能源消耗限额	2014-09-01
11	GB 21252—2013	建筑卫生陶瓷单位产品能源消耗限额	2014-12-01
12	GB 30183—2013	岩棉、矿渣棉及其制品单位产品能源消耗限额	2014-12-01
13	GB 30184—2013	沥青基防水卷材单位产品能源消耗限额	2014-12-01
14	GB 30185—2013	铝塑板单位产品能源消耗限额	2014-12-01

此外，自 20 世纪 90 年代，世界范围内就对全球愈演愈烈的温室效应采取了一定的措施，1992 年，联合国政府通过了《联合国气候变化框架公约》，1997 年通过了《公约》的第一个附加协议《京都议定书》，将二氧化碳排放权作为一种商品，形成了二氧化碳排放权的交易，简称碳排放交易。截至 2014 年 9 月，我国根据自己的国情，在 7 个省市已经开展一年多的碳排放交易的试点工作，进展顺利。

施工技术在不断发展，不同的施工技术消耗的能源、人力、资源不同，并且对环境产生的影响不同。传统的施工工艺在施工现场会出现大量的湿作业，扬尘问题也较严重。建筑构件的工厂化，装配式建筑技术能够很好地解决湿作业以及扬尘问题。装配式建筑节省了建造时间，节约成本，对工人的要求提高，有利于提高国民素质，因此预制化程度、建筑施工技术应纳入绿色建材标准体系。

材料在使用过程中，一些与人类舒适健康休戚相关的性能已经得到了充分的重视，如保温相关性能，重金属溶出率，有毒气体排放量等。针对不同的材料其寿命不同，应将耐久性、使用过程性能的衰减进行测算。除此之外，市场上普遍关注的是建筑初期投入，对使用过程中的设备维护费用没有投入足够的关注，频繁的修缮以及更换费用大大地增加了建筑成本。应将使用维护费用、耐久性及寿命问题纳入绿色建材考核体系当中。

建筑物废弃拆除能耗、回收利用率以及弃置费用对材料的再生循环都有很大影响，也是在建材评价中容易忽略的问题。

以上评价因素基本可以表示材料的绿色度评价要素，但没有体现材料的实用度。价格是企业的追求目标，只有适当性价比的产品才有市场。对于绿色度相同或者相近的同类建筑材料来说，性价比高的更加适用于建筑工程，但是目前存在的绿色建材相关评价系统都没有加入性价比的因素。可以考虑将绿色建材性价比加入绿色建材评价体系当中。

对绿色建材的评价宜采取打分制，将所有指标分为若干大类，可依照全生命周期过程分类或依性能类别分类，每个大类包括若干指标，分别对单一指标进行评价，比如以十分制为其打分，10 分为最高，0 分最低，符合国标和行标的指标数据作为 0 分挡，行业平均水平为 6 分，行业顶尖水平为 10 分，其余根据插值法决定。将每个项目进行评分之后，根据指标相对该绿色建材的重要程度决定其在每个大类中的权重，最后进行加权平均，对每个大类计算评分后对其分级。绿色建材种类繁多，应该有针对性地对建材进行分类评价，可分为主要控制制造过程绿色度的材料，主要控制使用过程绿色度的材料，利用废弃物的建筑材料和特殊功能性的建筑材料四种。

二、绿色建材标准的分类指导

1. 主要控制制造过程绿色度的材料

这种材料主要依靠对原材料和能源的消耗，如目前建筑工业中消耗量最大的水泥混凝土材料。水泥工业中应用量最大的硅酸盐类水泥石以石灰石和黏土为主要原料，经破碎煅烧调配而成。在生产阶段使用不可再生的矿物原料并破坏耕地，同时需要消耗大量能源，全生命周期中制造过程对环境的索取最大，污染也最严重。施工阶段对环境的主要污染为浮尘对空气的污染，使用过程中耐久性衰减，废弃后经分拣破碎可以再生利用。不同工艺的水泥原材料用量基本没有太大区别，原材料方面的绿色度可以主要控制其来源，如原材料是否是本地获取，原料获取是否破坏耕地，是否是其他工业的副产品等。水泥制造工艺对环境的破坏较大，主要表现在煅烧消耗大量能源，煅烧采用的原料会释放大量的温室气体。据测算，水泥生产产业是温室气体的最大排放源，占全球排放总量的 5%。

2. 主要控制使用过程绿色度的材料

这种材料在生产过程中不会耗费过多的能源资源，但是使用性能的优劣会严重影响建筑物的节能效果，或者会影响人的身体健康，如墙体保温材料、内墙涂料等。

墙体保温材料多为有机或者无机的发泡产品，其保温性能是使用过程中的最重要指标，对其防火性能也提出越来越高的要求，此外对于要服务建筑 50 年以上的要求来讲，其耐久性指标非常重要，比如强度、吸水率、抗渗性能、耐老化性等。内墙涂料的有毒气体释放量，可溶性重金属含量等，是内墙涂料应该重点考核的指标，而对于这种材料，废弃之后会连同墙体一起被弃置或者回收，不会被再生利用。因此，其使用过程中的绿色度指标为重点评价指标。

3. 利用废弃物的建筑材料

建筑材料原材料若利用工业和农业废物，不仅可以增大材料绿色度，也可以减少材料成本，利用率最大的水泥混凝土中掺入活性掺合料已经成为降低成本的最重要的措施，同样，如何在各种板材中掺加木屑、粉煤灰、高炉矿渣之类的掺合料来降低成本也已经成为企业的目标。此类建筑材料应重点考量对废弃物的利用数量和效果。

4. 特殊功能性建筑材料

对于现阶段关注度极高的环境问题，出现了各种解决方案，而将改善环境的特殊性能附加到建筑材料之中会大大提高材料的绿色度。目前有特殊功能的材料主要包括节能材料、净化空气材料、抗菌材料、释放负离子材料、储能材料等。

净化空气材料大部分是依靠多孔状材料吸附空气中的悬浮物，同时可以采用技术将负电荷附着在材料上，从而更加容易吸附空气中带有正电荷的灰尘，对室内空气有改善作用。也有一部分是在多空材料中掺杂了可以分解有害气体的催化剂材料，效果比较持久。目前净化空气材料主要是具有净化功能的涂料、内墙材料等，主要靠吸附能力净化空气的材料效果随时间衰减，因此一定时间之后需要再更新。

抗菌材料、释放负离子材料主要是将功能性材料散布在建材产品中，使其能够产生抗菌或释放负离子的功能。抗菌材料大部分为油漆、涂料，对某些细菌有杀菌功能。释放负离子材料主要是涂料和一些装饰板材，这类功能性材料大部分都有功能衰减，短期能够起到改善室内环境的作用。

某些建筑材料的多个过程的绿色度都是重要指标，如建筑平板玻璃制造过程中的耗能较大，使用过程中的性能指标直接影响建筑耗能，本书第七章会对玻璃的绿色度评价进行详细分析。

三、绿色建材标识的未来发展

科技一直在发展进步中，随着人们对建筑物的要求越来越高，技术落后的产品也逐步被淘汰，目前我国加大力度淘汰落后产能，为了落实《节能减排"十二五"规划》和《"十二五"节能减排综合性工作方案》，我国提出了《2014～2015 年节能减排科技专项行动方案》，分析认为，"面临新的形势，节能减排科技创新工作也存在几个突出问题：一是部分高效节能减排核心技术和关键装备尚未完全掌握，一些自主研发的节能环保装备性能和效率不高；二是技术集成不够，装备成套化、系列化、标准化水平低，难以提供系统性解决方案；三是以企业为主体的技术创新体系尚未形成，科技创新对重点行业转型升级和区域节能减排效果不显著；四是鼓励科技创新和成果产业化的配套政策不健全，技术服务推广市场机制亟待完善。"可以推测，绿色建材会向着高效、节能、减排、环保、工业化、标准化方向发展，而且将会获得更多政策支持。

目前建材市场上众多打着绿色建材旗号的建筑材料，由于标准尚未建立，评价机构不具有权威性，造成评价质量无法得到保证。在目前信用相对缺失的环境下，绿色认证并没有获得群众的信任，中国日报曾经转载一篇报道，称："环保认证标识名目繁多，建材产品上张贴的环保标签和商家提供的绿色环保认证证书的认证机构多来源于民间组织，有些证书甚至花钱就可以买到。而记者在某网上商城发现，即使是权威性强的'十环认证'标识，也有商家在公开叫卖。众多所谓的环保材料证书模糊不清甚至根本无法拿出检测报告"，这种绿色标识无序的时代将在绿色建材标识认证开始后得到根治。但仍要注意的是，绿色建材标识的评价机构须严格遵守评价制度，评价机构的专业水平需要保证，以促使绿色建材标识良性发展。

绿色建筑在我国发展形势迅猛，绿色建材是绿色建筑的基础，大量的绿色建筑建造的同时，绿色建材也将随之发展。随着市场对绿色建材的呼声越来越高，绿色建材的市场占有率也将继续增长，绿色度不高的材料会逐渐被市场淘汰，从而建筑材料将逐步完全转变为绿色建材，并且绿色度也会逐步提高。所以绿色建材评价标准也将随着生产力、生产技术的提高而提高指标。这是一个动态的过程，应定期对标准进行更新。

绿色建材标识是对绿色建材的肯定和推广，对照绿色建筑标识对绿色建筑以及企业带来的经济和社会效益，可以预见绿色建材标识是绿色建材发展必不可少的重要过程。

参 考 文 献

[1] 水泥厂的替代燃料开发与节能减排. http://www.china.com.cn/environment/txt/2007-03/28/content_8025797.htm.
[2] 李欣. 绿色建材产品技术经济政策研究项目课题验收材料. 2010.
[3] 住房和城乡建设部、工业和信息化部. 绿色建材评价标识管理办法. http://www.miit.gov.cn/n11293472/n11293832/n12843926/n13917027/16012037.html.
[4] 绿色建材检测认证分类标准，"绿色建材产品标准、评价技术和认证体系"验收资料.
[5] 李慧芳. 推进我国绿色建材发展的政策思考. 中国建材产业发展研究论文集，2010:351-357.
[6] 赵平，同继锋，马眷荣. 建筑材料环境负荷指标及评价体系的研究. 中国建材科技，2004(06):1-7.
[7] 马眷荣. 建筑玻璃的绿色度评价. 中国建材科技，2003(6).
[8] http://www.dcement.com/snzmj/fagui/200710/60006.html.
[9] http://www.glass.cn/glassnews/newsinfo_13160.html.
[10] 第一次全国污染源普查公报.

附录 绿色建材评价标识管理办法

绿色建材评价标识管理办法

为加快绿色建材推广应用，规范绿色建材评价标识管理，更好地支撑绿色建筑发展，2014年5月21日，住房城乡建设部、工业和信息化部以建科[2014]75号印发《绿色建材评价标识管理办法》。该《办法》分总则、组织管理、申请和评价、监督检查、附则5章22条。具体内容如下。

第一章 总 则

第一条 为加快绿色建材推广应用，规范绿色建材评价标识管理，更好地支撑绿色建筑发展，制定本办法。

第二条　本办法所称绿色建材是指在全生命周期内可减少对天然资源消耗和减轻对生态环境影响,具有"节能、减排、安全、便利和可循环"特征的建材产品。

第三条　本办法所称绿色建材评价标识(以下简称评价标识),是指依据绿色建材评价技术要求,按照本办法确定的程序和要求,对申请开展评价的建材产品进行评价,确认其等级并进行信息性标识的活动。

标识包括证书和标志,具有可追溯性。标识的式样与格式由住房城乡建设部和工业和信息化部共同制定。

证书包括以下内容:

(一)申请企业名称、地址;

(二)产品名称、产品系列、规格/型号;

(三)评价依据;

(四)绿色建材等级;

(五)发证日期和有效期限;

(六)发证机构;

(七)绿色建材评价机构;

(八)证书编号;

(九)其他需要标注的内容。

第四条　每类建材产品按照绿色建材内涵和生产使用特性,分别制定绿色建材评价技术要求。

标识等级依据技术要求和评价结果,由低至高分为一星级、二星级和三星级三个等级。

第五条　评价标识工作遵循企业自愿原则,坚持科学、公开、公平和公正。

第六条　鼓励企业研发、生产、推广应用绿色建材。鼓励新建、改建、扩建的建设项目优先使用获得评价标识的绿色建材。绿色建筑、绿色生态城区、政府投资和使用财政资金的建设项目,应使用获得评价标识的绿色建材。

第二章　组 织 管 理

第七条　住房城乡建设部、工业和信息化部负责全国绿色建材评价标识监督管理工作,指导各地开展绿色建材评价标识工作。负责制定实施细则和绿色建材评价机构管理办法,制定绿色建材评价技术要求,建立全国统一的绿色建材标识产品信息发布平台,动态发布管理所有星级产品的评价结果与标识产品目录。

第八条　住房城乡建设部、工业和信息化部负责三星级绿色建材的评价标识管理工作。省级住房城乡建设、工业和信息化主管部门负责本地区一星级、二星级绿色建材评价标识管理工作,负责在全国统一的信息发布平台上发布本地区一星级、二星级产品的评价结果与标识产品目录,省级主管部门可依据本办法制定本地区管理办法或实施细则。

第九条　绿色建材评价机构依据本办法和相应的技术要求,负责绿色建材的评价标识工作,包括受理生产企业申请,评价、公示、确认等级,颁发证书和标志。

第三章　申请和评价

第十条　绿色建材评价标识申请由生产企业向相应的绿色建材评价机构提出。

第十一条　企业可根据产品特性、评价技术要求申请相应星级的标识。

第十二条　绿色建材评价标识申请企业应当具备以下条件:

(一)具备独立法人资格;

(二)具有与申请相符的生产能力和知识产权;

(三)符合行业准入条件;

(四)具有完备的质量管理、环境管理和职业安全卫生管理体系;

(五)申请的建材产品符合绿色建材的技术要求,并在绿色建筑中有实际工程应用;

(六)其他应具备的条件。

第十三条　申请企业应当提供真实、完整的申报材料,提交评价申报书,提供相关证书、检测报告、使用报告、影像记录等资料。

第十四条 绿色建材评价机构依据本办法及每类绿色建材评价技术要求进行独立评价,必要时可进行生产现场核查和产品抽检。

第十五条 评审结果由绿色建材评价机构进行公示,依据公示结果确定标识等级,颁发证书和标志,同时报主管部门备案,由主管部门在信息平台上予以公开。

标识有效期为3年。有效期届满6个月前可申请延期复评。

第十六条 取得标识的企业,可将标识用于相应绿色建材产品的包装和宣传。

第四章 监 督 检 查

第十七条 标识持有企业应建立标识使用管理制度,规范使用证书和标志,保证出厂产品与标识的一致性。

第十八条 标识不得转让、伪造或假冒。

第十九条 对绿色建材评价过程或评价结果有异议的,可向主管部门申诉,主管部门应及时进行调查处理。

第二十条 出现下列重大问题之一的,绿色建材评价机构撤销或者由主管部门责令绿色建材评价机构撤销已授予标识,并通过信息发布平台向社会公布。

(一)出现影响环境的恶性事件和重大质量事故的;

(二)标识产品经国家或省市质量监督抽查或工商流通领域抽查不合格的;

(三)标识产品与申请企业提供的样品不一致的;

(四)超范围使用标识的;

(五)以欺骗等不正当手段获得标识的;

(六)其他依法应当撤销的情形。

被撤销标识的企业,自撤销之日起2年内不得再次申请标识。

第五章 附 则

第二十一条 每类建材产品的评价技术要求、绿色建材评价机构管理办法等配套文件由住房城乡建设部、工业和信息化部另行发布。

第二十二条 本办法自印发之日起实施。

第四章
水泥的绿色化

　　水泥是生产混凝土及其制品最重要的原材料。在水泥的生产过程和使用过程中涉及资源利用、能源消耗、三废排放等问题，会造成环境负荷的增加。我国2013年水泥产量为24.1亿吨，超过世界总产量的60%，关注、研究和推广水泥的绿色化生产技术并对其绿色化程度进行科学评估，在我国具有特别重要的现实意义。

第一节　水泥的种类及其生产工艺

一、水泥的种类及执行的产品标准

　　水泥是一种无机水硬性胶凝材料。水泥与水混合形成塑性浆体后，能在空气中水化硬化，并保持一定的强度和体积稳定性。为满足不同工程建设的特殊要求和需要，近百年来，水泥行业研究开发出具有不同特性的水泥品种，并制定了相关产品性能标准。

1. 水泥的种类

　　一般来说，水泥按用途及性能分为通用水泥和特种水泥。

　　通用水泥指一般土木建筑工程通常采用的水泥。主要是指以硅酸盐水泥熟料和适量的石膏或（和）混合材料制成的水硬性胶凝材料，通常以水泥的硅酸盐矿物名称冠以混合材料名称或其他适当名词命名的。通用硅酸盐水泥按混合材料的品种和掺量分为硅酸盐水泥、普通硅酸盐水泥、矿渣硅酸盐水泥、火山灰质硅酸盐水泥、粉煤灰硅酸盐水泥和复合硅酸盐水泥。

　　特种水泥指具有特殊性能或用途的水泥。通常以水泥的主要矿物名称、特性或用途命名，并可冠以水泥中主要混合材的名称或不同型号命名。例如铝酸盐水泥、硫铝酸盐水泥、G级油井水泥、快硬硅酸盐水泥、道路硅酸盐水泥、低热矿渣硅酸盐水泥等。

　　此外，水泥也可以按其主要水硬性物质名称进行分类，可划分为硅酸盐水泥、铝酸盐水泥、硫铝酸盐水泥、铁铝酸盐水泥和氟铝酸盐水泥等。

　　硅酸盐水泥：主要水硬性矿物为硅酸三钙、硅酸二钙、铝酸三钙和铁铝酸四钙；

　　铝酸盐水泥：主要水硬性矿物为铝酸钙；

　　硫铝酸盐水泥：主要水硬性矿物为无水硫铝酸钙和硅酸二钙；

　　铁铝酸盐水泥：主要水硬性矿物为无水硫铝酸钙、铁铝酸钙和硅酸二钙；

氟铝酸盐水泥：主要水硬性矿物为氟铝酸钙和硅酸二钙。

在水泥产品命名过程中，按照需要会标明一些主要技术特性，包括快硬性（快硬和特快硬）、水化热（中热和低热）、抗硫酸盐性（中抗硫酸盐腐蚀和高抗硫酸盐腐蚀）、膨胀性（膨胀和自应力）、耐高温性等。

2. 水泥执行的产品标准

截至 2014 年 10 月，国内现行有效的各类水泥产品标准共计 26 个，不包括原料标准、测试方法标准等在内。其中铝酸盐水泥、油井水泥、道路硅酸盐水泥等强制性国家标准正在修订过程中，修订后有可能不再作为强制性标准，而是转为推荐性国家标准。这些标准从产品定义、组分、化学指标、物理指标、强度、出厂检验、型式检验、包装、运输储存等多方面做出相应规定，确保产品合格，满足不同工程质量的要求，见表 4.1。

表 4.1　水泥产品标准一览

序号	标准号	标准名称
强制性国家标准		
1	GB 175—2007	通用硅酸盐水泥
2	GB 200—2003	中热硅酸盐水泥　低热硅酸盐水泥　低热矿渣硅酸盐水泥(修订中)
3	GB 201—2000	铝酸盐水泥(修订中)
4	GB 748—2005	抗硫酸盐硅酸盐水泥(修订中)
5	GB 2938—2008	低热微膨胀水泥
6	GB 10238—2005	油井水泥(修订中)
7	GB 13590—2006	钢渣硅酸盐水泥(修订中)
8	GB 13693—2005	道路硅酸盐水泥(修订中)
9	GB 20472—2006	硫铝酸盐水泥(修订中)
10	GB 25029—2010	钢渣道路水泥
推荐性国家标准		
11	GB/T 2015—2005	白色硅酸盐水泥(修订中)
12	GB/T 3183—2003	砌筑水泥
13	GB/T 21372—2008	硅酸盐水泥熟料
14	GB/T 23933—2009	镁渣硅酸盐水泥
推荐性行业标准		
15	JC/T 311—2004(2010)	明矾石膨胀水泥
16	JC/T 437—2010	自应力铁铝酸盐水泥
17	JC/T 600—2010	石灰石硅酸盐水泥
18	JC/T 740—2006(2014)	磷渣硅酸盐水泥
19	JC/T 870—2012	彩色硅酸盐水泥
20	JC/T 1082—2008	低热钢渣硅酸盐水泥
21	JC/T 1087—2008	钢渣道路水泥
22	JC/T 1090—2008	钢渣砌筑水泥
23	JC/T 1099—2009	硫铝酸钙改性硅酸盐水泥
24	JC/T 2152—2012	复合硫铝酸盐水泥

二、水泥的生产工艺

从 1824 年第一个水泥专利标志着水泥的诞生算起，水泥至今已有 100 多年的历史。水泥生产工艺一般包括原材料的开采运输、原材料（能源）的储存和制备、熟料煅烧、水泥粉磨和储存、包装和发送等阶段。

水泥企业的主要设备是"两磨一窑"，"两磨"指生料磨和水泥磨，"一窑"指水泥窑，包括回转窑和立窑等工业炉窑，其中回转窑是发展方向。从能源消耗与环境保护的角度来说，窑系统是水泥企业最主要的废气污染源，排放大量的粉尘、NO_x、CO_2 和少量 SO_2、CO、VOC（挥发性有机物）等，同时窑系统也是煤炭消耗最大的工序。粉磨过程则是水泥生产中电耗最大的过程，同时伴随粉尘、噪声排放。目前较为先进的水泥生产工艺是新型干法生产线，其典型工艺流程见图 4.1。

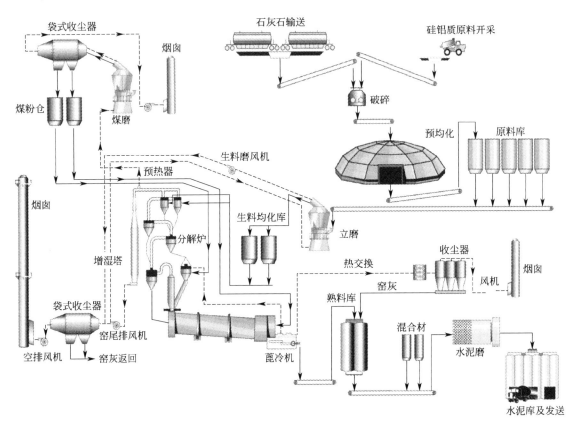

图 4.1　典型新型干法水泥生产工艺流程

1. 原料

通用水泥生产中所用原材料主要分为石灰质原料、黏土质原料和辅助原料三类。

（1）石灰质原料　石灰质原料是水泥熟料中氧化钙的主要来源，是水泥生产中使用最多的一种原料，在生料中约占原料总量的 80%，一般生产 1t 水泥熟料约需 1.3～1.5t 石灰质原料。石灰质原料指石灰石、石灰质泥灰岩、白垩、贝壳以及工业废渣中的赤泥等以 $CaCO_3$ 为主要成分的原料。我国生产水泥的石灰质原料主要采用石灰石，泥灰岩次之，再次之为大理石。

石灰岩在我国的分布非常广泛，资源丰富，它依成因可分为生物石灰岩、化学石灰岩和碎屑石灰岩三种。石灰岩中常有其他混合物，并含有白云石、黏土、石英或燧石及硫酸钙等杂质。石灰石中的白云石是熟料中 MgO 的主要来源。石灰石分解产生的二氧化碳是水泥工艺过程二氧化碳气体排放居高不下的直接原因。生产配料中，石灰质原料对 CaO、MgO、R_2O、SO_3、Cl^-、燧石或石英的含量有所要求。

（2）黏土质原料　黏土质原料一般由硅酸盐矿物在地球表面风化形成，主要化学成分是 SiO_2，其次为 Al_2O_3，还有少量 Fe_2O_3 以及 Mg、Na、K、Ca 等，主要是供给熟料所需要的各种成分。一般生产 1t 熟料约用 0.2～0.4t 黏土质原料。由于地域广大，我国水泥行业采用的黏土质原料种类较多，主要以黏土、黄土为主，其次为页岩、泥岩、粉砂岩及河泥等。衡量黏土的质量主要取决于黏土的化学成分、含砂量、碱含量及黏土的可塑性、热稳定性、需水量等工艺性能。这些性能随黏土中所含的主导矿物不同、黏粒多寡及杂质不同而异。根据主导矿物不同，黏土可分成高岭石类、蒙脱石类与水云母类等。南方的红壤与黄壤属于高岭石类，华北与西北的黄土属于水云母类。黏土中常常有石英砂、方解石、黄铁矿、氧化铁、碳酸盐、硫酸盐及有机物等杂质，化学成分差别很大，因此呈现出黄色、褐色或红色等不同的颜色。生产配料中，黏土质原料对硅酸率、铝氧率、MgO（％）、R_2O（％）、SO_3（％）有规定。

（3）辅助原料　水泥生产配料中还有一些辅助原料，它们用量较少，但对保证正常生产、提高质量、改善操作条件等起着良好的作用。有些辅助原料还可以起到节能减排、保护环境的作用。常用的辅助原料有铁质校正原料、铝质校正原料、硅质校正原料、综合利用的废料等。

铁质校正原料如铁矿石或硫铁矿渣，可以用来补充生料中 Fe_2O_3 的含量。铁矿石常用的有赤铁矿、菱铁矿。它们的化学成分分别为 Fe_2O_3 和 $FeCO_3$。硫铁矿渣是硫铁矿经过煅烧脱硫以后的渣子，是硫酸厂的废渣。另外，铜矿渣、铅矿渣也含有较高的氧化铁，都可作为水泥工业中的铁质校正原料。

硅质校正原料通常可采用的有硅藻土、硅藻石、蛋白石，含 SiO_2 高的黏土、硅质渣、砂岩等。

铝质校正原料有含 Al_2O_3 比较多的炉渣、煤矸石、铁矾石、铝矾土等，其质量要求 $Al_2O_3 > 30\%$。

综合利用的废料包括部分水泥企业采用粉煤灰双掺工艺，在生料配料过程中掺加少量的粉煤灰，也有部分水泥企业利用水泥窑进行污泥、生活垃圾惰性物质的协同处置等。

2. 燃料

水泥工业是消耗大量燃料的工业，燃料按其物理状态不同可分为固体（煤）、液体和气体三种。目前世界水泥工业中，回转窑工厂燃料常采用烟煤、无烟煤、重油或渣油，很少采用煤气，在中国目前使用的只有烟煤和无烟煤。立窑工厂则采用无烟煤或焦炭屑。对于煤来讲，通常以其热值的高低分为优质煤、普通煤和低质煤三种。

（1）煤　水泥工业通常采用元素分析和工业分析来确定燃煤的应用。元素分析提供煤的主要元素含量，如碳、氢、氮、硫等。这种分析方法对于精确地进行燃烧计算来说是必要的。工业分析包括对水分、挥发分、固定碳、灰分的测定。在四项总量以外，还需测定硫分，作为单独的百分数提出。由此也可工业分析计算煤的热值（发热量以每千克煤能发出的以千焦计的热量表示）。由于煤的灰分是水泥熟料的组分，对煤的灰分需作全分析，SiO_2、Al_2O_3、Fe_2O_3、CaO、MgO 等均应通过化学分析得出。回转窑对燃煤的热值、挥发分、灰分、水分、煤粉细度有一定的要求。

为了减轻燃煤发热量与灰分的波动对熟料煅烧过程的影响，现代化水泥厂均有可靠的工艺措施对燃煤进行预均化。并以较大的储存量作为生产工艺中的缓冲环节。煤预均化库顶，设置若干水喷头，当煤的水分低时，以提高煤库湿度，减小扬尘。必要时，可大量喷水降温，以防止出现超温自燃。库顶设置了若干排气天窗，以防止可燃气体的富集，从而避免可能产生的烟云爆燃和作业人员的 CO 中毒。

原煤不能直接用于煅烧熟料，一般用煤磨将含有一定水分的原煤烘干，粉磨成细度为 $88\mu m$ 筛余 10% 左右、水分小于 1% 的煤粉。这样，煤就能在一定空间内充分燃烧，形成较高的热力强度，以利于煅烧的进行。煤的粉磨需要十分小心，避免以下三种情况，以防止煤粉的爆炸：①气体混合物中的可燃物浓度达到爆炸的极限；②气体混合物中的氧含量达到足以发生爆炸的程度；③混合物中引入了具有一定能级的启爆热源。

（2）液体和气体燃料　采用液体或气体燃料时，由于没有灰分，燃料用量的变化不影响熟料的成分，熟料成分将比较均匀和稳定，有利于熟料质量的提高，加之熟料颗粒的表面没有如同燃煤灰分形成的较为致密的壳，不但有利于熟料的冷却，而且使熟料的易磨性有所改善，有利于水泥粉磨时电耗的降低。气体和液体燃料流量的计量与控制相对而言也比较简单。

从降低成本考虑，液体燃料多为价格较低的重油、渣油。重油的热值为41316kJ/kg（9870kcal/kg）左右。煅烧水泥熟料所用重油的杂质含量一般要求为：硫分<3%，水分<2%，机械杂质<3%。为了降低其燃料黏度，以利于输送和燃烧时的雾化，根据燃料的不同，一般需要预热到80～120℃。

气体燃料通常为天然气和人造煤气两种，由于气体燃料的体积较大，带入的非助燃气体较多，且影响高温的二次风的充分利用，而且气体燃料的火焰黑度较低，在窑头燃烧时辐射传热效率较低，因而影响窑头熟料的烧成。因此水泥工业主要采用热值较高的天然气作为回转窑燃料，天然气的热值为33440～37620kJ/m³。气体燃料供气系统简单，操作控制灵便。

3. 破碎

水泥生产所需原料的进厂粒度多数超出了粉磨设备允许的进料粒度，需要预先破碎。此外，物料的粒度过大也不利于烘干、运输与储存等工艺环节。破碎是用机械挤压或冲击的方法减小物料粒度的过程。生产水泥所消耗的电能约有3/4用于物料的破碎和粉磨。因此合理地选择破碎和粉磨设备就具有重要意义。由于从增加同样的表面能而言，破碎过程要比粉磨过程经济而方便得多，因此在物料进入粉磨设备之前，应尽可能将物料破碎至粒径较小的小块。一般要求石灰石进入粉磨设备之前破碎至小于25mm。这样就可以减轻粉磨设备的负荷，提高磨机的产量。物料破碎至细小的颗粒后，可减少在运输和储存过程中不同粒度物料的离析现象，从而避免由此引起的原料成分的波动。缩小物料粒度对磨前的配料环节也有着重要的意义，因此破碎过程的产品粒度的要求应合理。追求过小的破碎粒度，不但降低了破碎效率，也将使破碎系统更为复杂。

破碎设备的类型主要有颚式破碎机、锤式破碎机、环锤式破碎机、黏土冲击式破碎机和反击式破碎机。

（1）颚式破碎机　颚式破碎机在水泥工厂中被广泛采用，主要用来破碎石灰石、铁矿石、石膏和大块熟料等。颚式破碎机的优点是：构造简单、制造维护容易，机体坚固，能破碎高强度的矿石，进料口大，能装大料块，适用范围广，对耐磨和韧性强的物料有较好的适应性。其缺点是：破碎比较小，粗碎式颚式破碎机出料粒度往往不能满足入磨要求；片状岩石由于容易发生漏料，不宜用颚式破碎机进行破碎；其动颚运动时呈往复运动，空行程不起破碎作用，工作效率较低；当破碎湿的和可塑性的物料时，出料口容易堵塞。

（2）锤式破碎机　水泥工业中广泛地采用锤式破碎机，用来破碎石灰石、泥灰岩、熟料和煤块等。锤式破碎机可分为单转子和双转子两种类型。锤式破碎机的优点是：生产能力大，破碎比高，最大可达70；构造简单，机体小，产品粒度较小，零件易检修、拆换。缺点是：锤头、箅条、衬板磨损快；工作时产生粉尘大；不适合硬度较高、潮湿及黏性物料的破碎，当破碎水分大或黏性物料时，产量会大大下降，易堵塞出料口，同时易损件的磨损大大加速。

（3）环锤式破碎机　环锤式破碎机用于各种脆性物料，物料的抗压强度不超过100MPa，表面水分不大于15％。除用于煤的破碎外，也可用于焦炭和页岩等物料的破碎。环锤式破碎机是利用高速旋转的转子带动环锤对物料进行冲击破碎，使被冲击后的物料又在环锤、破碎板和筛板之间受到压缩、剪切、碾磨作用，进而达到所需粒度的高效率破碎机械。

（4）黏土冲击式破碎机　黏土质原料是水泥生产中的主要原料，约占水泥原料的10％～20％。由于黏土含水分高，又有较强的塑性，很容易黏结，故黏土破碎需要专用设备。

（5）反击式破碎机　反击式破碎机在水泥工业中被广泛采用。它适用于破碎石灰石等脆性物料，是一种高效率的破碎设备。反击式破碎机具有结构简单，生产效率高，破碎比大，单位能耗低，产品粒度较细，磨损较少等优点。缺点是不设下箆条的反击式破碎机产品中有少量大块；用于单段破碎时，必须严格控制最大进料粒度。

4. 生料粉磨

应用于水泥行业的生料粉磨设备种类很多，从总的形式看，可分为球磨和立式磨两种。

（1）球磨机　通常"管磨"和"球磨"统称球磨机。管磨的长径比为（3～6）∶1，而球磨的长径比小于3∶1。球磨机构造简单，易磨损的零件容易检查和更换；工作效率低，筒体的有效容积利用率在50％以下，单位产量的能量消耗大，工作时噪声大，体型笨重，磨机转速低，减速机要求有较大的扭矩。

通常球磨机用于生料粉磨有两种工艺：开路粉磨和闭路粉磨。开路粉磨系统的优点是流程简单，设备少，投资省，操作简便。其缺点是物料必须全部达到产品细度后才能出磨。因此，当要求产品细度较细时，已被磨细的物料将会产生过粉磨现象，细粉会在磨内形成缓冲垫层，有时甚至产生细粉包球糊磨现象，降低粉磨效率，增加粉磨电耗。闭路粉磨系统的优点是：出磨物料经过分级设备能及时选出产品，从而可以减轻过粉磨现象，提高粉磨效率。同时，闭路系统的产品粒度较为均匀，且可以用调节分级设备的方法来改变产品细度。粗料量与产品量之比称为闭路系统的循环负荷率。一般产品细度越细，选粉机的效率将呈现下降趋势，返回磨内粗粉的量也将增加，循环负荷率将提高。

目前大部分水泥窑外分解生产线生料粉磨系统采用烘干和粉磨过程在磨内同时进行的方式。烘干大大降低了磨内物料的水分，避免了结团和包球现象的发生，从而提高了粉磨的效率。典型的球磨烘干粉磨系统有风扫磨系统、中卸提升磨循环系统、尾卸提升循环磨系统等。

（2）立式磨　立式磨亦称辊式磨，随着工艺技术水平的发展，立式磨在现代化水泥厂的生料磨和煤磨中得到越来越广泛的应用。立式磨比球磨具有许多优点：①粉磨效率高。立式磨是利用厚床原理粉磨，能量消耗较少，整个粉磨系统的电耗比球磨系统低10％～15％。②烘干能力强。可以充分利用出预热器的低温废气。由于热风从环缝中进入，风速高达60～80m/s，故烘干效率高。如采用热风炉的热源，可烘干含15％～20％水分的原料。而一般带烘干仓的球磨系统最大烘干水分为8％（通常不超过5％）。③入磨粒度大，物料入磨粒度可在50～150mm，最大入磨粒度通常可按磨辊直径的5％计算，从而可放宽对破碎设备的要求。④生料的化学成分和细度控制更为有效，由于物料在辊式磨内停留时间仅2～3min，大大低于球磨机的10～20min。因此，对于检测滞后于控制的生料化学成分控制，将由于时间滞后的缩短而大大提高控制精度。同时，立式磨能使合格的细粉及时分选出来，避免了过粉磨现象，产品粒度均匀，有利于水泥熟料的烧成。⑤占地面积小，占用空间小，噪声低。立式磨及其传动系统比球磨机、其传动系统需要的空间和基础都小，这种磨连同它的旋风筒、空气加热器和管道系统所需总的建筑空间小于球磨机、选粉机、提升机和其他附属设备所需的总建筑空间。立式磨的运转较球磨机噪声低得多。但立式磨对磨蚀性差的物料适应能力差，硬度较高的物料易造成研磨部件的快速磨损，而研磨部件的制造费用和维修费用均较高。

5. 烧成

水泥熟料的煅烧是水泥生产的重要环节，包括熟料在高温窑里的烧制及出窑后的冷却两部分。水泥生产过程中，煅烧工序之前的原料预均化、生料制备和均化以及煤粉制备等都是为熟料烧成过程实现优质、高产、低消耗提供条件的。而熟料的产量、质量直接影响水泥的产量、质量以及水泥生产成本。煅烧熟料的方法很多，就现代化水泥厂熟料煅烧技术来说，不外乎悬浮预热器窑和在此基础上发展起来的窑外分解窑。

（1）悬浮预热器窑　悬浮预热器窑由一台回转窑和一组悬浮预热器构成，生料粉在预热器内呈悬浮状态与出回转窑的热烟气进行热交换，被加热至800℃左右，完成预热、黏土脱水分解和部分碳酸盐分解之后，再落入回转窑进行煅烧。采用悬浮换热的方法预热生料，具有许多突出的优点。1950年这种窑发明后不久，便得到迅速推广，并为后来窑外分解技术的产生打下了基础，是水泥煅烧技术的一项突破性的进展。尽管目前世界范围内，大型化水泥厂是窑外分解技术一统天下，但在国外部分生产线和国内特种水泥生产线中悬浮预热器窑依然占据了主导地位，特别是1000t/d以下的熟料生产线悬浮预热器窑居多。悬浮预热器有旋风预热器和立筒预热器两种。在预热器中，由于生料与气体接触面积大，热交换好，所以系统的热效率远比立窑等其他窑型高。

（2）窑外分解窑　窑外分解窑是一种能显著提高水泥回转窑产量的煅烧工艺设备。其主要特点是把大量吸热的碳酸钙分解反应从窑内传热速率较低的区域移到悬浮预热器与窑之间的特殊煅烧炉（分解炉）中进行。生料颗粒分散在煅烧炉中，处于悬浮或沸腾状态，以最小的温度差，在燃料燃烧的同时，进行高速传热过程，使生料迅速发生分解反应。入窑生料的碳酸钙表观分解率，可从原来的悬浮预热器的40%～50%提高到85%～95%，从而大大减轻了回转窑的热负荷，使回转窑的生产能力成倍增加。窑外分解窑是国内主流窑型，占总产能的90%以上。

（3）熟料冷却机　水泥工业中的熟料冷却机目前有三种形式，即单筒、多筒和箅式冷却机。

箅式冷却机是一种骤冷式冷却机。熟料在冷却机的箅板上铺成层状，并用鼓风机将冷风通过箅板鼓入料层，熟料在较短的时间内与冷空气进行充分热交换，使不同矿物在一定温度下形成的晶相迅速稳定下来，以确保水泥的质量。同时还能从冷却机的确定部位抽取热风，利用废热回收达到节约能源的目的。国内新型窑外分解窑多配备的是箅式冷却机。

单筒冷却机的优点是设备简单，易于制造，操作维护方便，不需要另行增加收尘设施。由于单筒冷却机的冷却风量受到限制，筒内气固两相的热交换的效率相对较低，所以出冷却机的熟料温度偏高，为200～250℃。冷却机出口气体速度3.8～4.3m/s，二次空气温度可达750℃，冷却机的单位容积产量为0.25～0.4m³/(t·d)。国内特种水泥企业多采用单筒冷却机，满足生产能力不大，维护可靠、方便，操作成本低廉。

6. 水泥粉磨

出窑熟料经冷却机冷却后，经过储存后送到粉磨车间粉磨。熟料储存的目的是降低熟料温度，以保证磨机的正常工作，改善熟料质量，提高易磨性和作为缓冲环节，有利于窑磨生产的平衡和控制调配入磨熟料的质量。

熟料储存目前常用的有圆形储库或圆形帐篷库。圆形储库是由钢筋混凝土浇筑而成，密闭性较好，有利于收尘，但水泥熟料散热较慢。帐篷库的结构在高度上与圆形库相比降低很多，大约只有圆形库的 1/3，与圆形储库相比，相同储量的帐篷库占地面积较大，熟料暴露面积大，易于散热，但不宜采用库底配料的方式，需要增加一轮转运。

根据水泥品质不同，水泥生产时常常掺加一定量的粉煤灰、磨细高炉矿渣等各种混合材料，一方面降低成本，另一方面满足各种特殊的性能要求。水泥粉磨系统多采用球磨机，许多企业在原有基础条件下逐步进行改造，加装辊轧机，采用联合粉磨系统提高磨机效率，从而降低水泥粉磨电耗。

7. 水泥的储存与包装

（1）储存　出磨水泥进入水泥储库储存，有利于水泥质量的控制。大中型水泥厂水泥熟料质量稳定，用快速测定法几小时即可获得强度检验结果，但一般要看到 3d 强度检验结果，确认 28d 抗压强度有富余 2.5MPa 以上的把握方可出库。水泥在存放过程中吸收空气中的水分，使水泥所含的游离氧化钙消解，同时也使储存水泥的温度有所下降，以利水泥的输送与包装。

现代化的水泥工厂所采用的水泥库主要是圆柱形混凝土库，但出料方式、库底结构已经一改传统的锥斗结构的出料方式。取而代之的是设有充气装置的约 15° 的斜底库，以提高储库的卸空率。

（2）包装和散装　为了便于运输和使用，出厂水泥根据市场需求采用袋装和散装两种形式。袋装通常采用纸袋、编织袋或编织物和包装纸结合的复合袋，每袋水泥净重 50kg。散装水泥则采用专用的散装车将出库水泥直接送至水泥使用点。

包装机主要分两种类型，即回转式包装机和固定式包装机。回转式包装机向包装袋灌注水泥基本有两种形式，一种采用压缩空气使水泥流态化，气力助卸；另一种是依靠叶轮强迫灌装式。通过灌装嘴灌入水泥袋内。这种包装机可用自动插袋机和码包机实现包装作业的全部自动化。由于回转式包装机的单机效率较高，工人劳动强度较轻，工作点比较集中，收尘负荷较小。因而对于 50t/h 以上的产量需求时，原则上应选用回转包装机。固定式包装机有螺旋式包装机、单嘴叶轮自卸式包装机和多嘴叶轮式包装机。它具有重量轻、体积小、便于安装维护等优点。水泥由进料装置中的给料器喂入包装机的四个室，卸料室中有高速转动的"十"字形叶轴。水泥受回转叶片的作用，从卸料室沿切线方向的鸭嘴形出料口喷出并灌入水泥袋内。在重量达到 50kg 时，包装机上的专设机构将中断灌装作业，将水泥包卸至胶带输送机上运走。

靠近城市周边的水泥企业散装率较高，多设置专用的水泥散装库或在水泥库库侧设置水泥散装机。散装机可满足火车或汽车的散装装车要求。散装机不工作时，内外套筒收缩，借锥阀和钢索把散装头悬吊起。当装卸水泥时，内外套可以节节下降，直到下部的锥形斗插入罐口中为止。锥形斗插入罐口后就被罐口托住，两者密切接触实现密封。而内套继续下降直到卡头与钢索座接触为止。此时，水泥就能畅通无阻地卸入罐中。当散装车料面达到一定高度时，料位计发出信号中断卸料，并使散装头升起。装卸期间的废气通过内外套之间的环形管道吸到收尘器中，净化后排空。

三、水泥工业环境影响分析

1. 能源消耗

国内水泥生产过程中均使用煤作为主要燃料，用于原料的烘干与脱水、碳酸盐原料分解和熟料的煅烧。生产能耗中的电耗主要用于原料的破碎、均化和粉磨，熟料的煅烧与冷却，水泥的粉磨、包装和输送。

根据国家统计局历年数据可以看到，水泥行业的能源消耗占到了全国工业总能耗的7.5%左右，占整个建材行业能源消耗的73%左右，确实是能源消耗的大户。2013年全国水泥能源消耗折标煤2亿吨左右，一般来说煤炭占水泥生产所消耗能源的90%左右，电力消耗折合标煤所占比例10%左右，其他燃料占1%~2%。总体来说，在水泥产量持续攀升的情况下，总能耗有所增加，单位产品能耗有所下降，占全国工业总能耗比例也呈现出下降的趋势。总能耗能够不随产量快速提升而提升，部分年度还能明显下降的主要原因是水泥行业生产技术水平一直在不断发展提高，国家淘汰落后产能和结构调整的宏观调控政策起到了重要作用，单位熟料和单位水泥的生产综合能耗从2000年以来一直呈下降趋势。但是具体到企业，其能源消耗水平与技术装备水平均存在很大差异。

2. 资源消耗

水泥生产中消耗量最大的是石灰石，一般生产1t熟料约需1.3~1.5t石灰质原料。2013年全国水泥熟料产量约为13.6×10^8t，以每吨熟料耗用1.3t石灰石计算，全年消耗石灰石资源17.7亿吨。石灰石是水泥工业的重要资源，尽管我国石灰岩储量丰富，但是也存在分布不均衡的问题，渤海湾、江苏沿海、浙闽粤琼东南、内蒙古中部、吉林东部、赣西、陕北等地资源短缺，石灰岩作为不可再生资源，加之我国水泥和钢铁工业对石灰石资源的大量需求，因此应珍惜和综合利用。

黏土质原料是水泥生产消耗的第二大主要原料。一般生产1t熟料约用0.3~0.4t黏土质原料，以0.3t计算，2013年消耗黏土质原料4×10^8t。由于地域广大，我国水泥行业采用黏土质原料种类较多，主要以黏土、黄土为主，其次为页岩、泥岩、粉砂岩及河泥等。

3. 颗粒物

水泥工业对环境影响最为直观的是烟尘、粉尘等颗粒物的污染，从原料进厂至水泥产出整个生产过程的多个环节都有颗粒物的排放。

近20年来，国家标准在不断加严，水泥生产中的颗粒物排放总量逐年降低。收尘技术不断革新，收尘设备的收尘效率有了很大提高，水泥窑用布袋收尘和电收尘效率可以达到99.99%以上，在入口颗粒物浓度达到几十克甚至上百克的条件下，能够满足排放浓度30mg/m³的要求。2012年国家统计局数据显示全国废气中烟（粉）尘排放总量1234.3×10^4t，工业废气中烟（粉）尘排放量1029.3×10^4t，占总量的83.4%。同年国家统计局水泥行业数据为规模以上企业水泥熟料产量12.79×10^8t、水泥产量22.1×10^8t，以现行的污染物排放系数进行行业估算，水泥排放的烟（粉）尘约占全国排放总量的4%~6%（不含无组织排放），所占比例较以往数据大幅下降。

但是，随着社会进步、标准加严，仍然有少部分企业有组织排放颗粒物排放浓度存在超标现象。此外，由于工艺原料多为颗粒或粉状物料，原材料露天堆放、长距离大范围转运等，造成部分工厂无组织排放带来的污染比较严重。一般来说，工艺布局合理、收尘设备配备到位、物料储存及运输密闭的企业，通过严格管理和控制，正常生产情况下，颗粒物排放完全能够保持在一个较为先进的水平。

4. NOₓ

水泥窑煅烧过程中温度能达到1500℃以上，煅烧过程中煤炭消耗量也较大，由此过程产生的NO_x是水泥企业排放的主要污染物之一。2012年国家统计局数据显示全国废气中氮氧化物排放总量2337.8万吨，其中，工业废气中氮氧化物排放量1658.1×10^4t，占总量的

70.9%；水泥行业排放的氮氧化物约占全国排放总量的9%~10%，在工业领域所占比例相对较高。水泥生产线 NO_x 排放点一般集中在窑尾烟气排放口，产生点主要在窑尾烟室和窑筒体内，如图 4.2 所示。

水泥工艺过程中燃料燃烧形成的 NO_x 中 NO 约占90%，NO 排入大气后可缓慢氧化成 NO_2。NO_x 酸雨对树木和农作物的危害比 SO_2 还要大，即使浓度不高的情况下对人体健康也十分有害。并且，NO_2 在阳光照射下分解为 NO 和 O 原子，O 原子形成的臭氧会再和大气中碳氢化合物形成毒性很强的光化学烟雾，环境危害极大。因此，从环境保护的角度讲，水泥企业应该严格控制 NO_x 的排放。

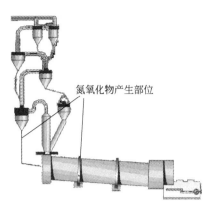

氮氧化物产生部位

图 4.2　新型干法水泥生产线氮氧化物产生部位示意

5. SO_2

水泥生产中，由于原料及燃料中含硫，煅烧熟料时产生的 SO_2，大部分与原料中的 CaO 作用生成 $CaSO_4$ 留存在熟料中，很少部分随废气排出。

目前，国内现有新型干法水泥生产线，基本不需要对 SO_2 采取治理措施。但也有极少部分新型干法水泥生产线，由于原料中低温易分解的硫化物成分量较大，造成 SO_2 排放浓度较高。SO_2 排放量与原料、燃料的硫含量有关，也与熟料煅烧工艺密切相关。在窑外分解及预热器窑中，窑尾高温废气在预热器中与水泥生料粉充分接触，使生料预热并充分分解，废气中的 SO_2 被生料吸附，有效地降低排放浓度，同时由于窑尾废气常被用于生料磨烘干，为出窑废气提供了再次与生料充分接触的机会，更加降低烟气中 SO_2 的含量。

立窑生产过程中，由于窑面保持一定的湿料层，同样可以对出窑废气中 SO_2 的排放起到抑制作用，稳定的暗火或浅暗火煅烧制度也可以有效地控制立窑 SO_2 的排放。与新型干法窑不同，控制立窑 SO_2 的排放需要严格控制原料、燃料中硫化物含量，以及更加严格的操作制度与管理水平。

水泥新型干法工艺自身特点能对 SO_2 起到有效控制的作用。现阶段，国内现有产能超过90%以上采用的是新型干法工艺，因此，相比于其他特征污染物，水泥行业 SO_2 的排放问题并不严重。

6. CO_2

水泥工业是我国较大的碳排放源，因水泥熟料煅烧造成的 CO_2 直接排放达到每年 11 亿吨左右，接近全国 CO_2 总排放的 20%。水泥生产过程中的排放来源主要包括：煅烧工艺过程导致的 CO_2 直接排放、燃料燃烧导致 CO_2 直接排放、电力消耗引起的 CO_2 间接排放以及原材料及产品运输的 CO_2 排放。其中煤炭燃烧和熟料煅烧过程中碳酸盐分解是两大主要二氧化碳排放源，工艺过程中碳酸盐分解也是我国最大的非能源二氧化碳排放源。

煅烧过程的二氧化碳排放主要取决于原料类型及水泥品种。生产中所用石灰质原料，如石灰石、石灰质泥灰岩、白垩，在熟料煅烧过程中受热分解，生成 CaO 并释放出 CO_2。石灰质原料是水泥生产中使用最多的一种原料，是熟料中 CaO 的主要来源，它在生料中约占80%，一般生产 1t 熟料约需 1.3~1.5t 石灰质原料。以熟料中 CaO 含量约为 65%，MgO 含量约为 1.5% 估算，石灰石为主要原料生产 1t 硅酸盐水泥熟料，碳酸盐分解造成 CO_2 工艺排放量约为 0.52t。

目前我国水泥生产用燃料以煤为主，极少量柴油用于回转窑启动时的点火。如果以燃烧 1t 标煤排放 2.72t CO_2，每吨熟料标煤耗 0.11t 计算，生产 1t 熟料燃料燃烧排放 CO_2 约为 0.29t。水泥生产过程电力消耗造成的 CO_2 排放强度取决于企业自身电力消耗水平和电网的 CO_2 排放因子。如果以水泥熟料综合电耗 $65kW \cdot h/t$，电网 CO_2 排放因子 $0.9kg/(kW \cdot h)$ 计算，生产 1t 水泥熟料电力消耗排放 CO_2 0.06t。原材料及成品运输产生的 CO_2 排放取决于运输的距离和采用的运输工具。由于各企业情况不同，差距较大，同时相对前三项 CO_2 排放量较小，在此不作具体测试与计算。每吨水泥熟料 CO_2 排放总量为 0.87t。其中，工艺 CO_2 排放占 60%，燃料燃烧 CO_2 排放占 33%，电力消耗 CO_2 排放 7%。

7. 噪声

水泥行业的噪声也是一个较严重的污染源，主要噪声源包括水泥磨、生料磨、煤磨、破碎机、空压机、各类风机等，噪声影响遍布厂区范围内。

8. 废弃物与废水

水泥工业由于工艺及产品特点，固体废物产生量及排放量均比较小，不但产生和排放固体废物量少，同时还大量消纳煤炭、冶金、电力等行业的矸石、矿渣、粉煤灰等常规废渣、废料作为功能性调节材料，缓解这些行业对环境的污染。另一方面，水泥工业还能将一些可燃性危险废物作为替代燃料在水泥回转窑内加以降解，既消除了可能产生的环境危害，又节约了能源。

水泥工业生产主要水消耗用于余热发电和设备冷却，与固体废物一样，水泥工业废水排放量也比较少。水泥工业和化工、石油、造纸等行业不同，废水中基本不含硫化物、氰化物、铝、砷、汞、镉、石油类等污染物。常规水泥生产企业通过建立污水处理站能够完全实现零排放。

从以上八个方面分析水泥工业对环境的主要影响，可以看出一方面是燃料、电力、石灰石等资源、能源负荷；另一方面是二氧化碳、颗粒物、二氧化硫、氮氧化物排放等污染源负荷。同时，水泥工业还有充分利用工业废渣、废料作为功能调节材料，以及利用或降解工业、生活垃圾及可燃性危险废物的特点。

第二节　水泥的绿色化技术

水泥工业因产量巨大而成为耗能大户、污染大户。国内外在水泥窑技术装备、高效节能粉磨系统、先进烧成技术运用、协同处置固体废物以及减少颗粒物、NO_x、CO_2、噪声等方面开展了大量科研工作，并应用到生产实践中去，这些水泥绿色化生产技术对于降低水泥单位产品能耗、物耗、减少污染排放，实现环境友好与协调意义重大。

一、节能减排控制技术和措施

长期以来，水泥与钢材、木材一起并称为支撑国民经济建设的三大基础材料，为人类社会进步及经济发展做出了巨大贡献。水泥因其产量巨大，消耗大量的矿物资源和能源，同时产生大量的颗粒物、SO_2 及 NO_x 等对环境有害的气体，而在目前甚至未来相当长的时期内，水泥仍将是人类社会主要的建筑材料，需求量仍将保持一定的增长态势。因此我国水泥工业的发展面临着资源能源和环保的严峻挑战。

1. 技术创新提升整体装备水平

中国水泥在引进、消化、吸收国际水泥工业先进技术的基础上，水泥预分解技术水平有了很大提高。自 1976 年我国第一台预分解窑投产至今，12000t/d 预分解窑生产线已实现国产化，新型干法技术已向亚洲、非洲等发展中国家出口。截至 2013 年年底，全国新型干法水泥生产线产能已经超过 90％。全国现有 1800 多条新型干法水泥生产线，目前 5000t/d 的熟料生产线已经成为主力窑型。在水泥装备大型化、现代化发展基础上，深入研究原料、燃料均化配置技术、高能效低氮预热预分解及先进烧成技术、高效节能料床粉磨技术、数字化智能型控制技术、废弃物安全无害化处置和资源化利用技术等，将此类技术运用于现代化水泥工厂，将进一步挖掘节能潜力。典型节能减排技术举例如下。

（1）高效节能粉磨系统　一方面，可以采用立式磨、辊压机、筒辊磨、高效选粉机的完善与优化组合，形成节能型粉磨系统，使水泥生产电耗指标大幅下降；另一方面，采用"超细粉磨"技术与装备，将同硅酸盐水泥成分近似的高炉矿渣、电厂粉煤灰、煤矸石等激活改性成为"功能调节型材料"。这样，不仅彻底改变了原来仅将这些废渣、废料作为代替和减少熟料用量的单纯混合材性质，亦可进一步增加废渣用量。另外，还可以发展超细粉磨与分级技术的规范化和规模化；减少熟料的用量，减少石灰石等天然资源的消耗，节省烧制水泥所消耗的能量。

（2）先进烧成技术运用　采用高效高能预热分解系统，缩短回转窑的长度，实现熟料的快速烧成，提高熟料品质和加大窑产量的同时减少投资。同时运用"控制流篦板"的篦式冷却机，保证出窑熟料高温急冷，有利于熟料活性的提高，同时也提高冷却机的热回收效率和运转可靠性。

（3）协同处置固体废物　利用水泥窑协同处置生活垃圾，垃圾减容化明显，不占用大量土地，减少渗滤液、飞灰等二次污染引发的环境问题。水泥窑协同处置生活垃圾的过程中，垃圾在分解炉中焚烧，热量贡献给熟料烧成过程，减少了水泥窑自身燃料用煤，同时提高了水泥窑余热发电量。垃圾减量化的同时，实现水泥生产过程的原料替代与燃料替代，有效地减少 CO_2 排放，对于国家节能减排具有重要意义。在水泥行业内，近五年来利用水泥窑协同处置工业废物与城市垃圾的技术装备等方面的研发取得了一定的成果，意味着水泥行业在节能减排和利废方面还有很大的潜力。可在现有生活垃圾处置方式格局基本不变的情况下，将水泥窑作为生活垃圾无害化处置的一种技术手段，进行有序推进，实现共存共赢。

（4）加强管理提高能源利用效率　由于工艺过程中高温、量大的特点，水泥行业能源计量工作比较薄弱，很多数据靠盘库、估算等方式获得。高温点较多，监测设备容易损坏，数据失真，管理不够精细，因此对影响能耗水平的深层分析与控制较弱，建议加强计量和能源数据的在线监控工作，建立能源管控中心，及时根据生产变化合理调整能源的使用和分配，挖掘开拓节能潜力，以节约能耗物耗，不断提高工艺控制水平。

2. 开发应用特种和新品种水泥

特种水泥和新品种水泥的研究开发主要通过熟料矿物及水泥材料组成的优化匹配、利用工业及城市废物和低品位原材料等，实现水泥性能与功能的合理调节及环境负荷的大幅度降低。例如：有反应控制功能、结构控制功能、环境调节功能和智能功能的特殊水泥，如对环境有可感知、可响应的智能水泥基材料，具有热电及压电作用的功能水泥基材料；以节能、降耗、环保和提高水泥性能为主导的环境负荷减少型和环境共存型改性水泥体系和新型高性能水泥体系，如以硅酸二钙为主导矿物的活性高贝利特水泥；先进水泥基材料，利用材料的复合与优化技术，实现水泥基材料的高致密化和性能的突变，达到抗压强度、抗折强度大幅提升。

另外，从调整水泥产业结构、提高水泥质量、提高水泥品种方面还有很多工作可作，如生产环保型胶凝材料，就是按高性能混凝土需要生产的高性能胶凝材料，较少地使用熟料和大量利用工业废料，在不增加熟料产量的前提下，增加优质水泥的产量。

在粉磨水泥时加入一定量的矿物掺合料和外加剂生产新型水泥在许多国家已有工业产品，意大利的 SPC（超塑化）水泥、前苏联的 BHB 水泥、瑞典的强力改性水泥 EMC 等。其中有的熟料含量小于 50%。中国建材研究总院在 20 世纪 70～80 年代研究开发成功的少熟料和无熟料水泥，大幅度利用混合材，已在工程中得以成功应用。这些技术既降低了生产总能耗，又节约了矿山资源，减少了二氧化碳的排放。

二、环境影响控制技术和措施

1. 颗粒物控制技术

水泥企业颗粒物的污染源较多，主要包括：储存原料、燃料、熟料，水泥用的堆厂、筒仓、原料储库、水泥库，原料、燃料及产品的破碎和粉碎设备，如石灰石破碎、煤磨、生料磨和水泥磨，窑头和窑尾，以及各类物料输送机械等。水泥企业通过除尘设备对颗粒物集中排放点进行有效控制。收尘器用于生产工艺过程的颗粒尘收集，不同种类、规格的收尘器废气处理量不同，阻力也不同，电耗不同，分别适用于窑头、窑尾、粉磨、烘干机、破碎机等工艺设备。目前，行业应用比较多的是两类收尘器：袋式收尘器和电收尘器，近年来也有部分改造的电袋复合收尘器投入使用。一般来说，水泥企业为了有效地控制颗粒物排放，应该从设备和管理两方面采取措施。

（1）合理的设计和布局　水泥行业颗粒物污染的一个特点是尘源比较分散、物料倒运次数多、颗粒物排放点多且不易控制，易出现二次扬尘。因此，在工艺设计中，应选用合理的辅助设备和运输设备，紧凑布局，减少倒运次数，降低物料落差，实现生产过程的机械化和自动化。

（2）收尘设备和密封为基础　水泥企业应根据烟气量、颗粒物浓度、烟气温度等特点合理选用收尘设备。企业应对设备之间的连接处，无论是动态与动态连接还是静态与动态连接处都应采取密闭罩、负压等密封措施防止颗粒物外逸，避免跑气漏灰。

（3）依靠制度有效控制　通过制订切实可行的管理制度，对通风收尘系统设备的检修与验收严格管理，定期监测，及时维护，同时加强岗位培训落实。

2. NO$_x$ 控制技术

与燃煤电厂锅炉不同，水泥企业的 NO$_x$ 排放浓度与生产过程控制息息相关。应积极采取燃烧前控制、燃烧中控制以及燃烧后脱硝技术应用等多种方式协同进行减排。如在回转窑的窑头采用大速差、大推力燃烧器，降低一次用风量，避免局部高温产生；采用分级燃烧的分解炉，即煤粉及助燃风多点加入，分区控制燃烧气氛、燃烧温度与停留时间；控制原料成分、煤质及煤粉细度，进行工艺优化管理；采用选择性非催化还原法（SNCR）烟气脱硝技术，进一步降低 NO$_x$ 的排放浓度等技术。对于新型干法水泥生产线，为确保经济可行地实现 NO$_x$ 减排，通常需要协同采用多种 NO$_x$ 减排措施。随着 GB 4915—2013 标准的实施，企业对控制 NO$_x$ 排放的重视程度逐步加强，行业整体排放水平将有大幅降低。此外，还需要说明的是，由于窑型不同，立窑采用直接传导、生料与煤粉共同粉磨成球烧成的工艺，NO$_x$ 排放浓度普遍比回转窑要低很多。立窑不需要安装任何脱硝装置，完全能够达到 GB 4915—2013 标准排放浓度的要求。

（1）燃烧前的控制技术　燃烧前的控制技术主要指水泥制备工艺的优化，通常采用降低热耗，提高熟料质量等手段。工艺优化如果应用得好，同样可以有效降低 NO$_x$ 的排放。常用的工艺优化方法有：通过调整生料的配合系统，实现对加入物料的化学计量实时控制，改进生料入窑的均匀性，从而降低窑内烟气温度的峰值，实现降低 NO$_x$ 排放目的；调节生料含水量、入窑风量，循环利用废烟气的热量、窑灰，提高热效率，降低 NO$_x$ 的排放。

由于工艺的复杂性、条件易变性，通过工艺优化降低 NO_x 排放的效果很难给予定量的评估，如何达到提高窑炉热效率、工艺最优化的同时降低 NO_x 的排放仍然有许多细致的工作要做。

（2）燃烧中的控制技术　燃烧中的控制技术（combustion control approaches）主要基于以下的基本策略：降低燃烧室内火焰的峰值温度；减少燃烧器内过剩空气系数和减少着火区的氧浓度；加入 NO_x 还原剂等。其主要方法有低过剩空气系数（LEA）、分级燃烧（OFA）、烟气再循环（FGR）、低 NO_x 燃烧器（LNB）、加入含氨基替代燃料等，其目的主要是在分解炉或窑内营造还原性气氛或条件。其中，分级燃烧是将燃料、空气或生料分阶段引入，实现 NO_x 生成的最小化。窑燃烧阶段产生的 NO_x，部分可在分解炉加燃料产生的还原气氛下实现化学还原。还原气氛的控制主要是通过调节系统内的空气来实现，例如先使燃料在空气不足的状态下燃烧以降低 NO_x 的生成，再使其在空气过量的条件下燃烧以完成反应。此外，控制生料的加入还可以调节燃烧器的温度。通过以上的这些方法，均可以在一定程度上控制燃料型 NO_x 和热力型 NO_x 的产生。图 4.3 为分级燃烧控制的原理。

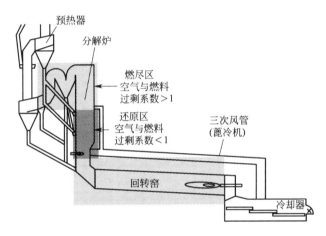

图 4.3　分级燃烧控制原理

引自：Alternative Control Techniques Document Update-NO$_x$ missions from

New Cement Kilns EPA-453／R-07-006, November 2007

低氮燃烧器（LNB）主要采用的方法是减弱火焰强度，延迟燃料、空气的混合，在初始燃烧时形成富燃料的还原性气氛，可降低 30％热力型 NO_x 的形成。LNB 分成两个燃烧区，第一燃烧区是富燃料缺氧、高温的环境条件，在这种条件下，热力型 NO_x 由于缺氧而产生量大为降低；同时通过循环通入一定比例的废烟气，其中的 NO_x 能在第一燃烧器被大量还原。第二燃烧区是富氧缺燃料、氧化的环境，其温度较低；随着第一燃烧区的气体通入，更加降低了其体系温度，使得还原性气体不易被氧化成 NO_x。

通过在水泥窑使用替代燃料，特别是含氨基的替代燃料，可以实现降低 NO_x 排放的效果。其作用原理主要包括几个方面，一方面是替代燃料可以有效地降低煤炭消耗，协同处置的过程中可在分解炉形成部分还原性气氛；另一方面，含氨基的废弃物可以进行还原反应，作用原理与 SNCR 相近。该方法由于可同时处置生活垃圾、污泥等固体废物，实现协同处置与污染减排双重效果，具有很好的应用前景。

（3）燃烧后的控制技术　燃烧后的控制技术是通常意义上的烟气脱氮技术，现阶段水泥行业均采用选择性非催化还原法（SNCR）。近年来国外也有极个别水泥企业采取 SCR 方法，但是由于存在催化剂易于失效中毒的现象，催化剂的适应性等技术难题尚需克服，以及运行成本高、投资费用大的问题，均处于小规模试验研发阶段，工程应用实例相对较少。

选择性非催化还原法（SNCR）最早由美国 Exxon 公司发明并于 1974 年投入使用。该方法的原理是在高温（900～1100℃）和无催化剂的条件下，向烟气中喷射还原剂（氨气和尿素），选择性地将 NO_x 还原为 N_2 和 H_2O。温度对 SNCR 的影响很大，除此之外，反应时间、NH_3 和 NO_x 摩尔比、初始 NO_x 浓度等均对 SNCR 的净化效率有所影响。

与 SCR 法相比，SNCR 法运行费用低，投资较小，但存在还原剂耗量大，脱除效率变化大等不足；但是，新型干法水泥窑温度窗口的选择和控制方面，SNCR 具有明显优势，因此在国际与国内也有了比较多的工程应用实例。图 4.4 为可选择的投加点示意。

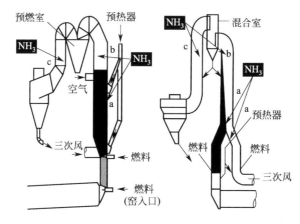

图 4.4 可选择的投加点示意

引自：Alternative Control Techniques Document Update-NO$_x$ missions from

New Cement Kilns EPA-453／R-07-006, November 2007

3. CO_2 减排技术

实现水泥工业的碳减排必须采用源头控制，实质上就是分别针对水泥生产过程中的 CO_2 排放来源——碳酸盐分解排放和化石燃料燃烧排放，采用适宜的技术手段达到减排的目的。如：要减少碳酸盐分解排放的 CO_2，可通过使用低碳原料替代（其他工业产生的高钙低碳废渣，如电石渣、造纸污泥等）来实现；而降低化石燃料燃烧排放 CO_2 量则可通过调整优化产业结构，淘汰高耗能落后产能；推广成熟的节能技术；优化工业过程，提高生产工艺过程的能源利用效率；协同处置固体废物，实现燃料替代等技术手段来实现，与前述节能减排技术紧密相关。

4. 噪声控制技术

水泥工业对噪声的治理主要采取对声源单独治理和整体预防的方法进行。可以采用一系列的噪声污染防治措施，完全可以使厂界噪声达标排放，有效地降低对厂界外近距离居民的影响。如：优化布局，增大强噪声设备与各厂界之间的距离。对厂房进行声学设计，采取内部吸音处理、墙壁隔声处理、减少面向敏感点一侧的开空率、安装隔声门窗等方式。优化选型，精细安装。设备选型时充分进行比较，选用高效低噪设备；设备安装过程中提高精度，做好转动机械动静平衡，防止共振的发生。采取适当的减震措施。水泥磨、生料磨、煤磨、破碎机、空压机、各类风机等在运行过程中往往产生剧烈震动，适当的减震措施能够起到有效的缓解作用。对风机等设备可以采取消声措施，安装消声器，同时控制气流通过消声器的流速，防止造成二次污染。

第三节　水泥的绿色化评价

水泥行业是重要的基础产业，其生产消耗大量的天然资源和能源，并带来一系列环境污染问题。国家相关部门和水泥生产企业已经深刻地认识到绿色化的重要性，对生产线、生产技术进行升级改造，节约生产消耗的资源、能源，减少生产过程的环境负荷。在不断的水泥生产绿色化实践中，逐步形成了水泥行业的绿色化标准《水泥行业清洁生产评价指标体系》《水泥工业大气污染物排放标准》，对水泥行业的绿色化生产起到引领和规范的作用。

一、《水泥行业清洁生产评价指标体系》解读

2002年6月29日第九届全国人民代表大会常务委员会第二十八次会议通过了《中华人民共和国清洁生产促进法》，并于2003年1月1日起施行，该法为清洁生产工作的开展指明了方向，提出了要求。为贯彻落实清洁生产促进法，进一步深化清洁生产工作，国家发展和改革委员会组织相关单位结合水泥行业的发展现状，更新、确定水泥行业发展中的基础数据，整合建立新的《水泥行业清洁生产评价指标体系》。该指标体系于2014年2月26日由国家发改委、国家环保部、国家工信部三部委联合发文公布，2014年4月1日起正式实施。

建立水泥行业清洁生产评价指标体系，能够对清洁生产活动进行有效规范，对清洁生产实施效果进行有效评价，有利于清洁生产审核、示范技术和管理措施的推广。指标体系共涉及六大类一级指标，52个二级指标，突出了节能、降耗、减污、增效的宗旨。指标体系依据综合评价所得分值将清洁生产等级划分为三级：Ⅰ级为国际清洁生产领先水平；Ⅱ级为国内清洁生产先进水平；Ⅲ级为国内清洁生产基本水平。

1. 生产工艺及装备指标

生产工艺及装备指标主要涉及石灰石开采破碎和水泥生产的装备、过程控制水平、环保设施配备运行等。其中，装备和环保设施两项为限定性指标。其中，环保设施有关6项指标不分等级均必须达到，具体内容见表4.2、表4.3。

表4.2　生产工艺及装备指标

序号	项	目	Ⅰ级基准值	Ⅱ级基准值	Ⅲ级基准值
1	石灰石开采、破碎	开采工艺	采用自上而下分水平开采方式；中深孔微差爆破技术；采用自带或移动式空压机的穿孔设备或液压穿孔机、液压挖掘机、轮式或履带式装载机		
2		破碎	单段破碎系统		二段破碎系统
3	水泥生产	工艺	新型干法工艺		
4		规模	单线熟料生产/(t/d)	≥4000	2000～4000	≥1500
			水泥粉磨站/(10⁴t/a)	≥100	≥60	≥30
5		装备	生料粉磨系统	立式磨或辊压机终粉磨系统	磨机直径≥4.6m，圈流球磨机	磨机直径≥3.0m
6			煤粉系统	立式磨或风扫磨		
7			水泥粉磨系统(含粉磨站)	磨机直径≥4.2m，辊压机与球磨机组合的粉磨系统或立式磨	磨机直径≥3.8m，辊压机与球磨机组合的粉磨系统或带高效选粉机的圈流球磨机	磨机直径≥3m，圈流球磨机或高细磨
8		生产过程控制水平		采用现场总线或DCS或PLC控制系统、生料质量控制系统、生产管理信息分析系统		
9		水泥散装能力/%		≥70		≥50

表 4.3　生产过程环保设施指标

序号	项 目			Ⅰ、Ⅱ、Ⅲ级基准值
10	水泥生产	环保设施	气体收集和净化处理	按 HJ 434 和 GB 4915,对产生大气污染物的生产工艺和装置必须设立局部或整体气体收集系统和净化处理装置,达标排放
11			无组织排放控制	物料处理、输送、装卸、储存等逸散粉尘的设备和作业场所均应采取控制措施,采用密闭、覆盖、减少物料落差或负压操作等措施,防止粉尘逸出,或负压收集含尘气体净化处理后排放。通过合理的工艺布置、厂内密闭输送、路面硬化、清扫洒水等措施减少道路交通扬尘,确保无组织排放限值符合 GB 4915 的要求
12			脱硝设施	采用适宜的脱硝设施,确保氮氧化物达标排放
13			自动监控设备	水泥窑及窑磨一体机排气筒安装烟气颗粒物、二氧化硫和氮氧化物自动监控设备,冷却机排气筒安装烟气颗粒物自动监控设备,并经环境保护部门检查合格、正常运行
14			噪声防治措施	鼓励采用低噪声设备,并对设备或生产车间采取隔声、吸声、消声、隔振等措施,降低噪声排放。宜通过合理的生产布局、建(构)筑物阻隔、绿化等方法减少对外界噪声敏感目标的影响
15			焚烧固体废物控制	利用水泥生产设施处置固体废物,应根据废物性质,按照 GB 50634 和水泥窑协同处置危险废物相关环境保护技术规范等要求,采取相关措施,并做好污染物监测工作,防范环境风险

2. 资源能源消耗指标

水泥行业清洁生产评价指标体系中对能源消耗指标分级做出明确规定,其中Ⅰ级、Ⅱ级、Ⅲ级基准值分别与 GB 16780—2012《水泥单位产品能源消耗限额》中的现有水泥企业能耗限定值、新建企业准入值、水泥企业先进值相对应,计算方法也执行的是该标准。水泥行业清洁生产评价指标体系还对新鲜水用量分级做出了明确的规定。具体见表 4.4。

表 4.4　资源能源消耗指标

序号	项 目		Ⅰ级基准值	Ⅱ级基准值	Ⅲ级基准值
16	*单位熟料新鲜水用量/(t/t)		≤0.3	≤0.5	≤0.75
17	*可比熟料综合煤耗(折标煤)/(kg 标煤/t)		≤103	≤108	≤112
18	*可比熟料综合能耗(折标煤)/(kg 标煤/t)		≤110	≤115	≤120
19	*水泥(熟料)生产企业可比水泥综合能耗(折标煤)/(kg 标煤/t)		≤88	≤93	≤98
20	*水泥粉磨站可比水泥综合能耗(折标煤)/(kg 标煤/t)		≤7	≤7.5	≤8
21	*可比熟料综合电耗/(kW·h/t)		≤56	≤60	≤64
22	*可比水泥综合电耗/(kW·h/t)	熟料生产企业	≤85	≤88	≤90
		水泥粉磨站	≤32	≤36	≤40

注：* 表示该项目为限定性指标。

3. 资源综合利用指标

资源综合利用指标（表 4.5）主要侧重于工业废物如硫酸渣、电石渣等各类工业废渣在生料中的利用率,最低的基准值要求利用率不能小于 2%;同时,由于国内规模大于 2000t/d 的生产线基本都装备了余热发电系统,因此,在循环水利用率和窑系统废气余热利用率方面提出了一定的要求,最低的Ⅲ级基准值要求循环水利用率高于 85%、窑炉系统废气余热利用率大于 30%。

如果利用水泥窑处置固体废物,应根据废弃物性质,严格执行 2014 年 3 月 1 日实施的 GB 30485—2013《水泥窑协同处置固体废物污染控制标准》、HJ 662—2013《水泥窑协同处置固体废物环境保护技术规范》等相关环境保护技术标准和规范等要求,采取相关措施,并做好污染物监测工作，防范环境风险。

表 4.5 资源综合利用指标

序号	项 目	Ⅰ级基准值	Ⅱ级基准值	Ⅲ级基准值
23	生料配料中使用工业废物/%	≥10	≥5	≥2
24	使用可燃废物燃料替代率/%	≥10	≥5	<5
25	低品位煤利用率/%	≥30	≥20	<20
26	循环水利用率/%	≥95	≥90	≥85
27	*窑系统废气余热利用率/%	≥70	≥50	≥30
28	窑灰、除尘器收下的粉尘回收利用率/%	100		
29	矿山资源综合利用率/%	≥90	≥50	<50
30	废污水处理及回用率	设污水处理站,达标100%回用	设污水处理站,处理后部分达标排放	
31	水泥混合材使用固体废物	符合相应产品标准要求		

注：* 表示该项目为限定性指标。

4. 污染物产生指标

针对污染物产生的指标主要有 3 项，包括二氧化硫、氮氧化物和氟化物，见表 4.6。因为清洁生产倡导的是从源头削减污染物的排放，关注的不是末端治理效果，而水泥生产首先是将物料粉磨到一定粒径后通过热风进行热交换，收尘器与生产设备连为一体，工艺特点决定了颗粒物产生量指标考核意义不大。除二氧化硫、氮氧化物和氟化物产生量指标之外，根据清洁生产指标体系的编制指导原则，粉尘颗粒物、二氧化硫、氮氧化物和氟化物等大气污染物排放指标均执行 GB 4915—2013《水泥工业大气污染物排放标准》的相关要求。

表 4.6 污染物产生指标

序号	项 目	Ⅰ级基准值	Ⅱ级基准值	Ⅲ级基准值
32	*二氧化硫产生量/(kg/t)	≤0.15	≤0.3	≤0.6
33	*氮氧化物(以 NO_2 计)产生量/(kg/t)	≤1.8	≤2.4	
34	*氟化物(以总氟计)产生量/(kg/t)	≤0.006	≤0.008	≤0.01

注：* 表示该项目为限定性指标。

5. 产品特征指标

产品特征指标共 3 项，见表 4.7。产品合格率和放射性指标要求满足相应国家标准的要求，产品出厂合格率达到 100%。如果熟料生产线在生产的同时协同处置固体废物则应满足 GB 30760—2014《水泥窑协同处置固体废物技术规范》中对水泥熟料中可浸出重金属的相关指标要求。

表 4.7 产品特征指标

序号	项 目	Ⅰ级、Ⅱ级、Ⅲ级基准值
35	产品合格率	水泥、熟料产品质量应符合 GB 175、GB 13590、GB/T 21372、JC 600 和《水泥企业质量管理规程》的有关要求,产品出厂合格率达到 100%
36	产品环保质量	协同处置固体废物生产的水泥产品中污染物含量应满足水泥窑协同处置固体废物相关污染控制标准要求
37	*放射性	天然放射性比活度的内、外照射指数应满足 GB 6566 标准要求

注：* 表示该项目为限定性指标。

6. 清洁生产管理指标

清洁生产管理指标共计 15 项，见表 4.8。基本上Ⅰ级、Ⅱ级、Ⅲ级基准值要求相差不大，均要求满足相关国家标准和规范的要求。

表 4.8 清洁生产管理类指标

序号	项目		Ⅰ级、Ⅱ级、Ⅲ级基准值
38	* 环境法律法规标准执行情况		符合国家和地方有关环境法律、法规,污染物排放应达到国家或地方排放标准、总量控制和排污许可证管理要求
39	* 环评制度、"三同时"制度执行情况		建设项目环评、"三同时"制度执行率达到100%
40	产业政策执行情况		符合国家和地方相关产业政策,不使用国家和地方明令淘汰或禁止的落后工艺和装备
41	清洁生产审核制度的执行情况		按照《清洁生产促进法》和《清洁生产审核暂行办法》的要求开展了审核
42	生产过程控制	清洁生产部门设置和人员配备	设有清洁生产管理部门和配备专职管理人员
43		岗位培训	所有岗位进行定期培训
44		清洁生产管理制度	建立完善的管理制度并严格执行
45		环保设施稳定运转率	净化处理装置与对应的生产设备同步运转率100%,确保颗粒物等大气污染物达标排放
46		原料、燃料消耗及质检	建立原料、燃料质检制度和原料、燃料消耗定额管理制度,安装计量装置或仪表,对能耗、物料消耗及水耗进行严格定量考核
47		节能管理	实施低温余热发电、高压变频、能源管理中心建设等;配备专职管理人员;设置三级能源计量系统
48		排污口规范化管理	排污口设置符合《排污口规范化整治技术要求(试行)》相关要求
49		生态修复	具有完整的生态修复计划,生态修复管理纳入日常生产管理。在开采形成最终边坡后,Ⅱ级、Ⅲ级破坏土地生态修复达到75%以上,Ⅰ级破坏土地生态修复达到85%以上
50	环境应急预案有效		编制系统的环境应急预案并定期开展环境应急演练
51	环境信息公开		按照《环境信息公开办法(试行)》第十九条要求公开环境信息
52			按照《企业环境报告书编制导则》(HJ 617)编写企业环境报告书

注:* 表示该项目为限定性指标。

二、《水泥工业大气污染物排放标准》解读

GB 4915《水泥工业大气污染物排放标准》是中国水泥行业在环境保护方面最重要的一个标准,首次发布于1985年,1996年、2004年进行过两次修订,现行有效版本为2013年公布的第三次修订版。该标准规定了水泥制造企业(含独立粉磨站)、水泥原料矿山、散装水泥中转站、水泥制品企业及其生产设施的大气污染物排放限值、监测和监督管理要求。协同处置固体废物的水泥窑烟气同时要满足 GB 30485—2013《水泥窑协同处置固体废物污染控制标准》、HJ 662—2013《水泥窑协同处置固体废物环境保护技术规范》的相关要求。

此次修订大幅调整现有企业、新建企业大气污染物排放限值。经过这次修订,对水泥工业污染排放限值要求基本与国际先进水平保持一致。水泥新建企业自2014年3月1日起实施新限值,而现有企业允许自2015年7月1日起实施新标准,给予现有企业一定的暂缓期限,进行技术改造和污染治理准备工作。相关限值指标见表4.9。

表 4.9 水泥大气污染物排放限值　　　　　　　　　　　　　单位:mg/m³

生产过程	生产设备	颗粒物	二氧化硫	氮氧化物(以NO₂计)	氟化物(以总F计)	汞及其化合物	氨
矿山开采	破碎机及其他通风生产设备	20	—	—	—	—	—
水泥制造	水泥窑及窑尾余热利用系统	30	200	400	5	0.05	10①
	烘干机、烘干磨、煤磨及冷却机	30	600②	400②	—	—	—
	破碎机、磨机、包装机及其他通风生产设备	20	—	—	—	—	—

生产过程	生产设备	颗粒物	二氧化硫	氮氧化物(以NO₂计)	氟化物(以总F计)	汞及其化合物	氨
散装水泥中转站及制品生产	水泥仓及其他通风生产设备	20	—	—	—	—	—

① 适用于使用氨水、尿素等含氨物质作为还原剂，去除烟气中的氮氧化物。

② 适用于采用独立热源的烘干设备。

2013 年版新标准中增加了适用于重点地区的大气污染物特别排放限值。重点地区是指在国土开发密度较高，环境承载能力开始减弱，或大气环境容量较小、生态环境脆弱，容易发生严重大气环境污染问题而需要严格控制大气污染物排放的地区，执行大气污染物特别排放限值。具体执行特别排放限值的地区由国务院环境保护行政主管部门或省级人民政府规定，相关指标见表 4.10。

表 4.10　水泥大气污染物排放特别限值　　　　　　单位：mg/m³

生产过程	生产设备	颗粒物	二氧化硫	氮氧化物(以NO₂计)	氟化物(以总F计)	汞及其化合物	氨
矿山开采	破碎机及其他通风设备	10	—	—	—	—	—
水泥制造	水泥窑及窑尾余热利用系统	20	100	320	3	0.05	8①
	烘干机、烘干磨、煤磨及冷却机	20	400②	300②	—	—	—
	破碎机、磨机、包装机及其他通风设备	10	—	—	—	—	—
散装水泥中转站及制品生产	水泥仓及其他通风设备	10	—	—	—	—	—

① 适用于使用氨水、尿素等含氨物质作为还原剂，去除烟气中的氮氧化物。

② 适用于采用独立热源的烘干设备。

三、水泥工业绿色化评价的发展趋势

水泥是典型的传统材料。近年来各专业相关研究人员除了在材料成分、结构、工艺和性能等方面寻求进一步的发展与突破外，格外重视水泥在减轻环境负荷方面的研究与开发工作，对于水泥绿色化的评价是重要内容，也逐渐受到更多的关注，水泥行业的绿色化评价主要集中在资源、能源和环境负荷方面。

1. 资源综合利用

绿色化评价过程中考虑的资源综合利用，概念更为广泛。作为资源消耗型行业，由于近20 年的高速发展，造成了部分矿产资源野蛮、过度开发。在矿产资源开始萎缩的今天，最大限度地提高自然资源综合利用率，恢复植被，减少对环境造成的影响被纳入评价范围。

矿产资源消耗方面鼓励企业通过调整原料配比，搭配品味不高的废石，充分利用开采的矿产资源，提高综合利用率。同时，鼓励企业利用工业废物替代原料，减少配料过程中的矿物原料消耗，如：根据周边废弃物资源特点在配料中掺加硫酸渣、电石渣、冶炼渣等，引入水泥熟料中需要的钙、镁，从而减少石灰石等矿物原料消耗，大幅度减少温室气体 CO_2 的排放等。鼓励企业在产品标准允许的范围内，提高水泥混合材使用固体废物比例，减少熟料消耗，降低水泥产品总的资源消耗。

此外，虽然水泥工艺过程耗水量总体不高，但是由于中国大部分区域存在严重缺水的情况，在绿色化评价过程中对水资源消耗特别是循环水利用率格外关注。鼓励企业建立污水处理站，将工业废水、生活污水处理并回用。

2. 能源消耗与替代

能源方面，未来更为侧重于提高可燃废物燃料替代率，逐步提高替代率指标要求。在燃料替代方面，欧洲领先于世界其他地区。欧洲水泥厂 18% 的能源由替代燃料提供，个别工厂甚至高达 90%。能够用于水泥窑实现燃料替代的废弃物种类有废轮胎、回收的液态燃料、废塑料包装物、动物脂肪、肉和骨头，以及污泥等。在英国，水泥行业消纳国内 50% 的废有机溶剂，10% 的废塑料包装物，并有消化全国 50% 废轮胎的能力。英国水泥行业设定了燃料替代率目标为 2020 年达 50%。而德国 2009 年时，燃料替代率已经达到 58.4%。

生活垃圾衍生燃料（refuse derived fuel）应用于水泥窑是另一发展趋势，最早由英国于 1980 年提出并应用于实践，随后美国、德国等西方发达国家迅速投资进行研发并应用于实践。目前中国、欧盟、日本等国家和地区均将该项技术成功运用于水泥窑。欧洲 RDF 已占水泥企业燃料替代的 12%，取得了成功的经验。截至 2013 年年底，中国已投产近 10 条协同处置生活垃圾水泥生产线。

窑系统废气余热利用情况也是一个关注重点。余热发电是目前国内开发应用的较为普遍的污染减排技术。由于干法生产工艺有大量的 350℃ 左右的热烟气不能完全被利用，浪费的热量约占系统总热量的 30%。水泥工厂开发应用的纯低温余热发电技术能有效地将这部分热回收发电，供水泥工厂自用。此外，余热还可以充分用于烘干物料、采暖、洗浴等方面。

3. 环境保护与污染控制

水泥工业污染物主要是噪声、颗粒物，还有部分的气态污染物，废水和固体废物的排放比较少。从环境保护的角度来评价工艺过程绿色化，重点关注的是颗粒物和气态污染物。此外，由于水泥工业正在积极推进协同处置废弃物相关工作，对此类水泥窑进行绿色化评价过程中应充分考虑分解炉在焚烧过程中带来的其他烟气成分的控制与排放。

常规水泥生产过程中，颗粒物是最为典型的特征污染物，从矿石开采、原料和燃料的破碎和粉磨、熟料的煅烧、原材料的运输和储存以及水泥产品的包装出厂等生产环节均有排放。大部分水泥企业颗粒物的有组织排放已经得到比较好的控制，窑尾排放浓度达到 $30mg/m^3$ 以下，达到国际先进水平，未来重点关注的是颗粒物无组织排放的控制。根据国家环境保护部相关规划，未来 10 年将逐步要求水泥生产企业（含粉磨站）的石灰石等原材料、燃料和熟料建棚、建库封闭储存，禁止露天堆放；配料、储存等部位均要求采取收尘措施，窑尾使用布袋收尘；皮带机转运处、包装机及散装水泥装车部位应采用集尘罩和袋式除尘器进行收尘，从整体装备上加强对无组织排放的有效控制，同时辅助以管理措施全面提升水泥工业颗粒物控制水平。

水泥工业气态污染物重点关注的是氮氧化物，氮氧化物的产生与工艺紧密相关，现阶段国内外普遍采用的 SNCR 脱硝技术虽然能够大幅度降低烟气中的氮氧化物排放，但容易带来氨逃逸，且大量消耗氨水、尿素等化工产品，因此水泥工业绿色化评价在考察排放浓度的同时，应重点关注氮氧化物产生浓度，引导企业从源头削减污染物排放。

水泥煅烧过程存在汞污染排放。中国政府 2014 年已经签署了旨在全球范围内控制和减少汞排放的国际公约《水俣公约》，并成为缔约国之一。GB 4915—2013《水泥工业大气污染物排放标准》在修订过程中充分考虑到未来中国履约的责任与义务，提出 $0.05mg/m^3$ 的限值要求，目的是在全行业内控制和减少汞排放，提高对汞污染问题的认识，从而积极探索合理化的解决措施。但是，由于汞污染与控制是一个相对全新的领域，前期技术积累较少，减排技术措施和效果评价等方面必将面临诸多挑战。

　　综上所述，水泥工业的绿色化评价技术未来将深化资源综合利用、能源替代、污染控制等方面。虽然近年来水泥工业在水泥窑技术装备、高效节能粉磨系统、先进烧成技术运用、协同处置固体废物、加强管理提高能源利用效率等方面取得了长足的进步，针对颗粒物、SO_2、NO_x 以及噪声排放问题也研发了一系列控制新技术，但是 NO_x、颗粒物等仍然没有得到全面有效控制，行业整体环保压力依然很大，未来水泥工业节能减排工作任重道远。

参考文献

[1] 国家统计局．中国统计年鉴（2003—2013 年）[R/OL]．2012-06-16．

[2] 非金属矿物制造业产排污系数使用手册．北京：第一次全国污染源普查工作办公室，2008．

[3] 张浩楠，姜小川等．中国现代水泥技术与装备．天津：天津科学技术出版社，1991．

[4] 刘俞铭．预分解窑水泥生产新技术新工艺流程与质量控制及窑炉、机械设备设计改造操作参数、系统运行维护实务全书．北京：北方工业出版社，2006．

[5] 陈全德．应用高新技术建设"环境材料型"水泥工业．新世纪水泥导报，2001(2)．

[6] 赵庆祥．污泥资源化技术．北京：化学工业出版社，2002．

[7] 阎振甲，何艳君．工业废渣生产建筑材料实用技术．北京：化学工业出版社，2002．

[8] Bill Neuffer, Project Officer Metals and Minerals Group, Alternative Control Techniques Document Update - NO$_x$ Emissions from New Cement Kilns, U. S. Environmental Protection Agency Office of Air Quality Planning and Standards Sector Policies and Programs Division Research Triangle Park, North Carolina.

[9] JGJ/T 328—2014，预拌混凝土绿色生产及管理技术规程．

[10] 段文静．发展绿色高性能混凝土的重要性和意义．山西建筑，2013(09)：101-102．

[11] 胡晓．绿色混凝土搅拌站建设经验谈．混凝土世界，2013(08)：94-97．

[12] 陈江涌．商品混凝土企业发展绿色高性能混凝土研究．商品混凝土，2012(06)：13-14．

[13] 张凯峰，尚建丽，吴雄．建筑材料绿色度评价方法的研究进展．材料导报，2012(S2)：354-356．

[14] 谢兴建．商品混凝土搅拌站的绿色生产．福建建筑，2011(06)：108-110．

[15] 秦华虎．尽快发展绿色高性能混凝土．见：中国建筑材料联合会、中国建材工业经济研究会、中国建材报社、中国建材杂志社．中国建材产业发展研究论文集[C]．北京：中国建材杂志社，2010．

[16] 徐海军．绿色混凝土的研究现状及其发展趋势．广州建筑，2008(06)：3-5．

[17] 李秦．浅谈绿色高性能混凝土的发展．粉煤灰综合利用，2008(03)：41-43．

[18] 李梅，赵成，汪大光等．浅谈绿色高性能混凝土的发展．混凝土，2006(06)：75-76．

[19] 覃维祖．大力发展绿色高性能混凝土．建筑技术，2005(01)：12-16．

[20] 钟海英，贾淑明．浅析绿色高性能混凝土的发展与应用．甘肃科技，2004(10)：96-98．

[21] 吴中伟．绿色高性能混凝土——混凝土的发展方向．混凝土与水泥制品，1998(01)：3-6．

[22] 徐至钧．住宅室内装修应忌建材的污染．住宅科技，1999(4)：25．

[23] 洪鸿．关注家庭隐形杀手——谨防装饰材料对人体的危害．医药与保健，2001(11)：4．

[24] 程海丽，姜德民，高振林．开发绿色建材改善室内空气质量．建筑技术开发，2002，29(5)：51．

[25] 于尔捷，姜安玺，徐江兴，刘京．室内空气质量的研究现状及展望．哈尔滨建筑大学学报，1995，28(6)：139．

[26] Srivastavau P K，Pandit S G G．Sharma, A. M. Mohan Rao. Volatile Organic Compounds in Indoor Environments in Mumbai, India. The Science of the Total Environment, 2000, 255：161-168.

[27] 陈宗瑜．居住环境与室内空气污染．云南农业大学学报，1999，14(4)：432．

[28] 曹杰．建筑材料与室内空气污染．山西建筑，2002，28(3)：91．

[29] Brad Bass, Vanita Economou, Christina K K Lee, etc. The Interaction between Physical and Social-psychological Factors in Indoor Environmental Health. Environmental Monitoring and Assessment, 2003, 85：199-219.

[30] Jones A P. Indoor air quality and health. Atmospheric Environment, 1999, 33：4535-4564.

[31] 伊冰．室内空气污染与健康．国外医学卫生学分册，2001，28(3)：167．

[32] 北京科技大学，北京新材料发展中心．2000年悉尼奥运会空气质量控制指南（节选）．新材料产业，2002，7：31-35．

[33] Peder Wolko, Gunnar D Nielsen. Organic Compounds in Indoor Air-Their Relevance for Perceived Indoor Air Quality. Atmospheric Environment, 2001, 35, 4407-4417.

[34] 黄玉凯．室内空气污染的来源、危害及控制．现代科学仪器，2002(4)：39．

[35] 于慧芳，李心意，吕静等．家具城室内空气污染现状调查．环境与健康杂志，2000，17(4)：224-227．

［36］ 王桂芳，陈烈贤，宋瑞金等．办公室内空气污染的调查．环境与健康杂志，2000，17(3)：156-157.

［37］ 彭绪亚，方俊华，张智．住居区空气质量评价方法的研究．重庆环境科学，1998，20(3).

［38］ Ventilation for Acceptable Indoor Air Quality. ASHRAE Standard 62，1989.

［39］ 杨旭等．线性可视模拟比例尺在评价室内空气质量中的应用．中国环境卫生，1999，2(1)：23.

［40］ Jokl M V. Evaluation of Indoor Air Quality Using the Decibel Concept. International Journal of Environment，Health Research，1997，7(4).

［41］ 姚润明等．通风降温建筑室内热环境模拟及热舒适研究．暖通空调，1997，(6)：5.

［42］ 付祥钊．长江流域住宅冬季热环境质量．住宅科技，1993(3)：10.

［43］ 陈淑怡，陈桂贻，汤利民．环境空气中的氨的采集与测定方法进展．中国卫生检验杂志，1998，8(6)：382-384.

第五章
混凝土及其制品的绿色化

水泥混凝土是工程建设使用最广泛的建筑材料。品种繁多、性能各异的混凝土及其制品为工业与民用建筑、铁路网、公路网、煤矿、核电等工程建设提供了丰富的材料选择，有力支撑了我国高速发展的经济建设和基础设施建设。我国2013年混凝土产量约为30亿立方米，超过世界总产量的60％。在混凝土及混凝土制品的生产、施工、使用过程中也涉及了减少资源利用，减少能源消耗，控制三废排放和噪声等问题，以减少对环境的负面影响。研究和推广混凝土及其制品的绿色化生产技术，采用科学评估方法对其绿色化程度进行评价，是我国可持续发展战略的重要内容之一，混凝土及其制品绿色化已经势在必行。

第一节　混凝土及其制品的种类及其生产工艺

一、混凝土及其制品的种类及执行的产品标准

混凝土是一种由胶结材（无机的、有机的或无机有机复合的）、颗粒状集料和一定数量的水拌和均匀，经硬化后形成具有堆聚结构的复合材料。

目前最广泛使用的混凝土是水泥混凝土，它由水泥、砂、石和水所组成，其中砂、石起骨架作用，称为集料，水泥与水形成水泥浆，水泥浆包裹在集料表面并填充其空隙。在硬化前，水泥浆起润滑作用，赋予拌合物一定和易性，便于施工。水泥浆硬化后，则将集料胶结成一个坚实的整体。这类混凝土的组织结构类似于某些天然岩石，故又称为混凝土人造石，简写为"砼"。制备混凝土时有时需要加入化学外加剂和矿物掺合料来改善流动性能、强度和耐久性。

水泥混凝土具有许多优点，可根据不同要求配制各种不同性质的混凝土。在凝结前具有良好的塑性，因此可以浇制成各种形状和大小的构件或结构物；它与钢筋有牢固的黏结力，能制作钢筋混凝土结构和构件；经硬化后有抗压强度高与耐久性良好的特性；其组成材料中砂、石等地方材料占75％以上，符合就地取材和经济的原则。但混凝土也存在着抗拉强度低，受拉时变形能力小、容易开裂，自重大等缺点。

1. 混凝土的种类

混凝土的技术性能在很大程度上是由原材料的性质及其相对含量决定的，同时配料、搅拌、成型、养护的好坏也都对混凝土的质量有很大的影响。一般对混凝土质量的基本要求

是：具有符合设计要求的强度；具有与工程环境相适应的耐久性；具有与施工条件相适应的工作性。混凝土的种类很多，也有多种分类方法。

（1）按胶凝材料分类　按照混凝土所使用的胶凝材料可分为水泥混凝土、沥青混凝土、石膏混凝土及聚合物混凝土等。

（2）按表观密度分类　按表观密度大小不同可分为以下三类。①重混凝土：是指干表观密度大于 2600kg/m³ 的混凝土，通常是采用高密度集料（如重晶石、铁矿石、钢屑等）或同时采用重水泥（如钡水泥、锶水泥等）制成的混凝土。因为它主要用作核能工程的辐射屏蔽结构材料，又称为防辐射混凝土。②普通混凝土：是指干表观密度为 1950～2600kg/m³ 的混凝土，通常是以常用水泥为胶凝材料，且以天然砂、石为集料配制而成的混凝土。它是目前土木工程中最常用的水泥混凝土。③轻混凝土：是指干表观密度小于 1950kg/m³ 的混凝土，通常是采用陶粒等轻质多孔的集料，或者不用集料而掺入加气剂或泡沫剂等而形成多孔结构的混凝土。根据其性能与用途的不同又可分为结构用轻混凝土、保温用轻混凝土和结构保温轻混凝土等。

（3）按用途分类　可分为结构混凝土、水工混凝土、海工混凝土、道路混凝土、防水混凝土、膨胀混凝土、补偿收缩混凝土、装饰混凝土、耐热混凝土、耐酸混凝土、防辐射混凝土、加气混凝土、保温混凝土、耐火混凝土、清水混凝土等。为了克服混凝土抗拉强度低的缺陷，人们将水泥混凝土与其他材料复合，出现了钢筋混凝土、预应力混凝土、各种纤维增强混凝土和聚合物浸渍混凝土等。

（4）按强度等级分类　根据混凝土的强度等级来划分，用混凝土强度英文名称的第一个字母加上其强度标准值来表达，如 C20 混凝土就是抗压强度等级为 20MPa 的混凝土。目前混凝土设计规范里包括 C15，C20，C25，C30，C35，C40，C45，C50，C55，C60，C65，C70，C75，C80 共 14 个等级的混凝土。现阶段人们通常按混凝土的抗压强度把它分为低强混凝土（≤C25）、中等强度混凝土（C30～C55）、高强混凝土（C60～C80）及超高强混凝土（＞C80）等。随着工程建设高度、深度、难度的提高，人们正尝试在工程中配制使用高强和超高强混凝土。

（5）按生产和施工方法分类　可分为预拌（商品）混凝土、泵送混凝土、喷射混凝土、压力灌浆混凝土（预填集料混凝土）、挤压混凝土、离心混凝土、真空吸水混凝土、碾压混凝土等。自密实混凝土、泵送混凝土、预拌混凝土以及新的施工工艺给混凝土施工带来方便。

（6）按混凝土中胶凝材料分类　按每立方米混凝土中水泥用量（C）的大小，可分为贫混凝土（$C \leqslant 170kg/m^3$）和富混凝土（$C \geqslant 230kg/m^3$）。另外，根据混凝土中掺加的其他辅助胶凝材料，还有粉煤灰混凝土、硅灰混凝土、磨细高炉矿渣混凝土等。

目前，混凝土仍向着轻质、高强、多功能、高效能的方向发展，发展复合材料，不断扩大资源，发展预制混凝土和使混凝土商品化也是今后发展的重要方向。高性能混凝土是由传统混凝土发展起来的一种新型高技术混凝土，是在大幅度提高普通混凝土性能的基础上采用现代混凝土技术制作的混凝土，它以耐久性作为设计的主要指标。针对不同用途要求，高性能混凝土对下列性能有重点地予以保证：耐久性、工作性、适用性、强度、体积稳定性、经济性。为此，高性能混凝土在配制上的特点是低水胶比，选用优质原材料，除了传统混凝土使用的水泥、水、集料外，必须掺加足够数量的矿物掺合料和优质减水剂。

2. 混凝土执行的产品标准

目前国内混凝土产品标准及常用的混凝土性能试验方法、施工技术标准和验收标准如下。

（1）产品标准

GB/T 14902 预拌混凝土

JG J51 轻骨料混凝土技术规程

JG/T 3064 钢纤维混凝土

（2）试验方法标准

GB/T 50080 普通混凝土拌合物性能试验方法标准

GB/T 50081 普通混凝土力学性能试验方法标准

GB/T 50082 普通混凝土长期性能和耐久性能试验方法标准

GB 50107 混凝土强度检验评定标准

GB 50152 混凝土结构试验方法标准

CECS 02—2005 超声回弹综合法检测混凝土强度技术规程（附条文说明）

CECS 03—2007 钻芯法检测混凝土强度技术规程（附条文说明）

CECS 13—2009 纤维混凝土试验方法标准

CECS 21—2000 超声法检测混凝土缺陷技术规程

DL/T 5150 水工混凝土试验规程

JGJ/T 15 早期推定混凝土强度试验方法标准

JGJ/T 23 回弹法检测混凝土抗压强度技术规程

JTG E30 公路工程水泥及水泥混凝土试验规程

YB/T 2203 耐火浇注料荷重软化温度试验方法（非示差-升温法）

YB/T 2206.2 耐火浇注料抗热震性试验方法（水急冷法）

YB/T 2208 耐火浇注料高温耐压强度试验方法

（3）设计、施工标准

GB 50010 混凝土结构设计规范

GB 50108 地下工程防水技术规范

GB 50164 混凝土质量控制标准

GB/T 50557 重晶石防辐射混凝土应用技术规范

GB/T 50146 粉煤灰混凝土应用技术规范

GBJ 50119 混凝土膨胀剂应用技术规范

CECS 38 纤维混凝土结构技术规程（附条文说明）

CECS 104—99 高强混凝土结构技术规程

DL/T 5144 水工混凝土施工规范

JGJ 3 高层建筑混凝土结构技术规程

JGJ/T 10 混凝土泵送施工技术规程

JGJ 12 轻骨料混凝土结构设计规程

JGJ/T 17 蒸压加气混凝土建筑应用技术规程

JGJ 28 粉煤灰在混凝土和砂浆中应用技术规程

JGJ 55 普通混凝土配合比设计规程

JGJ 169 清水混凝土应用技术规程

JGJ/T 178 补偿收缩混凝土应用技术规程

JTG F30 公路水泥混凝土路面施工技术规范

JTJ 275 海港工程混凝土结构防腐蚀技术规范

JTS 257-2　海港工程高性能混凝土质量控制标准

YB/T 4252　耐热混凝土应用技术规程

（4）验收标准

GB 50204 混凝土结构工程施工质量验收规范

3. 混凝土制品的种类

混凝土制品是以混凝土（包括砂浆）为基本材料制成的产品，广泛应用在建筑、交通、水利、农业、电力和采矿等行业。混凝土制品一般由工厂预制，然后运到施工现场铺设或安装；对于大型或重型的制品，由于运输不便，也可在现场预制。为了加快混凝土预制厂模板周转，混凝土制品生产往往采用湿热养护工艺加快早期强度发展，缩短带模养护时间。

混凝土制品有配筋和不配筋的两种。配筋的混凝土制品主要用作承载构件，如混凝土管、钢筋混凝土电杆、钢筋混凝土桩、钢筋混凝土桁架、钢筋混凝土楼板、混凝土屋面板、钢筋混凝土轨枕、高速铁路预应力无砟轨道板、预应力钢筋混凝土桥梁、钢筋混凝土矿井支架、多防检查井盖、二层井盖，防滑踏步、安全雨水井箅等；不配筋的混凝土制品主要有混凝土砌体材料，如：加气混凝土砌块、混凝土实心砖、混凝土多孔砖、环保透气透水路面砖、仿古青砖、混凝土瓦、混凝土龙骨、混凝土挂板、建筑保温一体化模块、线形排水 U 形槽（窄箅雨水口）等。

加气混凝土砌块是以河砂、石灰、水泥为主要原料，以铝膏为发气剂，经原料磨细、配料搅拌、浇注发气、静停切割、蒸压养护而成的一种绿色环保的新型自保温墙体材料。具有质轻、高强、耐久、保温、隔声、防火、抗渗、锚固性能好的特点，具有施工便捷，可加工性强，能降低建筑物的综合造价，增加建筑物使用面积等优点，已被广泛用于工业与民用建筑中。

4. 混凝土制品执行的产品标准

混凝土制品产品标准及常用的性能试验方法、应用标准如下。

（1）产品标准

GB/T 396　环形钢筋混凝土电杆

GB 4084　自应力混凝土输水管

GB 4623　环形预应力混凝土电杆

GB 5695　预应力混凝土输水管（震动挤压工艺）

GB 5696　预应力混凝土输水管（管芯缠丝工艺）

GB/T 11836　混凝土和钢筋混凝土排水管

GB 11968　蒸压加气混凝土砌块

GB 12987　乡村建设用混凝土圆孔板和配套构件

GB 13476　先张法预应力混凝土管桩

GB/T 24493　装饰混凝土砖

GB 26537　钢纤维混凝土检查井盖

GB 28635　混凝土路面砖

JC/T 448　钢筋混凝土井管

JC 565　电力电缆用承插式混凝土预制导管

JC/T 625　预应力钢筒混凝土管

JC/T 629　乡镇建设用预应力混凝土矩形檩条

JC/T 640　顶进施工法用钢筋混凝土排水管

JC/T 746　混凝土瓦

JC 888　先张法预应力混凝土薄壁管桩

JC 889　钢纤维混凝土检查井盖

JC 899　混凝土路缘石

（2）试验、应用标准

GB/T 15345　混凝土输水管试验方法

GB/T 16752　混凝土和钢筋混凝土排水管试验方法

GB/T 16925　混凝土及其制品耐磨性试验方法（滚珠轴承法）

JC/T 624　乡镇建设用混凝土构件质量检测方法

JGJ/T 323　自保温混凝土复合砌块墙体应用技术规程

二、混凝土及其制品的生产工艺及环境影响分析

混凝土及制品的生产一般都包括如下基本工艺流程，见图 5.1、表 5.1。

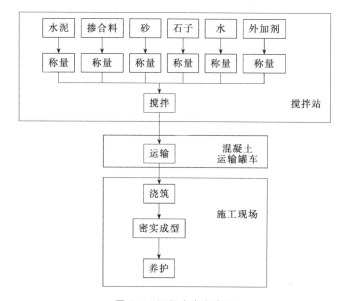

图 5.1　混凝土生产流程

表 5.1　混凝土生产的一般流程

工　序	作　用	主要机械设备	主要环境问题	先　进　技　术
原料加工处理	对混凝土的块状及粉状物料进行必要的破碎、筛分、磨细等处理	破碎机、粉磨机、振动筛	粉尘、噪声	
搅拌工艺	通过搅拌工艺将各组分按一定比例配成具有一定均匀性及给定和易性指标的混凝土物料	混凝土搅拌机	现场生产混凝土会造成粉尘、噪声	1. 改变投料的顺序可以减少集料对叶片和衬板的磨损，减少扬尘和改善工作环境，降低电耗即提高生产率。如，采用自落式搅拌机时，先加一部分水，然后加入集料、水泥和剩余的水分，可以减少扬尘；采用二次投料法，先拌制砂浆，再投入粗集料，制成混凝土混合料，可以节省电能 2. 采用预拌混凝土（商品混凝土）技术
运输	将搅拌好的混凝土物料运送到浇筑点	灰浆输送泵	噪声	预拌混凝土运输车

工 序	作 用	主要机械设备	主要环境问题	先 进 技 术
浇筑	将搅拌好的混凝土物料浇灌入模，一些特殊浇筑：滑模、预填集料、喷射混凝土、混凝土导管法	混凝土喷射机、混凝土泵送设备	粉尘、噪声	混凝土泵车
密实成型	对浇灌入模的混合料施加外力干扰（振动、离心力、压力、真空脱水等）使之流动，充满模型，黏结成一个整体	混凝土振捣器、高频振动器、混凝土真空吸水泵	噪声、废水	1. 使用化学外加剂，提高混凝土工作性 2. 自密实免振捣混凝土
养护	使混凝土继续硬化，形成稳定结构，强度和耐久性满足设计要求。常用的有：标准养护、自然养护和各种加速硬化工艺，如：热养护法（湿热法和干热法）、化学促硬法等		热养护法需要消耗大量的电能和热能	1. 化学促硬法（采用早强快硬水泥或者化学外加剂，节省能源） 2. 太阳能养护（使覆盖透光罩的混凝土制品直接吸收太阳的辐射能量，加热并蓄热养护的一种加速硬化方法）

1. 原料

混凝土及制品生产的主要原材料是水泥、水、砂、石、化学外加剂和矿物掺合料。

水泥是混凝土中的胶凝材料。水泥与水形成水泥浆，包裹在砂、石集料表面并填充集料颗粒之间的空隙。水泥矿物遇水会发生物理和化学反应，生成胶体和晶体，硬化后产生强度。

砂、石又被称为集料，通过各种成型工艺紧密堆积在一起，形成混凝土的骨架。

化学外加剂是一种在混凝土搅拌过程中加入的用来改善混凝土性能的物质。化学外加剂掺量小（一般掺量小于水泥用量的5％），但其作用大，犹如混凝土中的"味精"，起到节约水泥、降低用水量、提高混凝土强度的作用。还有一些特殊功能的化学外加剂，可以用来减少混凝土收缩、大幅度提高混凝土流动性、降低混凝土冰点避免冬季受冻等。

矿物掺合料是利用工业废渣或者天然资源加工的具有一定细度的物质，在混凝土中充当辅助性胶凝材料，起到填充集料之间的孔隙，提高混凝土的耐久性能，降低大体积混凝土水化热等作用。

混凝土各种原材料使用的主要矿产资源包括：黏土、石灰石、石膏（前三者用于水泥生产）、砂、石。我国正处于城镇化快速发展阶段，以混凝土结构为主的房屋建筑和基础设施建设规模日益增大，预拌混凝土产量迅速增加，规模以上企业年产量已超过10亿立方米。每立方米混凝土中水泥用量300kg、砂子800kg、石子1100kg左右，以此计算下来，混凝土生产对天然矿产资源的消耗相当惊人。混凝土生产还需要使用符合一定质量标准的水，需要消耗水资源。在水资源并不丰富，砂、石材料在很多地方都出现紧缺的情况下，混凝土生产节约资源的问题显得特别突出。

2. 搅拌

混凝土搅拌是将水泥、砂、石子、水、矿物掺合料、化学外加剂等材料混合后搅拌均匀的一种操作方法。搅拌在混凝土生产中是核心环节，决定了混凝土的品质。

预拌混凝土的搅拌通常在混凝土搅拌站内采用机械搅拌完成。机械搅拌代替传统的人工搅拌方法后，混凝土产量高、质量均匀。但在搅拌生产混凝土的过程中容易产生扬尘、噪声、污水排放、废料排放等污染问题。随着预拌混凝土的推广和普及，混凝土生产的环保状态得到提升。然而从整个行业发展水平来看，部分预拌混凝土的生产过程依然存在突出的问题：生产过程中的噪声、粉尘和废水超标，对周边环境和居民正常生活造成影响；预拌混凝土企业绿化面积不达标，厂区污水横流、粉尘飞扬，与周边环境形成反差，破坏城镇形象；

许多企业在生产过程中过度消耗不可再生资源，不能对工业废渣、再生集料、尾矿等废弃资源进行综合利用；生产销售过程中出现的废弃混凝土未能得到及时有效利用，成为新的建筑垃圾，在增加资源消耗的同时加大了环境负担。因此，建设现代化绿色环保混凝土搅拌站已经成为建设节约型、环境友好型社会的必然要求。

3. 振动

对已经浇筑入模的混凝土进行振动是为了使混凝土密实，排除混凝土中大量的空气，增加混凝土强度、耐久性，减少蜂窝麻面等问题。但是混凝土振捣也给周边环境带来噪声环境污染，据调查城市噪声的 1/3 来自建筑施工，其中混凝土浇捣振动噪声占主要部分。《建筑施工场界环境噪声排放标准》GB 12523—2011 中规定，对于建筑施工噪声的标准是根据施工场界边界的噪声排放限值，昼间所有施工阶段噪声排放限值都是 70dB。

为减少混凝土振动噪声环境污染，目前混凝土技术手段有自密实混凝土技术、自流平混凝土技术以及采用低噪声振捣器。自密实混凝土具有良好的特性，除了基本的高流动性、良好的抗离析性、拌合物均匀密实以外，在混凝土密实过程中由于无需振捣而表现出无噪声状态。

4. 养护

混凝土在浇筑后，由于内部水化反应使混凝土逐渐硬化和形成强度。混凝土浇筑以后，如果遇到干燥、炎热的天气，水分会蒸发过快，表面的水分会蒸发损失，逐渐影响到内部的水分含量，引起水分损耗，使混凝土水化反应不充分，进而影响混凝土的硬化、强度的增长，引起混凝土的干燥收缩，并可能出现混凝土表面起砂、块状脱落等现象。因此需要使用水对混凝土进行养护，补充蒸发损失的水分。所以，水化反应作用离不开水的参与。

水资源是宝贵的天然资源，节约用水已经成为环保的热门主题，节约用水不仅体现在生活方面，在混凝土工程施工中也是需要引起人们的重视。在节约用水、养护新方法的开发方面需要新的技术手段，混凝土养护剂是近年来逐渐推广的一项混凝土养护新技术，已经在工业民用建筑、道路等方面得到成功应用，不仅可以节约用水，还可以达到节约人工和减少草袋、草帘、草苫、塑料薄膜使用的目的。当然，养护剂的生产过程需要做到环境友好、绿色化、无有毒有害物质排放，产品本身使用绿色无污染的成分。

混凝土预制件的生产过程中，为了缩短脱模时间，还需要将混凝土预制件放入养护池中进行湿热养护，即提高养护温度，加快水化反应速率，加快强度增长。

5. 能源

混凝土搅拌、泵送、振动等需要使用一些机械设备，如：混凝土搅拌机、灰浆输送泵、混凝土喷射机、混凝土泵送设备、混凝土振捣器、高频振动器、混凝土真空吸水泵等，需要消耗大量电能。

为了加快模具周转，提高生产效率，混凝土制品常常采用湿热养护的方法，如在养护室、养护池、高压釜中进行常压和高压湿热养护，需要消耗电能和热能。水泥制品的常压养护一般包括预养期、升温期、恒温期及降温期四个阶段；高压湿热养护一般包括升温期、升压期、恒压期、降压期四个阶段。在升温期、恒温期、升压期和恒压期都需要消耗大量的热能和水蒸气。

我国混凝土空心砌块的生产能耗在 1990 年以前曾经达到 1～1.2t 标煤/万块（折标砖），部分企业经过进行墙体材料革新优化技术改造后生产能耗为 0.5～1t 标煤/万块（折标砖）；我国加气混凝土的生产能耗是 0.9t 标煤/万块（折标砖）。

部分水泥制品墙体材料的生产能耗、建造能耗和墙体总能耗见表 5.2。

表 5.2　部分水泥制品墙体材料的生产能耗、建造能耗和墙体总能耗

墙 体 材 料	制品生产能耗/（kg 标煤/m²）	建造能耗/（kg 标煤/m²）	墙体总能耗/（kg 标煤/m²）
加气混凝土砌块（300mm）	18.36	8.93	27.29
加气混凝土条板（200mm 厚）	16.45	6.65	23.10
粉煤灰加气混凝土砌块（250mm 厚）	15.30	8.93	24.23
水泥煤渣混凝土砌块（390mm 厚）	10.61	5.50	16.11

综上所述，混凝土的组成中涉及砂石等天然矿产资源的消耗、养护中需要煤炭和电力等能源消耗、施工中有粉尘和噪声等危害，给人类居住环境和地球环境带来了不可忽视的副作用。随着时代的进步，人类要寻求与自然和谐、可持续发展之路，对混凝土材料也不再仅仅要求其作为工业品的功能，而是要在尽量不给环境增加负担的基础上，进一步开发对保护环境，对人类与自然的协调能起到积极作用的新产品，开发出节能减排的新型生产工艺。这是时代的要求，也是水泥混凝土材料发展的必然趋势。

第二节　混凝土及其制品的绿色化技术

水泥混凝土是用量最大的建筑工程材料，为社会文明、物质文明的进步和人类生存环境的营造做出了不可磨灭的贡献。在节能环保呼声日益高涨的今天，水泥混凝土能否长期作为最主要的建筑材料，关键在于其是否能够成为绿色化的材料。近 20 年来，国内外水泥混凝土工作者围绕水泥混凝土的绿色化开展了大量的研究工作，在材料组成和生产工艺优化方面形成了多项绿色化技术。

混凝土及其制品的绿色化主要体现在使用无毒无污染原材料、利用工业废渣和再生资源作为新型替代原材料、降低生产能耗、控制污染物及噪声排放、提高材料耐久性等方面。具体的绿色化技术主要有：通过应用现代混凝土科学技术减少水泥用量、大量利用优质的工业废渣和代用集料，尽量减少对自然资源和能源的消耗；提高混凝土的工作性，减少生产过程中采用震动带来的噪声污染；采用预拌混凝土技术，提高混凝土质量，减少现场搅拌引起的粉尘等环境污染；提高混凝土的耐久性，增加混凝土的使用寿命，尽量减少因修补或拆除造成的经济浪费；大量地利用废弃混凝土和建筑垃圾，减少对环境的污染。

一、减少资源消耗的技术和措施

1. 降低混凝土中水泥的用量

水泥是混凝土的主要原材料，一般每立方米混凝土中水泥用量在 200～500kg。从 1886 年，美国首先用回转窑煅烧熟料，使波特兰水泥进入大规模的工业化生产，从此以后，水泥工业就开始严重污染环境，不仅产出大量粉尘，还排放有害气体（CO_2，NO_x 和 SO_2）与有毒物质，其中 CO_2 是主要的温室气体。生产 1t 水泥熟料燃烧（包括粉磨等电耗用）生成 CO_2 300～450kg，由 $CaCO_3$ 分解产生 487kg 的 CO_2，两者合计共 787～937kg，在能耗较大的情况下，生产 1t 熟料约排放 1t CO_2。

因此，降低单方混凝土中的水泥用量将大大减少由于混凝土越来越大量需求带来的温室气体排放和粉尘污染。特别是在混凝土强度标号和耐久性要求都越来越高的今天，想方设法降低混凝土中的水泥用量是十分有意义的。不仅能够降低混凝土的水化热、减少收缩开裂的趋势，而且对混凝土的绿色化生产具有积极的作用。

鉴于对混凝土耐久性的重视，JGJ 55—2011《普通混凝土配合比设计规程》对混凝土的最小胶凝材料用量按照最大水胶比和混凝土种类，考虑其满足耐久性要求所必要的胶凝材料用量最大值提出了要求（表 5.3）。中国土木工程学会高强混凝土委员会编制的《高强混凝土结构设计与施工指南》规定，配制 C50 和 C60 高强混凝土所用的水泥量不宜大于 450kg/m³，水泥和掺合料的胶凝材料总量不宜大于 550kg/m³，配制 C70 和 C80 高强混凝土所用的水泥量不宜大于 500kg/m³，水泥和掺合料的胶凝材料总量不宜大于 600kg/m³。因此从强度和耐久性考虑，配制绿色混凝土时应该尽量提高胶凝材料中矿物掺合料（粉煤灰、磨细矿渣、天然沸石粉、硅粉等）的活性和掺加比例，尽量减少水泥的用量。中国台湾地区对高强混凝土水泥用量就限定在 400kg/m³ 以内。在每立方米混凝土中少用 10kg 水泥，就意味着一个工程可以节约上千吨、上万吨的水泥，为绿色环境做出了一份贡献。

表 5.3　混凝土的最小胶凝材料用量

最大水胶比	最小胶凝材料用量/(kg/m³)		
	素混凝土	钢筋混凝土	预应力混凝土
0.60	250	280	300
0.55	280	300	300
0.50		320	
≤0.45		330	

2. 大掺量利用优质工业废渣

固体废渣的利用，建筑业占主导作用。如 2010 年粉煤灰和煤矸石在我国的年产量约 10.7 亿吨，虽然可以开展其他领域的综合利用，但数量极其有限，只有用于水泥混凝土中才有可能根本解决问题。

充分利用工业废渣是一个古老的话题。其实就建筑业利用工业废渣而言，应该说我国在世界上也是领先的。在美国尚未推广利用矿渣的 20 世纪 80 年代初，我国已经将所有水淬高炉矿渣应用于水泥混凝土工业。粉煤灰、钢渣、磷渣、铜渣、镍矿等我国均有系统研究和工业利用。

充分利用工业废渣可以有效减少水泥生产排放的污染。磨细矿渣和磨细粉煤灰作为商品已广泛应用于商品混凝土和大型工程之中。矿物掺合料不仅有利于水化作用和强度、密实度和工作性，增加颗粒密集堆积，减低孔隙率，改善混凝土的孔结构，而且对抵抗侵蚀和延缓性能退化等都有较大作用。充分发挥其有利作用（例如减少水泥的水化热，降低混凝土温升）将有利于扩大高性能混凝土的应用范围。高性能混凝土科学地大量使用矿物掺合料，既是提高混凝土性能的需要，又可减少对增加熟料水泥产量的需求；既可减少燃烧熟料时 CO_2 的排放，又因大量利用粉煤灰、矿渣及其他工业废料而有利于保护环境。

另一方面水泥厂也应生产高掺量混合材的水泥以适应各种工程的需要。近年来 Malhotra 和 Mehta 开发和倡导"高掺量粉煤灰水泥和混凝土"，他们特别提到应在中国和印度推广应用该技术，因为从目前的水泥产量也言，中国为印度的 8 倍，就煤产量而言，2013 年我国煤产量为 37 亿吨，居世界首位，估计粉煤灰排放量约为 4.83 亿吨。所谓高掺量粉煤灰混凝土是指粉煤灰的掺量达到 50%～60% 的混凝土。若能实现，即使我们将水泥熟料控制在 10 亿吨，水泥产量也可达 20 亿～25 亿吨。这可能是我国建材行业既要保持熟料总量不变而又能满足经济快速增长需求的最有效的途径。

用于混凝土路面的粉煤灰混凝土早期强度不高，但其 91d 强度为 28d 强度的 120%，一年为 140%，即后期强度有大幅度的增加。由于水灰比低，因而混凝土结构致密，混凝土具有很好的耐久性。在路面混凝土中若能大力推广粉煤灰混凝土，对节约资源和能源、保护环境将有重大的社会效益。

3. 使用代用集料

地球上的资源是有限的，许多是不可再生的。土木工程是人类与自然界进行物质交换量最大的活动，全世界每年混凝土用量达到 90 亿吨，大量材料的生产和使用，消耗大量资源。在混凝土的几种原材料中，集料用量又居首位，生产 $1m^3$ 混凝土大约需要 $1700\sim2000kg$ 砂石集料，全世界每年混凝土使用量约 20 亿立方米，砂、石用量约 34 亿～40 亿吨。为了保证砂、石的供应而进行的大量开山、采石活动，已经严重破坏了自然景观和绿色植被，挖河取沙造成水土流失或河流改道等严重后果，许多国家和地区已经没有可取的碎石和砂子，混凝土的集料资源出现了严重危机。因此必须开发新的混凝土集料资源，实现资源的可循环利用。人造集料、海砂、再生集料是配制绿色混凝土的重要原料和环节。

人造集料就是以一些天然材料或工业废渣、城市垃圾、下水道污泥为原材料制得的混凝土集料，它对环境保护有着非常积极的作用。生产人造集料的工业废料很多，高炉矿渣、电炉氧化矿渣、铜渣、粉煤灰等。日本已经开发利用城市下水道污泥生产集料的技术，这种集料配制砂浆的强度达到了普通河砂砂浆的 90％，有很好的利用前景。除此之外，还有粉煤灰陶粒、黏土页岩陶粒等人造轻集料。使用轻集料还可制造轻质混凝土材料，减轻结构物的自重，提高建筑物的保温隔热性能，减少建筑能耗。

用海砂取代山砂和河砂，作混凝土的细集料，是解决混凝土细集料资源问题的有效办法，因为海砂的资源很丰富。但是海砂中含有盐分、氯离子，容易使钢筋锈蚀，硫酸根离子对混凝土也有很强的侵蚀作用。此外，海砂颗粒较细，且粒度分布均匀，很难形成级配；有些海砂混有较多的贝壳类轻物质。目前已经开发一些对海砂中盐分的处理方法，例如散水自然清洗法、机械清洗法、自然放置法。对于海砂的级配问题，主要采取掺入粗碎砂的办法进行调整，使之满足级配要求。日本在利用海砂方面已经达到了工业化生产的阶段，1995 年产量达到 5000 万吨以上。

一般将废混凝土经过清洗、破碎分级和按一定比例相互配合后得到的集料称为再生集料。再生集料最早开始于欧洲，1976 年，以当时的西德、比利时和荷兰为主成立了"混凝土解体与再利用委员会"，开始研究废弃混凝土的消化与再生利用，并且将废弃混凝土再生集料用于高速道路等实际工程。美国从 1982 年开始将混凝土废物作为混凝土的粗、细集料，后来日本也相继开始了对废弃混凝土再生利用的研究。由于我国的经济发展比发达国滞后大约半个世纪，土木建筑等基础设施的建设也相应地落后了一定距离，混凝土结构物的废弃、解体的高峰期还没有到来，废弃混凝土的再生利用还没有正式启动。由于利用废弃的混凝土做再生集料，需要一系列的加工和分离处理，成本较高，使我国废弃混凝土利用进程较慢，但是废弃混凝土的利用从保护环境、节省资源的角度有重要的社会效益。

二、节能减排控制技术和措施

1. 延长混凝土结构的安全使用寿命

混凝土的大量使用始于 20 世纪 30 年代，到 50～60 年代达到高峰。一般混凝土建筑物的使用寿命都要求大于 50 年，美国对桥梁的耐久性要求为 120 年，但是近四五十年以来，混凝土结构物因材质劣化造成失效以至于破坏崩塌的事故在国内外都屡见不鲜。据英国 1979 年调查，其混凝土结构有 36％需重建或改建；美国公路总局 1969 年用于公路桥梁路面修补的经费达 26 亿美元, 1979 年达 63 亿美元。美国 1991 年在提交国会的报告《国家公路和桥梁现状》中指出, 美国现存的全部混凝土工程价值约 6 万亿美元, 而每年用于维修的费用高达 300 亿美元; 英国 1980 年的建筑维修费用占建筑总费的 2/3。许多发达国家每年用于建筑维修的费用都超过新建的费用。我国在 20 世纪 50 年代兴建的大坝有一些已经陷入危境成为"病坝", 截至 1997 年年底, 驰名中外的安徽佛子岭、梅山、响洪甸三座老坝共亏损 1 亿多元, 仅佛子岭 1997 年一年就亏损 1700 万元。而在修补佛子岭的设计预算中, 只修两个拱就需要 1400 万元, 据《钢筋混凝土的结构设计规范》管理组 1978 年调查, 一般环境中的建筑物混凝土有 40% 已碳化到钢筋表面, 较潮湿环境中则有 90% 的构件钢筋已经锈蚀。其中有的重要建筑使用时间只有 10 年左右。

特别是近年来混凝土建筑物早期破坏事故频繁发生, 拆除和重建耗费大量人力、物力和资金, 人们开始认识到延长混凝土建筑的安全使用期是最经济的措施。一方面设法提高混凝土结构的安全使用寿命, 将可以大幅度减少因修补或拆除陈旧混凝土结构物造成的巨额资金浪费, 减少大量建筑垃圾的产生。另一方面提高工程的寿命也是节约资源能源和保护环境的关键措施, 若能将道路、桥梁、港口、机场的寿命由 10 年提高到 50 年, 则材料将节省 1/5。若能将寿命提高到 100~250 年, 则材料的消耗也将按比例减少。

延长混凝土使用寿命的关键问题就是提高耐久性, 影响混凝土耐久性的常见因素有: ①冻融循环作用; ②钢筋锈蚀作用; ③酸盐化的作用; ④淡水溶蚀作用; ⑤盐类侵蚀作用; ⑥碱-集料反应; ⑦酸碱腐蚀作用; ⑧冲击、磨损等机械破坏作用等。提高工程寿命要特别注意钢筋锈蚀、碱集料反应、冻融破坏、硫酸盐腐蚀、延迟性钙矾石对建筑物和构筑物的破坏。目前, 我国对重要结构物已按 100 年安全使用期进行设计。日本正在研究安全使用期为 500 年的钢筋混凝土。

2. 循环再生利用废混凝土

中国每年从旧建筑物上拆下来的建筑垃圾中的废混凝土就有 1360 万吨, 加上每年新建房屋产生 4000 万吨的建筑垃圾所产生的废混凝土, 其巨大处理费用和由此引发的环境问题也十分突出。因此, 将废弃混凝土用来再生循环生产混凝土对节省能源和资源, 保护生态环境具有重要意义。

第二次世界大战后, 苏联、德国、日本等国对废弃混凝土进行了开发研究和再生利用, 已召开过多次有关废混凝土再利用的专题国际会议, 提出混凝土必须绿色化。再生混凝土的利用已成为发达国家所共同关心的课题。日本由于国土面积小, 资源相对匮乏, 因此将建筑垃圾视为"建筑副产品", 十分重视将废弃混凝土作为可再生资源而重新开发利用。据统计, 20 世纪 90 年代日本每年的水泥生产量为 8000 万~9000 万吨, 每年制造的混凝土量为 2 亿~3 亿吨, 到 21 世纪混凝土的生产量仍呈上升趋势。在混凝土生产量增加的同时, 产生的废混凝土的量也在与日俱增, 预测日本废混凝土的排出量在 2016~2020 年 5 年间就有 1 亿吨左右, 废混凝土的排出量十分惊人, 占整个建筑垃圾的 34%。如果把废沥青混凝土的量也计算在内的话, 则要占到 50% 以上, 目前废混凝土的利用率大约是 50%, 主要被再利用为再生集料、路基加固等。而另外的 50% 左右被堆置处理。随着废混凝土量的不断增加, 所需的堆置场地也要增加, 这意味着侵占耕地, 污染环境。在对再生混凝土各项性能进行充分研究的基础上, 1977 年日本政府制定了《再生骨料和再生混凝土使用规范》, 并相继在各地建立了以处理混凝土废物为主的再生加工厂, 并制定了多项法规来保证再生混凝土的发展。美国政府鼓励应用再生混凝土, 在密歇根州有两条用再生混凝土铺筑的公路。美国的公司采用微波技术，可100％地回收利用再生旧沥青混凝土路面料，其质量与新拌沥青混凝土路面料相同，而成本降低了1/3，同时节约了垃圾清运和处理等费用，大大减轻了城市的环境污染。德国目前将再生混凝土主要用于公路路面，1998年8月提出了"在混凝土中采用再生集料应用指南"，要求采用再生集料配制的混凝土必须完全符合天然集料混凝土的国家标准；奥地利的有关试验表明，采用50％的再生集料配制的混凝土的抗盐冻侵蚀性也有所提高，同时发现再生集料混凝土的弹性模量降低；法国还利用碎混凝土和碎砖块生产出了符合与砖石混凝土材料有关的NBNB 21—001(1988)标准的砖面混凝土砌块。

我国国土面积较大，资源丰富，可能在一定时期内混凝土的原材料危机不会突现，因此对再生混凝土的开发研究晚于工业发达国家，但也已加紧对再生混凝土的开发利用进行立项研究，并取得成果。目前废混凝土主要被用于加工再生集料配制中低强度的混凝土。利用再生集料作为部分或全部集料配制的混凝土叫做"再生集料混凝土"，也可简称为"再生混凝土"。显然，再生混凝土的开发和应用，一方面可大量利用废弃的混凝土，经处理后作为循环再生集料来替代天然集料，从而减少建筑业对天然集料的消耗；另一方面，还可在其配制过程中掺入一定量的粉煤灰等工业矿渣，这又充分利用了工业废渣；同时再生混凝土的开发应用还从根本上解决了天然集料日益匮乏及大量混凝土废物造成生态环境日益恶化等问题，保证了人类社会的可持续发展。

再生集料与天然集料相比，具有孔隙率高、吸水性大、强度低等特征，因而导致再生集料混凝土与天然集料混凝土的特性相关较大，也因此导致再生混凝土在应用中存在一些问题。如强度问题，收缩较大的问题，再生集料的掺入量问题，造价问题等。

3. 大力推广高性能混凝土

高性能混凝土一词是从英文 high performance concrete（HPC）翻译过来的，是近年来一些发达国家基于混凝土结构耐久性设计提出的新概念的混凝土。区别于传统混凝土，高性能混凝土把混凝土结构的耐久性作为首要的技术指标，目的在于通过对混凝土材料硬化前后各种性能的改善，提高混凝土结构的耐久性和可靠性。目前国际上已广泛认识到，高性能混凝土由于具有高耐久性、高工作性和高强度等特性，用高性能混凝土来替代传统的混凝土结构物和建造在严酷环境中的特殊结构，具有显著的经济效益。美国、日本、法国、加拿大、挪威、英国、德国等国家把高性能混凝土作为跨世纪的新材料，已投入了大量人力、物力进行研究和开发。高性能混凝土至今已在不少重要工程中被采用，并在高层建筑、大跨度桥梁、海上平台、漂浮结构等工程中显示出其独特的优越性，在工程安全使用期、经济合理性、环境条件的适应性等方面产生了明显的效益，因此被各国学者所接受，被认为是今后混凝土技术的发展方向。

高性能混凝土在配制上的特点是低水胶比，选用优质原材料，除水泥、集料、水以外，必须掺加足够数量的矿物掺合料和高效外加剂。高性能混凝土使传统混凝土向绿色混凝土迈进了一大步，因为它具有下列特征。

（1）能更多地节约水泥熟料，更有效地减少环境污染，同时也能大量降低物料消耗与能耗。在绿色高性能混凝土的胶凝材料中，工业废渣为主的掺合料可以替代大量熟料，最多可达60％～80％。

（2）能更多地掺加以工业废渣为主的掺合料，改善环境，减少二次污染。高性能混凝土中使用的各种优质减水剂（高效减水剂和高性能减水剂），可以减少混凝土中的水泥用量，促进工业副产品（如磨细矿渣、粉煤灰及硅灰等）在胶凝材料系统中的应用，有助于节约资源和环境保护。减水剂的发展可以概括为三个阶段（见表 5.4）。

表 5.4 减水剂的发展

阶 段	时 间	典 型 产 品
普通减水剂的应用与发展	20 世纪 30 年代初到 60 年代	松香酸钠、木质素磺酸钠、硬脂酸皂等有机物
高效减水剂、硫化剂的合成与应用阶段	1936 年开始，到 20 世纪 70 年代末 80 年代初，得到了广泛应用和较快发展	日本 1962 年合成萘磺酸甲醛缩合物；联邦德国 1964 年合成三聚氰胺磺酸盐甲醛缩合物高效减水剂
高性能减水剂的发展阶段	1985 年至今	高性能 AE 减水剂 改性木质素磺酸盐系列高性能减水剂 聚羧酸系高性能减水剂

在众多系列的减水剂中，聚羧酸系减水剂具有很多独特的优点，如具有高减水、低坍落度损失、低掺量、不缓凝、不受掺加时间影响等性能，另外，环保问题也可以得到很好的解决。高性能减水剂的研究已成为混凝土材料科学的一个重要分支，是绿色混凝土必不可少的重要组分。

日本"新 RC"研究计划中，用磨细矿渣代替熟料 50%～80%，取得流动性、耐久性、后期强度等性能的明显提高。由于收尘设备的改进，大量优质粉煤灰适于制作高性能混凝土；长江三峡工程使用Ⅰ级粉煤灰约 75 万吨，首都国际机场新航站楼工程所浇筑的 17 万立方米的 C60 高性能混凝土中使用了约 1.9 万吨Ⅰ级粉煤灰。我国年产水淬矿渣 2 亿吨以上，粉煤灰排放量约 4.83 亿吨，对环境构成重大破坏。这些工业废渣经过加工后用于高性能混凝土的生产，将使混凝土的单价低于相同强度等级的常规混凝土的单价。

综上所述，高性能混凝土在节能、节料、工程经济、劳动保护以及环境等方面都具有重要意义，是一种环保型、集约型的新型材料，可称为"绿色混凝土"。

4. 混凝土制品自动化生产线

混凝土制品的生产工艺比较复杂，工序、工位多，养护能耗大。对混凝土制品的生产线进行改进和提高，在提高产品质量的基础上，降低能耗，是各个生产企业努力的目标。近期，榆构（集团）PC 自动化生产线实现了混凝土制品行业节能降耗的突破。

该生产线主要生产产品为叠合板、内墙板、隔墙板、清水混凝土装饰挂板等构件，规划每年产能 4 万立方米。此条 PC 自动化生产线集自动清扫，旋转式放料飞车，摆渡、浇筑、振捣工位合一，干热及湿式蒸养工艺等特点，是一条工艺优、能耗低、流程佳的绿色生产线。将这条生产线与公司信息化管理系统衔接后，将实现全自动排产、信息数据采集、质量动态监控等功能。

这条生产线上的养护窑具有以下特点。①外部结构：其维护结构采用先进的保温体系，即预制清水混凝土复合板（夹心保温板），最大程度上提高了窑体的保温新能。而且预制混凝土作为维护结构，使窑体耐久性和整体框架达到同寿命，克服了目前国内生产线养护窑耐久性不高的缺点。同时也是目前国内生产线中第一个采用此种结构的养护窑。②内部结构：对传统的养护窑内部结构进行了单独隔离，隔离后的每个仓位均增加了传感器和温湿度控制器，可满足每个仓内独立控制温度、湿度，使得产品受热合理，提高产品质量。另外，在产能不足时，可根据需求独立供汽，避免了无需养护仓位的蒸汽浪费，最大程度上降低了能耗。③养护窑还采用冷凝水回收利用系统，日回收冷凝水 20t，回收后的冷凝水再次进入锅炉转化成生产线所需蒸汽，极大地节约了水资源，践行了国家绿色节能政策。

三、环境影响控制技术和措施

1. 使用绿色混凝土外加剂

混凝土外加剂在现代混凝土材料和技术中起着重要作用，可以提高混凝土的强度、改善混凝土的性能、节省生产能耗、保护环境等。在高性能混凝土、预拌混凝土中扮演着重要的角色，并促进了混凝土新技术的发展，如自流平混凝土，水下混凝土施工技术，喷射混凝土，泵送混凝土等。

以前使用的外加剂往往只重视其对混凝土性能的影响，对环境及人体产生的危害被忽视了。其实外加剂材料组成中有的是工业副产品、废料，有的可能是有毒的，有的会污染环境。因此明确混凝土外加剂可能存在的环境问题以及对人体的潜在危害，严禁使用对人体可能产生危害或对环境产生污染的物质用作外加剂，使用绿色混凝土外加剂是混凝土绿色化的重要途径。

某些早强剂、防冻剂中含有有毒的重铬酸盐，使洗刷搅拌机等的水对环境产生污染，且消除污染也很困难。亚硝酸盐对人体健康危害很大，误食亚硝酸盐造成生命危害的事件在冬季施工中时有发生。因此要求外加剂在混凝土施工及使用中不能损害人体健康，不能污染环境。有些物质如重铬酸盐、亚硝酸盐、硫氰酸盐对人体有一定毒害作用，均严禁用于饮水工程及与食品相接触的工程。冬季考虑到人身健康，有毒防冻剂严禁用于饮水工程及食品相接触的工程，而且必须提醒有毒防冻剂在使用过程中的注意事项。例如操作人员手上不慎沾上这些有毒防冻剂，必须洗干净手之后才能接触食品。粉状速凝剂和液体速凝剂都具有较强的碱性，易烧伤皮肤。施工时应注意劳动防护和人身安全。有些增稠性的速凝剂中含有一定数量的硅灰，吸入其粉尘对人体是有害的。

随着外加剂在住宅和公共建筑物工程的广泛使用，混凝土中一些对人体有害的组分逐渐释放出来，加之现代建筑物的密闭化，造成室内空气污染问题日益突出。这其中特别是冬季施工用防冻剂散发出的氨气，受到社会各界的普遍关注。防冻剂产品的研究开发使得在寒冷气候下的混凝土冬季施工不必暂停，由此给建筑业创造了可观的经济效益。早期的防冻剂多以氯化钠为主，在人们认识到氯离子对钢筋的锈蚀作用后，改以尿素作为防冻剂的有效成分。尿素在混凝土中水解，生成 NH_3 和 CO_2，氨气的挥发造成了建筑物室内的氨气污染。

在对北京六家办公场所室内空气质量的调查中发现：在有氨监测项目的三家办公场所中，共检测 36 个样品，超标率为 80.56%。超标的原因分析认为：其中"两家是由于在墙体施工过程中，加入尿素作为防冻剂。投入使用后，随温度、湿度等环境因素的变化，氨从墙体中缓慢释出，造成室内空气氨浓度较高"。建筑材料工业环境监测中心近年来对多家使用含尿素防冻剂的建筑进行了室内空气中氨含量的测定，结果显示均有不同程度的氨气污染，有的长达十几年。近年来，由于使用这类防冻剂而造成室内氨气污染，引起业主强烈不满的事例，在北京、天津等北方城市屡有发生，各类媒体也多有报道。使用含有有害物质的混凝土外加剂而造成室内空气氨的污染，这已成为一个毋庸置疑的事实。

由防冻剂中尿素引起的混凝土中氨气的释放是一个漫长的过程，如果没有有效的治理措施，氨的污染将伴随这类建筑物的使用者十几年甚至几十年。目前，对于混凝土中氨气的挥发造成的空气污染国内还没有理想的解决方案。一般住宅只能以开窗通风来减轻污染，但多数高档写字楼为密闭式设计，通风条件很差，大面积的玻璃幕墙根本无窗可开，即便开窗，因为开度很有限，很难达到通风的目的。一些室内空气净化器生产厂家正在开发氨气净化装置，希望通过这一途径消除室内空气中氨的污染。但目前这类装置的使用效果还有待进一步考证。

中国建筑材料科学研究总院环境工程研究所在对室内空气中氨污染现状调查的基础上，于 2001 年年底完成了十项强制性系列国家标准"室内建筑装饰装修材料有害物质限量"之《混凝土外加剂中氨的测定方法》。该标准的制定就是以控制混凝土外加剂中氨的含量为手段，达到从源头上控制由混凝土外加剂造成的室内氨气污染的目的，从而杜绝这类污染的产生，保障建筑物使用者的利益。外加剂释放氨含量限值定为 0.10%，可达到控制室内氨污染的目的。另外一种能释放氨的混凝土外加剂是硝酸铵，这种铵盐遇碱性环境产生化学反应释出氨，对人体有刺激性。严禁用于办公、居住等建筑工程。

2. 提高混凝土工作性

良好的工作性是使混凝土质量均匀、获得高性能因而安全可靠的前提。没有良好的工作性就不可能有良好的耐久性，可能造成混凝土中出现孔洞、蜂窝等严重缺陷。工作性对混凝土和管理现代化有重大影响。例如，拌和物离析、泌水会造成混凝土分层和不密实。良好的工作性可使施工操作方便而加快施工进度，改善劳动条件，有利于环境保护。因此，对混凝土的工作性应给予特别的重视。工作性的提高会使混凝土的填充性、自流平性和均匀性得以提高，并为混凝土的生产和施工走向机械化、自动化提供可能性。

在五六十年前，工作性还没有受到足够的重视，施工机械化程度还很低。根据坍落度将混凝土的工作性常分为三级：干硬性——坍落度为 0cm；低塑性——坍落度为 1~3cm；塑性——坍落度为 5~7cm。随着强度的提高，混凝土一度向低流动性和干硬性方向发展，尤其在预制混凝土方面，强制式拌和、强力高频振捣以至于振动加压等工艺使工作条件大为恶化，混凝土质量和均匀性也得不到可靠保证。但是，随着减水剂的普遍采用，高效减水剂和高性能减水剂的发明为工作性的提高和混凝土均匀性提供了保证，成为均匀优质混凝土的必要条件。借助优质减水剂配制的自密实混凝土是利用混凝土自身优良的流动性能获得的混凝土密实性，因此无需振捣，降低了混凝土施工噪声。

工作性对改善劳动条件的贡献受到愈来愈多的重视。混凝土的制作和应用至今还处于半手工操作状态，劳动条件不符合时代的要求，粉尘、噪声、震动、气候影响、强体力劳动、湿作业多等现状对操作人员和周围环境造成损害，其机械化、自动化的程度亟待提高。20世纪 70 年代北欧的调查表明，混凝土工人平均寿命比常人少 10 年之多，造成人员缺少，招工困难。工作性的提高除应保证均匀性、密实性、工程质量以外，今后更适应以混凝土施工的全盘机械化、计算机控制、机器人作业为目标。

3. 改进推广预拌混凝土技术

水泥、集料、水以及根据需要掺入的外加剂、矿物掺合料等组分按一定比例，在搅拌站经计量、搅拌后出售的，并采用运输车，在规定的时间内送至使用地点的混凝土拌合物称为预拌混凝土（又称为商品混凝土）。

预拌混凝土是一种在工厂将所有原料按原料配比混合好的作为商品出售的混凝土，它采用集中生产与统一供应，能为采用新技术与新材料，实行严格质量控制，改进施工方法，保证工程质量创造有利的条件，在质量、效率、需求、能耗、环保等方面，具有无可比拟的合理性，与可持续发展有着密切的联系。商品混凝土是建筑工程生产方式的重大变革，具有显著的经济效益、社会效益和环境效益（见表 5.5）。商品混凝土的应用数量和比例标志着一个国家的混凝土工业生产水平。

表 5.5　预拌混凝土的效益

类　别	效　　益
经济效益	(1)建筑施工单位用工量降低,劳动生产率提高一倍以上。预拌混凝土 0.25 工日/m³,全员产值 2.5 万～3.0 万元/(人·年),现场搅拌 0.35 工日/m³,产值一般仅 0.8 万元/(人·年) (2)节约原材料:应用预拌混凝土可节约水泥 10%～15%,砂石 12%左右 (3)促进机械化、自动化水平的提高,大大提高设备利用率 (4)提高混凝土质量,保证了混凝土质量的均匀性,延长工程使用寿命
社会效益	(1)节省费用支出,如,节省砂石及中间储料的堆场租用费 0.9 元/m³,水泥包装袋费用节约 1.75 元/m³,现场建材堆放场地租用费等节约 2.40 元/m³,现场临时水电及设施费 4.00 元/m³ 等。降低工程成本 5%左右 (2)加快施工进度,提前发挥投资效果 (3)促进水泥工业和混凝土新技术发展及其建筑工业化的发展
环境效益	(1)不需要在现场堆放材料及中转材料,避免了城市的脏、乱、差现象 (2)降低了现场搅拌的噪声、粉尘、污水等污染,改善了市民的工作、居住环境

　　预拌混凝土最早出现于欧洲。到 20 世纪 70 年代,世界预拌混凝土的发展进入了黄金时期,预拌混凝土在混凝土总产量中已经占有绝对优势,其中美国占 84%,瑞典占 83%,日本占 78%,澳大利亚占 63%,英国占 57%。20 世纪 70 年代末,全世界已有 3000 多个预拌混凝土工厂。2002 年,俄罗斯年产水泥 5000 万吨,其中 30%～40%用于生产预拌混凝土,全俄罗斯年产预拌混凝土 (4000～5000)×10⁴ m³,人均预拌混凝土用量 0.2～0.3m³;欧洲 22 个发达国家累计年生产预拌混凝土 3×10⁸ m³,人均 0.6m³;包括东欧国家,全欧洲总的年产预拌混凝土约 4×10⁸ m³;在欧洲国家中,德国预拌混凝土产量最高,年产量达到 7400×10⁴ m³,人均 0.9m³;而人口仅 650 万的瑞士,却有预拌混凝土工厂 300 多座,年产量 970×10⁴ m³,人均 1.49m³,居欧洲第一。目前,随着欧洲等国家建设规模的大幅度缩小,预拌混凝土规模也大大压缩。

　　我国的预拌混凝土搅拌站始建于 20 世纪 70 年代后期的上海、常州等地。随后,由于建设的需要和政府的支持,城市预拌混凝土发展较快,每年以约 15%的幅度递增,据统计,1990 年全国 35 个城市建成 100 个搅拌站,年设计能力为 1450×10⁴ m³,实际产量 500×10⁴ m³;1999 年全国预拌混凝土生产企业达 683 家,年设计能力 12700×10⁴ m³,实际产量约 5400×10⁴ m³;到 2013 年全国商品混凝土总产量达到 11.7×10⁸ m³,各地区产量见表 5.6。

表 5.6　2013 年我国商品混凝土产量各地区统计数字　　　　单位:10⁴ m³

序　号	地　区	产　量	序　号	地　区	产　量
1	北京	4643.70	16	河南	6461.32
2	天津	1573.36	17	湖北	4104.82
3	河北	1351.06	18	湖南	3640.77
4	山西	776.32	19	广东	4419.20
5	内蒙古	1148.45	20	广西	6145.66
6	辽宁	1872.79	21	海南	522.55
7	吉林	587.12	22	重庆	6390.32
8	黑龙江	978.34	23	四川	7705.85
9	上海	3081.46	24	贵州	2387.11
10	江苏	11419.14	25	云南	1973.56
11	浙江	12742.78	26	西藏	85.73
12	安徽	7760.27	27	陕西	5192.29
13	福建	4330.85	28	甘肃	1136.22
14	江西	2990.75	29	青海	222.55
15	山东	6764.78	30	宁夏	630.87
			31	新疆	3919.65
全国产量合计			116959.63		

预拌混凝土技术在我国发展得愈来愈快，与之相配套的先进工艺和技术也不断出现和推广应用。在近期预拌混凝土施工中，一项"气洗"管道清洁技术脱颖而出。中建西部建设有限公司（简称中建西部建设）所属中建商砼公司主供天津 117 大厦主塔楼混凝土，他们首次完成本企业泵送混凝土至 400m 以上的高度。在此次超高层泵送施工中，中建西部建设创新性地采用"气洗"技术来彻底清洁管道，既大幅提高效率，又实现混凝土回收利用，克服了水洗带来的资源浪费、管道损伤、安全隐患大、时间长等诸多不足。据初步计算，采用"气洗"单次可节约水 10m³ 左右，节约洗管砂浆 4m³，节约时间 30～40min。

综上所述，要从根本上实现混凝土工业的绿色化，应该从可持续发展的思想出发，从认识、技术和管理等方面全面提升管理者和企业的水平，采用多种技术措施，达到降低能源资源消耗、减少污染物排放和实现资源综合利用的目的。

第三节 混凝土及其制品的绿色化评价

混凝土行业对国民经济有着非常重要的作用，由于产量巨大，造成资源、能源消耗居高不下，同时也带来一系列的环境问题。国家相关部门一方面鼓励混凝土生产企业利用绿色化技术改造原有生产线，提高生产技术水平，另一方面通过制定标准规范，来强制和引导企业节能减排、减少对环境的影响。2014 年颁布的《预拌混凝土绿色生产及管理技术规程》，对预拌混凝土行业的清洁生产、污染控制等多方面提出了具体要求，是目前现行的预拌混凝土生产绿色化评价标准。

一、《预拌混凝土绿色生产及管理技术规程》解读

关于混凝土绿色化的标准制定工作处于起步阶段，相关标准较少，亟待国家出台相关的标准进行绿色化导向和对混凝土生产、应用进行规范。令人欣喜的是，由中国建筑科学研究院主编的《预拌混凝土绿色生产及管理技术规程》JGJ/T 328—2014 标准在 2014 年正式颁布了，标准的出台对混凝土绿色化生产将起到引领作用。

JGJ/T 328—2014 标准针对高性能混凝土生产过程的各个环节，从以下九个方面提出了绿色化生产和管理的具体技术要求。指标体系依据评价技术要求将预拌混凝土企业绿色生产等级划分为三级：★、★★和★★★。其中★★★企业的绿色化指标要求最高。

1. 生产设备

预拌混凝土生产设备主要包括搅拌站（楼）、装载机、运输车、除尘装置、洗车装置和砂石分离机，生产设施包括封闭式集料堆场、粉料仓、配料地仓和沉淀池等。生产设备应符合国家现行标准的相应规定，并应满足绿色生产要求。生产高性能混凝土时，宜选用技术先进、低噪声、低能耗、低排放的搅拌、运输和试验设备和设施，并宜符合下列对搅拌站（楼）、废水收集和处置系统、料仓、集料装卸、处理废弃新拌混凝土的设备设施、运输车的清洗、实时监控系统、原材料计量设备的具体要求。

《预拌混凝土绿色生产及管理技术规程》与其他混凝土生产、运输方面的标准比较，突出了如下几点技术要求。

（1）突出绿色环保要求 提出生产性粉尘控制要求及手段，要求搅拌站（楼）封闭，关键扬尘环节安装除尘装置，并保证其有效运行；提出生产过程的噪声控制要求及手段，对于搅拌主机、装载机等，要求选用低噪声设备，必要时采用封闭方式进行降噪处理。

（2）提出节水设备设施要求及技术手段　包括搅拌层、称量层冲洗水、集料堆场排水、砂石分离机排水、洗车用水等各类生产废水的回收及利用，因地制宜地配备砂石分离机或压滤机等。

（3）提高质量管理控制水平　粉料仓标识并配备料位控制系统；安装实时监控系统；采用电子计量设备等。

上述要求体现了高性能混凝土生产过程展示的绿色环保理念，更加符合混凝土行业可持续发展的根本要求。

2. 生产性粉尘控制

生产性粉尘是指高性能混凝土生产过程中产生的总悬浮颗粒物、可吸入颗粒物和细颗粒物的总称，各颗粒物的空气动力学当量直径分别不大于 $100\mu m$、$10\mu m$ 和 $2.5\mu m$，多数为无组织排放方式。混凝土搅拌站（楼）生产性粉尘来源主要包括：原材料运输过程产生扬尘；生产时在粉料筒仓顶部、粉料储料斗、搅拌机进料口部位产生的粉尘；砂石装卸作业产生的粉尘等。对混凝土生产过程控制粉尘排放有利于改善空气质量，降低生产对环境产生的负面影响，避免或减少粉尘扰民现象，保障从业人员的职业健康等。

（1）粉尘浓度控制要求　《预拌混凝土绿色生产及管理技术规程》要求搅拌站（楼）厂界环境空气功能区类别划分和环境空气污染物中的总悬浮颗粒物、可吸入颗粒物和细颗粒物的浓度控制应符合表 5.7 的规定。

表 5.7　总悬浮颗粒物、可吸入颗粒物和细颗粒物的浓度控制要求

企业绿色生产等级	污染物项目	测试时间	厂界平均浓度差值最大限值/（$\mu g/m^3$）	
			自然保护区、风景名胜区和其他需要特殊保护的区域	居住区、商业交通居民混合区、文化区、工业区和农村地区
★	总悬浮颗粒物	1h	120	300
	可吸入颗粒物	1h	50	150
	细颗粒物	1h	35	75
★★	总悬浮颗粒物	1h	120	250
	可吸入颗粒物	1h	50	120
	细颗粒物	1h	35	55
★★★	总悬浮颗粒物	1h	120	200
	可吸入颗粒物	1h	50	80
	细颗粒物	1h	35	35

厂区内生产时段无组织排放总悬浮颗粒物的 1h 平均浓度应符合表 5.8 规定。

表 5.8　总悬浮颗粒物 1h 平均浓度技术要求　　　　单位：$\mu g/m^3$

企业绿色生产等级	计量层和搅拌层	集料堆场	操作间、办公区和生活区
★	1000	800	400
★★	800	600	400
★★★	600	400	400

（2）粉尘检测方法　对生产性粉尘监测方法也做了规定，特别指出了厂界生产粉尘排放监控点的位置、数量、独立性；厂区内生产性粉尘监控点的当日 24h 细颗粒物平均浓度值限值、监控点位置、独立性；监测参照点大气污染浓度时，参照点的位置、数量、独立性、取值方法。

（3）防尘技术措施　当高性能混凝土的生产性粉尘排放超出标准要求时，宜采取下列防尘技术措施：

① 对产生粉尘排放的设备设施或场所进行封闭处理或安装除尘装置；

② 采用低粉尘排放量的生产、运输和检测设备；

③ 利用喷淋装置对砂石进行预湿处理；

④ 生产性粉尘控制尚应符合现行行业标准《预拌混凝土绿色生产及管理技术规程》JGJ/T 328 的相关规定。

3. 噪声控制

噪声是指高性能混凝土生产过程中产生的噪声。预拌混凝土搅拌站（楼）主要噪声来源包括：搅拌主机、空压机、运输车、装载机、柴油发动机、水泵等，其噪声值约为 85～95dB(A)。控制高性能混凝土生产过程的噪声排放有利于改善生产环境，降低生产过程存在的噪声扰民现象，并有利于保障从业人员的职业健康。

（1）噪声控制要求　《预拌混凝土绿色生产及管理技术规程》要求搅拌站（楼）的厂界声环境功能区类别划分和环境噪声最大限值应符合表 5.9 的规定。

表 5.9　搅拌站（楼）的厂界声环境功能区类别划分和环境噪声最大限值

单位：dB(A)

企业绿色生产等级	声环境功能区域	时段	
		昼间	夜间
★	以居民住宅、医疗卫生、文化教育、科研设计、行政办公为主要功能，需要保持安静的区域	55	45
	以商业金融、集市贸易为主要功能，或者居住、商业、工业混杂，需要维护住宅安静的区域	60	50
	以工业生产、仓储物流为主要功能，需要防止工业噪声对周围环境产生严重影响的区域	65	55
	高速公路、一级公路、二级公路、城市快速路、城市主干路、城市次干路、城市轨道交通地面段、内河航道两侧区域，需要防止交通噪声对周围环境产生严重影响的区域	70	55
	铁路干线两侧区域，需要防止交通噪声对周围环境产生严重影响的区域	70	60
★★	比一星级所属声环境昼间噪声限值低 5dB(A) 以上，或最大噪声限值 55dB(A)		
★★★	比一星级所属声环境昼间噪声限值低 10dB(A) 以上，或最大噪声限值 55dB(A)		

注：本规程中的环境噪声限值是指等效声级。

厂区内噪声敏感建筑物的环境噪声最大限值应符合表 5.10 的规定。

表 5.10　厂区内噪声敏感建筑物的环境噪声最大限值　　单位：dB(A)

企业绿色生产等级	厂区内噪声敏感建筑物	时段	
		昼间	夜间
★	生活区	—	—
	办公区	—	—
★★	生活区	55	45
	办公区	60	50
★★★	生活区	55	45
	办公区	55	45

（2）噪声监测方法　对噪声监测时，其测点分布和监测方法除应符合现行国家标准《声环境质量标准》GB 3096 和《工业企业厂界环境噪声排放标准》GB 12348 的规定外，尚应符合下列规定。

① 当监测厂界环境噪声时，应在厂界均匀设置四个以上监控点，并应包括受被测声源影响大的位置；

② 当监测厂区内环境噪声时，应在厂区的集料堆场、搅拌站（楼）控制室、食堂、办公室和宿舍等区域设置监控点，并应包括噪声敏感建筑物的受噪声影响方向；

③ 各监控点应分别监测昼间和夜间环境噪声,并应单独评价。

(3) 噪声控制措施 当高性能混凝土的生产噪声超出标准要求时,宜采取下列降低噪声的技术措施。

① 对产生噪声的主要设备设施应进行降噪处理;

② 搅拌站(楼)临近居民区时,应在对应厂界安装隔声装置;

③ 选用噪声较低的布料机或装载机也是常用的有效方法之一;

④ 噪声控制尚应符合现行行业标准《预拌混凝土绿色生产及管理技术规程》JGJ/T 328 的相关规定。

4. 生产废水和废浆处理利用要求

生产废水和废浆是指高性能混凝土生产过程中因清洗混凝土搅拌设备、运输设备和搅拌站(楼)出料位置地面所形成的含有较多固体颗粒物的液体。混凝土搅拌站(楼)生产废水和废浆来源主要包括:冲洗搅拌主机和运输车;冲洗厂区路面;由砂石分离机或压滤机所生成;冲洗搅拌站(楼)出料位置地面、计量层和搅拌层等。对预拌混凝土生产废水和废浆进行循环利用,不仅有利于节约宝贵水资源,降低乱排放带来的环境压力,而且有利于降低生产成本等。

(1) 废水废浆控制要求 《预拌混凝土绿色生产及管理技术规程》对生产废水处置系统等专用设备、废水和废浆利用方式、质量控制和监测方法进行了详细规定。要求生产高性能混凝土时,不得向厂区以外直接排放生产废水和废浆,应严格控制生产废水和废浆排放。

① 生产废水处置系统 预拌混凝土生产企业应配备完善的生产废水处置系统,可包括排水沟系统、多级沉淀池系统和管道系统。排水沟系统应覆盖连通搅拌站(楼)装车层、集料堆场、砂石分离机和车辆清洗场等区域,并与多级沉淀池连接;管道系统可连通多级沉淀池和搅拌主机。

② 废浆压滤 当采用压滤机对废浆进行处理时,压滤后的废水应通过专用管道进入生产废水回收利用装置,压滤后的固体应做无害化处理。

③ 生产废水和废浆循环利用 经沉淀或压滤处理的生产废水可用于硬化地面降尘和生产设备冲洗。当生产废水和废浆用于生产高性能混凝土时,应符合本标准中的相关具体要求。

(2) 废水、废浆检测方法 生产废水的检测方法应符合现行行业标准《混凝土用水标准》JGJ 63 的规定。废浆的固体颗粒含量检测方法可按现行国家标准《混凝土外加剂匀质性试验方法》GB/T 8077 的规定执行。

(3) 废水、废浆应用要点 不宜用于制备高性能混凝土中的预应力混凝土、装饰混凝土、高强混凝土和暴露于腐蚀环境的混凝土;不得用于制备使用碱活性或潜在碱活性集料的混凝土。

5. 原材料进场与储存

原材料的运输、装卸和存放应采取降低噪声和防尘的措施,并保持清洁卫生,符合环境卫生要求。此外,大宗粉料不使用袋装方式,原材料在进场和储存过程降噪、防尘,保持环境卫生等均为高性能混凝土绿色生产的重要技术要求。

6. 计量

计量是高性能混凝土生产的核心环节,精确的计量对于生产高性能混凝土具有重要意义。计量过程中还应注意控制噪声和粉尘排放。传统混凝土生产方式会在计量过程中伴随大量的粉尘,而安装除尘装置并定期更换滤芯是实现高性能混凝土绿色生产的重要手段。

7. 搅拌

混凝土企业应严格控制搅拌过程的噪声和粉尘排放。在混凝土搅拌过程同样伴随噪声和粉尘排放，因此控制搅拌环节粉尘排放或降低噪声同样是高性能混凝土绿色生产的重要内容。

8. 运输

搅拌运输车出入厂区时宜使用循环水进行冲洗以保持卫生清洁，冲洗运输车产生的废水可进入废水回收利用设施。在高性能混凝土运输过程中，还应利用定位系统监控车辆运行、保持车辆出入卫生、回收利用洗车用水以及确保运输车（机动车）污染物排放达标，上述措施不仅提高运输效率和废水利用率，而且有利于环保。

9. 绿色生产监测

绿色生产监测是指对高性能混凝土生产过程产生的废浆、生产废水、生产性粉尘和噪声等定期进行监测。绿色生产监测包括第三方监测和自我监测两种方式，第三方监测可作为绿色生产的评价依据，自我监测则是为了企业自身绿色生产水平控制。《预拌混凝土绿色生产及管理技术规程》要求绿色生产监测应符合下列要求：

① 第三方监测机构应具有相应法定资格；

② 监测时间应选择满负荷生产时段；

③ 监测频率最小限值应符合表 5.11 的要求；

④ 检测结果应符合技术规程的要求。

表 5.11　废浆、生产废水、生产性粉尘和噪声的监测频率最小限值

监 测 对 象	监测频率/(次/a)		
	第三方监测	自我监测	总计
废浆	1	—	1
生产废水	1	—	1
噪声	1	2	3
生产性粉尘	1	1	2

生产绿色化是高性能混凝土的重要特征，对高性能混凝土生产过程所产生的废浆、生产废水、生产性粉尘和噪声按规定频率进行监测是确保绿色生产持续有效运行的手段，也是评价绿色生产等级的重要条件。第三方监测机构要具备法定授权的粉尘、噪声和水检测资格，其提供的绿色生产监测结果应具有客观公正性。自我监测具有较大灵活性，即可根据生产季节不同、重要原材料或生产工艺变化，以及生产过程出现粉尘或噪声异常等现象，及时监测并根据监测结果采取改善措施，以保证绿色生产具有动态稳定性。高性能混凝土生产企业可增加第三方监测频率来替代自我监测，但是不能增加自我监测频率来替代第三方监测。高性能混凝土满负荷生产时，粉尘浓度和噪声声级通常会达到最大值，此时监测并控制偏于严格，但是它对于改善我国空气质量，引导生产企业加大绿色生产投入具有积极意义。

二、混凝土工业绿色化评价的发展趋势

混凝土也是一种典型的传统材料，传统混凝土的绿色化被再一次提上日程，21 世纪的混凝土技术发展面临着前所未有的巨大挑战。近年来，混凝土科技工作者一方面在材料性能与结构方面开展系统工作，更重要的一个方面是在混凝土减轻环境负荷方面的研究与开发工作。绿色高性能混凝土（green high performance concrete，GHPC）是混凝土未来发展的方向。它基于对混凝土耐久性的设计，兼具可持续发展和绿色环保的概念。

目前，围绕绿色高性能混凝土的研究主要集中在如下几个方面：

① 能够替代天然砂、石资源的各种新原料；

② 能够降低生产过程中能耗的工艺措施；

③ 生产和使用过程中的各种废弃物的资源化利用；

④ 开发新型绿色原材料，如低能耗水泥、环保型化学外加剂等；

⑤ 能够降低生产过程中人力消耗、噪声污染、粉尘污染的工艺措施；

⑥ 能够改善混凝土微观结构、提高混凝土的耐久性科学理论和新技术。

可以预测，随着研究工作逐步深入，这些以降低资源和能源消耗、增加废弃物再利用和降低环境负荷为出发点的新成果将在混凝土及制品的生产过程中得到应用。混凝土生产将在原有技术工艺的基础上，降低消耗，减少污染排放，逐步实现环境友好与协调。这些具有较低环境负荷的新产品、新技术和新工艺也将被列入对混凝土绿色化的评价里去，并将增加相应的具体技术要求以逐步完善混凝土绿色化评价标准。

综上所述，标准推动创新，标准推动改变，标准使世界更安全，环境与标准紧密相连。随着水泥混凝土生产绿色化评价标准更加系统、更加科学和更加有效，必将有力引导我国混凝土这个传统行业更加扎实地向绿色化迈进，更好地建设我们的家园！

参考文献

[1] 国家统计局. 中国统计年鉴（2003—2013年）[R/OL]. 2012-06-16.

[2] 非金属矿物制造业产排污系数使用手册. 北京：第一次全国污染源普查工作办公室，2008.

[3] 张浩楠，姜小川等. 中国现代水泥技术与装备. 天津：天津科学技术出版社，1991.

[4] 刘俞铭. 预分解窑水泥生产新技术新工艺流程与质量控制及窑炉、机械设备设计改造操作参数、系统运行维护实务全书. 北京：北方工业出版社，2006.

[5] 陈全德. 应用高新技术建设"环境材料型"水泥工业. 新世纪水泥导报，2001(2).

[6] 赵庆祥. 污泥资源化技术. 北京：化学工业出版社，2002.

[7] 阎振甲，何艳君. 工业废渣生产建筑材料实用技术. 北京：化学工业出版社，2002.

[8] Bill Neuffer，Project Officer Metals and Minerals Group，Alternative Control Techniques Document Update - NO_x Emissions from New Cement Kilns，U. S. Environmental Protection Agency Office of Air Quality Planning and Standards Sector Policies and Programs Division Research Triangle Park，North Carolina.

[9] JGJ/T 328—2014，预拌混凝土绿色生产及管理技术规程.

[10] 段文静. 发展绿色高性能混凝土的重要性和意义. 山西建筑，2013(09)：101-102.

[11] 胡晓. 绿色混凝土搅拌站建设经验谈. 混凝土世界，2013(08)：94-97.

[12] 陈江涌. 商品混凝土企业发展绿色高性能混凝土研究. 商品混凝土，2012(06)：13-14.

[13] 张凯峰，尚建丽，吴雄. 建筑材料绿色度评价方法的研究进展. 材料导报，2012(S2)：354-356.

[14] 谢兴建. 商品混凝土搅拌站的绿色生产. 福建建筑，2011(06)：108-110.

[15] 秦华虎. 尽快发展绿色高性能混凝土. 见：中国建筑材料联合会、中国建材工业经济研究会、中国建材报社、中国建材杂志社. 中国建材产业发展研究论文集[C]. 北京：中国建材杂志社，2010.

[16] 徐海军. 绿色混凝土的研究现状及其发展趋势. 广州建筑，2008(06)：3-5.

[17] 李秦. 浅谈绿色高性能混凝土的发展. 粉煤灰综合利用，2008(03)：41-43.

[18] 李梅，赵成，江大光等. 浅谈绿色高性能混凝土的发展. 混凝土，2006(06)：75-76.

[19] 覃维祖. 大力发展绿色高性能混凝土. 建筑技术，2005(01)：12-16.

[20] 钟海英，贾淑明. 浅析绿色高性能混凝土的发展与应用. 甘肃科技，2004(10)：96-98.

[21] 吴中伟. 绿色高性能混凝土——混凝土的发展方向. 混凝土与水泥制品，1998(01)：3-6.

[22] 徐至钧. 住宅室内装修应忌建材的污染. 住宅科技，1999(4)：25.

[23] 洪鸿. 关注家庭隐形杀手——谨防装饰材料对人体的危害. 医药与保健，2001(11)：4.

[24] 程海丽，姜德民，高振林. 开发绿色建材改善室内空气质量. 建筑技术开发，2002，29(5)：51.

[25] 于尔捷，姜安玺，徐江兴，刘京. 室内空气质量的研究现状及展望. 哈尔滨建筑大学学报，1995，28(6)：139.

［26］ Srivastavau P K，Pandit S G G. Sharma，A. M. Mohan Rao. Volatile Organic Compounds in Indoor Environments in Mumbai，India. The Science of the Total Environment，2000，255：161-168.

［27］ 陈宗瑜．居住环境与室内空气污染．云南农业大学学报，1999，14(4)：432.

［28］ 曹杰．建筑材料与室内空气污染．山西建筑，2002，28(3)：91.

［29］ Brad Bass，Vanita Economou，Christina K K Lee，etc. The Interaction between Physical and Social-psychological Factors in Indoor Environmental Health. Environmental Monitoring and Assessment，2003，85：199-219.

［30］ Jones A P. Indoor air quality and health. Atmospheric Environment，1999，33：4535-4564.

［31］ 伊冰．室内空气污染与健康．国外医学卫生学分册，2001，28(3)：167.

［32］ 北京科技大学，北京新材料发展中心．2000 年悉尼奥运会空气质量控制指南(节选)．新材料产业，2002，7：31-35.

［33］ Peder Wolko，Gunnar D Nielsen. Organic Compounds in Indoor Air-Their Relevance for Perceived Indoor Air Quality. Atmospheric Environment，2001，35，4407-4417.

［34］ 黄玉凯．室内空气污染的来源、危害及控制．现代科学仪器，2002(4)：39.

［35］ 于慧芳，李心意，吕静等．家具城室内空气污染现状调查．环境与健康杂志，2000，17(4)：224-227.

［36］ 王桂芳，陈烈贤，宋瑞金等．办公室内空气污染的调查．环境与健康杂志，2000，17(3)：156-157.

［37］ 彭绪亚，方俊华，张智．住居区空气质量评价方法的研究．重庆环境科学，1998，20(3).

［38］ Ventilation for Acceptable Indoor Air Quality. ASHRAE Standard 62，1989.

［39］ 杨旭等．线性可视模拟比例尺在评价室内空气质量中的应用．中国环境卫生，1999，2(1)：23.

［40］ Jokl M V. Evaluation of Indoor Air Quality Using the Decibel Concept. International Journal of Environment，Health Research，1997，7 (4).

［41］ 姚润明等．通风降温建筑室内热环境模拟及热舒适研究．暖通空调，1997，(6)：5.

［42］ 付祥钊．长江流域住宅冬季热环境质量．住宅科技，1993(3)：10.

［43］ 陈淑怡，陈桂贻，汤利民．环境空气中的氨的采集与测定方法进展．中国卫生检验杂志，1998，8(6)：382-384.

第六章
水泥生产协同处置废弃物

第一节 水泥生产协同处置废弃物的产业现状

水泥窑协同处置废弃物是指在水泥生产过程中使用废弃物，并从中回收物质和能量的过程。废弃物可在不同的喂料点进入水泥生产过程。最常见的喂料点是窑头主燃烧器、窑尾烟室、上升烟道、预分解炉、分解炉的三次风风管进口等。

利用企业生产过程协同资源化处理废弃物，是指利用工业窑炉等生产设施，在满足企业生产要求且不降低产品质量的情况下，将废弃物作为生产过程的部分原料或燃料等，实现废弃物的无害化处置并部分资源化的处理方式。

2013年，我国工业固体废物产生量为32.77亿吨，综合利用量为20.59亿吨，综合利用率为62.3%。目前，城市生活垃圾年清运量约1.71亿吨。由于我国废弃物处置能力相对不足，大量固体废物未得到及时有效的处理与处置。通过现有企业生产过程进行协同资源化处理，可以提高我国废弃物无害化处理能力，有利于化解我国废弃物处理处置的难题，是循环经济的重要发展领域。在企业协同处理过程中，废弃物可以作为替代原料或燃料实现部分资源化利用，含硅、钙、铝、铁等组分的废弃物可作为建材生产的替代原料，热值较高的工业废物、生活垃圾、污泥等可替代部分燃料。协同资源化可以构建企业间、产业间、生产系统和生活系统间的循环经济链条，促进企业减少能源、资源消耗和污染排放，推动水泥等行业化解产能过剩矛盾，实现水泥、电力、钢铁等传统行业的绿色化转型，树立承担社会责任、保护环境的良好形象，实现企业与城市和谐共存。

水泥窑是发达国家焚烧处理危险废物和城市生活垃圾的重要设施，得到广泛的认可和应用。德国、瑞士、法国、英国、意大利、挪威、瑞典、美国、加拿大、日本等发达国家利用水泥窑处置危险废物和城市生活垃圾已经有30多年的历史，积累了丰富的经验。随着水泥窑焚烧废物的理论与实践的发展与各国相关环保法规的健全，该项技术在经济和环保两方面显示出了巨大的优势，取得了良好的社会效益、环境效益和经济效益。

近年来，我国水泥产业蓬勃发展，已具备广泛处置危险废物和城市生活垃圾的物质和技术条件。借鉴发达国家的先进经验，将废物处置与水泥工业的可持续发展结合起来，是低成本、大规模处置固体废物的重要措施，也是较为适合我国国情的做法。

通常情况下，固体废物均具有一定的热量和可用物质，可作为水泥工业的替代原料或替代燃料，水泥窑协同处置废物的途径主要有两种方式，一种是作为水泥生产的替代原料，主要有燃料渣（包括粉煤灰、煤矸石、炉渣等）、冶金渣（包括高炉矿渣、钢渣、赤泥等）、化工渣（包括碱渣、硫铁矿渣、电石渣）等；另一种是以替代燃料的形式在水泥窑上煅烧熟料，主要是高热值的有机废物，如废轮胎、废橡胶、废塑料、废油、城市生活污泥、垃圾等。对于低热值或危险废物一般采用专业设施的焚烧处理方式。

一、发达国家利用水泥窑处置废弃物的现状

经过30多年的发展，欧美等发达国家已逐步建立起贯穿于废物产生、分选、收集、运输、储存、预处理和处置、污染物排放、水泥和混凝土质量安全等一系列法规和标准，水泥行业替代燃料技术和经验成熟，成为这些国家水泥行业节能减排的重要手段。发达国家有2/3的水泥厂使用替代燃料，可燃废物在水泥工业中的应用替代比例平均达20%。

以污泥处置为例，工业污泥和城镇生活用水处理厂污泥是欧洲水泥协会定义的14类替代燃料的2类，污泥是日本、德国、瑞士、荷兰等国重要的替代燃料。瑞士水泥行业替代燃料使用最多的是干化污泥，2007年达5.7万吨。德国从2002年年处置4000t污泥猛增到2006年的23.8万吨，4年增长了58倍。日本水泥业使用替代燃料的数量逐年增多，其中城镇生活水处理厂的湿污泥用量2008年达303万吨，是水泥行业利用和处置废弃物的第三大品种，日本水泥行业处置污泥的数量占日本污泥产生量的30%。2007年韩国水泥行业处置污泥71.3万吨。

水泥行业燃料替代的数据表明，发达国家均有较高的替代比例。美国的替代率是25%。德国水泥行业的替代率从2000年的25.7%迅速上升至现在的49.9%。荷兰是世界上水泥行业使用燃料替代率最高的国家，从2001年的83%上升至现在的92%。2004年欧洲水泥行业共使用替代燃料620万吨，燃料替代率达17%，2010年达到27%。根据欧洲水泥协会报道，1995年，欧洲水泥行业使用替代燃料替代了10%的燃料热耗，相当于替代250万吨煤。2001年，欧洲水泥协会又把废物利用提到战略高度，提出"废物利用行动计划"（Action Plan for the Use of Waste），提出2010年燃料替代率目标翻番达到24%，最近又把目标提高到27%。

二、我国利用水泥窑处置废弃物的现状

我国水泥行业利用粉煤灰等固体废物作替代原料的数量每年约3亿吨，是固体废物利用的重要领域，国家在此方面有比较完备的政策、技术标准和鼓励措施。然而，目前国家在替代燃料方面的政策却基本是空白。

近几年，我国对水泥行业利用水泥窑协同处置废弃物进行了积极的尝试，并取得了显著的成果，已逐步建立起了一套协同处置的技术体系，但仍与发达国家差距巨大。我国水泥行业使用替代燃料的时间短、种类少，约5000家水泥厂中仅有10余家水泥厂使用替代燃料，年替代量不足5万吨标煤，行业总体的燃料替代率接近于零。

1998年，北京水泥厂在国内开始利用1条日产2000t水泥熟料窑进行废弃物处置，主要针对北京市的石油、化工、汽车、医药、冶金和建材、实验室等单位产生的《国家危险废弃物名录》中所列47类中的30类废物进行安全处置。2005年，北京水泥厂专门兴建了1条日产3200t水泥熟料生产线，协同处置10万吨危险废物。2009年10月，在水泥厂内建成设计处置500t/d（含水80%~85%）污泥热干化预处理线，干化污泥3200t/d水泥熟料生产线焚烧处置。目前每天处置量400t/d。

2009年4月，华新水泥投资6500万元，在武穴工厂建设日处理500t的生活垃圾生产线建成投产。

2009年8月21日，广州越堡水泥有限公司把1条6000t/d水泥熟料生产线改造成日处

理 600t（含水 80％）城市污泥工程完成并投产。系统运行可靠，操作简便，对污泥的适应性强。按照 600t/d 的设计处理能力运行，每年可节约标准煤 1.36 万吨、减少 CO_2 排放 3.4 万吨、避免污泥填埋而减少甲烷排放 5000t，相当于每年减少 CO_2 排放 10.5 万吨。到目前共处置广州市生活污泥 26 多万吨。

2010 年 4 月 10 日，安徽海螺集团与日本川崎公司利用联合开发的水泥窑与气化炉相结合的城市垃圾处置技术，利用铜陵海螺水泥 2 条 5000t/d 水泥熟料生产线，建设日处理生活垃圾 600t 的生产线一期工程投运，日平均处理生活垃圾 230t，全部用于处置铜陵市产生的城市垃圾。

2010 年 7 月，秭归水泥公司建成利用水泥窑协同处置三峡库区漂浮物项目，设计日处理能力 1000m³，年处理能力达 $30 \times 10^4 m^3$。

2011 年 7 月，江苏天山水泥集团有限公司溧阳分公司利用水泥窑处置废弃物工程投产，由中材国际环境工程（北京）有限公司投资建设，处置污泥、生活垃圾及危险废物。污泥处置一期工程规模为 120t/d，污泥直接泵入烟室焚烧处置。二期处理工艺为污泥深度脱水，热干化后送入水泥窑焚烧处置，处置规模提高至 200t/d。2012 年 3 月 15 日，500t/d 生活垃圾处置项目投产，项目把经分选预处理的生活垃圾在水泥窑焚烧处置。此外，该公司正在进行的项目还有危险废物的处置，处置能力为危险废物 9800t/a、有毒有害工业废液 2800t/a、有毒有害半固态和固态危险废物 7000t/a。

我国水泥窑替代燃料工作起步晚、进展慢是造成国内利用水泥窑替代燃料比例落后的原因，这其中既包括经济方面的原因也有政策、技术和相关配套体系的制约，在政策、标准、技术、监督等方面均有待于建立和完善。

近年来，我国一些水泥企业开展了利用水泥窑协同处理工业废物、污水处理厂污泥、污染土壤和危险废物的实践，同时开展了水泥窑协同处理生活垃圾和垃圾焚烧飞灰的探索。部分钢铁企业开发了利用铬渣等废物制作自熔性烧结矿冶炼含铬生铁工艺。一些电厂开展了协同处理污水处理厂污泥的工程实践。

目前，我国利用生产过程协同资源化处理废弃物面临的突出问题是产业发展处于起步阶段，处理工艺和关键技术不成熟，企业运行管理经验不足，废弃物特性有待明确，缺乏针对性排放标准、污染控制标准、产品质量控制标准等风险控制相关标准和完善的控制措施，管理体制不够健全，缺乏政策激励。

第二节　水泥生产协同处置废弃物技术及发展

一、协同处置废弃物中有害物质限量规定

我国部分水泥企业使用大量的工业废物代替水泥生产过程中的部分原料和燃料，少数企业使用污泥、城市生活垃圾和废皮革等代替部分燃料和原料。使用废物作为原料的成分比较重要，必须符合生产熟料的成分要求。对用于协同处置废弃物中有害物质限量的规定及在用于协同处置的废弃物中有害物质限量问题上，欧洲没有统一的规定，各国根据具体情况制定本地区的限量标准。奥地利、瑞士、德国、西班牙、比利时、法国等国都对可接受的废弃物提出了限制要求。表 6.1 为奥地利、瑞士和德国对"可用于协同处置的废弃物中各种有害物质含量"的限值要求，表 6.2 为西班牙、比利时、法国对替代燃料中各种有害物质的限值要求，表 6.3 为西班牙、比利时、法国、瑞士对替代原料中各种有害物质的限值要求。

表 6.1　奥地利、瑞士和德国对"可用于协同处置的废弃物中各种有害物质含量"的限值要求

有害物质	奥地利[①]			瑞士[②]		德国[③]	
	一般易燃废物[④]	塑料、纸、纺织废水、木头等,普通废料中的高热值部分	溶剂、废油、废漆	一般易燃废物[⑤]	其他待处理废弃物	塑料、纸、纺织废水、木头等,普通废料中的高热值部分[⑥]	溶剂、废油
最大值 /(mg/kg)							
As	15	15	20	15	—	13	15
Sb	5	20(200)[⑦]	100	5	800[④]	120	20
Be	5	—	—	5	—	2	2
Pb	200	500	800	200	500	400	150
Cd	2	27	20	2	5	9	4
Cr	100	300	300	100	500	250	50
Cu	100	500	500	100	600	700	180
Co	20	100	25	20	60	12	25
Ni	100	200	—	100	80	160	30
Hg	0.5	2	2	0.5	5[g]	1.2	1
Tl	3	10	5	3	—	2	2
V	100	—	—	100	—	25	10
Zn	400	—	—	400	—	—	—
Sn	10	70	100	10	—	70	30
Cl(总)	1%	2%	—	—	—	1.5%	—
PCBs	50	—	100	—	—	—	—

① 水泥工业与当局和相关行业的自愿承诺。
② BUWAL,瑞士的协同处理准则。
③ 废弃物行业的自愿承诺以及德国北莱茵维斯法里亚政府的法规。
④ 净热值为 25MJ/kg。
⑤ 平均净热值为 18MJ/kg。
⑥ PET。
⑦ PET,聚酯。
⑧ 特殊情况,Hg 的废气清理。
注：数据来源,水泥生产过程协同处理废弃物指南,GTZ-Holcim,2005。

表 6.2　西班牙、比利时、法国对替代燃料中各种有害物质的限值要求

参　　数	西班牙	比利时	法国
卤素(以 Cl 表达)/%	2	2	2
F/%	0.20	—	—
S/%	3	3	3
Hg/(mg/kg)	10	5	10
Cd/(mg/kg)	100	70	—
Tl/(mg/kg)	100	30	—
Hg+Cd+Tl 的总和/(mg/kg)	100	—	100
Sb/(mg/kg)	—	200	—
Sb+As+Co+Ni+Pb+Sn+V+Cr 的总和/(mg/kg)	0.50%	2500	2500
As/(mg/kg)	—	200	—
Co/(mg/kg)	—	200	—
Ni/(mg/kg)	—	1000	—
Cu/(mg/kg)	—	1000	—
Cr/(mg/kg)	—	1000	—
V/(mg/kg)	—	1000	—
Pb/(mg/kg)	—	1000	—

参　　数	西班牙	比利时	法国
Mn/(mg/kg)	—	2000	—
Be/(mg/kg)	—	50	—
Se/(mg/kg)	—	50	—
Te/(mg/kg)	—	50	—
Zn/(mg/kg)	—	5000	—
PCBs/(mg/kg)	30	30	25
Br+I/(mg/kg)	—	2000	—
氰化物/(mg/kg)	—	100	—

注：数据来源，水泥生产过程协同处理废弃物指南，GTZ-Holcim，2005。

从表6.1、表6.2可以看出，奥地利、瑞士和德国等国家对水泥窑协同处置的可燃废物中的重金属含量的要求更加严格一些，德国的限值最为严格。其中，各国对卤素（主要是Cl）、S、PCBs和重金属中的易挥发性元素 Hg、Tl 及可形成剧毒物质三氧化二砷的 As 元素的限值都比较严格，以保证处置的安全性。

表 6.3　西班牙、比利时、法国和瑞士对替代原料中各种有害物质的限值要求

参　　数	西班牙	比利时	法国	瑞士
TOC/(mg/kg)	2%	5000	5000	—
卤素（以 Cl 表达）/%	0.25	0.5	0.5	—
F/%	0.1	—	—	—
S/%	3	1	1	—
Hg/(mg/kg)	10	—	—	0.5
Cd/(mg/kg)	100	—	—	0.8
Tl/(mg/kg)	100	—	—	1
Hg+Cd+Tl 的总和/(mg/kg)	100	—	—	—
Sb+As+Co+Ni+Pb+Sn+V+Cr 的总和/(mg/kg)	0.50%	—	—	—
As/(mg/kg)	—	—	—	20
Co/(mg/kg)	—	—	—	30
Ni/(mg/kg)	—	—	—	100
Cu/(mg/kg)	—	—	—	100
Cr/(mg/kg)	—	—	—	100
V/(mg/kg)	—	—	—	200
Pb/(mg/kg)	—	—	—	50
Sn/(mg/kg)	—	—	—	50
Be/(mg/kg)	—	—	—	3
Se/(mg/kg)	—	—	—	1
Zn/(mg/kg)	—	—	—	400
PCBs/(mg/kg)	30	—	—	1

注：数据来源，水泥生产过程协同处理废弃物指南，GTZ-Holcim，2005。

从表6.3可以看出，瑞士对用于水泥窑协同处置的替代原料中重金属含量的限值要求比较严格，明确规定了各重金属元素的限值。而比利时和法国则更加注重替代原料中的有机有害成分，对重金属含量限值没有进行限值要求。西班牙则是对有机有害成分和重金属中危害比较大的元素进行了限值规定。对比表6.2和表6.3可以看出，西班牙、比利时、法国等国家对替代燃料的要求比替代原料的要求更加严格。

另外，由于替代燃料的含水率、热值会影响水泥窑燃料的整体品质，灰分会影响水泥熟

料的成分，因此，欧盟的瑞典、意大利对替代燃料的热值、含水率、灰分也进行了规定。意大利规定替代燃料含水率最大 25％，热值最低 15MJ/kg，灰分最大 20％。欧盟和美国也对水泥厂焚烧废弃物产生的大气污染物规定了排放限值，见表 6.4。

表 6.4　欧盟、美国关于水泥厂焚烧废弃物的大气污染物排放限值

污　染　物	欧盟标准限值/(mg/m³)	美国标准限值/(mg/m³)
粉尘	30	30
NO_x	800(老设备)；500(新设备)	—
SO_2	50[1]	—
TOC[3]	10[1]	—
CO	—	$100\mu L/L$
HCl	10[1]	$120\mu L/L$
HF	1[1]	—
二噁英/呋喃	0.1ng Ⅰ-TEQ/m³[2]	0.2
Cd+Tl	0.05	—
Sb+As+Pb+Cr+Co+Cu+Mn+Ni+V	0.5	—
Hg	0.05	0.072
Cd+Pb	—	0.67
As+Be+Cr	—	0.063

① 由原料条件所限产生的排放不计在内。

② Ⅰ 表示 1 级，TEQ 表示毒性当量。

③ TOC 表示总有机碳含量。

瑞士提出熟料和水泥中的污染物含量必须满足规定的标准限值要求（见表 6.5），否则必须减少废弃物处置量。

表 6.5　瑞士熟料和水泥中的有害物质标准限值

元　素	熟料标准限值/(mg/kg)	水泥标准限值/(mg/kg)	元　素	熟料标准限值/(mg/kg)	水泥标准限值/(mg/kg)
As	40	—	Ni	100	—
Sb	5	—	Hg	无标准值	0.5*
Be	5*	—	Se	5	—
Pb	100	—	Tl	2	2*
Cd	1.5	1.5*	Zn	500	—
Cr	150	—	Sn	25	—
Co	50	—	Cl	—	1000
Cu	100	—	S	—	3.5％SO_3

注：* 表示废弃物处理和利用不会造成熟料和水泥中该元素的显著上升。

二、污泥的处理技术与装备

目前，国内处理污泥的企业相对还是比较少的，处理方法为：作为生料配料处置，直接送烟室焚烧处置，直接干化后焚烧处置，间接干化后焚烧处置等。水泥窑协同处置污泥工程建设内容应包括（水泥窑协同处置污泥工程设计规范征求意见稿）进厂接收系统、分析鉴别系统、储存与输送系统、焚烧系统、热能利用系统、烟气净化系统、自动化控制系统、在线监测系统、电气系统、压缩空气供应、供配电、给排水、污水处理、消防、通信、暖通空调、机械维修、车辆冲洗等。水泥窑接收污泥的泥质特性应满足表 6.6 的要求。

表 6.6　水泥窑接收污泥泥质特性　　　　　　　　单位：mg/kg 干基

序　号	控制指标	控制极限值	序　号	控制指标	控制极限值
1	含水率/%	80	6	As	75
2	Hg	15	7	Ni	200
3	Pb	900	8	Cr	900
4	Cd	20	9	Cu	800
5	Zn	3000	10	S(空气干燥基)/%	≤2.00

水泥窑协同处置污泥预处理系统中的污染物排放标准应符合相关国家标准的有关规定：大气污染物应符合《水泥工业大气污染物排放标准》GB 4915 的有关规定，污水处理程度及污水排放应符合现行国家标准《污水综合排放标准》GB 8978 的有关规定，排放恶臭气体还应符合现行国家标准《恶臭污染物排放标准》GB 14554 的有关规定。污泥焚烧产生烟气并没有相应国家污染控制标准，可参考《生活垃圾焚烧污染控制标准》GB 18485 规定执行。利用固体废物生产水泥，水泥中重金属的有限量限制应符合表 6.7 的要求。

表 6.7　水泥中重金属的限量

序　号	污染物项目	限值/(mg/kg)	序　号	污染物项目	限值/(mg/kg)
1	铬(Cr)	33	7	镍(Ni)	30
2	铜(Cu)	132	8	砷(As)	20
3	锌(Zn)	570	9	锰(Mn)	30
4	铅(Pb)	50	10	钼(Mo)	20
5	镉(Cd)	20	11	铊(Tl)	0.03
6	铍(Be)	0.05			

1. 污泥作为生料配料

污泥作为原料，与其他原料一起烘干后入预热器和窑高温煅烧，可燃成分能充分燃烧，灰分入窑形成熟料。例如浙江某水泥公司（5000t/d）采用此方法处置污泥，每天处置造纸污泥 200～300t，单位产品消耗污泥量 0.055t，焚烧污泥政府补助 120 元/t，扣除运费外，每吨补助 55 元左右。工艺流程为专用汽车运输（含水污泥）→污泥料仓→带计量的铰刀→皮带输送→原料仓→输送设备→预热器。

此方法处置污泥投资少，方法简单。污泥作为原料利用时需重点关注的问题是，作为原料之一搭配使用，因其含水量高（75%左右），生料制备过程中需要注意水的用量。污泥含一定量的可燃成分对预热器系统有一定影响，应调整好用量，防止结皮和预热器系统出口温度过高的问题。污泥中含有一定量可燃成分，粉磨后进入预热器系统充分燃烧，释放出的热量正好提供生料预热和分解，从而减少燃料用量，在一定程度上降低了能耗。使用污泥量适当时对熟料质量无不利影响。另外，污泥和生料一起经过烘干，一方面污泥中水分蒸发部分提高污泥热值，对节约能源有好处；另一方面，会产生二噁英等有害物质，如果未经处理排放会造成大气污染。

2. 利用水泥窑直接焚烧污泥的工艺技术

国内少数企业利用水泥窑直接焚烧污泥。例如，湖州南方水泥有限公司利用水泥窑直接焚烧污泥。工艺流程为专用汽车运输（湿污泥）→污泥接受仓（密闭）→带计量的污泥泵→烟室。

湖州南方水泥公司 2×5000t/d 熟料生产线协同处置 400t/d 含水率 80%湿污泥，每条熟料生产线处置污泥 200t/d。污泥仓内含水率 80%的污泥将通过液压泵输送至分解炉，经过 850℃以上高温的焚烧处置，水量被基本蒸发。污泥灰分再经由 1400℃的水泥回转窑处理，剩余灰渣固化进入水泥，实现 100%无公害处理。政府每吨污泥补助 160 元左右，处理后的污泥完全融合到水泥中，水泥品质未受到任何不良影响。此方法的优点是对环境没有污染，投资少，缺点是能耗较高，不能大量处理污泥，处理量较大的时候对水泥强度有所影响。处置污泥过程要注意氯离子和重金属离子对熟料产生过程和质量的影响。

通过运行观察，湖州南方水泥公司利用水泥窑处置污水处理厂污泥是一种安全、简洁、高效的方法，技术方法可行（见图 6.1）。

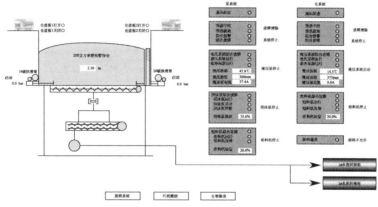

图 6.1　湖州南方水泥公司利用水泥窑处置污泥系统

3. 利用水泥窑废气直接干化污泥然后焚烧干化污泥工艺技术

目前，国内只有广州市越堡水泥有限公司利用水泥窑废气直接干化污泥然后焚烧干化污泥。湿污泥输送系统工艺流程见图 6.2，污泥干化车间工艺流程见图 6.3，工业污泥干化、处置系统的主机设备见表 6.8。

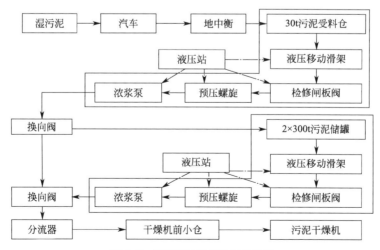

图 6.2　湿污泥输送系统工艺流程

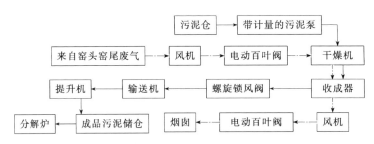

图 6.3 污泥干化车间工艺流程

表 6.8 工业污泥干化、处置系统工艺主机设备

序号	设 备 名 称	规 格	数 量	备 注
一、湿污泥接受及储存				
1	污泥进料仓 容积:30t		1台	配用液压仓盖、滑架
2	污泥储料仓 容积:300t		2台	
3	检修闸板阀	ZF30	3台	
4	浓浆泵 输送能力:40t/h	NBS40/10	2台	
5	高压浓料换向阀	SVG3QD	4台	
6	污泥分流器		5台	
二、污泥干化系统				
1	污泥进料仓 容积:21m³		6台	
2	湿污泥螺旋输送机		6台	
3	旋流喷动干燥机	SNF1250	6台	
4	鼓风机功率:220kW		6台	
5	袋式收尘器		1台	
6	引风机 功率:220kW		1台	
7	风路密闭阀组		1套	
8	螺旋输送机	LS 250	6台	
9	星形卸料阀门		6台	
10	螺旋输送机	LS 250	3台	
三、成品污泥储存及处置				
1	干污泥仓 容积:50m³		1台	
2	定量给料机 0~20t/h	DEL0827T4	1台	
3	荷重传感器 50t		1台	
4	斗式提升机 $H=15m$	TD 160	1台	
5	胶带输送机 $L=37.5m$	B500	1台	
6	胶带输送机 $L=32m$	B500	1台	
7	斗式提升机 $H=41m$	TD 160	1台	
8	胶带输送机 $L=18m$	B500	1台	
9	锁风装置		1套	

设备的功能集成能力强,干燥机集污泥的破碎、干化、气固的分离于一体,工艺衔接布置紧凑,整个系统的占地面积小。系统的操作运行简单,连锁工艺控制参数很少。污泥直接干化过程的必须控制的安全要素一般是:氧气含量<12%、粉尘浓度<60g/m³、颗粒温度<110℃。

日设计处理污泥能力600t/d,6台干燥炉(每台干燥污泥能力100t/d),污泥储存和输送系统设备进口自德国，政府每吨污泥补助 200 多元。广州市越堡水泥有限公司采取直接干化处理污泥（含水 80％左右）然后焚烧半干化污泥（含水 30％左右，热值 2000～3000kcal/kg）的工艺技术，窑头窑尾排出的废气（290℃左右）从干燥器的上部进入，湿污泥从干燥器下部进入干燥器，从干燥器干化污泥后出来烟气的温度 140℃左右，排出的烟气经过袋式除尘器（防爆）后排出，干化后的半干化污泥通过输送系统送到建立在分解炉上面（A5）的干化污泥仓，然后通过计量输送到分解炉进行焚烧。广州越堡公司采取利用烟气直接干化污泥然后焚烧的方法，优点是利用了废气的热量，产生的半干化污泥热值高，可以代替部分燃料，海德堡经过 30 年的跟踪研究，焚烧污泥对水泥质量没影响，二噁英等其他气体排放达标。经过干化处理可以提高水泥窑处理城市污泥量。缺点是由于排出的烟气量大，臭气气体量相应较多，因而臭气比较大，需要采取合适的处理臭气的方法，否则对环境有一定影响。该厂采用生物除臭处理臭气。

4. 利用水泥窑废气间接干化污泥然后焚烧干化污泥工艺技术

目前，国内只有北京新北水水泥有限责任公司采用间接干化（利用导热油，导热油温度 200～300℃）污泥（干化后污泥含水 20％～30％），然后直接输送到分解炉焚烧，污泥中蒸发出来的水经过处理达标后排放，工艺流程见图 6.4。

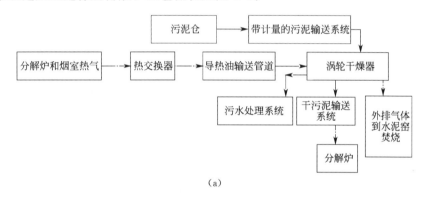

(a)

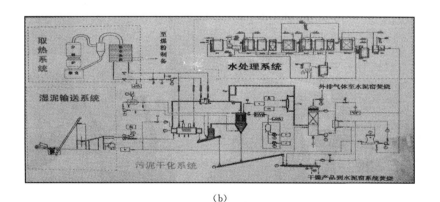

(b)

图 6.4 间接干化污泥然后焚烧干化污泥工艺技术

设计处置污泥（含水 80％～85％）能力 500t/d，目前每天处置 400 t/d，政府补助 275 元/t。从分解炉和烟室抽取余热烟气进锅炉加热导热油，利用导热油间接干化（导热油温度 200～300℃）污泥（干化污泥含水 20％～30％），然后直接输送到分解炉焚烧，污泥中蒸发出来的水经过处理达标后排放,外排气体进水泥窑系统焚烧。间接式干化器进口意大利设备(6台9000万元),总共投资1.8亿元,焚烧污泥后水泥质量符合标准,对重金属做溶出检验,除铜锌超标,其余达到欧洲标准。北京市环保部门每年做两次有害气体检测(包括二噁英),符合北京市排放标准。

三、城市垃圾的处理技术与装备

1. 预气化工艺

铜陵海螺水泥有限公司利用水泥新型干法窑及气化焚烧炉相结合处置城市生活垃圾CKK (conch kawasaki kiln system) 技术,设计日处理能力600t (利用一条4500t/d和一条5000t/d新型干化水泥窑)。目前,日处理能力300t的生产线已投入运行,投资1亿元。该技术是利用垃圾气化处理技术,先把垃圾气化成可燃气体,再把此可燃气体通入新型干法水泥窑,在分解炉900℃左右高温,利用碱性物料多的特点,吸收处理垃圾过程中产生的二噁英等有害物质,最终使垃圾做到"无害化、减量化和资源化",垃圾渗滤液进气化炉焚烧。工艺流程见图6.5。

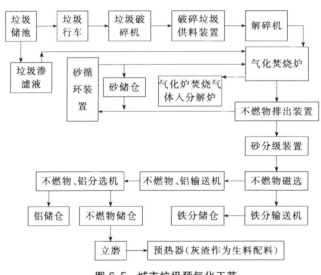

图6.5 城市垃圾预气化工艺

垃圾处理系统总体工艺流程概述:垃圾收集车运送的垃圾在垃圾储仓内储存,用行车进行搅拌和均化,在破碎后继续用行车进行搅拌和均化并将垃圾输送至供料装置,定量送至气化燃烧炉中。投入至炉内的垃圾与炉内的高温流动介质(流化砂)接触,一部分通过燃烧向流动介质提供热源,另一部分气化后形成部分可燃性气体送往分解炉内,经分解炉、预热器处理及废气处理系统净化后排出。同时,垃圾中的不燃物在流动介质中一边沉降一边移动,到了炉底部时从垃圾中进行分离排出,掺入到水泥生料中或作为混全材掺入到水泥中。

(1) 垃圾预处理系统 垃圾预处理系统由计量设施、储存设施、破碎设施及输送设施组成。进厂垃圾车经计量后送至卸料平台,经密封门卸入垃圾储库内,在垃圾储库内垃圾由行车进行垃圾均化,然后喂入垃圾破碎机,破碎后的垃圾回到储库内,由行车喂入气化焚烧炉的喂料仓。垃圾预处理系统见图6.6、垃圾焚烧系统见图6.7。

(2) 不燃物处理系统 该系统是将垃圾燃烧后的不燃物由气化炉排出,由能够有效维持气化炉性能的排出装置、各种输送设备及分离装置、砂循环装置、砂储存装置构成。不燃物处理系统见图6.8。

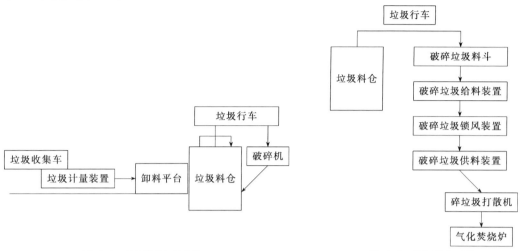

图 6.6 垃圾预处理系统　　　　　　　　图 6.7 垃圾焚烧系统

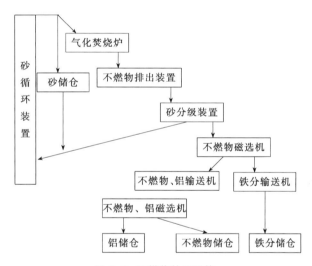

图 6.8 不燃物处理系统

（3）通风系统　该系统是由向气化炉内提供燃烧空气的供风系统及气化焚烧炉产生的可燃气体向分解炉输送的管道系统组成。通风系统见图6.9。

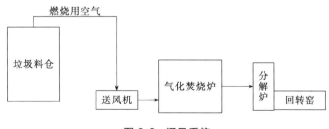

图 6.9 通风系统

（4）点火及喂煤系统　该系统是为将气化炉启动、停止以及低热值垃圾进行助燃而设置的装置。当垃圾热值很低时（低于850kcal/kg）需要加入适量的碎煤进行助燃，以保证垃圾的稳定燃烧。点火及喂煤系统见图6.10、垃圾污水处理系统见图6.11。

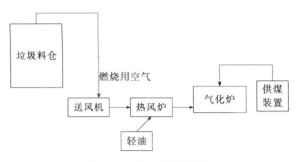

图 6.10　点火及喂煤系统

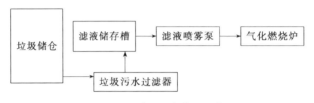

图 6.11　垃圾污水处理系统

（5）氯旁路系统　该系统是将水泥生产的碱、氯等有害物质排出系统外的装置。在窑尾烟室部位，聚集有高浓度的碱、氯等元素，在此设抽取口抽出含高浓度有害物质的气体，鼓入冷风对其进行快速冷却，使其产生氯类结晶体，经过收尘袋收集下来，将有害物排出系统。收集下来的粉尘作为混合材掺入水泥中或另行处理。氯旁路系统见图 6.12。

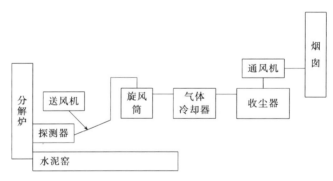

图 6.12　氯旁路系统

该技术主要组成部分包括：前处理和供料系统，垃圾焚烧系统，点火及喂料系统，灰渣处理系统，垃圾污水处理系统，有害物质分离系统等。其主要工艺设备为流化床气化炉、回转式剪切破碎机和双梁桥式行车等。

垃圾的热量除在气化炉中及气体输送过程中通过表面散热损失一小部分外，其余全部进入水泥窑系统中，有效地利用垃圾焚烧的热量，每吨垃圾处理后可折算标煤约 183kg，垃圾处理过程中灰渣和灰分全部掺入水泥生产线中，每吨垃圾可产生替代原料 107kg，余热发电的输出功率提高 6%～7%。按设计年处理生活垃圾 19.8 万吨，年减排 CO_2 约 16 万吨。使用城市生活垃圾作为燃料使用后，窑系统用煤量略降 0.5t/h，系统电耗上升 2kW·h/t。使用城市生活垃圾作为燃料使用后，熟料中 K_2O 检测值分析，在 CKK 投入运行以前，K_2O 在 0.55%～0.75% 之间波动，CKK 投入运行以后，没有明显变化，平均为 0.668%，与运行前持平。出窑熟料 Na_2O 检测值较 CKK 运行前低 0.009%，总体变化不大。出磨与入窑生料中 Cl^- 在 CKK 投产前结果保持一致。熟料中 Cl^- 总体较运行前高 0.006%，达到

0.013%。熟料强度、f-CaO 合格率基本没有影响。生产线进行 2 次二噁英监测，均达标。气化炉不燃物中二噁英排放浓度（含量）见表 6.9。

表 6.9 气化炉不燃物中二噁英排放浓度（含量）

检测项目	监测位置	国家标准及规范	检测值	备注
二噁英类/(ng TEQ/Nm³)	SP 烟囱出口	0.1	0.0376	
	预热器出口		0.0340	
二噁英类/(μg TEQ/kg)	气化炉不燃物	3	0.0120	参考日本标准
颗粒物/(mg/m³)	SP 烟囱出口	50	26.8	
二氧化硫/(mg/m³)	SP 烟囱出口	200	21.05	
氮氧化物/(mg/m³)	SP 烟囱出口	800	203.15	
氯化氢/(mg/m³)	SP 烟囱出口	10	2.76	
氟化氢/(mg/m³)	SP 烟囱出口	1	0.07	
镉/(mg/kg)	熟料	1.5	<1	水泥设计规范
铅/(mg/kg)	熟料	100	<2	水泥设计规范
锌/(mg/kg)	熟料	500	48.4	水泥设计规范

该方法用于处置城市生活垃圾。不适合处理的垃圾如下：①法律规定禁止处理的废物，如危险废物等。②消化处理时会发生危险的物品：废油类，液化气瓶，火药，摩托车，蓄电池等。③除上述物品以外的不适合处理物：大件不燃性垃圾，如家电、金属家具；长条状的布、绳类；完整的汽车轮胎；保龄球；长铁丝；自行车；金属零部件等。

2. 预焚烧工艺

洛阳黄河同力水泥厂采用回转式焚烧炉协同处置生活垃圾，生活垃圾处理能力 350t/d，目前在调试中，工艺流程见图 6.13。

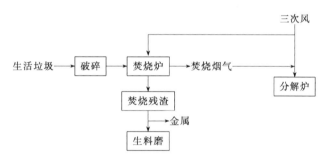

图 6.13 回转式焚烧炉协同处置生活垃圾预焚烧工艺流程

水泥窑内直接焚烧的局限在于城市生活垃圾的低热值、高水分而使处理量减小，如把大量的低热值、高水分的城市生活垃圾投入水泥窑，会破坏系统的平衡，影响水泥窑的产量和水泥质量。为此，采取在水泥窑旁设置垃圾焚烧炉处理原生城市生活垃圾，是根据我国国情、吸取国外经验而自主创新的一项新技术。这项技术可以全部利用垃圾的热能和灰渣，使污染物排放低，不需要二次处理，投资省，费用低。合肥水泥研究设计院在国内首次开发成功这项技术并在四川广旺能源集团天台水泥厂得到成功应用。

该技术是不需要建设专门的垃圾焚烧厂或垃圾处理车间，而是把垃圾焚烧炉在新型干法水泥窑旁边，由垃圾焚烧炉和水泥窑联合处理生活垃圾，垃圾由运输车运到水泥厂，经计量后倒入垃圾储存池内储存。用抓斗从垃圾池把垃圾送入板式输送机，人工挑出大件垃圾和可回收物，其余被带式输送机送入喂料小仓，输送过程中由除铁器除去磁性金属。用喂料机把小仓内的垃圾均匀地喂入焚烧炉，利用熟料冷却产生的热风作为燃烧空气，热风从水泥窑窑头罩抽取，进入回转式垃圾焚烧炉，垃圾在热风的作用下燃烧，垃圾焚烧产生的高温烟气

（约 1100℃）进入窑尾分解炉和预热器，与水泥生料换热，为水泥生料分解提供热量，然后被窑尾废气处理系统净化后排放。垃圾焚烧产生的灰渣直接进入回转窑作为水泥原料而混合于熟料之中。垃圾焚烧灰渣也可以从焚烧炉排出作为混合材，用于磨制水泥。处理过程全部封闭，垃圾在垃圾池储存期间有机物腐败产生的臭气等由排风机抽出，经除尘器除尘后进入冷却剂头部的鼓风机再被鼓入冷却剂，与 1400℃左右的熟料接触，在高温下被分解而净化。

该技术以冷却机水泥熟料热风作为垃圾燃烧空气，采用回转式垃圾焚烧炉，解决了我国垃圾成分复杂、水分高、热值低的缺陷，不需外加燃料，能处理大量的城市生活垃圾，使得垃圾的热量和物质全部被利用，同时很好地解决了垃圾储存时散发的臭气等有机气态物的污染，做到了垃圾的资源化、无害化、无残留物的处理目的。

3. 生物干化工艺

华新水泥（武穴）有限公司有两条熟料水泥生产线，一条日产熟料 5000t，另外一条日产熟料 3200t。

该公司利用日产熟料 5000t 的生产线协同处置生活垃圾。处置生活垃圾主要工艺流程为：垃圾车→卸料坑→破碎机→吊车→储池（发酵干化，发酵干化废气经过生物净化后达标排放）→一次筛分（除铁器，二次破碎）→机械分选→输送皮带（灰渣入生料磨）→除铁器→成品储库→入分解炉焚烧。核心技术是引进自豪瑞公司的协同处置技术，主要是发酵干化、分选及废气净化技术，关键设备为分选设备、破碎机和废气净化设备等。该项目设计处置生活垃圾能力 300t/d，总投资 8000 万元。从 2011 年 4 月开始运营，最大处置能力可达 500t/d。每小时焚烧 3～4t 垃圾衍生燃料（RDF，含水率 20%±5%，热值 2500～2800kcal/kg），最高焚烧过 10t/h 垃圾衍生燃料。RDF 氯离子含量在 0.5%～2%之间，没有结皮现象，不影响产量。

4. 垃圾衍生燃料（RDF）+ 替代原料工艺

溧阳天山水泥有限公司的生活垃圾处理能力 450t/d。处理工艺流程是：城市生活垃圾经预处理，把原生态的生活垃圾分为水泥厂易于处理的可燃垃圾和不可燃垃圾两个大类，针对不同的垃圾类型采用不同的处理方式。

（1）可燃垃圾处理工艺 把可燃垃圾运送至厂区的堆棚，经过输送和计量，作为熟料生产的替代燃料而进入分解炉。由于城市生活垃圾中氯含量较水泥生产的控制要求偏高，易给预分解系统造成结皮堵塞，因此，需在窑尾上升烟道上增设旁路放风系统，减少有害气体的循环富集。放风比例通常为 1%～3%、最大为 5%，在垃圾投运时开启。可燃垃圾处理工艺流程见图 6.14。

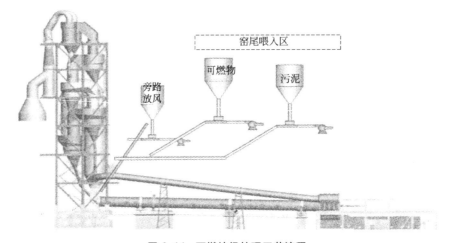

图 6.14　可燃垃圾处理工艺流程

（2）不可燃垃圾处理工艺　把不可燃垃圾运送至厂区堆棚，经计量和质量检测，进入生料粉磨系统进行粉磨。不可燃垃圾处理工艺流程见图6.15。

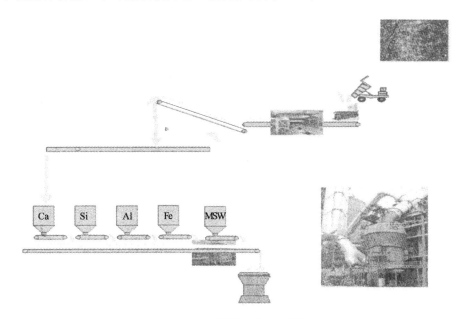

图6.15　不可燃垃圾处理工艺流程

目前，可燃垃圾处理能力为8～12t/h（日运行20～22h）。所处理的物料为未经细破的可燃垃圾，粒度≥60mm，最长可达1000mm以上，含水率在35%～40%。减少了可燃垃圾二次处理的电耗，降低了垃圾处理的成本。

不可燃垃圾处理能力为10～12t/h（日运行18～22h）。因直接喂入生料立磨，该处理系统可消除不可燃垃圾所含高水分（＞60%）对烧成系统的影响，并且利用生料粉抑制不可燃垃圾的发酵，消除异味。

每天处理可燃垃圾在190～250t左右，不可燃垃圾230t左右，扣除设备检修和市场因素的影响，生产线年运行时间在300天左右，全年可处理可燃垃圾57000t、不可燃垃圾69000t左右。

粉尘、废气、重金属、二噁英、臭气等各环保控制指标的排放数值均远优于相关标准的限值。放射性强度与当地自然界的本底值相同。溧阳天山水泥有限公司生活垃圾处理环保控制指标见表6.10，生料和熟料中重金属测试结果见表6.11。

表6.10　溧阳天山水泥有限公司生活垃圾处理环保控制指标

序号	污染物	采样点	监测结果	控制指标	单位	达标	参 照 标 准
1	粉尘	窑尾烟囱	35.0	＜50	mg/Nm³	达标	《水泥工业大气污染物排放放标准》（GB 4915—2004）
2	SO₂	窑尾烟囱	33.0	＜200	mg/Nm³	达标	
3	NO$_x$	窑尾烟囱	295	＜800	mg/Nm³	达标	
4	氟化氢	窑尾烟囱	未检出	＜1	mg/Nm³	达标	《水泥窑协同处置固体废物污染控制标准》（GB 30485—2013）
5	氯化氢	窑尾烟囱	未检出	＜10	mg/Nm³	达标	
6	汞及其化合物	窑尾烟囱	$1.03×10^{-5}$	＜0.05	mg/Nm³	达标	
7	镉及其化合物	窑尾烟囱	0.004	＜1.0	mg/Nm³	达标	
8	二噁英	窑尾烟囱	0.0593	＜0.1	ng TEQ/Nm³	达标	
9	臭气浓度	厨余物堆棚除臭系统出口	13	2000	无量纲	达标	《恶臭污染物排放标准》（GB 14554—1993）
10	放射性	垃圾物料	0.12～0.21	—	mSv/h		与自然界本底值相同

表 6.11　生料和熟料中重金属测试结果　　　　　　　　单位：mg/kg

物料			As	Cu	Cd	Cr	Hg	Ni	Pb	Tl	V	Zn
生料	空白	max	91.64	96	TLO	438.6	TLO	73.2	115.1	60.85	TLO	74.6
		min	TLO	39.2	TLO	43.1	TLO	TLO	35.3	TLO	TLO	39.3
		avg	16.07	66.4	TLO	17.9	TLO	13.7	76.8	15.99	TLO	60.9
	烧垃圾	max	87.85	94.25	TLO	91.68	22.23	71.51	141.1	180.77	TLO	126.94
		min	TLO	TLO	TLO	TLO	TLO	TLO	TLO	TLO	TLO	49.01
		avg	8.17	54.63	TLO	23.89	0.25	11.44	64.13	20.92	TLO	80.33
旁路放风灰		max	TLO	97.45	TLO	TLO	TLO	108.44	257.14	TLO	TLO	360.74
		min	TLO	75.08	TLO	TLO	TLO	TLO	124.39	TLO	TLO	107.66
		avg	TLO	86.26	TLO	TLO	TLO	65.42	180.09	TLO	TLO	189.21
熟料	烧垃圾	max	71.19	119.78	TLO	117.1	TLO	102.16	115.53	31.32	TLO	249.07
		min	TLO	23.13	TLO	TLO	TLO	TLO	TLO	TLO	TLO	113.29
		avg	10.26	85.62	TLO	56.42	TLO	22.82	70.06	0.53	TLO	170.77

注：TLO—未检出。

国家标准《水泥工厂设计规范》（GB 50295—2008）规定熟料及水泥中重金属含量要求见表 6.12。

表 6.12　熟料及水泥中重金属含量限值　　　　　　　　单位：mg/kg

重金属元素	Sb	As	Be	Cd	Cr	Co	Cu	Sn	Hg	Ni	Pb	Se	T1	Zn
含量限值	5	40	5	1.5	150	50	100	25	TLO	100	100	5	2	500

从熟料检测结果中可以看出，熟料中的重金属含量满足设计规范的要求。

四、污染土、废皮革和其他危险废物处理技术与装备

利用水泥窑协同处置危险废物应有一定的限制，需要注意几个技术方面的问题。一是对水泥质量的影响。将废弃物引入现有的水泥窑，有可能破坏工艺过程或影响产品的质量，如废物中过高的 S、Cl、F 等的含量会造成水泥窑运行问题。因此，必须对废弃物作仔细研究，并对适合处理的废弃物做出限定。二是污染物排放达标。将废弃物引入现有的水泥窑，可能产生额外的或更高负荷的污染物排放，因此，需要对用作燃料的废物进行严格的筛选和控制，对系统排放的气体进行更加严格的限制，增加必要的在线测量装置和收尘设备。三是配备化验、测量和安全设备。为了保证废物，尤其是废物在收集、储存、运输、装卸、计量、投入过程中的安全，需要增加一系列化验、测量和安全设备，这样增加了操作、控制的难度和复杂性，同时也需要一定的人力资源消耗。四是增加预处理设施。为了便于工艺操作，提高废物处理效率，保证水泥厂的安全生产，必须对某些废物进行预处理。

利用水泥窑处置危险废物应遵循的基本原则如下。一是同其他废物处置方式一样，应尽可能在废弃物最小量化的基础上进行。二是应比其他废弃物处置方式在经济上、生态上、环保上更加可行。三是水泥厂处置废弃物是在水泥生产过程中进行的，废弃物处置不能影响水泥厂的正常生产，不能影响水泥的产品质量，不能对生产设备造成损坏，不能对操作工人健康造成危害，不能对厂区及周围环境造成明显影响。四是不能带来水泥厂污染物排放的显著升高。五是必须满足国家及地方相关法律法规和废物处置规划的要求。

1. 污染土、漆渣、医疗废物和其他危险废物的处理

目前，我国水泥企业中处置污染土、漆渣和医疗废物的企业约 10 家。

北京新北水水泥有限责任公司处置污染土、漆渣和医疗废物。年处置污染土大约 10 万吨，通过将污染土掺于原材料中，利用其含有的 SiO_2 代替部分砂岩。由于飞灰中钾离子、

钠离子和氯离子含量过高，首先采用水洗的方法把钾离子、钠离子和氯离子洗出来，然后利用余热蒸发器蒸发水分，飞灰入窑焚烧。对产品做重金属溶出检验，重金属被固化，对水泥混凝土质量没有影响，对氯离子吸附得很好，氮氧化物有一定排放，相对于水泥本身排放可忽略不计。气体排放完全符合北京市的排放标准。二噁英/呋喃（PCDD/Fs）排放 0.005ng Ⅰ-TEQ/Nm³，符合北京市排放标准。污染土处置工艺流程：专用汽车运输（污染土）→污染土仓（密闭）→污泥泵系统和浆渣系统→水泥窑系统（分解炉或烟室）。

把漆渣和医疗废物等危险废物，通过输送系统输送到分解炉或烟室燃烧处置。漆渣入厂后先在分拣车间进行分类，然后进入浆渣制备系统从窑尾入窑焚烧。

处置废弃物的流程：取样检测是不是所要处置的 30 大类→对水泥产品质量不影响→对人体无伤害→对环境不造成新污染→评定后提出处置方案→处置效果检验。北京新北水水泥有限责任公司处置污染土现场见图 6.16。

图 6.16　北京新北水水泥有限责任公司处置污染土现场

2. 废皮革的处理

目前，我国处理废皮革的水泥企业很少。以广州市珠江水泥有限公司日产 4000t 生产线处理废皮革为例说明。

广州市珠江水泥有限公司处置工艺流程：废皮革储存库→切碎后废皮革→输送计量系统→烟室。废皮革预处理及燃烧喂入方式：设立废料处理站，通过一系列工序包括对废皮革进行筛选、烘干、破碎、搭配和包装等预处理，使废皮革水分小于 10.0%，尺寸小于 30mm×30mm，以便输送和焚烧。在三次风管与分解炉底部交接弯位附近开一喂料口，作为废皮革的喂入点，利用调速螺旋输送机均匀地将废皮革喂到计量秤上计量（使用烟草行业的计量秤），再通过下料管进入三次风管。该处为负压，废皮革能自动吸入三次风管，并在该处增加锁风装置，防止倒燃。

用废旧皮革代替部分燃煤。废旧皮革经过处理后入窑焚烧，代替部分燃煤，1t 废皮革可代替 0.77t 燃煤。但由于废皮革中 S、Cl⁻ 含量较高，要控制废皮革在燃料总量中的比重，以实现达标排放。二噁英/呋喃（PCDD/Fs）排放 0.029ng Ⅰ-TEQ/Nm³（废皮革试验检测结果）。

燃烧废旧皮革要注意废旧皮革的有害成分，如氯、水分等，同时注意废旧皮革的喂入方式及喂入点的选择。只要把废皮革的掺入量控制在总燃料量的 15% 以下，对水泥生产就没有危害，对水泥质量不会产生较大影响。

第三节 水泥生产协同处置废弃物产业的发展

几乎所有的水泥企业都可利用一般工业固体废物作为替代原料。在水泥生产过程中，生料中固体废物约占总重量的 5％，水泥混合材基本全部利用固体废物。2013 年，全国水泥产量 24.1 亿吨，熟料产量 13.6 亿吨，水泥生产综合利用一般工业固体废物超过 11.5 亿吨。

我国开展水泥工业协同处置废弃物工作起始于 20 世纪 80 年代，通过几十年的发展，已经开发出适应不同废弃物情况的几种技术工艺和装备，形成了适合我国国情的几种操作系统，但到目前为止，参与的水泥企业较少，没有形成多个水泥厂大量处置废弃物的局面，发展速度较慢。

到目前为止，按 2010 年全国污泥产生量 2200 万吨估算，水泥协同处理量只有 80 万吨左右，约占 4％，而城市垃圾（2010 年产生量 3.52 亿吨）的协同处理量更少（约 35 万吨），仅占 0.1％以下。主要原因是缺乏政策的支持、法规标准的不完善、全民对协同处置的认知度不够、废弃物管理与预处置不良、水泥窑协同处置技术和装备有待进一步完善等。

危险废物、社会源废物（生活垃圾、生活污泥等）、污染土壤以及含有机工业废物的水泥窑协同处置在我国属于起步阶段。目前，我国约 3000 家水泥企业，仅少数企业开展了连续性和具有一定规模的该类废物的协同处置业务。水泥工业燃料替代率几乎为零。即使对于已成功开展连续性和大规模危险废物协同处理业务的水泥企业，也很少协同处理具有替代燃料价值的废物，燃料替代率也很低。

截至 2013 年年底，我国共有 15 家水泥窑协同处理危险废物企业获得了危险废物经营许可证，但这些企业中的大多数仅仅协同处置了一种或两种危险废物。协同处置了多种危险废物的水泥企业主要包括以下几家：北京金隅红树林公司取得了 30 种危险废物的许可证，2012 年协同处置了 6 万吨危险废物。河北金隅红树林公司取得了 19 种危险废物的许可证，2012 年协同处置了 4000t 危险废物。华新武穴水泥厂取得了 15 种危险废物许可证，2012 年协同处置了 3000t 危险废物。运行和在建的协同处置垃圾的水泥企业见表 6.13。

表 6.13　运行和在建的协同处置垃圾的水泥企业统计

协同处置垃圾企业名称	协同处置依托水泥企业	设计规模/(t/d)	状态
华新水泥(武穴)有限公司	华新水泥(武穴)有限公司	300	运行
华新武汉陈家冲垃圾生活垃圾预处理厂	华新水泥(阳新)有限公司	1000	试运行
华新水泥(赤壁)有限公司	华新水泥(赤壁)有限公司	500	试运行
华新水泥(株洲)有限公司	华新水泥(株洲)有限公司	350	试运行
华新(奉节)生活垃圾预处理厂	华新水泥(秭归)有限公司	250	在建
华新水泥(信阳)有限公司	华新水泥(信阳)有限公司	800	在建
华新(珠海)生活垃圾预处理厂	华新水泥(恩平)有限公司	1000	在建
华新水泥(房县)有限公司	华新水泥(房县)有限公司	250	在建
华新(鄂州)生活垃圾预处理厂	华新水泥(大冶)有限公司;湖北华祥水泥有限公司	500	在建
华新(南漳)生活垃圾预处理厂	华新水泥(襄阳)有限公司	1000	在建
华新(应城)生活垃圾预处理厂	华新水泥(大冶)有限公司;湖北华祥水泥有限公司	250	在建
华新(老河口)生活垃圾预处理厂	华新水泥(襄阳)有限公司	800	在建
安徽铜陵海螺水泥有限公司	安徽铜陵海螺水泥有限公司	2×300	运行
贵州贵定海螺盘江水泥有限公司	贵州贵定海螺盘江水泥有限公司	200	运行

续表

协同处置垃圾企业名称	协同处置依托水泥企业	设计规模/(t/d)	状态
贵州遵义海螺盘江水泥有限责任公司	贵州遵义海螺盘江水泥有限责任公司	2×400	在建
甘肃平凉海螺水泥有限公司	甘肃平凉海螺水泥有限公司	300	在建
贵阳海螺盘江水泥有限责任公司	贵阳海螺盘江水泥有限责任公司	300	在建
重庆海螺水泥有限责任公司	重庆海螺水泥有限责任公司	200	在建
云南保山海螺水泥有限责任公司	云南保山海螺水泥有限责任公司	300	在建
广东阳春海螺水泥有限责任公司	广东阳春海螺水泥有限责任公司	200	在建
溧阳水泥有限公司	溧阳水泥有限公司	450	运行
同力水泥有限公司	同力水泥有限公司	350	运行

一、水泥窑协同处置废弃物的产业基础及上下游产业链条件

1. 水泥窑协同处置废弃物的产业基础

（1）国家政策基础　水泥工业"十二五"三个规划之一就是水泥窑协同处置废物（包括城市生活垃圾和污泥），这是水泥行业今后需要转型发展的可持续发展道路。为此，为从宏观政策上引导水泥产业利用自身优势，做到无害化协同处置生活垃圾，结合水泥产业的节能减排和把水泥产业建成资源节约型、环境友好型总目标的要求，要在城市周围形成 1200 万吨的垃圾处理能力。

十一届全国人大四次会议讨论通过的"十二五"规划发展纲要已经把支持水泥窑协同处置城市生活垃圾生产线建设作为一项重要工作，列入了规划纲要，国家发展改革委也将利用日产 2000t 及以上新型干法水泥窑炉处理生活垃圾的技术装备开发与制造列入了《产业结构调整指导目录（2010 年本）》鼓励类。同时，财政部、国家发展改革委已将水泥窑协同处置生活垃圾企业所得税优惠改革体制为城市生活垃圾处理产业化创造基础条件。

要加快推进价格改革，逐步建立符合市场经济规律的生活垃圾处理收费制度，为城市生活垃圾处理的产业化发展创造必要的条件。全面实行城市生活垃圾处理收费制度，保证生活垃圾处理企业的运营费用和建设投资的回收，实现生活垃圾收运、处理和再生利用的市场化运作。生活垃圾处理费的征收标准可按保本微利、逐步到位的原则核定。在城市范围内产生生活垃圾的单位和个人，均应缴纳生活垃圾处理费。征收的城市生活垃圾处理费应用于城市生活垃圾集中处理设施的运营、维护和项目建设。同时需要政府提供给水泥企业协同处置的城市生活垃圾的来源。

（2）技术发展基础　我国在利用水泥工业处理和利用可燃性工业废物方面与发达国家有很大差距，目前还处在试验和起步阶段。上海、北京、广州等地的水泥企业已经在这方面取得了一些成绩。例如北京新北水泥、广州越堡集团的烧废水污泥项目。在针对处置生活垃圾方面，安徽海螺铜陵水泥有限公司、湖北华新水泥集团、合肥水泥研究设计院、中材集团等水泥企业等都在积极实践之中，均取得了一定成果，积累了经验。应及时组织各方面的技术专家，集中讨论总结，梳理出一条完全适合中国国情的技术路线。

国外水泥窑协同处置废弃物技术成熟，所以相关专利和标准较全面。已经建立起从废弃物产生源头到水泥厂处置的质量保证体系，既考虑处置种类，废弃物中有害物限量，有害物大气排放控制，又保证水泥熟料和水泥产品及下游混凝土的质量。

而国内起步晚，水泥窑协同处置废弃物成为当今环保领域研究的热点，但是，从专利申

请和授权情况看，涉及的核心技术和关键设备比较少，且技术不够先进、设备较落后，所以大部分工艺技术和装备还是引进的。国内有关水泥窑协同处置技术标准尚在起草中。

在进行工艺和装备研究的同时，加大专利的申请和授权且在数量和质量上要进一步增加和提高，并制定和颁布更具先进指标的标准。

2. 水泥窑协同处置废弃物的上下游产业链条件

（1）上游产业链条件 水泥窑协同处置废弃物不是将废弃物直接送入窑内焚烧。水泥窑处置废物（包括生活垃圾和污泥）的技术上除了需均质和同质外，还需按《水泥窑协同处置工业废物设计规范》（GB 50634—2010）的要求，对废物硫、氯和碱等组分进行严格的限量控制，确保生产出的水泥产品应符合现行国家标准《通用硅酸盐水泥》（GB 175）的规定；必须控制低挥发性汞和铊等重金属，水泥熟料和水泥产品中重金属含量应符合现行国家标准《水泥工厂设计规范》（GB 50295）的规定。

入窑实物基废物热值一般应大于 11MJ/kg，对替代燃料的检验应依据《固体生物质燃料检验通则》进行，入窑灰分含量应小于 50%，入窑水分含量一般应小于 20%，或经过干化预处理后，入系统水分一般应小于 20%。

水泥窑在协同处置生活垃圾时，也需要对其进行预处理，一种是采用焚烧炉焚烧后的渣和废气进水泥窑利用和处置，另一种就是先分类，预制成可燃和不可燃物再进窑利用和处置，但其对上游产业的要求是一致的。

对上游产业城市垃圾的管理，要做到城市垃圾分类别收集，去除电池、危险品等有害物质，已成为将来城市管理的趋势。生活垃圾焚烧发电还是水泥窑协同处置，对这一上游的产业链要求是一样的。另外还需要的是对城市垃圾输送到水泥企业要采取密封措施，防止臭味和渗滤液等渗出，同一时间段输送给协同处置城市垃圾的水泥企业成分相对稳定的垃圾等各种要求。

（2）下游产业链条件 水泥窑协同处置城市垃圾及废弃物技术对下游行业的影响包括对装备类产业和水泥企业的影响。对装备类产业的影响是在确定了水泥窑协同处置城市垃圾及废弃物技术线后，适时地研究和开发装备是完成该类技术的关键，这些装备主要有破碎机、焚烧炉、分选机、喂料机及配套的智能化的控制系统等。对水泥企业的影响是由于水泥窑协同处置城市垃圾及废弃物的优势，在解决社会环保问题的同时，如果国家补贴政策的落实到位，水泥企业也会得到利益。比如生活垃圾可以替代部分燃料和原料，同时国家再吨价补贴返回部分效益，这样对于水泥企业在产能过剩的前景下，也是一条很好的出路。另外，协同处置是严格按要求控制好有害物质，对生产出的水泥是无影响的。

（3）上下游产业链条件 上游企业要配合提供相对稳定的垃圾源及废弃物，提供更加稳定的石灰石、黏土等资源，下游企业要大力支持协同处置城市垃圾及废弃物的水泥企业。可以使水泥企业拥有稳定的垃圾处理资源及废弃物，保障处置垃圾及废弃物的连续性，水泥企业不仅具有环保效益和社会效益，而且具有一定的经济效益，促使水泥企业协同处置垃圾和废弃物的积极性，以促使水泥窑协同处置城市生活垃圾和废弃物产业的健康发展。

二、发展水泥窑协同处置废弃物的建议

1. 加强水泥窑协同处置城市垃圾和废弃物工艺装备技术的研发支持

针对我国生活垃圾和废弃物的特性，加快研发适合中国国情的水泥窑协同处置城市垃圾和废弃物技术和配套装备，要走自我研发为主，引进技术为辅的技术路线，鼓励国内更多优秀人才参与水泥窑协同处置城市垃圾和废弃物工艺装备技术的研发。

2. 抑或制定财务激励措施或扶持计划

抑或制定财务激励措施或扶持计划，以确保水泥窑协同处置废弃物相较于其他处置方式而言，具备成本竞争优势。经过工业管理部门或环保部门的认定，对开展水泥窑处置废弃物的企业，免收企业当年度的排污费；除了享受所得税"三免三减半"优惠外，自第七年起，继续享受所得税减半的税收优惠。同时，把当年度企业可比熟料烧成标煤耗、可比水泥综合能耗考核指标放宽到现有标准的 1.2 倍。

3. 落实水泥窑协同处置废弃物的配套政策

项目在实际应用存在的风险是国家政策的风险，主要是国家对水泥企业处置废弃物的补贴政策没有出台，因此在实际应用上暂时存在障碍。但是，从远期发展趋势看，利用水泥生产协同处置废弃物是城市废弃物处理的必然发展方向。落实配套政策，促进减少废弃物产生量、实现综合利用，加强协调，增强执行力，加强法制建设，扶持培育水泥窑协同处置废弃物清洁化处置产业。

4. 宣传保障

加强水泥窑协同处置废弃物现状、发展趋势等的社会宣传，努力塑造典型示范，让社会全面了解认识水泥窑协同处置废弃物清洁化处置的重要性。

参　考　文　献

[1]　胡芝娟，李海龙等. 水泥窑协同处置废弃物技术研究及工程实例. 中国水泥，2011(4):45.

[2]　关于促进生产过程协同资源化处理城市及产业废弃物工作的意见，发改环资[2014]884.

[3]　蒋明麟. 关于水泥工业协同处置废弃物的情况和进展. 建材发展导向，2013(6):2.

第七章
建筑玻璃产品的绿色化

建筑玻璃是建筑材料的重要组成部分，玻璃用于建筑以其特有的透光、耐侵蚀、施工方便和装饰美观等优点而得到日益广泛的应用，玻璃固有的脆性和破坏后碎片尖锐的弱点也正在得到改善。 与水泥、陶瓷、砖瓦等高温窑业建材产品相比，玻璃在生产、使用、回收再利用过程中的绿色化程度相对较高，比如建筑玻璃的保温节能性能已经有了很大的改善、建筑玻璃的安全性能也不再是用户的顾虑、建筑玻璃实现了多功能化也为提高建筑的绿色度提供新的选择。 但就玻璃工业和玻璃产品自身而言还存在资源、能源、污染物排放、回收、再生和使用功能等多方面提高绿色度的需求。

第一节　建筑玻璃产品及其生产工艺

在建筑工业发展的带动下，建筑玻璃材料近年也有超常的发展，仅平板玻璃产量在2010 年即达到 5.50 亿重量箱（2750 万吨），其中浮法玻璃比率达到 90％以上，平板玻璃的深加工率超过 40％，综合能源消耗量明显下降。至今平板玻璃产量已超过 5000 万吨，占全球产量的 60％以上，稳居第一，据统计平板玻璃总产量的 75％用于建筑工程。经过改革开放以来的高速发展，建筑玻璃的品种日益增多，其功能日渐优异，已经完全不是过去概念中的透光围护材料，除最基本的采光和围护功能外，今天的建筑玻璃还具有多功能和高性能的特点，甚至在一些建筑场合用作结构材料。建筑玻璃已经发展成为具有保温、隔热、隔声、防撞击、防火、防盗、电磁屏蔽、色彩装饰、亮度装饰、图案装饰等等功能的新型透明材料。由于建筑玻璃的品种增加、性能提高，在建筑工程中使用玻璃材料的场合越来越多，除传统的窗玻璃外，玻璃幕墙、玻璃楼梯、玻璃天棚、玻璃地面甚至全部采用玻璃建造的房子都已经普遍在工程中采用，玻璃已经不仅仅是门窗材料了，而成为很有发展前景和想象空间的"新材料"。以往的概念仅仅视玻璃为建筑玻璃，这是由于多年来玻璃只作为采光围护材料用于窗户而已。从 20 世纪 50 年代以来，建筑玻璃开始突破采光的单一功能，发展成为建筑材料的一个较大的类别。建筑玻璃有多种分类方法，针对建筑应用比较常用的是按功能分类（见图 7.1）。

除了按照使用功能分类外，在材料业界通常按照建筑玻璃的制造方法来分类。可以将建筑玻璃分为平板玻璃、深加工玻璃、熔铸成型玻璃三类。平板玻璃泛指采用引上、浮法、平拉、压延等工艺生产的板玻璃，包括普通平板玻璃、本体着色玻璃、压花玻璃、夹丝玻璃等。深加工玻璃品种最多，包括通过对平板玻璃进行各种物理和化学处理以及结构组合，使之具有新功能的深加工品种，如钢化玻璃、夹层玻璃、中空玻璃、真空玻璃、磨砂玻璃、雕花玻璃和各种镀膜玻璃等等。熔铸成型的建筑玻璃主要品种有玻璃砖、槽型玻璃、玻璃马赛克、微晶玻璃、玻璃面砖等品种。

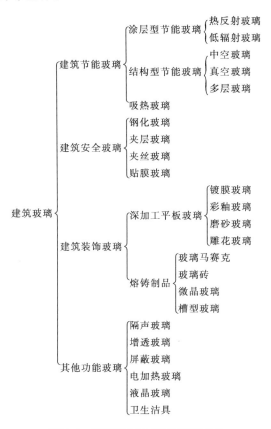

图 7.1 按使用功能对建筑玻璃分类

一、平板玻璃

浮法玻璃是平板玻璃产品的主要品种，其在产品质量和经济性上的优势是引上法和平拉法不可比拟的。我国的浮法玻璃生产规模在近年有了长足的发展，浮法玻璃的产量已经占到平板玻璃总产量的 90% 以上，以平整度好、透光率高等优点成为建筑玻璃市场的主导产品。浮法玻璃除直接用于门窗和幕墙外，大多数建筑用深加工玻璃也是采用浮法玻璃作为原材料制成，尤其是热反射玻璃、镜面玻璃等镀膜品种必须使用优质浮法玻璃作原片。

我国以浮法为主的平板玻璃工业与世界先进水平还存在一定差距，尤其在绿色化程度上存在差距，具体反映在装备平均水平低、能耗水平高、污染物排放量大、平均生产规模偏小等方面。以上差距使我国平板玻璃工业在可持续发展方面的评分较低，表 7.1 列举我国浮法玻璃生产主要技术指标与国际先进水平的比较。

表 7.1 国内外浮法玻璃生产技术指标对比

技术指标内容	我国现状	国际先进水平
生产能耗/(kJ/kg 玻璃液)	7000~8300	5300~7200
窑炉平均规模/(t/d)	382	>500
窑龄/a	4~8	8~12

续表

技术指标内容	我国现状	国际先进水平
玻璃厚度/mm	2～19	0.55～25
锡耗/(g/重量箱)	2～4	0.7～1
微缺陷/(个/m²)	5～70	<2
光入射角/(°)	42～48(2mm 厚)	57～59
断面条纹	重	轻
透光率/%	82～87(5mm 厚)	85～87
渗锡量/(μg/cm²)	30～50	25～30
烟尘排放量(标准状态)/(mg/m³)	100～400	50～100
SO_2 排放量(标准状态)/(mg/m³)	850～1800	750～1750
NO_x 排放量(标准状态)/(mg/m³)	1300～2000	

表 7.2 我国不同规模浮法玻璃窑炉的能耗对比

窑炉熔化能力 /(t/d)	燃料消耗量 /(t/d)	玻璃液单耗 /(kJ/kg)	窑炉熔化能力 /(t/d)	燃料消耗量 /(t/d)	玻璃液单耗 /(kJ/kg)
550	91	6913	450	81	7524
500	85	7106	400	71	7420
480	83	7227	300	64	8957

　　从表 7.2 反映出玻璃窑炉的熔化规模与单位能耗呈反比，相应的单产废气排放量亦与熔化规模呈反比，所以玻璃窑炉的熔化规模应作为玻璃工业绿色度评价的主要指标。此外，玻璃窑炉的熔化规模也与平板玻璃的质量密切相关，行业达成共识的规模效益是 500t 以上。2014 年实施的《平板玻璃单位产品能源消耗限额》规定了平板玻璃单位产品能耗的限定值、准入值和先进值，限定值是平板玻璃单位产品能耗的下限，准入值是新建平板玻璃生产线应达到的能耗水平，先进值的要求和准入值一致是既有生产线的节能努力方向。表 7.3 中的平板玻璃单位产品综合能耗是指生产每重量箱合格平板玻璃的综合能耗，平板玻璃单位熔窑热耗是指熔化每千克玻璃液所消耗的热量。此标准还具体规定了统计方法和计算方法，对玻璃生产的节能具有规范和指导意义。

表 7.3 平板玻璃单位产品综合能耗

分　类	综合能耗/(kg 标准煤/重量箱)			熔窑热耗/(kJ/kg 玻璃液)		
	限定值	准入值	先进值	限定值	准入值	先进值
500～800t/d	≤14.0	≤12.5	≤12.5	≤6400	≤5700	≤5700
>800t/d	≤12.0	≤11.0	≤11.0	≤5650	≤5000	≤5000

二、深加工玻璃与其他建筑玻璃

　　平板玻璃直接用于建筑物是多数民宅和工业厂房的普遍做法，随着科学技术的发展，对建筑工业的绿色化提出越来越高的要求，建筑玻璃是体现建筑绿色度的重要内容，作为主要建筑材料之一的建筑玻璃需要满足保温、隔热、隔声、安全等新的功能要求。平板玻璃通过深加工可以大幅度地提高功能性，如用于保温的中空玻璃和真空玻璃、用于隔热的热反射玻璃和低辐射玻璃、兼有隔声和安全作用的夹层玻璃。由于经济发展水平的局限，我国平板玻璃的深加工率在 40% 左右（参见表 7.4），而国外工业发达国家普遍已经超过 50%。深加工玻璃提高了建筑玻璃的功能效果，所以平板玻璃的深加工率可以反映建筑工业和建筑玻璃工业的绿色化水平，提高深加工率是我国玻璃工业发展的一个重要量化指标。

表 7.4　2010～2013 年用于建筑的平板玻璃年深加工率的统计

品　　种	用量/万吨	占平板玻璃的比率/%	品　　种	用量/万吨	占平板玻璃的比率/%
平板玻璃	2200	100	镀膜玻璃	268	12.2
夹层玻璃	64	2.9	其他深加工玻璃	80	3.6
中空玻璃	296	13.5	全部深加工玻璃	894	40.6
钢化玻璃	186	8.5			

深加工玻璃的主要品种有中空玻璃、夹层玻璃、镀膜玻璃和钢化玻璃四类，其他还有一些尚未形成较大市场的深加工品种就不作介绍了。

1. 中空玻璃

中空玻璃是在两层或更多层平板玻璃中间用间隔框架隔开，对周边进行密封，再充入干燥空气并填入少量干燥剂保持空气干燥。中空玻璃具有良好的隔热性能，普通平板玻璃的热传导系数（U 值）约为 $6.8W/(m^2 \cdot K)$，而空气的热导率约为 $0.03W/(m \cdot K)$，中空玻璃的空气层对保温起了主要作用。具有中间空气层的中空玻璃能够大幅度提高保温性能的同时，还具有较好的防结露特性。中空玻璃比普通单层玻璃的热阻大，所以能降低结露的温度，而且中空玻璃内部密封，空间的水分被干燥剂吸收，也不会在隔层出现露水。中空玻璃还有良好的隔声性能，其隔声性能与玻璃的厚度和空气隔层有关，一般情况下可以降低噪声30dB 左右。早期的中空玻璃生产线均为国外引进，近年国内玻璃机械制造业已能生产全套装备，随着市场的日益扩大中空玻璃可能成为深加工玻璃产量最大的品种。中空玻璃是典型绿色建筑材料产品，其生命全过程具有较高的绿色化程度。

2. 夹层玻璃

夹层玻璃是在两片或多片平板玻璃之间夹入有机塑料透明膜，经过加热、加压粘接而制成的玻璃复合制品。夹层玻璃的原片可以采用普通平板玻璃、钢化玻璃、镀膜玻璃、吸热玻璃等品种。夹层玻璃的生产方法主要有两种：一种是将聚乙烯醇缩丁醛（PVB）胶片夹在两层或多层玻璃中间，放入高压釜内热压而成，称"胶片热压法"或"干法"，适用于工业化生产，是生产夹层玻璃的主要方法。另一种方法是将配制好的黏结剂浆液灌注到两片或多片玻璃中间，通过加热聚合或光照聚合而制成夹层玻璃，称"灌浆法"或"湿法"，由于此工艺控制质量难度较大，目前仅在特殊应用场合（如弯夹层）采用。

夹层玻璃的中间层厚度一般在 0.38～1.52mm 范围，常用规格为 0.38mm 和 0.76mm。用作夹层玻璃的原片有多种厚度，常用的有 2mm、3mm、5mm、6mm 和 8mm 等。目前我国有数十条建筑夹层玻璃生产线，大多采用国外技术和生产设备制造夹层玻璃，其生产工艺为"胶片热压法"，所能制造的夹层玻璃的最大尺寸取决于高压釜的直径。使用引进生产线，具有较大生产规模的厂家有深圳的中国南方玻璃集团公司、中国秦皇岛耀华集团公司、洛玻集团公司、上海皮尔金顿公司等。夹层玻璃的清洁生产现已具有较高水平，基本没有污染物排放，绿色化指标控制应放在玻璃清洗用水的循环、空气压缩机噪声治理等方面。

夹层玻璃具有安全特性，建筑用夹层玻璃能抵挡意外撞击的穿透，减少玻璃破碎或坠落的危险，即使玻璃碎了，碎片仍会与中间层胶片粘在一起，可避免因玻璃坠落造成人身伤害或财产损失。夹层玻璃能抵挡一般冲击物的穿透，用 PVB 胶片特制成的夹层玻璃能抵挡住枪弹、炸弹和暴力的攻击。夹层玻璃具有隔声特性。PVB 胶片具有对声波的阻尼功能，使建筑用夹层玻璃能有效地减弱声音的能级，起到良好的隔声效果。建筑用夹层玻璃具有控制阳光和防紫外线特性，能有效地减弱太阳光的透射，防止眩光，而不致造成色彩失真，能使建筑物获得良好的美学效果，并有阻挡紫外线的功能，可保护家具、陈列品或商品免受紫外光辐射而发生褪色。

由于夹层玻璃具有很高的抗冲击强度和使用的安全性，因而适用于建筑物的门、窗、天花板、地板和隔墙；工业厂房的天窗；商店的橱窗；幼儿园、学校、体育馆、私人住宅、别墅、医院、银行、珠宝店、邮局等建筑。通过设计与选材，夹层玻璃还可以用作电磁屏蔽玻璃、防火玻璃、防盗玻璃等。概括而言，夹层玻璃是具有多种功能的绿色度较高的建筑材料品种，尤其在安全性、防噪声、防盗等方面的优势对提高建筑绿色化指标有明显的贡献。

3. 镀膜玻璃

镀膜玻璃是在平板玻璃表面镀覆一层或多层金属或金属氧化物薄膜，从而通过对玻璃的表面改性使其具有新的或更好的功能。按照制造工艺可以将镀膜玻璃划分为在线镀膜玻璃和离线镀膜玻璃两种（见表7.5）。按照功能划分，镀膜玻璃包含热反射玻璃、低辐射玻璃、减反射玻璃、导电玻璃、彩釉玻璃、镭射玻璃、镜面玻璃等等。镀膜玻璃的制备方法不同，功能多种多样，应该根据具体的应用领域和地域进行选择使用，比如具有阳光控制能力的热反射玻璃，应该在热带、亚热带使用，反射阳光中的红外线，降低室内的空调能耗；低辐射玻璃既可以在寒带地区使用，降低室内采暖费用，也可以在炎热地区使用，降低制冷能耗。镀膜玻璃的主要功能表现在节能和装饰方面，其对绿色建筑的积极作用已得到确认。

表 7.5　镀膜玻璃生产工艺

类　别	名　称	工　艺　说　明
在线镀膜	电浮法	玻璃液流经锡槽时，用电化学渗透方法进行电解，使金属离子进入玻璃表层
	热喷涂	在浮法生产线的成型区后，退火窑的开端，通过附设的喷枪在玻璃板表面喷涂膜层，经过退火窑后膜层烧附在玻璃表面
离线镀膜	真空蒸发	在真空状态下，加热膜层材料使之蒸发沉积到玻璃表面
	真空溅射	在真空状态下，利用离子束轰击膜层材料制成的靶材，溅射出的物质在玻璃表面上沉积成膜
	溶胶凝胶	玻璃浸在金属醇盐溶液中，提升、水节、干燥、烧成，在玻璃表面上形成膜层

4. 钢化玻璃

钢化玻璃是对普通平板玻璃进行热处理后，在玻璃表面形成压应力层，具有高机械强度和热冲击性能的玻璃制品。通常钢化玻璃特指物理钢化中的风钢化玻璃。风钢化玻璃生产过程如下：普通平板玻璃经过切裁、磨边、清洗、干燥、检验后，送到加热电炉中加热到600℃以上，此温度要超过玻璃的软化点。然后将均匀加热好的玻璃迅速送到冷却位置的风栅之间，风栅上布有许多通风孔或者喷嘴，强大的气流在鼓风机的推动下均匀地喷吹到玻璃的两个大表面上，使玻璃表面迅速冷却。如果是生产弯型钢化玻璃，在风冷却之前应该进行压模成型。由玻璃表面首先快速冷却，致使表面的热状态结构冻结，当玻璃内部逐步降温时，先期冷却的外表层就会制约内部的收缩，于是在玻璃表面产生了压应力，在玻璃内部则形成了拉应力。在风钢化工艺中，玻璃原片的表面质量、边部加工质量、板面大小、厚度、加热温度、风栅结构、空气压力和流量等因素都对玻璃的钢化质量有着重要影响。较为先进的设备都由计算机进行过程控制，可以获得相当稳定的产品质量。

风钢化工艺是一种相当成熟的技术，能耗低、产率高、产量大、成本低，应用极为广泛，目前建筑用钢化玻璃主要由风钢化工艺生产，一般采用水平风钢化方法，其中水平辊道钢化方法较为流行，但气垫水平钢化方法更适合于大规模批量生产。在钢化玻璃的生产过程中，要重点控制能耗和噪声。

普通玻璃的表面存在许多微小的裂纹或者表面缺陷，当受到外力作用时，由于裂纹造成应力集中，致使裂纹在较小的外力作用下即发生扩展，最终导致玻璃破坏。当玻璃表面引入压应力后，在玻璃受到外力作用时，首先由表层应力抵消掉部分或者全部外力，从而大大地提高了玻璃的强度和抗冲击性能。通常钢化玻璃的表面压应力在69MPa之上，抗弯强度比普通玻璃提高 3～5 倍，抗冲击强度是普通玻璃的 5～10 倍。高强度也就意味着高安全性，在受到外力撞击时，破碎的可能性降低了；同时，钢化玻璃的另一个重要优点是当玻璃破碎时，由于受到内部张应力的作用，应力瞬时释放使整块玻璃完全破碎成细小的颗粒，这些颗粒质量轻，不含尖锐的锐角，极大地减少了玻璃碎片对人体产生伤害的可能性。但是钢化玻璃不宜单独在高层建筑或者天棚、天窗结构中使用，因为一旦玻璃破坏产生的"玻璃雨"可能会对下面的人群造成伤害。在这种情况下一般是做成夹层玻璃或者和夹网玻璃联合使用。钢化玻璃在生产过程中会产生变形，对光学性能有一定影响，在追求映像效果的幕墙应用时受到了限制。另外，钢化玻璃一旦制成，就不能再进行任何冷加工处理，因此玻璃的成型、打孔必须在钢化前完成，钢化前尺寸为最终产品尺寸。

钢化玻璃耐急冷急热的性能较之普通玻璃也提高了 2～3 倍，一般可以承受 150℃ 以上的温差，大大改善了玻璃抗热炸裂性能，同时也提高了使用安全性。但是钢化玻璃也有一些缺点，如存在着自爆的可能性。当玻璃在使用过程甚至运输过程中，根本没有外力作用或者外力很小时，钢化玻璃突然爆裂。原因是玻璃表面或者边部存在着严重缺陷，造成表面压应力的不均匀，使应力状态失衡；另外过高地追求强度，造成表面压应力过大，玻璃内应力平衡处于临界状态也容易引发自爆。应该挑选表面质量好的玻璃原片，对边部进行细致的加工，控制适宜的应力范围，防止玻璃的边角磕碰和表面划伤，才能减少玻璃自爆的可能性。

另外，熔铸成型的建筑玻璃包括玻璃砖、空心玻璃砖、槽形（U 形）玻璃、玻璃马赛克、微晶装饰玻璃等品种，它们的熔制工艺相近而成型工艺不同。

在上述品种中，除具有共性的装饰功能外，空心玻璃砖与槽型玻璃还有保温与隔声的功能。在生产过程应对资源、能源消耗的绿色度进行评价，对排放的气体和粉尘应进行定量分级，对原料中的废玻璃利用率也应纳入绿色度考核。

三、玻璃在建筑上的应用

传统意义的建筑玻璃仅承受自重、风压和温度应力三种荷载，由于设计的板面尺寸较小，这些荷载所造成的应力一般不超过 10～20MPa。随着增强玻璃的问世和增强技术的不断提高，建筑设计师已将玻璃作为一种结构材料来使用，使玻璃的采光、围护、装饰等多项功能得到更广泛的结合与应用。

玻璃用作结构件从无框玻璃门和采光屋顶开始，以后又出现了点支式幕墙和玻璃地面、玻璃楼梯踏板、水箱挡板等。用作结构件的玻璃其承载方式主要有两种，点支承和边部支承。载荷主要有集中载荷和均布载荷，又可分为静载荷和活载荷，前者由自重、水压、雪载等构成，后者由人体载荷或风载荷构成（图 7.2）。

增强技术的发展使玻璃的许用应力不断提高，目前经过综合增强的玻璃强度能够达到 1000MPa 以上，可供商业化使用的玻璃能够保证强度在 500MPa。由于玻璃是典型的脆性材料，在保证较小破损概率的条件下，建筑玻璃的强度设计值最高可以达到 63MPa，这使玻璃能够作为结构材料，给建筑设计师们发挥想象力提供了更多的选择。

提前给玻璃增强的方法主要有两种——风钢化和化学钢化。风钢化是玻璃物理增强方法的一种，还有液体钢化和固体微粒钢化也是玻璃物理增强方法。风钢化是普遍应用的玻璃增强方法，弯曲强度为 40～80MPa 的普通平板玻璃经过风钢化淬冷处理后其强度可以提高3～5倍，达到 200～300MPa。化学钢化是采用大直径离子置换玻璃表层的小直径离子，大离子嵌入表面后使玻璃表层产生压应力，通常采用钾离子置换钠钙硅系玻璃中的钠离子或采用钠离子、钾离子置换锂铝硅系玻璃中的锂离子。化学增强玻璃的强度可以达到普通平板玻璃的

2～10 倍，薄玻璃的增强效果优于厚玻璃。目前增强效果最好的综合增强方法是将风钢化和化学钢化结合起来，辅之以表面酸处理、表面保护和边部精加工，能够使平板玻璃的弯曲强度达到 500～1000MPa。

(a) 玻璃桥面   (b) 玻璃地面

图 7.2　玻璃桥面和玻璃地面的工程实例

玻璃强度的提高扩大了玻璃在建筑中的应用范围，玻璃在多种功能的改善和新突破则极大地提高了建筑的绿色度。建筑玻璃提高的第一功能是节能，有控制太阳能进入室内的热反射玻璃和吸热玻璃、有阻隔远红外辐射减少高温场能量流动的低辐射玻璃、有高效保温的中空玻璃和真空玻璃。建筑玻璃的安全性是绿色度评价的重要指标之一，健康与安全是可持续发展的绿色建筑的组成部分。关于建筑玻璃的节能和安全性将在本章第三节专题论述。

建筑玻璃是沟通处于建筑物内部的人与外部自然界的视觉、听觉、空气流通的几乎唯一的渠道，但现代建筑要求建筑玻璃要打得开关得上。所谓打得开就是玻璃透明度要高，使视觉通透，玻璃开启要灵活使空气交换方便；所谓关得上就是对节能不利的红外光要阻挡，使人健康受损的噪声要减轻，对建筑物的保温要多作贡献。另外，玻璃在建筑的太阳能利用方面也多有建树，如太阳能集热器和太阳能光伏电池所采用的高透过玻璃。

表 7.6　建筑玻璃在建筑工程中的应用

类　型	应用场合	玻璃品种
幕墙玻璃 天棚玻璃	明框结构	普通玻璃及深加工玻璃
	隐框结构	
	吊挂结构	
	点接结构	
门窗及隔断玻璃	有框门窗	普通玻璃及深加工玻璃
	全玻璃门窗	安全玻璃
	隔断	安全玻璃及玻璃砖、U 形玻璃
	栏板	安全玻璃、玻璃砖
装饰玻璃及其他	墙面	装饰玻璃
	地面	强化玻璃、夹层玻璃、微晶玻璃
	楼梯	强化玻璃、夹层玻璃、微晶玻璃
	水箱	钢化夹层玻璃
	太阳能集热器	强化超白玻璃
	光伏电池	强化超白玻璃

建筑玻璃在建筑工程中的应用可以从表 7.6 得到一个完整的概念，按照应用场合的不同分为三类，幕墙及天棚玻璃、门窗及隔断玻璃、装饰玻璃及其他。随着建筑玻璃品种的增加和质量的提高，在建筑上的应用范围也会日益扩大。

第二节　建筑玻璃产品的绿色化技术

绿色建筑玻璃应包含两个概念，即生产的绿色化和使用的绿色化。《中华人民共和国清洁生产促进法》已从 2003 年开始实施，对我国推行清洁生产走新型工业化道路具有指导作用，针对我国人均资源相对不足、生态环境严重恶化的现实，如何实现可持续发展是摆在国人面前的重大课题。建材工业是资源消耗和污染排放的大户，实现建筑材料的清洁生产必须改变过去的末端治理，实现全过程的清洁控制，以节能降耗为重点、以绿色化为方向、以节能技术和环保技术为杠杆，达到建筑材料的低消耗、低污染、高性能、高附加值的目标。建筑玻璃的绿色化不仅包含清洁生产的内容，还应包括使用中的积极环保作用，由于玻璃的特殊应用场合对其节能性、安全性有更高的要求，将在本章第三节专题叙述。

2011 年，国家工信部针对平板玻璃落后产能的淘汰开始发布《淘汰落后产能工作考核实施方案》。平板玻璃淘汰的落后产能主要是平拉生产线和日产 100～200t 的小型浮法生产线。淘汰高能耗高污染的落后产能是玻璃行业提高行业制造绿色度水平的直接有效手段。

2014 年，国家工信部公布的平板玻璃淘汰落后和过剩产能企业名单显示，河北、吉林、江苏、浙江、山东、湖北、四川、贵州八省涉及产能 2868 万重量箱的平板玻璃企业被限令 9 月底前将指定生产线或设备关停淘汰，并不准转移和变相保留。

一、生产过程中降低能源消耗

建筑玻璃主要由平板玻璃、深加工玻璃和熔铸玻璃三大类组成，产量大且总耗能高的是平板玻璃。平板玻璃生产的主要方式有三种，浮法、引上法和平拉法，其中浮法生产工艺制造的平板玻璃从数量上占到 90％以上。我国浮法玻璃生产线的主体规模在 400～600t。2007年中国建材联合会统计数据，我国的浮法玻璃生产线平均产能已达 450t/d 以上，这是不断淘汰小规模落后生产线和新上大规模浮法玻璃生产线的双向拉动形成平均规模的提高，无疑生产规模的总体水平上升有利于节能和减排。2013 年的统计数据显示，浮法玻璃生产线平均规模在 500t 左右，而能耗、质量和成本达到最佳状态的经济规模在 500t 以上。从表 7.2 可以反映出只有 500t 以上的规模才有可能将每千克玻璃液的能耗降到 7000kJ 以下。降低能源消耗的主要途径之一是提高玻璃窑炉的熔化规模，规模的扩大不仅在节能方面有直接的效益，对于污染物的单位产品排放量也有很大改善。

新型熔窑结构能够提高熔化能力和熔化质量，并对减少污染物排放和延长窑炉寿命有明显作用。发达国家在新型熔窑结构的研发应用已达到实用的技术有独立真空澄清窑、电辅助加热系统、熔化池鼓泡等。

玻璃熔窑的燃烧方式对能源消耗有制约作用，氧气喷吹、氧气浓缩、氧气增压、富氧空气分段和全氧燃烧等先进燃烧工艺已在发达国家取得良好效果，较之传统的空气-燃料燃烧方式提高了生产清洁度，对节能、降污的改进效果明显。以全氧燃烧为例，与空气助燃窑炉相比可以节约燃料 20％～30％、降低 NO_x 排量 80％～90％、降低粉尘排量 70％～80％、提高窑炉寿命 2～4 年，在美国已有 5％的浮法玻璃熔窑采用全氧燃烧技术且有迅速增加的趋势。

玻璃熔窑的余热利用对节能和清洁生产有积极的推动作用，其中利用余热的配合料预热技术可极大地降低粉尘排放数量并降低能源消耗10%～20%。

玻璃熔窑用的耐火材料质量影响窑炉的寿命、玻璃的质量和生产的能耗，我国目前熔铸耐火材料的制造水平已有较大提高，但与国际先进水平相比还有一定差距，尤其体现在抗侵蚀性、抗磨损性、高温强度和抗热冲击性等指标。建筑玻璃的主要品种是平板玻璃，生产平板玻璃的池窑寿命很大程度上取决于耐火材料，所以耐火材料应纳入玻璃生产过程绿色度的评价体系。池窑寿命的国际水平为10年甚至更长，蓄热室寿命则达到20年，翻修期的延长无疑是有利于环境保护的。

我国建筑玻璃业界以秦皇岛玻璃工业研究设计院和中国建材国际工程有限公司等单位为代表合作研究设计改造的安徽华光600t/d级全氧燃烧浮法玻璃示范线，形成具有中国自主知识产权的一整套浮法玻璃全氧燃烧技术，熔窑熔化单耗从7500kJ/kg玻璃液降低到5300kJ/kg玻璃液，实现了我国浮法玻璃节能降耗新技术的实质性突破。

二、减少污染物的排放

建筑玻璃生产的有害物质排放主要来自熔化过程，所排放的污染物有NO_x、SO_2，含多种有害成分的烟尘、粉尘等，从广义讲还应包括二氧化碳的排放。减少有害物质的排放，尤其是NO_x的排放，是玻璃业界始终努力的方向，通过工艺方法的改进已经取得一些有效的进展（见表7.7）。

表7.7　采用清洁生产技术后NO_x排量变化

工 艺 方 法	NO_x下降百分比/%	每吨玻璃增加成本/美元	每减少1t NO_x的费用/美元
富氧环境空气分段	60	1.44	400
鼓风环境空气分段	40	0.31	127
在线燃烧流量控制	35	0.27	128
氧气增压燃烧技术	15	0.85	942
直通鱼尾形燃烧器	15	0.16	175

减少NO_x的排放是要付出经济成本的，不同的方法其效果不同，可以通过NO_x排量减少数量与增加的成本支出之比对清洁生产的工艺进行比较和优选。目前控制NO_x的最有效方法还是减少发生量，此外化学还原法使NO_x还原为氮气也是也是一种有效的方法。安徽华光600t/d级全氧燃烧浮法玻璃示范线已经将熔窑废气中NO_x排放量从$2200mg/Nm^3$降低到$500mg/Nm^3$以下，这是目前浮法玻璃生产中NO_x排放的最高水平。

减少SO_2排放的途径有多种，如采用低硫重油（含硫量小于1%）或对高硫重油进行脱硫处理后再使用。在排烟的过程中脱硫是较为经济的办法，脱硫效果可以达到80%～90%，成熟的工艺有采用苛性钠洗涤的湿式回收法、采用石灰与SO_2反应的干式回收法，还有吸附法和氧化法等。

烟尘也是玻璃工业实现清洁生产必须解决的污染源，烟尘中含有大量的悬浮微粒，微粒表面吸附了有害气体，微粒的粒径很小（见表7.8），可以长期漂浮在大气中。收尘的办法有多种，在技术上没有困难，关键是需要资金投入。在玻璃生产线常用的收尘方法有离心收尘、洗涤收尘、过滤收尘、静电收尘、重力收尘和惯性收尘等，后两种方法适用于较大粒度的粉尘收尘。

表 7.8 玻璃熔化产生的烟尘微粒分布

烟尘粒度/μm	占总量的比例/%	烟尘粒度/μm	占总量的比例/%
>0.5	25	0.1～0.3	20
0.3～0.5	50	<0.1	5

原料堆放与输送过程中粉料的飞散是玻璃工业对大气造成污染的又一个来源,由于玻璃生产造成的粉尘远小于水泥工业,加之现代化的玻璃企业通过无尘化的设施与管理已较好地解决了这一问题,我们只要注意那些小型玻璃企业的粉尘污染并进行改进。

玻璃生产线的废水排放问题也不难解决,用于洗涤的废水主要含无机悬浮固体物,通过一般的沉淀和吸附处理即可达到排放标准。玻璃工业的洗涤废水 pH 值较高,可以采用化学中和的处理办法,如果废水中含有微量有害金属离子可以采用离子交换的处理办法。

噪声也是一种污染,它对人的心理与生理造成危害。治理噪声首先要从声源入手,对压缩机、破碎机、鼓风机、筛分机等高噪声设备进行消声减振处理。其次对产生噪声的设备所在的建筑进行吸声和隔声的屏蔽,多种方法结合治理噪声污染在技术上不存在困难。

三、废玻璃的资源化

废玻璃的来源有两个,一个是生产过程中经质检淘汰的废品和裁切边,另一个是建筑玻璃在建筑上使用后形成的建筑垃圾。生产中产生的废玻璃大多作为熟料回炉再利用了,这里主要讨论作为建筑垃圾的废玻璃的回收再生。

建筑玻璃进入废品的渠道有两个,一个是使用过程中的意外损坏进入生活垃圾,另一个是建筑物拆毁或装修混入建筑垃圾。如何使垃圾得到分类回收不是本书讨论的内容,这里主要关注分类以后的玻璃垃圾如何再生。回收后的玻璃垃圾里含量最多的杂质是灰尘,一般采用空气喷吹或水洗的简单处理办法,同时防止产生新的粉尘或水质污染,更先进并且成本更高的重介质分离和光学分离可以提高回收质量。

回收并净化处理的玻璃垃圾有多种再生方法,其再生物的应用范围也很大。干净的无色玻璃垃圾可以回炉再制造平板玻璃或玻璃器皿,干净的杂色玻璃垃圾可以用做生产瓶罐的原料,在国外用碎玻璃制造的装饰玻璃砖也有广泛应用。玻璃再生在技术上难度不大,关键要建立良好的循环再生体系,形成回收-处理-再生-应用的良性机制。

更直接也是更简单的再生方法可将废玻璃作为集料制造水泥混凝土或沥青混凝土,可以将废玻璃粉碎成粉状再与粗集料和水泥制成砌块、机砖或水磨石,玻璃粉还可用来烧制保温隔声的泡沫玻璃,还可以用废玻璃制造玻璃棉。实际上玻璃再生利用率可以做到很高,制约因素是我国原材料价格低廉而再生成本较高,必须有政府的引导才能形成气候。

第三节 建筑玻璃产品使用中的绿色化方向

绿色建筑对建筑的全寿命周期提出了环保和可持续发展的要求,除建筑规划、设计施工、使用维护和拆除再生等整个生命周期的整体绿色概念外,选用的绿色建材的数量和品质也是其绿色化程度的重要度量。建筑材料从资源开采、制造加工、运输使用到回收再生的每一个环节都应减少对环境的危害和对人类健康的负面影响,绿色建筑要求绿色建材的节能无害和重复使用。

如何选择建筑材料是绿色建筑设计的重要环节,避免或减轻建筑材料对环境的消极影响,宗旨是通过设计减少材料的用量并用绿色化程度高的材料取代原有材料,同时要兼顾建筑材料的经济性和美学效果。除建筑材料本身对资源、能源的消耗和对环境的影响外，其对建筑系统的能源节省和环境效应所起的作用也是建筑绿色化的重要考虑内容。

节能是绿色建筑对建筑玻璃的第一需求，为满足采光、装饰与立面设计要求，建筑门窗洞口有不断增大的趋势，而洞口是能量流失的重要原因之一，建筑玻璃及其框材的保温节能问题即成为玻璃业界的一个重要课题。根据国外的统计资料，建筑物门窗开口部位损失的能量非常可观，在美国占到全国总能耗的 3%～4%，在瑞典更高达 7%。除了提高框架型材的热阻、切断型材的冷桥或热桥、改善提高密封性能以外，对建筑玻璃的节能设计也是减少建筑洞口能量流失的重要方面。本节专题讨论建筑玻璃如何服务于建筑节能。

安全性要求也是绿色建筑的必要条件，绿色建筑的指导思想之一是体现以人为本的理念，除舒适性、健康性外，人的安全性是此理念的重要组成部分。玻璃是建筑材料中较多造成人身意外伤害的品种，由于脆性易碎和碎片尖锐的缺点，发生了许多伤害和伤亡事故，尤其是随着高层建筑和公共、商业建筑的快速发展，出现建筑玻璃意外事故的概率明显提高。建筑玻璃破坏致使人身伤害的情况主要有玻璃碎片高空坠落、人体撞击、成为出险通道等几种情况。

一、节能是建筑玻璃绿色化的主题

建筑采暖和空调所消耗的能源总量越来越大，目前已占人类商业总能耗的 5%～20%，呈纬度越高能耗越大的趋势。建筑物的能耗指标是绿色建筑的重要评价内容，门窗洞口是节能的薄弱环节，建筑物在使用过程中所消耗的能源有近 50% 是通过门窗流失的，玻璃作为门窗结构的最主要材料，其节能的性能反映了绿色化程度。

为满足对建筑玻璃节能的要求，玻璃业界研究开发了多种建筑节能玻璃。热反射玻璃是节能涂层型玻璃最早开发的品种，商业化应用已有几十年。热反射玻璃是在平板玻璃表面镀覆单层或多层金属及金属氧化物薄膜，该薄膜对阳光有较强的反射作用，尤其是对阳光中红外光的反射具有节能意义（见图 7.3）。热反射玻璃有许多品种，根据建筑要求可以在色泽和反射率指标进行选择，在节能的同时还具有镜面装饰效果，已为众多建筑设计师知晓。在热反射玻璃的设计应用中要注意处理好节能与装饰两种效果的和谐，避免或减轻光污染和热污染的负面作用。

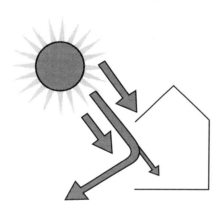

图 7.3　热反射玻璃可阻挡阳光中的红外部分进入室内而降低空调负荷

低辐射玻璃在建筑上的广泛应用是 20 世纪 90 年代在欧美发达国家开始的，它具有反射远红外的性能，可以阻挡高温场向低温场的热流辐射（见图 7.4），既可以防止夏季热能入室，也可以防止冬季热能泄漏。由于低辐射玻璃所具有的双向节能效果，无论在寒带、热带或是温带都可以用做节能窗玻璃或幕墙玻璃。采用低辐射玻璃的节能效果明显，磁控溅射镀覆低辐射膜层的玻璃其辐射率为 0.04～0.15，在线化学气相沉积工艺制备的玻璃其辐射率为 0.20～0.28。采用低辐射玻璃制成中空玻璃后，传热系数可以达到 $1.5～2.0W/(m^2 \cdot K)$，较高水平的低辐射中空玻璃的传热系数可以接近 $1W/(m^2 \cdot K)$，如德国莱宝公司做到 $1.12W/(m^2 \cdot K)$、丹麦威卢克斯公司做到 $1.02W/(m^2 \cdot K)$。

吸热玻璃也是节能玻璃的一个品种，又称作本体着色玻璃，从 20 世纪 80 年代起开始逐

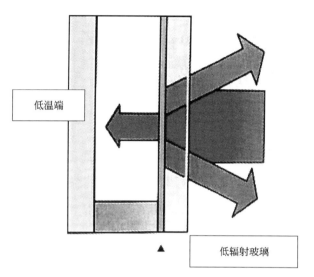

图 7.4 低辐射玻璃的节能原理

步推广使用，其节能原理是通过吸收阳光中的红外线使透过玻璃的热能衰减。在我国城乡到处可以见到吸热玻璃的应用，但是大多数使用者并非出于节能目的，而仅仅关注了玻璃的色彩效果，造成最重要的节能功能没有很好发挥。近年美国 PPG 公司对吸热玻璃作了进一步研发，提高了吸热玻璃的红外线吸收率，同时降低了它的可见光吸收率，使这种"超吸热玻璃"具有更高的可见光透过率和红外线吸收率，在提高节能效果的同时降低了色污染的负面影响，目前太阳能吸收率可以达到 60％左右、可见光透过率在 70％左右，比普通吸热玻璃提高近一倍。

　　上述热反射玻璃、低辐射玻璃和吸热玻璃的节能机理都是基于阻挡热能辐射流动的思路，还有一类节能玻璃是基于降低热传导的思路，如中空玻璃、真空玻璃、双层玻璃等品种，利用两层玻璃间的空气或真空降低结构的传热系数达到保温的目的。

　　修订后的《建筑玻璃应用技术规程》补充了建筑玻璃的节能要求和计算方法。通过玻璃传递的热能有两种，一种是由于玻璃的透明性质造成的太阳能入射与温度场高温区向低温区的热辐射；另一种传热是玻璃作为围护材料通过热传导形成的热能流动。为降低辐射热的流动，可以采用热反射、吸热、低辐射等品种的建筑玻璃；为减少热传导形成的热能流动，可以采用中空、双层、真空等品种的建筑玻璃。

　　透过玻璃单位面积入射室内的太阳辐射能应按式(7.1) 计算：

$$q_1 = 0.889 S_e I \tag{7.1}$$

式中　q_1——透过单位面积玻璃的太阳得热，W/m^2；

　　　I——太阳辐射照度，W/m^2；

　　　S_e——玻璃的遮蔽系数，按现行国家标准《建筑玻璃可见光透射比、太阳光直接透射比、太阳能总透射比、紫外线透射比及有关窗玻璃参数的测定》GB/T 2680 测定。

　　通过单位面积玻璃传递的热能应按式(7.2) 计算：

$$q_2 = U(T_o - T_i) \tag{7.2}$$

式中　q_2——通过玻璃单位面积传递的热能，W/m^2；

U——玻璃的传热系数，W/(m²·K)，其计算应按照《建筑玻璃应用技术规程》的有关规定进行；

T_o——室外温度，K；

T_i——室内温度，K。

辐射热与传导热之和是通过玻璃单位面积的总热能，按式（7.3）计算：

$$q=q_1+q_2 \tag{7.3}$$

式中 q——通过单位面积玻璃的热能，W/m²。

建筑玻璃热工设计准则规定：对于夏热冬暖地区，如长江以南的广大地区，应选择遮蔽系数小的玻璃，以尽可能减少强烈日照造成的室内温升，降低空调负荷，提高节能指标；对于严寒和寒冷地区，如黄河以北的华北、东北、西北等地区，应选择热传导系数小的玻璃，以降低由于室内外温差造成的采暖能量消耗。表7.9是部分国家的窗户传热系数对比。表7.10是德国建筑耗能的不同阶段标准，这是目前世界范围要求最高的建筑节能标准。

表7.9 各国建筑窗户传热系数指标对比　　　　　　单位：W/(m²·K)

国家	标　　准	指　　标	国家	标　　准	指　　标
中国	热工规范(GB 50176—93)	6.40(北京地区)	加拿大	—	2.86(北京同纬度)
	原节能标准(JGJ 26—86)	6.30(北京地区)		—	2.22(哈尔滨同纬度)
	新节能标准(JGJ 26—95)	4.00(北京地区)	丹麦	—	2.90
	新节能标准(JGJ 26—95)	2.50(哈尔滨地区)	德国	—	1.50
瑞典	—	2.00(斯德哥尔摩)	日本	—	2.33(北海道地区)

表7.10　德国建筑耗能指标

项　　目	年　　份	耗能指标/[kW·h/(m²·K)]
第一阶段保温规范	1977~1984	200
第二阶段保温规范	1984~1995	150
第三阶段保温规范	1995~2002	100
现在的节能规范	2002年以后	70

在不同的环境条件下，建筑设计师应正确选择和使用节能玻璃，使玻璃的热工性能发挥到最佳状态，表7.11列举了各种节能玻璃与墙体材料的传热系数。由于节能玻璃在我国应用时间不长，《建筑玻璃应用技术规程》有关节能设计的内容是2003年修订时新加入的，所以建工界与用户对玻璃的热工性能了解不够全面。在相当一部分建筑物中，建筑节能玻璃的使用没有扬长避短。如热反射玻璃的节能作用体现在阻挡太阳能进入室内，可以降低空调制冷负荷，在冬季或日照量偏少的地区反而会增加取暖的负荷，要综合考虑其热工性能的地区差异与季节差异来决定取舍。又如经常见到的吸热玻璃单片使用现象，吸热玻璃靠吸收太阳能来减少进入室内的热能，在吸收太阳能的同时玻璃温度升高，玻璃本身成为热辐射源，在窗的周围形成热辐射区，节能效果要大打折扣。

表7.11　玻璃与墙体材料传热系数对比

项　　目	型　　号	传热系数/[W/(m²·K)]	项　　目	型　　号	传热系数/[W/(m²·K)]
普通平板玻璃	3mm	6.84	低辐射真空玻璃	5+5	1.55
普通平板玻璃	6mm	6.69	双低辐射真空玻璃	5+5	1.3
双层中空玻璃	3+A6+3	3.59	低辐射中空玻璃	6+A12+6	1.68
双层中空玻璃	5+A12+5	3.17	双低辐射中空玻璃	6+A12+6	1.32
三层中空玻璃	3+A12+3+A12+3	2.11	混凝土墙体	100mm	3.26
普通真空玻璃	5+5	2.6	黏土砖墙体	270mm	2.09

二、建筑玻璃的安全性是绿色化的重要内容

随着高层建筑的发展和建筑玻璃的大型化，建筑玻璃造成人身伤害和安全事故的概率迅速增大，在使用建筑玻璃的任何场合都有可能发生直接灾害或间接灾害。由于建筑玻璃在破坏后可能造成的次生灾害，应在其绿色化指标中将安全性作为重要考核内容。最近在北京某超市进行的店庆酬宾活动中，由于人多拥挤造成玻璃大门破碎，有十余名顾客受伤，最严重者被碎玻璃划伤肩膀造成肌腱割断，有人的划伤长达 10cm。类似的玻璃伤人事故时有发生，如空中坠落、人体撞击等等，并且有人员伤亡。由于建筑玻璃破坏造成的灾害主要有以下几种。

（1）高空坠落　玻璃天棚或高层建筑的窗玻璃在台风、冰雹、地震或人为破坏时破碎坠落，其尖锐碎片造成人身伤害。

（2）身体撞击　通道、隔墙、落地窗、大门等玻璃结构物容易受到人的碰撞，尤其对于儿童极具危险，玻璃被撞破坏后刺伤人体。

（3）火灾蔓延　建筑物发生火灾时，一是切断火源，再是扑灭火头，而玻璃遇火则爆裂，空气流通助长火势蔓延。

（4）防盗的薄弱部位　贼盗入室的捷径是打破门窗玻璃，玻璃属脆性材料，抗冲击强度较低，是建筑物安全的重点防护部位。

（5）防弹防爆的薄弱部位　银行、使馆等重要建筑易受到外来攻击的部位是门窗，子弹容易穿透、炸弹容易爆破。

为提高建筑玻璃的安全性，防止上述灾害发生，玻璃行业的科技工作者做了大量研究开发工作，已经能够提供各种安全玻璃防止发生人身伤害。但是由于人们对小概率灾害的漠视、对建筑安全玻璃价格和性能比的错觉，在很多应该采用安全玻璃的场合还没有使用安全玻璃。绿色化应该是一个全方位的社会持续发展的总体概念，不仅体现节能、环保、资源利用等物化思想，更应该体现以人为本的理念，必须将建筑玻璃的安全性列入绿色度评价体系。

1997 年，《建筑玻璃应用技术规程》颁布实施，对一些至关重要的建筑部位使用安全玻璃作出强制性要求。规定钢化玻璃与夹层玻璃可用作安全玻璃，钢化玻璃强度高并且破碎后成为无锐角小碎片，夹层玻璃破坏后碎片仍然粘连在胶片上不会飞散，这两种玻璃都将对人身的伤害危险减至最小。1997 年之后，城乡建设部标准定额司又于 2003 年、2009 年和 2015 年（进行中）对《建筑玻璃应用技术规程》组织修订，对建筑玻璃的安全性提出越来越高的要求。在 2014 年住建部即将颁布实施建筑钢化玻璃的行业标准，技术要求高于国家标准，力图降低钢化玻璃的破坏率。

在有可能发生人体与玻璃碰撞的场合必须使用安全玻璃，如玻璃门、玻璃隔墙、玻璃栏板、落地窗、浴室用玻璃、幼儿园和医院用玻璃等。钢化玻璃和安全玻璃都可以使用，在设计时应根据玻璃板面大小、冲击破碎后有无次生灾害发生、是否有其他功能要求等因素选择，如有防火要求的玻璃隔墙应采用防火夹层玻璃。

对于有可能发生玻璃碎片坠落伤人的场合应使用安全玻璃。规程规定屋顶斜面窗、天窗、玻璃天棚等在距地面高度 5m 以上时应采用夹层玻璃，距地面高度 5m 以下时应采用夹层玻璃或钢化玻璃。主要考虑到钢化玻璃破坏坠落时的“玻璃雨”对人仍可能造成伤害，所以距地面较高的场合只允许使用夹层玻璃。

在水下使用的玻璃应采用夹层玻璃，由于玻璃承受水的压力，要求有较高的安全系数，

规程建议最好采用由钢化玻璃制造的夹层玻璃。

以上三种建筑部位用的玻璃必须是安全玻璃，实际上应使用安全玻璃的建筑场合还有很多，但是从发生概率上远小于上述情况，兼顾安全与经济因素暂不作要求。

对于高层建筑的外窗和玻璃幕墙，在风、地震和其他偶然因素作用下，也有可能发生高空坠落。对这种极小概率事件通常的做法是建筑物周边不设人行道，用绿地隔出安全带，也可以采用半钢化玻璃提高抗风压和耐地震能力。在我国部分城市颁布了地方性法规，对高层建筑使用的建筑玻璃提出较严格的安全性要求。

上海市先于《建筑玻璃应用技术规程》提出建筑玻璃安全性的强制性要求。1996 年，上海市人民政府第 35 号令发布了《上海市建筑物使用安装安全玻璃规程》，提出以玻璃作为建筑材料时必须使用安全玻璃的部位有：幕墙；各类天棚、吊顶、观光电梯；室内隔断、倾斜装配窗；楼梯、阳台、平台走廊的栏板和中庭内栏板；水族馆和游泳池的观察窗、观察孔；公共建筑物的出入口、门厅等部位和易受撞击造成人身伤害的其他部位。除玻璃幕墙外，还把其他规定使用安全玻璃的部位均已包含在这个规程的范围之内。

1999 年，广州市建设委员会于颁布《关于在建筑物、构筑物中使用建筑安全玻璃的通知》，提出了比《上海市建筑物使用安装安全玻璃规程》更加细致和具体的要求，提出必须使用安全玻璃的情况有：7 层以上（含 7 层）建筑物的外向窗；单块大于 $1m^2$ 的窗玻璃和落地窗；玻璃幕墙；裙楼围蔽、内庭围蔽、朝向内庭的窗、内庭栏板、楼梯、阳台、平台走廊的栏板；采光棚、雨棚、出入口通道上盖、天花板；公共场合的室内玻璃隔断、玻璃门；人群稠密的街道两旁、车站、露天集市的各类构筑物、立交桥、天桥、隧道；建筑物和构筑物的玻璃制招牌；观光电梯及其电梯井。这个通知所涵盖的安全玻璃强制使用范围包含了《上海市建筑物使用安装安全玻璃规程》的内容，而且对具体部位指向明确，不仅对玻璃幕墙做出了强制要求，而且对高层建筑的窗玻璃也提出强制使用安全玻璃的要求。

2014 年，深圳市规划国土委发布了《深圳市建筑设计规则》，其中规定多类建筑限用玻璃幕墙，在住宅、医院、中小学校、托儿所、幼儿园、养老院的新建或改扩建工程二层以上部位不宜设置玻璃幕墙。这是最严格的地方规定，主要目的是考虑易受建筑玻璃安全事故伤害人群的安全防护，在以上建筑部位采用的建筑玻璃也应该是安全玻璃品种。

三、绿色建筑对建筑玻璃绿色化的其他要求

防治化学污染和物理污染也是绿色建筑对建筑玻璃的需求。一般而言，玻璃在使用过程中既不会造成化学污染也对化学污染的防治没有贡献。但是，随着品种的增加，对涂覆有机膜层和与有机材料复合的建筑玻璃应考察其化学污染性，也有自洁玻璃和抗菌玻璃可能对污染的防治具有积极作用。与建筑玻璃相关的物理污染有色污染、光污染和热污染，而对噪声污染玻璃则有防治的作用。还有玻璃幕墙映像失真造成的视觉污染，由于主要原因是安装不当和选材不当造成的，这里不作深入讨论。

通常，在城市道路周围，尤其是在高速路和高架桥附近会存在严重的噪声污染问题。据报道，北京中关村四环路边的中科院住宅室内实测晚间噪声达到 66dB，远远超过国家标准规定的 45dB 的限制。除了道路建设采取的降噪措施不足外，建筑玻璃没有起到防治噪声的作用也是一个重要原因。表 7.12 列出建筑玻璃主要品种的隔声指标，其中以真空玻璃的隔声效果为最佳。为了进一步提高噪声屏蔽的质量，可以采取叠加的办法，如真空与中空结合、夹层与中空结合，可以使声能透过损失提高到 40dB 以上。

表 7.12　建筑玻璃主要品种的隔声指标（STC）

建筑玻璃品种	平均透过损失/dB	建筑玻璃品种	平均透过损失/dB
单层普通平板玻璃	约 20	中空玻璃	25～30
夹层玻璃	25～30	真空玻璃	30～35
双层玻璃	约 30		

　　建筑玻璃造成的光污染和热污染主要是热反射玻璃使用不当引起的。热反射玻璃既反射可见光，又反射不可见的红外光。在使用热反射玻璃的建筑物周围的街道和建筑，每天的一定时间内，当太阳、玻璃与被反射光照射物成某一角度时，强烈的阳光会使行人、司机、住户感受刺眼炫目的反光，尤其是会造成住户的室内温度升高。为了防止热反射玻璃的光、热污染，各地政府均采取了一些措施。

　　1998 年，上海市建委规定：内环线以内的建筑工程除裙房外禁止设计玻璃幕墙，内外环线之间不得超过建筑物外墙面积的 40%。1999 年，北京市经审查未获批准的热反射玻璃工程即有近 30 项。

　　针对我国近年出现的滥用热反射玻璃，单纯追求其色彩和光亮的装饰效果，确有必要做出约束和限制。控制热反射玻璃的可见光反射率是最科学有效的办法，因为热反射玻璃的第一优点是节能，在提高红外反射率的同时把可见光的反射率降下来，这在生产工艺技术上不难做到。国际上的共识是控制可见光反射率在 20% 以内，在此指标下不会产生炫目的反光，可见光的透过率也能提高，使采光效果得到改善。热反射玻璃对室内空调负荷有明显的节能效果，对建筑和街景还有很好的装饰作用，用热反射玻璃的节能、装饰之长，避光污染之短，可以通过调整反射率指标来达到。对于热污染则需要通过建筑物的设计来解决，避免反射的太阳能投射到其他建筑或人群密集区域。深圳市规划国土委于 2014 年发布《深圳市建筑设计规则》，其中规定城市道路交叉口、城市主干道、立交桥、高架路两侧的建筑物 20m 以下和其余路段 10m 以下部位不宜设置玻璃幕墙，如需设置玻璃幕墙应采用低反射玻璃并考虑对邻近建筑或周边环境的影响。这是地方政府对建筑玻璃造成光污染问题的最新禁令。

　　建筑玻璃的许多品种是带有颜色的，会造成一定程度的色污染，尤其是室内视觉环境的污染。建筑玻璃中的有色玻璃包括热反射玻璃、吸热玻璃、贴膜玻璃、颜色胶片制作的夹层玻璃等。可见光通过有色玻璃时，其一部分波长的光波被吸收，进入室内后的阳光变为滤色光。在滤色光环境中，眼睛所看到的颜色都是失真的，长久工作、生活在这样的环境中会使人的视觉分辨力下降，严重者会造成精神异变和性格扭曲。尤其是青少年正处于生长发育时期，长时间在滤色光环境中对眼睛的健康和身心发育不利。为减轻有色玻璃的负面作用，应限制使用范围。比如在医院、实验室、图书馆、学校、博物馆、幼儿园等建筑中应限制有色玻璃的使用。同时推广高可见光透过率、低红外光透过率的有色玻璃，发挥有色玻璃的节能优势这个重要特性，控制并减轻其副作用。

第四节　建筑玻璃产品的绿色度评价

　　建筑玻璃具有一些与其他建筑材料不同的特点，如生产过程相对清洁、体积和重量对运输不造成过大负担、对建筑绿色度贡献率较高、使用过程中对环境较少负面影响、回收再生不存在技术上的困难。故通过建筑玻璃的绿色度评价研究，应该重点引导生产者和使用者关注那些对建筑绿色贡献大的品种，整体提高我国建筑玻璃的可持续发展水平。绿色度评价体系的建立不可能一蹴而就，应与发展阶段相适应，是一个动态体系。以下提出关于建筑玻璃的绿色度评价体系的粗线条框架。

一、现行标准状况

在建筑中使用的玻璃材料有相应的国家或行业产品标准，标准与国际接轨是最优状态。建筑玻璃主要产品标准和技术规程主要有：《普通平板玻璃》GB 4871、《浮法玻璃》GB 11614、《建筑用安全玻璃夹层玻璃》GB 15763.3、《建筑用安全玻璃钢化玻璃》GB 15763.2、《中空玻璃》GB 11944、《吸热玻璃》JC/T 536、《镀膜玻璃》GB/T 18915、《夹丝玻璃》JC 433、《防弹玻璃》GB 17840、《建筑用安全玻璃防火玻璃》GB 15763.1、《玻璃马赛克》GB 7697、《建筑用 U 形玻璃》JC/T 867、《建筑装饰用微晶玻璃》JC/T 872、《建筑玻璃应用技术规程》JGJ 113、《玻璃幕墙工程技术规范》JGJ 102 等十几个。

二、资源与能源消耗

针对浮法玻璃生产线可以提出资源与能源的绿色化起点评价指标，未达到这一指标的生产线不应进行绿色度的评价或定量评价时给以负分，超出该指标的生产线可以根据实际水平进行绿色度量化评价。

单线生产能力在日产 500t 以上为绿色度及格，600t 为良好状态，600t 及其以上为绿色度评价优秀。

原料、熔窑、锡槽、退火、冷端全部实现自动控制，考核指标可以用产品质量来表征，如微缺陷数量、断面条纹轻重、透光率、退火程度和机械擦伤等。微缺陷数量指玻璃板面每平方米存在 0.05～0.2mm 缺陷数量，最高水平为少于 2 个，及格水平可以控制在不超过 10 个。透光率（以 5mm 玻璃为准）的最高水平为 86％以上，83％为及格标准。断面条纹、退火程度和机械擦伤为定性观测指标，可依据程度轻重量化评价。

耐火材料寿命——冷修期不少于 6 年，可作为绿色度及格的要求，达到 8 年冷修期是第二层次可作为绿色度的良好状态，冷修期在 10 年及其以上时应获得最高定量评价。

热耗低于 6400kJ/kg 玻璃液，到 5000kJ/kg 玻璃液最佳水平可分为 3～4 个层次，在绿色度的定量评价时给予不同的得分。

锡耗小于 2g/重量箱为及格标准，锡耗小于 1g/重量箱为优秀标准。

稳定的硅质原料基地，基地距生产线不超过 500km。

除浮法玻璃以外的其他熔制建筑玻璃产品应参考浮法玻璃的相关绿色度评价指标，建立既有发展前瞻性又与当前工业水平适应的指标体系。指标体系中应包含资源、能源、环境、质量、对绿色建筑的贡献等内容。深加工玻璃产品的绿色度评价指标建立应更多地关注使用过程对绿色建筑的作用，在生产过程中仅注意规模、噪声、能耗、污水等指标即可。

三、生产环境影响

是否通过 ISO14000 认证是起始条件，没有通过此项认证不能给予生产环境影响绿色度定量评分，作为零分处理。

浮法玻璃生产线的烟尘排放量以国外先进水平的下限为绿色度评价的优秀指标，即少于 100mg/Nm³ 获最高分，及格标准为 200mg/Nm³，排放量高于及格标准此项评价为零或负分。

浮法玻璃生产线的 SO_2 排放量可以在 750～1500mg/Nm³ 之间划定绿色度定量评价等级，排放量高于 1500mg/Nm³ 此项评价为零或负分。

浮法玻璃生产线的 NO_x 排放量控制还有待进行调查和统计，可以初步在 $1000 \sim 2000mg/Nm^3$ 之间作分级定量评价。

在玻璃生产企业的厂区，粉尘数量达到国家环保局规定的大气中颗粒物含量二级以上标准，一级及其以上为绿色度评价最高得分，二级为及格得分，中间可划分几个挡次。

玻璃厂的污水处理主要通过沉淀和过滤，对存在有机污染或金属溶入的污水还应分离处理，按照国家相关环保要求达到不同级别的排放标准分别进行绿色度定量评价授分。

噪声的控制与治理水平的评价以声能测量值达到国家环保相关标准的程度为依据，可以区分厂内和厂外两种情况。

四、对使用环境的消极作用

建筑玻璃在选材和使用不当的情况下会对环境和健康出现有害影响，归纳为光污染、色污染、热污染、视觉污染和采光障碍五种。

由于热反射玻璃的可见光反射率过高，造成炫目的阳光反射，除有玻璃镜面反射设计要求的场合外应控制可见光反射率在 20％ 以下，超过 30％ 则此项绿色度定量评价无分。

很多品种的建筑玻璃是有色的，无论是本体着色还是深加工着色都会造成室内的滤色光环境。在一类控制建筑如学校、医院、图书馆、展览馆等不应使用有色玻璃，在二类控制建筑如住宅、厂房、宾馆应限制使用，违反以上应用限制则对绿色度评价给予负分。

热污染与光污染相伴发生，热反射玻璃的热污染只能通过建筑设计避免，减少或躲开反射光对人群和其他建筑的照射，严格讲此指标应作为绿色建筑的评价内容。

在国外将玻璃幕墙产生的映像畸变称为视觉污染，尤其是主要街道和繁华地区的映像扭曲造成的视觉不安定称为污染并不过分，这也是对绿色建筑的负面作用。对视觉污染作为绿色度评价指标可以通过以下因素进行控制，可见光反射率、钢化变形量、玻璃板的刚度和安装平面度等。

很多品种的建筑玻璃对可见光有较多的反射或吸收，衰减了进入室内的光照强度，形成采光障碍。对于绿色建筑的更充分自然光照要求，在医院和学校等场所应提出玻璃的可见光透过率要求，85％ 以上为优秀，60％ 为及格，中间可划分若干挡次。

五、对绿色建筑的积极贡献

建筑玻璃选材对建筑物防治噪声有积极作用，中空玻璃在保温的同时对噪声有较大衰减，夹层玻璃在提高安全性的同时有效衰减噪声，采用降噪玻璃对绿色建筑防治噪声这一评价指标应予以加分。

节能建筑玻璃的保温隔热功能对建筑节能作用显著，采用热反射玻璃、吸热玻璃、低辐射玻璃、中空玻璃等品种或这些品种的组合，所达到的节能效果应作为绿色度定量评价指标。可以参考用传热系数 $3.5W/(m^2 \cdot K)$ 作为及格标准，以 $2.0W/(m^2 \cdot K)$ 及其以下作为优秀标准，在 $2.0 \sim 3.5W/(m^2 \cdot K)$ 之间分成阶梯标准。

六、建筑玻璃的安全性

由于地方法规对建筑玻璃安全性的规定不具普遍意义，应参照《建筑玻璃应用技术规程》使用安全玻璃，从 2003 年起在天窗、天棚、可能发生人体撞击的一些建筑部位采用安全玻璃为强制性规定。此项绿色度评价应与建筑设计密切结合，按照应用的不同场合和安全玻璃的不同品种进行定量分析。

七、绿色主动性的加分因素

对建筑材料附加的一些功能可以得到绿色度评价的加分，如采用对人体健康有益的抗菌玻璃、采用对环境有改善的自洁玻璃、采用对安全有额外作用的防盗防火夹层或钢化玻璃、采用太阳能电池和太阳能集热器用高透过玻璃、采用能够减轻电磁污染的屏蔽玻璃等。

图 7.5　建筑玻璃绿色度加分的典型设计

在加拿大考察绿色建筑时，东道主特意介绍了建筑玻璃的绿色设计，出于保护鸟类的目的，在透明的玻璃上制作树林的图案（图 7.5），使鸟儿飞临窗前会减速，使用这种建筑玻璃以后再也没有发生鸟撞玻璃的事情。类似此种追求人与自然和谐的产品设计都应该在绿色度评定时给予加分。

参考文献

[1]　建材工业规划研究院.中国建筑材料工业跨世纪发展战略,1995.

[2]　刘志海.2001 年我国平板玻璃消费结构研究.建筑玻璃与工业玻璃,2002,4:12-18.

[3]　彭寿.国内外浮法玻璃及新型玻璃生产应用现状与发展趋势.全国第五届浮法玻璃及深加工玻璃技术研讨会,2003.

[4]　中国建筑材料工业协会.走新型工业化道路,为全面建设小康社会作贡献.中国建材报,2003,1(28):5.

[5]　叶耀先.建筑与疾病.住宅产业,2003,5:16-19.

[6]　马立云.我国浮法玻璃生产线规模的现状分析及对策.全国第五届浮法玻璃及深加工玻璃技术研讨会,2003.

[7]　John Latter.减少玻璃熔炉有毒气体的排放.Glass for China.斯特灵出版集团,1999.

[8]　中华人民共和国建设部.中国建筑技术政策.北京：中国城市出版社,1998.

[9]　马眷荣等.建筑玻璃.北京：化学工业出版社,2005.

[10]　李建民等.建材工业贯彻实施《清洁生产促进法》的思考.建材发展导向,2003,2:51-53.

[11]　Backhansen J. Energy-saving and emission-reduction combustion technologies for glass melting. International Glass Journal, 1998,4:38-41.

[12]　马眷荣.建筑玻璃的节能发展方向.中国建材科技,2000,4:12-16.

[13]　郝琳.探讨可持续建筑的概念及其环境的操作性.世界建筑,2002,5:62-66.

[14]　统计数据.建筑玻璃与工业玻璃,2010—2014.

[15]　深圳市规划国土委.深圳市建筑设计规则,2014.

[16]　建筑玻璃应用技术规程　JGJ 113—2009.

[17]　平板玻璃单位产品能源消耗限额　GB 21340—2013.

[18]　平板玻璃工厂节能设计规范　GB 50527—2009.

[19]　绿色建筑评价标准　GB/T 50378—2014.

[20]　中国建筑材料联合会信息部.我国建材行业能耗现状,2012.

[21]　赵恩禄.玻璃熔窑全氧燃烧技术研究报告,2010.

第八章
建筑卫生陶瓷产品的绿色化

建筑卫生陶瓷是我国陶瓷大家族的一个重要成员。 20世纪初期，我国开始现代建筑卫生陶瓷产品的生产和应用。 经过近百年，特别是1949年以来的恢复发展和1978年来的快速发展，已经形成了完整的现代建筑卫生陶瓷工业体系，到20世纪末，我国已经成为世界最大的建筑卫生陶瓷生产和消费大国。 目前，我国正处在由世界建筑卫生陶瓷大国发展成为世界建筑卫生陶瓷强国的关键时期。

建筑卫生陶瓷产品在工程建设得到了广泛的应用，为提高生活品质、保证建筑物功能发挥了重要作用。 大力开发和推广应用绿色建筑卫生陶瓷，是我国建材工业实施可持续发展战略的重要内容之一。

第一节　建筑卫生陶瓷产品及其生产工艺

经过60多年、特别是最近30多年的快速发展，我国建筑卫生陶瓷行业的整体水平得到了显著地提高，工艺技术、产品生产、装备制造、产品品种、企业管理和创新能力等均已进入世界先进行列。卫生陶瓷节水产品及其制造工艺和配件开发、高压注浆技术、大型高效节能窑炉技术、陶瓷板生产技术、清洁生产及地方化原料和工业固体废物等的综合利用等方面有了很大的进步和突破，行业的绿色化程度不断提高。

一、建筑卫生陶瓷产品的定义及分类

通常把用于建筑装饰、建筑构件和卫生设施的陶瓷制品称为建筑卫生陶瓷，主要包括卫生陶瓷、陶瓷砖（板）、建筑琉璃制品及烧结瓦等。卫生陶瓷制品包括洗面器、大便器、小便器、洗涤器、水槽、淋浴盆等；陶瓷砖（板）包括陶瓷内墙砖、外墙砖、地砖及陶瓷板等砖（板）类制品；建筑琉璃制品主要有琉璃瓦、琉璃砖、琉璃建筑装饰器等；烧结瓦包括日式、西式及各种烧结瓦等。

1. 卫生陶瓷

卫生陶瓷的分类方法有多种。按吸水率的大小可分为瓷质（$E \leqslant 0.5\%$）卫生陶瓷和非瓷质（$0.5\% < E \leqslant 15.0\%$）卫生陶瓷两大类。按照产品可分为坐便器、洗面器、小便器、蹲便器、净身器、洗涤槽、水箱、小件卫生陶瓷8类产品。还有不同的分类方式。常见卫生陶瓷产品的分类方法参见表8.1、表8.2。

表 8.1 瓷质卫生陶瓷产品分类

种 类	类 型	结 构	安装方式	排污方向	按用水量分	按用途分
坐便器(单冲式和双冲式)	挂箱式 坐箱式 连体式 冲洗阀式	冲落式 虹吸式 喷射虹吸式 旋涡虹吸式	落地式 壁挂式	下排式 后排式	普通型 节水型	成人型 幼儿型 残疾人/老年人专用型
洗面器、洗手盆	—	—	台式 立柱式 壁挂式 柜式	—	—	—
小便器	—	冲落式 虹吸式	落地式 壁挂式	—	普通型 节水型 无水型	—
蹲便器	挂箱式 冲洗阀式	—	—	—	普通型 节水型	成人型 幼儿型
净身器	—	—	落地式 壁挂式	—	—	—
洗涤槽	—	—	台式 壁挂式	—	—	住宅用 公共场所用
水箱	带盖水箱 无盖水箱	—	壁挂式 坐箱式 隐藏式	—	—	—
小件卫生陶瓷	皂盒、手纸盒等	—	—	—	—	—

表 8.2 非瓷质卫生陶瓷产品分类

种 类	类 型	安装方式
洗面器、洗手盆	—	台式、立柱式、壁挂式、柜式
不带存水弯小便器	—	落地式、壁挂式
净身器	—	落地式、壁挂式
洗涤槽	家庭用、公共场所用	立柱式、壁挂式
水箱	高水箱、低水箱	壁挂式、坐箱式
淋浴盆	—	—
小件卫生陶瓷	皂盒、手纸盒等	—

2. 陶瓷砖(板)

陶瓷砖(板)通常按照成形方法和吸水率进行分类。也可按照用途、表面特征和其他方法分类。

(1)按成形方法分类 分为挤压砖(A)和干压砖(B)。其中挤压砖又按尺寸偏差分为精细和普通两类。

(2)按吸水率(E)分类 分为低吸水率砖(Ⅰ类)、中吸水率砖(Ⅱ类)和高吸水率砖(Ⅲ类)三类。

低吸水率砖(Ⅰ类)的分类如下。

① 低吸水率挤压砖,分为:$E \leqslant 0.5\%$(AⅠa类);$0.5\% < E \leqslant 3\%$(AⅠb类)。

② 低吸水率干压砖,分为:$E \leqslant 0.5\%$(BⅠa类);$0.5\% < E \leqslant 3\%$(BⅠb类)。

中吸水率砖(Ⅱ类)的分类如下。

① 中吸水率挤压砖,分为:$3\% < E \leqslant 6\%$(AⅡa类);$6\% < E \leqslant 10\%$(AⅡb类)。

② 中吸水率干压砖,分为:$3\% < E \leqslant 6\%$(BⅡa类);$6\% < E \leqslant 10\%$(BⅡb类)。

高吸水率砖(Ⅲ类)的分类如下。

① 高吸水率挤压砖：$E>10\%$（AⅢ类）。

② 高吸水率干压砖：$E>10\%$（BⅢ类）。

陶瓷砖（板）按成形方法和吸水率的分类及代号参见表8.3，按用途、表面特征和其他方法分类参见表8.4～表8.6。

表8.3 陶瓷砖按成形方法和吸水率分类及代号

按吸水率（E）分类		低吸水率（Ⅰ类）		中吸水率（Ⅱ类）		高吸水率（Ⅲ类）	
		$E\leqslant0.5\%$（瓷质砖）	$0.5\%<E\leqslant3\%$（炻瓷砖）	$3\%<E\leqslant6\%$（细炻砖）	$6\%<E\leqslant10\%$（炻质砖）	$E>10\%$（陶质砖）	
按成形方法分类	挤压砖（A）	AⅠa类	AⅠb类	AⅡa类	AⅡb类	AⅢ类	
		精细 | 普通	精细 | 普通	精细 | 普通	精细 | 普通	精细 | 普通	
	干压砖（B）	BⅠa类	BⅠb类	BⅡa类	BⅡb类	BⅢ类	

表8.4 陶瓷砖按用途分类

名称	定义	名称	定义
内墙砖	用于装饰与保护建筑物内墙的陶瓷砖	室内地砖	用于装饰与保护建筑物内部地面的陶瓷砖
外墙砖	用于装饰与保护建筑物外墙的陶瓷砖	室外地砖	用于装饰与保护室外构筑物地面的陶瓷砖

表8.5 陶瓷砖按表面特征分类

名称	定义
有釉砖	正面施釉的陶瓷砖
无釉砖	不施釉的陶瓷砖

表8.6 陶瓷砖其他方法分类

名称	定义
平面装饰砖	正面为平面的陶瓷砖
立体装饰砖	正面呈凹凸纹样的陶瓷砖
陶瓷马赛克	用于装饰与保护建筑物地面及墙面的由多块小砖（表面面积不大于$55cm^2$）拼贴成联的陶瓷砖
广场用陶瓷砖	用无机非金属粉料、粒料混合压制成型，经高温烧制而成的用于广场、步行街、社区园林等室外场所地面装饰的陶瓷制品，边长/厚度（L/d）不小于5
配件砖	用于铺砌建筑物墙脚、拐角等特殊装修部位的陶瓷砖
抛光砖	经过机械研磨、抛光，表面呈镜面光泽的陶瓷砖
渗花砖	将可溶性色料溶液渗入坯体内，烧成后呈现色彩或花纹的陶瓷砖
劈离砖	由挤出法成型为两块背面相连的砖坯，经烧成后敲击分离而成的陶瓷砖

3. 建筑琉璃制品

建筑琉璃制品是指用于建筑物的瓦类、脊类、饰件类陶瓷制品，分类参见表8.7。

表8.7 建筑琉璃制品分类

分类法	名称
按品种分类	瓦类、脊类、饰件类
瓦类根据形状分为	板瓦、筒瓦、滴水瓦、沟头瓦、J形瓦、S形瓦和其他异形瓦

4. 烧结瓦

烧结瓦是指用于建筑物屋面覆盖及装饰用的板状或块状烧结制品。通常根据产品形状、表面状态及吸水率不同进行分类和命名，参见表8.8。

表8.8 烧结瓦的分类

分 类 法	名 称
根据形状	平瓦、脊瓦、三曲瓦、双筒瓦、鱼鳞瓦、牛舌瓦、板瓦、筒瓦、滴水瓦、沟头瓦、J形瓦、S形瓦、波形瓦和其他异形瓦及其配件、饰件
根据表面状态	有釉(含表面经加工处理形成装饰薄膜层)瓦和无釉瓦
根据吸水率	Ⅰ类瓦($\leqslant 6.0\%$)、Ⅱ类瓦($6.0\% \sim 10.0\%$)、Ⅲ类瓦($10.0\% \sim 18.0\%$)、青瓦($\leqslant 21.0\%$)

二、建筑卫生陶瓷产品的主要性能

1. 卫生陶瓷产品的主要性能要求

卫生陶瓷产品性能执行现行标准 GB 6952《卫生陶瓷》。该标准详细规定了卫生陶瓷产品的通用技术要求：外观质量（釉面、外观缺陷最大允许范围、色差）、最大允许变形、尺寸（尺寸允许偏差、厚度）、重要尺寸、吸水率、抗裂性、轻量化产品单件质量、耐荷重性、配套技术要求（便器配套要求、给水配件和排水配件、洁具机架、存水弯）；便器技术要求（尺寸要求、便器功能要求、坐便器冲水噪声、连接密封性、疏通机试验）；洗面器、净身器和洗涤槽技术要求（尺寸要求、溢流功能）等。其中，便器功能要求主要包括便器用水量和便器冲洗功能。

（1）便器用水量 便器名义用水量要求应符合表8.9的规定，实际用水量应不大于名义用水量；双冲式大便器的半冲平均用水量应不大于全冲水用水量最大限定值的70%；普通型双冲式坐便器和蹲便器的全冲水用水量最大限定值（V_0）应不大于 8.0L；节水型双冲式坐便器的全冲水用水量最大限定值（V_0）应不大于 6.0L；节水型双冲式蹲便器全冲水用水量最大限定值（V_0）应不大于 7.0L；幼儿型便器用水量应符合节水型产品规定。

表8.9 便器名义用水量要求　　　　　　　　　　　　　单位：L

产 品 名 称	普 通 型	节 水 型
坐便器	$\leqslant 8.0$	$\leqslant 5.0$
蹲便器	$\leqslant 8.0$	$\leqslant 6.0$
小便器	$\leqslant 4.0$	$\leqslant 3.0$

（2）便器冲洗功能 便器主要冲洗功能要求见表8.10。

表8.10 便器冲洗功能的要求

项 目	产品类型		要 求
洗净功能	坐便器		按规定方法三次试验,每次冲洗后累积残留墨线总长度$\leqslant 50$mm,且每一段残留墨线长度$\leqslant 13$mm
	蹲便器		按规定方法三次试验,每次冲洗后累积残留墨线总长度$\leqslant 50$mm,且每一段残留墨线长度$\leqslant 13$mm
	小便器		按规定方法三次试验,每次冲洗后累积残留墨线总长度$\leqslant 25$mm,且每一段残留墨线长度$\leqslant 13$mm
固体物排放	坐便器	球排放	按规定方法三次试验后,平均数$\geqslant 90$个
		颗粒排放	按规定方法三次试验后,存水弯中存留可见聚乙烯颗粒平均数$\leqslant 125$个,可见尼龙球平均数$\leqslant 5$个
	蹲便器	试体排放	按规定方法三次试验后,至少 10 个试体冲出排污口;幼儿型蹲便器应至少 7 个试体冲出排污口
污水置换	坐便器		按规定方法试验后,单冲式坐便器稀释率应不低于100%;双冲式坐便器,只进行半冲水的污水置换试验,稀释率应不低于25%
	小便器		按规定方法试验后,稀释率$\geqslant 100\%$
水封回复	坐便器		按规定方法试验后,水封$\geqslant 50$mm
排水管道输送	坐便器		按规定方法三次试验后,球的平均传输距离$\geqslant 12$m

项　目	产品类型	要　求
防溅污性	坐便器	按规定方法五次试验后，不得有水溅到试验模板上，$\phi\leqslant8$mm 的溅射水滴或水雾不计
	蹲便器	
溢流	洗面器	有溢流孔时，按规定方法进行溢流试验，5min 不溢流
	洗涤槽	
	净身器	
冲洗噪声	坐便器	按规定方法进行试验，累计百分数声级 $L_{50}\leqslant55$dB，累计百分数声级 $L_{10}\leqslant65$dB

卫生陶瓷产品厚度、耐荷重性、轻量化产品单件质量要求见表 8.11。

表 8.11　卫生陶瓷产品厚度、耐荷重性、轻量化产品单件质量要求

项　目	产品类型	要　求
坯体厚度	卫生陶瓷产品	任何部位的坯体厚度应不小于 6mm
耐荷重性	坐便器、净身器	应能承受 3.0kN 的荷重，无变形或任何可见破损
	壁挂式洗面器、洗涤槽、洗手盆	应能承受 1.1kN 的荷重，无变形或任何可见破损
	壁挂式小便器	应能承受 0.22kN 的荷重，无变形或任何可见破损
	淋浴盘	应能承受 1.47kN 的荷重，无变形或任何可见破损
轻量化产品单件质量（不含配件）	连体坐便器	不宜超过 40kg，特殊工程类产品可按合同要求
	分体坐便器	不宜超过 25kg（不含水箱），特殊工程类产品可按合同要求
	蹲便器、洗面器	不宜超过 20kg，特殊工程类产品可按合同要求
	壁挂式小便器	不宜超过 15kg，特殊工程类产品可按合同要求

2. 陶瓷砖的主要性能要求

陶瓷砖产品性能要求执行现行标准 GB/T 4100《陶瓷砖》。主要技术要求包括：表面质量、尺寸（长度宽度厚度允许偏差、边直度、直角度、中心弯曲度、边弯曲度、翘曲度等）、物理性能、化学性能等。干压陶瓷砖的主要物理性能要求见表 8.12。陶瓷砖的化学性能要求见表 8.13。

表 8.12　干压陶瓷砖的物理性能要求

项目	分类	瓷质砖	炻瓷砖	细炻砖	炻质砖	陶质砖
吸水率/%	平均值	$E\leqslant0.5$	$0.5<E\leqslant3$	$3<E\leqslant6$	$6<E\leqslant10$	$E>10$
	单值	$\leqslant0.6$	$\leqslant3.3$	$\leqslant6.5$	$\leqslant11$	>9
破坏强度/N	厚度$\geqslant7.5$mm	$\geqslant1300$	$\geqslant1100$	$\geqslant1000$	$\geqslant800$	$\geqslant600$
	厚度<7.5mm	$\geqslant700$			$\geqslant600$	$\geqslant350$
断裂模数/MPa	平均值	$\geqslant35$	$\geqslant30$	$\geqslant22$	$\geqslant18$	$\geqslant15$
	单值	$\geqslant32$	$\geqslant27$	$\geqslant20$	$\geqslant16$	$\geqslant12$
耐磨性	无釉地砖耐磨损体积/mm³	$\leqslant175$		$\leqslant345$	$\leqslant540$	—
	有釉地砖表面耐磨性	报告陶瓷砖耐磨性级别和转数				
线性热膨胀系数从环境温度到100℃		若陶瓷砖安装在有高热变性的情况下应进行该项试验				
抗热震性		凡是有可能经受热震应力的陶瓷砖都应进行该项试验				
有釉砖抗釉裂性		经试验应无釉裂				
抗冻性		瓷质砖、炻瓷砖、细炻砖、炻质砖：经试验后应无裂纹或剥落 陶质砖：对于明示并准备用在受冻环境中的产品必须通过该项试验，一般对明示不用于受冻环境中的产品不要求该项试验				
地砖摩擦系数		单个值$\geqslant0.50$				
湿膨胀		大多数有釉砖和无釉砖都有微小的自然湿膨胀，当正确铺贴（或安装）时，不会引起铺贴问题				

续表

分类 项目	瓷质砖	炻瓷砖	细炻砖	炻质砖	陶质砖
小色差	纯色砖,有釉砖:$\Delta E<0.75$;无釉砖:$\Delta E<1.0$				
抗冲击性	该试验使用在抗冲击性有特别要求的场所				
抛光砖光泽度	≥55%				

表 8.13　陶瓷砖化学性能要求

项　目		要　求
耐污染性	有釉砖	最低 3 级
	无釉砖	若在有污染的环境下使用,建议制造商考虑耐污染性问题
耐化学腐蚀性	耐低浓度酸和碱	制造商应报告耐化学腐蚀性等级
	耐高浓度酸和碱	若准备将陶瓷砖在有可能受腐蚀的环境下使用,应按规定进行此试验
	耐家庭化学试剂和游泳池盐类	有釉砖　不低于 GB 级
		无釉砖　不低于 UB 级(陶质砖无此项)
铅和镉的溶出量		当有釉砖是用于加工食品的工作台或墙面且砖的釉面与食品有可能接触的场所时,则要求进行该项试验

3. 建筑琉璃制品的主要性能要求

建筑琉璃制品性能要求执行标准 JC/T 765—2006《建筑琉璃制品》。主要技术要求包括尺寸允许偏差、外观质量（表面缺陷、变形、裂纹、分层）、一般要求及物理性能等。建筑琉璃制品一般要求及物理性能见表 8.14。

表 8.14　建筑琉璃制品一般要求及物理性能

一般要求	瓦之间及和配件搭配使用时必须保证搭接合适
	对以拉挂为主铺设的瓦,应有 1～2 个孔,能有效拉挂的孔为 1 个以上,钉孔或钢丝孔铺设后不能漏水
	瓦的正面或背面可以有以加固、挡水等为目的的加强筋、凹凸纹等
吸水率	≤12.0%
弯曲破坏荷重	≥1300N
抗冻性能	经 10 次冻融循环不出现裂纹或剥落
耐急冷急热性	经 10 次耐急冷急热性循环不出现炸裂、剥落及裂纹延长现象

4. 烧结瓦的主要性能要求

烧结瓦产品性能要求执行现行标准 GB/T 21149—2007《烧结瓦》。主要技术要求包括:尺寸允许偏差、外观质量（表面质量、变形、裂纹、磕碰、釉粘、石灰爆裂、欠火、分层）、物理性能等。烧结瓦产品物理性能要求见表 8.15。

表 8.15　烧结瓦的物理性能要求

项　目	要　求	
抗弯曲性能	平瓦、脊瓦、板瓦、筒瓦、滴水瓦、沟头瓦类	弯曲破坏荷重≥1200N
	青瓦类	弯曲破坏荷重≥850N
	J 形瓦、S 形瓦、波形瓦类	弯曲破坏荷重≥1600N
	三曲瓦、双筒瓦、鱼鳞瓦、牛舌瓦类	弯曲强度≥8.0MPa
抗冻性能	经 15 次冻融循环不出现剥落、掉角、掉棱及裂纹增加现象	
耐急冷急热性	经 10 次急冷急热循环不出现炸裂、剥落及裂纹延长现象(只适用于有釉瓦类)	
吸水率	Ⅰ类瓦	$E\leq6.0\%$
	Ⅱ类瓦	$6.0\%<E\leq10.0\%$
	Ⅲ类瓦	$10.0\%<E\leq18.0\%$
	青瓦类	$E\leq21.0\%$
抗渗性能	经 3h 瓦背面无水滴产生(此项要求只适用于无釉瓦类,若其吸水率≤10.0%时,取消抗渗性能要求)	

5. 卫生陶瓷产品的选购

卫生间是装修工程的重要内容，卫生陶瓷又是卫生间的关键产品，其选购及配套特别重要。

（1）选购时首先应有配套意识　配套件里的每个部件或配件，都应处在同一档次水平，部分部件或配件高档次，其他的低档次，造成的效果是白化冤枉钱，整体水平仍属于低档。如名牌高档的陶瓷件配以普通塑料五金件其整体档次就不高，高档墙地砖铺贴墙地面，配以蹲便器和高位水箱，这样的卫生间档次也上不去。因此在购买前一定要做到心中有数，确定预期达到的档次水平。

（2）确定坐便器的排水方式及安装尺寸　购买坐便器前一定要先弄清卫生间坐便器的排水是何种方式，并测量下水口中心距墙面的距离（下排水方式）或距地面的距离（后排水方式），以确定所选购的便器是下排水或后排水结构，选用排水方式一致和安装尺寸合适的坐便器，才能安装。坐便器排水口的墙距尺寸应等于或略小于卫生间下水口的墙距（下排水方式）；坐便器排水口距地面的距离应等于或略高于卫生间排水口的高度（后排水方式）。

（3）配套制品造型风格、色调必须匹配　卫生间的陶瓷件数量不止一件，数件陶瓷制品（如便器，洗面盆，皂盒，手纸盒，墩布池等）造型颜色只有一致或接近，才能和谐美观。

（4）挑选卫生陶瓷时应该掌握可见面与非可见面有不同的要求　可见面是指瓷件安装后，人们容易看见的表面，可见面质量应严格把关，特别是在使用时水能溅湿的部位质量更为重要，而安装后看不见的面其质量就不要过于挑剔。

（5）外观质量的检查判断　是否有开裂，用一细棒细细敲及瓷件边缘听其声音是否清脆，当有"沙哑"声时证明瓷件有裂纹。变形大小，将瓷件放在平整的平台上，各方向活动检查是否平稳匀称，安装面及瓷件表面边缘是否平正，安装孔是否均匀圆滑。釉面必须细腻平滑，釉色均匀一致。可见面特别是水能溅湿的釉面质量尤为重要，在釉面上滴带色液体数滴用布擦匀，数秒钟后用湿布擦干，检查釉面，无脏斑点的为佳，釉面质量决定瓷件使用时的挂脏程度。

（6）其他事项　陶瓷砖产品还有吸水率，坐便器还有排污、用水量、噪声、水封功能等性能要求，这些性能一般是难以检查判断的，应该尽量选购有质量信誉保证的产品，查阅该产品经国家有关部门认证认可的盖有 CMA 章的有效质量检测报告。

6. 陶瓷砖的选购

（1）首先确定陶瓷砖的使用场所　厨房、卫生间的墙地面装修首选材料是陶瓷砖，墙面应选用釉面内墙砖。卫生间又分干区和湿区，建议湿区采用亚光釉面砖，因为亚光釉面比光泽釉面耐水解，长期与水接触不易发生水解反应而表面变得粗糙"发污"。室内地面可以选用无釉瓷质砖和有釉地砖。无釉瓷质砖因其吸水率小，具有强度高、耐磨等特点，而有釉地砖其釉面抗污性能好、装饰效果丰富多彩，尤其是亚光、无光有釉砖或防滑砖，这类产品不仅防滑，而且耐磨性好。

在没有采暖保温的北方高寒地区，阳台墙地面因冬季气温较低，建议采用吸水率小的外墙砖、地砖铺贴，以防因抗冻性差发生剥落、龟裂。寒冷有冰冻的地区，室外用的墙地面砖必须选用经抗冻试验合格（吸水率一般应小于3％）的产品。

作为铺地使用的陶瓷砖应注意其耐磨性及防滑性，以提高其使用寿命及使用者的安全；庭院地面可以选用瓷质砖，有釉、无釉地砖或广场砖；在广场、人行道使用时可选用有防滑透水作用的透水砖等。

外墙铺贴不承重也不需承受很大的压力，为了便于铺贴，避免脱落砸人事故发生，陶瓷外墙砖应选用质地薄、面积小、背纹有燕尾槽的产品，这类产品不仅使用安全，而且耗原材料少，耗能少；大块厚重产品应采取特殊加固措施铺贴。

（2）确定价位档次水平　陶瓷墙地砖产品花色品种、品牌很多，质量档次差异较大，价位相差几倍、十几倍，当根据使用部位初选相应砖品种后，应结合自己可接受的价位范围，进行进一步选择性挑选。

（3）在一定范围内选定数个花色　无论是墙砖还是地砖，花色很多，在框定价位范围内，结合整体配套和装修装饰风格，根据自己的喜好和审美观挑选数个较满意的花色，然后再对它们进行实质性的质量认可。

（4）进行产品外观质量鉴别　将陶瓷砖放在光线较好的地方进行外观质量鉴定。尺寸偏差大小：取一块砖测量其边长是否符合要求，然后取数块砖叠放在一起，比较其尺寸大小是否一致。变形大小：取两块砖并排视其边缝是否小而直，是则边直度好；再将两块砖对扣在一起视其缝隙是否小而直，是则平整度好，砖面有无凹和凸，以平正和微凸为好。尺寸偏差和变形大小决定了瓷砖铺贴的灰缝大小、直线度和装饰面的平整度。不同品种混铺、配件砖腰线砖与主体砖之间的尺寸应配套。色差大小：取数片砖平放在平面上，目测其色调是否一致。表面质量：观察砖面是否细腻均匀，无杂斑、孔洞等可见缺陷，然后可用数滴带色液体滴在局部表面上涂匀，数秒钟后用湿布擦干，观察表面是否残留色点，色点多说明针孔多，易挂脏，釉面质量不高；如果擦洗不掉，说明砖的吸水率大，抗污能力差。

（5）内在质量的判断　敲：用细棍轻轻敲（或用手指弹敲）悬空的瓷砖，声音清脆说明瓷砖无裂纹、烧结程度好、吸水率较低、强度较高；如声音带沙哑声，说明瓷砖可能有裂纹；声音"发闷"说明瓷砖烧结程度不好、吸水率较高、强度较低。滴水：在瓷砖背面滴数滴清水，观察吸收快慢，吸收越快，吸水率越大。一般来讲，吸水率低的产品烧结程度好、强度较高、抗冻性能好，产品质量好。

（6）查阅产品的检测报告　当初步选定产品后，应向销售商索取产品的经国家有关部门认证认可的盖有 CMA 章的有效的质量检测报告查阅。

（7）开箱抽查　开箱抽查库房或送货上门的产品是否与自己选定的产品一致。

铺贴前还应对陶瓷砖的可视质量及相关信息进行检查核实确认，防止铺贴返工。

三、建筑卫生陶瓷的生产工艺

现代建筑卫生陶瓷的生产技术于 20 世纪初由欧美传入我国，历经百年发展，自 1993 年起，我国建筑卫生陶瓷产量稳居世界第一位而成为世界上名副其实的生产和消费大国，自 2006 年起成为世界最大的建筑陶瓷出口国。2013 年我国建筑卫生陶瓷主要产品陶瓷砖产量达到 96.9 亿平方米，其中出口约占 12%；卫生陶瓷产量 2.1 亿件，其中出口占 36% 左右，出口量呈增长趋势。建筑卫生陶瓷工业成为我国制造业中为数不多的具有竞争优势的产业之一，服务于经济建设，满足了人们不断增长的物质文化生活需要。

我国建筑卫生陶瓷产品的花色品种齐全，基本满足国内外市场需求。但产品结构以中低档、低价产品为主，高档产品与国外高档产品仍存在较大的品牌差距。

近年来，我国建筑卫生陶瓷工业的分布发生了产区兴衰变化和转移发展，改变了以广东、福建、山东、河北、河南、四川、上海及周边区域等为主要产区的集中分布格局，产业不断从沿海发达地区向内地欠发达地区、生产要素成本低的地区转移和扩展，发展增加了江西、辽宁、湖南、湖北、山西、安徽等一批新产区。产业在转移过程中得到了提升，企业生产能力不断扩大，淘汰了落后产能，产区分布区域增多。

建筑卫生陶瓷生产技术与装备基本实现了国产化，基本达到国际同期先进水平。许多以中国的"大"为特色的大型化、高效化装备走在世界前列，例如 100T 间歇式球磨机，长度 400 余米辊道窑（日生产能力超过 40000m²），大容积梭式窑，大型隧道窑，7800T 全自动液压压砖机，陶瓷砖日加工能力达 13000m² 的抛光线（48 头）等均实现国产化。大规格陶瓷砖（板）的生产、节水型坐便器的生产、在组合浇注线上一次成型喷射虹吸式坐便器和连体冲落式坐便器的技术也属国际先进。

建筑卫生陶瓷工业的发展带动了相关产业的专业化生产和专业化发展，并互为促进互动发展。发展了一大批陶瓷矿物原料、熔块、色釉料、乳浊剂、各种添加剂、金属和石膏模具、磨具、石膏、机械装备与配件、窑炉、窑用耐火材料、煤气化设备、水煤浆加工、卫生陶瓷五金及塑料配件等专业工厂，相关产品、技术与装备已出口国外，出口量不断增长。

这里主要介绍卫生陶瓷和陶瓷砖的生产工艺及主要设备。

1. 卫生陶瓷生产工艺及主要设备

卫生陶瓷生产的典型工艺流程为：原料粉碎→泥浆制备→注浆成形→素坯干燥→修坯→施釉→烧成→瓷件检验→修补→（重烧）→冷加工→成品检验→包装。

卫生陶瓷主要生产工艺基本相同，但工艺细节可能有较大的区别。在泥浆制备工艺方面，有两种主要工艺，其一是重量配料法：硬质料经粉碎后与软质料（黏土类原料）一起入球磨机制备泥浆。其二是容积配料法：硬质料经粉碎后与少量软质料（黏土类原料）一起入球磨机制备泥浆，大部分软质料直接加水搅拌化浆，再将两种泥浆按配比要求混合成成形所需泥浆。在注浆成形方面：有普通石膏模注浆、低压快排水石膏模注浆、树脂模中压注浆、树脂模高压注浆等。在烧成设备方面，有隧道窑、辊道窑、梭式窑等。不同的生产工艺各有其优缺点，是由工厂产品定位、资金实力、人员技术、生产场地等多方面因素决定的。

卫生陶瓷生产的主要设备包括：球磨机、高低速搅拌池（罐）、成形设备（组合浇注，高中压注浆机）、干燥室、施釉设备（机械、人工施釉）、窑炉（隧道窑、辊道窑、梭式窑等）、冷加工设备（各种平面砂轮打磨）等。

2. 陶瓷砖生产工艺及主要设备

主要介绍干压成形工艺和挤压成形工艺。

（1）干压成形　主要包括湿法制粉工艺和干法制粉工艺

① 湿法制粉工艺流程（一次烧成）

$$\left.\begin{array}{r}硬质料\\软质料\end{array}\right\}\rightarrow 配料\rightarrow 球磨\rightarrow 泥浆\rightarrow 喷雾制粉\rightarrow 成形\rightarrow 干燥\rightarrow 施釉\rightarrow 烧成\rightarrow 检选包装$$

把硬质料预先破碎至一定粒度，与软质料称重配料入球磨，制成含水 32%～40% 的泥浆；由喷雾干燥塔脱水制成含水 5%～6% 的具有良好流动性的粉料；经陈腐、压形、干燥、施釉烧成制成产品。湿法制粉工艺设备多，脱水量大，能耗较高，但由于其配比稳定，混合均匀，粉料流动性能好，满足大吨位压砖机的要求，因此，目前湿法工艺仍是中高档墙地砖生产的首选工艺。湿法制粉工艺制造陶瓷砖所用的主要生产设备包括：球磨机、喷雾干燥塔、压砖机、干燥器、施釉线、烧成窑（辊道窑）等。

② 干法制粉工艺流程

原料→干燥→配料→细破碎→加水增湿造粒→干燥→过筛→陈腐→成形→干燥→施釉（釉料→配料→球磨→除铁过筛→釉浆罐）→烧成→检选→包装。

把容重相近的陶瓷原料按配方要求称量后一起混合破碎，在增湿造粒机内加水至 6%～

8%左右（为了使所得粉料水分均匀，加水量略高于成形时所需的水分）造粒，经流态化干燥床将粉料干燥到成形所需的5%～6%的水分后，经过陈腐、压形、干燥、施釉、烧成等工序制成产品。干法制粉由于工艺简单，设备投资少，占地面积少，无须经过制浆过程，泥料脱水量不高，故能耗低，能耗是湿法制粉工艺的1/6～1/7。但由于干法制粉工艺配方的局限性（配方中原料品种应尽量少且物料间容重应相近），配方不易准确，粉料流动性、均匀性不如湿法工艺而影响了其广泛使用。干压成形干法制粉工艺生产陶瓷砖所用的主要生产设备包括：破碎机、增湿造粒机、流态化干燥床、压砖机、干燥器、施釉线、烧成窑（辊道窑）等。

由于陶瓷砖生产总能耗的1/3用于喷雾干燥塔的造粒。干法与湿法制粉能耗比较见表8.16。

表 8.16 干法与湿法制粉能耗比较

项 目	方 法	干法制粉 /(kg 标煤/t 粉料)	湿法制粉 /(kg 标煤/t 粉料)
燃耗	电耗	5.53	8.60
	热耗	5.61	67.38
	总计	11.14	75.98
水耗/(L/t)		40	480

（2）挤压成形 陶瓷砖挤压成形工艺流程（劈开砖）：

硬质料 → 称量
软质料 → 称重 →配料→干混→加水练泥→真空练泥（挤出成形）→切割→干燥→施釉（釉料→配料→球磨→除铁过筛→釉浆罐）→烧成→劈开→检选包装

挤压（对应于干压，亦称挤出、塑压、塑性）成形工艺是把符合颗粒要求的陶瓷原料经配料干混均匀，加16%～21%的水练泥后，经真空练泥脱气，在真空练泥机的机头出口处被挤出所需的形状，经切割成一定长度的砖，然后经干燥、（施釉）烧制成制品。挤出法工艺简单，设备少，干燥脱水量介于湿法与干法制粉之间，能耗也介于二者之间。由于挤出法成形制品较厚，强度不如干压法高，产量也不如干压法高，制品的种类有局限性，故一般在劈开砖、陶瓷板生产中使用，而在其他陶瓷砖的生产中使用很少，但在烧结瓦和建筑琉璃制品生产中广泛使用。

挤压成形工艺生产陶瓷砖所用的主要生产设备包括：干混机、练泥机、真空练泥机、干燥室、施釉线、烧成窑（隧道窑）等。

四、建筑卫生陶瓷用主要原料

建筑卫生陶瓷属于资源型传统产业，目前仍没有形成规模经营和专业化生产，特别是矿物原料的专业化生产程度不高。故一些分散经营的企业，一般都自设原料加工车间，这是造成原料资源浪费、不能采取分级综合利用、效率低的主要原因。而且原料破碎加工工序的粉尘又是建筑卫生陶瓷厂的最主要扬尘点，治理投资大，分散加工不利于环境保护。建筑卫生陶瓷的原料加工必须走专业化生产道路，各种非金属矿都按不同用途分等级加工，商品化出售。陶瓷企业只要购买所需的粉料，直接入球磨，既减少粉尘污染又节能，原料质量稳定且有利于资源综合利用。

1. 建筑卫生陶瓷坯用原料

（1）传统坯用原料

① 黏土原料 黏土原料是传统陶瓷制品必不可少的原料，它分硬质黏土和软质黏

土，它为制品提供了必要的 Al_2O_3 成分，特别是软质黏土，良好的可塑性是陶瓷制品生产过程中必不可少的性能。黏土原料在整个陶瓷坯体配方中用量约占 45%～50%。我国优质软质黏土储量并不丰富，特别是北方地区由于数十年的过度开采，唐山地区的紫木节已几近枯竭，山西的传统优质黏土也出现告急。目前华北地区的陶瓷厂主要使用陶瓷产业不太发达的内蒙古地区原料，南方地区的黏土原料质地较好，氧化铁、氧化钛等着色杂质含量少，但近 20 年来，南方传统陶瓷工业的急剧扩充发展，也出现了过度开采的局面，优质软质黏土成为我国陶瓷企业紧缺原料，我国这类黏土储量约 4.6 亿吨，约占世界储量的 3.8%，世界排第九位，但我国陶瓷生产占世界产量一半以上，如不采取措施必将影响我国陶瓷业的可持续发展。

② 长石类原料　长石类原料在传统陶瓷中起熔剂作用，它引入碱金属氧化物 K_2O、Na_2O，以降低制品的烧成温度。长石类原料占坯体成分的 20%～30%，釉中占 35%～50%。20 世纪 80 年代前，我国建筑卫生陶瓷工业多采用高温慢烧工艺，主要使用优质的钾长石，其后随着低温快烧工艺的推广应用，传统观念中的低品位钾、钠复合长石和钠长石都得到了广泛应用，并应用了大量长石替代原料，如霞石正长岩、微晶花岗岩等。

③ 石英原料　石英是瘠性料，在坯体中起骨架作用，引入 SiO_2，在坯体配方中用量占 20%～25%。我国石英储量较丰富，优质石英是玻璃工业的原料，陶瓷工业除用石英岩外，多用石英砂替代。

④ 熔剂性原料　熔剂性原料在陶瓷坯体中起助熔作用，在坯体配方中占 5%～10%。这类原料有滑石、石灰石、白云石等。此外，可引入 MgO、CaO 的替代品很多，如菱镁矿、大理石、白垩等。我国这类矿物储量丰富。

(2) 低温快烧原料　20 世纪 80 年代以来，低温快烧工艺日渐成熟，硅灰石、透辉石、透闪石、叶蜡石等原料都得到了广泛应用。这些原料以其独到的性能，使釉面砖的烧成温度从 1180～1200℃降到 1080～1100℃。同时，由于烧成窑炉的革命，出现了辊道窑，使陶瓷墙地砖产品的烧成周期从数十小时降到数十分钟，大大降低了能耗。低温快烧原料已成为低温快烧坯体配方的首选原料，但由于矿藏在我国分布极不均匀，主要集中在湖北、东北、山东、浙江等地，因运输价格等诸方面原因，不能普遍推广应用。

(3) 页岩、红土　页岩、红土是以含绢云母（伊利石类）矿物为主的非金属矿，因含较高的氧化铁，烧后坯体呈粉红色或棕红色，具有低温快烧原料的优良特性，已成为国外墙地砖生产强国施釉产品的主要原料。我国红土类原料储量极为丰富，遍布全国各地，属地方性原料，但一直没有得到很好的利用。页岩、红土质地松软，无需破碎就可直接入球磨，不仅节省能耗而且减少粉尘污染，有的红土原料，本身就具备单一成瓷条件，有良好的可塑性，含有一定量的碱金属氧化物，可替代我国日渐匮乏的高岭土，并可部分替代长石、石英，在坯体中用量可高达 40%～100%，因此利用页岩红土生产施釉陶瓷墙地砖，为我国建筑卫生陶瓷的可持续发展提供了原料保证。

(4) 工业废料　这类工业废料主要包括：煤矸石、粉煤灰、高炉废渣、萤石矿渣、磷渣、钒矿尾渣、铜尾矿、硫酸尾渣等。

① 煤矸石、粉煤灰　煤矸石是煤的副产品和废渣，煤矸石的主要成分是高岭石、石英、伊利石及有关挥发物，有害成分为铁的硫化物、氧化物和钛的化合物。粉煤灰是发电厂的废渣，主要成分是 SiO_2 和 Al_2O_3。煤矸石和粉煤灰可以制成无釉地砖、广场砖、透水砖等，也可制成施釉墙地砖。

② 高炉废渣　高炉废渣的主要成分为 SiO_2、Al_2O_3、MgO、CaO，虽然成分与钢铁冶

炼类型不同，成分有所差异，但属于特定的高炉矿渣的成分是稳定的，由于不含游离氧化物，适于做陶质釉面砖原料。

③ 萤石矿渣　萤石的主要成分是 CaF_2，其熔点为1230℃，可做助熔剂使用。

④ 磷渣　磷矿开采选矿后废弃的工业废料、生产黄磷过程中的矿渣，它的主要成分是 SiO_2、CaO，少量的 P_2O_5、Al_2O_3 等，其成分与低温快烧原料硅灰石相似，可做釉面内墙砖坯体原料。

⑤ 钒矿尾渣　我国是生产金属钒的大国，每年形成的尾矿渣量极大，利用钒渣生产的瓷砖，烧结性能好，强度高，具有天然花岗岩色泽。

⑥ 铜尾矿、硫酸尾渣　国内外已有报道利用铜尾矿、硫酸尾渣生产施釉陶瓷砖。

部分工业尾矿、废渣化学成分见表8.17。

表 8.17　部分工业尾矿、废渣化学成分　　　　单位：%

废渣 \ 含量	SiO_2	Al_2O_3	Fe_2O_3	TiO_2	CaO	MgO	K_2O	Na_2O	MnO_2	Sb_2O_3	IL（灼减量）
高炉水渣	40.30	7.7	0.40	0.24	46.43	3.03	—	—	0.16	—	1.08
锑炉矿渣	96.41	2.49	—	—	—	—	0.08	0.36	—	0.36	—
铜矿尾砂	73.22	12.63	2.88	0.09	1.84	1.55	3.21	0.45	—	—	3.73
硫酸尾渣	30.04	33.35	20.10	1.23	0.93	4.40	4.87	2.39	—	—	2.49
磷矿尾砂	50.28	4.28	6.78	0.51	22.52	13.67	0.69	0.59	—	—	0.44

（5）城市垃圾及河泥　城市垃圾分有机类和无机类，垃圾经分类后，无机类包括废玻璃、各类废弃装饰材料、旧房拆迁物等含有 SiO_2、Al_2O_3 成分，经处理可做陶瓷原料，生产环保砖。利用河泥研制陶瓷制品已取得成果。

（6）建筑卫生陶瓷生产自身产生的工业废料　冲洗喷雾干燥塔的废水，清洗地面、球磨的废水，经多级沉降后的泥渣、各类收尘器中的泥料，烧成前各工序的废品，都可做陶瓷原料加入配方中。卫生陶瓷厂产生大量的废弃石膏模，石膏成分为 $CaSO_4$，除少量可加入新石膏中重新制作石膏模外，可做水泥原料。废弃的窑具经细碎后可做环保砖、普通耐火材料的集料等。先进的建筑卫生陶瓷厂已能做到无废弃物排放，达到环境代偿，减少了对环境的污染。

2. 建筑卫生陶瓷用釉用原料

釉是涂覆在陶瓷坯体表面的一层玻璃质，不仅具有装饰功能而且可提高制品的内在性能及抗污性。釉料用量是坯体重量的1/10左右，但由于釉用原料其品位要求相当高，原料的铁、钛杂质含量极少，生产高档产品的某些釉用原料采用进口，其天然矿物有优质软质黏土、长石、石英、滑石、石灰石等。还需一些化工原料如硅酸锆、氧化锌、铅丹、硼砂、硼酸等，用量为4%～14%不等，这些化工原料，有些是水溶性的如硼砂、硼酸，有些是有毒的，如铅丹等，这些原料需预先制成熔块后，再投入使用。有些工厂把碳酸钡、铅丹等有毒化工原料作为生料直接投入釉中使用，这就不可避免地带来环境污染和操作者的人身伤害。

许多有害的化工原料制成熔块后可减少对操作者的伤害，因此熔块集中生产、集中进行污染处理有利于环境的保护。

由于制造硅酸锆的锆英砂矿物中的四价锆与放射性物质伴生，不同产地其放射性核素含量也不同，用量过多必然会超过我国对建材制品放射性控制的指标。

3. 建筑卫生陶瓷用色料

为了装饰，需要在釉中加3%～8%的陶瓷着色剂或在釉表面用着色物质装饰，这些着色剂大都是含金属离子的化工物质，在制备过程中需经过混合、煅烧、破碎、清洗等工序，有些金属离子有剧毒。为了便于治理，避免污染扩散，色料加工必须专业化，必须具一定规模，必须对废水进行治理后再排放。

4. 建筑卫生陶瓷原材料消耗估算

2013 年，我国陶瓷砖的产量约 96.9 亿平方米，卫生陶瓷约 2.1 亿件。

按照平均每平方米陶瓷砖 20kg、平均每件卫生陶瓷 20kg 计算，包括运输、生产过程损失及物料烧失量（瓷件重：物料重＝1：1.2）：

我国生产陶瓷砖每年耗原料约 2.33 亿吨、生产卫生陶瓷每年耗原料约 504 万吨。2013 年，我国生产建筑卫生陶瓷主要产品（陶瓷砖和卫生陶瓷）的原材料消耗约为 2.4 亿吨。

五、建筑卫生陶瓷生产的能源消耗

我国建筑卫生陶瓷企业所用的燃料种类主要有煤、工业煤气、轻柴油、天然气、重油等。大多数建筑陶瓷企业以煤为主，通过煤气发生炉将煤转化为煤气作为燃料供烧成窑、干燥窑和喷雾干燥塔使用，部分企业的喷雾干燥塔直接使用水煤浆为燃料。卫生陶瓷生产企业的燃料情况较复杂，与工厂工艺、产品档次、烧成设备等有关，一般卫生陶瓷企业以煤为主，通过煤气发生炉把煤转化成煤气作为燃料使用，部分企业以天然气、轻柴油为燃料。

建筑陶瓷生产企业的烧成窑、喷雾干燥设备、干燥窑等是主要的燃料消耗设备。在干压陶瓷砖生产企业的总燃料消耗中，烧成窑（一般为辊道窑）燃料消耗一般占 50%～60%，喷雾干燥设备占 30%～40%，干燥窑占 5%～15%。在干压陶瓷砖企业的电耗中，主要的大型耗电设备有球磨机、喷雾干燥塔（柱塞泵、热风炉、排烟风机）、压砖机、干燥窑（各种风机、传动电机）、施釉线、烧成窑（各种风机、传动电机）、空压机、煤气发生炉、抛光机组等，其中泥浆制备、喷雾干燥、干燥窑、烧成窑、抛光机的电耗占企业总电耗的比例一般都在 10% 以上。

卫生陶瓷生产企业主要的燃料消耗设备是烧成窑，类型有隧道窑、辊道窑、梭式窑等，以隧道窑为主。各类烧成窑各有优缺点，隧道窑是传统窑型，分隔焰、明焰式两种，隔焰隧道窑是一种落后的窑型，热利用效率较低。辊道窑、大型梭式窑是较先进的窑炉，热利用效率较高。卫生陶瓷主要耗电设备是球磨机、烧成窑（各种风机、传动电机）、注浆机、空压机等。

建筑卫生陶瓷企业能耗主要为燃料消耗和电耗，其中燃料消耗一般占总能耗的 80% 以上，电耗一般占总能耗的 10%～20%，水耗折算成能耗占总能耗小于 1%。建筑卫生陶瓷企业能耗水平受生产设备、工艺、产品结构、管理水平的影响，建筑陶瓷单位产品能耗一般为 180～360kg 标煤/t（每吨产品一般为 35～70m²），电耗一般为 200～400 kW·h/t；卫生陶瓷单位产品能耗一般为 400～900kg 标煤/t，电耗一般为 500～1000 kW·h/t；建筑卫生陶瓷企业的水耗一般为 1～3t/t。对于陶瓷砖而言，产品厚度一般为 7～15mm，每平方米产品质量一般为 15～30kg，有些超薄陶瓷产品厚度在 3～5mm（一般为墙砖），每平方米产品质量小于 10kg。在满足使用要求的前提下，适当减小陶瓷砖产品厚度，对于产品生产节能降耗具有重要作用。

建筑陶瓷企业烧成窑的尾气可用于烧成窑预热、干燥窑、喷雾干燥塔等。卫生陶瓷企业烧成窑的尾气通过余热锅炉可间接用于泥浆加热、成形干燥车间的温湿度控制等。

1. 建筑卫生陶瓷生产能源消耗估算

2013 年，我国陶瓷砖产量约 96.9 亿平方米，卫生陶瓷约 2.1 亿件。

按照平均每件卫生陶瓷 20kg，吨瓷燃耗为 650kg 标煤，吨瓷电耗为 750kW·h；平均每平方米陶瓷砖 20kg，吨瓷燃耗为 220kg 标煤，吨瓷电耗 250kW·h 估算。

我国每年生产陶瓷砖消耗标煤 4264 万吨，消耗电力 485 亿千瓦时。每年生产卫生陶瓷消耗标煤 273 万吨，消耗电力 31 亿千瓦时。

2013 年，我国建筑卫生陶瓷主要产品（陶瓷砖和卫生陶瓷）的燃耗估算为 4537 万吨标煤、电耗估算为 516 亿千瓦时，综合能耗（包括综合燃耗和电耗）估算为 5171 万吨标煤。

2. 我国建筑卫生陶瓷单位产品能源消耗限额

根据我国建筑卫生陶瓷企业的装备、管理水平、产品能源消耗现状和节能技术改造、节能管理的趋势，GB 21252—2013《建筑卫生陶瓷单位产品能源消耗限额》对建筑卫生陶瓷产品能源消耗的限定值、准入值进行了强制性规定，同时推荐了先进值，见表 8.18、表 8.19。

表 8.18　陶瓷砖单位产品能耗限定值、准入值和先进值

产 品 分 类	综合能耗/（kg 标煤/㎡）		
	现有生产企业（限定值）	新建企业（含新建生产线）（准入值）	通过节能改造和节能管理（先进值）
吸水率 $E \leqslant 0.5\%$ 的陶瓷砖	≤7.8	≤7.0	≤4.0
吸水率 $0.5\% < E \leqslant 10\%$ 的陶瓷砖	≤5.4	≤4.6	≤3.7
吸水率 $E > 10\%$ 的陶瓷砖	≤5.2	≤4.5	≤3.5

表 8.19　卫生陶瓷单位产品能耗限定值、准入值和先进值

产 品 分 类	综合能耗/（kg 标煤/t）		
	现有生产企业（限定值）	新建企业（含新建生产线）（准入值）	通过节能改造和节能管理（先进值）
卫生陶瓷	≤720	≤630	≤300

陶瓷砖综合能耗包括综合燃耗和电耗，统计范围包括：原料粗中细碎、原料制备输送、粉料制备、釉料制备、成形、干燥、施釉、烧成、冷修、抛光、检验包装等生产过程，供水、供热、供气、供油、机修等辅助和附属生产系统及生产管理部门等所消耗的燃料和电力。不包括：熔块制备、色料制备、窑具加工制作、生活设施（如：宿舍、学校、文化娱乐、医疗保健、商业服务和托儿幼教等）及运输保管、采暖、技改等所消耗的燃料和电力。

卫生陶瓷综合能耗包括综合燃耗和电耗，统计范围包括：原料粗中细碎、原料制备输送、模型制作、釉料制备、成形、干燥、施釉、烧成、冷修、检验包装等生产过程，供水、供热、供气、供油、机修等辅助和附属生产系统及生产管理部门等所消耗的燃料和电力。不包括：石膏加工过程、匣钵及窑具加工制作、熔块制备、色料制备、生活设施（如：宿舍、学校、文化娱乐、医疗保健、商业服务和托儿幼教等）及运输保管、采暖、技改等所消耗的燃料和电力。

六、建筑卫生陶瓷生产企业污染的产生及处理

1. 卫生陶瓷、陶瓷砖生产企业污染的产生及处理

卫生陶瓷生产企业污染的产生及处理办法见表 8.20，陶瓷砖生产污染的产生及处理办法见表 8.21。

表 8.20　卫生陶瓷生产企业污染的产生及处理办法

主要工序	污染种类	目前处理办法
原料加工、配料	粉尘	收尘
球磨	粉料	收尘
	噪声	现场未有处理
	废水	沉淀池
成形	废水	沉淀池
	废坯	回收再利用
干燥	废气	直排
	废坯	回收再利用
修坯	粉尘	收尘
	废坯	回收再利用
施釉	废水	沉淀池
	废坯	回收再利用
	粉尘	收尘
烧成	废气	直排
	废品	垃圾填埋处理
	废耐火材料	垃圾填埋处理
冷加工	废水	沉淀池
	废渣	垃圾填埋处理

表 8.21　陶瓷砖生产污染的产生及处理办法

主要工序	污染种类	目前处理办法
原料加工、配料	粉尘	收尘
球磨	粉料	收尘
	噪声	现场未有处理
	废水	沉淀池
喷雾干燥塔	粉尘	收尘
	废水	沉淀池
	废气	收尘过滤后排放
压砖机	粉尘	收尘
	噪声	现场未有处理
	废坯	回收再利用
干燥	废气	直排
	废坯	回收再利用
（素烧）	废气	直排
	废坯	部分回收利用,部分垃圾填埋处理
施釉	粉尘	收尘
	废水	沉淀池
	废坯	一次烧坯可回收利用,二次烧素坯作垃圾
烧成	废气	直排
	废品	垃圾填埋处理
抛光	废水	沉淀池
	噪声	现场未有处理
	废渣	垃圾填埋处理

2. 我国陶瓷生产中污染的产生与处理方法与国外先进水平的差距

（1）废气　废气来自于各类燃烧设备产生的烟气。

国外各类燃烧设备多采用洁净气体燃料，燃烧充分，有毒气体排放量少，同时采用装有石灰的纤维过滤袋对烟气进行处理，达到净化目的，此时过滤袋中的石灰含有铅或其他重金属，最后按比例加入球磨机内湿磨，不影响产品质量。

我国建筑卫生陶瓷企业各类燃烧设备燃料种类主要有煤、工业煤气、轻柴油、天然气、重油等。大多数建筑卫生陶瓷企业以煤为主，通过煤气发生炉将煤转化为煤气作为燃料供烧成窑、干燥窑和喷雾干燥塔使用，部分企业的喷雾干燥塔直接使用水煤浆为燃料。烟气主要有害成分有二氧化硫、氮氧化物、粉尘等，特别是采用燃煤或某些重渣油等燃料，燃烧不充分，使烟气中除有大量有害成分外还含有大量烟尘。

（2）废水　来自于车间地面的清洗，硬质料的洗刷、喷雾干燥塔的清洗、抛光线上的抛光用水等。我国与国外处理方法相同，通过几级沉淀池，搅拌后压滤清水再利用，意大利、西班牙生产企业实现了废水零排放。我国大部分建筑卫生陶瓷企业废水循环利用做到无排放、零排放，部分企业废水循环利用率有待改进提高。

（3）固体废物　分为烧成前和烧成后的废弃物，烧前废弃物一般可加入在不同工序与其他原料一起加工处理再利用，烧后的废弃物意大利企业仍将其破碎利用。我国烧成前的废品以及冲洗喷雾干燥塔、冲洗地面、收尘器里的灰尘和泥渣，也都做原料重新使用，但烧后废品一般不回收使用（少数厂添加少量废瓷在釉中）。我国陶瓷废次品废弃物约占产品2％～4％，另外，瓷质抛光砖冷加工废渣占产品重量约6％～7％。大量陶瓷废次品废渣没有得到有效利用，占用大量土地堆放，污染环境。

第二节　建筑卫生陶瓷产品的绿色化技术

建筑卫生陶瓷工业是资源能源依赖型的产业，产业的快速发展与资源、能源、环境的矛盾日趋尖锐，绿色发展、节能减排的任务非常艰巨。

一、建筑卫生陶瓷的绿色化方向

由于建筑卫生陶瓷产业是紧密依赖资源能源、以不可再生矿物资源的消耗、环境受到一定污染为特点的制造业，产业链的生产制造环节正从发达国家向发展中国家转移、从发达地区向不发达地区转移。但是，发达国家仍然控制并强化产业链的高端设计、研发、营销、品牌等环节。

建筑卫生陶瓷的消费市场出现两极分化。高端产品日趋艺术品化，注重装饰艺术效果、产品设计研发、品牌等。随着城镇化和农村市场的发展，中低端产品需求不断增长，低端产品注重实用、低价，向低成本、大规模、贴牌等生产发展。

发达国家为了保持优势和保留高端产品的制造，不断研发设计新产品，开发新型装饰技术、装备、新型色釉料。最新成果——喷墨印刷技术（数字印刷技术）已在意大利、西班牙的陶瓷砖企业普及使用。这是装饰技术的一次革命，使陶瓷砖的装饰艺术效果实现质的飞跃。

生产过程的机械化和自动化。意大利、西班牙的部分陶瓷砖生产企业已经从原料配料、投料至产品出仓库装车实现全过程的机械化自动化生产控制。卫生瓷高压注浆成型、机械手施釉在发达国家卫生瓷生产企业得到广泛使用，使得生产效率、产品质量的稳定性和可靠性不断提高、劳动强度显著降低。

善用资源及减量化。国外先进的陶瓷砖产品结构以有釉产品为主，产品出窑后通常不进行磨边、切割、倒角、抛光加工。大尺寸、大厚度、大件产品密度小，大量使用低质矿物原料、红土页岩，充分回收利用生产过程产生的废品、废料。陶瓷砖向着薄型化、节约资源能源方向发展。

专业化分工促进标准化、高效化生产。建筑卫生陶瓷产业链分工更加细化，原材料标准化、专业化生产供应。意大利、西班牙的陶瓷砖的喷雾粉料已采用专业化、系列化生产供应，普遍采用连续式球磨、大型喷雾造粒高效设备。同时利于污染物集中治理、生产废料回收利用。

文明生产、清洁生产、保护环境。发达国家陶瓷产区的环境保护、陶瓷工厂的工业卫生、劳工保护有严格的制度和监控，由环保管理部门根据每个陶瓷工厂的生产设备参数、产生污染的情况，核定颁发污染控制授权书（单位浓度和总排放量双指标限制），要求陶瓷工厂定期委托有资质的环保检测机构实施检测，由环保管理部门定期检查和抽检。生产线所有的扬尘点和废气排放口都安装了除尘或净化装置，并有相应的控制指标；废水零排放；固体废料零排放；劳动卫生部门对陶瓷工厂的作业场所的粉尘进行跟踪检测。对违规者给予重罚或停业处罚。

根据我国建筑卫生陶瓷的发展现状和国内外发展趋势研究分析，建筑卫生陶瓷的绿色化应该贯穿于产品的设计、生产和消费的全过程。

建筑卫生陶瓷产品设计和消费的绿色化重点为调整产品结构，开发推广使用节水节省资源能源、免于后期加工、减薄轻量化及新功能产品，低放射性产品，使用寿命长的高性能产品等。产品绿色化还应倡导绿色消费观，重视产品的正确选择使用和安装施工及保养。

建筑卫生陶瓷生产过程的绿色化重点为：陶瓷矿产资源的合理开发与综合利用——保护优质矿产资源，开发利用红土类等铁、钛含量高的低质原料及各种工业尾矿、废渣、废料；推行清洁生产与管理——陶瓷废次品、废料的回收、分类处理与综合利用，洁净燃料的使用与废气治理，废水的净化和循环利用，粉尘、噪声的控制与治理；淘汰落后，开发推广节能、节水、节约原料、高效生产技术及装备等。

建筑卫生陶瓷工业的绿色化是一项解决发展中问题的系统性工作，是功在当代、利在千秋的事业，也是行业可持续发展的保证。绿色化要求树立陶瓷"经济—资源—环境"价值协同观，在发展中持续改进、提高、优化；绿色化需要企业、政府、消费者及社会各界的重视；需要正确处理眼前利益与长远利益、局部利益与公众利益的关系；需要法律法规、道德的约束和超前的远见卓识；需要正确的引导与调控、严格的管理与监督；需要政策的鼓励和科技的支撑。

二、建筑卫生陶瓷产品的绿色化

1. 调整建筑卫生陶瓷产品的结构

目前，我国陶瓷砖产品规格尺寸趋大，通体砖、抛光砖所占比重大，与绿色化背道而驰。产品规格尺寸大，则产品偏厚，为了保证产品尺寸精度，还需要进行磨边、切割加工。通体砖、抛光砖消耗大量优质陶瓷矿物资源，不利于低质原料和废品废料的回收利用。磨边、切割、倒角抛光加工过程产生大量废渣废水，破坏了产品烧成过程自然形成的致密表面状态，降低了产品的某些性能。这种产品结构导致优质资源、能源消耗大，废渣废水多，生产成本增加等等。

卫生陶瓷以连体、大件作为豪华高档的误导，产品向大件发展，一些连体坐便器单件重量超过40kg，不利于资源、能源的节约。

应鼓励引导建筑卫生陶瓷产品结构向釉面装饰、免于后期加工、减薄轻量化等方向进行优化调整。

2. 开发推广节水、节省资源、能源及新功能的产品

（1）开发推广节水型卫生陶瓷产品 全球性水资源匮乏，我国表现得尤为严重。我国水资源总量 28000 亿立方米，排世界第四位，人均占有水量为 2200m³，居世界第 88 位，仅为世界平均水平的 1/4，是联合国公布的严重缺水的 12 个国家之一。同时，我国用水重复使用率仅为发达国家的 1/2 左右，是世界上用水重复使用率低的国家之一。在全国 669 座城市中，有 400 个缺水，日缺水量达 1600 万立方米，年缺水量近 60 亿立方米。目前约有 1 亿人处于极端缺水区。据预测，当 21 世纪中叶我国人口达到 16 亿峰值时，人均水资源拥有量将减少到 1750m³。家庭卫生间用水占生活用水的 1/3，而卫生陶瓷是家庭卫生间的主要用水器具，因此开发推广节水型卫生陶瓷产品具有重要意义。

节水型卫生陶瓷产品的设计开发，应根据流体力学、人体工程学、美学、陶瓷工艺学、建筑物卫生间设计等综合因素进行，同时重视卫生陶瓷配件的配套，重视研究卫生间用水循环系统，以实现生活用水的节省和循环利用，这是一项系统工程。近年来我国节水型卫生陶瓷产品的设计开发取得了突破性的进步，为节约生活用水做出了重要贡献。国家标准 GB 6952《卫生陶瓷》规定的坐便器冲水量已由 86 年（版本）的 15L 降为 1999 年（版本）的 13L，2005 年（版本）由 13L 降为 9L，现行最新版本国家标准规定普通型坐便器和蹲便器冲水量应不大于 8.0L，节水型坐便器冲水量应不大于 5.0L；普通型小便器冲水量应不大于 4.0L，节水型小便器冲水量应不大于 3.0L。节水型产品的设计研发与产品标准的修订换版相辅相成，有力促进了我国节水型卫生陶瓷产品的发展和普及应用。

（2）发展陶瓷板 近年来，国外研究开发生产的新产品超薄陶瓷板，最大最薄规格尺寸为 3000mm×1000mm×3mm。目前，我国已开发出具有自主知识产权、采用湿法和半干法两种成型工艺，可以生产瓷质、炻质、陶质陶瓷薄板的成套技术和成套装备，生产出最大规格 1000mm×2400mm，厚度 4～6mm 的陶瓷板。这种产品成功应用于各种建筑物、构筑物表面装饰及家居表面装饰，以陶瓷特性替代石材、玻璃幕墙、墙纸、金属板材、涂料、传统陶瓷砖、保温板、家具面板等等，并不断开拓新的应用领域。陶瓷板在节约资源、节约能源、减少排放方面具有巨大的优势。根据测算，与传统的陶瓷砖相比，原料消耗节约 75% 以上，综合能耗降低 50% 以上，是名副其实的绿色陶瓷新产品。

我国在国际上率先制定并发布了 GB/T 23266《陶瓷板》和 JGJ/T 172《建筑陶瓷薄板应用技术规程》，促进了陶瓷薄板的发展和应用。产品标准规定陶瓷板产品平均厚度应不大于 6mm，表面面积不小于 1.62m²，其主要物理性能见表 8.22。

表 8.22 陶瓷板的主要物理性能

产品分类		吸水率/%	破坏强度/N	断裂模数/MPa	耐磨性	放射性核素限量
瓷质板	厚度 $d \geqslant 4mm$	平均值 $E \leqslant 0.5$	$\geqslant 800$	平均值 $\geqslant 45$；单值 $\geqslant 40$	地面用无釉陶瓷板耐磨损体积 $\leqslant 150mm^3$；地面用有釉陶瓷板表面耐磨性应不低于 3 级（转数 750 转）	应符合 GB 6566《建筑材料放射性核素限量》要求
	厚度 $d < 4mm$	单值 $E \leqslant 0.6$	$\geqslant 400$			
炻质板		平均值 $0.5 < E \leqslant 10.0$；单值 $E \leqslant 11.0$	$\geqslant 750$	平均值 $\geqslant 40$；单值 $\geqslant 35$		
陶质板	厚度 $d \geqslant 4mm$	平均值 $E > 10.0$；单值 $E > 9.0$	$\geqslant 600$	平均值 $\geqslant 40$；单值 $\geqslant 35$		
	厚度 $d < 4mm$		$\geqslant 400$	平均值 $\geqslant 30$；单值 $\geqslant 25$		

（3）推进陶瓷砖的薄型化 陶瓷砖薄型化是传统陶瓷砖绿色化的重要发展方向。随着超薄陶瓷板的开发推广应用，世界各国积极开展陶瓷砖的减薄工作，利用现有陶瓷砖的生产技

术装备条件，调整改进原料配方及工艺参数，生产薄型陶瓷砖，使陶瓷砖尤其是墙砖厚度不断降低。根据目前的陶瓷砖产品结构，产品厚度降低 1mm，大致可以减少物料 10%，生产过程的能源消耗、二氧化碳和污染物排放也相应降低。为了促进陶瓷砖薄型化，行业标准 JC/T 2195—2013《薄型陶瓷砖》针对吸水率不大于 3%、表面积小于 $1.62m^2$ 的薄型陶瓷砖规定了破坏强度和断裂模数指标要求，墙砖破坏强度平均值≥390N、断裂模数平均值≥38MPa、单个值≥35MPa；地砖破坏强度平均值≥650N、断裂模数平均值≥38MPa、单个值≥35MPa。

（4）研究开发新功能产品　新功能产品的开发推广重点是赋予产品特殊的使用功能，如抗菌、调湿、空气净化陶瓷，可以改善居住环境和卫生条件。智洁釉，具有抗菌或保洁、易洁的功能，减少刷洗用水。蓄光发光、抗静电、保温隔热、透水、地面耐磨防滑产品等等，具有应急、安全、节能、装饰等新功能。

发展二次布料、微晶玻璃-陶瓷复合砖、陶瓷板饰面复合材料及部品部件也是节省优质资源，提高装饰功能的新产品。

3. 进一步提高产品使用寿命

提高产品质量和性能稳定性，延长产品使用寿命，也是绿色化的重要方向。建筑卫生陶瓷产品釉面的硬度、耐磨度、防水解性能，产品的抗后期龟裂性、抗冻性，坯、釉及中间层性能匹配性、弯曲强度、破坏强度，无釉瓷质砖的耐污染性、釉面地砖的耐磨性能等性能直接影响产品的使用寿命和使用效果等应进一步改进和提高。

促进产品质量的改进和性能稳定性的提高，必须限制和淘汰劣质产品，遏制压价降质的行为。低价劣质产品扰乱市场并成为承包工程的充数产品，工程竣工验收后，业主拆除销毁重新选材装修，造成资源财富的极大浪费和垃圾污染。

4. 降低产品放射性比活度

现代建筑卫生陶瓷在我国的生产和使用只有约 100 年的历史。陶瓷产品的造型、装饰、色彩等与社会经济、文化艺术的发展水平紧密相关，并不断满足人们的物质生活和精神生活发展的双重需要。一方面，几千年的陶瓷史、陶瓷文化的积淀和陶瓷产品的洁净、耐温、耐水、耐用、价廉物美、易得等诸多优点，陶瓷一直深受人们的喜爱，现代建筑和现代文明生活离不开建筑卫生陶瓷。另一方面，陶瓷科学技术的发展、市场的竞争、审美艺术的需求，建筑卫生陶瓷产品的装饰艺术效果不断提高，同时产业规模的扩大使陶瓷原料资源的种类和开采规模范围不断扩大，某些地区个别陶瓷原料本底放射性比活度较高。一些生产企业为了提高瓷质砖产品的白度和装饰艺术效果，在坯料中添加了富含放射性核素的锆英砂成分，造成某些瓷质砖产品放射性比活度提高。

我国强制性标准 GB 6566《建筑材料放射性核素限量》，根据装饰装修材料放射性水平的大小划分为 A、B、C 三类。

（1）放射性水平 A 类　装饰装修材料中天然放射性核素镭 226、钍 232、钾 40 的放射性比活度同时满足内照射指数 I_{Ra}≤1.0 和外照射指数 $I_γ$≤1.3 要求，A 类装饰装修材料产销与使用范围不受限制。

（2）放射性水平 B 类　不满足 A 类装饰装修材料要求但同时满足 I_{Ra}≤1.3 和 $I_γ$≤1.9 的要求，B 类装饰装修材料不可用于Ⅰ类民用建筑（包括如住宅、老年公寓、托儿所、医院和学校、办公楼、宾馆等）的内饰面，但可用于Ⅱ类民用（包括如商场、文化娱乐场所、书店、图书馆、展览馆、体育馆和公共交通等候室、餐厅、理发店等）建筑物、工业建筑（如生产车间、包装车间、维修车间和仓库等）内饰面及其他一切建筑的外饰面。

（3）放射性水平 C 类　不满足 A、B 类装修材料要求但满足 $I_\gamma \leqslant 2.8$ 要求，C 类装饰装修材料只可用于建筑物的外饰面及室外其他用途。

瓷质砖产品放射性的技术关键是控制配方中富含放射性核素的关键原料（如锆英砂等）的含量。根据目前资料，不同产地、不同供应商甚至不同批次的锆英砂的放射性指标范围为内照射指数 $I_{Ra}=10 \sim 44.77$、外照射指数 $I_\gamma=10 \sim 35.88$。如在配方中添加 1% 的锆英砂，即对最终产品额外增加内照射指数 $I_{Ra}=0.10 \sim 0.45$、外照射指数 $I_\gamma=0.10 \sim 0.36$。根据统计，我国陶瓷砖产品的放射性水平分布为内照射指数 I_{Ra} 在 0.5～1 范围的占 48%、外照射指数 I_γ 在 0.5～1.3 范围的占 82%。可见，在此固有放射性水平基础上，额外添加的锆英砂达到一定数量后，就会造成产品放射性水平超过 A 类指标。

另外，由于含锆产品放射性指标的提高，有的产品已达到 A 类标准的临界值。因此，其他矿物原料的变更将对最终产品的放射性水平产生重要影响，如某产地长石的内照射指数 $I_{Ra}=1.34$、外照射指数 $I_\gamma=1.81$，若在配方中用量为 30%，会对最终产品引入内照射指数 $I_{Ra}=0.4$、外照射指数 $I_\gamma=0.54$。因此，应加强关键原料的识别与控制，当产品的放射性水平达到或接近临近值（内照射指数 $I_{Ra}>0.9$、外照射指数 $I_\gamma>1.2$）时，应对影响产品放射性水平的主要原料进行筛查，以确定是否还有除锆英砂（$ZrSiO_4$）之外的其他关键原料，当配方中关键原料增量调整或以放射性高的原料替代放射性低的原料时，必须严格控制。当采购含锆粉料、砖坯（视同关键原料的采购）进行最终产品生产加工时，应进行有效识别控制。

瓷质砖产品的放射性完全可以控制。生产企业通过技术创新和关键原料的识别与控制，如选择低放射性陶瓷原料、控制放射性核素偏高的原料用量、精选陶瓷矿物原料，采用二次布料技术、研究探索新型装饰技术等等可以做到产品美观、放射性又不超标。

为了控制和降低陶瓷产品的放射性，保证产品使用的健康安全，我国于 2005 年起对瓷质砖实施强制性认证制度，有效地控制了瓷质砖产品的放射性，促进了陶瓷行业的健康发展。实施放射性水平强制性认证的产品范围限定于吸水率 $\leqslant 0.5\%$ 的干压成型瓷质砖，排除了其他种类陶瓷砖、卫生陶瓷、日用陶瓷等其他各种陶瓷产品，消除了多年来人们对各类传统陶瓷产品的放射性安全误区、不必要的担心和恐慌，还绝大多数陶瓷产品的清白。曾经沸沸扬扬、危言耸听的放射性炒作而止于此。

三、陶瓷矿产资源的保护与合理利用

1. 保护和合理利用优质陶瓷原料资源

制造陶瓷的历史可以追溯到上万年。陶瓷业经久不衰的主要原因是取材于地球上最丰富的资源。但历史上陶瓷产品的产量和规模都无法与今天比拟。自 20 世纪末期以来，我国建筑卫生陶瓷产业飞速发展，给传统陶瓷原料资源的耗竭敲响了警钟。一方面，产量的急剧增加，需要消耗大量的陶瓷原料。另一方面，长期以来非金属矿资源成本和社会成本太低，加剧了优质资源的消耗和滥采滥挖，浪费严重、污染严重，使许多优质非金属矿产资源濒临枯竭，许多企业不得不花大量资金远距离运输陶瓷原料，使原料成本越来越高，把优质原料用在施有高遮盖能力釉料的陶瓷底坯上，与日用陶瓷、造纸业、日化工业等其他必须使用白色黏土和优质陶瓷原料的工业争夺原料。因此，保护和合理利用优质陶瓷原料资源是建筑卫生陶瓷工业绿色化的重要内容。

2. 开发利用红土类原料

红土类陶瓷原料的矿物组成为水云母（伊利石）、高岭石、少量蒙脱石，并夹有石英、长石、方解石等非黏土矿物，俗称为红页岩、黄页岩、紫砂土、紫砂岩、红黏土、红土岩等等。这类原料在我国分布极广，虽不宜作为白色陶瓷制品或无釉瓷质砖的原料，但由于它有许多特性，如原料硬度较低，易于破碎，节省加工能耗；烧成温度低，利于低温快烧；储量丰富，成分、性能相对稳定；可就地取材，开采运输方便、价格低廉等而不失为施釉陶瓷砖（墙砖、地砖、仿古砖等）和艺术瓷（各种紫砂壶、陶艺等）的优良原料。

意大利、西班牙、巴西、墨西哥、泰国等国的许多高档施釉陶瓷砖都采用红坯原料。意大利专家曾就红坯陶瓷墙地砖反问我国同行，铺贴之后，不论红坯白坯，都是看不见的，为何要考虑它呢？西班牙多数是红坯砖，进入我国市场的产品也如此。泰国同行说，我们生产的全是红坯，没人注意坯体的颜色。我国在"红坯"陶瓷墙地砖的使用上长期受到"红坯是低档、白坯是高档"的错误言论的影响，使国内消费者疑惑、误解甚至拒绝，红坯陶瓷砖及其原料的技术特性未被充分认识和重视。这种现状急需改变，以促进这类资源的合理开发和利用。

国内外的研究和实践证明，以含有较高碳酸盐矿物的红土原料为主生产陶质砖，以含有伊利石矿物的红土原料为主生产细炻砖、炻质砖是完全可行的。不同制品的原料选择，底釉、面釉的质量和性能匹配是产品优质高档的技术关键。因此，有釉建筑卫生陶瓷制品采用铁、钛含量低（白色）的优质陶瓷原料生产是一种巨大浪费。

"红坯"与"白坯"两类产品的实质，从使用价值上来讲，没有本质差别，产品优质高档的关键是内在性能满足使用要求的前提下，外观装饰艺术效果的美观。

采用红土类和铁、钛含量高的陶瓷原料生产红（深色）坯有釉陶瓷产品，底釉对产品的质量起着十分重要的作用，它不仅需要有非常好的遮盖力和坯釉适应性，而且还要有很好的防水性能，即防止水分从底坯渗透穿过低釉在面釉上显出一片片水渍、水印、色差或污迹。红坯砖要改变低档产品的形象，必须加强底釉的研制使其"既遮光也挡水"。另外，必须重视提高产品内在质量、面釉质量和釉面装饰效果、耐磨防滑性能等。我国的红坯产品要想立足市场，必须在装饰上下工夫，树立高档产品的意识，同时要加强消费引导，消除对红坯砖的误解。

近年来一些企业利用红土类陶瓷原料，采用挤出成型工艺和低温快烧技术，积极开发生产劈离砖、空心陶板、大规格外墙干挂陶板等产品，受到国内外高档建筑装饰装修的欢迎。这些产品自然古朴典雅，具有防潮隔热性能，发展前景良好。这些产品是有利于红土类和铁、钛含量高的陶瓷原料的开发利用、节能降耗减排的绿色化产品。

同时，低质原料的开发利用还包括铁钛含量高的陶瓷原料，以及各种工业尾矿、废渣、垃圾，如煤矸石、粉煤灰、金矿尾砂、冶金矿渣、废玻璃等，具有利废、增加陶瓷原料来源和治理污染的双重意义。

四、大力推行清洁生产与管理

建筑卫生陶瓷清洁生产要求生产全过程控制污染，以达到污染物的产生量、排放量最小化，不仅考虑原材料的充分利用，也强调生产工艺的改进、"三废"的有效处理，同时强调企业内部的综合管理，使企业达到节能、降耗、减轻对环境污染的目的。

1. 陶瓷废次品、废料的回收、分类处理与综合利用

高温烧制过的陶瓷废次品不能降解还原，几千年前残存的陶瓷碎片能成为考古对象也源于此，这同时也说明利用陶瓷废次品显得尤为重要。陶瓷生产过程中产生的废料、废泥，如果不能及时妥善利用和处理，既浪费资源，又造成长久的环境污染。陶瓷垃圾丢弃堆放司空见惯，必须加以改变。

一些厂家对废品处理分类，整体用做铸造用的钢砂或是普通黏土耐火砖、墙体砖中。这样应用虽然简单易行便于操作，但减少了利用的价值，浪费了大量的原料，因而，应分类处理、集中加工、充分应用。目前很多陶瓷产区同类产品使用的原料、配方大同小异，通过集中、分类加工，这些陶瓷废料即可变成性能稳定的瘠性陶瓷原料。

利用陶瓷废次品、废料、废泥等的主要途径较多，常有以下几种。

① 烧成前的废坯、废渣可通过搅拌或入球磨与原配料混合重新使用。目前，烧成前的废品以及冲洗喷雾干燥塔、冲洗地面、收尘器里的灰尘，泥渣等大多用做原料重新使用。

② 烧后的废瓷破碎后可作瘠性陶瓷原料用于坯料或部分加入釉料中使用。目前，我国烧后废品大多回收使用。

③ 对于一些混色的废料可集中用于生产深色制品；卫生瓷厂的废石膏部分可以再生利用或用于生产水泥；报废的窑具、耐火材料通过分类加工可用于生产普通耐火材料。

另外，陶瓷废次品、废渣、废泥等经过加工可代替砂、石用做混凝土的集料，生产各种混凝土制品或用于烧制墙体砖、透水路面砖、生产免烧砖或铺填路基等，以求得到充分治理利用，降低对环境的污染。

我国陶瓷砖产品结构中瓷质抛光砖的占比很大，抛光砖冷加工废渣占产品重量约 6%～7%。近年来，一些陶瓷生产企业利用陶瓷抛光冷加工废渣，开发出了吸声陶瓷砖、保温隔热陶瓷砖、轻质板等新产品，具有非常好的开发应用前景，为废渣治理开辟了新的途径。

陶瓷工厂的废弃物基本上是无毒废料，一些不能再利用的废渣可用于填埋矿坑、洼地，上层覆盖土层，进行绿化恢复植被。

废料利用与陶瓷生产一样重要，是一个永恒的课题，涉及环境保护和资源利用，是保证陶瓷行业可持续发展的一个重大课题，也是推进陶瓷业绿色化发展的重大目标之一。

2. 洁净燃料的使用与废气治理

推广使用燃气、电等洁净能源，有利于提高产品质量，提高燃烧效率，减少烟尘及有害气体的排放量。

近年来，一些陶瓷产区为加强环境保护，停用发生炉煤气而提倡使用天然气，充分享受"西气东送"的成果。但导致天然气不够用而使企业部分停产的现象，引发了陶瓷业的快速发展与严重天然气不足的矛盾，这个问题应引起高度重视。

我国是煤炭资源大国，目前建筑卫生陶瓷企业的燃料以仍煤为主，通过煤气发生炉将煤转化为煤气或直接使用水煤浆，应重视废气治理工作前移，如选择低硫煤种、煤气通过净化处理等，以降低废气二氧化硫污染。在主要陶瓷产区建立大型煤气站，集中供气，集中进行煤气化的污染治理，是解决洁净燃料供应的途径之一。

建筑卫生陶瓷企业的废气来源于干燥和烧成设备，废气污染除燃烧废气外，陶瓷装饰用的色釉和色料含有重金属、高温挥发物等有毒有害物质。近年来，陶瓷生产的脱硫、脱氮的技术装备得到应用，效果明显，应加大推广力度。

3. 废水的净化和循环利用

建筑卫生陶瓷企业的废水主要来源于设备、地面冲洗、抛光冷加工等，可根据废水中污染物的成分，分别进行沉降处理，部分沉降物经压滤可回收利用，抛光冷加工的废渣另行填埋处理，废水通过絮凝剂处理后，清水循环利用。

建筑卫生陶瓷清洁生产还包括生产工艺过程的粉尘、噪声的控制与治理。通过密闭收尘，减振隔音等可以得到有效控制。努力降低污染排放，建设花园式工厂，实现文明生产是建筑卫生陶瓷清洁生产的目标。近年来，在这方面已取得了明显的进步，在各大瓷区，花园式工厂随处可见。

五、高效、节能、节水技术装备的开发与推广

1. 完善和推广新型干法工艺和设备

目前，我国几乎所有的大中型陶瓷砖生产企业都采用喷雾干燥器制造陶瓷粉料（即湿法工艺）。把原料加水细磨成含水量约 32％～40％的泥浆，再喷雾干燥为含水量约 5％～6％的陶瓷粉料用于压制成型。这种工艺的显著特点是粉料产量大、性能稳定，缺点是能源消耗大（蒸发 1kg 水理论耗热 850kcal）、耗水并产生大量的废气。推广采用陶瓷粉料的干法生产工艺，可以节能和节水 60％～80％，没有燃烧废气排放。

20 世纪 70 年代，意大利、德国和英国等陶瓷生产先进国家投入大量的人力和物力致力于研究开发陶瓷砖的干法制粉生产技术。1985 年，意大利 L.B 公司成功制造出世界上第一台陶瓷砖干法制粉关键设备——增湿造粒机，随后在意大利陶瓷砖企业中得到了推广应用。20 世纪 90 年代初，我国设计制造出增湿造粒机及干法制粉成套设备并在四川等地投入生产。从长远角度来看，干法造粒技术装备对陶瓷业实现节能减排具有巨大的意义。但到目前为止，国内尚未有一家大型陶瓷企业有成功应用的案例，其原因既有矿物原料的标准化程度、主流产品及其原料配方体系的制约，更主要的原因是自身技术尚不成熟和可靠，应进一步深入研究，改进完善工艺，使制备的粉料的流动性，真颗粒的充分分散性、均匀性，假颗粒的成型压缩比等指标符合大型压机对粉料的要求。近年来，在这方面的研究和开发工作已取得了突破性的进展。

2. 推广先进节能、节水技术

20 世纪 70 年代以来，陶瓷产品的低温快烧新技术新装备发展快速并得到广泛应用，大幅度地降低了陶瓷的烧成温度、缩短了烧成周期。实现"低温快烧"，一是建立在低温快烧原料的开发、应用及配方技术的改进；二是建立在现代窑炉技术的明显发展。推广先进节能的辊道窑、隧道窑、梭式窑，开发应用低温快烧原料，采用一次低温快烧技术是建筑卫生陶瓷生产节能的一个重要方向。

节能、节水技术还包括采用连续式球磨机加工原料，采用变频技术优化球磨参数；高效研磨介质、助磨剂、减水剂的使用，卫生瓷容积式配料工艺，卫生瓷高中压、低压快排水注浆成型工艺与技术装备的应用，余热利用技术，微波、远红外干燥烧成技术等。

加强能源科学化、制度化管理。按照 GB/T 23331—2012（ISO 50001：2011）《能源管理体系要求》和 RB/T 110—2014《能源管理体系建筑卫生陶瓷企业认证要求》，建立、实施、保持和改进能源管理体系，不断提高能源绩效，实现节能目标。

3. 淘汰落后、采用高效先进工艺设备

根据建筑卫生陶瓷专业特点和工艺需要，围绕大型化、高效化、智能化趋势，与现代机电技术、信息技术、自动化技术相融合，研制开发新工艺、新技术、新设备和新产品，提高技术设备和稳定可靠性，促进产业结构调整和优化升级，淘汰落后工艺技术设备，这是更有效地利用资源、能源，提高产品质量和使用寿命，实现清洁生产和环境综合治理，推动建筑卫生陶瓷产业率先实现现代化，实现建筑卫生陶瓷产业的绿色化、推进可持续发展的必然选择和重要保证。

六、在发展中推进建筑卫生陶瓷产业的绿色化

陶瓷能在人类的文明史上连绵生存几千年，具有很强的生命力，其原因可归纳为植根于

地球上最丰富的资源、找到合适的生产工艺技术与生产工具、产品有很好的实用性和难以替代的功能性及有开发全球性市场的条件等。

陶瓷业为现代经济社会的发展做出很大的贡献，但在现有工艺技术条件下，它以资源的大量消耗、环境的严重污染与破坏为代价。因此，当代世界对此类行业采取三种处理方式。一是产业转移，一些发达国家（如美国、日本、德国等）利用世界地区经济发展的不平衡性，将其转移到别的国家或地区；二是制定保护性产业政策，适量保留，控制总量，如意大利、西班牙等国；三是明知代价高昂但碍于经济的需求而维持现状，我国目前不少陶瓷产区采取的就是这种方式。我国是世界陶瓷古国，也是世界陶瓷大国，而且我国的陶瓷业在未来世界产业调整和分工中仍具有比较优势和较强的竞争力。因此，我国建筑卫生陶瓷工业的发展必须处理好经济增长、资源开发利用、生态环境三者的关系，必须顺应产业的发展趋势，在发展中推进绿色化，以绿色化实现可持续发展。

1. 转变观念，树立陶瓷"经济—资源—环境"价值协同观

发展陶瓷产业的目的是为了满足人们不断提高的物质生活和精神生活的需要，但传统的陶瓷产业是资源能源依赖型的产业，发展过程会破坏环境，矿产资源的滥采滥挖，不合理利用，低效使用，既破坏环境，又浪费资源，导致陶瓷资源的劣化和耗竭，而制约陶瓷产业经济的发展。因此，必须在发展中保护和有效利用矿产资源，保护环境，树立陶瓷"经济—资源—环境"价值协同观，这是新型现代建筑卫生陶瓷产业绿色化的关键，也是绿色化的目标。

2. 加强科技创新，建设产业基地，实现产业的专业化和标准化，依靠科技创新实现绿色化发展

只有通过科技创新，才能实现建筑卫生陶瓷产业的绿色化。强化科技创新，必须依靠创新理念、创新的思维做指导，依靠科技创新为支撑。实现建筑卫生陶瓷产业的绿色化必须强化科技创新，建设科技创新平台，建设科技创新人才队伍。

进一步提高企业平均规模，优化产区布局，整合优势资源，提高产业集中度。提高建筑卫生陶瓷企业平均规模和产区合理布局与适度集中度，将有利于推动专业化、标准化生产；专业化、标准化生产有利于保证产品质量和性能稳定性，有利于新工艺新装备的使用，有利于节能减排、资源保护和有效利用，有利于环境的综合治理和生态保护。

积极发展专业化、标准化生产是建筑卫生陶瓷绿色化的重要途径。如陶瓷矿物原料、熔块、色釉料、乳浊剂、添加剂、磨料、磨具、模具、石膏、耐火材料与窑具、塑料五金配件、陶瓷机械装备与配件、窑炉及附属装置、煤气化集中供应等。

3. 制定相关配套政策，加强正确引导，促进绿色产品的消费和发展

制定相关配套政策，加强监督指导，规范企业行为，鼓励支持建筑卫生陶瓷的绿色化。正确地选择和使用建筑卫生陶瓷产品，提高绿色化消费的意识，把消费的个人行为与社会和产业发展的责任感联系起来，促进绿色建筑卫生陶瓷产品的消费和发展。加强陶瓷资源、环境保护法规建设，提高非金属矿资源成本和社会成本、环境成本，促进建筑卫生陶瓷产业产品结构调整和升级。顺应知识经济和经济全球化的新趋势，提高建筑卫生陶瓷产业的国际化运营能力。推进建筑卫生陶瓷品牌建设，促进以优汰劣，遏制劣质低价、降价降质。

4. 制定和完善绿色产品相关认证及评价体系

制定建筑卫生陶瓷行业绿色企业、绿色产品定量评价体系，推行绿色企业、绿色产品公示制度。有序规范地推行强制性产品认证、清洁生产审核、能源管理体系认证、碳排放核查、节水产品认证、低碳产品认证、绿色产品评价、单位产品能源消耗限额核查等工作，通

过第三方技术服务促进建筑卫生陶瓷的绿色化。

第三节　建筑卫生陶瓷产品的绿色化评价

绿色建材是一个系统概念，应包括原材料的采用、产品制造、制品使用和达到使用寿命后废弃物的处理 4 个环节，并可实现环境负荷最小和有利于人体健康两大目的。

对绿色建材的评价目前主要有 3 种方法：一是概念定性评价；二是单因子定量评价，这两种评价方法过于简单，不能系统评价材料的绿色程度；三是国际公认的 LCA 生命周期评价体系，并已在 ISO14000 国际认证标准中加以规范化，但过于复杂，不易操作。《绿色建筑评价标准》GB/T 50378 在"节材与材料资源利用"及"节水与水资源利用"等方面对建筑材料的选用做出评价得分，但仅对建筑材料或产品的类别做出评价，无法对同一类别但为不同企业或采用不同工艺技术生产的产品进行评价，尚不能用于建设单位对所用建筑材料及产品的具体选用。

根据我国绿色建筑"四节一环保"的目标、绿色材料及绿色建材产品的定义等提出绿色建筑卫生陶瓷产品的评价指标。

"四节一环保"即节能、节水、节地、节材和保护环境，其中"保护环境"又隐含着创建一个良好的室内环境和小范围的建筑室外环境的目标。

绿色建材是指在原料采取、产品制造、使用或再循环以及达到使用寿命后回收领用等环节中对地球环境负荷最小和有利于人类健康的建筑材料。

绿色建材产品的主要要求：质量指标达到或优于相应国家标准；采用符合国家规定允许使用的原料、材料、燃料和再生资源；在生产过程中排出废气、废液、废渣、尘埃的数量和成分达到或少于国家规定允许的排放标准；在使用时达到国家规定的无毒、无害标准并在组合成建筑部品时不会引发污染和安全隐患；在失效或废弃时可再生利用或对人体、大气、水质和土壤的影响符合或低于国家标准允许指标等。

一、建筑卫生陶瓷产品分类

建筑卫生陶瓷的产品品种较多，主要包括卫生陶瓷、陶瓷砖（板）、建筑琉璃制品及烧结瓦等。卫生陶瓷制品又可分为：洗面器、大便器、小便器、洗涤器、水槽、淋浴盆等；陶瓷砖（板）又可分为：陶瓷内墙砖、外墙砖、地砖及陶瓷板等砖（板）类制品；建筑琉璃制品又可分为：琉璃瓦、琉璃砖、琉璃建筑装饰器等；又可分为：烧结瓦包括日式、西式及各种烧结瓦等。具体分类方法和产品名称参见本章第一节"一、建筑卫生陶瓷产品的定义及分类"的有关内容。

二、绿色建筑卫生陶瓷产品评价指标体系

下面从产品的质量指标、资源消耗、能源消耗、污染物排放、工艺技术和原料本地化 6 个指标来评价建筑卫生陶瓷产品的绿色化，建立绿色建筑卫生陶瓷产品评价体系的基本框架和思路。期望以此抛砖引玉，得到同行的广泛讨论，推动行业绿色化发展进程。

1. 产品质量指标

（1）目的　确保产品是国家产业政策允许生产的，且符合国家或行业产品相关标准要求。

（2）要求　检查产品执行的产品标准，并提供相应的检验检测报告（必备条件），以此评分。

（3）规则

① 总则　建筑卫生陶瓷产品应符合相应的国家标准或行业标准，有一项指标不符合要求者得零分并不予评价。建筑卫生陶瓷产品必须通过放射性核素限量国家强制认证，不通过认证者得零分并不予评价。

② 陶瓷砖加分细则　陶瓷砖应符合 GB/T 4100 的要求，有一项不符合者得零分并不予评价，全部达标者得 10 分。以产品的主要使用性能指标（包括：尺寸偏差、表面质量、吸水率、破坏强度或断裂模数、抗热震性和耐磨性）作为考察项，用优于性能指标的百分数作为具体加分数，视具体情况加 1～6 分。具体加分细则如下：

a. 以实测尺寸和工作尺寸的偏差来考察陶瓷砖的尺寸偏差，小于 0.2% 者加 1 分；

b. 对于表面质量，陶瓷砖 100% 区域无明显区域者加 1 分；

c. 陶瓷砖吸水率处于标准规定吸水率范围下限 10% 范围内加 1 分；

d. 破坏强度大于 3000N 的砖直接加 1 分，破坏强度小于 3000N 的砖，考察砖的断裂模数，其断裂模数大于标准规定界限值 2 倍者，加 1 分；

e. 对于抗热震性，考察陶瓷砖出现炸裂或裂纹时，热震循环次数达到 50 次者加 1 分；

f. 无釉砖的耐磨损体积小于标准规定界限值 1/2 者加 1 分，有釉砖表面耐磨性转数达到 2100 转及以上者加 1 分。

③ 卫生陶瓷加分细则　卫生陶瓷应符合 GB 6952 的要求，有一项不符合者得零分并不予评价。在卫生陶瓷产品中主要考察节水型坐便器、蹲便器和小便器产品的节水性能。洗面器、拖布池等产品不考察此项，全部记为 10 分。普通型坐便器、蹲便器和小便器产品不考察此项，全部记为零分。

节水型坐便器、蹲便器和小便器产品达到标准规定的所有通用要求和功能要求时，以产品的用水量作为考察指标进行评分：

a. 节水型坐便器用水量（双挡产品以大挡用水量计）小于 4.8L，加 1～6 分；用水量介于 4.8～6L，减 1～5 分。

b. 节水型蹲便器用水量（双挡产品以大挡用水量计）小于 5L，加 1～6 分；用水量介于 5～7L，减 1～5 分。

c. 节水型小便器用水量小于 2L，加分 1～6 分；用水量介于 2～3L 减 1～5 分。

具体加分情况见表 8.23～表 8.25。

表 8.23　节水型坐便器产品加分细则（界限值以较优一级分数计）

加分/分	−5	−4	−3	−2	−1	0	1	2	3	4	5	6
用水量/L	5.8～6.0	5.6～5.8	5.4～5.6	5.2～5.4	5.0～5.2	4.8～5.0	4.6～4.8	4.4～4.6	4.2～4.4	4.0～4.2	3.8～4.0	<3.8

表 8.24　节水型蹲便器产品加分细则（界限值以较优一级分数计）

加分/分	−5	−4	−3	−2	−1	0	1	2	3	4	5	6
用水量/L	6.6～7.0	6.2～6.6	5.8～6.2	5.4～5.8	5.0～5.4	4.8～5.0	4.6～4.8	4.4～4.6	4.2～4.4	4.0～4.2	3.8～4.0	<3.8

表 8.25　节水型小便器产品加分细则（界限值以较优一级分数计）

加分/分	−5	−4	−3	−2	−1	0	1	2	3	4	5	6
用水量/L	2.8～3.0	2.6～2.8	2.4～2.6	2.2～2.4	2.0～2.2	1.9～2.0	1.8～1.9	1.7～1.8	1.6～1.7	1.5～1.6	1.4～1.5	<1.4

④ 其他建筑卫生陶瓷产品加分细则　其他建筑卫生陶瓷产品（如：烧结瓦、建筑琉璃

制品、薄型陶瓷砖等）应符合其相应的国家标准或行业标准要求，有一项不符合者得零分并不予评价，全部达标者得 10 分。以产品的主要使用性能指标作为考察项，用优于性能指标的百分数作为具体加分数，视具体情况加 1~6 分。

2. 资源消耗

（1）目的　降低产品生产过程中的矿产资源消耗，鼓励使用低质原料、工业废渣等。

（2）要求　计算单位产品生产过程中的资源消耗量及低质原料、工业废渣的使用比例等，根据卫生陶瓷轻量化产品单件质量以及根据陶瓷砖薄型化产品单位质量。以此评分。

（3）规则　基础分为 10 分；以劣质原料（区别于传统优质原料，包括工业废渣、着色元素含量高的土料、建筑卫生陶瓷自身的陶瓷废料、城市垃圾及河泥等）使用比例 30% 为界限，高于 30% 者加 1~6 分；低于 30% 减 1~5 分。具体加分见表 8.26 和表 8.27。

表 8.26　原料消耗加分细则（界限值以较优一级分数计）

加分/分	1	2	3	4	5	6
劣质原料比例	30%~35%	35%~40%	40%~45%	45%~50%	50%~55%	>55%

表 8.27　原料消耗减分细则（界限值以较优一级分数计）

加分/分	0	-1	-2	-3	-4	-5
劣质原料比例	25%~30%	20%~25%	15%~20%	10%~15%	5%~10%	<5%

3. 能源消耗

（1）目的　降低产品生产过程中的能源消耗。

（2）要求　计算单位产品生产过程中的能源消耗量（包括：原料运输、电能、燃料消耗等），以此评分。

（3）规则　按照《建筑卫生陶瓷单位产品能源消耗限额》（GB 21252—2013）的要求（见表 8.28、表 8.29），基础分为 10 分，以先进值和限定值为界限。满足先进值限额要求，加 0~6 分；介于先进值和限定值限额之间，减 1~5 分；超出限定值限额的产品得零分并不予评价。

表 8.28　介于先进值和限定值间的建筑卫生陶瓷加分（界限值以较优一级分数计）

分数	-5	-4	-3	-2	-1	0
吸水率 $E \leqslant 0.5\%$ 的陶瓷砖	6.5~7.8 (6.0~7.0)	6.0~6.5 (5.6~6.0)	5.5~6.0 (5.2~5.6)	5.0~5.5 (4.8~5.2)	4.5~5.0 (4.4~4.8)	4.0~4.5 (4.0~4.4)
吸水率 $0.5\% < E \leqslant 10\%$ 的陶瓷砖	4.7~5.4 (4.2~4.6)	4.5~4.7 (4.1~4.2)	4.3~4.5 (4.0~4.1)	4.1~4.3 (3.9~4.0)	3.9~4.1 (3.8~3.9)	3.7~3.9 (3.7~3.8)
吸水率 $E > 10\%$ 的陶瓷砖	4.5~5.2 (4.0~4.5)	4.3~4.5 (3.9~4.0)	4.1~4.3 (3.8~3.9)	3.9~4.1 (3.7~3.8)	3.7~3.9 (3.6~3.7)	3.5~3.7 (3.5~3.6)
卫生陶瓷	650~720 (600~630)	580~650 (540~600)	510~580 (480~540)	440~510 (420~480)	370~440 (360~420)	300~370 (300~360)

注：陶瓷砖单位为 kg 标煤/m²；卫生陶瓷单位为 kg 标煤/t；括号内为新建陶瓷厂或新建生产线。

表 8.29　满足先进值限额要求的建筑卫生陶瓷加分（界限值以较优一级分数计）

分数	1	2	3	4	5	6
吸水率 $E \leqslant 0.5\%$ 的陶瓷砖	3.8~4.0	3.6~3.8	3.4~3.6	3.2~3.4	3.0~3.2	<3.0
吸水率 $0.5\% < E \leqslant 10\%$ 的陶瓷砖	3.5~3.7	3.3~3.5	3.1~3.3	2.9~3.1	2.7~2.9	<2.7

吸水率 $E>10\%$ 的陶瓷砖	3.3～3.5	3.1～3.3	2.9～3.1	2.7～2.9	2.5～2.7	<2.5
卫生陶瓷	280～300	260～280	240～260	220～240	200～220	<200

注：陶瓷砖单位为 kg 标煤/m²；卫生陶瓷单位为 kg 标煤/t。

（4）能耗统计范围、统计方法及计算方法

① 陶瓷砖综合能耗统计范围 原料粗中细碎、原料制备输送、粉料制备、釉料制备、成型、干燥、施釉、烧成、冷修、抛光、检验包装等生产过程，供水、供热、供气、供油、机修等辅助和附属生产系统及生产管理部门等所消耗的燃料和电力。不包括：熔块制备，色料制备、窑具加工制作、生活设施（如：宿舍、学校、文化娱乐、医疗保健、商业服务和托儿幼教等）及运输保管、采暖、技改等所消耗的燃料和电力。

② 卫生陶瓷综合能耗统计范围 原料粗中细碎、原料制备输送、模型制备、釉料制备、成型、干燥、施釉、烧成、冷修、检验包装等生产过程，供水、供热、供气、供油、机修等辅助和附属生产系统及生产管理部门等所消耗的燃料和电力。不包括：石膏加工过程、匣钵及窑具加工制作、熔块制备、色料制备、生活设施（如：宿舍、学校、文化娱乐、医疗保健、商业服务和托儿幼教等）及运输保管、采暖、技改等所消耗的燃料和电力。

③ 统计方法 利用符合 GB 17167 要求配备的能源计量器具对报告期内的能耗数量和产品产量进行统计。

④ 计算方法 产品综合能耗的技术应符合 GB/T 2589 的规定。

建筑卫生陶瓷产品综合能耗应按式（8.1）进行计算：

$$E_{ZN}=M_a\times\frac{Q_{DW}^a}{29308}+1.4286M_b\times\frac{Q_{DW}^b}{41868}+102143M_c\times\frac{Q_{DW}^c}{35588}+0.1229Q_{ZD} \qquad (8.1)$$

式中　E_{ZN}——综合能耗，kg 标煤；

M_a——综合煤耗，kg；

M_b——综合油耗（燃烧油），kg；

M_c——综合气耗（气田天然气），Bm³；

Q_{DW}^a——煤的低位热值，kJ/kg；

Q_{DW}^b——油的低位热值，kJ/kg；

Q_{DW}^c——气的低位热值，kJ/Bm³；

Q_{ZD}——产品综合电耗，kW·h。

单位产品综合能耗按式（8-2）计算：

$$E_{DN}=E_{ZN}/P \qquad (8-2)$$

式中　E_{DN}——单位产品综合能耗，kg 标煤/m² 或 kg 标煤/t；

P——符合 GB 6952、GB/T 4100 等相关产品面积（陶瓷砖，m²）或产品质量（卫生陶瓷，t）。

⑤ 燃料发热量的计算 固体燃料发热量按 GB/T 213 的规定测定，液体燃料发热量按 GB/T 384 的规定测定，能源的低位热值应以实测值为准，若无条件实测或目前尚难进行常规分析的，可采用表 8.30 所示的数据。

表 8.30　各种能源折标准煤参考系数

能源名称	单位	平均低位发热量	折标准煤系数
原油	kJ/kg	41868	1.4286kg 标煤/kg
燃料油		41868	1.4286kg 标煤/kg
汽油		43124	1.4714kg 标煤/kg
煤油		43124	1.4714kg 标煤/kg
柴油		42706	1.4571kg 标煤/kg
煤焦油		33494	1.1429kg 标煤/kg
液化石油气		50241	1.7143kg 标煤/kg
炼厂干气		46055	1.5714kg 标煤/kg
油田天然气	kJ/Bm³	38979	1.3300kg 标煤/m³
气田天然气		35588	1.2143kg 标煤/m³
煤矿瓦斯气		14654～16747	0.5000～0.5714kg 标煤/m³
焦炉煤气		18003	0.6143kg 标煤/m³
其他煤气			
发生炉煤气		5234	0.1786kg 标煤/m³
重油催化裂解煤气		19259	0.6571kg 标煤/m³
重油热裂解煤气		35588	1.2143kg 标煤/m³
焦炭制气		16329	0.5571kg 标煤/m³
压力气化煤气		15072	0.5143kg 标煤/m³
水煤气		10467	0.3571kg 标煤/m³
电力（当量）	kJ/(kW·h)	3601	0.1229kg 标煤/(kW·h)

4. 污染物排放

（1）目的　降低产品生产过程中污染物的排放量。

（2）要求　计算单位产品生产过程中污染物的排放量（包括：废气、废水、废料等），以此评分。

（3）规则

① 污染物排放浓度要求　按照《建筑卫生陶瓷工业污染物排放标准》，水污染物及大气污染物排放浓度限值要求见表 8.31 和表 8.32。

表 8.31　水污染物排放浓度限值　　　　　　　　　单位：mg/L

序号	污染物项目	限值		污染物排放监控位置
		直接排放	间接排放	
1	pH 值	6～9	6～9	企业生产废水总量排放口
2	悬浮物（SS）	50	120	
3	化学需氧量（COD$_{Cr}$）	50	120	
4	五日生化需氧量（BOD$_5$）	10	40	
5	氨氮	3.0	10	
6	总磷	1.0	3.0	
7	总氮	15	40	
8	石油类	3.0	10	
9	硫化物	1.0	2.0	
10	氟化物	8.0	20	
11	总铜	0.1	1.0	
12	总锌	1.0	4.0	
13	总钡	0.7	0.7	
14	总镉	0.07		

序号	污染物项目	限值		污染物排放监控位置
		直接排放	间接排放	
15	总铬	0.1		车间或车间处理设施排放口
16	总铅	0.3		
17	总镍	0.1		
18	总钴	0.1		
19	总铍	0.005		
20	可吸附有机卤化物(AOX)	0.1		

表 8.32　大气污染物排放浓度限值（界限值以较优一级分数计）　　　单位：mg/L

生产工序	原料制备、干燥		烧成、烤花		监控位置
生产设备	喷雾干燥塔		辊道窑、隧道窑、梭式窑		
燃料类型	水煤浆	油、气	水煤浆	油、气	车间或生产设施排气筒
颗粒物	50	30	30	30	
二氧化硫	200	100	200	100	
氮氧化物(以 NO$_2$ 计)	240	240	300	300	
烟气黑度(林格曼黑度)/级	1				
铅及其化合物	—		0.1		
镉及其化合物	—		0.1		
镍及其化合物	—		0.2		
氟化物	—		3.0		
氯化物(以 HCl 计)	25				

② 评分规则　水污染物评分细则：污染物基准水量排放浓度有一项不符合《建筑卫生陶瓷工业污染物排放标准》要求者，记零分且不予评价。

水污染物基准水量排放浓度按式（8.3）进行换算：

$$\rho_{基} = \frac{Q_{总}}{\sum Y_i Q_{i基}} \times \rho_{实} \tag{8.3}$$

式中　$\rho_{基}$——水污染物基准水量排放浓度，mg/L；

$Q_{总}$——排水总量，m^3；

Y_i——第 i 种产品的产量，t；

$Q_{i基}$——第 i 种产品的单位瓷基排水量，m^3/t；

$\rho_{实}$——实测水污染物浓度，mg/L。

若 $Q_{总}/\sum(Y_i Q_{i基})$ 比值小于 1，则以水污染物实测浓度作为判定排放是否达标的依据。

若污染物基准水量排放浓度符合《建筑卫生陶瓷工业污染物排放标准》要求，则以《建筑卫生陶瓷工业污染物排放标准》规定的单位产品基准排水量为界限，低于此界限值的产品加 1~6 分，超出该界限值的产品减 1~5 分。具体加分细则见表 8.33~表 8.35。

表 8.33　陶瓷抛光砖水污染物评定加分细则（界限值以较优一级分数计）

加分/分	−5	−4	−3	−2	−1	0	1	2	3	4	5	6
排水量/(m^3/t)	>0.5	0.45~0.5	0.4~0.45	0.35~0.4	0.3~0.35	0.28~0.3	0.26~0.28	0.24~0.26	0.22~0.24	0.20~0.22	0.18~0.20	<0.18

表 8.34　陶瓷非抛光砖水污染物评定加分细则（界限值以较优一级分数计）

加分/分	-5	-4	-3	-2	-1	0	1	2	3	4	5	6
排水量 /(m³/t)	>0.18	0.16~ 0.18	0.14~ 0.16	0.12~ 0.14	0.1~ 0.12	0.09~ 0.1	0.08~ 0.09	0.07~ 0.08	0.06~ 0.07	0.05~ 0.06	0.04~ 0.05	<0.05

表 8.35　卫生陶瓷水污染物评定加分细则（界限值以较优一级分数计）

加分/分	-5	-4	-3	-2	-1	0	1	2	3	4	5	6
排水量 /(m³/t)	>6.0	5.5~ 6.0	5.0~ 5.5	4.5~ 5.0	4.0~ 4.5	3.7~ 4.0	3.4~ 3.7	3.1~ 3.4	2.8~ 3,1	2.5~ 2.8	2.2~ 2.5	<2.2

气体污染物评分细则：污染物基准废气氧含量（17%）的排放浓度有一项不符合《建筑卫生陶瓷工业污染物排放标准》要求者，记零分且不予评价。污染物基准废气氧含量的排放浓度按式（8.4）进行换算。

$$\bar{c} = c'(21 - M_{O_2})/(21 - M'_{O_2})$$ (8.4)

式中　$\bar{c}$——折算基准废气氧含量时的大气污染物排放浓度，mg/m³；

$\quad\quad c'$——大气污染物实测排放浓度，mg/m³；

$\quad\quad M'_{O_2}$——实测的氧含量，%；

$\quad\quad M_{O_2}$——基准氧含量，%。

如果实测的废气氧含量小于基准废氧气含量（17%），直接使用实测的污染物排放浓度作为判定排放是否达标的依据。

若污染物基准废气氧含量（17%）的排放浓度符合《建筑卫生陶瓷工业污染物排放标准》要求，则以《建筑卫生陶瓷工业污染物排放标准》规定的基准废气氧含量（17%）为界限，低于此界限值的产品加 1~6 分，超出该界限值的产品减 1~5 分。具体加分细则见表 8.36。

表 8.36　建筑卫生陶瓷气体污染物评定加分细则（界限值以较优一级分数计）

加分/分	-5	-4	-3	-2	-1	0	1	2	3	4	5	6
实测废弃氧含量/%	>29	26~ 29	23~ 26	20~ 23	17~ 20	16~ 17	15~ 16	14~ 15	13~ 14	112~ 13	11~ 12	<11

③ 总评分　计算水污染物评价得分和气体污染物评价得分的平均值，以此作为产品污染物排放的总得分。

5. 工艺技术

（1）目的　鼓励使用先进工艺、设备和洁净燃料，提高整体工艺技术水平。

（2）要求　说明产品生产所用的工艺、设备、燃料等。以此评分。

（3）规则　基础分为 10 分；优者加 1~6 分，劣者减 1~5 分。工艺技术的优劣以建筑卫生陶瓷各流程环节中所使用的工艺和设备的先进性来区分。

以卫生陶瓷的生产为例。卫生陶瓷工艺技术评分可以参照以下几方面进行评定：采用先进的球磨工艺和球磨设备加 1 分，否则减 1 分。先进的球磨工艺可以用球磨设备的先进性、球磨能耗、球磨时间等参数进行考察。采用先进的注浆工艺，如低压快排水注浆工艺、压力注浆工艺，加 2 分；采用老式地摊注浆工艺、管道注浆减 2 分。采用少空气室式干燥工艺加 2 分，采用室式干燥加 1 分，采用车间干燥减 1 分。采用隧道烧成加 1 分，采用梭式窑或其他老式窑炉烧成减 1 分。

6. 原料本地化

(1) 目的　减少原料运输过程对环境的影响；促进当地经济发展。

(2) 要求　计算产品生产使用本地原料的比例。以此评分。

(3) 规则　计算本地原料重量（距生产企业 500km 以内的原料重量）与原料总重量的比值。选用距生产现场 500km 以内的原料重量占所用原料总重量的比例达到 70％者为优、低于 40％为劣。基础分为 10 分；优者加 1～6 分，劣者减 1～5 分。具体加分见表 8.37。

表 8.37　原料本地化加分细则（界限值以较优一级分数计）

比值/%	0	0～10	10～20	20～30	30～40	40～70	70～75	75～80	80～85	85～90	90～95	95～100
加分/分	−5	−4	−3	−2	−1	0	1	2	3	4	5	6

三、评价定级

根据这个评价指标体系，得分为 35～95 分之间，基础分为 60 分。由于目前没有进行试评的基础材料，掌握的基础数据有限。建议如下。

① 得分 70 分（含）以上者为绿色产品。

② 等级分数要求：在经过适当的试评后，可根据得分情况设一星、二星、三星级。目前建议，对于一星、二星、三星级绿色产品，总得分要求分别为 70 分、80 分、90 分。

这里提出了对绿色建筑卫生陶瓷产品进行评价的一种思路和基本框架，应不断完善和扩展，力争能为设计者、产品生产者、产品使用者、建筑使用者及相关管理者提供一个适用的评价工具，以规范和完善我国绿色建筑卫生陶瓷产品评价工作，推动绿色建筑卫生陶瓷产品的评价向着定量化、科学化、大众化的方向发展，进而推进我国建筑卫生陶瓷产品的绿色化进程。

参 考 文 献

[1] 中国硅酸盐学会陶瓷分会建筑卫生陶瓷专业委员会. 现代建筑卫生陶瓷工程师手册. 北京: 中国建材工业出版社, 1998.

[2] 同继锋、廖惠仪. 绿色建材的评价研究与建筑卫生陶瓷的发展. 佛山陶瓷, 2003(7).

[3] 陈爱芬、廖惠仪. 红坯陶瓷墙地砖及其原料的技术特性. 中国红坯陶瓷砖研讨会论文集, 2003.

[4] 廖惠仪等. 瓷质砖产品强制性认证发展回顾及风险控制. 中国建材科技, 2010(S2).

[5] 能源管理体系 建筑卫生陶瓷企业认证要求　RB/T 110—2014.

[6] 全国窑炉(陶瓷砖)能耗调查及节能减排技术汇编白皮书. 佛山陶瓷杂志社, 2012-2013.

[7] 佛山陶瓷节能减排与产业提升调研报告. 佛山市陶瓷学会, 2008-10-10.

[8] 建筑卫生陶瓷单位产品能源消耗限额　GB 21252—2013.

[9] 建筑材料放射性核素限量　GB 6566—2010.

[10] 陶瓷砖　GB/T 4100—2014.

[11] 卫生陶瓷　GB 6952—2014.

[12] 烧结瓦　GB/T 21149—2007.

[13] 建筑琉璃制品　JC/T 765—2006.

[14] 陶瓷板　GB/T 23266—2009.

[15] 薄型陶瓷砖　JC/T 2195—2013.

[16] 中国硅酸盐学会陶瓷分会建筑卫生陶瓷专业委员会等. 现代建筑卫生陶瓷技术手册. 北京: 中国建材工业出版社, 2010.

第九章
建筑石材制品的绿色化

石材伴随着人类有史以来社会生活和发展的整个历程，也必将伴随着人类走向未来。 在人类的发展史上有两个重要的历史时期，即旧石器时代和新石器时代，之所以称之为石器时代，就是因为人类从这个时候开始使用石材作为原始的工具，是人类走向智慧时代的开始，可见石材与人类的起源和发展密切相关。 石材是人类历史上应用最早的建筑材料，不少以石材为主要建筑材料的古代建筑及艺术品，经历了千百年的风吹雨打依然屹立于现代社会，谱写了人类社会文明的光辉篇章。

人类的发展史同时也是人类利用石材的历史。 从原始人类将石材用作谋生的手段而打造了石斧、石凿、居住在石洞中，到将石材用在建筑上作为装饰材料，甚至作为人类历史上永恒的艺术品。 在人类的发展史上几乎将石材的应用发挥到了极致，同时石材应用技术的进步往往也代表着科学技术的进步。

石材以其坚固的材质、很高的强度、优良的性能、充满自然的气息，以及储量大、分布广、花色品种丰富等特点一直被人类所青睐。

石材是岩石的商品名称，是指天然岩石经开采加工后制成所需的形状和尺寸等制品，用作艺术品、生活用品、建筑砌块、建筑装饰板材、石碑或其他用途。 因此，简单地说，当岩石在山上、在地下未开采出来时就称之为岩石，当开采出来为人们所使用时就称之为石材或石材制品。

石材的分类方法较多。 传统地从形态上可把建筑石材分为规格石材（如板材、荒料、砌块、异型材）和碎石（如卵石、石米、石粉）；从地质和岩石形成过程的角度可分沉积岩、岩浆岩和变质岩型石材；从基本的化学成分角度可分为碳酸盐类石材和硅酸盐类石材；从比较成熟的商业应用角度一般分为大理石、花岗石、板石、砂岩、石灰石等；根据石材的硬度可分为硬石材、中硬石材和软石材；从石材使用的基本方式，可分为干挂石材、粘贴石材、砌块、石雕石刻、石线等异型材等。 近些年，出于环境保护、综合利用、节约石材自然资源、性能的改进以及艺术创造等目的而发明出各种人造石材和石材复合板，由此又有了天然石材与人造石材之分。

建筑石材与人们的生活息息相关。

第一节　建筑石材制品的生产与应用

石材的生产与建筑应用的联系源远流长，从远古的巨石阵、古希腊的巴台农神庙、古罗马斗兽场、凯尔耐克神庙、耶利哥古城、玛雅人的花岗石天文台等，都是借助了石材才记录了人类建筑史上的辉煌。

在我国，秦汉的古长城、西汉的陵墓、河北的赵州桥、灵隐寺的塔、天安门的金水桥、卢沟桥的狮子、法门寺的碑刻等等，都深深地镌刻着人类的智慧与创造。

环顾四周，优美的室内石材装饰让建筑更加金碧辉煌，百米高的石材幕墙使现代的设计与自然的厚重得到充分的体现和融合。

一、建筑石材及制品的生产

建筑石材的生产首先从矿产资源的地质勘查开始，对矿产资源进行前期勘探、了解和分析估算，进行矿山开采的可行性评估，有时还需要进行小规模的试采，确定有开采价值之后，通过荒料的开采、运输、加工、施工，最后达到人们期望的建筑装饰效果。

1. 石材矿产资源的勘查

石材矿产资源的勘查是石材生产的前提条件。首先进行地形地质的测绘，主要是查明矿体的分布状态，包括品种、形态、分布、大小、储备量、有害矿物、可能产出的荒料块度、开采条件、矿山布置、环境影响、取样及编制地质地形图等。

石材矿产资源的勘探一般包括以下内容。

（1）试采　进行局部、少量的开采，以证实和修订勘探的结论。

（2）测量绘制地形图　以作矿山开采设计用图。

（3）取样及测试　包括花色品种的鉴定、物理力学性能的测试（如密度、吸水率、硬度、耐磨性、弯曲强度、压缩强度、抗冻性能、热稳定性、绝缘性、岩矿鉴定）、化学性能的测试（如耐化学腐蚀性）、放射性的测试、荒料率、成材率的测试。

（4）槽探和钻探　进一步证实和落实矿藏的分布情况。

（5）地球物理探矿　可以解决覆盖层厚度、破碎带范围与深度、构造、矿体形态和分布状况等。

（6）荒料率、成材率的测试　只有满足一定的荒料率和成才率的矿藏才能形成开采价值。

（7）试采和边探边采　由于石材的天然随机属性和勘探的局限性，其开采价值在开采过程中仍然可能发生变化。

2. 石材生产的决策

在完成前期勘察阶段的基础性工作后，就要进入关键性的决策阶段。只有进行了充分考察、多方论证、统筹考虑，至少从以下几个方面进行充分论证后，建筑石材的生产和使用才能由此开始。通过下面几个方面进行考虑测算，可以尽可能避免因盲目开采、形不成经济效益而造成不必要的投入和损失。

（1）花色品种　不同的花色品种，其市场行情、范围、价格竞争力等各不相同。

（2）荒料率、荒料块度和出材率　荒料块度与荒料率是首要因素。荒料率一般与荒料块度成正比。目前我国石材矿山的荒料率应高于 20%，名贵高档品种的矿山荒料块度可小些，内销或小规模生产甚至可小到 $0.5m \times 0.5m \times 0.5m$，一般矿山的块度应在 $1m^3$ 以上，通常应在 $1 \sim 2m^3$，如用于出口，最好能大于 $3m^3$。对于裂隙严重的矿山也不宜选择，一般矿山的荒料出材率应达到 $18 \sim 20m^2/m^3$，当然出材率越高越好。

（3）开采条件　通常应考虑的开采条件包括：计算剥离量；料堆场及运出路线的设置是否方便；石堆场的位置、容量、运输路线的可行性，应尽可能减少尾矿的产生；采台阶和掌子面展开的可能性。

（4）运输条件　开采出来的石材运输包括矿山外部运输条件和矿山内部运输条件。

（5）投资环境　包括软投资环境和诸如能源供水、通信、与居民区及不可移动大型设施的距离、环保政策及措施。

3. 石材的开采

（1）荒料的开采　要把一座矿山变成能够加工利用的产品，首先要从矿山中将巨大的岩石分解到一定体积大小的荒料，以便于我们运输和加工。

在炸药发明以前，人们更多的是直接利用较小的岩石，或者利用工具一点一点地凿出来、磨出来，建筑石材的生产水平十分低下。自炸药发明以后，炸药在石材的开采上迅速得到了广泛的应用。但由于炸药的猛烈破坏，造成了大量的石材被炸得粉碎、失去了利用价值，造成石材资源的极大浪费，目前这种开采技术已被各国政府所禁止。

随着现代石材开采技术的发展，液压劈裂分离、无声爆破等静态爆破技术在石材的开采中得到了应用和发展。特别是现在，链臂式切割机、串珠锯的应用，使宝贵的石材资源得到了更充分的应用，正在成为石材矿山开采的主流。

石材的开采可分为露天开采和地下开采两大类。由于石材矿本身多属于相对比较廉价的矿种，附加值较低，为了降低开采成本，一般选择地表风化覆盖层浅的矿藏进行露天开采。

露天开采时，通常都需要剥离一定的表层，表层的剥离量一般用每采出单位矿石所要剥离的表皮量即剥采比来表示。

矿山的储量、矿山的开采规模与开采年限之间是相互关联的。表9.1给出了矿山的规模、开采规模及开采年限的一般划分方式，但对稀有品种矿山最小建设规模可视具体情况确定。

表 9.1　矿山的规模、开采规模及开采寿命

矿山规模	荒料年产量 M/m^3	服务年限 N/a
大型	$M \geqslant 30000$	$N \geqslant 25$
中型	$10000 \leqslant M < 30000$	$10 \leqslant N < 25$
小型	$3000 \leqslant M < 10000$	$5 \leqslant N < 10$
稀有品种	$M < 3000$	$N < 5$

① 荒料开采的主要方法　石材的开采工艺与矿山类型、石材的种类等有关，开采工艺关系到开采作业能否顺利实施、开采是否对资源造成浪费、开采成本是否合理等。

开采前应完成运输道路等基础设施的建设、水电等的保障、表面风化覆盖层的剥离和开采面的建设等前期准备工作。

针对不同情况的开采工艺采用的具体方法不尽相同，但石材的开采一般包括5道基本工序，荒料分离、解体分割、整形、装载运输、清渣。在5道工序中，最重要的是荒料的分离和解体分割工序，分离、解体分割工艺一般采用如下几种方法或几种方法的配合使用。

a. 手工打楔法：该方法用手工打楔，技术简单，但劳动强度高，生产及劳动效率低，只在一些低级的矿山仍在采用。

b. 凿眼劈裂法：此方法应用较广，即使在机械化程度较高的矿山也常用这种方法，但劳动强度还是较高，生产效率也较低。

c. 连续排眼法：在岩石上打出密集成排的长孔，可以将荒料整齐地切割下来，有助于节约矿产资源。由于钻孔量大，在国外采用较多。

d. 凿岩控制爆破法：是一种受控爆破，包括黑火药爆破、金属燃烧胀破、膨胀剂静态爆破、导爆索控制爆破、爆裂管控制爆破等，其中导爆索控制爆破和爆裂管控制爆破由于效率高、成本低、易操作，是目前较好的方法之一。

e. 机械切割法：串珠式金刚石钢绳锯和链臂式锯石机是目前比较普及的先进方法。圆盘式锯石机也在不少矿山采用，但所采荒料的块度受到限制。

f. 热能破岩法：采用火焰喷射切岩机是颇具代表性的方法，由于其局限性较大，常作为辅助方法。

g. 水力开采法：是一种较新的安全施工方法，具有效率高、节约资源、适用范围广等优点，目前正在发展中。

② 荒料开采的主要设备　荒料的开采设备经历了从原始的手工打凿到现代化的自动化施工，生产效率和资源的利用率不断提高。但是各种设备都有其突出的功能和一定的缺陷，因此在实际施工中往往要采用如下多种设备的配合使用。

a. 钢绳锯石机。主要原理是依靠绳锯与石材之间的摩擦对石材进行切割。传统的钢绳锯应用历史长，国内现在仍有少量使用，多适用于大理石等中硬度以下的石材开采，且要求的支撑导向立柱多，占地面积大，安装换件费时费力，切割效率低，成本较高。后来在意大利加以改进，研制了组合型快速钢绳锯石机，提高了生产效率，曾经在国内外得到普遍使用。20世纪70年代末，研制成功串珠式金刚石钢绳锯，现已成为石材开采的主要工具而得到广泛应用。旧式普通钢绳锯主要适用于无坚硬包裹体的矿体，基本已被淘汰。组合型快速钢绳锯更适合于开采大理石。串珠式金刚石钢绳锯的开采效率进一步提高，适用于各种石材的开采，采得的荒料块度可以很大。

b. 链臂式锯石机。伸出一条细而长的带有金刚石刀头的链臂对石材进行切割，链臂可以从切割缝深入切到石材的内部。主要适用于大理石等中硬以下矿石的开采，但当矿体很薄、裂隙较密时则不宜使用。

c. 圆盘式锯石机。为传统的切割工具，用大规格的圆盘锯片进行切割。目前在国内外都有使用，通常用于开采中等硬度以下的石材，受锯盘直径所限，切得的荒料块度较小。

d. 火焰喷射切岩机。利用高温火焰将石材熔化从而达到切割的目的。在国内外都有应用，主要适用于硬度较高的石材开采，但对石材表面的破坏较大。

e. 钻孔设备。主要用于在岩石上打孔，既有单钻也有排钻，排钻可以同时打一排密集的孔，便于沿排孔排列方向将岩石从矿体上分离下来。主要包括：液压排钻、滑架式凿岩机、导槽式水平凿岩机、手持式凿岩机等。

f. 分裂解体设备。常用的分裂解体设备包括：石材液压劈裂机、液压顶石机、水压胀裂机及顶推气包等。

g. 整形机及各种整形设备。对分离下来的荒料进行适当的整形。

h. 起重运输设备。主要用于荒料的翻转、吊装和运输。

（2）荒料的切割与石材的加工　把开采下来的荒料根据要求切割成一定厚度的板材或者加工成具有艺术效果的砌块或异型材，为进一步的深加工和应用做好准备。

从荒料上切割下来的板材称作毛板，石材荒料加工最具代表性和应用最广的是板材的加工生产，本章主要以板材的生产为例进行叙述。

根据石材材质的不同，所用的荒料切割加工设备有所不同。荒料的切割加工设备通常包括框架式锯机、圆盘式锯机、双向切机、带式锯机、圆弧形锯机等。

目前应用最具代表性的是框架式锯机，包括切割硬度较低的大理石荒料的大排锯和切割硬度较高的花岗石的大砂锯。框架式锯机可以切割规格较大的荒料，切割出的板材幅面也较大。一次可以切出几十片板材，工作效率较高，板面平整。

圆盘式锯机也是常用的荒料切割设备。受锯片直径的限制，只能用于切割规格较小的荒料，切出的板材规格也较小，但设备使用的灵活性较强，在小规格荒料的切割上实用性较强。

在荒料的切割加工中，一般还应考虑荒料堆场的设计与生产工艺布局的合理性、堆场的使用目的、堆场的设备选择、堆场的面积、堆场的辅助材料消耗及能耗等。表 9.2 和表 9.3 分别列举了每立方米板材所需荒料堆场的净面积和荒料堆场钢丝绳辅助材料消耗量。

表 9.2　每立方米板材所需荒料堆场净面积

荒料堆高/m	每立方米板材所需荒料堆场净面积/(m^2/m^3)		
	板厚(20mm)		板厚(10mm)
	砂锯	金刚石锯	薄板
1	0.05～0.06	0.034～0.0384	0.0406
2	0.025～0.03	0.019～0.0193	0.0203
3	0.016～0.02	0.0113～0.0129	0.0135
4	0.0125～0.015	0.0085～0.0096	0.0102

表 9.3　荒料堆场辅助材料消耗量

材料名称	规格 ϕ/mm	吊装 $1m^3$ 荒料材料消耗量	
		材料长度/m	折合重量/kg
钢丝绳	12.5	0.25～0.50	0.135～0.27
	15.5	0.25～0.50	0.21～0.42
	18.5	0.25～0.50	0.255～0.51

① 石材加工机械设备　从荒料加工成具有装饰效果的石材（通常是板材），主要经过荒料的切割和表面深加工处理两个阶段，自然要采用锯割加工设备和其他板材深加工两大类不同的设备。除了前面介绍的锯割加工设备外，主要的板材深加工设备包括如下几种。

a. 研磨抛光设备。包括手扶摇臂研磨机、逆转式粗磨机、大圆盘研磨机、中圆盘研磨机、小圆盘研磨机、桥式研磨机、多头连续作业研磨机、金刚石校平机等，用以将板材表面研磨平整并形成表面镜面光泽。

b. 凿毛设备。主要包括刨石机、烧毛机、凿石机等，用以增加板材表面的粗糙度，体现出荔枝、菠萝等特殊的表面装饰效果，或体现石材粗犷的装饰效果等。

c. 切割加工设备。主要有桥式切断机、悬臂式切断机、手摇切断机、纵向切机、横向切机、对剖机等，用以将板材切割成所需的尺寸。

d. 异型加工设备。主要包括圆弧形板材锯石机、圆弧形板材研磨机、金刚石串珠锯、高压水射流切割机、磨边到角机、烘干擦拭机、异型板铣床、手扶异型铣磨机、平面雕刻机、手拉切断机、钻孔机、手持风动雕刻锤、手持风动研磨机、端面铣磨床、龙门铣磨床等，用以制造出石材千变万化的平面或立体的装饰效果。

e. 辅助装置和设备。包括摆渡车、锯条整平和拉条机、自动翻转机、液压翻板机、输送辊道等，便于石材的生产加工。

② 板材的基本生产工艺　石材加工大量的是板材的加工及少量的异型石材加工。

板材的基本生产加工工艺主要包括荒料的选料和装车、荒料锯割加工成毛板、板材表面处理、板材切割加工、磨光板的配色及放线、粘接与修补、搬运与码放、入库与验收等。

异型石材加工常包括圆弧形石材的加工、雕刻加工、线条加工等，其中用量最大的是圆弧形石材的加工。异型加工一般包括选料和修整荒料、装料、锯割加工、切割加工、研磨抛光加工。雕刻加工主要是按图纸等要求进行雕刻等，包括石雕石刻的加工等。对于需要拼接的石材应做好拼接处的外观效果处理。

③ 板材的深加工技术　石材生产的重点是石材饰面的各种装饰效果的加工。根据装饰效果的需求可以对石材的装饰面进行进一步的深加工处理，最常见的表面处理效果包括：细面、抛光面、麻面、烧毛面、拉毛面、剁斧面，以及仿荔枝、仿剥落等效果的凿毛面等。

石材加工新技术的应用，主要以提高生产效率、降低材料消耗为目的，如采用切割冷却润滑技术、石材表面装饰效果的加工技术以及石材的粘接与修补、石材的化学刻蚀技术。

石材的表面处理，包括表面除锈处理、表面除污处理、表面上光处理、表面清洗处理、表面防护、石材着色等。

④ 石材加工过程中的主要参数

a. 锯割。锯石机的选择、锯割毛板工序板材损失系数、锯石机设备负荷率、锯石机单台生产能力、配套设备的选择、工艺布置的合理性、运输设备选择、材料消耗、耗水量、耗能量等。

b. 切断。切断机的选择、切断工序板材损失系数、切断机单台平均生产能力、切断机配套设备的选择、切断工艺布置的合理性、运输设备选择、辅助材料消耗、耗水量、耗能量等。

c. 研磨。研磨设备的选型、粗磨工序板材损失率、粗磨机平均生产能力、精磨抛光工序板材损失系数、精磨抛光平均生产能力、研磨机从粗磨到抛光加工平均生产能力、研磨抛光工序板材损失系数、连续作业研磨机平均生产能力、连续作业研磨机配套设备选择、运输设备选择、研磨车间工艺布置的合理性、材料消耗、耗水量、耗能量等。

d. 薄板加工。设备的选择，如锯切设备、对剖设备、校平设备、薄板切断加工设备、薄板研磨加工设备、磨边倒角开槽加工设备、薄板加工配套设备的选配，检修、修补、包装、车间内运输设备、车间工艺布置，材料消耗量，如锯片消耗量、磨石消耗量、抛光材料消耗量、磨边倒角开槽材料消耗量，以及冷却水消耗量等。

e. 拉毛板加工。设备的选型，如毛板割据设备、拉毛设备、切断设备、配套设备等，车间内起重运输设备的选型、车间工艺布置、材料消耗、冷却耗水量等。

f. 其他石材产品的加工。同样也主要包括设备的选型等。

g. 检验修补及包装。检验量具和仪器的选择、修补工具的选择、包装材料及工艺的选择、修补材料及包装材料的消耗量等。

表 9.4 列举了几种锯割方式在锯割毛板工序中板材的损失系数。

表 9.4　锯割毛板工序中板材的损失系数

锯割设备			板材损失系数		
			大理石定型板材		花岗岩定型板材
			先切后磨	先磨后切	先磨后切
砂锯生产线	钢丝绳吊锯		1.802～1.848		1.601
	摆式砂锯	国产	1.594～1.663	1.593	1.416
		大型		1.520	1.293
	平移式砂锯				1.268
金刚石锯生产线	卧式			1.356～1.434	
	立式			1.331～1.407	
龙门切机生产线				1.500～1.600	1.400

表 9.5 列举了几种金刚石锯在锯割几种大理石和花岗石毛板工序中所用国产金刚石锯条的消耗量。

表 9.5　金刚石锯条消耗量

锯型	锯条的钢带尺寸/mm	锯条的金刚石齿尺寸/mm	齿数	切割石材品种	每齿单产/m²	锯条寿命/(m²/条)
卧式金刚石锯	2800×180×(3.2~4.2)	20×4.5×7	21	雪花白等	7.14	150
	3100×180×(3.5~4.5)	20×4.5×7	23	汉白玉等	8.23~14.7	190~340
	3880×180×(3.5~4.5)	20×4.5×7	29	雪花白等	5.50~9.30	160~270
	3950×180×(3.5~4.5)	20×4.5×7	39	雪花白等	5.40~9.20	210~360
立式金刚石锯	2700×180×3.5	20×6.5×7	20	雪花白等	7.5~10	150~200
金刚石带锯	8230×125×1.25	齿宽3.2		雪花白等		80~120
摆式螺杆砂锯	3140×180×3	20×4.5×7	42	杭灰等	1.20	50

表9.6列举了采用自动化程度不同的摆式砂锯切割大理石和花岗石毛板中所用砂的消耗量。

表 9.6　摆式砂锯生产毛板用砂消耗量

项目	自动加砂	人工加砂						
切锯材料	花岗岩	大理石					花岗岩	
消耗材料	钢砂	钢砂	铁砂	碳化硅	河砂	红砂	钢砂	铁砂
消耗量/(kg/m²)	3~3.5	0.5~2	1.5~5	3	50~100	5	15	10~20

表9.7列举了在采用不同自动化程度的摆式砂锯切割大理石和花岗石毛板中的冷却水的消耗量，当然这些冷却水是可以全部循环利用的。

表 9.7　砂锯冷却水消耗量

砂锯类型	产地	锯条数量/(条/台)	耗水量/[m³/(h·台)]			
			自动加砂		人工加砂	
			大理石	花岗岩	大理石	花岗岩
摆式砂锯	国产	40	0.5~0.6		1.3~1.5	
	国产	60	0.8		2	3~4
	国产	75				3.5~4.5
液压进给砂锯	国产	80	0.04~0.06	0.04~0.06		4~5
	国产	120		0.10		
复式摆砂锯	国产	117		0.10		
平移式砂锯	国产	60~70		0.04~0.06		
	国产	80		0.06~0.08		
	进口	60		0.04~0.06		
	进口	100		0.09~0.10		

表9.8列举了一般情况下几种金刚石锯的冷却水消耗量，这些冷却水同样是可以全部循环利用的。

表 9.8　金刚石锯冷却水消耗量

金刚石锯类型	规格/mm	锯条数量/(条/台)	耗水量/[L/(条·min)]
卧式	3800×180×3.5	1～10	10
	3100×180×3.5(齿23)	40	6～7
	3100×180×4(齿23)	50	6～9
立式	2700×180×3.5(齿20)	60	5.8～6
带锯	8230×125×1.25(齿宽3.2)	1	10

表 9.9 列举了不同规格的金刚石圆锯片龙门切机在锯割毛板工序中板材的冷却水消耗量。

表 9.9　龙门切机冷却水消耗量

切机类型	金刚石圆锯片规格 ϕ/mm	锯条数量/(条/台)	耗水量/[L/(条·min)]
大型	2235～3000	1	100～120
中型	1800	1	80～100
	1600	1	80

表 9.10 列举了不同规格的龙门切机在大理石和花岗石板材的切断工序中所需要消耗的金刚石圆锯片消耗量。据统计，在冷却水中加入冷却润滑剂切割花岗岩毛板时，锯片寿命可提高 49%～140%。

表 9.10　龙门切机用国产金刚石圆锯片消耗量

切机类型	锯片规格 ϕ/mm	锯片齿宽/mm	齿数/个	锯片消耗量/(m²/片)	
				大理石	花岗岩
大型	2235	11～12			75～100
中型	1800	11	120		70～90
	1600	9～10	108	2000～2400	60～80
巨型	3000	16			400

表 9.11 列举了在大理石和花岗石毛板的锯割中其他辅助材料的消耗量。

表 9.11　其他辅助材料消耗量

材料名称	消耗量			备注
	大理石	花岗岩	单位	
石灰		1.2～2	kg/m²	毛板
水泥		2～4	kg/m²	毛板
石膏	0.5～1		kg/m²	毛板
木材	5～8		m³/(a·台)	金刚石锯用
	2.5～3		m³/(a·台)	大型砂锯用
	0.325～0.50		m³/(a·台)	螺杆砂锯用
机油	0.01	0.03	kg/m²	毛板

出板率也称出材率，是衡量石材加工经济效益的重要指标，受加工设备、加工工艺、荒料质量等诸多因素的影响。大理石薄毛板理论出板率为 (45～55)m²/m³，一般双向切机的实际出板率为 41m²/m³，摆式砂锯的实际出板率为 47m²/m³，圆盘锯的实际出板率为 40m²/m³。参考国内外资料，表 9.12 和表 9.13 分别列出了大理石和花岗石不同加工工艺和生产线的出板率。

表 9.12　大理石出板率

板材生产线	板材厚度/mm	出板率/(m²/m³)	一般取值/(m²/m³)
砂锯	20	15～22	18
卧式金刚石锯	20	23～25	24
立式金刚石锯	20	24～27	25
薄板	7～20	20～40	30
拉毛板	20	15～25	20
异型板	20	15～25	20
金刚石带锯	20	43	
金刚石带锯	10	50～60	

表 9.13　花岗石出板率

板材生产线	板材厚度/mm	出板率/(m²/m³)	一般取值/(m²/m³)
摆式砂锯	20	22～27	25～26
平移式砂锯	20	22～26	24
薄板	10	30～40	35
拉毛板	20	22～27	25
异型板	20	20	20
墓碑	日式碑	10	10

表 9.14～表 9.16 分别列出了大理石薄板、花岗岩定型板、花岗岩薄板不同加工工艺的合格率和破损率。

表 9.14　大理石薄板合格率和破损率

双向切机切割薄毛板厚度/mm	出板率/(m²/m³)			合格率/%					破损率/%				
	薄毛板理论	薄毛板实际	薄板	锯切	对剖	横向切断	研磨抛光	磨边倒角及包装	锯切	对剖	横向切断	研磨抛光	磨边倒角及包装
65	14	13	28～30	95	85①	90	80	95	5	15	10	20	5
29	28	25	28～30	90	85②	90	80	95	10	15	10	20	5
11	55	38～45	26～30	70～80	—	90	80	95	30～20	—	10	20	5

① 对剖刀片数量 3 片以上。

② 对剖刀片数量 2 片以下。

表 9.15　花岗岩定型板合格率和破损率

生产线名称	出板率/(m²/m³)			合格率/%				破损率/%			
	毛板理论	毛板实际	板材	锯切	研磨抛光	切断	检验修补包装	锯切	研磨抛光	切断	检验修补包装
大型摆式砂锯	36	34	27	95	95	85	98	5	5	15	2
摆式砂锯	33	28	22	85	95	85	98	15	5	15	2
平移式砂锯	33	32	22～26	97	95	85	98	3	5	15	2
龙门切机	30～31	—	23～24	95	95	85	98	5	5	15	2

表 9.16　花岗岩薄板合格率和破损率

加工工序	合格率/%			破损率/%		
	双向切机	摆式砂锯	圆盘锯	双向切机	摆式砂锯	圆盘锯
锯割（切）	92	85	90	8	15	10
找平	94	92	93	6	8	7
研磨抛光	96	94	95	4	6	5
切断	90	90	90	10	10	10

续表

加工工序	合格率/%			破损率/%		
	双向切机	摆式砂锯	圆盘锯	双向切机	摆式砂锯	圆盘锯
磨边倒角开槽	98	98	98	2	2	2
检验修补包装	99.5	99.5	99.5	0.5	0.5	0.5

表 9.17 列举了部分石材矿山和石材加工厂设计供水量及设计供电量。

表 9.17 部分厂矿设计供水量及设计供电量

厂矿编号		1	2	3	4	5	6	7	8	9
设计规模 /(万立方米/a)	矿山	0.4	0.52			0.5			0.15	2
	加工厂	5	3	1	10	6.5	7	10	1.6	60
企业总耗水量 /(万立方米/a)	矿山	0.45				1.16			0.15	7.35
	加工厂	5.65	11.80	18.25	24.10	7.30	60.94	58.46	20.64	404.16
	合计	6.54	17.68	18.25	24.10	10.44		58.46	20.79	411.51
	其中循环用水			9.67		7.32	42.45	52.39	19.806	366.60
单位耗水量 /[m³/(m³·m²)]	矿山	1.13	11.30			2.32			1	3.68
	加工厂	1.13	3.93	18.25	2.41	1.12	8.71	5.84	12.9	6.74
总降压变电所 容量/kV·A				400	800	800	630	1260	200	矿山 1165 加工厂 4460
设备装机 容量/kW	矿山			151.2					发电机	1450
	加工厂	741.7		345.63	827.40	955	732.46	1432.58	254.96	4754
	合计	741.7	1077.5	345.63	827.40	1106.2	732.46	1432.58	254.96	6204
总耗电量 /万千瓦时	矿山		69.47			5.45				266.25
	加工厂	157.5	107.28	90.69	305.25	231.12	230.34	380.61	57.22	1841.13
	合计		211.31			246.68	230.34	380.61	57.22	2107.38
单位耗电量 /[kW·h/(m³·m²)]	矿山		133.6			10.9	32.91			133.1
	加工厂	31.5	35.8	90.7	大理石板 21.6 花岗岩板 39.4	35.6	32.91	29.70~50.61	35.76	26.67~37.43

二、建筑石材制品的应用

石材是人类历史上应用最早的建筑材料，石材以其坚硬、强度高以及其他优良的性能和极其丰富的品种与自然资源储量，一直被人类所青睐。作为建筑的基石，石材承受了千百年的风雨酷寒，仍然屹立在现代建筑之林。石材为世界建筑历史谱写了不朽的篇章，至今世界各地都留有许多建筑石材应用的杰作。

现代建筑中石材的开发、应用与加工技术都达到了前所未有的高度，石材的应用具有无穷的潜力，建筑石材的应用必将大放异彩。

建筑石材的应用主要体现在石雕石刻、园林及其装饰、建筑的装饰装修以及其他用途。建筑石材在石雕石刻方面的应用包括石窟摩崖石雕、园陵石雕、宫殿宅地和园林石雕、寺庙神殿、经幢祈坛石店、石桥石雕、石阙牌坊石雕、塔建筑石雕、现代城市园林与纪念石雕、壁炉等。建筑石材在园林及其装饰方面的应用不胜枚举，亭台楼阁、画廊雕柱，经常与石雕石刻密不可分，已成为我国建筑的重要组成。建筑石材在其他方面的应用包括造桥铺路、石塔、石阙、石牌坊、石舫、石楼阁、石柱、石梁、石鼓、石亭等，也是文化石的重要组成部分。

石材最早是用作建筑的基石。随着水泥的出现，石材在建筑中的重要用途就是被用作混凝土中的集料。但是，人们关注更多的是将石材作为装饰材料用在建筑的装饰上。建筑石材以它特有的色泽和纹理图案，广泛应用于建筑室内外墙面及地面的装饰。石材在建筑装饰方面的应用更是从石材装饰造型艺术中体现出来的。

石材装饰造型艺术是现代建筑装饰中的主要领域。石材装饰造型艺术主要是发挥石材天然的结构、质地、色彩、花纹及加工形态等特性，构成石材装饰造型艺术自身特有的规律方法。它不但有造型艺术中某些形式美的规律，又具备装饰建筑物、美化建筑环境的机能。

石材装饰艺术造型的基本原则应表现时代特征。石材装饰艺术的创作不仅要美化建筑环境，而且也应具有历史时代的烙印，能够体现社会意识、科技发展水平等特征，同时反映时代建筑装饰潮流特征。

1. 石材装饰艺术造型的基本方法

装饰艺术造型主要通过形式的对称、反复、连续、变化等手法，深化到装饰的各个方面，从而满足建筑环境的功能、体现建筑的装饰艺术性。

第一，这种构思方法应从整体环境出发，明确造型的整体形象、格调、气氛和布局的统一协调性。

第二，逐步深化到布局中各个部分的具体装饰设计，依据布局的宏观要求，选择并确定改善和丰富空间环境的形式。从建筑各个部位众多的尺度关系中找出适当的尺度比例，明确构思主题，注意色彩配置和明度的基调，充分利用天然石材多变的色彩花纹形态特征，使构成的图案饰面始终贯穿着多种多样的石材装饰艺术的特殊效果，并获得有节奏感和韵律感、有对比和变化并且明度得体的装饰效果。

第三，深化到装饰造型的最小部位，关注具体细节，如腰线、拐角、接缝等。虽说都是一些细小枝节，但其衬托作用不可小视，锦上添花甚至是画龙点睛。

第四，回过头去再次平衡协调各部分的构图、布局、相互间艺术渗透的作用及整体形象的和谐性。这些便构成了石材装饰艺术造型创作的全过程。

石材借助于其制品的形态，通过不同的组合，构成各种形状的具体图案。这些实实在在的形态在艺术造型中相互作用，产生出空间造型，也即虚体形态。这正是石材装饰艺术刻意追求探索的目的。要充分体现出点、线、面、体在饰面石材造型中的作用。

质感是石材表面加工处理后的状态和感官效果，是表现建筑装饰艺术的一种形态。可以通过不同的加工工艺方法在石材表面制造出不同的质感，从而营造出不同的装饰艺术魅力，使得石材装饰艺术造型效果更加丰富完美。

在饰面造型艺术构图中色彩与其他造型因素相比，具有独特的作用效果。从事石材装饰造型的艺术活动，就是如何去认识、发掘、运用天然色彩，去探讨石材装饰美的效果和程度。为此必须清晰地了解色彩的属性和色彩的象征意义，才能掌握色彩在装饰造型中的应用。

花纹是天然石材固有的艺术形态，在石材制品中能够构成一幅天然的艺术画卷。如何去发现、利用、发挥这些花纹的艺术特性，是关系到装饰艺术造型成败的关键。

2. 饰面石材的装修设计

在进行饰面石材的装修设计时，既要考虑审美效果，也要注意一些重要的技术要求，如饰面石材的自重、石材的强度、石材的安装方式、石材之间接缝形式的选择、风力影响、材料的膨胀，周围环境中空气、水流或其他介质的化学影响等。

饰面石材装饰的主要目的是美化建筑、美化建筑环境，这一目的贯穿于建筑的整个生命周期。它首先在建筑物的主题设计和细化设计之中被引入，在使用天然石材装饰饰面的设计阶段，要充分考虑石材的结构和特性、纹理、颜色及表面形态等几个方面的因素。

石材的结构特性是指在岩石形成过程中，构成石材的不同矿物质的特殊物质和微观结构状态。纹理是这些物质和结构按一定规律分布所形成的宏观排列的形态，它不仅决定石材的强度、颜色、花纹等外部形态，同时影响石材的各向同性和各向异性等物理性能。石材颜色和表面形态的选择取决于设计者的构思和对质感、视觉效果的要求。

饰面石材装饰的另一个重要目的是保护建筑结构，特别是在金属或混凝土等结构可能受到高温、高湿、盐碱、酸雾等侵害的地区，这类装饰显得更为重要，这也是在设计阶段需要考虑的重要因素。

3. 饰面石材的选择

按照石材在建筑中的主要应用环境和部位，最基本的分为室外和室内，应根据其使用环境选择适合的石材品种，不仅能为建筑增添异彩，也能充分延长石材的使用寿命，能更加充分体现出石材的装饰效果和永恒的气质，才能充分体现出石材的绿色性。

（1）室外饰面石材的选择　用于室外的饰面石材，首先其颜色应能满足设计要求，要有良好和稳定的抗风化、抗老化性能，以便使建筑物得到长期持久的保护。

作为建筑装饰石材的花岗岩，以其优良的物理性能成为室外装饰石材的最佳选择。在采取了充分保护措施的情况下结晶好、结构致密的大理石也可用在室外装饰。像化石碎屑岩、角砾岩等结构不均匀的大理石或含有黄铁矿的石材，很容易受到水或含硫气体的腐蚀，这类石材不宜用在外墙装饰。一般来说，碳酸盐类石材由于容易受到大气中酸性物质的侵蚀，通常不宜大量用于室外，尤其不宜用在高层建筑的室外。

对室外地面石材的要求则更高，除了考虑颜色外，重点要考虑承载、耐磨、耐水、耐风化、抗冻性能等，通常采用硬质石材。

（2）室内饰面石材的选择　室内饰面石材可分为地面、墙面、柱面、大厅、卫生间等处的装饰。对其抗风化和抗老化性能要求不严格，所有建筑石材都可用于室内装饰。用于地面、台阶面装饰的石材应具有较高的耐磨性。在选择用于厨房、卫生间等处的石材，应考虑其抗腐蚀、抗污染的能力。

（3）根据理化特性合理选用石材　石材的材质种类多、品种杂、性质特点各异、理化性能各有特色。有的外观诱人但强度低使用不安全，有的颜色鲜艳但可能对人身健康有一定的危害等等。为了充分发挥石材的各种天然特性，用其所长，增强石材的绿色特性，在石材的选择中必须要充分考虑石材的理化性能与石材应用之间的关系。

① 石材的抗冻性能对饰面板材的影响　吸水率高的石材对抗冻性过于敏感，不能用于室外墙面和地面装饰，另外，存在裂纹、孔洞或裂缝的石材，其抗冻性能较差，污物也容易进入这些孔洞和缝隙，也不宜用于室外墙面和地面装饰。

② 石材抗弯强度对饰面板材的影响　自然环境中作用在墙面上的风会使墙面上的石材受到弯曲应力的作用，这是石材的主要受力方式之一。当这种应力达到或超过板材的断裂强度极限值或者是干挂板材的开槽、开口等部位的断裂载荷极限值时，板材会产生断裂，从墙上脱落。在容易受到强风作用的地区，在设计高大建筑物甚至是普通建筑物的外表面石材装饰时，必须考虑风力因素的影响。由于板材同时还伴有受到剪切力的作用，因此还应考虑板材的剪切强度，以确定板材的最佳尺寸和合理的固定系统。在进行强度设计时，还应充分考虑有些石材的各向异性特性。决定外墙饰面石材承受抗弯载荷能力的主要因素包括石材本身的强度、石材的厚度、挂板的尺寸以及固定方式等。

③ 石材耐磨性的选择　石材对于摩擦损伤的敏感性与饰面石材的使用寿命有关。耐磨

性能对于用在地面、楼梯面等特定部位的石材来说至关重要，设计时必须加以考虑。

④ 热膨胀系数对饰面石材安装的影响　天然石材与金属或混凝土构件一样，在周围环境温度变化时，也会产生热胀冷缩。在建筑物上使用水泥等脆性大的粘接材料固定石板后，由于石材和墙面热膨胀系数不同，粘接材料难以同时起到缓冲作用，当两者的膨胀量相差过大时，会影响板材安装的牢固性，可能产生空鼓甚至是脱落。另外，由此而引起石材内部应力和晶格的畸变，也可能会使板材受到损伤。所以，现代的施工技术应尽量避免采用传统的水泥砂浆粘接剂，而是对水泥砂浆进行改性，提高其弹性性能和粘接强度的稳定性，或采用其他性能更加优良的专用粘接剂。另外，就是大量采用挂装方式安装，即采用石材的干挂安装方法。为保障干挂系统的寿命，干挂桁架和金属配件都应采用奥氏体不锈钢经冷加工工艺制造。板与板之间必须留有适当宽度的伸缩缝。

⑤ 饰面板材的自重　在设计使用石材装饰墙面时，必须考虑板材的自重。当石材的面积确定后，板的自重就与板的厚度有关了。板的自重既影响建筑物的结构设计，又影响板材安装系统的选择，所以在设计时要认真考虑这一因素。

⑥ 化学介质对饰面石材的影响　大理石的主要成分是碳酸盐，易受酸性化学介质的腐蚀影响；花岗岩的主要成分是石英、长石、云母等硅酸盐，抗酸性化学介质腐蚀能力比大理石强得多，但抗碱性化学介质腐蚀能力比大理石要弱一些。因此选择石材时应考虑其所使用的环境条件。另外，板材在使用前进行一些养护处理，预先进行一些化学处理或涂覆处理，可以提高石材的耐化学介质腐蚀的能力。

⑦ 饰面石材尺寸的选择　饰面石材尺寸的选择非常重要，从美学、直观和视觉效果看，在装饰面几何图形对称、美观的前提下，单体板材的面积越大越好看。但是单体面积增大，为保证足够的抗风载能力，就必须增加板材的厚度，造成板材自重增加，同时固定系统的制造成本和施工难度也会大大增加。因此在选择板材尺寸时，要综合考虑造价因素。

⑧ 石材干挂系统的设计与制造　石材干挂安装系统是一种先进的石材安装方式和建筑物的围结构，克服了许多湿法施工的缺陷。干挂系统中使用了金属制造的重量轻的嵌板构件后，简化了安装施工工艺，提高了安装工程的质量可靠性，抗震性能明显提高。这种安装方式对板材的精度要求高，因此对加工设备的要求也相应提高。该方法可以缩短施工时间、提高工作效率，而且基本不受气候的影响。干挂安装简化了现场的材料管理，而且基本解决了湿贴法所带来的石材污染等缺陷。设计石材干挂系统时，应考虑一些问题，如所用嵌板构件的类型、建筑物上与板材固定系统连接在一起的墙体支撑结构的承载能力和抗变形的能力，嵌板构件的预制方法、石材在嵌板构件上的固定方式，材料的加工精度、安装精度、嵌板构件的运输及装卸方式等。

⑨ 饰面石材的安装　常用饰面石材的安装分粘贴法和干挂法，粘贴法又分为水泥砂浆类的湿式粘贴和采用化学粘接剂的干粘法。

4. 饰面石材的加工

要将石材从工厂应用到建筑上，将人们的理想、将设计师的创意变为现实，重要的一个环节就是石材的加工。按照事先的深化设计，大量的石材需要按照事先设计的形状尺寸、表面装饰效果在工厂预先加工完成。工厂化的加工可以极大地提高石材的加工精度，减少缺陷石材的混入，可以减少浪费，提高石材的利用率，节约大量的石材资源，进一步提升石材的绿色度。

5. 石材的安装

（1）湿式粘贴安装　使用水泥砂浆类的石材胶黏剂将石材与墙体或地面粘贴。其特点是施工简单，对施工人员的技术要求不高，安装成本低。但用此方法安装的石材浸水后容易造成白花现象，水泥中的可溶性物质通过石材中的毛细孔迁移到石材表面，污染石材装饰面，影响整体装饰效果，这种现象在传统的室外粘贴的石材墙面比较普遍，已成为困扰建设单位的难题。为此，现在衍生出了为解决这类现象的石材防护产业，在石材粘贴之前，先在石材上涂刷一层防护剂，可以阻止这类污染和外来物质的污染，可以充分保证石材的装饰效果。另外，墙体与石材的温度膨胀收缩率不同，气温的变化和石材吸水变形还容易引起某些石材的龟裂甚至造成石材的脱落。因此，传统的湿贴安装方法在墙面一般仅适用于施工速度慢的小规格板材安装以及温差小的环境。这种方法同样常被用于低矮楼层的外墙石材安装和其他对石材安全性要求不高的室内外墙面安装。即使在采用整体干挂法安装石材的建筑物墙面，为提高一层墙面的防冲撞能力，一般来讲3m以下的墙面也采用湿法安装。目前石材的地面安装绝大部分也采用湿式安装方法，为解决白华问题和其他污染问题，在粘贴板材之前，需对板材进行涂覆保护剂的处理尤为重要。

（2）干粘式安装　是指采用不含水的反应型胶黏剂直接将石材粘贴在基材上，也被称为化学粘贴。由于这种胶黏剂固化速度快，施工方便，强度高，特别是可以克服湿贴胶黏剂固化慢、强度低、粘接不可靠、容易使石材产生变形、白华等病变的缺点，在建筑工程中的应用也比较广泛。

（3）干挂式安装　是指采用金属构件作为石材固定系统的施工方法，是目前流行的幕墙安装方式，大量应用于板材的外墙安装，特别是高层建筑物上饰面石材的安装。施工过程中清洁无污染，同时又克服了白华现象，可以充分显示石材的华丽色彩。干挂安装可以上下同时施工，但通常由上而下进行或横向进行，而且基本不受季节的影响，安装后的墙面安全可靠，抗震性好，装饰面经久耐用，墙体表面板材的维修更换方便，配合保温施工工艺，使建筑物的保温隔热性能更加优良，可大大节省建筑物运行使用的能源费用。石材的干挂式安装有一套比较完整的安装固定系统。在石材的干挂安装设计时，确定最合适的饰面石材固定系统，对固定结构和板材沟槽的设计是一个很重要的环节。要求所设计的固定系统基本上不存在危及自身安全或对石材构成损坏的缺陷，在正常的维护操作下，容易发现并能及时更换已损坏的板材，使得饰面石材系统的寿命与建筑物的寿命基本相同。目前主要采用静定系统和超静定系统。干挂式安装的施工工艺应符合有关规定和设计要求，注意对安装后表面的清洗和保护，安装质量必须符合相关的施工规范的验收标准。

饰面石材安装系统和工艺已经经过了几十年的发展并不断改进，目前已日趋完善，国家的相关工程规范也陆续出台。目前，建筑石材行业正在认真执行相关规范并确保安全的基础上，朝着施工方便、优化性能、保护环境和健康、节约资源和能源的方向不断发展，建筑石材应用的绿色度正在不断提高。

三、石材的放射性问题

1. 放射性

放射现象早于人类诞生之前，人类生活在地球上，周围物质几乎都含有放射性元素，其中包括人体本身。通俗地讲，石材的放射性与大自然的放射性相比没有太大的区别，只是少量品种同其他材料相比要高一些。在通常情况下，人们所受到的辐射属低剂量辐射。

通常，放射性对人体的危害来自两方面，一个是体外辐射（外照射），另一个是人类体内放射性元素所导致的内照射。放射性对人体危害最大的物质主要来自放射性元素在衰变过程中所产生的"氡"，也就是人们所说的内照射。

氡是一种放射性元素，且是气体。如果人长期生活在氡浓度过高的环境中，氡经过人的呼吸道沉积在肺部尤其是支气管及上皮组织内，大量放出射线，从而危害人体健康。

铀矿是氡浓度较高的地区。早在 1937 年，欧洲发现铀矿工的肺病的发病率是普通人的 28.7 倍，后来采取通风措施，人为控制了矿井的氡浓度，矿工发病率明显降低。因此，若居室已铺装上放射性较高的石材，最好每天多开启门窗，以便降低居室内的氡浓度。

以前，人类并不关注低剂量辐射对人体健康影响的问题，但随着经济的发展，各种新型建筑材料（有些材料掺入大量高放射性的废渣）构筑人类生存的环境，导致居住环境放射性水平普遍提高，人们自然关注放射性较高的作为居室装饰材料的某些石材的放射性问题。

2. 石材中放射性来源及特性

石材产品的放射性来源于地壳岩石中所含的天然放射性核素。自然界的岩石中广泛存在的天然放射性核素主要有铀系、钍系的衰变产物和钾 40 等。这些放射性核素在不同种类岩石中的平均含量有很大差异，在碳酸盐岩石中含量较低，在岩浆岩中，随岩石中 SiO_2 含量的增加，岩石酸性增加，其放射性核素的平均值含量有规律地增加。表 9.18 给出了克拉克等在 1966 年发表的地壳中部分岩石种类及其总体放射性水平。

表 9.18 地壳岩石中放射性核素的含量

岩石类型	K 平均值/%	U/10^{-6}		Th/10^{-6}	
		平均值/%	范围	平均值/%	范围
地壳平均值	2.1	3		12	
基性火成岩	0.5	1	0.2~3	3	0.5~10
中性火成岩	1~2.5	2.3	0.5~7	9	2~20
酸性火成岩	4	4.5	1~12	18	5~20
砂质沉积岩	1.4	1	0.5~2	3	2~6
泥质沉积岩	2.7	4	1~13	16	2~47
石灰岩	0.3	2	1~10	2	
黑色页岩	2.7	8	3~250	16	
红土	很低	10	3~40	50	8~132

石材中产生的 γ 射线的辐射体主要是铀系、钍系衰变产物和钾 40，而对人体产生内照射的主要是铀系、钍系中的氡的同位素及其短寿命子体。采用 γ 能谱法测得的部分石材放射性数据见表 9.19。

表 9.19 石材放射性数据　　　　　　　　　　单位：Bq/kg

样品名称	放射性比活度			
	C_{Ra}	C_{Th}	C_K	类别
珍珠花	27.5	82.2	1326.0	A
芙蓉绿	21.8	23.8	977.8	A
万山红	28.0	27.7	1018.0	A
孔雀绿	27.5	48.7	1275.2	A
新疆红	22.2	30.8	1238.0	A
印度红	218.9	280.1	1399.9	C
五一红	192.6	247.6	1316.3	B
桂林红	241.2	246.9	1549.2	C
罗源红	80.8	96.4	1446.0	A
石岛红	85.6	182.0	1444.0	A
枫叶红	107.8	108.6	1260.3	A
将军红	11.4	40.1	1473.0	A
杜鹃红	134.4	191.0	3086.2	B
牡丹红	54.7	96.0	1136.6	A

样品名称	放射性比活度			
	C_{Ra}	C_{Th}	C_K	类别
杜鹃红	470.8	910.4	3054.7	超过C类
台湾红	58.6	52.8	1175.6	A
万寿红	4.0	3.6	8.2	A
西班牙米黄	4.0	未检出	未检出	A
啡网	25.5	未检出	未检出	A
黑白根	14.1	未检出	18.6	A
蓝钻	48.6	50.7	790.7	A
爵士白	7.8	未检出	未检出	A
芝麻白	103.9	38.9	800	A
高原红	38.6	108.2	1498.0	A
蒙山青	56.9	87.1	1110.1	A
石榴红	59.4	102.9	1285.0	A
孔雀绿	37.3	44.5	988	A
吉祥绿	5	7.5	105	A
芝麻白	12.7	32.5	1152	A
泰山白	62.0	88.9	1158	A
夜里雪	7.5	9.0	400	A
石岛红	56.6	141.3	1268	A
泰山花	27.0	54.0	1231.0	A
泰山红	90	83.2	1104	A
太白花	27.8	65.6	1164	A
映山红	45.5	77.5	1239	A
鲁锦花	119.5	157.2	1282	A
樱花红	104.7	104.5	1205.8	A
闽珍珠红	40.1	117.1	1392	A
菊花黄	12.5	29.2	1455	A
虎皮花	32.6	63.9	1599	A
雪花青	25.3	43.2	1145	A
绿钻	21.2	28.5	266	A
鄯善红	46.5	67.4	1147	A
雪莲花	21.6	45.4	1149	A
黑冰花	10.7	9.6	273.4	A
马兰红	102.7	189.5	1196	B
单影红	40.2	109.5	1425	A
天山翠	105.7	107.3	1082	A
枫叶红	127.1	141.8	1249.3	B
桂林红	302	325	1471	C
南非红	49.8	142.6	1328	B
印度红	202.6	163.2	1778.7	B
三宝红	71.8	128	1545	A
济南青	5.5	4.3	131.1	A
荥经红	67.3	85.1	1203.8	A
元帅红	24.7	43.2	1215	A
汉中雪花	4.6	未检出	未检出	A
文登白	40.6	21.1	978	A
瑞雪	32.8	52.8	878	A
汉白玉	6.5	4.5	15.3	A
艾叶青	1.6	2.2	10.4	A
巨青红	26.7	92.4	1439	A

续表

样品名称	放射性比活度			
	C_{Ra}	C_{Th}	C_K	类别
贵妃红	34.5	57.7	1357	A
三宝红	42.1	98.4	1723	A
双井红	16	16.2	1805	A
罗元红	85.3	97.9	1290	A
莲花青	15.0	13.0	652.5	A
高粱红	36.3	51.5	1753	A
狼山红	38.4	55.9	1297	A
佛山红	34.8	55.2	1157	A
五莲红	30.2	83.6	1296	A
五莲花	145.5	315.0	1309	B
玫瑰红	143.2	182.5	1310	B
台山红	109.1	173.8	1338	A
印度红	399.1	191.0	1259.4	C
杜鹃红	146.8	230.7	3208	C
杜鹃绿	483.5	792.6	3313	超C类
石岛红	63.9	172.5	1442	B
巨星红	46.5	85.6	1261	A
南非红	72.4	107.7	1318.3	A
西丽红	92.3	105.6	1362	A
岑溪红	96.4	109.5	1273	A
西丽红	113.8	130.7	1296	A
川红	119	184	1395	B
惠东红	138.5	175	1468	B
中国绿	4.2	5.5	1510	A
建平黑	7.9	8.3	169	A
杜鹃红	240.2	431.7	2992	超C类
长征红	56.7	76.4	1414	A
绥中白	16.1	15.8	988	A
蓝宝石	79.3	73.8	998	A
山峡绿	17.8	30	534	A
山峡红	57.5	208	1400	A
西陵红	26	47.5	1132	A
白花岗	107.5	15.9	711.5	A
楚天红	43.5	67.5	1862	A
关西红	47.5	95.5	948	A
虎贝	71.0	104	1608	B
梦幻白	44.2	52.8	1102	A
丁香紫	116	110	1619	A
粉红岗	147.5	170.8	1520	A
虎皮黄	85.0	63.7	1238	A
丽港红	132.8	91.3	1191	A
丰镇黑	12.5	10.8	717	A
樱花红	50.5	80.8	1292	A
枫叶红	159.8	161.0	1345	B

3. 放射性核素限量标准

为保护人身健康安全,2001 年,颁布了国家强制性标准《建筑材料放射性核素限量》(GB 6566—2001),并于 2010 年经过了修订。

该标准规定了建筑材料中天然放射性核素镭226、钍232、钾40放射性比活度的限量和试验方法，适用于建造各类建筑物所使用的无机非金属类建筑材料，包括掺工业废渣的建筑材料，自然石材也包括在内。

对于建筑主体材料，该标准规定当建筑主体材料中天然放射性核素镭226、钍232、钾40的放射性比活度应同时满足内照射指数 $I_{Ra} \leqslant 1.0$ 和外照射指数 $I_{\gamma} \leqslant 1.0$。对于空心率大于25%的建筑主体材料，其天然放射性核素镭226、钍232、钾40的放射性比活度应同时满足内照射指数 $I_{Ra} \leqslant 1.0$ 和外照射指数 $I_{\gamma} \leqslant 1.3$。

对于石材类装修材料，标准中划分为以下三类。

（1）A类装修材料 装修材料中天然放射性核素镭226、钍232、钾40的放射性比活度同时满足内照射指数 $I_{Ra} \leqslant 1.0$ 和外照射指数 $I_{\gamma} \leqslant 1.3$ 要求的为A类装修材料。A类装修材料产销与使用范围不受限制。

（2）B类装修材料 不满足A类装修材料的要求，但同时满足内照射指数 $I_{Ra} \leqslant 1.3$ 和外照射指数 $I_{\gamma} \leqslant 1.9$ 要求的为B类装修材料。B类装修材料不可用于住宅、老年公寓、托儿所、医院、学校、办公楼和宾馆等Ⅰ类民用建筑的内饰面，但可用于商场、文化娱乐场所、书店、图书馆、展览馆、体育馆和公共交通等候室、餐厅和理发店等Ⅱ类民用建筑和工业建筑的内饰面及其他一切建筑物的外饰面。

（3）C类装修材料 不满足A、B类装修材料要求，但满足外照射指数 $I_{\gamma} \leqslant 2.8$ 要求的为C类装修材料。C类装修材料只可用于建筑物的外饰面及室外其他用途。

对于外照射指数 $I_{\gamma} > 2.8$ 的石材（主要为花岗石）即人们习惯称为超C类的花岗石，只可用于（碑石、海堤、桥墩等）人类很少涉及的地方。

为避免不必要的投入和浪费，在花岗石矿床勘查时，就必须用本标准中规定的装修材料分类控制值对花岗石矿床进行放射性水平预评价。

在天然放射性本底本身就较高的地区，只要当地出产的石材放射性比活度不大于当地地表土壤中相应天然放射性核素平均本底水平的石材，可限制在当地使用。

第二节　建筑石材制品的绿色化技术

建筑石材本是天然所生，因此建筑石材制品的绿色化主要应从石材的勘查、开采、加工、应用及回收等方面来考虑。

一、石材勘查过程中的绿色化

首先要通过地质勘查了解区域地质情况，地质勘查工作应由具备相应资质的地质勘查单位承担，是石材绿色化的第一步。

1. 普查和详查

普查是石材勘查的前提，通过普查，应掌握石材的花色品种、荒料块度、大致开采条件、交通水电、放射性水平等。

在普查的基础上进行详查，通过详查基本掌握矿体的变化规律、分布状态、岩石结构构造、矿物成分、化学组成、放射性水平及分布等，有针对性地进行性能测试，测算实际成荒率，探明开采技术条件，进行技术经济或可行性分析，储量至少要达到小型矿山规模，对于极其特殊的稀有品种，储量再当别论。有些石矿由于构造破坏严重，节理裂隙发育，造成荒料成材率低，没有开采价值。总体来说，矿山的规模越大，石材制品的绿色度越高。

大中型矿山应提交详查以上工作程度的地质报告，小型矿山可提交普查报告。

石材放射性水平的高低是石材绿色化的重要评价因素之一，显然绿色化的石材，其放射性水平也应是较低的。

石材中其他有害成分的含量高低也可以考虑在石材的绿色化评价中。比如与食物接触的石材是否含有可能溶出的有害物质等。

是否进行了石材矿的勘查、勘查工作的质量影响石材的绿色化，有时勘探后还必须经过试采。

根据矿山建设工程的重要性等级、矿山建设场地和基地的复杂程度等级可将勘察等级划分为甲、乙、丙三个级别。工程勘察等级划分见表 9.20，工程重要性的等级划分见表 9.21。

表 9.20　工程勘察等级划分

工程勘察等级	确定勘察等级的条件		
	工程的重要性等级	场地的复杂程度等级	基地的复杂程度等级
甲级	一级	任意	任意
	二级	一级	任意
		任意	一级
乙级	二级	二级	二级或三级
		三级	二级
	三级	一级	任意
		任意	二级
		二级	二级
丙级	二级	三级	三级
	三级	二级	三级
		三级	二级或三级

表 9.21　工程重要性的等级划分

工程重要性等级	确定勘察等级的条件		
	矿山建设规模	废石场荷载/(kN/m^2)	边坡工程安全等级
一级	大型	≥160	一级或二级
	中型		一级
二级	任意	100～160	二级或三级
三级	任意	<100	三级

装饰石材矿山露天开采工程勘察对象主要包括采矿场边坡工程、废石场工程和矿区开拓运输道路工程等以及桥梁、建（构）筑物等。

2. 可行性研究勘察

可行性研究勘察应对拟建场地的稳定性和适宜性做出评价，并应符合下列主要要求：搜集以往工作成果包括场地地形、地貌、气象、水文、地质、矿山开发利用设计、矿山地质环境保护与恢复治理工程设计和当地的岩土工程及建筑经验等资料；在充分分析已有资料的基础上，通过踏勘、核实、了解场地的地层、构造、岩性、不良地质作用和地下水等地质条件；当拟建场地工程地质条件复杂，已有资料不能满足要求时，应根据具体情况进行必要的工程地质测绘和勘探工作。

（1）初步勘察　初步勘察应为确定装饰石材露天开采工程总平面图布置、边坡开挖方案、废石场修筑方案、开拓运输道路修筑方案、建（构）筑物基础方案等的初步设计提供工程地质和水文地质资料，做出相应的评价和建议。初步勘测工作主要包括下列内容。

① 初步查明场地岩土地层、结构、构造及分布和基本物理力学性质等，初步判定边（斜）坡的稳定性。

② 初步查明水文地质条件，初步判定其对工程建设的影响程度。

③ 初步查明不良地质作用的类型、分布、成因和岩土环境问题，以及对工程建设的危害程度和影响程度。

（2）详细勘察　详细勘察工作应按单项工程提供详细的岩土工程资料和设计、施工所需的岩土参数，评价开挖边坡及废石场的稳定性，并应对最优坡形和开挖坡度、边坡支护和不良地质作用的防治等提出建议。详细勘察的主要工作应包括下列内容。

① 收集附有坐标和地形的工程总平面布置图，开挖边坡坡顶或坡底坐标，废石场位置、范围和堆载，开拓运输道路坐标、路面高程等资料。

② 查明工程范围内岩土层的类型、分布、工程特性，分析和评价岩土层的均匀性、强度与变形特征以及在工程活动中的稳定性，提供岩土工程特性指标。

③ 查明地下水的埋藏条件，提供地下水位及变化幅度，分析和评价地下水对工程的影响程度。

④ 查明不良地质作用的类型、分布、成因、发展趋势和危害程度，评价其对工程活动的影响程度，提出整治建议方案。

⑤ 查明埋藏的人工洞穴、孤石、溶洞等对工程不利的埋藏物，评价其对工程活动的影响程度，提出整治建议方案。

⑥ 判定水和土对建筑材料的腐蚀性。

⑦ 在季节性冻土地区，提供场地土的标准冻结深度。

⑧ 对需进行稳定性计算的边坡和废石场，提供不同工况的稳定性计算参数，并作安全评价。

⑨ 对需进行沉降计算的建（构）筑物，提供地基变形计算参数，预测建（构）筑物的变形特征。

当开采时出现特殊地质条件或施工时发现地质情况异常，需进一步核定设计参数时或者当设计或施工要求进一步补充勘察时还应进行施工勘察。

为了给下一步的矿山设计和开采做好准备，还应进行岩土的物理、力学性能测试。可在现场进行标准贯入试验、圆锥动力触探试验、扁铲侧胀试验、现场渗透试验、现场剪切试验、现场大容重试验和波速试验等；在实验室按照《工程岩体试验方法标准》GB/T 50266、《土工试验方法标准》GB/T 50123 等进行原状土的抗剪强度、岩石的抗压强度等试验。

总之，前期的勘察越科学、越充分，越有助于后期提高建筑石材制品的绿色度。

二、石材开采过程中的绿色化

石材开采的绿色化可以从石材开采的技术性、便利性、经济性、科学性、安全性、资源利用率与环境保护等方面综合考虑。

现在装饰石材的开采绝大部分采用露天开采的形式。装饰石材矿山露天开采工程应以批准的地质勘查报告、矿山开发利用方案、土地复垦方案、矿山地质环境保护与治理恢复方案和工程勘察报告为主要依据。

1. 矿山设计

在详细的勘察基础上，矿山的设计应遵循贯彻执行国家有关法律、法规与政策，做到工艺技术先进可靠、流程简单、生产安全可靠、经济合理、环保节能、资源节约和综合利用，实现可持续发展的原则。石材开采设计应符合《装饰石材矿山露天开采工程设计规范》（GB 50970—2014）的规定。

矿山的建设规模应根据矿山资源和建设条件，以及技术、经济、市场等因素综合确定，并应优先采用机械化生产工艺，设计回采率不小于90%，境界剥采比不超过经济剥采比。

矿山生产工艺布置与建设等应尽量减少对土地的占用、对环境的影响、对能源和资源的消耗，应有利于节约减排、环境保护和安全生产，鼓励采用先进的生产技术和设备。钻孔、锯切、分割、控制爆破、整形、装运等生产环节的设计中，均应采用有利于噪声控制、粉尘控制、节能降耗的工艺与设备。

矿山设计应贯彻"边开采、边恢复"的原则。设计中应结合当地的自然环境、气象条件、地质条件、地区矿产资源综合开发规划及其他实际情况因地制宜，提出土地复垦的规划方案等有针对性的地质环境保护与恢复治理方案。保护措施应具体可行，并得到有关部门的评审通过，环境保护投入应能得到落实和保证。

装饰石材矿山闭坑后生态恢复应符合矿产资源的综合开发统一规划，土地复垦应符合当地土地利用总体规划和复垦方案。

装饰石材矿山应委托有相关资质的单位编制矿山安全预评价报告并应符合现行国家标准《金属非金属矿山安全规程》GB 16423 的有关规定。

应调查矿山自然灾害、异常灾害和职业危险等因素，在设计文件中应说明各种灾害和意外伤害的可能性，并应在矿山开采开拓运输等各设计环节中采取预防措施。

应制定安全事故处理应急预案，在附近不具备条件时，宜配备救护车，设置医务室和相应的通信设施。

装饰石材矿山应配备供水系统、饮水站及其他基本生活保障设施。

2. 开采原则

装饰石材矿山开采工艺流程主要为：

长条块石分离 → 翻倒 → 分割 → 移位 → 整形 → 吊装与运输 → 清渣

装饰石材矿山开采应遵循的一般原则是：

① 开采应满足生产安全、技术可靠、工艺先进、流程简单、经济合理的要求。

② 开采顺序应由上而下分台阶开采，并应遵循"采剥并举，剥离先行"的原则。

③ 首采区位置宜布置在地质勘查划定的高级储量块段内。

④ 应优先采用机械锯切法。使用爆破方法时，应采用控制爆破方法，严禁使用硐室爆破法开采。

⑤ 根据矿山规模及资源赋存条件，石材矿山可采取分期、分区的开采方式。

⑥ 应保证已探明的资源量得到充分利用。

⑦ 矿山采场应具有安全稳定的最终边坡。

⑧ 科学合理开采，除特殊品种石材外荒料率不宜低于18%。

⑨ 装饰石材矿山的开采应遵循低占地、低能耗、低环境影响、安全生产的原则。

3. 剥离与采准

石材矿山的剥离与采准必须在确保矿体完整性的前提下进行，作业中应同时考虑回收荒料，以及剥离物的综合利用。宜使用机械方法剥离矿体表面的覆盖层；剥离矿体表面的风化层岩石时，宜使用金刚石串珠锯切割底面结合钻孔、控制爆破的方法。

大理石类矿山采准宜采用矿山圆盘锯与金刚石串珠锯（或与排孔劈裂）组合方式，或臂式锯石机与金刚石串珠锯（或与排孔劈裂）组合方式，或臂式锯石机单独全锯切方式。剥离和采准设备主要应以挖掘机、装载机和叉装机为主，在选择这些设备的规格型号时，必须考虑剥离和采准作业的强度、工作量、工作距离等因素，同时还要考虑今后开采作业时，需要移动和装车荒料的重量、装运废渣的体积和重量等因素，所以应选择具有一机多用途特点的采装设备。

花岗岩类矿山采准宜采用矿山圆盘锯与金刚石串珠锯（或与排孔劈裂）组合方式或火焰切割机与金刚石串珠锯组合方式。与金刚石串珠锯或矿山圆盘锯石机等设备相比，火焰切割机虽然作业成本较高，但在花岗石矿山开掘采准沟时，其作业效率、适应性和方便性方面仍具有优势，所以在花岗岩类石材矿山中，当现场条件不适合金刚石串珠锯或矿山圆盘锯石机作业时，可使用火焰切割机进行采准沟的开掘作业。

矿山剥离和采准产生的废渣不应影响后续开采，不应对生态环境和安全造成隐患。

4. 长条块石开采

长条块石的分割宜用金刚石串珠锯、排孔劈裂或臂式锯石机完成。长条块石的分离方法及适用的台阶类型见表 9.22，各种开采设备适宜的开采台阶高度见表 9.23。

表 9.22　长条块石的分离方法及适用的台阶类型

开采分离方法	非花岗石		花岗石	
	高台阶	低台阶	高台阶	低台阶
金刚石串珠锯全锯切开采法	√	√	√	√
金刚石串珠锯与臂式锯石机组合全锯切开采法	√	—	—	—
金刚石串珠锯与排孔劈裂开采法	√	—	√	—
火焰切割机与排孔劈裂开采法	—	—	√*	—
矿山圆盘锯石机与金刚石串珠锯组合全锯切开采法	—	√	—	√
矿山圆盘锯石机与排孔劈裂开采法	—	—	—	√
臂式锯石机全锯切开采法	√	√	—	—

注：1. 非花岗石指大理石、砂岩、板岩等肖氏硬度小于 70 的石材。

2. "√"表示适用和推荐，"—"表示不适用或不推荐。

3. "＊"表示只适用 $SiO_2 \geq 52\%$ 的中性、酸性火成岩及正变质岩类。

表 9.23　各种开采设备适宜的开采台阶高度

开采设备	开采台阶高度/m
金刚石串珠锯	4～20
臂式锯石机	2～10
矿山圆盘锯石机	0.7～2
台架式凿岩机	2～6
火焰切割机	≤6

装饰石材矿山的开采宜选用金刚石串珠锯、臂式锯石机、台架式凿岩机、车载式凿岩机、手持式凿岩机等设备对长条块石垂直面及水平面进行分割，宜选用矿山圆盘锯石机或火焰切割机等设备对垂直面进行分割。荒料整形宜使用金刚石串珠锯、固定式串珠锯整形机等设备完成，也可采用排孔劈裂方法完成。

长条块石的翻倒或移位应根据长条块石的规格尺寸选择方法和设备。高台阶开采时，可选用挖掘机、装载机在气袋、水袋或顶石机配合下翻倒长条块石，长条块石的高度与厚度之比应能保证其被翻倒；低台阶开采时，可选用挖掘机配合专用离台器具将荒料或长条块石移至下道工序位置。

5. 开拓运输

装饰石材开采主要采用公路开拓运输，用于汽车运输道路的基建工程量小，施工难度小，基建周期短，基建投资省，生产机动灵活，便于发挥开采设备的效率。但是燃油和轮胎消耗量大，运输成本高，汽车数量较多，维修工作量大，汽车排放尾气对环境污染大。

对于年运量大，运距短的矿山，一般应选择载重量大的汽车，反之，应选择载重量小的汽车。

同一矿山宜配置相同型号汽车以方便汽车的维修、备品备件的购置及汽车的备用。

矿山排渣车辆与荒料运输车辆行驶道路不同，排渣车辆行驶的道路条件复杂，新拓道路占比较大，轮胎损耗大，因而宜选用安装矿山专用轮胎的排渣车辆。

运输汽车应选用尾气排放达标的产品，利于环境保护。

运输不均衡系数、运输汽车出车率也是考察建筑石材开采的绿色度的因素。一般运输不均衡系数为1.05，最多不超过1.15，运输汽车出车率不小于75%。

公路选线时，要注意降低工程造价和运营费用。开采比高较小的山坡露天石材矿山可采用山坡矿床直进式布线；开采比高较大、可采台阶较多时，宜在采矿场的一定范围内折返展线。对凹陷露天的大中型矿山应优先考虑采用"直进→折返→螺旋"混合线路，小型矿山尽量采用"直进→螺旋"混合线路。

在气候寒冷地区，山坡背阴处的积雪不易融化，易影响行车安全，因此应尽可能将线路布设在向阳山坡。

为改善行车条件，减少轮胎消耗量，降低生产成本，减少车辆运行对环境的污染，对于运矿道路中的服务年限较长、行车密度大的道路，宜采用水泥混凝土路面或沥青路面；对于运矿道路中的服务年限较短（例如少于3年）的部分，宜采用泥结碎石路面。对于其他运矿道路或辅助道路，因为服务年限较短或行车密度低，可采用泥结碎石路面。

石材矿山开采范围内地形高差较大，垂直运距大，不适宜修筑较长的运输公路时，宜采用起重机开拓运输。一般以多种开拓运输相结合的方式，可以以公路开拓运输为主、局部为起重机开拓运输，或凹陷采场深度大、范围大时，垂直运以起重机为主、水平运输以汽车为主。

6. 堆料场

矿山荒料堆场大小应根据矿山规模、荒料临时堆存量、周转时间以及荒料品种等因素综合确定。

矿山荒料堆场选址应符合下列规定：

① 堆场应靠近矿山，并应利用荒地、沟谷等地，少占用耕地；

② 堆场应避免受到山洪、泥石流、塌陷、山体滑坡及其他不良地质的危害；

③ 堆场应具有与矿山运输道路、对外交通线路衔接的良好条件；

④ 堆场应建在地形平坦的位置。

矿山荒料堆场的设备选择应根据年吊装量、荒料规格、堆放形式、周围动力供应条件等确定，宜选择移动式吊装设备。矿山荒料堆场可根据需要设置整形设备与分区。

7. 废石场

废石场应在矿山开采境界以外就近设置。对于范围广、高差大的矿山，可分设多个废石场。废石场宜一次规划，分期实施。

废石场场址的选择应与矿山设计同步进行，具备内部排弃条件时宜优先选择内部废石场。选择外部废石场时，应利用沟谷、荒地、劣地，不应占用良田、耕地和经济山林，应避免动迁村庄，严禁将水源保护区、江河、湖泊、水库等作为废石场。废石场不得设在工程地质条件、水文地质条件不良的地带，若因地基不良而影响安全，应采取有效防护措施。

废石场场址的选择，应保证排弃土岩时不致因大块滚石、滑坡、塌方等威胁采矿场、工业场地（厂区）、居民点、铁路、道路、输电网线和通信干线、耕种区、水域、隧道涵洞、旅游景区及永久性建筑等的安全。

废石场场址不得设在居民区或工业建筑的主导风向的上风侧及生活水源的上游。

应避免废石场成为矿山泥石流、山体滑坡等重大危险源。

废石场运行期间，应根据复垦规划，分期、分区实施复垦，废石场关闭后应进行安全处理与复垦。

8. 环境保护

场地内的生产及生活排水应分别集中处理，设置生产废水沉淀池，对锯切泥浆等生产污水进行沉淀处理。经沉淀后的清水，应优先作为生产用水回用，确需外排时，排放的水质应符合现行国家标准《污水综合排放标准》GB 8978 的有关规定。

矿山应配备洒水降尘设备与装置，在采矿工作面、运输道路及其他扬尘点进行洒水或喷水降尘。

工业场地宜利用劣质地、荒地或坡地，并应进行绿化。

服务期满的废石场应封场，按复垦、水土保持、植被恢复、绿化等生态恢复专项设计方案进行植草种树绿化、复垦或蓄水成塘等生态恢复，并应对矿山生产过程中陆续产生的永久性边坡，按照绿化方案进行绿化。

9. 安全生产

应采取与工作岗位、工作环境相适应的劳动保护措施，所有员工应配备并有效使用防尘、防机械伤害、防火、防爆、防触电、防噪声或防震动等安全卫生防护用具。

10. 其他保障措施

矿山用水应符合当地水资源利用的总体规划要求，应与邻近城镇和工农业部门协调对水的综合利用。在保证用水水质的条件下，应采取循环利用、中水回用等措施。矿山生产和生活均应设置用水计量器具。

矿山防洪与给排水、工业场地的选址、油库、火工材料库、电器、其他各种建筑、供热、通风与空气调节等应符合国家相关规范的规定。

矿山的采剥工作应少使用爆破法，采用爆破法时应选用合理爆破参数和爆破时间。

石材在开采前首先应进行材料的检测与分析及放射性测试等，以便为下一步的开采和应用打下基础。这是石材开采绿色化的基础。

石材开采的绿色化还包括开采中是否使用了先进的开采工艺和设备。在矿山开采中，分离、分割、整形、吊装运输及石渣清理等生产过程中，必须采用先进的工艺及设备，如切割工艺，开矿的布置和推进方向必须以节理、裂隙尤其是以主节理、裂隙的产状和方向为依据，采矿爆破必须采用控制（预裂）爆破，如采用无声爆破就比采用火药爆破先进。

石材开采中荒料的出材率的高低也是评判石材开采绿色化的重要指标。能否充分利用矿床的内在因素如不同方向的裂隙选择最佳开采方案，提高荒料率，另外，开沟技术、分离技术、解体技术等是否先进，都与提高荒料率有关。

合理利用开矿时产生的废渣，是评价石材绿色化的重要标志，荒料的合理切割也能反映出石材的绿色化水平，荒料的块度也可以认为是石材开采绿色化的内容。

三、石材制品加工过程中的绿色化

1. 总体规划

石材制品的绿色化首先从石材制品加工厂的总体规划开始。

装饰石材工厂的总体规划应满足所在地区的区域规划、城镇规划、当地经济与社会发展规划、所在产业园区总体规划的要求。厂址选择应对建设规模、荒料来源、产品流向、交通运输、协作条件、环境保护、劳动力供应、施工条件等因素进行综合技术经济比较后确定。

工厂的总体规划应与周边的交通、水、电基础设施、环境保护设施、生活服务设施等协调，并应充分利用现有的配套协作条件。

工厂的总体规划应贯彻节约用地的原则，并优先利用荒地、劣地及非耕地。

2. 设计

装饰石材工厂的设计可以从生产工艺与技术、设备情况、经济实用性、便利性、科学性、安全性、资源利用率与环境保护等方面考虑。

工厂的设计应遵循贯彻执行国家有关法律、法规与政策，做到工艺技术先进可靠、流程简单、生产安全可靠、经济合理、环保节能、资源节约和综合利用，实现可持续发展的原则。石材加工厂设计应符合《装饰石材工厂设计规范》（GB 50897—2013）和《工业企业总平面设计规范》（GB 50187）等的规定，水、电、路、给排水及建筑物等的设计应符合国家相关规范的规定。

装饰石材工厂的设计规模，应以主要产品种类年生产能力确定，异型石材可按年消耗荒料体积核定。装饰石材工厂规模划分见表 9.24。

表 9.24 装饰石材工厂规模划分

规模类型	板材产品年生产量 C_1/万平方米	异型石材荒料年消耗量 C_2/m³
大 型	$C_1 \geqslant 50$	$C_2 \geqslant 3000$
中 型	$20 \leqslant C_1 < 50$	$1000 \leqslant C_2 < 3000$
小 型	$10 \leqslant C_1 < 20$	$500 \leqslant C_2 < 1000$

工厂总平面设计应充分利用现有的场地和设施，应减少新征土地面积和建筑物拆迁面积，应充分利用地形、地势、工程地质、水文地质等条件，合理布置建筑物（或构筑物）等有关设施，应合理地组织物流和人流。

在满足工艺生产要求的前提下，有竖向设计时应与总平面设计同时进行，应因地制宜，合理利用地形，减少土石方工程。

工厂布置应本着方便生产、节约用地的原则，合理划分功能区，各项设施的布置应紧凑协调、外形规整。在保证石材生产线工艺要求的前提下，工序之间应缩短运输距离。

生产场地设计应考虑简洁、流畅、减少生产工艺环节、缩短物料运输距离，避免物流、人流交叉相互影响。应在平面和空间布置上满足施工、安装、操作、维修、监测和通行的要求。

人造石生产场地的设置应主要根据荒料和毛板的生产工艺确定，荒料和毛板以后的加工与天然石材的加工工艺基本相同。

应根据板材加工工艺的需求设置相应的加工区域，如毛板加工区域、背网粘贴和补胶区域、磨抛区域、表面特殊装饰效果加工区域、裁板加工区域、磨边倒角和修磨区域、分色与排板及周转区域、马赛克加工区域、拼花石材拼装区域、质量与尺寸检验区域、石材防护区域、包装区域、堆场和仓储区域，人造石的配料、搅拌及压制与成型生产区域等。各区域之间应合理衔接、工艺和转运流畅、操作方便、安全环保等。

在化学腐蚀面板材加工区，还应设置单独的集水池。

拼花石材生产应设置试拼场地及设施，并应在出厂前进行试拼。

表面加工完的石材不宜露天存放，应按石材制品的品种、等级和规格设置独立的存储区。

装饰石材工厂的车间内，对可能相互影响的加工区域应以隔离。

装饰石材工厂的环境保护应结合建设地区的环境现状、粉尘、噪声、固体废物、废水等污染物的排放点进行环境保护设施的设计。

装饰石材工厂的环境保护设计标准应符合现行国家标准《工业企业厂界环境噪声排放标准》GB 12348、《环境空气质量标准》GB 3096 和《污水综合排放标准》GB 8978 的有关规定，并应满足工厂所在地区环保部门的有关要求。

3. 堆场

装饰石材工厂应设有荒料堆场、边角余料堆放场地、废渣和废水的处理场所。荒料堆场的布置应满足下列要求。

荒料堆场应布置在对外交通便利的地方，并应有足够空间满足荒料进场、储存及转运的要求；荒料堆场长度、宽度及布置方向应根据生产工艺布置和荒料储存量的要求确定；荒料堆场宜靠近锯切车间布置；装饰石材工厂可按生产需要设置露天荒料堆场或室内荒料堆场；荒料堆场应设有装卸区、存储区和取用区。

荒料堆场的规模应根据荒料的流量、存放周转期、场地利用率、荒料堆码高度等因素综合确定，并应按表 9.25 划分。

表 9.25　荒料堆场的规模

分　类	荒料存储量 C_3/m^3
大　型	$C_3 \geqslant 20000$
中　型	$8000 \leqslant C_3 < 20000$
小　型	$C_3 < 8000$

4. 厂内运输

厂内道路应满足生产、运输、安装、检修、消防及环境卫生的要求；厂内道路应与厂区内主要建筑物轴线平行或垂直，且宜呈环形布置；厂内道路应与厂外道路连接方便、短捷，并符合消防通道的要求。

5. 生产线

（1）生产工艺　应根据石材品种、类型和规格等参数选择生产工艺流程。板材的生产流程中，应根据板材的修补需要确定是否设置干燥、固化、背网、补胶工序，并应根据成品板材的需要确定是否设置防护工序。主要石材制品生产线的主流生产工艺如下所示。

① 生产石材大板时，宜选用排锯或砂锯、连续磨抛机以及背网、补胶等设备。石材大板生产线工艺流程为：选料→整形→锯切→干燥→背网→固化→粗磨（或定厚）→干燥→补胶→固化→磨抛→检验→包装→入库。

② 生产石材毛光条板时，宜选用圆盘锯石机、定厚机及单头（或多头）磨抛机以及背网、补胶等设备。石材毛光条板生产线工艺流程为：选料→整形→锯切→干燥→背网→固化→定厚（或粗磨）→干燥→补胶→固化→磨抛→检验→包装→入库。

③ 生产石材规格板（或工程板）时，应根据毛坯类型、生产能力和产品规格等选择生产工艺流程，并应符合下列规定。

将大板或毛光条板切割成规格板（或工程板）时，宜选用桥式切机等设备。石材规格板（或工程板）非连续生产线工艺流程主要包括：选料→裁切→排板→特殊边加工→修磨与补胶→防护→检验→包装→入库。

将荒料直接切割成规格板（或工程板）时，宜选用大板连续磨抛生产线与多锯片纵、横切机组合的生产线。石材规格板（或工程板）连续生产线工艺流程主要包括：选料→整形→锯切→定厚→磨抛→纵、横裁切→修磨与补胶→防护→检验→包装→入库。

将荒料切割成石材规格薄板时，可选用多锯片横切机作为连续生产线中的板材裁切设备。

生产石材规格薄板时，宜选用锯切、对剖、定厚、磨抛、背网、补胶等设备。石材规格薄板生产主要工艺流程见表 9.26。

表 9.26　石材规格薄板生产工艺流程

工艺类型		生产工艺流程示意		
		第一步	第二步	第三步
无需背网补胶	非对剖	选料→锯切→	截头→	定厚→磨抛→裁切→边棱修整→干燥擦拭→防护→检验→包装→入库
	对剖		对剖→截头→	
需要背网补胶	非对剖	选料→锯切→干燥	→单面背网→固化→板材翻面→	截头→定厚→干燥→单面涂胶→固化→磨抛→裁切→边棱修整→干燥擦拭→防护→检验→包装→入库
	对剖		→双面背网→固化→对剖→翻面整理→	

生产石材规格复合板时，可选用石材规格板加工、背网加工和对剖加工等生产设备组合。石材规格复合板生产线工艺流程为：选料→裁切→定厚→干燥→复合粘接→固化→对剖→翻面整理→定厚或粗磨→干燥→补胶→固化→磨抛→规格裁切→修整→干燥擦拭→防护→检验→包装→入库。

非光面板生产线工艺流程为：选料→表面加工→规格裁切→防护→检验→包装→入库。

石材拼花制品生产线工艺流程为：选料→制花→拼接及粘接→固化→定厚→磨抛→防护→检验→包装→入库。

石材马赛克制品生产线工艺流程为：选料→裁切及制粒→表面效果处理→干燥→造型拼装→背胶粘接→干燥→防护→检验→包装→入库。

异型制品及雕刻制品生产线工艺包括：直位花线生产线工艺（选料→开料→调色→修长→造型→磨抛→切角→试拼→修补→防护→检验→包装→入库）；弯位花线生产线工艺（选料→开料→调色→修长→造弧→造型→磨抛→试拼→修补→防护→检验→包装→入库）；弧形板生产线工艺（选料→开料→造型→磨抛→调色→切角、切端面→修补→防护→检验→包装→入库）；实心柱生产线工艺（选料→开料→调色→造型→磨抛→修补→防护→检验→包装→入库）；实心球生产线工艺（选料→开料→调色→造型→磨抛→试球→防护→检验→包装→入库）；雕刻制品生产线工艺（选料→开料→调色→分件→造型、切角→雕刻→磨抛→修补→防护→检验→包装→入库）；旋转楼梯（异型部分）生产线工艺（选料→开料→调色→修长→造型→磨抛→试拼→修补→防护→检验→包装→入库）；合成岗石生产线工艺（原料准备→配料→混料→布料→真空振动、荒料成型→自然或加热固化→脱模→自然养护→锯切→磨抛→裁切→检验→包装→入库）；合成石英石生产线工艺（原料准备→配料→混料→布料→真空振动、压制成型→加热固化→自然养护→定厚→磨抛→裁切→检验→包装→入库）等。

（2）生产设备　一方面，是生产设备的年利用率的问题，生产设备的年利用率将直接影响生产效益，将影响对石材加工绿色度的评价。设计年利用率应按产品产量、交货期、生产方法、生产工艺的复杂程度、主要生产设备的类型、使用条件和配件供应条件等因素确定，主要生产设备设计年利用率宜按表 9.27 中的参数选取。

表 9.27 主要生产设备设计年利用率

生产设备名称		设计年利用率/%
排锯		80～85
砂锯		75～80
圆盘锯石机		60～80
数控金刚石串珠绳锯		65～80
数控加工中心		65～80
连续磨抛机		70～90
双向切机		65～85
桥式切机		80～90
异型制品加工设备	弧板自动磨机	65～70
	补胶线	70～90
	曲直磨边机	60～75
	造型设备	65～85
合成石荒料成型机		80～85
合成石板材成型机		85～90

另一方面，应根据产品种类、生产工艺、生产规模等，选择合适的生产设备，在综合性价比相同的条件下，应优先选用工艺先进、性能优良、低能耗的加工设备，还可以从以下几方面进行考虑。

① 在同等锯切质量和加工效率的条件下，应优先选择锯缝小的锯切设备。

② 在综合成本相同的条件下，应优先选择连续磨抛生产线设备。

③ 使用烘干炉作为板材或毛坯干燥设备时，应选择当地所能提供的经济、环保能源。

④ 风机、水泵、空气压缩机等设备宜采用变频调速控制。

⑤ 对于容量较大、无调速要求的设备宜采用电机节电器、电容就地补偿方式。

⑥ 应选择生产工艺可靠、有利于提高石材资源综合利用水平、提高生产效率、低噪声、低污染、低能耗、管理维修方便、节省投资的工艺方案和设备。

⑦ 应根据石材品种、类型、设计规模、辅助材料来源、水电供应、气候、运输以及建厂条件等因素确定生产工艺方案、选择生产设备。

主要生产设备选择建议如下：荒料整形设备宜按表 9.28 选择。硬度和花岗石类似，硅质胶结的变质石英砂岩，可按照花岗石要求选择整形设备；其他碳酸质胶结和泥质胶结硬度较小的质地松软砂岩可按照大理石要求选择整形设备。

表 9.28 荒料整形设备的选择

荒料材质	金刚石串珠绳整形机	圆盘锯整形机	单锯条整形机	金刚石带锯机
花岗石	√	√	—	—
大理石	√	√	√	√
砂岩	√	√	√	√

生产各种毛板时，板材锯切设备应根据荒料材质和毛板类型按表 9.29 选择。硬度和花岗石类似，硅质胶结的变质石英砂岩，可按照花岗石要求选择锯切设备；其他碳酸质胶结和泥质胶结硬度较小的质地松软砂岩可按照大理石要求选择锯切设备；生产砂岩薄板时应使用石英砂岩为原料，并以此选择合适的锯切设备。

表 9.29　板材锯切设备选择

毛板名称	荒料材质	排锯	砂锯	双向切机（或机组）	圆盘锯石机	多绳串珠锯	金刚石串珠绳整形机	金刚石带锯机	单锯条整形机
大板	花岗石	—	√	—	—	√	√	—	—
	大理石	√	—	—	—	√	√	√	√
	砂岩	√	√	—	—	√	√	√	√
条板	花岗石	—	—	√	√	—	√	—	—
	大理石	—	—	√	√	—	√	—	√
	砂岩	—	—	√	√	—	√	—	√
薄板	花岗石	—	√	—	—	—	—	—	—
	大理石	√	—	—	—	—	—	—	—
	砂岩	√	√	—	—	—	—	—	—
复合板	花岗石	—	—	√	—	—	—	—	—
	大理石	—	—	√	—	—	—	—	—
非光面板	花岗石	—	√	√	√	√	√	—	—
	大理石	√	—	√	√	√	√	√	√
	砂岩	√	√	√	√	√	√	√	√

生产薄板和复合板时，板材对剖设备应按表 9.30 选择。

表 9.30　板材对剖设备选择

板材材质	水平带式对剖机	垂直带式对剖机	多锯片连续对剖机
花岗石	—	—	√
大理石	√	√	√
石英砂岩	—	—	√

板材定厚设备应按表 9.31 选择。如果是石英砂岩应按照定厚加工花岗石的要求选择定厚设备，其余类型的砂岩可按照定厚加工大理石的要求选择定厚设备。

表 9.31　板材定厚设备选择

生产线类型	板材材质	单头定厚机	多头定厚机	桥式定厚机	大理石定厚磨头	花岗石定厚磨头
连续	花岗石	—	√	—	—	√
	大理石	—	√	—	√	—
	砂岩	—	√	—	√	√
非连续	花岗石	√	√	√	—	√
	大理石	√	√	√	√	—
	砂岩	√	√	√	√	√

板材磨抛设备应按表 9.32 选择。

表 9.32　板材磨抛设备选择

生产线类型	板材材质	连续磨机	桥式磨机	手扶磨机	大理石磨头	花岗石磨头
连续	花岗石	√	—	—	—	√
	大理石	√	—	—	√	—
	石英砂岩	√	—	—	—	√
非连续	花岗石	√	√	√	—	√
	大理石	√	√	√	√	—
	石英砂岩	√	√	√	—	√

板材干燥及固化设备应按表9.33选择。一般普通烘干生产线的板材移动速度小于1m/min，快速烘干生产线的板材移动速度不小于1m/min。

表9.33　板材干燥及固化设备选择

生产线类型	板材材质	平板箱式单层烘干炉	立体多层烘干炉	隧道式烘干炉	板式油介质加热热压机
普通烘干	花岗石	√	—	—	—
	大理石	√	—	—	—
快速烘干	花岗石	—	√	√	—
	大理石	—	√	√	—
	硅质合成石英石	—	—	√	√

裁切大理石、花岗石或砂岩板材时，板材裁切设备应按表9.34选择。

表9.34　板材裁切设备选择

成品板类型	毛坯板材类型	生产线类型	桥式切机	手摇切机	多锯片纵、横切机	多锯片横切机	方边机
规格板	大板	连续	—	—	—	—	—
		非连续	√	√	√	—	—
	条板	连续	—	—	—	√	—
		非连续	√	√	—	√	—
薄板	薄板条板	连续	—	—	—	√	—
		非连续	√	√	—	√	—
复合板	条板	连续	—	—	—	√	√
		非连续	√	√	—	√	√

条形薄板的截头设备应根据薄板生产线的设计能力选择。

设置独立的板材边棱加工工序时，应根据成品板材边棱、角的形状、孔、洞、槽等加工要求和生产能力选择磨边倒角等专用加工设备。

在连续生产线中，应配备进行成品尺寸板材最后加工的边棱修整设备、干燥擦拭设备。

补胶、背网的工艺设备应根据需求能力来确定。

修补设备应根据板材的修磨与补胶的要求来选定。

应根据复合板的产量、基材类型和粘接质量要求等确定粘接工艺方法和设备。

在连续生产线的相关工序之间应配备相应的输送装置和装、卸板装置。

应根据需求配备相应的板面特殊装饰效果的加工设备。

马赛克生产线中的制粒设备，应根据坯料的种类和规格尺寸，按马赛克颗粒的尺寸和形状选择；马赛克生产线中的颗粒处理工艺方法及设备，应根据马赛克的表面装饰效果要求选择。

拼花板材制花切割设备应按表9.35选择。

表9.35　拼花板材制花切割设备选择

制花形状	桥式切机	手摇切机	台式金刚石串珠绳锯	立式金刚石带锯	高压水切割机	曲边切割机	数控加工中心	仿形切割机
直边	√	√	—	—	√	√	√	—
曲边	—	—	√	√	√	√	√	√

异型制品开料设备应按表9.36选择。

表 9.36　异型制品开料设备选择

产品种类	圆盘锯石机	双向切机	桥式切机	金刚石串珠绳整形机	单锯条整形机
直位花线	√	√	√	√	√
弯位花线	√	√	√	√	√
弧形板	√	—	—	√	√
实心柱	√	√	√	√	√
实心球	√	—	√	√	√
雕刻产品	√	√	√	√	√
旋转楼梯（异型部分）	√	√	√	√	√

异型制品修长设备应按表 9.37 选择。

表 9.37　异型制品修长设备选择

产品种类	圆盘锯石机	桥式切机	数控加工中心	双刀切机	手摇切机
直位花线、弯位花线、实心柱、实心球、雕刻产品、旋转楼梯（异型部分）	√	√	√	√	√
弧形板	—	√	√	√	√

异型制品造型设备应按表 9.38 选择。

表 9.38　异型制品造型设备选择

产品种类	数控车床	数控雕刻机	花线仿（成）型机	数控金刚石串珠绳锯	数控加工中心	柱座、柱帽机	花瓶机	桶锯
直位花线	—	—	√	—	√	—	—	—
弯位花线	—	√	√	—	√	√	—	—
弧形板	√	—	—	√	√	—	—	√
实心柱	√	√	—	√	√	√	√	√
实心球	√	—	—	—	√	√	√	—
雕刻产品	√	√	—	—	√	—	—	—
旋转楼梯（异型部分）	—	—	√	—	√	—	—	—

加工弧形板半成品时，应根据成品拼接的精度要求，确定弧形板切角和修端面加工方法和设备。弧形板切角和修端面设备应按表 9.39 选择。

表 9.39　弧形板切角和修端面设备选择

产品种类	花线切角机	手摇切机	数控桥式切机	双刀切机	数控加工中心
直位花线	√	√	√	√	√
弯位花线	√	√	√	√	√
弧形板	—	—	—	√	√
实心柱	—	√	√	√	√
实心球	—	√	√	√	√
雕刻产品	—	√	√	√	√
旋转楼梯（异型部分）	—	√	√	√	√

应根据异型制品的石材品种、规格尺寸、生产能力和表面质量要求选择合适的磨抛加工方法和设备。异型制品磨抛设备应按表 9.40 选择。

表 9.40　异型制品磨抛设备选择

产品种类	线条磨抛机	圆柱磨抛机、立式磨抛车床	数控加工中心	弧形板自动磨抛机	手扶磨机
直位花线	√	—	√	√	√
弯位花线	√	—	√	√	√
弧形板	—	√	√	√	√
实心柱	—	√	√	—	√
实心球	—	√	√	√	√
雕刻产品	√	—	√	√	√
旋转楼梯（异型部分）	—	—	√	—	√

人造石产业属于新兴行业，其生产设备也正处于发展过程中。前期主要包括计量、配料、成型、固化、养护，最终形成荒料或毛板的设备，以及后期的板材切割、定厚、抛光、表面处理、修补、检验、包装等设备。从荒料加工和毛板加工开始，与天然花岗石和大理石的加工基本相同。

6. 环境保护

石材加工厂的生产和生活均应设置用水计量器具，生产废水和生活污水的管网应分开布置。应建立生产废水、生活污水处理设施和水循环利用系统。生产废水经沉淀后的清水，应优先作为生产用水回用，生产用水的重复利用率不应低于 85%；确需外排的污水应经环境影响评价论证，并应得到当地环保部门的批准后达标排放，排放的水质应符合现行国家标准《污水综合排放标准》GB 8978 的有关规定。

对可绿化的地面应全部采取绿化措施。

对产生较强振动及冲击的砂锯和排锯设备应进行隔振处理；风机、空气压缩机等生产设备，应采取壳体噪声隔离和建筑隔离等噪声防治措施；产生空气动力噪声的设备，在排气口处应设置消声装置。

生产工序应尽量使用湿式加工方式，生产过程产生的粉尘、泥浆等应采用机械收尘、水幕降尘、沉淀池等收尘、降尘和净化系统。

工厂产生的固体废物应优先进行资源综合利用。特别是污泥应经脱水处理，不能利用的固体废物应做无害化统一处理。图 9.1 为生产废水处理流程示意。

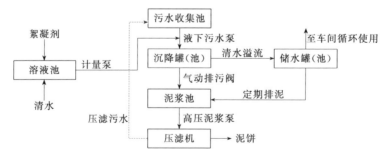

图 9.1　生产废水处理流程示意

7. 安全生产

应采取与工作岗位、工作环境相适应的劳动保护措施，所有员工应配备并有效使用防尘、防机械伤害、防火、防爆、防触电、防有毒有害气体、防噪声或防震动等安全卫生防护用具。

涉及有机胶黏剂、防护剂等化学物质应独立存放、通风透气，使用场所无明火。

8. 其他保障措施

工厂的给排水、采暖、通风和空气调节、照明、建筑、道路交通等应符合国家相关规范的规定。

工厂应配备必要的质量检测条件和设备，保证产品达标出厂。

用边角料生产石材马赛克等为产生的下脚料、废渣和泥浆找到合适的用途，也能提高石材制品加工的绿色度。

出板率是衡量石材加工绿色化的重要指标。应充分考虑荒料的规格、花纹方向、裂纹走向、缺陷的严重程度、切割方向等，选择最佳开板方案，提高出板率。另外，在保证板材平整度的前提下尽量采用薄锯片也与提高出板率有关。

石材的加工工艺流程是否先进、所用的设备是否先进也是衡量石材加工绿色化的内容。如目前国外占主导地位的框架锯机、多绳式金刚石串珠锯以及装有带形或链形刀具的石材大板锯割加工设备都可以做到加工尺寸大、效率高、寿命长；在薄板锯切加工设备方面，发展了五柱双梁式多锯片双向切机、"三合一"多锯片双向切机、垂直锯片数量更多的双向切机、新型滚铣式定厚机等；目前国外在石材大板磨抛加工设备研制发展的动向如平稳摆动的契性摆动磨头、智能化的控制系统、减磨材料的使用等等。

加工过程中磨掉的金刚石应回收再利用。

切割中噪声的控制也是石材加工绿色化的评价内容之一，目前国外在降低噪声方面采用了一些新的手段，如研制了哑声锯片、双层锯片、夹层锯片、细缝锯片、橡胶锯片等。

四、石材应用的绿色化

石材制品应用绿色化的基本原则应该是了解应用环境和要求，选用合适的产品，采取适当的应用方式，取得良好的应用效果。

建筑石材制品的应用广泛，从部位来讲，一般包括室外和室内，包括墙面和地面以及吊顶，室内应用包括一般干燥清洁的大堂、客厅、走廊、电梯门厅、厨房卫生间等。

当用于室外时，会受到太阳光紫外线照射，会受到风霜雨雪和大气污染、酸性大气腐蚀，石材幕墙会受到风荷载的作用等。

用于墙面时，要求安装牢固，用于地面时要求耐磨高强，用于厨房卫生间时要求耐水耐腐蚀等等。

不同的石材组成不同，性能各异，不同的使用环境自然要结合不同品种石材的特性对所用石材的品种进行选择。

比如在外墙使用花岗岩就比使用大理石好，尤其是随着工业化的进程，大气中酸性成分的增加，造成大气的酸化，因此大理石应用在酸性较大的环境是不合适的。大理石的主要成分是碳酸盐，易产生水解作用，另外还易与空气中的二氧化硫反应，因此外装饰墙面特别是露天装饰石材不宜选用大理石。作为外墙面的大理石一般2～3年后颜色就要有所淡化，花岗岩一般至少要在5～10年后颜色才有轻微的淡化。

在厨房卫生间地面，由于经常浸水，或者在北方，由于冬天下雪，因此地面就不宜采用抛光的石材，否则容易产生人身伤害。

吸水率大的石材就不宜用于北方容易积雪结冰的部位，也不宜用于室内污水较多的厨房、卫生间等。

由于石材的硬度不同，所以不同的石材，其使用部位也应不同，在地面、楼梯等处最好选用硬度高、耐磨的花岗石、石英岩等，而不宜选用大理石、砂岩及其他硬度较低的石材。

如何延长建筑石材制品的使用寿命也是石材应用绿色化的内容之一，饰面石材首先要具有饰面功能，因此在其使用年限内不能有大的变化；饰面石材还有保护墙体的作用，需要有一定的坚固性，因此裂纹较多的石材不能选用；不同的石材，其抗风化和抗老化的能力也不同，也需要做出正确的选择。

对石材的保养也将影响石材的寿命。为了提高石材的使用寿命和使用的装饰效果，应适当使用防护剂进行养护或根据不同场合使用不同的防护剂。并且石材护理施工中不能对自然环境和人身健康产生不良影响。

正确的应用方式也决定了建筑石材产品的使用寿命。石材在应用于墙面特别是幕墙时提倡使用干挂法施工。石材粘贴所用的粘接材料应是环保的，也应是对石材无害的，特别是石材湿贴所用胶黏剂不应对石材造成白华、开裂等伤害。

吊顶面板不宜采用石材板材，宜采用面密度比石材板材小得多的石材蜂窝复合板，可以极大地减轻吊顶的重量，增加吊顶的安全系数。

石材在应用时还要注意色彩和花纹的协调搭配，以产生建筑装饰的美感。

第三节　建筑石材制品的绿色化评价

建筑材料的最终归宿是用于建筑，建筑材料只有用于建筑才能体现出其价值，绿色建材是绿色建筑的物质基础，然而，当前对包括建筑石材制品在内的建筑材料的绿色化评价尚处于探索和起步阶段。

近几年，在政府的倡导下，以国家住建部牵头，社会各界正在积极开展绿色建筑的评价研究，并以相关政策和国家标准《绿色建筑评价标准》（GB/T 50378—2014）为重要抓手，因此绿色建筑材料的评价还应紧密地与绿色建筑的评价相结合，建筑石材制品的绿色化评价自然也应如此。

GB/T 50378对绿色建筑的定义是：在建筑的全寿命周期内，最大限度地节约资源（节地、节能、节水、节材）、保护环境和减少污染，为人们提供健康、适用和高效的使用空间，与自然和谐共生的建筑。

GB/T 50378中对绿色建筑的评价主要从节地与室外环境、节能与能源利用、节水与水资源利用、节材与材料资源利用、室内环境质量、施工管理、运行管理几个方面，进行建筑全寿命期的技术和经济分析。

一般认为，绿色建材是指在全生命周期内可减少对天然资源消耗和减轻对生态环境影响，本质更安全、使用更便利，具有"节能、减排、安全、便利和可循环"特征的建材产品。

节能，是指在生产环节降低能源、资源消耗，在使用环节提升建筑物节能水平。减排，是指在生产环节减少污染物和二氧化碳的排放，在使用环节不仅自身减少还帮助建筑物减少有毒有害物质缓慢释放，更好地保障生命健康。安全，是指在生产环节减少安全隐患，提高产品本质安全度和耐久性，在使用环节帮助提升建筑物防灾减灾水平和延长使用寿命。便利，是指生产环节环境舒适、施工环节使用便利，职业病发病率降低。可循环，是指生产环节无害化消纳产业废物，废弃处置环节无毒无害易回收、便于资源化再利用。

建筑石材制品的绿色化评价可以结合绿色建筑的评价，借助一般绿色建材的概念和寿命周期评价的方式，围绕生产过程、使用过程和寿命终止之后几个方面进行。

在进行建筑石材制品的绿色化评价时，应注意是对产品本身的评价，不同的生产者生产相同的产品，由于其地理位置、工艺设备水平、管理水平不同，所得到的产品绿色度是不同的，至于厂外运输的绿色化评价问题，由于运输方式有船运和汽车运输、运输距离千差万别，最好的办法是对运输环节单独进行评价，而不应与工厂产品混在一起评价，这两者只能在最终的使用场所即建筑的绿色化评价中再行融合。特别是现在我国的荒料有很大一部分是来自国外，我国是世界上最大的石材加工基地，因此分段评价、有机组合的方法非常必要。

建筑石材制品的绿色化评价最好能够进行量化，即期望得到产品的绿色度。绿色度的评价一般包括应遵守的标准规范、资源消耗、能源消耗、生产对环境的影响、运输、使用寿命、清洁施工、使用对环境的影响以及再生利用等。由于石材行业基本属于切割打磨等物理性的加工行业，与许多行业相比总体来说科学技术含量不高，只是近些年来由于人工成本的大幅增加以及对大规格板材需求的增加，行业中对生产设备的自动化程度开始重视起来，但是多年来以粗放式经营为主，造成相关统计数据相当缺乏，这里不便提出具体的权重系数等，但基本思路与其他章建筑材料的绿色度评价的基本思路应一致。

在建筑石材制品的绿色化评价中评价规则和评价比较的基础尤为重要。由于行业的统计数据的缺乏，虽然不便提出具体的分数或系数，但还是应该从方法和思路上加以归纳厘清。

在进行建筑石材的绿色化评价时，可以按照本章所列的荒料开采、产品加工生产与产品应用几个方面分别进行评价。前面的章节已经介绍了大量绿色化的内容，只要按照前面章节的要求进行生产和管理及应用，建筑石材制品的绿色化评价就应该有比较好的结果。

比如，可以将不同的工艺、不同的设备、不同品种的相关性能等根据实际运行情况和社会的统计意见结果，分别赋予其权重系数，用分数对其绿色度进行列表评价，工艺先进、设备先进的绿色度较高，属于落后淘汰的其绿色度评价就应较差。在评价时，对相关的每一项具体的绿色化评判的项目都进行打分并乘以权重系数，最后将所得总分相加，即可得到某种工艺、某种设备或某种产品的绿色度评价结果。

不妨再考虑一种类似于以前载波电话的建筑石材制品绿色化的评价思路。电源线随处都有，非常普及，但是要装电话线却要再单独布线，这是一项浩大的工程，于是工程师们就想到了将电话信号通过电源线传输，不用再另外安装电话线，这样就得到了事半功倍的效果。

建筑石材制品绿色化是否也可以探讨采用类似的评价思路。一个阶段产品的价格很大程度上是反映了该阶段整个生产过程中各环节成本的总和，一个环节成本的高低可能与其绿色化评价成比例，比如环保措施的实施就会增加成本，采用先进设备可能会降低成本，成品率的提高会降低成本，节能降耗会降低成本等等，即先想办法将评价的信息嵌入到各环节的成本构成中去，再从产品的价格中将评价的信息过滤出来。这个思路是否可行，是否具有实际意义可留待以后探讨。这里从生产、使用和寿命终止后三个方面进行一些补充说明。

一、生产过程的绿色化评价

由于石材矿山的天然属性，荒料的开采总体工艺虽然相同，但在具体的工法、采用的设备上又不尽相同，因此不能简单地规定哪种方法或设备就是最好的、就可以给最高的评分，但是采用能够提高荒料率、减少废料的产生、能耗少效率高、排放少、能减轻人的劳动强度、荒料块度可控、使用寿命长、能够少维护或免维护的工艺和设备就可以加分。

在石材的加工过程中，合理紧凑的工艺布置能够节约大量的厂内运输，评分应该高一些。采用的生产设备原则上可以说越现代化、自动化程度越高的，其产品的绿色度评分就应高些。

综合来说，石材生产过程中的效率越高、成品率越高、消耗越少、维护越简单、排放越少，评价的分数就应该越高。

人造石材与天然石材比最大的绿色化亮点就是可以消纳部分天然石材的废料，而人造石材生产过程中产生的边角料很少，从这个角度看，对环境的影响较小。从荒料和毛板的加工开始与天然石材的生产过程基本相同，因此是否有有害气体排放和荒料或毛板生产过程中的绿色化程度就成为影响人造石材生产过程绿色化的几个关键因素。

二、使用过程中的绿色化评价

建筑石材制品使用的绿色化最重要的体现就是应满足绿色建筑寿命的要求。

天然石材最大的特点就是长寿命，几百年至上千年的工程比比皆是，石材的自然厚重质感和长寿命是人们选择石材最重要的原因，也正是石材绿色性的最大亮点。

建筑石材制品的正确选用对其绿色化评价影响至关重要。

目前市场上兴起一股发展利用超薄石材（厚度 10mm 以下）生产复合石材的趋势，但不应当鼓励其成为主流。从现有技术看，除了吊顶等特殊部位出于破损后的安全威胁程度的考虑外，还是应该鼓励采用非复合的石材。

根据复合石材使用的历史经验，由于生产中的质量影响因素较多，特别是石材面板与复合基材及复合胶黏剂之间的热胀冷缩不可能完全匹配，产品的使用寿命一般只有大约 10 年。以一栋新建筑墙面使用 $1m^2$、30mm 厚的石材为例，直接使用其寿命可超过 100 年，即可与建筑同寿命；若将其加工成石材厚度 10mm 的石材——铝蜂窝板复合板，则可以生产 $2m^2$，眼前看是节约了石材，但这 $2m^2$ 复合板使用寿命相加也只有二三十年，即建筑寿命期内需要继续更换，按再更换两次计算，$1m^2$ 的墙面一生中实际需要 30mm 厚的石材 $3m^2$，复合板每次加工过程中还有 10mm 厚的石材因切割而必须被浪费，同时一共还要消耗 $6m^2$ 的铝蜂窝板（铝蜂窝板虽然可以回收）。因此从与绿色建筑寿命相符的综合角度来讲，复合板是非常不绿色的。

产品的使用方式在很大程度上也会影响对其评价的结果，因为产品使用方式的最终结果还是要反映在产品的使用寿命上。挂装方式使用的寿命基本是终身的，而粘贴方式使用将主要取决于胶黏剂的寿命和粘贴质量，但也是非常有限的。挂装使用方式可以很好地与保温节能相结合，但粘贴使用方式则基本行不通；挂装方式使用基本不会造成对石材的污染等伤害，而粘贴方式尤其是水泥粘贴方式往往会造成石材的返碱等病变以及石材的脱落。

三、寿命终止之后的绿色化评价

天然石材来自于天然，只是经过了简单的物理加工后被人们用于建筑，废弃后对环境的影响非常有限。从这个角度讲，天然石材的绿色度是比较高的。

石材在废弃后是否有切实可行的回收利用手段和实际回收行为也是石材绿色化的重要影响因素。可以将废石用于生产人造大理石、用作建筑工程中的碎石、用作雕刻工艺品、生产石米、作化工原料、作涂料的原料、制成小块马赛克饰材等等，但这些回收利用方式目前还都只能停留在理论上。目前的现实是天然石材只要还没有损坏，基本上还都是回收再利用的，损坏程度越大，回收率越低。

　　复合石材的回收通常是对铝蜂窝底板之类的金属材料进行回收，其上面的超薄石材是完全不回收的。从这个角度看复合石材的绿色性再次受到质疑。

参 考 文 献

[1]　侯建华等．人造合成石．北京：化学工业出版社，2009.

[2]　胡云林等．建筑陶瓷与石材检测技术．北京：中国计量出版社，2010.

[3]　胡云林等．人造石与复合板．郑州：黄河水利出版社，2010.

[4]　侯建华等．石材护理工．北京：化学工业出版社，2013.

[5]　侯建华．建筑装饰石材．北京：化学工业出版社，2004.

[6]　孙继光．文化石生产工艺与技术．北京：化学工业出版社，2008.

[7]　廖原时．石材矿山开采技术及设备．郑州：黄河水利出版社，2009.

[8]　赵明，苏永定．石材加工设备及工艺基础．郑州：黄河水利出版社，2009.

[9]　翁端．环境材料学．北京：清华大学出版社，2001.

[10]　刘江龙．材料的环境影响评价．北京：科学出版社，2002.

[11]　聂祚仁，王志宏．生态环境材料学．北京：机械工业出版社，2004.

[12]　刘志峰．绿色产品及其评价指标体系研究．中国机械工程，2001，11(9).

第十章
建筑用金属材料的绿色化

建筑用金属材料一般是指建筑工程中所应用的各种钢材（如各种型钢、钢板、钢管、钢筋和钢丝等）和铝材（如铝合金型材、板材、饰材等）。建筑用金属材料在建筑施工及使用过程中环境影响较小，回收利用率较高。国内外建筑界普遍认为，一般钢结构建筑比钢筋混凝土结构建筑具有更高的绿色度。

第一节　建筑用钢材品种及其生产工艺

一、钢的分类

钢的分类方法较多，主要可按照化学成分、炼钢时脱氧程度、有害杂质含量及用途等方法分类。

1. 按化学成分分类

按化学成分可分为碳素钢和合金钢。

（1）碳素钢　化学成分主要是铁，其次是碳，故也称铁-碳合金。其含碳量为 $0.02\%\sim2.06\%$。此外尚含有极少量的硅、锰和微量的硫、磷等元素。碳素钢按含碳量又可分为：低碳钢（含碳量小于 0.25%）、中碳钢（含碳量 $0.25\%\sim0.60\%$）和高碳钢（含碳量大于 0.60%）三种。其中低碳钢在建筑工程中应用最多。

（2）合金钢　是指在炼钢过程中，有意识地加入一种或多种能改善钢材性能的合金元素而制得的钢种。常用合金元素有硅、锰、钛、钒、铌、铬等。按合金元素总含量的不同，合金钢可分为低合金钢（合金元素总含量小于 5%）、中合金钢（合金元素总含量为 $5\%\sim10\%$）和高合金钢（合金元素总含量大于 10%）。低合金钢为建筑工程中常用的主要钢种。

2. 按冶炼时脱氧程度分类

炼钢时脱氧程度不同，钢的质量差别很大，通常可分为沸腾钢、镇静钢、半镇静钢和特殊镇静钢四种。

（1）沸腾钢　炼钢时仅加入锰铁进行脱氧，脱氧不完全。这种钢水浇入锭模时，会有大量的 CO 气体从钢水中外逸，引起钢水呈沸腾状，故称沸腾钢，代号为"F"。沸腾钢组织不够致密，成分不太均匀，硫、磷等杂质偏析较严重，故质量较差。但因其成本低、产量高，故被广泛用于一般建筑工程。现代连铸连轧技术的普遍推广使这种钢材的总量越来越少。

（2）镇静钢　炼钢时采用锰铁、硅铁和铝锭等作脱氧剂，脱氧完全，且同时能起去硫作用。这种钢水铸锭时能平静地充满锭模并冷却凝固，故称镇静钢，代号"Z"。镇静钢虽成本较高，但其组织致密，成分均匀，性能稳定，故质量好。适用于预应力混凝土等重要的结构工程。

（3）半镇静钢　脱氧程度介于沸腾钢和镇静钢之间，为质量较好的钢，其代号为"b"。

（4）特殊镇静钢　比镇静钢脱氧程度还要充分彻底的钢，故其质量最好，适用于特别重要的结构工程，代号为"TZ"。

3. 按有害杂质含量分类

按钢中有害杂质磷（P）和硫（S）含量的多少，钢材可分为普通钢、优质钢、高级优质钢及特级优质钢四类。

（1）普通钢　磷含量≤0.045%、硫含量≤0.050%。

（2）优质钢　磷含量≤0.035%、硫含量≤0.035%。

（3）高级优质钢　磷含量≤0.025%、硫含量≤0.025%。

（4）特级优质钢　磷含量≤0.025%、硫含量≤0.015%。

4. 按用途分类

按用途可分为结构钢、工具钢和特殊钢三类。

（1）结构钢　主要用作工程结构构件及机械零件的钢。

（2）工具钢　主要用于各种刀具、量具及模具的钢。

（3）特殊钢　具有特殊物理、化学或力学性能的钢，如不锈钢、耐热钢、耐酸钢、耐磨钢、磁性钢等。

二、建筑钢材的分类及用途

常用建筑钢材按照钢种主要分为普通碳素结构钢和低合金结构钢。按照用于不同的工程结构类型可分为结构用钢，如各种型钢、钢板、钢管等；钢筋混凝土工程用钢，如各种钢筋、钢丝等。

建筑钢材的产品一般分为型材、板材、线材和管材等几类。型材包括钢结构用的角钢、工字钢、槽钢、方钢、吊车轨、钢板桩等。线材包括钢筋混凝土和预应力混凝土用的钢筋、钢丝和钢绞丝等。板材包括用于建造房屋、桥梁及建筑机械的中厚钢板，用于屋面、墙面、楼板等的薄钢板。管材主要用于钢桁架和供水、供气（汽）管线等。

1. 型钢

建筑工程中使用的型钢包括工字钢、槽钢、角钢、扁钢、窗框钢等。角钢、槽钢、工字钢可用铆接或焊接方法制成各种钢的构件。大型槽钢和工字钢有时可直接用作钢构件，如梁、檩等。窗框钢是小型型钢的一种，它作为木材的代用品，近年来获得了广泛的应用。

近年来，冷弯型钢得到广泛应用。冷弯薄壁型钢由于自重轻而断面性能好，可减少用钢量，故近年来发展较快。随着结构物的大型化，越来越多地采用高强度低合金钢制的型钢。在高层建筑中较多地采用断面性能良好的H型钢和封闭断面管材，直接用作柱、梁结构。

2. 钢板

钢板有厚板、中板和薄板之分。厚板在建筑上应用不多。建筑上多用中板与各种型钢组成钢结构。花纹钢板具有防滑作用，常用作工业建筑中的工作平台板和梯子踏步板。镀锌薄板俗称白铁皮，用于制作水落管，压制成波形后，即成瓦楞铁皮，可用作不保温车间的屋面或围护墙。

钢板上覆以塑料薄层，即成涂料钢板。涂料钢板有良好的防锈、防水、耐腐蚀和装饰的性能，可用作屋面板、墙板、排气及通风管道等。

压型钢板是一种质轻、高强、美观、抗震性能好，便于结构复杂的厂房屋面处理的新建材，它可省去预制混凝土板的大面积场地，可使厂房桁架、柱子和基础轻型化，用它做屋面，其综合造价只为混凝土屋面建筑的65%～70%，可以节约建设投资；用它做楼板，可提高施工速度，增强楼板结构的稳定性，并适合敷设防水保温层，因而适应我国北方地区和南方炎热地区的抗寒和御暑的需要。

轻龙骨是以镀锌钢带或薄钢板由特制轧机以多道工序轧制而成。它具有强度大，自重轻，通用性强，耐火性好，安装简易等优点。可装配各种类型的石膏板、钙塑板、吸音板等，用作墙体和吊顶的龙骨架，可组成美观、大方、理想的吊顶和隔墙。它可广泛用于各种高级民用建筑工程以及轻纺工业厂房等。对室内造型、装饰、隔音现代化起到良好作用。

近年来，钢板在使用中越来越多地应用焊接代替铆接，因此要求钢板具有一定的可焊接性，故一般采用热处理钢板。为减少或免除对钢结构的维护，对不需要涂油漆的抗大气腐蚀钢的需要不断增加。国外研究出"锈稳定漆"处理方法，可省去对钢板的涂油漆处理。

（1）连续热镀锌薄板和钢带　系公称厚度0.25～2.50mm的冷轧钢板和钢带连续热镀锌而成。产品分类、理化性能、尺寸和允许偏差执行国家标准GB/T 2518—2008。

（2）一般结构用热连轧钢板和钢带　用于建筑、桥梁、车辆等一般结构。交货状态、化学成分、力学性能等各项指标执行各生产企业产品标准。

（3）花纹钢板　基本厚度为2.5mm、3.0mm、3.5mm、4.0mm、4.5mm、5.0mm、5.5mm、6.0mm、7.0mm、8.0mm，宽度为600～1800mm，按50mm进级；长度2000～12000mm，按100mm进级。花纹钢板的外形、尺寸和技术要求执行国家标准（GB/T 3277—1991）。

（4）建筑用压型钢板　简称压型钢板。系薄钢板经辊压冷弯，其截面成V形、U形、梯形或类似这几种形状的波形，在建筑上用作屋面板、楼板、墙板及装饰板，也可被选为其他用途的钢板。压型钢板的产品型号、截面形状尺寸和技术条件执行国家标准（GB/T 12755—2008）。

（5）冷弯波形管钢板　有关指标执行国家标准YB/T 5327—2006。

3. 钢管

钢管包括低压流体输送用焊接钢管和低压流体输送用镀锌焊接钢管。

（1）低压流体输送用焊接钢管　低压流体输送用焊接钢管是用于输送水、煤气、空气、油和取暖蒸汽等的焊接钢管，执行国家标准（GB/T 3091—2008）。钢管按壁厚分为普通钢管和加厚钢管。钢管按管端形式分为不带螺纹钢管（光管）和带螺纹钢管。

钢管用GB 700规定的Q195、Q215A和Q235A钢制造。也可采用易焊接的其他软钢制造。其牌号和制造方法均由供方选择。

钢管用炉焊和电焊方法制造，带螺纹钢管应将钢管两端按YB 822规定加工成螺纹，钢管不带螺纹按原制造状态交货。

根据钢管相应的制造方法，钢管内外表面应光滑，不允许有折叠、裂缝、分层、搭焊缺陷存在。钢管表面允许有不超过壁厚负偏差的划道、刮伤、焊缝错位、烧伤和结疤等缺陷存在。允许焊缝处壁厚增厚和内缝焊筋存在。

（2）低压流体输送用镀锌焊接钢管　低压流体输送用镀锌焊接钢管是用于输送水、煤气、空气、油和取暖蒸汽等镀锌焊接钢管，其分类、尺寸、长度等技术要求执行国家标准（GB/T 3091—2008）。

钢管按壁厚分为普通镀锌钢管和加厚镀锌钢管，按管端形式分为不带螺纹镀锌钢管和带螺纹镀锌钢管。镀锌钢管的内外表面应有完整的镀锌层，不得有未镀上锌的黑斑和气泡存在。允许有不大的粗糙面和局部的锌瘤存在。

4. 钢筋

钢筋主要用于制作钢筋混凝土构件。常用钢筋的品种很多。按钢种分，有普通碳素钢和普通低合金钢。按直径分，凡直径在 6～50mm 之间的，称为钢筋；直径在 5～2.5mm 之间的称为钢丝。按外形分，有光面圆钢筋和变型钢筋（两条纵肋和不小于 45°相交的月牙横肋于两个半圆面上）之分。按加工过程分，有热轧钢筋、冷轧钢筋、冷拔低碳钢丝、碳素钢丝和刻痕钢丝等。

在一般钢筋混凝土结构中大量应用的是热轧钢筋。根据其强度，将热轧钢筋分成三个等级，Ⅱ级和Ⅲ级钢筋多用于大、中型钢筋混凝土结构中的主筋。Ⅳ级钢筋因其强度高，经冷拉后，多作为预应力钢筋使用。

为了进一步提高热轧钢筋的强度，节约钢材，在材料质量和施工条件允许的情况下，可以对热轧钢筋进行冷拉。对于外形为光圆的钢筋，通过拔丝机上的拔丝模，经强力拉拔后，抗拉强度可得到大幅度地提高，一般可提高 40%～60%，甚至达 90%。这为高强度的钢筋提供了可靠的生产途径。

预应力钢丝中应用最广泛的是 7～8mm 直径的高强冷拔钢丝，其强度可达 1400～1600MPa，直径可达 12mm。在钢绞丝中，尽量减少断面之间的内部空隙，使有效面积提高 20%左右，承载能力也提高 20%左右。

（1）钢筋混凝土用热轧带肋钢筋　热轧钢筋系热轧成形并自然冷却的成品钢筋。带肋钢筋系截面通常为圆形，且表面通常带有两条纵肋和沿长度方向均匀分布的横肋的钢筋。带肋钢筋有月牙肋和等高肋之分。月牙肋钢筋是指横肋的纵截面呈月牙形，且与纵肋不相交的钢筋；等高肋钢筋是指横肋的纵截面高度相等，且与纵肋相交的钢筋。这里所说的纵肋，是平行于钢筋轴线的均匀连接肋；而横肋是与纵肋不平行的其他肋。钢筋混凝土用热轧带肋钢筋的形状、尺寸、重量、允许偏差和技术要求执行国家标准 GB 1499.2—2007。

（2）钢筋混凝土用热轧光圆钢筋　其级别、代号、尺寸、外形、重量和技术要求执行国家标准 GB 1499.1—2008。光圆钢筋是横截面通常为圆形且表面为光滑的钢筋混凝土配筋用钢材。热轧光圆钢筋是经热轧成形并自然冷却的成品光圆钢筋。

（3）钢筋混凝土用余热处理钢筋　余热处理钢筋是热轧后立即穿水，进行表面控制冷却，然后利用芯部余热自身完成回火处理所得的成品钢筋。钢筋混凝土用余热处理钢筋的尺寸、重量及技术条件执行国家标准 GB 13014—2013。余热处理钢筋的级别为Ⅲ级，强度等级代号为 KL400（其中 K 为"控制"的汉语拼音字头）。

（4）预应力混凝土用热处理钢筋　热处理钢筋按其螺纹外形分为有纵肋和无纵肋两种，其代号为 RB150。

（5）热轧再生钢筋　是以轧制过程中产生的废钢（包括坯）或使用过的可利用的钢材为原料经过重新轧制而成的钢筋。再生钢筋适用于非抗震设防的一般低层建筑的混凝土结构，以及按 8 度以下抗震设防的低层和多层建筑混凝土构造柱，不适用于中高层、高层建筑结构及承受动载荷的结构，也不适用于预构件的吊环和预埋件。

钢筋按表面形状分为光圆钢筋和 W 月牙形钢筋两类。光圆钢筋是钢筋横截面通常为圆形且表面为光滑的棒材。W 月牙形钢筋是钢筋横截面通常为圆形、表面有两条对称的纵肋且纵肋两侧有均匀分布的 W 月牙形横肋，钢筋两面上横肋应错开布置。

（6）20MnSi 热轧螺纹钢筋　月牙形钢筋的外形分为螺旋形和人字纹两类。尺寸及允许偏差应执行 GB 1499.2—2007。

（7）冷轧带肋钢筋　是热轧圆盘条经冷轧或冷拔减轻后在其表面冷轧成三面有肋的钢筋。执行国家标准 GB 13788—2008。

（8）低碳钢无扭控冷热轧盘条低碳钢　无扭控冷热轧盘条执行 GB/T 701—2008。盘条按用途分类，其代号为 L（供拉丝用盘条）、J（供建筑和其他用途用盘条）。盘条类别应在订货合同中注明。

（9）预应力混凝土用钢丝　又称高强钢丝。一般把 $\phi 8mm$ 热轧高碳钢盘条加热到 $850\sim950\,^{\circ}\mathrm{C}$，并在 $500\sim600\,^{\circ}\mathrm{C}$ 的铅浴中淬火，使其具有较高塑性，然后经酸洗、镀铜、拉拔、轿直、回火、卷盘等工艺而成。此种钢丝具有强度高、不需焊接、使用方便等优点，主要用于后张法的预应力钢筋混凝土结构，特别是大跨度结构。执行国家标准 GB/T 5223—2014。

预应力钢丝按交货状态分为冷拔及轿直回火两种，按外形预应力钢丝分为光面及刻痕两种，按用途预应力分为桥梁用、电杆用及其他水泥制品用。

（10）预应力混凝土用低合金钢丝　执行中国冶标 YB/T 038—1993。低合金钢丝是用低合金钢盘条拔制的强度为 $800\sim1200MPa$ 的用于中、小预应力混凝土构件主筋的钢丝。轧痕低合金钢丝是经轧辊冷加工使钢丝表面呈现有规律凹痕的低合金钢丝。

（11）预应力混凝土用钢绞线　预应力混凝土用钢绞线系由 7 根圆形断面碳素钢丝捻成，在绞线机上以一根钢丝为中心，其余钢丝围绕进行螺旋状绞合，再往回火处理而成。钢绞线的特点是强度高，与混凝土黏结性能好，而且与钢丝相比由于其断面面积大，使用根数少，在结构中排列布置方便，易于锚固，因此作跨度大、荷载重的预应力混凝土配筋用。

三、建筑钢材的生产工艺

钢材是在严格的技术控制条件下生产的材料，与非金属材料相比，具有品质均匀稳定、强度高、塑性韧性好，可焊接和铆接等优异性能；主要缺点是易锈蚀，维护费用大，耐火性差，生产能耗大。

经过长期的发展和选择，当今钢材生产所采用的生产流程只有传统钢铁联合企业的高炉—转炉—连铸—连轧的长流程和电炉—连铸—连轧的短流程两种主要的生产流程（见图 10.1）。

1. 铁的冶炼

钢是由生铁冶炼而成。生铁是由铁矿石、焦炭（燃料）和石灰石（溶剂）等在高炉中经高温熔炼，从铁矿石中还原出铁而得。其主体设备有高炉、烧结机和炼焦炉。高炉为此工序的核心设备。据统计，2013 年我国重点钢铁企业平均高炉利用系数为 $2.46t/(m^3 \cdot d)$，比 2012 年下降 $0.04t/(m^3 \cdot d)$；$4000m^3$ 以上 17 座高炉利用系数为 $1.80\sim2.31t/(m^3 \cdot d)$，寿命可在 15 年以上；$2000\sim3200m^3$ 高炉利用系数为 $1.79\sim2.61t/(m^3 \cdot d)$，寿命也可达 15 年；$1000\sim2000m^3$ 高炉利用系数为 $1.79\sim3.29t/(m^3 \cdot d)$，寿命一般短于 10 年，最短的为 2.5 年；$1000m^3$ 以下容积的高炉利用系数为 $2.00\sim3.97t/(m^3 \cdot d)$，寿命一般在 5 年左右。我国高炉寿命普遍偏短、燃料比高，是炼铁成本高的主要原因之一，而这主要是由大风量、高冶炼强度运行造成的。我国高炉普遍采用高冶炼强度操作，特别是一批中小高炉，设计上就选择大风机。高冶炼强度不利于高炉长寿，特别是对炉缸的消耗作用大。炼铁企业应尽可能采用中等冶炼强度操作方针，科学配备高炉风机容量，建议其为高炉炉容的 $1.7\sim2.0$ 倍，这样既可节能又可降低成本。

2. 钢的冶炼

生铁的主要成分是铁，但含有较多的碳以及硫、磷、硅、锰等杂质，杂质使得生铁的性

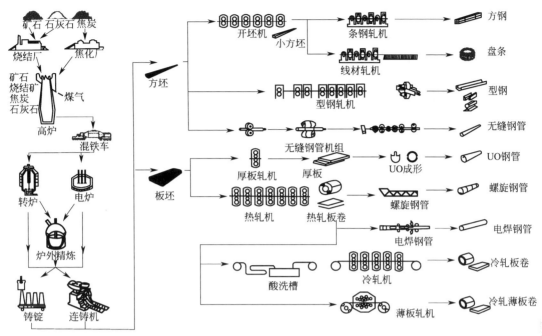

图 10.1　钢铁生产工艺流程

质脆而硬，塑性很差，抗拉强度很低，使用受到很大限制。炼钢的目的就是通过生铁在炼钢炉内的高温氧化作用，将生铁中的含碳量降至 2% 以下，使磷、硫等杂质含量降至一定范围内以显著改善其技术性能，提高质量。

目前，炼钢方法主要有转炉炼钢、电炉炼钢和平炉炼钢三种，其中平炉炼钢已基本被淘汰。

（1）转炉炼钢　转炉炼钢以熔融的铁水为原料，由炉顶向转炉内吹入高压氧气，使铁水中的碳和硫等杂质氧化除去，得到较纯净的钢水。广泛采用氧气顶吹转炉或顶底复吹转炉，其生产速度快，1 座 300t 的转炉吹炼时间不到 20min，包括辅助时间不超过 1h，产出钢材品种多、质量好。转炉炼钢法既可用于冶炼普通钢，也可用于冶炼合金钢。

（2）电炉炼钢　电炉钢厂的主要作用是废钢铁的再生利用，是二次再生钢厂。电炉炼钢的基础是传统氧化法冶炼工艺，包括配料、补料、装料、熔化、氧化、还原、出钢几个阶段。电炉炼钢是用电加热进行高温冶炼的炼钢法，其原料主要是废钢及生铁，其基本任务是："四脱"（脱磷、脱碳、脱氧及脱硫），"二去"（去气体和去夹杂），"二调整"（调整成分和温度）。

①"四脱"　脱磷——把钢液中的有害杂质磷降低到所炼钢号的规格范围内。脱碳——把钢液中的碳氧化降低到所炼钢号的规格范围内。脱氧——把氧化熔炼过程中对钢有害的过量氧从钢液中排除掉。脱硫——把钢液中的有害杂质硫降低到所炼钢号的规格范围内。

②"二去"　去除有害气体和废金属夹杂物，利用碳氧反应把熔炼过程中进入钢液中及钢液中产生的有害气体及非金属夹杂物排除。

③"二调整"　提高温度、调整温度：先将废钢铁加热提高温度使其熔化，并可以调整温度，以满足氧化、还原及完成其他任务对钢液温度的要求。调整成分：加入合金元素，将钢液中的各种合金元素的含量调整到所炼钢号的规格范围内。

电炉熔炼温度高，而且温度可以自由调节，清除杂质较易，因此电炉钢的质量最好。一流的现代化转炉流程的钢铁联合企业的生产率为 600～800t/(人·a)，而以大型电炉为主体的现代化短流程企业的生产率已达到 1000～3000t/（人·a），因此电炉炼钢的劳动生产率最高。

建设高炉-转炉联合企业年产能力每吨钢需要投资大约 1000～1500 美元，而电炉流程仅需 500～800 美元。另外，建设电路钢厂占地面积小，速度快，资金回收期短。与转炉炼钢厂相比，电炉炼钢厂投资可节省 1/4～1/3，占地面积减少 1/2～3/5，建设周期可由 4 年缩短到 1～1.5 年。相比之下，电炉流程的社会、经济环境要比转炉常规流程宽松一些，这也是世界上电炉流程迅速发展的重要原因。

3. 钢材的轧制

轧钢工序是把符合要求的钢锭或连铸坯按照规定的尺寸和形状加工成钢材的工序。轧制是利用塑性变形的原理将钢锭或连铸坯放到两个相向旋转的轧辊之间进行加工。

轧钢工序比较复杂，每个联合企业由于生产的最终产品不同而设置不同的轧钢工序。大体上分为初轧、厚板、条钢、热轧、冷轧和钢管轧制等。其中条钢又包括钢轨、各种型钢、棒钢、线材等多种产品。

初轧生产是位于炼钢到成品轧制生产流程的中间环节，其任务是把从炼钢厂送来的钢锭加热到轧制温度，再轧制成形状符合要求的钢坯，提供给后续轧制厂。钢坯有板坯（厚度大于 45mm）、薄板坯（厚度小于 45mm）、大方坯（断面尺寸大于 130mm）、小方坯（断面尺寸小于 130mm）、异型坯（轧大型钢材用）、圆棒坯。

带钢热轧工序主要是生产热轧板卷，供冷轧或经精整后直接出厂销售。

带钢冷轧工序是继续热轧以后的薄板轧制加工。它的工艺过程是相当复杂的，包括酸洗、轧制、热处理、表面处理、精整等。其主要目的是将热轧带钢在常温下进一步高精度地加工成厚度均匀、板形良好、具有一定力学性能的薄板，并要保证其表面具有一定光洁度。

将钢锭加热到 1150～1300℃后进行热轧，所得产品为热轧钢材；将钢锭先热轧，经冷却至室温后，再进行冷轧，冷轧产品为冷轧钢材。一般建筑钢材以热轧为主。常用的型钢、钢筋及中、厚钢板为热轧钢材，薄钢板有冷轧和热轧两种产品。钢管是用钢板加工焊接而成的。无缝钢管是对实心钢坯进行穿孔，经热轧、挤压、冷轧及冷拔等工艺而制得。

第二节　建筑用钢材制品的绿色化技术

一、建筑用钢材制品制造的能量消耗及环境负荷

2013 年，我国以 7.79 亿吨的粗钢产量位居世界第一，占全球粗钢产量的 48.5%，比 2012 年增长了 7.5%。其中，建筑业是我国钢材消费量最大的行业，2013 年全国建筑行业消费钢材约 3.8 亿吨，占钢材实际消费量的 55.5%。

从中长期看，决定我国国内钢产量需求的主要因素是工业化和城镇化的进程。"十二五"规划中，2015 年我国城镇化率要达到 51.5%（2010 年为 47.5%），年平均提高 0.8 个百分点。按照年平均提高 0.8～2 个百分点的增长速率，我国城镇化率要达到 60% 以上的中等发达国家水平仍需 10～15 年左右。这表明未来 10～15 年我国工业化和城镇化仍将处于加速发展期，也意味着未来 10～15 年钢铁消费仍将呈稳定甚至增长态势，建筑业和钢铁业仍是我国国民经济中的支柱产业。因此，建筑用钢的发展将关系到我国钢铁业乃至国民经济的可持续发展。但同时钢铁工业是耗能大户，能量消耗及环境负荷同样关系到国民经济的可持续发展。

据统计，钢铁工业的能耗约占全国能耗总量的 15％ 以上，生产 1t 钢材平均需消耗 23t 自然资源。钢铁工业也是污染物排放大户，工业废水排放占工业废水总排放量的 8.53％，工业粉尘排放总量占我国工业粉尘排放总量的 15.18％，CO_2 排放量占全国 9.2％，固体废弃排放占全国工业总排放量的 17％，SO_2 排放占全国总排放量的 3.7％。因此，钢铁工业生产技术水平，特别是能源利用效率对节能减排工作有着巨大影响。

我国的钢铁企业处于多层次阶段。处于技术装备结构复杂、产品质量多样、先进与落后技术指标共同发展的阶段。

目前，我国有大小 870 多家钢铁企业。拥有 420 多台烧结机、1300 多座高炉、530 多座转炉、179 台电炉、上千套各种类型的轧机。部分钢铁企业相关工序能耗水平达到或接近国际先进水平。但是，我国仍有 7500 万吨/a 生产能力的小高炉在运行，有 2500 万吨/a 的小转炉和小电炉也在生产。这些小冶金装备的能耗水平普遍高于大型设备。如小高炉吨铁风耗要高于大高炉 300m^3 左右，单位容积比表面积大造成热量损失也要高于大高炉，因此小高炉的焦比要比大高炉高出 50kg/t 左右。小转炉不回收煤气和蒸汽，造成转炉工序能耗要比大转炉高出 28kg 标煤/t 左右。

目前，我国铁钢与世界平均水平相比要高出 0.373，与日本相比要高出 0.112；我国吨钢综合能耗因铁钢比一项要高出世界平均水平 74.6kg 标煤/t，比日本要高出 22.6kg 标煤/t。世界主要产钢国家钢铁工业使用能源结构见表 10.1。

表 10.1　世界主要产钢国家钢铁工业使用能源结构　　单位:％

国家	煤炭	石油	天然气	电力
日本	56.40	19.90	0	23.70
德国	55.80	20.70	8.20	15.30
美国	60.00	7.00	17.00	16.00
中国	69.90	3.20	0.50	26.40

从表 10.1 中可看出，我国钢铁工业用能结构的煤炭和电力比例最高。由于煤炭在应用过程中的能源转化率和能源使用效率要比石油和天然气要低，仅此一项我国钢铁工业的能耗要比工业发达国家的能耗要高 15～20kg 标煤/t。

日本新日铁公司的余热余能回收利用率已达到 92％ 以上，其企业能耗占生产总成本的比例是 14％。我国最先进的钢铁企业——宝钢的余热余能回收利用率在 68％，其能耗占生产成本的 20％。而一般的企业余热余能回收利用率在 30％～50％，其能耗占生产成本的 30％～45％。

每生产 1t 钢，需要 1500kg 铁矿石、225kg 石灰石、750kg 焦煤和 150000L 水。每生产 1t 钢（以奥钢联的污染排放水平为例）排放 CO_2 约为 1.6～2.0t/t 钢、排放 NO_2 约为 0.9～1.0kg/t、排放 SO_2 约为 0.8～1.0kg/t、粉尘约为 0.52～0.7kg/t。在澳大利亚现在的加工过程能量需求（PER）达到 1.156t 标煤/t（轧钢）和 1.293t 标煤/t（镀锌钢）。

在维多利亚和新南威尔士，由于废钢多，大量采用了电弧炼钢炉（EAF）。使用 EAF 对环境十分有益，既减少了原材料的使用量（如铁矿石和石灰石），又减少了大气和水污染物排放量和固体废物产生量。据加拿大的研究，EAF 的 PER 只有 0.646t 标煤/t 钢，早期研究也表明 EAF 的能耗只有铁矿石炼钢能耗的一半。

转炉钢（以 20 号碳素钢为例）从矿石到钢水（从摇篮到产品）的环境负荷（每个独立的工艺过程）清单见表 10.2。

表 10.2　20 号碳素转炉钢的环境负荷清单

生产过程	环境负荷因子名称	具体数据
铁矿石开采	资源消耗量(以产品计)/(t/t)	水资源:0.04
	能源消耗量(以产品计)/(kg/t)	柴油:1.56　汽油:0.31　煤:4.1　电:2.09kW·h　压缩空气:62m³
	气体排放量(以产品计)/(kg/t)	粉尘:33　CO_2:80　CO:50　NO_x:3.2　SO_2:6.8
	液体排放量(以产品计)/(kg/t)	HC:2.3　pH:4～5　SO_4^{2-}:1.5　Cu:0.062　Fe^{3+}:46.3　COD:7.5　SS:150
	固体排放量(以产品计)/(t/t)	尾矿:1.74
煤炭开采	资源消耗量(以产品计)/(t/t)	水资源:0.05　坑木:33.14×10⁵m³
	能源消耗量(以产品计)/(kg/t)	煤:0.331　电:36.86kW·h　压缩空气:82.6m³
	气体排放量(以产品计)/(kg/t)	粉尘:45　CO_2:92　CO:7　NO_x:4.2　SO_2:8.3
	液体排放量(以产品计)/(kg/t)	HC:2.3　CH_4:100　pH:5～8　SO_4^{2-}:50　Ca^{2+}:43　Mn^{2+}:23　Fe^{3+}:86.3　COD:0.37　SS:75.0　Mg^{2+}:21
	固体排放量(以产品计)/(t/t)	煤矸石:0.4
铁矿石选矿	资源消耗量(以产品计)/(t/t)	水资源:5.32　铁矿石原矿:2.5
	能源消耗量(以产品计)/(kg/t)	电:26.77kW·h　压缩空气:11.2m³
	气体排放量(以产品计)/(kg/t)	粉尘:1.56
	液体排放量(以产品计)/(kg/t)	Fe^{3+}:0.67　COD:0.08　SS:0.5
	固体排放量(以产品计)/(t/t)	CN^-:0.01　Pb^{2+}:0.001　尾矿:1.5
煤炭洗选	资源消耗量(以产品计)/(t/t)	水资源:3.4357　原煤:1.285
	能源消耗量(以产品计)/(kg/t)	电:28.5kW·h　压缩空气:15.3m³
	气体排放量(以产品计)/(kg/t)	粉尘:2.3
	液体排放量(以产品计)/(kg/t)	COD:0.96　SS:7.1　油:0.009
	固体排放量(以产品计)/(t/t)	煤泥:0.0965
烧结	资源消耗量(以产品计)/(t/t)	水资源:1.0　精矿:0.804　锰矿:0.007　石灰石:0.049　白云石:0.05
	能源消耗量(以产品计)/(kg/t)	煤:37　含铁尘泥:0.073　焦炭:38　重油:0.02　焦炉气:13m³　压缩空气:25m³　蒸汽　润滑油:0.0022
	气体排放量(以产品计)/(kg/t)	粉尘:8.25　SO_2:3
	液体排放量(以产品计)/(kg/t)	SS:8.6
	固体排放量(以产品计)/(t/t)	废渣:40
焦化	资源消耗量(以产品计)/(t/t)	水资源:5.54　高炉气:161.83m³　精煤:1.40　焦炉气:190.57m³
	能源消耗量(以产品计)/(kg/t)	电:20.79kW·h　压缩空气:22.29m³
	气体排放量(以产品计)/(kg/t)	粉尘:0.65　CO:0.3　NO_x:0.37　SO_2:2.13　H_2S:0.5
	液体排放量(以产品计)/(kg/t)	酸:0.027　CN^-:0.027　油:0.255　COD:0.567　SS:0.392　硫化物:0.013
	固体排放量(以产品计)/(t/t)	废渣:0.21
炼铁	资源消耗量(以产品计)/(t/t)	水资源:69.12　烧结矿:1.1079　锰矿石:0.007　石灰石:0.007　白云石:0.139
	能源消耗量(以产品计)/(kg/t)	焦炭:770　煤:25.11　电:26.77kW·h　高炉气:870.762m³　焦炉气:23.3m³　天然气:0.602m³
	气体排放量(以产品计)/(kg/t)	粉尘:1.56　CO_2:0.006　SO_2:0.018
	液体排放量(以产品计)/(kg/t)	SS:14.5　酚:0.001　CN^-:0.01
	固体排放量(以产品计)/(t/t)	废渣:0.94
转炉炼钢	资源消耗量(以产品计)/(t/t)	铁水:1.1176　废钢:0.081　石灰:0.09　萤石:0.002　白云石:0.058　锰矿:0.03　水资源:22.06
	能源消耗量(以产品计)/(kg/t)	电:25.6kW·h　压缩空气:20m³　O_2:77.28m³　蒸汽:1m³　天然气:1.09m³　焦炉气:17m³
	气体排放量(以产品计)/(kg/t)	粉尘:0.9　CO:0.1　SO_2:0.07　CO_2:1.23
	液体排放量(以产品计)/(kg/t)	SS:0.418
	固体排放量(以产品计)/(t/t)	转炉渣:0.2503

电炉钢（以 T8 钢为例）从废钢到钢水（从摇篮到产品）的环境负荷清单如表 10.3 所示。

在炼钢过程完成之后，钢水将进一步加工成钢板坯料。在这一阶段，转炉钢和电炉钢的环境影响特征几乎没有大的差别。它们的环境负荷清单列于表 10.4 中。

因为在电炉炼钢过程中，主要是利用废钢作为原材料。据有关资料研究报道，可以认为废钢的环境负荷值为同类钢材的环境负荷值的 1/3。在计算材料的环境负荷时，由于采用累积原理，使废钢在一个完整的寿命周期后，其环境负荷很大。此结论既可以克服当采用它作为电炉炼钢的原料时，其初始环境负荷相当可观的弊病，同时，也可以克服在用废钢作为炼钢原料时，完全不考虑废钢原来的环境负荷，则初始环境负荷为零的问题。

按废钢的环境负荷值为同类钢材的环境负荷值的 1/3，且在生产过程中的各种工序的具体权重系数均为 1 时，计算上面两种钢的环境负荷，其结果如表 10.4 所示。

表 10.5 和表 10.2 中的相关数据存在一定差异，这是因为两种 20 碳素钢的生产条件不同。特别是在表 10.2 中的数据是未考虑综合回收利用，导致表 10.5 中的 20 碳素钢的某些数据偏高。

表 10.3　电炉钢的环境负荷清单

生产过程	环境负荷因子名称	具体数据
电炉炼钢	资源消耗量(以产品计)/(t/t)	生铁:0.21　废钢:0.81　碳:0.15　萤石:0.001　白云石:0.004　锰矿:0.006　水资源:92.0　铁矿石:0.02
	能源消耗量(以产品计)/(kg/t)	电:590.0kW·h　O_2:260m³　天然气:66.3m³
	气体排放量(以产品计)/(kg/t)	粉尘:2.13　CO:0.2　SO_2:2.7　CO_2:0.6　NO_x:0.3
	液体排放量(以产品计)/(kg/t)	SS:29.6
	固体排放量(以产品计)/(t/t)	电炉渣:0.12

表 10.4　钢水到钢板的环境负荷清单

生产过程	环境负荷因子名称	具体数据
模铸	资源消耗量(以产品计)/(t/t)	钢水:1.1567　水资源:11.3
	能源消耗量(以产品计)/(kg/t)	电:51.63kW·h　O_2:3.0m³　重油:68.2　压缩空气:15.26m³　混合煤气:8.0m³
	气体排放量(以产品计)/(kg/t)	粉尘:0.72　CO:0.16　SO_2:0.39　CO_2:0.56
	液体排放量(以产品计)/(kg/t)	SS:0.83　油:0.31
	固体排放量(以产品计)/(t/t)	废渣:6.5
连铸	资源消耗量(以产品计)/(t/t)	钢水:1.045　水资源:12.41
	能源消耗量(以产品计)/(kg/t)	重油:63.3　电:49.9kW·h　O_2:3.0m³　柴油:3.0　压缩空气:8.96m³　混合煤气:8.0m³　氩气:0.02m³
	气体排放量(以产品计)/(kg/t)	粉尘:0.82　CO:0.17　SO_2:0.37　CO_2:0.61
	液体排放量(以产品计)/(kg/t)	SS:0.83　油:0.30
	固体排放量(以产品计)/(t/t)	废渣:3.4
热轧	资源消耗量(以产品计)/(t/t)	钢坯:1.2876　水资源:42.5
	能源消耗量(以产品计)/(kg/t)	电:102.2kW·h　燃料:99.4
	气体排放量(以产品计)/(kg/t)	粉尘:2.16　CO:1.23　SO_2:1.95　CO_2:3.6
	液体排放量(以产品计)/(kg/t)	SS:0.83　油:0.6763
	固体排放量(以产品计)/(t/t)	废渣:0.0
冷轧	资源消耗量(以产品计)/(t/t)	热轧钢板:1.19　水资源:12.45
	能源消耗量(以产品计)/(kg/t)	电:154.2kW·h　燃料:55.4
	气体排放量(以产品计)/(kg/t)	粉尘:2.64　CO:1.57　SO_2:2.1　CO_2:4.1
	液体排放量(以产品计)/(kg/t)	Fe^{3+}:0.055　SS:2.04　油:2.6　Fe^{2+}:0.13
	固体排放量(以产品计)/(t/t)	废渣:0.0

表 10.5　转炉 20 碳素钢和电炉 T8 碳素钢的环境负荷数据

材料品种	资源因子(以钢计)/(t/t)	能源因子(以标煤/钢计)/(t/t)	废弃物因子(以钢计)/(t/t)	环境负荷 ELV(以钢计)/(t/t)
T8(电炉)钢	17.85	0.57	30.54	48.96
20(转炉)钢	32.81	0.684	127.61	167.26

二、钢铁工业废水的治理和综合利用

1. 矿山废水治理与回用

矿山废水的处理方法很多，主要有中和法、沉淀法、氧化法等。对酸性矿山废水进行中和，国内通常采用石灰或石灰石中和处理。对含悬浮物高的选矿废水，可以用自然沉淀或絮凝沉淀法处理。絮凝的药剂品种很多，采用比较多的有聚丙烯酰胺、硫酸亚铁以及聚合硫酸铁等。对含硫化物或有机化合物的废水，可以采用氧化法进行处理。氧化法是向废水中吹入空气或氧气使废水中的硫或有机化合物氧化成盐类，再经过机械处理，使盐类从废水中分离出来。其他还有还原法、离子交换法、活性炭吸附法等，都可用于矿山废水的处理，选择何种方法应该根据具体的技术经济情况来决定。

2. 原料厂废水治理与回用

包括冷却水、皮带机冲洗废水、汽车冲洗废水及料场废水的治理与回用。

（1）冷却水的处理　冷却水除水温升高外未受到其他污染，经冷却塔降温，添加防垢剂、防腐剂及杀菌灭藻剂后，即可再循环使用。经多次循环后为保持水质，需外排少量污水，其水量约占循环水量的 1/40。污水可作为皮带机冲洗水循环系统补充水。

（2）皮带机冲洗废水的治理　皮带机冲洗废水，用沉淀法去除所含悬浮物后循环用于皮带冲洗。废水的悬浮物含量约 1500mg/L。由于对冲洗皮带用水的水质要求不高，故沉淀池出水的悬浮物含量设计值采用 600mg/L 即可。一般采用平流式沉淀池，为缩小其尺寸及确保沉淀效果，多采用混凝沉淀。停留时间采用 10min，沉淀速度 10m/h。污泥量约为 0.047kg/t 原料。污泥含水率为 40%～50%（以重量计），污泥用设在沉淀池中的螺旋输送机送至料斗，然后用汽车送往渣场。由于原料厂面积较大，皮带机数量又多，通常设置数个循环系统。在规划循环系统时应结合考虑皮带机所输送的物料类别，尽可能使沉淀物品种单一，以便回用。

（3）汽车冲洗废水的治理　汽车冲洗废水经自然沉淀后即可循环使用。沉淀污泥用带真空泵的槽车抽走，送往弃渣场。沉淀池停留时间采用 60min。污泥含水率为 70%～80%。

（4）料场废水的治理　为避免雨水冲走物料，造成污染，料堆四周可设置截流沟。一方面可阻止地面径流流经料堆；另一方面，截流沟可用于沉淀被雨水冲入的物料。也可以采用沉淀池澄清料场排出的雨水。

3. 烧结废水治理与回用

包括胶带机冲洗水、净环水冷却系统排污水、湿式除尘废水及炼铁废水的治理与回用。

（1）胶带机冲洗水治理　胶带机冲洗废水，通常加入絮凝剂后经隔板式混合槽混合，再进入沉淀池。澄清水溢流入吸水井，由泵将澄清水送去冲洗胶带，循环使用。沉下的污泥用螺旋输送机送至沉淀池外的储泥斗，定期用卡车送回原料厂回收利用。

（2）净环水冷却系统排污水的治理　净环水冷却系统排污水中含有悬浮物及水质稳定剂，排出后可串级使用于烧结生产中需添加水的工序，如混合料加水，除尘操作中粉尘的湿润加水等，不向外排放。

（3）湿式除尘废水的治理 湿式除尘废水通常经沉淀后循环使用。有不少钢铁企业将烧结除尘废水与高炉煤气洗涤水合并处理，处理设施通常是辐射式沉淀池。为防止在循环中使用时堵塞喷嘴，沉淀池出水的悬浮物含量，要求控制在 100mg/L 以下。

4. 炼铁废水的治理和回用

包括高炉炉缸直接洒水、高炉煤气洗涤水、高炉冲渣水、铸铁机废水及铸铁机废水的治理和回用。

（1）高炉炉缸直接洒水的治理 高炉炉缸直接洒水冷却，其排水不仅水温高，且悬浮物也多，需经沉淀池净化。通常采用平流式沉淀池。设计采用的表面负荷率为 $11.5m^3/(h \cdot m^2)$，沉淀时间 11min。沉淀池进口处悬浮物含量的设计值为 100mg/L，出口处可降至 30mg/L。沉淀池有效水深为 2m，污泥沉积深度为 0.5m。污泥可用真空泵槽车抽出送至料场利用。为保持水质稳定，循环系统需外排污水，排污水量为循环水量的 5.4%。排污水用作高炉煤气洗涤水循环系统的补给水。由于直接向炉缸洒水，蒸发量较大，约损耗循环水量的0.4%。该系统的补给水来自高炉间接冷却水系统的排污水。

（2）高炉煤气洗涤水的治理 高炉煤气洗涤水循环使用：经净化后的洗涤水，先送入第二文氏洗涤器（二文）中洗涤经第一文氏洗涤器（一文）洗涤过的煤气，因而"二文"排水相对来说污染较轻，不经处理即可直接送入"一文"洗涤煤气。"一文"排水含悬浮物量约为 2500mg/L，先投入高分子助凝剂，再投加 NaOH，控制 pH 在 7.8～8 范围内，使水中溶解的锌及碳酸盐转化为不溶于水的氢氧化物，在助凝剂的作用下，与悬浮物等一起在沉淀池中沉淀。通常采用的是辐射式沉淀池，单位面积负荷率为 $0.863m^3/(h \cdot m^2)$。沉淀池有效水深可采用 4m。沉淀池设有集泥耙，将污泥刮至中央区，由排泥泵排出。污泥经脱水后，含水率为 20%～30%，可用作烧结原料。但当污泥含锌量大于 1% 时，需经脱锌处理后方可回用，以免因烧结矿含锌量高而造成高炉结瘤。

（3）高炉冲渣水的治理 高炉冲渣水含有悬浮渣粒，水温高达 72℃，需先经沉淀池净化。沉淀池系中心进水，周边溢流出水。

（4）铸铁机废水的治理 沉下的水渣用泵抽送回水渣脱水槽回收。为便于抽送，需要用泵将循环水送入沉淀池池底冲起已沉下的水渣，因此沉淀池的池深达 10 余米，沉淀池设计表面负荷率达 $9m^3/(h \cdot m^2)$。

（5）铸铁机废水的治理 铸铁机废水的治理在于去除悬浮物及降温。由于对循环水水质的要求不高，通常建立一大容积的水池，兼作沉淀及降温之用。该水池的容积可按 1.5～2h 的供水量计算。

5. 炼钢废水的治理与回用

包括转炉烟气除尘废水、钢水真空脱气废水及转炉渣冷却废水的治理与回用。

（1）转炉烟气除尘废水的治理 转炉烟气除尘废水的处理流程如图 10.2 所示。废水经沉淀池澄清后，悬浮物含量小于 200mg/L，水温低于 45℃，用泵送入一级文氏管的溢流水封（水量为 $0.4m^3/t$ 钢）、二级文氏管（水量为 $1.36m^3/t$ 钢）及二级文氏管的排水水封（水量为 $0.2m^3/t$ 钢）。经二级文氏管洗涤后，排水直接用泵送入一级文氏管串接使用。二级文氏管排水的水温为 53℃，悬浮物含量为 1600～2000mg/L，水量为 $1.56m^3/t$ 钢。一级文氏管排水悬浮物含量为 5000～15000mg/L，水量为 $1.96m^3/t$ 钢。一级文氏管排水先流入粗颗粒分离槽，去除悬浮物中粒径大于 $60\mu m$ 的粗颗粒成分，以避免沉淀池排泥口及排泥管道堵塞和泥浆泵的磨损，保证沉淀池刮泥机的正常运转。废水由粗颗粒分离槽流入辐射式沉淀池进行净化，澄清后循环使用。污泥经脱水后与粗颗粒污泥一起送至烧结厂后回用。

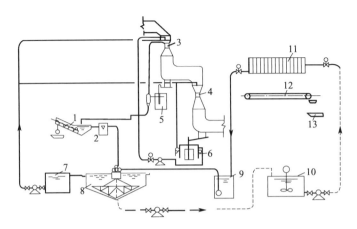

图 10.2 转炉烟气除尘废水处理流程

1—粗颗粒分离槽及分离机；2—分配槽；3——级文氏管；4—二级文氏管；
5——级文氏管排水水封槽及排水斗；6—二级文氏管排水水封槽；7—澄清水池；8—沉淀池；
9—滤液槽；10—污泥槽；11—压力式过滤脱水机；12—皮带运输机；13—料罐

（2）钢水真空脱气废水的治理　钢水真空脱气废水来自冷凝器，含悬浮物 120mg/L，水温 44℃，流入温水池，一部分水自温水池经冷却塔冷却后流入储水池；另一部分用泵加压，在压水管上注入助凝剂，经反应槽后送入高梯度电磁过滤器过滤，出水含悬浮物 40mg/L，然后借余压流至冷却塔，冷却后进入储水池。上述两部分水汇合后，悬浮物含量小于 100mg/L，水温低于 33℃，用泵送回冷凝器继续使用。

（3）转炉渣冷却废水的治理　转炉渣在用水冷却过程中，因蒸发消耗了大量的水，用转炉烟气除尘水及钢水真空脱气冷凝水两个循环系统的排污水作为补充水，为炼钢厂废水不外排创造了条件。该项冷却水经在浅盘中及排渣车上喷洒冷却后，其剩余水汇入泡渣冷却槽中对渣进行最终浸泡冷却，同时对冷却水也起到了沉淀、隔滤作用。而后，冷却废水流入沉淀池进行净化，加入药剂防垢，重新用于冷却转炉渣。沉淀池系矩形水池，设计停留时间 1h，不加凝聚剂。

6. 热轧废水的治理技术

包括热轧废水和火焰清理机除尘废水的治理。

（1）热轧废水的治理　热轧废水系循环使用废水的处理深度根据对复用水的水质要求而不同，其处理设施有铁皮坑、沉淀池、快速过滤器、冷却塔、水力旋流沉淀池、高梯度电磁过滤器和除油设施等。

① 铁皮坑供给初轧机及钢坯轧机冲铁皮的循环水中，悬浮物含量应小于 300mg/L，水温不高于 50℃。废水经铁皮坑净化后可满足要求。

② 沉淀池火焰清理机高压冲洗熔渣的水，要求悬浮物含量小于 60mg/L，只有将铁皮坑的出水再经沉淀池处理方能满足要求。所用沉淀池系矩形平流式，单位面积负荷率可按 4.76m³/(m²·h) 计算。沉淀池有效深度 2.5m，净化效率 80%，停留时间约 50min。

③ 快速过滤器轧辊和辊道对冷却水的要求较高，悬浮物含量应小于 20mg/L，温度低于 35℃。为此，需将沉淀池出水经快速过滤器净化及冷却塔冷却。

④ 冷却塔热轧循环水系统中，由于设备要求的给水温度不同，除冲铁皮水及火焰清理机高压冲熔渣水不需冷却外（给水温度 50℃），其余轧辊及辊道冷却水、板坯及方坯冷却水等，均需予以冷却，水温度 35℃左右。

⑤ 水力旋流沉淀池是一个带有锥形污泥斗的筒状构筑物，在一定深度 H 处自侧面切线方向进水，水旋流而上，从筒顶周边溢流出水。沉积在池底部的铁皮，用抓斗抓出回用。

⑥ 高梯度电磁过滤器轧机某些部件对冷却水的水质要求较高，例如轧机轴瓦冷却水中的悬浮物含量应小于 20mg/L。旋流沉淀池的出水已不符合要求，可用高梯度电磁过滤器进一步净化。

⑦ 对轧钢废水中所含油类，可在铁皮坑或沉淀池中设置垂直带式或浮式撇油器等撇除浮油，或用氯丁橡胶吸油带吸收油类后挤出。

（2）火焰清理机除尘废水的治理　该废水来自对电除尘器的分布板、除尘器前段及电极板的喷水洗灰，所含悬浮物的颗粒极细，需加凝聚剂经混合槽后在辐射式沉淀池中澄清，出水悬浮物含量要求在 50mg/L 以下，方可循环使用。辐射式沉淀池单位面积负荷率可按 $0.38m^3/(m^2 \cdot h)$ 计算。为防止在电除尘器内结垢，复用水的全硬度（以 $CaCO_3$ 计）应低于 200mg/L。

7. 冷轧废水治理技术

冷轧时含乳状油废水的治理重点是破乳。破乳的方法有超滤、化学絮凝浮上及加热等。

（1）絮凝浮上法　乳状油在水多油少的组成情况下极为稳定，宜采用化学絮凝浮上法处理。通常的絮凝剂有硫酸铝、聚合氯化铝、氢氧化钙、氢氧化钠、碳酸钙等。通常需经二次加药絮凝、二次浮上分离，才能使出水含量小于 10mg/L。

（2）超滤法　含乳状油废水在进行超滤前，需先进行预处理。废水先流入乳化液储槽，用蒸汽管加热，以降低黏度，进行静止分离。浮于表面的浮油撇出后用泵送入废油最终分离槽，沉于槽底的油泥用泵送入浓缩池。位于储槽中部的乳化液浓度为 1% 左右，用泵从储槽底部以上 1.5m 处抽出并送往超滤装置进行超滤处理。采用加热沉淀分离、超滤及离心分离法处理含乳状油废水，效果可靠，并能回收浓度为 90% 的废油。经一次超滤，含油浓度可从 1% 提高到 2%，乳化液量相应减少 50%；经二次超滤后，含油浓度提高到 50%，乳化液量与原有液量相比，减少 98%。超滤法的缺点是投资高，耗电多。冷轧废水处理后，根据水质情况，可作为原料场冲淋用水和高炉冲渣水。

三、钢铁工业废气的治理

1. 烧结厂大气污染治理

烧结工艺是冶金工业的重要工艺之一，是利用铁矿粉（铁精矿、富矿粉、轧钢铁皮、高炉灰等）、燃料（焦炭、无烟煤）和熔剂（石灰石、白云石）为原料，经过原料加工、配制、混合、造球、布料、点火、烧结、破碎、筛分、冷却等过程，生产出烧结矿。流程中产生以下灰尘：原燃料在卸落、破碎、筛分和储运过程中产生的常温粉尘，即原料准备系统产生的粉尘；混合料系统中产生的具有一定温度的含水汽粉尘，即混合料系统烟尘；混合料在烧结机上烧结时，产生的含有 SO_2、NO_x 的高温烟尘，即烧结机烟气；烧结矿在破碎、筛分、冷却、储存和转运过程中产生的具有一定温度的含尘气体，即烧结机尾烟气。

（1）原料准备系统除尘　原料准备系统治理对象是：原料厂的堆料机、取料机扬尘；矿槽卸料点、破碎机产尘点、振动筛产尘点及皮带机产尘点；配料移动可逆皮带机产尘点。污染物为常温含尘空气。含尘浓度：转运和筛分过程约为 $500 \sim 4000mg/m^3$，翻车和破碎过程约为 $4000 \sim 5000mg/m^3$。粉尘成分和原料成分相同。

对于原料厂，由于堆料机、取料机露天作业，扬尘点无法封闭，不能采用机械除尘装置，多采用喷水抑尘或喷洒覆盖剂抑尘。

根据物料的破碎、筛分和皮带机转运点，采用密闭抽风机械除尘系统，随着环境保护要求日益提高和烧结厂的现代化、自动化、大型化，烧结厂原料准备系统除尘向集中式、大型化发展并采用大型高效的袋式除尘器和电除尘器。如上海宝钢引进日本技术，原料准备系统采用了大型反吹风袋式除尘器，取得了明显的效果，排放浓度小于 $50mg/m^3$。

（2）烧结机烟气净化　铁矿烧结工艺主要是抽风袋式烧结。烧结台车上的混合料经过点火后，开始燃烧。空气从混合料层的上部抽入，燃烧产生的烟气夹带着粉尘被抽到烧结台车下的风箱中，汇入大烟道，经除尘净化后，由烟囱排入大气。

烧结烟气中主要含有粉尘和 SO_2 污染物，其浓度分别为 $500\sim6000mg/m^3$ 和 $500\sim1000mg/m^3$。烧结烟气的主要特点是：烟气量大，每生产 1t 烧结矿，约排出烟气 $3600\sim4300m^3$，按烧结机面积计，则为 $70\sim95m^3/(min\cdot m^2)$；粉尘的磨啄性强，除尘设备应采取防磨措施；含湿量高，由于烟气中含有 SO_2，因此露点温度高，除尘设施应保温，以防止烟气结露腐蚀设备和粉尘的黏结；烧结机烟气净化广泛采用电除尘器。

（3）烧结机尾除尘　烧结机尾除尘是指烧结机尾部卸矿点以及与之相邻的烧结矿破碎、筛分、储存和运输等的除尘。机尾烟气的主要特点：烟气量大，粉尘磨啄性强、相对密度大，烟气含尘浓度一般为 $5\sim15g/m^3$（标），烟气温度一般为 $100℃$，烟尘比电阻一般在 $1.0\times10^{10}\Omega\cdot cm$ 以下。机尾除尘通常用干式电除尘器净化，较好地满足国家排放标准。

2. 焦化厂烟气治理

焦化生产是用经过洗选的炼焦煤（含水约 10%）粉碎到规定的细度（一般粒度小于 3mm 的要大于 80%），从焦炉顶部装入炭化室，经高温干馏而得到焦炭。近 $1000℃$ 的红焦用推焦机从炭化室推出，卸在特设的接焦车上，用水淋熄或在关闭的槽车内由循环惰性气体冷却。焦化生产产生的废烟气主要来自：焦炉装煤时，从装煤孔、上升管及平煤孔等处逸散的烟尘；焦炉推焦时，从炉门、拦焦车、熄焦车及上升管等处逸散的烟尘；熄焦时，湿法熄焦由熄焦塔产生的含尘及挥发物的蒸汽；干熄焦时，在槽顶、排焦口及风机放散管等处产生的烟尘。

（1）焦炉炉体烟尘治理　焦炉炉体烟尘治理的对象为装煤孔盖缝隙的外漏烟气；炭化室炉门外漏烟气；上升管盖和桥管连接处外漏烟气及炉顶散落煤热分解产生的烟气等。其特点是污染源分散、面广，烟气中含有多环芳烃等有毒有害气体。其治理措施主要是对泄漏处加强密封，如采用密封性能好的炉门，在炉顶设吸尘清扫装置。

（2）焦炉装煤烟尘治理　顶装煤焦炉在往炭化室装煤时，煤受炭化室炉墙高温的影响，产生大量荒煤气和水蒸气，当其不能及时由上升管导出时，烟气由装煤孔外逸，同时夹带细小的煤尘。炭化室装满煤后需将装入的煤推平，也会产生烟尘外逸。其治理措施多采用上升管高压氨水喷射，但由于装煤孔与平煤孔的密封性解决不好，加上喷射氨水质量不好，烟尘控制效果不好。宝钢采用装煤车抽吸清洗预除尘，并加地面站精除尘，效果不错。

（3）焦炉推焦烟尘治理　焦炉推焦烟尘主要是导焦车上方散发的烟尘，熄焦车厢接取红焦时散发的烟尘和推焦过程中焦炉机侧炉门散发的烟尘。其特点为烟气中含有烟尘、NO_x 和 SO_2，烟气温度 $220℃$ 左右。国内主要治理措施是移动集尘车和地面集尘。移动集尘车是依靠设在熄焦车上方的集烟罩捕集烟尘，经过设在导焦车上或熄焦车后的洗涤除尘器净化后排放。移动集尘车设备紧凑、能耗低、投资少、不占地。但由于推焦时阵发性烟尘量大，而移动集尘车不能做得太笨重，故对烟尘的控制不理想。地面集尘系统由吸气罩、烟气引出管道及地面除尘设备三部分组成，其效果较好。

（4）焦炉熄焦烟气治理　如前所述，焦炉熄焦由湿法和干法熄焦，从环保和节能角度，干熄焦为清洁生产工艺，正在大力推广。以下仅介绍干熄焦烟气治理。

干法熄焦工艺烟尘产生在以下部位：熄焦槽开启顶盖装入红焦时；熄焦槽顶和惰性气体循环风机出口放散管；熄焦槽底排焦口及运焦皮带机。其排放除熄焦槽顶部为间断发生外，其他均为连续排放。对干熄焦烟气的治理一般采用袋式除尘器，烟气排放浓度（标准状态）可达 $50mg/m^3$。用吸气罩捕集放散管、排焦口、皮带机产生的烟尘，对于装焦时产生的烟尘，在焦罐盖及装焦斗上设排烟抽气口。

3. 炼铁厂大气污染治理与高炉煤气回收利用

炼铁厂主要污染源有高炉的原料、燃料以及辅助原料在运输、筛分、转运过程中产生的粉尘；高炉出铁场作业时产生的烟尘和有害气体，污染物有烟尘和一氧化碳、二氧化硫、硫化氢；高炉煤气放散等。其特点为污染物量大、面广，烟尘综合利用潜力大。

（1）炉前矿槽粉尘治理　炼铁厂炉前矿槽主要包括高炉原燃料的运输、运转、给料，称量及入炉上料工序，完成上述工序过程产生大量粉尘。其特点是：扬尘点多、污染面广、粉尘控制难度大；粉尘中含有一定的 SiO_2，直接影响人体健康；收集的粉尘不经处理便可利用。治理措施：一是完善工艺设备，从根本上减少物料的含粉率；二是对设备进行密闭抽风，改善岗位劳动条件；三是设置高效除尘设备，粉尘达标排放。采用密闭罩抽风，集中高效除尘（电除尘、袋式除尘）净化系统，效果较好。

（2）高炉出铁场烟尘治理　高炉出铁场在开、堵铁口及出铁过程中从主沟、铁沟、渣沟及其他设施中散出烟尘，这些产尘部位均处于作业人员呼吸带以下，直接影响作业人员。其特点是烟尘产生源分散，污染范围广，大型高炉一般有 3～4 个出铁口，2～3 个出铁场，热尘污染严重，烟气量大，污染时间长。主要治理措施为：对出铁口、出渣口、主沟、撇渣器、铁沟、渣沟、残铁罐、摆动流嘴等部位产生的烟尘（简称一次烟尘），进行密闭抽风；对开、堵铁口时从出铁口突然冒出的大量烟尘（简称二次烟尘），采用密闭出铁场外围结构，防止横向气流干扰，保证排烟效果。国内大型高炉出铁场一次烟气治理效果好，二次烟气除尘尚未普遍推广。

（3）高炉煤气回收与余压发电　高炉生产过程中伴生有大量的煤气（CO）由炉顶排出，在采取一定措施的情况下，高炉煤气是可以利用的。国内高炉煤气回收利用率很高，一般多采取湿法除尘回收工艺，其流程为：炉顶荒煤气先进行粗除尘→第一级可调文氏管除尘器→重力脱水器→第二级可调文氏管除尘器→填料式脱水器→调压阀组→消声器→快速关断水封阀→煤气管网→用户。

为回收高炉煤气的压力能，大型高炉多设置高炉炉顶余压透平发电装置（简称 TRT），转化成电能加以利用。

4. 炼钢厂大气污染治理与转炉煤气回收利用

现代炼钢分平炉、转炉、电炉三大冶炼工艺。为了强化冶炼，缩短冶炼周期，三大工艺均采用了吹氧冶炼技术。随着技术的进步，平炉炼钢工艺已逐步淘汰。炼钢厂烟气主要来自冶炼过程铁水中碳的氧化，尤其是吹氧冶炼期。转炉炼钢已成为钢铁企业的主要炼钢工艺，炼钢时，为了强化冶炼，通常向炉内熔池中吹入纯氧。吹氧主要有顶吹、底吹、顶底复合吹三种方式。吹氧的目的主要是最大限度地去除铁水中含有的碳。在高温下鼓入大量氧气，铁水中的碳迅速氧化成 CO，故炉气的主要成分为 CO。炉气从熔化状态的铁水中冒出时，因物理夹带，含有少量物质微粒，这就产生烟尘。其特点为：烟气中含尘浓度高、粒度细，污染严重；由于烟气中含有大量的 CO，具有综合利用的条件；烟气温度高，导致治理工艺复杂。

（1）吹氧转炉烟气净化与回收　转炉在吹氧冶炼期产生含有大量 CO、粉尘的高温烟气。烟气中含有 80%（体积分数）CO，烟尘中含有全铁 70% 以上。根据这一性质，转炉煤气回收状况与水平，反映了对转炉烟气的治理状况与水平。转炉烟气治理的方法有两类：一类是湿法，常用的有 OG 法；另一类是干法，如 LT 法。

（2）炼钢电炉烟气治理　电炉炼钢是炼钢的主要冶炼工艺，一般采用电弧炉炼钢。电弧炉炼钢一般分熔化、氧化及还原三个冶炼期。熔化期主要是由于炉料（废钢）中的油脂类可燃物质的燃烧，以及金属在高温时气化而产生黑褐色的烟气；氧化期主要由于吹氧、加矿，使炉内熔融态金属激烈氧化脱碳，产生大量赤褐色烟气；还原期为除去钢液中的氧和硫，调整钢水的化学成分，而投入炭粉或硅铁等造渣材料，产生白色或黑色烟气。三个冶炼期中，以氧化期产生的烟气量最多，烟气温度最高，含尘浓度最大，粒径最细。因此，电炉烟气的治理主要应以氧化期产生的烟气作为治理对象。电炉烟气阵发性强，烟气量波动大，在整个炼钢周期内，以氧化期的烟气量为最大；电炉烟气散发点多，烟气收集难度大，电极孔、炉门口、炉身圈、炉顶（加料时）以及出钢口处都有烟气产生。

（3）炼钢车间二次烟气治理　炼钢车间二次烟气指的是出钢、加料及出渣时产生的烟气，清理炉子与渣罐等产生的烟气及扬尘，亦包括冶炼时炉口、集烟系统泄漏的烟气等。二次烟气产尘点多，捕集难度大，多采用屋顶罩加局部罩的方式捕集。

四、钢铁工业废渣治理与综合利用

钢铁厂的固体废物繁多，既包括铁渣、钢渣、粉煤灰，也包括从废水、废气治理过程中分离出来的固体粉尘、泥饼和工业垃圾。

1. 高炉矿渣的处理和利用

高炉矿渣是冶炼生铁时从高炉中排出的一种废渣，它是由脉石、灰分、助熔剂和其他不能进入生铁中的杂质所组成的易熔混合物。从化学成分看，高炉矿渣属于硅酸盐质材料。每生产 1t 生铁时高炉矿渣的排放量，随着矿石品位和冶炼方法不同而变化。例如采用贫铁矿炼铁时，每吨生铁产出 1.0～1.2t 高炉矿渣；用富铁矿炼铁时，每吨生铁只产出 0.25t 高炉矿渣。由于近代选矿和炼铁技术的提高，每吨生铁产生的高炉矿渣量已经大大下降。

由于高炉矿渣属于硅酸盐质材料，又是在 1400～1600℃ 高温下形成的熔融体，因而便于加工成多品种建筑材料：水淬成粒状矿渣（简称水渣）是生产水泥、矿渣砖瓦和砌块的好原料；经急冷加工成膨胀矿渣珠或膨胀矿渣，可做轻混凝土集料；吹制成矿渣棉，可制造各种隔热、保温材料；浇铸成形可做耐磨的热铸矿渣；轧制成形可做微晶玻璃；慢冷成块的重矿渣可以代替普通石材用于建筑工程中。我国高炉矿渣的利用率为 85% 以上。

2. 钢渣的处理和利用

钢渣是炼钢过程中排出的废渣。根据炼钢所用炉型的不同，钢渣分为转炉渣、平炉渣和电炉渣。钢渣是炼钢过程中的必然副产品，其排出量约为粗钢产量的 15%～20%。钢渣是由钙、铁、硅、镁、铝、猛、磷等氧化物所组成。其主要利用途径是在钢铁公司内部自行循环使用，代替石灰作熔剂，返回高炉或烧结炉内作为炼铁原料，也可以用于公路路基、铁路路基以及作为水泥原料、改良土壤等。

3. 粉煤灰的处理利用

从煤燃烧后的烟气中收捕下来的细灰称为粉煤灰。我国从 20 世纪 50 年代开始研究利用粉煤灰，目前已用于工农业的许多方面。它已广泛地应用于建筑材料工业、建筑工程、市政工程、道路工程、矿井回填、塑料工业、军事工业中。粉煤灰中还含有一定数量的铁、铝、钛、钒、锗等金属，也可以回收。粉煤灰颗粒细、孔隙度好，同时它还含有磷、钾、镁、硼、铜、锰、钙等植物生长所必需的营养元素，因而可以作为土壤的改良剂，并用它生产复合肥料。

五、建筑钢材绿色化的新技术

钢铁工业是传统重工业，从采矿到轧钢整个生产环节中会产生大量的废气、废水、废渣及其他废弃物，其中废气、废水、废渣排放量约占工业排放总量的 14%～16%。目前金属材料的绿色化技术主要强调在保持金属材料的加工性能和使用性能基本不变化或有所提高的前提下，尽量使金属材料的加工过程消耗较低的资源和能源，排放较少的"三废"，并且在废弃之后易于分解、回收与再生。

1. 绿色化技术

（1）熔融还原炼铁技术　传统的高炉炼铁系统包括焦化、烧结、高炉熔炼，具有技术完善、生产量大、设备寿命长等特点，但其流程长、投资大、污染严重、灵活性差。

以 COREX 法为代表的熔融还原炼铁工艺是目前已趋成熟的新型炼铁方法和前沿技术，它能使用非炼焦煤直接炼铁，工艺流程短、投资省、成本低、污染少，铁水质量能与高炉铁水媲美；能够利用过程产生的煤气在竖炉中生产海绵铁，替代优质废钢供电炉炼钢。

COREX 熔融还原炼铁过程在两个反应器中完成。即上部的预还原竖炉，将铁矿石还原成金属化率为 92%～93% 的海绵铁；下部的熔融气化炉，将海绵铁熔化成铁水，同时产生还原煤气。

COREX 工艺从矿石到炼出铁水仅需 10h，而高炉工艺需要 25h，时间缩短一半以上。同时，设备重量减少一半，投资费用减少 20%，生产成本降低 10%～25%。

由于没有了炼焦过程，环境负担大大减轻，以高炉-焦炉-烧结工艺排出的有害物质为 100% 计，则 COREX 熔融还原炼铁工艺的排放量见表 10.6。

COREX 法产生的煤气，热值约为 $7500kJ/m^3$，（$CO+H_2$）含量达 60%～65%，是极好的二次能源，可用来发电，生产海绵铁、化工产品或作为燃料。从煤气清洗回收的炉尘，可在炉体的一定位置返收入熔融气化炉而被全部利用。

表 10.6　COREX 熔融还原炼铁工艺的排放量

炉尘 NO_2	硫化物	氧化物	苯酚	氨	其他
10.7%	10.5%	0.01%	5.0%	0.04%	8.2%

可以认为，COREX 法是技术、经济与环境统一协调的钢铁材料生产绿色化新工艺、新技术的范例。但对该项技术大规模投产的盈利模式还在不断地探索中。与该项技术相关的上下游产业链配套技术和因地制宜的应用还需要进一步深化认识和不断地完善。

（2）连续铸钢技术　将合格钢水连续不断地浇注到一个或一组实行强制水冷的，并带有"活底"的结晶器内，钢水沿结晶器周边逐渐凝成钢壳，待钢水凝固到一定坯壳厚度，结晶器液面上升到一定高度后，钢水便与"活底"黏结在一起，由拉轿机咬住与"活底"相连的装置，把铸坯拉出。这种使高温钢水直接浇注成钢坯的工艺叫做连续铸钢。它的出现从根本上改变了一个世纪以来占统治地位的钢锭-初轧工艺。

连铸简化了工艺流程，节省大量投资，省去了模铸工艺中脱模、整模，以及均热和初轧开坯等中间工序。基建投资和操作投资费用可节省 40%，占地面积减少 5%，设备费用减少 70%，耐火材料消耗减少 15%，成本降低 10%～20%。

连铸提高了金属的收得率和成材率，与模铸相比成材率可提高 10%～15%。还极大地改善了劳动条件，机械化、自动化程度高。

连铸大大节约能量消耗，减少环境负荷。采用连铸，省去了钢锭均热炉加热的燃料消耗，可使能量消耗减少 $1/2 \sim 3/4$。据统计生产 1t 合格钢坯，连铸比模铸节能 $400 \sim 1200\text{MJ}$，相当于节省重油 $10 \sim 30\text{kg}$。如考虑采用连铸后金属收得率的提高，炼钢厂每生产 1t 钢坯平均节能为 $1800 \sim 2600\text{MJ}$。

（3）炉外精炼技术　炉外精炼即将转炉、平炉及电炉初炼过的钢液转移到另一容器中（一般为钢包）进行精炼的炼钢过程，即"二次炼钢"，又称"二次精炼"。初炼时，炉料在氧化气氛下在炉内进行熔化、脱磷、脱碳和主合金化。精炼则是将初炼钢液在真空、惰性气体或还原性气氛的容器内进行脱气、脱氧、脱硫、深脱碳、去除夹杂及成分微调等。实施炉外精炼可以提高钢的冶炼质量、缩短冶炼时间，降低生产成本，减少污染，降低环境负荷，优化工艺。

（4）高炉富氧喷煤技术　高炉富氧喷煤技术，是世界炼铁工业迅速发展的重大技术之一，受到各国的重视，因而取得了飞速的发展。该技术是通过在高炉冶炼过程中喷入大量的煤粉和一定量的氧气，强化高炉冶炼，达到提高质量、节约焦炭、降低能耗的目的。随着钢铁工业的发展，炼焦煤变得日益紧张，再加上世界上焦炉正趋于老化，新建焦炉投资巨大，环保要求日益严格等原因，用大煤量喷吹代替部分价格昂贵而紧张的冶金焦是一发展趋势。

高炉富氧喷煤技术的特点如下。

① 可以大幅度增产节焦。根据工业试验，富氧量 1%，可增加喷煤量 23kg/t 铁，综合焦比降低 1.28%，煤焦置换比提高到 0.88，增铁 3% 左右，吨铁成本降低 6.91 元。鼓风含氧量与喷煤量的一般关系为：不富氧，吨铁喷煤量应达到 $80 \sim 100\text{kg}$；鼓风含氧量 $23\% \sim 25\%$，喷煤量可达到 150kg 左右；鼓风含氧量达到 $26\% \sim 28\%$，喷煤量可达到 200kg 左右。

② 喷吹煤种应就近优化，选择灰分、硫分含量低的煤。根据我国煤炭资源的特点，为解决喷吹用煤的供应问题，大多数企业应就近选择喷吹烟煤或烟煤与无烟煤混合喷吹，以减少煤炭运输量。

③ 高炉采用富氧鼓风和喷煤后，吨铁可比能耗有所降低，高炉煤气热值有所提高。

④ 节省投资，降低成本，减少污染。当增大炼铁能力时，采用富氧喷煤技术与传统的新建高炉和焦炉相比，当净增生铁能力相同时，大约节约投资 25%，生产成本也有所降低，因此，高炉采用大量喷煤技术具有明显的经济效益和环境效益，结合我国钢铁工业的发展，高炉采用这项技术是非常必要的。

近年来，钢铁工业调整结构主要表现在高炉喷吹煤粉，平炉改转炉，模铸改连铸和多火成材改为一火成材。钢铁工业向大型化、高效化和连续化生产方向发展。调整生产流程对节能降耗的影响极大。今后，要继续提高喷煤比，连铸比，精炼和连轧比。大力发展高效连铸和近终型连铸。通过提高连铸比，向上游带动铁水预处理，炉外精炼和优化炼钢技术，向下游带动各类轧机的优化，实现铸坯热装热送，直接轧制和控制轧制等，实现生产流程的简单化、紧凑化和连续化，最终实现钢材的绿色化生产。

2. 废钢铁再利用生产技术

废钢铁是一种载能的再生资源，用废钢铁炼钢比用铁矿石炼铁后再炼钢，一方面可减少排放废气 86%、废水 76%、废渣 97%，有利于清洁生产和排废减量化。

另一方面，废钢铁如果不进行有效回收利用，将会成为巨大的潜在环境污染源。大量锈蚀的钢铁废料任意堆置，不仅占用大面积土地，还会对土壤、水体、大气及生态环境造成严重的威胁。对废钢铁加以回收利用，可解决废钢铁处理处置的问题，变废为宝，减少土地占用，减少污染物排放，改善环境，增加社会效益。

废钢铁由于已经实现了氧化物向金属的转化过程，其本身已经是一种化学能的载能体。钢铁生产从选矿、采矿、烧结、炼铁到炼钢、轧钢，70％以上的能源消耗主要集中在炼钢工序以前。用废钢铁炼钢，对废钢铁的处理主要是完成熔化过程所需的物理热增值，因此其过程能耗在理论上要比以铁矿石为原料低得多。利用废钢铁炼钢比用铁矿石炼钢可节省 2/3 的能源，节水 2/5。用 1t 废钢铁就可以节约 1t 标准煤，可节能 11.7GJ。

由此可见，对废钢铁进行再生利用不仅能减少矿产资源的开采，延长地球表壳矿产资源的使用寿命，还可以降低能耗，降低成本，提高经济效益。因此，废钢铁的利用引起了全社会的普遍重视，废钢铁也被形象地称为"第二矿业"。

（1）废钢铁再利用概况　　目前，炼钢是以铁矿石或废钢铁为原料，由于生产工艺和技术的差异、废钢积蓄量以及政策鼓励等因素的影响，各国利用二者原料的比例各不相同。美国生产的钢材其使用的原料有 60％ 来自于废钢铁，欧洲是 40％，日本是 25％。而我国钢的生产对铁矿石的依赖度偏高，生产的钢材其使用的原料 90％ 来自于铁矿石，仅 10％ 来自于废钢铁。如今我国钢铁的产量位居世界第一，2013 年我国生产粗钢 7.79×10^8 t，我国每年铁矿石的消耗量极大。随着地球表壳资源的日益贫化，金属矿产资源已迅速枯竭。据专家估计，地球上金属矿产的开采只能维持 100～300 年，其中，铁矿石只能开采 100～160 年，而钛、铜、银的开采将不足 50 年。我国是矿产资源相对不足的国家，已探明的铁矿总储量为 530×10^8 t 左右，按目前的生产规模只可稳定供应约 20 年。而废钢铁是可再生资源，可无限循环使用，从炼钢-轧钢-钢材-制品-使用-报废-回炉炼钢-轧钢，每 8～30 年一个循环。用 1t 废钢铁炼钢，可节省 2～3t 铁矿石、焦炭 500kg、石灰石 300kg，可减少 4～5t 原生矿的开采量。

从原料来看，在可以预见的未来若干年内，世界上的废钢铁资源可以稳定供给，价格也基本不变。据分析，近年我国的废钢铁社会积蓄量达 20×10^8 t 左右，产出量约为 8.1×10^7 t，扣除钢铁企业自产废钢铁中的废次材外销，铸造业、设备业对废钢的需求和小电炉对废钢铁资源的消耗等因素，全年废钢铁资源缺口约为 1.0×10^7 t。在国内废钢资源一时不能自给自足的情况下，废钢铁的远洋运输也比铁矿石有优势。因为铁矿石运输往往需要大型或超大型远洋矿船和深水港的配合，在我国有时还要求有庞大的铁路运输能力与之配合，不仅基础设施投资巨大，而且由于铁矿石中含有大量无价值脉石一起进入运输过程增加了有效运输费用，炼钢成本很高，而废钢铁运输则不存在上述问题。预计我国 10 年内能逐步进入废钢铁高产期。

（2）中、重型废钢的加工工艺　　废钢作为电炉炼钢的最大宗原料，需求很大，废钢中的中、重型废钢要进行科学的分类和加工，不仅使入炉废钢满足冶炼对其外形尺寸、密度和纯度的要求，实现精料炼钢，而且必须降低废钢的加工成本。可采用氧气切割、剪切等方式进行处理，先介绍一套安钢 100t 的电炉废钢加工工艺。其废钢加工工艺流程如图 10.3 所示。

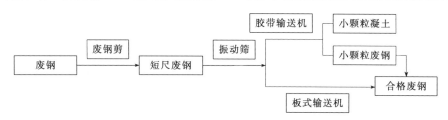

图 10.3　废钢加工工艺流程

（3）返回吹氧法冶炼铬镍不锈钢　　不锈钢属低碳钢，并加入了大量（大于 10.5％）的铬。镍也是一种常见的合金成分，例如 304 号不锈钢含铬 18%、含镍 8%。

不锈钢具有抗腐蚀、高温下抗氧化能力，具有足够高的高温强度和高温疲劳强度等性能。不锈钢之所以抗腐蚀和抗氧化，并不是因其不受腐蚀和氧化，而是由于腐蚀和氧化产物（Cr_2O_3）覆盖在钢的表面形成致密的保护薄膜，使不锈钢表面与周围介质隔绝，从而阻止或大大减缓腐蚀和氧化的进行，这种现象叫钝化，这种保护膜叫钝化膜。由此可知，为了提高钢的抗腐蚀性和抗氧化能力，最主要的方法是加入足够数量的可形成致密保护膜的合金元素铬，有时也加入镍、铝、硅等元素。镍能提高钢的耐腐蚀性能，但镍的抗腐蚀作用只有与铬配合时才显示出来，如果单用镍，钢的耐腐蚀性提高有限。

由于炉料的组成和冶炼操作的不同，铬镍不锈钢的冶炼方法也各不相同。根据国内外冶炼方法的发展情况，铬镍不锈钢归纳起来主要有氧化法、装入法和返回吹氧法。

而氧化法冶炼时间长，炉体损坏严重，不能利用返回料，故成本较高，较少采用。装入法未能很好地解决碳、铬两元素夺氧的矛盾，即去碳保铬问题。炉料中由于配入大量的高铬镍返回钢，如果在一般炼钢温度下用矿石进行氧化时，首先氧化的将是铬而不是碳。其结果是铬被大量烧损进入渣中，而碳仍未降低。因此，只好配入极低碳的软钢，并采用不氧化冶炼。随着氧气在电炉炼钢中的广泛采用，为铬、碳夺氧这一矛盾的转化创造了极为有利的条件。因此，返回吹氧法成为电弧炉中冶炼不锈钢的通用方法。

（4）废钢-短流程工艺 在钢铁制造过程中，从炼钢工艺的角度分为两大类。一类是传统的长流程，一般是指转炉炼钢，原料以铁矿石为主，废钢铁为辅，有烧结、球团、焦化、高炉炼铁工序。它主要依靠铁矿石、煤为原料的高炉→转炉→连铸→热轧流程。另一类冶金流程为短流程，一般指电炉炼钢，原料以废钢铁为主，生铁为辅，就只有电炉工序。它主要依靠以废钢为原料的电炉→精炼→连铸→热轧流程。

废钢铁再生利用的冶炼通用技术是废钢铁的短流程工艺。它是以电炉炼钢为中心，将回收再利用的废钢（或其他代用料），经破碎、分选加工后，经预热直接加入电炉中，电炉利用电能作热源来进行冶炼，再经二次炉外精炼，获得合格钢水，后续工序同长流程工艺。

生产工艺是长流程时，生产 1t 转炉钢的工序能耗计算结果为 57451kg 标煤/t。我国重点钢铁企业电炉工序能耗为 80.74kg 标煤/t，而电炉使用热铁水比例为 416kg/t，对于 416kg/t 热铁水要消耗炼铁系统能耗为 568.19kg 标煤/t×0.416＝236.37kg 标煤/t。所以，实际我国电炉工序的冶炼 1t 钢的实际能耗：236.37＋80.74＝317.11(kg 标煤/t)。

由此可得出结论，一是以我国电炉使用热铁水情况下，电炉冶炼工艺要比转炉工艺进行冶炼的能耗（是包括炼铁系统范围）要低 574.51－317.11＝257.40(kg 标煤/t)。二是如果电炉生产完全不使用热铁水进行冶炼，可以完全没有炼铁系统的能源消耗。长流程、短流程的环境指标分别见表 10.7、表 10.8。

表 10.7 生产 1t 粗钢的资源、能源、废弃物总量（长流程）

产品	1t 粗钢
资源项	铁矿石:1500kg,炼焦煤:610kg,矿物煤:60kg,块矿:150kg,熔剂:200kg,废钢:175kg,水:5m³
能源项（输入）	煤:19.2GJ,蒸汽:5.2GJ,电:0.5GJ,氧气:0.3GJ,天然气:0.04GJ
能源项（输出）	蒸汽:5.2GJ,电:3.4GJ,煤焦油:0.9GJ,苯:0.3GJ
废气项	CO:28kg,CO_2:2.3t,SO_2:2.2kg,NO_x:2.3kg,VOC:0.3kg,颗粒物质:1.1kg,其他(金属、H_2S):65g
废水项	废水(SS、油、NH_3):3m³,固体悬浮物:1.6kg,氨态氮:100g,酚、甲基类、氰化物:8g
废渣项	渣:455kg,粉尘/泥渣:56kg,氧化铁皮:16kg,耐火材料:4kg,油:0.8kg,其他:54kg

表 10.8　生产 1t 粗钢的资源、能源、废弃物总量（短流程）

产品	1t 粗钢				
资源项	废钢：1130kg，合金元素：10kg，熔剂：40kg				
能源项（输入）	电：5.5GJ，天然气：1.3GJ，煤/焦炭：450MJ，氧气：205MJ，电极消耗：120MJ				
废气项	CO：2.5kg，CO_2：120kg，SO_2：60g，NO_x：0.6kg，颗粒物质：165g				
废水项	废水（SS、油、NH_3）：$2m^3$				
废渣项	炉渣：146kg，炉尘：19kg，氧化铁皮：16kg，泥渣：2.5kg，耐火材料：17kg，油：0.8kg，其他：3kg				

　　冶金短流程的真正核心在于不断提高钢厂生产流程的紧凑化和连续化，从而达到金属收得率最大化、生产过程能量输入和资源输入的最小化、过程的三废输出减量化的目的。

3. 高性能钢材

　　从 20 世纪 90 年代开始，世界上主要产钢国家为了节约钢材，节约资源和能源，保护环境，相继开展了新一代高性能钢铁材料的研发。其中日本在 1997 年提出了"超级钢"计划，韩国在 1998 年提出了"高性能结构钢"计划，我国也在"973"计划中提出了"新一代钢铁材料重大基础研究计划"。在项目首席科学家、原冶金部副部长翁宇庆教授的主持下，研制成功了新一代高性能碳素结构钢，使化学成分相同的普碳钢的屈服强度由 200MPa 级提高到 400MPa 级和 500MPa 级，并已在汽车、建筑和工程机械等领域大量应用。由于高性能钢的强度提高了一倍，因而不仅使用寿命可以提高一倍，而且用钢量可以减少一半，这对于建设节约型社会、环境友好型社会，以及实现经济可持续发展有很大的意义。

　　由于高性能钢不仅具有高的强度、高的塑性和韧性，还具有较高的抗火性，因此具有广阔的工程应用和发展前景。

　　目前，国内的特钢生产比例仅占钢材总产量的 5％左右，远低于世界平均 15％～20％的水平，我国建筑用钢总体处于消费结构不合理、品种规格不配套、综合性能偏低的状况，特别在抗震、耐候、耐火、特殊规格等高性能建筑用钢产品研发和应用方面，和发达国家相比差距巨大，尚不能满足国家低碳经济发展战略的需求。

　　在行业结构升级不断加强以及"低碳"政策的推动下，"十二五"期间，建筑用钢产品标准将有所提高，高性能钢材产品需求也将明显增加，高强度、轻量化、减量化用钢已经成为发展趋势。到"十二五"末，全国高强钢筋使用比例期望达到建筑用钢 60％，每年可减少钢材消耗 1000 万吨左右，增加钢铁工业经济效益近 150 亿元，减少铁矿石消耗 1600 万吨左右，减少能源消耗 600 万吨标准煤。因此，钢铁行业在实现自身节能减排和可持续发展的同时，要提高钢的使用价值，加大开发高强度钢材品种以满足建筑行业对高性能钢的应用需求。

　　（1）建筑用高性能耐火钢的研发与应用　美国"9.11 事件"之后，引起人们对高层钢结构建筑防火安全的高度重视，对建筑用钢的耐火性能提出了更高的要求，即温度达到 600℃时，结构钢材仍保持全部强度和刚度。这已成为结构抗火设计的发展方向，和研究解决的重要课题。

　　① 建筑用高性能耐火 H 型结构钢　由北京钢铁研究总院和昆明理工大学共同对耐火 H 型结构钢进行研发，并进行了工业试制。其材料化学成分相当 12MnMoNbNAl 钢。由于含 MO 属于耐热低碳合金结构钢，有较高的耐火性。该耐热 H 型结构钢，在试验温度 600℃时，具有优异的保持高温强度的能力。屈服强度仍能保持 285MPa，等于室温屈服强度的 2/3，满足建筑用耐火钢的使用要求。

　　② 建筑用高性能耐火钢拉杆　巨力集团自主研发生产的建筑钢拉杆不仅填补了国内空白，而且力学性能质量水平达到了国际领先水平。Q150mm 550 级建筑钢拉杆，具有高的强

度、高的塑性和高的韧性，即高的力学性能。

Q150mm 建筑钢拉杆选用的材质是优质低合金耐热结构钢——35CrMo 钢。其最突出的优点是高温强度好，抗蠕变性能好，可在 600℃的温度下长期工作，也就是说在 600℃长时间高温下，35CrMo 钢拉杆的屈服强度仍能保持在 550MPa，保证了高的抗火性，即高的强度和刚度。

到目前为止，巨力集团钢拉杆厂生产的多种规格的 35CrMo 钢高性能耐火钢拉杆已成功地应用在深圳国际会展中心、首都新博物馆、上海浦东国际机场等 40 多个大型建筑和重点工程中。

（2）建筑工程用节约型钢材首推高性能钢板桩　自 1920 年德国钢板桩工程师 Julius Schroeder 先生创建专业化生产港口、船坞建设用钢产品的 Anker Schroede 公司以来，钢板桩、钢拉杆等钢结构产品正在不断地推广应用。

钢板桩的基本结构是：两边是钢制板桩和接头，中间是钢拉杆，在地里或水中构成墙壁。由于它的特殊结构，因而具有独特的优点：高强度（Q345 级、Q460 级），重量轻、隔水性能好、耐久性强。使用寿命能达到 20～50 年，可重复使用 3～5 次；环保效果显著，在施工中可大大减少取土量和混凝土的使用量，有效保护土地资源；具有较强的救灾、抢险的功能，尤其在防洪、塌方、塌陷、流沙的抢险救灾中，见效特别快；施工简单，工期缩短，建设费用较省。

正是钢板桩、钢拉杆具有如此多的独特功能和优势，因而它的用途非常广泛：在永久性结构建筑上可用于码头、卸货场、堤防护岸、护墙、挡土墙、防波堤、导流堤、船坞、闸门等；在临时性结构建筑上，可用于封山、临时护岸、断流、建桥围堰、大型管道铺设临时沟渠开挖的挡土、挡水、挡沙墙等；在抗洪抢险中，可用于防洪、防塌方、防洪沙等。

目前，我国钢板桩的应用也越来越广泛，例如杭州湾大桥、上海浦东国际机场等大型工程都采用了钢板桩这一节约型钢结构。随着我国经济技术的发展，钢板桩、钢拉杆应用的前景必将非常广阔，市场需求会越来越多。

第三节　建筑用铝材制品及其生产工艺

铝及铝合金是建筑工程中使用量仅次于钢材的金属材料，尤其是铝合金品种的日益增多，使铝的使用价值大为提高，在建筑上应用范围不断扩大。除大量采用的铝合金门窗外，在外墙贴面、外墙装饰、室内装修等装修工程，城市大型隔音墙、回廊、亭阁、轻便小型固定或移动式房屋和结构物等建筑中也都大量采用了铝及铝合金型材及其制品。

一、铝及铝合金的品种及分类

1. 铝及铝合金

铝是由铝矾土矿石中提炼的三氧化二铝（Al_2O_3），再经电解而得到金属铝。铝属轻金属，纯铝晶体呈面心立方晶格。密度为 2.7g/cm³，熔点为 660℃，银白色。铝具有良好的塑性和抵御大气腐蚀的性能；导电、导热性也很好；对白光、紫外线、红外线有较强的反射能力，对白光的反射率可达 80%；易于加工和焊接。但其强度和硬度较低。纯铝按纯度分为工业高纯铝和工业纯铝。工业纯铝的牌号有 L1～L7，牌号越大，纯度越低，如 L7 的纯度 98%，L1 的纯度 99.7%。

　　铝合金是在铝中加入某些合金元素制成的铝，称为铝合金。铝中加入合金元素后，一般强度、硬度都有明显的提高，其他性能也有一定的改善。同时，仍保持其轻质的固有特性。铝合金的性能特点与加入的合金元素有关，常见合金元素有锰、镁、硅、铜、锌等。建筑用铝合金多为铝镁合金、铝锰合金和铝铜镁合金。铝合金按其成分和生产工艺特点分为铸造合金（适于铸造生产）和变形铝合金（适于锻造、压延、挤压等工艺使其形状发生变化的铝合金）。建筑用铝合金多为变形铝合金，包括防锈铝合金（LF）、硬铝合金（LY）、超硬铝合金（LC）、煅铝合金（LD）和特殊铝合金（LT）。它们的特点是质量轻（约为钢材的1/3），耐腐蚀性能稳定；没有低温脆性，反而能随温度下降机械性能有所增高；易于加工，可切割、冲压、冷弯和切削等。

2. 铝及铝合金的分类

　　目前，世界上已拥有不同合金状态、形状规格、品种型号、各种功能、性能和用途的铝及铝合金加工材十余万种，通常分类如下。

　　（1）按照合金成分与热处理方式分类　铝及铝合金按合金成分与热处理方式分类见表 10.9。

表 10.9　铝及铝合金按合金成分与热处理方式分类

类别		合金名称	合金主要成分（合金系）	热处理和性能特点	举例
铸造铝合金材料		简单铝硅合金	Al-Si	不能热处理强化,力学性能较低,铸造性能好	ZL102
		特殊铝硅合金	Al-Si-Mg	可热处理强化,力学性能较高,铸造性能良好	ZL101
			Al-Si-Cu		ZL107
			Al-Si-Mg-Cu		ZL105 ZL110
			Al-Si-Mg-Cu-Ni		ZL109
		铝铜铸造合金	Al-Cu	可热处理强化,耐热性好,铸造性和耐蚀性差	ZL201
		铝镁铸造合金	Al-Mg	力学性能高,抗蚀性好	ZL301
		铝锌铸造合金	Al-Zn	能自动淬火,宜于压铸	ZL401
		铝稀土铸造合金	Al-Re	耐热性好,耐蚀性高	ZL109RE
变形铝合金材料	不能热处理强化铝合金	工业纯铝	≥99.90% Al	塑性好,耐蚀,力学性能低	1A99 1050 1200
		防锈铝	Al-Mn	力学性能较低,抗蚀性好,可焊,压力加工性能好	3A21
			Al-Mg		5A05
	可热处理强化铝合金	硬铝	Al-Cu-Mg	力学性能高	2A11 2A12
		超硬铝	Al-Cu-Mg-Zn	室温强度最高	7A04 7A09
		锻铝	Al-Mg-Si-Cu	锻造性能好,耐热性能好	6A02 2A70
			Al-Cu-Mg-Fe-Ni		2A80

　　（2）按形状与规格分类

　　① 按产品形状分类　主要可分为板材、带材、条材、箔材、管材、棒材、型材、线材、粉材、锻件和模锻件、冷压件等。

　　② 按照断面积或质量大小分类　铝及铝合金材料可分为特大型、大型、中型、小型和特小型等几个类别。如投影面积大于 $2m^2$ 的模锻件，断面积大于 $400cm^2$ 的型材，质量大于 $10kg$ 的压铸件等，都属于特大型产品；而断面积小于 $0.1cm^2$ 的型材，质量小于 $0.1kg$ 的压铸件等都称为特小型产品。

　　③ 按照产品的外形轮廓尺寸分类　按产品的外形轮廓尺寸、外径或外接圆直径的大小，

可分为特大型、大型、中小型和超小型几个类别。如宽度大于 250mm、长度大于 10m 的型材为大型型材，宽度大于 800mm 的型材为特大型型材，而宽度小于 10mm 的型材为超小型精密型材等。

④ 按照产品的壁厚分类　可分为超厚、厚、薄、特薄等几个类别。如厚度大于 150mm 的板材为超厚板，厚度大于 8mm 的为厚板，厚度为 2~8mm 的为中厚板，厚度为 2mm 以下的为薄板，厚度小于 0.5mm 的板材为特薄板，厚度小于 0.20mm 的为铝箔等。

二、建筑铝材的分类及用途

建筑用铝材主要用于建筑物构架、屋面和墙面的围护结构、骨架、门窗、吊顶、饰面、遮阳、装饰方面等；保存粮食的仓库，盛酸、碱和各种液态、气态燃料的大罐，蓄水池的内壁及输送管路；公路、人行和铁路桥梁的跨式结构、护栏，特别是江河上通行大型船的可分开式桥梁；市内立交桥和繁华市区横跨街道的天桥；建筑施工脚手架、踏板和水泥预制件模板等。

目前在许多国家里，建筑业是铝材的三大用户（容器包装业、建筑业、交通运输业）之一，其用量占世界铝总消费量的 20% 以上。

建筑业使用的铝材主要是：Al-Mg-Si 系的 6063 和 6061 合金挤压型材，近年来低成分 Al-Zn-M8 合金（7003 和 7005）挤压型材也在推广应用；板材主要是 Al-Mn 系的 3A21 和 3004 合金冷轧板，以及工业纯铝板。

1983 年，德国首先使用了隔热铝合金门窗，随后在欧洲的大部分地区迅速推广，目前工业发达国家已经很普及。这种铝门窗框配上中空双层玻璃，大大提高了门窗的保温性能，既节省能源，隔音效果又好。我国高档建筑物上也开始采用隔热铝门窗，与木质、钢质和塑料门窗相比，目前铝合金门窗仍占绝对优势。

1. 建筑业常用铝合金及使用状态

建筑行业也是铝的主要消费市场，其中建筑用铝合金模板是新兴热点。2013 年，全国建筑模板使用量约 6 亿平方米，铝合金模板仅占 1%~2%，这一比例有望在 3 年内提升到 8%，预计每年将增加铝合金消费量超过 15 万吨。

6061 和 6063 铝-镁-硅系合金，是当代建筑业广泛使用的铝合金。据统计，国外 6063 合金型材用于门、窗、玻璃幕墙占该系合金型材的 90%，占所有铝及铝合金型材的 80%。此外，建筑铝结构用铝合金有：铝-镁系、铝-锰系、铝-铜-镁-锰系、铝-镁-硅-铜系、铝-锌-镁-铜系等多种系列铝合金。常见的建筑铝结构用铝合金牌号及状态见表 10.10。

表 10.10　常见的建筑铝结构用铝合金牌号及状态

结构	合金性质		合金牌号、状态
	强度	耐蚀性	
围护设施	低	高	1035、1200、3A21、5A02-O
	中	高	6061T6、6063T5、3A21-O、5A02-O
半承重结构	低	高	3A21-O、5A02-O、6A02T4
	中	高	3A2l-O、5A02-O、6A02T6、6A02T4、6A02-1T、6A02-2T4
	高	高	5A05-O、5A06-O、6A02-1T6、6A02-2T6
承重结构	中	中、高	2A11T4、5A05-O、5A06-O、6A02T6、2A14T6、6A02-1T6
	高	中、高	2A14T6、6A02-2T6、2A14T4、7A04T6、2A12T4

2. 建筑业常用铝合金的结构类型

建筑业常用铝合金的基本类型有 3 种，即围护铝结构、半承重铝结构及承重铝结构。

（1）围护铝结构 指各种建筑物的门面和室内装饰。通常把门、窗、护墙、隔墙和天篷吊顶等的框架称作围护结构中的线结构；把屋面、天花板、各类墙体、遮阳装置等称作围护结构中的面结构。线结构使用铝型材，面结构使用铝薄板，如平板、波纹板、压型板、蜂窝板和铝箔等。

（2）半承重铝结构 随着围护结构尺寸的扩大和负载的增加，一些结构需起到围护和承重的双重作用，这类结构称为半承重结构，因此半承重铝结构广泛用于跨度大于 6m 的屋顶盖板和整体墙板、无中间构架屋顶以及盛各种液体的罐、池等。

（3）承重铝结构 从单层房屋的构架到大跨度屋盖都可使用铝结构做承重件。从安全和经济技术的合理性考虑，往往采用钢玄柱和铝横梁的混合结构。

3. 建筑铝材分类

（1）铝合金型材 包括各种断面形状规格的管、棒、型、板和线材，如异型型材、空心型材、异径管材等。铝合金型材大多采用挤压法生产，经挤压成形后的型材表面由于存在着不同污垢和缺陷，自然氧化膜（即表面自然保护膜）也薄而弱（厚度小于 0.1μm），耐腐蚀性和耐磨性也较差，色泽单调。所以，建筑用铝型材必须对表面进行清洗，阳极氧化和电解着色，使表面形成较厚的（5～20μm）氧化膜，以提高型材表面硬度和耐蚀、耐磨性，并获得多种美观大方的色泽和装饰效果。铝合金型材被广泛应用于加工各种门窗，室内、外装饰等。产品型号、规格、性能和质量标准可参阅 GB 5237—2008 的规定。

（2）铝合金制品 包括铝合金门窗、铝合金装饰板和其他铝合金装饰制品等。

① 铝合金门窗由经过表面处理的铝合金型材加工制成的门窗框构件和其配件组合装配而成。它具有质轻，密封性好，耐腐蚀，坚固耐用，富有装饰效果且使用维修方便，利于工业化生产等普通门窗所不能比拟的优点而得到广泛应用。

国内生产的铝合金门窗品种很多，主要产品有：平开（推拉）铝合金窗，有不带纱窗（平开 PLC，推拉 TLC）和带纱窗（平开 APLC，推拉 ATLC）两种。平开（推拉）铝合金门，也分不带纱窗（平开 PLM，推拉 TLM）和带纱窗（平开 SPLM，推拉 STLM）两种。地弹簧门，代号 LDHM。

② 铝合金装饰板是目前比较流行的建筑装饰材料。它具有轻质、耐久、装饰效果好、施工方便等优点。适于公共建筑室内、外装修。颜色有本色、金黄、古铜、茶色等多种色调。常见产品有：铝合金花纹板、铝合金压型板和铝合金冲孔板。

铝合金花纹板是以纯铝（L3）、防锈铝（LF21）或硬铝（LY2）为坯料，用特制的花纹辊轧制而成。花纹图案美观大方，不易磨损，防滑性能好，也便于安装冲洗。广泛应用于现代建筑物的墙面装饰以及楼梯踏步等。

铝合金压型板是用防锈铝（LF2）或纯铝（L5）为坯料轧制而成的有多种波形的板材。具有质轻、刚度好、外形美观、耐久、耐蚀、易于安装等优点。通过表面着色处理，还可得到各种色彩。适用于旅馆、商场等建筑墙面和屋面装修。

铝合金冲孔板是以纯铝（L2～L5 或 LF2，LF21）制成的各种铝合金平板，经机械冲孔而成。具有良好的防腐、防火、防水、防震和吸音性能；轻便美观，既具有较好的装饰效果，又是一种理想的吸音材料。主要用于有吸音要求的各种控制室、影剧院和计算机房的天棚及墙壁装修。

（3）其他铝合金装饰制品 主要包括铝合金龙骨吊顶材料、铝合金饰件和铝箔三种。

铝合金龙骨吊顶材料包括铝龙骨、平顶筋、天花板及相应的吊挂件。铝合金饰件包括铝合金棒、杆、片、线等其他装饰性制品。铝箔是以纯铝或铝合金加工而成的厚 6.3μm～

0.2mm 的薄片制品。

4. 房屋承重铝结构型材应用实例

在框架结构中，由于铝的弹性模量低，往往采用钢玄柱，铝横梁的混合结构。例如，比利时的安特卫普一个库房的骨架是由钢-铝混合框架制作的。采用铝件的原因，是严重的海洋性气候和地下土质松软，要求减小结构重量。铝型材由 14 个双铰格式框架组成横梁，立柱用钢铁的，框间距为 20m，跨度为 80m，用铝量为 $17kg/m^2$。英国一个飞机场的飞机库是全铝结构的，由几个跨度为 66.14m 的双铰框架组成，朝阳面高 13.5m，屋顶用铝板或型材，东墙整体全用铝板做成，西墙和南墙有可拉开的铝大门，尺寸为 $61m \times 13.2m$，铝用量为 $27.5kg/m^2$。

三、建筑铝材的生产工艺

全世界铝（包括再生铝）产量的 85% 以上被加工成板、带、条、箔、管、棒、型、线、粉、自由锻件、模锻件、铸件、压铸件、冲压件及其深加工件等铝及铝合金产品。

铝在自然界中以化合物状态存在。炼铝的主要原料是铝矾土，其主要成分为一水铝（$Al_2O_3 \cdot H_2O$）和三水铝（$Al_2O_3 \cdot 3H_2O$），另外还含有少量氧化铁、石英和硅酸盐等，其中三氧化二铝（Al_2O_3）含量高达 47%～65%。

铝的冶炼是先从铝矿石中提炼出三氧化二铝（Al_2O_3），提炼三氧化二铝的方法有电热法、酸法和碱法三种。然后再由 Al_2O_3 通过电解得到金属铝。电解铝一般采用熔盐电解法，主要电介质为冰晶石（Na_2AlF_6），并加入少量的氟化钠、氟化铝，以调节电解液成分。电解出来的铝尚含有少量铁、硫等杂质，然后把铝液浇入铸锭制成铝锭。高纯度铝的纯度可达99.996%，普通纯铝的纯度在 99.5% 以上。

1. 铝加工方法的分类与特点

铝及铝合金塑型成形方法很多，通常按工件在加工时的温度特征和工件在变形过程中的受力与变形方式（应力，应变状态）来进行分类。

（1）按工件在加工过程中的温度特征分类　可分为热加工、冷加工和温加工三类。

① 热加工是指铝及铝合金锭坯在再结晶温度以上所完成的塑性成型过程。热加工时，锭坯的塑性较高而变形抗力较低，可以用能力较小的设备生产变形量较大的产品。为了保证产品的组织性能，应严格控制工件的加热温度、变形温度与变形速度、变形程度以及变形终了温度和变形后的冷却速率。常见的铝合金热加工方法有热挤压、热轧制、热锻压、热顶锻、液体模锻、半固态成型、连续铸轧、连铸连轧、连铸连挤等。

② 冷加工是指在不产生回复和再结晶的温度以下所完成的塑性成型过程。冷加工的实质是冷加工和中间退火的工艺组合过程。冷加工可得到表面光洁、尺寸精确、组织性能良好和能满足不同性能要求的最终产品。最常见的冷加工方法有冷挤压、冷顶锻、管材冷轧、冷拉拔、板带箔冷轧、冷冲压、冷弯、旋压等。

③ 温加工是介于冷、热加工之间的塑性成型过程。温加工的主要目的是为了降低金属的变形抵抗力和提高金属的塑性性能（加工性）。最常见的温加工方法有温挤、温轧、温顶锻等。

（2）按工件在变形过程中的受力与变形方式分类　可分为轧制、挤压、拉拔、锻造、旋压、成型加工（如冷冲压、冷变、深冲等）及深度加工等（见图 10.4）。

① 轧制是锭坯依靠摩擦力被拉进旋转的轧辊间，借助于轧辊施加的压力，使其横断面减小，形状改变，厚度变薄而长度增加的一种弹性变形过程。根据轧辊旋转方向不同，轧制

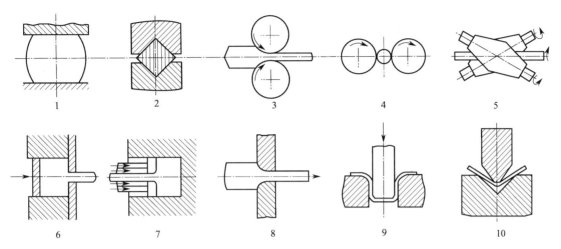

图 10.4　铝加工按工件的受力和变形方式的分类
1—自由锻造；2—模锻；3—纵轧；4—横轧；5—斜轧；6—正挤压；7—反挤压；8—拉拔；9—冲压；10—弯曲

又可分为纵轧、横轧和斜轧。纵轧时，工作轧辊的转动方向相反，轧件的纵轴线与轧辊的轴线相互垂直，它是铝合金板、带、箔材平辊轧制中最常用的方法；横轧时，工作轧辊的转动方向相同，轧件的纵轴线与轧辊轴线相互平行，在铝合金板带材轧制中很少使用；斜轧时，工作轧辊的转动方向相同，轧件的纵轴线与轧辊轴线成一定的倾斜角度。在生产铝合金管材和某些异形产品时常用双辊或多辊斜轧。根据辊系不同，铝合金轧制可分为两辊（一对）系轧制、多辊系轧制和特殊辊系（如行星式轧制、V 形轧制等）轧制。根据轧辊形状不同，铝合金轧制分为平辊轧制和孔型辊轧制等。根据产品品种不同，铝合金轧制又可分为板、带、箔材轧制，棒材、扁条和异形型材轧制，管材和空心型材轧制等。

　　② 挤压是将锭坯装入挤压筒中，通过挤压轴对金属施加压力，使其从给定形状和尺寸的模孔中挤出，产生塑性变形而获得所要求的挤压产品的一种加工方法。按挤压时金属流动方向不同，挤压又可分为正向挤压、反向挤压和联合挤压。正向挤压时，挤压轴的运动方向和挤出金属的流动方向一致，而反向挤压时，挤压轴的运动方向与挤出金属的流动方向相反。按锭坯的加热温度，挤压可分为热挤压和冷挤压。热挤压时是将锭坯加热到再结晶温度以上进行挤压，冷挤压是在室温下进行挤压。

　　③ 拉拔是拉伸机（或拉拔机）通过夹钳把铝及铝合金坯料（线坯或管坯）从给定形状和尺寸的模孔中拉出来，使其产生塑性变形而获得所需的管、棒、型、线材的加工方法。根据所生产的产品品种和形状不同，拉伸可分为线材拉伸、管材拉伸、棒材拉伸和型材拉伸。管材拉伸又可分为空拉、带芯头拉伸和游动芯头拉伸。拉伸加工的主要要素是拉伸机、拉伸模和拉伸卷筒。根据拉伸配模，拉伸可分为单模拉伸和多模拉伸。

　　④ 锻造是锻锤或压力机（机械的或液压的）通过锤头或压头对铝及铝合金铸锭或锻坯施加压力，使金属产生塑性变形的加工方法。铝合金锻造有自由锻和模锻两种基本方法。自由锻是将工件放在平砧（或型砧）间进行锻造；模锻是将工件放在给定尺寸和形状的模具内，然后对工件施加压力进行锻造变形而获得所要求的模锻件。

　　⑤ 铝材的其他塑性成形方法。目前，人们还研究开发出了多种新型的铝材加工方法，它们主要是：压力铸造成形法，如低、中、高压成形，挤压成型等。半固态成形法，如半固态轧制、半固态挤压、半固态拉拔、液体模锻等。连续成形法，如连铸连挤、高速连铸轧、Conform 连续挤压法等。复合成形法，如层压轧制法、多坯料挤压法、变形热处理法等。

铝及铝合金加工材中以压延材（板材、带材、条材、箔材）和挤压材（管材、棒材、型材、线材）应用最广，产量最大。近年来，这两类材料的年产量分别占世界铝材总年产量（平均）的 58％和 39％左右，其余铝加工材，如锻造产品等仅占铝材总产量的百分之几。

2. 铝加工的技术进步

全世界铝加工行业仍处在不断发展中，特别是 20 世纪 90 年代以来发展更为迅速。为了满足市场对高精度、低成本铝加工产品的需要，世界各国一直在开发研制各种先进的铝加工生产工艺技术和装备，以提高生产效率、产品精度和成品率，降低生产成本。目前铝加工材生产技术总的发展趋势是规模化、专业化，在铝加工生产中实现高速化、精密化、自动化、智能化、过程最优化控制、操作自动化、存储管理立体化和智能化等。此外，在铝加工材的调整与表面处理、工艺润滑和过滤、退火与除油等方面的技术进步和装备水平的提高也是生产高质量铝加工材的必要条件。

目前，我国铝加工在技术进步和节能减排方面采用的铝加工技术有：电解铝液直接铸造、熔体处理技术、等温熔炼技术、火焰长度可调的氧气助燃烧嘴、铸造大扁锭技术、铸锭均热和加热同时进行、冷轧机和箔轧机轧制油再生、铝挤压技术、智能仓储系统等。

（1）熔体处理技术　铝熔体的质量在很大程度上决定着最终产品的质量。铝熔体处理包括：晶粒细化、精炼除气和过滤。目前，铝熔体处理多采用炉内处理和在线处理相结合。炉内处理发展了透气砖处理和炉侧处理，炉外处理发展了深床过滤和陶瓷管过滤，大大提高了铝熔体的质量。

（2）火焰长度可调的氧气助燃烧嘴　氧气助燃烧嘴已在铝及其他有色金属熔炼中获得了日益广泛的应用，与空气助燃烧嘴相比的优点为生产率高、能耗低、排放的烟气少，生产成本也有所下降。

（3）铸造大扁锭技术　铝及铝合金大扁锭生产在国外普遍采用直接水冷（DC）铸造技术，每次可同时铸 3～5 块大扁锭，其优点是单机生产能力大，能够适合各种铝及铝合金品种的生产。采用大扁锭生产需要提高整个生产线的装机水平，提高了设备造价，但使成品率提高，从而提高了经济效益。

（4）铸锭均热和加热同时进行　部分铝合金扁铸锭在新型的扁锭加热炉中都可以做到均热和加热同时进行。可以节约能源，缩短生产周期，减少生产设备数量。

（5）冷轧机和铝箔轧机轧制油再生　将冷轧机和铝箔轧机生产过程中排除的油烟，通过轧制油回收系统和再生装置等，将轧制油回收、净化后循环重复再利用。

（6）高架仓库和智能平面库　智能化储存库有高架仓库与智能仓库两种形式。高架仓库是利用计算机硬件和软件技术，对车间内的铝材来料、在制品的储存和运输进行立体多层存放管理，以减少占地，实现物料管理计算机化。而智能平库是利用智能天车对货物进行运输和定位存放管理，货物在仓库中单层存放。

（7）等温挤压　等温挤压法更适合于临界挤压速度低的硬铝合金生产。对挤压速度较高的软合金，通常采用铸锭梯度加热或梯度冷却和挤压减速控制等方法模拟等温挤压。

（8）反向挤压技术　铝和铝合金的热挤压通常采用正向挤压和反向挤压两种方式，目前国际上普遍采用的是正向挤压法。反向挤压比正向挤压所要求的挤压力减小 10％～30％，铸锭和挤压筒表面没有摩擦，温升小，金属流动均匀，制品的组织性能均匀、尺寸精度高，可采用较高的挤压速度，还可减少能耗，提高生产效率和成品率。但反向挤压所需铸锭表面质量高，挤压工具费用高。

（9）铝合金喷射成形技术　金属喷射成形技术是一种快速凝固近终成形材料制备的新技

术，其最突出的特点在于把液态金属的雾化（快速凝固）和雾化熔滴的沉积（熔滴动态致密固化）自然结合起来，在一步冶金操作中完成。以最少的工序，直接从液态金属制取具有快速凝固组织、整体致密、接近零件实际尺寸的高性能材料和半成品坯件。

目前，各种先进的铝加工技术和装备仍在不断地研发过程中，也将会陆续应用到生产当中。这将极大地促进铝加工行业的技术进步以及各种新兴高精度产品在建筑、交通运输等行业的应用。新工艺、新技术、新材料的研发成功和生产应用必将会推动中国铝加工生产技术和装备的优化升级，提高中国铝加工工业的国际竞争力。

第四节　建筑用铝材制品的绿色化技术

一、铝材的环境负荷

从铝矾土生产铝材需消耗大量的资源和能源，而循环再生铝所消耗的电能仅有原生铝的 6.6％，其热能是原生铝的 13.9％。如果将原生铝（来自铝矾土生产）与再生铝相比较，后者的环境负荷将显著下降。表 10.11 是每千克原生铝与再生铝的资源能耗分析。

表 10.11　每千克原生铝与再生铝的资源能耗分析

资源项目	原生铝（0 再生率）	再生铝（100％）
铝矾土/g	4788.0	0.0
石灰石/g	87.4	0.0
氢氧化钠(50％)/g	428.7	0.0
阳极/g	430.0	0.0
氟化铝/g	18.0	0.0
压轧油/g	9.7	0.0
再循环铝/g	0.0	1000.0
1kg 铝耗能指标	（运输和电力部门除外）	
天然气/dm³	78.1	34.9
重油/g	583.9	112.7
轻质燃油/g	91.2	36.3
煤/g	8.7	0.0
水耗/dm³	29.2	15.3

总的来讲，每生产 1t 初级铝品，要 4～5t 的铝土矿。整个生产过程的每一个工艺都要大量的热能，此外，电解过程也要消耗大量的电能，因此，铝生产成了耗能大户。每吨初级铝品生产的能耗约为 5.612t 标煤。

从初级产品制成半成品（如铝板或模压品）还需 0.476t 标煤/t 铝的能耗。进一步的加工，如表面处理、深加工以及运输等，最终可使铝产品的含能超过 6.122t 标煤/t 铝。废铝品再加工的能耗约为 0.272t 标煤/t 铝。

每生产 1t 铝，提取的铝土矿要开采约 50m² 的土地。由于铝土矿大多在表层，因此开采地可以恢复，返土还田。铝生产的多数有毒副产品为腐蚀性废物，这种废物中只有 1％以下有建筑实用价值。目前正在研制这种废物的处理方法，这种方法既要恢复土地，又要经济。熔化过程排放的 CO_2 中含有来自冰晶石的氟化物。由于我国铝生产中的电力来自于燃煤，因此，CO_2 和其他污染物排放量是很可观的。国外吨铝能耗为 1.35 万千瓦时电/t 铝，折成标煤为 5.454t 标煤/t 铝；国内为每吨铝 1.40 万千瓦时电折成标煤为 5.656t 标煤/t 铝。

在此基础上 CO_2 的排放量按 500kg 标煤/t 铝算，产气量的 75% 为 CO_2 排放，约为 2.0t/t铝；产气量的 25% 为 CO_2 排放，约为 0.7t/t 铝。铝熔化过程还是氟氯碳（CFCs）的排放源，CFCs 是最重要的温室气体，由于其在环境中的稳定性，比 CO_2 对温室效应的影响还要大。尽管排放量小（每吨铝排放 CFCs 0.005～1.2kg），消减 CFCs 排放量的新技术还可以减少电能的消耗。

铝的再生不仅可以减少能耗，而且可以降低 CFCs 的排放量，但是回收铝会产生大量的含盐垃圾。

二、铝工业的节能环保技术

1. 铝加工生产的节能减排技术

（1）电解铝液直接铸造　采用电解铝液配料，既可以省去电解铝液铸造重熔用铝锭的能源消耗及生产成本，又可以使铝加工环节节约用铝锭重熔生产铸锭时的部分能源物耗、减少烧损、降低生产成本，具有明显的经济效益和环境效益。电解铝液直接铸造在中国已经开始普遍应用，与重熔铸锭相比，铝液直接铸造可节约熔化热能，同时减少铝金属烧损、渣损和物耗、能耗，初步估算吨铝节约费用在 400～700 元。

（2）等温熔炼技术　"等温熔炼"是指温度保持恒定，也就是熔池内各个位置的温度基本相同。等温熔炼系统的投资成本和生产成本低，无论是制造新的熔炼炉，还是传统熔炼炉的改造，在经济上都具有很强的吸引力。对现有传统熔炼炉进行改造不但可提高产能，还能够节能降耗，减少污染物的排放。

2. 铝工业的环保技术

（1）铝土矿采选生产环保　针对生产中产生的污染，可以设计采取以下相应措施予以治理，以保护环境。

① 粉尘防治　在开采和运输含泥铝土矿过程中产生的粉尘，对采场工作面和运输公路采用洒水车，定期洒水降尘；对中碎、细碎和筛分所产生的粉尘，分别采用溢流水膜除尘器除尘。除尘达标后由高 20m 的排气筒排放。

② 废水防治　废水主要是洗矿含泥废水，其次是破碎、筛分、机汽修、化验等作业废水及生活废水。选矿或洗矿含泥废水进入浓密池后，上清液返回作洗矿用水，底流扬送至排泥库，澄清后清水外排，实现零排放。

③ 噪声防治　噪声污染主要来自采掘机械、运输设备和洗矿、破碎等设备，据工程中各噪声源的特点及其所处环境特征，对各噪声源采取了相应的防振减噪措施，使厂界噪声值符合《工业企业厂界噪声排放标准》（GB 12348—2008）Ⅲ类区标准的规定。

④ 废渣防治　剥离土主要是腐殖质和黏土，全部用于采空区复垦回填，故不设永久堆场，采矿剥离时，剥离表土就近堆于采场附近，待采空区复垦时回填。在作业时应加强临时堆场的防护和管理，以防止水土流失。

⑤ 水土保持　采空区采用土地整治（复垦）、植物护坡和永久性植被措施。采场采用境界外截水沟截水，采场内排水沟排水和机械排水，以控制水土流失。

⑥ 对于采选工业场地的多台阶的布置形式　均采用挡土墙及护坡工程防护；同时在采选工业场地各车间旁边空地上种植花草及灌木。采场边坡及采场公路两侧边坡均采取植被措施进行绿化，以避免水土流失。

⑦ 绿化设施　绿化以恢复露天境界施工阶段破坏的植被为主，在露天采场周边尽可能进行绿化补偿，在排泥库干坡栽种耐旱、耐贫瘠的植物（如冬茅草、马鞭草等），此外，在房前

屋后应种植常绿乔灌木，以补偿由建设引起的植被破坏，恢复矿区生态，美化矿区环境。

（2）氧化铝生产的环保　氧化铝企业采用的氧化铝生产工艺首先应满足《清洁生产标准·氧化铝业》（HJ 473—2009）的要求。氧化铝生产过程产生的环境污染物种类主要有废气、废水、固体废物以及噪声，其中废气中含有的污染物有 SO_2、NO_x、烟（粉）尘等；废水主要是含碱生产废水、生活污水；固体废物主要是赤泥、燃煤灰渣、煤气炉渣、石灰消化渣等。

对生产过程产生的粉尘应设置烟气净化、收尘设施，使氧化铝生产系统排放尾气中各污染物浓度满足《铝工业污染物排放标准》（GB 25465—2010）中大气污染物排放浓度限值要求。

配套热电厂排放烟气中各污染物浓度满足《火电厂大气污染物排放标准》（GB 13223—2011）限值要求。

对生产排水应设置循环水系统循环利用，生产废水和生活污水应设置废污水处理设施，使废污水排放满足《铝工业污染物排放标准》（GB 25465—2010）中水污染物排放浓度限值要求。

对于处理后的回用水水质应满足《城市污水再生利用工业用水水质》（GB/T 19923—2005）要求。

固体废物赤泥、灰渣应考虑综合利用，在不能综合利用堆场堆放时，堆场建设及防渗应按照固体废物分类满足《一般工业固体废物贮存、处置场污染控制标准》（GB 18599—2001）要求。

噪声应根据项目所在区域声环境功能区划控制满足《工业企业厂界环境噪声排放标准》（GB 12348—2008）要求。

（3）电解铝生产的环保技术　采用的电解铝生产工艺应满足《清洁生产标准电解铝业》（HJ/T 187—2006）要求。电解铝生产产生的污染物主要有废气、废水、固体废物以及噪声，其中废气中含有的污染物有氟化物、粉尘；废水主要是生产废水、生活污水；固体废物主要是电解槽大修渣。

对含氟电解烟气、各散尘点粉尘应分别设置烟气净化、除尘设施，使排放尾气中污染物浓度满足《铝工业污染物排放标准》（GB 25465—2010）中大气污染物排放浓度限值要求。

生产排水应设置循环水系统循环利用，生产废水和生活污水应设置废污水处理设施，使废污水排放满足《铝行业污染物排放标准》（GB 25465—2010）中水污染物排放浓度限值要求，对于处理后回用的水，水质应满足《城市污水再生利用工业用水水质》（GB/T 19923—2005）要求。

固体废物电解槽大修渣属于危险废物，其堆场建设应满足《危险废物填埋污染控制标准》（GB 18598—2001）要求。

噪声应根据项目所在区域声环境功能区划控制满足《工业企业厂界环境噪声排放标准》（GB 12348—2008）要求。

（4）铝加工生产的环保技术　采用的铝加工生产工艺应满足《有色金属工业环境保护设计技术规范》（YS 5017—2004）要求。铝加工生产产生的污染物主要有废气、废水、固体废物以及噪声，其中废气中含有的污染物有氯化物、粉尘；废水主要是生产废水、生活污水；固体废物主要是熔铝炉大修渣。

对含煤油基的油雾、烟气、各散尘点粉尘应分别设置烟气净化、除尘设施，使排放尾气中污染物浓度满足《铝工业污染物排放标准》（GB 25465—2010）中大气污染物排放浓度限值要求。

生产排水应设置循环水系统循环利用，生产废水和生活污水应设置废污水处理设施，使废污水排放满足《污水综合排放标准》（GB 8978—1996）中水污染物排放浓度限值要求，对于处理后回用的水，水质应满足《城市污水再生利用工业用水水质》（GB/T 19923—2005）要求。

固体废物熔铝炉大修渣属于危险废物，其堆场建设应满足《危险废物贮存污染控制标准》（GB 18597—2001）要求。

噪声应根据项目所在区域声环境功能区划控制满足《工业企业厂界环境噪声排放标准》（GB 12348—2008）要求。

三、建筑用铝材绿色化新技术

我国铝土矿的储量居世界前列（探明储量为 6.3 亿吨），氧化铝含量也高，但我国铝土矿多为一水氧化铝，Al/Si 低，开采加工难，这就决定了必须采用高温熔出，用流程复杂的联合法处理，增加了氧化铝生产的投资和能耗。

铝的抗腐蚀性能强，铝产品在使用期间腐蚀很少，可反复再生利用而不影响产品质量。在工业用的结构金属中，铝的可回收性最高，再生效益最为明显。

废建筑铝材是铝及铝合金废料的最大来源之一。铝及铝合金废料大部分再生产成铸造铝合金和压铸铝合金，只有一小部分再生产成变形铝合金和炼钢用脱氧剂。

在废旧铝再生过程中，所排放的污染物一般仅为原铝生产全过程排放污染物的10%。与原铝相比，每生产 1t 再生铝可以节约 95% 的电能，节水 10.05t，少用固体材料 11t，少排放二氧化碳 0.8t 和二氧化硫 0.06t。因此，再生铝已成为有色金属行业综合利用资源、保护环境、发展循环经济的重要途径。它既是一项效益巨大的节能工程，又是一项当代受益荫及子孙的"绿色产业"。

1. 再生铝的生产

（1）废铝的再生生产工艺流程　再生铝生产的一般工艺流程见图 10.5。

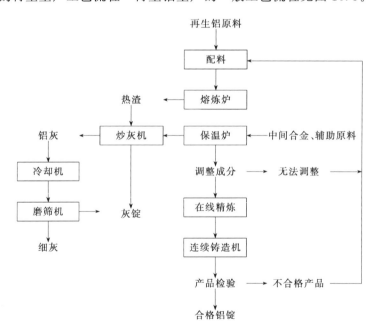

图 10.5　再生铝生产的一般工艺流程

（2）废铝的火法精炼工艺技术　铝合金旧废料的利用方法主要有直接利用和间接利用两种方法。直接利用法是将铝合金旧废料按一定比例配入在正常炉料中一起重熔，即在焦炭坩埚炉、燃油坩埚炉、电阻坩埚炉、中频电炉、工频电炉、燃油反射炉、电阻反射炉内熔炼和处理，并直接浇铸它所能满足要求的铸造铝合金件。间接利用法是将铝合金锭供铸造炉料或锻造作锻料使用。通过火法精炼技术和电解技术对废铝进行再生利用。废铝再生火法冶炼工艺一般包括原料预处理、配料、熔炼、精炼、合金调配、铸锭6个步骤。

① 原料预处理。又称分选归类。分选得越细，归类得越准确，再生铝的化学成分就会越精确。预处理是再生铝生产的一道关键工序。

预处理的原则与目的，一是去除废铝中混杂的其他金属与非金属；二是按成分或合金牌号分类使废铝成分得到充分利用；三是将废料的油污、涂料、水分等清除干净，使废铝完全符合入炉条件；四是使废铝中的铝得到最经济最合理的利用。

含铝废杂物料在熔炼前的预处理阶段主要包括分类、解体、切割、磁选、打包和干燥等工作。目前先进的废杂铝预处理技术主要有：风选法、磁选法、浮选法、抛物选矿法、涂层的干湿法处理等。

风选法：主要功能是去除废纸、废塑料和尘土等。特点是工艺简单，能够高效地分离密度小的轻质废料，但生产上应有强力的灰尘收集系统，避免扬灰污染环境，分离的废纸、废塑料等可作为燃料。

磁选法：用磁选设备分离废铝中有磁性的废钢铁等，铁是铝及铝合金中的最有害的杂质之一，应在预选工序最大限度地去掉。磁选设备形式多样，比较简单投资少的是传送带的十字交叉法。传送带上的废铝沿横向运动，当进入磁场之后废钢铁被吸起离开横向皮带，立即被纵向带吸起，运转的纵向带离开磁场后，废钢铁失去磁性而自动落入收集箱。此法处理的废铝料不宜过火，大块废料在破碎后方可进行磁选。

浮选法：大都以水为介质，可以分离其密度比水小的轻质杂质，如废塑料、木头、橡胶等轻物质，泥土可溶于水。主要设备是螺旋式推进器，废铝被其推出，污水进入沉淀池。

抛物选矿法：此法是利用各种体积基本相同的物体在受到相同力被抛出时落点不同的原理，从废铝中分选密度大的重有色金属如铜、铅、锌、锡等。用相同的力沿直线射出密度不同而体积大体相等的物体时，各种物体会沿抛物线方向运动，在落地时有不同的落点，从而分离不同的物体。此工艺在日本、美国等获得应用，但设备价格不菲，国内尚未采用。

涂层的干湿法处理：多数废旧包装容器如废易拉罐、牙膏皮、化妆品管等表面都有一层保护涂层与装潢印刷油漆，同时它们壁薄、表面积大，一些企业往往不作任何处理而直接回炉，不但加大了铝的烧损，而且加重了6061铝管的杂质含量，熔体处理费用也有所上升，排放的烟气也增多。因此在预处理过程中必须去除废铝上的各种涂层，主要的先进除膜工艺有干法与湿法。干法又称火法，一般是在回转炉中焙烧，燃料可用回收废料上漆膜碳化释放的有机物气体，因而此法的热效率高。生产时，回转窑缓缓旋转，窑内废铝片、块相互碰撞与振动，最后碳化物从废铝上脱落。脱落的碳化物一部分在回转窑的一端收集，还有一部分在收尘器中回收。

② 配料。主要是根据熔炼产品的不同，经配料计算后确定所需配加的熔炼辅料，尽可能合理而有效地利用杂铝中的成分，考虑到元素的烧损率，补充配入不足的合金元素，包括配加熔剂、纯铝等。

③ 熔炼。熔炼多用反射炉。工业上采用的反射炉有一室炉、二室炉、三室炉，带"侧井"（副熔池）反射炉，顶部加料反射炉。常用的是两室炉，它一方面具有熔化炉的作用，

另一方面又有调整成分和浇铸前容纳金属的双重作用。根据熔体和炉气的流动方向不同还有逆流式的两室炉。装炉时先在炉底铺一层铝锭，放入易烧损料，再装废铝料，再压上铝锭，熔点较低的回炉料装于上层，使其最先熔化，流下将下面的易烧损料覆盖，从而减少烧损。正确地装炉对减少金属烧损及缩短熔炼时间起着重要作用。

④ 精炼。是熔炼过程中的重要环节。杂废铝熔炼过程中，铝液中不可避免地含有气体及非金属夹杂等杂质，必须用精炼予以去除。其中包括往熔化的铝液或合金液表面上添加熔剂覆盖，以免铝液受空气氧化，同时通入气体对液体施加搅拌作用，促使其中夹杂物和氢气分离出来。常用的方法是吹气法和过滤法，吹气法是通入气体将氢赶走，过滤法是除去氧化铝。有时也采用既通气又过滤的联合净化法。精炼用的气体有氯气、氮气、氨气和其他混合气体，例如氯的体积分数为 12％的氯氮混合气体。精炼用的熔剂有 $ZnCl_2$、$MnCl_2$、C_2Cl_6 和碱金属盐类的混合物，例如质量分数为 30％ NaCl＋25％ KCl＋45％ Na_3AlF_6 组成的混合物。气体或熔剂的用量，视铝料被污染的程度而异。精炼温度一般高于铝或铝合金熔点 75～100℃，温度过低，氧化物夹杂物不易分离出来；温度过高，则铝合金和铝中溶解的氢气量增加。

⑤ 合金调配。由于有的合金成分在熔炼过程中有损失，在精炼处理之后要向液态铝合金中添加合金元素，使熔炼后的铝合金符合产品标准要求。含铝废料熔炼、精炼后，经炉前快速分析调整成分，以产出合格的产品。

⑥ 铸锭。根据铝及铝合金产品的工艺要求，调整好温度以后将铝液浇铸成合格的铝锭。

（3）炉渣处理 废杂铝再生熔炼、精炼过程中必然要产生大量的炉渣。炉渣中含有铝和其他有用组分，其组成很不均匀，含有金属铝 10％～30％，氧化铝 7％～15％，铁、硅、镁的氧化物 5％～10％，钾、钠、钙、镁和其他金属的氯化物 55％～75％。由此可以看出，再生铝过程中产生的炉渣也是一种资源，必须加以回收。

为了回收其中的铝和有用成分，一般采用湿法和干法两种处理方法。干法处理是将渣破碎磨细，使其中的氯化物成粉末状，过筛后用抽风机将细粒级抽走，经旋风收尘器收下细粒废弃，粗粒级含 60％～70％的合金铝，返回熔炼成铝合金。处理流程中多次采用磁选工艺，为的是分离渣中的金属铁，回收的金属铁干燥后可用于钢铁生产。

2. 再生铝生产过程中的环保与节能技术

（1）主要大气污染物及控制方法 再生铝生产过程中的污染源主要有：燃料污染、废料中夹杂物燃烧污染、熔炼烟气污染、熔剂污染、铝灰处理粉尘。

① 烟尘、粉尘污染控制方法主要有两种，一是源头控制：合理设计收集装置，减少无组织排放。二是末端控制：采用布袋除尘、电除尘。其中，布袋除尘方法可以有效过滤亚微颗粒、有效吸附二噁英，但需要注意防止结露和高温。

② 硫化物污染通常为 SO_2、SO_3、S_2O_3、SO。控制方法主要有两种，一种是源头控制：采用清洁能源，以降低燃料中的硫量；废料分选，去除非金属废料。另一种是末端控制：烟气干法、湿法脱硫。

③ 氮氧化物 NO_x 污染通常为 NO、NO_2，在 1400℃以下生成较慢，1400℃以上快速生成，而空气过剩 15％时氮氧化物的浓度最高。控制方法主要有两种，一是源头控制：低氧化燃烧技术，降低空气过剩系数。二是末端控制：烟气还原法、吸附法、吸收法。

④ 含氯、氟的气相物污染。各种含氯、氟的熔剂以及废料中的含氯、氟类塑料都可能导致含氯、氟的气相物污染。控制方法主要有两种，一是源头控制：废料分选，去除塑料；降低废料中的金属镁，减少除镁剂用量；控制熔炼温度及废料含水量，采用在线精炼，以降低精炼剂的用量。二是末端控制：烟气碱液喷淋，生成稳定的盐。

⑤ 二噁英污染。二噁英是由 2 个或 1 个氧原子连接 2 个被氯取代的苯环组成的三环芳香族有机化合物，包括多氯二苯并二噁英（PCDDs）和多氯二苯呋喃（PCDFs）。在 200～400℃以及 500～800℃可能生成。

控制再生铝生产过程中的污染一般包括：废料处理、燃烧控制和烟气处理。

① 废料处理。预处理过程中应尽可能减少含氯物质，如废料中的塑料、橡胶、泡沫、海绵、油污等。

② 燃烧控制。保持炉膛温度在 850℃以上，并且有足够的烟气停留时间，保证氧气充分，减少熔炼及排烟过程中二噁英生成温度区间的停留时间，使有机气体、二噁英及其前驱物得到充分的氧化燃烧，减少烟气中的残碳量，从而抑制二噁英合成。

③ 烟气处理。一是二次焚烧，快速降温。一般来说，熔化炉工作状况很不稳定、加料频繁、炉膛温度变化大、炉内燃烧不完全，增加烟气。二次焚烧炉可以使烟气均匀、稳定地在高温区停留，在富氧状态下使二噁英充分分解，同时减少残碳量。连续式热交换器使烟气快速降温至 250℃以下，抑制二噁英的重新合成。二是切换式蓄热燃烧，使烟气快速降温至 200℃以下。控制二噁英污染的关键是要提高炉内燃烧控制技术，尤其是对温度和含氧量的控制。

（2）节能技术　再生铝主要使用反射炉进行熔炼，对物料进行加热通常依靠炉膛辐射、气体对流以及物料之间的热传导。

根据铝的热力学特点，按照热量平衡公式（物料吸热＋系统散热＋烟气余热），应当优先考虑：提高火焰速度，增加对流换热的方式，从而增加物料吸热速度；合理控制炉膛温度，提高炉子生产效率，从而减少系统散热；使用蓄热式烧嘴，降低烟气排放温度，回收烟气余热。

烟气主要依靠蓄热式燃烧利用余热。蓄热式燃烧有两种方式：一种是连续式热交换：采用蜂窝陶瓷，具有比表面积大、阻力损失小、不易积灰、密封差、烟气温度均匀、火焰稳定等特点；另一种是换向式热交换：采用球状陶瓷，具有比表面积小、阻力损失大、容易积灰、密封好、烟气温差大、火焰波动大等特点。

由于换向式热交换器需要辅助烟道，增加了散热，相比连续式热交换器热能利用率约降低 10％。连续式热交换器热能利用率约 55％，换向式热交换器热能利用率约 45％。

实际工业运用中，应根据不同的炉型选择不同的蓄热燃烧方式。

3. 再生铝行业的发展趋势

随着技术的不断进步，再生铝工业正朝着规模化、机械化、自动化、技术化和减少对环境污染的方向发展。再生铝及铝合金生产工艺技术发展趋势主要包括以下四个方面。

① 完善铝及铝合金废料回收、管理、分拣体系，积极开发废料预处理工艺。

② 研究适于处理铝及铝合金废料的高效、节能、快速熔化炉，进一步节能降耗，提高熔化炉热效率，减少金属烧损，提高金属回收率。

③ 研究铝及铝合金熔体精炼技术，使低品位废杂铝升级的工艺等，提高再生铝的质量。

④ 提高铝及铝合金废料的直接利用率，充分合理利用铝及铝合金废料中的有价值元素，开发新型铝合金，适应不断扩大的市场需求。

第五节　建筑用金属材料制品的绿色化评价

一、产品的绿色度及评价内容

资源和能源消耗最少和利用率最高、对环境危害最小或无害的产品称为绿色产品。不同产品不仅对资源、能源的输入和对环境的输出量是不同的，而且，不同的输入输出因素对环境的危害程度更是不同。因此，产品在其整个生命周期中对资源和能源的输入量、对环境的输出量及这些输入输出对环境的友好程度的综合评价指标称为产品的"绿色度"。只有对产品的绿色度进行综合分析和评价，才能进行改进和优化，以满足社会对产品功能和环境适应性等多方面的需求。

绿色度是指制造过程中单位产品环境负荷的标志及其在加工过程、使用过程、废弃、回收过程中对环境友好的程度。

产品绿色度评价的目的，除了确定产品对环境的友好性，比较同类产品在绿色度方面的优劣之外，更重要的是确定影响产品绿色度的关键因素，为产品改进和优化提供帮助。

产品绿色度评价应包括产品的原材料、生产制造、包装运输、使用维护和报废回收等产品整个生命周期。近年来，面向环境的产品设计（DFE）方法和生命周期评价（LCA）的研究已经成为设计方法学的研究热点，特别是产品拆卸回收利用、区域环境影响评估检测、价值工程等的研究开展较早，研究也比较深入和成熟。关于绿色产品全生命周期的设计方法和理论、产品绿色度评价体系和决策系统及其信息支持和管理系统的研究也已起步。

产品的绿色度评价主要有如下方面：面向材料的评价、清洁生产评价、面向产品流通的评价、面向产品使用维护的评价、面向拆卸和回收利用的评价等各个阶段评价，以及面向环境负担的评价、面向环境的价值评价和面向环境影响的评价等多个层次的评价。环境影响评价主要探讨产品对区域生态环境造成的直接和间接影响的程度，涉及环境本身的容量、时间和空间的变化，以及积累和自然消散过程等因素，涉及的范围广，内容比较完善，但实施较为繁琐复杂，已经远远超出产品本身的范畴，属于环保专业的领域。因此，产品绿色度评价虽然涉及环境影响，但一般不包括全面的环境影响评价。

环境负担评价主要着眼于产品生命周期对环境的输入和输出，即材料、能源的利用（输入）情况和废弃物排放量（输出），直观有效，便于产品各设计方案的分析决策。例如，面向材料的评价是针对使用的某类重要材料的环境负担评价，如制冷设备的制冷剂的评价和代用。面向环境的价值评价的重点是研究这些输入输出的价值损失与产品使用价值和成本的综合分析评估。对产品不同方案的总价值的比较，便于综合产品的经济性、性能和质量等因素进行系统的综合分析评价，但一些价值参数难于确定，较为复杂，适用于重要产品，如汽车等。

二、建筑用金属材料制品绿色度评价指标

建筑用金属材料的性能、设计方法以及回收循环使用是环境友好的冶金工业在社会上的重要体现。建筑用金属材料与其他材料相比在不少方面显示出了它对环境友好的绿色度。同时某些绿色度的指标也可以用于比较不同金属材料之间的相对环境友好程度。欲使绿色工程研究工作能够取得实效，其关键的关键在于绿色概念或绿色度的定量化。在进行绿色度评价时分十个指标进行评价，不同产品每个指标给定不同的指数 V_i（每个指数取值范围为 $0\sim 100$，低于 0 分按 0 分计），每个指标又有不同的加权系数 W_i，反映了各个因素的相对重要性（$\sum W_i = 1$）。采用加权均方根法计算产品绿色度，即

$$产品的绿色度值 = \sqrt{\sum(W_i V_i^2)/n} \quad （这里 \ n = 10）$$

产品的绿色度按照 $0\sim 100$ 分计，最理想、最绿色的产品其绿色度为 100 分。绿色度具体指标分为：执行标准、资源消耗、能源消耗、生产环境影响、清洁生产、本地化、使用寿命、洁净施工、使用环境影响和再生利用性 10 个指标。

1. 执行标准

检查材料执行的产品标准、施工标准、验收标准,并提供相应的检验检测报告(必备条件),加权系数取为0.1。

产品的检验标准按照国家标准、行业标准、地方标准和企业标准有所不同,在具体施工和验收过程中根据使用场所、使用目的存在相应的标准。达到国家标准的产品的绿色度为60分,如果该产品没有国家标准,则必须达到行业标准或地方标准,仍计分为60分,如该产品为新的产品并只有企业标准则得分仍为60分。新产品规定为国内无其他企业生产或销售,本企业投产时间不足3年的产品,投产3年以上尚未取得地方、行业或国家标准的新产品,绿色度为0分。上述标准均未达到的产品,其绿色度为0分。达到上述标准之一,同时能够达到ISO标准,并同通过ISO9001—2008认证的为80分,同时通过ISO14000认证的企业为100分。

2. 资源消耗

计算单位产品生产过程中的资源消耗量;低质原料、工业废渣及环境友好型原材料的使用比例等,以此评分,加权系数取为0.1。

吨钢材资源消耗量低于上一年全国平均水平,低质原料、废钢及环境友好型材料的使用比例为80%以上的,绿色度为100分;吨钢材资源消耗量与上一年全国平均水平基本持平(向上波动在5%以内),低质原料、废钢及环境友好型材料的使用比例为50%~80%的,绿色度80分;吨钢材资源消耗量略高于上一年全国平均水平(向上波动在5%~20%以内),低质原料、废钢及环境友好型材料的使用比例为50%~80%,绿色度60分;吨钢材资源消耗量大大高于上一年全国平均水平(向上波动20%以上),低质原料、废钢及环境友好型材料的使用比例为50%以下,绿色度40分;吨钢材资源消耗量大大高于上一年全国平均水平(向上波动20%以上),低质原料、废钢及环境友好型材料的使用比例为零,绿色度0分。

3. 能源消耗

计算单位产品生产过程中的能源消耗量(包括:原料运输、电能、燃料等),以此评分,加权系数取为0.15。

吨钢(铝)材能源消耗量低于上一年的全国平均单位产品综合能耗指标的,绿色度为100分;与上一年的全国平均单位产品综合能耗指标基本持平(向上波动在5%以内)的,绿色度为70分;略低于(向上波动在5%~20%内)的,绿色度为50分;大大低于(向上波动在20%以上)的,绿色度为0分。

4. 生产环境影响

计算单位产品生产过程中的废弃物排放量(包括:废气、废水、废料等),能够回收或综合利用的部分除外,以此评分,加权系数取为0.15。

吨钢(铝)材生产过程中废弃物的排放量低于上一年本行业全国平均水平的,绿色度为100分;基本持平(向上波动在5%以内)的绿色度为70分;略高于(向上波动在5%~20%)的,绿色度为50分,大大高于(向上波动20%以上)的绿色度为0分。

5. 清洁生产

说明产品生产所用的工艺、设备、燃料及现场环境状况等,以此评分,加权系数取为0.2。

对生产1t钢材而言,采用短流程工艺且生产过程各工序中采用高效的节能的清洁生产技术比例高的,所用技术、设备先进的产品,其绿色度为100分;采用长流程工艺且生产过程各工序中采用高效的节能的清洁生产技术比例高的,所用技术、设备先进的产品,其绿色度为 70 分；采用长流程且生产过程各工序中采用高效的节能的清洁生产技术比例较高的，其绿色度为 50 分；采用长流程且生产过程各工序中采用高效的节能的清洁生产技术比例低或几乎为零的，其绿色度为 0 分。采用模铸、小高炉的其绿色度各减 10 分。

6. 本地化

说明产品生产现场到使用现场的距离，以此评分，加权系数取为 0.07。

生产现场到使用现场距离为 500km 以内，绿色度为 100 分；距离为 500～1000km，其绿色度为 90 分；距离为 1000～3000km，绿色度为 70 分；距离为 3000～5000km，绿色度为 50 分；距离 5000km 以上，其绿色度为 30 分；选用进口钢材，其绿色度可为 0 分。

7. 使用寿命

说明产品使用寿命；新产品比原有产品使用寿命的延长程度及更换方便性等，以此评分，加权系数取为 0.08。

提高钢材及其制品的使用寿命，提高耐久性和可靠性，其绿色度也随之提高。改善钢板表面涂镀层、改善轴承钢的抗疲劳性能、改善不锈钢耐热、抗腐蚀性能以及一系列抗大气腐蚀钢材的开发等均属此例。提高钢材的使用效率可以直接或间接地提高其"绿色度"。高强度耐腐蚀管线用钢的开发、轻型钢结构、钢制房屋的开发以及高性能电工钢板的开发、超临界高效锅炉用钢管的开发等属于此例。

建筑用金属材料的使用寿命，较其他建筑材料要长。使用寿命大于 150 年，更换方便的产品的绿色度为 100 分；寿命 100～150 年，更换较方便的产品的绿色度为 80 分；寿命 100～150 年，更换难的产品的绿色度为 60 分；寿命为 50～100 年，更换方便的产品的绿色度为 50 分；寿命 50～100 年，更换较方便的产品的绿色度为 40 分；寿命低于 50 年，更换难的产品的绿色度为 0 分。

8. 洁净施工

说明产品的施工过程，评判能否实现洁净施工，以此评分，加权系数取为 0.05。

对建筑用金属材料而言，相对于其他建材其在施工过程中施工洁净度较高。施工过程中可实现清洁施工的（如钢结构用钢），其绿色度为 100 分；基本能实现清洁施工的（如钢筋混凝土用钢），绿色度为 50 分；无法实现清洁施工的绿色度为 0 分。

9. 使用环境影响

评估产品在使用周期内对空气质量的影响（例如：放射性、有毒有害成分的释放等），以此评分，加权系数取为 0.05。

相对于其他类建材，金属建材的使用环境影响较小。不含铅、铬等污染物的涂镀层钢板、钢结构用钢，绿色度为 100 分。含有污染物的，其绿色度为 0 分。

10. 再生利用性

评估产品达到使用寿命后可再生利用性能，以此评分，加权系数取为 0.05。

建筑用金属材料的可再生性相对来说是最好的，钢材与铝材相比会更好些，其回收率可接近 100%，再生利用率亦可接近 100%。考虑到钢筋混凝土用钢筋的回收性较难，将其绿色度定为 0 分，其他的较易回收的钢材为 80 分，回收性好的钢结构用钢绿色度为 100 分。

第六节　钢结构房屋用金属材料

钢结构是以钢材制作为主，由钢板、钢管、型钢（包括钢丝、钢绳、钢绞线、钢棒）等制成的构件组成，各构件或部件之间通过焊接、螺栓或铆钉连接的结构，是主要的建筑结构类型之一。

钢结构具有强度高、自重轻、整体刚性好、变形能力强等显著优点，能够进一步提高结构的安全性与抗震性，创造更大的建筑使用空间，适宜用于建造大跨度和超高、超重型建筑物。其建筑工期短、工业化生产程度高，可以进行机械化程度高的专业化生产，能够实现钢材的循环利用，降低能耗和不可再生资源消耗量以及碳排放量，符合我国可持续发展战略以及节能环保型社会创建的理念，已经成为国内外建筑业发展的主流和趋势。我国已在多个建筑工程中成功采用了钢结构，如奥运"鸟巢"、国家大剧院、中央电视台新台址、上海环球金融中心以及一些大跨度桥梁工程和输电塔等。

一、钢结构用钢的性能要求及技术现状

1. 钢结构对钢材的使用性能要求

钢结构对钢材的使用性能要求主要体现在以下五个方面。

（1）结构受力性能　对建筑用钢的屈服强度要求越来越高，高强度结构钢材的使用可减轻建筑结构自重，并满足特殊、复杂结构的受力要求。

（2）抗震性能　为满足抗震需要，要求钢材具有较低的屈强比、较高的塑性变形能力和塑性耗能能力，从而提高整体结构的延性，增加建筑钢结构在地震荷载作用下的安全裕度。

（3）可焊性能　为确保焊接质量，简化焊接工序，要求进一步提高建筑用钢的可焊性。为了在焊接过程中防止层状撕裂，还要具有良好的 Z 向性能。

（4）耐腐蚀性能　为降低建筑钢结构的维护成本和提高耐火性能，要求根据不同建筑结构的需要，提供耐火耐候钢，使钢材的耐腐蚀性能大幅提高，在一般气候条件下可裸露使用，并在 600℃时的屈服强度可保证不低于室温屈服强度的 2/3。

（5）低温性能　可开发不需预热焊接或预热温度较低的厚钢板。如日本开发的一种超低碳贝氏体的非调质 TS 750MPa 级厚型高强度钢板，在厚度 $t \geqslant 75mm$ 的情况下施焊时完全不用预热。

此外，钢结构用钢在规格品种方面应更加多样化，如厚板和超厚板、冷弯薄壁型钢等。轧制板材应根据设计要求灵活适应变厚度、变宽度、变高度等要求，使建筑钢结构的设计性能有多项选择，构建截面更趋合理，减少焊接型钢的使用，提高工作效率，降低工程造价成本。

2. 钢结构用钢的技术现状

单层钢结构房屋的承重构件应选用碳素结构钢 Q235B 及低合金高强度钢 Q345B，其力学性能和化学成分应分别符合《碳素结构钢》GB 700 及《低合金高强度钢》GB 1591 的规定。

多层和高层钢结构房屋按抗震措施分为两类，即 12 层以下（包括 12 层）钢结构房屋和 12 层以上钢结构房屋。高度在 30m 以下的多层钢结构房屋材料选用与单层钢结构相同；高度在 30m 以上的高层钢结构房屋主要承重构件，其板材应选用符合《高层建筑结构用钢板》YB 4104 标准的 Q235GJ 钢或 Q345GJ 钢，当板材厚度 $t \geqslant 40mm$ 并有抗撕裂 Z 向性能要求时，应选用该标准中保证 Z 向性能的 Q235GJZ 钢或 Q345GJZ 钢，Z 向抗层状撕裂性能等级为 Z15、Z25，并保证沿厚度方向拉伸时，其断面收缩率分别大于 15％、25％，符合《厚度方向性能板》GB 5313 的规定。

目前我国钢材产量及钢材规格基本满足钢结构的要求。热轧钢材的牌号有 Q235、Q345、Q390、Q420、Q460、Q500、Q550、Q690；有各种规格的 H 型钢；有厚度为 6～100mm 的高层建筑结构用钢板（YB 4104—2000）；有厚度为 40～150mm 的 Z 向钢、耐火

钢、耐候钢等。另一方面，对新型钢材的研究已初步具备推广能力，如对高强度低合金钢品种、耐火钢、耐候钢、不锈钢及高延性热轧钢材的研发；厚度小于2mm，名义屈服强度达到550MPa的高强冷弯薄壁型钢在国内开始生产并被推广应用；厚度在2mm以下牌号为Q235、S350和Q550的冷弯超薄壁型钢的研究取得了一定成果；对厚度大于6mm的冷弯厚壁型钢的生产也取得了突破，已能生产壁厚20mm或更厚的冷弯型钢等。

二、钢结构用钢现状

由于钢结构符合发展省地节能建筑和低碳经济可持续发展的要求，在高层建筑、大跨度空间结构、交通能源工程、住宅建筑中更能发挥其自身优势，目前，美国、日本等国钢结构用钢量已超过钢材消费量的35%，钢结构建筑面积已超过建筑总面积的40%以上；而一般国家钢结构用钢量的比例也达到了10%左右。

在品种规格上，型钢、中厚板、彩色涂层板等产品已成为发达国家钢结构建筑用钢的主体材料。具有良好焊接性能的建筑用特厚钢板和特厚H型钢也已研制成功，钢板最厚达150mm，H型钢翼缘最厚达125mm。

在强度级别上，随着建筑结构的超高层、超大跨度和超重载发展，欧美等国钢结构建筑广泛采用高强度钢材，如德国柏林Sony Center（460MPa和690MPa）、澳大利亚悉尼的Star City（650MPa和690MPa）、日本横滨的Landmark Tower（600MPa）等；瑞典的军用快速安装桥则采用了最高达1100MPa的钢材，大大减轻了结构自重。目前，低合金高强度钢约占发达国家钢产量的15%以上。

在功能性上，由于钢结构建筑存在钢的腐蚀和火灾时钢的软化等缺陷，发达国家先后开发出了耐候、耐火等建筑用钢；同时，为满足高安全服役性能要求，还先后开发出了抗震、减震等建筑用钢。

我国在钢结构建筑用钢品种开发及相关生产技术上仍处于较低水平。目前钢结构建筑用钢品种较少，仍停留在主要生产和使用Q235钢及Q345钢的状态（Q235钢占钢材产量的31%，Q345钢占钢材产量的62%），Q390钢、Q420钢、Q460钢仅分别占4%、2%、1%。大焊线能量的厚壁重型、薄壁轻型及外高恒定等特殊产品仍属空白，H型钢翼缘最厚仅为35mm。近年来，虽然我国在高强度钢结构用钢方面也开展了大量研究工作，不同企业也根据不同的要求开发出不同类型的钢结构工程用钢，但尚未形成系列；特别在材料的功能性方面与国外相比仍存在较大的差距。高强钢结构制作与安装施工技术有待开发；与之配套的技术规范和规程有待进一步完善，如钢结构设计规范（GB 50017—2003）中承重结构的钢材最高强度级别仅为Q420，而其更新规范仍在修订中。

国内外建筑用钢情况对比见表10.12。

表10.12　国内外建筑用钢情况对比

项目		强度级别及占比	规格或应用方式	功能性	标准规范	建筑形式占比
钢结构	发达国家	钢结构建筑用钢占钢材消费总量的比例为30%以上，广泛应用高强钢（最高达1100MPa）	钢板最厚达150mm，H型钢翼缘最厚达125mm	广泛应用耐候、抗震、耐火钢等	完善	40%～50%
	国内	钢结构建筑用钢占钢材消费总量的比例为5%～6%，且88%为Q345以下级别，最高仅为Q460E	钢板最厚为135mm，H型钢翼缘最厚为35mm	很少应用耐候、抗震、耐火钢等	不成系列	4%

续表

项目		强度级别及占比	规格或应用方式	功能性	标准规范	建筑形式占比
钢混结构	发达国家	400MPa级以上钢筋占钢筋总量的95%	广泛采用套管等连接方式	广泛应用耐候、抗钢	完善	30%～40%
	国内	400MPa级以上钢筋占钢筋总量的38.12%	焊接方式为主	很少应用耐候、抗钢	不成系列	80%

三、钢结构房屋用钢的发展趋势

根据我国《建筑钢结构行业发展"十二五"规划》，"十二五"期间，建筑钢结构大力推行绿色、低碳的建设理念，通过技术引领、优化设计，逐步实现年建筑钢结构用钢占到全国钢材总产量的10%左右，钢结构住宅建设占到房屋总建筑面积15%左右，预计2015年国内粗钢导向性消费量约为7.5亿吨，预计2015年全国钢结构行业钢材消费量约为7500万吨。

根据《钢铁工业"十二五"规划》，"十二五"时期，在钢结构建筑领域重点推广高强度、抗震、耐火耐候钢板和H型钢的应用。

1. 高强度结构钢

高强度结构钢指采用微合金化和热机械轧制技术生产出的具有高强度（强度等级≥460MPa）、良好延性、韧性以及加工性能的结构钢材。屈服强度高于690MPa的钢材称为超高强钢。高强钢不仅可以降低结构自重，而且能够降低成本。相关资料表明，高强钢代替普通强度钢材，可使钢材节省30%左右。钢材单位质量随屈服强度增大而升高，因此高强钢单位强度成本要低于普通强度钢材。目前，国内尚无适用于460MPa及以上屈服强度等级钢材钢结构的设计规范，Q460钢具有良好的塑性、韧性及耗能能力，但规范的限值规定限制了更高强度结构钢材的应用。

2. 新型高性能钢材

指通过减少碳、硫等元素含量改善钢材的可焊性，同时通过控轧控冷技术（TMCP）与添加合金元素等手段，提高钢材的强度、断裂韧性与冷弯性能，具有良好的抗疲劳性能。新型高性能钢材近10年来在国外工程建设中逐渐得到应用，如日本的桥梁采用高性能钢BHS500W与BHS700W等，美国ASTM的建筑结构用高性能钢A992与桥梁用高性能钢A709等。

随着材料科学的进步与冶金制造工艺的发展，"高强、高韧、轻型、耐腐、防火、环保"的绿色钢材是未来建筑用钢的发展方向。其总体发展趋势为高强度化、多功能化、特厚大型化、高服役安全性能（见图10.6）。

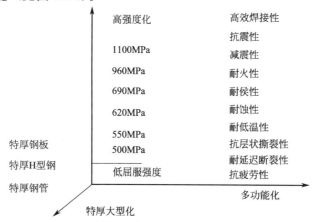

图 10.6 高性能建筑用结构钢材的总体发展趋势

参 考 文 献

[1] 刘明华. 废旧金属再生利用技术. 北京: 化学工业出版社, 2014.

[2] 有色金属工业协会. 中国铝业. 北京: 冶金工业出版社, 2013.

[3] 陕西省建筑设计研究院. 建筑材料手册. 第4版. 北京: 中国建筑工业出版社, 2000.

[4] 肖亚庆. 铝加工技术使用手册. 北京: 冶金工业出版社, 2005.

[5] 钱晓倩. 建筑材料. 杭州: 浙江大学出版社, 2013.

[6] 李志明. 钢结构发展对高性能钢材的需求. 新材料产业, 2004(10): 45-52.

[7] 王庆丽. 我国钢结构行业现状及发展趋势. 世界金属导报, 2013-12-31(A07).

[8] 张垣, 刘航. 建筑工程用高性能钢的研发与应用. 工业建筑, 2006(增刊): 1146-1151.

[9] 苏世怀, 孙维, 汪开忠. 我国高性能建筑用钢开发与应用现状及未来展望. 世界金属导报, 2011-11-29(012).

[10] 王维兴. 科学评价中国钢铁工业能耗现状与国内外对标. 四川冶金, 2009(04): 1-6.

第十一章
建筑用木材制品的绿色化

　　木材是人类社会最早使用的材料，也是直到现在还一直被广泛使用的优秀生态材料。　我国是少林国家，森林资源非常宝贵，而取材于森林的木材是各项基础建设和人们生活生产十分重要的一种材料。　人口的增长、经济的发展、国民经济建设规模的扩大，造成我国木材供应紧张、供需矛盾突出；在进行森林采伐时，只追求经济效益，忽视了生态效益和社会效益，造成过量采伐，资源枯竭，破坏了森林生态平衡。　为此，国家采取措施保护天然林以实现森林资源的永续利用。

　　国家林业局制定的"十二五"林业发展规划，明确"十二五"我国林业的发展目标为：完成新造林3000万公顷，开展中幼林抚育经营，到2015年森林覆盖率达到21.66%，森林蓄积率达到143亿立方米，森林植被总碳储量在2008年基础上增加4亿吨左右，重点区域生态治理取得显著成效，国土生态安全屏障初步形成；林业产业总产值达到218亿元，林业产业集群初步建立；生态文化体系初步构成，生态文明观念广泛传播。

　　森林资源的增减变化直接影响和反映着生态环境的改善与恶化，直接关系到林产品的供给和林业经济发展的水平。　发展人工林扩大森林资源、进行木材的绿色化生产是改善生态环境和保障林产品供给的有效途径。　加快工业人工林的发展，提供丰富的木材和其他林产品，满足市场的需要，可使大面积的天然林得到有效的保护。　木材的绿色化生产的关键是进行木材的生态适应性判断，应具备木材生产所需能耗低，木材生产过程无污染，原材料可再资源化，不过度消耗资源，使用后或解体后再利用，可保证原材料的持续生产，废料的最终处理不污染环境，对使用人的健康无危害，不污染环境，创造人类与环境和谐相处的协调系统，同时达到环境负荷较小并保留木材的环境适应性，能够回收利用木材废弃物，使碳量固定化控制温室效应的产生。

第一节　建筑用木材制品及其生产工艺

一、木材的分类与用途

1. 木材的分类

　　木材的特征是重量轻，有一定的强度，弹性、塑性较好，易加工成型，木纹自然美观，不仅在建筑、桥梁公路等各项工程中应用，同时广泛应用在建房用梁、柱、支撑门窗、地板及室内装饰和日常生活方面。木材来源于树木，按材质分为软木材和硬木材，按树种可分阔叶林和针叶林两大类。

2. 木材的特性与用途

木材的特性随分类的不同也不尽相同。阔叶林属于被子植物，其树叶宽大，叶脉成网状，大多为落叶树，树干通直部分一般都较短，木质较硬，难于加工，重量较大，强度较高，胀缩翘曲变形大、易裂，建筑上常用来制作尺寸较小的构件，因具有自然美丽的树纹，可用作内部装饰、家具以及胶合板等，如榆木、水曲柳、榇木等。而针叶林属于裸子植物，是常绿树木。树叶细如长针，多为常绿树，树干通直且高大，易成木材，纹理平顺，材质较均匀，木质软容易加工，有一定强度，胀缩翘曲变形小，有耐腐蚀的能力，是建筑工程中常用的木材，广泛用作承受重载荷构件，如柏、松、杉等（表 11.1）。二者的区别主要是细胞结构和组织结构不同。

表 11.1　树木的分类和特点

种类	特点	用途	树种
针叶树	树叶细长,成针状,多为常绿树;纹理顺直,木质较软,强度较高,表观密度小;耐腐蚀性较强,胀缩变形小	是建筑工程中主要使用的树种,多用作承重构件、门窗等	松树、杉树、柏树等
阔叶树	树叶宽大,叶脉呈网状,大多为落叶树;木质较硬,加工较难;表观密度大,胀缩变形大	常用作内部装饰、次要的承重构件和胶合板等	榆树、桦树、水曲柳等

从树干的横切面上清楚地看到木材的来源——树干，一般由表皮部、韧皮部、形成部、木质部及髓组成，从体积上看，木质部约占树干的 90% 以上，木质部是建筑材料使用的主要部分及研究重点，许多树种的木质部接近于树干中心的部分颜色较深，称为心材，靠近外围部分色较浅，称边材，一般情况下心材比边材的利用价值大。根据具体的使用要求和标准应用不同的木材使其特性得以充分发挥并尽可能达到木材的绿色化。

3. 木材的物理性质

（1）含水率　木材的含水量用含水率表示。指木材所含水的质量占木材干燥质量的百分率。影响木材物理力学性质和应用的最主要的含水率指标是纤维饱和点和平衡含水率。当含水率在纤维饱和点以上变化时，仅仅是自由水的增减，对木材强度没有影响；当含水率在纤维饱和点以下变化时，随含水率的降低，细胞壁趋于紧密，木材强度增加。

（2）木材的湿胀干缩与变形　木材仅当细胞壁内吸附水的含量发生变化才会引起木材的变形，即湿胀干缩。由于木材构造的不均匀性，木材的变形在各个方向上也不同；顺纹方向最小，径向较大，弦向最大。因此，湿材干燥后，其截面尺寸和形状会发生明显的变化。

（3）木材的强度　按受力状态分为抗拉、抗压、抗弯和抗剪四种强度，而抗拉、抗压和抗剪强度又有顺纹和横纹之分（表 11.2）。

表 11.2　木材各种强度间的相对关系

抗压		抗拉		抗弯	抗剪	
顺纹	横纹	顺纹	横纹	1.5～2	顺纹	横纹
1	10～1/3	2～3	1/2～1		1/7～2	1/2～1

（4）环境温度　温度对木材强度有着直接影响。当温度由 25℃ 升至 50℃ 时，将因木纤维和其间的胶体软化等原因，使木材抗压强度降低 20%～40%，抗拉和抗剪强度降低 12%～20%；当温度在 100℃ 以上时，木材中部分组织会分解、挥发，木材变黑，强度明显

下降。因此，长期处于高温环境下的建筑物不宜采用木结构。

二、建筑用木材制品的分类与生产工艺

所有的木材产品按用途进行分类，可分为原条、原木、锯材和各种人造板四大类。此外还有人造板以及近年开发的木塑复合材料。

原条系指树木伐倒后经去皮、削枝、割掉梢尖，但尚未按一定尺寸规格造材的木料。用于建筑工程的脚手架、建筑用材、家具等。

原木系指树木伐倒后已经削枝、割梢并按一定尺寸加工成规定径级和长度的木料。可直接在建筑中作隔栅、楼梯和木桩等。

锯材（板材和方材）是原木经锯解加工而成的木材，宽度为厚度的3倍和3倍以上的为板材，宽度不足厚度3倍的为方材。用于建筑工程，桥梁、家具等。

人造板是指以木材或其他木材植物为原料，经一定机械加工分离成各种单元材料后，施加或不施加胶黏剂和其他添加剂胶合而成的板材或模压制品。主要包括胶合板、刨花（碎料）板和纤维板三大类型。

这里重点介绍胶合板、刨花板、纤维板、木塑复合材料的生产工艺及用途等。

1. 胶合板的生产工艺及用途

胶合板是原木沿年轮旋切成大张薄片，经干燥、涂胶、按纹理交错重叠，在热压机上加压制成，有3、5、7等多层。常用的是三合板和五合板。

（1）用途　胶合板的垂直叠片结构提高了木材的稳定性，也使其结构具有平衡性，具备天然木材所没有的两个方向上的强度和硬度，以及平面上的良好稳定性。这种稳定性使胶合板成为装在有弹性地面铺材和地毯之下的很好的地板材料。胶合板变形小、收缩率小，没有木结、裂纹等缺陷，而且表面平整，有美丽花纹，极富装饰性。常用作隔墙、顶棚、门面板、墙裙等。

（2）生产方法　胶合板的生产方法有湿热法、干冷法和干热法三种。干和湿是指在胶合时用的单板是干单板还是湿单板。冷和热是指采用热压胶合工艺还是冷压胶合工艺。湿热法是一种早期的生产方法，工艺简单，使用的设备也较少，通常使用血胶，树种为软阔叶材。这种方法生产的胶合板含水率较高，内应力较大，容易翘曲变形，现在生产上很少应用。干冷法是旋切单板经干燥后再涂胶，在冷压机中胶压成胶合板的方法。这种方法生产周期长、效率低、耗胶量也较大，比较适合于小型工厂生产。干热法是旋切单板经干燥后涂胶组坯，在热压机中热压成胶合板的生产方法。此法各种胶黏剂都适用，胶合时间短，产品质量高，是最普遍的一种胶合方法。

（3）生产工艺　胶合板生产的主要工艺为木段准备、单板制造、单板干燥与剪切、单板施胶、组坯、热（冷）压、后期加工。这些工序通过一定的设施和方法相互连接，形成连续的生产工艺流程。生产工艺见图11.1。

2. 纤维板的生产工艺及用途

利用木材加工的废料或植物纤维做原料，经过破碎、浸泡、制浆、成型、干燥和热压等工序制成。因成型时温度和压力不同，纤维板分为硬质板、半硬质板和软质板。

（1）用途　硬质纤维板的强度高、耐磨、不易变形，可代替木板用于墙面、天花板、地板、家具等。半硬质纤维板表面光滑、材质细密、性能稳定、边缘牢固，且板材表面的再装饰性能好。主要用于隔断、隔墙、地面、高档家具等。软质纤维板结构松软，强度较低，但吸音性和保温性好，主要用于吊顶等。

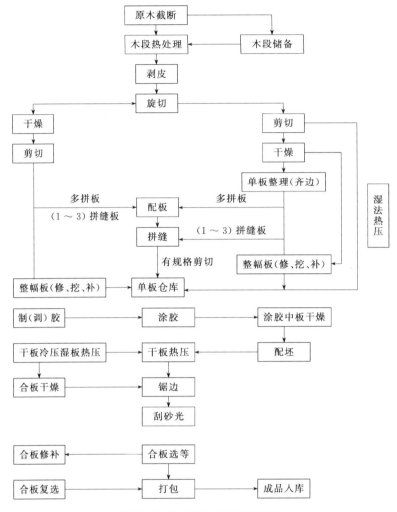

图 11.1　胶合板生产工艺流程图

（2）生产方法　纤维板的生产方法可分为湿法生产、半干法生产和干法生产 3 种。湿法生产的优点是不加胶黏剂，但要求纤维分离度高，缺点是需要大量用水，会造成细纤维流失和添加剂的损失，产生的大量废水直接排放则会造成环境污染。半干法的优点在于纤维含水率较高，纤维之间可以产生自身的结合力，因此可以不加或少加胶黏剂，细小纤维不易飞扬，粉尘污染较少；纤维不以水作载体，大大减少了耗水量和水污染。缺点主要表现在成型困难，成板后表面质量较差。干法生产的优点在于用水量少，基本上可以不产生废水污染。但存在细纤维、树脂挥发物和干燥尾气对环境的污染。中密度纤维板生产多为干法生产。

（3）生产工艺　纤维板生产包含的主要工序有原料准备、木片制造、纤维分离、纤维（浆料）处理、铺装（成型）、热压（干燥）、后期处理。生产工艺见图 11.2。

3. 刨花板的生产工艺及用途

利用刨花碎片、短小废料加工刨制的木丝、木屑等，经过干燥加胶黏剂拌合，压制而成的板材。所用胶黏剂有脲醛树脂胶（UF）、酚醛树脂胶（PF）和三聚氰胺甲醛树脂胶（MUF）等，国内刨花板主要以脲醛树脂胶为主。除了树脂胶外，胶黏剂还有水泥、石膏、矿渣等无机材料，可以制造石膏刨花板、水泥刨花板等建筑材料。刨花板按密度分为低密度、中密度和高密度刨花板。按加工方法分为平压法、挤压法和辊压法。按使用胶黏剂不同分为耐水性和非耐水性刨花板。

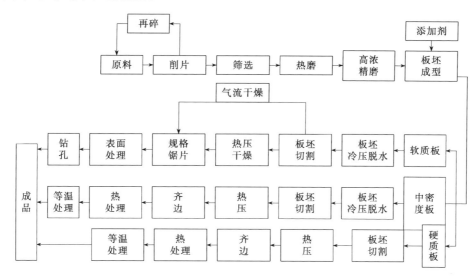

图 11.2　湿法纤维板生产工艺图

（1）用途　刨花板密度小，材质均匀，但易吸湿，强度不高，可用于保温、吸声或室内装饰等。

（2）生产方法　按加压方式，刨花板可分为平压法、挤压法、辊压法3种生产方法。平压法是指施胶后的刨花先铺成板坯，再送入平板式或相同加压形式下的热压机中压制成板。此种板中刨花平行于板面分布，热压时加压方向垂直于板面。挤压法是指施胶后的刨花在挤压机中一次挤压成板。挤压法刨花板中刨花垂直于板面分布，热压时加压方向平行于板面。辊压法的生产方法基本同于平压法，只是热压设备不同，它是采用辊压机来压制刨花板。

（3）生产工艺　刨花板生产时包含的主要工序有：原料准备、刨花制造、刨花干燥及分选、施放、板坯铺装、热压、后期处理。生产工艺见图11.3。

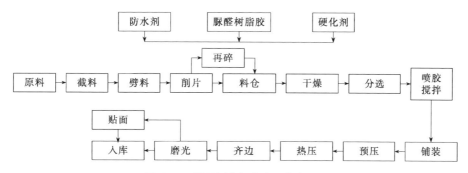

图 11.3　单层刨花板生产工艺流程图

4. 木塑复合材料的生产工艺及用途

木塑复合材料是以聚乙烯、聚丙烯、聚氯乙烯以及它们的共聚物等热塑性塑料和木粉、植物秸秆粉、植物种壳等木质粉料为原料，经挤压法、注塑法、压制法成型所制成的复合材料。热塑性塑料可采用工业或生活废弃的各种塑料，木质粉料可采用木材加工的下脚料、小径材、枝桠材以及低品质木材加工而成，也可采用麦秸、棉秆、亚麻秆、稻壳等加工而成。

（1）用途　木塑复合材料兼具塑料和木材双重特性，具有耐潮、耐酸碱，防虫蛀，机械性能好，价格便宜、加工方便、可回收，无甲醛等有害气体释放等优点。在建筑行业主要用作回廊板、窗户和门板、混凝土水泥模板等。

（2）生产工艺　工业化生产工艺主要有挤出成型、注射成型和热压成型。由于挤出成型加工周期短、效率高、工艺简单，因此应用更广泛。挤出成型工艺由单螺杆或双螺杆挤出机挤出成型，可连续挤出任意长度的板材。该工艺又可分为单一挤出和复合挤出两种。复合挤出是在木塑板材的外表同步挤出一层纯塑料表层，成为特殊场合使用的木塑板材。

5. 木材制品对原料的要求

一般木材选用的技术条件为：

① 有一定的强度及韧性，刚度和硬度、密度适中，材质结构应细致；

② 有美丽的自然纹理，材质感悦目；

③ 易加工，切削性能良好；

④ 干缩、湿胀性和翘曲变形性小；

⑤ 弯曲性能良好；

⑥ 胶合、着色和涂饰性能好；

⑦ 有抗气候和虫害性。

在不同木制品的生产过程中对原料有不同的要求。胶合板对原料的要求较高，如原木质量、原木长度、原木径级、材料性质等。各类刨花板、纤维板生产中，主要使用小径级原木、采伐或加工剩余物以及非木质的植物纤维原料。

人造板的生产工艺决定了产品的质量与性能，在生产中对原材料要求有所不同，其工艺流程可归纳为：原料的软化、干燥、半成品加工和储存、施胶、成型和预压、热压、后期加工、深度加工。发挥其使用功能，保证所生产的木制品能够满足社会的需求。

6. 我国人造板的产量

根据国家林业局发布《2013年全国林业统计年报分析报告》，全国森林面积2.08亿公顷，森林覆盖率21.63%，人工林面积0.69亿公顷，蓄积24.83亿立方米；木材产量：2013年原木产量为8 438.5万立方米，锯材产量6 297.60万立方米；2013年各类人造板总产量为25559.91万立方米，同比增长14.43%；2013年各类木竹地板的总产量为6.89亿平方米。主要人造板板种的产量见表11.3。

表11.3　我国人造板板种的产量统计

人造板类别	产量/万立方米	占比/%	增幅/%
胶合板	13725.19	53.70	24.99
纤维板	6402.10	25.05	10.37
其中:MDF	5394.53		
刨花板	1884.95	7.37	−19.77
其他人造板	3547.67	13.88	10.70
其中:细木工板	2118.31		

人造板行业的发展有力地促进了速生人工林的培育，越来越多的人造板企业投资造林，建立原料林基地。自2002年开始，我国每年造林面积均突破667万公顷（1亿亩）。统计资料显示，与"十五"相比，"十一五"期间我国人造板的产量增长了135%，森林面积从1.75亿公顷增加到1.95亿公顷，人工林保存面积从0.53亿公顷增加到0.62亿公顷；截至

2009 年年底，我国人工林面积达到了 6200 万公顷（9.3 亿亩）。见表 11.4。

表 11.4　我国人造板工业的发展加速人工林面积的增长

年份	人造板产量 /万立方米	人工林面积 /万平方公顷	森林覆盖率 /%	全国森林面积 /万公顷
2000	2000	4667	16.55	15894
2009	11547	6200	20.36	19500
2020	20000	10000	22.40	21500

第二节　建筑用木材制品的绿色化技术

一、建筑用木材制品制造过程中的环境污染

木材工业是以木材及废弃物为主要原料，通过各种化学药剂处理或机械加工方式制成木制品的工业。木材工业生产的产品种类繁多，由于加工方式不同，在大多数木制产品的生产过程中，都会产生不同程度、不同性质的污染物，如空气污染、粉尘污染、水污染、废渣污染及噪声污染等环境污染，有的甚至造成生态环境的严重破坏，并很难再修复。

1. 人造板生产过程中的污染源

（1）固体废物　木材加工中固体废物包括林地残材、加工厂废料、旧建筑物拆除木材、新建筑物施工废材、废包装等。木材从森林采伐、运输直到木材加工都会产生固体废物。但大多可以再利用，如树皮一般用于制造肥料、生产树皮人造板或作为燃料；废料水解、干馏制取化学产品；废木材可以利用，废弃物具有生物降解性，最后还可以燃烧掉。

（2）水污染　主要是人造板的工艺水污染，一般木材工业废水含有木材可溶物、黏合剂、酚类、甲醛和防腐剂、废油等。

（3）大气污染　人造板工业中大量使用脲醛、酚醛和三聚氰胺甲醛树脂，作为胶黏剂及饰面浸渍材料。制造过程中加压、堆放和使用会使大量游离甲醛挥散，污染室内和大气环境。近年来采用低游离甲醛胶黏剂及水乳剂涂料、粉末涂料、静电喷涂使大气污染有所改善。各种人造板生产过程中产生的废物见表 11.5。

2. 人造板装饰处理过程中的污染源

利用化学物质制取新产品，在涂料使用中大量有机溶剂弥散在空气中，危害人体健康。在装饰工艺生产上使用的各类高分子合成材料以及在生产过程中会产生大量的有毒、刺激性物质，造成环境污染。

3. 木材工业其他处理工艺中的污染源

在木材防腐处理过程中几乎都含有一定毒性或剧毒的化学药剂，生产的废水含酚、萘等大量有毒有害物质。在染色工艺中染料种类较多，更换频繁，所产生的污染也各异，但其污染物含量较高且为有毒物质。木材加工行业中存在着各种各样的污染物，大多为有毒、有害的物质，必须加以处理。在处理过程中应根据其污染成分、浓度、生产工艺等情况来采取相应的处理工艺。

4. 木材制品的生产能耗

任何工业在为人类造福的同时不可避免地会有所消耗，木材加工过程中的消耗是指生产过程中原料消耗与能源消耗，与生产成本紧密结合。

工业材料的调查表明，木材开采、加工、使用、解体和废弃的整个生命周期过程，能源消耗是较少的，木材是一种可再生资源，树木吸收大气中二氧化碳中的碳，借太阳能以纤维素、木质素等形式固定在树干中，影响到碳循环的平衡和循环速度。合理利用木材及其制品将使其成为环境贡献材料，否则将成为环境破坏性材料。所谓合理利用是指育林、砍伐利用的平衡、木材使用寿命的延长和废木材的利用。

表 11.5　木材加工行业与污染源

污染类型 加工行业	空气污染源	水污染源	固体污染源	噪声污染源
胶合板行业	干燥机排放的废气；制胶、涂胶和热压过程中生产的有害气体；砂光工序中散发的粉尘等污染物质。目前以砂代刮工艺，但会产生严重的粉尘污染	木段剥皮工序、木段水热处理工序、单板干燥工序冲洗、制胶及涂胶设备冲洗等，水质视工艺而有所区别，主要有悬浮物、有机可溶污染物、酚类、总固体等	旋切和刨切加工剩余物、单板剪切剩余物、胶合板齐边废料、砂光木粉尘、原木剥皮剩余物	机床设备，如集材机、原木截段机、链锯、剥皮机、砂光机等。大多数超过容许值
刨花板行业	大块原料加工产生的粉尘、被风吹跑的小碎料；碎料干燥机排出的气体和粉尘；旋风分离器排出的气体；削片机、热磨机和双圆锯裁边机等设备，其次是集材机、装卸机、长网成型机、空气压缩机、鼓风机等设备	木段剥皮工序、合成树脂生产车间洗涤水、拌胶系统、储存设备及管道系统的冲洗水，与原料类别、木材处理方法、合成树脂的供给方式有关	刨花板齐边废料、砂光木粉尘、刨花板加工废料、粉碎和分选过程剩余物	集材机械、原料运输装置、木工刨床、削片机等设备的噪声
纤维板行业	木材切片、粉碎过程产生的粉尘纤维气流干燥及气流成型时溢出的细小纤维和废气；纤维加工、干燥和大量细小纤维、木粉飞扬以及板坯热压过程中散发出游离甲醛等有毒气体	含有悬浮物和胶体有机质、化学物质、溶解物，其 BOD、COD 均较高，溶解物主要有单糖、半纤维素单宁、甲醛等有毒物质，悬浮物是细小纤维和树皮	储木厂作业中产生的剩余物、纤维板齐边废料、纤维板加工废料、粉碎产生的剩余物	削片机、热磨机和双圆锯裁边机等设备，其次是集材机、装卸机、长网成型机、空气压缩机、鼓风机等设备

木材加工需要干燥、切削、粘接等过程，随着加工深度增加，能耗也增大。各种人造板的生产能耗因具体工艺而有所区别，原料消耗与产品、工艺、设备等密切相关。中密度纤维板生产过程中使用木材 $1.5 \sim 1.95 m^3/m^3$ 板，脲醛树脂为 180kg，固含量 65% 的树脂为 0.145t，石蜡 0.012t，蒸汽 2.84t，电 340kW·h/t，水 $4m^3/m^3$ 板。湿法纤维生产的用水量 $55m^3/m^3$ 板，干法纤维生产用水量 $6m^3/m^3$ 板，树脂 $65 \sim 70kg/m^3$ 板。刨花板生产单位产品用电 5.0kW/d，煤 $150kg/m^3$，干燥时消耗蒸汽 600kg，煤 140kg。冷凝水补给蒸汽锅炉消耗量为 27kg 煤/t 汽。一般情况下，单从木材量来讲，胶合板用木材量 $2.8m^3/m^3$，纤维板为 $2.6m^3/m^3$，中密度纤维板为 $1.8m^3/m^3$，刨花板为 $1.4m^3/m^3$。胶合板生产的能耗为发达国家的 3 倍以上，中密度纤维板生产能耗为 2.5 倍左右，刨花板能耗为 3.6 倍左右，原材料消耗平均为发达国家的 $1.4 \sim 1.8$ 倍。

总之，人造板生产的综合能耗折算为：胶合板生产南方为 900kg 标准煤/m^3，北方为 1100kg 标准煤/m^3，湿法纤维南方为 750kg 标准煤/m^3，北方为 850kg 标准煤/m^3。刨花板生产的综合能耗南方为 $590 \sim 830kg$ 标准煤/m^3，北方为 900kg 标准煤/m^3。

木材制品制造阶段与其他材料能源消耗比较见表 11.6。

表 11.6　各种材料在制造中碳排放量的比较

材料	化石燃烧能耗		制造时碳排放量		产品中碳存储量 /(kg/m³)	±碳量④ /(kg/m³)
	MJ/kg	MJ/m³	kg/t	kg/m³		
天然干燥木成材(密度 0.5g/cm³)	1.5	750	30	15	250①	−235
人工干燥木成材(密度 0.5g/cm³)	2.8	1390	56	28	250①	−222
胶合板(密度 0.55g/cm³)	12	6000	218	120	248②	−128
层压板(密度 0.65g/cm³)	20	10000	308	200	260③	−60
钢材	35	266000	700	5320	0	5320
铝	435	1100000	8700	22000	0	22000
混凝土	2.0	4800	50	120	0	120
纸	26	18000		360	0	

①～③碳含量分别为 50%、45%、40%。

④±碳量＝制造时排放碳量−产品中碳存储量（木材生长时从大气中吸收并固定的碳量）。

二、建筑用木材制品的环境影响评价

1. 环境影响评价的基本概念

环境影响评价是指按照一定的评价方法和评价标准对一定区域范围内的生态环境质量进行分析、评定和预测的定量描述。而木材的环境影响评价主要是指在木材的生产、制备、加工、使用、再生等单一过程或生命周期全过程中所涉及的各种能源、资源、废弃物，特别是污染物对生态环境的损害或破坏程度的定量或半定量分析描述。所谓的环境是指一种泛环境的概念，而不是一种单一的生态环境或自然环境的概念，泛环境的概念包括了资源的影响、能源的影响和对生态环境或自然环境的影响及其综合作用。

木材对环境的负面影响主要指在木材的生产、制备、加工、使用、再生等相关过程中对环境造成的直接的或间接的损害和破坏。一方面，生产过程要求消耗大量的各种不同类型的资源和能源，以保证生产的顺利进行；另一方面，生产过程中由于物理变化或化学变化，必然导致排放大量的废气、废水、废渣等各种物理形态的污染。

通过木材的环境影响评价可研究木材生产与环境之间的关系。在木材生命周期的全过程中，通过评价，掌握具体工艺、生产指标、工艺参数等对环境的影响，找出相应的控制参数，有助于改进木材的设计，控制和优化木材的生产过程，从而对保护环境具有特别重要的意义。同时木材的环境评价和生态木材的研究代表着木材科学的发展方向，它为木材研究提供了一个新的思路，利用木材的环境影响评价技术和评价结果来指导新型功能木材、新工艺、新技术的开发，不断地降低和减轻木材所造成的环境负担，满足木材的绿色生产和生态环境的可持续发展。

研究木材的环境影响评价的结果从某种意义上讲，是在木材的环境负荷与木材的使用性能或工艺性能之间寻求合理的平衡点，见图 11.4。

2. 环境影响评价的内容

评价的重点内容要立足于满足环境保护法规要求、环境负载能够促进可持续发展的原则。应遵循科学性原则、技术经济合理性原则和动态原则。科学性原则的核心内容是要保障人体健康、生态环境系统安全及生产系统的安全。在木材的生产、制造、加工等过程的环境影响最低则需付出经济上的代价，根据当前的科学技术与经济水平，进行技术经济的损益分析，寻求环境、技术、经济三者的合理平衡，通过技术经济分析，在目前条件下以最低的经济投入和环境损伤为代价获得最大的环境效益和经济效益，是技术经济合理性原则的内涵。随科学技术的进步和发展，木材的生产工艺也在不断改革，某一木材工艺是否属于绿色工艺的范畴，其对环境的影响是否最低或较低，其判别的主要依据是该工艺的具体环境性指标的高低，是相对性的、动态的。在相对的比较和发展中，推动了木材工业绿色化的可持续发展，木材的环境影响评价结果是一个相对概念，其最终目的是要推动木材工业的绿色革命及人与生态环境的协调发展，动态特征使得评价具有时间性、相对性、现实性和地区差异性。

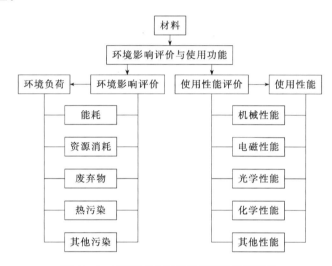

图 11.4　材料评价与使用性能评价平衡原料

3. 环境影响评价标准

环境影响评价标准是为了衡量材料在其生产、制备、制造、加工等过程中对资源、能源的需求程度和物料平衡及能量平衡，对废弃物的容许排放强度等而制定的标准，它是木材的环境影响评价的重要技术基础和主要依据。在评价过程中可采用三类指标。

（1）基本指标　木材生产过程中单位产品数量和产值的能耗、物耗、水耗和污染物排放水平。

（2）特殊指标　对某项技术带来的环境负载有重要影响或可能造成重大的潜在影响，取不同的权重系数，具体指标可以根据具体情况按应用场合或边界条件的不同来考虑，常用环境负荷表示，可以综合反映或度量木材和某木材生产过程对生态环境影响程度的大小，是一泛环境的概念。

（3）延伸指标　考察对超出制造阶段的产品生命周期的一些环境负载影响，基于科学性、定量性、再现性、包容性，研究各种木材及其生产、加工制造的环境影响指数。在木材的环境影响评价中，生命周期评价是应用最广泛的评价模型或方法。其核心是对材料在其生产、制造、加工、使用、再生的全过程中的环境影响或环境负荷进行综合评估。

依据以上原则，木材的环境影响评价定量化用函数形式表达为：木材的环境负荷＝G〈资源，能源，废弃物，其他形态的污染〉。根据求解木材环境负荷的方法不同，即边界条件不同，可得出不同的环境负荷。分别反映了某种木材在资源方面、能源方面、废弃物方面对生态环境的具体影响程度，直接了解具体影响的大小。

从另一个角度即采用环境影响指数研究木材的环境负荷值，将某一项目对环境的影响具体化。环境影响指数的大小可以用来反映其对环境影响的强弱程度，一旦木材及其制造过程的环境影响指数被公认和确定，则可以很方便地计算出某一具体木材或具体工艺的环境负荷的数值，环境负荷＝环境影响指数×工程数量。

在木材行业中，不但用水量大，而且使用的化学药品数量和品种较多，排放的污染物不仅数量大而且有毒，危害很严重。如不治理，将会危及人类健康和社会的发展，造成生态环境的恶化。

三、建筑用木材制品制造过程的环境治理

在木材行业中，不但用水量大，而且使用的化学药品数量和品种较多，排放的污染物不仅数量大而且有毒，危害很严重。如不治理，将会危及人类健康和社会的发展，造成生态环境的恶化。

1. 木材工业废水的治理

木材工业废水中主要污染物是悬浮物、木材可溶物、胶黏剂残余物及各种人造板生产过程中施加的可溶性与不溶性化学药品，针对不同的水质采取不同的处理方法。污染物来自木材使用的合成胶黏剂、涂料。涂料向室内释放氯乙烯、氯化氢、苯类、酚类等有害气体，涂料溶剂释放苯醇、酯类，某些涂料还含有铅、汞、锰、砷等有毒物质，长期缓慢释放的有机物质经呼吸道吸入人体能引起头疼、恶心、刺激眼、鼻，严重时引起气喘、神志不清和气管炎，有时会发生变态反应。因此，我国对人造板的污水处理极为重视，规定外排废水的水质需符合《污水综合排放标准》（GB 8978—1996）中的二级标准。人造板生产时废水处理常用工艺流程见图 11.5。

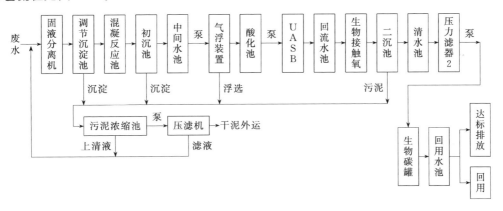

图 11.5　人造板废水处理工艺流程图

（1）胶合板工艺废水的处理与回收利用　胶合板生产过程中水污染源很多，废水的水质和水量变化也很大，一般应根据工厂规模、原料、胶料类别及生产工艺等因素来选择。胶合板生产废水的处理主要采用物理和化学法。物理法主要用于去除悬浮物、悬浮固体、泥沙和油类等；絮凝法是加混凝剂使其形成沉淀性能良好的絮凝体以去除废水中的细小胶体有机物、无机物、植物营养素、色度、臭味、酸、碱等；获得更佳的效果必须与生化处理相结合。其工艺废水的治理从两方面着手，一是改革生产工艺，减少不必要的废水排放。二是对产生的废水进行有效处理，并在生产中循环利用。

① 原木水力剥皮及煮木废水处理与利用　原木采用水力剥皮后排放的废水量很大，因此要采取循环利用的方法。目前采用大型澄清池去除悬浮物，用生物处理方法去除需氧物

质。对于煮木废水，在采用物理、化学方法处理后，再与生物处理法结合进行，水质达标后可回用或作为农田灌溉用水，是一种经济而有效的利用方式。

② 调胶和涂胶系统的废水处理与回收利用　胶合板生产过程中所用胶黏剂种类很多，用量最大的是脲醛树脂、酚醛树脂及蛋白胶三类，废水的化学与生化特性随胶种和清洗时稀释程度不同而不同。目前已循环使用调胶与拌胶系统排放的废水，这部分的水量远远超过生产中补充胶料的水，还有大量废水排放。

含胶废水不但要考虑单项指标的影响，而且应根据水量、水质的特点，制定相应的处理方法。主要措施有：废水经稀释后直接排入水体；放入工厂自建的污水池；经适当处理后再进入生化处理构筑物；排入城市下水道或进入公共的废水处理构筑物；经沉淀处理后按稀释比排入水体；锯末吸附焚烧；调节 pH 值按一定比例使酚与甲醛重新生成酚醛类树脂；重复使用于调胶或冲洗工序等。

在生产中会产生含酚废水，根据其浓度考虑回收与处理。如含酚浓度大于 300mg/L 时采用萃取法、循环蒸汽法、吸附法、封闭循环法等进行回收。否则即进行无害化处理，处理方法可采用生物氧化、化学氧化、物理化学氧化三类，而生物氧化处理构筑物可分为吸附再生曝气法、完全混合曝气法、生物转盘、生物滤池、塔式滤池等方式。物化法主要是燃烧法、电解法等。

胶合板生产过程中产生的水尽量循环利用，如冷却水、处理后的生产工艺废水，同时改变生产工艺降低用水量以及提高废水分离技术以减少工艺废水量。

（2）纤维板生产工艺废水的综合治理　湿法纤维板生产工艺废水中含有大量的悬浮物、胶体、可溶性有机物等。污染物种类多，水量大，需几种方法综合治理才能获得较好的处理效果。处理方法有物理化学法、生物化学法及蒸发处理。同时采用直接循环利用、处理后回用的方式减少污染物的排放。

（3）刨花板生产工艺废水的综合治理　主要污染物来自木段剥皮工艺、合成树脂生产车间洗涤水、拌胶系统、贮存设备及管道系统的冲洗水等。污染程度与原料选择、木材处理方法、合成树脂胶的供给方式有关。其处理方法与胶合板生产废水的处理方法相同。

（4）含铬废水的处理与利用　木材本身及木制品在染色、防腐过程中都会把铬等有毒金属离子带入废水中，如直接排入水体将产生严重的危害。含铬废水处理方法很多，常用的有化学还原法、电解法、二氧化硫还原法等。经过处理后的废水可回收利用，有的可以回收铬酸，回收方法有钡盐法、离子交换法、活性炭吸附法等。

（5）染色废水的处理与回收利用　染色废水污染物含量高，其成分很复杂，不经处理将会严重污染环境。根据染色废水有机污染物的种类不同，往往要采取几种方法进行综合处理，才能获得较好的效果。一般先用絮凝、中和等方法去除一部分有机悬浮物，调整 pH 值后进行生化处理，去除有机物，对余下的无机盐采用离子交换树脂法、溶剂萃取法、反渗透法、电渗析法、脱氨法、厌氧微生物法及蒸馏法进一步处理。回收利用的途径很多，必须先采用萃取、吸附、氧化等方法处理，去除染料和染色废水中的有害污染物，而后再蒸发浓缩并回收利用。

（6）含油废水的处理和回收利用　对该类废水往往处理与回收同时考虑，根据不同要求，采用重力分离法、化学沉淀法、空气浮选法、化学絮凝法、物理离心法、物理过滤法、电学净化法、活性污泥法等方式进行处理，通常投加絮凝剂到含油废水中，使其发生反应后生成的絮凝体漂浮到液面或沉降到池底，最后再采用空气浮选的办法使油、水分离。

2. 木材工业的大气污染治理

（1）粉尘污染治理　粉尘是能够较长时间呈悬浮状态存在于空气中的一切固体微小颗粒。从胶体化学观点看，粉尘是一种分散体系，分散相是固体微小颗粒，分散介质是空气。粉尘按粒径大小可分为降尘和飘尘。木材加工工业的粉尘主要来自木材切片、刨花粉碎、干燥及各种板料的表面加工、砂光和齐边过程，粉尘以木屑、木粉为主，还有少量碳氢化合物和游离的二氧化硅。人造板厂产生的粉尘绝大多数大于 $10\mu m$，根据化学分析，木粉尘中含有一定数量的木焦油，如处理不当可使人致癌，且潜伏期长。粉尘不仅危害操作工人的健康，污染周围环境，还增加机械的磨损和影响电器的正常工作，容易造成设备事故。同时，粉尘的飞损增加原料、燃料的消耗，从而提高了产品的生产成本。治理方法主要有吸入法、除尘器法和推挽吸入法等。

首先在生产设备和操作点产生的粉尘要设置密闭罩或设置敞口罩，从扬尘吸点吸出含尘空气，然后进行除尘。除尘系统按其控制的范围可分为三类，第一类是就地除尘（局部除尘），把除尘器直接设置在产尘的设备上，基本不需要除尘管道；第二类是分散除尘，把就近性质相同的产尘点用管道连接起来，共用一台除尘器或风机，构成除尘系统；第三类是集中除尘，把整个车间以及几个车间的产尘点连接于一个除尘系统，经除尘后集中排气，便于集中管理但阻力不易平衡，调节较困难。除尘器可选用重力除尘器、惯性力除尘器、离心力除尘器、机械力除尘器、过滤除尘。除尘设备的选择，与要求的净化程度和粉尘的性质有关。对木屑及除尘器收集的木粉的治理办法是进一步开展综合利用，如制胶黏剂、建筑材料、复合材料、制造木塑组合物等。

（2）人造板生产过程中的甲醛散发　甲醛类胶黏剂是木材加工工业使用的重要胶料，使用过程中能够释放甲醛而危害人体健康。散发的量既与外界条件（如空气湿度、温度和空气对流频率等）有关，也与内在影响因素（如木材种类、胶种及工艺条件等）有关，通常认为在刨花干燥、生产以及在后期使用过程中会不断地向周围环境散发甲醛。人造板缓慢释放有4 个因素：树脂中未聚合的游离甲醛、树脂在固化过程中产生的甲醛、木材在热压过程中降解产生的甲醛、固化后树脂降解产生的甲醛。用脲醛树脂胶合的中密度板也存在甲醛散发问题。研究表明，当游离甲醛在 $1\mu L/L$ 时即产生气味，当游离甲醛在 $1\sim10\mu L/L$ 时，人的眼、鼻、喉将受到较严重的刺激，由于用脲醛树脂生产的刨花板、纤维板及胶合板等人造板，释放的甲醛往往超过了卫生容许的范围，引起了国内外的重视。

① 控制游离甲醛散发的技术措施　从影响甲醛散发的因素着手，通过改革工艺在一定范围内降低甲醛散发量。一般采用的降低游离甲醛措施有下列几种，适当降低反应物的摩尔比、适当提高树脂的浓度、添加甲醛捕捉剂、采用共聚或改性树脂、适当改变生产工艺条件、改善固化条件。通过提高反应温度或延长反应时间，使反应进行的比较充分，就可能抑制未发生反应的游离甲醛，适当提高热压温度、延长胶合时间也有助于降低游离甲醛量。降低游离甲醛的释放量，采用与其他树脂混合的脲醛胶、用脲醛胶预缩液（UFC）制胶。增强脲醛树脂抗水解的能力，遏制甲醛后续散发。

② 通过后期处理降低甲醛散发量　降低甲醛散发量，不仅在热压之前和热压期间采取必要的措施，而且可通过后期处理来完成。甲醛零散发的物理后处理方法包括涂料涂饰、贴装饰材料、真空处理、热后处理等，化学后续处理方法较多，如氨处理、硫氧化物处理、喷洒尿素溶液法、封闭法亚硫酸盐处理等降低甲醛散发量。

上述方法只是从工艺上有所改善，彻底解决甲醛散发问题必须研究出一种不散发游离甲醛、性能良好的新胶种，开发无胶胶合工艺，采用高新技术手段进一步探索，认识木素活化、胶合机理，使无胶胶合技术得到大力推广。

3. 木材工业噪声污染源的治理

噪声广泛地影响人们的各种活动，对人体产生危害，必须加以控制。在实施过程中严格按照国家标准采取有效的途径。为了控制噪声应从其产生的阶段中采取相应的措施，即噪声源、中间传播途径及接收者。最根本、最直接、最有效的措施是降低声源噪声。通过改进结构设计、采用先进加工工艺、提高加工精度等措施达到降低噪声的目的。控制噪声传播的途径。在总体设计上对强噪声源的位置以合理布局，其次改变噪声传播的方向或途径，当上述方法无法实现时，采用声学措施，如吸声、消声、隔声、隔振。加强个体防护，使接收者尽可能地免受噪声干扰。

四、建筑用木材制品的绿色化生产

木材是人类社会最早使用的材料，也是直到现在还一直被广泛使用的优秀生态材料，随着现代工业和科学技术的发展，木材的用途越来越广泛，木材并未因现代材料的出现而被取代或冷落，现在全世界每年木材的消耗量为 34 亿～35 亿立方米，人均消耗 0.67m³，我国木材消耗量 2.5 亿立方米，相当于我国钢材和塑料消耗量总和。木材具有其他材料不可替代的性能，纵向压缩强度是横向压缩强度的 10 倍，纵向拉伸强度为钢铁的 1/4～3/5，压缩强度是混凝土的 1.3～2.5 倍，具有吸水和脱水性，调节室内湿度的功能，触感好，不同的木材品种硬度选择幅度大，外观好，根据不同的年轮、木节、木材品种选择特有的木纹和色泽。木材具有良好的加工性，但具有燃烧和腐朽性质，制品废弃后通过燃烧回收能源并成为体积小的灰分便于填埋，燃烧后没有有害气体排放，可腐朽自分解。木材是极其复杂的生物复合材料，以木材为中心的生物资源与不可再生的石化资源、金属资源不同，只要条件合适，利用太阳能每时每刻都能生产，促进木材资源的生产和有效的利用成为确保资源供应的中心课题。木材是一种优良的绿色生态原料，但在其制造、加工过程中由于使用其他胶黏剂造成了产品并非如原料的本身那样，仍保持绿色生态产品的性能。目前的问题是人类对一切可再生资源开发和获取的规模和强度要限制在资源再生产的速度之下，不过度消耗资源而导致其枯竭，木材要达到采补平衡。木材的绿色化生产要保证产品除具有优异的物化性能和使用性能，还必须具有木材的第三属性，即生态环境协调性，以此为基础进行衡量和评估。在木材的制造、流通、使用、废弃的整个生命周期都具有与生态环境的协调性，最大限度地发挥木材的功能。

在木材绿色化生产过程中，对每一工序都严格按照环境保护的要求，不仅从污染源角度加以考虑同时从产品的实用性、生态性、绿色度等方面进行调整。

木材的绿色化生产的关键是进行木材的生态适应性的判断。应具备木材生产所需能耗低、木材生产过程无污染、原材料可再资源化、不过度消耗资源、使用后或解体后可再利用、可保证原料的持续生产、废料的最终处理不污染环境、对使用人的健康无危害以保证其生态适应性，并作为绿色化生产的条件之一。

绿色生态工艺，衡量绿色生态工艺应从能源、生产过程、产品三个方面评判。在能源使用上，节约能源，采取节能措施，重视新能源开发并利用可再生能源和清洁能源。在生产过程中，使用无毒无害原材料，并节约原材料，少用稀缺和有害原材料，尽量使用再生资源。开发新材料，提高材料使用寿命，使中间产品无毒无害。采用先进可靠的操作和控制，保证先进的生产工艺流程，最少废和无废的工艺和高效的设备，实现源头治理，减少生产中的各种危险因素。所生产出的产品应保证物料循环利用和现场回收利用，具备合理的使用功能，具有易回收、易处理、易降解的性能，产品在使用过程中以及使用后不会危害人体健康和生态环境。

目前，木材生产工艺尽管有所差别，但可归结为原料的软化、干燥、半成品加工和储存、施胶、成型和预压、热压、后期加工、深度加工等。绿色化生产工艺侧重于对其工艺进行改造，选用先进的、环境污染小、自动化程度高的工艺流程，降低木材工艺对环境的压力并在后期使用过程中不会造成二次污染。

（1）前处理 不同原料的软化方法由木材性质所决定。原材料、使用目的等决定着高温或低温软化方法，如不同造林方法对木材质量的影响、不同树种木材的各种用途、用木材化学组分开发新的木材胶黏剂、产品类型等影响着软化方法。木材主要成分的热软化温度在干、湿状态下是不同的，在高温高压状态下，木素、半纤维素发生软化，随温度升高，发生降解导致强度下降。应尽量缩短高温阶段的时间，并适当延长低温软化时间。利用液态氨、氨气、氨水、微波加热技术、微波与氨水进行木材软化。

在旋切中采用厚单板切槽技术，以提高厚单板旋切质量，节省干燥能源，缩短热压周期。原木激光扫描定芯技术、无刀削片、剥片设备如激光切削技术、无损检测技术等，提高木材利用率。木材的压密技术是提高原木加工利用率和变低质材为优质材的技术革命。

（2）生产过程控制 木材干燥是保证木制品质量的关键技术，干燥又是能耗最大的工序，约占总能耗的 $60\%\sim70\%$，干燥必须根据不同的材种、木材的规格、干燥工艺和干燥产量来选择干燥方式和设备。我国已经基本建立一套符合国情的木材干燥技术、理论和比较完整的实际操作技术规范。木材的干燥方法颇多，有常规蒸汽干燥、除湿干燥、远红外辐射干燥、真空干燥、微波干燥、太阳能干燥等。常规干燥法因湿气随热风排入大气，能源利用率低，干燥成本较高。除湿干燥法能源利用率高，但干燥周期长，不宜干燥厚板材。红外及远红外辐射干燥，热量比较集中，干燥质量好。真空干燥缩短时间，干燥效果好。微波干燥投资和成本高。真空微波干燥综合了二者的优点。太阳能干燥节能效果好，成本低，适用于薄板干燥。但在实际生产中，绝大多数企业采用炉气干燥和蒸汽干燥木材，根据锯材的树种、厚度、初含水率和终含水率以及干燥质量要求，从工艺性能、使用性能、节能效果等方面综合考虑。

目前，生产木材的锯屑压块生产线都采用滚筒式干燥机和柱塞式压块机，燃料块含灰量少且不含硫，使用时危害小。人造板生产过程中的有机挥发物产生于干燥、热压、砂光、裁边等工段。除此以外，高温干燥是导致有机挥发物产生的主要原因之一。从应力发展、释放和开裂的角度研究木材干燥加工模式，探讨干燥过程中易挥发的有机化合物的释放。解决这一问题的主要措施，一是设置干燥设备空气循环利用系统，高温燃烧从干燥机中抽出的含有有机挥发物的气体后再回用；二是采用低温干燥工艺，干燥温度低于碳氢化合物的汽化点，则可减少有机挥发物的产生，并保证干燥的效果；三是加压处理用水性铜基防腐剂。

木材干燥加工新技术包括真空高频干燥技术、真空过热蒸汽干燥技术、浮压干燥技术、喷蒸热压技术与大片刨花传送式干燥技术。

拌胶系统运用芯、表层刨花拌胶机，其外壳和内轴分别通过循环水冷却，有效降低内部结胶和延长使用寿命，注胶口与注固化剂口分开，改变传统的液态淋胶方式，采用雾化喷注法供给胶液和固化剂。而单独施胶的工艺过程中将胶喷洒在施胶的刨花表面，调胶、供胶实现自动控制，严格控制拌胶后的含水率，能够保证在线修改。制造人造板时，所用合成树脂所造成的污染，现在已用水性或乳液合成树脂来代替溶剂型合成树脂。用木质纤维中木质素的化学性能，制成不用胶黏剂的无胶人造板。此类板材是依靠木材自身木素的熔融在热压过程中起作用，节约了胶黏剂，减少了污染。刨花板生产采用的节能方法有：热油炉按燃料配比、燃烧木粉、木粉气化新技术、收回刨花干燥机冷凝水作为蒸汽锅炉补给水等。

（3）产品成型控制　成品加工过程中由传统雕刻的数控镂铣机械、模压法、电热燃烧雕刻法发展为激光雕刻。激光有效地雕刻木材、胶合板和刨花板。在成型过程中没有锯屑，没有工具磨损与噪声，加工的边缘没有撕切和绒毛，可在任意方向雕刻出图形。后处理过程如木材防腐、防白蚁、阻燃、染色漂白及木材胶合等，基本上依赖化学处理，会对人体造成危害，应以含磷、氮、硼等化合物代替。开发生物防腐技术，使用低毒防腐剂，使木制品便于处理，避免给环境带来负面影响。抑制甲醛散发的后期处理可采用化学处理和封闭处理。开发安全、对环境无害的防变色技术以代替五氯（苯）酚。

（4）人造板生产工艺的现代化　原木的自动化分级和下锯等采用数字化技术。制材工艺结合产品的特点选用适合的人造速生林小径木林工艺或设备，如削片制材生产线，锯方制材生产线，带锯、框锯混合工艺，带锯、双轴多锯片圆锯混合工艺，框锯、双轴多锯片锯混合工艺。

现代化的胶合板生产线从上木、定心、旋切到组坯、热压，全线实现了自动化生产，特别是组坯自动化生产线，不仅明显提高了生产率，而且提高了产品质量，降低了劳动力成本。一种单板胶拼机得到了发展，它可将窄单板拼接成整张芯板，利于自动组坯。此外，胶黏剂也作了改进，能快速固化，大力发展防水性好的胶黏剂。产品方面积极发展横纹胶合板、胶合木和单板层积材等新产品；在树脂选择上用无毒的胶黏剂。运用交联型处理剂和交联工艺。开发多效、多功能处理剂。

胶合板生产过程中首推无胶胶合工艺。无胶胶合是一种不用外加传统的脲醛树脂或酚醛树脂等合成树脂胶黏剂，依靠材料本身含有的化学成分在特定工艺条件下实现"自粘接"而粘合成板的技术。根据表面处理手段不同，无胶胶合制造人造板的方法大致可归纳为五种：氧化结合法、自由基引发法、酸催化缩聚法、碱溶液活化法、天然物质转化法。其中第五种最具前途，不需要添加任何物质，没有环境污染、生产方式简单。关键是如何实现木材内部天然物质的转化。通过对现有生产流程、工艺参数和设备的改造来实现高温高压水蒸气处理制造无胶人造板。工艺流程见图11.6。

原料→削片（非木材原料为散包或切断）→预处理→热磨→干燥→干纤维料仓铺装成型
入库←砂光←成品堆放←纵横锯边←冷却←热压←预压┘

图 11.6　高温高压水蒸气处理制造无胶人造板工艺流程图

刨花板生产工业是缓解我国木材供需矛盾的有效途径。提高木材的综合利用率，利用有限的森林资源向社会尽可能提供较多的产品，以满足国民经济快速发展对木制品的需求。

对刨花板的技术改进主要是围绕如何更好地利用低等级原料生产高等级产品，提高原材料利用率，降低生产成本。刨花板工业除了要进一步加强对"三剩"（采伐剩余物、造材剩余物和木材加工剩余物）的利用之外，还应在以下几个方面拓宽原料来源，一是随着人工林面积的增加以及营林抚育的加强，将产生大量的幼树、灌木，对这些木质原料应加强收集、充分利用；二是加强对农作物秸秆的研究利用；三是加强城市废弃木材的收集利用。刨花板的产品向细表面、高侧面加工性能方向发展。

中密度纤维板工艺采取了一些措施以提高产量，如改进热磨机，提高生产率，降低能耗；更好地控制纤维干燥温度与含水率；连续热压技术日趋成熟，对精确控制板材厚度、减少砂削量起到了明显作用。

总之，在人造板的绿色化生产过程中，不仅进行工艺改革，而且必须进行产品的开发，研制使用寿命长、附加值高的木塑复合材料，以适应不同的特殊用途。开发农作物纤维、回收木纤维和废弃产品的多种纤维的利用技术，改进木材加工技术，保障和扩大木材供应。降低人造板有机化合物的释放。

绿色生态工艺侧重于研究木材与环境的友好协调性，用全周期分析法跟踪木材产品使用的全过程，包括生产、加工和其他活动给环境带来的负担，寻找其客观规律。生产中尽量达到 4R 原则，即应用再生资源、减熵、再用和再回收利用。

五、绿色化生态型木材产品的设计原则

绿色化生态型产品从资源流、能量流、时间流、废物流、经济性上加以考虑，所用资源、能源最少，生产时间最短，使用寿命最长，产生废物最少，最经济的生产技术，造成的环境负担最小。绿色产品是从原材料获取、生产、加工、使用、再生和废弃等寿命周期的全程中具有较低环境负荷值、较高可循环再生率和良好使用性能的产品，是一个相对概念。应严格限制人造板制品中甲醛释放量，刨花板达 E1 级、中密度纤维板达 E0 级、胶合板达 F1 级、F0 级，可认为是生态型产品，是低毒甚至无毒绿色木材。

木材的生态设计应考虑自身的力学性能和生态环境的适应性，同时考虑生产过程中与其他材料的选择和组合，即木材的整个生命周期环境负载最低。生态设计包括面向环境设计、面向能源设计和人机工程设计。面向环境的产品设计使产品在满足环境目标要求的同时，并保证能够达到设计的基本性能、强度、使用寿命和质量等要求。经历了需求分析、设计要求、概念设计、初步设计、详细设计和设计实施六个阶段，并在每个设计阶段中对其进行环境评价。木材绿色产品的环境负荷值主要包括资源摄取量、涂料和胶料消耗量、污染排放量及其危害、废物排放量、回收和处置难易程度。所谓面向能源的设计是指用对环境影响最小和资源消耗最少的能源供给方式，以最少的代价获得能量的可靠回收和重新利用的优化设计。人机工程设计的目标是在系统约束条件下，实现工作的有效性，简化操作程序，改善工作条件，达到人机系统的最佳效率与效能。使整个"人-机"系统能高效、可靠、安全、经济和操作方便。创造人与自然、人与环境之间和谐的关系。绿色产品的产生是以绿色设计为基准、为前提的。绿色设计必须遵循以下 5 条原则。

（1）资源最佳利用原则　一是选用资源时须考虑其再生能力和跨时段配置问题，尽可能使用可再生能源；二是在设计时尽可能保证所选用的资源在产品的整个生命周期中得到最大限度的利用。

（2）能源消耗最少原则　一是尽可能选用太阳能、风能等清洁能源或废物处置过程的二次能源；二是力求产品整个生命周期循环中能源消耗最少，能源浪费最小。

（3）零污染原则　绿色设计须彻底抛弃传统的"先污染，后处理"的末端治理环境的设计方式，实施"预防为主，治理为辅"的清洁生产等环保策略，在设计时充分考虑如何消除污染源，从根本上防止污染。

（4）无害原则　绿色设计须确保产品在生命周期内对生产者和使用者具有良好的保护功能，在设计时不仅从产品的质量和可靠性等方面考虑确保生产者及使用者的安全，而且使产品符合人机工程学和美学等原理，以免危害身心健康，使用无后期效应，力求损害为零。

（5）技术先进原则　为使设计体现绿色的特定效果，就必须要求采用最先进的技术，同时还要求设计者具有创造性，使生产者能取得最佳的生态经济效益。

人造板生产技术较为成熟，随着天然林保护工程的实施，其原料供应与选择上加强速生林树种培育及其加工利用，发展农作物秆加工工艺，重视废木材制品的回收，产品上拓展新型复合材料，开发功能产品（难燃人造板、保健人造板、低密度高惯性矩厚板、

高密度薄型定向板、低密度绝热板材）、开发生产工程产品（结构用板材、胶合层积木、结构复合木、预制木材工字梁、竹材结构板）、扩大特殊规格板的生产规模、深化产品应用研究。探索开发木质纤维和塑料复合材料以满足其他行业如汽车制造业的使用需要，提高产品附加值。

人类所使用的产品不仅要满足其使用要求，而且要兼顾使用的后期效应。在使用过程中仍保持木材的绿色化，不会对人体产生危害，不污染环境，创造一个人类与环境和谐相处的协调系统。同时达到环境负荷较小并保留木材的环境适应性，能够回收利用木材废弃物的高功能使用效果，使碳量固定化，控制温室效应的产生。以现代手段积极控制使用条件，确保使用时的高可靠性与高使用寿命。

六、绿色化木材产品标准及检验方法

木材具有的天然特性使其得到广泛的应用，并未因现代材料的发展而被取代，但由于木材的大量采伐造成木材的短缺，尽管大力发展相应的木材以满足人类的需求，但仍存在供不应求的现象。随着环保意识的增强，人类永恒追求的目标变为绿色化木材，因此对绿色化木材进行合理的分析，依据标准加以判断。

1. 绿色化木材产品标准

人们进行生产活动的最终目的是获得所需要的产品，产品体现着人类发展和社会的进步，也记载着工业生产与环境相互作用及工业生产各种效益的结果。绿色生产的主线是产品从摇篮到坟墓的整个生命周期中与环境的友好与相容，并突出了在产品的设计时就要遵循环境保护的重要性，在任何产品的生产过程中既要消耗能源、资源又要污染环境，产品的环境性能已成为主流，成为市场竞争的重要因素。进行产品环境标志工作，表明该产品不仅质量合格、而且在生产、使用和处理处置过程中符合特定的环境保护要求，与同类产品比较，具有低毒少害、节约资源、能源的环境优势。建立相应的标准，应从产品的原材料制作到产品使用完全报废，即产品整个生命周期过程对环境造成的影响来确定授予环境的标志。具体方法为定性的生命周期评价法，对在生命周期的各阶段——原材料的采集、生产、分配、使用、处置中所遇到的环境问题（废弃物、土壤污染和恶化、水污染、大气污染、噪声、能源消耗、自然资源的消耗等）一作出评判后确定标准。确定标准应注意其合理性、明确性并随时代的进步和科技发展而不断修改和提高。

生产工艺方面采用先进的高科技生产工艺，污染少；采用特殊防水胶，甲醛释放量少；废弃物能够得到利用，卫生条件好。生产产品的寿命长，不造成二次污染并可再生。

绿色化木材除满足抗剪、抗压等力学性能外，更侧重其环境友好性。对工业而言，应最大限度地做到：节约能源，利用可再生能源、清洁能源，开发新能源，实施各种节能技术和措施，节约原材料，利用无毒无害原材料。减少使用稀有原材料，循环利用物料、废弃物。减少原材料和能源的使用，采用高效少废和无废生产技术和工艺，减少副产品，降低物料和能源消耗，提高产品质量，合理安排生产进度。包括绿色能源、绿色原料、绿色的生产过程、绿色的产品。

2. 木材产品检验方法

工程中使用的各种人造板材、涂料、胶黏剂、混凝土添加剂等，在常温下可能释放出对人体有毒、有害的化学物质，木材必须进行环境指标检验报告，根据其生产过程和产品采用不同的方法进行检验。

（1）人造板及其制品甲醛释放量试验方法及限量值　见表 11.7。

表 11.7　人造板及其制品甲醛释放量试验方法及限量值

产品名称	实验方法	限量值	适用范围	限量标志
中密度纤维板、高密度纤维板、刨花板、定向刨花板等	穿孔萃取法	≤9mg/100g	可直接用于室内	E1
		≤30mg/100mg	必须饰面处理后可允许用于室内	E2
胶合板、装饰单板贴面胶合板、细木工板等	干燥器法	≤1.5mg/L	可直接用于室内	E1
		≤5.0mg/L	必须饰面处理后可允许用于室内	E2
饰面人造板	气候箱法	≤0.12mg/L	可直接用于室内	E1
	干燥器法	≤1.5mg/L		

注：E1 为可直接用于室内的人造板，E2 为必须饰面处理后允许用于室内的人造板。

此标准的甲醛释放量规定已达到工业发达国家同类产品规定的先进水平。其中中密度纤维板和刨花板的甲醛释放量及其监测方法的规定，与此类标准最严格的欧盟标准相当；胶合板类产品的甲醛释放量及其监测方法采用了世界上最严格的农业标准的规定。

（2）木家具有害物限量　见表 11.8。

表 11.8　木家具中有害物限量

项目		指标值
甲醛释放量/（mg/L）		≤1.5
重金属（限色漆）/（mg/kg）	可溶性铅	≤90
	可溶性镉	≤75
	可溶性铬	≤60
	可溶性汞	≤60

此标准中甲醛释放量无相应国际标准；重金属标准和世界先进标准一致。

（3）溶剂型木器涂料有害物限量　见表 11.9。

表 11.9　溶剂型木器涂有害物限量

项目	限量值				
	硝基漆类	聚氨酯漆类		醇酸漆类	腻子
		面漆	底漆		
挥发性有机化合物（VOC）含量/（g/L）≤	720	光泽(60°)≥80.580 光泽(60°)≥80.670		500	550
苯含量/%≤			0.3		
甲苯、二甲苯、乙苯含量总和/%≤	30	30		5	30
游离二异氰酸酯（TDI、HDI）含量总和/%≤	—	0.4		—	0.4（限聚氨酯类腻子）
甲醇含量/%≤	0.3	—		—	3（限硝基类腻子）
卤代烃含量/%			0.1		
可溶性重金属含量（限色漆、腻子和醇酸清漆）/（mg/kg）≤	铅 Pb		90		
	镉 Cd		75		
	铬 Cr		60		
	汞 Hg		60		

VOC 以上指标和美国国家环保局规定的相关指标参照欧盟指标；甲苯、二甲苯和 TDI 无国外资料参考；可溶性重金属指标和欧盟相关指标一致。

第三节　建筑用木材制品的绿色化评价

一、人造板绿色加工业系统设计原则

人造板绿色加工是一个综合考虑环境影响和资源效益的现代林产工业的持续发展模式，其目标是使得产品从设计、制造、包装、运输、使用到报废处理的整个产品生命周期中对环境的负面影响最小，而生态资源效益最高。影响人造板系统资源生态效益的因素是多方面的，实施绿色加工过程中，绿色品种的设计是关键，绿色设计是指在产品生命周期全过程的设计中充分考虑资源和环境的影响，考虑各功能的同时，优化有关设计参数，使得产品及其制造过程对生态环境的总体影响减到最小，对人造板绿色加工业进行系统设计。

① 产品设计（方案设计结构设计）、材料选择、加工环境设计、工艺设计、产品包装及产品回收处理方案设计。

② 经过上述系列设计后进入下一道工序，按自然资源选择（能源生产、废弃物）原木产生、原材料供应（包括产品材料、包装材料、辅助材料等），进行产品检测、产品包装、产品使用及维修、产品寿命终结及产品拆卸。

③ 将经过拆卸后的产品分成四部分，能利用的零部件、能修补或改制的零部件、其材料能再生的零部件、不能再生的零部件。

④ 对不能再生的废弃物进行处理，能重用的零部件进行产品检测，使用维修、包装后重新使用。对能修补或改制的零部件再加工。对材料能再生的零部件重新作为自然资源再生产。

实施人造板绿色加工是一个极其复杂的系统工程，在其加工系统中，树种资源消耗种类繁多，消耗情况复杂，对环境的污染状况多样化，程度不一样，因此研究一套人造板绿色生产的评估指标体系和评估系统是关键问题。绿色人造板是指对"环境友好""甲醛释放量少"和"几乎纯天然"的新型人造板。可最大限度地提高木材资源的利用率，减少资源消耗，直接降低成本，减少或消除环境污染。

二、建筑用木材制品的绿色度评价指标

绿色木材领域的研究工作有两个重要分支，一个是研究具体的绿色木材生产、制造、加工、再生技术或工艺，其研究有助于减轻木材工艺对环境的不良影响；另一个是研究木材在某一过程或其生命周期全过程对环境的具体影响的特征及其程度大小，其工作有助于正确客观评价木材技术与工艺。欲使绿色工程研究工作能够取得实效，其关键在于绿色概念或绿色度的定量化。所谓环境标志产品是指绿色技术对在生产、使用或处置过程中有污染，但采取一定措施后可减少或消除污染，达到环境标志的产品。

建筑用木材制品绿色度评价包括 10 个评价指标，不同产品每个指标给定不同的指数 V_i（每个指数最低分为零分，低于零分按零分计），每个指标又有不同的加权系数 W_i，反映了各个因素的相对重要性（$\sum W_i = 1$）。采用加权均方根法算出产品绿色度，即

$$产品的绿色度值 = \sqrt{\sum (W_i V_i^2)/n}\,（这里\ n=10）$$

产品的绿色度按 0～100 分计，最理想即最绿色的产品其绿色度为 100 分。

1. 产品标准

本项权重系数取 0.1。产品的检验标准按照国家标准、行业标准、地方标准和企业标准

有所不同，在具体施工和验收过程中根据使用场所、使用目的存在相应的标准。该标准表明所检验的产品是否合格，对符合各自产品质量标准要求的产品，其生产企业污染物排放必须达到国家或地方污染物排放标准，经相关部门论证后可获得环境标志产品。满足不同标准的产品根据在使用过程中的后期效应进行评判，达到相应限量标准 E0 则注明为绿色产品标志。达到国家标准的产品的绿色度为 100 分，达到行业标准的产品为 80 分，达到地方标准的产品为 70 分，达到企业标准的产品为 60 分。对于下一级标准高于上一级标准的情况则可认为同时达到了上一级标准，并按上一级标准评分。与此同时，要求产品提供标准中应检测的项目及对应指标，有严格的检测报告。

2. 资源消耗

本项权重系数取 0.1。将单位产品设定为每立方米板，确定某一种产品的规格后，视其生产原料进行评分。采用工业废物为原料进行生产，利用率达 80％以上，其产品的使用过程中未产生二次污染，具有环境友好性，通过 ISO9000 质量管理和质量保护体系，其绿色度为 100 分。采用低质原料、环境友好型原材料，工业废物利用率达 60％以上，通过 ISO9000 质量管理和质量保护体系，产品的绿色度为 80 分。使用较高级的、易得原材料，工业废物利用率达 40％以上，其绿色度为 50 分。使用较高级的、较易得原材料，工业废物利用率达 20％以上，其绿色度为 30 分。使用较高级的、不易得原材料，工业废物利用率为零，其绿色度为 0 分。

3. 能源消耗

本项权重系数取 0.1。计算单位产品生产过程的能源消耗量统一到每立方米板，并以综合能耗为基准，视产品而有所区别。木材产品绿色度评价表见表 11.10。

表 11.10　木材产品绿色度评价表

品种	能耗/(kg 标煤/m³)	木材消耗比例/(m³/m³)	绿色度
胶合板	＜900/1100	＜2.8	10 分
	900～1200/1100～1400	2.8～3.2	7 分
	1200～1500/1400～1700	3.2～3.6	4 分
	1500～1800/1700～2000	3.6～4.0	0 分
纤维板	＜750/850	＜2.6	10 分
	750～1000/850～1100	2.6～3.0	7 分
	1000～1300/1100～1400	3.0～3.5	4 分
	1300～1600/1400～1700	3.5～4.0	0 分
中密度板	＜700/800	＜1.8	10 分
	700～1000/800～1100	1.8～2.2	7 分
	1000～1300/1100～1400	2.2～2.6	4 分
	1300～1600/1400～1800	2.6～3.0	0 分
刨花板	＜600/900	＜1.4	10 分
	600～1000/900～1400	1.4～1.8	7 分
	1000～1400/1400～1800	1.8～2.2	4 分
	1400～1800/1800～2200	2.2～2.6	0 分

注：能耗中"/"前面的数值为南方，后面的数值为北方。

4. 生产环境影响

本项权重系数取 0.15。在产品生产过程中会不同程度地产生污染，可从分量考虑也可从总量考虑。参与评分时，企业需提供相应证书，权威机构检测报告或其他文件。总量合格，废气排放量满足国家一级标准、废水量小于 30m³/t 板、废料利用率为 80％以上，通过 ISO14000 环境管理体系的为 100 分；总量合格，废气排放量符合国家二级标准、废水量等于 30m³/t 板、废料利用率为 50% 以上，其绿色度为 70 分；废气排放量满足国家三级标准、废水量大于 30m³/t 板、废料利用率为 30% 以上，其绿色度为 30 分；若三项指标分别超过最低级标准，其绿色度为 10 分；若总量超过标准，绿色度为 0 分。

5. 清洁生产

本项权重系数取 0.15。产品采用先进的生产工艺，环境污染少，设备自动化程度高，符合清洁生产的要求，通过 ISO9000 质量管理和质量保护体系和 ISO14000 环境管理体系，绿色度为 100 分。较先进的工艺、环境污染较少、有一定的自动化程度，通过 ISO9000 质量管理和质量保护体系和 ISO14000 环境管理体系的，绿色度为 80 分。工艺较落后，环境污染严重，绿色度为 50 分。仍使用落后工艺，环境污染严重超标，绿色度为 0 分。

6. 本地化

本项权重系数取 0.05。本地化是一个相对概念，在此以运输距离为衡量标准。生产现场到使用场所的运输距离为 500km 以内，其绿色度为 100 分；生产现场到使用场所的运输距离为 500～1000km 之间，其绿色度为 70 分；生产现场到使用场所的运输距离为 1000～2000km 之间，其绿色度为 40 分；生产现场到使用场所的运输距离为 2000～5000km 之间，其绿色度为 20 分；生产现场到使用场所的运输距离为 5000km 以上，其绿色度为 0 分。

7. 使用寿命

本项权重系数取 0.1。对产品进行后期跟踪，并从原料性能、生产工艺、使用寿命等方面进行评估。寿命大于本行业上一年度平均值 80% 以上，更换方便的产品的绿色度为 100 分；寿命大于本行业上一年度平均值 60% 以上、更换较难的产品的绿色度为 70 分；寿命大于本行业上一年度平均值 40% 以上、更换难的产品的绿色度为 50 分。寿命接近本行业上一年度平均值、更换方便的产品的绿色度为 80 分，寿命小于本行业上一年度平均值 60% 以内、更换较难的产品的绿色度为 50 分。寿命小于本行业上一年度平均值 40% 以内、更换又难的产品的绿色度为 10 分。

8. 洁净施工

本项权重系数取 0.05。木材在施工过程中实现清洁施工的绿色度为 100 分，基本能实现清洁施工的绿色度为 50 分。无法实现清洁施工的绿色度为 0 分。

9. 使用环境影响

本项权重系数取 0.1。在使用过程中的后期效应会不同程度地释放放射性、有毒有害成分。释放放射性、有毒有害成分达到国家环境质量一级标准，其绿色度为 100 分。在使用周期内有微量放射性、有毒有害成分的释放，达到国家环境质量二级标准，其绿色度为 80 分。在使用周期内有一定量的放射性、有毒有害成分的释放，达到国家环境质量三级标准，绿色度为 50 分。在使用周期内有大量的放射性、有毒有害成分的释放，已超出了国家允许的标准，其绿色度为 0 分。

10. 再生利用性

本项权重系数取 0.1。使用后的产品能全部再生利用，原料选用人工林或废弃物，绿色度为 100 分，使用后的产品 60% 能再生利用，使用工业林或 80% 以上的废弃物，绿色度为 70 分，使用后的产品 30% 能再生，使用工业林或 60% 以上的废弃物，绿色度为 40 分，产品使用后根本不能再生的绿色度，绿色度为 0 分。在生产过程中如使用天然林，则在评价时采用一票否决制。

绿色度评价总体上以上述指标为基准，并考虑权重系数。综合性能分析见表 11.11。

表 11.11　综合性能分析

类型 性能	天然林	人工种植林	纤维板	中密度板	胶合板	刨花板
能耗	—	3~6MJ/kg	24 MJ/kg	11.3 MJ/kg	19 MJ/kg	20 MJ/kg
原料可得性	一般	很好	很好	优秀	很好	优秀
最小的环境影响	一般	很好	很好	很好	很好	很好
含能率	优秀	很好	一般	好	好	好
产品寿命	很好	好	好	好	很好	好
可维护性	好	一般	一般	好	好	好
产品回用潜力	很好	一般	差	好	好	差
原料可再生性	差	差	好	一般	差	很好

参 考 文 献

[1]　钱小瑜．"十二五"我国人造板将再铸辉煌．木材工业，2011，25(1)：1-5.

[2]　2013 年全国林业统计年报分析报告．国家林业局发布，2013.

[3]　曾黄元，木材工业利用和生态环境问题浅析．内蒙古林业调查设计，2005，28（4）：15-17.

[4]　郑万友．胶合板生产技术．北京：中国林业出版社，2006.

[5]　刘恩永．刨花板与纤维板生产技术．北京：中国林业出版社，2007.

[6]　林翔．木塑复合材料应用与研究进展．木材加工机械，2008，1：46-49.

[7]　刘一星．木质废弃物再生循环利用技术．北京：化学工业出版社，2005.

[8]　顾继友．人造板生产技术与应用．北京：化学工业出版社，2009.

[9]　胡黄卿，黄坚．人造板工业的污染及控制．木材加工机械，2009，S1：62-67.

[10]　GB 18581—2009．室内装饰装修材料溶剂型木器涂料中有害物质限量标准．

第十二章
化学建材产品的绿色化

以高分子材料为主要成分或作为主要基础材料开发的建筑材料，在建筑工业中发挥着重要作用。相对于传统砖瓦灰砂石、钢铁、水泥等无机建筑材料和木材等天然植物材料而言，这类材料往往被人们称作"化学建材"。在近现代建筑中，化学建材发挥着越来越重要、甚至不可替代的作用。近年来，我国化学建材产品年产值已达千亿元。

化学建材普遍的定义是指"以合成高分子材料为主要成分，配有各种改性成分，经加工制成的适合于建设工程使用的各类材料"。目前，化学建材主要包括塑料管道、塑料门窗、建筑防水材料、建筑涂料、建筑壁纸、塑料地板、塑料装饰板、泡沫保温材料、建筑胶黏剂等各类产品。按照这个定义，准确的说法应是"高分子基复合建筑材料"。其实在所谓的化学建材中还应包括，一些无机盐类、有机无机复合盐类，虽然它们不是直接作为建材来应用，但常常是建材的非常重要的添加材料。

一方面，化学建材的型材可以部分替代木材，在使用性能、装饰性以及使用寿命方面具有较好的性能；另一方面，更重要的是由于其一些特殊的性能，如粘接性、密封性、基团的特殊活性、可塑性、耐水性、耐候性等而成为建筑材料生产与使用过程中必不可少的成分。

1995年以来，列入《国家化学建材推广应用的"九五"计划和2010年发展规划纲要》的三类主要化学建材产品——塑料管道、塑料门窗、新型防水材料的推广应用均取得了很好的效果，同时带动了建筑涂料、建筑胶黏剂、保温隔热材料、装饰装修材料等产品的快速发展。

2000年，国家出台了《国家化学建材产业"十五"计划和2015年发展规划纲要》，进一步加大扶持和发展化学建材的力度，重点抓好塑料管道、塑料门窗、新型防水材料、建筑涂料的推广应用，同时带动其他化学建材产品的发展。以化学建材产品的推广应用为龙头，带动原料生产、设备制造和工程应用等行业协调发展，实现化学建材的产业化。

此后，国家机构没有发表相关规划纲要。以高分子树脂材料为基料制造的门窗、管材、防水材料、保温材料、建筑涂料等被普遍应用到建筑中，成为了"传统建材"。

本书的门窗、屋面、混凝土等章节中已经介绍了塑料门窗、防水材料、混凝土化学外加剂等，塑料基壁纸也逐渐被淘汰，这里不再赘述。本节主要综述建筑塑料的产品分类及生产工艺技术，重点介绍保温材料、建筑涂料、塑料管材以及近几年发展起来的木塑材料。

化学建材中的高分子材料源于石油，资源特性明显，也非长久之计，其根本出路在于可再生的植物性资源。此外，必须注意到的是，除了化学材料的优异性能和作用之外，制造不当、使用不当以及废弃处理不当等也会带来许多环境问题，如：有机挥发物VOCs、半有机挥发物SVOCs及二噁英等，一些有机物释放到环境中成为"环境激素"已经影响到人类和其他生物的繁衍与生存。

第一节　高分子基复合建材产品

塑料是以合成或天然高分子化合物（俗称树脂）为主要成分，添加某些助剂和辅助材料，在一定条件下可塑成型，最终制成的定型高分子材料。其中用于建筑工程的塑料被称为建筑塑料。塑料在建筑方面的应用见表12.1。

表 12.1　塑料在建筑方面的应用

建筑类别	主要塑料制品	主要材料	建筑类别	主要塑料制品	主要材料
装饰塑料	塑料地砖、卷材 塑料地毯 塑料壁纸（将被淘汰） 装饰层压板 塑料墙面砖	PVC PP、PAN、尼龙 PVC MF、PF PS、PVC、PP	防水工程塑料	防水卷材 嵌缝材料	PVC、PE、橡胶 PVC、AC、PUR、硅橡胶
			隔热塑料	泡沫塑料	PUR、PS、PVC、PF、UF
装修塑料	塑料门 塑料窗 百叶窗 装修线材 塑料灯具、小五金 塑料隔板	PVC、PUR PVC、PUR、AC PVC PVC、PS、PE PVC、UF、AC、PF PVC、FRP、PUR	混凝土工程塑料	塑料模板 聚合物混凝土塑料	PVC、FRP、PP PS、AC、UP、EP
			墙体屋面材料	护墙板 屋面天窗板	PVC、FRP、PUR、PS、AC FRP、PVC、PMMA
水暖工程塑料	给排水管材、管件 煤气管 浴缸、水箱、洗池	PVC、PP、PE、ABS、 PVC、FRP、PP FRP、PP、AC、PE	塑料建筑	充气建筑 全塑建筑 盒子卫生间、厨房	PVC、橡胶 PVC、FRP FRP、PVC

塑料制品的分类方法较多，通常按照塑料受热后性能及应用范围分类。

按照塑料受热后性能可分为热塑性及热固性塑料两类。热塑性塑料受热后软化、熔融，冷却后定型，具有可塑性，常用挤出、注塑、压延、吹塑、发泡等工艺成型，其过程基本上是物理变化，如 PVC、PS、PE、PP、ABS、PMMA、POM、PC 和 PA 等。热固性塑料受热后先软化，然后固化成型，变硬后不能再软化，其过程为化学变化，常用浸渍、模压、层压、浇铸等工艺成型，如 PF、UF 和 EP 等。

按照应用范围可分为通用塑料和工程塑料两类，工程塑料可再分为通用工程塑料和特种工程塑料两类。通用塑料一般指用量大、价格低的塑料，主要有聚烯烃、PVC、PS、PF 和氨基塑料等。通用工程塑料主要有聚酰胺（尼龙，PA）、聚碳酸酯（PC）、聚甲醛（POM）、聚苯醚（PPD）、聚对苯二甲酸丁二醇酯（PBT）、聚对苯二甲酸乙二醇酯（PET）、超高分子量聚乙烯（UHMW-PE）等。

塑料加工前，应根据产品性能要求，选择原料（树脂及助剂）、配方设计，通过捏合机将多种物料由多相不均匀态转为多相均匀态的混合料，然后进行加工。下面介绍几种常用的加工方法。

（1）挤出成型　原料在一定的温度和压力下熔融、塑化、连续地通过一个型孔而成为固定断面形状的产品。主要设备是挤出机。辅助设备有机头、口模、切割及卷取等装置。此法主要加工热塑性塑料和少量热固性塑料。主要产品有薄膜、管材、板材、片材、棒材、单丝、扁带、网、复合材料、中空容器、电线包覆材料及异型材等。

（2）注射成型（注塑）　将塑化料用柱塞式螺杆加压，使其呈流动状态的物料，从料筒末端的喷嘴注入模具中，添满模腔，经冷却定型即得产品。工艺流程为：原料→熔化→加压注射充模→冷却→开模。主要设备是注射机，包括机身、合模装置与注射装置三部分，按外形特点可分为立式、卧式和角式三种。适用于热塑性塑料和部分热固性塑料。

（3）压制成型　压制成型包括模压和层压两种。模压成型是将物料（包括填料、增强材料）配好后加入塑模中，闭模、加热、加压，使物料在塑模中塑化成型，并在模中冷却硬化即可。多用于热固性塑料的加工。层压成型是将树脂与各种填料等逐层地、规则地添入制品模中，预制成坯料，放入压机上、加温加压使其黏结固化，冷却后解除压力即得制品。多用来生产板材。

（4）压延成型　将热塑性物料在热辊筒中辊压、塑化与成型。主要设备是压延机，按辊筒数可分为三辊、四辊和五辊三种类型；按辊筒的排列方式分为直线形三辊、逆 L 形四辊、斜 Z 形四辊和 L 形五辊四种类型，主要用于生产薄膜、薄板、壁纸等。软制品厚度 0.05～0.5mm，硬制品厚度为 0.25～0.7mm。

（5）吹塑成型　吹塑成型分为挤出吹塑和中空吹塑。挤出吹塑是利用特定螺杆在加热筒中旋转，使热塑性塑料塑化，在压力下通过挤出机头的口模，从机头出口处呈圆筒状挤出物，再在模管中鼓入一定量的压缩空气，使其横向吹胀，经冷却导入牵引辊后卷取。根据成膜方向的不同，可分为上吹法、平吹法和下吹法三种。上吹法主要用于 PVC 吹塑薄膜，平吹法主要用于小型 PE、PS 和 PVC 吹塑薄膜，下吹法主要用于 PP 和 PA 等的吹塑。中空吹塑是由挤出机挤出的管状热坯，置于模具内闭模，立即通入压缩空气吹胀、保压、冷却定型放气、开模即得制品。适宜于各种中空制品的生产，如 PE、PVC、PS、PP 和 PC 等。

其他成型方法还有真空成型、滚塑成型、热成型、喷涂成型、二次加工成型等。

一、塑料管材

1936 年，德国首先应用 PVC 管输送水、酸及排放污水，使金属管材一统天下的局面受到严重的挑战。历史的实践证明，塑料管与传统的金属管相比，具有重量轻、能耗低、不生锈、不结垢，已被人们公认而广泛应用于化学建材工程中，生产方法主要是挤出法。但是，塑料管材在应用过程中也出现了一些问题，如质量轻、密度小作为建筑排水管应用易产生噪声及半挥发物塑化剂，进入环境会带来潜在的环境危险，所以，近些年建筑塑料的环境安全性引起人们重视，降噪管材的研究生产应受到关注。

1. 塑料管的主要品种与特点

塑料管有热塑性和热固性两大类。热塑性的主要树脂有 PVC、PE、PS、PP、ABS、PB 等，热固性的主要树脂有不饱和聚酯树脂、环氧树脂和呋喃树脂等。

（1）硬质聚氯乙烯（PVC-U）塑料管　此类管价格较低，具有较高的硬度和刚度，允许压力一般在 10MPa 以上，被大量采用，约占全部塑料管材的 80%。

（2）聚乙烯（PE）塑料管　PE 管具有密度小、比强度高、脆化温度低（−80℃）、化学稳定性好，成为继 PVC-U 之后消耗量第二大的塑料管道品种。习惯上按 PE 的密度分为低密度 LDPE、LLDPE（$0.900～0.930g/cm^3$）管、中密度（MDPE）（$0.930～0.930g/cm^3$）管和高密度（$0.940～0.965g/cm^3$）管。由于材料的不断进步，单从密度不能反映出 PE 管的本质性能，因此，国际上根据 PE 管的长期静压强度对其原料进行分类或命名。

（3）聚丙烯（PP）塑料管　PP 管具有较高的表面硬度和光洁度、流体阻力小、使用温度高（100℃以内），允许压力一般在 5MPa 左右。由于等规 PP 抗冲击能力低，近几年，国外对 PP 进行改性。目前有 PP-H（共同改性）、PP-B 和 PP-12（无规共聚物改性）三种改性产品，其中 PP-12 国内自 1997 年开始引进，它优异的耐热性能和抗冲击性能以及无毒的绿色建材概念备受人们青睐而大量应用于建筑给排水系统。

（4）ABS 管 ABS 树脂是丙烯腈-丁二烯-苯乙烯三元共聚物，具有较高的强度和耐冲击性，在 $-40\sim+100℃$ 内仍可使用。在 90℃ 以下，允许使用压力为 7.6MPa，国外常用作卫生洁具、输气管、污水管、地下电气导管等。

（5）聚丁烯（PB）管 PB 管与中密度 PE 管相似，强度介于 PE 和 PP 之间，抗蠕变（冷变形）性能优异，抗拉强度在屈服极限以上时能阻止变形，为管材提供了额外安全系数，在反复绞缠而不被折断，允许使用应力为 8MPa，使用温度在 95℃ 以下。具有抗细菌、藻类或霉菌的能力，因此，可用于地下埋设管道，亦可以用作排水管、热水管、冷水管及燃气管等。

（6）玻璃钢（FRR）管 FRR 具有强度高、重量轻、耐腐蚀、不结垢、耗能低、运输方便、拆装简便等特点，主要用于建筑排水管和石油化工大口径给排水管道。

（7）复合塑料管 这类管品种很多，其中目前应用较多的是铝塑复合管。

2. 塑料管目前主要存在的问题

对于建筑塑料冷热水管的国际标准有几方面的问题值得重视。一是对材料长期耐温-耐压性能有严格的要求；二是对使用条件进行分级，并根据使用条件分级选择管材壁厚；三是对管道系统连接的可靠性规定了张裂性测试项目和要求。也就是说，在表明产品耐高温性能时必须明确其寿命期限，否则是没有实际意义的。

3. 塑料管发展的方向

目前，塑料管仍然是以 PVC 和 PE 管为主，并且正在大力开发新型、复合型、改性的塑料管。

（1）原材料与品种 对塑料管的质量而言，原材料质量起着决定作用。今后，应在给水管的 PVC 树脂专用料、燃气管专用料及改性 PP 专用料方面进行研究和开发。在品种方面，重要应发展的塑料管有 PVC-U 给排水管、PE 城市供水管、PE 燃气管、PE-X、PP-R、PAP 等冷热水供应管，大口径城市供水玻璃钢夹砂管和挤出成型的钢塑复合管等。

（2）塑料管的规格 应按不同用途和最佳技术经济性能比来确定塑料管材在建筑业中的应用发展速度是比较快的，因此，在积极吸收国外先进技术的基础上，技术上应重点开发有关塑料管的各种专用树脂和助剂，并且要加强管配件的开发与生产，更应重视管件与管连接的可操作性工艺技术的研究与开发，建立健全各类标准和质量管理体系。

二、塑料基地面材料

室内装饰中地面装饰占有重要地位。作为地面材料一般要有三方面的基本要求，一是耐磨性。研究结果表明，聚氯乙烯卷材地板耐磨性次于花岗石、聚酯地面而优于其他材料。二是地面材料的回弹力。即使步履无疲劳感，其坚牢度和柔软度适当。三是脚感。这是地面材料的重要指标，此性能量化是比较困难的，国外经过无数次实验，以人足的温度变化来衡量尚较合理，一般人足温度下降 1℃ 以内为舒适范围，超过 1℃ 则脚感就不舒服，而塑料地板材料大体在舒适范围内。

我国于 20 世纪 70 年代开始较广泛地研究和应用塑料地面材料，而且也大量引进国外先进技术和生产设备。就其生产能力来讲，目前已超过市场需求，有待于深入研究开发新产品、在满足国内需要的基础上增加对国际市场的竞争能力。

目前，这类地面材料主要包括塑料地板、树脂基地坪材料及塑料地毯等。

1. 塑料地板

目前塑料地板大都是采用 PVC 树脂，地板的形式有 PVC 地砖、软质 PVC 地面卷材、印花塑料地板和 PVC 水磨面地板。

2. 树脂基地坪材料

树脂基地坪材料是由树脂、填料、颜料等组成，现场调配成砂浆，以泥工方法施工。其特点是施工简单、耐磨、无缝。因此，可满足要求耐化学腐蚀及卫生标准要求高的地面。如医院手术室、食品加工厂及奶制品厂地面等，包括不饱和聚酯树脂涂布地面、环氧树脂涂布地面、聚合物水泥砂浆涂布地板等。

3. 塑料地毯

塑料地毯更多的是涉及化纤方面的问题，但从建筑材料角度上讲，它也是一种化学建材，所以在此作以简单介绍。

（1）地毯的等级　地毯根据使用场所、特点及性能的不同，可分为六个等级。所用的原料主要有天然羊毛、丙纶纤维、氨纶、尼龙及各种无纺织物。国内地毯有羊毛地毯、纯羊毛无纺织地毯、化纤地毯及塑料地毯。

塑料地毯主要采用PVC、PP等树脂，加入有关助剂，经混炼，塑化制成一种新型轻质地毯，可代替羊毛或化纤地毯使用。

（2）主要材料　塑料地毯的主要材料为毯面纤维、初级背衬、涂层材料和次级背衬材料。

地毯的铺设有摊铺、黏结以及拉接等施工工艺。应用时应根据具体情况进行选择，并要了解和熟悉施工的方法与要求。

三、塑料基板材

塑料板材主要的材质有硬PVC板、GRP板、PP和PE的钙塑板、MF装饰板、PMMA格子板、复合夹层板以及塑料钢板等，结构形式有主波形板、格子墙板、异型板材和夹层墙板等，大量用作护墙板、屋面板、顶棚板等。

1. 钙塑板材

以树脂和半水石膏、轻质碳酸钙、亚硫酸钙为主要原料生产的塑料基复合材料，称钙塑材料。制品主要有管道、门窗、墙板、百叶窗、钙塑墙纸、天棚装饰板以及保温绝热材料等。目前，全钙塑材料制成的新型建筑物已出现，具有轻质、保温绝热性能好、美观、拆装方便等特点，适于野外作业的活动房屋、岗亭及街头装饰等。

钙塑材料一般分高发泡、低发泡和不发泡三类，制造工艺大体相同，只是配方不同，主要原料为树脂、填料、发泡剂、交联剂、活化剂、润滑剂、防老剂，还要考虑加入抗氧剂、紫外线吸收剂、着色剂等。

2. 人造大理石饰面

人造大理石饰面包括树脂型人造大理石及复合型人造大理石两大类。

（1）树脂型人造大理石　是以不饱和聚酯树脂为胶黏剂，加入固化剂及粗细集料、颜料等而制成的一种新型建筑装饰材料，主要原料为不饱和聚酯树脂、引发剂、促进剂、填料、降收缩剂、脱膜剂、内隔离剂、其他助剂等。生产过程是：

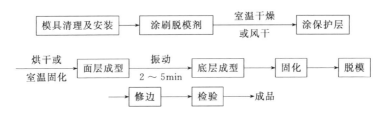

（2）复合型人造大理石　主要原料有树脂、水泥、砂子及有关助剂。生产工艺可分两步进行：按树脂型人造大理石的保护层及面层的生产工艺成型，称有机材料层；以水泥砂浆成型，称无机材料层，生产工艺有分层成型法和面层、底层同时成型法两种。

除上述两种人造大理石外，还有无机物的石膏人造大理石、硅酸盐人造大理石、白水泥石英砂仿大理石、钢渣人造大理石及烧结人造大理石等。

3. PVC 护墙板和屋面板

作为建筑板材已有几十年的历史。基于 PVC 硬质板所具有耐老化、自熄性和良好的机械强度，同时又符合建筑上的隔热、防水、透光等要求，PVC 可用作护墙板和屋面板。板材的主要形式有 PVC 波形板和 PVC 挤出异型板及格子板两大类。

4. 塑料金属复合板

单层的金属板材可以较好地起围护作用，但其隔热、隔声、耐腐蚀等性能较差，不易单独使用。塑料具有耐老化等问题，但其密度较小，可以成型。所以，二者复合具有互取优点的效果。最早是用塑料包覆金属表面进行防腐，在金属表面上涂防锈醇酸树脂，后来又用聚酯代替。20 世纪 50 年代，美国首先用 PVC 与钢板复合，即所谓 PVC 钢板。开始采用层压复合法，后来又用涂布法。塑料与铝板、铜板、不锈钢板等复合生产板材，用作装饰材料、制造门窗等，现已得到广泛应用，应是提倡发展的材料。

四、玻璃纤维增强塑料

树脂与增强材料所构成的塑料统称为增强塑料。这里所介绍的增强材料主要是指玻璃纤维（如短切玻璃纤维毡、玻璃纤维织物），所用的树脂主要是 UP、EP、PF 等合成树脂。由它们所组成的材料属第一代复合材料，亦称玻璃纤维增强塑料。由于这类复合材料性能优异，我国习惯上称为玻璃钢。

玻璃纤维增强塑料所用的合成树脂有热固性和热塑性之分，因此，用玻璃纤维去增强热固性树脂即称为热固性玻璃纤维增强塑料（FRP），用玻璃纤维增强热塑性树脂即称为热塑性玻璃纤维增强塑料（FRTP）。在国际上，20 世纪 40 年代出现了 FRP，1958 年我国开始研制 FRP，目前，FRP 仍是我国纤维增强塑料的主要品种。FRP 生产的主要原料为树脂、增强纤维和其他助剂（固化剂、填料、偶联剂、阻燃剂等）。

FRP 的品种是以所用树脂的名称而定的。如用不饱和聚酯树脂制成的增强塑料即称为聚酯 FRP，用环氧树脂制成的即称为环氧 FRP，另外还有酚醛 FRP、脲醛 FRP、呋喃 FRP 等。最常用的是 UP、EP、PF 三大类树脂的 FRP。FRP 的性能特点是轻质高强、耐腐蚀性能好、电性能好、性能的可设计性好、工艺性能好，主要弱点是弹性模量低、耐温性差、层间剪切强度低以及耐老化性能不够理想等。

FRP 的生产方法基本上可分湿法接触成型和干法加压成型两大类。按工艺特点可分为手糊成型、层压成型、模压成型、缠绕成型等。其中手糊成型又包括手糊法、袋压法、抽吸法、喷射法、湿糊低压法和无模手糊法等。

目前，世界上使用最多的是手糊法、喷射法和模压法三种。我国 90% 以上的产品仍是使用手糊法生产，这种方法机械化程度较低，生产周期长，质量不稳定，但由于用湿态树脂成型，设备简单，投资少，一次能糊 10m 以上的整体产品，所以至今该法仍占有相当大的比重。

20 世纪 60 年代以来，国内外已成功地采用热塑性树脂制造增强塑料（FRTP），其中用聚酰胺类树脂、聚酯树脂、聚苯醚树脂、氯化聚醚、聚氯乙烯、聚苯乙烯、聚烯烃类等十几种树脂制造的 FRTP 现已实现工业化生产。特点是在熔融状态下可成一定形状的制品，冷却后定型，还可像热塑性塑料一样进行重复加工，制成另一形状的制品。

由热固性增强塑料（FRP）到热塑性增强塑料是增强材料的一个发展和飞跃。这类复合材料使原非结构的热塑性塑料向结构的工程材料迈进了一大步，有些材料的性能已跨进了金属材料性能的范畴，发展前景十分广阔。

热塑性增强塑料（FRTP）的加工方法与一般塑料一样，可采用注射成型、挤出成型、压制成型、层压成型等加工方法，产品主要用于汽车工业、机械、电器、电机、建筑、飞机等行业。

第二节　建筑涂料

建筑涂料作为涂料的一大类别，在涂料工业中占有很重要的地位。在当今提倡环境友好、资源节约、低碳经济、节能减排的大环境下，建筑涂料正在由过去的保护墙体、美化装饰为目的向着高性能、多功能、水性化、绿色化的方向发展。建筑涂料的常见分类见表 12.2。

表 12.2　建筑涂料的常见分类

按分散介质分	水性		油性(溶剂型)
	水溶性	乳液型	
按基料分(有机类和无机类)，有机类包括水溶性、乳液型、溶剂型，三种无机类均为水性涂料	丙烯酸树脂、聚氨酯树脂、环氧树脂、硅酸盐等		
按功能分	防水、防火、抗菌防霉、调湿、防结露、热反射涂料等		
按涂膜厚度、质感分	平涂、复层、砂壁质感、多彩等		
按使用方法分	单组分、双组分		
按施工工序分	底涂、中涂、面涂		
按使用部位分	内墙、外墙、地面、屋顶		

目前，国外内墙涂料是以高质量的净味丙烯酸乳液、醋叔乳液成为中高档内墙涂料的主要原材料，外墙以苯丙乳液、纯丙烯酸乳液、有机硅改性丙烯酸酯系列涂料使用较多。为适应高层建筑的发展，水性聚氨酯和氟树脂高级外墙涂料已逐渐成为高档建筑应用的涂料。在施工技术上，已从简单的薄膜向厚膜涂料发展。各种功能性涂料发展较快，主要有外墙高耐候性涂料、多彩涂料、防锈防腐涂料、热反射涂料、外墙耐污自洁涂料、仿石材喷涂涂料、清水混凝土防护涂料，内墙抗菌防霉、净化空气、湿度调节、防结露涂料等均得到快速发展。

一、建筑涂料的主要组成

1. 成膜物质

涂料用树脂是指涂料施工后能形成连续薄膜的材料，又称成膜物，是涂料四大原材料之首，是决定涂料物理化学性能的主要组分。涂料树脂经历了天然树脂—天然树脂加工产品—合成树脂—合成复合型树脂、无溶剂—有溶剂—少溶剂和无溶剂的发展历程。开发高性能低污染型品种和实行专业化规模化生产是涂料树脂的发展方向。在低污染涂料中，水性涂料中用水代替涂料中绝大部分的有机溶剂比高固分涂料节约溶剂量要大得多，是涂料重要的发展方向。水性涂料用树脂又分为水乳型分散体和水稀释型分散体。前者是在表面活性剂存在或在自乳化条件下乳化聚合成水分散体，后者是先合成较高酸值的树脂或预聚物，用弱碱中和生成盐基溶于助溶剂中，然后用水稀释成水分散体。水性建筑涂料常用的合成树脂包括醇酸（聚酯）树脂、丙烯酸树脂、环氧树脂、聚氨酯树脂、有机硅与有机氟树脂等。

2. 颜料和填料

颜料和填料对涂料的性能起着至关重要的影响，如提供给涂层强的着色力、附着力、遮盖力、光泽、流动性、流平性、耐久性、膜牢固性、透气性和流变性等，赋予涂料良好的施工性、涂层好的外观及优良的综合力学性能等，颜料常赋予涂料一定的色彩。

涂料中所用的颜料以无机颜料为主，其中钛白粉占首位，其次为氧化铁红、铬黄、立德粉等，也用一部分耐候性良好的有机颜料，特别是红色颜料和蓝色颜料。因此，可根据颜色把颜料进行分类，白色的有二氧化钛、铅白、氧化锌、锌钡白、硫化锌，黑色的有炭黑、氧化铁、黑锌粉，黄色的有铬黄、锡黄、氧化铁黄、透明铁黄；红色的有氧化铁红、透明铁红、钼铬红、红丹、福红，棕色的有氧化铁棕，蓝色的有群青、钴蓝、铁蓝，绿色的有氧化铬绿、钴绿、铅铬绿等。

在涂料中除使用常规颜料外，用量较大的还有一种体质颜料，通常又称为填料，被当作低成本的原料添加到涂料中以提高涂料的固含量，当颜料以重量出售时常加入重晶石。而随着涂料技术的发展，体质颜料除了作为填料降低涂料成本外，还可提高涂料各方面的性能。填料包括许多化合物，主要是钡、钙、镁或铝的盐类，硅或铝的氧化物，或从前两类物质衍生的化合双盐类。现在，有些填料的有用程度与白色不透明颜料相接近，并且体质颜料的种类和数量以及在传统工业中的用途将有更进一步的发展，它们的折射率低，通常在 1.45～1.70 之间，呈白色或近似白色，而其他性质的变化范围却很广，如相对密度、颗粒形状、大小、粒径分布、吸油量、化学活性等。随着生产技术的发展，体质颜料在颜色、均匀度、颗粒大小、粒径分布、表面处理等方面有很大的改进。体质颜料最早是从自然界获得，而目前由其他化学工业副产品得到的体质颜料逐渐增多，其中很多体质颜料需要专门生产。常用的体质颜料有碳酸钙、硅酸镁、硅酸铝、硫酸钙、结晶氧化硅、硅藻土、硫酸钡等。

3. 助剂

涂料助剂种类众多。涂料助剂在涂料生产的各个阶段发挥不同的作用。制造阶段使用的助剂有引发剂、分散剂、酯交换催化剂，反应过程有消泡剂、乳化剂、过滤助剂等，贮存阶段有防结皮剂、防沉淀剂、增稠剂、触变剂、防浮色发花剂、抗胶凝剂等，施工阶段有流平剂、防缩孔剂、防流挂剂、锤纹助剂、流动控制剂、增塑剂、消泡剂等，成膜阶段有聚结助剂、附着力促进剂（也叫附着力增进剂）、光引发剂、光稳定剂、催干、增光、增滑、消光、固化、交联、催化等助剂，赋予特殊功能方面有阻燃、杀生物、防藻、抗静电、导电、腐蚀抑制、防锈等助剂。

涂料助剂在涂料配方中的占比很小，但对涂料的改进作用巨大，合理正确选用助剂可降低成本，提高经济效益。顺应全球对环境保护的日益重视，人们对建筑涂料的健康环保的要求达到近乎苛刻的程度，促使水性涂料助剂有了长足发展，新型环保类型的助剂越来越多，应用也越来越广泛，是涂料助剂今后发展的主流方向。

二、建筑涂料的生产工艺

建筑涂料的一般生产过程包括基料的制备、颜填料等固体物料的分散研磨、涂料的配制、过滤、检验、产品称量、包装等工艺过程。不同生产规模或不同涂料品种的生产工艺及要求亦有较大差异。例如，大中型涂料生产企业的基料制备包括高分子聚合物的合成反应工艺过程，而小型涂料生产企业则是购买基料作为原材料或对其进行简单的改性处理。

一般乳胶涂料生产工艺流程如下：

① 将水（最好用去离子水，不能使用地下水）和多种助剂，包括分散剂、润湿剂、流平剂、防腐防霉剂、消泡剂等混合进行低速搅拌。

② 加入白色颜填料（固体粉料）、纤维素水溶液后进行高速分散，必要时进行研磨制成白浆。

③ 把白浆分批慢速加入到乳液中，待前批加入的白浆料经低速搅拌均匀后才可加入后一批白浆料，再继续低速搅拌均匀得半成品。

④ 用增稠剂调整涂料的黏度，色漆还需要根据颜色加入色浆调配，经过滤、称量、包装、检验合格后就可以入库或销售。

近年来，水性建筑涂料发展迅速。水性建筑涂料可分为水溶性建筑涂料和乳液型建筑涂料。乳胶漆是由乳液、颜填料及多种功能助剂和水制备而成，作为应用最为广泛的建筑涂料的生产工艺流程见图 12.1。

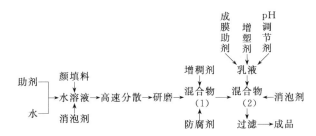

图 12.1　建筑涂料生产工艺流程图

三、典型建筑功能涂料产品及应用

典型建筑功能涂料的种类较多，这里重点介绍高装饰性、功能性及环保性建筑涂料及其应用。

1. 高装饰性建筑涂料

许多建筑物使用瓷砖和石材装饰外墙，但这类材料自身质量较重，施工复杂且易脆裂，存在诸多不安全因素，而采用高装饰性涂料替代瓷砖和石材等装饰材料不仅可降低成本，更可减少建筑物负荷，消除安全隐患。高装饰性建筑涂料使建筑物涂膜观感细腻、手感平滑、质感丰满，其品种主要包括砂壁状涂料、复层涂料、仿花岗岩涂料、水性裂纹涂料、水性多彩涂料等，其应用情况因其装饰效果、涂膜理化性能、适用场合和对环境与人类健康的影响等不同而异。

（1）砂壁状涂料　砂壁状涂料又称为真石漆、石头漆等，是以合成树脂乳液和彩砂颗粒为主要原料配制而成的高装饰性建筑涂料，可用于装饰外墙，其涂膜与天然石材相似，饰面风格粗犷、质感强、装饰效果好，使外墙具有优异的质地和漂亮的形状。

周长喜等研制出一种粉体外墙真石漆，其基料为可再分散丙烯酸胶粉，加入天然彩砂、灰钙等填料和保水剂、粉末消泡剂和增稠剂等助剂。该涂料易于贮存，方便运输，且涂膜机械性能良好。

从安全性和耐久性考虑，仿花岗岩涂料是很好的选择，不仅具有装饰性，还可用于外墙保温。仿花岗岩涂料是从砂壁状涂料发展起来的一种新型高装饰性涂料，其色彩斑斓、纹理天成，突破了传统，能够直接呈现花岗岩的天然风姿，是最能展现花岗岩特色的新一代装饰涂料。贺佑康以有机硅乳液、丙烯酸乳液、颜填料及多种相应助剂添加剂等制备成 3 种组合物，再与增稠剂复配，得到一种低碳水性花岗岩涂料。该涂料与传统真石漆相比，用量省、施工简单，装饰效果更接近于天然石材，且大面积施工没有色差。

在我国建筑涂料市场上，人们更加注重装饰性，且对砖石风格情有独钟，仿石、仿砖大流行，真石漆和仿花岗岩涂料发展势头良好。

（2）复层涂料　又称浮雕涂料、立体花纹涂料。由基层封闭涂料、主层涂料和罩面涂料复合组成，对墙体有良好的保护作用，黏结强度高，耐褪色性、耐久性、耐污染性和耐温性良好，且形状和颜色多样。主层涂料的类型根据基料的不同可分为聚合物水泥类、硅酸盐类、合成树脂乳液类和反应固化型合成树脂乳液类 4 种，其中合成树脂乳液因性价比高，得到了广泛应用，主层涂料通常采用喷涂或辊压施工。林水东等以纯丙乳液为基料，加入分散剂、消泡剂等助剂，以滑石粉和重质碳酸钙为颜填料制得一种浮雕漆，其游离甲醛含量远低于国家标准，符合环保要求，且具有浮雕艺术感。

（3）水性多彩涂料　20 世纪 90 年代初期，我国一些企业从欧美及日本等国引进了多彩涂料的生产技术，因产品的新颖性和施工的便捷性，在较短的时间内，使其在我国得到了迅速的推广和应用。传统的油包油、油包水、水包油型多彩涂料在施工过程中对周围环境的污染较为严重，尤其是对施工人员的影响较大，而水性（水包水型）多彩涂料的开发较好地解决了诸多负面影响。水包水型多彩涂料具有丰富典雅的装饰效果，被用于模仿天然花岗岩或大理石材，且其环境友好、弹性高、抗裂性强，各项性能赋予其广阔的应用空间和应用领域。

① 在建筑内外墙装饰构件 GRC、FRP 上的应用。早期的装饰构件经过简单基层处理后，喷饰、涂刷建筑乳胶漆以保证与所装饰的建筑墙面的一致性，但是，随着建筑涂料产品的不断推陈出新，装饰构件面饰材料也由真石漆涂料发展成为质感涂料，一定程度上丰富了建筑装饰构件的多样性。人们为了保证花岗岩幕墙系统与建筑装饰构件的一致性、协调性，满足更加仿真的花岗岩效果，一些建筑装饰构件工厂开始应用水性多彩涂料作为饰面材料，并且在工程实践中取得了较好的使用业绩，得到业主和设计人员的好评。

② 2008 年，我国一些企业把水性多彩涂料用于保温一体成型板的饰面上并取得了较好的效果，有效解决了施工质量的可控性、施工便捷性问题。但是，保温一体成型板采用多彩涂料饰面，还需解决涂膜的耐磨性、抗老化、后期维护和翻新等问题。虽然水性多彩涂料在保温一体化方面的应用还存在不完善的问题，但这样的应用方向还是很有益的。

③ 我国台湾有企业在水性多彩涂料玻璃装饰面板涂装应用上获得突破，并受到市场欢迎。这种玻璃装饰面板就是将水性多彩涂料喷饰在玻璃板上，喷饰背面作为装饰面应用，感官效果、触摸感、耐磨性、抗酸碱性、抗老化性能等各项指标等同于或高于天然花岗岩。玻璃装饰面板可以代替日益短缺的花岗岩资源，可以仿制出十分逼真的花岗岩纹路和花纹，其综合成本则远远低于天然的花岗岩，同时还提高了玻璃装饰面板的附加值。玻璃装饰面板可以用于建筑内外墙装饰面，代替天然的花岗岩运用于地面砖装饰，还可以运用到家庭的橱柜台面、装饰板等等，应用前景十分广阔。

④ 最近，有人把水性多彩涂料用于装饰木板面饰上、把水性多彩涂料用于外墙铝塑板翻新中取得了很好的预期装饰效果，也很好地解决了铝塑板后期翻新维护的难题。

⑤ 水性多彩涂料的发展已由装饰性向功能性方向转变。研发了防火型多彩涂料，防霉型、抗静电型多彩涂料等，并试图将水性多彩涂料仿花岗岩的应用潜力发展到更广阔的领域中。

水性多彩涂料的应用为建筑涂料增添了新颖性和多样性，也为人们拓宽了选择范围。虽然水性多彩涂料还存在一些缺陷，有待于进一步的完善，但是从产品的特性看，水性多彩涂料有着较大的发展潜力。

2. 功能性建筑涂料

随着高层建筑的大量出现，以及各地对玻璃幕墙、瓷砖等在高层建筑外墙上使用的限制，建筑涂料因其优异的装饰性、耐久性等性能而受到关注。提高建筑涂料的装饰性及保护性一直是人们不懈的追求，因此功能性建筑涂料对改变人类生活环境和节约能源有着重要意义，这也促使建筑涂料日益向高装饰性和功能性方面发展。

（1）隔热保温涂料　近些年，由于全球变暖等原因，人们总是希望居住的房子可以冬暖夏凉，建筑物及相关设备可以保温，降低能耗，减少 CO_2 排放量，这就为隔热保温涂料的发展提供了市场。建筑物保温层主要是减少户内外热量的传递，冬季注重保温性能，传热方式主要为热对流和热传递，需要开发并使用保温涂料。夏季注重隔热功能，传热方式主要是辐射传热和热传导，需要使用隔热涂料。

① 隔热涂料　包括阻隔型、反射型和辐射型。红外反射隔热涂料以合成树脂乳液为基料，加入颜料（主要是红外反射颜料）制成，可用水分散，经合适的涂装工艺达到隔热功效，其反射太阳能使建筑物隔热，一般颜料和基料的折射系数的差值越大，涂层对太阳光的反射就越强。一些测试表明，反射隔热涂料夏天能有效降低外墙温度。

隔热效果良好的涂料通常需要将2种或2种以上隔热机理用于同一配方中，各种隔热涂料都有各自的优点，可将其复配以达到优势互补，得到隔热效果更好的隔热保温涂料。陈中华等以水性硅丙树脂为成膜物，加入热导率低、红外光反射能力强的空心玻璃微珠和价廉、红外反射性能良好的绢云母，研制出一种新型复合型建筑隔热涂料，其隔热性、耐候性、耐刷洗性、耐水耐碱性等与普通国产市售隔热涂料相比均有较大提高。

② 保温涂料　在研制节能保温涂料时，既要考虑保温系统的保温效果，也要考虑保温系统外表面的隔热需要。外墙涂膜的保温性由涂膜热导率和原材料热导率决定，热导率越低，产品的隔热保温性能越好。

传统的反射涂料在反射热能的同时，涂层自身温度会发生变化，要达到隔热和保温的目的，则需要消耗掉多余的能量。目前，出现了一种新概念"消热"，可通过热交换涂料来实现。热交换涂料将热能转换为动能，可避免基材本身温度的变化，主要特征是当气温高于25℃时，涂料会把热能转化为动能，当气温低于5℃时，涂料能升高温度，其他情况下热能不转化，温度不发生任何变化。隔热保温涂料的研制开发对我国建筑涂料的发展有着重要意义，随着科技水平的迅速提升，隔热保温涂料的功能性和装饰性也会越来越完善。

（2）调湿功能涂料　室内空气相对湿度已成为衡量室内环境的一个重要参数。日本学者西藤宫野提出了"调湿材料"这一概念。"调湿材料"是指不需要借助任何人工能源和机械设备，仅依靠自身的吸湿、放湿性能，感应所调空间空气温度、湿度的变化，从而自动调节空气相对湿度的材料。调湿涂料属于建筑内墙装饰材料领域一种健康环保、具有优异调节室内空间湿度性能（吸湿性及放湿性良好）、高透气的内墙涂料，是调湿材料与环保型建筑内墙装饰材料的完美融合。

调湿涂料不同于一般涂料，必须具有较强的吸水和保水性，即对水的响应要快，具有瞬时吸、放水特性，可在被涂物体表面形成具有保护、装饰、调湿功能的涂膜，与调湿材料的主体原料及调湿机理相同，功能相当，但制备方法、产品形态、使用范围、施工工艺和综合性能不尽相同。

市售调湿涂料主要分为乳液型和粉体型两类。纯丙、苯丙、硅丙、醋叔、醋酸乙烯酯等乳液配以多孔层调湿材料制备的乳液型调湿涂料，是目前调湿涂料的主体。常用的无机矿物调湿材料包括硅藻土、凹凸棒土、海泡石等，其中硅藻土因其吸湿和放湿能力均衡，吸放湿速度快，原料易得，加工工艺成熟等优势应用最为广泛。粉体型调湿涂料是指以调湿矿物材料为填料、添加抗菌防霉、负离子、光触媒等功能性助剂，有机胶粉或其他无机胶黏剂为成膜物质配置而成的粉末涂料。此类产品以硅藻土为主材的硅藻泥为主，因其不含溶剂低VOC、同时兼具调湿功能、抗菌防霉、空气净化功能、防结露、吸声降噪等功能，纯手工施工可以设计不同机理纹路，装饰性强，成为绿色建筑装饰材料发展最为迅速的产品之一。

（3）防火涂料　近年来，城市人口迅速增加，建筑物趋于高层化，地下工程、写字楼等越来越多，其内部装饰豪华，采用的装饰材料火灾隐患不断增多。为防止火灾发生、减少火灾造成的损失，防火涂料、阻燃材料的应用显得越来越重要。防火涂料包括膨胀型防火涂料和非膨胀型防火涂料，非膨胀型防火涂料绝热时可形成一层隔绝氧气的釉状保护层，但隔热性能差。膨胀型防火涂料以高分子化合物为基料，加入其他助剂，遇火可形成有效的保护基体，其防火性能和理化性能均优于非膨胀型防火涂料，在实际生活中得到广泛应用。有人用玻璃鳞片改性防火涂料，改性后该涂料抗氧化能力和泡沫结构得到增强，且仍能保持出色的膨胀度，防火和防水性能提高。

近年来，开发出了许多复合型防火涂料，使防火涂料兼具其他功能。刘成楼以改性高氯化聚乙烯、丙烯酸树脂、有机硅树脂为防火防腐涂料的基料，由聚磷酸铵、三聚氰胺、季戊四醇、氯化石蜡、可膨胀石墨组成膨胀发泡阻燃体系，以三氧化二锑、空心玻璃微珠等为颜填料，制得一种室内外兼用的新型超薄型钢结构防火防腐涂料，耐火极限达 2.1h，且耐酸、耐碱及耐盐雾性好。

目前，防火涂料品种还不很完善，许多科研项目还未投入生产，一些问题也还没得到解决或解决得还不是很好，比如耐水性欠佳、阻燃时间短、机械性能一般等，因此还需要继续改进和提高，不断拓展产品品种和应用范围。

（4）自清洁耐玷污涂料　现今，空气中的污染物日渐增多，很多污染物易黏附在建筑物表面。另外，建筑物表面被乱写乱画的现象也普遍存在，而自清洁涂料和防涂鸦耐沾污涂料可使这些现象得到有效抑制。通常，外墙注重自清洁作用，内墙注重耐玷污性。这类涂料也是建筑涂料中重点研究开发的品种之一。

① 自清洁涂料　自清洁涂料包括疏水性自清洁涂料、亲水性自清洁涂料和光催化自清洁涂料 3 类。疏水性自清洁涂料具有低表面能，有两种实现途径，一种是仿"荷叶效应"，荷叶状表面有自清洁作用，即使沾上污垢，黏结力也很小，在外力下很容易清除。另一种途径是在涂膜表面引入低表面能组分，使污物难以黏附在涂膜表面。有报道称用微米或纳米二氧化硅包裹聚氨酯得到一种类似"荷叶效应"的涂料，其涂膜与水的接触角高达 168°，滑动角低达 0.5°，可直接用于建筑外墙，具有自清洁作用。

通过有机硅和含氟树脂对各种树脂进行改性可使其表面能降低。有机硅聚合物中 Si—O 键使分子内聚能密度低，分子间作用力小，表面能低。有报道称实现了有机硅纳米材料大规模生产，其接触角超过 150°，滑动角小于 20°，可用于织物和窗户玻璃上。C—F 键是所有化学键中键能最高的，其分子间作用力小，相应材料表面能低，使含氟聚合物具有优异的耐候性、防腐蚀性和耐沾污性。有人用氟异氰酸酯改性超支化聚酯 Boltorn H$_2$O 得到超支化氟聚酯丙烯酸酯（FH-PA），含该树脂的紫外固化涂膜疏水疏油性好，在酸性和中性条件下疏水性尤其优异，用于建筑外墙具有很好的自清洁作用。将有机硅和有机氟结合，可以得到新型低表面能涂料，其涂膜耐沾污性优于其他低表面能涂料，如氟代聚硅氧烷、线性聚硅氧烷骨架上均带氟碳侧基，CF_3 在涂膜中趋向表面，其既有线型聚硅氧烷的高弹性及高流动性，也具有氟碳基团的超低表面能特性。

亲水性涂料表面具有良好的润湿性，雨水在其上易铺展形成水膜，因此可轻松带走污垢。报道称用溶胶凝胶法制备了 TiO_2/SiO_2 溶胶，并制成涂料，将该涂料喷涂在加热基材上可形成涂膜。这种 TiO_2 和 SiO_2 混合物制得的涂料亲水性优于纯 TiO_2 制得的涂料，是一种改进型的自清洁涂料。

光催化自清洁涂料主要靠光诱导亲水性的 TiO_2，在 TiO_2 颗粒表面产生电子和空穴，电子和空穴可与吸附在 TiO_2 粒子表面的 O_2 和 H_2O 形成具有强氧化性的 $\cdot OH$，$\cdot OH$ 可氧化大部分有机物。在雨水冲刷下，这些污染物被带走。研究发现没有紫外线照射时，建筑物表面涂敷和未涂 TiO_2 涂层，其自清洁能力没有明显改变，这说明紫外线照射对自清洁的效果很重要。

② 耐沾污涂料　耐沾污涂料的主要作用是使附着性污染物和吸入性污染物难以黏附在被涂物表面，或使污染物易于去除，其中吸入性污染较难去除，需对涂膜配方进行各种改性。提高涂膜耐沾污性主要通过改善涂膜表面性能，如提高涂膜亲水或疏水性，可使污染物难以吸附，其原理与自清洁涂料相同。此外还可通过改变聚合物玻璃化温度和涂料的 PVC 来改善涂膜的表面性能和致密性，以达到提高涂膜耐沾污性的目的。

乳胶漆属于热塑性聚合物，其玻璃化温度对涂膜耐沾污性影响较大，一般玻璃化温度越高，涂膜表面硬度越大，耐沾污性越好。赵明敏分析了导致外墙乳胶漆耐沾污性差的原因，选用 T_g 高且亲水的核壳乳液、遮盖聚合物（外壳为玻璃化温度很高的聚合物）、适合的颜填料及助剂，并确定涂料的 PVC，制得的涂层耐沾污性优异。

涂料耐沾污性主要取决于基础成膜物质的抗污能力，通过化学分子结构设计和先进的聚合技术提高成膜物的耐沾污性是现在研究耐沾污性涂料的关键。

功能涂料种类繁多，以上介绍了近年来发展比较迅速的几个方面，其本身技术含量高，利润高于普通涂料，且用涂广泛，吸引了大量科研机构和企业研发应用，相信未来必会获得更好的发展。

3. 环保性涂料

涂料中的挥发性有机化合物（VOC）排放到大气中，会对环境和人类健康造成极大的危害，因此，人们致力于研制低 VOC 或零 VOC 释放的绿色环保涂料，以减少甚至消除涂料对环境和人类健康的危害。

（1）低 VOC 涂料　水性涂料成本低、无毒、易净化、不燃、VOC 含量低，从根本上消除了涂料因溶剂挥发产生的隐患，但其涂膜耐水性和耐溶剂性较差、硬度低、光泽和丰满度欠佳、干燥速度慢，针对水性涂料的缺点，研究者对相关树脂进行了大量改进性研究。报道称以异佛尔酮二异氰酸酯、聚醚多元醇、二羟甲基丙酸、羟乙基甲基丙烯酸酯为原料用原位法合成 UV 固化的水性聚氨酯丙烯酸低聚物（UV-WPUA），再以不同组分正硅酸乙酯和丙基三甲氧基硅烷为交联剂，合成一系列 UV-WPUA / SiO_2 低聚物。所得复合树脂较普通 UV-WPUA 树脂拉伸强度、耐水性和热稳定性好，可用于水性 UV 固化涂料中。

（2）超低 VOC 和零 VOC 涂料

① 超低 VOC 涂料　水性涂料在环保性方面虽优于溶剂型涂料，但其体系中仍含有 VOC。水性涂料中的 VOC 通常来源于成膜助剂、抗冻剂以及乳液残留单体等，把它们应用于内墙涂料中亦会对室内环境造成污染。低 VOC 涂料一般 VOC 含量低于 30g/L，近年来

研究者正致力于开发超低 VOC 涂料，使涂料中 VOC 含量低于 $10g/L$，甚至更低。报道称通过核壳乳液聚合制得一种低 VOC 的苯乙烯丙烯酸酯乳液，其具有高玻璃化温度、低成膜温度和良好的稳定性。有人研制了一种新的聚偏氟乙烯/丙烯酸混合乳胶漆，具有良好的耐候性和优异的黏附性，且 VOC 含量低，环保健康，可用于室内外及建筑金属构件的装饰涂装。

② 零 VOC（干粉涂料） 干粉涂料是 20 世纪 60 年代发展起来的新型涂料，可节约能源和资源，减少环境污染，以粉末状存在，便于运输，贮存方便，无需防腐剂，且形成的涂膜耐久性好，彻底解决了 VOC 的问题，有研究表明在干粉涂料中检测不出 VOC。裴勇兵等将丙烯酸酯可再分散乳胶粉与无机颜填料、纤维素醚、粉状消泡剂和分散剂混合均匀，制得一种环保性干粉乳胶涂料，施工前加水分散均匀即可进行涂装，该干粉乳胶涂料具有良好的成膜性，施工容易，耐擦洗性好，且未检出 VOC 及有毒物质，环保优势明显。

（3）光固化涂料 通常指紫外光（UV）固化涂料，其体系中只含少量（5%～10%）有机溶剂。与传统的溶剂型涂料相比，UV 固化涂料在固化过程中大大减少了 VOC 的排放。但 UV 固化涂料的主要成分是高分子低聚物，其具有较高黏度，若要调节体系的黏度和流变性，就要用到含 VOC 的活性稀释剂及较多的有机溶剂，这导致了体系仍存在 VOC 排放问题。因此，从环保角度出发，开发和使用水性光固化涂料具有重要意义。

水性 UV 固化涂料结合了传统 UV 固化涂料和水性涂料的特点，突出环保性和高效性，极易调节体系黏度和 VOC 含量，解决了传统 UV 固化涂料硬度和柔韧性之间的矛盾。报道称合成了一系列水性聚氨酯丙烯酸酯（WPUA）树脂，并以其制备成紫外光固化涂料，性能测试表明，固化的 WPUA 树脂玻璃化温度高，相应的涂膜稳定性良好。用硅氧烷（OVPOSS）改性光固化水性聚氨酯丙烯酸酯（WPUA）树脂，与纯的 WPUA 相比，WPUA/OVPOSS 热力学性能提高，具有更好的耐水性和热氧化稳定性。

水性 UV 固化涂料有诸多优点，但其也存在水性涂料所固有的缺点，如耐水性和耐溶剂性差，干燥速度慢等。长期的开发研究过程中已克服了部分缺点，如采用超支化的水性聚氨酯丙烯酸树脂制备紫外光固化涂料，可提高涂膜的耐溶剂性能。但水性 UV 固化体系仍有问题尚未得到很好的解决，因此，依然有很大的发展空间，得到环保且性能优异的水性光固化的建筑涂料。

目前，人们针对水性涂料、粉末涂料、低 VOC 涂料和 UV 固化涂料等存在的缺陷进行了大量改进研究并取得可喜成果，但在许多方面的发展还不尽如人意，因此不断改进和技术创新仍将是我国建筑涂料绿色化技术研发工作的重点。

四、建筑涂料的发展趋势

涂料在人们生活中占据的位置越来越重要，应用越来越广泛，可替代很多对环境有不良影响或对人类生活产生不安全因素的装饰材料。在市场需求、经济效益的影响下，特别是人们对建筑涂料形成的高装饰性兼功能性的新观念的推动下，建筑涂料产业将会得到更好的发展。

① 装饰性建筑涂料带给人们不同的花纹和色彩，如仿石、浮雕等效果，造型多样化和个性化成为趋势，大大丰富了建筑涂料装饰效果，其中复层涂料因高装饰性、水包水多彩涂料因环保性会得到更多关注。

② 功能性建筑涂料主要是在基料中采用物理和化学方法对其改性，这是建筑涂料产业最主要的发展方向之一。目前，很多种功能性涂料性能单一、力学性能较差，开发纳米功能

涂料和复合型功能涂料是功能涂料发展的重要方向。

③ 在注重低碳、环保的新时代，使用环保节能型的建筑涂料是发展的必然趋势。主要表现在建筑涂料逐渐向低 VOC 和零 VOC 方向发展。针对水性光固化涂料的缺点，开发双层固化体系，用纳米材料改进水性光固化涂料是其应用和开发的重点。

第三节 胶 黏 剂

一、胶黏剂的分类与生产过程

1. 胶黏剂的分类

胶黏剂是多组分的材料，从功能上可分为两部分，一是基料或称黏料，它决定着胶的主要性能。二是助剂，主要包括固化剂与硫化剂、催化剂与促进剂、增塑剂、增韧剂、稀释剂、着色剂、偶联剂及有关填料等。

胶黏剂的种类较多，其分类方法较多，这里介绍按照胶黏剂基料的化学组成、用途、胶接工艺特点及胶的状态等分类的四种方法。

（1）按胶黏剂基料的化学组成分类　可分为无机、有机两大类，其无机物与有机物之间的复合可作为第三类。

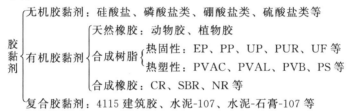

现在，胶黏剂已经成为室内环境和向空气中排放 VOC 的一大源头，其环保性备受关注。可以肯定的是，无机胶黏剂没有挥发物存在，不存在空气污染问题；一些动物胶与植物胶环保性一般会非常好；工业合成胶黏剂存在非常严重的环境污染问题。热固性胶黏剂在固化过程中有机挥发气体产生，在使用过程中不稳定的胶黏剂可能存在长时间的挥发造成环境污染。例如，尿素与甲醛反应得到的聚合物称脲甲醛树脂（UF），加工成型时发生交联，制品为不溶不熔的热固性树脂，但使用过程中不稳定，会长期有甲醛释放而造成室内污染。在使用环境中稳定，不会有挥发物释放的胶黏剂对使用环境基本无害或危害较小。

热塑性胶黏剂含有大量的挥发性物质，不仅在使用时的胶联过程中存在大量的挥发性物质，在使用过程中也会不断排放挥发性气体，成为重要的污染源。

对室内环境污染贡献很大的就是粘接材料。在装饰装修过程中所用的胶黏剂主要是热塑性胶黏剂[例如：107胶、801胶（又称108胶）]，会造成室内的严重污染。现在，一些施工企业为了施工方便，在装饰材料（如腻子、瓷砖黏结胶等）中加入107或108胶，致使长期存在甲醛释放危害。

（2）按用途分类　可分为结构胶、非结构胶及特种胶三类。

① 结构胶　这类胶有较好的黏结强度、耐热、耐候、耐疲劳性能、能承受较大的负荷。

② 非结构胶　这类胶的胶接强度不高，不能承受较大的负荷和较高的温度。

③ 特种胶　能满足某些特殊性能要求的胶黏剂。如耐高温胶、压敏胶、应变胶、导电胶、医用胶、水下胶、导磁胶等。

（3）按胶接工艺特点分类 可分为热熔胶、常温固化胶、高温固化胶、厌氧胶等。

（4）按胶的状态分类 可分溶剂型胶、溶液型胶、乳液型胶、粉状胶、股状胶、糊状胶、胶带等。

2. 胶黏剂生产的一般过程与设备

胶黏剂的生产一般可分为两个工序，即黏料的制备和配胶。

（1）黏料制备 除无机胶黏剂外，黏料基本上都是聚合物。胶黏剂用聚合物的来源可从市场上购买，但主要靠直接合成。因此，胶黏剂生产的主要工序是聚合物的合成，合成的主要反应也是高聚物制备的主要反应。

（2）胶黏剂的配制 直接用黏料做胶黏剂的场合不多，通常还要添加有关助剂，以获得所需要的性能与要求。胶黏剂配制的一般工艺流程是：

（3）主要生产设备 胶黏剂属精细化工类产品，一般生产规模不大，生产的关键设备是黏料合成的有关设备。由于多数黏料是以釜式间歇法生产为主，因此，需要聚合釜、溶解釜以及搅拌、抽真空、加热、混溶等有关设备和仪器。

二、胶黏剂在建筑工业中的应用

胶黏剂在机械、宇航、交通、建材、水利、木材、电子、纺织、医药卫生等工业部门都得到广泛的应用。这里仅就胶黏剂在建筑工业中的应用作简介。

胶黏剂本身已是化学建材中的一大门类，同时它还作为胶结材料广泛用于其他建材的生产。例如，免烧砖、免烧陶瓷、人造大理石、聚合物混凝土，以及各种有关的装饰、装修、防水堵漏等材料的生产等都离不开胶黏材料，具有广义"水泥"的概念与作用。

1. 建筑施工中的应用

在建筑装饰装修施工中，各种内、外墙体，楼板、地面装饰工程、吊顶工程、屋面和地下防水工程、金属构件和管道的安装等，都需要使用相应功能的胶黏剂。

建筑施工中应用最广泛的是聚乙烯醇缩甲醛（PVFM）（亦称 107 胶）、聚醋酸乙烯乳液胶（PVAC）（亦称白胶）、环氧树脂胶（EP）、合成橡胶胶黏剂和沥青胶等。尤其在建筑装饰施工中常用的 107 胶和 108 胶具有价格低廉粘接强度高的优点，但缺点是易散发游离甲醛。这是造成室内环境污染的主要因素之一。在粘贴壁纸时常用淀粉胶，其粘接强度较低，往往会掺有 108 胶，不能杜绝甲醛的释放。

2. 建筑物嵌缝密封用胶黏剂

目前，建筑物采用装配式预制构件的愈来愈多，为防止接缝的泄漏，必须选用适当的嵌缝密封材料，而这类材料中主要组分是黏料或黏合剂。

3. 水利工程用胶黏剂

水利工程采用胶黏剂的主要目的是提高混凝土的抗渗、抗冲刷能力及其耐磨耗、耐腐蚀、耐冻融能力，从而延长建筑物的使用寿命。一般使用的胶黏剂多为 EP 类，其主要形式有 EP 砂浆、EP 混凝土及 EP 涂层等。

4. 木质材料加工用胶黏剂

木材是四大建材之一，应用时要进行一次、二次加工，其加工过程中需要进行某些胶黏，因此胶黏剂已成为木材加工的重要材料。常用木材加工的胶黏剂有脲醛胶（UF）、酚醛胶（PF）、三聚氰胺甲醛胶（MF）、PVAC、EP、橡胶胶黏剂、不饱和聚酯胶及热熔胶等。

近年来，美国利用大豆榨油的副产物剩余残渣制备出了生产刨花板、密度板等木质板材使用的五醛环保胶黏剂。我国也正在研究减少脲醛胶释放甲醛的措施和方法。

三、常用胶黏剂介绍

1. 聚乙烯醇（PVAL）胶黏剂

原材料包括聚乙烯醇、增塑剂、填料、熟化剂、防冻剂、防腐剂等。聚乙烯醇（PVAL）为主要原材料。增塑剂用于增加膜的韧性，常用甘油、聚乙二醇、聚酰胺等。填料用于提高黏结速度，降低成本，常用淀粉、松香、黏土等。熟化剂可使 PVAL 分子间有一定程度上的物理、化学交联作用，提高其耐水性，常用无机酸、多元有机酸、Na_2SO_4、$ZnSO_4$、$(NH_4)_2SO_4$ 等，也可加热到 160～200℃使其熟化。防冻剂常用乙二醇，一般加入量为 0.1％～0.2％。防腐剂常用甲醛，一般加入 0.1％～0.2％。在带有搅拌和夹套加热设备的反应釜中按规定浓度投入固体 PVAL，经搅拌、溶解、冷却、加入有关助剂后即为商品胶。增塑剂、防冻剂和防腐剂会影响其环保性能。

2. 聚乙烯醇缩醛胶黏剂

（1）聚乙醇缩合甲醛胶 107 胶（PVFM）　主要原料为 PVAL 和 HCHO。在酸催化下，PVAL 的羟基对羧基进行亲核加成，然后缩水，即称缩醛化反应。胶中的游离甲醛在 2.5％以上。

（2）聚乙烯酸缩丁醛（PVB）　主要原料为 PVAL 和丁醛（$CH_3CH_2CH_2CHO$）。生产工艺是将 PVAL 溶解，降温后加入丁醛，搅拌、冷却，加入盐酸经保温、升温、保温、冷却，水洗至中性、无氯根，加 $NaHCO_3$ 在室温搅拌下进行稳定处理，最后烘干，可制得含丁醛基的 PVB。这种树脂在乙醇中溶解性好，并且透明、耐水、耐候、耐油，可与环氧树脂混合使用，附着能力强，涂膜强度高。

（3）聚乙烯酸缩甲醛的改性　107 胶中游离甲醛给环境造成污染已被禁用。也有通过改性减少游离甲醛和不用甲醛原料。但是减少游离甲醛也不符合环保的要求。下面简单介绍几种。

① 尿素改性的 108 建筑胶　从 PVFM 的产品技术指标可看出，胶中的游离甲醛在 2.5％以上。甲醛是无色有强烈刺激性的气体，略重于空气，易溶于水，是一种挥发性有机化合物，对人体健康的影响主要表现在嗅觉异常、刺激、过敏、肝功能异常、免疫功能异常。在施工过程中，甲醛对施工人员的眼睛和气管的刺激是持续的，需要一定的劳动保护。针对此问题，采用尿素与甲醛进行氨基化反应，可有效地降低其含量，改善了使用条件。而且性能与 PVFM 一样，此称改性 107 胶或 108 建筑胶。108 胶的质量指标中，游离甲醛含量≤1％，其他指标与 107 胶相同。

②其他改性　一是糠脲改性：在碱性条件下，甲醛与尿素进行脲醛反应而得到羟甲基脲，加入糠醇时可进行缩合得到糠脲树脂。在酸性条件，甲醛、糠脲、PVAL 三者共缩聚，从而可制得含有呋喃环的胶黏剂。二是苯酚改性：在 92℃下溶解 PVAL，降温至 70℃调 pH 值至 2～3，滴加 HCHO，升温至 85℃，反应 1～2h，用碱调至弱酸性（pH＝4～5），加入苯酚，在 80℃下反应 45min，调至中性。三是糊精和聚丙烯酸胺（PAM）改性：将 PVAL 溶解后，在 65℃下调 pH 为 2～3，加入 HCHO，85℃下反应 1h，调 pH 为 6～5，加入 PAM，80℃下反应 45min，40～50℃下调 pH 为 7～8。

目前，我国市场上 108 胶还是主要的装饰用胶黏剂产品。在建筑装饰施工中，该胶黏剂一定要控制使用量，能用无机胶黏剂代替则尽量用无机黏接材料代替，否则会造成室内环境长期甲醛超标。

3. 聚醋酸乙烯酯（PVAC）胶黏剂

（1）聚醋酸乙烯酯乳液胶（俗称白乳胶）　主要原料包括聚合单体、乳化剂、分散剂、增塑剂（邻苯二甲酸二丁酯 DBP）、消泡剂、引发剂、分散介质。合成是遵循自由基乳液聚合机理和方法进行的。生产工艺为：在不锈钢反应釜中加入 PVAL，加水、加热（90℃±2℃）溶解，降温，加入 OP-10、辛醇和引发剂，缓慢加入单体，依回流速度和起泡情况调节加料速度，在 3～4h 内加完，反应温度保持在 65～82℃ 之间。单体加完后保持一定时间开始升温，同时缓慢加入余下的引发剂，使内温保持在 90～95℃，保持 10min 后降温。当内温降至 60℃ 以下，加入 $NaHCO_3$，调 pH 为 4～6，再加入 DBP，搅拌，冷却后即可放料。该胶的特点是常温固化，且速度快，初粘强度高，既可湿粘，也能干粘，胶膜韧性好；黏结温度不低于 5℃，也不能高于 80℃；该胶配制简单、使用方便，但耐水性差，属非结构胶类。该胶主要用于黏接混凝土及某些建筑材料，用作水泥混凝土的改性剂，用作水器、家具、碎木屑层压板、人造板的胶黏剂，作为纸张、玻璃、陶瓷、皮革及泡沫塑料的胶黏剂，亦可作为主要成膜物质配制多种涂料等。白胶改性的主要途径是针对白胶耐水性、耐温性差的弱点，目前已进行了大量的改性工作，旨在将其由热塑性材料向热固性方向发展。

（2）聚醋酸乙烯酯溶液胶黏剂（CR802）　主要原料是醋酸乙烯和甲醇（溶剂），引发剂用偶氮二异丁腈，在 65℃ 左右进行自由基聚合，获得能溶于甲醇中的聚醋酸乙烯均聚物。生产工艺是按配方投料，在 50～65℃ 下进行回流、聚合，反应进行 4～6h，降温至 40～30℃、放料，即得产品（CR802）。采用乙烯基单体与其共聚，如采用顺或反丁烯二酸及其酯，共聚产物的耐水性、柔性提高了。实验证明，在甲醇介质中可用 20% 左右的反丁烯二酸二异丁酯共聚，产品为乳白色，黏结强度和耐水性能均有显著提高。

（3）4115 建筑胶黏剂　是以 CR802 为黏料、加入无机矿物填料所组成的单组分胶黏剂。适用于多种非金属微孔建筑材料的黏结。如水泥砂浆、混凝土、木材、矿棉吸声板、水泥刨花板、纸面石膏板、钙塑板、泡沫塑料、塑料地板、地砖等的黏结。常用的填料有石英粉、石棉粉、瓷土、碳酸钙等。配胶过程为首先将填料进行干料混合，然后加入 CR802 胶，进行混合，均匀后出料包装，即得产品。值得注意的是，白乳胶并不是环保的胶黏剂，虽然不含有甲醛，但有机类挥发物仍然会污染空气。特别应注意的是它含的塑化剂邻苯二甲酸二丁酯（DBP），属于半挥发物，是环境激素之一，其危害性早已被发现。所以，必须尽快研发出白色乳胶的替代品。

4. 氨基树脂胶黏剂

氨基树脂胶黏剂是由氨基树脂、固化剂及其他助剂构成的。氨基树脂则是由含氨基的化合物与甲醛进行逐步缩聚反应而制得的产物。常用的氨基化合物有尿素、三聚氰胺，它们与甲醛的缩聚物分别称脲醛树脂（UF）和三聚氰胺甲醛树脂（MF）。

（1）脲醛树脂胶黏剂（UF）　UF 是由尿素和甲醛，在催化剂存在下，通过逐步缩聚反应，生成低分子量的树脂，并以此为主要成分，加入固化剂和有关助剂配制而成的。

（2）脲醛树脂胶的改性　脲醛树脂具有原料成本低、树脂无粘接污染、热压温度低、固化时间短，具有一定的耐热、耐蚀性能等优点。但存在耐水性、耐久性差、胶层脆、有甲醛污染和稳定性差等弱点，为此要对其改性。

糠醇改性脲醛树脂胶的耐水性、耐酸、耐碱性和胶接强度都有显著提高。苯酚改性脲醛树脂胶与脲醛树脂相比具有更优良的性能。由于在脲醛树脂中引入了苯环，提高了树脂耐水、耐老化性能，故经改性后的树脂可用作防水剂。用甲醇、乙醇、丁醇与羟甲基酸相互作用，形成稳定的醚，从而增加其稳定性。用邻苯二甲酸单甘油酯与羟甲基进行酯化反应，从而增加稳定性和胶接的强度。用二元醇，如己二醇，与尿素、甲醛作用，可形成稳定的环状二羟甲基脲。脲醛胶的改性都不是基于其环保性的改性，基于环保性的改性目前也有所研究，但还没有见到成熟的规模化生产的产品。

（3）三聚氰胺甲醛树脂（MF）胶黏剂　　MF 的合成反应原理与 UF 相似，但三聚氰胺的反应活性比尿素高，所以反应速度比 UF 快，在反应的介质酸度上可以比 UF 低一点。因此，工业上通常是在中性或弱碱性介质中进行加成和缩聚。这类树脂是由三聚氰胺、甲醛及尿素形成的二元和三元缩聚物。按不同的配比和工艺，可生产出不同的胶黏剂。

① 尿素-三聚氰胺-甲醛（UMF）生产工艺　　从降低成本出发，用一部分尿素代替部分的三聚氰胺，可制成 UMF 树脂。若用尿素代替全部的三聚氰胺，即成 UF 树脂。常用作浸渍树脂的 UF，采用氨水调 pH 至 7，加环六亚甲基四胺，U：F＝1：1.15，70～90℃下反应而制得。

② MF 树脂的改性途径　　MF 树脂的主要弱点是胶层较脆，易开裂，稳定性差和成本较高。对此可作如下的改性。一是采用乙醇、丁醇、丙醇等与活性的羟甲基产生醚键降低交联度，以达改善脆性之目的。另外，加入 PVAL 与三聚氰胺、甲醛共缩聚，可使树脂韧性增加，降低脆性。二是提高稳定性，是采用较高摩尔比，再是加酒精稀释剂，这是两种常采用的方法。三是降低成本通常采用尿素代替三聚氰胺（部分的）的方法。但尿素量太多，胶的耐水、耐磨、光亮程度下降。

5. 酚醛树脂（PF）胶黏剂

根据酚与醛的摩尔比和催化剂的不同，可以合成热固、热塑性两类 PF。

由于酸和碱的催化作用不同，反应机理也不同，但从形式看都是通过羟甲基化反应和缩合反应二个基本步骤。生产工艺根据产品的性能要求和用途，其配方和工艺略有差别，现举例说明。

未改性的 PF 胶黏剂通用有三类：水溶性 PF 胶黏剂、酚钡 PF 胶黏剂和醇溶性 PF 胶黏剂。

酚醛树脂胶具有胶接强度高、耐水、耐热、耐腐蚀等优点，广泛地应用于胶接木材、木质层压板、胶合板、泡沫塑料及其他多孔性保温、隔热材料。但脆性较大，耐热、耐蚀性还不够理想。因此，目前多数通过与其他树脂共混合加入某些助剂等途径，改善其性能。一是 PVFM 改性 PF，该种树脂比全部用酒精作溶剂的经济，同时增加了树脂的韧性。加入 PVFM 使 PVFM 中的羟基能与 PF 发生一定的缩合反应，缩合后使 PF 链增长，且因 PVFM 链柔软，黏结力强，而使改性的树脂具有较强的黏结能力和一定的韧性。PVFM 改性的 PF 虽韧性增加，但耐热性较差（使用温度不能在 200℃以上），为此加入适量的有机硅单体或聚有机硅氧烷，可以提高其耐热性能，能在－60～200℃下长期工作，短时间可耐 300℃。二是三聚氰胺改性 PF 胶黏剂，这种胶的光泽好，耐热、耐磨性高，这是由于结构中引入 MF 链段或结构单元的缘故。其他改性可采用橡胶、硼酸和二甲苯等进行改性。

6. 环氧树脂胶黏剂

以环氧树脂（EP）为基料的胶黏剂，称环氧树脂胶黏剂。环氧树脂系指含有两个以上环氧基、聚合度不高的一类化合物。

EP 胶黏剂的一般组成与性能特点包括：①这类胶黏剂主要由黏料（EP）和固化剂、改性剂、填料、稀释剂、溶剂等组成。②这种胶在结构中含有—OH、—O—和 CH_2—CH—（附环氧结构）等极性的活性基，能与多种被粘物质表面发生作用，因而有较强的黏结强度；固化时无副产物析出，所以体积收缩率低，一般只有 $4\%\sim8\%$，加入适量的填料，可降低至 $1\%\sim2\%$；固化后的树脂耐化学性好、电气性能优良、加工操作工艺简单，所以得到广泛的应用，早有"万能胶"之俗称。

生产过程是将 ECP 和 DDP 投入反应釜中，经升温溶解、保温、冷却、滴加液碱、反应、减压回收、冷却、加苯、加入液碱、反应、冷却、水洗、冷却、过滤、静置、常压脱苯、减压脱苯，制得浅黄色树脂。

环氧树脂的固化。环氧树脂本身是分子量不大的线型低聚物，应用时必须加入固化剂，进行交联，形成网状结构。它类似 UP 中的苯乙烯，既是固化剂，又是胶黏剂的一个组成部分。常用的有如下三类。

（1）碱性物固化剂 碱性物主要是各种胺类：脂肪族二胺、多胺及芳香族二胺、双氰胺、咪唑、胺类加成物和改性脂肪胺等，常用的胺类固化剂有脂肪胺，其他常用胺有脂环胺，如六氢吡啶；芳胺，如间苯二胺、苄基二胺；叔胺，如三乙胺、三乙醇胺等。为克服某些胺类的气味和毒性大的缺点，常采用胺类与环氧化物加成的反应物、胺类与树脂缩合的反应物等用作固剂。如 β-羟乙基乙二胺、二乙烯三胺与丙烯腈的反应物、苯酚甲醛己二胺缩合物、苯酚甲醛间苯二胺缩合物等。

（2）酸性物固化剂 这类固化剂主要有酸酐、有机酸、三氯化硼及其他络合物（Lewis 酸）。

（3）合成树脂类固化剂 这类固化剂本身是一些有反应性基团的低聚物，对 EP 有改性作用，主要有低分子聚酰胺树脂、酚醛树脂、氨基树脂，还有其他树脂如糠醛树脂、苯胺甲醛树脂等。

环氧树脂的改性途径，一是提高胶接强度的改性，胶接强度的提高，必须克服 EP 的脆性，增加柔性、韧性。常用分子量适当的聚合物作为改性剂。主要有液体的聚硫橡胶、聚乙烯酸缩醛，以及 NBR、PUR、PA 等热塑性聚合物。这些聚合物的线型分子链，赋以柔韧性，同时还有—SH、—OH、—NH—等反应性基团，又能与环氧基发生化学反应，因此，可以更好地提高胶接强度。二是改善耐温性能主要是引入耐温树脂链，如引入甲基酚醛树脂、聚硅烷等。

7. 橡胶胶黏剂

橡胶胶黏剂是以橡胶为主体材料，加入适当的配合剂而组成的，这是胶黏剂中的一大类。橡胶是分子为线型处于高弹态的高分子化合物，有天然和人工合成橡胶两大类，制成的胶黏剂有溶液型和乳液型两种形式。

$$
橡胶分类\begin{cases} 天然橡胶及其衍生物（氯化橡胶、环化橡胶）\\ 合成橡胶\begin{cases} 通用橡胶：SR、SBR、NR 等 \\ 特种橡胶：硅橡胶、氟橡胶、聚硫橡胶、氯磺化聚乙烯 \end{cases} \end{cases}
$$

溶液型中的非硫化橡胶胶液是将生胶塑炼后溶于有机溶剂中而制得。硫化型则是将塑炼后的橡胶再加配合剂混炼，然后再溶于有机溶剂。这种胶性能较好，应用范围较广。

橡胶胶黏剂的配合剂：配合剂是以橡胶工业沿用来的概念，它也属助剂类物质，其主要有硫化剂、硫化促进剂、活化剂、防老剂等。常用橡胶胶黏剂包括如下三种。

（1）氯丁橡胶胶黏剂　具有良好的耐燃、耐臭氧和耐大气老化性能，并且具有耐油、耐溶剂和化学试剂等性能，广泛用于极性和非极性材料的粘接，是一种重要的非结构胶黏剂。

胶黏剂可室温冷固化，初粘力很大，强度建立迅速，粘接强度较高，综合性能优良，用途极其广泛，能够粘接橡胶、皮革、织物、人造革、塑料、木材、纸品、玻璃、陶瓷、混凝土、金属等多种材料。因此，氯丁橡胶胶黏剂也有"万能胶"之称。胶黏剂用氯丁橡胶类型见表12.3。

表 12.3　胶黏剂用氯丁橡胶类型

类型	国产品牌	相应国外品牌	主要特点及用途
硫黄调节通用型（G 型）	通用型	GN-A	石油磺酸盐作分散剂,结晶性小,胶黏强度低
	LDI-121(NNO)	—	NNO 作分散剂,结晶性小,胶黏强度好但贮存稳定性差,可代替 GN-A
非硫黄调节通用型（W 型）	LDJ-230(54-1)	W	结晶性中等,胶接强度不如 NNO,但稳定性良好
	LDJ-230(54-2)	—	结晶性中等,胶接强度和稳定性均良好
	LBJ-210(氯丙苯)	WRT	与少量苯乙烯共聚,低温下有抗晶化性,黏结性、聚合稳定性均好,用于黏性保持长,胶接强度较高的场合
	LDJ-241	WHV	黏度高,可塑性好,与 AC、AD 并用,能提高后者的高温性能
胶接专用型	LDJ-240(66-1)	AC	分子结构规整,结晶速度快,初粘力大,胶接强度和稳定性均好
	—	AD	同 AC,贮存稳定性好
	—	AF	与少量甲基丙烯酸共聚,不易结晶,室温下可与 MgO 硫化,高温胶接性好
	—	ILA	与少量丙烯腈共聚,适于制备胶黏 PVC 材料
	LDR-501-Y 胶乳		阳离子型,高凝胶含量,稳定性、气密性、防水性好,黏结强度高
	LDR-403 LDR-503 胶乳	—	内聚力高,初粘性好,耐温性好,无毒

（2）丁苯橡胶胶黏剂　丁苯橡胶与天然橡胶一样，耐油、耐溶剂和耐氧化性都不够好，使用温度在 5～71℃，耐热和耐老化性比天然橡胶好一些。该胶分子极性小，黏附性较差，用作胶黏剂要进行适当的改性。

丁苯橡胶胶黏剂的制备工艺为：丁苯橡胶→塑炼→混炼→切碎→溶解。

硫化剂常用硫磺，溶剂一般选用苯、甲苯、环乙烷等，增黏剂用松香、古马隆、酚醛树脂和多异氰酸酯等。补强剂有炭黑、细粒 SiO_2、氢氧化铝、硅酸钙、活性碳酸钙和硬质陶土等。软化剂可选用煤焦油、DBP、古马隆树脂等。该胶可用于橡胶与金属的胶接，硫化在 148℃下 30min 内完成。

（3）丁腈橡胶胶黏剂　用作胶黏剂的多用丁腈-40。若加入少量丙烯酸、甲基丙烯酸与它们共聚，可得到含羧基的丁腈橡胶，此类聚合物与其他树脂的相溶性得到改善，极性增大，黏附性好。丁腈橡胶胶黏剂一般为溶剂型，其基本制备方法与氯丁胶黏剂相似。可分为单组分和双组分两类。应注意溶剂型胶黏剂，含有大量溶剂，在固化过程中会排放到空气中，对环境会形成直接污染，同时挥发性有机物也是 $PM_{2.5}$ 形成的原因之一。虽然它是适用面很广的胶黏剂，但却是环境污染材料之一。

8. 丙烯酸酯类胶黏剂

该类胶黏剂是丙烯酸及其酯类的均聚物或共聚物。可通过设计共聚组分而得到柔性和刚性等不同的胶黏剂。丙烯酸及其酯类胶黏剂近年来发展很快。该胶黏剂可室温固化，固化速度快，胶层强度高，具有优异的户外耐老化性，和较好的耐水性。应用范围广，可以说所有金属、非金属都能被丙烯酸胶黏剂粘接。可分为溶剂型、乳液型和无溶剂型。

以丙烯酸酯为基础的胶黏剂，目前大体上可分为以氰基丙烯酸酯（无溶剂型）、丙烯酸酯及热塑性聚丙烯酯类为代表的第一代丙烯酸酯胶黏剂，以反应型丙烯酸酯为基础的第二代丙烯酸酯胶黏剂，也有的将光固化丙烯酸酯胶黏剂称为第三代。

（1）α-氰基丙烯酸酯胶黏剂　该种胶的固化速度很快，有瞬干胶之称，黏结强度高，用量少，是重要的室温固化胶种之一，但存在反应速度过快、脆性大、耐温低（<70℃）和保存期短之弱点，所以配胶时要加入相应的助剂，如稳定剂：SO_2、$Cu(Ac)_2$、CO_2 和 P_2O_5 等酸性物质。增塑剂是磷酸三甲酚酯、DOP 和 DBP 等。增稠剂为 PMMA（5%～10%）。阻聚剂是对苯二酚。建筑用 α-氰基丙烯酸酯胶黏剂常用牌号与用途见表 12.4。

表 12.4　α-氰基丙烯酸酯胶黏剂

牌号	组分	抗拉强度/(kgf/cm^2)	主要用途
KH-501	α-氰基丙烯酸甲酯 阻聚剂 稳定剂	>250	金属、非金属材料的胶接
502	α-氰基丙烯酸乙酯 PMMA 磷酸三甲酚酯 阻聚剂 稳定剂	>250	金属、非金属材料的胶接
579 常温快速耐热胶黏剂	改性 α-氰基丙烯酸乙酯	剪切强度>250	钢、铁、铜、铝、橡胶、塑料、玻璃、陶瓷、各种同种和异种材料的黏结

注：$1kgf/cm^2=98.0665kPa$。

（2）快速固化丙烯酸酯结构胶黏剂　基本性能是强度高收缩性小，耐温性、耐介质性优良、室温固化快、被粘物表面无需严格处理，既有双组分型，也有单组分型，使用广泛。胶黏剂的主要成分（基料）是丙烯酸酯，最常用的是甲基丙烯酸甲酯（MMA），改性单体是苯乙烯、醋酸乙烯、丙烯酰胺等。弹性体和增韧树脂为氯磺化聚乙烯、丁腈橡胶、氯丁橡胶、丙烯酸酯橡胶、聚醚橡胶、SBS 等。引发剂主剂中多采用 CHPO、底剂多采用 BPO。促进剂（芳香）为叔胺、硫脲类、过渡金属皂、有机硫化物、醛胺等。稳定剂为对苯二酚、264（BHT）、有机酸、无机酸的碱金属盐、锌盐、镍盐。其他助剂包括增稠剂、触变剂、填充剂、颜料及偶联剂等。

反应型胶黏剂的改性，第一代丙烯酸酯类胶黏剂（FGA）是以甲基丙烯酸甲酯为主体，添加少量易溶性的惰性弹性体，如丁基胶、异丙胶等，再用溶剂调配而形成的一种胶黏剂。常用溶剂有 CH_2Cl_2，$CHCl_3$，CH_2ClCH_2Cl 等。特点是添加的可溶性弹性体能增韧，但不参与固化反应。

第二代聚丙烯酸酯胶黏剂（SGA）又称为室温快固化丙烯酸酯胶黏剂或 AB 胶，是新兴的结构胶。组成是以丙烯酸酯的自由基共聚为基础的双组分胶黏剂。A 组分以 MMA、弹性体、氯磺化聚乙烯、ABS 塑料、引发剂、稳定剂配成溶液作主剂；B 组分以弹性体、MMA、促进剂、溶剂为底剂。使用时，将主剂 A 和底剂 B 分别涂在两个黏合面上，两个粘合面接触时，立即发生聚合反应，粘接几分钟，即可完成粘接过程。其特点：一是固化时，添加的改性剂能进行接枝共聚交联，从分子内部进行增韧，可显著提高其抗冲强度；二是粘接强度高、粘接范围广，甚至油面也可直接粘接。制备的技术关键包括：①在使用条件下，能产生大量的活性自由基来引发聚合反应；②胶黏剂中引入改性剂应能使聚合反应和接枝交联反应顺利进行；③添加一定量的多官能团单体或预聚物，以保证胶接强度和内聚强度；④应有良好的固化速度和良好的存贮稳定性。

第三代丙烯酸酯胶黏剂（TGA）与 SGA 的区别：①为单组分胶；②固化剂使用光敏引发剂或电子束引发剂。

快固化需氧丙烯酸酯胶黏剂（AA）。SGA 不能粘接多孔性材料（氧的阻聚作用）。快固化需氧丙烯酸酯胶黏剂的组成：①环氧丙烯酸预聚物；②三乙二醇丙烯酸酯；③异丙苯过氧化氢；④大分子有机胺。固化 10～20s，非常适合黏结木材、陶瓷等多孔材料，是一种新型的室温快固化结构胶。

（3）厌氧型丙烯酸胶黏剂　该类胶黏剂与氧气（空气）接触可长期保存，但隔绝空气时，又能快速固化的一种反应型丙烯酸胶黏剂，常为单组分胶。易湿润渗透，耐环境，耐介质性能好，扭曲强度大。主要用构件的密封锁固等。

厌氧胶的组成为厌氧聚合性单体——厌氧胶的最基本成分，其用量为总重量的 80％～95％；引发体系是作厌氧胶的关键，既要考虑胶液稳定性又要厌氧后快速固化，所以引发体系活性一般不能太大，一般要求引发剂在 100℃下的半衰期必须超过 5h，用量为单体质量的 2％～5％，引发体系常用引发剂和促进剂及助促进剂组成，助剂包括稳定剂、增稠剂、触变剂、增塑剂、填料等。

第四节　保温材料

我国是建筑业大国，每年大约 20 亿平方米的新增建筑总量，接近全球年新增建筑总量的一半。目前，在我国建筑能耗量约占社会总能耗量的 30％，并以不断上升的趋势继续增长。预计到 2020 年，建筑能耗将成为全社会第一耗能大户。据统计，每使用 1t 高效节能材料，就能节省标准煤用量 3t，同时还可以减少排放 1t 二氧化碳、粉尘和二氧化硫。由此推算，推行节能建筑已成为贯彻落实节能减排基本国策中起关键性、决定性作用的重要领域。从 2005 年起，我国新建采暖居住要求达到节能 65％的标准，进入实施阶段后，单一的墙体材料的热工性能很难满足节能要求，因要达到规定性指标的要求，外墙必须进行保温处理。保温材料由于材料本身的低导热性使得整个墙体的传热系数很低，能够起到很好的保温隔热效果。

常见的建筑外墙保温材料有苯板、聚氨酯、矿物棉、聚苯乙烯泡沫塑料板、聚苯颗粒砂浆。无机干粉保温砂浆及酚醛泡沫等。从应用方面来看，这些建筑用保温材料可以分为有机和无机两大类。有机类保温材料主要包括 EPS（expanded polystyrene，模塑聚苯乙烯泡沫）、XPS（extruded polystyrene，挤塑聚苯乙烯泡沫）、PU（polyurethanes，聚氨酯泡沫）、F（phenolic foam，酚醛泡沫）等。无机保温材料主要包括岩棉、泡沫混凝土、膨胀珍珠岩及玻璃棉等。

目前，应用于建筑外墙的保温材料主要是有机保温材料，以 EPS、XPS、聚氨酯为主的有机类外墙保温材料占据着近 90％以上的市场，其他新型材料约为 10％。有机保温材料具有热导率低，隔热性能优异，密度小，易于施工，吸水率低的优点，并具有力学性能好，造价较低，抗老化等特性，在外墙保温领域应用起到很好的保温节能效果。建筑节能已成为影响我国能源可持续发展战略决策的关键因素，也是我国的基本国策之一。

无机保温材料具有极佳的温度稳定性和化学稳定性，防火阻燃性能优良。与有机类保温材料相比，无机类墙体保温材料具有十分突出的优势，主要表现为：一是燃烧性能等级为 A

级不燃材料，彻底杜绝火灾隐患；二是永久性使用，可与建筑物同寿命；不存在老化问题；三是物理化学性能稳定、安全隐患小；四是绿色环保，无毒无害。

目前建筑外墙常用的保温材料包括有机类的 EPS、XPS、PU 和 PF 等，无机类的岩棉、泡沫混凝土等。下面对其进行介绍。

一、有机类保温材料

1. 模塑聚苯乙烯泡沫（EPS）

模塑聚苯乙烯泡沫（EPS）简称为模塑聚苯板或膨胀聚苯板，是以可发性聚苯乙烯树脂为主要原料，经加热预发泡，在模具中加热成型而制成的内部具有无数封闭微孔的泡沫塑料材料。泡沫由约 98% 的空气和 2% 的聚苯乙烯组成，蜂窝孔的直径为 0.2～0.5mm，壁厚为 0.001mm。

传统的可发性聚苯乙烯是在第二次世界大战时期由德国率先研发成功的，自 20 世纪 60 年代在我国实现大规模工业生产后，由于其具有质轻、绝缘、绝热、防震、隔声、防腐蚀、防水、化学性质稳定等优良性能而被广泛应用在建筑、轻工、航运和国防等领域。目前，我国已经成为世界生产和使用可发性聚苯乙烯最多的国家。由于可发性聚苯乙烯具有良好的绝热性能，自研发后一直在建筑行业领域被广泛使用。目前，在我国建筑行业使用的外墙保温材料中，可发性聚苯乙烯保温板的占有率已经达到 80%。

（1）生产工艺流程　可分为预发泡、熟化和模压成型三个阶段，其中以预发泡和模压成型为主。预发泡工艺流程如图 12.2 所示。

图 12.2　EPS 保温板的预发泡工艺流程

在常温下，通过强溶剂的溶解和膨胀作用使聚苯粒料变软，为其内部发泡剂的发泡膨胀、控制压力创造条件，使原料在发泡容器内保持黏度较大的液态和塑性状态。由于外界压力远远低于容器内部压力，当打开阀门时，聚苯粒料在压力作用下喷出的同时，其内所含发泡剂如丁烷、戊烷、石油醚等汽化产生压力使已软化的粒料膨胀形成泡孔而发泡成型。适当的压力是可发性聚苯颗粒快速发泡的关键，压力来源是发泡剂内充有部分压缩空气并有低沸点、高蒸气压的丁烷，从而能产生并保持压力的平衡。

原材料可分为普通型粒料和含有阻燃剂的聚苯粒料。根据需要可进行干燥、粉碎、过筛、过滤和研磨等。常用原材料与配方见表 12.5。

表 12.5　常用原材料与配方

原料	聚苯颗粒	苯	无水乙醇	乙二醇乙醚	助剂
质量分数/%	20～40	7～13	25～40	7～12	3～6

按比例称取原材料并混合，混合后的物料可以根据需要预加工成含发泡剂的粉状、糊状、粒状、片状或其他形状的料坯，然后直接放入压模发泡成型。也可以将料坯放入模具模压发泡成型。

（2）产品性能　EPS 表观密度小，热导率小，吸水率低，隔声性能好，机械强度高，而且尺寸精度高、结构均匀。在外墙保温中其占有率很高。见表 12.6。

表 12.6　EPS 性能指标

项目	性能指标					
	Ⅰ	Ⅱ	Ⅲ	Ⅳ	Ⅴ	Ⅵ
表观密度/(kg/m³)	15	20	30	40	50	60
抗压强度/kPa	60	100	150	200	300	400
热导率/[W/(m·K)]	0.041	0.041	0.041	0.039	0.039	0.039
尺寸稳定性/%	4	3	2	2	2	1
水蒸气透过系数/[ng/(Pa·m·s)]	6	4.5	4.5	4	3	2
吸水率(体积)/%	6	4	2	2	2	2
氧指数/%	24	24	24	24	24	24
燃烧分级	B2 级					

传统的可发性聚苯乙烯保温材料的防火性能较差,而且在燃烧时释放大量热量、产生大量有毒烟气,不仅会加速大火蔓延,而且容易造成被困人员及救援人员伤亡。所以在高层建筑上禁止使用 EPS 保温板。美国有 20 多个州禁止使用聚苯乙烯泡沫用于建筑保温。英国规定 18m 以上建筑不允许使用 EPS 板薄抹灰外墙保温系统。德国 22 m 以上建筑不允许使用 EPS 板薄抹灰外墙保温体系。欧洲许多夹心板材厂不再生产防火性能差的 EPS 板,许多保险公司也禁止给 EPS 板做保温建筑保险。韩国和澳洲等地的建筑保温市场 EPS 和 XPS 泡沫也被禁止使用。

(3) 施工工艺　EPS 保温板与混凝土墙、砌块墙、砖墙等粘接连接,且在保温板粘贴后都用耐碱网格布翻包保温板来提高保温系统的整体强度和耐冲击性,同时披一层抗裂砂浆。主要的施工技术要点为:基层清理—配制专用黏结砂浆—保温板粘贴—保温板打磨—锚固件安装—做装饰分格线条—抹第一遍面层防水抗裂砂浆—压入网格布—抹第二遍面层防水抗裂砂浆—修补孔洞。EPS 保温板墙体结构示意见图 12.3。

2. 挤塑聚苯乙烯泡沫(XPS)

挤塑聚苯乙烯泡沫(XPS)由美国 Dow Chemical 公司于 1941 年发明。它是以聚苯乙烯树脂为原料,添加阻燃剂等材料经特殊工艺连续挤出发泡成型的硬质板材,其内部具有紧密的闭孔蜂窝结构。在过去的 10 多年间,我国 XPS 行业走过了一条引入消化吸收再创新发展之路,发展成为一个较大产业,产品已经广泛应用于建筑保温领域。在快速发展的同时,我国 XPS 泡沫塑料行业也面临众多问题和挑战,比较突出的问题是如何在产量急剧增加的同时兼顾产品质量的提升。

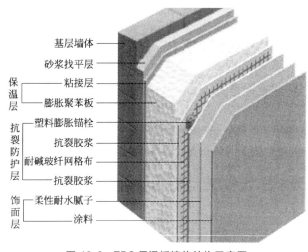

基层墙体
砂浆找平层
保温层 ｛ 粘接层
膨胀聚苯板
抗裂防护层 ｛ 塑料膨胀锚栓
抗裂胶浆
耐碱玻纤网格布
抗裂胶浆
饰面层 ｛ 柔性耐水腻子
涂料

图 12.3　EPS 保温板墙体结构示意图

XPS 具有比 EPS 更致密的表层及闭孔结构内层,结构的闭孔率可以达到 99% 以上,这种闭孔结构使其具有极低的吸水性(几乎不吸水)和热导率。XPS 板材的保温效果在 EPS 板材的 2 倍以上,是水泥和珍珠岩的 6 倍左右。XPS 材料因其优秀的保温效果,在外墙保温系统的施工中被优先选用。热导率大大低于同厚度的 EPS,因此具有较 EPS 更好的保温隔热性能。由于内层的闭孔结构,使其具有良好的抗湿性,在潮湿的环境中,仍可保持良好的保温隔热性能,适用于外墙饰面材料为面砖或石材的建筑。目前,XPS 板材在我国外墙保温的市场份额逐渐增大。XPS 板的热导率为 $0.028\sim0.029W/(m\cdot K)$,抗压强度一般为 $\geqslant200kPa$,吸水率 $\leqslant0.01\%$。

(1)工艺流程 XPS 板是连续挤出成型,而不是由聚苯乙烯粒子膨胀后加压成型,见图 12.4。目前,我国的 XPS 板生产线 400 多条。

图 12.4 XPS 保温板常用生产工艺流程

聚苯乙烯树脂的平均分子量范围在 $17\times10^4\sim50\times10^4$ 之间,$M_w/M_n\geqslant2.6$,辅料包括添加剂、发泡剂等。绝大多数所采用的发泡剂不含卤化碳,而是使用与空气置换速度较快的烃类发泡剂,这样即避免了对臭氧层的破坏,又保证在反应的初始阶段就大部分完成了与空气的置换,使施工后材料的导热系数变化很小。

(2)产品性能 XPS 板具有优良的保温隔热性能,卓越的高强度抗压性,优质的憎水、防潮性、轻质、稳定性和防腐性好,产品环保性能好,不仅在生产过程中不会发生工业污染,在使用过程中也不会对人体造成伤害,是典型的环保型建材,见表 12.7。

表 12.7 XPS 保温板的性能指标

项目	性能指标									
	不带皮								带皮	
	X150	X200	X250	X300	X350	X400	X450	X500	W200	W300
抗压强度 /kPa	150	200	250	300	350	400	450	500	200	300
热导率 /[W/(m·K)]	0.030	0.030	0.030	0.030	0.030	0.029	0.029	0.029	0.035	0.032
尺寸稳定性/%	2.4	2.4	1.5	1.5	1.5	1.0	1.0	1.0	2.0	1.5
水蒸气透过系数 /[ng/(Pa·m·s)]	3.5	3.5	3.0	3.0	2.0	2.0	2.0	2.0	3.5	3.0
吸水率 (体积)/%	1.5	1.5	1.0	1.0	1.0	1.0	1.0	1.0	2.0	1.5
氧指数/%	24	24	24	24	24	24	24	24	24	24
燃烧分级	达到 B2 级									

EPS 与 XPS 板存在使用温度不能超过 $75℃$、氧指数低、遇明火极易燃烧的不足。聚苯乙烯的阻燃方法包括本体阻燃、卤素阻燃、磷系阻燃、无机阻燃、膨胀阻燃、黏土阻燃等。本体阻燃是指在聚苯乙烯分子链上引入具有阻燃效应的氮、磷、卤族元素,达到阻燃的效果,其他几种阻燃方法都属于添加型阻燃。通过添加阻燃剂,改善 EPS 和 XPS 板的防火和安全性能是目前常用的方法,可以阻止因小火而引起的意外起火。由于产品本身属于可燃材料,如直接暴露在强火源中就会迅速燃烧。含有阻燃添加剂的保温板可以阻止因小火而引起的意外起火,如果一个烟头或切割火花不能对保温板引起意外火灾,但有强烈、持续的火源仍可迅速燃烧并导致火灾,在持续的火源中保温板中的阻燃剂的作用也十分有限。

(3)施工工艺 XPS 保温板与 EPS 保温板的施工工艺很相似,与混凝土墙、砌块墙、砖墙等粘接连接,且在保温板粘贴后都用耐碱网格布翻包保温板来提高保温系统的整体强度和耐冲击性,同时披一层抗裂砂浆。主要的施工技术要点为:基层清理→配制专用黏结砂浆→保温板粘贴→保温板打磨→锚固件安装→做装饰分格线条→抹第一遍面层防水抗裂砂浆→

压入网格布→抹第二遍面层防水抗裂砂浆→修补孔洞。

3. 聚氨基甲酸酯（PU）

聚氨基甲酸酯（PU）简称聚氨酯，是由多元醇和多异氰酸酯反应制得的一类主链上带有重复-NHCOO-基团的聚合物的总称。聚氨酯泡沫材料是以聚醚多元醇、聚酯多元醇和多异氰酸酯或改性异氰酸酯预聚物为原料，加入一定比例的发泡剂、催化剂、泡沫稳定剂等，在一定的温度条件下，经混合均匀发泡所制得的泡沫材料。20世纪40年代，德国Bayer实验室用二异氰酸酯及多元醇为原料，首次制得了聚氨酯硬质泡沫。

聚氨酯泡沫的隔热、隔声性能是目前合成材料中最优异的，并具有极佳的耐磨性、耐油性、防水性，是目前国际上公认的性能较理想的保温材料。热导率仅为$0.018W/(m \cdot K)$，相当于EPS的1/2，是目前保温材料中热导率最低的材料。20世纪90年代开始在节能建筑上被逐步使用。种类有聚氨酯泡沫板、喷涂聚氨酯和浇注聚氨酯。

聚氨酯以其优异的保温隔热性能，越来越引起世人的瞩目。硬质聚氨酯具有质量轻、热导率低、耐热性好、耐老化、容易与其他基材黏结、燃烧不产生熔滴等优异性能，在欧美国家广泛用于建筑物的屋顶、墙体、天花板、地板、门窗等作为保温隔热材料。欧美等发达国家的建筑保温材料中约有49%为聚氨酯材料，我国这一比例尚不足10%。2005年10月，建设部成立"聚氨酯建筑节能应用推广工作组"，2006年9月，建设部颁布了《聚氨酯墙体保温技术导则》，促进了这一材料的使用。作为墙体保温主要有喷涂聚氨酯、浇注聚氨酯和聚氨酯保温板三种方式。

（1）工艺流程　见图12.5。

图 12.5　聚氨酯保温板一步法工艺流程

硬质聚氨酯泡沫材料的合成方法可分为三种，分别为预聚体法、半预聚体法和一步法。一步法发泡的工艺流程是将聚醚或聚酯多元醇、PAPI及其他助剂如发泡剂、催化剂、泡沫稳定剂、阻燃剂等一次加入，通过高速混合，在短时间内使气体发生、链增长及交联反应几乎同时进行。物料混合均匀后，在3~10s内体系即可发白，接着自行发泡，1~5min内发泡完毕，得到具有较高分子量并有一定交联密度的泡沫制品。通过使用复合催化剂和控制配方，使气体发生、链增长及交联反应协同发生作用，就可以得到泡孔均匀和性能优良的泡沫体。该法工艺简单、操作方便。自从采用有机锡和三乙烯二胺等高效催化剂、有机硅泡沫稳定剂以及PAPI用于硬质聚氨酯泡沫材料的生产以来，一步法发泡工艺发展迅速，已成为目前使用最为广泛的发泡方法。硬质聚氨酯泡沫材料的成型方法包括手工发泡、浇注发泡、沫状发泡、喷涂发泡、块状发泡以及复合板材的连续发泡成型等，其中手工发泡操作最为简便。

制备聚氨酯泡沫塑料所用的主要原料为有机异氰酸酯、多元醇化合物、催化剂、发泡剂及其他助剂。常用有机异氰酸酯包括甲苯二异氰酸酯（TDI）、二苯基甲烷二异氰酸酯（MDI）、多亚甲基多苯基多异氰酸酯（PAPI）等。多元醇包括聚酯多元醇和聚醚多元醇两大类。催化剂主要有两大类，包括胺类催化剂和有机锡类催化剂。发泡剂包括物理发泡剂和水。其他助剂主要包括泡沫稳定剂、阻燃剂、防老剂、填料、颜料等。

聚氨酯泡沫的主要化学反应包括异氰酸酯与醇类的链增长反应、异氰酸酯与水之间的扩链反应和气体生成反应。

聚氨酯发泡喷涂工艺的原理是聚醚异氰酸酯的聚合反应能生成氨基甲酸酯，即能生成所需的聚氨基甲酸乙酯，也就是常称的聚氨酯泡沫塑料。在反应过程中同时加入催化剂、交联剂、发泡刘、泡沫稳定剂等，其作用是促进和完善化学反应。这些原料分两组，经充分混合后分别由计量泵按比例打入特制的喷枪内，在喷枪或灌注混合器内充分混合喷涂于管道或设备表面，发生反应，在 5～10s 内起泡而生成泡沫塑料，并固化成型。聚氨酯现场发泡技术的优点：在现场发泡、喷涂聚氨酯泡沫塑料隔热层的方法，其表面是一整体，没有接缝，冷损失减少，而且施工效率高，易于达到质量要求，减少施工程序。

（2）产品性能 聚氨酯属于新型的保温材料，其热导率不大于 $0.023W/(m \cdot K)$，闭孔率 99%，保温性能优异，其材料属于热固性，在燃烧等级不低于 B2 级的情况下，遇火碳化，离火自熄，与抹面胶浆等形成保温系统时，具有良好的防火效果。我国 PU 墙体保温技术目前基本形成了以现场喷涂 PU 复合保温浆料技术系统、现场喷涂幕墙技术系统、现场浇注 PU 技术系统、PU 板薄抹灰技术系统、保温装饰复合板技术系统为基础技术的 PU 墙体保温技术体系，总的来说聚氨酯外保温系统技术已趋于成熟，见表 12.8。

表 12.8 聚氨酯保温材料性能指标

项目	性能指标
热导率/[W/(m·K)]	≤0.023
容重/(kg/m³)	30～40
吸水率/%	≤3
强度/MPa	4～20
氧指数	28
材料燃烧等级	B1～B2 级

PU 保温效果最好，适合节能标准较高、结构较为复杂的多层和高层建筑，其综合造价较高，投入较大。由于具有对工人技术要求较高且外墙强度较差、不可受撞击等特点，目前使用率仅占我国外墙外保温市场的 5%。

（3）改性处理 有机保温材料存在黏结性能差、尺寸稳定性不高、易老化、易燃烧等问题，特别是由此引发的火灾事件时有发生，近年来相继发生的几起大火造成严重的人员伤亡和财产损失，引起各界对建筑保温材料防火安全性能的思考。

聚氨酯保温材料作为一种优异的保温材料，还具有质量轻、黏着力强、防水、隔声、抗老化等优点。因此，在建筑节能领域将有很大的发展空间。但作为一种有机高分子物质，材料的耐燃烧等级低，且燃烧过程中放出大量 HCN、CO_2 等有毒气体，作为建筑保温材料使用，一旦着火会给灭火和火场逃生带来很大困难。而且，它的市场价格偏高，特别是将其应用于某些特定保温工程时，往往需要进一步提高其防火性（例如大型公共建筑）、压缩性和热稳定性（例如地下热水池保温工程），这就需要在保障它保温隔热性能的基础上，尽量降低成本，提高防火、耐热、耐久及力学性能，以便获得更加优异的综合性能。

目前的阻燃处理方式主要有反应型阻燃和添加型阻燃，阻燃处理方法主要是聚合时在组合料中加入阻燃剂，常用的阻燃剂，有无机矿物、锑、锌和铝的盐类、可膨胀石墨等，有机阻燃剂有氧化和溴化碳氢化合物、卤代有机磷化合物等。阻燃方法：一是化学方法，有合成新型耐热塑料、共聚法、接枝法和交联法四种；二是物理方法，有添加阻燃剂、与阻燃聚合物共混、无机填料的稀释法和防火材料覆盖法四种。通过在聚氨酯复合基体中同时引入添加型阻燃剂，如氢氧化铝、可膨胀性石墨等，并通过与无机膨胀颗粒的协同阻燃作用，可进一步提高复合材料的阻燃性能和减少单位质量的有毒气体含量。将聚氨酯与膨胀类无机颗粒、氢氧化铝、可膨胀型石墨进行微观复合，通过微观尺度整合和协调各组成部分，可充分发挥各自功能，解决单独使用聚氨酯或膨胀颗粒产品存在的技术性问题。

　　将聚氨酯与某些无机保温颗粒如膨胀蛭石、玻化微珠类颗粒复合,利用无机颗粒相对低廉的价格、优异的防火性能、良好的耐久和耐候性,来对聚氨酯进行改性不失为一种有效的方法。值得一提的是,通过添加膨胀无机颗粒,利用其对热量的稀释作用,可显著提高聚氨酯保温材料的阻燃性能和热稳定性。

　　开发的新型聚氨酯与膨胀无机颗粒复合保温材料,解决复合保温材料制备过程中材料相容性、界面优化等关键性技术应用问题。通过将无机膨胀颗粒玻化微珠以及无机阻燃物质与聚氨酯组合料混合发泡,制备具有不同相对含量及综合性能优异的有机/无机复合类保温材料。这种复合保温材料在未来建筑节能领域具有很好的市场开发前景和竞争优势,见表12.9。

表 12.9　聚氨酯与膨胀无机颗粒复合保温材料的性能参数

项目	参数
密度/(kg/m³)	40～180
黏结强度/MPa	≥0.10
尺寸变化率/%	≤1.5
抗压强度/MPa	≥0.15
体积吸水率(体积分数)/%	≤3
热导率/[W/(m·K)]	≤0.040
燃烧性能	B1～A2 级
氧指数/%	≥30

　　复合材料热导率 0.030W/(m·K),体积吸水率 1.1%,燃烧等级达到 B1 级。复合材料综合性能的优异,且在一定范围内可根据使用需求调节。

　　此外,许多学者通过对 PU 添加阻燃剂的方法来改善聚氨酯的防火性能。阻燃剂材料种类很多,如聚磷酸铵(APP)、季戊四醇(PER)粉末组成的膨胀阻燃体系在硬质泡沫塑料中的应用,当添加 5% 的组成比为 2:1(APP、PER)的膨胀阻燃剂时,硬质泡沫塑料的综合性能最好。M.Thirumal 等以氢氧化铝和磷酸三苯酯的质量比 5:1 时,硬质泡沫塑料的氧指数(OI)达到最大值(29.5%)。研究发现,化学改性后的蒙脱土对聚氨酯燃烧性能有显著作用。

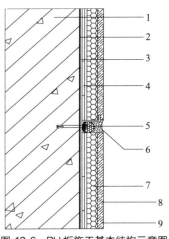

图 12.6　PU 板施工基本结构示意图
1—基层墙体;2—界面层;3—找平层;
4—黏结层;5—锚固件;6—嵌缝胶;
7—PU 板;8—防护层;9—饰面层

　　(4)施工工艺　聚氨酯保温板用于外墙外保温的基本构造如图 12.6 所示,整体构成外墙外保温系统。系统由界面层、找平层、黏结层、保温板、防护层、嵌缝材料、密封材料和锚固件构成。保温板采用以粘为主、粘锚结合方式固定在基层墙体上,并应采用嵌缝材料封填板缝。施工防护层,最后粘贴饰面层或涂刷涂料装饰层。

4. 酚醛泡沫(PF)

　　酚醛泡沫(PF)是由酚醛树脂、发泡剂、表面活性剂和固化剂、不燃填料组成的一种泡沫塑料。酚醛泡沫作为新型热固性多用途泡沫材料,是一种性能优越的防火、隔热、隔声、轻质节能产品,以其耐热、难燃自熄、耐火焰穿透、遇火无滴落物和防止火灾蔓延的阻火性能等优点,引起了人们的高度重视。与通常的高分子树脂依靠加入阻燃剂得到的材料有本质的不同,酚醛泡沫材料作为一种唯一未经改性燃烧性能就能达到的 B1 级有机建筑墙体用保温材料。PF 板是新一代保温防火隔声材料,具有轻质、遇明火不燃烧、无烟、无毒等性质，使用温度范围广。使用温度196~200℃，具有低温缓和下不收缩、不脆化的特点。由于酚醛泡沫闭孔率高，热导率低，隔热性能好，且化学成分稳定，防腐抗老化，特别是能耐有机溶液、强酸、弱碱腐蚀，是较好的保温节能材料。

酚醛泡沫的难燃程度是目前建筑业广泛使用的聚苯乙烯、聚氨酯等泡沫所远远不及的，作为理想的隔热保温材料将会得到更为广泛、更为迅速的发展，具有广阔的市场前景，是安全、经济、绿色的新型建筑材料利用它的耐燃性作绝热保温材料在高层建筑、高温隔热、超低温保冷材料具有的实用价值。改性酚醛泡沫建材作为建筑外墙的优秀保温材料，在国外已广泛投入使用。美国、法国、俄罗斯、英国、北欧、中东均已经广泛地将改性酚醛泡沫塑料用在建筑中，日本政府出台法规，将改性酚醛泡沫作为公共建筑的标准耐燃物，耐燃烧性能低于改性酚醛泡沫的，不允许在公共建筑上使用。

我国酚醛泡沫的工业化生产与应用起始于20世纪80~90年代，但直到近10年，酚醛泡沫才陆续较大规模地进入工程应用领域中。酚醛泡沫材料在我国发展十分迅速，主要表现在已有成熟应用领域需求的快速增长。目前国内绝大多数酚醛泡沫生产厂家的生产工艺以湿法连续为主，从2002年第一条线投产至今，产量以每年50%的速度高速发展，但我国酚醛泡沫材料主要用于建筑空调管道和通风管道的防火保温。虽然采用酚醛泡沫生产的保温空调风管系统已经在"水立方"、北京地铁等高档公共建筑施工中得到运用，但由于现有国内酚醛泡沫生产制备技术水平较低，难以满足设计要求。酚醛泡沫作为建筑外墙保温材料还存在硬脆、易粉化和掉渣强度很低等技术缺陷，虽然其阻燃性优于一般的有机泡沫材料，但酚醛在使用过程中由于自身酸性高、脆性大等缺陷，在实际使用中造成黏结饰面层脱落。而且热值22~25MJ/kg，与A级保温材料热值1.4~3MJ/kg差距较大，价格没有优势，在很大程度上限制了推广应用。

（1）工艺流程　酚醛树脂分为热塑性酚醛树脂和热固性酚醛树脂两大类，都可以用来作酚醛泡沫材料。用于建筑墙体保温的酚醛泡沫材料应选用热固性可发甲阶酚醛树脂。热固性可发甲阶酚醛树脂的制备以碱为催化剂，苯酚与甲醛的摩尔比为1.5~2.5。催化剂可以是钡、镁、钠、钾的氧化物或氢氧化物和氨水等，国内用于制备泡沫塑料的酚醛树脂多用氢氧化钠作催化剂。酚醛树脂为棕红色黏稠液体，俗称液态树脂。苯酚与甲醛的反应分为加成反应（生成羟甲基）和缩聚反应两步。树脂中残留羟甲基的多少与树脂的活性有关，羟甲基含量高，则树脂黏度较低，活性较大。反之，羟甲基含量低，则树脂黏度增高，活性降低。由于残留的羟甲基即使在室温下也会缓慢地反应，因此酚醛树脂在贮存中黏度会增大，一般室温下贮存期4~8周，最多不超过12周。酚醛保温板生产工艺流程见图12.7。

图12.7　酚醛保温板生产工艺流程

（2）产品性能　与EPS/XPS和PU相比，PF氧指数一般为35%~40%，属难燃材料，具有优异的耐火性，燃烧性能为难燃B1级。酚醛树脂用于隔热保温领域，可以在130℃下长期工作，瞬时工作温度可达200~300℃。市面上的酚醛板表观密度在47~65kg/m³，热导率在0.033W/(m·K)左右。酚醛保温板性能参数见表12.10。

表 12.10 酚醛保温板性能参数

项目	性能参数
密度/(kg/m³)	≥35
垂直拉伸强度/MPa	0.06~0.08
尺寸变化率/%	1.0
燃烧热值/(MJ/kg)	17~20
体积吸水率(体积分数)/%	7
烟密度等级	12
热导率/[W/(m·K)]	0.035
燃烧性能	B1 级
氧指数/%	38~45

酚醛由于其分子结构的原因,酚醛树脂芳核之间仅有亚甲基相连,彼此不能够很好地链接在一起,存在大量的粉状物,同时酚羟基和亚甲基易氧化,导致酚醛泡沫塑料存在脆性大、粉化程度高的缺点,针对这一问题进行了增韧研究。酚醛泡沫增韧方式主要有三种,一是加入外增韧剂,如橡胶弹性体改性剂、热塑性树脂以及短切玻璃纤维;二是用部分带有韧性的改性苯酚代替苯酚合成树脂,即用含有与苯酚类似官能团的韧性物质部分代替苯酚与甲醛缩合,如间苯二酚、邻甲酚、对甲酚、对苯二酚、烷基酚和腰果壳油等;三是化学增韧甲阶酚醛树脂,即通过酚羟基和羟甲基的化学反应接枝柔性链,其中聚氨酯改性酚醛泡沫是增韧效果最好的化学增韧方法。研究发现聚氨酯预聚体能有效提高酚醛泡沫的韧性,改善酚醛泡沫的耐高温性和泡孔分布,聚氨酯用量为酚醛树脂的 9% 时,其物理性能最佳。在酚醛中引入聚氨酯后会发生 2 种反应,异氰酸酯基团和组分中的多羟基化合物的羟基进行交联或扩链反应和异氰酸酯基团和甲阶酚醛树脂中的羟甲基进行交联反应。这 2 种反应通过引入柔性链段都能够改善酚醛树脂的分子结构,提高了泡沫制品的韧性,降低了脆性。

酚醛树脂保温板在所有的有机保温板中防火性能最好(不低于 B1 级),因而在强调材料防火的前提下,酚醛板也有所使用,但酚醛板在其他性能上存在问题。首先,尺寸稳定性差,上墙以后会出现板材变形和翘曲,造成墙面大面积的开裂;其次粉化严重,不利于与墙体的粘接,但由于具有良好的防火性能。目前在部分省市有所使用,但使用量不大,其耐候性问题值得商榷。

(3) 改性处理 针对我国目前单一保温材料及墙体保温体系应用过程中迫切需要解决的"高效保温"与"防火安全"兼顾的关键技术,研发具有优异综合性能的无机材料改性酚醛泡沫保温材料,解决了酚醛树脂的增韧改性和低黏度改性、保温材料制备过程中材料相容性、界面优化、性能调控以及生产制备工艺等关键性技术问题。利用复合改性、配合比设计等优化技术,研究材料制备工艺,改性传统的酚醛泡沫,提高其黏结强度、保温隔热性能,降低吸水率,提高抗冻、抗裂、抗渗等耐久性能,研制出了阻燃性能不低于 B1 级、热导率不高于 0.041W/(m·K)(与模塑聚苯板相当)的无机材料改性酚醛泡沫保温材料。

有机无机复合泡沫材料是以有机材料为基体,掺加无机填料,利用无机材料对有机材料进行改性,并进行成分和界面性能优化,用有机材料胶结无机材料颗粒,组合成新的复合泡沫保温材料,来设计达到要求性能。不仅能够改善材料的防火性能和力学性能,同时降低了生产成本。目前,研究开发的酚醛复合泡沫塑料有酚醛聚苯乙烯系复合泡沫塑料、酚醛泡沫玻璃复合保温材料等。酚醛聚苯乙烯复合泡沫塑料最大可能地利用了泡沫聚苯乙烯的强度以及酚醛树脂的耐热和防火性能,是用酚醛泡沫塑料作胶黏剂,泡沫聚苯乙烯颗粒作填料,另加珍珠岩砂和发泡固化剂制成。该泡沫塑料物理力学性能好,而且阻燃性能好,制作工艺简单,成本低。经过上百次耐久性循环试验,表明其耐久性提高,使用年限延长。俄罗斯西伯利亚天然气建设研究设计院研制了 cΦ-1 型和 cΦ-2 型玻璃酚醛泡沫塑料。两者的填料密度均为小于 $50kg/m^3$ 的泡沫玻璃，其可燃性指标达到难燃材料要求。最近，日本也在大力发展酚醛系复合泡沫材料，用各种无机颗粒保温材料与酚醛树脂配制多种保温制品。无机有机复合制备泡沫材料具有突出的阻燃性能和优良的功能特性，已成为目前保温技术的发展方向，显示出巨大的应用潜力。改性酚醛保温板的性能参数见表 12.11。

表 12.11　改性酚醛保温板性能参数

项目	性能参数
密度/(kg/m^3)	≥80
垂直拉伸强度/MPa	0.10
尺寸变化率/%	1.0
燃烧热值/(MJ/kg)	7~10
体积吸水率(体积分数)/%	6.5
烟密度等级	9
热导率/$[W/(m\cdot K)]$	0.040
燃烧性能	B1~A2 级
氧指数/%	52

选用低黏度改性酚醛树脂，使得无机改性剂能够大量加入到发泡体系中。通过调整发泡体系组成和对无机改性剂进行表面处理两种途径对复合材料的性能进行优化，制备出了综合性能优异，并且性能可在一定范围内调节的无机材料改性酚醛泡沫保温材料。

性能优化后的玻化微珠改性酚醛泡沫材料，当玻化微珠掺量控制在 40% 时，制备的改性酚醛泡沫密度在 $50\sim160kg/m^3$ 之间，热导率在 $0.030\sim0.041W/(m\cdot K)$ 之间，垂直板面的拉伸强度 ≥0.1MPa，燃烧性能达到 B1 级，燃烧总热值在 $5\sim12MJ/kg$ 之间，接近 A2 级对热值的要求，体积吸水率在 $6.0\%\sim7.5\%$ 之间，pH 值在 $4\sim5$ 之间。复合材料的综合性能优异，尺寸稳定、垂直拉伸强度好，使用寿命长。无机材料和改性酚醛树脂有效地结合，改变酚醛材料的结构和性能，降低材料的酸度，提高了耐久性。

无机改性剂的加入，在树脂基体中起到了稀释和阻隔作用，提高了材料的阻燃性能，降低了材料的酸性。可以使材料长期保持低热导率的特性，还可以降低材料的成本。它还在基体中起到骨架支撑作用，在一定的掺量范围内提高了材料的抗压强度和弯曲强度，因此，制备的无机材料改性酚醛泡沫具有更好的防火性能，兼具良好的物理力学性能，泡沫细腻，强度好，闭孔率高，热导率低，不掉渣，电镜表明泡沫结构比较完整，材料的保温性能好，热导率和聚苯板相当，力学性能好，经济性好，是一种高效保温、防火安全、经济适宜的建筑墙体用保温材料。

（4）施工工艺　酚醛泡沫板外墙外保温施工的构造和连接方式，由保温层、抹面层和饰面层构成，见表 12.12。

表 12.12　酚醛泡沫板外墙外保温系统基本构造

系统构造						构造示意图
基层①	找平层②	黏结层③	保温层④	抹面层⑤	饰面层⑥	
混凝土墙及各种砌体墙	找平材料(工程需要时使用)	胶黏剂+锚栓	酚醛保温板	抹面胶浆+玻璃纤维网布	柔性耐腻子+涂料(饰面砂浆)	基层①　找平层②　黏结层③　保温层④　抹面层⑤　饰面层⑥

外墙外保温系统的基本构造应符合表 12.12 的要求。①基层：外保温系统所依附的外墙，基层墙体可以是各种砌体或混凝土墙。②保温层：由改性酚醛泡沫体组成，在外保温系统中起保温防火作用的构造层。③抹面层：抹在保温层上，中间夹有增强网，保护保温层并起防裂、防水和抗冲击等作用的构造。④饰面层：外保温外装饰层，饰面层采用涂料饰面或饰面砂浆，具有保温、阻燃、轻质等特点。酚醛外墙外保温系统除了所用的保温板材料与传统的 EPS 薄抹灰外保温系统不同外，其他结构与普通的系统没有任何区别。

以上就是几种有机类保温材料的技术情况，根据公安部消防局发布的《民用建筑外保温系统及外墙装饰防火暂行规定》（以下简称 65 号文），明确指出民用建筑高度大于等于 100m、其他民用建筑大于等于 50m、幕墙式建筑高于 24m 时，保温材料的燃烧性能为 A 级，这样，上述几种有机保温系统目前处于限用状态。

5. 真空绝热板

真空绝热板（VIP）是以芯材和吸气剂为填充材料，使用复合阻气膜为包裹材料，通过抽真空、封装等工艺制成的板状复合材料。真空绝热板采用抽真空的方法，将残留在绝热空间的气体清除，使因气体对流导致的各种传热途径被消除，从而使绝热效果远优于其他传统的绝热材料。芯材是支撑保温板真空绝热板的骨架材料，同时自身具有较好的绝热性能。吸气剂能够在使用寿命周期内湿真空板保持真空度。复合阻气膜能包覆保护内部的芯材，同时阻隔太阳辐射热。真空绝热板的保温性能是传统有机保温材料的 5～8 倍，防火性能可以达到 A 级不燃。

真空板的研发始于 20 世纪 70 年代，起初主要集中在日本、欧洲等国。国外对 VIP 的研究相对比较成熟，应用范围也比较广泛。首先在冰箱、制冷设备中被采用，由于其优异的保温和防火性能，德国和瑞士从 2006 年开始，逐步开发真空绝热板应用于建筑领域，而我国的真空绝热板于 2009 年开始在建筑工程中使用。美国密歇根州的陶氏化学公司生产的真空绝热板已应用于美国明尼苏达州塞莫瑟房辛斯公司、亚利桑那州 ISC 公司以及伊利诺伊州波利缶姆包装公司等公司的冷藏集装箱中。土耳其伊斯坦布尔阿塞利克公司和美国俄亥俄州诺考德公司的电冰箱以及德国下萨克森州的塞森真空绝热公司的冷冻车也都采用了这种芯层材料，应用 VIP 后节能效果非常显著。据陶氏化学公司称，将 VIP 用于电冰箱时可节能 25％。国内对 VIP 的研究还处于刚刚起步的阶段，现在已有多家公司生产，应用范围比较窄。在保证外墙同等传热系数的前提下，使用真空绝热板的建筑外墙保温层厚度显著下降。

同其他材料相比，VIP 以其极低的热导率，在保温技术要求相同时有保温层厚度薄、体积小、重量轻的优点，适用于节能要求较高和保温材料体积小、重量轻和有较大技术经济意义的场合。过去，VIP 主要用于军工、船运保温箱和医用保温箱。现在，随着泡沫芯材 VIP 的商业化和成本的降低，VIP 已主要用于冰箱、冷冻箱和冷冻冷藏集装箱隔热保温，也用于航空航天、交通运输、食品工业和各种保温箱的隔热保温。

VIP 在建筑保温上的应用还处于起步阶段，生产建筑用 VIP 保温板芯材的公司目前只有 3 家，Wacker（德国）、Cabot（美国）和 Degussa（德国），国际 VIP 保温板领域目前只有德国和瑞士逐步建立了应用 VIP 保温板的建筑市场，迄今已有数十项 VIP 板应用于地面、屋面、阳台、墙面等保温隔热的工程。尽管具有极低的热导率，但难以承重以及外表面薄弱的力学性能都成为了真空绝热板使用过程的一个制约因素，目前真空绝热板大多作为内保温层在建筑物的屋顶和地面使用，且需要布置支撑结构对其进行保护。如果能在保证真空绝热板良好绝热保温性能的前提下，使其具备外墙体材料所需的力学性能，达到结构性和功能性二者兼备，则真空绝热板将在建筑保温领域具有更加广阔的应用前景。

（1）工艺流程　见图 12.8。

图 12.8　VIP 板的生产工艺流程

真空绝热板主要由三部分组成，即芯部的隔热材料（lnsulating material）、气体吸附材料（getter）和封闭的隔气结构（barrir）。真空绝热板通常包括低热导率的填料和包覆所述填料的气密性膜，整个板抽真空至负压，然后密封。除了绝热以外，填料还有支持容器表皮的作用，使其在抽真空时不致塌陷。真空绝热板的基本结构图见图 12.9。

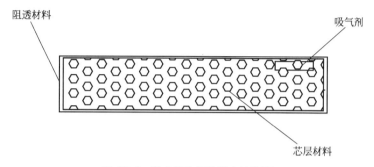

图 12.9　真空绝热板的基本结构图

常用的芯层材料包括开孔聚氨酯、石英粉、玻璃纤维、气凝胶的轻型孔矿物质等。气凝胶是一种高效绝热材料，采用气凝胶是作为芯层材料的绝热板，热导率和密度均低于其他种类的 VIP 板，而且对吸气剂的要求较低，也不必像其他板材那样排空至极低的压力。芯材的作用是支撑真空绝热板的板壁面，真空绝热板中的真空压力一般为 0.13～130Pa，属于"中真空"，作为支撑的芯材需要承受约 100kPa 的压力，避免在真空条件下外部的封闭薄膜收缩、塌瘪。第二是控制气体传导及对流传热，芯板可以用于限制参与在真空绝热板中的一些气体分子的运动空间，从而阻止气体对流和气体热传导两种传热方式。第三是起到红外遮蔽及散射作用。在高真空度的条件下，辐射传热是热量传递的主要形式之一，真空绝热芯材可以起到对红外热辐射进行吸收、散射的作用。

常用的阻透薄膜包括有 PE（聚乙烯）、PET（聚酯）、PA（尼龙）、Al（铝箔）、PVDC（聚偏二氯乙烯）、EVOH（乙烯-乙烯醇）、PAN（聚苯二甲酸二乙酯）、PVA（聚乙烯醇）等。PE（聚乙烯）是典型的热塑性塑料，一般用在复合袋的最里层，聚乙烯的分子量越高，其物理力学性能越好。PET（聚酯）的热稳定性和耐磨性能好，它的熔点在 255～260℃之间，而且耐蠕变性能、刚性等都胜过多种工程塑料，其吸水性很低，Al（铝箔）厚度在 $7\mu m$ 以上阻隔性能较好。阻透薄膜的功能相对较为单一，主要是用来与外部大气环境隔离，形成绝热板内真空条件的腔壁。同时，为了保证真空绝热板的使用寿命，要求隔气结构能长期保证真空绝热板内的真空度。

吸气剂是 VIP 板中非常重要的组成部分，承担着吸收 VIP 芯材中缓慢释放的气体和通过阻隔膜及密封缓慢渗透的气体，以确保 VIP 板的长寿命。吸气剂可以吸收从表面隔膜的表面和热封边缘处缓慢渗透进入的气体和水蒸气，也可以吸收内部芯材在真空环境中释放出的气体。传统吸气剂有蒸发式和非蒸发式，如 Ba、Ni 合金和 Zr、Ti 合金等，但需要高温激活。钡锂合金吸气剂，原子比为 1:4，在应用于 VIP 时表现出良好的吸附特性。活性炭吸附剂制成粉末与超细玻璃纤维按一定比例均匀混合，调成纸浆后，成型、烘烤制成一定厚度的纸状超细玻璃纤维间隔材料，这种吸附材料的添加不仅不会破坏芯材结构，而且使其均匀分布于 VIP 内部，从而增大了有效吸气面积，减小了吸气阻力。对于大部分吸气剂，在吸收了水汽后，其吸气性能将受到严重影响，因此，在吸气剂与干燥剂的布置上应遵循先干燥，后吸气的原则，以最大程度发挥干燥吸气剂的效能。

（2）产品性能　真空绝热板是基于真空绝热原理而制成的一种新型、高效绝热材料，在其生产和应用过程中不使用 ODS 物质，而且热导率可以达到 0.003～0.004W/(m·K)，相当于普通绝热材料的 10 倍甚至更高，而其厚度仅为普通绝热材料的 1/7，因而具有环保和节能的双重优点。VIP 板的性能参数见表 12.13。

表 12.13　VIP 板的性能参数

项目	指标
密度/(kg/m³)	100～160
热导率(20℃)/[W/(m·K)]	0.003～0.004
压缩强度/MPa	0.14～0.25
使用环境/℃	－50～70
燃烧性能	A 级

同其他材料相比，VIP 以其极低的热导率，在保温技术要求相同时有保温层厚度薄、体积小、重量轻的优点，适用于节能要求较高和保温材料体积小、重量轻和有较大技术经济意义的地方。材料自身热稳定性好，热膨胀冷缩系数小，不存在常规有机保温材料的热收缩性。同时，与粘接砂浆和抹面砂浆黏结强度高，不会出现常规外墙保温系列出现的开裂、脱落的现象，使用寿命长。VIP 具有 A 级不燃的优势，确保建筑的节能和安全兼顾。

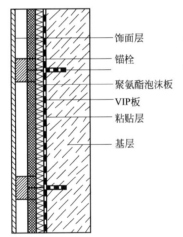

饰面层
锚栓
聚氨酯泡沫板
VIP板
粘贴层
基层

图 12.10　VIP 外墙外保温的结构

（3）施工工艺　VIP 应用到建筑外墙外保温的结构见图 12.10。结构主要包括基层、找平粘贴层、VIP 保温板、聚氨酯泡沫板和饰面层。采用锚栓结构固定，粘接砂浆粘贴。这种保温联合系统可以保护 VIP 板免受机械创损和气候的影响，减缓锚栓处的热桥效应。另外，可以为窗户等构件的连接处保温，并作为通风设备的安装板。预埋在基层混凝土中的锚栓减缓了固定件处的热桥效应并使得锚装简单易行。

真空绝热板在建筑节能领域的应用过程中也应考虑一些适用性方面的问题。首先，在《真空绝热板》（ASTM C1484）标准中定义真空绝热板的热阻为综合热阻，应考虑板的中心热阻和板的边缘热阻不同以及由此造成的热桥效应，所以在工程中应用真空绝热板时还应制定与实际阻隔效果相适应的热导率修正系数。其次，从严格意义上讲，真空绝热板不是一种单一组分材料，而是一种真空保温系统，保温能力随系统真空度保持率下降而衰减，在研究真空绝热板的应用性能时需考虑其在建筑实际环境下的真空度耐久保持能力。在应用真空绝热板时还应注意板材不可切割，应设计合适的技术工艺，降低板材在使用过程中遭到破坏的可能。

二、无机类保温材料

无机保温材料主要包括泡沫玻璃、岩棉、加气混凝土、泡沫水泥、膨胀珍珠岩等。无机保温材料具有极佳的温度稳定性和化学稳定性，防火阻燃性能优良，燃烧性能等级为 A 级不燃材料。

目前，国际市场被广泛采用的保温材料为岩棉和玻璃棉等无机材料。岩棉耐温高达650℃，瑞典及芬兰等西欧国家80%以上的岩棉制品用于建筑节能，大部分被用作外墙及屋面保温。欧洲和日本是使用岩（矿）棉最多的地区。我国占据比例正在上升。世界岩矿棉总年产量达800万吨以上，我国产量超过世界总产量的10%，突破100万吨，产值达18亿元人民币，但绝对产量和人均用量与先进国家仍有较大差距，人均年矿物棉拥有量、绝对量都仅为发达国家的几分之一到几十分之一。无机保温材料性能比较见表12.14。

表 12.14　无机保温材料性能比较

材料类型	密度 /(kg/m³)	热导率 /[W/(m·K)]	最高使用温度 /℃
泡沫玻璃	130~160	0.052	430
岩棉	100~200	≤0.044	600
玻璃棉	100~150	≤0.040	400
泡沫水泥	300~350	0.07~0.16	600
加气混凝土	400~700	0.08~0.14	600
粒状保温材料复合体	200~500	0.060~0.150	600

由表12.14可见，在A级防火保温材料中，加气混凝土热导率较高，用于外墙保温时，需要较大厚度，基本不用于外墙外保温。泡沫水泥有类似问题，且用于建筑立面很难，在屋顶保温中有一定市场。玻璃棉因抗拉强度过低而不能应用于外墙外保温，一般用于填充式保温，如幕墙和彩钢板等。粒状的保温材料（如膨胀珍珠岩、闭孔玻化微珠、膨胀蛭石等）需要和其他胶凝材料混合使用，制成复合保温板或保温浆料，导致其热导率增大，强度下降，单一材料需要很大厚度才能达到保温性能，一般与其他有机材料复合使用。然而泡沫玻璃成本较高，限制了其大面积的使用。综上所述，岩棉是目前最具可行性和适用性的A级不燃保温材料。

岩棉（矿物棉）是一种来自天然矿物、无毒无害的绿色产品，其防火性能好、耐久性好，能够做到与结构寿命同步。岩棉外墙外保温隔热的应用在欧洲、北美比较广泛，北欧人均20kg，美国人均5~10kg，岩棉外保温材料尤其适用于防火等级要求高的建筑。英国人早在1840年首次发现通过将熔化的矿渣经过喷吹可以形成人造纤维，1880年美国和德国也相继开发生产出矿渣棉，随后其他国家也相继生产和使用。随着西方经济的发展，到20世纪30~40年代，岩棉进入了规模化生产和应用；50年代后，西方国家对岩棉的生产和应用技术进行了深入研究，成纤方法由喷吹法改为高速离心法，生产规模进一步扩大，一条生产线的年生产规模已达万吨以上，岩棉纤维经加工制得毡、板、管、粒状棉、装饰吸音板等多种制品，应用领域越来越广泛。1960~1980年间，世界各国的岩棉发展迅猛，产量成倍增加。1980年以后至今，国际上岩棉产量平稳，主要原因是其他保温材料如泡沫塑料的发展加快。近年来世界岩棉总产量约800万吨。

我国1958年开始生产矿棉，由于生产规模小，工艺装备落后，产品质量较差，制品品种少，所以其后20年间发展非常缓慢。1978年，中国新型建材集团公司从瑞典荣格公司引进年产1.63万吨岩棉及制品生产线，1981年底顺利投产。20世纪80年代期间，南京玻璃纤维研究设计院经过对引进线的消化吸收，成功地研究设计了南京和兰州两条年产1.63万吨的生产线，后进行摆锤法改造；90年代引进日东纺矿渣棉生产技术，矿渣棉盛行。2010年，我国根据欧洲标准制订了国家标准《建筑外墙外保温用岩棉制品》GB/T 25975，2011

年 10 月 1 日实施，从根本上将岩棉与矿渣棉划分开。2010 年我国仅有 3 条生产线生产符合欧洲标准，分别为广州 CSR 公司 2 条，南京恒祥公司 1 条。到 2013 年，我国至少有 30 条生产线相继投产。在此之前，我国的岩棉为工业保温和建筑填充式保温。ETICS 用岩棉及其在 ETICS 应用爆炸式发展，相关研究工作相继展开。岩棉生产工艺流程见图 12.11、外墙外保温施工流程见图 12.12、岩棉板托架见图 12.13。

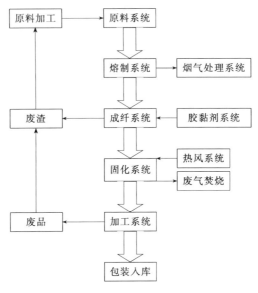

图 12.11 岩棉生产工艺流程

图 12.12 岩棉外墙外保温施工流程

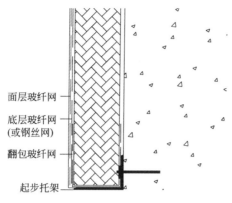

面层玻纤网

底层玻纤网
(或钢丝网)

翻包玻纤网

起步托架

图 12.13 岩棉板托架

第五节 化学建材污染的控制

在现代化生产、生活和产品使用过程中，化学建材排放出的各种化学物质成为影响人们健康的威胁。最早受关注的化学污染主要出现在组织生产的工厂建筑物之中，受到伤害的也主要是其中生产的人群。时至今日，受到广泛关注的主要是生产出的产品在使用过程中排放的有害物质对人体的危害。美国科学家著的《失窃的未来》（Our Stolen Future）告诉了人们，化学激素污染会使人类失去繁衍能力。许多化学建材在生产、使用过程中都会有污染物释放，成为人们生存环境中不可避免的东西。化学建材的绿色化成为当前应该十分关注的问题。虽然我国制定了材料污染物排放的标准，但建筑环境问题依然没有解决。

材料的绿色度评价应从原材料资源的获取与环境影响、生产过程的排放、使用性能、废弃回收性、使用过程污染物的散发和对环境的影响等多个因素综合评价。

一、使用前及使用过程中的控制

材料在使用前、使用过程中应严格执行我国的标准。使用材料时，应检查材料执行的产品标准、施工标准、验收标准，并提供相应的检验检测报告（必备条件），有报告且产品性能达到产品标准要求、施工质量达到施工标准和（或）验收标准的要求，且尽量达到高水平的要求。应注意化学建材的使用即使产品符合标准要求，也不意味着没有污染。标准规定的是化学建材污染物释放的限量。

二、有害物质及其限量

对于化学建材而言，向空气中散发物质是不可避免的。如塑料生产过程中使用的稳定剂中含有一些对环境有害的成分，如铅、镉和其他重金属以及一些复杂的无机物。生产塑料过程中一些有机单体的生产以及从单体到复杂塑料的合成过程要使用或产生一些剧毒物（如汞、氰、氯、氟等）和其他有害有机物等。散发的主要物质有 CO、CO_2、SO_2、NO_x、CH_4、VOC、TDI、HCHO、苯系物、苯并[a]芘、NH_3、重金属等。2001 年国家颁布的"10 项有害物质限量标准"中，9 个《装饰装修材料有害物质限量》与化学建材相关，内墙涂料、溶剂型木器漆、胶黏剂、地毯及其配件等必须遵照相关标准执行。其他的如人造木质板材、家具等制品中由于使用木器漆、胶黏剂等也视为与此有关而必须执行。当前，一些标准已经进行了修订。下面简单介绍《室内装饰装修材料 溶剂型木器漆中有害物质限量》（GB 18581—2009）、《室内装饰装修材料 内墙涂料中有毒有害物质限量》（GB 18582—

2008)、《室内装饰装修材料　胶粘剂中有害物质限量》（GB 18583—2008）、《室内装饰装修材料　壁纸中有害物质限量》（GB 18585—2001）规定的有害物质及其限量。

1. 《室内装饰装修材料　溶剂型木器漆中有害物质限量》（GB 18581—2009）

本标准规定了室内装饰装修用聚氨酯类、硝基类和醇酸类溶剂木器涂料以及木器用溶剂型腻子中对人体和环境有害物质容许限值的要求、试验方法、检验规则、包装标志、涂装安全及防护等内容。新增加了硝基类涂料甲醇含量的控制项目和卤代烃含量控制项目，并建立了其测试方式。增加了挥发性有机化合物含量的定义，建立了相应的测试方法。修改完善了甲苯、乙苯和二甲苯含量及可溶性重金属含量的测试方法。

把甲苯和二甲苯含量总和控制项目明确为甲苯、乙苯和二甲苯含量总和控制项目。并将原标准游离甲苯二异氰酸酯（TDI）含量控制项目改为游离二异氰酸酯（TDI、HDI）含量总和控制项目。溶剂型木器漆中有害物质限量。见表12.15。

表12.15　溶剂型木器漆中有害物质限量

项目		限量值				
		聚氨酯类涂料		硝基类涂料	醇酸类涂料	腻子
		面漆	底漆			
挥发性有机化合物（VOC）含量①/（g/L） ≤		光泽(60°)≥80.580	670	720	500	550
		光泽(60°)<80.670				
苯含量①/% ≤		0.3				
甲苯、二甲苯、乙苯含量总和/% ≤		30		30	5	30
游离二异氰酸酯（TDI、HDI）含量总和②/% ≤		0.4		—	—	0.4（限聚氨酯类腻子）
甲醇含量①/% ≤		—		0.3		0.3（限硝基类腻子）
卤代烃含量①③/% ≤		0.1				
可溶性重金属含量（限色漆、腻子和醇酸清漆）/（mg/kg） ≤	铅 Pb	90				
	镉 Cd	75				
	铬 Cr	60				
	汞 Hg	60				

① 按产品明示的施工配比混合后测定。如稀释剂的使用量为某一范围时，应按照产品施工配比规定的最大稀释比例混合后进行测定。

② 如聚氨酯类涂料和腻子规定了稀释比例或由双组分或多组分组成时，应先测定固化剂（含游离二异氰酸酯预聚物）中的含量，再按产品明示的施工配比计算混合后涂料中的含量。如稀释剂的使用量为某一范围时，应按照产品施工配比规定的最小稀释比例进行计算。

③ 包括二氯甲烷、1,1-二氯乙烷、1,2-二氯乙烷、三氯甲烷、1,1,1-三氯乙烷、1,1,2-三氯乙烷、四氯化碳。

本标准适用于室内装饰装修和工厂化涂装用聚氨酯类、硝基类和醇酸类溶剂型木器涂料（包括底漆和面漆）及木器用溶剂型腻子，不适用于辐射固化涂料和不饱和聚酯腻子。

2. 《室内装饰装修材料　内墙涂料中有毒有害物质限量》（GB 18582—2008）

本标准规定了室内装饰装修用水性墙面涂料（包括面漆和底漆）和水性墙面腻子中对人体有害物质容许限量的要求、试验方法、检验规则、包装标志、涂装安全及防护。见表12.16。

表12.16　内墙涂料中有害物质限量

项目		限量值	
		水性墙面涂料①	水性墙面腻子②
挥发性有机化合物含量（VOC） ≤		120g/L	15g/kg
苯、甲苯、乙苯、二甲苯总和/（mg/kg） ≤		300	

续表

项目		限量值	
		水性墙面涂料①	水性墙面腻子②
游离甲醛/(mg/kg)	≤	100	
可溶性重金属/(mg/kg) ≤	铅 Pb	90	
	镉 Cd	75	
	铬 Cr	60	
	汞 Hg	60	

① 涂料产品所有项目均不考虑稀释配比。

② 膏状腻子所有项目均不考虑稀释配比；粉状腻子除可溶性重金属项目直接测试粉体外，其余三项是指按产品规定的配比将粉体与水或胶黏剂等其他液体混合后测试。如配比为某一范围时，应按照水用量最小、胶黏剂等其他液体用量最大的配比混合后测试。

本标准已于 2008 年 10 月 1 日正式实施，与 GB 18582—2001 版标准相比，作了四处调整：一是范围中增加了水性墙面腻子，并对其规定了有害物质限量值，完善了内墙涂料的内涵，更加符合实际使用要求。二是限制物质在原标准"挥发性有机化合物（VOC）、游离甲醛、可溶性铅、可溶性镉、可溶性铬、可溶性汞"6 项基础上增加了"苯、甲苯、乙苯、二甲苯总和"项目，且限制较为严格，接近《室内装饰装修材料 溶剂型木器涂料中有害物质限量》（GB 18581—2001）的规定。三是新标准对内墙涂料中有害物质含量作了更加严格的限制，水性墙面涂料 VOC 的含量由 2001 年版的≤200g/L 降低至≤120g/L，水性墙面腻子 VOC 的含量≤15g/kg。四是建立了"苯、甲苯、乙苯、二甲苯总量"检测方法，修改完善了挥发性有机化合物、游离甲醛及可溶性重金属的测试方法，使检测方法更加合理、科学。

从 2008 年 10 月 1 日起，进口内墙涂料按新标准执行，不符合 GB 18582—2008 标准的进口内墙涂料将不能在国内销售和使用。为此，检验检疫部门建议内墙涂料生产企业、进口商以及经销商严格按此标准把好产品质量关，避免因产品质量不合格而造成的损失。涂料 VOC 的含量≤120g/L 才是标准限量，而不是环保数据。

3.《室内装饰装修材料 胶粘剂中有害物质限量》（GB 18583—2008）

本标准规定的溶剂型胶黏剂中有害物质限量值见表 12.17、水基型胶黏剂中有害物质限量值见表 12.18。

表 12.17 溶剂型胶黏剂中有害物质限量值

项目	指标			
	氯丁橡胶胶黏剂	SBS 胶黏剂	聚氨酯类胶黏剂	其他胶黏剂
游离甲醛/(g/kg)	≤0.50			
苯/(g/kg)	≤5.0			
甲苯+二甲苯/(g/kg)	≤200	≤150	≤150	≤150
甲苯二异氰酸酯/(g/kg)	—		≤10	—
二氯甲烷/(g/kg)		≤50		
1,2-二氯乙烷/(g/kg)	总量≤5.0		—	≤50
1,1,2-三氯乙烷/(g/kg)		总量≤5.0		
三氯乙烯/(g/kg)				
总挥发性有机物/(g/L)	≤700	≤650	≤700	≤700

注：如产品规定了稀释比例或产品由双组分或多组分组成时，应分别测定稀释剂和各组分中的含量，再按产品规定的配比计算混合后的总量。如稀释剂的使用量为某一范围时，应按照推荐的最大稀释量进行计算。

表 12.18 水基型胶黏剂中有害物质限量值

项目	指标				
	缩甲醛类胶黏剂	聚乙酸乙烯酯胶黏剂	橡胶类胶黏剂	聚氨酯类胶黏剂	其他胶黏剂
游离甲醛/(g/kg)	≤1.0	≤1.0	≤1.0	—	≤1.0
苯/(g/kg)	≤0.20				
甲苯+二甲苯/(g/kg)	≤10				
总挥发性有机物/(g/L)	≤350	≤110	≤250	≤100	≤350

4.《室内装饰装修材料 壁纸中有害物质限量》（GB 18585—2001）

本标准规定的壁纸中有害物质限量见表 12.19。

表 12.19 壁纸中有害物质限量

有害物质名称		限量值/(mg/kg)
重金属(或其他)元素	钡	≤1000
	镉	≤25
	铬	≤60
	铅	≤90
	砷	≤8
	汞	≤20
	硒	≤165
	锑	≤20
氯乙烯单体		≤1.0
甲醛		≤120

三、生产过程中排放的控制

化学建材在生产过程中的排放会影响环境，应符合标准要求。在对化学建材的绿色评价时，应计算单位产品生产过程中废弃物（包括：废气、废水、废料等）的排放量。

排放的废气执行国家标准《大气污染物综合排放标准》（GB 3095—2012）。排放的废水执行国家标准《污水综合排放标准》（GB 8978—2002）。企业的厂界噪声排放执行国家标准《工业企业厂界噪声控制标准》（GB 12348—2008），工业企业厂界噪声限值见表 12.20、不同施工阶段作业噪声限值见表 12.21。

表 12.20 工业企业厂界噪声限值   单位：dB（A）

类别	昼间	夜间
0	50	40
1	55	45
2	60	50
3	65	55
4	70	55

表 12.21 不同施工阶段作业噪声限值   单位：dB（A）

施工阶段	主要噪声源	噪声限制	
		昼间	夜间
土石方	推土机、挖掘机、装载机等	75	55
打桩	各种打桩机等	85	禁止施工

续表

施工阶段	主要噪声源	噪声限制	
		昼间	夜间
结构	混凝土、振捣棒、电锯等	70	55
装修	吊车、升降机等	62	55

生产过程排放的固体废物分类存放，按照当地有关固体废物的相关管理办法执行，特别妥善地处置列入《国家危险废物名录》中的危险废物。2008年发布新版本的有关内容介绍如下。

第八条指出本名录中有关术语的含义如下：

（一）"废物类别"是按照《控制危险废物越境转移及其处置巴塞尔公约》划定的类别进行的归类。

（二）"行业来源"是某种危险废物的产生源。

（三）"废物代码"是危险废物的唯一代码，为8位数字。其中，第1～3位为危险废物产生行业代码，第4～6位为废物顺序代码，第7～8位为废物类别代码。

（四）"危险特性"是指腐蚀性（Corrosivity，C）、毒性（Toxicity，T）、易燃性（Ignitability，I）、反应性（Reactivity，R）和感染性（Infectivity，In）。

本名录自2008年8月1日起施行。1998年1月4日国家环境保护局、国家经济贸易委员会、对外贸易经济合作部、公安部发布的《国家危险废物名录》（环发［1998］89号）同时废止。有关限制要求请查阅附录《国家危险废物名录》。

生产过程的清洁生产应按照ISO14001环境管理体系认证执行。

四、建筑室内环境的影响控制

《民用建筑工程室内环境污染控制规范》（GB 50325—2010）对用于民用建筑工程的所有建筑主体材料和装饰装修材料提出明确的使用要求，有害物质的含量限定在标准要求的范围以下，化学建材的几大门类均在其中，必须遵照执行。由于使用了大量的建筑主体材料和装饰装修材料，标准要求在建筑物竣工和交付使用时，对其室内空气污染状况进行检测，满足标准的要求设"达标"级。民用建筑工程室内环境污染物浓度限量见表12.22。

表12.22 民用建筑工程室内环境污染物浓度限量

污染物	I类民用建筑工程	II类民用建筑工程
氡/（Bq/m³）	≤200	≤400
甲醛/（mg/m³）	≤0.08	≤0.10
苯/（mg/m³）	≤0.09	≤0.09
氨/（mg/m³）	≤0.2	≤0.2
TVOC/（mg/m³）	≤0.5	≤0.6

2002年，国家环保总局和卫生部联合颁布的《室内空气质量标准》（GB/T 18883—2002）对室内空气质量提出了要求。因此，化学建材在使用过程中也必须考虑这方面的要求。设"达标"级。室内空气环境污染物浓度限量见表12.23。

表12.23 室内空气环境污染物浓度限量

序号	参数类别	参数	限量指标
1	物理性	温度/℃	22～28
2		相对湿度/%	16～24
3		空气流速/（m/s）	40～80
4		新风量/［m³/（h·人）]	30～60

续表

序号	参数类别	参数	限量指标
5	化学性	$SO_2/(mg/m^3)$	0.3
6		$NO_2/(mg/m^3)$	0.2
7		$CO/(mg/m^3)$	30
8		$CO_2/(mg/m^3)$	0.50
9		$NH_3/(mg/m^3)$	0.24
10		$O_3/(mg/m^3)$	10
11		$HCHO/(mg/m^3)$	0.10
12		$C_6H_6/(mg/m^3)$	0.11
13		$C_7H_8/(mg/m^3)$	0.20
14		$C_8H_{10}/(mg/m^3)$	0.20
15		苯并[a]芘/(ng/m^3)	1.0
16		$PM_{10}/(ng/m^3)$	0.15
17		$TVOC/(ng/m^3)$	0.60
18	生物性	菌落总数/(cfu/ m^3)	2500
19	放射性	$R_n/(Bq/ m^3)$	400

参考文献

[1] 张书香,隋同波,王惠中.化学建材生产及应用.北京:化学工业出版社,2002.

[2] 《中国建筑材料工业年鉴》编委会.中国建筑材料工业年鉴(1997~2001).北京:中国建筑材料工业年鉴社,2002.

[3] 宋波,魏金尤.萘系高效减水剂制备及其应用.上海化工,2002(11).

[4] 王定才,赵红义.混凝土外加剂技术及其应用.山东宏义混凝土技术研究所,中国水泥网,2003.

[5] 化学建材正成为我国第四大类建材.鲁宏报.

[6] 郑宇.化学建材:新型建材行业的生力军.华泰证券 http://business.sol.sohu.com/.

[7] 国家化学建材产业"十五"计划和2015年发展规划纲要.国家经济贸易委员会.2001.

[8] 比尔·劳森.建筑材料、能源与环境:朝向生态可持续发展.北京:中国环境科学出版社,2000.

[9] 郭淑静.国内外涂料助剂品种手册.北京:化学工业出版社,2009.

[10] 周长喜.一种粉体外墙真石漆的研制及施工方法:中国,102745943A[P].2012-10-24.

[11] 贺佑康,等.低碳水性花岗岩涂料:中国,102079946-A[P].2011-06-01.

[12] 林水东,等.环保型艺术漆——浮雕漆的研制.龙岩学院学报,2009(2):50-51.

[13] 中村富美雄.热新概念技能性消热涂料——交换涂料.高装饰功能性建筑涂料及地坪涂料研讨会论文集.常州:全国涂料工业信息中心,2012,98-101.

[14] 西藤宫野,田中.屋内湿度变化と壁体材料.日本建筑学会研究报告,第3号,昭和24年报10月.

[15] WANG. Influences of glass flakes on fire protection and water resistance of waterborne intumescent fire resistive coating for steel structure[J]. Progress in Organic Coatings. 2011.70(2):150-156.

[16] 刘成楼.超薄型钢结构防火防腐蚀涂料的研制.新型建筑材料,2009(2):81-85.

[17] SU C. Facile fabrication of a lotus-effect composite coating via wrapping silica with polyurethane. Applied Surface Science,2010,256(7):2122-2127.

[18] Artus. Artus G,Seeger S. Scale-up of a reaction chamber for superhydrophobic coatings based on silicone nanofilaments. Industrial & Engineering Chemistry Research,2012.51(6):2631-2636.

[19] Miao. Miao H ,Cheng L,Shi W,Fluorinated hyperbranched polyester acrylate used as an additive for UV curing coating. Progress in Organic Coatings,2009,65(1):71-76.

[20] Luo Z,Cai H,Ren X,et al.　Hydrophilicity of titanium oxide coatings with the addition of silica. Materials Science and Engineering,2007, 138 (2):151-156.

[21] Quacliarini E,Bondioli f. Coffredo C B. et al.　Selfcleaning materials On architectural heritage compatibility of photoinduced hydrophilicity of TiO₂ coatings on stone surfaces . Journal of Cultural Heritage ,2012(1):1-7.

[22] 赵明敏.耐沾污外墙乳胶漆的开发.涂料工业,2007 ,37(7):67 69.

［23］ Qiu F X, Xu H P, Wanc Y Y, et al. Preparation, characterization and properties of UV-curable waterborne polyurethane acry-late/SiO₂ coating. Journal of Coatings Technology and Research, 2012, 9(5):503-514.

［24］ Chen L, Wu F, Zhuanc X, et al. Preparation of styrene-acry- late latex used in ultralow VOC building internal wall coating. Journal of Wuhan University of Technology—Materials Science Edi tion, 2008, 23(1):65-70.

［25］ Wood K, Partridge R, Cupta R. Highly weatherable low-VOC fluoropolymer coatings for building restoration. JCT- coatingstech , 2009, 6(8):28-34.

［26］ 裴勇兵, 张心亚, 何艳萍, 等. 可再分散乳胶粉干粉乳胶涂料的制备与性能. 精细化工, 2009（9）: 911－914.

［27］ Asif A, Hu L, Shi W. Synthesis, rheological, and thermal properties of waterborne hyperbranched polyurethane acrylate dispersions for UV curable coatings. Colloid&Polymer Science , 2009, 287(9):1041-1049.

［28］ Wanc X, Hu Y, Sonc L, et al. UV-curable waterborne polyurethane acrylate modified with octavinyl POSS for weatherable coating applications. Journal of Polymer Research, 2011, 18(4) :721-729.

［29］ 陈彦初. 综述我国住宅建筑节能保温的重要性. 城市建设理论研究(电子版),2012(8):1-2.

［30］ 张维利. 外墙保温材料. 建材发展导向(下), 2011,09(1): 28.

［31］ 黄茂松. 聚氨酯在建筑节能保温材料中应用和防火安全性能的解析. 聚氨酯, 2009（9）: 26-27.

［32］ 赵斌, 杨振国, 王建华, 等. 纤维与颗粒混杂增强聚氨酯塑料的制备及显微形貌. 高分子材料科学与工程, 2005, 21（1）: 188.

［33］ Yang Zhenguo , Zhao Bin , Qin Sanglu , et al. Study on the mechanical properties of hybrid reinforced rigid polyurethane composite foam. J Appl Polym Sci , 2004 , 92（3）:1493.

［34］ 于晓, 郭兰英. 新型 VIP 真空隔热板在节能建筑中应用. 低温建筑技术, 2006（6）: 122-123, 133.

［35］ Paolo Manini. Recent developments in the open cell foam-filled vacuum insulated panels for appliances applications. Journal of Cellular Plastics, 1999, 35（5）: 403-421.

［36］ 杨春光, 都萍, 张丽, 等. 真空绝热板用于北方建筑外墙的部件优化及节能分析. 新型建筑材料, 2012（8）: 12-18.

［37］ 鲁雪生, 冯长龄, 顾安宏, 等. 具有吸附性能的高真空绝热间隔材料: 中国, CN03116601.6[P]. 2003-10-22.

［38］ 纪珺, 韩厚德, 阙安康, 真空绝热板及其在冷藏集装箱上的应用研究. 上海造船, 2007（2）: 34-36.

［39］ 耿进良, 韩厚德, 阙安康, 等. 真空绝热板绝热特性研究. 节能, 2010（12）: 24-27.

［40］ TG Kollie, LMcEiroyo , Fine HA, etc. A Review of Vacuum Insulation Research and Development in the Building Materials Group of the Oak Ridge National Laboratory. ORNL/TM-11703, September 1991.

［41］ 于晓, 郭兰英, 新型 VIP 真空隔热板在节能建筑中应用, 低温建筑技术, 2006(6):122-123.

［42］ 徐晨辉. 外墙外保温不燃型保温材料问题与对策. 墙材革新与建筑节能, 2010(2): 39-40.

［43］ 朱清玮,武发德,赵金平. 外墙保温材料研究现状与进展. 新型建筑材料,2012(6):12.

［44］ 钱柏章,朱建芳. 建筑节能保温材料技术进展. 建筑节能,2009,37(2):56-60.

［45］ 马一太,杨昭,田华. 我国 R22 等 HCFCs 制冷剂现状与未来. 中国制冷学会 2007 年学术年会论文集,2007.

［46］ 张德信. 建筑保温隔热材料. 北京: 化学工业出版社,2006:23-26.

［47］ 王文义. 大型岩棉生产线的引进与消耗吸收. 新型建筑材料,1996(1):9-13.

第十三章
建筑墙体材料及其制品的绿色化

建筑墙体材料是工程建设不可或缺的材料，也是改善和保障民生、提高生活品质、保证建筑物功能的重要物质支撑。 大力开发和推广应用绿色新型墙体材料，形成与可持续发展相适应的新兴产业，从根本上改变传统墙体材料大量占用耕地、消耗能源、污染环境的状况，对墙体材料提出了更高的要求。 墙体材料革新是保护土地资源，节约能源，资源综合利用，改善环境的重要措施，也是可持续发展战略的重要内容。

第一节 建筑墙体材料及其生产工艺

在墙体材料革新与建筑节能工作的推动下，我国墙体材料发展迅速，品种不断丰富。目前，已形成了砖、板、块三大系列多品种的墙体材料产品体系。本节将以建筑用砖、建筑砌块、建筑墙板及绝热材料四大部分进行介绍。

一、建筑用砖及其生产工艺

建筑用砖可按照工艺性能、孔型和孔洞率、生产原料以及用途来进行分类（表 13.1）。下面按照烧结砖、蒸压砖、混凝土砖、复合保温砖等品种介绍。

表 13.1 建筑用砖的分类

序号	分类方法	种 类	特 征
1	工艺性能	烧结砖	经成型、高温焙烧而成的砖
		蒸压砖	经压制成型、高压高温养护而成，如蒸压粉煤灰砖等
		蒸养砖	经振动或压制成型，常压养护而成，如混凝土多孔砖等
		复合保温砖	以空心砖为受力块体，与绝热材料复合，具有明显保温隔热功能
2	孔型和孔洞率	普通砖	实心或孔洞率不大于 15% 的砖，如页岩普通砖等
		空心砖	孔洞率≥40% 的砖，如烧结页岩空心砖等
		多孔砖	孔洞率≥28% 的砖，孔小而多，如烧结煤矸石多孔砖等
3	生产原料	烧结页岩砖	以页岩为主要原料
		烧结煤矸石砖	以煤矸石为主要原料
		烧结粉煤灰砖	以粉煤灰为主要原料，掺入煤矸石、页岩或黏土等胶结材料
		烧结黏土砖	以黏土为主要原料
		河道淤泥烧结多孔砖	河道淤泥完全取代黏土，内掺煤渣、调整剂等原材料
		污泥轻质环保烧结砖	以市政污水处理厂产生的污泥为原材料，掺入页岩、黏土等胶结原料
		混凝土实心砖	以水泥、细石、砂或石屑为原材料，加水经搅拌为干硬性混凝土，用振动或压制成型工艺制成，无孔或孔洞率小于 25%

序号	分类方法	种 类	特 征
3	生产原料	混凝土多孔砖	孔洞率≥25％,孔小而多,采用干硬性普通混凝土制成的砖
		磷石膏砖	以磷石膏、工业废渣为主要原材料
		蒸压粉煤灰砖	以粉煤灰、砂、生石灰、集料等为主要原材料,蒸压而成
		蒸压灰砂砖	以石灰和砂为主要原料蒸压而成的实心或多孔砖
4	用途分类	承重结构用砖	主要用于承重部位,如普通砖,多孔砖等
		非承重结构用砖	主要用于非承重部位的砖,如空心砖、复合保温砖等
		烧结装饰砖	经烧结而成,带有装饰功能的承重或非承重的实心或多孔砖,如清水墙砖、青砖等
		其他	其他用途的砖,如园林景观砖等

1. 烧结砖

烧结砖主要有烧结普通砖、烧结多孔砖、烧结空心砖、烧结装饰砖和烧结保温砖等。

目前,建筑用烧结砖主要原料为黏土、页岩、煤矸石、粉煤灰、淤泥、建筑垃圾等。随着国家对土地资源的控制和管理,禁黏、禁实工作逐步开展,黏土原料被禁止使用或作辅助材料。

通常,这些原料属于铝硅酸盐质原料,化学成分主要为 SiO_2 和 Al_2O_3,另外还含有少量的碱土金属及碱金属氧化物,如 Fe_2O_3、CaO、MgO、Na_2O、SO_3 等。化学成分要求范围见表13.2。

表 13.2 烧结砖原料化学成分要求范围

化学成分	SiO_2	Al_2O_3	Fe_2O_3	CaO	MgO	K_2O	Na_2O	SO_3	TiO_2	烧失量
含量/％	55～70	15～20	3～10	＜10	＜3	＜3	＜2	＜1	＜2	2.5～14

除此之外,还要依据原材料的塑性指数、发热量、干燥敏感系数、烧成温度范围等性能确定该原材料是否可以用来烧结制砖。

(1) 烧结普通砖 国家标准 GB 5101—2003《烧结普通砖》中规定,凡以黏土、页岩、煤矸石和粉煤灰等为主要原料,经成型、焙烧而成的实心或孔洞率不大于15％的砖,称为烧结普通砖。烧结普通砖按照主要原料可以分为黏土砖（N）、页岩砖（Y）、煤矸石砖（M）和粉煤灰砖（F）等。

生产工艺过程一般包括:原料开采、处理、成型、干燥、焙烧五个阶段。焙烧工艺有一次码烧和二次码烧工艺,依据原料性能选择适合的生产工艺。

煤矸石、页岩为主要原料时,一般采用两级破碎。以煤矸石砖为例,其生产工艺流程为:煤矸石→箱式给料机→颚式破碎机→锤式破碎机→振动筛→双轴搅拌机→陈化库→多斗挖掘机→箱式给料机→双轴搅拌机→轮碾机→真空挤出机→切、码、运系统→干燥室→隧道窑→成品。

建国初期,我国烧结普通砖多采用黏土、页岩等较为易处理的原料,工艺技术水平简单,设备技术含量极低。1978年后,砖瓦业经历了产品结构的大调整,新产品不断得到开发,产量增加也较快。20世纪80年代煤矸石、粉煤灰烧结砖得到快速发展,掺量逐渐增加。20世纪90年代生产应用技术走向成熟,装备技术也有了快速发展。

(2) 烧结多孔砖和烧结空心砖 烧结多孔砖是经焙烧制成的孔洞率等于或大于28％的砖,其孔洞的尺寸小且数量多,常用于承重部位,孔一般与承重面垂直。

烧结空心砖是洞率不小于40％的砖,其孔洞尺寸大而数量少,常用于非承重部位。

烧结多孔砖和烧结空心砖的生产工艺与烧结普通砖基本相同,但由于坯体有孔洞,增加了成型的难度，因而对原料的可塑性要求较高，工艺处理更加精细。

用烧结多孔砖和烧结空心砖代替烧结普通砖，可以克服烧结普通砖自重大、体积小、生产能耗高、施工效率低等缺点，使建筑物自重减轻 20%～30%左右，节约黏土 20%～30%，节省燃料 10%～20%，墙体施工功效提高 25%～30%，并改善砖的隔热隔声性能。通常在相同的热工性能要求下，用空心砖砌筑的墙体厚度比用实心砖砌筑的墙体减薄半砖左右。所以推广应用多孔砖和空心砖是加快我国墙体材料改革，促进墙体材料技术进步的重要措施之一。

（3）烧结装饰砖 烧结装饰砖是以页岩、黏土、粉煤灰等为主要原料经配料、破碎、成型、干燥、焙烧等主要生产工艺制成，主要用于清水墙或带有装饰面的砖。烧结装饰砖分为薄型贴面砖、广场道路砖和承重装饰砖三类。薄型贴面砖可用于园林、建筑墙体表面装饰，广场道路砖可用于广场、人行道以及庭院、台阶、角道的地面装饰铺设，承重装饰砖多用于建筑结构。

烧结装饰砖基本生产工艺为原料开采、原料配料与处理、成型、干燥、焙烧五个阶段。

为满足烧结装饰砖产品性能和成型技术，要求其原料处理颗粒细度小于 1mm，大部分颗粒在 0.5mm 以下，且具有一定合理的颗粒级配，同时烧结装饰砖掺配了许多配色原料，这些原料量少且细，生产过程中需注意其混匀程度。坯体成型具有成型模具的多品种化和多规格化，成型的坯体需注意适应机械码坯搬运的要求和提高坯体的合格率等问题。同时还应注意干燥焙烧过程中裂纹和产品颜色均匀的问题。

2. 蒸压砖

蒸压砖所用原材料以粉煤灰、石灰、石膏、水泥、砂和集料等硅质材料和钙质材料为主。原材料在本地化的基础上选择。原材料的性能应满足相关标准规定，例如《硅酸盐建筑制品用粉煤灰》《硅酸盐建筑制品用砂》《硅酸盐建筑制品用石灰》等。

蒸压砖常见的有蒸压灰砂砖、蒸压粉煤灰砖，其他还有蒸压页岩砖、蒸压二水磷石膏砖等。

（1）蒸压灰砂砖 蒸压灰砂砖分为蒸压灰砂实心砖和蒸压灰砂多孔砖。是以石灰和砂为主要原料，经磨细、计量配料、搅拌混合、消化、压制成型、蒸压养护、成品包装等工序而制成的实心砖或多孔砖，主要用于混合结构建筑的承重墙体。目前，我国蒸压砖年产量在 250 亿～300 亿块，是建筑用砖的一个重要分支。

蒸压灰砂砖生产是技术成熟、性能优良、生产节能的新型建筑材料。在有砂和石灰资源丰富的地区均应大力发展，以替代黏土烧结实心砖。在生产技术上应采用强制式搅拌机、连续消化仓、双面加压的液压砖机；要适当增加产品品种。由于蒸压灰砂砖表面比较光滑，砌筑后与砂浆黏结强度不如黏土烧结砖，导致砌体剪切强度偏低，在一定程度上影响其在地震设防地区的使用。国外的蒸压灰砂砖目前朝着空心化和大型化方向发展，产品的种类很多，从小块型到大块型，每个生产企业产品规格多达十几种。砖的颜色有素色和彩色，适合各种建筑的不同需要。

蒸压灰砂砖的生产工艺包括原料准备、混合料的制备、砖坯成型、蒸压养护和成品堆存包装等几个主要过程。

（2）蒸压粉煤灰砖 蒸压粉煤灰砖是以粉煤灰、石灰、石膏以及集料为原料，经坯料制备、压制成型、高压蒸汽养护等工艺制成的实心粉煤灰砖和多孔粉煤灰砖。

蒸压粉煤灰砖是在饱和蒸气压（蒸汽温度在 176℃ 以上，工作压力在 0.8MPa 以上）下养护，使砖中的活性组分水热反应充分，砖的强度高，性能稳定。蒸压粉煤灰砖是一种有潜在活性的水硬性材料，在潮湿环境中能继续产生水化反应使砖的内部结构更为密实，有利于强度的提高。根据试验和众多实际工程的调查发现，把用于勒脚、基础、排水沟等处的蒸压粉煤灰砖取样做试验，经过一二十年的冻融和干湿双重作用，有的砖已完全碳化，但强度并未降低，而均有所提高。这是粉煤灰砖的一个优越性。

生产蒸压粉煤灰砖可大量利用粉煤灰，而且可以利用湿排灰。每生产 $1m^3$ 砖至少可使用 800kg 粉煤灰，一个年产 5000 万块的砖厂可用掉近 6 万吨粉煤灰，这无疑对节约土地、保护生态环境有重要意义。

蒸压粉煤灰砖的生产工艺除原材料的加工和制备外，还包括配料搅拌、消化、轮碾、压制成型、码坯静停和蒸压养护、成品堆放与出厂检验等过程。

蒸压砖生产设备主要有颚式破碎机、锤式破碎机、球磨机、双卧搅拌机、消化仓、自动液压成型机组、蒸压釜等。

3. 混凝土砖

混凝土砖有混凝土实心砖和混凝土多孔砖，是以水泥为胶凝材料，以细石、砂或石屑为集料，加水并经机械搅拌为干硬性普通混凝土，用振动或压制成型工艺制成的墙体砌筑材料。

混凝土砖符合国家保护土地资源和节能减排的政策导向，可以替代传统黏土烧结砖，同时大量使用了建筑石料开采过程中的废弃料——石屑，实现了资源的综合利用。混凝土多孔砖的单块重量轻、砌筑和搬运方便，降低了工人的劳动强度，其半盲孔增加了砌筑砂浆的面积，提高了砌体的抗剪强度，对建筑抗震、墙面抗渗、减少墙体裂缝均有帮助，同时多排小型半盲孔的孔型结构有助于改善墙体的热工性能。

混凝土砖生产工艺主要包括原材料（水泥、集料、外加剂、颜料等）准备、计量与搅拌、成型、养护和质量检验与产品堆放。

4. 复合保温砖

复合保温砖是由烧结或非烧结的多孔（空心）砖为受力块体，与绝热材料复合，形成的具有明显保温隔热功能的产品。其原料主要为空心砖和绝热材料。

绝热材料主要有无机绝热材料和有机绝热材料。其中有机绝热材料主要有模塑聚苯乙烯泡沫塑料、挤塑聚苯乙烯泡沫塑料、硬质酚醛泡沫制品和硬质聚氨酯泡沫塑料，无机绝热材料有泡沫混凝土、膨胀珍珠岩板、膨胀蛭石、泡沫玻璃、岩棉板、矿棉板、蒸压硅酸钙、膨胀玻化微珠保温隔热浆料等。

复合保温砖复合方式主要有填充复合和夹芯复合。前者在受力块体的空洞中填充保温体，后者按照内叶块、保温体、外叶块的顺序，通过拉结件、黏结剂或保温体与受力块体之间的榫槽结构组合成一体。

复合保温砖生产工艺：内外叶块体运至复合现场→保温材料、拉结材料切割至规定尺寸→专用设备复合加工→制品打包→室内堆场养护→检验合格出厂。

复合保温砖主要设备为复合机、复合配套设备、转运设备、打包输送设备。

二、建筑砌块及其生产工艺

建筑砌块可按照块体密度、有无孔洞及孔洞大小、生产用原料、工艺性能及用途来进行分类（表13.3）。下面按照烧结砌块、混凝土小型空心砌块、蒸压加气混凝土砌块、石膏砌块、泡沫混凝土砌块及复合保温砌块等品种介绍。

表 13.3　建筑砌块的种类

序号	分类方法	种　类	特　征
1	块体密度	轻混凝土砌块	密度等级在 1000 以下的建筑砌块
		普通混凝土砌块	密度等级在 1000 以上的建筑砌块
2	有无孔洞及孔洞大小	空心砌块	空心率大于或等于 25％的砌块,如混凝土小型空心砌块、烧结空心砌块等
		密实砌块	无孔洞或空心率小于 25％的砌块,如蒸压加气混凝土砌块等
3	生产用原料	蒸压加气混凝土砌块	以水泥、石灰、砂、粉煤灰、矿渣、铝粉等为主要原料
		普通混凝土小型空心砌块	用水泥混凝土制成的砌块
		轻集料混凝土　小型空心砌块	用轻集料混凝土制成的砌块
		粉煤灰小型空心砌块	以水泥、粉煤灰、各种轻重集料和水为主要原材料
		装饰混凝土砌块	以水泥、粗细集料、色质集料、颜料和水为主要原材料
		泡沫混凝土砌块	以泡沫剂、胶凝材料、集料、掺合料、各种外加剂和水等
		石膏砌块	以建筑石膏为主要原料
		烧结砌块	经焙烧而制成的砌块,如烧结页岩砌块、烧结煤矸石砌块等
4	工艺性能	烧结砌块	经成型、高温焙烧而成
		蒸压砌块	经成型、高压或常压养护或自然养护而成
		复合保温砌块	以空心砌块为受力块体,与绝热材料复合,具有明显保温隔热功能
5	用途	墙用砌块	建筑物、挡土墙、公路隔声屏障
		结构型砌块	承重砌块、非承重块
		构造型砌块	过梁砌块、圈梁砌块、门窗砌块、控制缝砌块、柱用砌块、楼(屋)面砌块;此外还有烟囱砌块、窗台砌块、开口端砌块、压顶砌块、芯柱底部砌块等
		装饰型砌块	劈离砌块、凿毛、条纹、磨光、雕塑、釉面砌块等
		功能砌块	绝热砌块、吸声砌块、抗震砌块
		其他砌块	各种连锁砌块、透水混凝土砌块、花格砌块、筒仓砌块

1. 烧结砌块

烧结类砌块常用的有烧结多孔砌块、烧结空心砌块和烧结保温砌块。烧结类砌块所用原材料与烧结砖基本相同,两者由于制品性能和质量要求不同,对原料的处理更加精细。

（1）烧结多孔砌块和烧结空心砌块　烧结多孔砌块和空心砌块是以煤矸石、粉煤灰、河塘淤泥、页岩或黏土及其他固体废物为主要原料,并适当地添加黏结剂,通过挤出成型、干燥、焙烧而成烧结多孔或空心制品。

烧结多孔砌块的孔洞率≥33％,孔的尺寸小而数量多,主要用于建筑物承重部位;烧结空心砌块的孔洞率≥40％,孔的尺寸大而数量少,主要用于建筑物非承重部位。

由于多孔及空心的原因,烧结多孔砌块和烧结空心砌块的壁、肋薄,对原材料处理的技术要求更高。

其生产工艺包括:原料采运→给料→两道破碎→搅拌陈化→混碾处理→挤出成型→切坯、码坯→干燥→焙烧→检验→包装出厂。

成型工艺可分为软塑、半硬塑挤出成型;干燥工艺对于孔洞率较大的烧结空心砌块,多采用二次码烧方式,以及干燥洞或室式干燥方式,对于孔洞率较小、原料干燥收缩值较小的多孔砌块,也可采用一次码烧、隧道窑式干燥。其主要生产设备有颚式破碎机、锤式破碎机、双轴搅拌机、多斗挖掘机、真空挤出机、切码运系统、隧道窑等。

我国烧结多孔与烧结空心砌块（砖）的发展,据资料可查始于 20 世纪 20 年代后期,

70～90 年代也有一些发展，但真正生产应用的高潮是 1992 年至今。在此时期，我国城镇化率逐步提高，房地产进入蓬勃发展，对房建材料需求量大，尤其对烧结砌块不开裂、不渗水、抗冻性好等优点，市场认可度高。同时，国家还逐步推行了一系列资源节约、环保、节能的政策与法规，如"禁止毁田烧制黏土实心砖政策"强制黏土实心砖退出生产应用市场，鼓励空心砖和空心砌块等。故在国家产业政策、墙改基金、税收政策等多重调控下，通过引进、消化、再创新，建立了一大批烧结空心制品生产基地和国产装备制造基地，大批量生产和应用烧结空心砌块取得了累累硕果。

（2）烧结保温砌块 烧结保温砌块是欧洲近 30 年来大力发展的烧结制品的新品种，是烧结砖发展史上的一场技术革命，成为欧洲用于建筑节能墙体的重要材料之一，在欧洲建筑节能中发挥了巨大作用。据报道，德国已将节能保温砌块热导率降至 $0.1～0.16W/(m \cdot K)$，新开发超低热导率更是达到 $0.07～0.09W/(m \cdot K)$；砌块的密度范围为 $500～900kg/m^3$；孔洞率一般达到 50% 以上，矩形孔排数可达到 29 排以上；砌块的抗压强度非承重的可达到 $2.5～7.5MPa$，承重的可以达到 $10～25MPa$。

在我国，烧结保温砌块的开发、生产和应用起步较晚。"十一五"期间，由西安墙体材料研究设计院承担了"新型墙体材料绿色制造工艺技术与装备"国家支撑计划课题，开发了单一墙体材料满足建筑节能 65% 或 50% 目标要求的烧结保温空心砌块，能够实现自保温，并于 2009 年，由新疆城建集团投资，西安墙体材料研究设计院设计建成了国内第一条、世界上规模最大的烧结保温空心砌块生产线，奠定了烧结保温砌块在我国广泛推广应用和开展国际合作的良好基础，填补国内空白。

由于烧结保温砌块块大壁薄，对颗粒级配要求更高，需对原材料进行精细化处理，具体要求见表 13.4。物料破碎工艺一般选择粗破（颚式破碎机或锤式破碎机）＋细磨（立式磨）的方式，以达到颗粒级配的要求。

表 13.4 烧结保温砌块颗粒级配

颗粒组成/mm	>1.0	0.5～1.0	0.25～0.5	0.08～0.25	<0.08
比例/%	0	<6	<14	>50	>30

烧结保温砌块主要生产工艺为：原材料→给料→精细化处理→搅拌陈化（添加造孔材料）→混碾处理→挤出成型→切码运→干燥→焙烧→精细处理（填充）→包装出厂。

烧结保温砌块孔多、壁薄，宜采用塑性挤出成型，成型水分控制在 $21\%～23\%$，成型水分取决于原材料的性能，挤出压力以原料性能和成型方式确定。烧结保温砌块一般采用二次码烧、机械化码坯的工艺，以提高成品的质量和产量，其中精细处理（填充）可以视具体产品设置。

其主要生产设备有破碎机、立式磨、双轴搅拌机、多斗挖掘机、真空挤出机、切码运系统、隧道窑等。

2. 混凝土小型空心砌块

混凝土小型空心砌块主要有普通混凝土小型空心砌块、轻集料混凝土小型空心砌块和装饰混凝土砌块。

（1）普通混凝土小型空心砌块和轻集料混凝土小型空心砌块 原材料均以水泥为胶结料，粉煤灰等矿物为掺合料，不同之处是前者以卵石、石屑为粗集料，砂或石粉为细集料，后者以陶粒、火山渣、炉渣等为轻粗集料，陶砂、轻砂、中砂等为细集料。前者综合利废的品种较少，如砖渣、建筑固体废物等，后者原料综合利用废料的种类、数量较多，有各种工业固体废物、建筑固体废物及各种火山渣、浮石等。生产工艺流程见图 13.1。

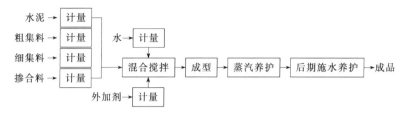

图 13.1　混凝土小型空心砌块基本工艺流程

生产设备主要有：破碎机、筛网、计量设备、搅拌机、砌块成型机等。

普通混凝土小型空心砌块具有强度高、自重轻、耐久性好、外形尺寸规整等优点，主要应用在①各种墙体：承重墙、隔断墙、填充墙、具有各种色彩和花纹的装饰性墙、花园围墙、挡土墙等。②独立柱、壁柱等。③特种砌体：圆仓壁、水库壁等。④ 保温隔热墙体、吸音墙体及音障等。⑤抗震墙体。⑥楼板及屋面系统。⑦各种建筑构造：气窗、压顶、窗台、圈梁、阳台栏杆等。它是采用专用机械设备进行工业化生产，且是砌块建筑的主要建筑材料之一。

轻集料混凝土小型空心砌块通常具有质轻、高强、热工性能好、抗震性能好、利废等特点，被广泛应用于建筑结构的内外墙体材料，尤其是热工性能要求较高的围护结构上。轻集料混凝土小型空心砌块一般采用机械化或自动化流水生产线生产，与普通混凝土小型空心砌块生产工艺相比，其产品强度、砌块成型的振动方式与激振力要求都略低。其与普通混凝土小型空心砌块的一个重大区别就是其原料综合利用废料的种类、数量多，热工性能良好[传热系数在 $0.60 W/(m^2 \cdot K)$ 左右]，目前国内一些砌块厂家生产的多排孔轻集料空心砌块 240mm 厚的裸墙传热系数已降至 $1.0 W/(m^2 \cdot K)$ 以下，可全面满足我国部分地区现行节能标准限值的要求。

（2）装饰混凝土砌块　装饰混凝土砌块是以水泥、粗细集料、色质集料、颜料和水为主要原材料，必要时加入化学外加剂和矿物外加剂，按一定比例计量、配料、搅拌、成型、养护而成建筑砌块，经过前期预加工或后期处理使砌块外表面具有类似天然石材的装饰效果。

装饰混凝土砌块除具普通混凝土砌块的优点外，还把装饰、防水、保温、隔热、吸音融为一体，使其具有多种功能。装饰混凝土砌块行业标准把砌块分为贴面砌块和砌筑砌块，其中砌筑砌块又分实心和空心，三大品种系列，每一品种又可有多种花色，我国已研制开发了数种装饰砌块及其相关的加工装备和生产技术。

装饰混凝土砌块，是当今水泥混凝土制品发展的方向之一。其种类主要有劈离砌块、凿毛砌块、拉毛条纹砌块、磨光砌块、雕塑砌块和穿孔花格砌块等。其制作主要有三种方法：一是在砌块成型养护好之后，用专门的机械对砌块表面进行二次加工制得，如劈离、凿毛、拉纹、磨光等；二是用特制模箱成型的各种雕塑砌块、花格砌块等；三是釉面砌块，包括各种表面涂敷着色的砌块等。

3. 蒸压加气混凝土砌块

蒸压加气混凝土砌块主要原材料为硅质材料（主要有石英砂、粉煤灰等）和钙质材料（主要有水泥和石灰），为了工艺控制的需要，还可掺加石膏、铝粉或铝粉膏。依据不同原材料性能确定配合比。

一般情况下，典型生产工艺流程：原材料处理（砂、粉煤灰、矿渣、石灰粉磨，铝粉脱脂等）→计量→制浆→浇注车浇注入模→静停→切割→蒸压釜养护→出釜拆模→成品。

① 原材料的质量、加工和生产配方是影响产品质量的重要原因。

② 静停取决于原材料性质、浇注控制工艺参数和环境条件等，一般静停时间为 2～4h。

③ 切割主要由切割工艺和设备质量决定，由于切割机的不同，生产工艺的安排会有较大的区别，同时决定了产品的外观质量，甚至影响产品的最终质量。

④ 蒸压养护制度一般由抽真空、升温（升压）、恒温（恒压）、降温（降压）等阶段，时间与工艺和原材料性能质量有关，一般 6～12h。

蒸压加气混凝土砌块技术特点：

① 质轻，体积密度通常在 400～700kg/m³ 之间，比普通混凝土轻 3/5～4/5。

② 具有结构材料必要的强度，密度为 500～700kg/m³ 时，强度为 2.5～6.0MPa。

③ 弹性模量和徐变较普通混凝土小。

④ 耐火性好。

⑤ 保温隔热性能好，热导率在 0.116～0.212W/(m·K) 之间。

⑥ 吸声性能好。

⑦ 耐久性好，长期强度稳定。

⑧ 易加工。

⑨ 干收缩性能能满足建筑要求。

⑩ 施工效率高。

蒸压加气混凝土砌块主要应用范围是高层框架建筑、抗震地区建筑、严寒地区建筑和软质地基建筑四类建筑，不宜使用在建筑物 ±0.000 以下（地下室的非承重内隔墙除外）、长期浸水或经常干湿交替的部位、受化学侵蚀的环境，如强酸、强碱或高浓度二氧化碳、经常处于 80℃ 以上的高温环境和屋面女儿墙墙体等。

截至 2010 年，全国加气混凝土产量约为 3100 万立方米，与 2005 年的 1230 万立方米相比，增长了 2.5 倍。目前全国生产厂家超过 800 余家。

我国加气混凝土工业的整体技术水平还很低，产品合格率也不高，生产经营管理水平低，整个行业需加强技术改进，提高装备技术水平与产品应用技术水平，淘汰生产能力小于 5 万立方米/a、生产工艺装备简陋、手工切割的生产线。在框架结构体系、现浇混凝土高层建筑较多的特大型或大中型城市及其周围地区大力发展年产 15 万～30 万立方米以上的机械切割的自动化生产线。

4. 石膏砌块

石膏砌块是以建筑石膏为主要原料，掺加适量轻集料和外加剂，加水搅拌、浇注成型、经干燥制成的一种轻质墙体材料。在生产中根据性能要求也可加入轻集料、纤维增强材料、发泡剂等辅助材料，也可用部分高强石膏（α-半水石膏）或部分水泥代替建筑石膏，并掺加粉煤灰生产石膏砌块。

其基本生产流程为：石膏矿石→破碎→粉磨→沸腾炉煅烧→石膏粉→计量→添加水、外加剂等混合搅拌→料浆入成型机→脱模→自然干燥或烘干→成品检验合格出厂。

生产过程中料浆倒入成型机后，应在料浆凝固的某个适当阶段，驱动装在模腔上方的液压成型刮刀，使之往返运动，以刮出各砌块的上部企口，然后中央液压站驱动成型机的顶升系统，将整排石膏砌块从模具中顶出。料浆凝固时间随原材料的化学成分不同而变化。

目前国内生产的石膏砌块以空心为主，而国外以实心为主。石膏砌块墙体为轻质结构，能有效减轻建筑物自重，降低基础造价，提高抗震能力，并增加房屋的有效使用面积。石膏砌块主要用于框架结构和其他结构建筑的非承重墙体，一般作内隔墙用。若采用合适的固定及支撑结构，墙体还可承受较重的荷载（如挂吊柜、热水器、厕所用具等）。掺入特殊添加剂的防潮砌块，可用于浴室、厕所等空气湿度较大的场合。石膏砌块的技术特点是：耐火、隔热保温性能好、轻质、高强；居住舒适；施工性能优越。

轻质石膏砌块新品种主要有石膏泡沫砌块、石膏充气砌块、石膏夹心砌块和石膏珍珠岩保温砌块等。石膏泡沫砌块的主要材料为石膏、泡沫剂、稳定剂和水。根据泡沫剂加入量的不同，可制得表观密度为 $450\sim950kg/m^3$、抗压强度 $0.5\sim5.6MPa$、热导率 $0.068\sim0.189W/(m\cdot K)$ 的石膏泡沫砌块。石膏充气砌块是先经充气制成多孔石膏芯材，再在芯材的四周浇注一层 10mm 厚的石膏保护层制成砌块。它的四周平整，运输、施工都较为方便。240mm 厚的砖墙与 40mm 厚的石膏充气砌块复合后，墙体的热阻值超过 620mm 砖墙，具有良好的保温隔热效果。石膏夹心砌块是以建筑石膏及废泡沫塑料为主要原料，经料浆拌合、浇注成型、干燥等工艺制成的轻质隔墙块型材料。具有轻质、高强、防火、保温等性能，可用于工业和和民用建筑的非承重内隔墙。石膏珍珠岩保温砌块是采用石膏复合胶结料（即在石膏中掺加 10％水泥和 10％粉煤灰）、膨胀珍珠岩和有机胶黏剂为主要原料，经料浆拌合、浇注成型、养护和干燥等工艺制成的轻质保温墙体材料。具有轻质、保温、隔热、高强、防火等优点，可用于建筑物内隔墙和屋面。

生产砌块的化学石膏主要有磷石膏、烟气脱硫石膏、氟石膏、钛石膏、柠檬酸石膏及其他工业废弃石膏，其中数量最大的是磷石膏和烟气脱硫石膏。

5. 泡沫混凝土砌块

泡沫混凝土砌块是用物理机械方法将泡沫剂水溶液制备成泡沫，再将泡沫加入到由胶凝材料（如水泥、石灰）、集料（石子、砂、炉渣、膨胀珍珠岩等）、掺合料（粉煤灰、矿渣、硅灰）、各种外加剂和水等制成的料浆中，经均匀混合、浇注成型、养护而成的新型墙体和保温隔热材料。由于泡沫混凝土属于多孔结构制品，且所有孔隙均匀分布、封闭孔，因此表现出良好的物理力学性能。如轻质、热工性能优良［热导率常在 $0.08\sim0.25W/(m\cdot K)$ 之间］及吸音、防火、耐久性好（包括抗冻和碳化性能）。

按照设计需要，泡沫混凝土砌块可制成实心结构或空心结构。按照热工性能要求，泡沫混凝土砌块可分为保温型和隔热型。密度通常在 $300\sim1200kg/m^3$ 范围内，强度在 $0.5\sim5.0MPa$ 之间。密度在 $300\sim700kg/m^3$ 范围内的泡沫混凝土砌块主要用于框架结构墙体填充保温材料和屋面保温，$800\sim1200kg/m^3$ 的泡沫混凝土砌块主要用于框架结构的墙体填充隔热用途和屋面隔热层。

泡沫混凝土砌块生产工艺：泡沫制备→泡沫混凝土混合料计量制备→搅拌＋发泡→浇注成型→开模→切割→养护→出厂。

泡沫混凝土砌块相较加气混凝土砌块投资大大减少，但综合生产成本相对偏高，因此在全国推广应用普及率不高，目前年产量近 100 万立方米。

6. 复合保温砌块

复合保温砌块原材料为烧结或非烧结的砌块、护壁块体和绝热材料。与复合保温砖相比，复合保温砌块在受力块体的材性上较少。

生产工艺及设备与复合保温砖相同。

三、建筑墙板及其生产工艺

建筑墙板的分类较多。下面分轻质墙板、复合墙板予以介绍。

1. 轻质墙板

（1）蒸压加气混凝土板　蒸压加气混凝土（以下简称"加气混凝土"）板是由钙质材料

（水泥、石灰加水泥、矿渣）、硅质材料（石英砂或粉煤灰）、石膏、铝粉、水和钢筋等制成的轻质板材，其中钙质材料与硅质材料和水是主要原料，在蒸压养护过程中生成以托勃莫来石（Tobermorite）为主的水热合成产物，对制品的物理力学性能起关键作用；石膏作为掺合料可改善料浆的流动性与制品的物理性能，铝粉是发气剂，钢筋起增强作用，以此提高板材的抗弯强度。

蒸压加气混凝土板含有大量微小的、非连通的气孔，孔隙率达 70％～80％，因而具有自重轻、绝热性好、隔声吸音等特性。此种条板还具有较好的耐火性与一定的承载能力，可用作内墙板、外墙板、屋面板等。

加气混凝土板与其他轻质板材相比，在生产规模、产品材性与质量稳定性等方面均具有很大的优势，国外多数工业发达国家生产加气混凝土制品均以板材为主，且在建筑使用上占有很大的比例。我国迄今为止，加气混凝土产品仍以砌块为主，砌块与板的产量比大致为 10：1。而且在板材应用上多以屋面为主。中国加气混凝土协会已确定今后我国加气混凝土企业将逐步转向以生产隔墙板、屋面板与外墙板为主导的产品。

根据板的用途，按结构、构造要求，板内应配置不同数量的钢筋网片。钢筋材质应符合 I 级钢，直径一般为 $\phi6$～10mm，钢筋网片经自动点焊机焊制而成。钢筋网片必须经防腐处理，这是因为由蒸压釜取出的加气混凝土板的含水率高达 40％左右，且基体的 pH 值在 12 以下。防腐层的最小厚度应为 10mm，随着对建筑构件防火级别的提高，防腐层也应相应地增厚。在生产时，将经均匀拌合的及由钙质材料、硅质材料、石膏、铝粉与水所组成的料浆加入至已放置了钢筋网片的模具中，浇注量约为模具内空腔体积的 2/3，然后经 2.5h 左右的静停发气，经模具翻转、脱模与切割后，再送入蒸压釜内，在高温（180～200℃）与高压（1～1.2MPa）蒸汽中养护 8～12h，出釜后即得硬固的加气混凝土板。

（2）玻璃纤维增强水泥轻质多孔隔墙条板　玻璃纤维增强水泥轻质多孔隔墙条板（简称 GRC 轻质多孔条板），是以耐碱玻璃纤维为增强材料，以低碱度硫铝酸盐水泥轻质砂浆为基材制成的具有若干个圆孔的条形板，主要用于预制非承重轻质多孔内隔墙条板。GRC 轻质多孔隔墙条板的型号按照板的厚度分为 90 型、120 型，按板型分为普通板、门框板、窗框板和过梁板。

GRC 轻质多孔条板的主要原材料为玻璃纤维、水泥、集料、外掺料和水。

GRC 轻质多孔条板生产工艺有挤压成型、成组立模成型、喷射成型、预拌泵注成型、铺网抹浆成型等工艺。

挤压成型的工作原理是：旋转着的螺杆将拌合料向前推进、挤实，振动器将板坯进一步振动密实，加筋结构自动连续地将耐碱玻纤定向、定位地布入板坯上下两面层内，板坯产生的反推力推动成型机向前移动，挤压机后方留下连续的板坯，待静停硬化后切割至一定长度。

喷射成型工艺具有较高的机械化生产水平，多孔板采用夹心式构造，上下面层是喷射成型的 GRC，芯层为发泡水泥膨胀珍珠岩砂浆。

GRC 多孔板适用于民用与工业建筑的分室、分户、厨房、厕浴间、阳台等非承重的内外墙体部位。从低层到高层住宅，从写字楼到学校、医院、体育场馆、候车室、商场、娱乐场所和各种星级宾馆中，都有使用。

（3）硅镁加气混凝土轻质隔墙板　硅镁加气混凝土轻质隔墙板（以下简称 GM 轻质隔墙板）以氯氧镁水泥适量掺入粉煤灰为胶结材料，以有机和无机纤维为增强材料，以外加剂为改性材料，适量导入空气使基材减轻重量，采用成组立模生产的用于工业与民用建筑的非承重内墙的轻质隔墙板。GM 轻质隔墙板按板厚分为 60mm 和 90mm 两种，按板型可分为普通板、门框板、窗框板和过梁板。

GM 轻质隔墙板采用成组立模成型工艺，其生产过程中将计量好的原材料依一定顺序分批次投入搅拌机中进行搅拌，在搅拌机中制成含短切的分散性有机纤维的轻体料浆，把这种料浆浇注到成组立模中，通过静停硬化、抽芯、脱模、堆放养护 28d 后即可成品出厂。

GM 轻质隔墙板具有成墙墙体薄、质量轻、安装速度快、装修速度快、有效使用面积大、降低工程综合造价和利于环境保护的特点，可用于工业与民用建筑的框架结构内填充墙、非承重内隔墙，也可用于隔热、防火的隔断。

（4）纤维水泥平板　纤维水泥平板指以有机合成纤维、无机矿物纤维或纤维素纤维为增强材料，以水泥或水泥中掺加硅质、钙质材料为基材，经制浆、成型、蒸压或蒸汽养护制成。纤维水泥平板按纤维增强材料中有无石棉，分为无石棉纤维水泥平板和有石棉纤维水泥平板；按产品密度分为高密度、中密度和低密度纤维水泥平板。

纤维水泥平板主要用于建筑物非承重内外墙体、吊顶和防火板等。纤维水泥平板生产工艺技术要求如下。

① 纤维处理　当用纤维素纤维作为主体纤维时，必须经磨浆使纤维束松开和切断，以增大与胶凝材料粉料的接触面和吸附能力，磨浆后的纤维素纤维的长度一般控制在 1～6mm，长度小于 0.3mm 的纤维素起不到增强作用，纤维素纤维掺量在用料总量的 7%～9% 为宜，过多的纤维素不仅成本增加，而且由于分布不均匀，会导致板材强度降低，也可允许掺加其他纤维混合使用。当用温石棉纤维作为主体纤维时，必须经过松解与打浆，以充分发挥石棉纤维对水泥基体的吸附和增强作用。当用玻璃纤维和维纶纤维作为主体纤维时则可直接使之均匀分散于水泥中，制成纤维水泥料浆。

② 成型工艺　板坯成型方法主要有两种：抄取法和流动铺浆法。抄取法是用 2～3 个圆筒网在低浓度的纤维水泥浆中滚动，抄取吸附有水泥颗粒的纤维黏附在毛布上，网筒不停滚动构成薄料层，一层一层纤维水泥覆盖，通过滚轮不断压紧、脱水，从而制成厚度可控制的纤维水泥板。流动铺浆法是将浓度为 15%～18% 的纤维水泥料浆通过布浆机直接流至运转的毛布上形成薄料层，经真空脱水，再缠卷于滚动的成型筒上，经进一步加压脱水，达到一定厚度切割成板坯。若制造加压板时，必须每块板下方加一块钢垫板，组成规定高度的板坯垛，送入液压机内进一步加压脱水，加压后先经蒸汽养护窑静停一定时间，脱去钢模板。

③ 养护工艺　纤维水泥平板的养护工艺有两种：蒸汽养护和蒸压养护。

纤维水泥平板是从 20 世纪 70 年代起在发达国家开始推广使用，并迅速得到发展。经过几十年的应用实践证明，质量性能优良的纤维水泥平板是一种耐久可靠的建筑板材。我国在 20 世纪 80 年代中期，引进德国 Siempelkamp 机械公司 9000T 液压机，试制成大幅面石棉水泥加压平板，80 年代后期又研制成无石棉的纤维增强水泥平板。随着我国墙体材料革新工作的开展，90 年代研制成无石棉的维纶纤维增强水泥平板。与此同时我国又开发了蒸压纤维水泥平板，近 10 年来发展尤为迅速。

（5）纤维增强硅酸钙板　纤维增强硅酸钙板是以无机矿物纤维或纤维素纤维等松散短切纤维为增强材料，以硅质和钙质材料为主要基材，经制浆、成型、蒸压养护、砂光等工序制成。

纤维增强硅酸钙板按有无石棉分为无石棉硅酸钙板和温石棉硅酸钙板；按照产品密度分为 D0.8、D1.1、D1.3、D1.5 四类；按强度等级可分为 Ⅰ、Ⅱ、Ⅲ、Ⅳ、Ⅴ 五个等级；按表面处理状态分为未砂光（NS）、单面砂光板（LS）和双面单面砂光板（PS）。

纤维增强硅酸钙板具有密度低、比强度高、湿涨率小、防火、防潮、可加工性能等特性，被广泛用于各种高档或标志性建筑的内隔墙、吊顶，经表面防水处理可用于外墙表面，尤其适用于高层和超高层建筑。

纤维增强硅酸钙板生产工艺有抄取工艺、流动铺浆工艺和模压工艺，以抄取工艺和流动铺浆工艺最为普遍。其生产工艺流程如下：纤维素纤维经磨浆后进入打浆机，将挂浆后的与充分分散的细纤维及钙质材料、硅质材料、掺合料和水均匀制成料浆，然后送入 3 个以上圆网抄取机或流浆机制成板坯，切去纵、横向毛边，逐渐分别放于钢板上，使带有钢垫板的板坯堆垛静停一定时间（在蒸汽养护室内静停时间可缩短），脱去钢模板，并重新在养护小车上堆垛，当每垛高度达到 100～150mm 时，即在其上放置托架或垫条起分割作用，每养护小车堆垛高度不超过 1100mm，将放有堆垛的养护小车送入蒸压釜中进行蒸压养护，饱和蒸汽压力为 0.9～1.0MPa，保持该压力 8h 左右降压冷却，出釜后的板材经烘干，使其含水率在 10% 以下，再将板面经砂光机进行单面砂光成成品。制作装饰板或外墙面板用的纤维增强硅酸钙板，尚需进行表面喷涂处理。

纤维增强硅酸钙板最早是由美国于 20 世纪 30 年代发明研制成功的石棉硅酸钙板，主要用于工业耐火、隔热材料，60 年代后期，日本进入深入研究，成功地将纤维增强硅酸钙板用于建筑墙板和吊顶，70 年代末及 80 年代初英国、瑞典、丹麦、澳大利亚等先后研制无石棉硅酸钙板，80 年代起欧洲、日本等开始大量生产无石棉纤维增强硅酸钙板。我国 80 年代后期开始起步，目前全国蒸压硅钙板（含蒸压纤维水泥板）有 50 多条生产线，年产量近 2.0 亿平方米。

（6）固定式挤压成型混凝土空心条板 固定式挤压成型混凝土空心条板是将混凝土混合物经固定式螺杆旋转挤压机成型板坯，板坯由钢板承托并随着钢板在工艺流水线上移动完成各操作工作，而制成的轻质多孔条板。其原材料主要有水泥、砂、粉煤灰、陶粒（或炉渣）珍珠岩（陶砂）和外加剂。该板一般不配筋，是在条板两侧设有企口的素混凝土空心板材，主要适用于房屋建筑的非承重内隔墙。

固定式挤压成型混凝土空心条板生产工艺：原材料、水计量→搅拌→挤压成型→切割→堆垛→预养→脱去钢板托重新堆垛→自然养护/蒸汽养护→成品。

该装备技术最早于 1997 年上海住总集团新型材料总公司引进芬兰 ACOTEC 生产线，年生产能力 15 万立方米。但是由于该板不配钢筋，在运输安装和使用中容易断裂，墙面易出现收缩裂缝，切割中容易出现崩边。以后北京、深圳、新疆、成都、云南等地又陆续引进 ACOTEC 生产线。近 10 年内，国内在引进的基础上研究开发了固定式挤压成型混凝土空心条板，并已投放市场。该条板主要适用于民用建筑和规模较小的轻型工业建筑中的非承重内隔墙，对大型工业建筑，尤其是带有震动的厂房和其他特殊建筑应慎重使用。

（7）移动式挤压成型混凝土空心条板 移动式挤压成型混凝土空心条板是采用移动式螺杆旋转挤压成型机在长线台座上或地坪上，一面移动前进，一面螺杆旋转挤压成型并附加震动，制成长宽比不小于 2.5、沿长度方向形成若干贯通孔洞的混凝土与空心条板。它包括挤压成型普通混凝土、预应力钢筋混凝土、轻集料混凝土和灰渣混凝土空心条板。

原材料主要有水泥（硅酸盐系列水泥、硫铝酸盐水泥）、集料（粉煤灰、炉渣、陶粒、陶砂、蛭石、砂、膨胀珍珠岩等）、外加剂和增强材料（低碳冷拔钢丝、抗碱玻璃纤维等）。

生产工艺：胶凝材料、掺合料、粗集料、细集料、外加剂和水按配合比计量→搅拌→拌合物运输、预铺钢丝、台面喷涂脱模剂→挤出成型、随成型机铺加钢丝→预养、修整→板材切割→起板运输→堆放养护→产品检验合格包装出厂。

目前，我国生产的移动式挤压成型混凝土空心条板主要是轻质混凝土空心条板，宽度一般为 600mm，长度任意切割，主要用于工业和民用建筑非承重内隔墙，按其用途分为普通空心条板、门窗框空心条板和异型空心条板。

20 世纪 90 年代，我国移动式挤压成型混凝土空心条板发展很快，但是因其质量和性能难以全面满足建筑功能要求，致使其应用量逐步下降，目前我国生产厂家约 400 家，产量大约 3500 万平方米。

（8）蒸压陶粒混凝土墙板　蒸压陶粒混凝土墙板是以水泥、硅砂粉、陶粒、砂、外加剂和水等原料配制的轻质混凝土为基料，内置焊接冷拔钢筋网架，经振动成型、抽芯和蒸压养护制成的长宽比不小于 2.5 的轻质混凝土墙板。其按断面构造可分为空心墙板、实心墙板、复合墙板；按构件类型可分为普通板（PB）、门窗框板（MCB）。蒸压陶粒混凝土墙板适用于抗震设防烈度 8 度及 8 度以下地区的工业与民用建筑的非承重内隔墙及外墙。

蒸压陶粒混凝土墙板具有轻质、高强、防火、隔热、防水、防潮和出色的隔声性能，以及可塑性强、吊挂性能突出、安装施工干作业、减少建筑垃圾的特点。

蒸压陶粒混凝土墙板的生产工艺有原材料制备、计量及搅拌、布料振捣、压槽、静停、抽芯、常压蒸养、拆模、清模、放置钢筋网架及穿芯检查、蒸压养护至成品。

我国蒸压陶粒混凝土墙板兴起于 20 世纪 90 年代，生产工艺先后经历了平模振动成型、人工抹面、人工抽芯、机械磨面到全自动化的成组立模生产、抽芯机抽芯发展阶段。产品的质量、强度、产品的精确性及产品性能有很大的提高。作为一种新型绿色环保建材，随着国家的推广和全力推进住宅产业现代化和建筑节能工作的开展，蒸压陶粒混凝土墙板行业呈现迅速发展趋势。

（9）石膏空心条板　石膏空心条板是以建筑石膏为基材，掺以无机轻集料、无机纤维增强材料制成的，用于工业和民用建筑非承重隔墙的空心条板。

按照所用原料可以分为石膏珍珠岩空心条板，石膏粉煤灰硅酸盐空心条板和石膏空心条板；按照防水性能可分为普通空心条板和耐水空心条板；按照强度可分为普通型空心条板和增强型空心条板；按照材料结构和用途可以分为素板、网板、钢埋件网板和木埋件网板。

石膏空心条板生产工艺过程为：使用建筑石膏、适量水、粉煤灰或水泥、少量增强纤维（或配置玻纤网格布）浇注入模成型，初凝后经抽芯、蒸养或自然养护和干燥等工序。

（10）纸面石膏板　纸面石膏板是以石膏和护面纸为主要原材料，掺加适量纤维、淀粉、促凝剂、发泡剂和水等制成的轻质建筑薄板。常见的纸面石膏板有：普通纸面石膏板（P）、耐水纸面石膏板（S）、耐火纸面石膏板（H）、耐水耐火纸面石膏板（SH）。

制造纸面石膏板所用主要原料为天然二水石膏或化学石膏工业副产品石膏，如磷石膏、烟气脱硫石膏等，使之经煅烧成为熟石膏，在制板芯时使熟石膏粉加水，并添加少量的胶黏剂、发泡剂、促凝剂等，经均匀混合成为料浆。在辊式成型机上，使料浆浇注在正面的护面纸上，并复以背面的护面纸，成为连续的板坯，待板坯凝固后，再使之切割、烘干、切边、包边等即得成品。经烘干后的纸面石膏板的最终含水率小于 2%。

纸面石膏板作为一种新型建筑材料，具有轻质、耐火、加工性好等特点，可与轻钢龙骨及其他配套材料组成轻质隔墙与吊顶。除能满足建筑上防火、隔声、绝热、抗震要求外，还具有施工便利、绿色环保、节省空间、可调节室内空气湿度以及装饰效果好等优点，适用于各种类型的工业与民用建筑。

从各种轻质隔断墙体材料来看，产量最大和机械化、自动化程度最高的是纸面石膏板，墙体内可安装管道与电线，墙面平整，装饰效果好，是较好的隔断材料。

我国自 1978 年起生产纸面石膏板。国内自行设计、制造的第一条年产 400 万平方米的生产线在北京石膏板厂投产。1983 年北京新型建材总厂由德国可耐福（Knauf）公司引进年产 2000 万平方米的成套生产线，通过对国外技术的消化吸收，我国自 20 世纪 80 年代后期起已可自行设计制造年产量为 400 万~2000 万平方米的纸面石膏板生产线。近几年发展尤为迅速，至 2010 年，世界石膏墙板年生产总能力已达到 102 亿平方米，其中中国年生产能力达到 16 亿平方米。

（11）纤维石膏板　纤维石膏板是一种以建筑石膏粉为主要原料，以各种纤维为增强材料的新型建筑板材，是继纸面石膏板取得广泛应用后，又一次开发成功的新产品。

纤维石膏板是以 β-半水石膏为主要胶凝材料，掺加适量的玻璃纤维丝（玻璃纤维网格布），以及适量的外加剂并在与水搅拌后生成石膏胶凝材料（为有效减轻单位重量，在生产过程中可掺和玻化微珠、磨细矿渣粉等制成改性石膏胶凝材料），经浇注、玻璃纤维网格布复合成型、切割、烘干制成的一种轻质防潮、防火薄板。纤维石膏板主要用于建筑物非承重速拼组合内隔墙墙体，也适用于需经二次饰面加工的装饰石膏板的基板。

纤维石膏板的生产工艺有模具式手工生产工艺和自动化流水生产线工艺两种。

纤维石膏板具有质轻、抗压强度高、耐火性好等特点，所以纤维石膏板可作干墙板、墙衬、隔墙板、瓦片及砖的背板、预制板外包覆层、天花板块、地板防火门及立柱、护墙板以及特殊应用，如拖车及船的内墙、室外保温装饰系统等。

2. 复合墙板

（1）玻璃纤维增强水泥复合墙板（GRC 复合墙板）　玻璃纤维增强水泥复合墙板是指以低碱度水泥砂浆为基材，耐碱玻璃纤维为增强材料，制成板材面层，经现浇或预制，与轻质保温绝热材料复合而成的新型复合墙体材料。GRC 复合墙板可分为 GRC 复合外墙板、GRC 外墙内保温板（又称玻璃纤维水泥聚苯复合保温板）、P-GRC 外墙内保温板、GRC 外墙保温板和 GRC 岩棉外墙挂板。

① GRC 复合外墙板　是以低碱度水泥砂浆作基材，耐碱玻璃纤维作增强材制成面层，内设钢筋混凝土肋，并填充绝热材料内芯，一次制成的一种轻质复合墙板。此种复合外墙板的 GRC 面层为其高强度、高韧性、高抗渗性、高防火与高耐候性提供了保证，高热阻的内芯又可使整块墙板兼具良好的绝热性与隔声性。同时，此种复合外墙板还具有规格尺寸大、自重轻、面层造型丰富以及施工方便等优点，适合于框架结构建筑，尤其是在高层建筑中作为非承重外墙挂板。采用反打成型工艺来制作。反打成型工艺是指墙板的饰面朝下与模板表面接触的一种成型方法，其优点是墙板的饰面质量较高，也容易保证。墙板的 GRC 面层一般用直接喷射法制作。

② GRC 外墙内保温板　又称玻璃纤维增强水泥聚苯复合保温板，是以 GRC 为面层、聚苯乙烯泡沫塑料板为芯层、以台座法或成组立模法生产的夹芯式复合保温板。该类板材质量轻、防水、防火性能好，同时具有较高的抗折、抗冲击性能和良好的热工性能。生产内保温板所用原材料包括：水泥、玻纤网格布、膨胀珍珠岩、砂、聚苯板及其他用于提高抗拉强度和抗冲击性能的材料。生产 GRC 外墙内保温板的生产工艺有：铺网抹浆法、喷射真空脱水法和立模挂网振动浇注法等。

③ P-GRC 外墙内保温板　全称玻璃纤维增强聚合物水泥聚苯乙烯复合外墙内保温板，是以聚合物乳液、水泥、砂配制成的砂浆做面层，用耐碱玻璃纤维网格布做增强材料，以自熄性聚苯乙烯泡沫塑料板为芯材，简称"P-GRC 外墙内保温板"。P-GRC 外墙内保温板可用于黏土砖外墙或混凝土外墙的内侧保温，也可以用于上述墙体的外侧保温。其安装全部采用

聚合物型胶黏剂，墙体构造节点可参照北京市《外墙内保温构造图集（二）》（京 95SJ9）中的有关内容处理。

④ GRC 外保温板　是由玻璃纤维增强水泥（GRC）面层与高效保温材料预复合而成的外墙外保温用的 GRC 保温幕墙板材。GRC 外保温板分为单面板和双面板，单面板是将保温材料置于 GRC 槽型板内，双面板是将保温材料夹在上下两层 GRC 板中间。所用原材料的要求与其他 GRC 板相同，不同之处为所用保温材料主要为 PS 泡沫塑料板。用 GRC 外保温板与主墙体复合组成的外保温复合墙体构造可包括紧密结合型和空气隔离型。

（2）金属面夹芯板　我国金属面夹芯板的生产起步较晚。20 世纪 60 年代末到 70 年代中期，生产工艺落后，规格单一；80 年代中期以来，有了进一步的发展，采用了较为先进的生产设备，但仅限于在装配式冷库建设中得到应用，在民用与工业建筑上还很少采用；80 年代末以来，由于轻钢结构在民用、工业建筑中广泛的应用，带动了金属面夹芯板的应用。金属面聚氨酯夹芯板和金属面聚苯乙烯夹芯板得到较大发展。同时，岩棉夹芯板，也在工业建设中得到越来越广泛的应用。

金属面夹芯板的主要特点是重量轻、强度高，具有高效绝热性；施工方便、快捷；可多次拆卸，变换地点重复安装使用；带有防腐涂层的彩色金属面夹芯板有较高的耐久性。被普遍用于冷库、仓库、工厂车间、仓储式超市、商场、办公楼、洁净室、旧楼房加层、活动房、战地医院、展览场馆和体育场馆及候机楼等的建造。

金属面聚氨酯夹芯板的生产工艺分为连续式和间歇式两种。连续式生产工艺是：上、下面板开卷→面板压型→折边→预加热隧道→泡沫入口（A、B 料分别计量混合后送入）→压制结构（开始化学反应、泡沫舒化）→横向切断→码垛运输→堆场。间歇式生产工艺是：面板开卷→整平矫直→剪切→压型→折边→面板成品→装模→灌注保温材料（A、B 料分别计量通过混合反应灌注机灌注）→脱模→入库。

金属面聚苯乙烯夹芯板是采用全自动化连续生产设备，各环节均为电脑控制，A、B 组分胶水在一定温度和压力条件下发泡，填充于连续行进的上下两层彩色涂层钢板中间而成的。

金属面岩棉夹芯板典型生产工艺见图 13.2。

图 13.2　金属面岩棉夹芯板工艺流程示意图

（3）钢筋混凝土绝热材料复合外墙板　钢筋混凝土绝热材料复合外墙板包括承重混凝土岩棉复合外墙板和非承重薄壁混凝土岩棉复合外墙板。承重混凝土岩棉复合外墙板主要用于大模和大板高层建筑，薄壁混凝土岩棉复合外墙板可用于框架轻板体系和高层大模体系建筑的外墙工程。该系列复合外墙板具有优良的绝热与隔声性能，可满足多功能的要求。

该复合外墙板主要由普通混凝土、钢筋、岩棉板采用正打或反打一次复合成型工艺制成。正打成型是先浇注承重层结构的混凝土，反打成型是先浇注饰面层混凝土，经过组装模板、浇注承重层（饰面层）混凝土、振捣、铺放岩棉板、放面层网片、联结件处理、浇注饰面层（承重层）混凝土、振捣、饰面处理、蒸汽养护、拆摸、成品堆放等过程完成墙板的成型。薄壁混凝土岩棉复合外墙板可采用固定台位、热模养护的一次复合成型的生产工艺，也可利用构件厂原有生产工艺线的大楼板钢底模与地面养护组织生产。

（4）石膏板复合墙板　石膏板复合墙板，系指以纸面石膏板为面层、绝热材料为芯材的预制复合板，常称之为复合石膏板。按构造分为纸面石膏复合板、纸面石膏聚苯龙骨复合板和无纸石膏聚苯龙骨复合板。所用绝热材料主要为聚苯板、岩棉板或玻璃棉板，都在工厂预制复合。复合石膏板一般用于现浇钢筋混凝土外墙和砖砌外墙等的内保温。

聚苯复合石膏板，由纸面石膏板与聚苯板直接黏结而成。聚苯龙骨复合石膏板，以纸面石膏板为底板、纵横龙骨、聚苯为内填绝热材料，由塑料钉固定在底板上。现场拼装石膏板内墙保温复合外墙采用保温复合龙骨，在龙骨间用塑料钉挂装绝热板保温层、外贴纸面石膏板，在主体外墙与绝热板之间留空气层。绝热材料的热导率应在 0.05W/(m·K) 以下，可采用聚苯、岩棉、玻璃棉等。对于一定厚度的砌体外墙，当空气层厚度和绝热层厚度不同时，其保温性能可达到不同的实心黏土砖墙厚度的要求。

（5）纤维水泥（硅酸钙）板预制复合墙板　纤维水泥（硅酸钙）板预制复合墙板是以薄型纤维水泥板或纤维增强硅酸钙板作为面板，中间填充轻质芯材一次复合形成的一种轻质复合板材。此种复合墙板具有自重小、隔声与绝热效果好、施工速度快等优点，且价格低于用轻钢龙骨现场复合的墙板，是一种集多种功能于一体的新型建筑板材，它可用作建筑物的分户墙、内隔墙与外墙等。

纤维水泥（硅酸钙）板预制复合墙板的面层主要是纤维水泥薄板或纤维增强硅酸钙板（4mm、5mm），芯材采用由普通硅酸盐水泥、粉煤灰、泡沫聚苯乙烯粒料、化学外加剂与水等拌制成的轻混凝土混合料。采用成组立模注浆成型工艺成型。

四、绝热材料及其生产工艺

绝热材料是指对热流具有显著阻抗性的材料或材料复合体，一般密度≤350kg/m³，热导率≤0.12W/(m·K) 的材料，它是保温、保冷、隔热材料的总称。绝热材料包括被加工成至少有一面与被覆表面形状一致的各种绝热材料的成品（毡、带、板、管等）。绝热材料性能的高低，是由材料本身热导率的大小决定的。热导率愈小，其绝热性能愈好。

绝热材料目前还没有统一的分类方法。一般按化学性质分类，可分为无机绝热材料、有机绝热材料和金属绝热材料三大类；按状态分类，可分为纤维状、微孔状、气泡状、层状四大类；按使用温度分类，可分为高温绝热材料（适用于 800℃）、中温绝热材料（适用于 100～800℃）、常温绝热材料（适用于 100℃以下）；保冷材料包括低温保冷材料和超低温保冷材料。实际上许多材料既可在高温下使用亦可在中低温下使用，并无严格的使用温度界限。绝热材料的品种很多，主要绝热材料分类见表 13.5。

表 13.5　主要绝热材料分类

纤维状	无机	天然	石棉、海泡石
		人造	矿棉（矿渣棉、岩棉）、玻璃棉、硅酸铝纤维、氧化铝纤维、氧化锆纤维、莫来石纤维、碳纤维
	有机	天然	木纤维、草纤维
微孔状	无机	天然	硅藻土
		人造	硅酸钙、硅酸盐复合涂料
气泡状	无机	人造	膨胀珍珠岩、膨胀蛭石、泡沫玻璃、泡沫石棉、泡沫硅酸铝、泡沫硅、粉煤灰微珠、泡沫石膏、泡沫混凝土
	有机	天然	软木
		人造	泡沫塑料（聚苯乙烯、聚氨酯、酚醛泡沫、聚乙烯）、泡沫橡胶、泡沫橡塑
层状	金属	人造	金属箔（铝箔、不锈钢、铜、锡箔）

绝热材料应用于建筑的量占绝热材料总量的 75%～80%，建筑上一般选用密度小、热

导率小、操作方便、价格合理的材料。目前在建筑上首选的品种是：岩棉、矿渣棉及制品、玻璃棉及制品、泡沫玻璃、聚苯乙烯泡沫板、硬质聚氨酯、膨胀珍珠岩及制品、膨胀蛭石及制品、硅酸钙制品等。

1. 膨胀珍珠岩及其制品

膨胀珍珠岩是由酸性火山玻璃质熔岩（即珍珠岩、松脂岩、黑峻岩）经过破碎、筛分至一定粒度再经预热，在 1200℃ 左右瞬时高温焙烧膨胀冷却而制成的一种白色颗粒状的绝热材料，通常称作粉料或散料。粉料按粒径的大小可分为大、中、小三类。它一般呈白色或浅色，其颗粒内部是蜂窝状结构，无毒、无味、不腐、不燃、耐酸、耐碱、密度小、绝热、吸声性能好。

膨胀珍珠岩制品是以膨胀珍珠岩为集料，配合适量的胶黏剂，如水泥、水玻璃、沥青、石膏、树脂、磷酸盐等，经过搅拌、压制成型、干燥、焙烧（或养护）而成的具有一定形状的制品。各种制品的命名，一般以黏结材料为名，如水泥珍珠岩制品、水玻璃珍珠岩制品、沥青珍珠岩制品、憎水珍珠岩制品、高强珍珠岩制品等。

传统上膨胀珍珠岩在建筑业的主要用途有：做墙体、屋面、吊顶等围护结构的散填保温隔热材料；配制轻集料混凝土，预制各种轻质混凝土构件；以膨胀珍珠岩为集料，用各种有机和无机胶黏剂制成绝热、吸声的膨胀珍珠岩制品。以上做法在工程建筑中已普及应用到各种建筑体系，并产生了显著的效益。

2. 膨胀蛭石及其制品

蛭石是由金云母和黑云母等矿物变化而形成的变质矿物。膨胀蛭石是以蛭石为原料，经破碎、烘干，在 850～1000℃ 的温度下焙烧迅速膨胀，其颗粒单片体积能膨胀 20～25 倍以上，快速冷却成为松散颗粒。膨胀蛭石适用于温度在 −30～900℃ 范围内绝热工程中作填充用，也适用于配制防火绝热、吸声制品、防火涂料等。

膨胀蛭石制品是以膨胀蛭石为原料，配合适量的胶黏剂，经过搅拌、成型、干燥或养护而成制品。膨胀蛭石制品适用于使用温度在 −40～800℃ 范围内的设备与管道保温、建筑屋顶与围护结构的内外保温。

我国的蛭石资源极其丰富，据统计在新疆、山西、内蒙古、山东、河北、河南、湖北等地的储量达 1000 万～1500 万吨之多。因此，开发蛭石新产品有着极雄厚的原料来源。膨胀蛭石及其制品是无机绝热材料，主要用于屋面墙体保温及设备、管道保温工程。

衡量膨胀蛭石的指标主要有密度、热导率、耐热性、吸声、吸水性、抗冻性、变形性、脆性、抗菌性和其他物理性能。

对于水泥膨胀蛭石制品的物理性能指标主要包括压缩强度、密度、含水率、热导率。膨胀蛭石防火板主要性能考虑：耐火极限、防火级别、密度、抗折强度、热导率、吸声系数、表面 pH 值、吸湿率、含水率。

膨胀蛭石主要用于建筑围护结构的填充材料和制造建筑材料和保温材料。以膨胀蛭石作为轻集料制作的混凝土，可以现浇也可以预制成各种规格的构件，例如墙板、楼板、屋面板等。

3. 岩棉、矿渣棉及其制品

岩棉、矿渣棉及其制品是矿物棉的一种。岩棉是以天然岩石如玄武岩、辉长岩、白云石、铁矿石、铝矾土等为主要原料，经高温熔化、纤维化而制成的无机质纤维；矿渣棉是由熔融矿渣制成的矿物棉，如高炉矿渣、锰矿渣、磷矿渣、粉煤灰等工业废渣。岩棉、矿渣棉均是无机纤维类保温、隔热、吸声材料，有密度小、热导率低、不燃、吸声效果好、较好的弹性和柔软性等特点，适合于各种形状的保温和吸声工程的填充材料。

岩棉、矿渣棉制品生产工艺相同，均为经高温熔融，用离心力、高压载能气体喷吹而成的棉及以热固型树脂为胶黏剂生产的制品。从形态上看都是纤维状的，但两者的酸度系数不同，酸度系数愈大则化学耐久性愈好。在耐温性能上略有差异，矿渣棉的使用温度为600～650℃，岩棉的使用温度为800～850℃。岩棉、矿渣棉制品分板、毡、带、管、纸、泡沫制品等品种。它是一种优质高效绝热材料，被广泛应用于建筑节能、设备与管道绝热。

岩棉、矿渣棉及其制品的生产工艺是：将原料和燃料经筛分、输送、称量、加料熔化、熔体燃烧、纤维制成、制毡等过程。燃烧过程产生的废气及由此产生的粉尘由冲天炉上部的烟囱排放并被送至废气处理系统。

4. 玻璃棉及其制品

玻璃棉及其制品是矿物棉的一种，是采用天然矿石如石英砂、白云石、蜡石等，配以其他化工原料，如纯碱、硼酸等熔制玻璃，在熔融状态下借助外力拉制、吹制或甩成极细的纤维状材料。按其化学成分可分为无碱、中碱和高碱玻璃棉，按生产方法可分为三种：一是火焰喷吹成棉，即火焰法玻璃棉；二是离心喷吹法玻璃棉；三是蒸汽立吹法玻璃棉，目前这种生产方法已逐渐被淘汰。世界各国生产玻璃棉的厂家，绝大多数采用离心喷吹法，其次是火焰法。

玻璃棉制品品种较多，其基本产品有玻璃棉毡/毯、玻璃棉板、玻璃棉管、玻璃棉吸声体、玻璃棉过滤材料和玻璃棉复合板。玻璃棉制品主要用于建筑业，在建筑上的用量占玻璃棉产量的80%以上，在日本甚至达到90%。

玻璃棉制品具有体积密度小，热导率低，绝热和吸声性能好，不燃、耐热、抗冻、耐腐蚀。不怕虫蛀、良好的化学稳定性等特性，被广泛应用于国防、石油化工、建筑、冶金、冷藏、交通运输等工业部门。

玻璃棉及制品的生产工艺包括原料制备、离心玻璃棉生产等过程，包括配合料的熔化、离心器纤维化、一次纤维进一步分裂得玻璃棉等过程。

玻璃棉毡、棉板是以玻璃棉纤维为基材的主要制品，棉纤维再成型的同时，被喷附上酚醛树脂胶黏剂后，棉纤维向下沉降在集棉机输送网带上，调节网带下部抽风负压，可使棉纤维在网带上均匀铺成棉胎层。棉胎层连续地进入固化炉经烘干、固化，毡板定型，然后按所需规格尺寸纵横切裁，即成为棉毡、棉板。

5. 挤塑聚苯乙烯泡沫塑料板

挤塑聚苯乙烯泡沫塑料板又称XPS板，是以聚苯乙烯树脂或其共聚物为原料，加入其他原辅料，通过加热混合同时注入催化剂，然后挤出压出成型而制造的硬质泡沫塑料。

挤塑聚苯乙烯泡沫塑料板的微观结构为连续蜂窝状闭孔结构，使其具有优异和持久的保温隔热性能、极低的吸水率、优良的抗湿性能、较高的抗压性能、加工容易和便于安装等特点，广泛应用于工业与民用建筑的屋面、墙体、地面和其他如广场、公路、铁路、机场、船舶、冷藏等特殊应用领域。

挤塑聚苯乙烯泡沫塑料板的生产工艺是将主要原材料聚苯乙烯颗粒赋予必要的物化性能以及加工生产性能，同时加入必要的其他辅助材料后，将这些原料加入到一个压力十分稳定的挤出机中，在其中经过混合、熔化和均化的过程，然后由压模中均匀挤出，经过压辊压延，并经过一个成形区冷却固定成形。

6. 聚氨酯泡沫塑料

聚氨酯泡沫塑料是由二元或多元有机异氰酸酯与多元醇化合物，加其他助剂作用相互发生反应而成的高分子聚合物。它分为软质、半硬质和硬质聚氨酯泡沫塑料，而用于绝热材料的主要是硬质聚氨酯泡沫塑料。硬质聚氨酯泡沫又分为浇注型、喷涂型、低密度、高强度、聚氨酯-异氰脲酸酯、聚氨酯碳素泡沫塑料、高耐热性硬泡等。目前常用的是异氰酸酯和异氰脲酸酯两种。由于这种高聚物具有独特的加工性能，所以被广泛应用于工业及日常生活中，并几乎渗透到国民经济各个部门。

聚氨酯泡沫塑料规格尺寸分为片材和卷材两种。片材一般厚度为 5～1000mm，宽度为 2m，长度到 20m。卷材一般厚度为 0.5～12mm，宽度为 2m，长度到几十米或几百米。

聚氨酯泡沫塑料的典型生产工艺有两种：一步法和两步法。一步法是将聚醚或聚酯多元醇、多异氰酸酯、水以及其他助剂如催化剂、泡沫稳定剂等一次加入，使链增长、气体发生及交联等反应在短时间内几乎同时进行，在物料混合均匀后，1～10s 即行发泡，0.5～3min 发泡完毕并得到具有较高分子量和一定交联密度的泡沫制品。两步法是首先将聚合多元醇和二异氰酸酯反应，制成末端带有异氰酸酯基团的低分子聚合物。其次异氰酸酯基团与水反应生成二氧化碳和脲基，形成高聚物，同时二氧化碳促使其在形成链增长的同时进行发泡反应，最终制成泡沫塑料。

聚氨酯泡沫塑料主要应用在建筑工程中，可以用高密度的聚氨酯硬质泡沫塑料制作各种房屋构件，如窗架、窗框、门等。此外利用聚氨酯泡沫塑料和薄钢板或铝合金板作表面保护层制成的夹芯板材，大量用于建筑物的绝热屋顶和墙壁。

7. 酚醛泡沫塑料

酚醛泡沫塑料是酚醛树脂在一定的温度范围与发泡剂的作用下产生泡沫状结构，并在固化剂的作用下交联固化形成一种硬质热固性泡沫块，依据设计的形状与规格尺寸加工成制品。酚醛泡沫塑料是一种新兴的塑料品种。它具有耐热、耐火、无毒、价廉等优点。在各种泡沫塑料中，酚醛泡沫塑料最宜用作建筑材料和隔热材料。

20 世纪 70 年代，酚醛泡沫塑料经过不断改进，不仅改善了脆性等物理性能上的许多缺点，而且仍保持其出色的防火性能和热稳定性，因此近年来在国外使用量迅速增长。聚氨酯泡沫塑料制造工艺和技术的发展，对酚醛泡沫塑料的研究和发展起了很大的作用。

甲醛、苯酚和碱性催化剂经缩聚、中和、脱水、贮槽工艺合成酚醛树脂，然后酚醛树脂、发泡剂、表面活性剂和填料混合均匀，然后在发泡剂和固化剂作用下生成最终混合料，经注模、发泡成型、脱模后形成酚醛泡沫塑料制品。其主要工艺特点是采用弱碱催化剂在较低温度下制得高活性、低挥发分酚醛树脂，其发泡性能比通常条件下合成的树脂好。其中发泡成型有间歇发泡、连续发泡和现场发泡。

8. 硅酸钙绝热制品

硅酸钙绝热制品是以氧化硅（硅藻土、膨润土、石英砂粉等）、氧化钙（消石灰、电石渣等）和增强纤维（石棉、玻璃纤维、纸纤维等）为主要原料，经过搅拌、加热、凝胶、成型、蒸压硬化、干燥等工序制成的一种新型绝热材料。它有两种不同的硅酸钙水化物结晶制品，一种是雪硅钙石称托贝莫来石型，其分子式是"$5CaO \cdot 6SiO_2 \cdot 5H_2O$"；另一种是硬硅酸钙石，其分子式是"$6CaO \cdot 6SiO_2 \cdot H_2O$"。

我国生产使用温度在 650℃ 以下的托贝莫来石型产品，主要用浇注法成型，其密度达 $500～1000kg/m^3$；20 世纪 80 年代后改为压制法成型，其密度降至 $230kg/m^3$ 以下；目前已能生产密度为 $100～130kg/m^3$ 的制品。

硅酸钙绝热制品主要应用在电力、石化、建材、轻工等工业领域的设备与管道保温，也有将硅酸钙板材用于纺织行业生产厂房作隔断墙的材板，目的是利用硅酸钙板的吸湿交换功能调节纺织车间的湿度。近几年我国研制成功憎水性和防水性的硅酸钙制品并同其他绝热材料复合起来用于直埋管道保温。

9. 陶粒

陶粒是以页岩、黏土（或淤泥质黏土）、煤矸石、粉煤灰等无机材料为主要原料，配料、加工成球或破碎制粒、高温焙烧而成的人造轻集料。其内部具有多微孔结构，表面有致密坚硬的陶釉层，呈棕灰、铁灰或暗红色等。

陶粒按照主要原料可分为黏土陶粒、页岩陶粒、粉煤灰陶粒、污泥陶粒和煤矸石陶粒等；按照陶粒性能可分为超轻陶粒、普通陶粒和高强陶粒；按照陶粒形状可分为圆球型、普通型和碎石型；按照生产工艺可分为烧胀型陶粒和烧结型陶粒。陶粒具有如密度低、筒压强度高、孔隙率高、抗冻性良好、抗碱集料反应性优异等优异性能。利用陶粒这些优异的性能，可以将它广泛应用于建材、园艺、耐火保温材料、化工、石油等部门，应用领域越来越广。

随着土地资源的减少，硅质原料一般采用淤泥类黏土、页岩、粉煤灰、煤矸石、尾矿等。由于这些废弃物中化学、矿物等差异较大，单种原料很难烧出优良的陶粒。因此，应通过陶粒配比试验，确定符合烧制陶粒的不同成分原料的配合比。外掺剂一般采用有机质、助熔剂和产生气体的物质。

根据陶粒原料的不同性状与特点，陶粒工艺技术主要包括：塑性法制粒—回转窑工艺、窑内制粒—回转窑工艺、粉磨成球—回转窑工艺、破碎制粒（干法）—回转窑工艺、粉煤灰烧结机工艺等。

第二节　建筑墙体材料的绿色化技术

一、建筑墙体材料的绿色化现状

建筑墙体材料是建筑物围护结构和内部空间分隔的主要材料，是保证建筑物品质与功能、改善民生、提高生活质量的重要物质支撑。墙体材料的绿色化是推进绿色建筑产业化的重要环节之一。

1. 墙体材料绿色化的发展历程

在国家建筑节能政策的引导下，墙体材料产品结构向多功能、保温隔热、无害无污染的绿色建材发展，新型节能、绿色、环保、多功能的墙体材料产品产量快速增加，烧结保温砖（砌块）、复合保温砖（砌块）、装饰砖等产品的结构比例已基本接近发达国家水平。生产工艺技术得到优化，装备技术水平快速提升，向清洁生产、节能减排的方向发展；产业结构逐步调整，在不断消化、吸收再创新的基础上，向大型化、规模化、集团化生产发展。

（1）产品结构呈现多元化　"十一五"期间，墙体材料产品由以黏土实心砖为主向多元化、多功能节能利废方向发展，黏土实心砖总量由期初的 4800 亿块/a 减少到 4000 亿块/a，空心产品和"利废"产品增长迅速，多孔砖、空心砖、空心砌块和轻质保温墙板总量上升。2010 年全国新型墙体材料产量占墙体材料总量的 55％，比 2005 年提高 11 个百分点，以新型墙体材料为主的生产和应用格局基本形成。应用新型墙体材料新建节能建筑累计面积 48 亿平方米，比"十五"末增加 3 倍多，改变了传统墙体材料以黏土实心砖为主的格局。

烧结砖因其独有的稳定性、耐久性、居住舒适性及广泛适用性，一直是墙体材料的主要品种。随着"禁黏限实"墙改政策的推行，建筑施工方法上与烧结砖相似的非烧结砖如混凝土砖、炉渣砖、粉煤灰砖、蒸压灰砂砖、蒸压粉煤灰砖等，在产品生产方面具有原材料来源广泛、生产能耗较低、对环境的污染程度小、产品质量容易控制等优点，作为黏土砖的替代产品，在20世纪80年代后迅速发展起来。随着绿色建筑的推行，建筑用砖向大规格、多功能方向发展，产品由传统的实心砖发展为多孔砖、空心砖，砖规格增大而体积密度减小，不但减少了生产资源的消耗量，降低建筑墙体的自重，也提高了墙体的保温隔热性能。"十一五"期间，烧结空心砖和多孔砖快速发展，年产量由期初的1600亿块增加到2500亿块。各类建筑用砖的生产技术、生产装备及相关的产品标准、应用规范逐步完善。在此基础上，墙体材料产品向大块型、高保温、多功能方向探索，装饰砖、空心砌块、装饰挂板发展较快；用清水墙砖设计、建造的"夹芯墙"结构体系在我国取得了突破；具有高保温隔热性能的烧结保温空心砌块（年设计生产能力折标砖0.8亿～1.2亿块）在部分省市试点生产，带动行业对烧结空心砌块项目的重点开发和建设，引导墙体材料产品向大规格、具有高保温性能、轻质多功能的砌块、板材方向发展。

建筑砌块种类繁多，如混凝土砌块、轻集料混凝土砌块、蒸压加气混凝土砌块、烧结空心砌块、烧结保温砌块等。我国早期的混凝土小型空心砌块以承重砌块为主，20世纪80年代以后，发展了轻集料混凝土小型空心砌块、装饰混凝土砌块、粉煤灰混凝土小型空心砌块、复合保温砌块等新品种系列，尤其是轻集料混凝土小型空心砌块的产量及其砌块建筑持续增长。2006～2010年我国混凝土砌块行业主要产品的总产量见表13.6。

表13.6　2006～2010年我国混凝土砌块主要产品产量　　单位：万立方米

产品种类	2006年	2007年	2008年	2009年	2010年
普通混凝土砌块(含装饰砌块)	1000	1050	1000	1050	1100
轻集料混凝土空心砌块	6300	7150	7100	7300	8000

轻集料混凝土产品的性能与轻集料的质量密切相关，轻集料混凝土产品的需求增长带动了我国人造轻集料生产行业的进步和发展。体现在：生产产能逐年提升，2007年，全国人造轻集料年产量约为400万立方米，2011年约600万立方米，年生产总量提升了50%；生产技术得到提升，原材料更注重资源综合利用，采用生物质燃料代替煤粉烧制陶粒的技术已推广开来。

加气混凝土砌块是建筑砌块的重要组成部分，是目前高层框架结构填充墙体材料应用最多的材料之一。"十一五"期间，我国新建成了各类加气混凝土砌块厂近500家，总设计产能超过4000万立方米，成为国际上应用粉煤灰生产加气混凝土砌块最广泛、技术最成熟的国家，同时对原材料、产品、检测方法和施工应用都制定了标准和规范，使我国加气混凝土砌块形成了完整的工业体系。

烧结空心砌块系列是我国未来的主要墙体材料之一。我国从20世纪80年代开始研究推广烧结空心砌块制品，墙体材料革新和建筑节能系统工程推动了烧结空心砌块的加速发展，"十一五"期间，烧结空心砌块成为新型墙体材料发展的重点，产能从2006年1700亿块/a到2010年的2200亿块/a，增长速度和总量远远高于其他新型墙体材料。由于烧结空心砌块独有的优良性能，目前其产量占墙体材料总量约25%，发展势头强劲。

建筑砌块总体发展趋势是向空心化和功能复合化、装饰化、系列化方向发展，节能利废、保温隔热、轻质、绿色环保、多功能复合、高强是未来发展的主基调。为了达到65%的建筑节能目标，未来高保温复合砌块、装饰砌块将被大力推动和快速发展。

建筑轻质板材集装饰、装修和围护功能于一体，具有优良的保温、隔热、隔声、防火和装饰效果。轻质建筑板材干作业施工减少了运输费用，减轻建筑物自重，扩大建筑物的使用面积。

建筑墙板主要用于外墙保温和内隔墙。建筑轻质墙板的类型很多，目前用于墙体的轻质板主要有石膏板、纤维水泥板（FC板、TK板、GRC板、3E板、埃特板等）、稻草板、蒸压硅酸钙板、钢丝网水泥夹芯板（GY板、舒乐舍板、泰柏板、3D板等）、轻集料混凝土板、陶粒混凝土复合板、加气混凝土板、蜂窝水泥纤维板钢丝网架膨胀珍珠岩夹芯板、聚氨酯金属复合板、木质材料水泥板（刨花、木丝等水泥板）等。"十一五"期间，板材无论是技术质量和应用数量均呈快速上升趋势，引进并建成一批具有国际先进水平的生产线，如纸面石膏板、石膏刨花板、水泥刨花板及其他新型板材生产线。墙板产品总量同比增长15％，生产规模向大型化发展。

"十一五"期间令人瞩目的是单一保温墙体节能体系（自保温墙体）的研发，这是一种由单一或多种建筑材料组成的既具有保温性能又可作为主墙体的保温墙体节能体系，目前开发应用的有混凝土自保温（复合）砌块、烧结自保温（复合）砌块、夹芯复合保温墙板等，这种单一材料保温墙体节能体系代表了建筑节能墙体材料的发展方向。

（2）节能减排和资源综合利用成效显著　墙体材料行业通过以下措施实行节能减排目标：调整产业结构；制定行业规模标准，关停或改造规模小、能耗高、污染大、技术落后的小企业，鼓励建设技术起点高的大规模生产线。调整产品结构：以"禁黏限实"政策为契机，推动墙体材料产品向多品种、多元化、多功能方向发展。提高生产技术，开发各类产品利废生产技术、研发余热利用技术和清洁生产技术，提升行业生产技术水平。提高装备技术水平，提高生产装备的成套化、自动化程度，研发节能减排装备等。

2010年，我国墙体材料行业综合能耗为7420万吨标煤，与2005年相比下降13.8％。主要污染物排放总体呈明显下降趋势，其中CO_2排放量由2005年的2.24亿吨降低到2010年的1.91亿吨，下降14.7％。

"十一五"期间，砖瓦工业综合利用工业固体废物总量约15亿吨，合计节约耕地300多万亩，节约标准煤约2500万吨，减少SO_2排放约50万吨，节能减排和资源综合利用成效显著。

国外对墙体材料产品的研究注重于新产品研发，我国的墙体材料改革更注重于利用废弃物生产墙体材料的研发。自20世纪80年代中期开始，以煤矸石等含能废渣为原料的内燃烧砖技术开始在行业推广，煤矸石既作为原料替代了自然资源，又利用其热值作为燃料替代了煤炭能源。同时，以粉煤灰、炉渣、尾矿等工业废物生产各种墙体材料的生产技术迅速发展起来，在行业得到广泛的应用。现在已形成了全煤矸石墙体材料、高掺量粉煤灰墙体材料、各种尾矿生产墙体材料、城市污泥墙体材料等成套工艺技术与装备专有技术。使烧结墙体材料工业成为消纳大宗废渣发展循环经济产业链中的重要一环。墙体材料工业利用建筑垃圾及废渣土制造墙体材料技术已经成熟，在建筑垃圾再生利用方面（含装备）的研究工作逐渐展开，并取得较快的进展。利用城市生活垃圾、城市污泥制砖技术也已研发成功，取得了初步的成果。利用江河淤泥量、城市污泥生产墙体材料技术较快发展。人造轻集料行业利用城市污泥、建筑垃圾、淤泥等作为生产原料的技术日趋成熟，利用生物质燃料代替煤粉的生产技术推广应用也很快。

（3）工艺与装备技术水平快速提升　墙体材料装备产业得到壮大，一批拥有自主知识产权、技术先进、自动化程度高的成套技术装备已达到国际先进水平，出口到80多个国家。

"十一五"期间，具有自主知识产权的砖瓦技术、产品和装备得到蓬勃发展。JKY 75/70、JKY 70/70型大型挤砖机和配套设备已进入市场，JKY 60/60、JKY 50/45等不同型号的挤砖机和配套设备运转良好；湿式轮碾机、切、码、运设备和自动上（下）架机组系统等设备，填补了国内空白；全自动码坯机组、码（卸）坯机器人运转良好；新建成的大型生产线装备了计算机测控系统；3.3～10.3m平吊顶宽断面隧道焙烧窑炉投入正常运行。砌块行业的主机消化吸收国外先进经验，采用国外知名品牌的液压元器件和电子控制元器件，使成型机的总体可靠性大幅提升，成功研制出了用于生产自保温复合保温砌块的热塑发泡成型设备。国产装备技术与国外先进国家之间的差距逐渐缩小。

2. 存在的主要问题

自 20 世纪 80 年代我国墙改政策推行以来，墙体材料的发展取得了长足的进展，但与国外同期相比，仍处于落后状态。

（1）整体产品质量偏低　烧结砖与烧结空心砌块、混凝土空心砌块等大宗产品，单一材料难以满足建筑节能要求，多数混凝土空心砌块产品在建筑应用中出现的"冷""热""裂""渗""漏"等问题还没有得到根本解决。外墙外保温、外墙内保温等复合节能保温体系，耐久性与安全性差、施工难度大、建筑成本高。

（2）装备水平有待提高　新开发的高档次节能保温产品在国内缺乏配套装备支撑，进口设备投资大，市场推广度低。

（3）生产技术水平偏低　受装备水平影响，自动化、成套化程度低，清洁生产技术尚处于起步阶段，适用的清洁生产装备不完善。

（4）废弃物利用需要深入研究　对于尾矿、污泥、淤泥等大宗固体废物生产墙体材料产品的基础理论和生产技术研究尚处于探索阶段。

（5）配套技术需要提升　配套的产品标准、应用标准、评价体系、认证体系以及检测技术及仪器滞后。

3. 墙体材料绿色化的途径

建筑材料是建筑行业的物质基础，建筑材料的绿色化也是实现绿色建筑的物质基础。国际住房与规划联合会第 46 届世界大会上形成了以下共识：一是建材工业的发展需要服从环境保护和绿色建筑的需要，不但要控制环境污染和生态破坏，还要在保护自然生态环境和人文历史环境中处理好现在发展与未来发展的关系。二是建材工业的发展要服从国家可持续发展战略的需要，要在建立节水、节材、节能、节地型社会，提高建筑材料的耐久性、建筑垃圾再利用等方面加快发展速度。三是建材工业的发展要在推行住宅产业现代化中加快发展、实现住宅建设向质量效益型转轨。世界各国或地区在对绿色建筑的评价技术体系和模型中均不约而同地将建筑材料的环境影响纳入其中。

墙体材料作为建筑围护和分隔结构的主要建筑材料，产品的绿色化对绿色建筑具有很大的影响。根据绿色建筑的要求，墙体材料绿色化途径应从以下几个方面考虑。

（1）节约土地　既不毁地、毁田取土做原料，又可增加建筑物的有效使用面积。

（2）降低能源消耗　既节约墙体材料的生产能耗，又节约建筑物的使用能耗。

（3）减少污染物排放　生产过程中少排放甚至不排放废气、废渣、废水；墙体有较高的绝热性，可大量减少耗热量，并可相应减少有害气体的排放量。

（4）废弃物的综合利用　尽可能少用或不用天然资源，而大量利用废弃物作原料。

（5）多功能化　对外墙材料与内墙材料既有相同的，又有不同的功能要求。

对外墙材料而言，在承载能力方面，要求承重墙材既能抗足够的垂直荷载，又能抗风载。对仅作为围护用的非承重墙材则主要能抗风载。不论承重与非承重的墙体材料均要求可扩大建筑使用面积，有足够的抗冲击强度，较好的防火、隔热、抗震、隔声、抗渗、抗反复干湿与抗反复冻融等性能，并力求达到一定的装饰效果。

对内墙材料而言，要求承重内墙材料抗足够的垂直荷载，非承重墙体材料主要用作隔断，应质轻并有一定的强度，不论承重与非承重的内墙材料均要求扩大建筑使用面积，安装便利，有一定的抗冲击强度，并兼具较好的防水、隔声、防潮、防霉等功能，另外还应无放射性并尽可能有调湿功能。

（6）可再生利用　墙体达到其使用寿命而拆除后，墙体材料可再生循环使用而不致成为污染环境的废弃物。

二、建筑墙体材料的绿色化技术

根据国家经济建设的需求，必须大力发展绿色新型墙体材料产业。据《建材工业"十二五"发展规划》，到 2015 年，新型墙体材料需求量为 5700 亿块，占墙体材料总量的比重为 65％，其中建筑板材占墙体材料的比重为 20％以上。单位产品能耗降低 10％，固体废物综合利用量为 3.5 亿吨。

新型墙体材料主导产品重点发展优质、高强、高保温性能的各类新型节能墙体材料。要发展符合建筑体系和建筑功能要求、保温性好、轻质高强、装饰性强、利废节能的承重和非承重烧结保温砖和保温砌块、复合保温砌块。发展高掺量的综合利废产品，主要包括蒸压加气混凝土砌块（板）、蒸压灰砂砖、蒸压粉煤灰砖、石膏砌块（板）、建筑垃圾砌块（砖）。发展陶粒混凝土砌块、陶粒保温加气混凝土砌块、陶粒混凝土板。发展烧结选矿废渣砖、烧结（江、河、湖、海）淤泥砖、保温砖等。鼓励发展节能保温、耐候性好、防火性强、性价比高、集多功能于一体的各类内外墙新型（复合）墙板、异型材接插板等。

新型墙体材料技术创新的重点与目标为：适合不同地域特点的高效烧结保温砌块生产技术及其成套装备和建筑应用技术。针对不同的工艺与窑型，研究开发烧结墙体材料行业节能减排、环境保护的成套除尘脱硫技术与装备。针对不同原料研究人造轻集料（陶粒）成套生产技术与装备。研究开发安全环保型外墙保温材料、体系及其成套技术与装备。

1. 合理利用固体废物，减少自然资源消耗，降低环境负荷

固体废物综合利用有利于节约天然资源的消耗，实现资源可持续利用，同时解决固体废物污染环境、安全隐患等问题。利用固体废物生产建筑材料是消纳固体废物的有效途径之一，也是绿色建筑对建筑材料的要求之一。"十一五"时期国内大宗固体废物综合利用基本情况见表 13.7。

表 13.7　大宗固体废物综合利用基本情况

大宗固废种类	2005 年		2010 年	
	产生量/亿吨	利用率/％	产生量/亿吨	利用率/％
尾矿	7.33	7	12.3	14
煤矸石	3.47	53	5.94	61.4
粉煤灰	3.02	66	4.8	68
工业副产石膏	0.55	—	1.37	42
冶炼渣	1.17	37	3.15	55
建筑废物	4		8	
农作物秸秆	6		6.82	70.6
合计	25.54	—	42.38	37.2

"十一五"期间，墙体材料工业开发和利用各种工业废物（煤矸石、粉煤灰、炉渣）和利用江河淤泥、页岩等生产新型墙体材料产品总量增加，综合利用工业固体废物总量约 15 亿吨，以煤矸石、粉煤灰等工业废渣作为主要原料和内燃料生产墙体材料在行业得到广泛的应用。经过"十五"到"十二五"时期的研发及应用，现已形成了全煤矸石墙体材料、高掺量粉煤灰墙体材料等成套工艺技术与装备专有技术，利用城市污泥、江河淤泥生产墙体材料

技术发展较快，取得了初步的成果，利用建筑垃圾及废渣土制造墙体材料的研究工作逐渐展开，并取得较快的进展，对利用尾矿生产墙体材料展开了研发和应用，使烧结墙体材料工业成为消纳大宗废渣发展循环经济产业链中的重要一环。

煤矸石是煤炭开采、洗涤过程中剔除出来的废料。利用煤矸石生产烧结墙体材料，其掺量可达 100％。煤矸石既作为原料又作为燃料，充分利用其中的矿物资源和残余热值，采用内燃烧砖的工艺，烧砖不用煤，而且无废渣排放，节约了资源和能源，促进了清洁生产。目前煤矸石烧结砖的生产工艺、装备技术都已经达到成熟，并在全国范围内得到广泛的推广和应用。煤矸石烧结产品的不足之处在于规格尺寸较小，产品的热工性能较低，单一材料在不增加墙体厚度的情况下无法达到节能建筑的要求。因此利用煤矸石生产烧结墙体材料应着眼于提升产品质量和性能，重点需求是开发新型的具有保温—装饰、保温—承重等多功能的产品，向多元化、多功能的方向发展。"十一五"期间，国家科技支撑计划项目"新型墙体材料绿色制造工艺技术与装备"和"节能型复合墙体与结构材料的开发"的研究取得重大技术成果，形成了利用页岩和煤矸石生产烧结保温空心砌块的关键技术，研究开发以工业固体废物为主要原料生产烧结保温空心砌块和烧结装饰砌块的生产技术、工艺及装备。目前已在新疆、秦皇岛、长春、重庆、浙江等地建设了以页岩、粉煤灰、煤矸石为原料的生产线。

利用粉煤灰生产的墙体材料主要有蒸压加气混凝土砌块，粉煤灰掺量可达 60％以上；粉煤灰混凝土轻质隔墙板，粉煤灰掺量可达 45％；粉煤灰砖，粉煤灰掺量可达 75％；粉煤灰小型空心砌块等，都是目前应用较为广泛的生产工艺技术。目前对粉煤灰应用于墙体材料的研究，除着眼于拓宽应用范围外，对现有利用技术进行改进和创新，重点从复合化、超细化、大掺量化、节能化及环保化等方向进行技术突破。

工业副产品脱硫石膏可代替部分或全部天然石膏生产石膏墙体材料，提高石膏砌块的制造技术并增加其产量。石膏砌块的生产主要是建筑石膏粉制备和砌块生产，生产过程中产生少量的废品砌块渣，可作为生产石膏粉的原料循环利用，产生的粉尘、煤渣和排放的烟气都较少，对环境的影响主要集中在建筑石膏粉的生产。作为内隔墙的石膏砌块对人体无害，在长期使用过程中不会有任何有害气体释放，无放射性和重金属危害，安全防火，调节湿度，保温隔热，节省能源，是典型的绿色建材产品。

利用各种废料生产石膏砌块是今后发展的方向之一，在提高石膏砌块各种技术性能和使用功能的同时，降低制造成本，保护和改善了生态环境。如在石膏砌块内掺加膨胀珍珠岩、超轻陶粒等轻集料，或在改用 α 型高强石膏的同时掺入大比例的粉煤灰，或掺加炉渣等废料以提高产品强度及降低成本，或掺加水泥及采用玻璃纤维增强，或在烟气脱硫石膏中掺加粉煤灰及激发剂以提高制品耐水性等。

生产石膏墙体材料，其总的能耗低于以水泥为胶结料的墙体材料并可减少对环境的污染。纸面石膏板生产线的产量大、自动化程度高。用两侧为双层纸面石膏板与轻钢龙骨和矿棉组合成的厚度为 15cm 的复合墙体，其每平方米重仅为两侧抹灰、厚度为 18cm 的空心黏土砖墙每平方米重的 22％，隔声性优于后者，故纸面石膏板特别适合于作为高层建筑的轻质隔断。

建筑废物种类多，如建筑渣土、砖、混凝土、钢筋、玻璃、小五金、砂浆、木材等。原状建筑废物无法直接利用，须进行分拣、分类处理后方能利用。墙体材料主要利用其中的废砖、瓦、混凝土等，经破碎、筛分、分级、清洗后作为再生集料生产混凝土砌块、混凝土空心隔墙板、蒸压制品等。由于再生集料组分中含有水泥砂浆，使集料孔隙率高、吸水性大、强度低，导致拌合物流动性差，产品收缩、徐变值较大，抗压强度偏低，用作墙体材料时仅用于非承重墙体。

城市污泥包含水厂污泥、生活污泥和工业废水污泥三类。污泥堆放不当给水体和大气带来二次污染，对生态环境和人类的活动构成了严重的威胁。存在的主要环境问题如下：①污泥含水率高，未脱水污泥含水率大于 90%，初步脱水污泥含水率也高达 70%～80%，造成运输成本高、堆放面积大，挤压垃圾填埋场库容，堵塞垃圾渗滤液管等问题。②滋生细菌，不仅造成视觉污染，而且为其他有害生物的滋生提供了场所。③污染大气，污泥堆放在露天散发出臭气和异味，日晒风刮，污染物颗粒会造成大气污染。④污染水体，经水浸泡、溶解，污染物伴随污水流入河道，会污染地表水，进入地下水。⑤含有重金属，如不加以控制，则可能污染土地。随着国家环保政策的推进和用水规模的迅速扩张，污泥处理和处置问题迫在眉睫，要求对污泥有效处理后进行无害化、资源化和减量化处置。将污泥作为原料生产墙体材料是达到这一处置目的的重要方向之一。

淤泥是江、河、湖、海水域中，在静水或缓慢的流水环境中沉积、经物理化学和生物化学作用形成的，未固结的软弱细粒或极细粒土。淤泥天然含水率高、触变性大。因水质不同，其成分差别较大。

近几年墙体材料行业对污泥（淤泥）制砖、污泥生产轻集料等技术展开研究，并在一些生产线中实施。但因为来源不同，处理方式不同，造成污泥（淤泥）成分复杂，且含水率高、臭味大，目前污泥建材产品生产的难点还在于脱水、干化、除臭等前期处理技术，生产中污泥的掺加量有限，目前还没有形成统一的理论支撑和成熟的工艺技术。含有重金属的污泥（淤泥）应采用烧结类的生产工艺，以达到重金属固熔化，避免墙体材料产品使用中对人体产生危害。

尾矿是选矿作业中的废渣，已成为我国目前产出量最大的固体废物。尾矿的堆放不仅占用土地，浪费资源、污染环境，而且存在极大的安全隐患，尾矿的综合利用和尾矿区的环境恢复治理已成为矿区急需解决的问题。2010 年 4 月 11 日，国家工信部、科技部、国土资源部和国家安全生产监督管理总局联合发布《金属尾矿综合利用专项规划（2010—2015 年）》（工信部联规［2010］174 号）指出，"金属尾矿综合利用难度大、牵涉面广，既关系企业和行业生存与发展，又影响环境与安全，是社会关注的热点。与粉煤灰、煤矸石等固体废物相比，尾矿的综合利用技术更复杂、难度更大。目前，我国工业固体废物综合利用率在 60% 左右，而金属尾矿的综合利用率平均不到 10%，相比之下，尾矿的综合利用大大滞后于其他大宗固体废物。尾矿已成为我国工业目前产出量最大、综合利用率最低的大宗固体废物"。利用尾矿生产新型墙体材料是尾矿进行综合利用的方向之一。

近年来墙体材料行业开始尝试利用尾矿生产墙体材料产品，对一些尾矿进行了原料分析，但因为矿种不同、选矿方式各异，原料组成及其中的有害成分都不同，目前还没有形成系统的研究体系，一些铁尾矿经过原料分析后，符合生产烧结墙体材料的要求，故投入实施，但适用的工艺和技术、装备还在探索中。利用尾矿生产墙体材料主要注意其中的有害成分，检测其放射性指标和重金属含量等。

我国农作物废渣秸秆、稻糠等不仅来源广泛，而且再生能力强，"十一五"以来，南方一些人造轻集料（陶粒）生产企业陆续采用植物和农作物的秸秆、稻壳、木屑等替代煤粉烧制陶粒，取得较好的技术经济效益和环境效益。据有关资料介绍，仅谷糠，全国每年的产生量达 4000 万～5000 万吨，秸秆和锯木粉的数量也很可观。低位热值分别为谷糠 12560～21320kJ/kg；秸秆为 21980kJ/kg；锯木粉为 13220kJ/kg，是一项非常可观的可再生燃料资源。生物质替代燃料燃烧生成的 CO_2、SO_x 和 NO_x 很低，几乎是零排放，有利于环境保护。用于生产陶粒时，因生物质燃料燃烧灰中富含熔点 1400℃的硅石，高于陶粒的烧成温度，使之不易结块、结窑，起到防黏剂的作用，对改善窑的工况非常有利，除稳定窑内的热工制度保障了窑产量和质量的提高以外，还延长窑衬耐火砖的使用寿命并提高窑的运转率，一般可大约增产 10%～20%。

2. 烧结新型烧结墙体材料的绿色化技术

质量优良的烧结墙体材料在使用性能上有着其他墙体材料无法比拟的优越性能。耐久性好，使用寿命长，能长期抵御恶劣环境及酸雨的侵蚀，维修和保护费用低。可保持长期的尺寸稳定性。使用寿命终结后可分离、可回收。生产中产生的固体废弃量少。生产中几乎无废水排出。

目前烧结砖墙材企业存在较普遍的问题是：

① 产品热工性能低，建筑墙体保温性能差，高档次烧结砖所占比例较低。

② 不能根据原料特点使用适用的工艺和设备，造成产品质量差，能源浪费严重。

③ 原料均化程度不足，固体废物掺配不均，造成生产和产品品质不稳定。

④ 成型设备效率较低，影响产能。

⑤ 大功率设备电耗较高。

⑥ 窑炉密封不严，热耗大，余热利用效率低。

⑦ 生产粗放式管理，生产流程工艺参数波动大，产品质量不稳定。

因此，我国发展新型绿色化烧结墙体材料应从以下方面着手：

① 调整产业结构，发展符合绿色建筑功能要求、保温性好、轻质高强的新型烧结墙体材料产品。轻质保温砌块或保温砖，其表观密度为 $550 \sim 900 \mathrm{kg/m^3}$，热导率为 $0.11 \sim 0.14 \mathrm{W/(m \cdot K)}$，用其砌筑的单层外砖墙隔热与蓄热比例相等，结构安全性好，是造价较低的一种低能耗建筑结构体系。

② 加强基础理论研究，对产品各种性能产生影响的因素，产品性能与原材料、工艺制造技术、生产装备等的基础理论研究，形成系统的理论支撑，开发适用的绿色建材产品及成套生产、应用技术。

③ 采用自动配料和自动加水技术，根据原料配比和热值精确控制配料，根据成型水分要求控制加水量，保证生产的稳定性和产品品质的稳定性。

④ 原料陈化工艺促进原料各组分之间及物料与水分充分均化，是生产优质产品必不可少的工艺。

⑤ 煤矸石等硬质原料硬塑挤出成型工艺，挤出压力达 4.0MPa，真空度 ≤0.092MPa，挤出的湿坯强度高，能有效保证制品的质量，成型水分低，能显著减少坯体干燥能耗。

⑥ 自动码坯和卸砖技术。码坯和卸砖是目前砖瓦厂劳动定员最多的两个工序，隧道窑机械码坯、卸砖技术，干燥室自动上、下架技术用机械代替人工，不仅提高了劳动生产率，且机械定位精准、动作时间恒定，有利于保证干燥和焙烧工序热工制度的恒定，从而保证产品质量稳定。

⑦ 新型干燥窑采用单层干燥方式，产能大，窑内按照干燥过程划分相应功能区域，干燥制度稳定、干燥成品率高、自动化程度高、节能效果好，适宜于二次码烧工艺生产高孔洞率空心制品。

⑧ 内燃烧砖技术。将燃料（固体燃料，煤或含能废渣，多用煤矸石）掺加到原料中，同原料一起制成坯体，在坯体内部燃烧达到烧结。内燃烧砖工艺燃烧效率高，坯体焙烧完全，产品质量好，而且无燃料废渣排放，既节约资源又节约能源，还促进了清洁生产。

⑨ 大断面隧道窑焙烧技术。窑炉断面内宽 6.9m 以上的隧道窑焙烧技术较为成熟，大断面的设计降低了窑炉的高宽比，使窑内上、下部温差小，有利于焙烧制度的稳定，使产品质量均衡。大断面隧道窑也促进了企业生产的规模化和自动化。

⑩ 窑炉余热利用技术。隧道窑余热干燥坯体技术应用较为广泛，应根据原料（热值）、

产品、焙烧制度设计余热系统，达到高效利用。隧道窑余热交换与利用技术是在保证产品质量的前提下，将隧道窑的多余热量经过热交换用于生活或生产设施。目前余热交换利用通常与余热干燥系统同出一源，余热满足干燥需要的多余部分进行热交换制取热水或蒸汽，用于车间采暖或生活洗浴。烧结墙体材料余热交换利用还有很大的发展余地，除抽取窑内余热外，还可利用窑体和管道的辐射热等。

⑪ 干燥、焙烧窑炉温、湿度自动监控技术。采用中控室集中监测、调控热工曲线与热工参数，保证干燥、焙烧制度稳定，从而保证产品品质稳定。

⑫ 运转设备自动化运行技术。随着窑炉的大型化，窑车运转设备必然要自动化，要求自动运转稳定、定位精准。

⑬ 生产装备标准化和成套化。烧结墙材生产装备在"十一五"期间发展很快，设备生产企业大量增加，随着生产规模的大型化，生产装备在引进、消化国外装备的基础上逐渐大型化，但还达不到根据原料和工艺要求配置适用成套设备的要求，生产设备缺乏统一的标准，造成设计选型困难，不同厂家设备之间的配合会影响生产线调试的进度，有时还会影响产能和质量，这种状况制约了行业的快速发展，因此，应积极推进行业装备的规模化、标准化和成套化。

⑭ 生产技术成套化。20 世纪 80 年代以来，我国先后从国外引进关键设备与技术并建成了一批当时具有国际先进水平的烧结墙材生产线，通过不断消化吸收再创新，形成了具有自主知识产权的一批成套技术，如全煤矸石烧结墙材成套技术、高产量粉煤灰烧结墙材成套技术、烧结装饰墙材成套技术、城市污泥烧结墙材成套技术、烧结保温空心砌块成套技术、各种尾矿烧结墙材成套技术等。

⑮ 推广节能减排、清洁生产技术。墙体材料节能减排和清洁生产技术包含以下内容：调整产品结构，以高强高孔洞率的薄壁空心制品为主体，减少能源消耗和污染物排放。以固体废物为原料（燃料），充分利用废渣的热值，变废为宝，降低废弃物排放的环境压力，减少墙材产品的生产能耗。采用节能生产技术，如内燃烧砖工艺、窑炉余热利用技术、蒸压产品蒸汽回收技术等，降低生产能耗。采用节能型装备，降低生产电耗。优化窑炉焙烧系统，提高窑炉热能利用率，减少烟气排放。采用适用的烟气净化技术与装备，使烟气排放达到国标要求。

3. 混凝土小型空心砌块绿色化技术

混凝土小型空心砌块虽然在 100 多年的发展过程中取得了生产与建筑应用的很大成绩，但这种节能、节土、减排、综合利废的绿色墙材产品，在我的进一步发展还存在以下突出的问题。

一是技术标准水平不高和各种标准之间存在矛盾，影响和制约了砌块和砌块建筑的进一步发展。二是混凝土空心砌块热工性能差，难以满足建筑节能规定指标限制要求，整体上难以打入节能建筑市场并形成主导产品。三是利废砌块发展缓慢，由于目前普遍推行建筑节能，所以利废砌块如何达到不同热工区域所要求的建筑节能标准目标，存在一定的问题。针对上述主要问题，混凝土空心砌块的绿色化及其技术应重点考虑以下几个方面。

（1）适时提高标准的技术水平及减少各种规范标准的不一致性 当前主要问题是砌块材料标准有关技术指标水平较其他规范规程低，如产品强度与抗冻性较 GB 5003《砌体结构设计规范》、JG/T 14《混凝土小型空心砌块建筑技术规程》规定值低很多，另有吸水率、干燥收缩率、软化系数、碳化系数、线膨胀系数、隔声、燃烧性能和耐火极限、放射性核素限量、热工性能共 9 个指标确实缺失，材料产品标准中未作规定。

（2）全面深入实施混凝土小型空心砌块提升热工性能节能技术改造　首先应从产品入手，通过隔热保温砌块产品的孔型、孔排列设计、空腔填塞各种绝热保温材料、适当调整原材料组分和配合比等多种方法提高产品的热工性能，重点发展复合保温砌块、复合自保温砌块、复合保温-装饰一体化砌块等。自保温砌块作为节能与结构一体化结构体系的主要墙体材料，在我国节能建筑中将会得到广泛应用。许多技术问题尚有待完善，重点包括：①砌块基材和高效填充保温材料的优选与研发。基材热工性能直接决定保温砌块的保温效果，在保证砌块物理力学性能的前提下，应优选热导率低的混凝土及其原材料，轻集料混凝土和超集料混凝土是首选。研制保温性能和耐久性好、性价比高、填充方便的高效填充保温材料，注重利用工农业废物。②保温砌块专用生产装备的研制。保温砌块品种繁多，结构多样。若没有专用生产装备，生产效率很低，影响企业经济效益，必须加快研制专用生产设备。例如在线填充高效保温材料自保温砌块成型机、在线复合高效保温材料的复合结构保温砌块成型机等。③保温砌块专用保温砌筑砂浆的研究。由墙体砌筑材料砌筑而成的墙体，其保温性能主要取决于砌筑材料的热工性能，砌筑砂浆热工性能也是非常重要的因素，尤其是砌筑砂浆热导率和灰缝宽度。必须提高砌筑砂浆的保温性能，研制专用保温型砌筑砂。④编制保温砌块设计图集和技术规范等。

（3）加快利废砌块技术的发展　我国在利废混凝土小型空心砌块发展方面既有成功的经验，也有不足，如废渣主要局限在炉渣、钢渣、粉煤灰等，而对量大面广的建筑固体废物等，则基本没有找到大量综合利用的好办法。利废砌块发展中，还存在不问废渣来源与性质，忽视科学的配合比等现象，导致在利废砌块发展问题上走了一些弯路，如烧失量偏大的炉渣砌块，造成了墙体大量鼓泡、开裂问题；又如将含剧毒的铬渣做砌块，造成了重金属污染等问题。

在利废砌块技术发展方面，应加大对再生集料砌块研究与开发，着力建设大型再生集料-废渣砌块研发基地、生产基地，为再生混凝土空心砌块生产提供优良的技术和原料。

（4）大力发展轻集料混凝土小空心砌块　与表观密度较高的普通混凝土小型砌块相比，轻集料混凝土小型空心砌块由于具有轻质及热工性能较好的优点，更适合于高层框架建筑的围护结构隔热保温用材和室内填充墙。

轻集料混凝土小型空心砌块按轻集料的不同分为：①人造轻集料砌块，这类砌块主要有陶粒混凝土小型空心砌块、膨胀蛭石小型空心砌块等；②天然集料混凝土小型空心砌块，这类砌块主要有火山灰、浮石等混凝土小型空心砌块；③工业废渣轻集料小型空心砌块，主要有自然煤矸石和炉渣等废渣轻集料混凝土小型空心砌块。

轻集料小型空心砌块孔的排数有单排孔、双排孔和多排孔。根据热力学辐射传热、传导传热和对流传热的原理，砌块的孔型、孔排数、孔排列的设计，要贯彻延长和阻断热流路线的要求，最大限度地提高砌块的保温隔热性能。在此前提下，对墙厚190mm的砌块，孔型宜设计为矩形孔，孔排数可为4～5排，孔排列为有序交错排列；对墙厚240mm的砌块，孔排数可为6～7排，孔型、孔排列同上；对墙厚370mm的砌块，孔排数可为10～11排，孔型、孔排列同上。

4. 蒸压新型墙体材料的绿色化技术

用蒸压法制造的块状或板状的墙体材料，其主要优点是：可少用或不用水泥，以石灰或电石泥代替全部或部分水泥，并掺加相当量的硅质材料，如石英砂（可用风化石英砂、河道沉积砂等）、粉煤灰与矿渣等。与蒸养制品相比，可使生产周期由14～28d缩短至2～3d。制品的某些性能优于蒸养制品，如高强度、低干缩率等。因此，应大力发展加气混凝土砌块与条板、蒸压灰砂制品及蒸压粉煤灰砖等四类蒸压墙体材料。

① 加气混凝土砌块与条板容重一般为 $500\sim700kg/m^3$，是兼具一定的承重能力与自身绝热性的墙体材料。全国加气混凝土制品的年生产能力已达 2000 万立方米，产品以砌块为主，砌块与条板的产量比大致为 10∶1，多数产品用作框架建筑的填充墙。蒸压加气混凝土工业整体技术水平不高，产品合格率也不高，整个行业需要加强技术改造、提高装备技术水平与产品应用技术水平。今后应充分发挥已建生产线的能力，提高制品强度、增加条板产量，狠抓配套，加强应用技术的研究，使更多的此类制品用作建筑物的外墙。在国内外用加气混凝土制品砌筑 5～6 层楼房的承重墙已不乏先例。为保证砌体质量，尤其是耐候性，必须使用与之相配套的专用砌筑与抹面的砂浆。

② 蒸压灰砂制品具有强度高、尺寸精确、外形美观、蓄热性好等特点。应对现有企业进行必要的技术改造，增加产品品种，尤应重视发展多种规格的空心灰砂砌块。

③ 蒸压粉煤灰砖以粉煤灰、石灰、水泥、炉渣等作为主要原料，其中粉煤灰掺量可达 50％以上。此种砖的湿胀率与干缩率、强度以及抗碳化、抗冻融等性能均优于所用原料与之相似的常压蒸养粉煤灰砖，故应进一步推广并用以替代后者。

5. 石膏类新型墙体材料的绿色化技术

利用各种废料生产石膏砌块是今后发展的趋势，在提高石膏砌块各种技术性能和使用功能的同时，降低制造成本，保护和改善了生态环境。如在石膏砌块内掺加膨胀珍珠岩、超轻陶粒等轻集料，或在改用 α 型高强石膏的同时掺入大比例的粉煤灰，或掺加炉渣等废料以提高产品强度及降低成本，或掺加水泥及采用玻璃纤维增强，或在烟气脱硫石膏中掺加粉煤灰及激发剂以提高制品耐水性等。

石膏砌块的生产主要是建筑石膏粉制备和砌块生产两大部分，生产过程中对环境的影响主要集中在建筑石膏粉的生产。相对其他建筑材料而言，其生产中产生的粉尘、煤渣和排放的烟气都较少。石膏砌块的生产过程只产生少量的废品砌块渣，其本身也是生产石膏粉的原料，可循环利用，对环境几乎没有污染。作为内隔墙的石膏砌块对人体无害，在长期使用过程中不会有任何有害气体释放，无放射性和重金属危害，安全防火，调节湿度，保温隔热，节省能源，是典型的绿色建材产品。

生产石膏墙体材料，其总的能耗低于以水泥为胶结料的墙体材料并可减少对环境的污染。纸面石膏板生产线的产量大、自动化程度高。用两侧为双层纸面石膏板与轻钢龙骨和矿棉组合成的厚度为 15cm 的复合墙体，其每平方米重仅为两侧抹灰、厚度为 18cm 的空心黏土砖墙每平方米重的 22％，但隔声性优于后者，故纸面石膏板特别适合于作为高层建筑的轻质隔断。我国纸面石膏板的年生产能力已达 2.6 亿平方米，但 1998 年的实际产量仅相当于生产能力的 1/3 左右，其原因主要在于纸面石膏复合板的造价高于其他无龙骨的轻质墙板，故难于进入住宅建筑中。随着我国对环境治理工作的日益加强，将会有更多的工业副产品化学石膏可作为天然石膏的代用品。为减少 SO_2 的排放量，保护生态环境，我国电力与化工等部门已建成若干套烟气脱硫装置，一些大、中型火力发电厂正在积极建造和待建此类装置，预计到下世纪初我国每年可收集上千万吨烟气脱硫石膏。根据国外经验，烟气脱硫石膏完全可代替部分或全部天然石膏制造石膏墙体材料，并可降低生产成本，使产品赢得更广阔的市场。由于石膏砌块的价格低、使用方便，今后有可能广泛使用于住宅建筑中，尤其是农村建筑中，目前此类制品主要用手工生产，不仅劳动生产率低，且产品质量也不稳定，为此应提高此类制品的制造技术，尽早建立一批现代化的石膏砌块生产厂。

6. 建筑墙板的绿色化技术

建筑板材既可用作住宅建筑与公用建筑的灵活隔断，又可用作框架轻板建筑的外墙，具有极为广阔的应用领域。到 2015 年，建筑墙板占新型墙体材料的比重将达到 20％左右。发展技术先进的优质建筑墙板具有以下几个优点。一是提高房屋部品的生产效率和施工效率；二是墙板可以减薄轻体厚度，扩大使用面积；三是采用预应力钢筋混凝土墙板，在相同受力情况下，至少可以节约钢材和混凝土 20％～25％。四是可以减轻房屋自重，降低基础造价，从而大大提高房屋建筑的综合经济效益。作为建筑墙板的绿色化技术方向，重点着重于以下几个方面。

（1）提高板材装备技术水平，加快发展高质量的轻质内隔墙板和外墙保温复合板　为适应框架结构和钢结构体系发展的需要，必须加快发展高质量的内隔墙板和外墙保温复合板，这既是提高住宅部件生产效率和施工效率的需要也是节能建筑绿色化发展的需要。

建筑墙板应结合我国国情，坚持利用各种工业废渣生产轻质内隔墙板，如工业灰渣混凝土空心条板、脱硫石膏空心条板、粉煤灰加气混凝土条板等。为了克服当前轻质内隔墙板容易产生收缩裂缝等缺点，必须大力提高生产工艺技术水平和装备技术水平，严把产品质量关。在原料上加强原料处理，把好原料品质关，对其配合比进行优化组合，加强板材结构配筋，在生产工艺上采用先进的装备技术和严格的工艺参数，并进一步提高产品密实度和强度，降低吸水率和干燥收缩值，把现有产品质量和性能大大提高。

我国节能建筑的强制推广，迫切需要开发外墙保温复合板与框架结构和钢结构节能建筑相配套。目前我国外墙保温板产品极少，除少数地区采用加气混凝土条板外，外墙保温复合条板基本属于空白，而国外各种混凝土外保温复合条板、大板极其普遍，如普通混凝土与保温材料复合墙版、陶粒混凝土与保温材料复合墙版、炉渣混凝土与保温材料复合墙板等。为适应我国各地节能建筑标准的贯彻执行，要因地制宜积极开发满足当地节能建筑需求的外墙保温复合条板或大板，生产多种功能复合的外墙板，如保温和承重合一，保温、承重和装饰合一。对多层建筑主要开发混凝土空心条板和保温材料复合；多高层建筑主要开发轻质板材与保温材料复合；对于低层建筑可以开发无梁无柱的承重、装饰与保温复合的整间大板。这样可以彻底改变我国目前框架结构和钢结构建筑仍然以小砖小块的砌筑方式和外贴聚苯板的节能模式。

（2）积极开发预应力混凝土板材　目前，北京、上海、长沙等地有关房地产开发公司，已经起步于工厂化预制混凝土板材，这是值得肯定的，但是就其板材生产技术而言，仍然停留在工厂化手工制作的阶段。根据发达国家数十年混凝土板材发展经验，无论欧美、日本还是加拿大都是采用张拉预应力钢筋混凝土条板或整开间的大板，之所以普遍采用预应力混凝土，是因为在相同承载力的情况下，至少可以节约钢材和水泥 20％～25％，这样可以减薄板材厚度，既节约原材料用量，又可减轻房屋自重，降低基础造价，这是真正符合我国建设资源节约型社会的方针，也是各国公认的发展方向。

（3）引进国外先进适用的板材生产技术，进行高起点国产化　总结我国板材十多年的经验教训，根据目前的生产技术状况，对比国外差距，要想尽快赶上世界先进水平，建议首先引进国外先进适用的板材装备生产技术，发展我国急需的预应力混凝土楼板和节能建筑外墙保温板（条板或整开间大板），组织消化吸收或采取多种形式与国外合作，进行高起点国产化，以便尽快提高我国板材生产技术水平。

（4）提高建筑板材质量标准，尽快与国际接轨　总结我国轻质内隔墙板多年发展的经验教训，无论钢丝网聚苯夹芯板或 GRC 轻质隔墙板，由火热到冷淡，无不与产品质量和性能达不到建筑功能要求有关。板材质量低下，源于我国产品质量标准技术要求较低，往往产品质量检验符合标准却达不到建筑应用要求，入市门槛较低，使大量伪劣产品涌入建筑市场，有些高质量产品反而得不到采购应用，先进适用的装备技术也得不到引进和发展。为此，应尽快提高标准技术水平，通过提高技术标准，强化我国建筑板材的质量和性能，促使板材生产技术和装备水平不断改进和提高。

第三节　建筑墙体材料的绿色化评价

建筑墙体材料的绿色化评价应由产品质量指标、绿色技术指标和附加评价项三部分组成。

产品质量指标是指满足现行国家、行业标准以及地方标准规定的技术指标，以是否达到或优于相关规定值的上限或下限为评价因子，是绿色墙体材料的基础性指标。

绿色技术指标是评价的核心内容，在墙体材料产品的全生命周期中从原料采集、生产制造、工程应用和回收利用过程中对资源与能源消耗情况、环境与人体健康的影响、功能性与耐久性以及生产是否符合国家产业发展方向等方面的评价，共设 7 个评价指标。

附加项是为鼓励企业生产高性能、科技含量高的产品及推动绿色墙体材料产业的发展而增加的评价项，该项的评价指标旨在评价现行标准中未规定、符合政策导向、有利于发展循环经济的相关新技术、新工艺等。

这里提出三大评价指标、九个评价内容的评价体系。

一、产品质量评价指标

绿色墙体材料产品首先必须满足其产品质量标准要求，否则就无从谈起它的"绿色化"问题。现行的国家和行业墙体材料产品标准有 70 余个，加上各种绝热保温材料的标准共计近百个，墙体材料要达到绿色化的要求，必须达到其各自标准要求的全部性能指标，同时也要满足各自相关设计、施工及验收标准规范的要求。该项指标是建筑墙体材料产品进行绿色化评价的必备条件。

二、绿色技术评价指标

这里包括资源消耗、能源消耗、环境影响、产品功能性、清洁生产、本地化、使用寿命和再生利用性 8 个指标。

1. 资源消耗指标评价

传统的墙体材料所使用原材料以黏土、石灰石、石膏等不可再生资源为主，随着国家对环境影响、资源利用和废物利用的重视，"禁黏""禁实"、固体废物综合利用政策的实施，新型墙体材料必须大力发展消纳以煤矸石、粉煤灰、各种尾矿、城市污泥、淤泥、建筑垃圾等大宗固体废物为主产品。

作为墙体材料的绿色化评价可以考虑两个指标，一个是固体废物利用率指标，固体废物利用率达到 100%，本项指标可计 10 分，达到 30% 计 6 分，低于 30% 不计分或进行减分。另一个指标是产品生产过程中的资源消耗量，以单位产品消耗量计分。对建筑用砖单位产品消耗量以每万块普通砖计算，建筑砌块以每立方米计算，建筑板材以每平方米计算。

2. 能源消耗指标评价

能源消耗方面，按实际消耗的电量和煤量折合成标准煤的消耗量，按能源消耗的方式进行打分计算。随着工艺技术的发展和设备水平的提高，能源利用由煤、电逐步向生物质燃料（稻糠、秸秆等）方面发展，此项按照能源利用方式和利用量进行打分计算。以表 13.8 纸面石膏板（GB JCT 523—2010《纸面石膏板单位产量能源消耗限额》）、表13.9烧结墙体材料（GB 30526—2014《烧结墙体屋面材料单位产品能源消耗限额》）指标为例，建议未达到限额值（及格值）评分为零，达到限额值（及格值）计6分，达到先进值计9分，超过先进值10%及以上计满分。对于采用生物质燃料和废渣余能生产的墙体材料产品，根据采用量适当加分。

表13.8　纸面石膏板单位产量能源消耗限额

能 耗 项 目	纸面石膏板		
	及格值	期望值	目标值
可比综合标准煤耗/(kg/m²)	1.5	1.1	0.9
可比综合电耗/(kW·h/m²)	0.8	0.6	0.5
可比综合能耗/(kg/m²)	1.6	0.2	1.0

注：单位产量以9.5mm厚度板材为基准。

表13.9　烧结墙体屋面材料单位产品能源能耗限额

分类	综合能耗/(kg标煤/t)			能耗/(kg标煤/t)			电耗/(kW·h/t)		
	限额值	准入值	先进值	限额值	准入值	先进值	限额值	准入值	先进值
烧结多孔砖和多孔砌块	≤58	≤54	≤50	≤50.0	≤47.1	≤42.7	≤20	≤18	≤17
烧结空心砖和空心砌块	≤59	≤56	≤52	≤51.4	≤48.5	≤44.7	≤23	≤22	≤20
烧结保温砖和保温砌块	≤61	≤58	≤55	≤52.9	≤50.0	≤46.6	≤27	≤26	≤24
烧结实心制品	≤56	≤53	≤49	≤48.5	≤45.7	≤42.3	≤17	≤16	≤15

3. 环境影响指标评价

墙体材料生产、使用过程中可能会对环境和人体健康造成影响，主要影响因素有空气污染物、放射性、粉尘、废气、噪声和不可回收废物等。

（1）空气污染物质、放射性　建筑墙体材料必须满足现行国家标准（GB 6566—2010《建筑材料放射性核素限量》和GB 50325—2010《民用建筑工程室内环境污染控制规范》）对于放射性核素限量的要求，见表13.10和表13.11，设"达标"级，达标可计10分，不达标计0分。

表13.10　无机非金属建筑材料放射性指标限量

测定项目	限　　量
内照射指数(I_{Ra})	≤1.0
外照射指数(I_γ)	≤1.0

表13.11　无机非金属装修材料放射性指标限量

测 定 项 目	限　　量	
	A 类	B 类
内照射指数(I_{Ra})	≤1.0	≤1.3
外照射指数(I_γ)	≤1.3	≤1.9

由于墙体材料的不正确使用可能造成室内空气污染的水平，按照GB 50325—2010《民用建筑工程室内环境污染控制规范》（表13.12）和GB/T 18883—2002《室内空气质量标准》（表13.13）的规定进行对比计算，方法同上。

表13.12　民用建筑工程室内环境污染物浓度限量

污染物	Ⅰ类民用建筑工程	Ⅱ类民用建筑工程
氡/(Bq/m³)	≤200	≤400
游离甲醛/(mg/m³)	≤0.08	≤0.10

污染物	Ⅰ类民用建筑工程	Ⅱ类民用建筑工程
苯/(mg/m³)	≤0.09	≤0.09
氨/(mg/m³)	≤0.2	≤0.2
TVOC/(mg/m³)	≤0.5	≤0.6

表 13.13　室内空气环境污染物浓度限量

序号	参数类别	参数	单位	限量指标
1	物理性	温度	℃	22～28
2		相对湿度	%	16～24
3		空气流速	m/s	40～80
4		新风量	m³/(h·人)	300
5	化学性	SO_2	mg/m³	0.5
6		NO_2	mg/m³	0.24
7		CO	mg/m³	10
8		CO_2	mg/m³	0.10
9		NH_3	mg/m³	0.24
10		O_3	mg/m³	0.16
11		HCHO	mg/m³	0.10
12		C_6H_6	mg/m³	0.11
13		C_7H_8	mg/m³	0.20
14		C_8H_{10}	mg/m³	0.20
15		苯并[a]芘	ng/m³	1.0
16		PM_{10}	ng/m³	0.15
17		TVOC	ng/m³	0.60
18	生物性	菌落总数	cfu/m³	2500
19	放射性	Rn	Bq/m³	400

（2）生产环境影响　建筑墙体材料生产过程中对环境的影响主要有粉尘、废气、废水、废渣和噪声等，对其绿色化进行评价时，评分标准依据粉尘、废气、废水和废料等的排放量和减少排放所实施的措施，达到现行国家或行业标准限值可计满分，优于标准限值可加分，未达标排放计 0 分。

① 粉尘、废气的排放要求　目前，墙体材料行业中砖瓦工业（包括烧结砖瓦、蒸压与蒸养砖瓦、建筑砌块）执行 GB 29620《砖瓦工业大气污染物排放标准》，其排放限值见表 13.14～表 13.16。其他墙材工业执行 GB 16297《大气污染物综合排放标准》和 GB 9078《工业炉窑大气污染物排放标准》。所有墙体材料生产企业必须达标排放。

表 13.14　现有砖瓦企业大气污染物排放限值

生产过程	最高允许排放浓度/(mg/m³)			
	颗粒物	二氧化硫	氮氧化物（以 NO_2 计）	氟化物（以总氟计）
原燃料破碎及制备成型	100	—	—	—
人工干燥及焙烧	100	850（煤矸石） 400（其他）	—	3

表 13.15　新建砖瓦企业大气污染物排放限值

生产过程	最高允许排放浓度/(mg/m³)			
	颗粒物	二氧化硫	氮氧化物（以 NO_2 计）	氟化物（以总氟计）
原燃料破碎及制备成型	30	—	—	—
人工干燥及焙烧	30	300	200	3

表 13.16 现有和新建砖瓦企业边界大气污染物排放限值

代　号	污染物项目	浓度限值/(mg/m³)
1	总悬浮颗粒物	1.0
2	二氧化硫	0.5
3	氟化物	0.02

② 废水的排放要求　墙体材料行业废水的排放执行现行国家标准 GB 8978《污水综合排放标准》。对生产废水和生活废水进行洁净化处理、二次利用，尽量减少污水的排放，达标排放计满分，不达标计 0 分。

③ 固体废物的排放要求　墙体材料生产过程中大部分产品均利用了煤矸石、粉煤灰、污泥等废弃物，同时将生产中产生的废料作为原材料循环利用，因此一般在墙体材料生产过程中，废料种类和数量都比较少。对无法再利用的固体废物分类存放，按照有关固体废物的相关管理办法执行，特别妥善地处置列入《国家危险废物名录》中的危险废物。

④ 噪声的排放要求　企业生产过程的厂界噪声排放应满足国家标准《工业企业厂界噪声控制标准》中的有关规定（表 13.17）。

表 13.17 工业企业厂界噪声限值等效声级 L_{eq}　　　　单位：dB(A)

类　别	昼　间	夜　间
Ⅰ	55	45
Ⅱ	60	50
Ⅲ	65	55
Ⅳ	70	55

4. 产品功能性指标评价

建筑墙体材料功能性指标主要包括材料在使用过程中的保温隔热性能、隔声性能、防火性能等。

保温隔热性能指标满足建筑节能设计标准的单一墙体材料可得满分，单一材料未达到建筑节能设计标准要求，需要采取外墙外保温等其他保温措施的材料，根据其检测指标适当减分。隔声性能根据其检测结果，满足建筑物隔声设计要求的材料可以得满分，不能满足的适当减分。防火性能是建筑墙体材料的一项重要功能性指标，根据其满足现行国家或行业标准防火等级 A 级的可以得满分，其他级别的材料适当减分，未能满足防火等级标准要求的墙体材料不得分。

5. 清洁生产指标评价

就目前我国墙体材料企业发展现状而言，生产过程的集中控制、设备工艺的水平提高对降低污染程度、节约能源、进行清洁生产创造了良好的生产条件。因此对墙体材料行业生产是否实施清洁生产技术、实施 ISO14001 环境管理体系认证及其他应列入的项目进行评分。

6. 本地化指标评价

墙体材料的生产和使用应以本地化为主，减少不必要的运输能源损失，故生产产品所使用的原材料以及产品出厂至使用现场的距离，500km 以内给满分，500km 以上用 500km 与产品生产现场到使用现场的实际距离的千米数的比值的百分数评分。

7. 使用寿命指标评价

与传统的使用实心黏土砖砌筑的建筑物可正常使用 50 年为基准进行比较，建筑物可使用的寿命的延长的程度进行比较，其可增长的使用年限与 50 除，得出的结果的百分数即为所得分值。

8. 再生利用性指标评价

建筑物废弃后经拆除可再生利用的可能性，以"可以，重复使用易"，得分 10 分；"可以，但需经过比较复杂的分类筛选"，得分 6 分；"不可以"，不得分；三个层次打分。

三、附加评价指标

附加评价是为鼓励企业生产高性能、科技含量高的产品及推动绿色墙体材料产业的发展而增加的评价项，该项的评价指标旨在评价现行标准中未规定、符合政策导向、有利于发展循环经济的相关新技术、新工艺等。该项的评价指标是动态的，应根据国家产业政策、产业技术进步等适时调整。建议增加附加分 1～10 分。

第四节　建筑墙体保温系统及绿色化评价

随着建筑围护结构保温技术的发展，外墙保温技术得到了长足进步，并已成为墙体材料外墙保温制品绿色节能化的主要途径。外墙保温技术不仅能够提高居住舒适度，还具有良好的节能效果和较优的经济效益。

目前，我国建筑外墙保温的主要实现形式有外墙外保温、外墙夹心保温、外墙内保温和外墙自保温四类系统。

一、外墙外保温系统

外墙外保温系统是将保温层置于外墙外侧、大幅度降低温差作用对主体结构的影响的墙材制品。因其优良的保温节能效果，且不占室内使用空间，综合经济效益较高，外墙外保温体系已成为目前应用最多的建筑外墙围护结构节能措施。

1. 外墙外保温系统的特点

① 可消除或减少热桥，因外墙外保温体系的主墙体位于室内一侧，故蓄热能力强，对室内热稳定性有利，可提高室内舒适感。

② 可减少墙体内表面的结露，保护墙体，延长墙体的使用寿命。

③ 不影响建筑使用面积。

④ 旧房节能改造时，对住户干扰小。

2. 外墙外保温系统的难点

① 外保温板固定在外墙室外表面上，比起安装内保温板要困难得多。

② 要求板缝防裂、防水；外饰面应经受风吹、日晒、雨淋和冻融等。

3. 外墙外保温系统的结构

外墙外保温系统由黏结层、保温层、保护层、饰面层、零配件与辅助材料等组成，具体构造见图 13.3。

（1）黏结层　由一定比例的黏结砂浆和聚合物构成。为满足建筑节能标准，要求它对外墙和保温材料均具有较好的黏结性能。

（2）保温层　一般选用平均传热

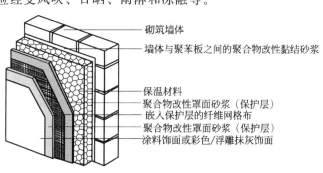

砌筑墙体
墙体与聚苯板之间的聚合物改性黏结砂浆

保温材料
聚合物改性罩面砂浆（保护层）
嵌入保护层的纤维网格布
聚合物改性罩面砂浆（保护层）
涂料饰面或彩色/浮雕抹灰饰面

图 13.3　典型外墙外保温系统构造图

系数满足设计要求的保温板或保温浆料，且能与基层墙体和防护层形成一个整体，满足系统耐久性要求。保温材料的热导率、收缩率和厚度等都是决定保温系统性能的关键。一般采用的保温材料有膨胀型聚苯乙烯板、挤塑型聚苯乙烯板、岩棉板、玻璃棉毡以及超轻保温浆料等。目前以阻燃型膨胀聚苯乙烯板及超轻保温浆料应用较为普遍。

（3）保护层　采用专用抗裂砂浆涂抹在保温层上，并辅以合理的加强材料（聚合物或玻璃纤维等），使其达到良好的抗裂、防水和透气性。

（4）饰面层　墙体外饰面需要有一定的防水、抗裂、柔性变形能力的底层腻子和具有高弹性的乳液涂料，与其他各层相互协调保证相容性。

（5）零配件与辅助材料　根据外保温体系的不同构造，在接缝处、边角部等位置选用适宜的零配件与辅助材料，如墙角、端头、角部使用的边角配件和密封膏等。

根据保温材料的不同，可把外墙外保温系统分为有机质类与无机质类。

（1）有机保温材料外保温系统　有机质类保温材料俗称泡沫塑料，用发泡法制成。采用的发泡材料为高分子化合物或高聚物，其主要优势是质量轻、隔热性能好、防水性能好，但致命弱点是防火能力差。常用的有机保温材料主要有聚苯板、挤塑板、胶粉聚苯颗粒、聚氨酯硬泡、酚醛板等。

①膨胀聚苯板薄抹灰外保温系统　膨胀聚苯板薄抹灰外保温系统是以 EPS 板为保温材料，玻璃纤维网增强聚合物砂浆抹面层和饰面涂层为保护层，以腻子和涂料为饰面层，采用黏结方式固定的外保温系统。该系统具有整体保温效果好、热导率小、不破坏保温层、隔断冷热桥、没有冷凝点、耐久性好等特点。但也因板材自身性质及施工技术问题，系统存在一些缺点：EPS 板变形收缩影响了系统内部应力分布，使外保温层有裂纹产生，水汽进入侵蚀保温层，造成保温层失效；EPS 板中部未固定在基体上，易发生变形导致系统抹面层的不平整即起鼓效应；防护层材料延性大，再加上底层抹面湿度大，会引起系统内部应力变化，导致起泡和脱落；外饰面粘贴瓷砖耐久性不稳定。

②挤塑板外保温系统　挤塑板外保温系统是以 XPS 板为保温材料，采用粘钉结合的方式将 XPS 板固定在墙面的外表面上，聚合物胶泥作保护层，以耐碱玻璃纤维网格布为增强层，外饰面为涂料或面砖的外墙外保温系统。与聚苯板保温系统相比，XPS 板具有连续均匀的表层和全闭孔的蜂窝状结构，因此，它不仅具有极低的热导率和吸水率，较高的抗压、拉伸和抗剪强度，更具有优越的抗湿、抗冲击和耐候等性能。同时它存在一定的缺点：XPS板材较脆不易弯折，板上存在应力时，容易损坏、开裂；透气性差，在内外湿差较大的情况下容易结露；吸胶性差，黏结强度不够，需进行界面处理。

③聚氨酯外保温系统　一般是将聚氨酯泡沫作为保温材料喷涂于基层墙体上，抹面层用轻质找平材料进行找平，饰面层可采用涂料或面砖等进行装饰的外保温系统。另外，也可以采用专用的黏结材料或干挂件将聚氨酯硬泡保温板或保温装饰复合板固定于外墙基层表面形成保温层或保温装饰复合层。

聚氨酯泡沫（PU 硬泡）是由异氰酸酯和羟基化合物两组分液体原料组成，采用无氟发泡技术，在一定状态下发生热反应，产生闭孔率不低于 95% 的硬泡体化合物。该系统具有双组分硬泡 PU 卓越的理化性能，热导率小、防水性能好，多用于严寒地区大厚度保温工程及沿海多风多雨地区。

④酚醛板外保温系统　由酚醛泡沫保温层、抗裂砂浆玻纤网增强抹面层和饰面层组成的外保温系统。

酚醛泡沫（PF）是一种新型不燃、防火低烟的保温材料，是由酚醛树脂加入发泡剂、固化剂及其他助剂制成的闭孔硬质泡沫塑料。最突出的特点是不燃、低烟、抗高温歧变，且保留了原有泡沫塑料型保温材料质轻、施工方便等特点。

（2）无机保温材料外保温系统　由于本身材料的局限性，无机质保温材料存在一些天然的缺点，如热导率高、吸水率大、干密度偏大、保温隔热性能稍差等，但在形成系统后有些方面却有着有机类保温材料外保温系统所无法匹敌的优良性能。无机保温材料的防火等级高、阻燃性强，基本为 A 级防火，保温材料不易变形、稳定性好，在施工过程中与墙体基面和抹面层的黏结较为牢固，很少出现空鼓开裂现象，在使用全寿命过程安全性高。另外，无机保温材料的强度等力学性能较好，使用寿命长，具有很高的耐久性。并且，施工简便、周期短，工程造价成本低，并符合国家生态环保的要求，能充分利用工业废物，在生产应用过程中还可以实现循环再利用。

对于无机类外保温系统，目前我国正在使用的保温材料和系统包括泡沫混凝土板保温系统、岩棉板外保温系统、玻化微珠保温浆料保温系统、泡沫玻璃板外保温系统等。

① 岩棉板外保温系统　岩棉在保温系统的使用基本有两种，一种是岩棉薄抹灰外保温系统，以岩棉板或岩棉条为保温层材料，采用粘、钉结合工艺与基层墙体连接固定，并由抹面胶浆和增强用玻纤网布复合而成的抹面层以及装饰砂浆或涂料饰面层构成的外墙外保温系统。另一种是幕墙内岩棉板外保温系统，是将岩棉填充于幕墙系统中形成外保温层，利用幕墙系统良好的防水、防潮和密闭等功能对岩棉进行防护，达到较好的保温效果。

岩棉板外保温系统是以岩棉板或岩棉条作为外墙外保温材料，与混凝土浇筑一次成型或采取钢丝网架机械锚固件进行岩棉板锚固，耐火等级高。

② 泡沫混凝土板外保温系统　采用双组分的水泥基聚合物改性砂浆为黏结层，将泡沫混凝土保温板材粘贴于外墙，以抗裂砂浆和满铺耐碱网布作防护层，饰面层则根据设计要求选用涂料或者面砖粘贴等。

泡沫混凝土保温板是以普通硅酸盐水泥、粉煤灰、发泡剂、外加剂等为材料，通过复合、搅拌、发泡、切割等工艺，进行现浇注施工或模具成型，经自然养护所形成的一种含有大量封闭气孔的新型轻质保温材料。在泡沫混凝土内部，分布着直径为 1~3mm 的封闭状不相通的泡沫孔，孔壁光滑无破裂，每立方米气孔数量高达 10 亿个以上，占体积的 80%~95%。这些特征使得该系统具有良好的轻质性、高保温性、隔声性、耐久性以及优异的防火性能（可达到 A 级防火标准）等工艺特点。

③ 无机保温砂浆外保温系统　无机保温砂浆是由玻化微珠（将火熔岩矿物材料经加热膨胀、玻化冷却制成的表面玻化闭孔内部多孔的不规则球状材料）、抗裂剂、合适的胶凝材料和其他多元复合外加剂，按一定比例经一定的工艺制成的保温抹面材料，可以直接涂抹于墙体表面，较一般抹面砂浆有质量轻、保温隔热等优点。可以直接涂抹于墙体表面，它具有较一般抹面砂浆有质量轻、保温隔热等优点。无机保温浆料根据保温浆料中使用的轻集料类别，可分为：膨胀珍珠岩保温砂浆、膨胀蛭石保温砂浆、玻化微珠保温砂浆和复合无机保温砂浆等几大类。

无机保温砂浆外保温系统是由基层界面处理层、保温隔热层、抗裂防护层及饰面层等四个部分组成（图 13.4），其中以干混保温砂浆为保温层，抗裂防护层使用防水抗渗、抗裂性能的专用砂浆，并用耐碱玻纤网格布加强，与保温层复合形成一个集保温隔热、抗裂、防火、抗渗于一体的完整体系。

无机保温砂浆外保温系统适用于夏热冬冷和夏热冬暖地区，保温厚度宜为 10~40mm，外墙的传热系数在 2.0~1.2W/(m² • K) 之间。与其他使用的系统相比，具备以下特点：良

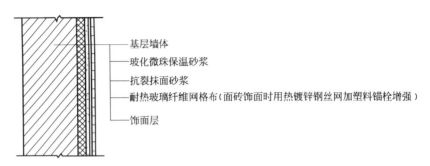

图 13.4　无机保温砂浆外墙外保温系统构造

好的防火性能，可达到 A 级防火标准；节能环保，性能稳定，耐酸碱、耐腐蚀、稳定性高，与建筑墙体同寿命周期；自身强度高，砂浆与基层可以实现良好黏结，不产生裂缝和空鼓，可全封闭、无界缝、无空腔地进行涂抹，杜绝在外墙窗户、梁柱及空调板等部位产生冷热桥；施工简单，易于质量控制，经济性好。

（3）有机-无机复合材料外保温系统　随着建筑节能规模的扩大和要求的提高，外墙保温材料的发展日新月异，其防火性能也因频发的火灾事故备受关注。针对主流有机和无机保温材料各自存在的问题，多种利用有机保温的保温性能和防水性能，以及无机保温的防火特性和成本低廉特点的复合保温材料体系开始不断发展，目前主要应用的是胶粉聚苯颗粒外墙外保温系统，处于研究阶段的有聚氨酯硬泡与玻化微珠的复合、聚氨酯硬泡与泡沫混凝土的复合等。

胶粉聚苯颗粒外墙外保温系统是由界面砂浆层、胶粉聚苯颗粒保温砂浆保温层、抗裂砂浆增强抹面层和饰面层组成的外保温系统。采用涂料饰面时，抹面层中铺满的是玻纤网格布；采用面砖饰面时，抹面层中铺满的是热镀锌电焊网，并用锚栓与基层固定。

胶粉 EPS 颗粒保温砂浆，是一种无机复合有机的干拌材料，施工时以预混合型干拌砂浆为主要胶凝材料，以聚苯乙烯泡沫颗粒为轻集料，加入适当的抗裂纤维及多种添加剂，按比例配置，在现场搅拌均匀制成。由于聚苯颗粒保温浆料采用现场成型，在未硬化前是具有一定稠度的膏体，因此该系统在施工中可不受建筑外形的约束，具有涂料饰面和面砖饰面两种形式，保温、隔热双重功效显著，具有广泛的安全适用性。当然在实际的工程应用中，胶粉聚苯颗粒保温砂浆还存在颗粒强度较低、吸水率高、耐候性差、收缩应力较高等问题。

二、外墙夹心保温系统

外墙夹心保温系统是将保温材料置于同一外墙两页墙之间留出的空腔内，内、外侧墙片均可采用砖类、砌块类等新型墙体材料的系统。夹心复合墙体可应用于砌体结构承重墙体、框架结构自承重墙体和剪力墙结构外墙体，通过合理的设计与构造，夹心外保温墙体在西方发达国家早已成为普遍应用的典型绿色化墙体，不仅可以应用于低层建筑，也可应用于高层建筑外墙。

根据保温材料构造特点不同，外墙夹心保温系统可分为填充式和发泡式两种。填充式外墙夹心保温即在外墙体内、外墙片之间放置保温板材，详见图 13.5 和图 13.6。发泡式夹心保温即在现场将发泡保温材料灌注到内、外叶墙的夹层中而形成的夹心墙体。

夹心复合墙是由内叶墙、保温层、空气层、外叶墙和防腐（防锈）连接件构成的墙体。内外两层墙体可以是同一种材料，也可以是不同种材料。因此根据复合形式的多样化，外墙夹心保温系统还可分为混凝土砌块夹心墙、装饰多孔砖夹心墙等多种夹心复合墙。在多数情况下，外侧墙体采用漂亮的饰面砖或清水砖墙，内侧墙体采用承重的普通混凝土砌块、多孔

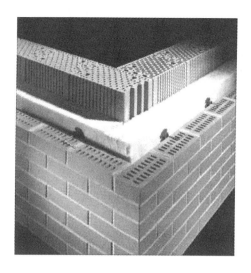

图 13.5　装饰砖夹心复合墙

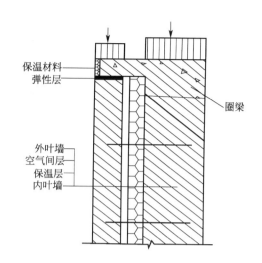

图 13.6　装饰砖夹心复合墙构造示意图

砖或灰砂砖。保温材料可用岩棉板、聚苯乙烯泡沫塑料板、玻璃棉板或袋装珍珠岩等。墙体材料的选择多样性，取决于当地的气候、原材料的供应情况和工程人员对外墙的设计要求。

夹心保温墙体体系的优点是各种材料能最大限度地发挥其优势，外侧墙体与保温层之间要预留 25～50mm 的空气层，从而将外界的湿气隔绝在主体结构之外。

夹心保温墙体体系的主要特点是：①保温隔热效果显著。②防水性能良好。③提高居住舒适度。④充分利用不同墙体材料的优势，将价高美观的饰面墙用于外侧墙；内侧墙则用普通的承重墙体材料即可。⑤墙外观漂亮。夹心保温墙体的缺点是墙体厚度大，比起外墙外保温和外墙内保温墙体要占用较多使用面积；墙体施工难度大；金属连接件的处理要妥当，否则有热桥产生。

目前，CL（composite light-weight）复合墙板是外墙夹心保温系统的代表性结构体系。它是由两层钢丝网片用斜插腹丝连接成三维空间骨架，中间夹以聚苯板形成的 CL 网架板，两侧浇筑混凝土后形成的墙体。该复合墙板用作外墙，与混凝土剪力墙、现浇楼盖及后浇边缘构件连接形成稳定的空间结构。CL 复合墙板的结构体系具有良好的隔热性能，可以达到国家 65％节能标准要求；其抗震性能相当于砖混结构的 1.6～2.5 倍；墙体厚度的减少使住宅使用面积扩大了 5％～8％。同时，保温层与建筑物同生命周期，解决了外墙粘贴、外挂保温层而产生的裂缝隐患及寿命短等问题，有着广阔的市场应用前景。

三、外墙内保温系统

外墙内保温系统是采用黏结的方式将保温隔热体系固定于外墙基层内侧的非承重保温构造。由保温材料、黏结层、嵌缝材料和饰面层等组成。通常是在外墙内表面使用预制保温材料粘贴、拼接、抹面或直接做保温砂浆层，以达到保温效果。节能技术发展初期，我国外墙内保温体系主要有膨胀珍珠岩保温砂浆、聚合物砂浆和胶粉聚苯颗粒保温浆料。随着节能标准的提高，外墙内保温技术的不断发展，推陈出新的内保温系统主要有石膏增强聚苯板内保温系统、聚苯复合保温石膏板内保温系统、玻璃棉干挂内保温系统等。

虽然外墙内保温系统具有施工方便、造价较低等优点，但与外保温系统相比还存在着较为突出的不足与缺点。

① 在建筑体中存在"热桥"现象，内保温不能隔断梁、横墙与柱子在墙体中形成的热

桥，保温效果下降，容易产生冷凝、结露现象。

② 使得建筑主体结构直接暴露在室外大气环境中，温差和干湿变化造成较大墙体变形，变形应力对结构影响较大，引起墙体或保温层开裂。

③ 减少室内有效使用面积，用户进行二次装修容易破坏保温层。

④ 由于易受热桥影响，需要加大保温材料厚度才能达到相应的节能效果，多用的保温材料会增加保温工程的造价。

目前国内外墙内保温系统在北方地区已基本停用，南方地区也在逐渐减少。应用较多的主要是一些有历史文化意义的建筑或对温度升降速度有要求的实验用房。总的来说，内保温技术为推动我国建筑节能技术迅速起步起到了应有的历史作用，而今后的发展空间则是在技术取得进展后，针对特殊地域（如夏热冬冷地区、内外温差较小地区等）的使用。

四、建筑墙体材料保温制品的绿色化评价

随着建筑节能技术的发展和节能要求的不断提高，墙体材料保温制品应主要从保温隔热性能、防火性能、安全性能、使用寿命和经济性能五个方面进行绿色化评价。

1. 保温隔热性能

所谓保温隔热性能，就是最大限度地阻抗热流的传递，在满足建筑空间或热工设备等热环境的同时，保证绿色节能化。作为现代建筑保温隔热的重要环节，保温隔热材料的性能将影响整个保温隔热系统乃至整个围护结构的保温隔热性、适用性、耐久性甚至安全性，它是选择原材料的重要依据，也是墙体材料保温制品绿色化评价的基础。

在评价墙体材料保温制品时一般可依据下列项目进行比较和评价：

① 保温隔热材料需具有较大的热阻值或较小的热导率，从而达到建筑围护结构节能设计的目的，即冬季减少热损失以保持室内需要的温度，夏季隔离太阳的辐射热和室外高温的影响。从结构上看，保温隔热材料的内部都有大量的封闭孔，表观密度较小，而从材料的组成上看，有机材料的热导率一般小于无机材料，非金属材料的热导率小于金属材料，气态物质的热导率小于液态物质，液态物质小于固体。

② 需具有良好的化学稳定性。保温隔热材料不能与周围环境中的材料发生化学反应，影响其保温隔热性能。

③ 在保证良好的机械强度前提下，优先选择轻质（密度 $50\sim350kg/m^3$）或超轻质（密度$\leq50kg/m^3$）的保温隔热材料。

④ 首选无机不燃型或阻燃型、无毒保温隔热材料。

⑤ 选用吸水率小的保温隔热材料。

除考虑对上述因素进行评价外，墙体材料保温制品还必须符合国家现行有关建筑节能设计标准中相关条文的规定，并参照《绿色建筑评价标准》（GB/T 50378）进行评价。

2. 防火性能

我国在建筑节能墙体保温技术和产品发展初期，主推的产品有珍珠岩、复合硅酸盐、海泡石等无机类产品，但随着建筑节能标准提高以及这些产品生产过程控制不严等，造成了过多的质量和工程使用问题，这些产品逐渐退出了建筑节能市场。近年来，国家"节能减排"政策促使了有机保温材料外保温系统的迅速推广，虽然该种系统保温和建筑节能效果显著，但因防火能力差，大量可燃、易燃的外墙保温材料被用于建筑外墙，导致火灾事故时有发生。

因此，对墙体材料保温制品防火性的评价极其重要，应以《建筑设计防火规范》（GB

50016）为重要依据进行评价，其墙体的耐火极限和防火性能见表 13.18 和表 13.19。

表 13.18　建筑物构件的燃烧性能和耐火极限　　　　　　　　单位：h

名　称		耐 火 等 级			
构件		一级	二级	三级	四级
墙	承重墙	不燃烧体 3.00	不燃烧体 2.50	不燃烧体 2.00	难燃烧体 0.50
	非承重墙	不燃烧体 1.00	不燃烧体 1.00	不燃烧体 0.50	燃烧体

表 13.19　建筑外墙材料的防火性能的评价标准

耐火极限/h	≤0.5	1.0	≥2.5	其他按线性插入确定绿色化指数
指数	0	6	10	

3. 安全性能

墙体材料保温制品的安全性也是绿色化评价的一项重要指标。目前在有的工程中，存在着保温墙面出现起鼓、裂缝，甚至脱落的问题。抗裂是外墙外保温体系要解决的关键技术问题之一，因为一旦保温层和保护层发生开裂，墙体的保温隔热性能就会发生很大的改变，不仅不能满足设计要求，而且可能危及墙体的安全。因此，对安全性的评价应以保温墙体在使用过程中是否产生开裂为重要的绿色化评价指标。

4. 耐久性与使用寿命

在我国的华中、华南地区，由于夏季炎热，在实际工程中，外墙保温材料将受到相当大的热应力作用，这种应力主要表现在饰面层和防护层上，饰面层和防护层在夏季阳光的直射下可高达 70℃以上，在突降暴雨的情况下，其表面温度变化可达到 50℃以上。在严寒和寒冷地区，除冬夏季温差的问题外，还存在保护层多次反复冻融问题。因此，对墙体材料保温制品耐候性的评价至关重要，可以根据耐久性制定外墙制品耐久评价标准，详见表 13.20。外墙保温制品的使用年限可参照表 13.21 进行评价。

表 13.20　建筑外墙材料的耐久性能的评价标准

抗冻性能/次	≤10	25	≥40	其他按线性插入法确定绿色化指数
指数	0	6	10	

表 13.21　建筑外墙材料的使用寿命的评价标准

墙体结构使用寿命/a	≤40	50	≥70	其他按线性插入法确定绿色化指数
指数	0	6	10	

5. 经济性能

建筑墙体材料保温制品的经济性能首先是建筑物造价成本低，其次还包括保温效果好、增加房屋的使用面积、减轻建筑物的总重量、减少建筑物的维护费用、减少保温材料的使用厚度、耗量等，同时要有良好的施工性，使施工安装方便易行，既操作简便，又易于保证工程质量。

通过对建筑外墙材料保温制品的绿色性能指标进行分析、确定权重，从而建立一套建筑墙体材料保温制品的绿色化定量化评价体系。利用此评价体系可以对某种指定的建筑外墙材料进行绿色化评价，不仅为建筑外墙材料绿色化改进提供了理论支持，而且使建筑外墙材料的绿色化评价更加系统化、科学化、合理化。

参 考 文 献

[1] 谭建军,肖慧等.绿色墙体材料技术用指南.北京:中国建材工业出版社,2014.

[2] 赵镇魁.烧结砖瓦工艺及实用技术.北京:中国建材工业出版社,2012.

[3] 工业与信息化部.建材工业"十二五"发展规划.

[4] 中国砖瓦工业协会.砖瓦工业"十二五"发展规划.

[5] 中国建筑学会建筑材料分会.建筑材料行业发展及工程应用.北京:中国建材工业出版社,2011.

[6] 中国建筑学会建筑材料分会.建筑材料新进展及工程应用.北京:中国建材工业出版社,2008.

[7] 金立虎.混凝土自保温复合砌块生产与应用技术问答.北京:中国建材工业出版社,2010.

[8] 全国墙体屋面及道路用建筑材料标准化技术委员会.墙体屋面及道路用建筑材料标准应用专集.北京:中国经济出版社,2008.

[9] 徐洛屹.墙体材料的评价体系.北京:中国建材工业出版社,2007.

[10] 闫振甲,何艳君.泡沫混凝土实用生产技术.北京:化学工业出版社,2006.

[11] 蒋荃.绿色建材——评价·认证.北京:化学工业出版社,2012.

[12] 余海涛.新型无机外墙外保温材料的研究与应用[D].济南:济南大学,2013.

[13] 徐俊.外墙外保温装饰一体化材料关键性能研究[D].合肥:安徽建筑大学,2013.

[14] 黄广鹏,陈汉长,等.CL复合墙板的工程应用.新型建筑材料,2007.

[15] 路国忠,闫晶,周丽娟,等.改性酚醛泡沫板建筑外墙外保温系统的研究.新型建筑材料,2011(10).

[16] 孙进磊.外墙外保温技术的发展及应用研究[D].天津:天津大学,2008.

[17] 薄海涛.建筑外墙外保温系统耐久性及评价研究[D].武汉:华中科技大学,2009.

第十四章
建筑门窗的绿色化

门窗是建筑构造物上的一个物件，是建筑物的外围护结构之一，是一种建筑上所必不可少的部件。

建筑门窗在我国有着悠久的历史，可以追溯到三千多年前的商、周时期。 建筑门窗作为我国古代灿烂建筑文明的组成部分，堪称中华文化宝库中一颗璀璨的明珠。 我国境内已知的最早人类的住所是天然岩洞。"上古穴居而野处"，无数奇异深幽的洞穴为人类提供了最原始的家，洞穴口的草盖大约是最早的门。 进入奴隶社会后，我国出现了最早的规模较大的木架夯土建筑和庭院，从而出现了具体定义的门窗。 门的主要形式为版门，在商代铜器方禹中可以见到版门的记载。 它用于城门或宫殿、衙署、庙宇、住宅的大门，一般都是两扇。 它用于城门或宫殿、衙署、庙宇、住宅的大门，一般都是两扇。 在汉代记载中强调皇帝王尊，九道壮丽的门才足以显其威。 这九道门分别是关门、远郊门、近郊门、城门、宫门、库门、雉门、应门及骆门。 这种门的形式一直延续，在汉徐州画像石和北魏宁懋石室中都可见到，唐宋以后的资料更多。 一般做建筑的外门与内部隔断，每间可用4、6、8扇，每扇宽与高之比在(1:3)~(1:4)左右。 宋朝《营造法式》规定每扇门的宽与高之比为1:2，最小不得少于2:5。 版门又分两种，一种是棋盘版门，先以边梃与上、下抹头组成边框，框内置穿带若干条，后在框的一面钉板，四面平齐不起线脚，高级的再加门钉和铺首。 另一种是镜面版门，门扇不用门框，完全用厚木板拼合，背面再用横木联系。 宋、金一般用4抹头，明、清则以5、6抹头为常见。 唐代花心常用直棂或方格，宋代又增加了柳条框、毯纹等，明、清的纹式更多。 框格间可糊纸或薄纱，或嵌以磨平的贝壳。 从代表地位的城门到看家护院的院门，再到现在作为空间的分割与出入的房门，门在建筑史上一直作为重点存在。

由门发展而来的窗，也同样经历了一段发展史。 最早的直棂窗在汉墓和陶屋明器中就有，唐、宋、辽、金的砖、木建筑和壁画亦有大量表现。 从明代起，它在重要建筑中逐渐被槛窗取代，但在民间建筑中仍有使用。 唐以前仍以直棂窗为多，固定不能开启，因此功能和造型都受到限制。 宋代起开关窗渐多，在类型和外观上都有很大发展。 宋代大量使用格子窗，除方格之外还有球纹、古钱纹等，改进了采光条件，增加了装饰效果。 宋代槛窗已适用于殿堂门两侧各间的槛墙上，是由格子门演变而来的，所以形式相仿，但只有格眼、腰花板和无障水板。 支摘窗最早见于广州出土的汉陶楼明器。 清代北方的支摘窗也用于槛墙上，可分为两部，上部为支窗，下部为摘窗，两者面积相等。 南方建筑因夏季需要较多通风，支窗面积较摘窗面积大一倍左右，窗格的纹样也很丰富。 明、清时门窗式样基本承袭宋代做法，在清代中叶玻璃开始应用在门窗上。

我国现代建筑门窗是从20世纪发展起来的，以钢门窗为代表的金属门窗在我国已经有上百年的历史。 1981~2001年的20年，是我国当代建筑门窗发展的黄金时期。 1911年，钢门窗产品自英国、比利时、日本传入我国，集中在上海、广州、天津、大连等沿海口岸城市的"租借地"。 1925年，我国上海民族工业开始小批量生产钢门窗，到新中国成立前，也只有20多间作坊式手工业小厂。 新中国成立后，上海、北京、西安等地的钢门窗企业快速发展，建成了较大的钢门窗生产基地，使钢门窗在工业建筑和部分民用工程中得到了广泛的应用。 20世纪70年代后期，国家大力实施"以钢代木"的资源配置政策，在全国掀起了推广钢门窗、钢脚手、钢模板（简称"三钢代木"）的高潮，大大推进了我国钢门窗的发展。 80年代是传统钢门窗的全盛时期，市场占有率一度（1989年）达到70%。 70年代末到80年代中期，我国先后从国外引进铝合金门窗和塑料门窗。 70年代末期，我国开始从欧洲、美国、日本等国引进铝合金门窗技术。 由于日本地理位置和气候条件与我国近似，其产品的技术、经济综合性好，所以我国铝门窗引进日本窗型多，产品标准、门窗物理性能分级及检测标准、铝型材标准等主要是参照日本标准制定的。 而铝门窗的专用生产设备则主要是引进德国等欧洲国家的。 经30多年的发展，我国铝门窗行业可以开发设计出适合我国国情的产品。 塑料门窗在我国是80年代中期引进德国、奥地利、美国等欧美国家技术设备开始，经历了10多年几起几落的曲折发展过程，于90年代发展起来的。 我国塑料门窗的型材配方、产品结构形式大部分照搬欧式体系，行业标准、国家标准、检测项目和方法都是等效采用欧洲或者德国标准。

现代建筑中使用的门，依据使用功能的不同，按开启形式分类，主要有平开门、弹簧门、推拉门、旋转门、卷帘门、上翻门、折叠门、升降门、自动门等。 从材料上分类，有木门、金属门、玻璃门及塑料门等。

现代建筑中用的窗的开启形式主要取决于窗扇转动的方式和五金配件的位置。 一般分为平开窗、翻窗、旋转窗、推拉窗、滑轴窗、固定窗及百叶窗等。 窗的常用材料有木、钢、铝合金及塑钢等。

门窗艺术经历了开启、材质、装饰等方面的历代变迁后，在现代建筑中仍是设计的点睛之笔、重中之重。

第一节　建筑门窗产品及特点

现代建筑中的门窗种类繁多，最常见的分类方式是根据框材种类的分类方式，主要分为铝合金窗、塑料窗、木窗、复合窗等。铝合金窗和塑料窗为市场广泛使用的产品，占市场使用量的90%左右，因此这里重点介绍铝合金窗和塑料窗的产品及特点。

一、铝合金窗

铝合金窗是采用铝合金建筑型材制作框、扇杆件结构的窗。从产品名称来说，铝合金窗一般被称为"隔热铝合金窗"或"断桥铝合金窗"，这是因为目前市场上的主流铝合金窗型材均采用了隔热处理，以低热导率的尼龙材料将高导热的铝合金型材分隔为室内外两部分，从而达到阻隔热量由铝合金型材进行传递的效果，因此有了"隔热"和"断桥"的说法。不过，标准中均采用"隔热铝合金窗"或"隔热铝合金型材"的说法，"断桥"在市场上作为通俗叫法比较普及。"隔热"是相比传统的未采用尼龙材料隔断的铝合金型材而言，是从性能角度对二者进行的一个区分，说法更科学合理；"断桥"则是从构造角度对尼龙隔断的铝合金型材的一个称呼，在市场上比"隔热"更通俗明确，便于沟通。

目前，市场上的隔热铝合金门窗按结构和开启方式来说主要分为：推拉门窗、平开门窗、固定窗、悬挂窗、百叶窗、纱窗等，其中以推拉门窗、平开门窗用得最多。

1. 铝合金门窗的主要特点

① 质量轻。铝合金门窗用材省、质量轻，每平方米用铝型材量平均为8～12kg，而每平方米钢门窗用钢量平均为17～20kg。

② 密封性能好。气密性、水密性、隔声性均好，保温隔热性好。

③ 色泽美观。铝合金门窗框料型材表面可氧化着色处理，可着成银白色、古铜色、暗红色、暗灰色、茶色等多种颜色或带色的花纹，还可涂聚丙烯酸树脂装饰膜使表面光亮。

④ 耐腐蚀，使用维修方便。铝合金门窗不锈蚀，不褪色，表面不需要涂漆，维修费用少。

⑤ 强度高，刚度好，坚固耐用。

⑥ 加工方便，便于生产工业化，铝合金门窗的加工、制作、装配都可在工厂进行，有利于实现产品设计标准化、系列化、零件通用化、产品商品化。

目前，隔热铝合金门窗广泛用于住宅楼、公寓、大型公共建筑、旧楼节能改造工程。

2. 隔热铝合金窗主要执行的产品标准及型材、配套件、性能相关标准

① GB/T 8478—2008　铝合金门窗

② JGJ 214—2010　铝合金门窗工程技术规范

③ JGJ 113—2009　建筑玻璃应用技术规程

铝合金型材、铝合金门窗主型材的壁厚应经计算或试验确定，除压条、扣板等需要弹性装配的型材外，门用主型材主要受力部位基材截面最小实测壁厚不应小于 2.0mm，窗用主型材主要受力部位基材截面最小实测壁厚不应小于 1.4mm。

铝合金门窗选用隔热铝型材的性能要求见表 14.1。

表 14.1　隔热型材性能要求

穿条式隔热型材					
检验项目	纵向抗剪值/(N/mm)			横向抗拉值/(N/mm)		
试验温度	室温 (23±2)℃	低温 (−30±2)℃	高温 (90±2)℃	室温 (23±2)℃	低温 (−30±2)℃	高温 (90±2)℃
性能要求	≥24	≥24	≥24	≥24	≥24	≥24

浇注式隔热型材					
检验项目	纵向抗剪值/(N/mm)			横向抗拉值/(N/mm)		
试验温度	室温 (23±2)℃	低温 (−29±2)℃	高温 (70±2)℃	室温 (23±2)℃	低温 (−29±2)℃	高温 (70±2)℃
性能要求	≥24	≥24	≥24	≥24	≥24	≥12

门窗应具有足够的刚度、承载能力和一定的变位能力，在构造设计时应考虑温度变化的影响，且应符合下列规定：

① 框与扇配合的搭接处宜按等压原理设计，并在下框、中和横框、扇下梃设置相应数量的排水工艺孔，便于排除积水。

② 内平开形式的窗扇下部宜设置披水板。

③ 下框室内侧翼缘设计应保证挡水所需要的高度。

④ 装配式门窗构件连接处应采取防雨水密封措施。

⑤ 卧室、客厅部位安装的外窗宜设置自然通风换气装置，便于调节室内空气，改善室内空气质量。

⑥ 门窗玻璃压条必须采用室内安装方法。

⑦ 七层（含七层）以上建筑严禁采用外平开窗，采用推拉门窗时，应有防止从室外侧拆卸的装置和防脱落措施。

⑧ 铝合金门窗外框与附框连接的工艺孔位不应设置在隔热材料上。

⑨ 五金件安装的工艺孔位不应设置在隔热材料上。

⑩ 外窗开启部位应设计配置纱窗，纱窗的安装位置不得阻碍窗的正常开启，纱窗的安装方式及结构应易于拆装、清洗及更换。隐形纱窗及配件的机械性能和抗风压性能应符合设计要求。

⑪ 铝合金型材与其他材料的五金件、连接件接触，易产生异质金属腐蚀，应采取能够有效防止异质金属腐蚀的措施。

⑫ 隐框、半隐框门窗应采用硅酮结构密封胶进行结构粘接，硅酮结构密封胶的粘接宽度、厚度的设计计算应符合《玻璃幕墙工程技术规范》（JGJ 102）的相关规定。

3. 铝合金门窗应用的工程技术规范

《铝合金门窗工程技术规范》（JGJ 214—2010）中的强制性条文的内容如下：

① 铝合金外窗主型材的壁厚应经计算或试验确定，除压条、扣板等需要弹性装配的型材外，门用主型材主要受力部位基材截面最小实测壁厚不应小于 2.0mm，窗用主型材主要受力部位基材截面最小实测壁厚不应小于 1.4mm。

② 人员流动大的公共场所，易于受到人员和物体碰撞的铝合金外窗应采用安全玻璃。

③ 建筑物中七层及七层以上的建筑物外开窗、面积大于 $1.5m^2$ 的窗玻璃或玻璃底边离最终装饰面小 500mm 的落地窗、倾斜安装的铝合金窗应使用安全玻璃。

④ 铝合金推拉门、推拉窗的扇应有防止从室外侧拆卸的装置。推拉窗用于外墙时，应设置防止窗扇向室外脱落的装置。

隔热铝合金窗相应的工程技术图集主要是 03J603-2《铝合金节能门窗》（中国建筑标准设计研究院出版），适用范围如下：

① 适用于新建、扩建、改建有保温要求的工业、民用建筑。

② 供建筑设计选用，适用于外窗设计、制作、安装和质量检查。

③ 有防腐要求时，应慎重选用。

在工程设计时，铝合金窗还应注意以下要点：

① 铝合金外窗工程设计应符合建筑物所在地的气候、环境和建筑物的功能及装饰等要求。

② 铝合金外窗的性能、等级应由建筑设计确定，并应符合现行国家标准《铝合金门窗》（GB/T 8478）的有关规定，符合相关建筑节能设计标准的规定。

③ 铝合金外窗的立面分格尺寸，应根据开启扇允许最大宽、高尺寸，并考虑玻璃原片的成材率等综合确定。

④ 铝合金外窗的反复启闭性能应根据设计使用年限确定，且铝合金门的反复启闭次数不应少于 10 万次，窗的反复启闭次数不应少于 1 万次。

⑤ 铝合金外窗下侧翼缘设计足够高的挡水槽可以提高铝合金外窗水密性能。

⑥ 公共建筑外窗传热系数，应符合现行国家标准《公共建筑节能设计标准》 （GB

50189）的有关规定。

⑦ 采用中空玻璃、低辐射镀膜玻璃、真空玻璃可以提高铝合金外窗热工性能。

⑧ 外窗框与洞口墙体之间的安装缝隙进行保温处理可以提高铝合金外窗热工性能和隔声性能。

二、塑料窗

所谓塑料门窗是指以聚氯乙烯（PVC）树脂为主要原料，混入一定比例的改性剂、稳定剂、加工助剂、抗老化剂等，经挤出机挤出加工成各种形状的异型材，然后经切割下料、内衬异型金属增强型材、熔融焊接等加工工艺制成塑料门窗和框，再配上橡胶密封条、五金配件、玻璃等而制成的用于建筑物上作围护构件的门窗。

目前，市场上往往将塑料门窗称为塑钢门窗，这是不确切的。因为在塑料门窗的生产加工过程中，并不是每一根异型材中都要加增强钢衬（衬钢）的，一般是在塑料型材达到一定的长度，其自身的强度已不能抵抗室外风荷载作用时，为增强型材的强（刚）度而增加的增强钢衬（衬钢），其长度是根据不同的型材、不同的窗型以及窗所在建筑物上的不同位置，甚至是建筑物所处的位置等而确定的。所以将塑料门窗称为塑钢门窗将会产生误导，正确的叫法就是"塑料门窗"。

塑料外窗为多腔式结构，具有良好的隔热性能，其传热性能甚小；由于塑料外窗具有独特的多腔式结构，并经熔接工艺而成外窗，在塑料外窗安装时所有的缝隙均装有外窗专用密封胶条和毛条，具有良好的物理性能（保温、隔热、排水等），本材料在整个外窗市场是最环保的材料之一。

PVC-U塑料外窗适用于民用住宅建筑外窗、北方寒冷地区等，不宜使用在防火要求较高的地方，燃烧时会有一定的有毒物排放。PVC-U塑料外窗节能条件较好，在节能要求较高的建筑物上使用时，根据建筑物设计的性能要求，选用的塑料外窗的腔室及玻璃厚度、种类等都有不同的要求；PVC-U塑料外窗脆性大及刚度有限不宜使用在高度100m以上的建筑物上。

外窗用型材应符合《门、窗用未增塑聚氯乙烯（PVC-U）型材》（GB/T 8814）及《未增塑聚氯乙烯（PVC-U）塑料门》（JG/T 180）、《未增塑聚氯乙烯（PVC-U）塑料窗》（JG/T 140）、《塑料外窗及型材功能结构尺寸》（JG/T 176）、《建筑装饰装修工程施工质量验收规范》（GB 50210）的要求；塑料门窗工程应用时应符合《塑料外窗工程技术规程》（JGJ 103）的规定。

相应的塑料门窗工程标准图集为《未增塑聚氯乙烯（PVC-U）塑料外窗》（07J604），适用于民用建筑和一般工业建筑的内、外窗的选用，图集重点表现了塑料外窗作为节能型外窗的良好性能，并提供了具体的性能指标，适用于全国不同的气候地区使用。图集的编制体现了新观念、新材料、新技术、新工艺的特点，内容充实，便于设计人员选用。

设计人员在塑料门窗设计阶段应充分考虑外窗的性价比，力求使整个工程的造价与其性能及功能相匹配，外窗设计时应注意以下几个问题。

① 分格设计应尽量保证原建筑设计风格不变；考虑目前现有的结构配套是否可以实现该功能；满足强度的要求；寻求功能成本的最优化。

② 配套五金件选择：了解所采用的五金件厂家、产品名称及其所使用的槽口标准。

③ 窗型系列及配套选择：结合建筑物的分格及性能要求，以及当前公司外窗产品线结构所能够实现的功能及特点确定窗型系列；根据功能及强度要求确定具体的型材及附件配套。

④ 除以上要求外，还应该考虑加工的难易程度及装配的可靠方便性，从而制定出更优的配套方案及合理的加工方案。

⑤ 型材下料优化单的设计应尽量以原材料长度为 6000mm 设计，如材料利用率很低且订货量很大应考虑原材料定尺。

⑥ 玻璃面积超过 1.5m² 时需要采用安全玻璃（夹胶或钢化）；距地面高度低于 300mm 的玻璃需要采用安全玻璃（夹胶或钢化等）；中空玻璃板幅过大应考虑增加玻璃的厚度，单块玻璃面积一般不宜超过 2.5m²。

⑦ 分格图。绘制外视图；虚线表示内开，实线表示外开；尖点表示合页端；分格图表达要求：说明所有视图均为外视图；需明确外窗编号及数量；注明外窗的位置及使用功能；注明外窗的窗型系列及功能分类（如外开/内开等）；注明边框与洞口的间隙及洞口连接方式（钢附框/连接片）。

⑧ 节点图。节点图索引放在图的右上角；节点图需表达横向剖面及纵向剖面的节点大样，横向剖面图的下方为室外，纵向剖面图的左方为室外；节点图表达要求：需绘制外窗工程中所有不同组装方式的窗型节点；需注明各位置的型材、附件编号或名称；需表示出各部位的外形尺寸及尺寸推算需要的尺寸链；明确分格尺寸的标注位置。

⑨ 加工组装图。加工图需明确表明各种加工方式及各部位的加工尺寸，加工图需绘制各种情况的通用加工图，并在需要表达装配关系的地方配组装图（加工图需以三视图及适当配三维图表达）；玻璃提料单：需明确表达玻璃厚度、玻璃加工尺寸、加工数量以及是否钢化、夹胶、镀膜、磨砂、防火等特殊要求；附件提料单：需汇总工程中所需要的各种附件名称、材质、数量、国标号以及用途等；型材优化单：表明下料料缝（通常切 45°角料缝 25mm，切直角料缝 15mm/10mm）、型材编号、原材料长度；型材提料单：需表明型材的名称、编号、原材料长度、数量以及表面处理方式、室内外颜色等，以及工程名称、工程分项说明，并注明备料数量。

第二节　建筑门窗产品的绿色化技术

建筑门窗产品的绿色化技术主要是指建筑门窗产品绿色化生产技术，这里对铝合金窗和塑料窗的生产加工工艺进行介绍。

一、铝合金窗加工工艺

铝合金外窗加工前，应对所用材料和附件进行检验，其材质应符合现行国家标准或行业标准，所选用的型材形状、尺寸及壁厚应符合设计和使用要求。选用的附件，除不锈钢外，均应进行了防腐处理，以防止与铝合金型材发生接触腐蚀。认真复核技术部门设计图纸的实际尺寸，无误后，按照技术部图纸及材料优化单的要求，确定所需外窗材料的类型和数量，并结合材料的系列、厚度、颜色、生产厂家、所需五金配置等因素来选定型材的下料设计，编制下料工艺单。并检验材料实际尺寸与设计要求是否相符，若有出入，应会同相关技术部门共同处理。检查加工工具、机具的使用完好程度，根据公司规定及时进行保养、调试。

铝合金外窗的加工流程为：材料统计→采购→验收入库→领料→下料→钻孔→组框→窗扇组装→纱窗扇组装→玻璃镶嵌→抽样检验→组装→清洁→门窗成品或半成品检验→包装→运输。

1. 下料

又称"断料"，是铝合金外窗制作的第一道工序。断料主要使用切割设备，材料长度应根据设计要求并参考外窗施工大样图来确定，要求切割准确；否则，外窗的方正难以保证，断料尺寸误差值应控制在 2mm 范围内。一般来说，推拉外窗断料宜采用直角切割；平开外窗断料宜采用 45°角切割；其他类型应根据拼装方式来选用切割方式。主型材下料采用双角锯下料。下料公差控制在：料长 $L \leqslant 2000$mm，公差 $\leqslant 1$mm；料长 $L > 2000$mm，公差 $\leqslant 2$mm。

编制工艺下料尺寸时，按外窗结构设计图要求，预留框周边安装注胶缝隙 3～5mm，以确保框体与墙体为软连接安装。下料技术要求：①所有框、扇型材均按备料表中的下料尺寸按 90°切割下料，$(L \pm 0.3)$mm，角精度为 $90° \pm 10'$。②单玻固定结构所用的纵向两端应切 $65° \pm 10'$；双玻固定结构所用的纵向两端应切 $46° \pm 10'$。所用框扇槽口均采用专用模具冲压，边框安装端孔距外窗框四角 160～180mm，孔与孔间距为 320～420mm 均分。

2. 钻孔

铝合金外窗的框扇组装一般采用螺丝连接，因此不论是横竖杆件的组装，还是配件的固定，均需要在相应的位置钻孔。型材钻孔，可以用小型台钻或手枪式电钻，前者由于有工作台，所以能有效保证钻孔位置的精确度；而后者是因为操作方便。使用端面铣床对相应构件进行端面铣口和开安装孔。端面铣口或开孔均应定位准确。

钻孔前应根据组装要求在型材上弹线定位，要求钻孔位置准确，孔径合适，不可在型材表面反复更改钻孔，因为孔一旦形成，则难以修复。为了组装平整，要对下料后型材端面进行毛刺、铝屑清理，将清理后的框、扇料安装上相应类型的胶条。保证胶条长度长出 10mm 左右，以防止胶条回缩。

3. 型材组装

将型材根据施工大样图要求通过连接件用螺丝连接组装。铝合金外窗的组装方式有 45°角对接、直角对接和垂直对接三种。横竖杆的连接，一般采用专用的连接件或铝角，再用螺钉、螺栓或铝拉钉固定。铝合金外窗的组装质量，应符合下列规定。

① 外窗装饰表面不应有明显的损伤。每樘外窗局部擦伤、划伤，不应超过相关规定。

② 外窗上相邻构件着色表面不应有明显的色差。

③ 外窗表面应无铝屑、毛刺、油斑或其他污迹存在。装配连接处不应有外溢的胶黏剂。

④ 外窗框尺寸偏差，应符合验收规定。

⑤ 外窗框、扇相邻构件装配间隙及同一平面高低差，应符合验收的规定。组装过程中应轻拿轻放，切实防止型材表面划伤可碰撞变形，使用组角机成形时应严格按照操作规程操作，定位准确。密封条装配均匀，接口严密，无脱槽现象。压条装配牢固，对接处的间隙不大于 1mm。五金件装配的原则是：要有足够的强度、正确的位置，以满足强度性能及使用功能。

4. 组框

框组装工艺要求：

① 边封上粘贴密封胶垫要对齐到位并粘平，保证防水密封搭接。边封安装孔外侧应嵌装边封垫块，用于增加安装强度。

② 横料与边封搭接时要平齐牵固，紧固螺钉用 $\phi 4$mm×25mm 高强度自攻钉。穿螺钉前在边封外侧应装上槽形加强镀锌钢片（加强片），以保证边封内侧的防水胶垫压紧密封。

③ 亮窗嵌压扣条时，应先横料后竖料，角搭接缝不得大于 0.5mm。

④ 框组装后自检并贴编号标签，技术工艺数据要求。

5. 窗扇的组装

① 将密封胶条装入各扇料相应的槽中，安装五金配件前，扇料中的密封胶条槽口端部应钳压封口。

② 窗扇玻璃颜色要一致，按备料表尺寸下料，两边尺寸允许偏差为±0.5mm。对角线允许偏差为±1mm。安装前先将胶条长度预留5%，再平分找多点波浪式嵌压玻璃四周，以防胶条收缩使四角开缝。嵌装扇玻后，两侧胶条应平直，不得局部或全部掉入扇料玻璃槽中。

③ 窗扇组装后应进行自检并贴编号标签。

6. 纱窗扇（固定）组装

纱窗边框料组装连接时，采用专用角码连接并涂装组角胶，采用组角机组合挤角完成后，再铺装窗纱，用专用胶条固定四周，达到技术标准后再装窗纱。将窗纱展平，用纱窗压条压紧于窗纱的四框相应槽内，窗纱的经纬线不得歪斜，松紧适当，防止纱框拉弯变形。金属丝窗纱应符合《窗纱型式尺寸》（QB/T 3882）和《窗纱技术条件》（QB/T 388）的规定。塑料丝窗纱应用定型纱网，不得使用编织型纱网。

7. 玻璃镶嵌

镶嵌工艺流程：玻璃挑选、裁制→和片→分规格码放→安装前擦净→垫片铺装→镶嵌玻璃→固定胶条→修整。

对组装完毕的外窗，在出厂前，应进行质量检验。铝合金外窗组装完毕后，应对其进行保护或包装。一般可用塑料胶纸、塑料薄膜等无腐蚀性的软质材料，将所有表面严密包裹起来。特别是铝合金外窗框安装较早，土建施工中的水泥砂浆等容易掉落而沾污在其表面上，从而使表面氧化膜遭到破坏，影响质量。

生产铝外窗的设备主要有铣切机、型材弯曲机、立式铣床、卧式铣床、专用铣床、钻床、组角机、组框机等。为了适应大批量、多品种、标准化、高效率、高质量和高效益生产，铝外窗生产设备趋于专用化、自动化和流水线生产。根据具体使用的不同可分为锯切类（双头切割锯、角码切割锯、玻璃压条锯）；铣削类（仿形铣、端面铣）；组角类（单头组角机、双头组角机、四头组角机）；冲压类（铝外窗用单工位压力机、多工位压力机）；周转类（外窗周转车、型材周转车、胶条车、通用工作台、型材支架）。

二、塑料窗加工工艺

塑料外窗的加工流程包括15个工序，除设计窗型及下单外，其他14个工序分为锯切、钢衬、焊清、组装4个单元。其中锯切单元包括下料、定制圆弧、切V口、铣孔四个工序；装配单元包括穿毛条、钢衬装配及紧固2个工序；焊清单元包括焊接、清角2个工序；组装单元包括胶条、下压条及玻璃装配、成窗装配、整形、检验、包装入库6个工序。具体流程见图14.1。

1. 下料

在塑料门窗制作过程中，第一步工序是型材的下料，下料精度对门窗的质量有重要的影响。为保证门窗良好的使用性能，在下料工序中，要严格按规范操作。应保证所选型材为合格品，型材的外观及尺寸满足标准要求。下料尺寸应根据设计图纸、订单要求、洞口尺寸确定。

（1）框、扇的下料　开始切割时，根据下料依据和工艺要求确定下料尺寸，要注意机器本身切割长度是否含有焊接余量。如果含有，切割时可以不用考虑焊接余量，直接按照构件

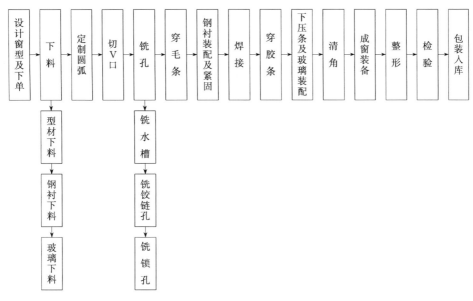

图 14.1 塑料窗加工流程

尺寸进行切割；如果不含，切割尺寸为构件原尺寸加上两端焊接余量（一般单端焊接余量为 3mm）。切割过程中，应保证锯片和工作台清洁，无水、油污、灰尘等杂物，以免影响后续工序的进行。切割后，做到首件三检，并抽检。所有构件必须满足以下技术要求：构件长度允差 ±0.5mm；构件端部角度允差±0.5°；构件切削面与型材两侧面的垂直度应不影响焊接质量，无较重的崩料现象。待焊面清洁，无水、油污、料屑等杂物。

（2）中梃的下料 根据设计订单上的下料尺寸进行切割。切割后首件三检，并抽检，构件应满足以下技术要求（图 14.2）。

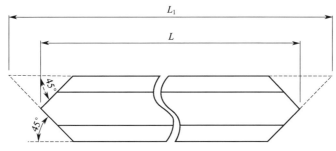

图 14.2 中梃下料要求

① 保证第一锯切割后型材端部角度为 45°，允差±0.5°；

② 保证第二锯切割后型材端部角度为 90°，允差±0.5°；

③ 下料长度符合设计要求，允差±0.5mm，两侧转角处高度允差±0.5mm；

④ 构件切削面与型材两侧面的垂直度有保证，无较重的崩料现象。待焊面清洁，无水、油污、料屑等杂物。

（3）V 形口的下料 根据设计订单上的下料尺寸具体门窗制作时，V 口在型材小面上的深度为：所焊接中梃小面宽度的一半减去焊接余量。切割后，首件三检，并抽检。所有构件切割后必须满足以下技术要求：

① 切割后 V 口角度允差±0.3°；

② 切割后 V 口深度允差±0.5mm，中心线位置偏离允差±0.5mm；

③ 构件切削面与型材两侧面的垂直度有保证，无较重的崩料现象。待焊面清洁，无水、油污、料屑等杂物。

（4）增强型钢下料　下料前保证型钢无明显扭曲，扭拧度不大于1°，每延长米直线度不超过 1.5mm，角度偏差不应大于±1.5°，增强型钢弯曲内角半径 R 不大于 1.4t（t 为壁厚），塑料窗增强型钢壁厚不小于 1.5mm。

钢衬表面应镀锌防腐处理；在钢衬满足要求的情况下，切割时应轻拿轻放，避免剧烈冲击，以免耐腐蚀表面镀层损坏，端面应光滑平整，以免装配时损伤型材。

2. 铣排水孔和气压平衡孔

塑料门窗要具有良好的水密性，必须在门窗上打排水孔，使门窗内的积水能够排到室外；为了保证雨水在排水腔内能够顺利排出，必须在门窗的上侧或竖侧打气压平衡孔。根据其所处的位置及作用，可将排水孔和气压平衡孔分为内排水孔和外排水孔、内气压平衡孔和外气压平衡孔。

排水孔与气压平衡孔的规格与尺寸：排水孔的规格尺寸一般为 $\phi \times L$（5mm×30mm）；气压平衡孔的规格尺寸一般为 $\phi \times L$（4.5mm×30mm）。

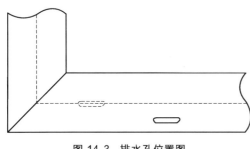

图 14.3　排水孔位置图

在加工门窗的内、外排水孔时，要特别注意以下几点：不要把排水腔与增强型钢腔打通，防止雨水进入主腔体内，腐蚀增强型钢；开内、外排水孔时要注意尽量开在型材排水腔最低的位置，防止造成型材内部积水，内排水孔不能与外排水孔相对，应相互错开一定距离（图14.3）。

下列情况必须铣排水孔和气压平衡孔：外墙上的外窗都应设置排水系统；外窗的每块玻璃下边框型材上都应开有内、外排水孔，每块玻璃的上边框型材上都应开有气压平衡孔，型材的内部也要开有气压平衡孔。

推荐排水孔的数量及分布如下：当下边框边长≤700mm 时，开一个外排水孔，位置在边长的正中处；当下边框边长为 700～1800mm，开两个外排水孔，位置在各距两端边长1/4处；下边框边长≥1800mm 时，开 3 个外排水孔，其中两个的位置在距两端 1/6 处，第三个位于构件的中间处。

一般情况下，每一个外排水孔应该对应一个内排水孔。对于平开门窗的扇和推拉门窗的扇而言，由于其制作尺寸的限制，只需在其下边构件上打一个内排水孔和一个外排水孔。排水孔的数量及其分布，应视该地区的气候条件及降雨量而定。降雨量较大的地区，排水孔的个数可以稍多，规格尺寸也可以稍大一些。

气压平衡孔的数量及分布：直接装在门窗框、门窗扇上的每一块玻璃，其上边框室外一侧的中央应该铣一个或多个外气压平衡孔，铣一个内气压平衡孔，内、外气压平衡孔可以不错开。

3. 铣五金件安装槽孔

采用仿形铣床加工传动器槽、锁孔、滑轮槽。在具体加工时，可以根据传动器的尺寸更换刀具和进给量，实现对槽、孔的加工。例如，在进行传动器执手孔的加工时，要注意中间孔所用的铣刀直径为 ϕ12mm，而两边孔径为 ϕ10mm，切不可以刀具互用。铣削后，孔径位置正确，周边光滑、无毛刺，利于传动器的安装。

4. 装配增强型钢

增强型钢的作用是提高门窗的刚性和强度，防止型材变形，且使安装的五金件更牢固。

增强型钢装加在 PVC 型材的增强型钢腔内，增强型钢与型材承载方向内腔配合间隙不应大于 1mm，以保证增强型钢加装方便，且受风压后能恢复原状。增强型钢在加工时，外形尺寸允差为 −0.1～−0.5mm，安装形式见图 14.4。

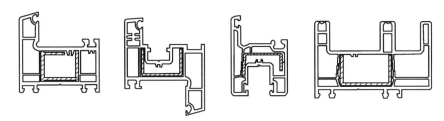

图 14.4　增强型钢安装形式

建议所有型材增强型钢腔加装增强型钢。以下条件下必须加装增强型钢：当门、窗主型材构件长度大于 450mm 时，其内腔应加增强型钢；框、扇、梃上需要用自攻螺钉固定，安装五金件时，必须加装增强型钢，使自攻螺钉拧紧在增强型钢的壁上，保证五金件的安装有必要的牢固度。

装加原则为平开窗所有钢衬 45°切割；增强型钢端头距型材端头的内角距离不宜大于 15mm，以不影响焊接为宜；保证五金件的连接螺钉可以打到增强型钢上，加强五金件的牢固度；理论上双排铆固。

增强型钢的装配主要有两种方式：在不影响焊接的部位可预先插入；十字形或 T 形焊接部位，增强型钢在对接后及时插入。

应根据外门窗的抗风压强度、挠度计算结果，确定增强型钢的规格。增强型钢与型材的连接紧固件使用机制自钻自攻螺钉。用于固定每根增强型钢的连接紧固件不得少于 3 个，其间距≤300mm，距增强型钢端头≤100mm。固定后的增强型钢不得松动。增强型钢装入型材增强型钢腔后，应保证型材内部无划伤、变形等现象，不影响传动器执手和门锁的安装，当增强型钢与型材配合尺寸不合适时，不得强行加装增强型钢。

5. 装毛条

推拉门窗的框扇之间的密封是通过密封毛条来实现的。在推拉纱扇上的与门窗框、门窗扇之间存在间隙的部位，安装毛条以防蚊蝇进入室内。毛条装配位置见图 14.5。

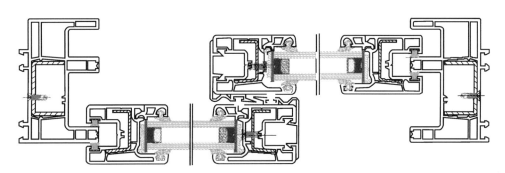

图 14.5　毛条装配位置图

毛条选择时，要注意毛条应绒毛均匀致密，毛簇梃直，切割平整，不得有缺毛和凹凸不平现象；底板表面光滑平直，不得有裂纹、气泡、黏合不牢等缺陷；不允许有油污、脏物。

门窗用密封毛条应采用经紫外线稳定性处理和硅化处理的平板加片型，目的是减少与密封面之间的滑动摩擦力，同时提高疏水性、增加抗水性，毛簇经过抗紫外线处理，可以延长使用寿命。

毛条规格不宜过大，否则会引起装配困难、推拉不灵活。毛条装配后，应均匀、牢固，接口严密，无脱槽、收缩、虚压等现象。同一构件上不能安装两段或多段毛条。制作时，首先检查毛条规格尺寸是否满足制作要求。毛条切45°角（与型材角度同向），每端应比槽口长度短2.5mm，以免影响焊接。

6. 焊接

焊接是塑料门窗制作过程中的关键工序之一，焊接的质量直接影响到成窗性能。

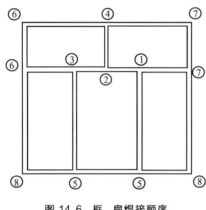

图14.6 框、扇焊接顺序
①～⑧为焊接顺序

焊接顺序的选定直接关系到门窗框、扇的焊接质量和生产效率，在焊接前，应根据窗型确定焊接顺序，焊接顺序主要根据焊机的形式功能来确定。无分格的框、扇可以用四角焊机一次焊接成形，带梃的多分格的窗要先焊接梃后焊接框，要注意焊接顺序（图14.6）。

焊接工艺参数直接影响塑料门窗的质量，尤其是成窗的焊角强度，因此，严格制定和控制焊接工艺参数尤为重要。焊接工艺参数主要包括如下，焊接温度：245～265℃；夹紧压力：0.4～0.6MPa；熔融压力：0.3～0.4MPa；对接压力：0.4～0.5MPa；熔融时间：20～30s；对接时间：25～35s。

以上是几个基本的工艺参数，因不同设备、不同条件、不同规格型材，参数值是可以变化的，应通过实验找出最合适的焊接参数（焊接前，应对各参数仪表进行校正，保证其显示值与实际值相符合）。其中：

① 应调整焊接温度在工艺参数范围内，并保证焊接结合面处于最佳塑化区，调整时，每次调整1～2℃，可通过表面状态（焊瘤微黄）来确定具体温度。

② 熔融时间先设定在20～30s范围内，调整好焊接温度后，再微调时间。对接时间应控制在25～35s，可适当加长。

③ 夹紧压力在0.4～0.6MPa之间调整，保证型材在对接时不能出现移位及变形。熔融压力在0.3～0.4MPa之间调整，保证焊件端面很快平整。对接压力在0.4～0.5MPa之间调整，以保证足够压力。

时间、温度、压力是影响焊接质量的三个重要参数，在实际生产中应以焊角强度测试结果灵活调整，以使三个参数达到最佳匹配，保证焊接质量。

（1）焊前准备

① 检查焊机的电源、气压是否正常，各个压力表数值是否在允许工作范围之内，开机后提前20～30min打开加热板加热开关进行预热。

② 焊接时保证环境温度在15℃以上，且型材在焊接前应在室温条件下放置24h，以使型材与加热温度之间的温度梯度降低，提高焊角强度。

③ 按框、扇需要选择并调整挡板，调整焊接时间、焊接温度、焊接压力。

④ 焊件应做标识并放置在规定位置，注意安装孔、铰链、执手、排水孔位置，以防错焊。

⑤ 切勿让胶条、保护膜熔于焊缝中，胶条的下料见密封条部分，保护膜在焊接部位应沿焊口剪留出焊接余量，杜绝把保护膜熔到焊缝中。

（2）焊接

① 焊接时一定要保证焊件可视面与焊板正交，允差±0.5°，同时要保证焊接面的清洁，防止造成焊角处有黑色暗线。

② 严格保证前后定位挡板与定位板间角度为45°±0.5°。

③ 框扇焊接后应满足尺寸要求，批量生产中首件必须检查，其余抽查，小批量及单件生产时，要求全检。

④ 框焊接时，要保证两焊件的角度为90°±0.5°，焊后保证增强型钢无窜动现象。

⑤ 焊后要保证主型材的焊角强度（焊接角破坏力的要求值可以参见标准），并定期进行焊角破坏力检测。

（3）焊接靠模　焊接时，应根据焊件的几何形状，制作相应的焊接靠模，焊接靠模在高度上比焊件低0.5～1.0mm。由于焊件为45°的带尖角型材，焊接过程中，如不使用焊接靠模，其尖角部位在焊接压力的作用下会发生变形，其焊瘤的特点是根部宽度较大，焊接面单位面积受应力分布不均，影响焊接质量（图14.7）。焊接时必须使用靠模。

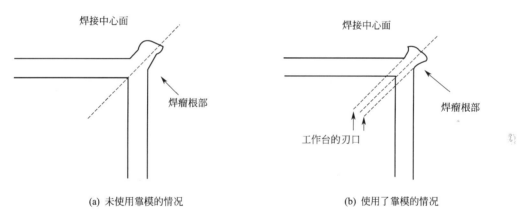

图 14.7　焊接靠模

（4）注意事项

① 焊接设备应定期进行检查，检查各个定位螺钉是否松动、变化，以确保工艺参数有正确的定位保证。

② 采用焊布的焊机应保证焊布质量（焊布材质为PTEF），经常清洁焊布，建议焊接10次后清洁一次，焊接1000次后，更换焊布，更换后，应重新调节温度。

③ 焊机应远离通风处，避免过堂风，以免影响焊板热稳定性。

④ 型材焊接完毕应下垫木板小心摆放，自然冷却，避免焊角受力或突然强制冷却。

⑤ 每焊完一次，必须间隔一定时间使焊板温度恢复到设定值。

⑥ 焊接设备的操作人员要保持相对稳定，有利于提高焊接质量。

（5）彩色型材塑料门窗的焊接　彩色型材按着色手段不同主要分为共挤型材、共混型材、覆膜型材、喷涂型材，其中共挤型材所占比例最大，其次为覆膜型材。彩色型材的焊接应注意以下几点：可使用无缝焊机进行焊接，焊后无需清角，焊缝有很小的线，可以不进行处理。如没有无缝焊机，清角后就会露白，需要进行修补，可使用专用修复笔进行修复，也可配同色的丙烯酸漆进行涂抹修复。

7. 清角

对于平开窗而言焊瘤的存在会影响窗户密封性；对推拉窗，会影响推拉的灵活性；影响窗户的外形美观；使下道工序密封条的装配不易进行。

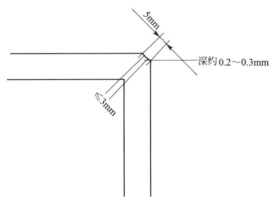

图 14.8　清角尺寸

下列情况必须清理焊瘤：框、扇、分格型材暴露在室外两侧的焊瘤应该清理，以免影响美观和窗户的密封性；框、扇四角的外尖角处应该清理出 5mm×45° 的倒角，以免影响窗框安装或门窗的组合，避免窗扇在开关中划伤手臂和影响美观；框、扇及分格型材的内角处，凡是影响外观和影响密封条装配的槽内焊瘤都应进行清理。

焊瘤的清理使用数控清角机和手动清角机。焊瘤清理后，刨削出的凹槽宽度 ≤3mm，深度 ≤0.3mm。外角处清理成约为 5mm×45° 的倒角，见图 14.8。

清理焊瘤时要注意以下问题：焊瘤清理宜在焊接后焊角处并未完全冷却时进行，此时，型材内部分子结构趋于稳定，未完全硬化，既不影响焊角强度亦不会产生崩角现象，以获得高质量的焊缝清理效果。使用数控清角机或手动清角机清理两侧面焊瘤时，要注意保证刀片的正确角度和刀刃的锋利。在进行共挤型材的焊角清理时，要注意清理槽深度的调节。焊瘤清理时，严禁在型材上留有刀痕，因为由此产生的槽痕效应造成应力集中导致型材易在此处出现裂缝。

8. 中梃的机械连接

中梃与主型材的连接除了采用 T 形焊接和十字形焊接外，也可以采用机械连接。这种连接方式又叫插接、镶接，属装配式结构。

首先要对中梃型材进行端铣，形成与连接型材密切配合的端头。并装好增强型钢，增强型钢距中梃型材端头距离不宜大于10mm，以使穿过插接件的螺钉与之紧固。然后备好经镀锌防锈处理的铸钢材料制成的中梃插接件，该插接件的组成部分有一个聚乙烯密封垫并涂有不干胶。将装有增强型钢的焊好的窗梃在连接中框处用配套的钻靠模钻孔，粘贴上密封垫，再把准备好的中梃置于框内，用夹具固定紧后，用螺钉紧固。通过中梃插接件和螺钉的紧固将框和中梃型材内的增强型钢紧密连接起来，提高了连接强度和整窗的抗风压性能。见图 14.9。

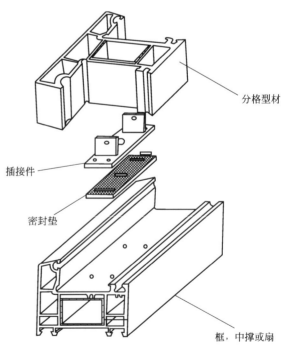

分格型材

插接件

密封垫

框，中撑或扇

图 14.9　中梃的机械连接

9. 密封条的安装

为保证 PVC 塑料门窗具有良好的密封性能，需要在门窗上安装密封条。密封条主要包括密封胶条和密封毛条，密封胶条分为框扇密封胶条和玻璃密封胶条，而密封毛条主要用在推拉门窗上保证窗框与窗扇之间的密封性能。

在选择密封条时，要注意所选择的密封条剖面形状、尺寸、材料等必须满足标准的要求，且性能可靠、安装方便。玻璃密封胶条，主要用于玻璃装配时压条上与玻璃之间的密封。框扇密封胶条，用于门窗框扇之间配合间隙的密封。一般情况下，框扇之间的配合间隙为 3～5mm，所以，在选择密封胶条时，要注意所选胶条的材质和规格，三元乙丙材质的密封胶条是建设部推荐应用的优质密封胶条。

胶条安装的注意事项：每个框内的密封胶条端头都应位于上边框的中部，每个转角处的密封胶条应用剪刀剪开一个豁口，使密封胶条在直角处平整，严禁把胶条剪断；在安装过程中，应从上边框开始，用滚轮将密封胶条压入；密封胶条的端部接口处，要留有一定尺寸的余量，以防止胶条收缩，不能起到良好的密封效果。胶条装配后，应均匀、牢固、接口严密，无脱槽、收缩、虚压等现象。同一构件上不能安装两段或多段胶条。

10. 五金装配

由于 PVC 型材的断面不同于钢、铝、木，因此五金配件要选择 PVC 门窗专用五金配件，按型材的品种、规格、门窗样式等需选用不同的配置。

PVC 塑料门窗五金配件的选择，与型材的结构要素有着重要的关系。五金配件安装时，需要与型材的五金件安装槽相配合。所以，五金件的外形尺寸要受型材槽口的制约。目前窗用型材五金件安装槽采用欧洲 12/20-9 系列标准，即五金件活动空间为 12mm，型材的搭接边为 20mm，五金件安装后五金件中心线与框型材小面的距离为 9mm，见图 14.10。

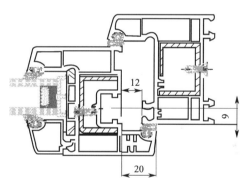

图 14.10　塑料窗五金配件的安装
标准尺寸(单位:mm)

塑钢门窗成品由框、扇通过五金件连接组合而成。五金件的安装应符合国家标准。即五金配件安装位置应正确、数量齐全，安装牢固，承受往复运动的配件在结构上应便于更换。所有螺钉要一次性打入，不能多次拆卸。五金配件开关灵活，具有足够的强度，满足窗的机械力学性能要求。五金配件承载能力应与窗扇重量和抗风压要求相匹配。当平开窗扇高度大于900mm 时，窗扇锁闭点不应少于两个。五金配件与型材连接应满足物理性能和力学性能要求。摩擦铰链的连接螺钉应全部与框扇增强型钢可靠连接。

11. 玻璃切割及装配

（1）压条的切割　压条必须按实际的框、扇的压条槽口尺寸并适当加长进行下料，以保证装配后转角部位对接处的间隙符合要求，见表 14.2。

表 14.2　玻璃压条加长尺寸

槽口长度/mm	≤600	600～1200	1200～1800	＞1800
加长长度/mm	0～0.5	0.5～1.0	1.0～1.5	1.5～2.5

注：加长尺寸要根据型材质量、环境温度、压条剖面、槽口长度和经验综合考虑。

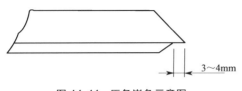

图 14.11 压条嵌角示意图

矩形框扇的压条角度为45°±0.5°，异形窗和圆弧窗的压条角度为其相邻两构件角度的一半，允差为±0.5°。为防止扇的压条内槽焊瘤与压条碰撞，压条应切割压条嵌角，嵌角长度为3～4mm，见图14.11。

（2）玻璃的切割 切割玻璃前应检查玻璃是否有划痕、气泡，若合格则根据订单尺寸切割。玻璃的装配应符合JGJ 113的规定。当中空玻璃厚度尺寸超过24mm时，应考虑相应的玻璃嵌入深度、前部和后部余隙及边缘余隙。切割时，无论是手工还是机器切割，都存在外力冲击过程，因此，要保证环境温度在15℃以上。切割后的玻璃应保证边缘整齐，无锯齿状，无缺口。为防止应力破裂要做磨边处理，磨边倒角尺寸不小于0.5mm×45°，防止玻璃在制作、运输、使用过程中破裂。

（3）玻璃的安装 玻璃的安装环境温度不低于15℃。装配玻璃时，不得让玻璃与型材直接接触，在安装玻璃镶嵌槽内适当位置加装玻璃垫块、玻璃垫板。安装玻璃压条时，要先安装短压条，后安装长压条，并用橡皮锤敲打玻璃压条，严禁用木质、硬塑料、金属等硬质锤。压条装配后应牢固，转角部位对接处的间隙不大于1mm，任何一边都必须使用整根压条，不得断开。安装玻璃压条时，要有定位装置，避免敲击一侧处于悬空状态，建议制作一个可调节的具有一定刚度的定位框，把需安装压条的框、扇放到定位框内，再进行压条的敲击。在敲击玻璃压条时，应先将角部敲上，再敲中间，用力适当，用力方向与所装压条的型材相垂直，不得向角部斜敲。

玻璃与型材之间必须加装玻璃垫块或玻璃垫板。玻璃垫块有承重垫块和定位垫块两种。

玻璃垫块应采用邵氏硬度70～90的塑料材料，要具有防腐、不变形的特点，表面要加工成防滑面。玻璃垫块的宽度应比玻璃厚度宽1～2mm，长度约为100mm，厚度为2～6mm。不同类型门窗，玻璃垫块的加装数量和位置也不同，推拉窗下部的玻璃垫块应放到滑轮的上方，平开窗宜使玻璃垫块对角垫加并正确调整，将发生的力最终分散在框架、铰链等组件上，确保开关灵活、位置正确、扇不下垂。边框上的玻璃垫块应采用胶黏剂固定。玻璃垫块不能影响气压平衡孔和排水孔的作用。正确安装和调整玻璃垫块是保证门窗使用功能的重要环节。

第三节　建筑门窗产品的绿色化评价

建筑门窗产品的绿色化评价，主要是指对建筑门窗产品节能性能的评价。建筑门窗节能性能评价在我国目前主要是建筑门窗节能性能标识制度。

建筑门窗节能标识（简称标识）制度，是指通过统一的检测或模拟手段检验出门窗的传热系数、遮阳系数、气密性、可见光透射比等节能性能指标，并按统一规格将包含有这些指标的标签粘贴到产品上的一种模式。

2006年12月19日，建设部印发了《关于印发〈建筑门窗节能性能标识试点工作管理办法〉的通知》（建科〔2006〕319号），标志着我国建筑门窗节能性能标识制度的建立。

建筑门窗节能性能标识工作，由住房和城乡建设部（以下简称"建设部"）标准定额研究所负责组织实施（地方建设行政主管部门负责本行政区域的标识工作的监督）；建筑门窗节能性能标识专家委员会负责承担标识中技术性的评审、指导、咨询等工作；建筑门窗节能性能标识实验室负责企业生产条件现场调查、产品抽样和样品节能性能指标的检测与模拟计算。

2007年10月28日，建筑门窗节能性能标识专家委员会对全国申请的实验室进行综合评审和现场评定，确定中国建筑科学研究院建筑工程检测中心（国家建筑工程质量监督检验中心）等11家单位作为建设部第一批建筑门窗节能性能标识实验室。

2008年7月23日，国务院常务会议通过的《民用建筑节能条例》，已于2008年10月1日起施行，其中明确规定："房地产开发企业销售商品房，应当向购买人明示所售商品房的能源消耗指标、节能措施和保护要求、保温工程保修期等信息，并在商品房买卖合同和住宅质量保证书、住宅使用说明书中载明。"可见，能耗标识已成为强制性要求。

建筑门窗节能性能标识，包括证书和标签，是对企业某品种的标准规格门窗产品与建筑能耗相关的性能指标的客观描述。证书由建设部标准定额研究所颁发并统一编号，标签由企业按照统一的样式、规格以及标注规定自行印制。目前，标识证书有效期为3年；企业在有效期满前6个月可重新提出申请。

建筑门窗节能性能标识制度的实施，将推动我国建筑门窗各项节能性能和质量的提高。经过节能标识的建筑门窗寿命和保温隔热、隔声、防水、气密及遮阳等性能都显著高于一般门窗。建筑门窗节能性能标识既能明示建筑节能性能状况，也对开发商起到监管和激励作用。建筑门窗节能性能标识制度的实施必将推动建筑门窗标准化，提高产品的能源效率，减少有害物的排放，保护环境。

建筑门窗节能性能标识包括现场调查与节能性能测评两大项内容。

一、建筑门窗节能性能标识的现场调查

依据《建筑门窗生产企业节能性能标识产品生产现场评定细则》对生产企业进行现场调查，确认企业是否具备必要的生产设备、生产能力和产品质量保证的能力。主要内容见表14.3。

表14.3 建筑门窗节能性能标识现场调查主要内容

调查项目	主 要 内 容
标识负责人	建立体系文件;确保标识证书、标签的正确使用;确保标识产品与标识证书的一致;确保标识产品材料发生变更时的及时申报
文件	与标识相关的法律、法规;产品设计文件、采购控制文件、生产过程质量控制文件等;标识证书和标签的使用、保管控制文件
资源	配备生产和检验设备、人力资源;生产现场、检验试验的实验室、产品的储存库房应满足要求
记录	建立并保持与节能标识产品有关的记录,并对其标识、储存、保管和处置进行有效控制
产品的实现	产品的研制;受控零部件和材料的采购;生产过程的控制
检验和试验	主要原材料、零配件的检验/验证;生产过程中的检验;产品的检验
放行和交付后活动	包装运输应符合要求;交付后应进行用户满意度调查,以便持续改进
节能标识产品的一致性	对产品与节能性能试验合格的产品的一致性进行控制,包括:受控零部件、材料;生产现场环境、生产设备;生产工艺
节能标识证书和标志的使用	建立标识证书和标签使用制度,确保标识证书和标签使用满足相关规定

二、建筑门窗节能性能标识的节能性能测评

对企业申请产品分系列对标准规格门窗进行抽样，并对节能性能进行测评，测评项目见

表 14.4。

表 14.4　建筑门窗节能性能标识的测评项目

序号	测评项目	依据标准、规范和文件	样品规格/mm[②]	样品数量
1	整窗(门)气密性能 (空气渗透率)检测	GB/T 7106—2008	外开窗:1200×1500 其他窗:1500×1500	3樘/单元
2	整窗(门)保温性能检测	GB/T 8484—2008	外开窗:1200×1500 其他窗:1500×1500	1樘/单元
3	玻璃遮阳系数、可见 光透射比检测[①]	GB/T 2680—1994 (或 ISO 9050:2003) 计算采用 Window5.2 软件	构成中空玻璃的 单片玻璃 50×50	各2片 /不同配置
4	中空玻璃传热系数模拟计算	MQMC 门窗热工计 算软件	CAD 图	
5	窗(门)框传热系数模拟计算			
6	整窗(门)传热系数模拟计算			

① 若采用标准数据库（www.glass.org.cn）中的玻璃，可不测评此项目。

② 检测用样窗均为中分，一扇固定，一扇开启。

　　企业可自愿申请建筑门窗节能性能标识，申请过程分四个阶段：企业委托、现场调查、性能测评和标识申请阶段。

1. 第一阶段——企业委托阶段

　　该阶段工作主要由企业完成，标识实验室积极协助。

　　① 企业应先向实验室提出申请（口头申请或书面申请），并确定标识负责人。

　　② 企业向标识实验室提交申请标识的必要材料，材料清单如下：企业工商营业执照复印件；企业质量管理组织机构图，质量管理文件清单，质量体系认证证书复印件；与产品密切相关的生产设备清单、生产工艺说明文件等；产品型式检验报告的复印件；产品图纸（含CAD 立面图、各节点剖面图）及规格表的复印件，产品及工艺说明书；受检产品的主要组成材料和性能（热导率）说明、配件及其供应商清单。

　　③ 实验室同企业共同确定企业申请标识的产品分类明细表，并完成《建筑门窗节能性能标识测评委托单》。产品单元划分原则如下：

　　a. 按门窗主框材料的不同，划分为不同单元，如：铝合金、PVC、铝木、铝包木等。

　　b. 同一主框材料中，按门窗框厚度的不同分为不同单元，如：55 系列、60 系列、70 系列、90 系列等。

　　c. 同一主框材料、框厚度中，按以窗扇开启方式的不同，划分为内平开、外平开和推拉三个单元。

　　d. 同一主框材料、框厚度、窗扇开启方式中，按型材截面构造的不同，划分不同单元，如：55 系列内平开隔热铝合金窗，I 形隔热条、T 形隔热条。

　　e. 更换玻璃配置且玻璃槽口宽度变化时，视为不同单元。

　　f. 框材腔体内部增加填充物，视为不同单元。

　　④ 企业同实验室签订《生产条件现场调查与建筑门窗节能性能标识检验委托协议书》。

2. 第二阶段——现场调查

　　该阶段工作由实验室和企业共同完成。

　　① 实验室同企业共同确定现场调查计划。

　　② 实验室委派现场调查员，根据《建筑门窗生产企业节能标识产品生产现场调查细则》

进行现场调查、抽样工作，填写《企业标识产品生产条件现场调查记录表》。

③ 实验室汇总现场调查表，完成《企业标识产品生产条件现场调查报告》。

企业配合标识实验室完成现场调查工作、抽样工作，支付必要的差旅费；包装、防护好所抽取的样品并及时寄送标识实验室。

3. 第三阶段——性能测评阶段

该阶段工作由标识实验室完成。

① 实验室依据相应标准，对抽样窗进行气密性能（空气渗透率）、保温性能、玻璃的遮蔽系数和可见光透射比等进行检测，出具相应的检测报告。

② 实验室依据《建筑外窗热工性能模拟计算实施细则》对标准样窗的传热系数进行模拟计算，出具《建筑门窗节能性能指标模拟计算报告》。

③ 实验室根据检测报告和模拟计算报告，完成《建筑门窗节能性能标识测评报告》。

4. 第四阶段——标识申请阶段

该阶段工作主要由企业（实验室协助）完成。

① 企业按要求填写《建筑门窗节能性能标识申请表》，通过"国家工程建设标准化信息网（www.windowlabel.cn）"上传。

② 企业应将申请表和以下申请材料一并提交建设部标准定额研究所。

a. 营业执照副本或登记注册证明文件的复印件（加盖公章）。

b. 标识实验室出具的《建筑门窗节能性能标识测评报告》。

c. 产品的《型式检验报告》的复印件（加盖公章）。

③ 建设部标准定额研究所组织专家委员会审查企业的申请材料。

通过审查的企业及其相应产品目录，由建设部标准定额研究所在"国家工程建设标准化信息网（www.windowlabel.cn）"上统一公示。自公示之日起，15 日内没有收到异议的，将准许使用标识，由建设部标准定额研究所向企业颁发标识证书，并在"国家工程建设标准化信息网（www.windowlabel.cn）上公布。

获得建筑门窗节能性能标识的企业将得到相应产品的标识证书并可以在相应产品及包装物上使用标识标签。

证书的内容及编号：证书镶嵌标志图形，证书内容包括证书编号、证书说明、企业名称、批准日期与有效期、标识产品目录（包括产品标签编码、产品型号、传热系数、遮阳系数、空气渗透率、可见光透射比等信息）、查询网址等。证书由建设部标准定额研究所统一颁发、编号。

证书的使用范围：企业可在产品广告、产品宣传材料上使用证书的有关内容；企业可在工程招标、产品销售过程中，向顾客出示证书。

证书的有效期：证书有效期为 3 年。证书有效期满前 6 个月，愿继续使用标识的企业应该向建设部标准定额研究所提交延期申请，建设部标准定额研究所组织专家进行审查，确定延期时间。未申请延期的企业，证书有效期满后不得继续使用标识，证书将被注销，并在网上公布。

标签的内容：标签由企业按照统一样式、规格和标注规定自行印制。标识的基本内容应包括标签编号、企业名称、生产地、产品描述、标准规格产品的节能性能指标、查询网址及声明等。

标签的使用：企业应在获得标识产品的显著位置粘贴标签，粘贴位置应有利于识别和市场监督。标签可以粘贴或直接印刷于产品包装物、产品使用说明书及广告宣传等印刷品上。

印刷的标签可按比例放大或缩小，内容应清晰可辨。

企业应建立证书和标签使用制度，每年的 12 月 21 日前按要求向地方建设行政主管部门和建设部标准定额研究所报告标识使用情况。

参考文献

［1］ 王汇川．塑料门窗．北京：中国建筑工业出版社,2006.

［2］ 阎玉芹．铝合金门窗设计与制造．上海：同济大学出版社,2008.

［3］ 住房和城乡建设部标准定额研究所．建筑门窗节能性能标识导则．北京：中国建筑工业出版社,2012.

第十五章
建筑屋面的绿色化

　　屋面围护结构能够防止雨、雪和风沙的侵袭及承受其荷载,同时具有遮阳、保温隔热、隔声等功能。 屋面是建筑的重要组成部分,是建筑顶层的覆盖物,包括屋面围护系统和支撑结构。 本章主要叙述屋面的防水功能、满足人员活动和环境美化及安装屋面设施等,同时要求构件简单、施工方便、并能与建筑整体协调配合,具有优美的外观。

　　在屋面构造中,防水是最重要的功能,能够防止雨雪的渗入、防止水对建筑物的腐蚀、避免潮湿产生的霉菌滋生、避免保温材料由于吸水降低保温性能、防止漏水对电气和智能系统的损害、保证和延长建筑的使用寿命及在防水的基础上满足屋面的其他功能。

　　绿色建筑屋面除保证建筑物的遮风避雨基本功能外,还兼顾了建筑节能、环保、生态和延长屋面使用寿命等新功能。 采用绿色屋面系统技术对建筑造价影响不大,但节能降耗、环保、节材等效果十分明显。

第一节　建筑屋面的分类和构造

一、建筑屋面的分类

　　建筑屋面可按坡度、基材、面材、构造及用途等分类。

1. 按坡度分类

　　按坡度可分为平屋面和坡屋面。坡屋面主要依靠结构坡度排水,一般不需要形成整体的屋面防水层,如传统的瓦屋面。而平屋面为了满足防水,需要有整体的屋面防水层,如防水卷材、防水涂料等。根据《坡屋面工程技术规范》(GB 50693),屋面坡度大于或等于3%为坡屋面,以下为平屋面。

2. 按基材分类

　　按照结构支撑基层材料的不同可分为混凝土屋面、金属板屋面及木结构屋面。混凝土屋面还可分为现浇混凝土屋面(整体)和混凝土板屋面(装配)。混凝土板、金属板、木结构屋面一般归属于装配式屋面基层。

3. 按面材分类

　　按照屋面防水层的不同还可分为防水卷材屋面、防水涂料屋面、金属板屋面及瓦屋面。防水卷材屋面指最上层的防水层是防水卷材。防水涂料屋面指最上层防水层是防水涂料。防水卷材也可和防水涂料复合使用,防水卷材和防水涂料屋面都需要形成整体的屋面防水层而起到防水作用。金属板屋面指屋面的防水依靠金属板的整体装配，通过结构排水而满足防水功能，还可在金属板上安装装饰面板。瓦屋面是提供坡屋面的排水结构，用瓦装配搭接防水，瓦材包括黏土瓦、混凝土瓦、陶瓦、沥青瓦、沥青波形瓦、树脂波形瓦、水泥波形瓦等。

4. 按构造分类

按防水层与保温层相互间的位置可分为正置式屋面和倒置式屋面。正置式屋面是传统的保温隔热屋面，防水层在保温隔热层之上。把保温隔热层设置在防水层之上的屋面称倒置式屋面。

由于传统绝热材料吸水率高，只能设置在防水层之下，避免保温效果降低。吸水率低的新型保温隔热材料的出现，如现喷聚氨酯硬泡等，可以铺设于防水层之上而不降低保温效果。与传统的外露防水相比，倒置式屋面的最大优点是保温隔热层对防水层具有保护作用，隔绝紫外线辐射，减少热老化及温度变化的影响，大大延长柔性防水层的使用寿命。当然，也带来了防水层维修难度加大，所采用的保温材料长期吸水率要低。

5. 按用途分类

国外一般习惯统计时，按照屋面的用途不同而分为民用屋面、工商业屋面及公共屋面等。国外民用住宅大多为别墅，为坡屋面；工商业屋面大多是平屋面。我国农村大量住宅是坡屋面，城市由于土地稀缺而基本以平屋面为主。此外，平屋面按照是否上人还可分为上人屋面和非上人屋面，一般上人屋面在防水层上面要有保护层，非上人屋面可以最外层为防水层。

二、建筑屋面的构造

1. 建筑屋面的构造层次

为了满足使用功能，需要把不同功能的构造层进行组合，形成不同的构造层次。《屋面工程技术规范》（GB 50345—2012）中平屋面的基本构造层次为：保护层、隔离层、防水层、找平层、保温层、找坡（平）层及结构层等，见图15.1。

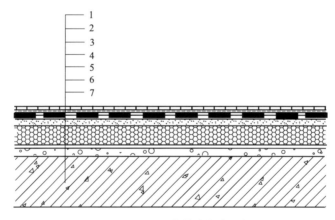

图 15.1　平屋面的基本构造层次

1—保护层；2—隔离层；3—防水层；4—找平层；5—保温隔热层；6—找坡（平）层；7—结构层

其他种类的屋面，如倒置式屋面、种植屋面、金属屋面、单层防水卷材屋面等都是在此基础上进行适当调整。

2. 建筑屋面的功能

在建筑屋面中，结构层是支撑层，所有的屋面围护系统都是安装在支撑层上，支撑层承受屋面荷载。找坡（平）层使基层达到施工所属的平整度和排水坡度以避免积水。保温隔热层提供屋面的保温隔热效果、降低能耗以满足使用的舒适度。为了保证保温隔热层上的平整度和满足上层防水层的施工基层要求，有时要做找平层。防水层能形成整体的防水膜，避免水的渗漏。为了保护防水层，有时需要在上面设置保护层。保护层不是必备的，如非上人屋面的防水层是 EPDM 橡胶防水卷材、PVC 防水卷材及 TPO 防水卷材时，可以直接外露使用。在某些场合下，可能还需要隔汽层、隔离层等。

三、建筑屋面的防水等级

1. 防水等级

建筑防水等级主要是根据建筑物的性质、重要程度、使用功能要求、建筑结构特点和防水层耐用年限来确定的。设计人员在进行防水设计时，首先要明确建筑物的性质、重要程度、使用功能要求等，然后根据防水等级、防水层耐用年限来选用防水材料和进行构造设计。对防水有特殊要求的建筑屋面应进行专项防水设计。防水等级的确定也可以按照开发商要求的耐用年限确定。设计人员在划分防水等级时应综合考虑渗漏造成损失大小、渗漏维修的难易和成本、渗漏对美观的影响、渗漏对安全的影响、渗漏对舆论的影响、工程结构的寿命、结构的承载能力、防水材料的特性等。《屋面工程技术规范》（GB 50345—2012）规定了屋面防水等级及设防要求，见表 15.1。

表 15.1　屋面防水等级和设防要求

项　　目	屋面防水等级	
	Ⅰ级	Ⅱ级
建筑物类别	重要的建筑和高层建筑	一般建筑
设防要求	二道防水设防	一道防水设防
防水做法	卷材防水层和卷材防水层、卷材防水层和涂膜防水层、复合防水层	卷材防水层、涂膜防水层、复合防水层

2. 防水层合理使用寿命

目前，屋面防水材料主要是有机材料，暴露于环境时其老化失效年限一般低于建筑物使用年限。因此，屋面防水层是有合理使用年限的，即在防水工程完工至防水层老化失去防水功能不能再继续使用而需要返修的周期年限，在这个年限中屋面不得渗漏。合理使用年限短，屋面维修次数多，合理使用年限长，一次性投资就要大，因此应有一个合理使用年限。这个年限和经济发达程度、产品的更新周期和城市及建筑的发展相关。《建设工程质量管理条例》规定，建筑防水工程的保修年限为 5 年。建设部《关于治理屋面渗漏的若干规定》（1991 年、370 号）文中要求"选材要考虑其耐久性能保证 10 年"。因此，防水层最低保障年限为 10 年。从国外的发展经历来看，越来越多的企业通过保险的形式，提供越来越长的防水质量保证年限来满足用户的需求。同时，应当看到合理使用寿命与防水等级密切相关，特殊需求应当进行专项设计。

3. 设防要求

设防要求应根据防水等级来确定。当屋面防水等级和防水层合理使用年限确定后，就确定了设防要求是进行一道或多道设防，在此基础上选择防水材料。多道设防时，可采用同种卷材叠合或不同卷材复合，也可采用防水卷材和防水涂膜复合等，复合使用时应考虑相邻材料之间的相容性问题。一道防水设防是指具有单独防水能力的一个防水层次。设计时，主要考虑防水层厚度（与道数也有一定关系），只需按规范与每道防水层厚度选用就可。

选定适合的防水材料，常常还要按照不同地区的自然条件、防水材料市场情况、经济技术水平和其他特殊要求进行综合考虑后确定。

4. 其他要求

屋面的主要功能是防水，最重要的是满足安全需要，包括承受屋面的荷载、风荷载（抗风揭）、雪荷载及屋面防火阻燃等。其次是我国要提高屋面的保温隔热功能，减少建筑能耗，充分考虑保温隔热效果及其持久性。此外，还要满足施工方便、环保、可靠及屋面的其他使用功能，如屋面设施、种植屋面、上人屋面等。作为绿色屋面，必须从材料的生产到材料的使用、施工的污染、材料的可再生利用、屋面寿命终结的固体废物处理等都需进行综合考虑。

四、建筑屋面用材料

建筑屋面用材料包括保护层、隔离层、防水层、找平层、保温层、找坡（平）层、结构层等所用材料。可分为防水材料、保温隔热材料、找坡（平）材料、蓄排水材料、隔离材料、保护层材料、隔汽材料、瓦类材料及配件材料等。

1. 防水材料

防水材料包括：防水卷材、防水涂料、防水垫层和建筑密封胶等，见表 15.2。

表 15.2 防水材料品种

大类	子类	细目	品 种
防水卷材	沥青基防水卷材	普通石油沥青或氧化沥青防水卷材	石油沥青纸胎油毡
			石油沥青玻璃纤维胎防水卷材
			玻纤胎沥青瓦
			石油沥青玻璃布油毡
			铝箔面石油沥青防水卷材
		改性沥青防水卷材	弹性体改性沥青防水卷材
			塑性体改性沥青防水卷材
			改性沥青聚乙烯胎防水卷材
			自黏聚合物沥青防水卷材
			沥青基预铺防水卷材
			湿铺防水卷材
			沥青复合胎柔性防水卷材
			道桥用改性沥青防水卷材
			胶粉改性沥青防水卷材
			聚合物改性沥青防水垫层
			自黏聚合物沥青防水垫层
			自黏聚合物沥青泛水带
	高分子防水卷材	塑料防水卷材	聚氯乙烯（PVC）防水卷材
			氯化聚乙烯（CPE）防水卷材
			聚乙烯防水板
			乙烯醋酸乙烯（EVA）防水板
			聚乙烯丙纶复合防水卷材
			热塑性聚烯烃 TPO 防水卷材
			透气防水垫层
			隔热防水垫层
		橡胶防水卷材	三元乙丙橡胶防水卷材
			丁基橡胶防水卷材
			氯丁橡胶防水卷材
			氯磺化聚乙烯防水卷材
			再生橡胶防水卷材
		橡塑共混防水卷材	氯化聚乙烯橡胶共混防水卷材
			氯磺化聚乙烯橡塑共混防水卷材

大类	子类	细目	品　　　　种
防水涂料	沥青基防水涂料	水乳型沥青基防水涂料	氯丁橡胶乳化沥青防水涂料
			SBS 乳化沥青防水涂料
			再生胶乳化沥青防水涂料
			丙烯酸乳化沥青防水涂料
			石棉乳化沥青防水涂料
			膨润土乳化沥青防水涂料
			皂液乳化沥青防水涂料
			喷涂速凝橡胶沥青防水涂料
		溶剂型沥青基防水涂料	氯丁橡胶沥青防水涂料
			再生胶沥青防水涂料
			非固化橡胶沥青防水涂料
	高分子防水涂料	水乳型高分子防水涂料	丙烯酸乳液防水涂料
			丙烯酸热反射防水涂料
			EVA 乳液防水涂料
			聚合物水泥防水涂料
			硅橡胶乳液防水涂料
		反应型高分子防水涂料	聚氨酯防水涂料
			聚脲防水涂料
			硅橡胶防水涂料
			聚甲基丙烯酸甲酯 PMMA 防水涂料
	无机防水涂料		水泥渗透结晶型防水涂料
			聚合物水泥防水砂浆、防水浆料
密封胶	主体材料		沥青油膏
			丁基密封胶
			聚氨酯密封胶
			聚硫密封胶
			丙烯酸酯密封胶
			硅酮密封胶
			改性硅酮密封胶
	使用功能		建筑窗用弹性密封剂
			中空玻璃用弹性密封胶
			混凝土建筑接缝用密封胶
			幕墙玻璃用耐候胶
			防霉密封胶
			干挂石材幕墙用环氧胶黏剂
			中空玻璃用丁基热熔密封胶
			单组分聚氨酯泡沫填缝剂
			水泥混凝土路面接缝密封胶
			建筑用硅酮结构密封胶
			石材用建筑密封胶
			建筑用阻燃密封胶
其他防水材料	灌浆堵漏材料		无机防水堵漏材料
			水泥水玻璃灌浆材料
			水泥基灌浆材料
			环氧树脂灌浆材料
			聚氨酯灌浆材料
			丙烯酸盐灌浆材料
	防水剂		水泥渗透结晶型防水剂
			砂浆、混凝土防水剂
			水性渗透型无机防水剂

续表

大类	子类	细目	品 种
其他防水材料	防水剂		有机硅防水剂、硅烷浸渍剂
	止水带、止水胶		遇水膨胀止水胶
			丁基橡胶防水密封胶黏带
			膨润土橡胶遇水膨胀止水条
			塑料止水带
			橡胶止水带
			遇水膨胀橡胶
	膨润土防水毯		钠基膨润土防水毯

注：煤焦油、煤沥青类防水卷材、防水涂料、油膏产品国家明令淘汰。

2. 保温隔热材料

保温隔热材料包括：硬质聚苯乙烯泡沫塑料保温板、硬质聚氨酯泡沫保温板、聚异氰脲酸酯泡沫保温板、酚醛泡沫保温板、喷涂硬泡聚氨酯、岩棉、矿棉、玻璃棉、泡沫玻璃、泡沫陶瓷等，此外还有保温砂浆、加气混凝土、泡沫混凝土等。

3. 找坡（平）材料

混凝土结构屋面宜采用结构找坡。找坡材料主要采用水泥砂浆、细石混凝土、沥青混凝土等。

4. 蓄排水材料

种植屋面采用的蓄排水材料包括凹凸型排（蓄）水板、网状交织排水板、级配碎石、陶粒等。

5. 隔离材料

根据屋面应用可采用水泥砂浆、细石混凝土、土工布、防护排水板等。

6. 保护层材料

保护层材料是为了保护防水材料、保温隔热材料不受外力损伤，或防止紫外线照射等，可采用水泥砂浆、细石混凝土、耐候涂料、水泥砌块、地砖等。

7. 隔汽材料

隔汽材料具有隔绝水蒸气、耐热老化、抗撕裂和抗拉伸等性能，可选用防水卷材、防水涂料、防水垫层、0.3mm 以上塑料薄膜等。

8. 瓦类材料

坡屋面使用的瓦类材料见表 15.3。

表 15.3 坡屋面使用的瓦类材料

大类	子 类	品 种
瓦	波形瓦	金属瓦
		沥青瓦
		沥青波形瓦
		树脂瓦
		橡胶瓦
		玻纤镁质胶凝材料波瓦
		石棉水泥波形瓦
	块瓦	黏土瓦
		水泥瓦
		陶瓦
		石板瓦

9. 配件材料

屋面配件包括落水、檐沟、固定件、压条、泛水材料等。

五、防水材料种类及特点

屋面用防水材料的种类繁多，主要包括防水卷材、防水涂料、密封胶及刚性防水材料等。

1. 防水卷材

防水卷材采用工厂化生产、成品铺设，特点是质量稳定、厚度均匀、强度高、耐穿刺、施工环境影响小，但接缝多，存在渗漏风险，节点处理复杂。

（1）改性沥青防水卷材　通常采用橡胶弹性体，如 SBS、塑料（合成树脂）、APP 作为高分子改性材料制得改性沥青；采用胎基，如聚酯毡、玻纤毡、聚乙烯膜、复合毡；或采用表面塑料膜，如聚乙烯膜、聚酯膜（此处的膜较厚）作为骨架材料；用改性沥青浸渍或涂覆于骨架材料上，表面覆以覆面材料以防止黏结而制得的防水卷材。

这种产品的厚度厚、可靠性高，可以采用热熔施工，施工简单。聚酯胎产品的强度高、延伸率大、耐穿刺、耐硌伤、耐疲劳、有较强的基层变形能力。

SBS 改性沥青防水卷材采用 SBS 橡胶弹性体改性，特点是低温性能好、弹性好、耐疲劳变形能力强、接缝剥离强度高。APP 改性沥青防水卷材的生产方便、耐高温性能好。

自黏聚合物改性沥青防水卷材可以冷施工，施工安全环保，产品弹性高，具有钉孔自愈能力。所有的沥青防水卷材，在混凝土基面热熔或自黏施工时表面宜先涂覆基层处理剂。

（2）塑料防水卷材　以合成树脂为主要基料，加入适量的化学助剂、增塑剂、光稳定剂、热稳定剂和填充料等，经过混合、塑炼、压延或挤出成型加工制成的防水卷材，可在中间加入胎基或表面复合织物。主要包括聚氯乙烯（PVC）防水卷材、热塑性聚烯烃（TPO）防水卷材和高密度聚乙烯（HDPE）防水板。

塑料防水卷材一般厚度较薄，材料轻、强度高、延伸率高、施工方便，特别是接缝搭接一般采用热焊接，接缝搭接可靠，与基层固定采用胶黏剂黏结、机械固定或压铺方式，施工相对环保、安全、快速。

中间采用聚酯网格胎基的产品具有很高的力学性能，特别适用于采用机械固定方式施工，由于中间具有胎基，容易产生芯吸效应（吸水），一般不宜用于地下或隧道。带有背衬的产品的热尺寸稳定性好，可以用于粗糙的基层表面，并可具有隔离层的作用，提高与基层的黏结性，减少满粘施工基层变形的影响。

聚氯乙烯（PVC）防水卷材具有良好的综合性能，机械强度高，耐磨性优良，耐石油、矿物油等非极性溶剂。PVC 分子中含有氯原子，因此具有难燃性，离火后自熄。通过添加增塑剂，具有较好的柔韧性，热焊接区间宽，节点处理方便，但增塑剂易迁移老化。PVC 耐热、耐光老化性不高，需要加入热稳定剂、光稳定剂等助剂，热焊接烟雾大。

热塑性聚烯烃（TPO）防水卷材不含增塑剂，耐热、耐老化性能优良，强度高，耐沾污性好，阻燃性差，加入阻燃剂后，机械性能和焊接性能影响大，热焊接区间相对小，容易出现虚焊，材料硬，节点施工不便，原材料基本进口，价格较高。

高密度聚乙烯（HDPE）防水板具有很高的刚性和韧性，优良的机械强度和较高的使用温度，耐穿刺强度高，原料来源广泛，价格较低。HDPE 耐紫外线老化性能不佳，不宜外露使用，材料相对较硬，节点施工不便。乙烯醋酸乙烯（EVA）防水板相对于 HDPE 柔软，强度稍小。

（3）橡胶防水卷材　以合成橡胶或者橡胶、树脂共混体系为主要材料，加入适量的化学助剂和填充剂等，经过混炼、塑炼、压延或挤出成型、硫化、定型等制成的防水卷材。可在中间加入胎基，或表面复合织物。

橡胶防水卷材重量轻，弹性好，柔软，节点处理方便，可以制成宽幅卷材，减少接缝，低温下仍然具有较好的柔韧性。橡胶卷材由于其网状交联结构，接缝搭接困难，耐穿刺强度稍低。

橡胶防水卷材接缝搭接主要采用胶黏剂或胶黏带搭接，也有采用热焊接，与基层固定主要采用胶黏剂黏结，也可采用机械固定或压铺方式，施工相对环保、安全、快速。

三元乙丙（EPDM）防水卷材具有优异的耐候性、耐寒性、耐臭氧性、耐热性、耐紫外光性和化学稳定性，是目前耐老化性能最好的防水卷材，由于其非极性特性，接缝搭接难度高，目前主要采用胶黏带搭接方式。市场上 EPDM 卷材假冒伪劣产品比例高，许多没有采用三元乙丙原料生产。

2. 防水涂料

防水涂料具有施工简单、连续无接缝、节点处理简单及维修容易等特点。涂膜厚度受人为因素影响大，施工质量受环境影响大，涂膜质量受现场因素影响不稳定，立面施工不方便。

（1）聚氨酯防水涂料　它是一种具有延伸率高、拉伸强度大、低温柔性与抗渗性好、高弹性、黏结性能优良、施工方便等特点的防水涂料，是国际上使用最为广泛的产品，在国内是仅次于聚合物水泥防水涂料的产品，广泛使用于屋面、地下工程、桥梁、隧道、停车场及厨房、卫生间等工程的防水。聚氨酯防水涂料有单组分湿气固化和双组分反应固化两种类型，有些产品还含有溶剂。如游离 TDI 较高会影响环保性能。在潮湿基面施工时基层需要特殊处理，国内大部分产品不能外露使用。双组分产品需要现场混合，单组分产品储存期短、价格相对高。

（2）聚合物水泥（JS）防水涂料　它是目前国内用量最大的防水涂料。水乳型的环保性能好，可在潮湿基面施工，Ⅲ型产品可长期浸水使用，价格便宜。但产品强度及延伸率低，5℃以下不能施工，无弹性，不耐疲劳变形，Ⅰ型产品耐水性差。

（3）丙烯酸防水涂料　这种涂料的耐候性好，可外露使用，延伸率较高，可作为保护涂层使用，具有高反射性能，环保无污染，但产品耐水性差，强度低，价格较高。

（4）聚脲防水涂料　这种涂料的特点是强度高，弹性大，硬度高，固化速度快，机械喷涂施工效率高，但对基层处理要求高，受施工环境影响大，内应力大，易卷曲，修补需要表面处理。

（5）喷涂速凝橡胶沥青防水涂料　这种涂料需采用机械喷涂，瞬间固化，弹性高，延伸率高达 1000% 以上，耐钉杆刺穿密封性好，一次施工厚度大，水乳型产品环保，可在潮湿基面使用，但产品与基面黏结性差，强度低、易起鼓起泡，耐候性一般，不宜外露使用，价格偏高。

（6）非固化橡胶沥青防水涂料　该涂料是在应用状态下保持黏性膏状体，具有蠕变性的一种新型防水材料。与空气长期接触后不固化，始终保持黏稠胶质的特性，自愈能力强、碰触即粘。常与卷材复合使用，能解决因基层开裂应力传递给卷材造成的卷材断裂、挠曲疲劳或处于高应力状态下的提前老化等问题。可无溶剂热熔施工和溶剂型冷施工方式。但材料耐热性差，不宜外露，强度低，立面易滑动，热熔施工烟气大，价格偏高。

3. 密封胶

密封胶用于建筑构件间、建筑材料间接缝的密封处理，保护建筑及材料，起到防水、防腐、隔声、保温、结构黏结等作用。除由于结构密封时需要较高的强度和模量以保证结构黏结，通常建筑密封胶都宜采用中低模量，以保证黏结界面在位移变形时不易破坏。密封胶与普通胶黏剂的最大区别是承受接缝的位移变形应力，同时保持密封性能不破坏。作为功能性产品，目前国际上通常采用其能承受的位移变形能力来分级，分为±7.5%、±12.5%、±20%、±25%等几种，市场上已经出现了能承受±50%、+100%～-50%位移变形能力的产品。

（1）硅酮密封胶　具有优异的耐候、耐热、耐寒性能，特别是出现了聚醚改性硅酮密封胶，是增长最快的密封胶。广泛用于现代幕墙工程的结构和耐候密封，以及各种建筑接缝，位移能力从±20%到±50%，甚至更高，透气率较高，但与基层黏结性一般。

（2）聚硫密封胶　具有优异的耐油、耐溶剂、耐寒性能，透气性极小，是生产中空玻璃的首选。可用于各种建筑接缝，具有较高位移变形能力，但耐候性稍差，与基层黏结性一般。

（3）聚氨酯密封胶　弹性好，耐寒、耐磨，对基材的黏结好，耐候性较好，位移能力高，由于对湿气敏感，储存期短，包装密封要求高。

（4）丙烯酸密封胶　由于聚合单体的不同，性能变化很广，介于弹性密封胶和塑性密封胶之间，价格适宜。广泛用于小位移变形的接缝，但耐水性差，位移能力一般不超过±12.5%，模量较高。

（5）丁基密封胶　耐候、耐热、耐酸碱，具有极低的透气性，但对基材的黏结不好，固化慢，常作为中空玻璃的头道密封以及建筑防腐密封，与丁基密封胶带配套使用等，位移能力在±12.5%。

（6）沥青基密封胶　沥青基密封胶及嵌缝腻子属于塑性材料，通常不产生化学固化，仅仅随时间延长而硬化，几乎没有位移变形能力，使用寿命短，价格低廉，主要用于位移变形±5%以内的静态接缝密封，目前已较少使用。

4. 刚性防水材料

通过提高结构构件自身的密实性或采用刚性材料作防水层以达到建筑物及构件本身起到防水目的而使用的基本原材料（水泥、沙、石等）、外加材料、涂刷用的材料统称为刚性防水材料。一般特指自密实混凝土、防水砂浆类、薄层无机刚性防水材料等。其原理是通过外加材料或涂刷用的材料来改善混凝土、砂浆的密实性、抗渗性、抗裂性，使建筑物构件自身的防水性能提高到各种施工技术要求，满足建筑物构件防水要求。

刚性防水材料具有防水耐久性好，与结构主体可以同寿命，与混凝土、砂浆结构成为一体，造价低廉，可用于背水面防水，但不具有抗开裂变形能力，一般需要较大的厚度。主要用于地下工程。

（1）水泥基渗透结晶型防水材料　是一种以硅酸盐水泥、石英砂（可掺或不掺）为主要组分，掺入碱金属等活性化学物质制成的水泥混凝土用刚性防水材料。按使用方法分为水泥基渗透结晶型防水涂料（外涂）和水泥基渗透结晶型防水剂（内掺）两种。

水泥基渗透结晶型防水材料由于其渗透、结晶作用，使涂层与基层混凝土成为一体，形成整体防水与永久防水，而其他防水涂料形成的仅仅是"外套"涂层，与基层混凝土虽黏合在一起，但还是"两张皮"，该材料去除涂层后仍然具有抗渗性能，对混凝土具有修复功能。不能用于变形部位。价格高，假冒伪劣产品多。

（2）聚合物水泥防水砂浆　是以水泥、细集料为主要原材料，以聚合物乳液或可再分散胶粉为改性剂，添加适量助剂混合而成的防水材料。聚合物水泥防水砂浆与水泥基层黏结性好，可潮湿基面施工，可用于背水面防水，抗轻微基层开裂，聚合物水泥防水砂浆的施工厚度一般在 6mm 以上，最厚可达 20～30mm，不能用于接缝变形部位。

5. 堵漏材料

灌浆堵漏材料是在压力作用下注入孔隙、裂缝或结构缝，使其渗透、扩散、胶凝或固化将水凝结，切断渗水通道的材料。包括颗粒浆液，如单液水泥浆、黏土水泥浆、水泥-水玻璃浆等；化学浆液，如水玻璃、环氧树脂、聚氨酯、丙烯酸盐、脲醛树脂、络木素等，及精细矿物浆液。按功能可分为两大类，一种是防渗止水类，有水玻璃、丙烯酸盐、水溶性聚氨酯等；另一种是加固补强功能类，有超细水泥、环氧树脂、甲基丙烯酸甲酯、油溶性聚氨酯等。颗粒浆液价格便宜，固结强度高，颗粒粗，流动性差、可灌性差。化学浆液膨胀性较好，堵水效果好，凝固时间可控，抗压强度不高，成本较高。

（1）超细水泥　它是目前使用最多的灌浆材料，胶结性能好，固结强度高，施工比较方便，适于灌填宽度大于 0.15mm 的缝隙，价格低，还可配合制成水泥-水玻璃、水泥-黏土、水泥-粉煤灰灌浆材料以改善灌浆性能，但膨胀倍率小，凝结时间长，可灌性差。

（2）水玻璃　以硅酸钠（水玻璃）为主要原料。有双液法和单液法两种灌注方法。双液法是将硅酸钠和氯化钙两种溶液先后压入，反应后固结强度较高，但由于所用硅酸盐溶液的黏度比较大，一般用于渗透系数为 2～80m/d 的沙质土的加固及防渗。单液法采用比较稀的硅酸钠溶液，其黏度和强度都较低，一般用于黄土或黄土类沙质土的加固，价格低，一般不具有补强功能。

（3）环氧树脂　硬化后黏结力强，收缩小，稳定性好，凝结时间可调范围宽，是结构混凝土的主要补强材料。但与潮湿基层黏结性一般，黏度高，渗透性低，固化速度慢，膨胀倍率一般，价格高。

（4）聚氨酯　亲水性好，膨胀倍率高，对水质适应性好，油溶性产品有一定的补强效果。干燥后收缩，有一定刺激性，价格适中。

（5）丙烯酸盐　膨胀倍率高，快速堵漏，黏度小，渗透性好。凝胶体强度低，无弹性，耐久性差，有一定毒性，价格高。

（6）脲醛树脂　价格便宜，强度高，脆性大，有酸性腐蚀，耐候、耐水性差，抗湿热循环性能差，膨胀倍率低。

（7）酚醛树脂　黏结性好、阻燃、耐热、毒性低、强度高，易粉化掉渣，膨胀倍率一般。

（8）甲基丙烯酸甲酯　黏度比水低，渗透力很强，可灌入 0.05～0.1mm 的细微裂隙，毒性低，固结后强度和黏结力高，可用于混凝土的补强和堵漏，但固结体容易收缩使界面剥落，易燃，价格高，膨胀倍率一般。

六、保温隔热材料种类及特点

建筑中常用的保温材料很多，可分为有机材料和无机材料两大类。有机保温材料主要包括硬质聚苯乙烯泡沫塑料保温板、硬质聚氨酯泡沫保温板、聚异氰脲酸酯泡沫保温板、酚醛泡沫保温板、喷涂硬泡聚氨酯、聚苯颗粒等。无机保温材料包括岩棉、矿棉、玻璃棉、泡沫玻璃、加气混凝土、泡沫混凝土、膨胀珍珠岩等。有机保温材料致密性高、可加工性好、重量轻、保温隔热效果好、生产能耗低、可加工性好，而缺点是变形大、不耐老化、稳定性差、易燃烧、生态环保性差。无机保温材料容重大，生产能耗高、保温热效率稍差、吸水率高，但防火阻燃，变形系数小，抗老化，性能稳定。这里重点介绍一些常用保温材料的特点。

（1）膨胀聚苯板（EPS）　保温效果较好，价格便宜，强度低，尺寸稳定性差，阻燃等级 B2～B1 级。

（2）挤塑聚苯板（XPS）　保温效果更好，强度高，吸水率低，价格稍贵，表面光滑，尺寸稳定性差，阻燃等级 B2～B1 级。

（3）聚氨酯硬泡板（PU）　保温效果好，强度高，吸水率较低，尺寸稳定性较好，阻燃性较好，但烟气毒性大，价格较高。

（4）聚异氰脲酸酯泡沫板　保温效果好，强度高，吸水率较低，尺寸稳定性较好，阻燃性更好，价格高。

（5）酚醛泡沫板　保温效果好，热固性泡沫塑料，尺寸稳定性较好，阻燃性好，烟气毒性小，燃烧无流淌，但强度一般，易粉化，加工性一般，价格稍高。

（6）现喷聚氨酯硬泡　保温效果好，形成整体具有一定的防水功能，强度较高，现场施工均匀性一般，受施工环境影响，阻燃等级 B1～B2 级。

（7）岩棉板　保温效果一般，容重大，强度低，吸水率稍差，阻燃性 A 级。

（8）玻璃棉　保温效果较好，容重小，强度低，玻璃棉板加工性差，玻璃棉毡金属屋面内保温施工方便，阻燃性好。

（9）胶粉聚苯颗粒保温浆料　保温效果较差，强度低，阻燃性较好。

（10）加气混凝土　保温效果一般，吸水率高，强度低，阻燃性好。

（11）泡沫混凝土　保温效果差，吸水率高，强度高，阻燃。

（12）膨胀珍珠岩　保温效果一般，容重轻，吸水率高，强度低，阻燃。

（13）泡沫玻璃　保温性好，强度高，尺寸稳定性好，阻燃，容重一般，加工性差，价格高。

七、建筑屋面的构造节点

建筑构造节点即建筑构造的细部做法，建筑和结构专业都用节点大样图来辅助施工。建筑节点详图就是把建筑构造的局部要体现清楚的细节用较大比例绘制出来，表达出构造做法、尺寸、构配件相互关系和建筑材料等，相对于平立剖而言，是一种辅助图样。建筑构造节点包括很多，如檐口、檐沟、女儿墙、泛水、屋脊、屋面设施基础及管道伸出屋面设施，变形缝等。节点通常有专门的建筑标准图集可以参考，同时各省也都根据实际情况编制了适应当地的地方图集。

1. 天沟、檐沟

天沟、檐沟是屋面排水最集中的部位，檐沟主要是指屋面外排水，天沟是指屋面内排水。为确保其防水效果，天沟、檐沟应增设附加防水层。当主防水层为高聚物改性沥青卷材或合成高分子防水卷材时，附加层宜选用防水涂膜，既适应较复杂部位的施工，又减少了密封处理的困难，形成优势互补的复合防水层。

天沟和檐沟（图 15.2）的防水附加层要伸入屋面的宽度不应小于 250mm，防水层和附加层应由沟底翻上至外侧顶部，卷材收头应用金属压条钉压，并应用密封材料封严。

檐沟外侧的下端要做鹰嘴或滴水槽，檐沟外侧高于屋面结构板时，还要设置溢水口。如果是沟深度较浅，且沟的平、剖面构造较为复杂，阴阳角多，则建议沟内全部采用加胎涂膜。天沟、檐沟的防水卷材收头，应固定密封，特别是卷材较厚时（双层），若不固定，容

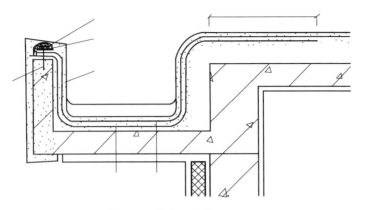

图 15.2　檐沟（单位：mm）

1—水泥钉；2—密封材料；3—金属压条；4—保护层；5—附加层；6—防水层

易因卷材的弹性发生翘边脱开。

2. 挑檐

挑檐是指屋面挑出外墙的部分，一般挑出宽度不大于 50cm。主要是为了方便做屋面排水，对外墙也起到保护作用。无组织排水屋面的檐口，在 800mm 范围内应采用满粘法，卷材收头应固定密封（图 15.3）。

卷材在温度反复变化，太阳辐射及臭氧作用下，不可避免地要收缩、变硬，并首先发生在收头部位拉开、剥离、卷翘，发生蹿水或被大风掀起，因此应固定密封，具体作法见图 15.4。

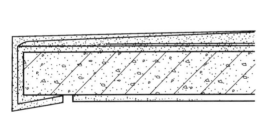

图 15.3　挑檐（单位：mm）

1—接缝带；2—保护层；3—防水层；4—找平层；5—卷材收头

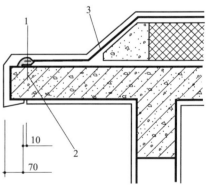

图 15.4　卷材收头固定（单位：mm）

1—密封材料；2—水泥钉；3—卷材防水层

3. 女儿墙

女儿墙是建筑物屋顶四周围的矮墙，主要作用除围护安全外，亦会在底处施作防水压砖收头，以避免防水层渗水或是屋顶雨水漫流。女儿墙防水处理的重点是压顶、泛水、防水层收头的处理。

压顶的防水处理不当，雨水会从压顶进入女儿墙的裂缝，顺缝从防水层背后渗入室内。故对压顶的防水做法做出具体规定。

女儿墙压顶可采用混凝土或金属制品。压顶向内排水坡度不小于 5%，压顶内侧下端做滴水处理；女儿墙泛水处的防水层下应增设 500mm 宽的附加层（平立面各 250mm）。

实践证实，防水涂料与水泥砂浆抹灰层具有良好的黏结性，所以在女儿墙部位，防水涂料一直涂刷至女儿墙或山墙的压顶下，压顶也应做防水处理，避免女儿墙及其压顶开裂而造成渗漏。

女儿墙的卷材防水层收头宜直接铺压在压顶下，用压条钉压固定并用密封材料封闭严密，涂膜收头应用防水涂料多遍涂刷。女儿墙泛水收头见图 15.5。

无论从防水设计、立面设计、构造设计还是施工维修上讲，金属制品压顶是最好的，也是今后的发展方向。缺点是因为采用不锈钢或铝合金材料，一次性投资较大。因此，目前一般情况下，多与立面为幕墙的女儿墙压顶配套使用，包括玻璃幕墙、金属板幕墙及干挂石材幕墙。金属压顶在构造上需要注

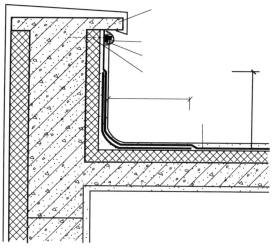

图 15.5 女儿墙泛水收头（单位：mm）
1—压顶；2—密封材料；3—金属压条；
4—固定钉；5—防水层；6—附加层

意的问题是金属扣板纵向缝的密封，该处扣板必须做成凹缝加背衬处理后，填密封材料密封。经常发生的错误是板端未形成凹缝，只在平板对接缝隙上打胶，一是密封材料的工作状态不合理；二是因胶量少而薄，无法形成矩形断面，寿命短很容易老化失效。

4. 变形缝

变形缝是伸缩缝、沉降缝和防震缝的总称。建筑物在外界因素作用下常会产生变形，导致开裂甚至破坏，变形缝是针对这种情况而预留的构造缝。变形缝内宜填充泡沫塑料，上部填放衬垫材料，并用卷材封盖，顶部宜加扣混凝土或金属盖板（图 15.6）。

变形缝两侧都为混凝土时，采用聚苯乙烯泡沫板兼作模板是顺理成章的事。实际上，泡沫板不是填充进去，而是预埋进去的。

由于提倡现浇屋面板，缝两侧上翻的矮墙就没有必要采用砌体，而应当同时改为现浇的钢筋混凝土。

金属或混凝土盖板，虽然只起保护作用，但接缝的处理，建议按女儿墙压顶的办法，包括混凝土盖板上部的防水砂浆粉刷。

只有不宜设混凝土盖板时，才作金属盖板。因为金属盖板除了轻，并无特别优势。其锚固安装要求能抗风掀，但真正抗住大风的盖板，其构造应参照女儿墙金属压顶，用的是铝合金或不锈钢扣板，而不是镀锌铁皮。

高低跨屋面在高层与裙房建筑上大量出现，因沉降或抗震需要，常在此处设变形缝。为使其在强风暴雨时，仍能保证不倒灌、不渗漏，在立墙泛水处，应作密封处理。

考虑了保护层的设置，形成该处完整的构造节点（图 15.7）。

5. 水落口

水落口又称落水口，是雨水口的一种，它是屋面或者楼面有组织排水方式中收集、引导屋面雨水流入排水管的装置，有直式和侧向雨水口。落水口的设置要根据汇水区域面积与排水管的管径确定，屋面的落水口一般设在檐沟上（直式雨水口）和女儿墙外侧（侧向雨水口）。重力式排水为传统的排水方式，材料包括金属制品和塑料制品两种。水落口处的防水构造，采取多道设防、柔性密封、防排结合的原则处理。

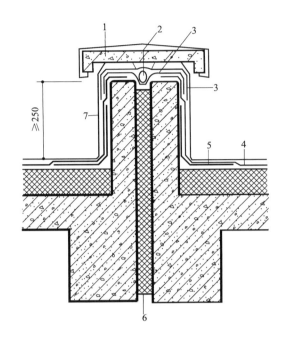

图 15.6 变形缝（单位：mm）
1—预制细石混凝土压顶板；2—衬垫材料；3—高分子卷材；
4—柔性防水层；5—附加防水层；6—聚苯乙烯泡沫板（预埋、浇入）；
7—保护层

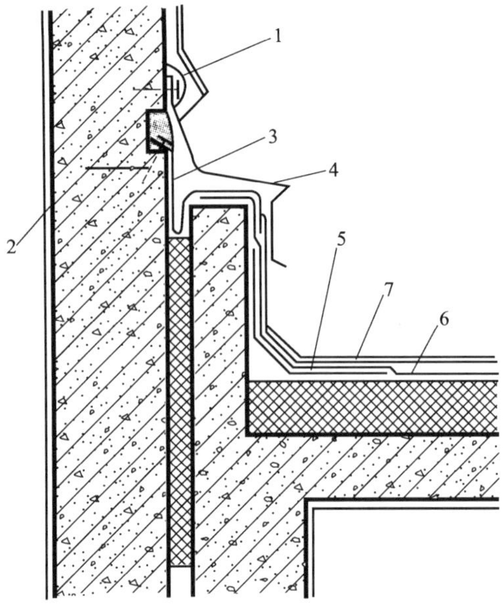

图 15.7 高低跨变形缝
1—密封材料；2—固定钉；3—高分子卷材防水；4—金属盖缝板；
5—附加防水层；6—卷材防水层；7—保护层

　　水落口杯的埋设标高，应充分考虑水落口设防时增加的附加防水层、柔性密封、保护层、找平层以及排水坡度的影响，宁低勿高。否则，水落口处施工完毕时，不能确保成为其排水区内最低点。

　　水落口的平面布置还应考虑让开屋面梁或其他障碍物。不得已不要穿梁，也不应紧贴梁边。贴梁边，特别是贴大梁的边，会使水落管与水落口连接时妨碍施工操作，造成接口施工质量差，引起渗漏。

　　水落口周围 500～600mm 的范围内，坡度应增大至 5‰，以形成必要的壅水高度，雨量大时，仍能顺畅及时地排除水口附近汇集的雨水。因此，水落口处，雨水可能有一定的压力，而且产生一些冲刷作用，这就有必要采用多道设防，柔性密封，并设置保护层（图 15.8）。

　　在水落口杯与基层交接处要采取柔性密封。该处两种材质结合，易生裂缝，故应预留凹槽，20mm×20mm，嵌填密封材料。防水层及附加防水层与水落口的连接，需用冷胶封灌，或按法兰密封的原理将柔性防水层（多为卷材）压紧密封。但此种方法只适用于精密度及刚度都较高的水落口，比如不锈钢水落口。

　　屋顶平面排水设计中，水落口应给出准确位置。准确位置的确定，主要应考虑水口四周 5‰ 坡降的影响。

　　设在女儿墙拐角处的横式水落口，其两侧各在 250～300mm 范围内不应妨碍柔性防水层，特别是卷材防水的铺展粘贴。

　　同样道理，直式水落口也不应紧邻女儿墙阴阳角，更不应紧蹓女儿墙墙边。蹓边的结果是，防水层折皱不展，粘贴密封难以正确完成，渗漏概率高，而且难以修补（图 15.9）。

　　寒冷地区的内落水口附近，因坡降而使保温隔热层浅薄甚至没有。此种情况下，应在室

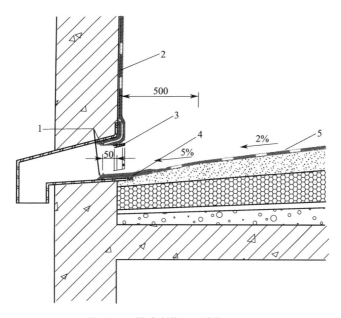

图 15.8 横式水落口（单位：mm）

1—密封胶密封；2—卷材防水层；3—雨水篦子；4—防水附加层；5—卷材防水层

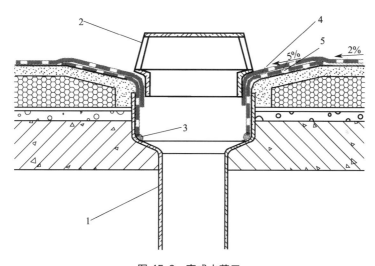

图 15.9 直式水落口

1—雨水管；2—雨水罩；3—密封材料；4—卷材防水层；5—防水附加层

内水落口周边补偿，以减少水口处温变裂缝的发生。保温隔热层补偿最方便的办法是采用罐装聚氨酯直接喷涂发泡。

6. 出屋面管道

出屋面管道应作好防水处理，管道周围的找平层要抹出高度不小于 30mm 的排水坡，管道泛水处的防水层下应增设 500mm 宽的附加层（平、立面各 250mm），泛水高度不小于 250mm，卷材收头应用金属箍紧固和密封材料封严，涂膜收头应用防水涂料多遍涂刷（图 15.10）。

在工程实际应用中，如图 15.10 的做法，在实际工程中有时很难实现。目前，有一种新颖的出屋面管道作法可以克服这个困难。作法是：首先将大面卷材在管道处断开，然后泛水

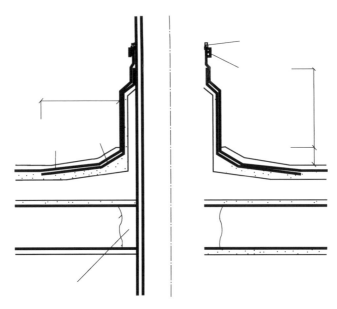

图 15.10　出屋面管道（单位：mm）

1—混凝土层；2—卷材防水层；3—附加层；4—密封材料；5—金属箍箍紧

高度要求将泛水卷材从管道上铺设下来，与大面卷材搭接 150mm 以上，搭接处采用焊接方式焊牢，收头处用金属箍紧固和密封材料封严（图 15.11）。

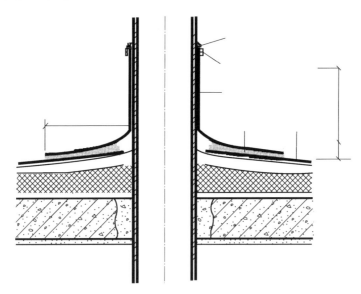

图 15.11　无附加层的出屋面管道泛水作法（单位：mm）

1—细石混凝土；2—密封材料；3—金属箍；4—泛水卷材；5—卷材焊接搭接；6—卷材防水层

尽量不采取管道由室内直接穿出屋面的设计，这种设计，不利管道的安装、固定，也使施工、维修不便，导致防水可靠程度下降。

采用预埋套管的设计较为合理。套管加焊止水钢板，预埋，与混凝土楼板浇筑成一体，钢管四周密封。安装的管道应在室内固定好，管道与套管之间现场填喷硬质发泡聚氨酯（图 15.12）。

必须要直埋管时,该管段室内应留法兰接口。穿屋面的管段直埋时,填实在管段四周的细石混凝土应掺外加剂,使之微膨胀或密实抗裂,并在板上加作聚合物水泥砂浆(图15.13)。埋置管段的细石混凝土达到足够的强度之后,再通过法兰连接室内管道。直埋管段与室内管道通过法兰接口的目的是便于安装、维修、更换。管道直径小,也可以采取其他连接方法,但最好不要焊接。若管道工作状态有振动,应通过柔性管段将室内管道连接。

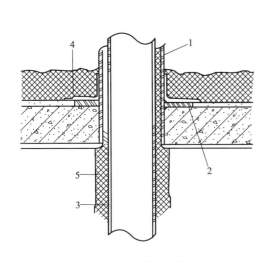

图 15.12　预埋套管
1—预埋钢套管;2—4mm 厚钢板与钢管预焊;3—管道;
4—聚合物水泥涂层;5—PU 硬泡

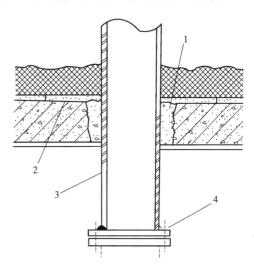

图 15.13　直埋管段
1—细石混凝土填实;2—聚合物水泥砂浆;
3—直埋管道;4—室内法兰接口

7. 出屋面设施

出屋面设施如人孔、设备等,屋面垂直出入口泛水处要设置 500mm 的附加层(平、立面均不小于 250mm),防水层收头应在混凝土压顶圈下(图 15.14)。

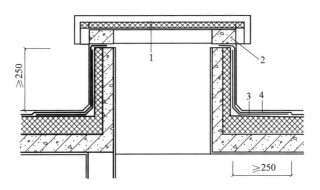

图 15.14　垂直出入口(一)(单位:mm)
1—上人孔盖;2—混凝土压顶圈;3—附加层;4—防水层

根据我国实际情况,现行典型的人孔仍为木制,包覆镀锌铁皮,故尚须考虑木制人孔盖与混凝土圈的联结。其联结配件一方面要适合于接锚混凝土,另一方面要适合木制盖板的固定。由于混凝土制品与木制品精度很不相同,设计这样的连接件也不是轻而易举的事,包括混凝土压圈上预埋木砖或铁件。解决的办法之一是在混凝土压圈上固定木框,再通过木框连接木盖板。这样的构造设计,使用上没有问题,只是施工工序较多。若能将混凝土圈与木框合一,改用断面较大的木质框,将柔性防水收头压住,并加密封材料密封,既防水,也牢靠，还便于维修更换（图 15.15）。

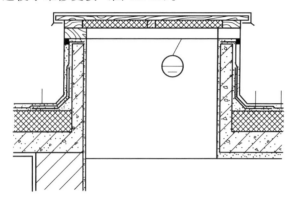

图 15.15 垂直出入口（二）

1—保护层；2—附加防水层；3—卷材防水层；4—预埋螺栓；5—保温板；
6—夹板；7—镀锌铁皮；8—滴水；9—铰链；10—密封胶

8. 阴阳角

墙面阴角指的是凹进去的墙角，如平面与四周墙壁的夹角。墙面阳角指的是凸出来的墙角。此处以改性沥青防水卷材为例介绍的阴阳角作法，不同于传统作法。

阴角、阳角作法：首先裁剪如图 15.16(c) 所示的角撑板，热熔粘贴于阳角或阴角处；大面防水卷材在与立面交界处裁断；铺贴立面卷材（图 15.16 中 3），将卷材在拐角处裁断，与大面卷材搭接宽度不小于 100mm；铺贴立面卷材（图 15.16 中 2），上部裁剪为 45°角，与大面卷材搭接宽度不小于 100mm，覆盖立面卷材 3。

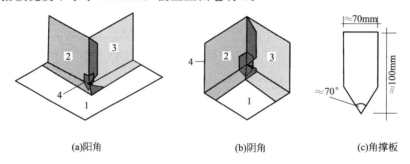

(a)阳角　　　　　　　(b)阴角　　　　　　　(c)角撑板

图 15.16 阴阳角做法

1—大面卷材；2,3—立面卷材；4—角撑板

应注意的是，防水卷材采用的覆矿物粒料的材料，在有搭接的部位，应对搭接部位处理，将覆矿物粒料压入沥青中，以提高黏结效果。

第二节　建筑屋面的绿色化技术

一、建筑设计的绿色化技术

"绿色建筑"强调的是建筑全寿命周期下的投资回报率最佳，而不是初期投资回报率。

通常建筑设计的宗旨是以保证功能、美观、安全、舒适的前提下，实现投资的经济性和投资的高回报率，使开发商的投资利益最大化。绿色建筑关注整体设计，集成绿色配置、自然通风、自然采光、低能耗维护结构、新能源利用、中水回用、绿色建材和智能控制等高新技术，具有选址规划合理、资源利用高效循环、节能措施综合有效、建筑环境健康舒适、废物排放减量无害、建筑功能灵活适宜六大特点。它不仅可以满足人们的生理和心理需求，而且能源和资源的消耗最为经济合理，对环境的影响最小。作为绿色建筑屋面设计，首先应满足屋面的基本性能，同时设计基本功能时就同时满足绿色要求。

　　绿色屋面系统设计时，需要预测建筑屋面的未来性能，如能源的消耗、使用特征与管理、室内的声光热环境、防火防风防雹防雪、各种设备的安装更换，包括屋面的建造、拆除各阶段的情况。建筑屋面设计需要根据当地的地理气候条件，确定屋面构造功能，最终获得理想的规划设计方案。绿色建筑屋面不仅导入可持续、全生命周期的理念，而且采用如太阳能光伏技术、雨水回收利用技术、太阳能光热技术、光导光纤技术、节能照明技术、地源热泵技术、空气热回收技术、蓄冷蓄热技术、遮阳技术、高效保温技术、热反射技术、通风节能技术、循环利用技术、环保安全材料等。对于建筑设计人员来说，在进行绿色建筑设计过程中，设计师一方面需要去了解这些技术的原理、适用性、优缺点、实际效果和相关技术参数；另一方面需了解如何在建筑设计中应用这些技术，其中最大的难点就是规范化，许多技术无标准可依，也无实例可鉴。

　　因为绿色建筑强调全寿命周期，强调性能化设计，所以绿色屋面建筑设计要求设计师不仅需要了解设计的相关知识，还需了解建筑的建造过程和运行使用的维护要求，采用计算机模拟的方式来计算和分析设计方法的优劣。

二、建筑材料的绿色化技术

1. 提高与完善屋面建筑材料标准

　　屋面建筑材料包括防水材料、保温隔热材料、泛水、机械固定件、配件等。完善和提高屋面建筑材料相关标准规范是确保屋面可靠性、满足绿色屋面要求的重要保证。目前存在一些产品标准不能完全保证产品质量，标准分类和要求不科学，不能满足工程应用的需求，产品标准间不协调。工程规范的设计施工不能满足工程实际，不能保证屋面功能的可靠性和耐久性，对绿色建材、绿色建筑设计、使用、评价缺乏。

　　如传统的 SBS 改性沥青防水卷材，在国内常被认为过时，防水效果不佳。而国际上，特别是欧洲，改性沥青防水卷材是占据绝大部分市场的产品，防水效果好。关键是国内不是从提高产品质量，满足工程施工应用出发，而是想方设法降低成本，将标准变成了最高要求，产品耐久性、施工便利性、防水可靠性不能得到保证。造成了市场上各种替代 SBS 改性沥青防水卷材的产品层出不穷，其卖点常是比 SBS 改性沥青卷材更好的施工性，更可靠的防水性，更低的价格等等。目前国内 SBS 改性沥青防水卷材标准的弊端是当时为了协调欧洲和北美的产品性能，指标分为Ⅰ型、Ⅱ型，不利于工程的推广应用，设计师不懂选择，容易让人认为指标越高越好，而忽视了产品的生产、施工、应用的相关性能。如强度，认为越高越好，800N/50mm 的拉力主要由聚酯胎基提供，拉力越大，胎基越厚、越硬，生产时不容易被沥青浸透，影响防水性能，胎基硬施工搭接和节点处理困难，极易产生渗漏，而对大部分的防水应用而言，拉力只要能满足生产张力、施工和抗风要求等即可，并不需要特别高。同时施工可靠性差还有一个重要的影响因素是为了降低成本，大量加入胶粉和机油，造成产品耐久性变差，产品贮藏稳定性差，不容易浸透，生产时加热温度高、烟气排放严重，施工时无法烤出沥青油分，使得黏结、搭接不充分，产生渗漏是必然的。

　　自黏改性沥青防水卷材是一种环保可靠的防水材料，其对产品的要求和施工现场都有严格要求，但国内为了降低成本，许多产品只能是形似，并没有具备其必备性能，造成自黏卷材黏结性差，产品存放一段时间就丧失黏结性，大大败坏了产品声誉，为此，湿铺卷材大行其道，其中的一个重要原因是自黏卷材自身不过关。因此产品标准需要保证自黏卷材的长期可靠黏结。此外 4mm 的聚酯胎自黏卷材，厚度大，卷材硬，自黏施工搭接易翘曲，T 形搭接处渗漏可能性高，应当从产品标准中取消。

　　目前屋面大量采用的 XPS 聚苯乙烯挤塑板，质量不稳定，产品的尺寸稳定性差，阻燃性能低，大量采用再生料，耐久性差等都需要在标准中改善。

　　大量的泛水、配件等缺乏相关标准或技术要求，不利于产品的推广应用。

　　工程规范中，屋面构造体系不能满足工程实际，最常见的是接缝处理，立面和平面差异很大，施工现场环境恶劣，无法达到理想施工状态等。此外工程规范大力提倡复合防水，实际上设计师、施工、生产企业中的许多人并不了解产品的相容性，许多产品搭配实际上相互反应加速老化，降低了使用寿命。即使有些复合没有产生问题，也不是可以普遍采用的，不同企业产品的组成差异很大，即使是相同的名称，实际复合的效果却千差万别。如许多设计将非固化橡胶沥青涂料和 PVC 卷材等高分子卷材复合，非固化涂料含有大量的高沸点的小分子物质，容易迁移到高分子卷材中，引起开裂老化。再如聚氨酯防水涂料与高分子卷材复合，若是采用纯聚氨酯应当没有问题，但实际上许多聚氨酯防水涂料生产企业为了降低成本大量采用了沥青等作为填充物，由于其与聚氨酯的 NCO 基团没有充分反应，容易析出，迁移到表面进入高分子防水卷材，引起分层老化等问题。此外工程规范与产品标准存在不一致，引起市场混乱，而大量的规范要求并无相关试验方法，无法进行检测判定，影响规范的执行。

2. 原材料及生产过程的绿色化

　　原材料绿色化是建筑屋面绿色化的一个重要部分，选用环保、低能耗、可循环利用的原料，如塑料防水卷材的原料可部分采用回收料，聚酯毡采用回收聚酯瓶生产等；焦油类产品含有多环芳烃，属于致癌物质，不得作为防水材料的原料；不选用胶粉机油等气味挥发大的材料。

　　防水卷材生产按照生产许可证的要求，粉料和液料应当密闭输送，无敞口的储罐，采用罐车、槽车运输，减少运输和输送过程中的污染损耗，对于固体原料采用吨袋包装，提高劳动效率。采用燃气导热油炉，降低大气污染，不需燃煤堆场和炉渣排放，降低劳动强度和改善工作环境。沥青卷材生产过程中应避免烟气的外泄，其中重要的是采用纯 SBS 生产沥青防水卷材，避免胶粉机油加入，造成生产温度高、能耗高、烟气排放严重、气味大。开发低软化点，低烟气改性沥青技术，降低能耗，减少烟气排放，便于施工。采用高效搅拌改性设备，选用节能电机，改进搅拌形式和搅拌桨叶形状，改进搅拌效果，降低能耗。开发高效胶体磨，提高分散效果，降低能耗。采用自动控制系统，提高产品质量和产品均匀性，减少安全事故，减少人为因素，提高生产效率。采用自动张力控制系统，降低生产线张力引起的胎基拉伸和断胎，避免施工时胎基收缩引起搭接渗漏。采用自动包装码垛系统，降低劳动强度、减少安全事故、提高劳动效率。采用高效可靠的环保处理系统，做到达标排放，避免二次污染。采用托盘方式仓储和运输，提高劳动效率，降低劳动强度，避免产品破损。开发残次品及废物回收处理技术，减少固体废物，循环利用，降低成本。

　　防水涂料生产选用合格原材料，避免产品质量问题，密闭原料及材料输送系统，防止污染，减少损耗，降低劳动强度。采用自动化控制系统和过程质量控制，提高产品稳定性和合格率，降低人为因素影响。加强环保处理，减少"三废"排放，文明生产。电气系统选用节能防爆产品，降低能耗，减少安全隐患。采用自动包装系统，减少污染、提高效率、避免缺损。

加强产品质量管理控制水平，减少残次品，提高产品质量，保证产品耐久性，延长产品使用寿命，降低全寿命周期成本，提高了绿色化。

三、建筑施工的绿色化技术

建筑屋面的施工技术不断向环保、安全、高效、可靠方向发展。

改性沥青防水卷材的自黏冷施工技术，减少明火施工带来的安全隐患和烟气污染，避免溶剂型材料黏结的环境污染。

块瓦屋面采用干法挂瓦技术，采用经过防腐处理的木质挂瓦条用钢钉或者射钉按合理的间距固定于屋面基层，一步到位地达到瓦片的平整与搭接长度的要求，并用钢钉将瓦片与挂瓦条固定牢靠。传统的水泥砂浆湿法卧瓦施工效率低、容易污染屋面、荷载较大、外观不易平齐。干法施工可以减少工期，受天气的影响较小，不需要特别的施工工具，是一项简单高效的施工工艺。同时能提高屋面的抗变形能力和防水效果，配合配套的固定件可以提高抗风抗震能力。

沥青瓦坡屋面。沥青瓦采用专用固定钉施工到持钉层，无水泥浆和溶剂污染，无明火且安全，施工简单快速，配合沥青胶能提高抗风能力。

沥青防水卷材采用热沥青施工方式，采用低软化点低烟气沥青，环保加热炉，能够有效保障防水效果，减少施工污染，提高劳动效率。沥青防水卷材采用机械自动铺设机，能大幅度提高施工效率，提高施工质量，降低劳动强度，减少安全隐患。

防水卷材采用机械固定技术，没有污染，安全无明火，施工快速，不受环境条件影响。采用空铺压顶施工方式，产品大部分是工厂拼接，施工现场环保安全，铺设迅速，安全可靠。

防水涂料采用喷涂施工技术，提高涂料与基层的黏结效果，减少基层缺陷的影响，提高施工效率，降低劳动强度，保证防水层厚度。

四、绿色屋面系统

屋面造成的室内外温差传热耗热量，大于同面积外墙或地面的耗热量。在多层建筑的围护结构中，屋面能耗约占建筑总能耗的 8%～10%，而在单层大跨度建筑中，屋面能耗约占建筑总能耗的 25%～40%。

绿色建筑屋面除保证建筑物的遮风避雨基本功能外，还兼顾了建筑节能、环保、生态和延长屋面使用寿命等新功能。采用绿色屋面系统技术对建筑造价影响不大，节能降耗、环保、节材却很明显。

1. 种植屋面系统

（1）种植屋面　大规模的城市化开发，产生了城市热岛效应，改变了自然的气候环境。而抑制城市热岛效应最有效的途径是大面积绿化，但大城市建筑、街道拥挤，不可能提供大面积土地供城市绿化，大量裸露的建筑屋面为增加绿化种植面积带来可能性。在许多国家和地区，由于对环保和温室效应的充分认识，对局部小气候的改善和现实生活中为缓解工作压力而对居室的美观和视觉要求，促成了种植屋面的出现和深入的研究，这样就使得建筑种植绿化成为现代建筑发展的必然趋势。

屋顶等建筑表面的植物覆盖可以避免阳光曝晒所引起的胀缩和风吹雨淋，对建筑材料和设施起到有效的保护作用。特殊空间绿化有降温、降尘、减噪和提高空气中氧和负离子含量，改善空气质量等环境和景观效益。例如，临街两侧的建筑经绿化后可使街上尘埃减少3～4倍，有植物覆盖的墙面温度比无覆盖的要低 5℃左右，屋顶铺绿后室内温度夏季可降低 3℃。

屋顶植物的蒸腾作用，不断吸收屋顶的热量。研究证明，1hm² 绿地每天从环境中吸收的热量，相当于 1890 台功率为 1kW 空调的能量。种植屋面顶层室内的气温比非种植屋面顶层室内气温要低 3～5℃，优于目前国内任何一种屋面隔热措施。

屋顶花园的建造可以吸收雨水，保护屋顶的防水层，防止屋顶漏水。绿化覆盖的屋顶吸收夏季阳光的辐射热量，有效地阻止屋顶表面温度升高，从而降低屋顶下的室内温度。这种由于绿色覆盖而减轻阳光暴晒引起的热胀冷缩和风吹雨淋，可以保护建筑防水层、屋面等，从而延长建筑的寿命。

建筑物屋顶绿化可明显降低建筑物周围环境温度 0.5～4℃，而建筑物周围环境的气温每降低 1℃，建筑物内部的空调容量可降低 6%。低层大面积的建筑物，由于屋面面积比壁面面积大，夏季从屋面进入室内的热量占总围护结构得热量的 70% 以上，绿化的屋顶外表面最高温度比不绿化的屋顶外表面最高温度可达 15℃ 以上。屋顶绿化是冬暖夏凉的"绿色空调"，大面积屋顶绿化的推广有利于缓解城市的能源危机。

屋顶花园和垂直墙面绿化代替了不受视觉欢迎的灰色混凝土、黑色沥青和各类墙面。对于身居高层的人们，无论是俯视大地还是仰望上空，都如同置身于绿树环抱的园林美景之中。种植屋面是不占用土地的情况下改善城市环境的理想手段，其增加的城市绿地面积相当于小型花园绿地的集合。其对于丰富城市景观的作用日渐凸显。

(2) 种植屋面构造　种植屋面的基本构造层次为基层、保温隔热层、找坡（找平）层、普通防水层、耐根穿刺防水层、保护层、排（蓄）水层、过滤层、种植土层和植被层等。可根据气候特点、屋面形式、植物种类等，增减屋面构造层次。种植屋面技术既可以用于平屋面，也可以用于坡屋面。种植平屋面基本构造层次见图 15.17。

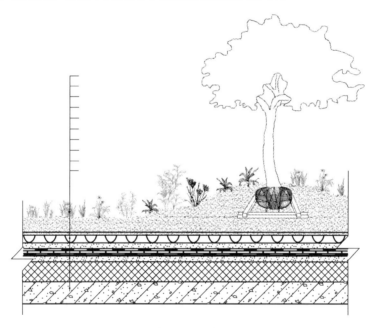

图 15.17　种植平屋面基本构造层次
1—植被层；2—种植土层；3—过滤层；4—排水层；5—保护层；
6—耐根穿刺防水层；7—普通防水层；8—找坡（找平）层；9—保温隔热层；10—基层

(3) 种植屋面主要特点　主要包括：改变环境景观；降低噪声；吸收尘埃颗粒，减少粉尘的活动，治理 $PM_{2.5}$ 等城市空气污染；调节高低温气候环境作用，抑制城市热岛效应；

提高建筑顶层居住舒适性；减少顶层昼夜温差，避免因温度应力引起的屋面构造开裂损坏，提高了屋面防水层的效能和屋面系统的耐久性；减少能耗；减少和延迟雨水排放量等。

（4）种植屋面的相关标准及国内发展概况　作为绿色建筑的技术之一，种植屋面涉及节地与室外环境、节能与能源利用、节水与水资源利用、节材与材料资源利用等方面。并在合理设置绿化用地、场地内环境噪声、缓解城市热岛效应、充分利用场地空间合理设置绿色雨水基础设施、合理选择绿化方式，合理配置绿化植物、合理规划地表与屋面雨水径流，对场地雨水实施径流总量控制、围护结构热工性能、绿化灌溉采用高效节水灌溉方式、尽可能多地使用可再利用建筑材料、使用以废弃物为原料生产的建筑材料、使用推荐的新材料等方面都有得分点。

种植屋面涉及建筑安全性，其关键技术为建筑构造中必须具有耐根穿刺防水层。2007年，我国已经建立了防水材料耐根穿刺性能检测中心，通过两年温室种植试验，来评价其耐根穿刺性能。

目前，我国已经建立了种植屋面系统技术相关的产品标准、试验方法、工程技术规范，国家和地方也出台了一些推广政策。

2. 热反射屋面系统技术

（1）热反射屋面　热反射屋面也称冷屋面，是一种隔热节能屋面，冷屋面在 LEED 绿色建筑评级中有加分。

屋面热损失是建筑热损失的重要组成部分之一，且严重影响建筑顶层室内舒适性，在夏热冬暖和温和地区以及部分夏热冬冷地区，夏季的空调能耗很高，占建筑能耗的 70% 以上，其中一个重要的方面是由屋面热传导引起的。

对于平屋面，热反射屋面可采用耐候性好的浅色热反射高分子卷材，或在屋面材料表面涂刷隔热反射涂料。对于坡屋面，可采用具有热反射功能的矿物颗粒制备的沥青瓦等方式。热反射屋面可以明显降低屋面对阳光中热量的吸收，可降低屋面温度 3~7℃，减少空调能耗 20%~40%，提高建筑顶层居住者的热舒适性，同时，可以抑制城市热岛效应。

热反射屋面的构造形式与普通屋面相同，但其面层具有热反射功能。

（2）热反射屋面的特点　主要包括：重量轻，屋面荷载增加少；施工周期短，快速便捷；施工无污染，安全环保；节能效果好，减少了城市热岛效应；防水层寿命长；适用于新建建筑和旧屋面改造等。

（3）热反射屋面的相关标准及国内发展概况　热反射屋面在我国许多地区具有使用推广价值，包括民用、工业和公共建筑的平屋面，村镇建筑的坡屋面等类型。

作为绿色建筑的技术之一，热反射屋面在缓解城市热岛效应、围护结构热工性能、尽可能多地使用可再利用建筑材料、使用以废弃物为原料生产的建筑材料、使用推荐的新材料等方面都有得分点。

我国已经制定了相关的试验方法及部分产品标准，还有一些耐久性评价方法需要研究。当然，热反射屋面的认证也是一个重要环节。

3. 单层屋面系统

（1）单层屋面　单层屋面系统是指将单层 TPO、PVC、EPDM 等防水卷材外露使用，用机械固定或满粘或采用空铺压顶方式施工防水卷材的屋面系统，通常是防水保温一体化施工。单层屋面的主要构造为屋面板、保温层和单层防水卷材层，构造简单，主要用于大跨度轻型屋面，体现了重量轻、节能、环保和节约资源等优势。

（2）单层卷材屋面的特点　单层卷材屋面相对于传统的屋面构造系统具有明显的特点，

主要表现为施工方便，节能、防水功能完善；可采用无穿孔机械固定，防水效果更好；系统材料相容配套，易于设计施工；屋面工程系统承包，防水保温施工一体化；减少屋面构造层次，体现节能减排；无明火作业，安全环保，节约能源；可以大量减少围护支撑材料而节材；工程责任分明，易于实施屋面工程质量保证保险制度等。

（3）单层屋面的相关标准及国内发展概况　单层屋面系统技术广泛用于工商业屋面和民用屋面，公共建筑，适应范围广，施工方便快速，造价省。

作为绿色建筑的技术之一，单层屋面在围护结构热工性能、对结构体系进行优化设计，达到节材效果，选用工厂化预制生产的建筑构、配件，土建与装修工程一体化设计，尽可能多地使用可再利用建筑材料、使用推荐的新材料等方面都有得分点。我国已经建立了基本的产品标准、试验方法、工程技术规范，便于大面积推广。

4. 通风瓦屋面系统

（1）通风坡屋面　我国传统瓦屋面是把瓦材用水泥砂浆粘接在混凝土屋面板上，太阳的辐射热从瓦材直接传递至屋面板，进而使建筑屋顶室内能耗增加，舒适度降低。通风屋面是在瓦屋面中增加通风和热反射间层构造，将瓦材与屋面板用挂瓦条隔开形成间层，从而大大减少瓦材直接热传导，再增设通风檐口和通风屋脊，以及在屋面板上增设具有热反射功能的防水垫层，将瓦材的辐射热通过热反射防水垫层反射到间层，通过热空气的自然对流，将屋面间层中的热空气排出，降低屋面板的温度，从而降低建筑顶层室内的温度。该系统在传统坡屋面中增加了挂瓦条通风檐口和通风屋脊，在垫层中采用隔热反射垫层，形成空气间层。系统安全、环保，节能效果好，成本低，建筑顶层室内降温可达 2～4℃，降低空调能耗可达 10%～20%。

（2）通风瓦屋面的特点　通风瓦屋面的主要特点有重量轻，屋面荷载少；可采用双面热反射垫层，节能效果倍增；施工周期短；施工安全环保无污染；节能效果好等。

（3）通风屋面的相关标准及国内发展概况　通风屋面绿色系统技术主要适用于炎热和夏热冬暖地区的瓦屋面系统中。作为绿色建筑的技术之一，通风屋面在《绿色建筑评价标准》中围护结构热工性能、对结构体系进行优化设计，达到节材效果等方面有得分点。目前我国已经制定相关的产品标准、工程技术规范。

5. 光伏建筑一体化屋面系统

（1）光伏屋面　能源危机和全球气候环境变化促进了可再生能源发展，随着政府对清洁和可再生能源政策的支持，光伏发电产业快速发展。在光伏建筑一体化（BIPV）中，屋面是建筑中最适宜安装太阳能电池组件的建筑部位，光伏屋面发电量约占整个光伏建筑的 75%，同时也便于安装。

目前，我国的屋顶太阳能主要是安装式（BAPV），大量采用玻璃基板的单晶硅和多晶硅电池组件。采用支架安装在屋面，并非真正实现光伏建筑一体化，BAPV 只适用于小跨度的混凝土结构建筑屋面。

光伏建筑一体化（BIPV）是太阳能屋面的发展方向。柔性基板的薄膜太阳能光伏电池组件可能是首选材料。

（2）光伏建筑一体化屋面的特点　主要包括使用取之不竭的绿色能源，不污染环境；安装于闲置的屋面上，不占用土地；对电网起到调峰作用；采用分布式并网光伏系统，充分消化光伏系统所发出的电力；降低室外综合温度，起到建筑节能的作用等。

（3）光伏建筑一体化屋面的相关标准及国内发展概况　光伏建筑一体化屋面系统适用于我国大部分地区的屋面，包括既有屋面的改造。当然，光伏屋面也可以和种植屋面相结合运用。

作为绿色建筑的技术之一，光伏建筑一体化屋面在缓解城市热岛效应、不采用传统能源作为空调系统能源，利用可再生能源、围护结构热工性能、对结构体系进行优化设计，达到节材效果，选用工厂化预制生产的建筑构、配件，土建与装修工程一体化设计，使用推荐的新材料等方面都有得分点。我国目前正在开发相关的产品，工程技术规范也逐步建立。

6. 金属屋面系统

（1）金属屋面　金属屋面指采用压型金属板或金属夹芯板通过固定支架、紧固件与支撑系统连接，通过支撑系统将屋面荷载传递至主体结构，且屋面板与水平方向夹角小于 75°的屋顶围护系统。

压型金属板通常采用光面镀锌钢板、彩色涂层钢板、不锈钢板、铝合金板等金属薄板经辊压冷弯成型；金属夹芯板是采用绝热芯材通过黏结或发泡于两层压型金属板之间的复合板材，其芯材有岩棉、玻璃丝棉、聚氨酯、聚苯板等。金属屋面附加的金属装饰层有时会采用钛锌板、铜板等材料。

（2）金属屋面的特点　金属屋面是一种机械安装屋面系统，其特点为质量轻，跨度大，板长可达 100m 以上；可安装复杂的立体形状，具有鲜明的表现力；机械施工，采用机构排水，施工快速；无污染、无明火，环保安全；施工环境影响小，全天候施工；材料可循环利用；根据构造不同，从临时建筑、普通屋面到有节能、气密要求的工业与民用建筑或潮湿环境的建筑和有声效要求的重要建筑，适应性广等。

（3）金属屋面的相关标准及国内发展概况　金属屋面在工商业建筑和公共建筑中广泛使用，适用于各种气候条件。我国目前已经出台了金属屋面的相关工程规范和产品标准，对金属屋面的气密、水密、抗风揭、节能、隔声、防火等功能也在陆续制定相关试验评价规定。

7. 蓄水屋面系统

蓄水屋面就是在屋面上储一薄层水用来提高屋面的隔热能力。水在屋面上能起隔热的作用的原因，主要是水在蒸发时要吸收大量的汽化热，而这些热量大部分从屋面所吸收的太阳辐射热中摄取，所以大大减少了经屋面传入室内的热量，相应地降低了屋面的内表面温度。

用水隔热是利用水的蒸发耗热作用，而蒸发量的大小与室外空气的相对湿度和风速之间的关系最密切。我国南方地区中午前后风速较大，故在 14 时左右水的蒸发作用最强烈，从屋面吸收而用于蒸发的热量最多。而这个时刻内的屋面室外综合温度恰恰最高，即适逢屋面传热最强烈的时刻。这时就是一般的屋面上喷水、淋水，也会起到蒸发耗热而削弱屋面的传热作用。因此，在夏季气候干热，白天多风的地区，用水隔热的效果，必然显著。

但蓄水屋面也存在一些问题，在夜里屋面蓄水后外表面的温度始终高于无水屋面，这时很难利用屋面散热，且屋面蓄水也增加了屋面静荷重以及为防止漏水，还要加强屋面的防水措施。蓄水屋面的蓄水深度以 50~100mm 为合适，因为水深超过 100mm 时屋面温度与相应热流值下降不很显著。综合蓄水屋面的这些优缺点，一些"衍生"的蓄水屋面应运而生。给水池遮阳，有遮阳的水池的节能效果比没有遮阳的效果好。

第三节　建筑屋面的绿色化评价

一、系统构造的评价

建筑屋面系统构造在满足功能的前提下，荷载轻对结构的承载要求低，能降低材料的消耗，减少资源的使用。系统单位面积荷载越轻的绿色度越高，如单层卷材屋面机械固定系统，轻钢轻质瓦材坡屋面系统，现喷聚氨酯硬泡防水保温一体化屋面系统。

建筑屋面系统构造简洁，一层多能，能够有效减少资源的消耗，可以提高绿色度，如尽量减少构造层次，如：单层卷材屋面系统，减少了保温层上的细石混凝土保护层，单层卷材外露使用减少了保护层等。种植屋面中排蓄水板，一材多用。

建筑屋面系统的热阻，热阻大的能减少能源消耗，可以提高绿色度，如热反射屋面系统、种植屋面系统、通风坡屋面系统，可以降低屋面的温度，降低空调能耗。

采用光伏屋面系统，使用可再生能源，也可以提高屋面系统的绿色度。采用种植屋面系统配合雨水回收，能够起到节水的效果，提高绿色度。

二、系统材料的评价

1. 产品质量标准

建筑屋面系统使用的材料应符合相应的国家和行业标准，不应生产使用国家和有关部门明令限制和淘汰的产品。如：沥青柔性复合胎，采用再生料生产及 0.5mm 芯层厚度以下的聚乙烯丙纶复合防水卷材，达不到规定厚度的防水卷材，达不到 B2 级的有机保温材料。生产高性能的材料，如高耐久性、长期外露使用的单层高分子防水卷材、达到 B1 级的聚异氰脲酸酯保温板、不锈钢固定件等。

2. 资源消耗

生产屋面材料消耗的资源越少越好，通过计算单位资源消耗量评价绿色度，如质轻高强度的有机泡沫保温板，同样使用寿命但材料厚度更薄，如高分子耐候防水卷材等。合理使用再生料和废料，如采用粉煤灰和矿渣等作为防水材料填料，以无机建筑垃圾作为种植土、以胶粉颗粒作为弹性层材料等。生产过程的废料可以再生利用，如 PVC 防水卷材等。

选用的原料来源广泛，能源消耗低，如有机保温材料、高分子防水涂料等。

3. 能源消耗

生产屋面材料的单位产品能耗越低绿色度越高，如同样产品，生产规模越大，单位能耗越低，产品应符合 GB 30184—2013《沥青基防水卷材单位产品能源消耗限额》要求。采用纯 SBS，低软化点沥青生产防水卷材，加热温度低，能够降低能耗。采用高效电机和胶体磨也能减少能耗，可以提高绿色度。原料运输以运距和用量比例加权评分；使用燃气、电等洁净能源，按使用比例加分。

4. 清洁生产和环境保护

企业生产的"三废"排放符合国家有关标准是进行绿色度评价的必备条件，对于沥青防水卷材降低烟气排放是重要指标，同样不采用胶粉和机油可以大幅度降低生产过程的烟气排放，提高绿色度，高效可靠的环保装置可以根据排放指标评价绿色度。锅炉采用燃气，减少煤炭使用，可以降低污染排放，也可提高绿色度。生产工艺技术设备符合国家产业政策、职业安全卫生符合国家有关标准也能提高绿色度。

三、系统施工的评价

系统施工在保证屋面功能的前提下，能够缩短工期，可以提高绿色度，如机械固定施工方式，坡屋面干法卧瓦施工，现喷硬泡聚氨酯防水保温一体化施工等可以提高绿色度。

施工过程安全环保，如采用自黏施工、湿铺施工、干法卧瓦、机械固定单层屋面等可以提高绿色度。

施工效果可靠，施工配件齐全，节点泛水配套齐全能够提高屋面的可靠性，也能提高绿色度。

四、系统使用的评价

屋面系统使用过程中，维护便利是保证屋面系统使用效果的重要方面，如简单式种植屋面，基本不需维护。屋面系统耐久性高，延长屋面系统的使用寿命，降低单位年限的屋面成本，如高耐候单层卷材屋面等。系统维护修理方便，如正置式屋面，产生渗漏维修方便，PVC 屋面、外露高分子涂料屋面，可以方便地进行复涂或焊接。产品寿命终点，可以回收再利用，如 PVC、TPO 防水卷材可以回收用于生产防水卷材或人行步道等，这些都可以提高屋面系统的绿色度。

参考文献

[1] 中国建筑防水协会. 建筑防水，建设部全国一级注册建造师必修课程(之九). 北京：中国城市出版社，2014.

[2] 朱冬青，朱志远. 绿色建筑屋面系统技术概述. 中国建筑防水，2013(23).

第十六章
建筑楼板的绿色化

我国基本建设持续高速发展 20 多年，已成为国民经济的支柱产业。根据我国的国情，森林资源缺乏，难以发展木结构；为保护耕地，黏土砖砌体结构也受到限制；钢结构正在推广，但造价、耐久性、防火等问题决定其难以普及；混凝土结构在相当长的时期内还将作为我国建筑结构的主要形式。但混凝土结构的大量消耗资源和能源，建筑业发展带来钢材、水泥及其他资源大量消耗而影响可持续发展的问题日益紧迫，值得我们注意。

楼板是建筑中应用最为广泛的结构形式。不仅是混凝土结构，而且在砌体结构、钢结构、组合结构中通常都用作直接承受使用荷载的水平构件。其在材料消耗量以及结构自重中，占有很大的比例，所以楼板的绿色化具有深刻的意义。

第一节　楼板的作用及分类

一、楼板的作用

楼板是一种分隔承重构件，它将房屋垂直方向分隔为若干层，并把人和家具等竖向荷载及楼板自重通过墙体、梁或柱传给基础。楼板的主要作用有以下几点：

① 楼层中的楼板主要是承受水平方向的竖直荷载。

② 楼板能在高度方向将建筑物分隔为若干层。

③ 楼板是墙、柱水平方向的支撑及联系构件，保持墙柱的稳定性，并能承受水平方向传来的荷载（如风载、地震载），并把这些荷载传给墙、柱，再由墙、柱传给基础。

④ 楼板具有保温、隔热作用，即围护功能。

⑤ 楼板能起到隔声作用，以保持上下层互不干扰。

⑥ 楼板还可以起到防火、防水、防潮等功能。

⑦ 楼板在使用过程中若有重物，不可将其集中压在一点上面，以避免造成楼板断裂。

二、楼板的分类

按照所用材料的不同，可把楼板分为：木楼板、砖拱楼板、钢筋混凝土楼板、钢衬板楼板等。

1. 木楼板

木楼板由木梁和木地板组成。这种楼板的构造虽然简单，自重也较轻，但防火性能不好，不耐腐蚀，又由于木材昂贵，在我国应用较少，当前只应用于装修等级较高的建筑中。

2. 砖拱楼板

砖拱楼板采用钢筋混凝土倒 T 形梁密排，其间填以普通黏土砖或特制的拱壳砖砌筑成拱形，故称为砖拱楼板。这种楼板虽比钢筋混凝土楼板节省钢筋和水泥，但是自重大，作地面时使用材料多，并且顶棚成弧拱形，一般应作吊顶棚，故造价偏高。此外，砖拱楼板的抗震性能较差，故在要求进行抗震设防的地区不宜采用。

3. 钢筋混凝土楼板

钢筋混凝土楼板采用混凝土与钢筋共同制作。这种楼板坚固，耐久，刚度大，强度高，防火性能好，当前应用比较普遍。按施工方法可以分为现浇钢筋混凝土楼板和装配式钢筋混凝土楼板两大类。

（1）现浇钢筋混凝土楼板　一般为实心板，经常与现浇梁一起浇筑，形成现浇梁板。常见的类型有肋形楼板、无梁楼板、板式楼板、井字梁楼板等。

① 肋形楼板　也称梁板式楼板，是现浇式楼板中最常见的一种形式。由主板、次梁和主梁组成。主梁可以由柱和墙来支撑。所有的板、肋、主梁和柱都是在支模以后，整体现浇而成。

② 无梁楼板　为等厚的平板直接支撑在带有柱帽的柱上，不设主梁和次梁。该构造便于安装管道和布置电线，在同样的净空条件下，可减小建筑物的高度。缺点是刚度小，不利于承受大的集中荷载。

③ 板式楼板　是把楼板现浇成一块平板（不设置梁）并直接支承在墙上的楼板。是最简单的一种形式，适用于平面尺寸较小的房间（如混合结构住宅中的厨房和卫生间）以及公共建筑的走廊。板式楼板按周边支承情况及板平面长短边边长的比值，分为单向板、双向板、悬挑板等。

④ 井字梁楼板　梁不分主次，高度相当的梁，同位相交，呈井字形。楼板是正方形或者长宽比小于 1.5 的矩形楼板，大厅比较多见。

（2）装配式钢筋混凝土楼板　除极少数为实心板以外，绝大部分采用圆孔板和槽形板（分为正槽形与反槽形两种）。一般在板端都伸有钢筋，现场拼装后用混凝土灌缝，以加强整体性。采用此类楼板是将楼板分为梁、板若干构件，在预制厂或施工现场预先制作好，然后进行安装。优点是可以节省模板，改善制作时的劳动条件，加快施工进度，但整体性较差，并需要一定的起重安装设备。随着建筑工业化提高，特别是大量采用预应力混凝土工艺，其应用将越来越广泛。按照构造可分为实心平板、槽形板和空心板。

① 实心平板　实心平板制作简单，节约模板，适用于跨度较小的部位，如走廊板、平台板等。

② 槽形板　它是一种梁板结合的构件，由面板和纵肋构成。作用在槽形板上的荷载，由面板传给纵肋，再由纵肋传到板两端的墙或梁上。为了增加槽形板的刚度，需在两纵肋之间增加横肋，在板的两端以端肋封闭。

③ 空心板　上下表面平整，隔声和隔热效果好，大量应用于民用建筑的楼板和屋盖中。按其孔的形状有圆孔、椭圆孔和方孔等。

4. 钢衬板楼板

钢衬板楼板是以压型钢板与混凝土浇筑在一起构成的整体式楼板，压型钢板在下部起到现浇混凝土的模板作用。根据压型钢板是否与混凝土共同工作可分为组合板和非组合板。

组合板是指压型钢板除用作浇筑混凝土的永久性模板外，还充当板底受拉钢筋的现浇混凝土楼（屋面）板。非组合板是指压型钢板仅作为混凝土楼板的永久性模板，不考虑参与结构受力的现浇混凝土楼（屋面）板。

钢衬板楼板已在大空间建筑和高层建筑中采用，提高了施工速度，具有现浇式钢筋混凝土楼板刚度大、整体性好的优点。还可利用压型钢板肋间空间敷设电力或通信管线。

第二节　建筑楼板的绿色化

一、楼板绿色化研究方向

1. 受力截面形式优化

楼板在工程结构中属于受弯构件，由受拉区和受压区构成；拉力和压力集中在截面两侧以构成力矩，而截面中部对抗力的影响很小。所以将中部的材料挖去，其抗弯承载力基本未受影响。由此形成的"工"字形、∏形、T形、箱形、圆孔空心截面，见图 16.1，一般情况下可以节约很多材料成本。

| (a) "工"字形 | (b) T形 | (c) ∏形 | (d) 箱形 | (e) 圆孔 |

图 16.1　楼板受力截面的优化

为节省材料而优化楼板的截面形式，可以在基本不影响承载力的条件下，大幅度减少材料的消耗。这不仅具有经济效益，而且对降低结构自重，减轻地震效应也具有明显的效果。

2. 不同材料进行组合

由两种以上性质不同的材料组合成的整体并能共同工作的构件称为组合构件，由各种组合构件构成的结构称为组合结构。狭义的组合结构仅包括由钢和混凝土两种材料组成的组合柱、组合梁、组合板。自 20 世纪 80 年代以来，经济建设持续高速发展，随着大量建筑物的兴建，各种新的结构形式不断涌现，组合结构作为一种新兴结构得到越来越广泛的应用与推广，而且应用前景越来越好。组合结构是将不同材料或构件组合在一起的结构形式，同时在设计时应将不同材料和构件的性能纳入整体进行考虑，以最有效地发挥各种材料和构件的优势，从而获得更好的结构性能和综合效益。其具有施工方便、节省材料、经济效果好等优点，因此，组合结构将成为继传统的四大结构（钢结构、钢筋混凝土结构、木结构及砌体结构）以后的第五大结构体系。

组合结构具有多种多样的组合方式和途径，如材料间的黏结力、机械连接件的抗剪抗拔力、构件或材料间的相互约束与支持等。合理运用各种组合方式，可以使各种材料扬长避短，获得一系列性能优越的组合构件或体系。例如，钢-混凝土组合梁通过抗剪连接件将钢梁与混凝土翼板组合，充分发挥了混凝土抗压强度高和钢材抗拉性能好的优点。而钢管混凝土将钢管与混凝土组合，钢管的约束作用使混凝土处于三向受压从而提高了混凝土的强度和延性，混凝土对钢管的约束则防止了钢管的屈曲。此外，钢板混凝土剪力墙、钢板混凝土组合井壁等也都使两种或多种结构材料通过不同的方式进行有效组合，可以获得更高的性能。

组合结构还包括多种结构体系之间的组合，如组合简体与组合框架所形成的组合体系、巨型组合框架体系等。将钢筋混凝土核心筒或剪力墙与钢框架联合使用，使具有较大抗侧移刚度的钢筋混凝土核心筒或剪力墙主要承受水平荷载，而具有较高材料强度的钢框架主要承受竖向荷载，这样可利用轻巧灵活的钢框架做成跨度较大的楼面结构，避免了单一结构体系带来的弊端。

应用组合概念，还可以增强结构构件的局部性能，或在构件中形成部分组合作用。例如，利用钢板和混凝土之间的相互作用可以提高预应力锚固区附近钢板的受力性能，利用混凝土对钢板的约束作用可以提高钢箱梁在负弯矩作用下底板和腹板的局部稳定性。通过对构件的局部或部分组合作用，能够在基本不改变原结构方案的前提下使结构的某项性能得到显著提高。

3. 设计、施工优化

在设计和施工中，积极采用新材料、新工艺、新设备、新方法，设计中摒弃一些传统落后的材料和工艺的应用；加快设计和施工进度，提高工程质量。

（1）从设计、施工、建材方面采取措施控制裂缝　建材方面主要集中于混凝土收缩的研究及外加剂、膨胀剂及掺合料的应用。施工方面着力于控制振捣、养护工艺以及施工缝、后浇带等防裂措施。设计方面则探讨伸缩缝间距、增加构造配筋以限制间接裂缝。

（2）发展预应力楼板　预应力技术可较好地解决跨度、承载力及裂缝控制问题。加大跨度和承载力并控制裂缝。无黏结预应力楼板已成为比较成熟的技术。

（3）改进为半预制半现浇的装配——叠合式楼板　采用预应力和已完成收缩的预制构件是控制裂缝的有效手段。利用预制预应力板采取加强整体性的有效构造措施，成为装配整体式及叠合式楼板。其具有现浇结构整体性强的优势，又吸取了预制构件的优点，可取得较好的结构性能和经济效果。

（4）采用现浇混凝土空心楼板　以埋入筒芯、箱体或其他轻质填充材料为手段的现浇混凝土空心楼板在近年得到迅速发展，对于跨度很大的楼板，空心技术还可以与预应力技术结合，设计现浇预应力空心楼板。

二、现浇混凝土空心楼板

1. 推广现浇混凝土空心楼板的意义

混凝土楼板耐久，刚度大，强度高，防火性能好，当前应用比较普遍，但自重较大，耗材多。采用底部平整圆孔截面或方形截面的空心楼板节省了天花吊顶，对减少混凝土用量效果明显，而且还减轻结构自重，减缓了地震作用，提高了隔声、保温等使用功能。

具体来说，现浇混凝土空心楼板建筑结构具有以下几点优越性：

（1）改善使用功能　现浇钢筋混凝土空心楼板跨度大，整体刚度好，用于住宅，用户可以灵活隔断。明显防止上下层噪声干扰，隔声效果可提高12dB左右。

（2）改善使用环境　房屋的建筑构造高度较小，8～9cm柱距楼层，结构厚度可做到200～250mm，10～12cm柱距楼层，结构厚度可做到300～350mm，不设次梁。平滑的板底大大改善采光、通风和卫生条件。可不设吊顶，给使用带来空间舒适感。

（3）截面力学性能好　截面设计不仅满足承载力要求，还要有较好的延性。这样可以防止脆性破坏，在超静定结构中对地基不均匀沉降、温度变化，结构有较好的适应能力，同时在地震区尤为重要，满足延性要求的结构，有利于吸收和耗散地震能量。影响受弯构件截面延性的因素中，截面形状和尺寸也是重要因素之一，T形、I形截面延性要比矩形截面好。

现浇空心楼板就是一个"工"字形截面，因此，它具有良好截面力学性能。

（4）经济效益明显　与一般楼板体系比较，节省钢材 5％以上，节省混凝土 15％以上，模板损耗降低 50％左右，另外恒载减轻、工期短、费用低等其他综合投资也可以降低 15％左右。

2. 空心楼板的发展

预制圆孔板装配式楼板是我国民用建筑楼板的传统形式。40 年来建成的工业与民用建筑楼板超过 100 亿平方米，大多仍在安全使用。在广大农村和城镇建筑中，装配式圆孔楼板仍是楼板结构的主要形式。这种楼板的主要特点包括：

① 圆孔空心率高达 40％左右，大量节约混凝土。

② 工厂化生产，效益高，质量稳定；施工简单，工期缩短，现场湿作业减少。

③ 拼装式的预制板整体性差，抗震能力不强，连接构造有待改善。

④ 预制板拼装楼板建筑布置不灵活；开孔、留洞、埋件以及管线布置困难；板间拼接裂缝、错台以及因此而产生的渗漏，造成观感及使用功能上的缺陷。

在过去几十年中，装配式空心楼板基本满足了建筑业的发展需要。但随着人民生活水平的提高和经济、技术的发展，已难以适应建筑市场的需要，工程应用日渐萎缩。

近年来，随着混凝土材料及施工技术的进步，高性能混凝土大量应用，混凝土生产商品化，泵送技术、免振工艺的应用，以及模板集成化及租赁式经营，为现浇混凝土结构的推广创造了条件。在大城市和经济发达地区现浇结构得到飞速发展，已经取代传统的装配式空心板而成为楼板结构的主要形式。但迅速发展的现浇混凝土楼板在使用中也逐渐暴露出一些弱点和弊病。主要表现为：

① 楼板的厚度相对较大，混凝土消耗量大幅度增加，结构自重加大，由此加大了地震作用。

② 钢筋用量增加，造价上扬。当跨度增大或采用配筋控制时更为突出。

③ 跨度一般不超过 7m，荷载也有限，承载能力不大，难以满足近代建筑楼板大跨、重载、可灵活分割，以适应多变使用功能的要求。

④ 使用状态下裂缝难以避免，结构刚度因此下降，残余裂缝及变形难以消除。

⑤ 对温差、收缩、沉降等作用敏感。

为克服现浇混凝土楼板的缺陷，近年来工程界为此做出了努力。一是从设计、施工、建材方面采取措施控制裂缝。建材方面主要集中于混凝土收缩的研究及外加剂、膨胀剂及掺合料的应用。施工方面着力于控制振捣、养护工艺以及施工缝、后浇带及防裂措施。设计方面则探讨伸缩缝间距、增加构造筋以限制间接裂缝。这三方面都进行了大量的工作，但至今仍未有效控制裂缝的方法。

二是发展预应力楼板。预应力技术可较好地解决跨度、承载力及裂缝控制问题。加大跨度和承载力并控制裂缝。无黏结预应力楼板已成为比较成熟的技术，但由于其会增加一部分楼板造价，并要求专业施工，适用范围受到一定限制。

三是改进为半现浇的装配-叠合式楼板。采用预应力和已完成收缩的预制构件是控制裂缝的有效手段。利用预制预应力板采取加强整体性的有效构造措施，成为装配整体式及叠合式楼板。具有现浇结构整体性强的优势，又吸取了预制构件的优点，可取得较好的结构性能和经济效果。

从 20 世纪 90 年代初开始，现浇混凝土楼板的工程应用和相关研究分析在我国逐渐增多。由于节约混凝土，降低结构自重以及明显的经济效益，以制作内膜为目标的探讨迅速发展，进入市场并开始工程应用，20多年来，已在超过20个省（市）和几千万平方米的建筑物中得到应用。

3. 现浇混凝土空心楼板的技术原理

现浇混凝土空心楼板是指在现浇混凝土楼板中埋入预制空心管，将空心圆管在浇筑混凝土前与钢筋一起绑扎固定，然后将混凝土与空心管浇筑为一体，从而形成类似若干小工字梁的现浇混凝土多孔空心板或以密肋形式受力的现浇混凝土空心板。现浇混凝土空心板重量轻、刚度大，隔声效果及保温隔热均优于实心板并能很好地防止大跨空心板的裂缝。

现浇空心板结构空心成孔技术中，国外应用最多的是金属螺旋管，该产品采用优质低碳钢钢带经轧波、卷管成形，咬口、切断等工序制成。国内一般采用薄壁螺纹钢管、硬塑管、纸管和高强复合薄壁管等，在具体设计时可根据使用要求择优选用。

现浇混凝土空心楼板技术特别适用于大跨度和大荷载等公用建筑，与一般楼板体系比较，可降低钢筋混凝土的造价，提高建筑净空高度，降低楼板和结构的自重，加快施工速度。

4. 现浇混凝土空心楼板结构技术规程

《现浇混凝土空心楼板结构技术规程》（CECS　175：2004）（简称《规程》）是根据中国工程建设标准化协会（2002）建标协字第12号文《关于印发中国工程建设标准化协会2002年第一批标准制、修订项目计划的通知》的要求，由中国建筑科学研究院会同有关单位编制而成。规程是在总结我国现浇混凝土空心楼板结构设计、施工的实践经验和研究成果的基础上，参考国内外相标准制定的。

（1）《规程》的适用范围　现浇混凝土空心楼板就是按一定规则放置埋入式内模后，经现场浇筑混凝土而在楼板中形成空腔的楼板。规程是用于工业与民用房屋中现浇的钢筋混凝土和预应力混凝土空心楼板的设计、施工和验收。对于大跨度的预制构件、基础筏板、转换层楼板、人防结构楼板，为节约混凝土、减少自重，可埋入各类内模，参考本规程的有关规定应用。在基础筏板、转换层及人防结构楼板中已有工程应用经验。规程不适用于竖向空心构件。

（2）内模　《规程》明确提出了"内模"的概念，即埋置在现浇混凝土空心楼板中用以形成空腔且不取出的物体。内模作为非抽芯成孔物，主要起到规范成孔形状的作用，不参与结构受力，当混凝土成型、达到设计强度后，内模也就完成了"工作使命"。设计中确定楼板的永久荷载时，应考虑内模的重量，并应在设计文件中提出相应的要求。在满足各种施工操作要求的基础上，质量轻、价格廉的内模才是现浇空心楼板需要的。空心楼板的内模种类很多，已有多种材料可用来制作满足程控要求的内模。内模多为薄壁空心形式，但也可由实心的轻质材料加工而成。圆形薄壁管、方形薄壁箱体（简称箱体）作为现浇混凝土空心楼板的内模已有较多的实验研究成果和工程实践经验，规程主要以这两种内模为基础编制。对其他的内模，《规程》也给出了相应的规定。

《规程》中关于薄壁管楼板两个方向刚度均是针对直径为500mm以下的圆形薄壁管规定的，对于其他形状或者直径大于500mm的薄壁管，需要另行分析研究。对于箱体楼板，规程规定板底厚度（箱体底面至楼板底的最小距离）不应小于50mm，对于内模直接放在底模上的空心楼板，规程不适用，可按密肋楼板进行设计。

（3）空心楼板两个方向刚度的差别　当内模为箱体时，可直接计算楼板各个方向的截面惯性矩，对于箱体布置均匀的楼板也可按各向同性板进行内力分析。当内模为薄壁管时，竖管方向楼板可直接计算截面惯性矩。《规程》编制组进行的理论分析及单向板、双向板荷载试验均表明，在常用的截面参数条件下（薄壁管外径小于500mm），薄壁管楼板竖管、横管两个方向的弹性刚度相差不超过 10%，国内其他单位的研究成果也给出了大致相同的结论。当截面开裂后，刚度受截面形式影响较小，主要与配筋面积（A_s）有关。实体结构的加载试验也表明楼板极限状态下的塑性铰线、破坏形态与普通实心双向板相同。根据上述研究成果，《规程》对不同形式的空心楼板，根据楼板截面形式的特点给出了处理楼板两个方向刚度差别的方法。

（4）边支承板楼板和柱支承板楼板　《规程》将现浇混凝土空心楼板分为边支承板楼板和柱支承板楼板，分别按不同方法进行内力分析。边支承板是由墙或刚性梁支承的楼板，包括剪力墙结构及梁刚度较大的框架结构；柱支承结构是由柱支承的沿柱轴线无梁或带柔性梁的楼板，包括无梁板柱结构及梁刚度较小的框架结构。规程中仅提出了"楼板内区格板的周边现浇框架梁竖向变形较小"的条件，没有明确给出柱支承板与边支承板的明确界限，留给设计人员更多的空间。设计人员可参考相关资料并根据设计经验作出判断，但应充分考虑规程给出的条件，不宜过松。边支承板楼板具有可靠的边界支承，可不考虑水平荷载的作用。考虑到弹性刚度相差不超过 10%、极限破坏与实心板基本相同两个结论，规程规定边支承的内力分析可忽略楼板的各向异性，取用与普通实心楼板相同的内力分析方法。

《规程》规定了带柔性梁的柱支承板楼板结构的内力分析也应同无梁板柱一样考虑水平荷载作用。这与现有的一些设计习惯略有不同，扩大了考虑水平荷载的范围，主要是考虑刚度较小的一些扁梁无法实现"框架梁"的作用，直接按框架结构进行计算，与实际受力情况不符，也不经济。

柱支承板、边支承板的区分仅针对楼板结构的内力分析和构造措施，与结构类型、房屋高度、结构构件的抗震等级的确定无关。如楼板周边支承为扁梁，如扁梁符合《规程》第 4.2.2 条及《建筑抗震设计规程》（GB 50011—2001）的有关规定，则可按框架结构确定房屋高度、结构构件抗震等级，但仍应按柱支承板结构进行内力分析。

（5）柱支承板楼板结构内力分析　根据柱支承板楼板结构的受力特点，《规程》给出的内力分析方法如下：

① 拟梁法　在我国应用现浇空心楼板的初始阶段，大都是采用拟梁法进行计算的。《规程》仍保留了传统的拟梁法，并给出了不同情况下的处理办法。由于拟梁法同时考虑空心楼板的两个计算方向，楼板两个方向弹性刚度的差异对计算结果有一定的影响。规程给出了横管方向拟梁抗弯刚度的计算系数 γ，γ 和薄壁管外径与楼板厚度的比值相关。

② 直接设计法和等代框架法　直接设计法（也称为弯矩系数法）和等代框架法是双向楼板结构内力分析的常用方法，在国外多本规范中已有详细规定。我国现行的多本国家、行业标准中也对这两种方法用于板柱结构内力分析做出了相应规定。《规程》在综合分析的基础上，规定了这两种方法可用于柱支承板楼板结构的内力分析，并较详细地介绍了这两种分析方法。

直接设计法、等代框架法都是按两个方向分别计算，且两个计算方向均应考虑全部荷载作用。由于按纵、横两个方向分别计算，计算结果主要取决于计算板带（等代框架梁）在宽度方向的刚度分布，空心楼板两个方向的刚度差异对结果影响较小，故两种计算方法均忽略了薄壁管楼板两个方向的刚度差异，取楼板空心区域两个方向单位宽度范围内的截面抗弯惯性矩相等，其值均按竖管方向确定。

直接设计法以大量的理论分析为基础，参照了钢筋混凝土楼板试验和已有的工程经验，确定了适用于钢筋混凝土楼板分析的弯矩分配系数，但这些弯矩系数不能普遍适用于预应力混凝土楼板。预应力混凝土柱支承板楼板的内力分析应采用等代框架法。

③ 水平荷载作用下的内力分析　竖向均布荷载作用下可采用拟梁法、直接设计法或等代框架法进行内力分析，水平荷载、地震作用下则只能采用等代框架法进行内力分析。采用等代框架法分析时，竖向荷载作用与水平荷载、地震作用下等代框架梁宽度不同，应予以注意。同时承受竖向荷载、水平荷载和地震作用的结构，应按竖向荷载和水平荷载（作用）分别计算，并按《规程》的相关规定进行组合。

（6）内力的折减　楼板的内力分析结果可在保证安全的条件下进行调整，《规程》的主要规定如下：

① 根据《规程》及《混凝土结构设计规范》（GB 50010—2002）的相关规定，空心楼板经过弹性分析求得的内力，可对支座及跨中的截面进行弯矩调幅。规程规定单向板、边支承双向板的调幅不应超过20%，柱支承板楼板竖向均布荷载作用下每个计算方向正、负弯矩之间的调幅不应超过10%。对于配置冷加工钢筋的楼板，弯矩调幅应符合相应规程的规定。

② 当按弹性方法计算楼板内力时，边支承双向板两个方向的跨中正弯矩在距支座 $I_y/4$ 宽度内可取相应方向楼板最大弯矩的 $1/2$，如图16.2所示。

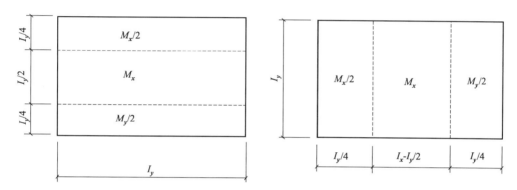

图 16.2　边支承双向板弹性内力分析正弯矩调整（$I_x \geqslant I_y$）

③《规程》参考了《钢筋混凝土结构设计规范》（TJ 10—1974）的有关规定，提出了当考虑楼板薄膜效应时对区格板跨中、支座截面计算弯矩的折减方法。

（7）受弯承载力计算　采用截面换算的方法进行空心楼板结构的内力分析后，应按空心楼板的实际截面进行承载力计算。在薄壁管楼板的竖管方向，受弯承载力计算可按等面积、等惯性矩、等宽度、等高度的I形截面考虑，并根据混凝土受力区高度区分第1类或者第2类I形截面；在薄壁管楼板的横管方向，受弯承载力计算可按等高度、等宽度的实心楼板考虑，但混凝土受压区高度不宜大于受压区最小翼缘厚度。考虑弯矩调幅的空心楼板，其正截面承载力计算中的混凝土受压区高度不宜大于受压区最小翼缘厚度。上述受压区最小翼缘厚度可为板顶厚度（正弯矩计算截面）或板底厚度（负弯矩计算截面）。

（8）受剪承载力计算　柱支承板楼板的剪切验算以受冲切为主，边支承板楼板则应验算受剪承载力。当内模为箱体时，直接按箱体间肋梁验算受剪承载力即可，但肋梁内箍筋的构造应符合《混凝土结构设计规范》（GB 50010—2002）的要求。当内模为薄壁管时，可不配置受力箍筋，直接按规程规定进行受剪验算即可。

当内模为薄壁管时，规程中的受剪承载力计算公式仍采用《混凝土结构设计规范》的形式，结合以往对预制空心楼板受剪承载力的研究及编制组进行的两个方向布置薄壁管单向板抗剪试验结果，在公式中近似给出了空心楼板两个方向的受剪计算系数 β_v（对竖管方向取1.3，对横管方向取0.6）。当薄壁管楼板肋宽内布置预应力筋时，规程对预应力提高的受剪承载力也作出了相关规定。

根据相关的实验研究成果和规程的相关规定，在内力分析时很多情况下都可以忽略薄壁管楼板在不同方向上的刚度差异。但在受弯、受剪承载力计算时，不同方向的差异则比较明显：受弯承载力计算时，横管方向的混凝土受压区高度限制（也可视为最大配筋率）比竖管方向要求严；受剪承载力计算时，横管方向单位宽度楼板的受剪承载力约为竖管方向的一半。承载力计算决定了横管方向仍为楼板"薄弱"方向。所以《规程》规定薄壁管宜应沿受力较大的方向顺向布置。

对于荷载、跨度较大的边支承薄壁管楼板，按《规程》公式计算抗剪承载力可能无法满足要求，且横管方向尤为明显。实践中可采用加大肋宽，在肋宽范围内布置受力箍筋或预应力筋等方式增加受剪承载力，但也应该注意有可能需要加大板厚，即由受剪承载力控制楼板厚度的情况。

（9）受冲切承载力计算　《规程》根据柱支承板楼板结构的受力特点，参考了国内外相关标准的有关规定，对柱支承楼板结构的受冲切承载力计算做出了规定，主要特点如下：

① 考虑到工程实践的需要，《规程》规定当采用型钢剪力架、抗冲切锚栓等抗冲切加强措施时，受剪承载力计算应符合《无黏结预应力混凝土结构技术规程》（JGJ 92—2004）的相关规定。

② 《混凝土结构设计规范》（GB 50010—2002）仅规定了板柱节点临界截面上由受剪传递的不平衡弯矩 $\alpha_0 M_{unb}$。《规程》参照美国规范 ACI318 的有关规定，提出弯曲传递的不平衡弯矩 $(1-\alpha_0)M_{unb}$ 应由有效宽度为柱（柱帽）两侧各 $1.5h_s$ 截面范围内配置的纵向受拉钢筋承担。可由上述范围内已配置的钢筋验算，如不够则应加配钢筋。

③ 《建筑抗震设计规范》（GB 50010—2001）、《预应力混凝土结构抗震设计规程》（JGJ 140—2004）等标准绝对沿两个主轴方向通过柱截面的板底连续钢筋面积作出了规定，主要是为了防止极限状态（诸如楼板脱落）。《规程》参考了美国 ACI318、加拿大 CSA A23.3 等规范的有关规定，对这项规定作了适当补充：板底贯通钢筋不应少于两根；对于边柱、角柱，在柱中锚固的钢筋，其截面面积按一半计算。此钢筋也可由已配置的钢筋验算，如不够则应加配。

④ 对于带梁的柱支承板，为保证柔性梁受剪计算的可靠，规程规定计算柔性梁剪力时应考虑其从属面积内的全部竖向荷载。根据柱支承板结构的受力特点，参考 ACI 规范的有关规定，《规程》规定楼板仍应计算受冲切承载力，受冲切承载力计算的等效集中反力应按规程的相关规定进行分配，计算时不考虑柔性梁在板顶、板底突出的部分。这样的计算原则使梁考虑了全部剪力，楼板也考虑了应承受的剪力，是相对安全的。

（10）挠度和裂缝控制　双向板的挠度、裂缝宽度验算问题至今仍未有可靠的解决办法。国外规范中通常通过截面尺寸、配筋构造措施的限制条件来控制构件的挠度和裂缝宽度，也没有给出适用于双向板的裂缝宽度计算公式。考虑到我国的设计习惯和规范规定，《规程》仅提出了不作挠度、裂缝宽度验算的一般原则，设计时可根据实践经验采取有效的措施。实际工程中挠度问题可以通过支模反拱等措施来"抵消"，采用带肋钢筋，减少钢筋间距则是控制裂缝的较好办法。

（11）配筋率　《混凝土结构设计规范》规定 I 形截面计算纵向受力钢筋小配筋率时，可按截面全截面面积扣除受压翼缘面积后的截面面积计算。薄壁管楼板的竖管方向和箱体楼板两个方向的横断面都可看作 I 形截面，考虑到空心楼板常应用到大跨度，且受力性能接近于等厚度实心楼板的情况，《规程》规定计算纵向受力钢筋最小配筋面积、温度收缩钢筋面积时，计算面积取不扣除受压翼缘的楼板实际截面，配筋率数值均按《混凝土结构设计规范》（GB 50010—2002）的相关规定选用。

当内模为薄壁管时，横管方向的楼板断面不再连续，无法规定配筋率的计算截面，规程提出"配筋量"的概念来解决这个问题。由于达到承载能力极限状态时楼板横管方向与竖管方向承载力相近，故单位宽度内纵向受力钢筋最小配筋量在薄壁管楼板的两个方向宜取相同。对薄壁管楼板，竖管、横管方向计算各种配筋面积时均按如"工"字形的截面计算即可。

（12）楼板角部构造钢筋　现浇混凝土空心楼板角部处于复合受力状态，轻易因湿度、收缩产生裂缝，《规程》规定应配置专门的构造钢筋。楼板阳角构造钢筋配置在阳角所在角区格板内，并在周边墙或梁内按受拉钢筋锚固。楼板阳角构造钢筋配置在楼板阴角两边延长线所围成的区格板内，并延伸到周边区格板内，延伸长度可取为周边区格板短边跨度的1/4。

（13）施工及验收　现浇混凝土空心楼板结构的施工及验收具有以下主要特点，这些内容也是实践中应特别注意的地方：

① 内模的进场验收　《规程》规定了薄壁管、箱体内模的进场检验批数量和具体的检验方法。《规程》规定的现场检验项目为外观质量、尺寸偏差、重量、抗压荷载等与内模施工性能密切相关的几个指标，少于产品标准规定的出厂检验要求。如有特殊需要，还可根据相应要求进行专项性能的抽样检验，检验方案可由各方协商确定。

② 内模的保护　进场检验合格的内模可以应用到工程中，施工操作中应保护好内模，避免破损。对板面钢筋安装之前损坏的内模，应予以更换；对板面钢筋安装之后损坏的内模，应采取有效的修补措施封堵。《规程》还提出了小心轻放、严禁甩扔、采用专用吊篮运输、铺设架空马道、严禁将施工机具直接放置在内模上、施工操作人员不得直接踩踏内模等具体的操作要求。

③抗浮技术措施　混凝土浇筑时，由于受到浮力和振捣作用，可能导致内模上移、楼板底模局部上移或钢筋移位，如不采取可靠的抗浮技术措施则可能严重影响楼板的施工质量。对单个内模与楼板底模均应采取经实践检验的抗浮技术措施，现有的有效抗浮方法有多种。《规程》强调了内模抗浮问题的重要性，并提出了原则性要求，具体操作可根据施工单位企业标准或施工技术方案执行。

④ 内模的定位及验收　内模的位置准确和整体顺直对于板的实际尺寸满足设计条件非常重要，应严格要求。内模的作用与模板近似，由此《规程》规定了内模安装应按模板分项工程进行施工质量控制和验收，可不参与混凝土结构子分部工程的验收。同时，内模安装又与钢筋安装一样，在混凝土浇筑后难以检查实际质量，同样应进行隐蔽工程验收。

三、压型钢板-混凝土组合楼板

1. 推广压型钢板-混凝土组合楼板的意义

压型钢板-混凝土组合楼板是通过剪力连接件与钢梁连接起来，形成的一种整体受力和协调变形的新型组合楼板体系。在这种组合楼板体系中，钢板除在施工阶段做模板使用外，在使用阶段还兼做混凝土组合楼板的受力钢筋或部分受力钢筋，钢梁则是钢框架中的主梁或次梁。这种结构是多层、高层钢结构房屋非常重要的组成部分之一，是钢结构建筑楼板体系不可缺少的配套技术。该结构具有自重轻、塑性和抗震性能好、经济效果显著和施工简便等突出优点。

最初，组合楼板的应用仅仅是作为施工上的永久性模板，并没有充分利用组合楼板的组合抗力特性。压型钢板与混凝土组合共同发挥作用的楼板体系具有以下主要性能优点：

① 压型钢板安装便利，作为混凝土的模板永久保留在构件中，在施工中，既提供了安全稳固的工作平台，也通过缩减模板的操作工作获得了较好的经济效益。

② 在模板顶布置焊接钢筋网来控制收缩和开裂，对于延性钢板肋顶布置的横向抗剪钢筋，也可兼作控制收缩和开裂之用。

③ 组合楼板延性性能优越，在抗震地区使用尤为有利。

④ 在楼板内易于敷设管线和悬挂吊顶。

⑤ 组合楼板与钢梁连接方便，当形成组合扁梁楼板时，可以增加建筑有效使用净空，同时提高了钢梁的防火防腐能力，也使钢梁的整体稳定性和局部稳定性得到保证。

压型钢板-混凝土组合楼板体系应用前景良好。一是该楼板体系充分发挥了钢板与混凝土两种材料各自的优点，在组合可靠的条件下，其整体性、刚度、承载能力及抗震性能较传统的装配式楼板、现浇楼板都要好，在跨度大或楼板有较大开口而削弱楼板整体性的结构中，压型钢板-混凝土组合楼板可以发挥出其优越性能，增强结构的整体性及变形性能。

二是压型钢板-混凝土组合楼板可以与钢梁或钢筋混凝土梁连接，连接较简便，易操作，不受梁形式的限制；采用深肋压型钢板，还可以省去组合楼板所需的次梁布置，在无需设支撑的情况下，板跨可达到 6m，如果设置一定数量的临时支撑，跨度可达到 9m。

三是采用组合楼板降低了楼板的厚度，减轻了楼板自重，增加了建筑有效使用净空，而且在提倡结构外露的现代建筑中，组合楼板具有自然美观的特点。

四是组合楼板的施工进度快，可使建筑物提前投入使用，缩短还贷时间，减少还贷利息，增加资金收入。组合楼板用在钢框架体系中，从一些统计资料中可以看出，考虑楼板的空间作用时，主次梁的用钢量节省 18％左右，整体结构每平方米的用钢量节省 8％左右，同时结构的自重减轻，从而有利于基础的节约，降低了结构的整体造价，符合我国建筑结构的发展方向。

综上所述，在高层建筑、桥梁结构中，压型钢板-混凝土组合楼板能较好地实现建筑使用功能、结构抗震性和结构经济指标三者之间的协调统一，具有非常好的应用推广前景。

2. 压型钢板-混凝土组合楼板的发展

压型钢板-混凝土组合楼板的发展源于组合结构的发展，组合结构（Composite structure）又称混合结构（Mixed structure）。在土木工程范围内，组合结构是指由两种或两种以上结构材料组成，并且材料之间能以某种方式有效传递内力、以整体的形式产生抗力的结构。这里不包括两种或两种以上结构材料组成但各自单独发挥作用、简单叠加、单独承受荷载的结构。钢与混凝土组合结构，就是用型钢或钢板焊（或冷压）成的钢截面，再在其上、四周或内部浇灌混凝土，使混凝土与型钢形成整体共同受力。

从某种意义上来说，组合结构早在 19 世纪末已经存在，尽管当时并未意识到要利用两种材料组合以后新增的强度与刚度，只单纯地想要减轻钢管内部锈蚀而灌入混凝土、为了改善钢结构的耐火性能而在其外包裹混凝土，从而开创了组合结构实际应用的历史。1901 年，Sewell 为了提高建筑中柱的刚度，在方形钢管柱内填充了混凝土。1904 年，英国为了提高建筑内钢柱的耐火性能，把它们埋置在混凝土内。1905 年，日本修建的田畑旧东京仓库就采用型钢混凝土结构。1908 年，Burr 做了空腹式配钢的型钢混凝土柱的试验。1923 年，加拿大开始做空腹式配钢的型钢混凝土梁的试验，这一时期只是钢与混凝土组合结构的萌芽探索时期，采用这种结构的出发点往往还只是针对这些结构某一被人们意识到的突出优点，并未考虑到混凝土与钢的组合作用，仍按钢结构设计与计算。但是，随着工程应用的实践及科学研究的深入进行，发现钢与混凝土组合结构还具有更多、更主要的优点，尤其在 1923 年

9 月的日本关东大地震中，大家发现这种结构具有很优越的抗震性能，进一步推动了钢与混凝土组合结构的发展，掀起了日本研究与应用钢与混凝土组合结构的热潮，但真正在世界各国较系统地研究与应用该结构则是在第二次世界大战结束以后。第二次世界大战后，欧洲国家百废待兴，急需恢复战争破坏的房屋和桥梁，由于钢材短缺，工程师们采用了大量的组合结构，节约了钢材并取得了良好的经济效果。

1879 年，英国的 Severn 在铁路桥的钢管桥墩中充填了混凝土，便形成了钢管混凝土。1908 年，Burr 在纽约进行了组合柱的试验，证明混凝土的存在能大大提高型钢柱的承载力。1920 年，加拿大学者 Mackay 对在混凝土内埋入钢柱的结构做了研究，表明外包混凝土能与内置型钢共同工作；其后，美国、英国、日本以及欧洲一些国家对组合结构做了大量研究，认为在变化荷载作用下必须采用连接件才能使组合结构的承载力更为可靠。

1923 年日本的关东大地震及 1968 年的十胜冲大地震，进一步证明了组合结构的抗震能力。于是组合结构在日本的高层与超高层建筑中得到了迅速发展。20 世纪 30 年代，前苏联建成了跨越彼得格涅瓦河、跨度 101m 的钢管混凝土拱梁组合体系桥和位于西伯利亚、跨径达 140m 的钢管混凝土精拱桥。1955 年瑞典建造的 182m 跨度的斯曹姆松特桥以及 1956 年德国建造的 58.8m 跨度的比歇瑙尔桥均为较早采用钢与混凝土组合梁的斜拉桥。60 年代末，欧美、日本等国首先在多层、高层建筑中开始采用压型钢板与混凝土组合板结构之后，即逐步得到世界各国的推广应用。60 年代后，型钢混凝土结构开始大量应用于高层、超高层建筑及一些工业建筑中，有美国休斯敦第一城市大厦共 49 层、高 207m，休斯敦得克斯商业中心大厦共 79 层、高 305m，日本北海饭店共 36 层、高 121m 等。

近几十年来，又出现了钢纤维混凝土结构、钢筋混凝土外包钢结构等新的钢-混凝土组合结构型式，使得钢-混凝土组合结构的应用日趋广泛。国内外常用的组合结构有压型钢板与混凝土组合楼板、钢与混凝土组合梁、型钢混凝土结构、钢管混凝土结构、外包钢混凝土结构。压型钢板与混凝土组合楼板作为混凝土组合结构的一种，20 世纪 60 年代前后在欧洲、美国和日本等地多层及高层建筑中得到了广泛的应用。开始压型钢板仅作为楼板的永久性模板供浇注混凝土和施工作业用。随后，人们很自然地想到仅作为永久性模板是极为浪费的，如果在压型钢板的表面做些凹凸不平的齿槽、板端焊劲性栓钉、压型钢板上焊上与肋垂直的横向钢筋等，使其与混凝土黏结成整体共同承担荷载，以代替混凝土楼板的受力钢筋或部分受力钢筋。许多科学家都做了这方面的研究工作。直到 60 年代末，美国钢结构协会（AISC）以及国际桥梁和结构工程联合会对新发展的组合结构制定出了统一规定。在 70～80 年代之间，组合结构的试验和理论研究工作有了新的发展。日本建筑学会于 1970 年出版了《压型钢板结构设计与施工规范及其说明》；欧洲钢结构协会（ECCS）于 1981 年制订了《组合结构规程及其说明》；1985 年欧洲经济共同体（EEC）建筑与土木工程部制订了统一标准规范《钢与混凝土组合结构》；加拿大、美国、德国、苏联等也对组合结构的设计计算制订了相应的图表和手册。

压型钢板在我国的研究与应用起步于 20 世纪 80 年代，这主要是我国钢材产量较低、薄卷板材尤为紧缺、成型的压型钢板与连接件等配套技术未得到充分开发利用所致。近年来随着新技术的引进，组合楼板的技术得到了迅速的发展。1984 年冶金工业部冶金建筑研究总院对压型钢板的选型、加工工艺、连接件等配套技术进行了大量的开发、研究与应用工作，制订了冶金行业标准《钢-混凝土组合楼板结构设计与施工规程》（YB 9238—92）、国家标准《钢结构设计规范》（GB 50017—2003）、电力行业标准《钢-混凝土组合结构设计规程》（DL/T 5085—1999）等对压型钢板-混凝土组合楼板的设计作了规定。1984～1988 年冶金工业部冶金建筑研究总院完成了压型钢板的选型和研制工作，并与天津机械配件公司标准件三厂（生产圆柱头焊钉）、北京冠电瓷元件厂（生产瓷环）、宏光机电设备厂（生产焊机）三个厂家联合生产了圆柱头焊钉等配套产品，进行了 30 多块组合板的实验工作，并在深圳大学阶梯教室、长富宫中心、京城大厦等高层建筑中推广应用，取得了一定的经验。1992 年哈尔滨建筑大学进行了压型钢板-混凝土组合楼板性能研究，给出了组合楼板的挠曲变形实用计算公式。1998 年，北京市建筑设计研究院进行了压型钢板-混凝土组合楼板的耐火性能的试验研究，研究了组合楼板在一定时间内的耐火时限中的变温和变形发展规律。2000 年哈尔滨建筑大学进行了组合楼板的耐火性能的研究，应用有限元法分析了组合板的温度场，分析影响组合板耐火极限的参数等。哈尔滨建筑工程学院做了 24 个国产光面压型钢板简支组合板试验，提出了简支组合板在各种剪力连接条件下的挠曲变形的理论计算方法；郑州工学院用国产 U200 压型钢板做了 12 个简支组合板和三个跨度为 2.9m 的双跨连续组合楼板的试验，得出了组合板可按普通钢筋混凝土进行承载力计算的结论，并分析了连续楼板的内力重分布过程，提出内力重分布程度与设计调幅有关的结论；上海同济大学用国产 3W-DECK 压型钢板做了 7 个简支组合板和 2 个双跨连续（等跨）组合楼板的试验研究，得到了纵向抗剪能力的计算公式，并提出组合连续楼板的承载力计算方法。总而言之，我国对压型钢板-混凝土组合楼板的试验研究日益增多，压型钢板-混凝土组合楼板的应用技术也日趋成熟，其应用与发展也越来越接近国际水准。

压型钢板-混凝土组合楼板的特点，一是施工工期短。压型钢板作为混凝土楼板的永久性模板，取消了现浇混凝土所需的模板与支撑系统及施工时的大部分临时脚手架，因而使楼板施工免除了木工的支模与拆模，与钢筋混凝土楼层结构相比，大大简化了施工工序，加快了施工进度。另外，由于压型钢板作为浇注混凝土的模板直接支承于钢梁上，且为各种工种作业提供了宽广的工作平台，因此浇注混凝土及其他工种均可多层立体作业，各楼层可以同时施工，只要整个建筑的组合楼层施工计划安排得当，就会大大缩短工期。这对规模较大的高层、超高层建筑尤其具有明显的意义。

二是自重轻，节省材料。压型钢板混凝土组合楼板自重轻，因而减少了钢结构梁（柱）的承载力，可以采用经济合理的地基基础。压型钢板不仅是永久性模板，而且起到混凝土板中受拉钢筋的作用，这就使组合楼板中不需放置受力钢筋，仅在楼板跨越处为防止混凝土板开裂，才布置钢筋，这样就节省了钢筋敷设及绑扎工作。

三是减小楼层结构刚度。由于混凝土楼板作为梁结构的一个组成部分，提高了梁的刚度，高跨比可以由钢筋混凝土梁的 1/6～1/12 降低到 1/16。

四是增加结构抗震性能。组合楼板不仅增强了竖向刚度，而且压型钢板和钢梁对混凝土楼板起着加劲肋的作用。每个楼层对整个高层建筑结构形成坚强的水平横隔，有很好的抗地震和抗侧向风力效应。

五是有效利用楼层结构的使用空间。不仅可以利用压型钢板在梁上的肋间空穴沟槽，敷设室内电力管线，而且在压型钢板底面可以焊接架设悬吊管道和天花板的轻钢骨架，充分利用了楼层结构中的空间。由于彩色钢板的采用，不作吊顶也很美观。

六是与传统的木模板相比，压型钢板组合楼板施工时，减小了发生火灾的可能性。

3. 压型钢板-混凝土组合楼板的技术原理

组合板由压型钢板和混凝土板两部分组成。

按其在组合板中的作用，可把压型钢板分为三类：①以压型钢板作为组合板的主要承重构件，混凝土只是作为楼板的面层以形成平整的表面及起到分布荷载的作用。②压型钢板既可作为浇筑混凝土的永久性模板，也可作为施工时的操作平台。③考虑组合作用的压型钢板组合楼板，这种结构构件在工程中最为广泛应用。

组合板的计算可分施工与使用两个阶段进行。组合板的施工阶段，需对压型钢板作为浇注混凝土底模的强度和挠度进行验算；组合板的使用阶段，对组合板在全部荷载作用下的强度和挠度进行计算。组合板或非组合板在施工阶段，只计算顺肋（强边）方向压型钢板强度和挠度。

四、叠合式楼板

1. 推广叠合式楼板的意义

混凝土叠合楼板作为叠合结构的一部分，是预制和现浇相结合的一种结构形式。叠合板在施工过程中，先在底部安放预制底板，它在浇筑上层混凝土时起模板的作用，而后两部分混凝土形成整体来承受荷载。叠合楼板集现浇和预制的优点于一身，是一种很有发展前途的楼盖形式。

从受力性能上看，叠合楼板相对于全预制装配楼板而言，可提高结构的整体刚度和抗震性能；在配制同样的预应力筋时，相对于全截面的荷载作用受拉边缘而言，在预制截面上建立的有效预应力较大，从而提高了结构的抗裂性能。在同样抗裂性能的前提下，则可以节省预应力钢筋的用量。

从制作工艺上看，叠合楼板的主要受力部分在工厂制造，机械化程度高，易于保证质量，采用流水作业生产速度快，并且可提前制作，不占工期，而且预制部分的模板可以重复利用。后浇混凝土以预制底板作模板，较全现浇楼板可减少支模工作量，减少施工现场湿作业，改善施工现场条件，提高施工效率，尤其在高空或支模困难的条件下效果更明显，并且工厂预制易于实现较复杂截面形式的制作，对于开发构件承载潜力，降低结构自重具有明显的优势。同时大跨度叠合板还符合现代住宅楼盖的发展方向。

长期的科学实验和工程实践结果表明，混凝土结构工程中采用叠合楼板可取得十分明显的效益，当结合采用高强钢筋时，钢筋用量可大大降低。当结合采用空腹预制截面时，还可以节省混凝土用量，工期也相应地缩短，它的不足之处在于增加了预制加工和运输吊装环节。

由于混凝土叠合楼板截面由预制和现浇两部分组成，它们的共同工作性能依赖于新旧叠合面的抗剪性能，因此叠合面抗剪设计是非常重要的部分，可见混凝土叠合楼板对施工技术含量也有较高的要求，特别在施工质量管理方面向施工单位提出了更严格的要求。

2. 叠合式楼板的发展

20 世纪 40 年代开始，国外把钢筋混凝土叠合结构用于房屋建筑中，50 年代后在建筑上应用得到较快发展。波兰曾经采用一种 DMSZ 式的叠合楼面，它用预应力小梁作装配式承重构件，在小梁中放预制黏土空心砌块，再在上面浇注整体混凝土，取得了很好的经济效果。英国在住宅、学校等建筑中广泛采用一种"什塔尔唐"的叠合楼面，在特制的黏土空心砌块中加预应力，形成梁式装配承重构件，在其上放混凝土空心块，然后再在其上浇筑混凝土形成整体，与全装配式预应力结构比，节约了钢材。20 世纪 60 年代初期，前苏联应用预应力薄板制作混凝土叠合式装配整体楼盖，并且成功地应用在前苏联南方地区的抗震结构上。70 年代法国和德国也开始广泛采用预应力薄板制作混凝土叠合式装配整体楼盖。近年来，日本熊谷组公司开发了一种钢筋混凝土半预制结构体系（即混凝土叠合结构）。日本除开发这种半预制结构体系外，还在工业厂房、公共建筑和多高层建筑的楼盖中采用多种形式的 PC 叠合板。70 年代以后世界发达国家混凝土叠合式整体结构向构件定型化、结构体系化方向发展，并在工程实践中取得了明显的经济效益和社会效益。

我国混凝土叠合结构在工业与民用建筑中的应用起始于 20 世纪 50 年代末。1957 年开始生产预应力棒、预应力薄板和双层空心板等装配式构件，并应用于民用建筑上。1961 年同济大学研制了一种装配式密肋楼盖，预制部分为工字形小梁和薄板，面层为现浇混凝土。经过试验，预制部分和现浇部分能很好地共同工作，是一种较好的楼面结构形式。到 70 年代，民用建筑中预应力混凝土预制小梁与现浇板相结合的混凝土叠合楼面得到发展，先后在天津、浙江、广东等省市建造了一批采用装配整体式结构的房屋，经济效果较好，并且在国家标准《钢筋混凝土结构设计规范》（TJI0—74）中列入了有关叠合构件设计方法的条款。期间，原国家建委建筑科学研究院等单位试验成功用冷拔低碳钢绞线生产了预应力混凝土叠合梁板，为这种结构扩大了应用范围。1975 年浙江省标准设计站出版了预应力混凝土预制小梁与现浇板叠合的屋面图集。自 80 年代起，叠合结构开始应用于高层建筑楼盖结构中，如北京国际大厦（33 层、高 101m）、西苑饭店（29 层、高 96m），武汉金源世界中心（28 层、高 97.5m）、梅地亚中心等 20 多栋建筑。在民用建筑中，采用装配整体式预应力混凝土叠合板楼层，不仅解决了预制混凝土空心楼板整体性差的缺点，而且可缩短施工周期，提高楼面抗渗性能，便于预埋各种管线。近年来，成都市和南宁市也大量采用钢筋混凝土叠合式楼面结构体系，取得了很好的经济效益。随着现代钢结构的发展，叠合板开始与钢结构工程结合起来，清华科技园（珠海）一期创业大楼就采用了跨度为 35m 的 T 形-钢混凝土叠合板组合梁作横向承重结构，取得了很好的经济效益。

3. 叠合式楼板的技术原理

叠合楼板按受力性能分成一次受力混凝土叠合板和二次受力混凝土叠台板。图 16.3 所示为典型的混凝土叠合板结构，若施工时预制底板吊装就位后，在其下设置可靠的支撑，施工阶段的荷载将全部由支撑承受，预制底板只起到叠合层现浇混凝土模板的作用，待叠合层现浇混凝土达到强度之后拆除支撑，由浇筑后形成的叠合板承受使用期的全部荷载，叠合板整个截面的受力是一次发生的，从而构成了辩一次受力叠合板。同样，如图 16.3 所示的混凝土叠合板结构，若施工时预制底板吊装就位后，不加支撑，直接以预制底板作为现浇层混凝土的模板并承受施工时的荷载，待其上的现浇层混凝土达到设计强度之后，再由预制部分和现浇部分形成的叠合板承受使用荷载，叠合板整个截面的应力状态是由两次受力产生的，便构成了辩两次受力叠合板。

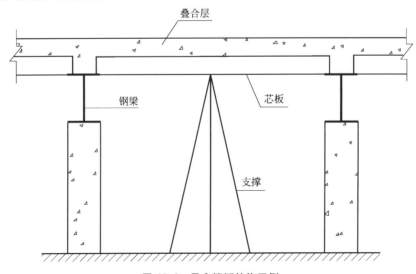

图 16.3　叠合楼板结构示例

混凝土叠合板是在先期制作的预制底板上加浇一层混凝土而形成的一种分期浇筑整体式结构。在实际工程应用中，这种构件施工方便而且能缩短工期。但是重力荷载作用下其工作状况与一次浇筑成型的构件有所不同。根据施工阶段受力情况的不同，叠合板可分为"施工阶段设有可靠支撑的叠合板"和"施工阶段不设支撑的叠合板"两类。

"施工阶段设有可靠支撑的叠合板"施工阶段在预制底板下设置临时可靠的支撑。预制底板在施工荷载和叠合层混凝土自重的作用下，会产生一定的挠度，但板与板之间的挠度不会完全一样。而在预制板底部设置支撑以后，板下的位移就会处于同一水平位置，这样叠合后，板底的平整度就可以达到规范要求。同时还可以防止预制底板因上部施工荷载过于集中，使板断裂坠落。这种叠合板的预制构件部分在施工阶段不承担荷载，只是将荷载传递给施工临时支撑，待后浇混凝土达到强度并拆除支撑之后，预制底板才和后浇混凝土一起共同承担荷载。显然施工阶段有支撑的这种叠合板其受力情况与整浇板基本相同，故其受力性能也与整浇结构基本接近。这种叠合楼板主要应用于预制底板截面受到限制且施工阶段荷载特别大的情况。

"施工阶段不设支撑的叠合板"又称为"二次受力叠合板"，它分为两个阶段，第一阶段相当于施工阶段，其受力截面仅为预制构件截面（此时不考虑后浇混凝土的作用），该阶段承受的荷载为板自重、施工荷载及后浇混凝土的重量；第二阶段就是使用阶段，此时后浇混凝土达到了设计强度，受力截面为整个组合截面，承受的荷载为楼盖恒荷载与使用阶段活荷载之和。这种叠合板由于两阶段制造、二次受力，与整浇板受力情况不同，第一阶段为简支单向板，第二阶段形成连续板，具有受压混凝土"应变滞后"和受拉钢筋"应力超前"的特点。

五、隔声楼板和隔热楼板

其他绿色功能性楼板较多，这里重点介绍隔声楼板和隔热楼板。

1. 隔声楼板

楼上的脚步声和物体移动发出的声音会引起邻里矛盾，如果不加以重视和解决，逐渐会成为社会问题。通过隔声楼板的应用，可以营造一个安静舒适的居住、办公环境。欧美先进国家的楼板计权标准化撞击声压级一般小于50dB，而我国一般仍高达65dB以上甚至更高。说明我国隔声楼板产品的开发和相关施工技术还比较落后。提倡和推动隔声楼板的使用有利于提高我国建筑的舒适性，有利于绿色建筑的发展。

2. 隔热楼板

隔热楼板的使用对于减少使用者能耗有很大益处。随着空调和采暖设备的使用逐步增多，对楼板隔热的要求也越来越高，而楼板隔热一直是我国考虑较少的问题。通过将隔热材料与混凝土楼板合理结合使用，制成的隔热楼板可以有效将楼板的传热系数降低到一个出色的水平，从而达到隔热的目的。

第三节　楼板的绿色度评价

楼板的绿色度评价应该充分考虑生产、施工、使用、性能和舒适等各个方面的因素。既要能保证在楼板生产和施工过程中减少对资源的消耗和对环境破坏，使用过程中的节能，又要保证楼板的安全性，以及使用者的舒适性。这是个多维的综合评价。本评价体系设置五个指标：质量标准、资源消耗、生产环境影响、本地化和功能性，每个指标赋予一个权重系数，评价时分别对每个指标进行打分，再将五个指标合在一起加权累计，最终得到一个分数。

1. 质量标准

建筑楼板应符合国家和行业的现行标准，是建筑楼板进行绿色度评价的必备条件。保证楼板质量是最重要的，如果质量不合格，使用者可能会面临安全问题，如果不能补救甚至还有拆除的可能，那样会消耗更多的资源。保证楼板质量的最直接手段就是要在各方努力之下使之达到相应的国家和行业的标准。

本项权重系数为 0.15。达到国家标准的绿色度得分为 100 分，达到行业标准的为 80 分，达到地方标准的为 70 分，达到企业标准的为 60 分。对于下一级标准高于上一级标准的情况则可认为同时达到上一级标准，并按照上一级标准评分。证明材料为相应的具有资质检测机构出具的检测报告。

2. 资源消耗

本项权重系数为 0.2。建造楼板时需要消耗大量的原材料，因此资源消耗也是绿色度评价的重要部分。如果采用优化设计减少了材料的使用，节省率超过 10% 的，得 20 分。在生产施工过程中使用了可再生资源，且占总材料比重超过 10% 的，得 20 分。利用旧建筑废物的，且占总材料比重超过 1% 的，得 20 分。使用环保型原材料的，如木材的，得 20 分。在生产施工过程中使用了低成本、环境友好型的超高性能混凝土的，得 20 分。

3. 生产环境影响

本项权重系数为 0.2。在产品生产过程中应充分考虑对环境和人员的影响。工厂生产企业通过 ISO14000 环境管理体系的得 50 分。现场施工充分考虑对环境影响和降低原材料浪费的，得 50 分。使用较先进的工艺的得 20 分。有废水回用的设备设施的得 10 分。废气排放符合国家规定的得 10 分。对生产和施工人员有防护措施保证人员健康的得 10 分。

4. 本地化

本项权重系数为 0.15。工厂预制楼板以其生产厂家距离施工现场计算，现场浇注的以原材料生产厂家距离施工现场计算。生产现场距离施工现场的运输距离为 500km 以内生产的产品或材料重量占建筑材料总重量的 50% 以上，得 60 分；生产现场距离施工现场 500km 以内生产的产品或材料重量占总重量的 60% 以上，得 80 分；生产现场距离施工现场 500km 以内生产的产品或材料重量占总重量的 70% 以上，得 100 分。

5. 功能性

本项权重系数为 0.3。楼板隔声性能达到《住宅设计规划》（GB 50096—2011）中对分户楼板的计权标准化撞击声压级所要求的 75dB 的得 20 分；楼板的计权标准化撞击声压级不大于 70dB 的得 40 分；楼板的计权标准化撞击声压级不大于 60dB 的得 60 分；楼板的计权标准化撞击声压级不大于 50dB 的得 80 分。楼板还具有一定隔热性能且传热系数达到 $0.35W/(m^2 \cdot K)$ 的得 20 分。

参考文献

[1] 中国工程建设标准化协会混凝土结构专业委员会. 全国现浇混凝土空心楼板结构技术交流会论文集. 2005.

[2] 中国工程建设标准化协会.（CECS 175: 2004）现浇混凝土空心楼板结构技术规程. 北京: 中国计划出版社, 2004.

[3] 郝家欢, 史庆轩, 李宝雄. 压型钢板-混凝土组合楼板应用前景及受力性能分析. 广东建材, 2006(3).

[4] 王海东. 叠合楼板的应用技术和经济研究[D]. 天津: 天津大学, 2008.

[5] 中国建筑科学研究院. 复合楼板体系的开发应用研究报告. "十一五"国家科技支撑计划项目"环境友好型建筑材料与产品研究开发". 2011.

第十七章
建筑用海砂的应用技术

　　建筑用砂作为混凝土材料的重要组分，其品质条件要求低、附加值小，但需求总量特别大，目前我国的建筑用砂年需求量将接近 50 亿吨。 随着沿海地区经济的快速发展，许多沿海地区已经出现河（江）砂资源匮乏的现象。 此外，为防止过度开采河（江）砂对自然景观和生态环境造成严重破坏，很多地方开始限制开采河（江）砂。

　　我国东、 南两向与海洋相连， 拥有 18000km 海岸线， 各类砂体面积达 34.2 万平方千米， 浅海海砂储量约 1.6 万亿吨， 海砂资源丰富。 海砂较河 （江） 砂相比还具有其独特的优点： 含泥量

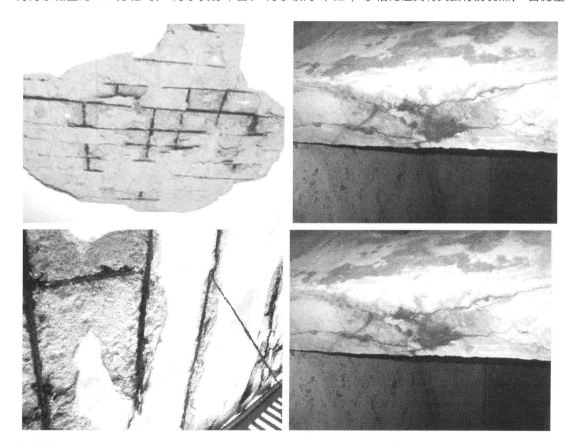

图 17.1　海砂导致的钢筋锈蚀、结构裂化的工程图片

低； 细度模数均匀。 但其缺点是氯盐、 贝壳等有害物质含量较高。 未经净化的海砂由于含氯盐成分较大， 容易引发混凝土中钢筋锈蚀； 贝壳含量较高， 会使混凝土的和易性变差， 对混凝土的强度也有一定的影响。 如果将未经净化的海砂应用于建筑工程中， 将会给建筑工程埋下严重隐患， 其中最严重的后果之一就是海砂中的氯离子会诱发钢筋锈蚀， 从而导致钢筋混凝土结构的劣化和失效， 图 17.1 给出了部分由于使用海砂而导致的钢筋锈蚀、 结构裂化的工程图片。

国内外因滥用或误用海砂产生了很多"海砂屋"， 造成了重大的经济损失和恶劣的社会影响。 据调查， 我国一些沿海地区如宁波、 深圳、 舟山、 台州等地区已经出现了程度不同的"海砂屋" 建筑， 教训极为惨痛。 为了规范海砂在建设工程中的应用， 2010 年 5 月 18 日， 住房和城乡建设部发布了我国第一部关于海砂应用的工程标准《海砂混凝土应用技术规范》 (JGJ 206—2010)， 自 2010 年 12 月 1 日起实施。《海砂混凝土应用技术规范》 对海砂工程应用的基本规定、 海砂原材料的性能指标要求、 海砂混凝土的配合比设计、 施工、 质量检验和验收进行了详细的规定， 其中"用于配制混凝土的海砂应做净化处理" 为强制性条文， 要求必须执行。 然而一些混凝土生产企业心存侥幸心理， 为了实现经济利益， 并未按照《海砂混凝土应用技术规范》 的要求进行海砂的使用。 2013 年 3 月 13 日， 央视"3.15" 曝光了深圳海砂危楼。 深圳曝出居民楼房楼板开裂、 墙体裂缝等问题， 每逢雨天渗水不止。 而根据深圳市政府的调查结果显示， 问题的根源就是建设时使用大量海砂。 海砂中超标的氯离子将严重腐蚀建筑中的钢筋， 甚至倒塌。 海砂的使用是关系国家生计民生的重大问题， 必须引起足够的重视。

第一节　建筑用海砂的开采处理技术及性能分析

一、海砂的开采技术

我国在 20 世纪 30～40 年代就开始利用海滩砂作为建筑用砂，但多以临时建筑为多。80 年代中期，原建设部曾指示中国建筑科学研究院对海滩砂的利用情况进行调查研究。从 90 年代初期开始，我国沿海地区开始开采近海海底砂用于建筑工程，以宁波、舟山最具代表性。

在 1993～1994 年前后，宁波、舟山地区开始大规模采掘海砂用于建筑工程。起初，砂层距海面仅 20m 左右，当时采用抓斗这类机械设备采掘海砂。随着建筑市场对海砂需求量的增加和当地监管部门对海砂质量的规定，加之砂层在采掘过程中逐渐降低，原来的海砂采掘技术已经不能适应，于是出现了目前正在使用的新的采掘技术。该技术不再采用抓斗，而是通过采砂船的泵抽吸技术（采砂船见图 17.2）。抽吸时，由海水携带海砂，进入吸管。船舱中设置初步处理设备，能够将吸上来的海砂进行处理，主要是筛去泥块、大的贝壳和其他杂物，得到比较均匀、洁净的海砂。采砂船采砂工作流程如图 17.3 所示。经上述采砂工艺处理后，所得海砂的含泥量较低，已不含大的贝壳等粗物，除含盐量和贝壳含量之外，其余指标一般都能满足建筑用砂的标准。

二、海砂的净化技术

海砂在国外许多国家均得到一定利用，特别是在欧洲、日本等沿海国家和地区利用尤其广泛。多年的应用表明，经严格净化处理的海砂，可用于建造钢筋混凝土结构，并能保证足够的耐久性。只有那些没有经处理或没有严格质量控制的海砂，才会导致建筑物因钢筋锈蚀而造成破坏，影响建筑的安全性。1999 年，英国总集料用量的 10％以上来自海洋，其中英国东南

图 17.2　采砂船

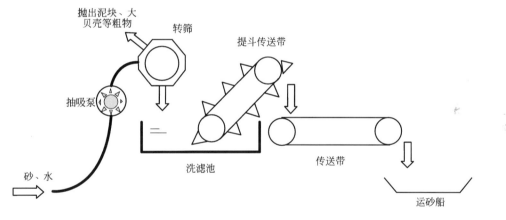

图 17.3　采砂船采砂工作流程

部 33％的集料和南威尔士 90％的集料产自海洋；日本海砂占建筑用砂的 30％以上。

　　日本在海砂净化技术方面比较先进，开采与净化基本同步完成。一些发达国家在海砂开采时综合考虑了减少生态破坏和海砂初步处理的措施，取得了理想的效果。国外的海洋集料净化生产线自动化、规范化程度较高。图 17.4 给出了英国典型的海洋集料净化处理生产线流程示意图。其基本流程是：海洋集料从采砂船中输送到堆场，从堆场输送到筛选设备，过大的集料会被筛出破碎后重新进入筛选设备。筛选设备出来的集料分为三个粒级：10～20mm，4～10mm，0～4mm。其中只有 0～4mm 粒级的海砂需要进行淡水冲洗，冲洗后还需要进行脱水处理。冲洗产生的泥浆则需要进行专门处理。

　　目前，国内外对用于建设工程中的海砂净化处理的方法一般有以下几种。

1. 自然堆置法

　　将海砂自然堆放几个月或更长的时间，通过自然降水、风吹、蒸发等自然作用降低海砂

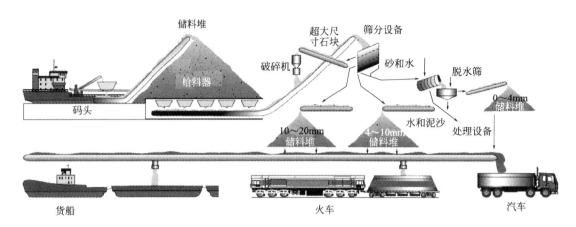

图 17.4　英国典型的海洋集料净化处理生产线工艺流程

的含盐量。在取样化验确认含盐量合格后用于建设工程中。此方法不需要特别大的场地，但放置时间一般需要 2 个月以上。

2. 淡水冲洗法

这种方法又包括斗式滤水法和散水法。其中斗式滤水法可在较窄的场地上作业，每立方米砂需消耗淡水 0.8t 以上，每批砂除盐时间约为 12~24h。散水法则需较大的场地，而用水量则少（每立方米砂消耗淡水 0.2t 以上），每批砂除盐时间 12h 以上。另有一种专门机械法淡水冲洗，可在较窄的场地上作业，每立方米砂需消耗淡水 1.5t 以上，耗水量较大，并需要分级机械、离心机械、给水设备、排水设备等，但它所需时间短。

3. 混合法

这一方法就是将海砂与河（江）砂按适当比例掺合在一起，其根本也是降低氯化物的含量。海砂与河（江）砂的比例可根据其混合物取样化验其氯化物的含量，当其氯化物的含量小于国家规定的标准后，方可使用。

海砂净化的主要方式是淡水冲洗法，主要是依靠净化生产线进行净化处理。如何减少海砂净化的淡水消耗量，是海砂净化处理研究和开发的热点问题之一。我国目前典型的海砂净化生产线的工艺流程如图 17.5 所示。

其基本流程为：抓斗从运砂船中抓取海砂，放入大型敞口容器，然后经传送带进入净化生产线：首先进入第一冲洗箱，箱内设有转筛，同时注入淡水。海砂在第一冲洗箱和转筛内经淡水冲刷洗滤，可以除去部分氯离子、较大的贝壳和粗大砾石，筛下的海砂冲入第一浸泡池，经过提斗传送带提取后，进入第二冲洗箱，箱内一般不再设有转筛，第二次注入淡水冲洗，然后海砂沿冲洗槽泄入第二浸泡池，再经提斗传送带提取后，输送入堆料场，即得到净化海砂。一般称未经过净化的海砂为原砂，净化之后的海砂为淡化海砂。

三、建筑用海砂的性能分析

为了系统掌握我国海砂的基本特性，分别采集了舟山、宁波、青岛等地区的海砂样品，按照《普通混凝土用砂、石质量及检验方法标准》（JGJ 52—2006）对各样品进行了基本性能的测试。其中原砂是未经过净化处理的海砂，淡化砂是经过净化处理之后的海砂，滩砂为海滩取的海砂。试验包括表观密度、砂的堆积密度和紧密密度、砂的筛分析、含泥量、贝壳物含量试、硫酸盐及硫化物含量、氯离子含量等，试验结果见表 17.1。

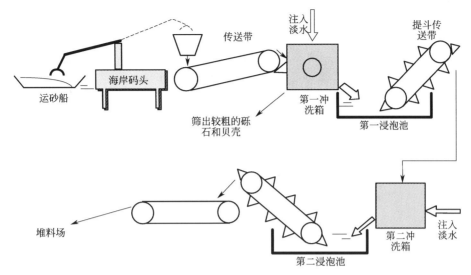

图 17.5　我国典型的海砂净化生产线工艺流程示意图

表 17.1　海砂的基本性能测试结果

序号	样品编号	样品名称	表观密度/(kg/m³)	堆积密度/(kg/m³) 松散	堆积密度/(kg/m³) 紧密	含泥量/%	压碎值/%	细度模数	Cl⁻含量/%	轻物质含量/%	硫酸盐及硫化物含量/%	贝壳含量/%
1	NB-Ⅳ	宁波原砂	2600	1430	1570	0.20	9.10	2.0	0.106	0.1	0.08	—
2	NB-ⅣD	宁波淡化砂	2590	1420	1570	0.60	6.10	2.1	0.024	0.1	0.06	6.40
3	QD-CD	青岛原砂	2630	1490	1600	0.20	2.70	2.3	0.028	0	0.03	2.30
4	QD-CDD	青岛淡化砂	2650	1540	1630	0.40	2.70	2.4	0.001	0	0.05	0.9
5	ZS-DD	舟山淡化砂	2630	1460	1580	0.60	4.50	2.4	0.009	0.3	0.06	—
6	SZ-2D	深圳淡化砂	2650	1480	1610	0.80	4.50	2.9	0.001	0.2	0.04	4.40
7	ZS-T	舟山滩砂	2610	1280	1410	0.60	8.80	1.6	0.172	0	0.03	—
8	QD-T	青岛滩砂	2630	1470	1600	0.80	4.20	1.9	0.052	0.1	0.03	1.1
9	HS	河砂	2680	1540	1690	0.80	1.80	2.5	0.003	0	0.02	—
10	NB-Ⅳ-1	宁波原砂1	—	—	—				0.062	0.1	0.06	7.20

1. 砂的松散堆积密度和紧密堆积密度

由图 17.6 的试验结果可知，我国黄海、东海、南海三大典型海域的海砂及相对应的淡化海砂的松散堆积密度和紧密堆积密度分别分布在 1280～1540kg/m³ 和 1410～1630kg/m³ 范围内。表观密度最大的青岛淡化海砂的松散堆积密度和紧密堆积密度也最大；而表观密度并非最小的舟山滩砂松散堆积密度和紧密堆积密度却最小，也说明舟山滩砂的松散堆积孔隙率和紧密堆积孔隙率最大。

2. 砂的筛分

对于海砂，存在一个比较普遍的误区，就是认为海砂比河砂更细，而且海砂级配不佳，不适宜生产混凝土，但实际情况并非总是如此。由图 17.7～图 17.9 的试验结果可知，在我国典型海域取到的海砂细度模数分布在 1.6～2.9 范围内；一般来说海滩砂比较细，舟山滩砂和青岛滩砂的细度模数分别为 1.6 和 1.9；青岛淡化砂和深圳淡化砂细度模数分别为 2.4 和 2.9，且都是级配比较好的中砂。

3. 贝壳含量

贝壳类主要成分为 $CaCO_3$，贝壳类虽然为惰性材料，一般不会与水泥发生化学反应，但

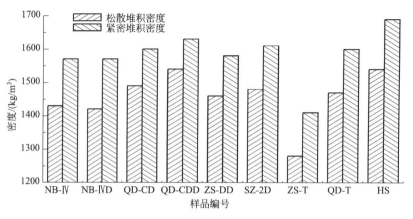

图 17.6 各编号砂的松散堆积密度和紧密堆积密度

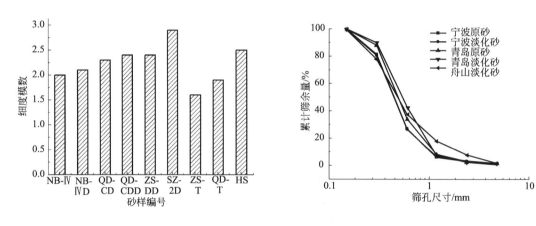

图 17.7 各编号砂的细度模数

图 17.8 各编号砂的累计筛余量 (一)

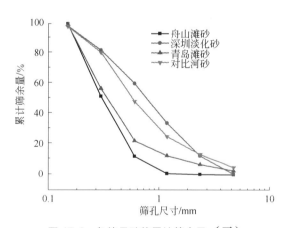

图 17.9 各编号砂的累计筛余量 (二)

这些轻物质往往呈薄片状, 表面光滑, 本身强度很低, 且较易沿节理错裂, 与水泥浆的黏结能力很差, 因此必须对其含量加以限制。由图 17.10 的试验结果可知, 海砂中贝壳含量整体偏高, 不过通过淡化工艺的特殊处理能够有效降低贝壳含量, 如青岛的淡化海砂的贝壳含量降低到原海砂的 50% 以内, 可见通过对海砂工艺的改进能够有效降低海砂的贝壳含量, 减小对混凝土性能的劣化。在对深圳地区的海砂进行调查的过程中发现, 海砂中的贝壳含量变化范围很大——从珠江口海砂的 0.7％到大鹏湾海砂的接近 10％。

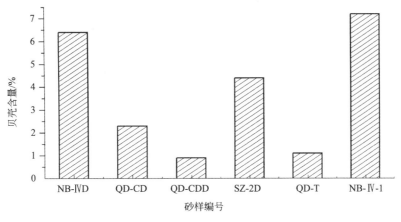

图 17.10　各编号砂的贝壳含量

　　一般认为，砂中的贝壳对钢筋混凝土的耐久性，尤其是钢筋锈蚀没有很大影响，但会对混凝土的强度造成一定的负面影响，这种负面影响一方面来自贝壳本身的低强度，另一方面则是因为贝壳的空壳形状会影响混凝土浆-骨界面以及局部应力集中。然而，对于普通强度的混凝土，这似乎是一种不必要的担心，因为不大于 15％的贝壳含量对普通强度混凝土的抗压强度影响不超过 5％。还有文献表明，贝壳拌入混凝土后，其空腔会被水泥砂浆填充，对强度影响不大。但如果用海砂生产高强、超高强混凝土，贝壳含量就必须作为一个不可忽视的因素加以考虑了。

4. 氯离子含量

　　氯盐能破坏混凝土钢筋表面的保护膜，而促使钢筋发生锈蚀。混凝土中钢筋不断锈蚀的结果，不但削弱了钢筋截面，而且由于锈蚀产物的膨胀作用而使混凝土保护层开裂、剥落，影响到结构的正常使用。氯盐对于预应力钢筋的危害性更大。另外，海砂中的氯盐还可能对混凝土拌合物有促进凝结硬化的作用（含盐量在 0.2％～0.3％以上时比较明显）；对于大体积混凝土则有初期温升较高的问题，使用含盐量较高的海砂的混凝土早期强度较高，但后期强度可能较低，海砂中的盐分还可能使混凝土的干燥收缩增加。我国海域的海水含盐量占海水 2％～3.5％，其中氯盐（氯化钠为主）占其总含盐量的 78％左右，海砂中氯离子含量也自然成为人们关注和研究的重点。由图 17.11 和表 17.1 可知，舟山滩砂的氯离子含量最高，为 0.172％，其次为宁波原砂，为 0.106％；通过淡化处理，宁波海砂的氯离子含量由 0.106％降为 0.024％，说明经过淡化处理，可以有效降低海砂氯离子的含量；青岛和深圳的淡化砂的氯离子含量则比河砂 0.003％的氯离子含量还低。这也说明通过有效的淡化工艺，可以降低海砂氯离子含量，保证工程质量。

　　在深圳地区的海砂调查中，按照《水运工程混凝土试验规程》（JTJ 270—1998）中规定的方法测试了多处海砂的氯盐含量，在这些海砂中，有的是刚开采上来的，有的是采掘后堆积多日的。根据测试结果，海砂的氯盐含量由以下几个因素决定。

　　（1）海砂的粒径　海砂颗粒的粒径越小，海砂比表面积越大，可以吸附的盐分就越多。所以同等条件下越细的海砂氯盐含量越高。在试验中，将海砂进行筛分，并分别计算了不同粒径的颗粒重量占海砂总重量的百分比和不同粒径颗粒的氯离子含量（氯离子质量分数）与海砂氯离子总含量的比值（氯离子质量分数），详见图 17.12。图中显示，在同一海砂样品中，随着海砂颗粒公称粒径的增大，氯离子含量逐渐降低，基本成指数式衰减。W. P. S. Dias 使用了

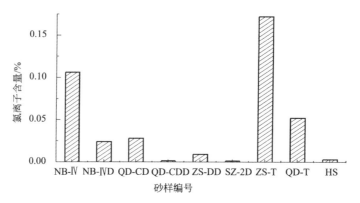

图 17.11　各编号砂的氯离子含量

参数 D_{50}（通过 50% 砂子的筛孔孔径），指出 D_{50} 越小的海砂越细，也就会吸附越多的水分和氯离子。

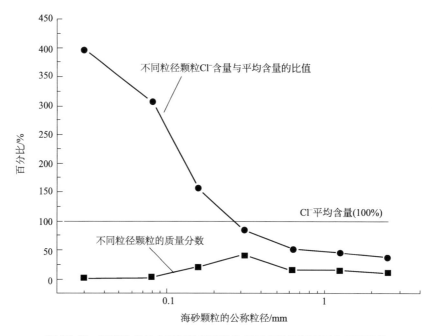

图 17.12　某海砂样品中不同粒径颗粒的质量分数和氯离子含量百分比

　　（2）海水的氯盐含量　海砂的含盐量还与采掘海域海水的含盐量成正比，也就是说，海水的氯离子浓度越高，其浸泡下的海砂氯离子含量就越高。这一点也通过试验得到了证实。试验中，先将海砂的盐分用清水洗去，使其 Cl^- 含量低于 0.001%，再将其浸入不同 Cl^- 浓度的模拟海水中浸泡 3d 以上，待平衡后，取出海砂，待海水基本控干后烘干，按标准方法测试海砂中的 Cl^- 含量。结果如图 17.13 所示，海砂中的 Cl^- 含量与海水 Cl^- 浓度成正比。

　　（3）海砂的含水率　在潮湿的环境里，海砂在其堆放过程中水分会携带盐分在重力的作用下向下移动，致使上层海砂的含水率小于下层，而氯离子含量也小于下层。所以，海砂在砂堆中所处的高度也就成了一个影响海砂氯离子含量的因素。

　　（4）海砂失去水分的方式　海砂失去水分可通过在重力作用下流失和在干燥环境下蒸发 2 种方式。若海砂中的水分在重力作用下流失，则海砂中的氯离子大部分被带走，故海砂氯

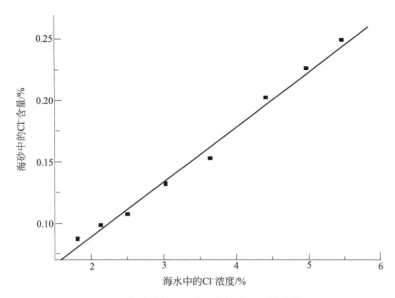

图 17. 13　海砂中的 Cl⁻ 含量与海水 Cl⁻ 浓度的关系

离子含量较小；若水分在干燥环境下很快蒸发，则氯离子在砂粒表面结晶，海砂中的氯离子含量必然很大。这也就是说海砂中的氯离子含量与堆放环境有关，若环境多雨，则海砂氯离子含量更低，若环境干燥，则海砂氯离子含量会较高。

5. 海砂的其他性能指标

压碎指标值表示砂抵抗压碎的能力，可以间接反映其抗压强度，特别是对砂中存在的软弱颗粒分辨力较好。试验结果可知，各编号海砂的压碎值指标在 $2.7\%\sim9.1\%$ 范围内，其中宁波原状海砂和舟山滩砂的压碎值较大，分别为 9.1% 和 8.8%，也反映该两种砂的抗压碎能力较差；与河砂压碎值 1.8% 相比，海砂的压碎值都比较大，这主要是由于海砂中存在一定量贝壳等强度较低的软弱颗粒，造成海砂的抗压碎能力较差。

砂中微小的颗粒大大地增加了表面积，因而增加了需水量。特别是黏土颗粒，体积不稳定，干燥时收缩，潮湿时膨胀，对混凝土有很大的破坏作用。这些都极大地影响了混凝土的力学性能、耐久性能以及拌合物的工作性能，所以必须予以严格限制。与河砂的含泥量相比，我国海域的海砂含泥量较低，经过淡化后海砂的含泥量普遍低于 0.8%。

砂中硫酸盐及硫化物含量超标，会使 SO_4^{2-} 与水化水泥浆体中的某些固相组分发生物理化学作用，导致混凝土发生硫酸盐侵蚀破坏。这些反应一方面形成钙矾石、石膏等膨胀性产物而引起混凝土膨胀、开裂、剥落和解体；另一方面由于硬化水泥石中 $Ca(OH)_2$ 和 CSH（水化硅酸钙）等组分溶出或分解而导致混凝土强度、硬度和黏结性的损失。海砂的硫酸盐及硫化物含量在 $0.03\%\sim0.08\%$ 范围内，比河砂的硫酸盐及硫化物含量稍高。

一般来说，当海砂中轻物质含量较多时，会明显使混凝土的和易性变差，使混凝土的抗拉、抗压、抗折强度及抗冻性、抗磨性、抗渗性等耐久性能均有所降低。因此必须对其含量加以限制。海砂的轻物质含量并不相同，其中舟山淡化海砂含量最高，为 0.03%，而青岛海砂和河砂的轻物质含量则测不出来。

碱集料反应是指混凝土中的可溶性碱在有水的作用下和集料的某些组分之间的反应，碱集料反应引起混凝土的局部过度膨胀，从而诱发裂缝并产生破坏。研究表明：碱活性集料、碱含量、水的存在，是混凝土发生碱集料反应的充分、必要条件。按照《普通混凝土用砂、石质量及检验方法标准》（JGJ 52—2006）的要求，当砂浆试件 6 个月膨胀率小于 0.10％时，则判为无潜在危害。否则，应判为有潜在危害。由图 17.14 的结果可知，各海砂样试件的 6 个月的膨胀率均远小于 0.1％，说明我国典型海域的海砂无潜在碱活性危害。

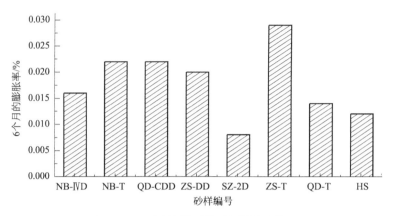

图 17.14　各编号海砂的碱活性试验结果

由此可知：

① 我国黄海、东海、南海三大典型海域的海砂及相对应的淡化海砂的表观密度分布在 2590～2650kg/m³ 范围内，与普通河砂的表观密度比较接近。

② 由于海砂中存在一定量贝壳等强度较低的软弱颗粒，造成海砂的压碎值指标偏大。

③ 根据出处的不同，海砂中可能含有不同的含泥量、贝壳含量和轻物质含量，表明我国海砂的含泥量、贝壳含量和轻物质含量均比较低，经过淡化处理后的海砂对应物质含量均有显著降低。

④ 与普通河砂相比，海砂中的硫酸盐及硫化物含量和氯离子的含量稍高，这些离子会影响混凝土的拌合物性能和耐久性。但是经过对海砂合理淡化处理，可以有效降低海砂的硫酸盐及硫化物含量和氯离子的含量，甚至可以使这些有害离子含量比河砂还低，保证工程用海砂的安全使用。

第二节　海砂混凝土的拌合物性能和力学性能

为了较系统地掌握海砂混凝土的基本特性，研究了河砂混凝土、原砂混凝土和淡化砂混凝土三种混凝土的性能。混凝土等级包括 C20～C60，其中粉煤灰掺量基本参考目前工程混凝土常用的粉煤灰掺量，主要从混凝土的工作性能、力学性能和耐久性能几个方面展开研究。重点研究了 C20、C40 和 C60 三个强度等级淡化砂混凝土与河砂混凝土的力学性能。

一、原材料与配合比

1. 原材料

原材料包括水泥、粉煤灰、石子、砂、外加剂和水。

（1）水泥　所用的水泥为拉法基 P·O 42.5 水泥和 P·C 32.5 水泥，性能指标见表 17.2 和表 17.3。

表 17.2　拉法基 P·O 42.5 水泥性能指标

项目	标准稠度需水量/%	安定性（饼法）	凝结时间/(h:min)		抗压强度/MPa		抗折强度/MPa		碱含量/%
			初凝	终凝	3d	28d	3d	28d	
结果	27.6	合格	3:00	4:50	23.9	47.6	4.8	9.2	0.63

表 17.3　拉法基 P·C 32.5 水泥性能指标

项目	标准稠度需水量/%	安定性（饼法）	凝结时间/(h:min)		抗压强度/MPa		抗折强度/MPa		碱含量/%
			初凝	终凝	3d	28d	3d	28d	
结果	26.0	合格	3:00	4:00	19.3	39.8	4.4	7.7	0.52

（2）粉煤灰　配合比设计采用了两种品质的粉煤灰，粉煤灰品质分别为Ⅰ级和Ⅲ级，性能指标见表 17.4 和表 17.5。

表 17.4　Ⅰ级粉煤灰性能指标

项　目	细度（45μm 筛余）/%	需水量比/%	烧失量/%
结果	7.2	87	2.0
标准要求（Ⅰ级）	≤12.0	≤95	≤5.0

表 17.5　Ⅲ级粉煤灰性能指标

项　目	细度（45μm 筛余）/%	需水量比/%	烧失量/%
结果	33	90	2.1
标准要求（Ⅲ级）	≤45.0	≤115	≤10.0

（3）石子　粗集料采用北京产碎石，性能指标如表 17.6 和表 17.7 所示。

表 17.6　石子性能指标

项目	表观密度/(kg/m³)	堆积密度/(kg/m³)	紧密堆积密度/(kg/m³)	压碎指标/%
结果	2740	1455	1586	7.16

表 17.7　试验用碎石的筛分

筛孔/mm	31.5	26.5	19.0	16.0	9.5	4.75	筛底
分计筛余/%	0	1.9	24.9	29.0	38.7	5.3	0.2
累计筛余/%	—	1.9	26.8	55.8	94.5	99.8	100

（4）砂　河砂为北京产河砂，性能指标如表 17.8 和表 17.9 所示。淡化砂和原砂产自浙江宁波，淡化砂为原砂经过净化工艺处理之后得到的产品，淡化砂经过检测合格可以作为商品买卖，已经广泛地应用于建设工程。海砂性能指标如表 17.10 和表 17.11 所示。

表 17.8　河砂性能指标

项目	细度模数	饱和面干吸水率/%	表观密度/(kg/m³)	堆积密度/(kg/m³)	紧密堆积密度/(kg/m³)	含泥量/%	压碎指标/%
结果	2.5	1.42	2680	1540	1690	0.8	1.8

表 17.9　河砂的颗粒级配

筛孔/mm	9.5	4.75	2.36	1.18	0.6	0.3	0.15	筛底
分计筛余/%	0	4.8	8.5	11.9	23.2	32.3	17.1	2.1
累计筛余/%	0	4.8	13.3	25.2	48.4	80.7	97.8	99.9

表 17.10　海砂主要性能指标

项目	细度模数	饱和面干吸水率/%	表观密度/(kg/m³)	堆积密度/(kg/m³)	含泥量/%	Cl⁻含量/%	压碎指标/%	轻物质含量/%	贝壳含量/%
淡化海砂	2.1	2.67	2590	1420	0.6	0.024	6.1	0.1	6.4
原砂	2.0	2.87	2600	1430	0.2	0.062	9.1	0.1	7.2

表 17.11　海砂的颗粒级配

筛孔/mm		9.5	4.75	2.36	1.18	0.6	0.3	0.15	筛底
淡化海砂	分计筛余/%	0	1.6	1.8	3.2	20.0	54.0	18.8	0.6
	累计筛余/%	0	1.6	3.4	6.6	26.6	80.6	99.4	100
原砂	分计筛余/%	0	1.4	1.6	3.0	21.0	54.4	18.2	0.4
	累计筛余/%	0	1.4	3.0	6.0	27.0	81.4	99.6	100

（5）外加剂　高效减水剂采用缓凝型聚羧酸系高效减水剂，性能指标见表 17.12。

表 17.12　聚羧酸高效减水剂性能指标

检验项目		性能指标（一等品）	检验结果	单项判定
减水率/%		≥12	29	合格
含气量/%		≤3.0	3.0	合格
凝结时间差/min	初凝	−90～+120	+39	合格
	终凝	−90～+120	+27	合格
抗压强度比/%	1d	≥140	207	合格
	3d	≥130	206	合格
	7d	≥125	180	合格
	28d	≥120	159	合格
收缩率比/%	28d	≤135	115	合格
对钢筋锈蚀作用		应说明对钢筋有无锈蚀作用	无	合格
含固量		—	20%	—
总碱含量		—	0.53%	—
Cl⁻含量		—	0.02%	—
pH 值		—	6.18	—

（6）水　试验用水为清洁的自来水。

2. 混凝土配合比

设计了强度等级为 C20、C30、C40、C50 和 C60 的混凝土，混凝土包括河砂混凝土、淡化砂混凝土和原砂混凝土三个系列。设计指标如下：坍落度和扩展度满足泵送要求、1h 坍落度损失不大于 50mm、混凝土的凝结时间无异常，最终确定混凝土配合比如表 17.13～表 17.16 所示。混凝土配合比中的编号说明："RS"代表河砂混凝土、"DS"代表淡化砂混凝土、"SS"代表原砂混凝土、"HS"代表高盐海砂混凝土、数字代表混凝土的强度等级、"P"代表混凝土所用水泥为复合硅酸盐水泥，如"DS40"代表采用普通硅酸盐水泥配制的强度等级为 C40 的淡化砂混凝土，"SSP20"代表采用复合硅酸盐水泥配制的强度等级为 C20 的原砂混凝土。

表 17.13　河砂混凝土配合比

试验编号	水泥/kg	FA/kg	砂/kg	石子/kg	水/kg	水胶比	外加剂/kg
RS20	216	Ⅲ级 144	784	1037	178	0.50	2.16
RS30	252	Ⅲ级 108	770	1083	170	0.48	2.52
RS40	287	Ⅲ级 123	741	1066	170	0.42	3.5
RS50	345	Ⅲ级 115	707	1080	162	0.36	4.60
RS60	375	Ⅰ级 125	659	1096	160	0.33	5.50

表 17.14　淡化砂混凝土配合比

试验编号	水泥/kg	FA/kg	砂/kg	石子/kg	水/kg	水胶比	外加剂/kg
DS20	216	Ⅲ级 144	775	1046	178	0.50	2.68
DS30	252	Ⅲ级 108	752	1102	170	0.48	4.55
DS40	287	Ⅲ级 123	661	1146	170	0.42	5.33
DS50	345	Ⅲ级 115	636	1152	162	0.36	6.5
DS60	375	Ⅰ级 125	625	1131	160	0.33	7.5

表 17.15　原砂混凝土配合比

试验编号	水泥/kg	FA/kg	砂/kg	石子/kg	水/kg	水胶比	砂率/%	外加剂/kg
SS20	216	Ⅲ级 144	775	1046	178	0.50	43	2.52
SS30	252	Ⅲ级 108	752	1102	170	0.48	41	3.71
SS40	287	Ⅲ级 123	661	1146	170	0.42	37	4.92
SS50	345	Ⅲ级 115	636	1152	162	0.36	36	6.44
SS60	375	Ⅰ级 125	625	1131	160	0.33	36	7.3

表 17.16　P·C 32.5 水泥混凝土配合比

砂种类	试验编号	水泥/kg	FA/kg	砂/kg	石子/kg	水/kg	水胶比	外加剂/kg
河砂	RSP20	228	152	756	1021	187	0.50	3.42
	RSP30	266	114	749	1099	165	0.44	4.56
淡化砂	DSP20	228	152	738	1039	187	0.50	3.42
	DSP30	266	114	731	1117	165	0.44	5.32
原砂	SSP20	228	152	738	1039	187	0.50	3.42
	SSP30	266	114	731	1117	165	0.44	5.32

二、海砂混凝土的拌合物性能

海砂混凝土的拌合物性能不稳定是工程现场最大的问题之一。海砂的特性与河砂有所差异，主要区别就是海砂中含有较多盐分和贝壳等轻物质，这些都会影响混凝土的工作性能。

1. 混凝土的外加剂用量

海砂中的主要盐分包括氯盐、硫酸盐等，其中氯盐（如 $CaCl_2$、$NaCl$ 等）是混凝土的早强剂，会加速水泥的凝结和硬化，作用机理是因为 $CaCl_2$ 与 C_3A 反应生成不溶性氯铝酸钙。贝壳等轻物质的存在使得海砂的饱和面干吸水率为普通河砂的 2 倍左右，因此采用海砂拌制混凝土时，由于海砂吸水率较高，相同用水量情况下海砂混凝土中的自由游离水相比河砂混凝土而言要少，要想获得相似的工作性能就需要提高减水剂的掺量。图 17.15 给出了三个系列混凝土的外加剂用量的对比，可以发现，外加剂的掺量随着混凝土强度等级的提高而增大，这与已有研究结果相符。对于任何强度等级的混凝土而言，淡化砂混凝土和原砂混凝土的外加剂掺量明显高于河砂混凝土，这也是海砂应用于混凝土中需要重点注意的问题之一。

2. 混凝土拌合物性能差异

表 17.17 给出了混凝土的拌合物性能，主要包括坍落度、扩展度、1h 坍落度损失和凝结时间等。对比试验结果，三个系列混凝土的坍落度损失和凝结时间相差不多，无明显区别，这是因为混凝土使用相同的聚羧酸系高效减水剂和相同的水泥，但混凝土的工作性能存在较大差异。

图 17.16 和图 17.17 给出了混凝土工作性能的对比，能够发现以下几点：①随着混凝土

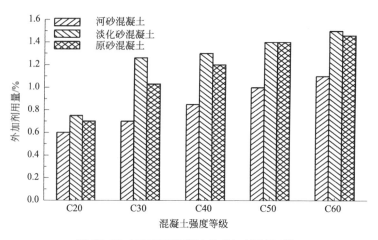

图 17.15　不同系列混凝土的外加剂用量对比

强度等级的提高，混凝土中的胶凝材料用量增多，因此混凝土的坍落度和扩展度有增大的趋势。②对于强度等级≤C40 的混凝土而言，尽管淡化砂混凝土和原砂混凝土的外加剂掺量高于河砂混凝土，但坍落度和扩展度仍小于河砂混凝土。例如 C30 混凝土，河砂混凝土的外加剂掺量为胶凝材料的 0.7%，原砂混凝土和淡化砂混凝土中外加剂掺量分别为胶凝材料的 1.03% 和 1.26%，大约为河砂混凝土的 1.5 倍和 2 倍。河砂混凝土的坍落度为 215mm，扩展度为 600mm，工作和易性非常好，而原砂混凝土和淡化混凝土的坍落度仅仅为 160mm 和 185mm，而且扩展度较小，工作性能明显不如河砂混凝土。这主要是因为海砂中含有部分轻物质和贝壳，吸水率比较高，海砂吸水后导致混凝土中的自由水量减少，因此工作性能较差。

表 17.17　混凝土的工作性能

混凝土编号		坍落度/mm	扩展度/mm	1h坍落度损失/mm	凝结时间/(h:min)	
					初凝	终凝
C20	SS20	150	330	20	8:20	11:25
	DS20	150	300	35	8:20	10:50
	RS20	210	500	30	7:50	11:20
C20	SSP20	205	350	50	9:00	11:05
	DSP20	190	340	40	8:40	11:30
	RSP20	240	610	30	8:50	12:00
C30	SS30	160	365	35	8:10	10:55
	DS30	185	350	15	6:30	9:20
	RS30	215	600	25	7:45	11:15
C30	SSP30	210	440	40	8:20	11:20
	DSP30	175	350	35	8:05	12:00
	RSP30	220	550	40	8:40	11:30
C40	SS40	235	430	15	8:10	10:40
	DS40	180	360	20	7:40	9:45
	RS40	250	630	10	7:35	9:45
C50	SS50	245	590	35	7:40	11:05
	DS50	200	430	10	6:45	8:50
	RS50	225	580	−10	7:00	10:25
C60	SS60	250	620	10	8:20	10:15
	DS60	230	610	0	7:10	9:10
	RS60	230	620	10	8:10	10:05

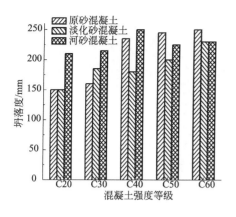

图 17.16　混凝土坍落度对比

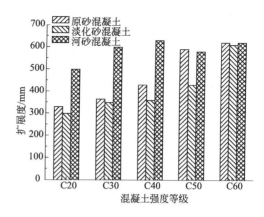

图 17.17　混凝土扩展度对比

3. 海砂含盐量对拌合物性能影响

如果淡化砂中的氯盐含量较多的话，一般情况下混凝土的工作性能较差，主要表现为坍落度损失不理想。针对这点，采用含盐量较高的海砂进行了混凝土的拌合物性能试验，研究高含盐量对海砂混凝土拌合物性能的影响。试验方法如下：①采用青岛海水将原砂浸泡 1d，然后将原砂自然晾干，得到高盐海砂，经过测定，高盐海砂氯离子含量为 0.205%，明显高于浸泡前的氯离子含量（浸泡前氯离子含量为 0.106%）；②分别采用聚羧酸系高效减水剂和萘系高效减水剂测定盐含量对混凝土工作性能的影响。混凝土用水泥为普通硅酸盐水泥，强度等级为 C20 和 C40，测定河砂混凝土、淡化砂混凝土和高盐海砂混凝土的工作性能。表17.18、表 17.19 和图 17.18 分别给出了含盐量对混凝土工作性能的影响试验结果，可以发现，高盐海砂混凝土的 1h 坍落度损失明显高于河砂混凝土和淡化砂混凝土。对于采用萘系高效减水剂的 C20 混凝土而言，高盐海砂混凝土的 1h 坍落度损失为 65mm，而普通河砂混凝土为 35mm，明显低于高盐海砂混凝土。对于聚羧酸高效减水剂配制的混凝土而言，试验规律基本相同。因此，海砂含盐量对于工作性能的影响较大，含盐量越高，混凝土的坍落度损失越大。

表 17.18　含盐量对混凝土工作性能影响（聚羧酸系高效减水剂）

混凝土种类	强度等级	初始坍落度/mm	1h 后坍落度/mm	坍落度损失/mm
河砂混凝土	C20	210	180	30
	C40	250	240	10
淡化砂混凝土	C20	150	115	35
	C40	180	160	20
高盐原砂混凝土	C20	180	120	60
	C40	215	190	25

表 17.19　含盐量对混凝土工作性能的影响（萘系高效减水剂）

混凝土种类	强度等级	初始坍落度/mm	1h 后坍落度/mm	坍落度损失/mm
河砂混凝土	C20	210	175	35
	C40	220	205	15
淡化砂混凝土	C20	210	170	40
	C40	230	205	25
高盐原砂混凝土	C20	230	165	65
	C40	240	210	30

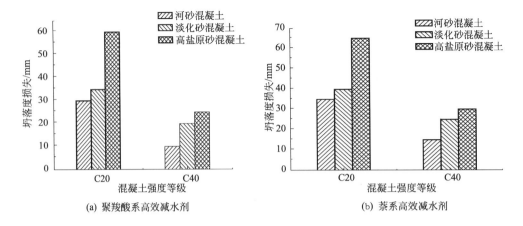

图 17.18 含盐量对混凝土工作性能的影响

三、海砂混凝土的力学性能

1. 基本力学性能

表 17.20 给出了混凝土的抗压强度、轴压强度和弹性模量，图 17.19 详细对比了采用普通硅酸盐水泥配制的河砂混凝土、淡化砂混凝土和原砂混凝土的抗压强度发展情况。

表 17.20 混凝土的轴压强度、弹性模量和抗压强度

混凝土编号		轴压强度/MPa	弹性模量/GPa	抗压强度/MPa		
				3d	7d	28d
C20	SS20	35.7	33.0	11.7	20.1	39.7
	DS20	30.9	32.1	11.4	16.5	39.7
	RS20	30.9	34.3	12.0	20.7	30.2
C20	SSP20	24.4	34.9	9.38	15.7	26.5
	DSP20	27.6	34.4	10.1	15.5	27.7
	RSP20	22.5	36.8	9.0	12.8	25.4
C30	SS30	42.8	36.9	19.4	29.5	50.6
	DS30	33.9	35.7	14.8	23.1	43.6
	RS30	34.6	33.8	16.6	24.1	38.2
C30	SSP30	29.8	36.1	10.0	16.3	34.9
	DSP30	30.4	34.9	9.2	15.4	36.0
	RSP30	34.6	33.8	16.6	24.1	38.2
C40	SS40	47.8	37.1	25.5	34.7	52.7
	DS40	46.7	37.2	20.5	31.6	53.4
	RS40	41.8	35.6	19.0	29.3	52.9
C50	SS50	57.0	41.8	33.2	46.0	67.2
	DS50	54.9	40.6	34.3	43.7	66.7
	RS50	45.8	37.7	36.8	43.4	64.1
C60	SS60	60.3	43.6	37.1	48.7	69.5
	DS60	57.6	43.6	38.5	51.0	73.6
	RS60	53.9	42.6	31.4	45.7	70.1

根据图 17.19 的研究结果，淡化砂混凝土和原砂混凝土的强度发展规律与河砂混凝土基本相当。原砂混凝土相比淡化砂混凝土，含有一定盐分可以在一定程度上促进早期强度的发展，但 28d 抗压强度基本相当。

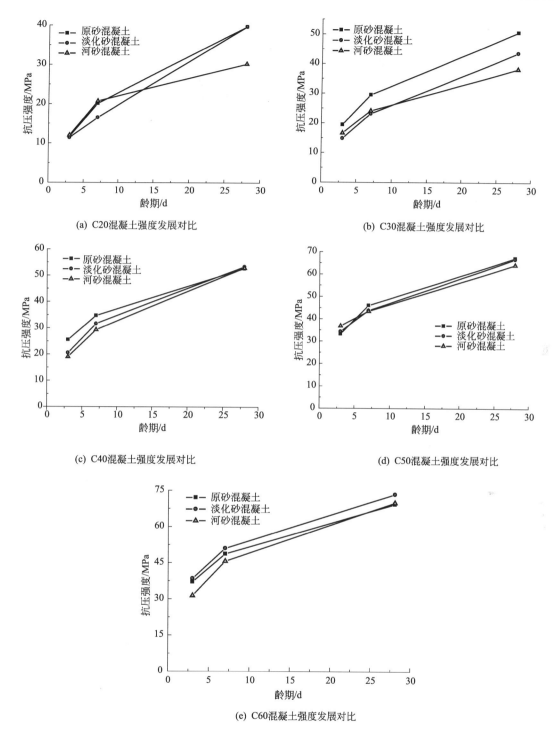

(a) C20混凝土强度发展对比

(b) C30混凝土强度发展对比

(c) C40混凝土强度发展对比

(d) C50混凝土强度发展对比

(e) C60混凝土强度发展对比

图 17.19 河砂混凝土、淡化砂混凝土、原砂混凝土抗压强度发展情况

　　图 17.20 和图 17.21 给出了混凝土轴压强度和弹性模量的对比情况，根据研究结果，河砂混凝土、淡化砂混凝土和原砂混凝土的弹性模量基本相当，但河砂混凝土的轴压强度略低于原砂混凝土。混凝土的轴压强度与抗压强度的相关性很大，一般情况下，混凝土抗压强度越高，轴压强度也就越高。C20 和 C30 海砂混凝土的抗压强度高于河砂混凝土，因此，轴压

强度也略微高于河砂混凝土。

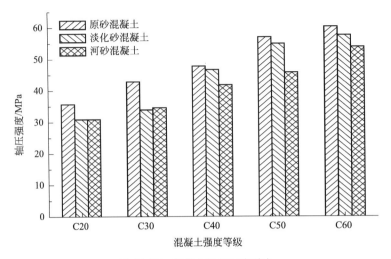

图 17.20　混凝土轴压强度对比

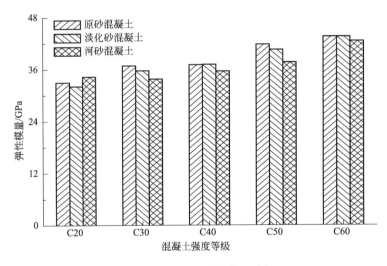

图 17.21　混凝土弹性模量对比

表 17.21 给出了混凝土抗折强度和劈拉强度的对比。随着混凝土强度等级的提高，混凝土的抗折强度和劈拉强度都有所提高，但混凝土的折压比和拉压比随着强度等级的提高而降低，说明混凝土强度等级越高，混凝土的脆性越大。河砂混凝土的抗折强度和劈拉强度都高于淡化砂混凝土，拉压比和折压比也高于淡化砂混凝土，海砂混凝土的脆性略高。

表 17.21　河砂混凝土、淡化砂混凝土的抗折强度和劈拉强度

混凝土编号		抗折强度/MPa	劈拉强度/MPa	折压比/%	拉压比/%
C20	RSP20	4.19	2.08	16.5	8.19
	DSP20	3.57	1.67	12.9	6.03
C40	RS40	6.35	3.61	12.0	6.82
	DS40	5.81	3.32	10.9	6.22
C60	RS60	7.27	4.27	10.4	6.09
	DS60	7.47	3.60	10.1	4.89

2. 混凝土的钢筋握裹力

钢筋握裹力是混凝土和钢筋共同作用的基础，主要由化学胶结力、摩擦阻力和机械咬合力三部分组成。混凝土的原材料、强度等级、养护条件等都会影响钢筋握裹力。海砂中含有贝壳和一定量的轻物质，这些有可能会对钢筋握裹力产生一定影响，需要进行研究确定，以保证海砂安全应用于建设工程。试验方法参照现行国家标准，采用尺寸为 150mm×150mm×150mm 的立方体试件，螺纹钢筋计算直径为 20mm（内径 18mm，外径 22mm）。

表 17.22 钢筋握裹力试验结果

项　目		C20	C40	C60
破坏荷载/kN	河砂混凝土	32.6	44.2	54.0
	淡化砂混凝土	34.3	44.2	61.3
钢筋握裹强度/MPa	河砂混凝土	3.46	4.69	5.73
	淡化砂混凝土	3.64	4.69	6.51

钢筋握裹力的试验结果如表 17.22 所示，两种混凝土钢筋的破坏荷载和握裹强度对比如图 17.22 和图 17.23 所示。根据试验结果及其规律，混凝土的钢筋破坏荷载和握裹强度随着混凝土强度等级的提高而增大，这是因为混凝土强度等级越高，胶凝材料用量越大，混凝土的密实性越好，从而与钢筋的胶结力和摩擦力也越大，钢筋握裹强度越大。对比试验结果，可以发现淡化砂混凝土与河砂混凝土的发展规律相同，钢筋握裹强度相差不多，说明本试验中海砂所含有的微量贝壳不会影响混凝土与钢筋的作用效果。图 17.24～图 17.26 给出了混凝土与钢筋的荷载-滑动变形关系曲线，随着施加荷载的增大，混凝土中钢筋的滑动变形逐渐增大，而且曲线形状大约为抛物线形状。滑动变形较小时曲线的斜率相比滑动变形较大时的曲线斜率要大些。根据曲线可以判定，淡化砂混凝土与钢筋的黏结力学行为与河砂混凝土基本相同，钢筋握裹力基本相当。

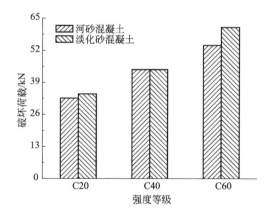

图 17.22 钢筋破坏荷载对比

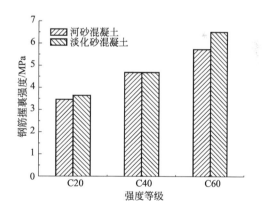

图 17.23 钢筋握裹强度对比

总之，研究结果表明：

① 在相同配合比和外加剂掺量情况下，海砂混凝土的工作性能不如河砂混凝土，达到相同工作性能需要提高海砂混凝土的外加剂用量。海砂混凝土的拌合物性能变异性比河砂混凝土大，需要更高的质量控制技术。

② 海砂经过净化处理后用于配制混凝土，其抗压强度、劈拉强度、抗折强度、轴压强度和弹性模量等力学性能与河砂混凝土基本相当，贝壳和轻物质不会影响钢筋的握裹力。因此，结构设计可以按照普通混凝土进行。

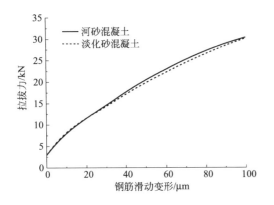

图 17.24　C20 混凝土荷载-滑动变形曲线

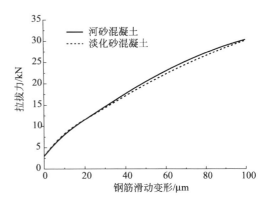

图 17.25　C40 混凝土荷载-滑动变形曲线

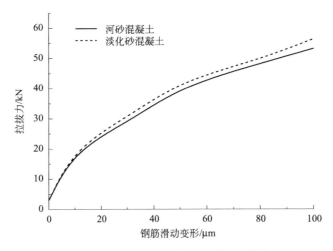

图 17.26　C60 混凝土荷载-滑动变形曲线

第三节　海砂混凝土的耐久性能

一、混凝土的碳化性能

二氧化碳和水从混凝土表面通过孔隙进入混凝土内部后，会和混凝土中的碱性物质发生反应，导致混凝土的 pH 值降低。当混凝土完全碳化后，会出现 pH＜9 的情况，这样钢筋表面的钝化膜被破坏，在其他条件具备的情况下，钢筋会发生锈蚀。因此，混凝土碳化是导致钢筋锈蚀的主要原因之一，混凝土的抗碳化性能至关重要。

1. 海砂混凝土的碳化性能

原砂中含有较多盐分，会对水泥水化产生一定影响，淡化砂中的贝壳等轻物质含量较高，这些特性是否会对混凝土的碳化性能产生影响？表 17.23 和图 17.27 给出了混凝土的碳化性能试验结果，对比三个系列混凝土的 28d 碳化深度，可以发现对于 C20 和 C30 低强混凝土而言，三个系列混凝土的碳化深度略有区别。对于其他强度等级混凝土而言，海砂混凝土与河砂混凝土的碳化深度无明显区别。综合以上结果，对于普通硅酸盐混凝土而言，海砂混凝土与河砂混凝土的 28d 碳化深度相比有大有小，综合而言碳化性能基本相当，无明显区别。

表 17.23　混凝土的碳化性能

强度等级	试验编号	碳化深度/mm			
		3d	7d	14d	28d
C20	SS20	8.4	10.8	13.2	15.3
	DS20	7.9	9.9	14.2	15.0
	RS20	8.9	11.1	12.6	17.7
C30	SS30	6.4	8.0	11.0	11.1
	DS30	6.8	9.2	12.1	14.4
	RS30	6.8	8.5	10.0	12.5
C40	SS40	5.1	6.8	8.1	7.9
	DS40	5.4	7.3	9.2	9.7
	RS40	3.8	5.8	6.4	9.4
C50	SS50	0.0	1.9	3.1	3.7
	DS50	0.0	2.2	3.8	5.0
	RS50	0.0	0.9	3.5	4.6
C60	SS60	0.0	1.7	2.7	3.2
	DS60	0.0	1.8	3.0	3.7
	RS60	0.0	1.2	2.6	3.0
C20	SSP20	20.7	22.3	27.6	29.0
	DSP20	10.4	13.4	16.6	19.2
	RSP20	11.2	13.4	17.5	28.0
C30	SSP30	16.9	18.5	18.9	23.4
	DSP30	8.7	9.9	13.4	15.7
	RSP30	9.6	11.3	15.3	22.7

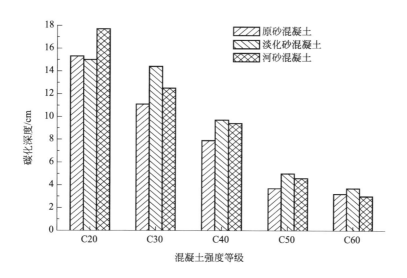

图 17.27　普通硅酸盐混凝土碳化 28d 碳化深度对比

2. 不同水泥品种混凝土的碳化性能

在实际工程中，有可能采用复合硅酸盐 32.5 水泥配制低强度等级混凝土（如 C20、C30 等），因此有必要对复合硅酸盐水泥混凝土进行研究。图 17.28 给出了两种水泥混凝土的 28d 碳化深度对比，复合硅酸盐水泥混凝土的抗碳化性能明显不如普通硅酸盐水泥混凝土，除淡化砂混凝土 28d 碳化深度相差不多之外，其余复合硅酸盐水泥混凝土的 28d 碳化深度大约为普通硅酸盐水泥混凝土的 2 倍，这与已有的研究结果基本相符。混凝土碳化性能取决于混凝土的密实性和碱储备的多少，复合硅酸盐水泥中含有大量的混合材，其中的活性混合材可以与水泥水化产生的 $Ca(OH)_2$ 发生火山灰反应，会降低混凝土内部孔隙溶液的 pH 值，同时火山灰反应多是发生在水泥水化的后期，28d 时水泥水化尚不完全，而不像普通硅酸盐水泥混凝土 28d 时水泥水化已经基本结束，因此 28d 进行碳化试验时，复合硅酸盐水泥混凝土的密实性不好，同时碱储备相对普通硅酸水泥混凝土要少得多，因此，混凝土抗碳化性能较差。

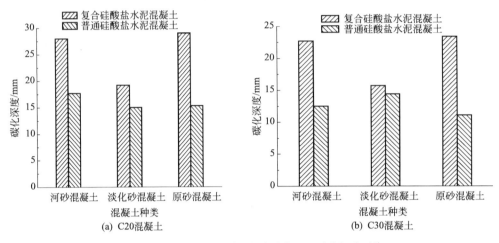

图 17.28　不同水泥品种混凝土碳化 28d 碳化深度对比

图 17.29 给出了采用复合硅酸盐水泥配制的两种混凝土的碳化深度发展规律，可以发现混凝土的抗碳化性能有较大区别。原砂混凝土的碳化深度明显大于淡化砂混凝土，尤其是碳化试验早期碳化深度发展很快，3d 的碳化深度已经超过 15mm，C20 混凝土甚至超过了 20mm。分析主要有以下原因：原砂中含有较多氯盐，约占水泥质量 0.4% 的氯离子与 C_3A 反应生成 Friedel 复盐，Friedel 复盐与 CO_2 反应发生分解，反应式如下：

$$C_3A + 2Cl^- + Ca(OH)_2 + 10H_2O \longrightarrow C_3A \cdot CaCl_2 \cdot 10H_2O + 2OH^-$$

$$C_3A \cdot CaCl_2 \cdot 10H_2O + 3CO_2 \longrightarrow 3CaCO_3 + 2A(OH)_3 + CaCl_2 + 7H_2O$$

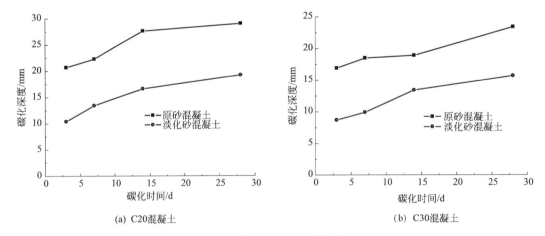

图 17.29　两种混凝土的碳化性能对比

有研究认为，碳化降低了混凝土的 pH 值，促进了 Friedel 盐分解，粗化了混凝土的孔结构，即增加了 >30nm 的毛细孔数量，降低了凝胶孔数量，加速了 CO_2 在混凝土中的渗透。因此，复合硅酸盐水泥原砂混凝土的抗碳化性能，尤其是早期抗碳化性能较差。

二、混凝土的钢筋锈蚀性能

海砂中含有一定量的氯离子，不经处理直接应用于混凝土结构中的最大危害就是会引起钢筋的严重锈蚀，从而导致结构耐久性降低，甚至可能引发安全事故。因此，重点研究了海砂混凝土的钢筋锈蚀性能。原砂混凝土和淡化砂混凝土分别研究了强度等级为 C20~C60 混凝土的钢筋锈蚀性能，河砂混凝土研究了强度等级为 C20、C40 和 C60 混凝土的钢筋锈蚀性能，其中 C20 混凝土采用复合硅酸盐水泥配制。混凝土中钢筋锈蚀性能见表 17.24。

表 17.24　混凝土中钢筋锈蚀性能

强度等级	试验编号	钢筋锈蚀失重率/%			
		1	2	3	平均值
C20	SS20	0.161	0.223	0.285	0.223
	DS20	0.186	0.165	0.153	0.168
C30	SS30	0.133	0.144	0.226	0.168
	DS30	0.102	0.124	0.117	0.114
C40	SS40	0.124	0.124	0.186	0.145
	DS40	0.037	0.037	0.035	0.036
	RS40	0.027	0.030	0.035	0.031
C50	SS50	0.007	0.013	0.007	0.009
	DS50	0	0	0	0
C60	SS60	0	0	0	0
	DS60	0	0	0	0
	RS60	0	0	0	0
C20	SSP20	0.765	0.864	0.756	0.795
	DSP20	0.189	0.158	0.126	0.158
	RSP20	0.182	0.147	0.128	0.152
C30	SSP30	0.156	0.183	0.147	0.162
	DSP30	0.064	0.072	0.068	0.068

1. 三个系列混凝土中钢筋锈蚀性能对比

试验选择 7 种配合比、5 个强度等级的混凝土重点研究了原砂混凝土和淡化砂混凝土，其中 C60 混凝土的钢筋锈蚀失重率为 0，对比结果如图 17.30 所示。随着混凝土强度等级的提高，混凝土中钢筋锈蚀失重率逐渐降低，这与已有研究结果相符。淡化砂混凝土的钢筋锈蚀失重率明显低于原砂混凝土，不同强度等级的混凝土，其钢筋锈蚀失重率差值有所区别。如对于 C40 混凝土而言，原砂混凝土的钢筋锈蚀失重率是淡化砂混凝土的 4 倍左右，而对于 C20 混凝土而言，原砂混凝土的钢筋失重率大于淡化砂混凝土 30％左右。对于高强混凝土而言，由于混凝土密实性很好，孔隙率较低，因此碳化 28d 碳化深度几乎为零。在标准养护室放置过程中，由于混凝土密实性好，水分和氧气很难渗透到混凝土内部，因此，混凝土中的钢筋没有锈蚀。结合表 17.23 中的混凝土碳化深度，对于普通硅酸盐水泥配制的混凝土而言，原砂混凝土与淡化砂混凝土碳化深度相差不多，但钢筋锈蚀失重率相差比较大，说明氯离子的存在是引起这一差别的主要原因。海砂经过净化处理之后氯离子含量显著降低，淡化砂混凝土的护筋性能明显优于原砂混凝土。

在所有混凝土中，采用复合硅酸盐水泥配制的 C20 混凝土、普通硅酸盐水泥配制的 C40 和 C60 混凝土同时包含了河砂混凝土、原砂混凝土和淡化砂混凝土三个系列，其中 C60 混凝土的钢锈失重率为 0，C20 和 C40 混凝土的钢筋锈蚀性能存在一定差异。图 17.31 给出了三个系列混凝土钢筋锈蚀性能的对比，可以发现：①原砂混凝土的钢筋锈蚀失重率明显高于

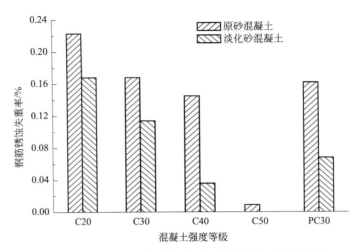

图 17.30 原砂混凝土与淡化砂混凝土的钢筋锈蚀性能对比

淡化砂混凝土和河砂混凝土；②淡化砂混凝土钢筋锈蚀失重率略大于河砂混凝土，但相差不多；③随着混凝土强度等级的提高，原砂混凝土的钢筋锈蚀失重率与淡化砂混凝土和河砂混凝土的差值越来越小。

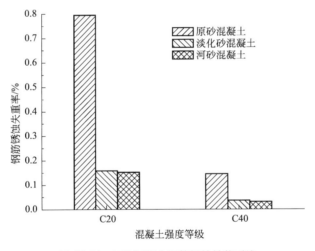

图 17.31 三种混凝土钢筋锈蚀性能对比

结合混凝土的碳化深度，对于 C20 混凝土而言，原砂混凝土碳化 28d 深度为 29.0mm，淡化砂混凝土为 19.2mm，河砂混凝土为 28.0mm，河砂混凝土与原砂混凝土碳化深度相差不多，但原砂混凝土的钢筋锈蚀失重率是河砂混凝土的 5 倍左右。对于 C40 混凝土而言，原砂混凝土、淡化砂混凝土和河砂混凝土碳化 28d 碳化深度分别为 7.9mm、9.7mm 和 9.4mm，碳化深度相差不多，但原砂混凝土的钢筋锈蚀失重率是河砂混凝土和淡化砂混凝土的 3 倍左右。可以发现，混凝土抗碳化性能是影响混凝土钢筋锈蚀性能的重要原因之一，对于碳化深度基本相当的混凝土而言，氯离子的存在会大大增加混凝土的钢筋锈蚀失重率，减弱混凝土的护筋性。

2. 品种对混凝土钢筋锈蚀性能的影响

试验分别采用复合硅酸 32.5 水泥（P·C 32.5）和普通硅酸盐 42.5（P·O 42.5）水泥配制了强度等级为 C20 和 C30 的淡化砂混凝土和原砂混凝土，图 17.32 给出了两种水泥混凝土中钢筋锈蚀性能的对比。除采用复合硅酸盐水泥配制的 C20 混凝土之外，其余混凝土中钢筋锈蚀失重率基本相当。对照表 17.23 中混凝土的碳化深度，复合硅酸盐水泥配制的 C20 原砂混凝土（SSP20）的碳化深度明显高于普通硅酸盐水泥配制的 C20 混凝土（SS20），因此钢筋锈蚀失重率相差很多，复合硅酸盐水泥混凝土中钢筋锈蚀失重率明显高于普通混凝土。对比其余三组混凝土，复合硅酸盐水泥混凝土的碳化深度明显高于普通混凝土，但混凝土中钢筋锈蚀失重率相差不多，而且 C30 普通硅酸盐水泥淡化砂混凝土的钢筋锈蚀失重率高于复合硅酸盐水泥淡化砂混凝土，这说明复合硅酸盐水泥混凝土的护筋性能并不比普通混凝土差，钢筋锈蚀失重率基本相当。

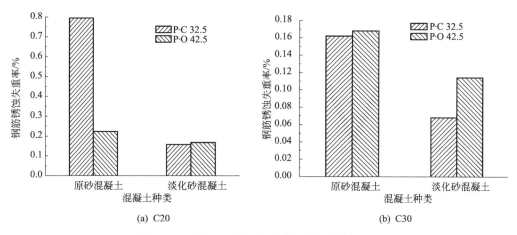

图 17.32　水泥品种对混凝土中钢筋锈蚀性能影响

三、混凝土的快冻性能

对于我国寒冷地区的混凝土建筑，抗冻融破坏时混凝土结构老化病害的主要问题之一，严重影响混凝土建筑物的长期使用和安全性能。目前国内大量应用海砂的地区主要集中在浙江宁波、舟山等地区，该地区最低温度几乎不会低于 0℃，因此对于海砂混凝土的抗冻性能研究很少。我国海岸线很长，在北方如大连、天津、青岛等地区属于寒冷地区，虽然目前这些地区在建设工程中使用的海砂的情况很少，但根据这些地区的经济发展速度和河砂资源储备，在不久的将来建设工程中很可能也会应用海砂。根据调研情况，目前天津地区已经出现应用海砂的情况，这时就需要关注海砂混凝土的抗冻性能，因此，本节对海砂混凝土的抗冻性能进行了较为系统的研究。采用快冻法研究混凝土的抗冻性能，试验结果如表 17.25 和表 17.26所示。

表 17.25　混凝土快速冻融试验相对动弹试验结果记录

编号 \ 冻融次数 相对动弹/%	25	50	75	100	125	150	175	200	225	250	275	300	325	350	375	400
SS20	88.1	87.8	97.3	95.4	93.4	92.1	76.3	67.2	67.1	67.0	64.1	54.8				
SS30	95.4	96.2	114.2	113.2	91.2	79.4	76.1	76.2	74.2	72.0	72.3	58.8				
SS40	99.9	98.4	96.8	97.5	96.6	95.5	93.9	92.8	91.3	87.6	83.4	78.4	67.5	59.2		
SS50	99.5	94.6	95.0	93.6	91.8	90.4	87.9	84.6	82.3	79.7	76.4	74.2	72.5	72.3	56.6	
SS60	98.5	98.5	98.5	98.3	98.0	98.7	97.9	97.4	88.8	85.6	79.9	72.7	68.7	65.4	60.0	50.2
SSP20	92.6	92.8	90.2	89.7	83.8	80.4	72.0	59.8								
SSP30	94.6	90.4	86.1	82.0	81.3	77.8	58.0									

续表

相对动弹/% \ 冻融次数 \ 编号	25	50	75	100	125	150	175	200	225	250	275	300	325	350	375	400
DS20	96.4	94.9	94.9	93.1	92.1	93.8	93.2	88.7	87.6	77.8	69.8	63.3	60.2			
DS30	97.1	96.1	95.9	94.5	93.4	93.6	89.5	86.0	79.2	74.8	72.9	70.2	61.7			
DS40	98.6	97.7	97.0	97.0	95.6	95.5	94.0	92.1	86.7	79.3	60.8	57.4				
DS50	98.5	97.5	96.8	94.7	92.5	88.7	86.0	76.6	73.7	76.9	70.8	65.2	59.7			
DS60	97.4	97.4	97.5	96.7	97.7	96.6	96.2	93.7	91.4	85.2	80.9	68.4	67.0	61.3	58.2	
DSP20	87.7	80.7	60.4													
DSP30	96.7	93.4	91.8	91.2	90.5	85.8	84.4	81.4	80.2	79.3						

表 17.26　混凝土快速冻融试验质量损失结果

质量损失/% \ 冻融次数 \ 编号	25	50	75	100	125	150	175	200	225	250	275	300	325	350	375	400
SS20	0.4	1.2	1.7	2.5	3.2	3.5	4.1	4.2	5.1	5.6	6.5	6.9				
SS30	0.2	0.9	1.4	2.6	3.3	4.3	4.7	4.9	5.9	6.8	7.5	10.2				
SS40	0.1	0.2	0.2	0.3	0.7	1.0	1.3	1.6	1.9	2.2	2.3	2.6	3.2	4.0		
SS50	0	0.1	0.2	0.3	0.5	0.7	0.8	1.1	1.4	1.7	1.8	1.9	2.2	2.3	2.6	
SS60	0	0	0	0	0.1	0.2	0.3	0.4	0.4	0.6	0.7	0.8	0.8	1.0	1.3	1.5
SSP20	2.1	5.0	6.8	8.8	10.0	11.2	12.6	13.8								
SSP30	2.4	3.9	5.3	6.4	7.2	8.1	9.2									
DS20	0.9	1.6	2.0	2.6	3.1	3.2	3.6	4.0	4.4	4.8	5.0	5.2	5.3			
DS30	0.8	1.6	1.9	2.7	3.2	3.6	4.2	4.7	5.0	5.8	6.3	6.8	7.3			
DS40	0	0.1	0.2	0.8	1.3	1.8	2.4	3.0	3.5	4.1	4.5					
DS50	0	0	0.3	0.5	0.6	0.7	0.8	1.0	1.2	1.5	4.3					
DS60	0	0.1	0.2	0.2	0.3	0.3	0.3	0.4	0.4	0.4	0.4	0.4	0.4	0.5	0.6	0.7
DSP20	3.2	4.5	7.6	9.8												
DSP30	1.6	3.0	4.1	5.6	6.5	7.1	8.1	8.7	9.2	9.7	10.2					

1. 不同系列混凝土的抗冻性能

图 17.33 给出了采用普通硅酸盐水泥配制的原砂混凝土与淡化砂混凝土能够经受的最大冻融循环次数对比，根据结果，淡化砂混凝土与原砂混凝土的抗冻性能相差不多，对于强度等级≤C30 的混凝土而言，淡化砂混凝土的抗冻性能略高于原砂混凝土，对于强度等级≥C40 的混凝土而言，原砂混凝土的抗冻性能略优于淡化砂混凝土，原砂混凝土的最大冻融循环次数一般比淡化砂混凝土高 50 次左右。混凝土的抗冻耐久性系数如表 17.27 所示。对比两种混凝土的抗冻耐久性系数，与混凝土最大冻融循环次数的试验规律类似，原砂混凝土与淡化砂混凝土相差不多，耐久性系数有高有低。

表 17.27　原砂混凝土与淡化砂混凝土的抗冻耐久性系数

耐久性系数 \ 种类 \ 强度等级	淡化砂混凝土	原砂混凝土
C20	0.59	0.45
C30	0.57	0.51
C40	0.56	0.73
C50	0.65	0.84
C60	0.72	0.70

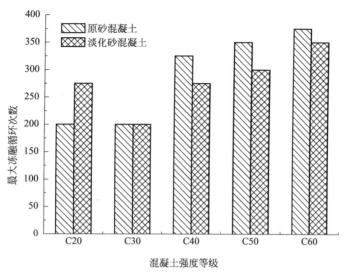

图 17.33 原砂混凝土与淡化砂混凝土的最大冻融循环次数对比

淡化砂混凝土的最大冻融循环次数随着强度等级提高而增大，抗冻性耐久性系数同样随着混凝土强度等级的提高而增大，说明两者具有很好的相关性。原砂混凝土的抗冻耐久性系数除个别数值外，总体规律与淡化砂混凝土基本相同。本试验用原砂中的氯离子含量比较低（0.062%），试验说明少量盐分的存在不会对混凝土的抗冻性能产生很大影响。

2. 不同水泥品种混凝土的抗冻性能

试验对比研究了采用普通硅酸盐水泥混凝土与复合硅酸盐水泥混凝土的抗冻性能的区别，混凝土强度等级包括 C20 和 C30，试验结果如图 17.34～图 17.37 所示。根据图 17.34～图 17.37，可以发现复合硅酸盐水泥的动弹性模量与普通硅酸盐水泥混凝土的相差不多，但质量损失率明显高于普通硅酸盐水泥混凝土。例如，在冻融循环 150 次时，SS20 和 SS30 的相对动弹模量分别为 92.1% 和 79.4%，SSP20 和 SSP30 的相对动弹性模量分别为 80.4% 和 77.8%，最大相差 11.7% 左右；SS20 和 SS30 的质量损失率分别为 3.5% 和 4.3%，而 SSP20 和 SSP30 的质量损失率高达 11.2% 和 8.1%，是普通硅酸盐水泥混凝土的两倍多。按照标准，质量损失率达到 5% 即可认为混凝土已经发生冻融破坏，对于复合硅酸盐水泥混凝土而言，冻融循环在 75 次时质量损失率一般已经超过 5%，因此复合硅酸盐水泥混凝土的抗冻性能很差，明显低于普通硅酸盐水泥混凝土。

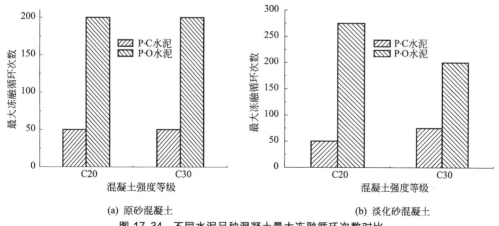

(a) 原砂混凝土　　　　　　　　　　　(b) 淡化砂混凝土

图 17.34 不同水泥品种混凝土最大冻融循环次数对比

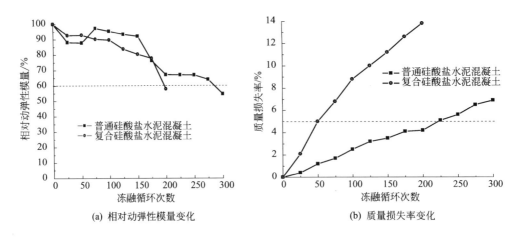

(a) 相对动弹性模量变化　　　　　(b) 质量损失率变化

图 17.35　C20 原砂混凝土的抗冻性能

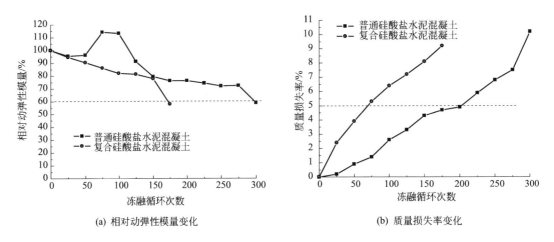

(a) 相对动弹性模量变化　　　　　(b) 质量损失率变化

图 17.36　C30 原砂混凝土的抗冻性能

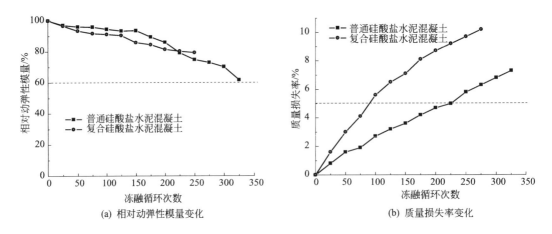

(a) 相对动弹性模量变化　　　　　(b) 质量损失率变化

图 17.37　C30 淡化砂混凝土的抗冻性能

四、混凝土的抗氯离子渗透性能

氯离子侵蚀进入混凝土进而导致其中钢筋发生腐蚀是混凝土结构耐久性失效破坏的主要因素之一，由于氯离子存在的普遍性和破坏的严重性，近年来的研究较多，也取得了一定的研究成果。氯离子在实际混凝土工程中的渗入机理比较复杂，可以随着溶液渗透进入混凝土内部，在水无法渗透时还可以在浓度差的驱使下向孔内扩散迁移，因此，氯离子渗透性能可以评价高密实度混凝土的渗透性。分别采用 RCM 法和电通量法测定了混凝土的抗氯离子渗透性能，以研究海砂混凝土的抗氯离子渗透性能。混凝土的抗氯离子渗透试验结果见表 17.28。

表 17.28　混凝土的抗氯离子渗透试验结果

混凝土编号		RCM 迁移系数/$(10^{-12} \text{m}^2/\text{s})$		电通量/C
		28d	84d	
C20	SS20	9.76	4.0	1811.0
	DS20	10.64	3.44	1549.4
	RS20	9.74	3.22	1347
C20	SSP20	9.27	3.04	1741.1
	DSP20	6.11	2.74	1350.1
	RSP20	5.11	2.29	759.8
C30	SS30	9.36	3.30	1849.4
	DS30	8.10	2.98	1565.3
	RS30	8.86	2.94	1357.3
C30	SSP30	6.54	2.86	1330.5
	DSP30	4.99	2.79	824.2
	RSP30	4.21	1.2	558.8
C40	SS40	6.70	2.89	1374.4
	DS40	6.54	2.67	1476.6
	RS40	7.21	2.48	1092.9
C50	SS50	4.98	2.27	1413.2
	DS50	6.03	2.28	999.4
	RS50	6.41	2.35	954
C60	SS60	4.08	1.55	1253.4
	DS60	4.84	1.57	957.6
	RS60	4.86	1.21	846.3

1. 三个系列混凝土的抗氯离子渗透性能

图 17.38 给出了三个系列普通硅酸盐水泥混凝土的混凝土电通量对比结果，可以发现：①随着混凝土强度等级的提高，混凝土电通量值逐渐减小；②对于三个系列混凝土而言，原砂混凝土的电通量值最大，淡化砂混凝土次之，河砂混凝土电通量最小，C40 混凝土可能由于试验误差而略有区别；③对于高强混凝土而言（混凝土强度等级≥C50），淡化砂混凝土与河砂混凝土的电通量相差不多，如 C50 混凝土，淡化砂混凝土电通量比河砂混凝土高 5%左右，C60 淡化砂混凝土电通量比河砂混凝土高 12%左右。因为电通量法测定混凝土的抗氯离子渗透性能是利用电学方法，通过测定 6h 通过混凝土的电量来反映混凝土的渗透性能。原砂混凝土中含有较多的氯离子等盐分，导电率高于河砂和淡化海砂，导致混凝土的导电率较高，氯离子电通量测试结果较大。

图 17.39 给出了三个系列普通硅酸盐水泥混凝土的氯离子扩散系数的对比结果，与电通量试验规律类似，混凝土强度等级越高，混凝土的氯离子扩散系数越低。对比三个系列混凝土的氯离子扩散系数，28d 的试验结果相差不多，规律不明显；根据 84d 试验结果，原砂混

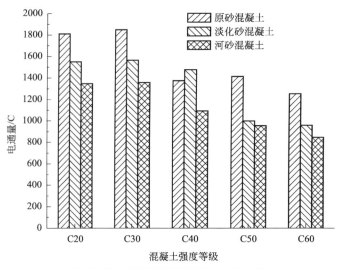

图 17.38　普通硅酸盐混凝土电通量对比

凝土的氯离子扩散系数最大，河砂混凝土最小，这与电通量的试验结果规律相同。氯离子扩散系数试验方法是利用电化学方法评价混凝土的抗氯离子渗透性能，因此，混凝土的导电率对试验结果影响非常大。原砂混凝土由于电导率较高，所以氯离子扩散系数较大，试验测得的抗氯离子渗透性能比较差。结合试验结果，淡化砂混凝土的氯离子扩散系数与河砂混凝土结果对比有高有低，可以说淡化砂混凝土与河砂混凝土的抗氯离子渗透性能相差不多。

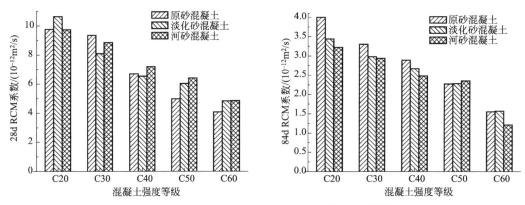

图 17.39　普通硅酸盐水泥混凝土氯离子扩散系数对比

2. 不同品种水泥混凝土的抗氯离子渗透性能

试验研究中采用了复合硅酸盐 32.5 水泥（P•C 32.5）配制了 C20 和 C30 混凝土，研究水泥品种对混凝土抗氯离子渗透性能的影响。图 17.40 和图 17.41 给出了试验结果，根据试验结果可以得出以下几点：①对于本课题所研究的三个系列的混凝土而言，复合硅酸盐水泥配制的混凝土的抗氯离子渗透性能优于普通硅酸盐水泥配制混凝土；②对于采用复合硅酸盐水泥配制的混凝土而言，三个系列混凝土的抗氯离子渗透性能优劣与普通硅酸盐水泥混凝土的研究结果相同，原砂混凝土的抗氯离子渗透性能最差，河砂混凝土最好，淡化砂混凝土居中。复合硅酸盐水泥中含有 20%～50% 的混合材，混合材中即包括粉煤灰、矿渣粉、火山灰质混合材料、石灰石粉等，而混合材的电导率普遍低于水泥熟料，因此复合硅酸盐水泥混凝土的电导率比较低。电通量法或 RCM 法都是采用电学方法或电化学方法测定试验结果，混凝土电导率低导致测得的试验结果偏低，表现为混凝土抗氯离子渗透性能较好。

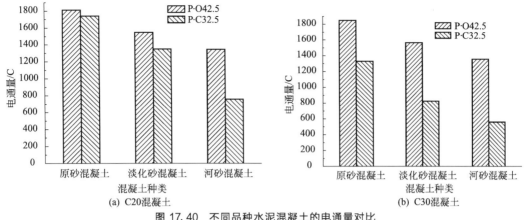

图 17.40 不同品种水泥混凝土的电通量对比

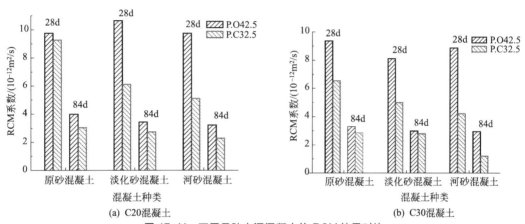

图 17.41 不同品种水泥混凝土的 RCM 结果对比

五、混凝土的干燥收缩性能

混凝土结构由于处于不同的约束状态下因收缩引起拉应力，当混凝土的抗拉强度小于该拉应力时，就会引起混土的开裂。混凝土的收缩主要包括化学收缩、塑性收缩、干燥收缩、自收缩、化学收缩、温度收缩等，主要研究了海砂混凝土的干燥收缩性能。干燥收缩指的是混凝土停止养护后，在不饱和的空气中失去内部毛细孔水、凝胶孔水及吸附水而发生的不可逆收缩，它不同于干湿交替引起的可逆收缩。随着相对湿度的降低，水泥浆体的干缩增大，且不同层次的水对干缩的影响大小也不同。根据计算，完全干燥的纯水泥浆体收缩量为 10000×10^{-6}，F・M・Lee 实测到的混凝土完全干燥收缩值为 4000×10^{-6}。可以认为混凝土中集料不会有干缩，所以实测的干缩值大约在 $200 \times 10^{-6} \sim 1000 \times 10^{-6}$ 范围内。

表 17.29 给出了混凝土的干燥收缩试验数据，图 17.42～图 17.44 给出了河砂混凝土与淡化海砂混凝土的干燥收缩性能的对比结果。

表 17.29 混凝土的干燥收缩试验数据

龄期/d	收缩值/10^{-6}					
	C20		C40		C60	
	DSP20	RSP20	DS40	RS40	DS60	RS60
1	30	20	30	30	27	30
3	73	60	70	80	50	73
7	103	113	90	127	83	120

龄期/d	收缩值/10⁻⁶					
	C20		C40		C60	
	DSP20	RSP20	DS40	RS40	DS60	RS60
14	187	173	167	193	160	183
28	273	263	243	273	237	243
45	320	303	293	313	273	283
60	360	323	317	337	297	307
90	373	360	330	370	303	337
120	383	377	350	390	317	353
150	393	390	360	400	327	363
180	393	393	360	400	327	363

根据图 17.42 可知，河砂混凝土与淡化海砂混凝土干燥收缩性能的发展规律相同，试验龄期在 28d 之前，混凝土的干燥收缩发展较快，试验龄期 60d 之后，混凝土的干燥收缩发展趋于平缓，收缩值变化较小。无论对于由复合硅酸盐水泥配制的 C20 低强度等级的混凝土或者 C60 高强混凝土，在试验研究的 180d 试验龄期内，河砂混凝土与淡化海砂混凝土的干燥收缩性能相差很少。其中对于 C20 混凝土，河砂混凝土与淡化海砂混凝土的 180d 收缩值完全相等，对于 C40 和 C60 混凝土而言，河砂混凝土与淡化海砂混凝土的 180d 收缩值相差 10% 左右，淡化海砂混凝土的干缩值略低于河砂混凝土。

图 17.43 和图 17.44 给出了不同强度等级混凝土的干缩性能，可以发现，淡化海砂混凝土与河砂混凝土干燥收缩值的发展规律类似。随着混凝土强度等级的提高，混凝土的干缩值逐渐减小，这与已有的研究结果相符。略有差异的是，不同强度等级淡化海砂混凝土的干缩值相差较多，在本研究中，强度等级提高 20MPa，干燥收缩值相应地减小 10% 左右，而河砂混凝土相差较小，其中强度等级为 C20 与 C40 的河砂混凝土的 180d 的干缩值基本相等。

六、混凝土的徐变性能

徐变是混凝土材料在长期荷载作用下的一种变形性能，即混凝土构件的应变增量。混凝土在外荷载作用下立即产生瞬时弹性变形，荷载稳定以后，该混凝土构件即开始徐变变形，随持荷时间的增长，徐变变形不断增加，但徐变速率降低。混凝土徐变可以持续非常长的时间，但大部分徐变在 1～3 年内完成。混凝土的徐变对混凝土及钢筋混凝土结构物的应力和形变状态有很大的影响。徐变变形可能超过弹性变形，甚至达到弹性变形的 2～4 倍，能够改变结构的应力状态。目前，对徐变机理尚无统一的认识，从事该领域研究的众多学者从不同角度探索、解释徐变现象及其机理，创立了不同徐变理论，主要有黏弹性理论、渗出理论、黏性流动理论、塑性流动理论、内力平衡理论及微裂缝理论等，但迄今为止还没有哪一种理论与假设被广泛接受。但一般都以水泥浆体的微观结构为基础，认为混凝土中可蒸发水的存在是产生徐变的主要原因。

为了系统掌握海砂混凝土的长期性能，在进行混凝土干燥收缩性能试验的同时，试验研究了海砂混凝土的受压徐变性能。选择强度等级为 C20、C40 和 C60 的河砂混凝土和淡化海砂混凝土进行了系统试验研究，表 17.30 给出了混凝土的轴压强度，表 17.31 为混凝土试件的受压徐变试验结果。

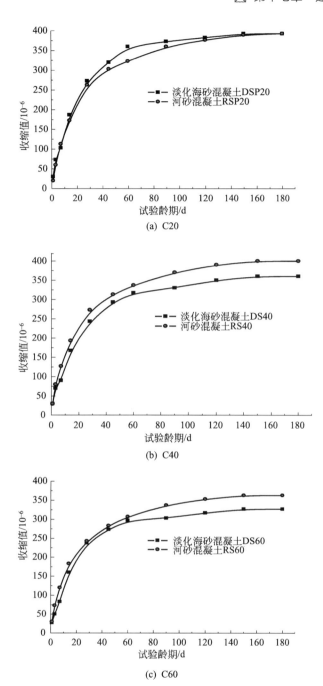

图 17.42　河砂混凝土与淡化海砂混凝土的干缩性能

表 17.30　混凝土的轴压强度

强度等级	试件编号	轴压强度/MPa
C20	DSP20	27.6
	RSP20	22.5
C40	DS40	46.7
	RS40	41.8
C60	DS60	57.6
	RS60	53.9

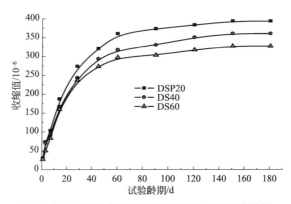

图 17.43　不同强度等级淡化海砂混凝土的干缩性能

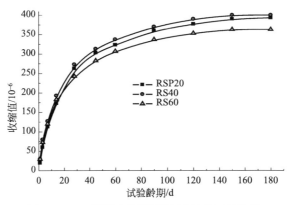

图 17.44　不同强度等级河砂混凝土的干缩性能

表 17.31　混凝土的受压徐变试验结果

龄期/d	受压徐变值/10⁻⁶					
	C20		C40		C60	
	DSP20	RSP20	DS40	RS40	DS60	RS60
1	248	98	171	237	143	196
3	314	203	130	298	207	250
7	383	250	302	370	270	302
14	466	330	393	445	333	377
28	616	408	491	522	425	430
45	654	520	530	565	465	464
60	676	547	549	592	472	487
90	737	595	579	633	497	533
120	775	637	615	673	532	558
150	848	690	667	717	570	600
180	894	725	698	748	598	626
210	906	735	708	750	602	638
240	926	750	718	765	614	650
270	938	762	730	778	622	663
300	946	772	738	788	627	673
330	956	785	744	798	632	683
360	970	795	760	812	642	696

　　根据图 17.45 可知，河砂混凝土与淡化海砂混凝土受压徐变值的发展规律相同，试验龄期在 28d 之前，混凝土的受压徐变值发展较快，之后受压徐变值发展趋于平缓，随着试验龄

期的延长，混凝土的徐变值逐渐增大。在本研究中，强度等级为 C40 和 C60 的河砂混凝土与淡化海砂混凝土的受压徐变值基本相等，河砂混凝土的受压徐变值略大于淡化海砂混凝土，相差 8% 左右。使用复合硅酸盐水泥配制的强度等级为 C20 的两种混凝土受压徐变值差别较大，能达到 30% 以上。淡化海砂混凝土的轴压强度高于河砂混凝土 20% 左右，进行受压徐变试验时徐变应力较大，受压徐变值相对较大。

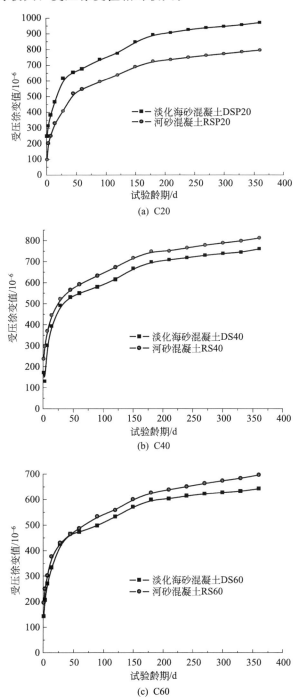

(a) C20

(b) C40

(c) C60

图 17.45　河砂混凝土与淡化海砂混凝土的受压徐变性能

图 17.46 和图 17.47 给出了不同强度等级混凝土的受压徐变性能，可以发现，淡化海砂混凝土与河砂混凝土受压徐变值的发展规律类似。随着混凝土强度等级的提高，混凝土的受压徐变值逐渐减小，这与已有的研究结果相符。

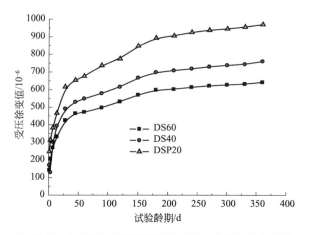

图 17.46　不同强度等级淡化海砂混凝土的受压徐变性能

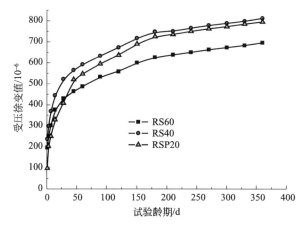

图 17.47　不同强度等级河砂混凝土的受压徐变性能

七、钢筋腐蚀特性

1. 试验方法

钢筋锈蚀特性部分采用海砂砂浆，用不同氯离子含量的模拟海砂（NaCl 溶液浸泡珠江口海砂）制作砂浆试件，连续监测砂浆试件中钢筋的半电池电位、线性极化电阻及电阻率指标，研究海砂砂浆中钢筋的锈蚀特征以及发展规律。

海砂砂浆配比为 W：C：S＝0.5：1：3.02（水：水泥：砂，质量比），模拟海砂选用 5 个氯离子浓度（质量分数）水平（0～0.275%），如表 17.32 所示。另外，为比较氯离子掺入方式的影响，同时成型了氯离子含量为 0.83% 的盐水砂浆（以水泥计的质量分数，%），砂浆中氯离子含量如表 17.32 所示，表中砂浆中 Cl^- 含量为计算值，即海砂中氯离子或盐水中氯离子占水泥质量的百分比。

海砂砂浆试件编号为 S0～S4，分别对应不同氯离子含量的海砂，盐水砂浆编号为 SW，砂浆中 Cl^- 含量计算值与 S4 一致。

表 17.32　模拟海砂及砂浆的氯离子含量

砂浆编号	S0	S1	S2	S3	S4	SW
浸泡溶液 NaCl 浓度/%	—	1.875	3.750	7.500	11.250	—
浸泡溶液 Cl^- 浓度/%	—	1.140	2.281	4.562	6.842	—
所用海砂的 Cl^- 含量/%	0.000	0.046	0.092	0.183	0.275	—
砂浆中 Cl^- 含量(以水泥计的质量分数)/%	0.000	0.138	0.277	0.554	0.831	0.831

钢筋锈蚀测量采用美国 JAMES INSTRUMENTS 公司 GECOR6 钢筋锈蚀测量仪［如图 17.48(a) 所示］，该仪器可同时测定混凝土内部钢筋的腐蚀电位、腐蚀电流密度及电阻率等指标，其中钢筋腐蚀电流密度基于护环电极方法（guard-ring electrode method）测试。护环电极方法采用圆环形辅助电极来约束电流（护环），该护环电极可将中央辅助电极的电流线约束于钢筋已知面积范围内，护环约束极化电流方式如图 17.48(b) 所示。混凝土中钢筋的锈蚀情况的综合判断标准如表 17.33 所示（设备供应商推荐值）。

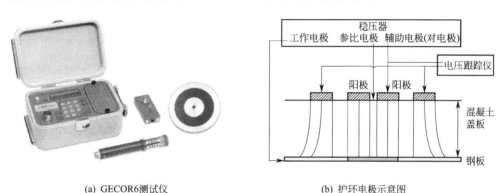

(a) GECOR6测试仪　　　　　　　(b) 护环电极示意图

图 17.48　护环电极示意图及 GECOR6 测试仪

表 17.33　GECOR6 钢筋锈蚀测量仪的锈蚀状态判断标准

指标分类	判断准则	锈蚀状态
腐蚀电位指标 (E_{corr})	$>-200mV$	95%的概率无锈蚀
	$<-350mV$	95%的概率有锈蚀
	$-200\sim-350mV$	不能确定锈蚀状态
锈蚀率指标 (I_{corr})	$<0.2\mu A/cm^2$	钝化状态
	$0.2\sim0.5\mu A/cm^2$	低速率锈蚀
	$0.5\sim1.0\mu A/cm^2$	中速率锈蚀
	$>1.0\mu A/cm^2$	高速率锈蚀
混凝土电阻率指标 (R)	$100\sim200k\Omega \cdot cm$	非常低的锈蚀率,高 Cl^- 含量或炭化深度
	$50\sim100k\Omega \cdot cm$	低锈蚀率
	$10\sim50k\Omega \cdot cm$	中到高的锈蚀率
	$<10k\Omega \cdot cm$	混凝土电阻率非锈蚀的主要因素

试验采用 300mm×100mm×100mm 砂浆试件，内置长 300mm、直径 φ10mm 光圆钢筋，钢筋定位居中，保护层厚度为 45mm。浇筑前，将钢筋端部 25～75mm 处用环氧树脂涂覆，试模及钢筋定位方式如图 17.49 所示。养护期间，外露钢筋 0～25mm 处采用 704 绝缘胶密封。

为保证电化学指标的有效性，测试时，除成型面外，测量底面和两个侧面，测试结果取平均值，试验测试情况如图 17.50 及图 17.51 所示。

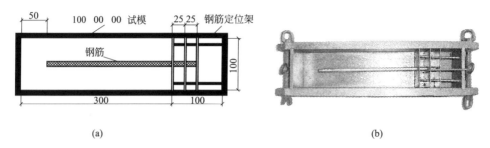

(a)

(b)

图 17.49 试模及钢筋定位方式(单位:mm)

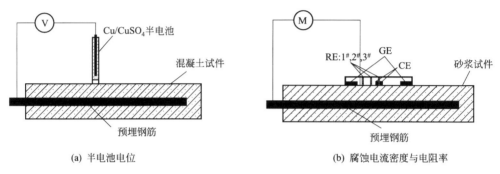

(a) 半电池电位

(b) 腐蚀电流密度与电阻率

图 17.50 测试示意图

图 17.51 实测图

2. 半电池电位

半电池电位指标(E_{corr})一般用于评价钢筋锈蚀状态,依据表 17.33 建议的判断标准,当腐蚀电位测试值高于-200mV 时,95% 以上概率没有发生腐蚀,当腐蚀电位测试值低于-350mV 时,95% 以上概率已经发生腐蚀,介于-200mV 和-350mV 之间时,则被认为不能确定其腐蚀状态。

砂浆试件中钢筋腐蚀电位随养护龄期的变化曲线分别如图 17.52 所示,其中图 17.52(a)为不同 Cl^- 浓度的海砂砂浆对比,图 17.52(b) 为海砂砂浆与盐水砂浆对比图。为更好地识别腐蚀状态,在图 17.52 中引入两条水平虚线,即-200mV 和-350mV 线。

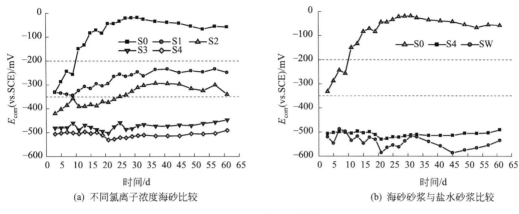

图 17.52　半电池电位

由图 17.52 可知：海砂中氯离子含量对钢筋腐蚀电位影响显著，含盐量越高，腐蚀电位越低；除淡化砂浆 S0 外（氯离子含量近似为 0），海砂砂浆 S1～S4 中钢筋的腐蚀电位均低于 $-200mV$，其中 S3 和 S4 均低于 $-350mV$，即 S3 和 S4 砂浆中的钢筋已经处于活化状态；盐水砂浆中钢筋的腐蚀电位略负于海砂砂浆，且由于氯离子浓度（质量分数）达到 0.83%，两者均处于活化状态。

3. 腐蚀电流密度

腐蚀电流密度指标（I_{corr}）一般用于评价钢筋锈蚀快慢，依据表 17.33 建议的判断标准，当腐蚀电流密度测试值低于 $0.2\mu A/cm^2$ 时，可认为钢筋处于钝化状态；当腐蚀电流密度测试值介于 $0.2\sim0.5\mu A/cm^2$ 之间时，钢筋锈蚀率为低；当腐蚀电流密度测试值介于 $0.5\sim1.0\mu A/cm^2$ 之间时，钢筋锈蚀率为中；当腐蚀电流密度测试值高于 $1.0\mu A/cm^2$ 时，钢筋锈蚀率为高。

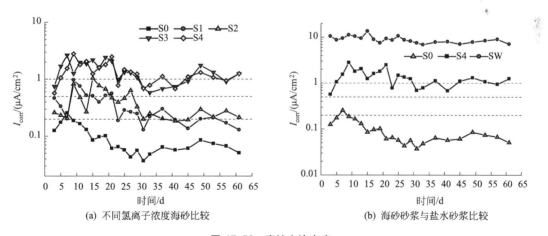

图 17.53　腐蚀电流密度

砂浆试件中钢筋腐蚀电流密度随养护龄期的变化曲线分别如图 17.53 所示，其中图 17.53(a) 为不同氯离子浓度的海砂砂浆对比，图 17.53(b) 为海砂砂浆与盐水砂浆对比图。为更好地区分腐蚀速率状态，在腐蚀电流密度图 17.53 中引入电流为 $0.2\mu A/cm^2$、$0.5\mu A/cm^2$ 和 $1.0\mu A/cm^2$ 的三条水平虚线。

由图 17.53 可知：28d 龄期前，除淡化砂浆 S0 外，海砂砂浆 S1～S4 中的钢筋腐蚀电流

密度均高于 $0.2\mu A/cm^2$，且波动较大；随龄期增长，S1 和 S2 中的钢筋腐蚀电流密度逐渐接近 $0.2\mu A/cm^2$，并趋于平稳，说明砂浆中钢筋接近于钝化状态；S3 和 S4 中的钢筋腐蚀电流密度则一直高于 $0.5\mu A/cm^2$，部分龄期测点甚至高于 $1.0\mu A/cm^2$，说明砂浆中钢筋处于高锈蚀速率状态；SW 中钢筋的腐蚀速率显著高于 S4，达到 $10.0\mu A/cm^2$，但 S4 和 SW 中钢筋的腐蚀电位并不能体现这种腐蚀速率的差异性。

4. 电阻率

混凝土或砂浆为钢筋腐蚀的电化学反应提供离子导电通路，其导电性能可用电阻率表征，其大小可用来评价钢筋锈蚀快慢。砂浆试件的电阻率随养护龄期的变化曲线分别如图 17.54 所示，其中图 17.54(a) 为不同氯离子浓度的海砂砂浆对比，图 17.54(b) 为海砂砂浆与盐水砂浆对比。依据表 17.33 建议的判断标准，在图 17.54 中引入电阻率为 $10k\Omega\cdot cm$、$50k\Omega\cdot cm$ 和 $100k\Omega\cdot cm$ 三条水平虚线。

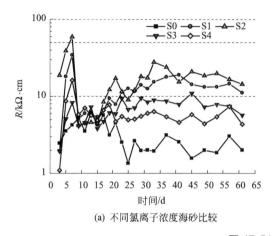

(a) 不同氯离子浓度海砂比较

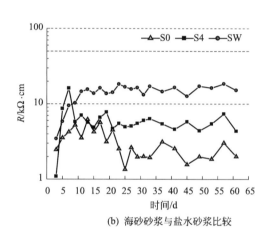

(b) 海砂砂浆与盐水砂浆比较

图 17.54　电阻率

由图 17.54 可知：含有氯离子砂浆 S1～S4 及 SW 的电阻率均高于淡化砂浆 S0，海水砂浆 SW 的电阻率要高于同氯离子浓度的海砂砂浆 S4，这可能与氯离子对水泥水化的促进有一定关联；海砂砂浆中，氯离子含量较高的 S3 和 S4，其电阻率均低于 $10k\Omega\cdot cm$，说明砂浆的离子导电性良好，但电阻率低并不等同于钢筋脱钝或较高的腐蚀速率，对照表 17.33 的评判标准，此时的砂浆电阻率参数仅能说明其已不是钢筋锈蚀的控制因素；砂浆电阻率在水化早期波动较大，随养护龄期的增长，砂浆电阻率波动降低，但并不稳定，这可能与砂浆试件放置环境条件导致的含水率变化以及水泥持续水化有关。

通过以上实验可以得出结论：

① 河砂混凝土、淡化砂混凝土和原砂混凝土的碳化性能基本相当。复合硅酸盐水泥混凝土的抗碳化性能明显不如普通硅酸盐水泥混凝土，其中原砂混凝土的抗碳化性能最差。

② 原砂混凝土中钢筋锈蚀失重率明显高于淡化砂混凝土和河砂混凝土，氯离子的存在会增大混凝土中钢筋锈蚀失重率，减弱混凝土的护筋性。淡化砂混凝土中钢筋锈蚀失重率略大于河砂混凝土，但相差不多。

③ 淡化砂混凝土与原砂混凝土的抗冻性能相差不多，对于强度等级≤C30 的混凝土而言，淡化砂混凝土的抗冻性能略高于原砂混凝土，对于强度等级≥C40 的混凝土而言，原砂混凝土的抗冻性能略优于淡化砂混凝土。

④ 原砂混凝土的抗氯离子渗透性能最差，河砂混凝土的抗氯离子渗透性能最好，淡化

砂混凝土介于二者之间。复合硅酸盐水泥混凝土的抗氯离子渗透性能优于普通硅酸盐水泥混凝土。

⑤ 淡化海砂混凝土的干燥收缩性能与河砂混凝土的干燥收缩性能基本相当，干燥收缩发展规律相同。淡化海砂混凝土的干缩值略低于河砂混凝土，两者相差10％左右。

⑥ 淡化海砂混凝土的受压徐变性能与河砂混凝土的受压徐变性能基本相当，受压徐变值发展规律相同。

⑦ 通过测试砂浆试件中钢筋的半电池电位、腐蚀电流密度和电阻率指标，含氯离子的海砂砂浆或海水砂浆中的钢筋普遍处于高锈蚀速率状态。

对于海砂的应用技术总结如下：经净化处理后，海砂可以应用于建筑工程。应用过程中需要重点关注海砂中氯离子对耐久性能的影响、贝壳含量对混凝土拌合物性能的影响，必须满足现行标准规范《海砂混凝土应用技术规范》（JGJ 206—2010）的规定。标准规范中重点对海砂的性能指标和海砂混凝土的耐久性能指标提出了要求，如表17.34和表17.35所示。

表17.34　海砂的质量要求

项　　目	指标
水溶性 Cl^- 含量（按质量计）/％	≤0.03
含泥量（按质量计）/％	≤1.0
泥块含量（按质量计）/％	≤0.5
坚固性指标/％	≤8
云母含量（按质量计）/％	≤1.0
轻物质含量（按质量计）/％	≤1.0
硫化物及硫酸盐含量（折算为 SO_3，按质量计）/％	≤1.0
有机物含量	符合现行行业标准 JGJ 52 《普通混凝土用砂、石质量及检验方法标准》的规定

表17.35　海砂混凝土耐久性能要求

项目		技术要求
碳化深度/mm		≤25
抗硫酸盐等级（有抗硫酸盐侵蚀性能要求时）		≥KS60
抗渗等级		≥P8
抗 Cl^- 渗透	28d 电通量/C	≤3000
	84d RCM Cl^- 迁移系数/$(10^{-12} m^2/s)$	≤4.0
抗冻等级（有抗冻性能要求时）		≥F100
碱-集料反应（52 周膨胀率）/％		≤0.04

通过合理的配制技术，获得的海砂混凝土，其抗压强度、劈拉强度、抗折强度、轴压强度和弹性模量等力学性能与河砂混凝土基本相当，贝壳和轻物质基本不会影响钢筋的握裹力。因此，结构设计可以按照普通混凝土进行。

淡化海砂混凝土耐久性优良，同条件下与河砂混凝土基本相当。但随着 Cl^- 等有害物质含量的增加，以钢筋锈蚀为主要指标的耐久性能显著下降。应注意控制海砂混凝土的基本耐久性指标。

净化海砂混凝土的干燥收缩性能和徐变性能与河砂混凝土的干燥收缩性能基本相当，干燥收缩发展规律相同。净化海砂混凝土的干缩值略低于河砂混凝土，两者相差10％左右。

参考文献

[1] 洪乃丰.海砂腐蚀与"海砂屋"危害.工业建筑,2004,34(11):65-67.

[2] 赵毛媛.海砂淡化技术的开发应用.建材工业信息,1999(4):9-10.

[3] 石玉臣,方长青,刘长春,等.山东省近海砂矿分类及其基本特征.海洋地质与第四纪地质,2004,24(2):89-93.

[4] 王圣洁,杨子赓,吴桑云,陈江.中国滨海建筑砂开采的环境地质问题和可持续发展对策.海洋地质动态,2000,16(1):5-8.

[5] 王圣洁,刘锡清,戴勤奋,等.中国海砂资源分布特征及找矿方向.海洋地质与第四纪地质,2003,23(3):83-89.

[6] 曹雪晴,谭启新,张勇,等.中国近海建筑砂矿床特征.岩石矿物学杂志.2007,26(2):164-170.

[7] 王圣洁,杨子赓,吴桑云,陈江.中国滨海建筑砂开采的环境地址问题和可持续发展对策.海洋地址动态,2000(1):5-8.

[8] 傅建彬.海砂建筑材料资源化几个关键技术的研究[D].武汉:武汉大学,2005.

[9] 陈坚,胡毅.我国海砂资源的开发与对策.海洋地质动态,2005(7):4-8.

[10] 黄华县.海砂混凝土耐久性试验研究[D].广州:暨南大学,2007.

[11] Koichi Soeda,Takao Ichimura. Present state of corrosion inhibitors in Japan. Cement & Concrete Composites,2003(25):117-122.

[12] 郑荣跃,袁丽莉,贺智敏.宁波地区的海砂问题及其对策.混凝土,2004(10):22-24.

[13] 舟山市建筑工程质量监督站.加强海砂质量研究与应用管理,进一步提高建设工程质量.2004.

[14] 干伟忠,Alois Boes.海砂对钢筋混凝土结构耐久性影响的试验研究.工业建筑,2002,32(2):8-11.

[15] 肖建庄,卢福海,孙振平.淡化海砂高性能混凝土氯离子渗透性研究.工业建筑,2004,34(5):4-6.

[16] Al-Harthy A S,Abdel Halim M,Taha R,Al-Jabri K S. The Properties of Concrete Made with Fine Dune Sand. Construction and Building Materials,21(2007):1803-1808.

[17] Mindess S,Young J F,Darwin D. Concrete(SECOND EDITION). Pearson Education Inc,2003:119.

[18] Dias W P S,Seneviratne G A P S N,Nanayakkara S M A. Offshore sand for reinforced concrete. Construction and Building Materials,article in press,available on line in 2007.

[19] 陈士强,罗春燕,苏珠琨,钟志能.HEC海砂混凝土性能及其在康熙岭海堤建设中的应用.广西水利水电,2004(3):2-7.

[20] 史美鹏.卢福海.淡化海砂在高性能混凝土中的应用研究.混凝土.2004(4):63-66.

[21] Ismail H Ca gatay. Experimental evaluation of buildings damaged in recent earthquakes in Turkey. Engineering Failure Analysis,2005 (12):440-452.

[22] Woo-Yong Jung,Young-Soo Yoon,Young-Moo Sohn. Predicting the remaining service life of land concrete by steel corrosion. Cement and Concrete Research,2003(33):663 - 677

[23] Kaushik S. K,Islam S. Suitability of sea water for mixing structural concrete exposed to a marine environment. Cement & Concrete Composites,1995(17):177-185.

[24] Mitsunori Kawamura and Seiji Komatsu. Behavior of various ions in poresolution in nacl-bearing mortar with and without reactive aggregate at early ages. Cement and Concrete Research,1997,27(1):29-36.

[25] Dong-Oh Cho. Challenges to sustainable development of marine sand in Korea. Ocean & Coastal Management,2006(49):1-21.

[26] 洪乃丰.海砂对钢筋混凝土的腐蚀与对策.混凝土,2002(8):12-14.

[27] 洪乃丰.钢筋阻锈剂与结构物寿命期.工业建筑.1997(7):34-39.

[28] 郭五顺,郭自立,张志玲.海砂、粉煤灰、海砂石空心砌块的研发、生产及效应分析.粉煤灰.2004(4):10-12.

[29] 周永祥.关于赴宁波、舟山进行海砂取样与调研的工作报告(中国建筑科学研究院内部资料).2007.

[30] Suryavanshi A K,Scantlebury J D,Lyon S B. Mechanism of Friedel's salt formation in cements rich in tri-calcium aluminate. Cement and Concrete Research,1996(26):717-727.

[31] Diamond S. chloride concentration in concrete pore solutions resulting from calcium and sodium chloride admixtures. Cement concrete and aggregates,1996,8(2):97-102.

[32] Surgavanshi A K,Swamy R N. Stability of Friedel's salt in carbonated concrete structural elements. Cement and Concrete Research, 1996,26(5):729-741.

[33] Enevoldsen J N,Hansson C M.,Hope B. B. Binding of chloride in mortar containing admixed or penetrated chlorides. Cement and Concrete Research,1994,24(8):1525-1533.

[34] 马红岩,邢锋,董必钦,刘伟,霍元.海砂混凝土中的氯离子结合特性研究.低温建筑技术,2007(6):1-3

[35] 李家仁.氯盐对硅酸盐水泥硬化动力学的影响.建材发展导向,1991(3):32,35-36.

[36] Haque M N,Kayyali O A. Free and water soluble chloride in concrete. Cement and Concrete Research,1995(25):531-542.

[37] Tang L,Nilsson L-O. Chloride binding capacity and binding isotherms of OPC pastes and mortars. Cement and Concrete Research,1993 (23):247-253.

[38] 亢景富.混凝土硫酸盐侵蚀研究中的几个基本问题.混凝土,1995(3):9-18.

[39] 薛君玕.钙矾石相的形成、稳定和膨胀.硅酸盐学报,1983(2):247-251.

［40］ 牛荻涛．混凝土结构耐久性与寿命预测．北京：科学出版社，2003：36.

［41］ 金伟良，赵羽习．混凝土结构耐久性．北京：科学出版社，2002：55.

［42］ 金伟良，赵羽习．混凝土结构耐久性研究的回顾与展望．浙江大学学报，2002，36（4）：371-381.

［43］ 金伟良，赵羽习．混凝土结构耐久性．北京：科学出版社，2002，94-95.

［44］ 田冠飞．氯离子环境中钢筋混凝土结构耐久性与可靠性研究．北京：清华大学，2006.

［45］ 洪定海．混凝土中钢筋的腐蚀与保护．北京：中国铁道出版社，1998.

［46］ 马红岩，邢锋，董必钦，刘伟，霍元．海砂混凝土中的氯离子结合及钢筋锈蚀特性研究．全国高等学校建筑材料学科研究会第二届研究生论坛论文集．2007.

［47］ 洪乃丰．海砂腐蚀与"海砂屋"危害．工业建筑，2004，34(11)：65-67.

［48］ 冷发光，田冠飞，丁威，张仁瑜．海砂在建设工程中的应用现状——综述∥第三届国际智能、绿色建筑与建筑节能大会论文集．北京：中国建筑工业出版社，2007.

［49］ 洪乃丰．海砂的利用与钢筋锈蚀的防护．建筑技术，1996，23(1)：46-49.

［50］ 金伟良，赵羽习．混凝土结构耐久性．北京：科学出版社，2002：96.

［51］ 赵铁军．混凝土渗透性．北京：科学出版社，2006：131.

［52］ Alonso C，Castellote M，Andrade C. Chloride threshold dependence of pitting potential of reinforcements. Electrochimica Acta，2002(47)：3469-3481.

［53］ 刘秉京．混凝土结构耐久性设计．北京：人民交通出版社，2007.

［54］ Alonso C，Andrade C，Castellote M，Castro P. Chloride threshold values to depassivate reinforcing bars embedded in a standardized OPC mortar. Cement and Concrete Research，2000(30)：1047-1055.

［55］ Hussain S. E，Rasheeduzzafar S. E，Al-Musallam A，Al-Gahtani A. S. Factors affecting threshold chloride for reinforcement corrosion in concrete，Cement and Concrete Research，1995(25)：1543-1555

［56］ セメソト・コソクリート．王敏之，程远声译．1978(12)：8-14.

［57］ 洪定海．沿海地区钢筋混凝土用海砂问题及对策．混凝土，2003(2)：17，63.

［58］ 建设部办公厅．建设部关于严格建筑用海砂管理的意见．建标[2004]143号，2004.

［59］ GB/T 148684—2001 建筑用砂．

［60］ JGJ 52—2006 普通混凝土用砂、石质量及检验方法标准．

［61］ CECS 40—1992 混凝土及预制混凝土构件质量控制规程．

［62］ JTJ 275—2000 海港工程混凝土结构防腐蚀技术规范．

［63］ 宁波地区建筑用海砂技术规定（试行），1993.

［64］ 宁波市建设委员会，宁波市经济委员会．宁波市建筑工程使用海砂管理规定（试行）（宁建科[2003]358号），2003.

［65］ GB 50010—2002 混凝土结构设计规范．

［66］ GB/T 14902—2003 预拌混凝土．

［67］ GB 50164—92 混凝土质量控制标准．

［68］ AS2758. 1—1998 Aggregates and rock for Engineering Purposes—Part1：Concrete Aggregates.

［69］ ACI318-08Building Code Requirements for Structural Concrete and Commentary.

［70］ ACI201. 2R-01 Guide to Durable Concrete.

［71］ ACI222R-01 Protection of Metals in Concrete Against Corrosion.

［72］ BS EN206-1：2000 Concrete—Part1：Specification，performance，production and conformity.

［73］ 刘秉京．混凝土结构耐久性设计．北京：人民交通出版社，2007：191.

第十八章
建筑垃圾的绿色化利用

建筑垃圾是指建设、施工单位或个人对各类建筑物、构筑物等进行建设、拆迁、修缮及居民装饰房屋过程中所产生的固体废物。建筑垃圾按照来源可分为土地开挖、道路开挖、旧建筑物拆除、建筑施工和建材生产垃圾五类。近年来，随着我国经济的迅速发展，大规模的建设开展，建筑垃圾堆积如山，人们对建筑材料的需求量越来越大，从而对环境造成的压力也越来越大。

人们要改变对建筑垃圾的传统认识和将其一扔了之的做法，要充分认识到建筑垃圾是一种可再生资源，其资源化利用对于建设资源节约型、环境友好型社会的重要性和紧迫性。

第一节　建筑垃圾的资源化及其处理技术

一、建筑垃圾资源化利用的意义

我国每年新建房屋约 6.5 亿平方米，每平方米排出垃圾约 0.5～0.6t，全年仅施工建设产生和排出的建筑垃圾近 4 亿吨。除此之外，旧建筑物的拆除垃圾也不容忽视，每年仅房屋拆除垃圾约为数亿吨。解放初期浇筑的许多混凝土与钢筋混凝土结构物，大部分已经进入了老化毁坏阶段，城市改造建设也会拆除部分老的建筑，解体混凝土今后将越来越多。目前，我国建筑垃圾大部分未经处理直接掩埋由此造成的危害见表 18.1。

表 18.1　建筑垃圾的危害

污染土壤	随着城市建筑垃圾量的增加，垃圾堆放点也在增加，垃圾堆放场的面积也在逐渐扩大。此外，露天堆放的城市建筑垃圾在种种外力作用下，较小的碎石块也会进入附近的土壤，改变土壤的物质组成，破坏土壤的结构，降低土壤的生产能力
影响空气质量	建筑垃圾在堆放过程中，在温度、水分等因素的作用下，某些有机物质发生分解，产生有害气体；垃圾中的细菌、粉尘随风飘散，造成对空气的污染；少量可燃建筑垃圾在焚烧过程中会产生有毒的致癌物质，对空气造成二次污染
污染水域	建筑垃圾在堆放和填埋过程中，由于发酵和雨水的淋溶、冲刷，以及地表水和地下水的浸泡而渗滤出的污水，会造成周围地表水和地下水的严重污染。垃圾渗滤液内不仅含有大量有机污染物，而且还含有大量金属和非金属污染物，水质成分很复杂。一旦饮用这种受污染的水，将会对人体造成很大的危害
破坏市容，恶化市区环境卫生	城市建筑垃圾占用空间大，堆放杂乱无章，与城市整体形象极不协调，工程建设过程中未能及时转移的建筑垃圾往往成为城市的卫生死角。混有生活垃圾的城市建筑垃圾如不能进行适当的处理，一旦遇雨天，脏水污物四溢，恶臭难闻，并且往往成为细菌的滋生地。以北京为例，据相关资料显示：奥运工程建设前对原有建筑的拆除，以及新工地的建设，北京每年都要设置 20 多个建筑垃圾消纳场，造成不小的土地压力

安全隐患	大多数城市建筑垃圾堆放地的选址在很大程度上具有随意性,留下了不少安全隐患。施工场地附近多成为建筑垃圾的临时堆放场所,由于只图施工方便和缺乏应有的防护措施,在外界因素的影响下,建筑垃圾堆出现崩塌,阻碍道路甚至冲向其他建筑物的现象时有发生

建筑垃圾的循环再生利用无疑是垃圾减量化、资源化,环境保护与可持续发展的重要方向。由于建筑垃圾没有一个规范的渠道进行统计,加之建筑垃圾的概念也不尽一致,所以目前建筑垃圾的产量没有一个权威的统计数据,但是专家的估计值每年约为 10 亿多吨,数量十分巨大。如不资源化利用,每年则需要大量的填埋场;如果采用露天堆放,不仅占用大量土地,还影响环境,特别容易导致雾霾天气。现在垃圾围城现象在国内并不罕见,其资源化利用迫在眉睫。如此巨大的建筑垃圾如果作为集料资源加以利用,不仅可以减少对天然集料的消耗,减轻采石采砂对山体和河床的破坏,同时也减少了对环境的污染。可见建筑垃圾资源化利用对节约资源和减轻环境负荷具有双重和双倍的效益!

混凝土材料是人类文明建设中不可缺少的物质基础。是近代最广泛使用的建筑材料,是当前最大宗的人造材料,它在市政、桥梁、道路、水利以及军事领域发挥着不可替代的作用和功能,成为现代社会文明最重要的物质基石。随着人类文明的不断进步,混凝土材料的人均消费量越来越大,与此同时产生的环境污染问题也越来越显著。根据欧洲水泥协会统计资料,1900 年时全世界水泥总产量约为 1000 万吨,如果以每立方米混凝土平均水泥用量为 250kg 计算,则 1900 年全世界浇筑的混凝土仅为 4000 万立方米;到了 1998 年,全世界混凝土的总产量达到 64 亿立方米,人均年消费混凝土超过 $1m^3$。2013 年我国水泥混凝土用量已超过 60 亿立方米,这需要消耗水泥 20 多亿吨、砂石 100 多亿吨。每生产 1t 水泥消耗石灰石 1.10t,0.25t 黏土,115kg 煤和 108kW·h 电,还有其他辅助材料,并且产生 1t CO_2。可见水泥混凝土工业不仅消耗巨大能源与资源,而且排出大量 CO_2 和 NO_x,污染环境。

由于建筑垃圾资源化利用的主要途径是作为集料使用,其生产的产品是多种多样的,配方也不固定,很难对再生产品的绿色度进行准确的推定。但是建筑垃圾再生集料在混凝土及其制品中资源化利用时的取代天然集料的比例一般为 50%～100%,可以简单地理解为再生建材在原料方面的绿色度可以提升 50%～100%,意义十分巨大。

长期以来,由于砂石集料来源广泛易得,价格低廉,被认为是取之不尽、用之不竭的原材料而不被重视,随意开采,甚至滥采滥用,结果造成山体滑坡,河床改道,严重破坏自然环境。而且随着世界人口的日益增多,建筑业作为国民经济的支柱产业也有了突飞猛进的发展,对砂石集料的需求量不断增长。由于长期开采造成的资源枯竭,使得原有砂石集料源源不断的现象也不复存在,建筑业的可持续发展与集料短缺的矛盾日益突出。在一定意义上讲,天然砂石属于不可再生资源,它们的形成需要漫长的地质年代。如果不加限制地开采,不久我们将面临天然集料短缺,就如当前的煤炭、石油、天然气短缺一样。

利用建筑垃圾制备再生集料,生产绿色建材,不但可以实现建筑垃圾的无害化、减量化,解决废弃混凝土等建筑垃圾的消纳问题,而且可以减轻建筑业对天然集料的过度开采和依赖。建筑市场对集料的巨大需求决定了再生集料具有广阔的市场产业化前景。再生集料推广应用具有巨大的社会效益、经济效益和环境效益,符合可持续发展战略需要。

二、我国建筑垃圾资源化利用存在的问题

建筑垃圾的利用不仅仅是个技术问题,要能真正有效地利用,还涉及社会、经济、环境等诸多问题,是个系统工程,需要全社会的广泛参与。

（1）组织问题　垃圾的处理和利用是一个系统工程，涉及社会的各个层面，如何处理就有个组织协调问题。如建筑垃圾由谁解决？由谁提供？建筑垃圾利用工作由谁来牵头？由谁来组织协调等，全国还没有一个成熟的管理模式。

（2）处理问题　通常建筑垃圾无法直接利用，必须进行分拣、分类和相应的处理后方能利用。用建筑垃圾作混凝土集料必需破碎、强化、筛分分级、清洗堆存。用水清洗是将在破碎筛分过程中附着在颗粒表面的浮尘、泥土用水洗干净，保证所配混凝土的性能。国内建筑垃圾资源化处理技术还没有普及，再生产品品种不够完善，而且再生产品还不能很好地被市场所接纳。

（3）环境问题　建筑垃圾运输、加工和堆放时，会产生一定污染，而且目前建筑垃圾还无法全部利用，只能选择性地利用其中一部分，对于不能利用的部分和生产中的污水等怎样处置乃是一个问题，需慎重研究，否则仍会对环境造成污染。

（4）经济问题　建筑垃圾废料只有经过加工利用处理才产生新的价值。垃圾的搜集，运输、堆存、分拣、破碎、筛分等都需要投入资金，除金属、木制品、拆除后经过清理的砖通过废品回收利用取得一些回报以外，对于用废砖、废混凝土加工的集料及配制的混凝土及其空心砌块、混凝土空心隔墙板等再生产品的附加值都很低，而制造成本一般要高于用新的天然原料制造的产品，常常使利用者无利可图，直接影响企业的积极性。因此，政府必须通过多种渠道给予政策和经济上补助，使利用者受益。

（5）政策问题　目前促进建筑垃圾利用的政策法规措施还不健全，已有的政策怎样落实，由哪一个部门组织协调，怎样解决堆存用地，经济上如何扶持，政策法规上如何引导等问题还没有很好地解决。政府应加强建筑垃圾组织、搜集、运输等管理工作，逐步限制建筑垃圾堆存用地，为建筑垃圾源化生产用地、再生产品的生产制定优惠政策，鼓励工程建设中优先使用建筑垃圾再生产品。

综上所述，建筑垃圾利用不只是简单地解决几个利用技术问题，要按系统工程的思路系统地解决问题。目前人们热衷于仅在技术层面上工作，而未涉及政策层面，更没有认真地研究解决经济、市场层面的问题。建筑垃圾的利用是一项长期的艰苦仔细的工作，既要科技工作者研究，各企事业单位关心，更需要有各级政府部门的大力支持。

三、建筑垃圾的构成

不同结构体系的建筑物拆除后产生的建筑垃圾构成存在较大差异，见图18.1。

四、建筑垃圾的处理技术

混凝土作为最大宗的建筑材料，其生产需要大量的天然砂石集料（骨料）。每生产 $1m^3$ 混凝土大约需要 $1700\sim2000kg$ 的砂石集料，对砂石集料如此巨大的需求，必然导致大量的开山采石，破坏生态环境。我国与其他国家一样，许多老建筑物已达到了使用寿命，加之城区改造等工程，每年拆除的废混凝土量十分巨大，并呈逐年增多的趋势。若将这些由解体而产生的混凝土作为废弃物进行掩埋处理，无论是在环境保护方面，还是在资源利用方面，都非上策。

为解决上述问题，废混凝土再生利用的课题摆在了人们面前。利用废混凝土制备出高品质的再生集料，不仅可以节省天然集料资源，而且还可以减少废混凝土对环境的污染。因此，建筑废物的资源化处理是当今世界众多国家，特别是发达国家的环境保护和可持续发展战略追求的目标之一。

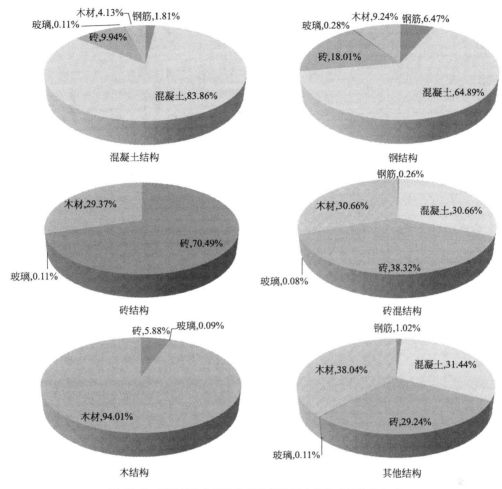

图 18.1　不同结构体系的建筑物拆除后产生的建筑垃圾构成

1. 国外建筑垃圾处理技术

第二次世界大战之后，日本、苏联、美国、德国、英国、丹麦、荷兰等国家都开始了对废混凝土进行有效处理和再生利用的研究工作，其中苏联早在 1946 年就研究了废混凝土再生利用的可能性。随着环保意识的不断深化，世界各国都在加强废混凝土再生利用的技术研究，再生混凝土技术已成为国外工程界和学术界共同关注的热点和前沿课题。日本、美国、德国等国家凭借经济实力与科技优势，发展了许多再生集料制备技术及再生集料混凝土应用技术，有的国家已制定了相应的技术标准，并得到了推广应用。

(1) 日本　日本对废混凝土处理技术的研究始于 20 世纪 70 年代。早在 1977 年，日本建筑业协会（BCS）就制定了《再生集料和再生混凝土使用规范（案）·同解说》规定再生粗集料的吸水率为 7％以下。1992 年，日本建设省提出了《建筑副产物的排放控制以及再生利用技术的开发》的 5 年发展规划，于 1994 年制定了《不同用途下混凝土副产物暂定质量规范（案）》，并于 1996 年推出了《资源再生法》，为废混凝土等建筑副产品的再生利用提供了法律和制度保障。据统计，2005 年日本全国建筑废物资源总利用率达到 85％，其中废混凝土的排放量约为 3200 万吨，废混凝土再生利用 3100 多万吨，再资源化率高达 98％。但其中大部分用于公路路基材料中，作为再生集料所使用的比例不足 20％。此外，日本已经对再生混凝土的吸水性、强度、配合比、收缩、碳化、抗冻性等进行了系统研究。

（2）德国　第二次世界大战之后，德国已经有了将废砖经破碎后作为混凝土材料使用的经验，是较早开始对废混凝土进行再生利用研究的国家之一。在德国，拆除的废混凝土约为0.3t/（年·人），这一数字在今后几年还会继续增长。目前德国再生混凝土主要用于公路路面，德国 Lower saxong 的一条双层混凝土公路采用了再生混凝土，该混凝土路面总厚度26cm，底层19cm采用再生混凝土，面层7cm采用天然集料配制的混凝土。1997年德国实施再生利用法，1998年8月制定了《混凝土再生集料应用指南》，要求采用再生集料配制的混凝土必须完全符合天然集料混凝土的国家标准，在再生混凝土开发应用方面稳步发展，取得了一系列的成果。1994年德国建筑废物资源利用率为17%，其中废混凝土的排放量约为4500万吨，再生利用870万吨，再资源化率为18%。而其中大部分用在公路路基材上。德国再生集料技术标准，将再生粗集料分为四个等级，并对再生集料的最小密度、矿物成分、沥青含量、最大吸水率等作了详细规定。

（3）美国　美国政府制定的《超级基金法》规定："任何生产有工业废物的企业，必须自行妥善处理，不得擅自随意倾卸"。1982年，在美国混凝土集料标准 ASTM C-33-82 中已规定废混凝土块经破碎后可作为粗集料、细集料来使用，但没有制定相应的再生集料技术标准。美国陆军工程协会（SAME）在有关规范和指南中鼓励使用再生混凝土集料。美国明尼苏达州运输局标准和俄亥俄州运输局标准都规定了再生混凝土作为道路铺装材料时的使用条件和试验方法。1996年美国建筑废物资源利用率为20%～30%，根据国内加工设备能力推算其废混凝土的再生利用量约为5000万吨（含沥青混凝土）。

（4）荷兰　荷兰由于国土面积狭小，人口密度大，再加上天然资源相对匮乏的原因，对建筑废物的再生利用十分重视，是最早开展再生集料混凝土研究和应用的国家之一，其建筑废物资源利用率位居欧洲第1位。荷兰利用废弃的混凝土做集料生产再生混凝土，并对其强度、吸水性、收缩等特性进行了研究。1996年荷兰建筑废物排放量约为1500万吨，其中废混凝土的再资源化率高达90%以上。自1997年起，该国禁止对建筑废物进行掩埋处理，建筑废物的再利用率几乎达到了100%。

（5）丹麦　丹麦是建筑废物有效利用技术比较成熟的国家，最近10～15年间，其建筑废物再利用率达到75%以上，超过了丹麦环境能源部门于1997年制定的60%的目标。最近，丹麦政府的政策目标从单纯的废弃物再利用开始向建筑材料的全生命周期管理模式的方向发展。1997年丹麦建筑废物资源利用率为75%，其中废混凝土的排放量约为180万吨，再生利用175万吨，再资源化率高达97%。

（6）韩国　韩国是继日本之后，较早着手研究废混凝土的处理与再生利用的亚洲国家之一。韩国国家标准（KS）针对废混凝土再生集料、道路铺装用再生集料以及废沥青混凝土再生集料制定了相关技术标准。国家交通部制定了《建筑废物再利用要领》，根据不同利用途径对质量和施工标准作了规定。环境部制定了《再生集料最大值数以及杂质含量限定》，对废混凝土用在回填土等场合时的粒径、杂质含量做了限定。2001年韩国建筑废物资源利用率为86%，其中废混凝土的排放量约为2410万吨，占建筑废物整体的61%。

总的来说，从20世纪70年代末开始，日本、德国、荷兰和美国等发达国家在废混凝土回收利用方面的发展速度很快，取得了一系列的成果并积极将其推广应用于实际工程中。综合起来看，国外的研究主要集中在研究废混凝土作为再生集料的技术，解决循环利用的技术难题，努力扩大再生集料的应用范围；再生集料和再生混凝土的分类和基本性能研究、原混凝土对再生混凝土性能的影响、制定再生集料和再生混凝土的技术规范，为其应用提供技术依据；研究制定相配套的法律法规，鼓励再生集料和再生混凝土的应用。

2. 国内建筑垃圾处理技术

目前，随着全球资源的缩减以及由建筑废物引发的环境问题、经济问题和社会问题的日益突出，我国政府越来越重视资源的回收利用问题，大力提倡和发展建筑废物的再利用。政府制定的中长期科教兴国和社会可持续发展战略，鼓励开展建筑废物再利用的研究和应用，并已对再生混凝土的开发利用进行立项研究。1997年建设部将"建筑废渣综合利用"列入了科技成果重点推广项目。2002年上海市科委设立重点项目，对废混凝土的再生与高效利用关键技术展开了较为系统的研究。2004年交通部启动了"水泥混凝土路面再生利用关键技术研究"。2004年国家科技部将"建筑垃圾资源化利用"列入了"十五"科技攻关子课题。2006年科技部将"建筑垃圾再生产品的研究开发"列入国家"十一五"科技支撑计划。2011年科技部又将"固体废物本地化资源利用"列入国家"十二五"科技支撑计划，其中大部分内容涉及建筑垃圾资源化利用研究内容。

近年来，国内一些专家学者在废混凝土利用方面进行了一些基础性的研究，并取得了一定的研究成果。上海、北京等地区的一些建筑公司对建筑废物的回收利用也作了一些有益的尝试。一些高校、科研院所的研究工作得到了相关部门的资助，我国对再生混凝土的研究正在蓬勃兴起，已成为混凝土学术界和工程界关注的热点和前沿问题之一。

总之，废混凝土再生利用已成为混凝土研究领域中的一个热点问题。在实际应用中，国内的情况与国外尚有一定的差距，通常缺乏废混凝土的相关鉴定分级标准，控制再生混凝土的质量就有一定的困难。因而在使用时，必须对再生集料和再生混凝土的性能进行测试。再生混凝土的大规模应用还存在诸多的问题，一些基本指标和技术参数还不完备，因而再生混凝土的系统研究尤为必要。

3. 简单破碎再生集料的特点及其品质提升的必要性

（1）简单破碎再生集料的特点　简单破碎再生集料棱角多、表面粗糙、组分中还含有硬化水泥砂浆，再加上混凝土块在破碎过程中因损伤累积在内部造成大量微裂纹，导致再生集料自身的孔隙率大、吸水率大、堆积空隙率大、压碎指标值高、堆积密度小，性能明显劣于天然集料。

不同强度等级混凝土通过简单破碎与筛分制备出的再生集料性能差异很大，通常混凝土的强度越高制得的再生集料性能越好，反之再生集料性能越差。不同建筑物或同一建筑物的不同部位所用混凝土的强度等级不尽相同，因此将建筑垃圾中的混凝土块直接破碎、筛分制备的再生集料不仅性能差，而且产品的质量离散性也较大，不利于产品的推广应用，只能用于低强度的混凝土及其制品。

（2）简单破碎再生集料混凝土的性能　利用简单破碎再生集料制备的再生混凝土用水量较大、强度低、弹性模量低，而且抗渗性、抗冻性、抗碳化能力、收缩、徐变和抗 Cl^- 渗透性等耐久性能均低于普通混凝土，只能用于制备低等级混凝土。

（3）再生集料品质提升的必要性　简单破碎再生集料品质低，严重影响到所配制混凝土的性能，限制了再生混凝土的应用。为了充分利用废混凝土资源，使建筑业走上可持续发展的道路，必须进行强化处理来提高再生集料的品质，即对再生集料进行强化处理。再生集料的强化方法可以分为化学强化法和物理强化法。

4. 再生集料品质提升技术简介

考虑到化学强化法的效果不理想，且代价过高，没有推广应用价值，本章只对物理强化法进行介绍。所谓物理强化法是指使用机械设备对简单破碎的再生集料进一步处理，通过集料之间的相互撞击、磨削等机械作用除去表面黏附的水泥砂浆和颗粒棱角的方法。物理强化方法主要有立式偏心装置研磨法、卧式回转研磨法、加热研磨法、颗粒整形强化法和磨内研磨法等几种方法。

（1）立式偏心装置研磨法　由日本竹中工务店研制开发的立式偏心装置研磨法的工作原理如图18.2所示。该设备主要由外部筒壁、内部的高速旋转的偏心轮和驱动装置所组成。设备构造类似于锥式破碎机，不同点是转动部分为柱状结构，而且转速快。立式偏心研磨装置的外筒内直径为72cm，内部的高速旋转的偏心轮的直径为66cm。预破碎好的物料进入到内外装置间的空腔后，受到高速旋转的偏心轮的研磨作用，使得黏附在集料表面的水泥浆体被磨掉。由于颗粒间的相互作用，集料上较为突出的棱角也会被磨掉，从而使再生集料的性能得以提高。

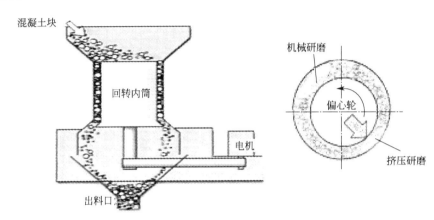

图 18.2　立式偏心装置研磨设备示意图

立式偏心装置研磨法处理加工厂的全貌如图18.3所示，处理过程如图18.4所示。通过预处理装置去除大于40mm和小于5mm的颗粒，使中间粒度的颗粒进入偏心轮装置，进行二次处理。如果处理后的再生集料不能满足高品质再生集料的要求，可多次重复处理。

图 18.3　立式偏心装置研磨法处理加工厂的全貌

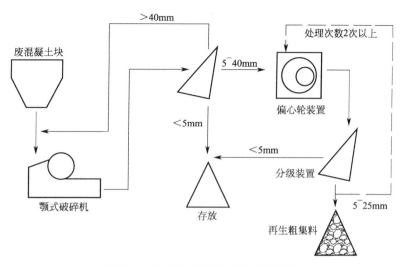

图 18.4　立式偏心装置研磨法处理过程

通过本方法得到的再生集料的性能见表18.2，外观品质如图18.5所示。

表 18.2　立式偏心装置研磨法生产的再生粗集料性能

项目	原集料	再生集料
表观密度/(g/cm³)	2.53	2.46
吸水率/%	1.26	2.75

图 18.5　立式偏心装置研磨法再生粗集料外观品质

（2）卧式回转研磨法　由日本太平洋水泥株式会社研制开发的卧式强制研磨设备外形如图18.6所示，其内部构造如图18.7所示，该设备十分类似于倾斜布置的螺旋输送机，只是将螺旋叶片改造成带有研磨块的螺旋带，在机壳内壁上也布置着大量的耐磨衬板，并且在螺旋带的顶端装有与螺旋带相反转向的锥形体，以增加对物料的研磨作用。进入设备内部的预破碎物料，由于受到研磨块、衬板以及物料之间的相互作用而被强化。

卧式回转研磨法处理加工厂的全貌如图18.8所示。卧式回转研磨法的主要过程是：通过预处理装置去除大于40mm和小于5mm的颗粒，使中间粒度的颗粒进入到带有研磨块的螺旋回转装置，进行再次处理，如图18.9所示。通常一次处理后的再生集料往往不能满足高品质再生集料的要求，需设置多台设备进行多次处理。

图 18.6 卧式强制研磨设备外形

图 18.7 卧式强制研磨设备内部构造

图 18.8 卧式回转研磨法处理加工厂全貌

通过本方法得到的再生集料的性能见表 18.3，外观品质如图 18.10 所示。

表 18.3 卧式回转研磨法生产的再生粗集料性能

项目	原集料	再生集料
表观密度/(g/cm³)	2.55	2.53
吸水率/%	1.55	1.85

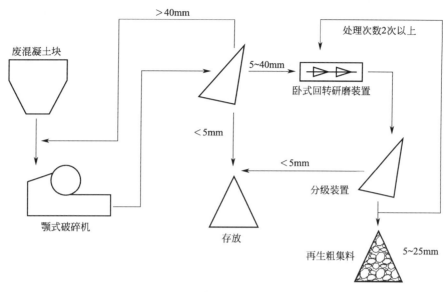

图 18.9 卧式回转研磨法处理过程

图 18.10 卧式回转研磨法再生粗集料外观品质

（3）加热研磨法 日本三菱公司研制开发的加热研磨法的工作原理如图 18.11 所示。初步破碎后的混凝土块经过 300℃左右高温加热处理，使水泥石脱水、脆化，而后在磨机内对其进行冲击和研磨处理，有效除去再生集料中的水泥石残余物。加热研磨处理工艺，不但可以回收高品质的再生粗集料，还可以回收高品质再生细集料和微集料（粉料）。加热温度越高，研磨处理越容易；但是当加热温度超过 500℃时，不仅使集料性能产生劣化，而且加热与研磨的总能量消耗会显著提高 6～7 倍。

加热研磨法工艺流程如图 18.12 所示，处理加工厂全貌如图 18.13 所示。经过初步破碎成 50mm 以下的混凝土块，投入到充填型加热装置内，经 300℃的热风加热使水泥石进行脱水、脆化，物料在双重圆筒形磨机内，受到钢球研磨体的冲击与研磨作用后，粗集料由内筒排出，水泥砂浆部分将从外筒排出。一次研磨处理后的物料（粗集料和水泥砂浆）一同进入到二次研磨装置中。二次研磨装置是以回收的粗集料作研磨体对水泥砂浆部分进行再次研磨。最后，通过振动筛和风选工艺，对粗集料、细集料以及副产品（微粉或粉体）进行分级处理。

通过本制造方法得到的再生集料的性能见表 18.4，外观品质如图 18.14 所示。

表 18.4　再生集料的性能

项目		粗集料	细集料
原集料	表观密度/(g/cm³)	2.62	2.62
	吸水率/%	0.84	1.06
再生集料	表观密度/(g/cm³)	2.59	2.52
	吸水率/%	1.32	2.61

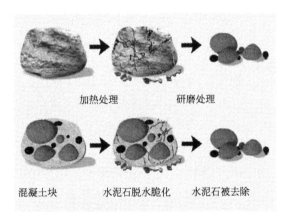

图 18.11　加热研磨法工作原理

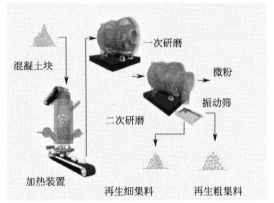

图 18.12　加热研磨法工艺流程

图 18.13　加热研磨法处理加工厂全貌

　　(4) 颗粒整形强化法　所谓颗粒整形强化法，就是通过"再生集料高速自击与摩擦"来去掉集料表面附着的砂浆或水泥石，并除掉集料颗粒上较为突出的棱角，使粒形趋于球形，从而实现对再生集料的强化。该系统由主机系统、除尘系统、电控系统、润滑系统和压力密封系统组成，如图 18.15 所示。

　　颗粒整形设备的结构工作原理如图 18.16 所示，物料由上端进料口加入机内，被分成两股料流。其中，一部分物料经叶轮顶部进入叶轮内腔，由于受离心作用而加速，并被高速抛射出（最大时速可达 100m/s）；另一部分物料由主机内分料系统沿叶轮四周落

(a) 再生粗集料　　　　　　　　(b) 再生细集料

图 18.14　加热研磨法再生集料外观品质

下，并与叶轮抛射出的物料相碰撞。高速旋转飞盘抛出的物料在离心力的作用下填充死角，形成永久性物料曲面。该曲面不仅保护腔体免受磨损，而且还会增加物料间的高速摩擦和碰撞。碰撞后的物料沿曲面下返，与飞盘抛出的物料形成再次碰撞，直至最后沿下腔体流出。物料经过多次碰撞摩擦而得到粉碎和整形。在工作过程中，高速物料很少与机体接触，从而提高了设备的使用寿命。

通过上述几种强化处理工艺可以看出，国外强化工艺设备磨损大、动力与能量消耗大。与之相比，颗粒整形设备易损件少、动力消耗低、设备体积小、操作简便、安装和维修方便，是一种经济实用的加工处理方法。

图 18.15　破碎整形设备外形

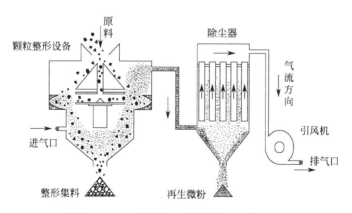

图 18.16　颗粒整形设备的结构和工作原理

为了能够将颗粒整形技术用于再生集料的批量生产，青岛理工大学与青岛荣昌基础有限公司共同设计了一套完整的再生集料生产线，并安装调试，现已投入使用，见图 18.17。

颗粒整形再生集料生产的流程见图 18.18。

① 将废混凝土块放入颚式破碎机进行破碎。

图 18.17　颗粒整形再生集料生产线

②破碎后的混凝土块通过传送带传送至机器筛进行筛分，大于 31.5mm 的颗粒重新送回颚式破碎机进行破碎。

③小于 31.5mm 的颗粒通过传送带进入颗粒整形机，粒形和界面得到强化。

④整形后的颗粒通过传送带进入砂石分界筛，分成细集料和粗集料两股料流。

⑤细集料经过除尘装置，除去粉体，然后通过传送带被输送到细集料堆放场地；粗集料进入分料斗，如需要继续整形，则通过料斗倒入传送带，被送回整形机继续下一遍整形，如不需要继续整形，则直接通过料斗进行堆放。

该生产线制备的再生集料的性能见表 18.5。如在本生产线基础上增加多级破碎、磁选等设备，可以得到更高品质的再生集料。

表 18.5　颗粒整形再生粗集料的性能

参数	微粉含量/%	泥块含量/%	表观密度/(g/cm³)	空隙率/%	吸水率/%
粗集料	0.4	0.5	2.59	48.5	2.9
细集料	5.4	0.3	2.51	43.2	7.3

简单破碎的再生粗集料见图 18.19，集料粒形差、棱角多，表面还含有大量的水泥砂浆。颗粒整形后的再生粗集料见图 18.20，集料表面较干净，而且棱角也较少。

简单破碎再生细集料放大图见图 18.21，颗粒整形再生细集料放大图见图 18.22。简单破碎再生细集料颗粒棱角较多，用手抓、捧时有明显的刺痛感，整形后颗粒棱角较少。

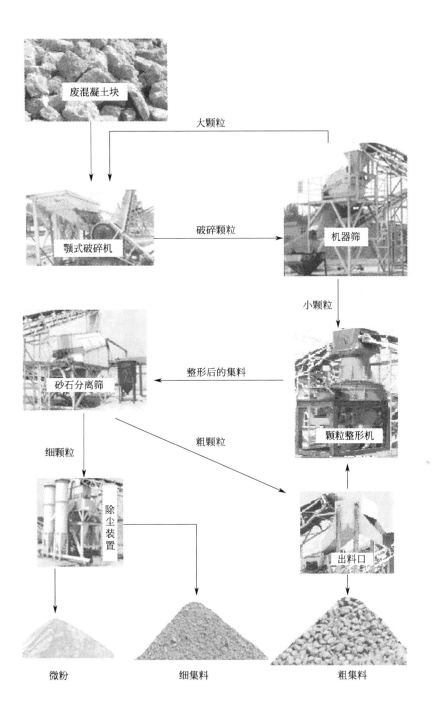

图 18.18 颗粒整形再生集料生产线示意图

图18.19 简单破碎再生粗集料

图18.20 颗粒整形再生粗集料

图18.21 简单破碎再生细集料放大图

图18.22 颗粒整形再生细集料放大图

第二节 我国再生集料产品标准简介

一、《混凝土用再生粗骨料》（GB/T 25177—2010）简介

由于建筑垃圾的来源复杂性和特殊性，现有天然粗集料的标准规范不适用于再生粗集料。国家标准《混凝土用再生粗骨料》（GB/T 25177—2010）提出了混凝土用再生粗集料的技术指标和具体要求，其中除对《建筑用卵石、碎石》（GB/T 14685—2001）中的部分技术指标提出新的要求外，还增加了吸水率、氯离子含量和杂物含量三项新技术指标。本节对标准中的部分条文做出诠释，以期促进再生粗集料的推广应用。

1. 新增术语

与《建筑用卵石、碎石》（GB/T 14685—2001）相比，本标准增加了以下新术语。

（1）再生粗集料 建（构）筑废物经除土、破碎、筛分等工艺制成的粒径大于 4.75mm 的颗粒，简称再生粗集料。再生粗集料主要由黏附有水泥石和水泥砂浆的天然卵石、碎石组成，含有少量砂浆块体 ［视建（构）筑废物不同而不同］。考虑到我国砌体结构在现有建筑物中占有很大比例，拆除建筑物中不可避免含有一些碎砖等废弃物，标准中对砖瓦的含量不作要求，但当砖瓦含量较多时，会降低再生集料的品质，并从《混凝土用再生粗骨料》（GB/T 25177—2010）所要求的各项指标中得到反映，当无法满足Ⅲ类再生集料要求时，将不再适合用于混凝土的配制。

（2）微粉含量　混凝土用再生粗集料中粒径小于 $75\mu m$ 的颗粒含量。考虑到再生混凝土中粒径小于 $75\mu m$ 的颗粒不同于天然卵石、碎石中的泥土，为准确对再生粗集料进行描述，引入微粉含量概念。

（3）杂物　混凝土用再生粗集料中除混凝土、砂浆、砖瓦和石之外的其他物质。一般来说，杂物主要包括草根、树叶、树枝、塑料、煤块和炉渣等物质。

2. 技术要求的变动

根据试验数据，结合国内外相关标准，在《建筑用卵石、碎石》（GB/T 14685—2001）基础上，对原有技术指标提出了新的技术要求，将混凝土用再生粗集料按技术要求分为Ⅰ类、Ⅱ类和Ⅲ类。《混凝土用再生粗骨料》（GB/T 25177—2010）中并未对再生集料的应用情况进行限定，因此，该标准宜结合即将颁布的工程行业标准《再生集料应用技术规程》使用。

（1）颗粒级配　再生粗集料的粒径较大时，混凝土破碎不彻底，粗集料中混有较多砂浆块体，影响粗集料性能。因此再生粗集料的最大公称粒径限制在 31.5mm 以内。再生粗集料的颗粒级配应符合《建筑用卵石、碎石》（GB/T 14685—2001）中连续粒级和单粒粒级的颗粒级配要求。当颗粒级配不能满足要求时，允许对再生粗集料进行掺配。经掺配后，颗粒级配合格的，可以用于配制混凝土。

（2）微粉含量和泥块含量　微粉含量不同于《建筑用卵石、碎石》（GB/T 14685—2001）中的含泥量，主要由石粉、水泥石粉和泥土组成，为非黏性无机物，对混凝土的需水量和强度影响不大，对混凝土的耐久性有一定影响。天然卵石、碎石中的泥块多为黏土聚集物，属于气硬性材料，在混凝土搅拌过程中易破碎成为泥土，对混凝土的需水量和强度以及耐久性有不利影响。再生粗集料中检测出的泥块多为黏结强度较弱的水泥砂浆块体，对混凝土的需水量和强度影响较小。结合编制组试验数据，参照日本和韩国的现行标准，制定本标准（见表18.7）。与《建筑用卵石、碎石》（GB/T 14685—2001）相比，本标准对微粉含量和泥块含量的要求有所放宽。

（3）针片状颗粒含量　混凝土再生粗集料多为从原混凝土中剥离出来的天然卵石、碎石。在剥离过程中，原天然碎石中的部分针片状颗粒被破碎，再生粗集料中针片状颗粒的含量降低。此外，再生粗集料经过整形强化处理后，针片状颗粒的含量大幅降低，优于天然粗集料。审查委员会专家一致认为，再生粗集料针片状颗粒含量较少，不必分类，仅将其含量控制在一定范围内即可。

（4）表观密度和空隙率　简单破碎再生粗集料表面包裹着大量的水泥砂浆，棱角多，内部存在大量微裂纹，从而导致再生集料的表观密度、堆积密度均比天然集料低，空隙率高。整形后的高品质再生粗集料水泥砂浆含量低，粒形较好，表观密度和堆积密度得到了提高，空隙率降低。由于粗集料的表观密度和空隙率在计算混凝土配合比时具有实际用途，而堆积密度仅是用来计算空隙率的，其本身一般没有直接用途，国外相关标准中也没有要求堆积密度指标。所以本标准中取消了堆积密度指标，但实际检测操作时，为计算空隙率，堆积密度应当进行测定。与《建筑用卵石、碎石》（GB/T 14685—2001）相比，本标准对表观密度和空隙率的要求有所降低。

（5）坚固性和压碎指标　再生粗集料中的岩石部分和黏附的砂浆均会受到硫酸钠晶体的破坏。砂浆与天然集料相比吸水率大、强度低，更容易被硫酸钠晶体破坏。编制组提供的多方资料表明，再生集料的坚固性与所配制混凝土的强度并无明显关系。但为了保证所配制混凝土的耐久性，再生粗集料的坚固性仍然要控制在一定范围之内。与《建筑用卵石、碎石》（GB/T 14685—2001）相比，再生粗集料对坚固性指标的要求有所降低。

压碎指标是反映粗集料母岩强度和颗粒形状的综合指标。研究表明，再生集料压碎指标的大小对混凝土的强度有显著影响，为了确保再生混凝土的质量，Ⅱ类、Ⅲ类再生粗集料的技术要求与《建筑用卵石、碎石》（GB/T 14685—2001）Ⅱ类、Ⅲ类天然碎石的技术要求相同；再生粗集料的压碎指标难以达到《建筑用卵石、碎石》（GB/T 14685—2001）中Ⅰ类碎石的要求，故对Ⅰ类再生粗集料的要求有所降低。

（6）硫化物及硫酸盐含量　因原混凝土所用水泥中含有石膏等硫酸盐，且原混凝土可能受到硫酸盐的污染，故再生粗集料的硫酸盐含量高于天然粗集料。Vivian W. Y. Tam 所做的试验表明，再生集料中的硫酸盐含量并没有对再生混凝土造成太大的影响。因此，再生粗集料的硫酸盐含量限值与《天然卵石、碎石》相比较为宽松。

3. 技术指标的变动

《混凝土用再生粗骨料》（GB/T 25177—2010）与《建筑用卵石、碎石》（GB/T 14685—2001）相比，提出了一些新的技术指标。

（1）吸水率　因硬化水泥浆的孔隙率高（在 11%～22% 之间），加上破碎过程中产生的大量裂纹，导致再生粗集料的吸水率（平均 5.8%）比天然卵石、碎石大。水泥石吸附率是反映再生集料基本性能的重要指标，吸水率与水泥石附着率呈线性关系，吸水率能够反映再生粗集料表面的清洁程度，适合作为再生集料的分类指标。国际材料与结构试验联合会和德国将再生粗集料吸水率限定在 10% 以内；日本和韩国把吸水率作为再生粗集料品质划分的重要指标（表 18.6、表 18.7），使用日本和韩国对吸水率的要求能够很好地对图 18.23 中 7 种不同再生粗集料进行分类。标准采用日本和韩国对再生粗集料吸水率的要求。吸水率的测定方法按照 GB/T 17431.2—2010 中"11 吸水率"进行。

表 18.6　日本再生粗集料的吸水率要求

日本再生粗集料技术标准	再生集料 H	再生集料 M	再生集料 L
吸水率/%	3.0 以下	5.0 以下	7.0 以下

表 18.7　韩国再生粗集料的吸水率要求

韩国再生集料技术标准	1 级	2 级	3 级
吸水率/%	3.0 以下	5.0 以下	7.0 以下

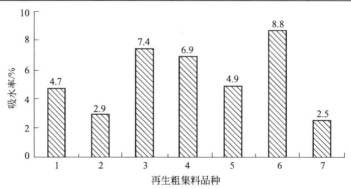

图 18.23　再生粗集料吸水率

（2）氯离子含量　原标准《建筑用卵石、碎石》（GB/T 14685—1993）和《天然轻集料》[JC/T 788—81（96）]中，对氯离子含量有明确要求，现行标准《建筑用卵石、碎石》（GB/T 14685—2001）和《轻集料》（GB/T 17431—1998）都去掉了对氯离子含量的要求。考虑到原混凝土生产时可能加入氯盐，原混凝土在使用过程中也可能受到氯盐的污染，这些都会导致再生粗集料中氯离子含量的提高。为了保证再生混凝土的耐久性，需要对再生粗集料的氯离子含量作出限定。

根据试验数据，参考《混凝土结构耐久性设计规范》（GB/T 50476—2008）（表 18.8）和日本现行标准（见表 18.9），对再生粗集料的氯化物含量作出了限定（表 18.10）。

表 18.8　《混凝土结构耐久性设计规范》对氯离子含量的要求

钢筋混凝土		环境作用程度	占胶凝材料百分数/%	约占混凝土质量百分数/%
环境类别	一般环境	Ⅰ-A 轻微	0.30	0.050
		Ⅰ-B 轻度	0.20	0.033
		Ⅰ-C 中度	0.15	0.025
	海洋氯化物环境	中度、严重、非常严重	0.10	0.017
	有无氯盐环境	无氯盐环境	0.20	0.033
		氯盐环境	0.10	0.017

注：本表从《混凝土结构耐久性设计规范》（GB/T 50476—2008）中提取。可对所有原材料的氯离子含量进行实测，然后相加确定混凝土中的氯离子含量。

表 18.9　日本再生粗集料对氯化物含量的要求

日本再生粗集料技术标准	再生集料 H	再生集料 M	再生集料 L
氯化物量/%	0.04 以下	0.04 以下	0.04 以下

（3）杂物含量　混凝土再生粗集料在生产过程中混有除混凝土、砂浆、石材之外的物质，如草根、树叶、树枝、塑料、煤块和炉渣等杂物。为了保证混凝土再生粗集料的品质，杂物含量必须作出限定。审查委员会专家一致认为，再生粗集料杂物含量不必分类，如表 18.10 所示。

表 18.10　再生粗集料分类与技术要求

项　目	Ⅰ类	Ⅱ类	Ⅲ类
微粉含量(按质量计)/%	<1.0	<2.0	<3.0
泥块含量(按质量计)/%	<0.5	<0.7	<1.0
吸水率(按质量计)/%	<3.0	<5.0	<7.0
针片状颗粒(按质量计)/%		<10	
有机物		合格	
硫化物及硫酸盐(折算成 SO_3，按质量计)/%		<2.0	
氯化物(以 Cl^- 质量计)/%		<0.06	
杂物(按质量计)/%		<1.0	
坚固性(以质量损失计)/%	<5.0	<9.0	<15.0
压碎指标/%	<12	<20	<30
表观密度/(kg/m³)	>2450	>2350	>2250

杂物含量的试验方法为：按照标准的规定取样，并将试样缩分至不小于表 18.11 规定的数量，称重后用人工分选的方法选出金属、塑料、沥青、木头、玻璃、草根、树叶、树枝、纸张、石灰、石膏、毛皮、煤块和炉渣等杂物，然后称量各种杂物总质量，并计算其占再生粗集料试样总质量的百分比。杂物含量取三次试验结果的最大值，精确至 0.1%。

表 18.11　杂物含量试验所需试样数量

再生粗集料最大粒径/mm	9.5	16.0	19.0	26.5	31.5
最少试样量/kg	4.0	4.0	8.0	8.0	15.0

4. 再生粗集料分类

再生粗集料分类，见表 18.10。

二、《混凝土和砂浆用再生细骨料》（GB/T 25176—2010）简介

本标准是基于混凝土和砂浆对所用细集料的技术性能要求，在总结国内外近年来对再生细集料研究和应用的基础上，参考《建筑用砂》（GB/T 14684—2001）相关内容而制定的。与《建筑用砂》（GB/T 14684—2001）相比，本标准除了对细集料的颗粒级配、泥块含量、有害物质、坚固性、表观密度、堆积密度、空隙率、碱集料反应性能等提出技术指标要求外，还根据再生细集料的特点增加了再生细集料的再生胶砂需水量比、再生胶砂强度比两项新技术指标要求。《建筑用砂》（GB/T 14684—2001）中的含泥量和石粉含量在本标准中以微粉含量来代替。

1. 新增术语

《混凝土和砂浆用再生细骨料》（GB/T 25176—2010）与《建筑用砂》（GB/T 14684—2001）相比，增加了以下新术语。

（1）混凝土和砂浆用再生细集料　由建（构）筑废物中的混凝土、砂浆、石、砖瓦等加工而成，用于配制混凝土和砂浆的粒径不大于 4.75mm 的颗粒。

（2）微粉含量　再生细集料中粒径小于 75μm 的颗粒含量。考虑到再生细集料中粒径小于 75μm 的颗粒与天然砂和机制砂不同，水泥石含量较多，含泥量和石粉含量相对较少，采用微粉来定义小粒径颗粒。微粉主要为非黏性无机物，对混凝土的需水量和强度影响不大（类似机制砂中的石粉），对混凝土的耐久性有一定影响。

（3）泥块含量　再生细集料中原粒径大于 1.18mm，经水浸洗、手捏后变成小于 600μm 的颗粒含量。天然砂的泥块多为黏土聚集物，属于气硬性材料，在混凝土搅拌过程中易破碎成为泥土，对混凝土的需水量和强度以及耐久性有不利影响。与天然砂不同，再生细集料在堆放过程中，微粉残余活性会导致再生细集料结块，形成"泥块"，其对混凝土的需水量和强度影响较小。

（4）再生胶砂　再生胶砂是为了评定再生细集料提出的新概念。用再生细集料 1350g、52.5 级硅酸盐水泥 540g（或基准水泥）和适量的水制备的砂浆。

（5）基准胶砂　基准胶砂是为了评定再生细集料提出的新概念。用标准砂 1350g、52.5 级硅酸盐水泥 540g（或基准水泥）和适量的水制备的砂浆。

（6）再生胶砂需水量　用来计算胶砂需水量比的指标。称取混凝土再生细集料 1350g 和 52.5 级硅酸盐水泥 540g（或基准水泥），加入适量的水进行拌和，对应着胶砂流动度为 130mm±5mm 的用水量，称为再生胶砂需水量。

（7）基准胶砂需水量　用来计算胶砂需水量比的指标。称取标准砂 1350g 和 52.5 级硅酸盐水泥 540g（或基准水泥），加入适量的水进行拌和，对应着胶砂流动度为 130mm±5mm 的用水量，称为基准胶砂需水量。

（8）再生胶砂需水量比　再生胶砂需水量与基准胶砂需水量之比即为再生胶砂需水量比。本标准首次提出胶砂需水量比，需水量比可以客观地反映再生细集料多种因素对砂浆工作性能造成的影响。

（9）再生胶砂强度比　按照 1∶2.5 的灰砂比和相应的胶砂需水量制备的再生胶砂与基准胶砂的 28d 抗压强度之比即为再生胶砂强度比。强度是混凝土和砂浆的重要指标。采用强度比能够直接反映再生细集料与标准砂所形成胶砂的强度差异，在一定程度上反映再生细集料对混凝土或砂浆性能的影响。

2. 技术要求的确定

《混凝土和砂浆用再生细骨料》（GB/T 25176—2010）与《建筑用砂》（GB/T 14684—2001）相比，在技术要求上存在以下差异，见表 18.12。

表 18.12　再生细集料的分类与质量要求

项　　目		Ⅰ类	Ⅱ类	Ⅲ类
微粉含量（按质量计）/%	MB 值<1.40 或合格	<5.0	<6.0	<9.0
	MB 值≥1.40 或不合格	<1.0	<3.0	<5.0
泥块含量（按质量计）/%		<1.0	<2.0	<3.0
云母含量（按质量计）/%			<2.0	
轻物质含量（按质量计）/%			<1.0	
有机物含量（比色法）			合格	
硫化物及硫酸盐含量（按 SO_3 质量计）/%			<2.0	
氯化物含量（以 Cl^- 质量计）/%			<0.06	
饱和硫酸钠溶液中质量损失/%		<7.0	<9.0	<12.0
单级最大压碎指标值/%		<20	<25	<30
再生胶砂需水量比≤	M_x≤2.2	<1.35	<1.55	<1.80
	2.3≤M_x≤3.0	<1.30	<1.45	<1.70
	M_x≥3.1	<1.20	<1.35	<1.50
再生胶砂强度比≤	M_x≤2.2	>0.80	>0.70	>0.60
	2.3≤M_x≤3.0	>0.90	>0.85	>0.75
	M_x≥3.1	>1.00	>0.95	>0.90
表观密度/（kg/m³）		>2450	>2350	>2250
堆积密度/（kg/m³）		>1350	>1300	>1200
空隙率/%		<46	<48	<52

（1）颗粒级配　因再生细集料与机制砂都经过破碎而成，在颗粒级配上存在相似点，采用 GB/T 14684—2001 中对人工砂的颗粒级配要求。如经检验，再生细集料的颗粒级配不合格，可以采用人工掺配的方法进行处理。处理后的细集料经检验合格后，可以用于结构工程。

（2）微粉含量和泥块含量　再生细集料微粉含量多，但多为水泥石颗粒和石粉，MB <1.4，对混凝土性能影响小；再生细集料中所检测出的泥块含量多为黏结强度较低的砂浆块体，有别于传统意义上的泥块含量，对混凝土的危害较小。结合国外标准，在 GB 14684—2001 对机制砂微粉含量、泥块含量要求的基础上，适当降低了要求。

（3）有害物质　原混凝土在生产和使用过程中，会混入硫酸盐和氯盐，导致再生细集料中硫酸盐和氯盐的含量增加。根据 Vivian W. Y. Tam 所做的试验，再生集料中的硫酸盐含量并没有对再生混凝土造成太大影响，考虑到目前再生集料并不用于重要工程中的重要部位，为了便于再生集料的推广，适当放宽了再生细集料中对硫化物及硫酸盐含量的要求。氯离子对钢筋混凝土的耐久性影响较大，Ⅰ类、Ⅱ类再生细集料氯离子含量采用日本Ⅰ类、Ⅱ类再生细集料现行标准；Ⅲ类再生细集料的氯离子含量采用 GB 14684—2001 中Ⅲ类天然砂氯离子含量的规定。

（4）表观密度、堆积密度、空隙率　考虑到再生胶砂表面黏附有水泥石，粒形不规则，颗粒级配差别大等因素，再生胶砂的表观密度、堆积密度、空隙率评定标准在 GB 14684—2001 基础上适当放宽。类似于再生粗集料标准，原送审稿中也将再生细集料堆积密度指标要求取消，但是审查委员会专家认为，由于再生细集料用于砂浆配制时需要用到堆积密度指标，所以不应取消堆积密度指标要求，再生细集料仍需要保留堆积密度指标。故报批稿中恢复了再生细集料的堆积密度指标要求。

（5）坚固性和压碎指标　再生细集料黏附和含有水泥石，且粒形较差，与天然细集料相比，坚固性和压碎指标均有所降低。结合国内外近期大量研究，在 GB 14684—2001 基础上，适当降低了对再生细集料坚固性和压碎指标的要求。

3. 新增技术指标

与 GB/T 14684—2001 相比，本标准增加了再生胶砂需水量比和再生胶砂强度比两项新技术指标。

（1）再生胶砂需水量比　天然砂采用吸水率指标作为评定其质量等级的依据。再生细集料因微粉含量较高，试验吹风时容易吹掉微粉；由于颗粒形状复杂，粗糙程度高，不易塌落，对饱和面干状态敏感程度低，不易判断饱和面干状态，可操作性差。故本标准舍弃天然砂的吸水率指标，根据粉煤灰需水量比引入再生胶砂需水量比，以间接反映再生细集料吸水性能，试验操作证明具有良好的可操作性。

需水量是影响砂浆、混凝土强度和耐久性的重要指标。再生胶砂需水量比是反映再生细集料细度模数、颗粒级配、表面吸水能力、粒形、粗糙程度等的综合指标，能够更全面地反映再生细集料的胶砂工作性能差异。

（2）再生胶砂强度比　胶砂强度比可以很好地反映再生细集料品质对混凝土和砂浆强度造成的影响，实验表明 28d 强度比与 7d 强度比都可以判定再生细集料品质。为了提高评定效率，减少集料堆放时间，标准采用 7d 强度比进行评定。因细度模数不同时，胶砂需水量不同导致水灰比不同，因此胶砂强度受到细度模数的影响，进行胶砂强度比（β_f）评定时，需要先明确细度模数的范围。

试验结果表明，7d 的 β_f 与 28d 的 β_f 相差不大。28d 强度比与 7d 强度比都可以判定再生细集料品质。原送审稿中考虑现实生产、运用时，检验 28d 强度比需要时间过长，检验效率低，故为了提高评定效率，减少集料堆放时间，采用 7d 的 β_f 来评定。但是审查委员会专家一致建议再生胶砂强度比不作为出厂检验项目，仅作为型式检验项目，所以基本不会影响试验效率，且 28d 强度比更接近于实际工程需要，所以在报批稿中改为 28d 强度比。

再生胶砂强度比表格中Ⅰ类粗砂＞1.00，原因是品质好的、细度较粗的再生细集料比标准砂（细度较小）的需水量要小，所以强度大于标准砂基准砂浆。

4. 再生细集料分类与质量要求

《混凝土和砂浆用再生细骨料》（GB/T 25176—2010）的再生细集料的分类与质量要求见表 18.12。其中，出厂检测项目包括：颗粒级配、细度模数、微粉含量、泥块含量、再生胶砂需水量比、再生胶砂强度比、表观密度、堆积密度、空隙率；型式检验项目包括所列出的全部内容；碱集料反应根据需要进行。

第三节　建筑垃圾资源化利用技术

我国对建筑垃圾再生利用技术的研究应用起步较晚，目前国内对建筑垃圾的研究还主要集中于废弃混凝土和废砖的再生利用研究，并取得了一定的成果。

一、建筑垃圾在混凝土中的应用

大量试验研究表明，再生集料配制的混凝土可以用于建筑工程中的结构部位，但是考虑结构的安全性，《再生集料应用技术规程》还是对再生混凝土应用作出了严格的限制。建筑工程行业标准《再生集料应用技术规程》对再生集料混凝土提出了如下要求。

1. 一般规定

再生集料混凝土所用原材料应符合下列规定。

① 天然粗集料和天然细集料应符合现行行业标准《普通混凝土用砂、石质量及检验方法标准》（JGJ 52）的规定。

② 水泥应符合现行国家标准《通用硅酸盐水泥》（GB 175）的规定；当采用其他品种水泥时，其性能应符合相应标准规定。不同水泥不得混合使用。

③ 拌和水应符合现行行业标准《混凝土用水标准》（JGJ 63）的规定。

④ 矿物掺合料应分别符合国家行业标准《用于水泥和混凝土中的粉煤灰》（GB/T 1596）、《用于水泥和混凝土中的粒化高炉矿渣粉》（GB/T 18046）、《混凝土和砂浆用天然沸石粉》（JG/T 3048）或《高强高性能混凝土用矿物外加剂》（GB/T 18736）的规定。

⑤ 外加剂应符合现行国家标准《混凝土外加剂》（GB 8076）和《混凝土外加剂应用技术规范》（GB 50119）的规定。

再生集料往往会增大混凝土的收缩，由此可能增大预应力损失，所以不宜用于预应力混凝土。

由于Ⅰ类再生粗集料品质已经基本达到常用天然粗集料的品质，所以其应用不受强度等级限制。为充分保证结构安全，达到Ⅱ类产品指标要求的再生粗集料可以用于配制不高于 C40 的再生集料混凝土，目前国内如北京、青岛等地再生集料混凝土在实际工程中应用已经达到了 C40；Ⅲ类再生粗集料由于品质相对较差，可能对结构混凝土或较高强度再生集料混凝土性能带来不利影响，所以仅可用于 C25 以下的再生集料混凝土，且由于吸水率等指标相对较高，所以Ⅲ类再生粗集料不宜用于有抗冻要求的混凝土。

国外相关标准对再生集料混凝土强度应用范围也有类似限定，例如对于近似于我国Ⅱ类再生粗集料配制的混凝土，比利时限定为不超过 C30，丹麦限定为不超过 40MPa，荷兰限定为不超过 C50（荷兰国家标准规定再生集料取代天然集料的质量比不能超过 20%）。

尽管Ⅰ类再生细集料主要技术性能已经基本达到常用天然砂的品质，但是由于再生细集料中往往含有水泥石颗粒或粉末，而且目前采用再生细集料配制混凝土的应用实践相对较少，所以对再生细集料在混凝土中的应用比再生粗集料限制严格一些。Ⅰ类再生细集料可用于 C40 及以下强度等级的混凝土。Ⅱ类再生细集料宜用于 C25 及以下强度等级的混凝土。Ⅲ类再生细集料由于品质较差，不宜用于配制混凝土。

再生集料混凝土的耐久性设计应符合现行国家标准《混凝土结构设计规范》（GB 50010）和《混凝土结构耐久性设计规范》（GB/T 50476）的相关规定。当再生集料混凝土用于设计使用年限为 50 年的混凝土结构时，宜符合表 18.13 的规定（环境类别及作用等级按照 GB 50010 执行）。

表 18.13　再生集料混凝土耐久性基本要求

环境类别及作用等级	最大水胶比	最低强度等级	最大碱含量/(kg/m³)
一 a	0.55	C25	3.0
二 b	0.50	C30	3.0
三 b	0.50(0.55)	C30(C25)	3.0
二 c	0.45	C40	3.0
三 c	0.45(0.50)	C40(C35)	3.0

注：1. 素混凝土构件的水胶比及最低强度等级可不受限制；

2. 有可靠工程经验时，一类和二类环境中的最低混凝土强度等级可降低一个等级；

3. 三类（冻融循环）环境中使用引气剂或引气型外加剂的混凝土，可采用括号中的有关参数；

4. 当使用非碱活性集料时，对混凝土中的碱含量可不作限制。

《混凝土结构设计规范》（GB 50010）中对设计使用寿命为 50 年的结构用混凝土耐久性进行了相关规定。由于来源的客观原因，再生集料吸水率、有害物质含量等指标往往比天然集料差一些，这些指标可能影响混凝土耐久性或长期性能，所以，为了确保安全，规程对最大水胶比、最低强度等级、最大碱含量的要求相对于 GB 50010 中的相关规定均相应提高了一级要求。

规程中仅就再生集料混凝土用于设计使用年限为 50 年以内的工程作出规定，用于更长设计使用年限的情况，为慎重稳妥起见，还需要继续积累研究及工程应用数据及经验。

《混凝土结构耐久性设计规范》（GB/T 50476—2008）按照结构所处环境对钢筋和混凝土材料的腐蚀机理做出分类（一般环境系指无冻融、氯化物和其他化学腐蚀物质作用），见表 18.14。

表 18.14　所处环境对钢筋和混凝土材料的腐蚀机理

环境类别	名　　称	腐蚀机理
Ⅰ	一般环境	保护层混凝土碳化引起钢筋锈蚀
Ⅱ	冻融环境	反复冻融导致混凝土损伤
Ⅲ	海洋氯化物环境	氯盐引起钢筋锈蚀
Ⅳ	除冰盐等其他氯化物环境	氯盐引起钢筋锈蚀
Ⅴ	化学腐蚀环境	硫酸盐等化学物质对混凝土的腐蚀

《混凝土结构耐久性设计规范》（GB/T 50476）还规定，环境对配筋混凝土结构的作用程度应采用环境作用等级表达并应符合表 18.15 的规定。

表 18.15　环境作用等级

环境作用等级	A 轻微	B 轻度	C 中度	D 严重	E 非常严重	F 极端严重
一般环境	Ⅰ-A	Ⅰ-B	Ⅰ-C	—	—	
冻融环境	—	—	Ⅱ-C	Ⅱ-D	Ⅱ-E	—
海洋氯化物环境	—	—	Ⅲ-C	Ⅲ-D	Ⅲ-E	Ⅲ-F
除冰盐等其他氯化物环境	—	—	Ⅳ-C	Ⅳ-D	Ⅳ-E	
化学腐蚀环境	—	—	Ⅴ-C	Ⅴ-D	Ⅴ-E	

《混凝土结构设计规范》（GB 50010—2010）规定，混凝土建筑结构的环境类别和耐久性作用等级见表 18.16。

表 18.16 混凝土建筑结构的环境类别和耐久性作用等级

环境类别		作用等级			
		a(轻微)	b(中度)	c(较重)	d(严重)
一	正常环境	稳定的室内干燥环境	—	—	—
二	干湿交替	—	室内潮湿环境;露天环境;无腐蚀性湿润土环境	频繁与水接触的露天环境;水位变动区环境	—
三	冻融循环	—	微冻地区露天环境	严寒、寒冷地区露天环境	严寒、寒冷地区频繁接触水的露天环境;水位变动区环境
四	氯盐腐蚀	—	—	海风环境;海水下;盐渍土环境;除冰盐影响环境	海岸环境;海上环境;受除冰盐作用的环境

由于来源的复杂性,再生集料中氯离子含量、三氧化硫含量可能高于天然集料。由于氯离子含量等对混凝土尤其是钢筋混凝土和预应力混凝土的耐久性影响较大,所以,不应降低再生集料的混凝土中氯离子含量、三氧化硫含量的要求,而是严格执行《混凝土结构设计规范》(GB 50010)和《混凝土结构耐久性设计规范》(GB/T 50476)的规定。

当预拌混凝土采用再生集料时,预拌再生集料混凝土还应符合现行国家标准《预拌混凝土》(GB/T 14902)的规定。

当再生集料混凝土采用泵送工艺施工时,还应符合现行行业标准《混凝土泵送施工技术规程》(JGJ 10)的规定。

近年来,随着城市化进程的加快,我国很多地区排放了大量的建筑垃圾,亟待消纳处理。但是由于建筑垃圾来源的复杂性、各地技术及产业发达程度差异和加工处理的客观条件限制,生产出来的大量再生集料往往有一些指标不能满足《混凝土用再生粗骨料》(GB/T 25177)或《混凝土和砂浆用再生细骨料》(GB/T 25176)的要求,例如微粉含量、集料级配等,这些再生集料尽管不宜用来配制普通混凝土,但是完全可以配制垫层等非结构混凝土。

2. 再生集料混凝土性能要求和设计取值

再生集料混凝土的拌合物性能、力学性能、长期性能和耐久性能、强度检验评定及耐久性检验评定等应符合《混凝土质量控制标准》(GB 50164)的规定。

再生集料混凝土的轴心抗压强度标准值 f_{ck}、轴心抗压强度设计值 f_c、轴心抗拉强度标准值 f_{tk}、轴心抗拉强度设计值 f_t 均可按现行国家标准《混凝土结构设计规范》(GB 50010)的规定执行。

尽管规程对用于混凝土的再生集料主要性能指标要求与天然集料产品标准要求差距不是很大,但是在现实生产过程中,由于建筑垃圾来源的复杂性,混凝土生产企业购买的或储存的再生集料难免具有一定的离散性,这将导致再生集料混凝土性能的稳定性往往差于天然集料混凝土,而且,再生集料混凝土的应用实践毕竟远远少于天然集料配制的混凝土。所以,为了确保安全,再生集料混凝土的轴心抗压强度标准值 f_{ck}、轴心抗拉强度标准值 f_{tk} 以及轴心抗压强度设计值 f_c、轴心抗拉强度设计值 f_t 等,都在现行国家标准《混凝土结构设计规范》(GB 50010)中相同强度等级混凝土的规定取值基础上乘以一定的折减系数。

由于 Ⅰ 类再生粗集料性能已经达到了天然集料的品质,所以对于仅掺用 Ⅰ 类再生粗集料的混凝土,将其视为普通混凝土,折减系数取为 1。对于掺用 Ⅱ 类或 Ⅲ 类再生粗集料的混凝土,以再生粗集料取代率 30% 和 50% 为界,取代率越大,折减系数取值越低。对于掺有再生细集料且再生细集料取代率小于 50% 的混凝土(规程规定再生细集料取代率不宜大于50%),由于工程实践更少,所以折减系数统一取为较低的 0.8。

国外对再生集料混凝土的力学性能也做出折减处理,例如丹麦根据不同集料级别规定了相应的折减系数，即再生集料混凝土力学性能与天然集料混凝土力学性能的比值。荷兰也类似地对再生集料混凝土力学性能和长期性能给出了折减系数或放大系数，见表 18.17 和表 18.18。

表 18.17　再生集料混凝土力学性能的折减系数（丹麦）

力学性能	折减系数	
	GP1 级再生粗集料	GP2 级再生粗集料
抗压强度	0.9	0.7

表 18.18　再生集料混凝土力学性能的折减系数（荷兰）

力学性能	折减系数或放大系数		
	RCAC Type I 废砌筑材料	RCAC Type II 废混凝土	RCAC Type III 混合材料
抗拉强度	0.85	1	1
静弹性模量	0.65	0.8	1
徐变系数	1	1	1
收缩量	2.0	1.5	1

只在粗集料中掺用 I 类再生粗集料配制的混凝土，其受压和受拉弹性模量 E_c 按照现行国家标准《混凝土结构设计规范》（GB 50010—2010）的规定执行。其他情况下配制的再生集料混凝土，其弹性模量宜通过试验确定；在缺乏试验条件或技术资料时，可按表 18.19 取值。表 18.19 的取值相比于《混凝土结构设计规范》（GB 50010—2010）都相应有所折减，这是考虑到再生集料对混凝土力学性能的影响，基于试验验证而给出的数据。

表 18.19　再生集料混凝土弹性模具

强度等级	C15	C20	C25	C30	C35	C40
弹性模量/(10^4 N/mm²)	1.83	2.08	2.27	2.42	2.53	2.63

再生集料混凝土的剪切变形模量 G_c 可按相应弹性模量值的 0.4 倍采用。再生集料混凝土泊松比 ν_c 可按 0.2 采用。

再生集料混凝土轴心抗压疲劳强度设计值 f_c^f、轴心抗拉疲劳强度设计值 f_t^f 均应按强度设计值乘以疲劳强度修正系数 γ_ρ 确定；疲劳强度修正系数 γ_ρ 按现行国家标准《混凝土结构设计规范》（GB 50010—2010）的规定执行。

再生集料（主要是指 II 类、III 类再生集料）的吸水率往往大于天然集料，导致相同强度等级的再生集料混凝土配制用水量往往略高于普通混凝土，尤其是再生集料掺用量较大的时候，所以，再生集料混凝土的收缩和徐变值也往往大于普通混凝土。但是，由于再生集料来源的复杂性，再生集料混凝土的收缩和徐变性能也较复杂，规程规定应通过试验确定。

上海市地标《再生混凝土应用技术规程》（DG/T J08-2018—2007）参考国外资料（表 18.20）确定了再生集料混凝土收缩值的修正系数取值：再生混凝土的收缩值可在普通混凝土的基础上加以修正，修正系数取 1.00～1.50，再生粗集料取代率为 30% 时可取 1.00，再生粗集料取代率为 100% 时可取 1.50，中间可采用线性内插法取值。

表 18.20　再生混凝土收缩值修正系数

国家或组织	修正系数	
	再生粗集料取代率 100%	再生粗集料取代率 30%
比利时	1.50	1.00
RILEM	1.50	1.00
荷兰	1.35～1.55	1.00

再生集料混凝土的温度线膨胀系数 α_c、比热容 C 和热导率 λ 宜通过试验确定。当缺乏试验条件或技术资料时，可按现行国家标准《混凝土结构设计规范》（GB 50010）和《民用建筑热工设计规范》（GB 50176）的规定取值。

国内外研究表明，再生集料混凝土的热工性能与普通混凝土没有明显区别，所以规程规定如果没有试验条件，则再生集料混凝土热工性能取值可与《混凝土结构设计规范》（GB 50010）或《民用建筑热工设计规范》（GB 50176）中的取值一致。《混凝土结构设计规范》（GB 50010）规定混凝土线膨胀系数 α_c 为 $1\times10^{-5}\,℃^{-1}$，比热容 C 为 $0.96\mathrm{kJ/(kg\cdot K)}$；《民用建筑热工设计规范》（GB 50176）规定，钢筋混凝土热导率为 $1.74\mathrm{W/(m\cdot K)}$，碎石或卵石混凝土热导率为 $1.51\mathrm{W/(m\cdot K)}$。

3. 再生集料混凝土配合比设计

再生集料混凝土的配制应满足和易性、强度和耐久性的要求。再生集料混凝土配合比计算可按照现行行业标准《普通混凝土配合比设计规程》（JGJ 55）中的方法进行，具体步骤为：

① 根据已有技术资料和混凝土性能要求确定再生粗集料取代率 ω_g 和再生细集料取代率 ω_s。当缺乏技术资料时，ω_g 和 ω_s 均不宜大于 50％，但Ⅰ类再生粗集料 ω_g 可不受限制。当混凝土中掺用Ⅲ类再生粗集料时，不宜再掺入再生细集料。

② 混凝土强度标准差 σ 可按照下列规定确定：

a. 对于不掺用再生细集料的混凝土，当仅掺Ⅰ类再生粗集料或Ⅱ类、Ⅲ类再生粗集料取代率小于 30％时，σ 可按现行行业标准《普通混凝土配合比设计规程》（JGJ 55）的规定执行。

b. 对于不掺用再生细集料的混凝土，当Ⅱ类、Ⅲ类再生粗集料取代率大于 30％时，σ 值应根据相同再生粗集料掺量和同强度等级的同品种再生集料混凝土统计资料计算确定，计算时，强度试件组数不应小于 30 组。对于强度等级不大于 C20 的混凝土，当 σ 计算值不小于 3.0MPa 时，应按照计算结果取值，当 σ 计算值小于 3.0MPa 时，σ 应取 3.0MPa；对于强度等级大于 C20 且不大于 C40 的混凝土，当 σ 计算值不小于 4.0MPa 时，应按照计算结果取值，当 σ 计算值小于 4.0MPa 时，σ 应取 4.0MPa。当无统计资料时，对于仅掺再生粗集料的混凝土，其 σ 值可按表 18.21 选取。表 18.21 取值比上述计算值最低限值相应增大，目的是保证无统计资料时的配制强度的富裕度。

表 18.21　再生集料混凝土抗压强度标准差推荐取值

强度等级	≤C20	C25、C30	C35、C40
σ/MPa	4.0	5.0	6.0

c. 掺用再生细集料的混凝土，也应根据相同再生集料掺量和同强度等级的同品种再生集料混凝土统计资料计算确定 σ 值，计算时，强度试件组数不应小于 30 组；对于各强度等级的混凝土，当 σ 计算值小于表 18.21 中的对应值时，应取表 18.21 中的对应值；当无统计资料时，σ 值也可按表 18.21 选取。

③ 按照现行行业标准《普通混凝土配合比设计规程》（JGJ 55）中的方法计算求得基准混凝土配合比；外加剂和掺合料的品种和掺量应通过试验确定；在满足和易性要求前提下，再生集料混凝土宜采用较低的砂率。

④ 以基准混凝土配合比参数为基础，根据确定的再生粗集料取代率 ω_g 和再生细集料取代率 ω_s，求得再生集料用量。

⑤ 通过试配和调整来确定再生集料混凝土的最终配合比；配制时，应采取相应技术措

施控制拌合物坍落度损失。

Ⅰ类再生粗集料品质较好，可以按照常用天然粗集料来使用，所以其取代率可不受限制。

近年来各相关企业积累的实践经验表明，对于C30、C40混凝土，再生粗集料掺量一般在50%以内为宜，这样较容易控制和易性及保证强度。所以，在缺乏实践经验情况下来计算配合比参数，Ⅱ类、Ⅲ类再生粗集料的取代率一般不宜大于50%。

混凝土中掺用再生细集料的试验研究和工程应用实践较少，所以宜通过充分的验证试验来确定其可行性，且由于再生细集料中容易引入较多的微粉，可能对混凝土性能尤其是耐久性造成影响，所以再生细集料取代率也不宜大于50%。

不宜同时掺用再生粗集料和再生细集料，因为这样操作的交互影响因素过多，对配制技术要求较高，且再生细集料易导致混凝土坍落度损失加快。所以为保险起见，在目前实践经验较少、没有经过试验验证的情况下，暂不提倡同时掺用再生粗、细集料，如果同时掺用，必须进行充分的试验验证。

配制再生集料混凝土离不开外加剂，尤其建议选择使用氨基磺酸盐、聚羧酸盐等减水率较高的高效减水剂。

由于Ⅰ类再生粗集料品质已经相当于天然集料，所以对于仅掺Ⅰ类再生粗集料的混凝土可以视其为常规混凝土；如果掺用Ⅱ类、Ⅲ类再生粗集料，但是取代率小于30%，由于再生集料掺量较小，对混凝土性能影响很有限，此时也可以视为常规混凝土；所以对于不掺用再生细集料的混凝土，如果仅掺Ⅰ类再生粗集料或Ⅱ类、Ⅲ类再生粗集料取代率小于30%时，抗压强度标准差σ可按现行行业标准《普通混凝土配合比设计规程》（JGJ 55）的规定执行。当再生集料掺量较大，例如当Ⅱ类、Ⅲ类再生粗集料取代率大于30%时，由于建筑垃圾来源的复杂性、再生集料品质的离散性导致其对混凝土性能的影响相应增大，在这种情况下，根据统计资料计算时，为了更好地保证统计数据的代表性，规程规定强度试件组数提高到不小于30组［现行行业标准《普通混凝土配合比设计规程》（JGJ 55）要求是不小于25组］，且为了保证再生集料混凝土配制强度具有较好的富裕度，进一步降低再生集料离散性带来的影响，规程对σ计算值的最低限值作出了相应要求。

掺用再生细集料或同时掺用再生粗集料和再生细集料的混凝土，混凝土强度的影响因素往往更为复杂，此时，也应根据统计资料计算确定σ值，计算时，强度试件组数同样提高到不小于30组，σ要取计算值和表18.21中对应值中的大者，取值更为苛刻；当无统计资料时，抗压强度标准差σ也按表18.21取值。此处规定偏严格的目的就是为了充分保证再生细集料在复杂影响情况下的配制强度。

基于目前我国再生集料的生产水平，再生集料的吸水率往往高于天然集料，在相同用水量情况下，再生集料混凝土拌合物工作性往往比基准混凝土差，所以，在设计水灰比基础上，一般需要通过掺入减水剂或增加减水剂掺量等方式来保证工作性；配制时也可以适当增加用水量以满足再生集料的吸水率需要，此时增加的用水量被再生集料吸附而不是用于水泥水化，所以一般不会影响混凝土的性能，但用水增加量一般不宜超过5%。此外，由于再生集料的吸水率往往高于天然集料，再生集料混凝土的坍落度损失也往往会偏快，所以需要采取比普通混凝土更有效的措施加以控制，例如增加缓凝剂或坍落度抑制剂的掺量、减水剂延时掺加、再生集料预湿处理等。

由于再生集料的微粉含量等往往高于天然集料，有可能影响混凝土强度和耐久性；砂率较高也会影响混凝土强度和耐久性，所以适当降低砂率可以在一定程度上弥补再生集料带来的不利影响。因此，在设计基准混凝土配合比时，宜采用较低的砂率。

4. 再生集料混凝土制备和运输

再生集料混凝土原材料的贮存和计量应符合现行国家标准《混凝土质量控制标准》（GB 50164）、《混凝土结构工程施工规范》和《预拌混凝土》（GB/T 14902）的相关规定。

再生集料混凝土的搅拌和运输应符合现行国家标准《混凝土质量控制标准》（GB 50164）、《混凝土结构工程施工规范》和《预拌混凝土》（GB/T 14902）的相关规定。

再生集料混凝土原材料的贮存和计量，再生集料混凝土搅拌、运输等，总体上和普通混凝土的要求一样。由于再生集料混凝土制备对综合技术要求较高，应鼓励采用预拌方式生产，且目前我国的再生集料混凝土基本都是在生产条件较好的大中城市加以发展，所以，对再生集料混凝土的制备和运输要求基本上采纳了《预拌混凝土》（GB/T 14902）的规定。

5. 再生集料混凝土浇筑和养护

再生集料混凝土的浇筑和养护应符合现行国家标准《混凝土质量控制标准》（GB 50164）和《混凝土结构工程施工规范》的相关规定。

由于再生集料混凝土对干燥收缩更为敏感，预防混凝土早期收缩开裂尤为重要，所以对于再生集料混凝土应特别加强早期养护。

二、建筑垃圾在砂浆中的应用

根据中华人民共和国建筑工程行业标准《再生骨料应用技术规程》（JGJ/T 240—2011）的规定，在配制过程中掺用了再生细集料的砂浆，称为再生集料砂浆。再生集料砂浆按用途分为再生集料砌筑砂浆、再生集料抹灰砂浆和再生集料地面砂浆。

1. 再生集料砂浆的一般规定

再生细集料可配制砌筑砂浆、抹灰砂浆和地面砂浆。再生集料砂浆用于地面砂浆时，宜用于找平层而不宜用于面层，因为面层对耐磨性要求较高，再生集料砂浆往往难以达到。

再生集料砂浆所用再生细集料应符合现行国家标准《混凝土和砂浆用再生细骨料》（GB/T 25176）的规定；再生集料砌筑砂浆和再生集料抹灰砂浆宜采用通用硅酸盐水泥或砌筑水泥；再生集料地面砂浆应采用通用硅酸盐水泥，且宜采用硅酸盐水泥或普通硅酸盐水泥；其他原材料应符合现行国家标准《预拌砂浆》（GB/T 25181）及《抹灰砂浆技术规程》（JGJ/T 220）的规定。

《混凝土和砂浆用再生细骨料》（GB/T 25176—2010）中规定的Ⅰ类再生细集料技术性能指标已经类似于天然砂，所以其在砂浆中的应用范围不受限制，可用于配制各种强度等级的砂浆。而Ⅱ类再生细集料、Ⅲ类再生细集料由于综合品质逊于天然集料，尽管试验中也配制出了 M20 等较高强度等级的砂浆，但是为可靠起见，规定Ⅱ类再生细集料一般只适用于配制 M15 及以下的砂浆，Ⅲ类再生细集料一般只适用于配制 M10 及以下的砂浆。

再生集料抹灰砂浆应符合现行行业标准《抹灰砂浆技术规程》（JGJ/T 220）的规定；当采用机械喷涂抹灰施工时，再生集料抹灰砂浆还应符合现行行业标准《机械喷涂抹灰施工规程》（JGJ/T 105）的规定。

再生集料砂浆用于建筑砌体结构时，还应符合《砌体结构设计规范》（GB 50003）的相关规定。

2. 再生集料砂浆的性能要求

采用再生集料的预拌砂浆性能应符合现行国家标准《预拌砂浆》（GB/T 25181）的

规定。现场拌制的再生集料砌筑砂浆、抹灰砂浆和地面砂浆的性能应符合表 18.22 的规定。

表 18.22　现场拌制的再生集料砂浆性能指标要求

砂浆品种	强度等级	稠度/mm	保水率/%	14d 拉伸黏结强度/MPa	抗冻性	
					强度损失率/%	质量损失率/%
再生集料砌筑砂浆	M2.5、M5、M7.5、M10、M15	50～90	≥82	—	≤25	≤5
再生集料抹灰砂浆	M5、M10、M15	70～100	≥82	≥0.15	≤25	≤5
再生集料地面砂浆	M15	30～50	≥82	—	≤25	≤5

注：有抗冻性要求时，应进行抗冻性试验。冻融循环次数按夏热冬暖地区 15 次、夏热冬冷地区 25 次、寒冷地区 35 次、严寒地区 50 次确定。

再生集料砂浆性能试验方法应按现行行业标准《建筑砂浆基本性能试验方法标准》（JGJ/T 70）的规定进行。

3. 再生集料砂浆配合比设计

再生集料砂浆的配制应满足和易性、强度和耐久性的要求，再生集料砂浆配合比设计可按下列步骤进行：

① 按现行行业标准《砌筑砂浆配合比设计规程》（JGJ/T 98）的规定进行计算，求得基准砂浆配合比。

② 以基准砂浆配合比参数为基础，根据已有技术资料和砂浆性能要求确定再生细集料取代率 ω_s，求得再生细集料用量；当无技术资料作为依据时，再生细集料取代率 ω_s 不宜大于 50%。

③ 通过试验确定外加剂、添加剂和掺合料的品种和掺量。

④ 通过试配和调整，选择符合性能要求且经济性好的配合比作为最终配合比。

由于再生细集料的吸水率往往较天然砂大一些，配制的砂浆抗裂性能相对较差，所以对于抗裂性能要求较高的抹灰砂浆或地面砂浆，再生细集料取代率不宜过大，一般限制在 50% 以下为宜；对于砌筑砂浆，由于需要充分保证砌体强度，所以在没有技术资料可以借鉴的情况下，再生细集料取代率一般也要限制在 50% 以下较为稳妥。

再生集料砂浆配制过程中一般应掺入外加剂、添加剂和掺合料，并需要试验调整外加剂、添加剂、掺合料掺量，以此来满足工作性要求。在设计用水量基础上，也可根据再生细集料类别和取代率适当增加单位体积用水量，但增加量一般不宜超过 5%。

4. 再生集料砂浆制备和施工

再生集料砂浆的生产，原材料的贮存应符合现行国家标准《预拌砂浆》（GB/T 25181）的规定。当在同一工地现场配制同品种、同强度等级再生集料砂浆时，宜采用同一水泥厂生产的同品种、同强度等级水泥。现场配制时，原材料计量应符合现行国家标准《预拌砂浆》（GB/T 25181）中湿拌砂浆的规定。

现场配制时，宜采用强制式搅拌机搅拌，加料方式应有利于砂浆拌和均匀和便于控制砂浆稠度，砂浆搅拌时间应符合下列规定：

① 只含有水泥、细集料和水的砂浆，从全部材料投料完毕开始计算，搅拌时间不宜少于 120s。

② 掺有矿物掺合料或外加剂的砂浆，从全部材料投料完毕开始计算，搅拌时间不宜少

于 180s。

③ 具体搅拌时间应参照搅拌机的技术参数通过试验确定。

现场拌制的再生集料砂浆的使用应符合下列规定：

① 以通用硅酸盐水泥在现场拌制的水泥砂浆或水泥混合砂浆，宜分别在拌制后的 2.5h 或 3.5h 内用完；当施工期间最高气温超过 30℃时，宜分别在拌制后的 1.5h 或 2.5h 内用完。砌筑水泥砂浆和掺用缓凝成分的砂浆，其使用时间可根据具体情况适当延长。

② 现场拌制好的砂浆应采取措施防止水分蒸发。夏季应采取遮阳措施，冬季应采取保温措施。砂浆堆放地点的气温宜为 5～35℃。

③ 砂浆拌合物如出现少量泌水现象，使用前应再拌和均匀。

再生集料砂浆的施工应符合现行行业标准《预拌砂浆应用技术规程》（JGJ/T 223）的相关规定。

5. 再生集料砂浆施工质量验收

除现场拌制再生集料抹灰砂浆的施工质量验收应符合现行行业标准《抹灰砂浆技术规程》（JGJ/T 220）的规定之外，其他再生集料砂浆的施工质量验收应符合现行行业标准《预拌砂浆应用技术规程》（JGJ/T 223）的规定。

三、建筑垃圾在墙体材料中的应用

开发新型的利废、节地、节能、环保型墙体材料是当前墙体材料改革的主题。墙体材料对建筑垃圾原料的要求较低，是建筑垃圾消纳的主要途径。下面重点介绍了建筑垃圾再生蒸压砖、建筑垃圾再生砌块、建筑垃圾再生砖和建筑垃圾再生墙板的生产工艺和性能。

1. 建筑垃圾再生蒸压砖

再生蒸压砖是以建筑垃圾为集料，并利用粉煤灰和工业废渣，采用高压蒸汽养护工艺制成的蒸压砖。这种砖不仅具有轻质高强等性能优点，而且其主要原料是工业和建筑业的废弃物，且蒸压养护工艺避免了大量粉煤灰燃烧排放的二氧化硫和二氧化碳对大气的污染。因此较一般的新型墙体材料产品相比，建筑垃圾粉煤灰蒸压砖具有更显著的经济意义和社会意义。

（1）利废　利用粉煤灰取代黏土原料，节约黏土资源。

（2）节地　粉煤灰的长期堆存占用大量土地，用于制作砌块既节约土地，又减少了制砖取土用地。

（3）保护环境　根除了由于长期堆存而造成的大气、地下水的污染。

（4）节能　粉煤灰蒸压砖容重为 1500～1600kg/m³，作为墙体材料可以减轻建筑物的自重，降低建筑基础费用。

2. 建筑垃圾再生砌块

砌块是砌筑用的人造块材，外形多为直角六面体，也有各种异形的。按照砌块系列中主规格高度的大小，砌块可分为小型砌块、中型砌块和大型砌块。按砌块有无空洞或空心率大小可分为实心砌块和空心砌块。按材料可以分为普通混凝土砌块、烧结砌块、轻集料混凝土砌块、粉煤灰砌块和装饰混凝土砌块等。本书中介绍的建筑垃圾再生砌块是指以水泥为主要胶凝材料，粉煤灰为辅助胶凝材料和活性混合材料，以建筑垃圾中的无机硬质材料（包括混凝土、砂浆、砖瓦、石材以及玻璃等）为集料和填充材料，采用砌块成型机成型生产出的建筑垃圾再生砌块。

利用建筑垃圾生产混凝土空心砌块对于建筑节能和墙体革新以及废弃混凝土高效回收利

用具有重要的现实意义。为了实现建筑垃圾的利用，首先应该考虑以下四个方面的问题。

（1）技术问题　首先是建筑垃圾作为原材料是否可以利用。因为建筑垃圾成分比较复杂，里面不仅有砖瓦砂石，还有木材、塑料门窗、装饰瓷砖、杂土等多种物质。试验研究和生产实践表明，只要对建筑垃圾原料做到认真处理和严格管理，完全可以作为生产再生混凝土砌块的原料；其次是对再生混凝土砌块的生产工艺及设备选型。

（2）产品性能　建筑垃圾生产的产品性能，主要取决于原料的特性及所用成型机械的性能。邯郸全有生态建材有限公司生产的再生产品的容重、吸水率和热工性能介于烧结制品和非烧结制品之间，优于普通混凝土多孔砖和标准砖，对于建筑工程的使用和施工都是十分有利的。邯郸全有生态建材有限公司的产品经国家墙体屋面材料质检中心检测，其再生混凝土多孔砖和标准砖分别符合 JC 943—2004 及 NY/T 671—2003 标准要求，而且没有放射性污染，可以放心地应用到建筑工程中。

（3）产品效益　利用建筑垃圾生产再生混凝土砌块，国家或当地政府会给予免税、免养路费等优惠政策，在成本核算中会有相当大的利润空间，与其他建材企业相比较，无疑会有较大的竞争力，其经济效益非常明显，此外还具有显著的社会效益和环境效益。

（4）建设规模和水平　这是建设该项目的一个关键条件，建设多大规模首先取决于当地建筑垃圾的产生量和收集量，然后才能决定建厂的规模、占地多少、生产线大小，规模也是一种效应，如果没有一定的规模，其社会效益和环境效益就不明显。需要指出的是建筑垃圾制砖项目是一个社会项目，影响面较大，必须依靠政府和相关部门的支持和协助。一般来说，规模越大，经济效益越大，社会和环境效益越显著，政府主管部门的支持力度也会更大，产品的推广和使用也会更有力，这是个连锁反应。

再生混凝土砌块的生产工艺流程见图 18.24。

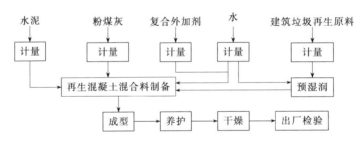

图 18.24　再生混凝土砌块的生产工艺流程

据国内外有关试验表明：再生混凝土小型空心砌块的强度可以达到 MU5 以上，完全能够满足作为承重墙的要求。在早期的研究中，Collins 等研究将再生混凝土砌块用到结构体系中，当再生集料取代率为 75％时，砌块的抗压强度为 6.75MPa，抗折强度为 1.23MPa。此外，Jones 等建议破碎的建筑垃圾可以应用到混凝土砌筑砌块中。大量掺加破碎再生混凝土集料对砌块的品质影响明显，但是再生混凝土集料掺量较低时强度可以满足要求，而且还能够节约水泥用量。

影响再生混凝土小型空心砌块强度主要有以下三个因素：

① 再生集料品质对力学性能的影响　简单破碎的再生集料颗粒棱角多、表面粗糙、组分中还含有硬化水泥砂浆，再加上混凝土块在破碎过程中集料会产生大量的微裂纹，导致再生集料砌块的性能较差。采用再生集料强化技术生产出来的颗粒整形再生集料性能大幅提高，制备的再生集料砌块产品的各项性能有了明显改善。

② 再生集料的含量　简单破碎再生粗集料的取代率对再生混凝土的抗压强度影响很大，

随着简单破碎再生粗集料取代率的不断增加，绝大部分再生集料砌块的强度随之降低。

唐晓翠的试验研究表明，再生粗集料含量为30％时，再生混凝土空心砌块的抗压强度与普通混凝土几乎没有差别。但是，当再生粗集料含量为100％时，再生混凝土空心砌块的抗压强度略有降低，但降低程度均在5％以内；当再生细集料含量为30％时，再生混凝土空心砌块的抗压强度略有降低，降低程度在2％左右；当再生细集料含量为100％时，再生混凝土空心砌块的抗压强度进一步降低，降低幅度在5％～7％。

③用水量对砌块性能的影响　混凝土砌块生产中，水的作用非常大。适量的水分、科学的配比加之充分的搅拌，是砌块性能理想的前提。在成形过程中，足够的振动强度与振动持续时间，会使混凝土中浆液（水溶液）充分遍布于集料颗粒的周围，使混凝土性能趋于最佳。实践证明：适量水分保证了刚脱模的砌块具有必要的初始强度、弹性与黏滞性，并且随后与胶凝材料进行水化反应，使混凝土粗细集料牢牢地黏在一起，使砌块具有优良的性能。

砌块生产中的若干现象与水分含量的关系主要表现为：一是布料时下料难。在砌块生产中水分含量高时，加速了混凝土颗粒的聚集，使混凝土成团，并有"板结"现象，阻碍了砌块生产中的正常布料，因而出现下料难。二是砌块酥散无强度。刚脱模的砌块出现这种现象，原因是水分太少，或混凝土搅拌不均匀的缘故，当混凝土缺水时，固体颗粒之间缺乏足够的黏结力，使得砌块酥散。三是砌块静放变形。混凝土含水量过高时，当砌块脱模后，由于自由水在重力作用下渗透到托板上，伴随有砌块本身体积形状变样，出现挠曲变形。

④矿物掺合料（以粉煤灰为例）　周贤文的试验主要研究了集料情况相同但粉煤灰不同的再生混凝土空心砌块的抗压强度，当粉煤灰含量在0～30％时，各再生混凝土空心砌块的28d抗压强度差别不大，表明在此范围内粉煤灰对空心砌块抗压强度影响不大。肖建庄等的研究表明，掺量在0～30％时，其抗压强度表现出降低趋势，但降低量在5％以内。因此，实际中可以考虑粉煤灰掺量控制在30％以内。更大粉煤灰掺量的情况尚需进一步研究。袁运法等的研究结果表明，适量掺入粉煤灰可以提高再生混凝土的强度，并能改善混凝土的和易性，提高混凝土砌块的密实度及耐久性。Poon等指出，若加入粉煤灰，能生产出具备30MPa抗压强度的用于人行走道的混凝土砌块，其收缩性能及抗滑力也同样能满足需求。

建筑工程行业标准《再生集料应用技术规程》中规定，再生集料砌块干燥收缩率应不大于0.060％；相对含水率应符合表18.23的规定；抗冻性应符合表18.24的规定；碳化系数K_c应不小于0.80；软化系数K_f应不小于0.80。

表18.23　再生集料砌块相对含水率

使用地区的湿度条件	潮湿	中等	干燥
相对含水率，不大于/％	40	35	30

注：1. 相对含水率是指砌块的含水率与吸水率之比。$W = 100 \times \dfrac{\omega_1}{\omega_2}$中，$W$是砌块的相对含水率（％）；$\omega_1$是砌块的含水率，％；$\omega_2$是砌块的吸水率，％。

2. 潮湿—一年平均相对湿度大于75％的地区；中等—一年平均相对湿度50％～75％的地区；干燥—一年平均相对湿度小于50％的地区。

表18.24　再生集料砌块抗冻性

使用条件	抗冻指标	质量损失率/％	强度损失率/％
夏热冬暖地区	D15		
夏热冬冷地区	D25	≤5	≤25
寒冷地区	D35		
严寒地区	D50		

为了保证再生集料砌块的生产质量，需要重视养护和运输储存等环节。在正常生产工艺条件下，再生集料砌块收缩值达 0.60mm/m，经 28d 养护后收缩值可完成 60%。因此，延长养护时间，能保证砌体强度并减少因砌块收缩过多而引起的墙体裂缝。再生集料砌块养护时间一般不少于 28d，当采用人工自然养护时，前 7d 应适量喷水养护，人工自然养护总时间不少于 28d。

再生集料砌块在堆放、储存和运输时，应采取防雨措施。再生集料砌块应按规格和强度等级分批堆放，不应混杂。堆放、储存时保持通风流畅，底部宜用木制托盘或塑料托盘支垫，不宜直接贴地堆放。堆放场地必须平整，堆放高度一般不宜超过 1.6m。

3. 建筑垃圾再生砖

再生集料砖分为多孔砖和实心砖，按抗压强度分为 MU7.5、MU10、MU15 和 MU20 四个等级。再生集料实心砖主规格尺寸为 240mm×115mm×53mm；再生集料多孔砖主规格尺寸为 240mm×115mm×90mm。再生集料砖其他规格由供需双方协商确定。

（1）再生集料砖的原材料　混凝土实心砖以水泥为胶结材料，以砂、石子等普通集料或轻集料为主要集料，经加水搅拌、成型、养护制成，用于工业与民用建筑基础和墙体的承重部位无空洞的砖。非承重混凝土多孔砖和混凝土空心砖是以水泥为胶结材料，砂、石子、轻集料等为集料，可掺入其他的掺合料，加水搅拌、成型、养护制成的一种多排或单排孔的混凝土砖，多孔砖空洞率大于 25%，空心砖空洞率大于 40%，用于建筑上非承重或自承重部位，称为非承重混凝土多孔砖和混凝土空心砖。非承重混凝土多孔砖和混凝土空心砖主要用于工程中非承重或自承重部位，对强度要求不高，本着合理利用和节约资源的目的，提倡采用符合要求的各种水泥，多用轻集料和废渣。

再生集料砖所用原材料应符合下列规定：①集料的最大粒径不应大于 8mm。②再生集料应符合表 18.25 和表 18.26 的规定。

表 18.25　生产砖的再生粗集料性能指标

项　目	指标要求
微粉含量(按质量计)/%	＜5.0
吸水率(按质量计)/%	＜10.0
杂物(按质量计)/%	＜2.0
泥块含量、有害物质含量、坚固性、压碎指标、碱集料反应性能	应符合《混凝土用再生粗骨料》(GB/T 25177)的相关规定

表 18.26　生产砖的再生细集料性能指标

项　目		指标要求
微粉含量(按质量计)/%	MB 值＜1.40 或合格	＜12.0
	MB 值≥1.40 或不合格	＜6.0
泥块含量、有害物质含量、坚固性、单级最大压碎指标、碱集料反应性能		应符合《混凝土和砂浆用再生细骨料》(GB/T 25176)的相关规定

（2）再生集料砖的性能要求　再生集料砖的尺寸允许偏差和外观质量应符合表 18.27 的规定，再生集料砖的抗压强度应符合表 18.28 的规定。

表 18.27　再生集料砖尺寸允许偏差和外观质量

项　目		指标
尺寸允许偏差/mm	长度	±2.0
	宽度	±2.0
	高度	±2.0

续表

项　目		指标
弯曲,不大于/mm		2.0
缺棱掉角	个数,不多于/个	1
	3 个方向投影的最小值,不大于/mm	10
裂缝长度	大面上宽度方向及其延伸到条面的长度,不大于/mm	30
	大面上长度方向及其延伸到顶面的长度或条、顶面水平裂纹的长度,不大于/mm	50
完整面		不少于一条面和一顶面
层裂		不允许
颜色		基本一致

表 18.28　再生集料砖抗压强度

强度等级	抗压强度/MPa	
	平均值,不小于	单块最小值,不小于
MU7.5	7.5	6.0
MU10	10.0	8.0
MU15	15.0	12.0
MU20	20.0	16.0

尽管《砌体结构设计规范》(GB 50003)、《多孔砖砌体结构技术规范》(JGJ 137) 中对砖的强度等级最低规定为 MU10,《混凝土实心砖》(GB/T 21144) 和《非烧结垃圾尾矿砖》(JC/T 422) 中最低抗压强度为 MU15,但是为了拓宽再生集料的应用范围,中华人民共和国建筑工程行业标准《再生骨料应用技术规程》(JGJ/T 240—2011) 将再生集料多孔砖的最低强度拓宽为 MU7.5,将再生集料实心砖的最低强度拓宽为 MU10。

再生集料砖的吸水率单块值不应大于 18%,干燥收缩率和相对含水率应符合表 18.29 的规定,抗冻性应符合表 18.30 的规定。

表 18.29　再生集料砖干燥收缩率和相对含水率

干燥收缩率/%	相对含水率平均值/%		
	潮湿环境	中等环境	干燥环境
≤0.060	≤40	≤35	≤30

表 18.30　再生集料砖抗冻指标

强度等级	冻后抗压强度平均值,不小于/MPa	冻后质量损失率平均值,不大于/%
MU20	16.0	2.0
MU15	12.0	2.0
MU10	8.0	2.0
MU7.5	6.0	2.0

注:冻融循环次数按照使用地区可分为:夏热冬暖地区 15 次,夏热冬冷地区 25 次,寒冷地区 35 次,严寒地区 50 次。

再生集料砖碳化系数 K_c 应不小于 0.80,软化系数 K_f 应不小于 0.80。

4. 建筑垃圾再生墙板

再生混凝土条板是新型的墙体材料,墙板的厚度较薄,可以有效降低住宅间墙面积的占有率。再生混凝土条板与 KM 系列多孔砖的对比分析见表 18.31。再生混凝土条板表面光滑,没有凹凸,不易开裂,墙体厚度只有 9cm (而多孔砖的厚度为 24cm),观感好,很适合中小户型用户。

表 18.31　墙体材料对比分析

序号	项目	再生混凝土条板	KM 系列多孔砖
1	墙体厚度	9cm	20cm
2	规格	9cm×60cm×(240~350)cm	10cm×10cm×20cm
3	加工性能	可按楼板的实际高度预定墙板的规格,并且可钉、可钻、可锯、含水率低,不易收缩,质轻,易安装	只有一个规格,需用砂浆组砌,灰缝易收缩,造成墙面开裂
4	表面	平整度高,没有凹凸,不需要批荡,与各种腻子、油漆、胶黏剂、装饰磁片黏结好	需要批荡,与其他材料黏结易造成开裂
5	施工工艺	易于开界,无需抹灰,没有湿作业	不用开界,施工时湿作业

　　经过试验证明,再生混凝土条板抗冲击性能、吊挂力性能、抗弯性能等力学性能,以及再生混凝土条板的隔声、隔热等物理性能能符合行业标准《建筑隔墙用轻质条板》(JG/T 169—2005)的要求。

四、其他应用

1. 建筑垃圾在地基中的应用

　　建筑垃圾中的石块、混凝土块和碎砖块也可直接用于加固软土地基。建筑垃圾夯扩桩施工简便、承载力高、造价低,适用于多种地质情况,如杂填土、粉土地基、淤泥路基和软弱土路基等。主要利用途径有以下两种。

　　(1) 建筑垃圾作建筑渣土桩填料加固软土地基　建筑垃圾具有足够的强度和耐久性,置入地基中,不受外界影响,不会产生风化而变为疏松体,能够长久地起到集料作用。

　　(2) 建筑垃圾作复合载体桩填料加固软土地基　建筑垃圾复合载体桩技术是由北京波森特岩土工程有限公司针对软弱地基和松散填土地基研究开发的一种地基加固处理新技术。建筑垃圾复合载体桩施工工艺采用细长锤(锤的直径为 250~500mm,长度为 3000~5000mm,质量为 3.5~6t)在护筒内边打边沉,沉到设计标高后,分批向孔内投入建筑垃圾(碎石、碎砖、混凝土块等),用细长锤反复夯实、挤密,在桩端处形成复合载体,放入钢筋笼,浇注桩身(传力杆)混凝土面层。

2. 建筑垃圾在路面基层中的应用

　　建筑垃圾主要由碎混凝土、碎砖瓦、碎砂石土等无机物构成。其化学成分是硅酸盐、氧化物、氢氧化物、碳酸盐、硫化物及硫酸盐等,性能优于黏土、粉性土,甚至优于砂土和石灰土,具有较好的硬度、强度、耐磨性、韧性、抗冻性、水稳定性、化学稳定性,且遇水不收缩,冻胀危害小,是公路工程难得的水稳定性好的建筑材料。建筑垃圾颗粒大,比表面积小,含薄膜水少,不具备塑性,透水性好,能够阻断毛细水上升。在潮湿状态的环境下,用建筑垃圾进行基础垫层,强度变化不大,是理想的强度高、稳定性好的筑路材料。主要应用包括如下几个领域。

　　(1) 公路工程　公路工程具有工程数量大、耗用建材多的特点。耗材量决定着公路工程的基本造价,因此公路设计的一项基本原则就是因地制宜,就地取材,努力降低工程造价。而建筑垃圾具备其他建材无可比拟的优点:数量大、成本低、质量好。因此,建筑垃圾的主要应用对象,首选应该是公路工程、城市街道工程和广场建设工程。

　　(2) 铁路工程　建筑垃圾可以应用在铁路的路基、松软土路基处理工程中。在粉土路基、黏土路基、淤泥路基和过水路基等领域,建筑垃圾可以用作改善路基加固土。

　　(3) 其他工程　建筑垃圾不仅可用于建筑工程地基与稳定土基础、粒料改善土基础、回填土基础、地基换填处理和楼地面垫层等，还可用于机场跑道、城市广场、街巷道路工程的结构层和稳定层等。

3. 用于制造建筑垃圾透水砖

透水混凝土路面砖是指可以渗透水的具有协调人类生存环境的混凝土铺地砖。透水砖是一种新型生态建材产品，具有透水调湿的功能。铺于路面不仅能快速渗透雨水，减少路面积水，而且降低城市地面温度，改善人们在城市里的生活质量。透水混凝土路面砖的透水机理是采用特殊级配的集料、水泥、外加剂和水等经特定工艺制成，其集料间以点接触形成混凝土骨架，集料周围包裹一层均匀的水泥浆薄膜，集料颗粒通过硬化的水泥浆薄层胶结而成多孔的堆聚结构，内部形成大量的连通孔隙。在下雨或路面积水时，水能沿着这些贯通的孔隙通道顺利地渗入地下或存在于路基中。可用于铺设人行道或轻量级车行道等的混凝土路面及地面工程等，但其抗冻融循环能力较差，不适合寒冷地区使用。

4. 建筑垃圾在水泥生产中的应用

水泥粉磨过程中往往掺入某些非煅烧的材料作为水泥替代材料或添加材料，这些添加材料称为水泥混合材料，它们一般为矿渣或其他工业废料。混合材料的掺入具有降低水泥生产成本，提高经济效益，调节水泥标号，改善水泥的凝结、流变、力学和耐腐蚀等性能的作用，以满足不同的工程建筑质量要求。

水泥活性混合材的本质特征是具有直接或潜在的水化活性，即其组成中含有与水接触或在一定的激发条件下能发生水化反应形成胶凝性水化产物的相应组分，这是寻求和开发水泥混合材的基本出发点。废弃混凝土中含有部分未水化的水泥熟料颗粒，它们经再次粉磨细化后成为细颗粒，具有一定的水化活性。此外，集料制备和水泥粉磨过程中的机械力作用导致粉体产生大量的新生表面，提高了 SiO_2 与水泥熟料间的水化反应活性。因此，废弃混凝土集料分离后的硬化水泥浆体作为水泥混合材是可行的。

第四节　建筑垃圾资源化的工程应用实例

一、青岛海逸景园 6 号工程

青岛市海逸景园工程（图 18.25）为小港湾安置区，位于小港湾片区东部，北至六号码头路、东至冠县路、南至朝阳路、西至邱县路、金乡支路围合区域。该工程是青岛市重点工程，一类建筑，2009 年 1 月开工，2010 年 3 月竣工；工程地下两层为地下车库及设备用房，地上一、二层为配套公建，三层以上为住宅。建筑等级为一类工程；建筑耐久年限二级；防火等级为一类建筑，一级耐火等级；住宅主楼最高 33 层，高度 97.85m，网点 2 层，地下 2 层；防水等级：屋面二级，地下室一级；工程结构形式主要为框架结构，剪力墙、短肢剪力墙结构，基础形式为柱下独立基础、墙下条形基础及部分筏板基础，裙房底板部分设有抗浮锚杆。地下室网点混凝土强度等级 C40，住宅混凝土强度等级 C30。

青岛理工大学、青建集团、瑞科尔建筑材料（青岛）有限公司和青岛绿帆再生建材有限公司合作，在该工程 24 层的结构混凝土进行了再生混凝土的工程应用。应用再生混凝土强

图 18.25 青岛海逸景园 6 号工程

度等级 C40，数量约 320m³，整个结构层分三部分，采用不同配比，再生粗集料应用情况见图 18.26、混凝土配合比见表 18.32、混凝土实际强度见表 18.33。

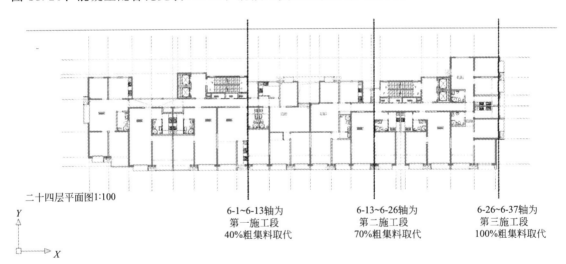

二十四层平面图1:100

6-1~6-13轴为
第一施工段
40%粗集料取代

6-13~6-26轴为
第二施工段
70%粗集料取代

6-26~6-37轴为
第三施工段
100%粗集料取代

图 18.26 再生粗集料应用情况

表 18.32 混凝土配合比

材料名称	水泥/(kg/m³)	矿粉/(kg/m³)	河砂/(kg/m³)	天然集料/(kg/m³)	再生集料/(kg/m³)	水/(kg/m³)	减水剂/(kg/m³)	砂率/%	水胶比	再生集料取代率/%
厂家和品牌	三菱 P.O 42.5	昊德建材 S95 级	大沽河中砂	崂山 5~31.5mm	瑞科尔公司		西卡萘系 163Q2			
配合比 C40	250	105	775	1050		180	7.4	42	0.51	0
	250	105	775	630	420	180	7.4	42	0.51	40
	250	105	775	315	735	180	7.4	42	0.51	70
	250	105	775		1050	180	7.4	42	0.51	100

表 18.33 混凝土实际强度

再生集料取代率	标准养护混凝土强度/MPa			
	3d	7d	18d	28d
40%	29.0	36.6	43.1	45.8
70%	22.9	31.2	35.9	43.4
100%	26.6	35.6	38.5	44.6

再生粗集料来源于即墨兰村拆除桥梁的混凝土废物，经过分选，使用颚式破碎机进行一级破碎成 5～31.5mm 石子，然后使用颗粒整形机对颗粒进行整形，得到 5～25mm 连续级配的再生粗集料。

C40 再生集料混凝土采用 5～31.5mm 连续粒级的再生粗集料，按照 40%、70%、100%的取代率取代天然粗集料进行配制生产。

混凝土生产采用 3m³ 双卧轴强制式搅拌机生产，混凝土的出机坍落度均大于 190mm，到达施工现场后依然满足泵送要求。

这是国内首次将 C40 再生混凝土批量用于实际工程。经青岛市科技局鉴定，该项成果达到了国际先进水平。

二、青岛宜昌馨园工程

青岛宜昌馨园工程（图 18.27）由青岛新东房地产开发公司开发建设，位于青岛市四方区，基地南侧为原有住宅，北侧为规划路，东邻瑞昌路，西邻兴德路，工程概况见表 18.34。

图 18.27 青岛宜昌馨园工程

表 18.34　宜昌馨园工程概况

序号	项　　目	内　　　容
1	工程名称	青岛新东房地产开发公司宜昌馨园
2	工程业主	青岛世奥房地产开发公司
3	监理单位	青岛建研院建设工程监理有限责任公司
4	设计单位	青岛国立设计有限公司
5	勘察单位	青岛市勘察测绘研究院
6	施工单位	青岛建设集团零零一工程有限公司
7	总建筑面积	159148m²（地上）
8	地理位置	青岛市四方区宜昌路以北、瑞昌路以西
9	工期	2008 年 7 月 30 日～2009 年 12 月 31 日
10	质量目标	一次性验收合格

本项目共包括 4 幢多层住宅（1～4 号楼），8 幢高层住宅（5～2 号楼），一座幼儿园和一座会所。青岛宜昌馨园工程各楼座编号、类型及主要特征见表 18.35。

表 18.35　各座楼编号类型及主要特征

楼座编号	类型	层数	总高度/m	地下室设置	结构形式
1～2	多层住宅	6	17.8	无	砖混结构
3～4	多层住宅	6	17.8	无	砖混结构
5	高层住宅	28	80.2	一层地下室	剪力墙结构
6～8	高层住宅	32	91.4	地下管线夹层及车库	剪力墙结构
9～10	高层住宅	20	57.8	一层地下室	剪力墙结构
11	高层住宅	23	66.2	一层地下室	剪力墙结构
12	高层住宅	21	60.6	一层地下室	剪力墙结构
13	幼儿园	2	11.55	无	框架结构
14	会所	3（局部 2）	12.6	无	框架结构

5 号楼单位工程使用再生混凝土。5 号楼属于剪力墙结构高层住宅，结构安全等级为二级，建筑抗震设防类别为丙类，结构抗震等级为四级，地上部分建筑层高为 2.8m，建筑物总高度为 80.2m，单层建筑面积为 800m²。结构形式为剪力墙结构，剪力墙厚度主要为 200mm，板厚度主要为 100mm 和 120mm，垫层混凝土强度等级为 C15，结构混凝土强度等级为 C35、C30。

采用再生混凝土的工程部位为结构顶钢筋混凝土装饰构架，主要结构形式为剪力墙和结构梁，剪力墙厚度为 200mm，结构梁截面主要尺寸为 200mm×1000mm 和 200mm×1500mm，混凝土强度等级为 C25，再生混凝土使用量 40m³。再生混凝土浇筑时间为 2009 年 8 月 23 日，现场采用塔吊吊斗浇筑方式，现场留置混凝土试件三块，试件尺寸为 1500mm×1000mm×120mm，配筋为三级 8Φ200，双排双向布置。

经过上述两个工程的实际应用，再生混凝土各项性能与普通混凝土无明显差异，但也需注意以下问题。

1. 工作性能

按泵送混凝土施工方法考虑在试验室配合比基础上，调整砂率至 42%，调整水胶比至 0.51，混凝土泵送满足生产需要，泵送效果较好，但再生集料在加工过程中不可避免地夹有原废混凝土中的短钢筋等杂物，应进行分拣，以免对地泵和泵管造成破坏和堵塞。

2. 浇筑与成型

再生集料混凝土拌合物应采用机械振捣成型，并尽可能采用插捣成型。工程应用表明混凝土成型质量差异不大，如图 18.28～图 18.30 所示。

图 18.28　再生混凝土成型照片

图 18.29　普通混凝土成型照片

图 18.30　工程应用效果

3. 养护

混凝土成型后应采取养护措施，及时进行覆盖和洒水养护，混凝土模板（含侧模）的拆除时间不少于 14d。底模的拆除尚应遵照混凝土结构施工及验收规范进行，洒水养护时间不少于 14d。

4. 质量检验

使用再生混凝土应进行开盘鉴定，其工作性能应满足设计配合比的要求，并留置不少于一组标准养护试件，作为验证配合比的依据，拌制前应测定天然砂石含水率和再生粗集料的吸水率，并根据测试结果调整材料用量，提出施工配合比，混凝土的生产应由有资质的商品混凝土生产厂家进行，运输车辆应符合《混凝土搅拌运输车》（JG/T 5094—1997）的规定，再生混凝土强度的检验应按国家标准《混凝土强度检验评定标准》（GB/T 50107—2010）进行。

三、北京建筑工程学院试验 6 号楼工程

本部分内容源于北京建筑工程学院陈家珑教授的研究成果。北京建筑工程学院试验 6 号楼工程试验阶段和施工过程中使用的都是全再生集料混凝土，只是在原材料材性试验时才筛分成再生粗、细集料进行相应的检测。再生集料由北京元泰达环保建材科技有限公司生产，集料生产原料主要为废混凝土基础；再生混凝土由新奥混凝土搅拌公司生产。

使用过程中发现：

① 在集料材性满足标准要求的前提下，再生集料比天然集料需水量大，但采取适当措

547

施，可配制出工作性和强度均满足工程需要的再生混凝土，坍落度大于 200mm，无离析和泌水，1h 坍落度损失为零。

② 再生细集料的加入，明显改善了混凝土的和易性，特别对黏聚性和保水性有利，但由于其对需水量影响较大，因此，要尽量采用低再生细集料比率。从本批再生集料试验结果分析，砂率以 40% 为宜。

③ 为减少混凝土需水量和坍落度损失，宜掺用一定比例的天然集料，本试验的天然粗集料为全部粗集料的 50% 左右，天然细集料为全部细集料 30% 左右。

对于现场混凝土的施工来说，最重要的是大流动性及良好黏聚性、保水性和保坍性。由于试验楼施工现场作业面狭窄、钢筋密度大（图 18.31），现场混凝土浇筑只能用小泵进行，这样不仅对混凝土的流动性有很高的要求，同时对混凝土的保坍性也有很高的要求。在施工过程中，就曾出现过由于堵车、坏泵等原因而使得施工时间延到 3h 以后的情况。现场施工证明，再生混凝土满足了本工程施工所要求的工作性能。

图 18.31　施工现场作业面窄、钢筋密度大

结构竣工后，对该楼的现场实体全面回弹，回弹法检测再生混凝土结构平均强度 34.5MPa，为设计强度的 115%。再生混凝土现场留样经 100 次冻融循环后质量损失为 0.1%，强度损失为 4.4%，氯离子渗透系数为 $1.861cm^2/s$，达到中等水平，满足混凝土耐久性的标准要求。现场再生混凝土剪力墙留样的热导率为 $0.31W/(m \cdot K)$，小于黏土烧结砖的 $0.78W/(m \cdot K)$，实测 190mm 厚再生混凝土墙 20mm 内砂浆的传热系数为 $2.94W/(m^2 \cdot K)$，小于 250mm 厚的普通混凝土剪力墙的传热系数 $2.96W/(m^2 \cdot K)$。再生砖填充墙（300mm＋70mm 内外砂浆）的传热系数为 $1.69W/(m^2 \cdot K)$，略高于该楼陶粒空心砌块填充墙（300mm＋70mm 内外砂浆）的传热系数 $1.39W/(m^2 \cdot K)$。保温总体效果与目前常用建筑材料差别不大，配以其他措施后完全可以应用于节能建筑。该楼顺利通过工程验收，已投入正常的教学使用近一年时间，该楼墙体表面裂纹经结构专家鉴定均属砂浆裂纹，无结构裂纹，未见工程结构质量问题。

参考文献

[1]　李秋义．建筑垃圾资源化利用技术．北京：中国建材工业出版社，2011．

[2]　李秋义，全洪珠，秦原．混凝土再生集料．北京：中国建筑工业出版社，2011．

［3］ 李秋义，全洪珠，秦原．再生混凝土性能与应用技术．北京：中国建材工业出版社，2010.

［4］ 卢建忠，马嵘．"体积取代法"碎砖再生混凝土性能的研究．嘉兴学院学报，2003(10)：113-115.

［5］ Franklin Assochtes, Prairie Village Ks. The US Environmental Protection Agency Munkipal and Industrial Solid Waste Division of-rice of So M Waste Report No. EPA530-R-98-010 Co ntract No. 68-W4-0006，Ⅵrork Assignment R11026 June 1998 Printed on recycled paper.

［6］ C S Pooh, Ann T W, Yu L H. Ng. On-site sorting of construction and demolition waste in Hong Kong. Conservation and Recycling, 2001, 32：157-172.

［7］ 李秋义，高嵩，薛山．绿色混凝土技术．北京：中国建材工业出版社，2014.

［8］ 冯乃谦，张智峰，马骁．生态环境与混凝土技术．混凝土，2005，3：3-8.

［9］ Hendriks Ch H, Nijkerk A A. The building cycle, aneas technical publishers, The Netherlands. 2002.

［10］ Nixon P J. Recycled concrete as an aggregate for concrete-a review. Mater. Struct, 1978, 65(11)：371-378.

［11］ 国土交通省．建设副产物实态调查报告书．日本，2007.

［12］ コンクリート再生材高度利用研究会．平成16年度活動報告書［N］．日本，2005.

［13］ 山本良一．环境材料．北京：化学工业出版社，1997.

［14］ 中国建筑材料科学研究院．绿色建材和建材绿色化．北京：化学工业出版社，2003(09).

［15］ 陈家珑，方源兴．我国混凝土集料的现状问题．建筑技术，2005.36(Ⅰ)：23-25.

［16］ 李云霞，李秋义，赵铁军．再生集料与再生混凝土的研究进展．青岛理工大学学报，2005，26(5)：16-19.

［17］ 王智威．不同来源再生集料的基本性能及其对混凝土抗压强度的影响．新型建筑材料，2007(7)：57-60.

［18］ 肖建庄．再生混凝土．北京：中国建筑工业出版社，2008.

［19］ 邢锋，冯乃谦，丁建彤．再生集料混凝土．混凝土与水泥制品，1999(2)：10-13.

［20］ 肖建庄，李佳彬，兰阳．再生混凝土技术最新研究进展与评述．混凝土，2003(10)：17-20，57.

［21］ 肖建庄，李佳彬，孙振平，等．再生混凝土抗压强度研究．同济大学学报，2004(12)：1558-1561.

［22］ （社）建築業協会．再生骨材及び再生コンクリートの使用基準（案）·同解説．1977.

［23］ 建設省総合技術開発プロジェクト．建設副産物の発生抑制·再生利用技術の開発報告書．1992.

［24］ 建設省技調発第88号、建設大臣官房技術調査室通達．コンクリート副産物の用途別暫定品質基準（案）．日本，1994.

［25］ 嵩英雄，阿部道彦，全洪珠．再生骨材を使用したコンクリートの性質に関する実験研究．工学院大学総合研究所EEC研究成果報告書，2003，87-94.

［26］ 阿部道彦．コンクリート用再生骨材．コンクリート工学，1997(7).

［27］ 全洪珠，嵩英雄ほか．各種セメントを用いた高強度コンクリートから回収した高度化処理再生骨材の諸性質．日本建築学会学術講演集，2002，8：1017-1020.

［28］ 玉井孝幸，全洪珠，嵩英雄ほか．再生骨材の製造方法と再生粗骨材の性質．第47回日本学術会議材料連合講演論文集，2003，10：267-268.

［29］ DIN 4226-100，Gesteinskornungen fur Beton und Mortel. 2002.

［30］ Kibert C J. Concrete/Masonry Recycling Progress in the USA. Demolition and Reuse of Concrete and Masonry, New York：F&FN Spon．1994.

［31］ Noguchi T, Tamura M. Concrete design towards complete recycling. Structural Concrete, 2001(3)：155-167.

［32］ 颜克明．拓展工业废弃物在混凝土工程中的应用．建筑施工，1999，21(2)：56-57.

［33］ 李秋义，李云霞，朱崇绩．颗粒整形对再生粗集料性能的影响．材料科学与工艺，2005(6)：579-585.

［34］ 李秋义，李云霞，朱崇绩．再生混凝土集料强化技术研究．混凝土，2006(1)：74-77.

［35］ 王武祥，刘立，尚礼忠，王玲．再生混凝土集料的研究．水泥与混凝土制品，2001(4)：9-12.

第十九章
绿色建筑部品及其评价

建筑部品是建筑物中具有规定功能的独立单元，是建筑物的重要组成部分。建筑部品绿色度评价是绿色建筑评价的基础，我国现阶段对于建筑部品的绿色化评价仍还处于探索阶段。因此，建立适合我国国情的绿色建筑部品评价体系是十分迫切和必要的。

第一节 建筑部品的分类

一、建筑部品的概念及特征

1. 建筑部品及绿色建筑部品

（1）建筑部品的概念 建筑部品是指由若干个建筑产品组成的、具有规定功能的独立单元，是建筑物的主要组成部分。是由建筑材料、制品、产品、零配件等原材料组合而成的具有规定功能的建筑半成品。

（2）绿色建筑部品的概念 绿色建筑部品是指建筑物中使用功能良好、高效利用资源与能源、最低限度影响环境的那部分建筑部品及部件，是绿色建筑的组成部分。绿色建筑部品评价是提高建筑绿色化的一个有效的保证措施。

2. 建筑部品的基本特征

建筑部品的绿色化是一个宏观概念，对于其具体形态的科学界定，应该建立在绿色建筑部品科学认证体系之上。在国家关于建筑部品绿色度评价体系及其相关认证体系尚未出台之前，无一个统一定义。具备下列要求和特征的建筑部品可称为绿色建筑部品。

① 建筑部品的质量符合或优于相应的国家标准。

② 建筑部品应采用符合国家相关规定的原料、材料、燃料或再生资源。

③ 建筑部品在生产过程中排放废气、废液、废渣、尘埃的数量和成分符合或优于国家规定允许的排放标准。

④ 建筑部品在使用时达到国家规定的无毒、无害标准，不会引发污染和安全隐患。

⑤ 建筑部品在失效或废弃时，对人体、大气、水质和土壤的影响符合或低于国家环保标准允许的指标规定。

3. 建筑部品评价与绿色建筑评价之间的关系

建筑部品绿色度的评价是以建筑材料绿色度的评价作为基础的，即在组成建筑部品的主要建筑材料满足绿色环保的前提下，充分考虑建筑部品在建造、使用及废弃物对环境的影响程度的基础上，对建筑部品绿色度做出的评价。

建筑部品绿色度的评价又是以绿色建筑的评价方法为指导思想，建筑部品绿色度的评价在绿色建筑评价中起着承上启下的重要作用。通过建筑部品绿色度评价，进而评价绿色建筑，使绿色建筑的评价更加科学、客观、系统和合理。

同时，绿色建筑评价指标又是绿色建筑部品评价指标及绿色建筑材料评价指标建立的指导思想。绿色建筑评价体系将全生命周期分析法引入了建筑与设备系统；绿色建筑部品及建筑材料评价则通过采用这种全生命周期的分析方法，分别评价建筑部品、建筑材料的能源消耗、资源消耗、环境影响和可再生性。所以，为了更快、更好地实现现代绿色建筑评价，应对现代绿色建筑材料和部品评价的发展提出清晰的要求。

联系建筑物与建筑部品的桥梁是建筑工程消耗量定额。

因此，绿色建筑部品评价将绿色建筑材料评价与绿色建筑评价科学地联系在一起，使绿色建材、绿色建筑部品及绿色建筑的评价成为一个统一的整体。

二、建筑部品总分类及各部品的分类

1. 建筑部品总分类

根据我国目前建筑部品的生产使用现状，经过对相关资料的分析和各类专家意见的充分讨论研究，可把住宅建筑分为五大建筑部品体系。

（1）结构部品体系　包括支撑结构、楼板、楼梯等。

（2）围护部品体系　包括围护墙、屋面、门窗等。

（3）内外装饰部品体系　包括内外墙装饰、地面装饰、顶棚装饰等。

（4）厨卫部品体系　包括卫生间用具、厨房用具等。

（5）设备部品体系　包括暖通和空调系统、给水排水设备系统、燃气设备系统、电器与照明系统、消防系统、电梯系统、新能源系统、管道系统、通信系统等。

由于整个建筑部品体系的范围较广，且所包含内容较多，考虑到建立建筑部品评价体系的科学性和实用性，我们遵循应用面广、技术成熟、构造典型、具有代表性等原则，对以上五大建筑部品有针对性地进行必要的取舍、归纳、简化，最终选择墙体围护部品、门窗部品、管件部品、楼地面部品、内外墙装饰部品及屋面部品作为研究评价的对象，如图19.1所示。

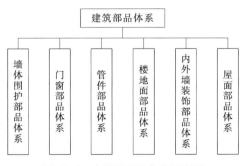

图 19.1　建筑部品总分类示意图

由于每类建筑部品体系又是由不同的材料或构件构成的，且功能不同，可对其进行进一步具体分类研究。

2. 墙体围护部品的分类

参考相关文献及调查研究，根据不同分类方法，可把墙体围护部品分成不同类型。

① 根据墙体材料和构造方式的不同，可分为实体砖墙、空斗墙、砌块墙、石墙及现浇或预制混凝土墙，其中预制装配式墙体构件包括单层材料和多层材料复合板材墙，另外，还有各种类型的建筑幕墙等。

② 根据墙体在建筑物中所处的位置不同，可分为外墙和内墙两大部分。此外，沿平面纵向轴线布置的墙称纵墙（有外纵墙和内纵墙之分）；沿平面横向轴线布置的墙称横墙；横向尽端的墙称山墙；窗与窗之间称窗间墙；窗洞下部的墙称窗下墙。

③ 根据墙体受力特点，可分为承重墙和非承重墙。承重墙主要有横墙承重、纵墙承重、及纵横墙混合承重等几种结构体系；非承重墙包括隔墙、填充墙和建筑幕墙等。

④ 根据组成墙体所使用材料的不同可分为砖墙、砌块墙、混凝土墙。

⑤ 墙体围护部品不包含墙体上抹灰及各类装饰。

欲建立墙体围护部品绿色度评价体系可选择第四种分类方法比较合理。即将墙体围护部品分为砖墙、砌块墙、混凝土墙三大类，具体体系构成见图 19.2。

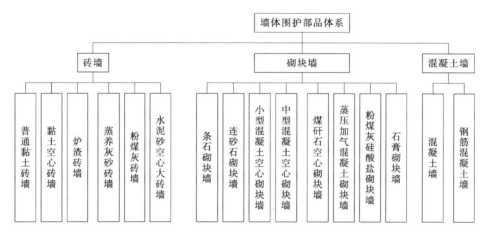

图 19.2 墙体围护部品体系构成示意图

3. 门窗部品的分类

门窗部品的分类方法较多，常按门窗的开启方式、门窗组成材料、门窗的使用功能、门窗的位置等分类。

① 按门窗的开启方式分类，可以将门窗分为平开门窗、推拉门窗、折叠门、转门窗、弹簧门、其他门（卷帘门、升降门、上翻门等）。

② 按门窗组成材料可分为木门窗、塑料门窗、铝合金门窗、钢门窗、玻璃钢门窗、其他材料门窗等。

③ 按门窗的使用功能可分为百叶门窗、保温门、防火门、隔声门等。

④ 按门窗的位置可将门分为外门和内门，将窗分为侧窗和天窗。

在门窗部品绿色度评价体系建立中，按照组成门窗部品所使用材料的不同，将门窗部品分为木门窗、钢门窗、铝合金门窗、塑料门窗，具体体系构成见图 19.3。

4. 管件部品的分类

管件部品的分类方法较多，一般有按生产方法分类、管件的断面形状分类、管件的壁厚分类、管件的用途分类等。

① 按生产方法，可分为无缝管（热轧管、冷轧管、冷拔管、挤压管、顶管）、焊管（焊管按工艺又分为电弧焊管、电阻焊管、气焊管、炉焊管，按焊缝又分为直缝焊管、螺旋焊管）。

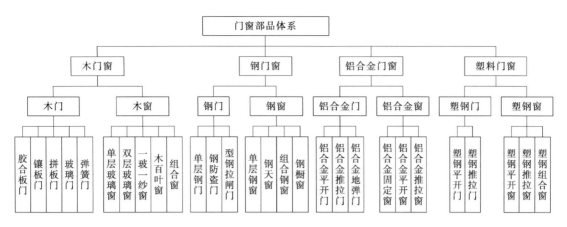

图 19.3 门窗部品构成示意图

② 按管件的断面形状，可分为简单断面管件、复杂断面管件。

③ 按管件的壁厚，可分为薄壁管、厚壁管。

④ 按管件的用途，可分为给水管、排水管、采暖管等。

在管件部品绿色度评价体系建立中，按照组成管件部品所使用材料的不同，可将管件部品分为钢管、铜管、复合管、塑料管，具体体系构成见图 19.4。

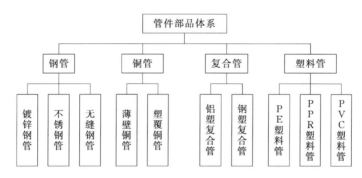

图 19.4 管件部品构成示意图

5. 楼地面部品的分类

楼地面部品的分类方法较多，常有按照楼地面的工程做法、材料、使用功能等分类。

① 按照楼地面的工程作法，可分为整体面层楼地面、整体树脂面层楼地面、块料面层楼地面、地毯楼地面、木材面层楼地面等。

② 按照材料，可分为水泥砂浆楼地面、细石混凝土楼地面、水磨石楼地面、混凝土楼地面、涂料楼地面、橡胶板楼地面、地毯楼地面、地砖楼地面等。

③ 按照使用功能，可分为无防水楼地面、不发火花楼地面、防静电楼地面、防腐蚀楼地面等。

在楼地面部品绿色度评价体系建立中，按照组成楼地面部品所使用材料的不同，可将楼地面部品分为水泥砂浆楼地面、水磨石楼地面、块料楼地面、木材面楼地面及其他楼地面，具体体系构成见图 19.5。

6. 内外墙装饰部品的分类

内外墙装饰部品的分类方法常有按组成材料、位置、施工方法等分类。

① 按组成材料不同，主要分为水泥砂浆类、石材类、涂料类、壁纸类、板材类等。

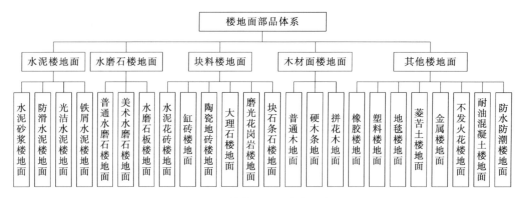

图 19.5　楼地面部品构成示意图

② 按位置分为内墙装修和外墙装饰。

③ 按施工方法不同，可分为抹灰类、贴面类、涂刷类、幕墙类、罩板类、卷材类、板材类等。

在内外墙装饰部品绿色度评价体系建立中，按照组成内外墙装饰部品所使用材料的不同，可将内外墙装饰部品分为普通抹灰墙面、块料面层墙面、装饰板面层墙面、油漆、涂料墙面，具体体系构成见图 19.6。

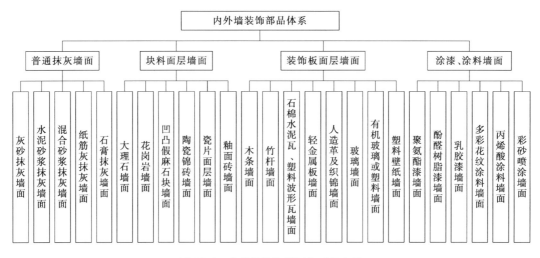

图 19.6　内外墙装饰部品构成示意图

7. 屋面部品的分类

在屋面部品绿色度评价体系建立中，按照组成屋面部品所使用材料的不同，可将屋面部品分为三元乙丙丁基橡胶水泥苯板屋面、三元乙丙丁基橡胶发泡聚苯板屋面、三元乙丙丁基橡胶挤塑聚苯板屋面、改性沥青现浇膨胀蛭石屋面、改性沥青现浇膨胀珍珠岩屋面，具体体系结构见图 19.7。

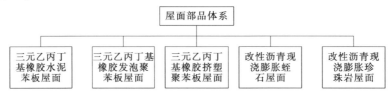

图 19.7　屋面部品构成示意图

第二节　绿色建筑部品评价指标体系及其设计

一、绿色建筑部品评价指标体系的特征及建立原则

1. 绿色建筑部品评价指标体系应该具备的基本特征

绿色建筑部品评价是从建筑部品的全生命周期出发，采用定量分析与定性分析相结合的综合评价方法。建筑部品"绿色"程度的评价是多因素、多指标的集合，构成了建筑部品绿色度评价指标体系，其应具备如下基本特征。

（1）完整性　所有指标的集合必须能比较全面地反映建筑部品的绿色程度。

（2）独立性　各项评价指标应相对独立，指标之间既不能互相包涵，也不能具有直接相关性。

（3）可度量性　各项指标可以定量地测量，或能够通过统计系统反映或调查进行确定。

（4）敏感性　选定的指标应对建筑部品绿色度评价的过程与效果反应灵敏。

2. 绿色建筑部品评价指标体系建立的主要原则

① 借鉴国际先进经验，结合我国国情。把国外的先进经验同我国的具体国情相结合，形成一套适应我国建筑部品评价的科学体系。

② 应贯穿于建筑部品的生命周期全过程，即原料采集、建筑部品生产、运输、使用、废弃物处理等整个生命循环。

③ 应按照层次分析法基本思想，构造层次结构模型，以此作为建立评价指标的基本依据。

④ 通过对评价指标、专家意见、项目特点及性质进行分析，以主成分分析法为指导思想，抓住主要指标或因素建立指标体系。

⑤ 科学性与实用性相统一。科学性与实用性是指评价体系的建立和评价方法的选择既要科学合理又要切实可行。

⑥ 完整性与可操作性相统一。评价指标的确定是绿色建筑部品评价的关键，为了全面的评价，必然要求评价指标的完整性；同时，建立的评价指标应有效地实现对建筑部品的绿色度的评价，且可操作性强。

⑦ 定性指标与定量指标相统一。有的评价指标易于定量处理，而有的评价指标不易定量化，或者也没有必要定量化，这时应采用定性指标和定量指标结合起来对建筑部品的绿色度进行评价的方法。

⑧ 注意动态性。随着建筑部品科学技术的发展和人们环境意识的提高，绿色建筑部品的评价范围和评价指标也应根据发展的不同阶段相应地发展和完善，能够综合反映绿色建筑部品的发展趋势和现状特点。

二、绿色建筑部品总评价指标体系及分类评价指标体系

1. 绿色建筑部品总评价指标体系

经过调查研究，充分考虑影响建筑部品绿色化程度的性能指标要求，以及性能指标之间的相互关系，在对六大建筑部品体系进一步分类的基础上，筛选出 5 个一级指标和 16 个二级指标来对建筑部品的绿色度进行评价。其中，5 个一级指标分别为：资源消耗 A、能源消耗 B、使用效能 C、环境影响 D 及回收利用 E。13 个二级指标分别为：人力资源消耗 A1、材料资源消耗 A2、机械资源消耗 A3、单位部品能源消耗量 B1、隔声性 C1、保温隔热性

C2、可靠性 C3、使用寿命 C4、放射性核素限量 D1、甲苯和二甲苯 D2、甲醛 D3、施工噪音 D4、CO_2 排放 D5、固体废物排放 D6、建筑部品回收利用率 E1 和建筑部品回收价值率 E2。二级指标中定性指标 2 个，分别为可靠性 C3 和固体废物排放 D6，其余全部为定量指标。绿色建筑部品综合评价指标体系如图 19.8 所示。

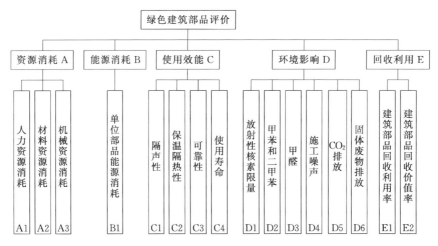

图 19.8　绿色建筑部品综合评价指标体系

2. 绿色建筑部品分类评价指标体系及待评部品方案

　　由于每种建筑部品所具有的功能和用途不同，所以在评价过程中，建筑部品评价指标建立的重点也各不相同。以绿色建筑部品总评价指标体系为基础，充分考虑影响建筑部品绿色化程度的性能指标要求以及各建筑部品自身的特点，建立了六大建筑部品各自的评价指标体系，见表 19.1～表 19.6。表中左侧为各部品的待评方案，即各部品根据其构造及材料不同的进一步分类。

表 19.1　墙体围护部品评价指标体系

评价指标	资源消耗 A			能源消耗 B	使用效能 C			环境影响 D				再生利用 E	
部品名称	人力资源消耗	材料资源消耗	机械资源消耗	单位部品能源消耗	隔声性	保温隔热性	可靠性	放射性核素限量	施工噪声	CO_2 排放	固体废物排放	建筑部品回收利用率	建筑部品回收价值率
	A1	A2	A3	B1	C1	C2	C3	D1	D4	D5	D6	E1	E2
普通黏土砖墙													
黏土空心砖墙													
小型混凝土空心砌块墙													
蒸压加气混凝土砌块墙													
钢筋混凝土墙													

表 19.2 门窗部品评价体系

评价指标	资源消耗 A			能源消耗 B	使用效能 C				环境影响 D				再生利用 E	
部品名称	人力资源消耗	材料资源消耗	机械资源消耗	能源消耗	隔声性	保温隔热性	可靠性	使用寿命	放射性核素限量	施工噪声	CO_2 排放	固体废物排放	建筑部品回收利用率	建筑部品回收价值率
	A1	A2	A3	B1	C1	C2	C3	C4	D1	D4	D5	D6	E1	E2
单层木门														
单层木窗														
单层钢门														
单层钢窗														
铝合金推拉门														
铝合金推拉窗														
塑钢推拉门														
塑钢推拉窗														

表 19.3 管件部品评价指标体系

评价指标	资源消耗 A			能源消耗 B	使用效能 C		环境影响 D			再生利用 E	
部品名称	人力资源消耗	材料资源消耗	机械资源消耗	单位部品能源消耗	可靠性	使用寿命	施工噪声	CO_2 排放	固体废物排放	建筑部品回收利用率	建筑部品回收价值率
	A1	A2	A3	B1	C3	C4	D4	D5	D6	E1	E2
钢管 ($DN80$)											
铜管 ($DN80$)											
塑料管 (外径 90mm)											
钢塑复合管 ($DN80$)											
铝塑复合管											

表 19.4　楼地面部品评价指标体系

评价 指标	资源消耗 A			能源 消耗 B	使用效能 C			环境影响 D				再生利用 E	
部品 名称	人力 资源 消耗	材料 资源 消耗	机械 资源 消耗	单位部 品能源 消耗	隔声 性	可 靠 性	使用 寿命	放射性 核素 限量	施工 噪声	CO_2 排放	固体 废物 排放	建筑部 品回收 利用率	建筑部 品回收 价值率
	A1	A2	A3	B1	C1	C3	C4	D1	D4	D5	D6	E1	E2
水泥砂浆 楼地面													
普通水磨 石楼地面													
陶瓷地砖 楼地面													
大理石楼 地面													
硬木条地面													
地毯楼地面													

表 19.5　内外墙装饰部品评价指标体系

评价指标	资源消耗 A			能源 消耗 B	使用效能 C		环境影响 D						再生利用 E	
部品 名称	人力 资源 消耗	材料 资源 消耗	机械 资源 消耗	单位部 品能源 消耗	可靠 性	使用 寿命	放射性 核素 限量	甲苯和 二甲苯	甲醛	施工 噪声	CO_2 排放	固体废 物排放	建筑部 品回收 利用率	建筑部 品回收 价值率
	A1	A2	A3	B1	C3	C4	D1	D2	D3	D4	D5	D6	E1	E2
大理石 墙面														
陶瓷锦 砖墙面														
瓷片面 层墙面														
轻金属 板墙面														
乳胶漆 墙面														
多彩花纹 涂料墙面														

表 19.6　屋面部品评价指标体系

评价指标	资源消耗 A		能源 消耗 B	使用效能 C		环境影响 D						再生利用 E	
部品 名称	人力资 源消耗	材料资 源消耗	单位部 品能源 消耗	可 靠 性	使用 寿命	放射 性核素 限量	甲苯和 二甲苯	甲醛	施工 噪声	CO_2 排放	固体 废物 排放	建筑部 品回收 利用率	建筑部 品回收 价值率
	A1	A2	B1	C3	C4	D1	D2	D3	D4	D5	D6	E1	E2
三元乙丙 丁基橡胶 水泥苯板 屋面													

评价指标	资源消耗 A		能源消耗 B	使用效能 C		环境影响 D						再生利用 E	
部品名称	人力资源消耗	材料资源消耗	单位部品能源消耗	可靠性	使用寿命	放射性核素限量	甲苯和二甲苯	甲醛	施工噪声	CO_2排放	固体废物排放	建筑部品回收利用率	建筑部品回收价值率
	A1	A2	B1	C3	C4	D1	D2	D3	D4	D5	D6	E1	E2
三元乙丙丁基橡胶发泡聚苯板屋面													
三元乙丙丁基橡胶挤塑聚苯板屋面													
改性沥青现浇膨胀蛭石屋面													
改性沥青现浇膨胀珍珠岩屋面													

三、绿色建筑部品评价指标的释义与度量

1. 资源消耗类指标的释义与度量

建筑材料生产过程中要消耗大量资源，建筑部品是由建筑材料构成，因此，在建筑部品的全生命周期中也同样需要消耗大量资源，对其进行绿色度评价时，主要考虑人力、材料、机械三类资源。其中，人力资源是建筑部品加工建造的主导因素；材料资源是建筑部品资源消耗的主体因素，由于建筑材料生产中消耗的矿产资源等难估算和公度，可以用材料成品消耗量表示，材料消耗量越大，原始资源消耗量越大；机械资源是建筑部品加工建造的另一重要因素。因此，这三种资源对部品的加工建造起着决定作用。

（1）人力资源消耗 指建筑部品的全生命周期中人力资源消耗数量的总和，即建筑材料生产、建筑部品建造加工、建筑部品使用和废弃物回收利用四个阶段的人力资源消耗之和。

在建筑部品绿色度评价体系中，主要考虑建筑部品建造加工阶段的人力资源消耗。因为建筑部品在加工建造阶段人力资源消耗比重约占建筑部品的全生命周期人力资源消耗总量的60％以上，是人力资源的主要消耗阶段。其他阶段人力资源消耗不予考虑，首先，由于建筑材料生产阶段人力资源的消耗已经在建筑材料成品的综合单价中予以考虑。其次，建筑部品使用阶段人力资源消耗主要是建筑部品维修过程中对人工的消耗，已在建筑部品"使用效能"指标下通过更新维修周期在使用寿命指标中予以考虑。另外，建筑部品废物回收利用阶段人力资源消耗时间短、比重较小，所以该阶段人力资源消耗不予考虑。

人力资源消耗的度量：人力资源消耗属于定量指标，可用单位建筑部品消耗的综合人工工日作为其度量评价标准。而单位建筑部品消耗的综合人工工日可参照国家或地区建筑工程消耗量定额计算。

（2）材料资源消耗　材料资源是指水泥、钢材、砂石和木材等资源。材料资源消耗是指建筑部品在全生命周期中对各种矿产资源和建筑材料的消耗数量的总和，即建筑材料生产、建筑部品建造加工、建筑部品使用和废弃物回收利用四个阶段的材料消耗总和。

在建筑部品绿色度评价体系中，主要考虑建筑部品建造、加工阶段的建筑材料消耗，由于建筑材料是建筑部品建造、加工的基础，此过程中对建筑材料消耗量较大，直接影响着建筑部品的绿色度。其他阶段在此不作评价，首先，由于建筑材料生产阶段的自然资源消耗量已经在建筑材料成品消耗中综合考虑。其次，建筑部品使用阶段的材料消耗即维护部品所需材料，已在建筑部品"使用效能"指标下的"使用年限"指标中加以考虑。再次，废弃物回收阶段的建筑材料的消耗数量较少，对建筑部品绿色度评价影响较小，在此不加以考虑。

材料消耗指标的度量：材料资源消耗属于定量指标，可用单位建筑部品消耗的材料费用作为其定量评价标准。而单位建筑部品消耗的材料费用可用下面公式进行计算。

单位部品材料消耗费用＝单位部品材料消耗量×材料单价

（3）机械资源消耗　是指建筑部品在全生命周期过程中建筑机械资源的总消耗量。针对建筑行业本身，建筑部品对机械资源的消耗主要集中在建筑部品建造加工阶段，此阶段机械消耗量最大。所以在此评价过程中，主要考虑建筑部品建造、加工阶段的机械资源消耗。其他阶段在此不作评价，其原因有两点：一是建筑材料生产阶段对生产机械的消耗与生产工艺有很大关系且数量不易确定，不同建筑部品横向比较建筑材料生产阶段机械消耗对建筑部品绿色度评价意义不大；二是建筑部品使用和废弃物回收阶段的机械资源消耗数量较少，对建筑部品绿色度评价影响较小，在此不加考虑。

机械消耗指标的度量：机械资源消耗属于定量指标，可用单位建筑部品消耗的机械费用作为其评价标准。而单位建筑部品消耗的机械台班费用可用下面公式进行计算。

单位部品机械消耗费用＝单位部品机械台班消耗量×台班单价

2. 能源消耗类指标的释义与度量

建筑材料的生产能耗在建筑能耗中占据主导地位，所以要加大使用生产能耗低的建筑材料，即高效、清洁与可再生利用的材料，从而降低建筑物整体能耗。我国目前生产能耗较大的建筑材料主要包括钢材、铝材、玻璃、陶瓷等。

建筑部品加工建造也同样需要消耗大量能源。建筑部品能源消耗是指在全生命周期中即建筑材料生产、建筑部品建造加工、建筑部品使用和废弃物回收利用四个阶段的能源消耗之和。在建筑部品绿色度评价体系中，主要考虑建筑部品材料生产阶段的能源消耗，因为建筑部品在材料生产阶段，需要消耗大量电力和煤炭等能源，对环境危害和能源储存量影响较大。其他阶段在此不加以考虑，首先，因为建筑部品加工建造阶段的能源消耗，主要是各种加工机械或施工机械在使用过程中的燃料动力消耗，而该消耗已经在机械消耗指标中综合考虑。其次，使用阶段能源消耗主要是建筑部品更换与维修，其已经在使用效能指标中综合考虑。再次，废弃物回收阶段主要使用人力资源，此阶段机械能源消耗量较小。

在建筑部品评价指标建立中，主要考虑各部品的主要材料能源消耗量。由于主要材料能源消耗直接影响部品的绿色度，能源消耗量较小的辅助材料在此不加以考虑，如砂、石、接头零件等能源消耗，并通过实际测算各部品主要材料的单位能源消耗量，以此作为评价指标进行定量评价。建筑材料生产阶段各种材料能源消耗可参考表 19.7。

建筑部品在建筑材料生产阶段的能源消耗量，可通过式（19.1）进行计算。

$$E_1 = \sum_{i=1}^{n} B_i X_i \qquad (19.1)$$

式中　E_1——单位建筑部品所用建筑材料生产过程中消耗的能源量，GJ；

　　　B_i——建筑部品所用第 i 种建筑材料的总质量，t；

　　　X_i——第 i 种建筑材料生产过程中单位质量消耗能源的指标，GJ/t；

　　　n——建筑部品所用建筑材料的种类数。

表 19.7　建筑材料生产阶段各种材料能源消耗

材料	钢材	铝材	水泥	平板玻璃	陶瓷砖	卫生陶瓷	烧结黏土砖	烧结空心砖	烧结页岩砖	蒸压粉煤灰砖	混凝土空心砌块	标准砖	粉煤灰加气混凝土砌块	石膏板	木材	大理石	铜管
能源/(GJ/t)	25.0	180.0	5.5	14.3	10.2	29.3	2.0	1.7	2.4	1.6	0.9	2.5	1.5	0.06	1.8	8	40

3. 使用效能类指标的释义与度量

每一种建筑部品都具有不同的功能和特性，这些特性在一定程度上影响着建筑物的整体使用效能。通过对多位专家调查和大量建筑部品使用效能统计数据的分析，发现影响建筑部品使用效能的主要有隔声性、保温隔热性、可靠性和使用寿命；通过对这些不同性能的评价，实现对建筑部品整体使用效能优异性的综合评价，最后达到在节约建筑部品的资源消耗和能源消耗的基础上，尽可能提高建筑部品的使用效能。具体指标包括隔声性、保温隔热性、可靠性和使用寿命。

（1）隔声性　隔声性能是指用材料减弱或隔断声波传递的性能。建筑部品的隔声性直接影响着整个建筑物的隔声效果。在此，可通过空气声计权隔声量 R_w 值和计权标准化撞击声压级 $L_{np,w}$ 的高低来评价建筑部品的隔声性能。

空气声计权隔声量 R_w 是将已测得部品部件的隔声频率特性曲线与规定的标准参考曲线比较进行而得到的计权隔声量。计权隔声量 R_w 能较好地反映材料或构件的隔声效果，使不同的材料或构件之间其隔声性能与特性具有一定的可比性。空气声计权隔声量 R_w 值越高其隔声性能越好。

计权标准化撞击声压级 $L_{np,w}$ 指在现场（常指住宅内）测得的撞击声压级加上一个用分贝计的修正项，它等于接收室实测混响时间与基准混响时间（0.5s）之比的常用对数乘以 10。

① 墙体围护部品体系的隔声性能由空气声计权隔声量 R_w 值来评价《民用建筑隔声设计规范》（GB/T 50118—2011）中住宅建筑分户墙与楼板的空气声隔声标准应符合表 19.8 要求。

表 19.8　建筑分户墙与楼板的空气声隔声标准　　　　　单位：dB

围护结构部位	计权隔声量		
	一级	二级	三级
分户墙及楼板	≥50	≥45	≥40

墙体围护部品隔声性度量：根据《民用建筑隔声设计规范》（GBJ 118—88）中的标准及典型建筑部品的实际测算，来制定墙体围护部品体系的隔声性评价指标。

② 门窗部品体系的隔声性能由空气声隔声性能指标值来评价《建筑门窗空气声隔声性能分级及其检测方法》（GB 50118—2010）中建筑门窗的隔声性能分级指标值可参照表 19.9。

表 19.9　建筑门窗的隔声性能分级指标　　　　　单位：dB

等级	外门、外窗的分级指标	内门、内窗的分级指标
1	$20 \leqslant R_w + C_{tr} < 25$	$20 \leqslant R_w + C < 25$
2	$25 \leqslant R_w + C_{tr} < 30$	$25 \leqslant R_w + C < 30$

续表

等级	外门、外窗的分级指标	内门、内窗的分级指标
3	$30 \leqslant R_w + C_{tr} < 35$	$30 \leqslant R_w + C < 35$
4	$35 \leqslant R_w + C_{tr} < 40$	$35 \leqslant R_w + C < 40$
5	$40 \leqslant R_w + C_{tr} < 45$	$40 \leqslant R_w + C < 45$
6	$R_w + C_{tr} \geqslant 45$	$R_w + C \geqslant 45$

门窗部品隔声性度量：根据《建筑门窗空气声隔声性能分级及其检测方法》GB（GB 50118—2010）的标准及典型建筑部品的实际测算，来制定门窗部品体系的隔声性评价指标。

③ 楼地面部品体系由计权标准化撞击声压级 $L_{np,w}$ 值来评价 计权标准化撞击声压级 $L_{np,w}$ 值越低，其隔声性能越好。《民用建筑隔声设计规范》（GB/T 50118—2011）中楼板的撞击声隔声标准应符合表 19.10 的规定。

表 19.10 楼板的撞击声隔声标准

楼板部位	计权标准化撞击声压级/dB		
	一 级	二 级	三 级
分户层间楼板	≤65	≤75	

注：当确有困难时，可允许三级楼板计权标准化撞击声压级小于或等于 85dB，但在楼板构造上应预留改善的可能条件。

楼地面部品隔声性的度量：可用典型楼地面部品的实际计权标准化撞击声压级 $L_{np,w}$ 测算值作为其度量评价标准。而典型建筑部品的实际计权标准化撞击声压级 $L_{np,w}$ 测算值可参照《民用建筑隔声设计规范》（GB/T 50118—2011）的标准。

（2）保温隔热性 对于不同的建筑部品，其保温隔热性评价指标也不同。

① 墙体围护部品体系的保温性能以部品的传热系数 K 来评价 传热系数 K，也称总传热系数，单位 $W/(m^2 \cdot K)$，指在稳态条件下，维护结构两侧空气温度差为 1K，1h 内通过 $1m^2$ 面积传递的热量。传热系数越大说明建筑部品的保温隔热性越差。

墙体围护部品的传热系数指标应符合《夏热冬冷地区居住建筑节能设计标准》中的规定，如表 19.11 所示。

表 19.11 围护结构各部分的传热系数 K 单位：$W/(m^2 \cdot K)$

外 墙	分户墙和楼板
$K \leqslant 1.5$	
$D \geqslant 3.0$	$K \leqslant 2.0$
$K \leqslant 1.0$	
$D \geqslant 2.5$	

墙体围护部品保温隔热性的度量：可用典型建筑墙体围护部品的实际传热系数 K 测算值作为其度量评价标准。而典型建筑部品的实际传热系数 K 测算值可参照《夏热冬冷地区居住建筑节能设计标准》。

② 门窗部品体系的保温性能以门窗部品的传热系数 K 来评价 《建筑外门窗保温性能分级及其检测方法》（GB/T 8484—2008）中建筑外窗的保温性能分级指标可参见表 19.12。

表 19.12 建筑外门、外窗的传热系数性能分级指标   单位：$W/(m^2 \cdot K)$

分级	1	2	3	4	5
分级指标	$K \geqslant 5.0$	$5.0 > K \geqslant 4.0$	$4.0 > K \geqslant 3.0$	$3.5 > K \geqslant 3.0$	$3.0 > K \geqslant 2.5$
分级	6	7	8	9	10
分级指标	$2.5 > K \geqslant 2.0$	$2.0 > K \geqslant 1.6$	$1.6 > K \geqslant 1.3$	$1.3 > K \geqslant 1.1$	$K < 1.1$

根据《建筑外门窗保温性能分级及其检测方法》（GB/T 8484—2008）标准及典型建筑部品的实际传热系数 K 测算，来建立门窗部品体系的保温隔热性评价指标。

③ 屋面部品体系的保温性能以屋面部品的传热系数 K 来评价　屋面部品的传热系数指标应符合《夏热冬冷地区居住建筑节能设计标准》中的规定，如表 19.13 所示。

表 19.13　屋面部分的传热系数 K

等　级	I	II	III	IV	V
传热系数 /[W/(m²·K)]	≤0.5	>0.5 ≤0.6	>0.6 ≤0.7	>0.7 ≤0.8	>0.8 ≤0.9

（3）可靠性　建筑部品的可靠性是除部品隔声性、保温隔热性等主要特性以外的其他特性（如耐火性、耐腐蚀性、耐磨性、防滑性、抗冲击性、使用安全性、连接可靠性、更换方便性、采光性、密封性等）的综合性能。不同部品体系其可靠性指标包含的性能不同。

① 墙体围护部品的可靠性　主要考虑墙体部品的耐火性，通过墙体围护部品的耐火极限来建立评价指标，进行定量评价。《建筑设计防火规范》（2001 年修订版）中，建筑物的耐火等级分为四级，耐火等级越高，其可靠性越高。构件的燃烧性能和耐火极限不应低于表 19.14 的规定。耐火极限是指受测建筑构件从受到火的作用时起，到失去支持能力，或完整性被破坏，或失去隔火作用时止这段时间，用"小时"表示。耐火极限时间越长，表示建筑构件耐火性能越强。

表 19.14　建筑物构件的燃烧性能和耐火极限　　　　　单位：h

构件名称		耐火等级			
		一　级	二　级	三　级	四　级
墙	防火墙	非燃烧体 4.00	非燃烧体 4.00	非燃烧体 4.00	非燃烧体 4.00
	承重墙、楼梯间、电梯井的墙	非燃烧体 3.00	非燃烧体 3.00	非燃烧体 2.50	难燃烧体 0.50
	非承重外墙、疏散走道两侧的隔墙	非燃烧体 1.00	非燃烧体 1.00	非燃烧体 0.50	难燃烧体 0.25
	房间隔墙	非燃烧体 0.75	非燃烧体 0.50	难燃烧体 0.50	难燃烧体 0.25
楼板		非燃烧体 1.50	非燃烧体 1.00	非燃烧体 0.50	难燃烧体 0.25

注：1. 非燃烧体　用非燃烧材料做成的构件。非燃烧材料系指在空气中受到火烧或高温作用时不起火、不微燃、不碳化的材料。如建筑中采用的金属材料和天然或人工的无机矿物材料。

2. 难燃烧体　用难燃烧材料做成的构件或用燃烧材料做成而用非燃烧材料做保护层的构件。难燃烧材料系指在空气中受到火烧或高温作用时难起火、难微燃、难碳化，当火源移走后燃烧或微燃立即停止的材料。如沥青混凝土、经过防火处理的木材、用有机物填充的混凝土和水泥刨花板等。

3. 燃烧体　用燃烧材料做成的构件。燃烧材料系指在空气中受到火烧或高温作用时立即起火或微燃，且火源移走后仍继续燃烧或微燃的材料。如木材等。

墙体围护部品可靠性评价指标的度量：根据《建筑设计防火规范》（2001 年修订版）的标准及典型建筑墙体围护部品的实际情况，测算耐火极限。

② 门窗部品体系的可靠性主要包括建筑外窗门气密、水密、抗风压和采光性能等四个方面。

建筑外窗门的气密、水密、抗风压性能以《建筑外门窗气密、水密、抗风压性能分级及检测方法》（GB 7106—2008）规定的各项性能分级进行评价。气密、水密、抗风压性能评价指标依据可分别参考表19.15～表19.17。

表 19.15 建筑外门窗气密性能分级

分级	1	2	3	4	5	6	7	8
单位缝长分级指标值 $q_1/[\text{m}^3/(\text{m} \cdot \text{h})]$	$4.0 \geq q_1 > 3.5$	$4.0 \geq q_1 > 3.0$	$3.0 \geq q_1 > 2.5$	$2.5 \geq q_1 > 2.0$	$2.0 \geq q_1 > 1.5$	$1.5 \geq q_1 > 1.0$	$1.0 \geq q_1 > 0.5$	$q_1 \leq 0.5$
单位面积分级指标值 $q_2/[\text{m}^3/(\text{m} \cdot \text{h})]$	$12.0 \geq q_2 > 10.5$	$10.5 \geq q_2 > 9.0$	$9.0 \geq q_2 > 7.5$	$7.5 \geq q_2 > 6.0$	$6.0 \geq q_2 > 4.5$	$4.5 \geq q_2 > 3.0$	$3.0 \geq q_2 > 1.5$	$q_2 \leq 1.5$

表 19.16 建筑外门窗水密性能分级　　　　　　单位：Pa

分级	1	2	3	4	5	6
分级指标 Δp	$100 \leq \Delta p < 150$	$150 \leq \Delta p < 250$	$250 \leq \Delta p < 350$	$350 \leq \Delta p < 500$	$500 \leq \Delta p < 700$	$\Delta p \geq 700$

注：第6级应在分级后同时注明具体检测压力差值。

表 19.17 建筑外门窗抗风压性能分级　　　　　　单位：kPa

分级	1	2	3	4	5	6	7	8	9
分级指标值 p_3	$1.0 \leq p_3 < 1.5$	$1.5 \leq p_3 < 2.0$	$2.0 \leq p_3 < 2.5$	$2.5 \leq p_3 < 3.0$	$3.0 \leq p_3 < 3.5$	$3.5 \leq p_3 < 4.0$	$4.0 \leq p_3 < 4.5$	$4.5 \leq p_3 < 5.0$	$p_3 \geq 5.0$

注：第9级应在分级后同时注明具体检测压力差值。

采光性能以《建筑外窗采光性能分级及其检测方法》标准中的外窗采光性能分级来进行评价，由于外门不具备采光性能，在此不参加此性能的评价。采光性能评价依据见表19.18，采光性能分级可参考表19.19。

表 19.18 采光性能评价指标依据

评价等级	采光性能（T_r—透光折减系数）	
	窗	门
好	$T_r \geq 0.60$	—
中	$0.40 \leq T_r < 0.60$	—
差	$T_r < 0.40$	—

表 19.19 建筑外窗采光性能分级

采光性能分级	I	II	III	IV	V	VI
透光折减系数 T_r	$T_r \geq 0.70$	$0.7 > T_r \geq 0.60$	$0.6 > T_r \geq 0.50$	$0.5 > T_r \geq 0.40$	$0.4 > T_r \geq 0.30$	$0.3 > T_r \geq 0.20$

③ 管件部品可靠性　不同类型管件部品的可靠性包含的内容不同，通过对专家的调查，并综合考虑给水管、排水管、冷水管、热水管的性能要求，把管件的可靠性主要划分为轻质高强性、耐腐蚀性、安全性、连接可靠性、耐冲击性等五个方面，评价依据可参考表19.20。安全性指标即管材浸泡水水质检测指标，根据《生活饮用水输配水设备及防护材料的安全性评价标准》（GB/T 17219—1998）中饮用水输配水设备浸泡水的卫生要求及评价标准可参考表19.21。

表 19.20 管件部品可靠性评价指标依据

评价等级	轻质高强性	耐腐蚀性	安全性	连接可靠性	耐冲击性
好	轻	耐腐蚀	明显优于规范标准	非常可靠	强
中	稍重	稍耐腐蚀	优于规范标准	可靠	中
差	重	不耐腐蚀	符合规范标准	不可靠	弱

表 19.21　饮用水输配水设备浸泡水的卫生要求及评价标准

生活饮用水卫生标准 中规定的项目	标准卫生要求	优于标准卫生要求	明显优于标准卫生要求
色度/度	不增加色度	不增加色度	不增加色度
混浊度/度	增加量≤0.5	0.2<增加量≤0.4	增加量≤0.2
臭和味	无异臭、异味	无异臭、异味	无异臭、异味
肉眼可见物	不得含有	不得含有	不得含有
pH	不改变 pH	不改变 pH	不改变 pH
铁/(mg/L)	铁≤0.03	0.01<铁<0.03	≤0.01
锰/(mg/L)	锰≤0.01	0.005<锰<0.01	≤0.005
铜/(mg/L)	铜≤0.1	0.05<铜<0.1	≤0.05
锌/(mg/L)	锌≤0.1	0.05<锌<0.1	≤0.05
挥发酚类/(mg/L)	酚≤0.002	0.001<酚<0.002	≤0.001
砷/(mg/L)	砷≤0.005	0.001<砷<0.005	≤0.001
汞/(mg/L)	汞≤0.001	0.0005<汞<0.001	≤0.0005
铬（六价）/(mg/L)	铬≤0.005	0.001<铬<0.005	≤0.001
镉/(mg/L)	镉≤0.001	0.0005<镉<0.001	≤0.0005
铅/(mg/L)	铅≤0.005	0.001<铅<0.005	≤0.001
银/(mg/L)	银≤0.005	0.001<银<0.005	≤0.001
氟化物/(mg/L)	氟化物≤0.1	0.05<氟化物<0.1	≤0.05
硝酸盐氮/(mg/L)	硝酸盐氮≤2	1<硝酸盐氮<2	≤1
氯仿/(μg/L)	氯仿≤6	3<氯仿<6	≤3
四氯化碳/(μg/L)	四氯化碳≤0.3	0.1<四氯化碳<0.3	≤0.1
苯并[a]芘/(μg/L)	苯并芘≤0.001	0.0005<苯并芘<0.001	≤0.0005
醛类	不得检出	不得检出	不得检出
蒸发残渣/(mg/L)	增加量≤10	5<增加量<10	增加量≤5
高锰酸钾消耗量/(mg/L)	增加量≤2	1<增加量<2	增加量≤1
评价依据	所有指标必须全部满足	半数以上指标满足	半数以上指标满足

④ 楼地面部品可靠性　通过对专家的调查，将楼地面部品的可靠性划分为感热度、燃烧性、起尘性、耐磨性、消声度、光滑度、耐水性、透水性、耐油性、发火性、耐撞击等方面，通过这些性能来建立楼地面部品可靠性的定性评价指标。楼地面部品可靠性评价指标依据可参考表 19.22、表 19.23。

表 19.22　楼地面部品可靠性评价指标依据（一）

评价等级	感热度	燃烧性	起尘性	耐磨性	消声性	光滑度
好	暖	不燃	小	强	无噪声	不滑
中	半暖	难燃	一般	中	稍有噪声	有水时滑
差	冷	燃烧	大	弱	有噪声	光滑

表 19.23　楼地面部品可靠性评价指标依据（二）

评价等级	耐水性	透水性	耐油性	发火性	耐撞性
好	耐水	不透水	耐油	不发火花	耐撞击
中	稍耐水	稍透水	稍耐油	—	—
差	不耐水	透水	不耐油	发火花	不耐撞击

⑤ 内外墙装饰部品可靠性　内外墙装饰部品的可靠性主要包括耐久性、耐水性、耐玷污性、施工方便性、装饰性等方面，以这些指标建立内外墙装饰部品的定性评价指标。内外墙装饰部品可靠性评价依据可参考表 19.24。

表 19.24　内外墙装饰部品可靠性评价指标依据

评价等级	耐久性	耐水性	耐玷污性	施工方便性
好	强	非常耐水	小	非常方便
中	中	耐水	一般	方便
差	弱	不耐水	大	不方便

⑥ 屋面部品可靠性　内外墙装饰部品的可靠性主要包括耐久性、耐水性、耐玷污性、施工方便性、装饰性等方面，以这些指标建立内外墙装饰部品的定性评价指标。内外墙装饰部品可靠性评价依据可参考表 19.25。

表 19.25　屋面部品可靠性评价指标依据

评价等级	消声度	耐水性	耐磨性	施工方便性
好	强	非常耐水	强	非常方便
中	中	耐水	中	方便
差	弱	不耐水	弱	不方便

（4）使用寿命　由于建筑部品最初建造时粗糙、施工过程中质量低劣，使建筑部品的功能有了先天的不足和丑陋的面貌，严重影响建筑物的整体功能。并且，随着时间的转移，人们审美观念的变化和房间使用需求的变化，又会进行重新拆除和安装。因此，将使用寿命作为建筑部品的评价指标，以建筑部品的更新维修周期长短来定量评价其整体优劣。建筑部品使用寿命越长，其性能越好。使用寿命可参考表 19.26。其中，墙体围护部品不参加此指标的评价。T 为更新维修周期，楼地面部品更新维修周期指面层更新维修周期。屋面部品使用寿命是指防水层合理使用年限。

表 19.26　使用寿命　　　　单位：年

等级	门窗部品	管件部品	楼地面部品	屋面部品	内外墙装饰部品 内墙装饰	外墙装饰
一	$T>35$	$T>30$	$T>25$	$T>25$	$T>25$	$T>30$
二	$30<T\leq35$	$25<T\leq30$	$20<T\leq25$	$15<T\leq25$	$20<T\leq25$	$25<T\leq30$
三	$25<T\leq30$	$20<T\leq25$	$15<T\leq20$	$10<T\leq15$	$15<T\leq20$	$20<T\leq25$
四	$20<T\leq25$	$15<T\leq20$	$10<T\leq15$	$5<T\leq10$	$10<T\leq15$	$10<T\leq20$
五	$T\leq20$	$T\leq15$	$T\leq10$	$T\leq5$	$T\leq10$	$T\leq10$

4. 环境影响类指标的释义与度量

根据《室内空气质量标准》，室内空气质量影响主要包括物理性、化学性、生物性和放射性四个方面。其中物理性包括温度、相对湿度、空气流速和新风量。由于物理性受地区环境和气候变化影响，与建筑部品绿色度评价的影响关系不大，在此不作评价。化学性包括二氧化硫、二氧化碳、一氧化碳、二氧化氮、氨、臭氧、甲醛、苯、甲苯、二甲苯、苯并[a]芘、可吸入颗粒和总挥发性有机物。由于甲醛是一种较高毒性的物质，在我国有毒化学品优先控制名单上甲醛高居第二位。甲醛已经被世界卫生组织确定为致癌和致畸形物质，是公认的变态反应源，是潜在的强致突变物之一。甲苯和二甲苯因具有苯的易挥发、易燃、蒸气等有爆炸的特点。人在短时间内吸入高浓度的甲苯、二甲苯，可出现中枢神经系统麻醉作用，轻者有头晕、头痛、恶心、胸闷、乏力、意识模糊，严重者可致昏迷以致呼吸、循环衰竭而死亡。苯化合物已经被世界卫生组织确定为强烈致癌物质，所以在此仅考虑以甲醛、甲苯和二甲苯作为评价指标。其他化学性污染释放期比较快，不会在空气中长期积存，对人体的危害相对小一些，在此不作评价。生物性包括细菌总数，由于建筑部品产生的细菌量较少，在此也不作评价。放射性包括镭226、钍232、钾40等放射性物质，其放射物对人体能够造成很大伤害，因此，将放射性作为评价指标进行评价。

(1) 放射性核素限量　建筑部品放射性核素限量指组成建筑部品的各类建筑材料中天然放射性核素镭 226、钍 232、钾 40 符合国家标准 GB 6566—2010《建筑材料放射性核素限量》规定的放射性核素数量限制。本标准中建筑材料是指用于建造各类建筑物所使用的无机非金属类材料，并将建筑材料分为建筑主体材料和装修材料。

建筑主体材料是用于建筑物主体工程所使用的建筑材料。包括水泥与水泥制品、砖、瓦、混凝土、混凝土预制构件、砌块、墙体保温材料、工业废渣、掺工业废渣的建筑材料及各种新型墙体材料等。

装修材料用于建筑物室内、外墙面用的建筑材料。包括：花岗石、建筑陶瓷、石膏制品、吊顶材料、粉刷材料及其他新型饰面材料等。

由于建筑部品的放射性核素需要经历相当长的一段时期，才能对环境造成放射性影响。因此，主要考虑建筑部品使用阶段主体材料和装修材料中天然放射性核素的影响。

① 建筑主体材料放射性核素限量　当建筑主体材料中天然放射性核素镭 226、钍 232、钾 40 的放射性比活度同时满足 $I_{Ra} \leq 1.0$ 和 $I_r \leq 1.0$ 时，其产销与使用范围不受限制。对于空心率大于 25% 的建筑主体材料，其天然放射性核素镭 226、钍 232、钾 40 的放射性比活度同时满足 $I_{Ra} \leq 1.0$ 和 $I_r \leq 1.3$ 时，其产销与使用范围不受限制。

② 装修材料放射性核素限量　A 类装修材料：装修材料中天然放射性核素镭 226、钍 232、钾 40 的放射性比活度同时满足 $I_{Ra} \leq 1.0$ 和 $I_r \leq 1.3$ 要求的为 A 类装修材料。A 类装修材料产销与使用范围不受限制。

B 类装修材料：不满足 A 类装修材料要求但同时满足 $I_{Ra} \leq 1.3$ 和 $I_r \leq 1.9$ 要求的为 B 类装修材料。B 类装修材料不可用于 I 类民用建筑的内饰面，但可用于 I 类民用建筑的外饰面及其他一切建筑物的内、外饰面。

C 类装修材料：不满足 A、B 类装修材料要求但满足 $I_r \leq 2.8$ 要求的为 C 类装修材料。C 类装修材料只可用于建筑物的外饰面及室外其他用途。

$I_r > 2.8$ 的花岗石只可用于碑石、海堤、桥墩等人类很少涉及的地方。

所以在建立评价指标中，参照国家《建筑材料放射性核素限量》标准，以放射性核素限量照射指数最低值作为限量值进行建筑部品的绿色度评价。

(2) 甲醛　甲醛 (HCHO) 是一种无色，有强烈刺激性气味的气体。随着经济的发展和人民生活水平的提高，人们对新居和办公室等场所都要进行细致的室内装饰和购买大量家具，由于装修和家具制造要使用大量人造板材（如胶合板、大芯板、中纤板、刨花板、强化地板和复合木地板等），而生产这些人造板需大量使用毒性高的甲醛为原料制造的胶黏剂，当装修材料及家具中的胶合板、大芯板、中纤板、刨花板（碎料板）的胶黏剂遇热、潮解时甲醛就释放出来，并且胶黏剂中的甲醛释放期很长，一般长达 15 年，导致甲醛成为室内空气中的主要污染物。

造成甲醛污染的其他原因，一是 UF 泡沫作房屋防热、御寒的绝缘材料，在光和热的作用下泡沫老化，释放甲醛，二是用甲醛作防腐剂的涂料、化纤地毯等产品。根据我国建设部《建标〔2001〕263 号关于发布国家标准"民用建筑工程室内环境污染控制规范"的通知》的要求，建筑物室内装修用的人造木板及各种涂料等，必须有游离甲醛含量或释放量检测报告，只有当室内环境污染浓度的检测结果符合国家标准，该建筑物才可以投入使用。参照《室内装饰装修材料有害物质限量强制性国家标准》，室内装修材料甲醛排放限量标准可参考表 19.27、人造板及其制品中甲醛释放限量标准可参考表 19.28。

表 19.27　室内装饰装修材料中游离甲醛限量值

项目名称	限量值/(g/kg)
内墙涂料	≤0.1
溶剂型胶黏剂	≤0.5
水基型胶黏剂	≤1
聚氯乙烯卷材地板	≤0.1
壁纸	≤120

表 19.28　人造板及其制品中甲醛释放限量

产品名称	限量值	使用范围	限量标志 B
中密度纤维板、高密度纤维板、刨花板、定向刨花板等	≤90mg/100g	可直接用于室内	E1
	≤30mg/100g	必须饰面处理后可允许用于室内	E2
胶合板、装饰单板贴面胶合板、细木工板等	≤1.5mg/L	可直接用于室内	E1
	≤5.0mg/L	必须饰面处理后可允许用于室内	E2
饰面人造板(包括浸渍纸层压木质地板、实木复合地板、竹地板、浸渍胶膜纸饰面人造板等)	≤0.12mg/m³ ≤1.5mg/L	可直接用于室内	E2

注：E1 为可直接用于室内的人造板；E2 为必须饰面处理后允许用于室内的人造板。

甲醛排放量属于定量指标，可用单位建筑部品甲醛的排放量作为其定量评价标准。

（3）甲苯和二甲苯　甲苯和二甲苯都是煤焦油分馏或石油的裂解产物。目前室内装饰中多用甲苯、二甲苯代替纯苯作各种胶油漆涂料和防水材料的溶剂或稀释剂。根据《民用建筑工程室内环境污染控制规范》的要求，建筑材料释放的甲苯和二甲苯必须达到国家排放要求，该建筑材料才能被使用。《室内装饰装修材料有害物质限量强制性国家标准》，室内装修材料甲苯和二甲苯排放限量标准可参考表 19.29。

表 19.29　有害物质甲苯和二甲苯限量值

污染物质名称	限量值/(g/kg)
溶剂型木器漆中	≤40
溶剂型胶黏剂中	≤200
水基型胶黏剂中	≤10

通过计算建筑部品材料排放甲苯和二甲苯量，以此为评价指标进行建筑部品的绿色度评价。

（4）施工噪声　建筑施工噪声是指在建筑施工过程中产生的干扰周围人类生活环境的声音。噪声对人体健康的危害越来越大，造成人的听觉、神经系统和心血管损伤，其已经成为城市四大污染之一。施工现场应制定降低噪声的措施，使噪声排放达到《建筑施工场界环境噪声排放标准》（GB 12523—2011）要求。在建筑部品的全生命周期中，施工噪声主要来自施工过程中大量的施工机械和运输车辆，其直接影响人们的正常生活。其他阶段，如材料生产阶段，由于生产厂房远离人们的居住地，产生的噪声对人们的生活影响比较小。所以在此仅以施工阶段噪声为评价指标，进行建筑部品绿色度评价。施工阶段，各施工机械噪声限值可参考表 19.30。

表 19.30　不同施工阶段作业噪声限值（等效声级）

施工阶段	主要噪声源	噪声限值/dB	
		昼间	夜间
土方石	推土机、挖掘机、装载机等	75	55
打桩	各种打桩机	85	禁止施工

施工阶段	主要噪声源	噪声限值/dB	
		昼间	夜间
结构	混凝土、振捣棒、电锯等	70	55
装修	吊车、升降机等	62	55

在建筑部品绿色度评价中，以各个建筑部品施工作业阶段的机械作业噪声最高限值为标准建立评价指标。

（5）CO_2 排放　建筑部品建造需要消耗大量材料，在材料生产过程中产生了大量 CO_2，排放主要产生在建筑部品材料的生产过程中，如煤炭燃烧、原材料加工过程中所产生的大量 CO_2，对环境造成污染。其他阶段主要使用各种清洁能源，如电力资源、人力资源，不予以考虑。在此以生产过程中 CO_2 的排放量作为各建筑部品绿色度评价的定量指标。单位质量建筑材料生产过程中 CO_2 排放指标可参考表 19.31。

表 19.31　单位重量建筑材料生产过程中 CO_2 排放指标

材料	钢材	铝材	水泥	平板玻璃	陶瓷砖	卫生陶瓷	烧结黏土砖	烧结空心砖	烧结页岩砖	蒸压粉煤灰砖	混凝土空心砌块	粉煤灰加气混凝土砌块	石膏板	木材
CO_2排放量/(kg/kg)	3.0	9.5	0.9	0.6	0.9	2.0	0.2	0.2	0.2	0.2	0.1	0.1	0.01	0.2

通过计算单位建筑部品主要材料在生产中排放的二氧化碳量，并以此作为评价指标，进行绿色度评价。

（6）固体废物排放　固体废物指具有毒性、易燃性、爆炸性、腐蚀性、化学反应性和传染性的，能对生态环境和人类健康构成严重危害的废物。固体废物排放指建筑部品全生命周期中固体废物排放数量的总和，即建筑材料生产、建筑部品建造加工、建筑部品使用和废弃物回收利用四个阶段的固体废物排放数量之和。近年来，固体废物尤其是危险废物（HW）的管理及污染控制已经在环境保护中日益受到重视。HW 中的有害物质不仅能对人类健康造成直接的危害，还影响了土壤、水体、大气等在自然环境中的迁移、滞留和转化，对自然环境质量和人民群众的生产和生活已造成了严重影响。

在建筑过程中，必须使各种废弃物排放达到标准，保证建筑部品的绿色性。通过专家调查、分析国内已有相关绿色建材废物排放统计资料的基础上，固体废物排放主要集中在建筑部品的材料生产阶段，在这个阶段，大量具有危害的废物被排放，如热处理含氢废物、涂料废物、有机树脂类废物、含铬废物等。所以，固体废物排放在此仅考虑建筑部品的材料生产阶段。其他阶段废弃物排放量比较小，在此不加以评价。

固体废物排放参照国家关于废弃物的排放标准，通过定性指标对其进行评价。具体标准可参考表 19.32。

表 19.32　废弃物的排放标准

评　价　标　准
废弃物中不含有危险废物,部分废弃物可简单处理后回收再利用
废弃物中不含有危险废物,部分废弃物可分解处理后形成再生资源
废弃物中不含有危险废物,但废弃物再回收利用比较困难
废弃物中不含有危险废物,但废弃物不可再回收利用
废弃物中含有危险废物

5. 回收利用类指标的释义与度量

在拆除旧建筑物的过程中,对拆除后的部品材料进行分类挑选,将可再利用和可再生资源最大限度地加以重新利用,从而尽量减少建筑部品拆除阶段固体废物的排放,降低对环境的污染。可回收的旧建筑材料指旧建筑拆除过程中已形成其原来形式、无需再加工就能以同样或类似使用的建筑材料,包括木地板、木板材、木制品、混凝土预制件、铁器、装饰灯具、砌块、砖石、保温材料等。可通过回收利用率和回收价值率来表示旧建筑材料的可再生度。

(1)建筑部品回收利用率 它是建筑部品废物中可回收利用的部分占全部废弃物的比率。部品的回收利用率越高,部品的再生利用性能越好。

通过计算旧建筑材料的回收利用率,并以此作为评价指标,进行建筑部品的可再生性即绿色度评价。通过可再生材料回收系数建立评价指标,进行定量评价。再生材料回收系数可参考表19.33。

表 19.33 可再生材料回收系数

型钢	钢筋	铝材	混凝土块
0.90	0.50	0.95	0.65

(2)建筑部品回收价值率 回收价值率是回收单位旧建筑部品中各种材料的可利用价值与单位建筑部品价值的比值。部品的回收价值率越高越好,部品的再生利用性能越好。相关建筑部品回收价值率数据主要来源于中国建筑材料科学研究总院及中国建筑材料集团公司相关单位的研究成果。

四、绿色建筑部品评价指标的原始数据采集与计算

绿色建筑部品评价指标的原始数据采集主要通过查取国家及省市相关法规、标准、规范、设计图集以及到设计研究单位、厂矿企业等调查研究、统计分析整理,并将获取的数据统一量纲,使其具有可对比性。以墙体围护部品为例,其评价指标原始数据计算见表19.34~表19.47。其他建筑部品具体数据来源可参见相关标准规范及指标释义与度量。

表 19.34 墙体围护部品指标计算统计表 1

部品名称	人力资源消耗 A1	
	单位	消耗量
普通黏土砖墙	工日/m³	1.608
黏土空心砖墙	工日/m³	1.249
蒸压加气混凝土砌块墙	工日/m³	1.227
小型混凝土空心砌块墙	工日/m³	1.010
钢筋混凝土墙	工日/m³	4.434

表 19.35 墙体围护部品指标计算统计表 2

部品		材料资源消耗 A2						
名称	单位	名称	消耗量		单价		总价	
			单位	数量	单位	数量	单位	数量
普通黏土砖墙	m³	水泥 32.5	kg	45.000	元/kg	0.26	元	105.98
		中砂	m³	0.230	元/m³	38.00		
		石灰膏	kg	3.263	元/kg	0.30		
		水	m³	0.256	元/m³	2.06		
		标准砖	m³	1.010	元/m³	83.20		

续表

部品		材料资源消耗 A2							
名称	单位	名称	消耗量		单价		总价		
			单位	数量	单位	数量	单位	数量	
黏土空心砖墙	m³	水泥 32.5	kg	22.000	元/kg	0.26	元	116.7	
		中砂	m³	0.102	元/m³	38.00			
		石灰膏	kg	13.000	元/kg	0.30			
		水	m³	0.291	元/m³	2.06			
		非承重黏土多孔砖	m³	1.180	元/m³	86.96			
蒸压加气混凝土砌块墙	m³	水泥 32.5	kg	21.600	元/kg	0.26	元	173.48	
		中砂	m³	0.082	元/m³	38.00			
		石灰膏	kg	8.000	元/kg	0.30			
		水	m³	0.159	元/m³	2.06			
		加气混凝土砌块	m³	0.994	元/m³	163.00			
小型混凝土空心砌块墙	m³	水泥 32.5	kg	23.490	元/kg	0.26	元	172.29	
		中砂	m³	0.089	元/m³	38.00			
		石灰膏	kg	8.700	元/kg	0.30			
		水	m³	0.128	元/m³	2.06			
		混凝土小型空心砌块	m³	0.950	元/m³	168.34			
钢筋混凝土墙	m³	水泥 42.5	kg	287.245	元/kg	0.30	元	149.56	
		砾石 1~3cm	m³	0.822	元/m³	46.00			
		中砂	m³	0.478	元/m³	38.00			
		水	m³	1.269	元/m³	2.06			
		模板	m³	0.004	元/m³	1200.00			

表 19.36　墙体围护部品指标计算统计表 3

部品		机械资源消耗 A3						
名称	单位	名称	台班消耗量		台班单价		总价	
			单位	数量	单位	数量	单位	数量
普通黏土砖墙	m³	灰浆搅拌机 200L	台班	0.038	元/台班	49.11	元	1.87
黏土空心砖墙	m³	灰浆搅拌机 200L	台班	0.027	元/台班	49.11	元	1.33
蒸压加气混凝土砌块墙	m³	灰浆搅拌机 200L	台班	0.013	元/台班	49.11	元	0.64
小型混凝土空心砌块墙	m³	灰浆搅拌机 201L	台班	0.015	元/台班	49.11	元	0.74
钢筋混凝土墙	m³	载重汽车 6t	台班	0.023	元/台班	296.68	元	25.27
		机动翻斗车 1t	台班	0.078	元/台班	98.56		
		双锥反转出料混凝土搅拌机 350L	台班	0.060	元/台班	81.48		
		木工圆锯机 φ600mm	台班	0.001	元/台班	27.06		
		汽车式起重机 5t	台班	0.014	元/台班	339.68		
		混凝土振捣器（插入式）	台班	0.099	元/台班	9.46		
		混凝土振捣器（平板式）	台班	0.014	元/台班	10.99		

表 19.37　墙体围护部品指标计算统计表 4

部品		单位部品能源消耗 B1						
名称	单位	名称	消耗量		单位消耗量		总量	
			单位	数量	单位	数量	单位	数量
普通黏土砖墙	m³	水泥 32.5	kg	45.000	MJ/kg	5.50	MJ	4793
		标准砖	m³	1.010	MJ/kg	2.50		

部品		单位部品能源消耗 B1						
名称	单位	名称	消耗量		单位消耗量		总量	
			单位	数量	单位	数量	单位	数量
黏土空心砖墙	m³	水泥 32.5	kg	22.000	MJ/kg	5.50	MJ	3425
		非承重黏土多孔砖	m³	1.180	MJ/kg	1.70		
蒸压加气混凝土砌块墙	m³	水泥 32.5	kg	21.600	MJ/kg	5.50	MJ	1070
		加气混凝土砌块	m³	0.994	MJ/kg	1.50		
小型混凝土空心砌块墙	m³	水泥 32.5	kg	23.490	MJ/kg	5.50	MJ	1163
		混凝土小型空心砌块	m³	0.950	MJ/kg	0.90		
钢筋混凝土墙	m³	水泥 42.5	kg	287.245	MJ/kg	5.50	MJ	1591
		模板	m³	0.004	MJ/kg	1.80		

表 19.38　墙体围护部品指标计算统计表 5

部品名称	隔声性 C1
	空气声计权隔声量 R_w
普通黏土砖墙	44.00
黏土空心砖墙	50.00
蒸压加气混凝土砌块墙	52.00
小型混凝土空心砌块墙	55.00
钢筋混凝土墙	42.00

表 19.39　墙体围护部品指标计算统计表 6

部品名称	保温隔热性 C2	
	单位	传热系数 K
普通黏土砖墙	W/(m²·K)	3.20
黏土空心砖墙	W/(m²·K)	3.25
蒸压加气混凝土砌块墙	W/(m²·K)	0.90
小型混凝土空心砌块墙	W/(m²·K)	2.92
钢筋混凝土墙	W/(m²·K)	0.20

表 19.40　墙体围护部品指标计算统计表 7

部品名称	耐火性 C3	
	单位	数量
普通黏土砖墙	年	5.50
黏土空心砖墙	年	8.00
蒸压加气混凝土砌块墙	年	3.50
小型混凝土空心砌块墙	年	3.50
钢筋混凝土墙	年	5.50

表 19.41　墙体围护部品指标计算统计表 8

部品名称	放射性核素限量 D1
	比活度
普通黏土砖墙	0.8
黏土空心砖墙	0.8
蒸压加气混凝土砌块墙	0.9
小型混凝土空心砌块墙	0.9
钢筋混凝土墙	0.9

表 19.42　墙体围护部品指标计算统计表 9

部品名称	固体废物排放 D6
	优劣系数
普通黏土砖墙	0.118
黏土空心砖墙	0.325
蒸压加气混凝土砌块墙	1.000
小型混凝土空心砌块墙	0.571
钢筋混凝土墙	0.079

注：优劣系数来源于 AHP 法。

表 19.43　墙体围护部品指标计算统计表 10

部品名称	施工噪声 D4	
	单位	数量
普通黏土砖墙	dB	70.00
黏土空心砖墙	dB	70.00
蒸压加气混凝土砌块墙	dB	70.00
小型混凝土空心砌块墙	dB	70.00
钢筋混凝土墙	dB	75.00

表 19.44　墙体围护部品指标计算统计表 11

部品		CO_2 消耗 D5						
名称	单位	名称	消耗量		单位排放量		总量	
			单位	数量	单位	数量	单位	数量
普通黏土砖墙	m^3	水泥 32.5	kg	45.000	kg/kg	0.90	kg	40.53
		石灰膏	kg	3.263	kg/kg	0.01		
黏土空心砖墙	m^3	水泥 32.5	kg	22.000	kg/kg	0.90	kg	19.93
		石灰膏	kg	13.000	kg/kg	0.01		
小型混凝土空心砌块墙	m^3	水泥 32.5	kg	23.490	kg/kg	0.90	kg	125.73
		石灰膏	kg	8.700	kg/kg	0.01		
		混凝土小型空心砌块	m^3	0.950	kg/kg	0.10		
蒸压加气混凝土砌块墙	m^3	水泥 32.5	kg	21.600	kg/kg	0.90	kg	89.1
		石灰膏	kg	8.000	kg/kg	0.01		
		加气混凝土砌块	m^3	0.994	kg/kg	0.10		
钢筋混凝土墙	m^3	水泥 42.5	kg	287.245	kg/kg	0.90	kg	258.52

表 19.45　墙体围护部品指标计算统计表 12

部品名称	部品回收利用率 E1	单位部品回收价值率 E2
	利用率/%	价值率/%
普通黏土砖墙	40	20
黏土空心砖墙	35	20
蒸压加气混凝土砌块墙	20	15
小型混凝土空心砌块墙	25	15
钢筋混凝土墙	60	25

注：专家评定。

表 19.46　墙体围护部品指标得分统计表 1

	指标	人力资源消耗 A1(定量)	材料资源消耗 A2(定量)	机械资源消耗 A3(定量)	单位部品能源消耗 B1(定量)	隔声性 C1(定量)	保温隔热性 C2(定量)
部品名称		消耗量/(工日/m^3)	总价/元	总价/元	消耗量/MJ	R_w	传热系数/[W/($m^2 \cdot$ K)]
砖墙	普通黏土砖墙	1.608	105.98	1.87	4793	44.00	3.20
	黏土空心砖墙	1.249	116.70	1.33	3425	50.00	3.25

续表

部品名称＼指标		人力资源消耗 A1(定量)	材料资源消耗 A2(定量)	机械资源消耗 A3(定量)	单位部品能源消耗 B1(定量)	隔声性 C1(定量)	保温隔热性 C2(定量)
		消耗量/(工日/m³)	总价/元	总价/元	消耗量/MJ	R_w	传热系数/[W/(m²·K)]
砌块墙	小型混凝土空心砌块墙	1.010	172.29	0.74	1163	55.00	2.92
	蒸压加气混凝土砌块墙	1.227	173.48	0.64	1070	52.00	0.90
混凝土墙	钢筋混凝土墙	4.434	149.56	25.27	1591	42.00	0.20
数据计算来源		表 19.34	表 19.35	表 19.36	表 19.37	表 19.38	表 19.39

表 19.47　墙体围护部品指标得分统计表 2

部品名称＼指标		耐火性 C3(定量)	放射性核素限量 D1(定量)	固体废物排放 D6(定性)	施工噪声 D4(定量)	CO₂排放 D5(定量)	部品回收利用率 E1(定量)	部品回收价值率 E2(定量)
		h/年	比活度	优劣系数	噪声/dB	总量/kg	回收利用率/%	回收价值率/%
砖墙	普通黏土砖墙	5.50	0.8	0.118	70	40.53	40	20
	黏土空心砖墙	8.00	0.8	0.325	70	19.93	35	20
砌块墙	小型混凝土空心砌块墙	3.50	0.9	0.571	70	125.73	25	15
	蒸压加气混凝土砌块墙	3.50	0.9	1.000	70	89.1	20	15
混凝土墙	钢筋混凝土墙	5.50	0.9	0.079	75	258.52	60	25
数据计算来源		表 19.40	表 19.41	表 19.42	表 19.43	表 19.44	表 19.45	表 19.45

第三节　绿色建筑部品评价方法

一、建筑部品绿色度函数的建立

1. 建筑部品绿色度函数的建立步骤

为了对建筑部品绿色度作出科学、准确、合理的评价，可通过建立建筑部品各评价指标的绿色度函数来实现。建筑部品绿色度函数的建立包括如下五个步骤。

① 确定定量指标的指标值或者定性指标的优劣系数。对于定量指标，其指标值为已知，参见第二节绿色建筑部品评价指标原始数据采集与计算；对于定性指标，可先用层次分析法判断出各方案的优劣系数。

② 测定建筑部品的各评价指标模糊绿色度。传统测定绿色度的典型方法是专家打分法，本章在模糊集合理论基础上，结合 PERT 网络计划中的三点估计原理，提出改进后的模糊绿色度评定方法见表 19.48。

表 19.48　改进后的模糊绿色度测定表格

绿色度分类	绿色度级别									
	1	2	3	4	5	6	7	8	9	10
最乐观绿色度(a)										
最可能绿色度(m)										
最悲观绿色度(b)										

首先，将指标（因素）的绿色度从正面影响角度由小到大划分为若干级别。其次，将绿色度级别分为10级，1级代表绿色度0.1，2级代表绿色度0.2，以此类推。结合PERT网络图中对工序作业时间的估计方法，采用三点估计法将各专家意见以三种形式表现出来。最乐观绿色度（a）即在最有利条件下该因素对评价总体产生的最大绿色度，最可能绿色度（m）即在正常条件下该因素对评价总体产生的绿色度，最悲观绿色度（b）即在最不利条件下该因素对评价总体产生的最小绿色度。最后，在各专家将测定表格填完后，从三个绿色度值中汇总出各专家的最终意见。

③ 对某一指标值的最乐观绿色度（a）、最可能绿色度（m）、最悲观绿色度（b）分别进行一维扩散，依次求出它们的 $\bar{a}$、$\bar{m}$、$\bar{b}$ 值。

④ 利用求出的 $\bar{a}$、$\bar{m}$、$\bar{b}$ 值，计算贝塔分布的 r、s 值后对各指标进行计算机仿真。

⑤ 对仿真后的数据进行二维信息扩散，根据扩散结果绘出指标绿色度函数的大概图形；选取类似其大概图形的几种拟合曲线进行拟合，比较得出指标的最合理绿色度拟合曲线。

2. 评价指标绿色度函数的测定

根据建筑部品自身的特性以及通过对专家的咨询，考虑在显著性水平 $\alpha=0.01$ 下进行 t 检验，要求在 H_1 中 $\mu \geqslant \mu_1=\mu_0+2\sigma$ 时犯第二类的错误的概率不超过 $\beta=0.01$；其中若 α 称为第一类错误，即拒绝了实际上成立的 H_0，即"弃真"的错误，其概率通常用 α 表示；β 称为第二类错误，即不拒绝实际上不成立的 H_0，即"取伪"的错误，其概率通常用 β 表示。由此可得 $\delta=\dfrac{\mu_1-\mu_0}{\sigma}=\dfrac{(\mu_0+2\sigma)-\mu_0}{\sigma}=2$，最终查表可得专家组人数为10人。

由于篇幅有限，下面仅以墙体围护部品中定量指标人力资源消耗和内外墙装饰部品中定性指标可靠性为例说明绿色度函数的建立。

设定观察值即当人力资源消耗的指标值分别为 1 工日/m³，2 工日/m³，3 工日/m³，4 工日/m³，5 工日/m³，6 工日/m³，收集到的专家信息如表 19.49～表 19.54 所示。

表 19.49　对于人力资源消耗指标为 1 工日/m³ 时的绿色度评定

级别 分类	1	2	3	4	5	6	7	8	9	10
最乐观绿色度（a）	0.9	1.0	0.9	0.9	1.0	1.0	0.9	0.9	1.0	0.9
最可能绿色度（m）	0.8	0.8	0.8	0.7	0.9	0.9	0.8	0.8	0.9	0.7
最悲观绿色度（b）	0.7	0.7	0.7	0.6	0.8	0.7	0.7	0.6	0.8	0.6

表 19.50　对于人力资源消耗指标为 2 工日/m³ 时的绿色度评定

级别 分类	1	2	3	4	5	6	7	8	9	10
最乐观绿色度（a）	0.8	0.9	0.8	0.8	0.9	0.8	0.7	0.8	0.9	0.8
最可能绿色度（m）	0.7	0.8	0.7	0.7	0.8	0.7	0.6	0.6	0.7	0.7
最悲观绿色度（b）	0.6	0.6	0.6	0.6	0.7	0.6	0.5	0.4	0.6	0.5

表 19.51　对于人力资源消耗指标为 3 工日/m³ 时的绿色度评定

级别 分类	1	2	3	4	5	6	7	8	9	10
最乐观绿色度（a）	0.7	0.8	0.7	0.7	0.8	0.6	0.7	0.7	0.6	0.8
最可能绿色度（m）	0.6	0.7	0.6	0.5	0.7	0.5	0.6	0.6	0.5	0.6
最悲观绿色度（b）	0.5	0.5	0.5	0.4	0.6	0.4	0.4	0.5	0.4	0.5

表 19.52　对于人力资源消耗指标为 4 工日/m³ 时的绿色度评定

分类 ＼ 级别	1	2	3	4	5	6	7	8	9	10
最乐观绿色度(a)	0.5	0.6	0.6	0.5	0.4	0.5	0.6	0.6	0.7	0.5
最可能绿色度(m)	0.4	0.5	0.5	0.4	0.3	0.3	0.5	0.4	0.5	0.4
最悲观绿色度(b)	0.3	0.4	0.3	0.3	0.2	0.2	0.4	0.3	0.4	0.3

表 19.53　对于人力资源消耗指标为 5 工日/m³ 时的绿色度评定

分类 ＼ 级别	1	2	3	4	5	6	7	8	9	10
最乐观绿色度(a)	0.3	0.4	0.4	0.2	0.2	0.4	0.4	0.4	0.3	0.3
最可能绿色度(m)	0.2	0.2	0.3	0.1	0.1	0.3	0.2	0.3	0.2	0.2
最悲观绿色度(b)	0.1	0.1	0.2	0	0	0.2	0.1	0.1	0.1	0

表 19.54　对于人力资源消耗指标为 6 工日/m³ 时的绿色度评定

分类 ＼ 级别	1	2	3	4	5	6	7	8	9	10
最乐观绿色度(a)	0.1	0.2	0.2	0.1	0.2	0.3	0.2	0.3	0.3	0.3
最可能绿色度(m)	0	0.1	0.1	0	0.1	0.2	0.1	0.2	0.1	0.2
最悲观绿色度(b)	0	0	0	0	0	0.1	0	0	0	0.1

3. 评价指标模糊绿色度的一维信息扩散

当同一指标的指标值一定时，比如人力资源指标的指标值为 1 工日/m³ 时，最乐观绿色度（a）、最可能绿色度（m）、最悲观绿色度（b）的总体服从 β 分布。但是单独来看，最乐观绿色度（a）、最可能绿色度（m）、最悲观绿色度（b）各自的绿色度值却服从正态分布，因此采用一维正态扩散的方法分别对它们进行扩散。

对表 19.49 中的最乐观绿色度 a，用 $A = \{0.9，1.0，0.9，0.9，1.0，1.0，0.9，0.9，1.0，0.9\}$ 表示样本集合，根据式（19.2）确定样本集 A 的监控离散论域为 $U_A = \{0.7，0.8，0.9，1.0\}$。

$$u_j = x_i \pm S' \tag{19.2}$$

式中　u_j——信息扩散的第 j 个监控点；

　　　S'——按照四舍五入原则对 S 进行取整后的值；

　　　x_i——样本值。

进而根据式（19.3）确定信息扩散系数

$$h = \sigma(b-a)，(n \leqslant 11) \tag{19.3}$$

式中　$\sigma = \dfrac{e^H}{\sqrt{2\pi\,e}}$；

　　　H——样本熵；

　　　n——样本值的数量；

　　　b——样本最大值；

　　　a——样本最小值。

计算 $h = 2.4197 \times (1.0 - 0.9) = 0.2420$，因此可得扩散方程

$$\tilde{p}(a) = \frac{1}{10 \times 0.2420 \times \sqrt{2\pi}} \sum_{i=1}^{10} \exp\left[-\frac{(b_i - u_j)^2}{2 \times 0.2420^2}\right]$$

扩散后的矩阵如表 19.55 所示，之后求得表 19.49 中最乐观绿色度 a 的加权平均值

为 $\bar{a}=0.8671$。

对表 19.49 中的最可能绿色度 m，用 $M=\{0.8,0.8,0.8,0.7,0.9,0.9,0.8,0.8,0.9,0.7\}$ 表示样本集合，同理样本集 B 的监控离散论域为 $U_B=\{0.5,0.6,0.7,0.8,0.9,1.0\}$。进而计算 $h=2.4197\times(0.9-0.7)=0.4839$，因此可得扩散方程

$$\widetilde{p}(m)=\frac{1}{10\times0.4839\times\sqrt{2\pi}}\sum_{i=1}^{10}\exp\left[-\frac{(a_i-u_j)^2}{2\times0.4839^2}\right]$$

扩散后的矩阵如表 19.56 所示，之后求得表 19.49 中最可能绿色度 m 的加权平均值为 $\bar{m}=0.7570$。

对于表 19.49 中的最悲观绿色度 b，用 $A=\{0.7,0.7,0.7,0.6,0.8,0.7,0.7,0.6,0.8,0.6\}$ 表示样本集合，则 $U_A=\{0.4,0.5,0.6,0.7,0.8,0.9,1.0\}$，从而 $h=2.4197\times(0.8-0.6)=0.4839$，因此扩散方程可写为

$$\widetilde{p}(b)=\frac{1}{10\times0.4839\times\sqrt{2\pi}}\sum_{i=1}^{10}\exp\left[-\frac{(a_i-u_j)^2}{2\times0.4839^2}\right]$$

扩散后的矩阵如表 19.57 所示，之后求得表 19.49 中最悲观绿色度 b 的加权平均值为 $\bar{b}=0.6984$。同理可得表 19.50～表 19.54 中的数据扩散结果，这里不再详述。

表 19.55　对表 19.49 中的最乐观绿色度 a 的扩散矩阵

$\mu(a_i,u_j)$	$u_1=0.7$	$u_2=0.8$	$u_3=0.9$	$u_4=1.0$
$a_1=0.9$	0.1172	0.1514	0.1649	0.1514
$a_2=1.0$	0.0765	0.1172	0.1514	0.1649
$a_3=0.9$	0.1172	0.1514	0.1649	0.1514
$a_4=0.9$	0.1172	0.1514	0.1649	0.1514
$a_5=1.0$	0.0765	0.1172	0.1514	0.1649
$a_6=1.0$	0.0765	0.1172	0.1514	0.1649
$a_7=0.9$	0.1172	0.1514	0.1649	0.1514
$a_8=0.9$	0.1172	0.1514	0.1649	0.1514
$a_9=1.0$	0.0765	0.1172	0.1514	0.1649
$a_{10}=0.9$	0.1172	0.1514	0.1649	0.1514
$\widetilde{p}(a)$	1.0088	1.3768	1.5946	1.5676
百分数	0.1818	0.2482	0.2874	0.2826

表 19.56　对表 19.49 中的最可能绿色度 m 的扩散矩阵

$\mu(m_i,u_j)$	$u_1=0.5$	$u_2=0.6$	$u_3=0.7$	$u_4=0.8$	$u_5=0.9$	$u_6=1.0$
$m_1=0.8$	0.0680	0.0757	0.0807	0.0824	0.0807	0.0757
$m_2=0.8$	0.0680	0.0757	0.0807	0.0824	0.0807	0.0757
$m_3=0.8$	0.0680	0.0757	0.0807	0.0824	0.0807	0.0757
$m_4=0.7$	0.0757	0.0807	0.0824	0.0807	0.0757	0.0680
$m_5=0.9$	0.0586	0.0680	0.0757	0.0807	0.0824	0.0807
$m_6=0.9$	0.0586	0.0680	0.0757	0.0807	0.0824	0.0807
$m_7=0.8$	0.0680	0.0757	0.0807	0.0824	0.0807	0.0757
$m_8=0.8$	0.0680	0.0757	0.0807	0.0824	0.0807	0.0757
$m_9=0.9$	0.0586	0.0680	0.0757	0.0807	0.0824	0.0807
$m_{10}=0.7$	0.0757	0.0807	0.0824	0.0807	0.0757	0.0680
$\widetilde{p}(m)$	0.6673	0.7440	0.7955	0.8157	0.8022	0.7566
百分数	0.1457	0.1624	0.1736	0.1781	0.1751	0.1652

表 19.57　对表 19.49 中的最悲观绿色度 b 的扩散矩阵

$\mu(b_i,u_j)$	$u_1=0.4$	$u_2=0.5$	$u_3=0.6$	$u_4=0.7$	$u_5=0.8$	$u_6=0.9$	$u_7=1.0$
$b_1=0.7$	0.0680	0.0757	0.0807	0.0824	0.0807	0.0757	0.0680
$b_2=0.7$	0.0680	0.0757	0.0807	0.0824	0.0807	0.0757	0.0680
$b_3=0.7$	0.0680	0.0757	0.0807	0.0824	0.0807	0.0757	0.0680
$b_4=0.6$	0.0757	0.0807	0.0824	0.0807	0.0757	0.0680	0.0586
$b_5=0.8$	0.0586	0.0680	0.0757	0.0807	0.0824	0.0807	0.0757
$b_6=0.7$	0.0680	0.0757	0.0807	0.0824	0.0807	0.0757	0.0680
$b_7=0.7$	0.0680	0.0757	0.0807	0.0824	0.0807	0.0757	0.0680
$b_8=0.6$	0.0757	0.0807	0.0824	0.0807	0.0757	0.0680	0.0586
$b_9=0.8$	0.0586	0.0680	0.0757	0.0807	0.0824	0.0807	0.0757
$b_{10}=0.6$	0.0757	0.0807	0.0824	0.0807	0.0757	0.0680	0.0586
$\bar{p}(b)$	0.6844	0.7566	0.8022	0.8157	0.7955	0.7440	0.6673
%	0.1300	0.1437	0.1523	0.1549	0.1511	0.1413	0.1267

4. 评价指标绿色度的计算机仿真

对原始样本经过一维信息扩散后，再应用计算机仿真技术，能提高样本数字特征趋进母体的程度。

对于人力资源消耗指标，通过计算取仿真次数 $N=20000$。仿真后的结果如表 19.58～表 19.63 所示，相应的仿真结果图如图 19.9～图 19.14 所示。将仿真后的结果汇总，得到墙体围护部品人力资源消耗在不同指标值下的绿色度值如表 19.64 所示。

表 19.58　人力资源消耗指标为 1 工日/m³ 时的绿色度仿真评定

a 平均值	m 平均值	b 平均值	r	s	95%可信度下的绿色度值
0.8671	0.7570	0.6984	2.9537	4.6134	0.8143

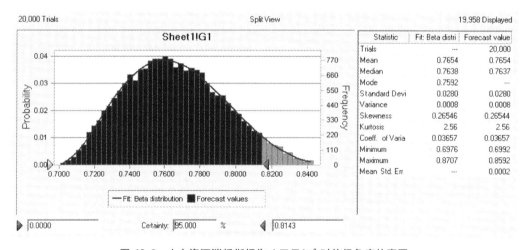

图 19.9　人力资源消耗指标为 1 工日/m³ 时的绿色度仿真图

表 19.59　人力资源消耗指标为 2 工日/m³ 时的绿色度仿真评定

a 平均值	m 平均值	b 平均值	r	s	95%可信度下的绿色度值
0.8016	0.6965	0.5978	3.9143	4.0817	0.7550

表 19.60　人力资源消耗指标为 3 工日/m³ 时的绿色度仿真评定

a 平均值	m 平均值	b 平均值	r	s	95%可信度下的绿色度值
0.7016	0.5984	0.4952	4	4	0.6553

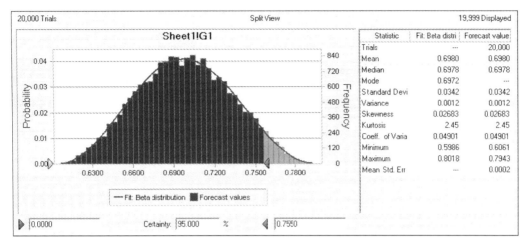

图 19.10 人力资源消耗指标为 2 工日/m³ 的绿色度仿真图

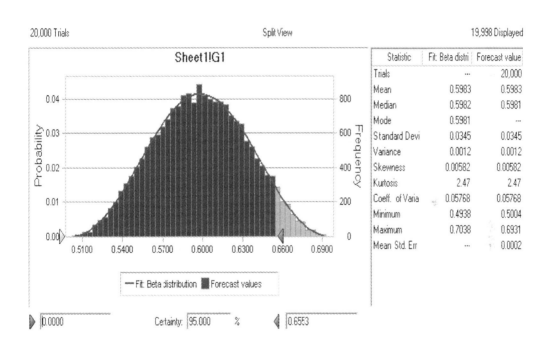

图 19.11 人力资源消耗指标为 3 工日/m³ 时的绿色度仿真图

表 19.61 人力资源消耗指标为 4 工日/m³ 时的绿色度仿真评定

a 平均值	m 平均值	b 平均值	r	s	95%可信度下的绿色度值
0.55	0.4032	0.3016	3.4566	4.411	0.4811

表 19.62 人力资源消耗指标为 5 工日/m³ 时的绿色度仿真评定

a 平均值	m 平均值	b 平均值	r	s	95%可信度下的绿色度值
0.3048	0.2453	0.1911	3.8715	4.1198	0.2776

表 19.63 人力资源消耗指标为 6 工日/m³ 时的绿色度仿真评定

a 平均值	m 平均值	b 平均值	r	s	95%可信度下的绿色度值
0.2465	0.1927	0.0913	4.5913	3.0325	0.2246

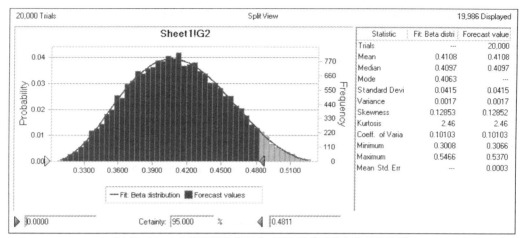

图 19.12　人力资源消耗指标为 4 工日/m³ 时的绿色度仿真图

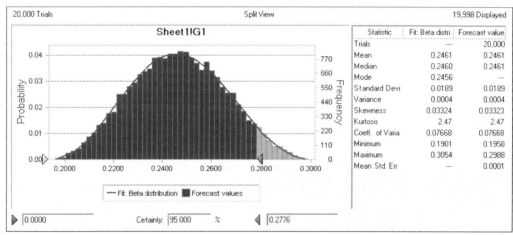

图 19.13　人力资源消耗指标为 5 工日/m³ 时的绿色度仿真图

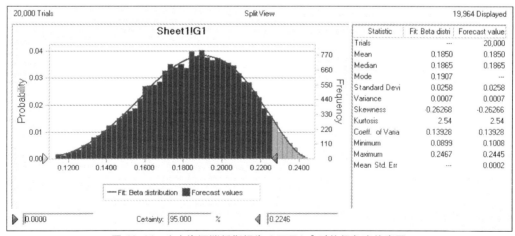

图 19.14　人力资源消耗指标为 6 工日/m³ 时的绿色度仿真图

表 19.64　墙体围护部品人力资源消耗在不同指标值下的绿色度值

指标值	1	2	3	4	5	6
绿色度值	0.8143	0.7550	0.6553	0.4811	0.2776	0.2246

5. 评价指标绿色度的二维信息扩散

以人力资源消耗指标为例，要建立其绿色度函数，就需要对人力资源消耗量和仿真后指标绿色度值分别进行信息扩散，这样才能获得更多人力资源消耗指标的信息，得到较为科学的绿色度函数。

设人力资源消耗指标为 x，对应的绿色度值为 y，由表 19.64，可得人力资源消耗指标的监控空间：

$$U_j = \{1,2,3,4,5,6,7,8,9,10\}$$

绿色度值的监控空间

$$V_k = \{0,\ 0.0276,\ 0.2246,\ 0.2311,\ 0.2776,\ 0.4053,\ 0.4546,\ 0.4811,\ 0.5050,$$
$$0.5276,\ 0.5643,\ 0.6553,\ 0.7311,\ 0.7550,\ 0.8143,\ 0.9053,\ 1.0\}$$

可得扩散系数

$$h_x = \beta(b-a) = 7.2591$$
$$h_y = \beta(b-a) = 0.8561$$

二维正态扩散公式为：

$$\mu\big[(x_i,y_i),(u_j,v_k)\big] = \frac{1}{0.1 \times 7.2591 \times \sqrt{2\pi}} \exp\left[-\frac{(u_j-x_i)^2}{2 \times (0.1 \times 7.2591)^2}\right] \times$$
$$\frac{1}{0.1 \times 0.8561 \times \sqrt{2\pi}} \exp\left[-\frac{(v_k-y_i)^2}{2 \times (0.1 \times 0.8561)^2}\right] \tag{19.4}$$

由于二维正态信息扩散的计算工作非常大，消耗时间太多，这里使用 MATLAB 软件编写程序得到人力资源消耗指标二维正态信息扩散的结果，如表 19.65 所示。

表 19.65　人力资源消耗指标二维正态信息扩散结果

指标值	1	2	3	4	5	6	7	8	9	10
模糊绿色度值	0.8329	0.7551	0.6092	0.4759	0.3071	0.1785	0.1520	0.1480	0.1474	0.1473

6. 评价指标绿色度函数的曲线拟合

为了求得建筑部品评价指标模糊绿色度函数，可根据上述二维信息扩散结果进行曲线拟合。曲线拟合方法的目的是寻找一条光滑曲线，它在某种准则下能够最佳地拟合数据。而曲线拟合的数学模型有许多，所选函数不同会产生不同的拟合效果。因此曲线拟合时，在绘出已有数据散点图的基础上，首先要选择类似绘出散点图图形的几种函数，然后运用这些类似函数进行拟合，从拟合结果中选出最优拟合函数。对定性评价指标和定量评价指标，其绿色度选用函数建立，略有差异，现分别举例说明。

（1）定量指标绿色度函数的建立　以人力资源消耗指标为例，类似其散点图图形的是哥西函数。以下是据表 19.65 应用 Origin 软件得到的哥西函数拟合结果，见图 19.15。

拟合得到的哥西函数公式为：

$$A(x) = \begin{cases} 1 & x \leqslant 0.470 \\ \dfrac{1}{1+0.112\,(x-0.470)^{1.966}} & x > 0.470 \end{cases} \tag{19.5}$$

（2）定性指标绿色度函数的建立　定性指标由于其本身无指标值，可通过 AHP 法确定相对优劣性，并将相对优劣性系数作为指标值。下面以内外墙装饰部品中可靠性绿色度函数建立为例，介绍定性指标绿色度函数的建立方法。

① 计算指标的权重　内外墙装饰部品包括大理石墙面、陶瓷锦砖墙面、瓷片面层墙、轻金属板墙面、乳胶漆墙面、多彩花纹涂料墙面六种墙面，应用层次分析法可以得出它们的

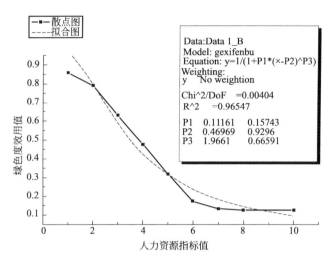

图 19.15　墙体围护部品人力资源消耗指标曲线拟合

可靠性指标相对优劣性：
$$W = \{0.4547, 0.2131, 0.1436, 0.1077, 0.0490, 0.0318\}$$

② 确定指标的优劣系数　定义评价指标的优劣系数由式（19.3）给出。

$$\theta = \frac{W_i}{W_{\max}} \tag{19.6}$$

式中　W_i——由 AHP 法确定的各指标的相对优劣性；

$W_{\max}$——指标相对优劣性的最大值。

可以得到六种墙体的优劣系数

$$\varepsilon = \{1, 0.4687, 0.3158, 0.2369, 0.1078, 0.0699\}$$

③ 确定指标的绿色度　绿色度的确定方法和定量指标相同，这里就不再详述。通过二维扩散后指标的模糊绿色度值如表 19.66 所示。

表 **19.66**　二维正态信息扩散结果

指标值	0.0687	0.0699	0.1018	0.2369	0.3158	0.4687
模糊绿色度值	0.3191	0.3201	0.3474	0.4866	0.5706	0.7074
指标值	0.5018	0.6	0.6369	0.7158	0.8687	1
模糊绿色度值	0.7288	0.7738	0.7876	0.8341	0.8937	0.8952

④ 指标绿色度函数的建立　曲线拟合见图 19.16。

拟合得到的哥西函数公式为：$y = -0.614x^2 + 1.287x + 0.228$ 　(19.7)

二、建筑部品各评价指标绿色度函数

按上述方法经曲线拟合可得各评价指标在各建筑部品下的绿色度函数，其中自变量 x 表示指标原始数值，因变量 y 表示指标绿色度值，曲线拟合图略。

1. 墙体围护部品各评价指标绿色度函数

（1）材料资源消耗指标　墙体围护部品材料资源消耗指标经拟合得到的绿色度函数公式为：

$$y = \begin{cases} 1 & x \leqslant 95.814 \\ -0.174 + \dfrac{1.415 + 0.174}{1 + e^{\frac{x - 132.138}{34.931}}} & x > 95.814 \end{cases} \tag{19.8}$$

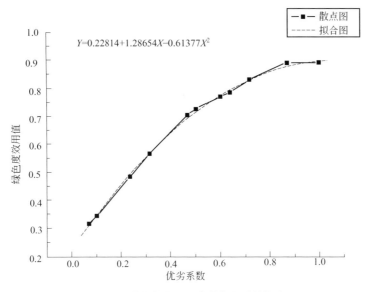

图 19.16 内外墙部品可靠性指标曲线拟合图

式中 x——单位材料资源消耗量。

（2）机械资源消耗指标 墙体围护部品机械资源消耗指标经拟合得到的绿色度函数为：

$$y=\begin{cases}1 & x\leqslant0.341\\0.023+\dfrac{21.532-0.023}{1+e^{\frac{x+17.614}{5.896}}} & x>0.341\end{cases}\tag{19.9}$$

式中 x——单位机械资源消耗量。

（3）单位部品能源消耗指标 墙体围护部品能源消耗指标经拟合得到的绿色度函数为：

$$y=\begin{cases}1 & x\leqslant822\\1.334\times10^{-8}x^{2}-3.102\times10^{-4}x+1.246 & x>822\end{cases}\tag{19.10}$$

式中 x——单位能源消耗量。

（4）隔声性指标 墙体围护部品隔声性指标经拟合得到的绿色度函数为：

$$y=\begin{cases}1 & x\geqslant60.322\\-0.1+\dfrac{35.443}{25.002\times\sqrt{\pi/2}}e^{-2\frac{(x-63.273)^{2}}{25.0022}} & x<60.322\end{cases}\tag{19.11}$$

式中 x——空气声计权隔声量。

（5）保温隔热性指标 墙体围护部品保温隔热性指标经拟合得到的绿色度函数为：

$$y=\begin{cases}1 & x\leqslant0.027\\-2.277+\dfrac{1.220+2.277}{1+e^{\frac{x-4.738}{1.744}}} & x>0.027\end{cases}\tag{19.12}$$

式中 x——传热系数。

（6）可靠性指标 墙体围护部品可靠性指标经拟合得到的绿色度函数为：

$$y=\begin{cases}1 & x\geqslant8.338\\-1.954+\dfrac{2\times90.727\times19.396}{\pi\times[4(x-9.210)^{2}+19.396^{2}]} & x<8.338\end{cases}\tag{19.13}$$

式中 x——耐火时间。

(7) 放射性核素限量指标 墙体围护部品放射性核素限量指标经拟合得到的绿色度函数为：

$$y = \begin{cases} 1 & x \leqslant 0.028 \\ 1.026 - 0.932x & x > 0.028 \end{cases} \tag{19.14}$$

式中 x——比活度。

(8) 固体废物排放指标 墙体围护部品固体废物指标经拟合得到的绿色度函数为：

$$y = \begin{cases} 1 & x \geqslant 0.987 \\ 1.172 + \dfrac{-3.375 - 1.172}{1 + e^{\frac{x + 0.570}{0.481}}} & x < 0.987 \end{cases} \tag{19.15}$$

式中 x——优劣系数。

(9) 施工噪声指标 墙体围护部品施工噪声指标经拟合得到的绿色度函数为：

$$y = \begin{cases} 1 & x \leqslant 37.887 \\ 4.124 e^{\frac{x}{-143.149}} - 2.165 & x > 37.887 \end{cases} \tag{19.16}$$

式中 x——施工噪声。

(10) CO_2 排放指标 墙体围护部品 CO_2 排放指标经拟合得到的绿色度函数为：

$$y = \begin{cases} 1 & x \leqslant 2.248 \\ \dfrac{1}{1 + 4.901 \times 10^{-6} (x - 2.248)^{2.407}} & x > 2.248 \end{cases} \tag{19.17}$$

式中 x——CO_2 排放量。

(11) 建筑部品回收利用率指标 墙体围护部品回收利用率指标经拟合得到的绿色度函数为：

$$y = \begin{cases} 1 & x \geqslant 72.773 \\ -0.790 + \dfrac{269.784}{118.622 \times \sqrt{\pi/2}} e^{-2 \frac{(x - 82.581)^2}{118.622^2}} & x < 72.773 \end{cases} \tag{19.18}$$

式中 x——利用率。

(12) 建筑部品回收价值率指标 墙体围护部品回收价值率指标经拟合得到的绿色度函数为：

$$y = \begin{cases} 1 & x \geqslant 36.182 \\ -1.029 + \dfrac{194.331}{76.312 \times \sqrt{\pi/2}} e^{-2 \frac{(x - 38.199)^2}{76.312^2}} & x < 36.182 \end{cases} \tag{19.19}$$

式中 x——价值率。

2. 门窗部品各评价指标绿色度函数

(1) 人力资源消耗指标 典型门窗部品人力资源消耗指标经拟合得到的绿色度函数为：

$$y = \begin{cases} 1 & x \leqslant 1.123 \times 10^{-20} \\ \dfrac{1}{1 + 3.918 (x - 1.123 \times 10^{-20})^{2.725}} & x > 1.123 \times 10^{-20} \end{cases} \tag{19.20}$$

式中 x——单位人力资源消耗量。

(2) 材料资源消耗指标 典型门窗部品材料资源消耗指标经拟合得到的绿色度函数为：

$$y = \begin{cases} 1 & x \leqslant 31.617 \\ -0.121 + \dfrac{1.330 + 0.121}{1 + e^{\frac{x - 150.825}{97.481}}} & x > 31.617 \end{cases} \tag{19.21}$$

式中　x——单位材料资源消耗量。

（3）机械资源消耗指标　典型门窗部品机械资源消耗指标经拟合得到的绿色度函数为：

$$y=-0.009+\frac{0.832+0.009}{1+\mathrm{e}^{\frac{x-0.739}{0.195}}}\quad x>0 \tag{19.22}$$

式中　x——单位机械资源消耗量。

（4）单位部品能源消耗指标　典型门窗部品能源消耗指标经拟合得到的绿色度函数为：

$$y=1.187\times10^{-8}x^2-1.371\times10^{-4}x+0.803\quad x>0 \tag{19.23}$$

式中　x——单位能源消耗量。

（5）隔声性指标　典型门窗部品隔声性指标经拟合得到的绿色度函数为：

$$y=\begin{cases}1 & x\geqslant39.706\\ -0.667+\dfrac{152.361}{47.648\times\sqrt{\pi/2}}\mathrm{e}^{-2\frac{(x-61.686)^2}{47.648^2}} & x<39.706\end{cases} \tag{19.24}$$

式中　x——空气声计权隔声量。

（6）保温隔热性指标　典型门窗部品保温隔热性指标经拟合得到的绿色度函数为：

$$y=\begin{cases}1 & x\leqslant2.788\\ -0.769+\dfrac{1.151+0.769}{1+\mathrm{e}^{\frac{x-6.760}{1.614}}} & x>2.788\end{cases} \tag{19.25}$$

式中　x——传热系数。

（7）可靠性指标　典型门窗部品可靠性指标经拟合得到的绿色度函数为：

$$y=-0.359x^2+1.319x+0.036\qquad 0<x\leqslant1 \tag{19.26}$$

式中　x——优劣系数。

（8）使用寿命指标　典型门窗部品使用寿命指标经拟合得到的绿色度函数为：

$$y=\begin{cases}1 & x\geqslant40.314\\ -6.110+5.752\mathrm{e}^{\frac{x}{190.2}} & x<40.314\end{cases} \tag{19.27}$$

式中　x——使用寿命。

（9）放射性核素限量指标　典型门窗部品放射性核素限量指标经拟合得到的绿色度函数为：

$$y=\begin{cases}1 & x\leqslant0.006\\ 1.006-0.925x & x>0.006\end{cases} \tag{19.28}$$

式中　x——比活度。

（10）固体废物排放指标　典型门窗部品固体废物排放指标经拟合得到的绿色度函数为：

$$y=1.031+\frac{0.102-1.031}{1+\mathrm{e}^{\frac{x-0.425}{0.198}}}\quad 0<x\leqslant1 \tag{19.29}$$

式中　x——优劣系数。

（11）施工噪声指标　典型门窗部品施工噪声指标经拟合得到的绿色度函数为：

$$y=\begin{cases}1 & x\leqslant38.092\\ 3.843\mathrm{e}^{\frac{x}{-127.726}}-1.852 & x>38.092\end{cases} \tag{19.30}$$

式中　x——施工噪声。

（12）CO_2排放指标　典型门窗部品 CO_2 排放指标拟合得到的绿色度函数为：

$$y=\begin{cases}1 & x\leqslant0.119\\ \dfrac{1}{1+3.8\times10^{-4}(x-0.119)^{1.766}} & x>0.119\end{cases} \tag{19.31}$$

式中 x——CO_2 排放量。

（13）建筑部品回收利用率指标   典型门窗部品回收利用率指标拟合得到的绿色度函数为：

$$y=\begin{cases}1 & x\geqslant74.948\\ -0.742+\dfrac{257.285}{116.977\times\sqrt{\pi/2}}e^{-2\frac{(x-82.055)^2}{116.9772}} & x<74.948\end{cases} \qquad(19.32)$$

式中 x——利用率。

（14）建筑部品回收价值率   典型门窗部品回收价值率指标拟合得到的绿色度函数为：

$$y=\begin{cases}1 & x\geqslant27.210\\ -0.459+\dfrac{92.008}{49.314\times\sqrt{\pi/2}}e^{-2\frac{(x-32.157)^2}{49.314^2}} & x<27.210\end{cases} \qquad(19.33)$$

式中 x——价值率。

3. 管件部品各评价指标绿色度函数

（1）人力资源消耗指标   典型管件部品人力资源消耗指标拟合得到的绿色度函数为：

$$y=\begin{cases}1 & x\leqslant0\\ \dfrac{1}{1+9.442(x+0.652)^{12.446}} & x>0\end{cases} \qquad(19.34)$$

式中 x——单位人力资源消耗量。

（2）材料资源消耗指标   典型管件部品材料资源消耗指标拟合得到的绿色度函数为：

$$y=\begin{cases}1 & x\leqslant19.362\\ -0.062+\dfrac{1.244+0.062}{1+e^{\frac{x-142.325}{83.606}}} & x>19.362\end{cases} \qquad(19.35)$$

式中 x——单位材料资源消耗量。

（3）机械资源消耗指标   典型管件部品机械资源消耗指标拟合得到的绿色度函数为：

$$y=\begin{cases}1 & x\leqslant0.017\\ -0.204+\dfrac{1.407+0.204}{1+e^{\frac{x-0.494}{0.44}}} & x>0.017\end{cases} \qquad(19.36)$$

式中 x——单位机械资源消耗量。

（4）单位部品能源消耗指标   典型管件部品能源指标拟合得到的绿色度函数为：

$$y=\begin{cases}1 & x\leqslant109\\ 2.685\times10^{-7}x^2-0.002x+1.214 & x>109\end{cases} \qquad(19.37)$$

式中 x——单位能源消耗量。

（5）可靠性指标   典型管件部品可靠性指标拟合得到的绿色度函数为：

$$y=-0.301x^2+1.263x+0.037 \quad 0<x\leqslant1 \qquad(19.38)$$

式中 x——优劣系数。

（6）使用寿命指标   典型管件部品使用寿命指标拟合得到的绿色度函数为：

$$y=\begin{cases}1 & x\geqslant36.087\\ -1.475+1.134\times e^{\frac{x}{46.236}} & x<36.087\end{cases} \qquad(19.39)$$

式中 x——使用寿命。

（7）施工噪声指标   典型管件部品施工噪声指标拟合得到的绿色度函数为：

$$y=\begin{cases}1 & x\leqslant38.013\\ 3.979e^{\frac{x}{-138.005}}-2.021 & x>38.013\end{cases} \tag{19.40}$$

式中　x——施工噪声。

（8）固体废物排放指标　典型管件部品固体废物排放指标拟合得到的绿色度函数为：

$$y=1.042+\frac{0.081-1.042}{1+e^{\frac{x-0.419}{0.211}}} \quad 0<x\leqslant1 \tag{19.41}$$

式中　x——优劣系数。

（9）CO_2排放指标　典型管件部品CO_2排放指标拟合得到的绿色度函数为：

$$y=\begin{cases}1 & x\leqslant1.207\\ \dfrac{1}{1+0.001(x-1.207)^{2.339}} & x>1.207\end{cases} \tag{19.42}$$

式中　x——CO_2排放量。

（10）建筑部品回收利用率指标　典型管件部品回收利用率指标拟合得到的绿色度函数为：

$$y=\begin{cases}1 & x\geqslant92.433\\ -0.804+\dfrac{670.132}{244.757\times\sqrt{\pi/2}}e^{-2\frac{(x-168.152)^2}{244.757^2}} & x<92.433\end{cases} \tag{19.43}$$

式中　x——利用率。

（11）建筑部品回收价值率　典型管件部品回收价值率指标拟合得到的绿色度函数为：

$$y=\begin{cases}1 & x\geqslant27.605\\ -0.930+\dfrac{145.540}{59.311\times\sqrt{\pi/2}}e^{-2\frac{(x-32.628)^2}{59.311^2}} & x<27.605\end{cases} \tag{19.44}$$

式中　x——价值率。

4. 楼地面部品各评价指标绿色度函数

（1）人力资源消耗指标　楼地面部品人力资源消耗指标拟合得到的绿色度函数为：

$$y=\begin{cases}1 & x\leqslant0.205\\ \dfrac{1}{1+0.797(x-0.205)^{6.253}} & x>0.205\end{cases} \tag{19.45}$$

式中　x——单位人力资源消耗量。

（2）材料资源消耗指标　楼地面部品材料资源消耗指标拟合得到的绿色度函数为：

$$y=\begin{cases}1 & x\leqslant7.266\\ 0.058+\dfrac{1.109+0.058}{1+e^{\frac{x-106.028}{45.794}}} & x>7.266\end{cases} \tag{19.46}$$

式中　x——单位材料资源消耗量。

（3）机械资源消耗指标　楼地面部品机械资源消耗指标拟合得到的绿色度函数为：

$$y=\begin{cases}1 & x\leqslant2.719\\ -0.286+\dfrac{1.41+0.286}{1+e^{\frac{x-10.749}{7.025}}} & x>2.719\end{cases} \tag{19.47}$$

式中　x——单位机械资源消耗量。

（4）单位部品能源消耗指标　楼地面部品能源指标拟合得到的绿色度函数为：

$$y=\begin{cases}1 & x\leqslant202\\ -2.586\times10^{-7}x^2-0.001x+1.213 & x>202\end{cases} \tag{19.48}$$

式中 x——单位能源消耗量。

(5) 隔声性指标 楼地面部品隔声性指标拟合得到的绿色度函数为：

$$y=\begin{cases}1 & x\leqslant53.022 \\ 2.382+\dfrac{-333.646}{109.525\times\sqrt{\pi/2}}e^{-2\frac{(x-111.215)^2}{109.525^2}} & x>53.022\end{cases} \tag{19.49}$$

式中 x——传热系数。

(6) 可靠性指标 楼地面部品可靠性指标拟合得到的绿色度函数为：

$$y=-0.565x^2+1.599x+0.051 \quad 0<x\leqslant1 \tag{19.50}$$

式中 x——优劣系数。

(7) 使用寿命指标 楼地面部品使用寿命指标拟合得到的绿色度函数为：

$$y=\begin{cases}1 & x\geqslant31.298 \\ -0.522+0.815\times e^{\frac{x}{50.109}} & x<31.298\end{cases} \tag{19.51}$$

式中 x——使用寿命。

(8) 放射性核素限量指标 楼地面部品放射性核素限量指标拟合得到的绿色度函数为：

$$y=\begin{cases}1 & x\leqslant0.025 \\ 1.023-0.922x & x>0.025\end{cases} \tag{19.52}$$

式中 x——比活度。

(9) 施工噪声指标 楼地面部品施工噪声指标拟合得到的绿色度函数为：

$$y=\begin{cases}1 & x\leqslant42.869 \\ 3.627e^{\frac{x}{-105.192}}-1.413 & x>42.869\end{cases} \tag{19.53}$$

式中 x——施工噪声。

(10) 固体废物排放指标 楼地面部品固体废物指标拟合得到的绿色度函数为：

$$y=1.013+\dfrac{0.204-1.013}{1+e^{\frac{x-0.485}{0.170}}} \qquad 0<x\leqslant1 \tag{19.54}$$

式中 x——优劣系数。

(11) CO_2 排放指标 楼地面部品 CO_2 排放指标拟合得到的绿色度函数为：

$$y=\begin{cases}1 & x\leqslant13.950 \\ \dfrac{1}{1+1.452\times10^{-7}(x-13.950)^{3.634}} & x>13.950\end{cases} \tag{19.55}$$

式中 x——CO_2 排放量。

(12) 建筑部品回收利用率指标 楼地面部品回收利用率指标拟合得到的绿色度函数为：

$$y=\begin{cases}1 & x\geqslant67.575 \\ -0.416+\dfrac{504.141}{164.436\times\sqrt{\pi/2}}e^{-2\frac{(x-153.547)^2}{164.436^2}} & x<67.575\end{cases} \tag{19.56}$$

式中 x——利用率。

(13) 建筑部品回收价值率指标 楼地面部品回收价值率指标拟合得到的绿色度函数为：

$$y=\begin{cases}1 & x\geqslant27.605 \\ -0.931+\dfrac{135.348}{55.872\times\sqrt{\pi/2}}e^{-2\frac{(x-30.612)^2}{55.872^2}} & x<27.605\end{cases} \tag{19.57}$$

式中 x——价值率。

5. 内外墙装饰部品各评价指标绿色度函数

（1）**人力资源消耗指标** 内外墙装饰部品人力资源消耗指标拟合得到的绿色度函数为：

$$y=\begin{cases}1 & x\leqslant 0 \\ \dfrac{1}{1+2.246\ (x+0.293)^{4.748}} & x>0\end{cases} \tag{19.58}$$

式中 x——单位人力资源消耗量。

（2）**材料资源消耗指标** 内外墙装饰部品材料资源消耗指标拟合得到的绿色度函数为：

$$y=\begin{cases}1 & x\leqslant 1.123 \\ -0.214+\dfrac{1.605+0.214}{1+e^{\frac{x-56.214}{79.103}}} & x>1.123\end{cases} \tag{19.59}$$

式中 x——单位材料资源消耗量。

（3）**机械资源消耗指标** 内外墙装饰部品机械资源消耗指标拟合得到的绿色度函数为：

$$y=\begin{cases}1 & x\leqslant 0.039 \\ -3.891+\dfrac{7.683+3.891}{1+e^{\frac{x+2.939}{9.538}}} & 0.039<x<3.55 \\ 0 & x\geqslant 3.55\end{cases} \tag{19.60}$$

式中 x——单位机械资源消耗量。

（4）**单位部品能源消耗指标** 内外墙装饰部品能源消耗指标拟合得到的绿色度函数为：

$$y=-2.19\times 10^{-8}x^2-0.001x+0.93 \qquad x>0 \tag{19.61}$$

式中 x——单位能源消耗量。

（5）**可靠性指标** 内外墙装饰部品可靠性指标拟合得到的绿色度函数为：

$$y=-0.614x^2+1.287x+0.228 \qquad 0<x\leqslant 1 \tag{19.62}$$

式中 x——优劣系数。

（6）**使用寿命指标** 内外墙装饰部品使用寿命指标拟合得到的绿色度函数为：

$$y=\begin{cases}1 & x\geqslant 35.825 \\ -0.677+0.815\times e^{\frac{x}{49.649}} & x<35.825\end{cases} \tag{19.63}$$

式中 x——使用寿命。

（7）**放射性核素限量指标** 内外墙装饰部品放射性核素限量指标拟合得到的绿色度函数为：

$$y=\begin{cases}1 & x\leqslant 0.022 \\ 1.02-0.916x & x>0.022\end{cases} \tag{19.64}$$

式中 x——比活度。

（8）**甲苯和二甲苯指标** 内外墙装饰部品甲苯和二甲苯指标拟合得到的绿色度函数为：

$$y=\begin{cases}1 & x\leqslant 2.098 \\ \dfrac{1}{1+0.009\ (x-2.098)^{5.989}} & x>2.098\end{cases} \tag{19.65}$$

式中 x——单位甲苯和二甲苯排放量。

（9）**甲醛指标** 内外墙装饰部品甲醛指标拟合得到的绿色度函数为：

$$y=\begin{cases}1.066-0.512x & x>0.129 \\ 1 & x\leqslant 0.129\end{cases} \tag{19.66}$$

式中 x——单位甲醛排放量。

（10）**施工噪声指标** 内外墙装饰部品施工噪声指标拟合得到的绿色度函数为：

$$y = \begin{cases} 1 & x \leqslant 42.764 \\ 3.645\mathrm{e}^{\frac{x}{-105.575}} - 1.431 & x > 42.764 \end{cases} \tag{19.67}$$

式中　x——施工噪声。

（11）固体废物排放指标　内外墙装饰部品固体废物指标拟合得到的绿色度函数为：

$$y = 1.081 + \frac{0.168 - 1.081}{1 + \mathrm{e}^{\frac{x - 0.578}{0.214}}} \qquad 0 < x \leqslant 1 \tag{19.68}$$

式中　x——优劣系数。

（12）CO_2排放指标　内外墙装饰部品CO_2排放指标拟合得到的绿色度函数为：

$$y = \begin{cases} 1 & x \leqslant 2.202 \\ \dfrac{1}{1 + 0.003 (x - 2.202)^{3.015}} & x > 2.202 \end{cases} \tag{19.69}$$

式中　x——CO_2排放量。

（13）建筑部品回收利用率指标　内外墙装饰部品回收利用率指标拟合得到的绿色度函数为：

$$y = \begin{cases} 1 & x \geqslant 72.75 \\ -0.564 + \dfrac{625.425}{235.602 \times \sqrt{\pi/2}} \mathrm{e}^{-2\frac{(x - 164.493)^2}{235.602^2}} & 0 < x < 72.75 \\ 0 & x \leqslant 0 \end{cases} \tag{19.70}$$

式中　x——利用率。

（14）建筑部品回收价值率指标　内外墙装饰部品回收价值率指标拟合得到的绿色度函数为：

$$y = \begin{cases} 1 & x \geqslant 47.195 \\ -0.29 + \dfrac{240.843}{116.127 \times \sqrt{\pi/2}} \mathrm{e}^{-2\frac{(x - 88.172)^2}{116.127^2}} & 0 < x < 47.195 \\ 0 & x \leqslant 0 \end{cases} \tag{19.71}$$

式中　x——价值率。

6. 屋面部品各评价指标绿色度函数

（1）人力资源消耗指标　屋面部品人力资源消耗指标拟合得到的绿色度函数为：

$$y = \begin{cases} 1 & x \leqslant 1.562 \times 10^{-18} \\ \dfrac{1}{1 + 4.325 (x - 1.562 \times 10^{-18})^{2.521}} & x > 1.562 \times 10^{-18} \end{cases} \tag{19.72}$$

式中　x——单位人力资源消耗量。

（2）材料资源消耗指标　屋面部品材料资源消耗指标拟合得到的绿色度函数为：

$$y = 0.1 + \frac{0.954 - 0.1}{1 + \mathrm{e}^{\frac{x - 246.082}{46.655}}} \qquad x > 0 \tag{19.73}$$

式中　x——单位材料资源消耗量。

（3）保温隔热性指标　屋面部品保温隔热性指标经拟合得到的绿色度函数为：

$$y = \begin{cases} 1 & x \leqslant 0.1584 \\ -2.276 + \dfrac{1.221 + 2.276}{1 + \mathrm{e}^{\frac{x - 1.334}{0.436}}} & x > 0.1584 \end{cases} \tag{19.74}$$

式中　x——传热系数。

（4）可靠性指标　屋面部品可靠性指标拟合得到的绿色度函数为：

$$y = -0.352x^2 + 1.382x + 0.041 \qquad\qquad 0 < x \leqslant 1 \qquad (19.75)$$

式中 x——优劣系数。

(5) 使用寿命指标 屋面部品使用寿命指标拟合得到的绿色度函数为：

$$y = \begin{cases} 1 & x < 35.573 \\ 3.1 - 2.92 \times e^{-\frac{x}{107.576}} & x < 35.573 \end{cases} \qquad (19.76)$$

式中 x——使用寿命。

(6) 甲苯和二甲苯指标 屋面部品甲苯和二甲苯指标拟合得到的绿色度函数为：

$$y = \begin{cases} 1 & x \leqslant 0.05 \\ \dfrac{1}{1 + 1.2 \times (x - 0.05)^{0.636}} & x > 0.05 \end{cases} \qquad (19.77)$$

式中 x——甲苯和二甲苯排放量。

(7) 施工噪声指标 屋面部品施工噪声指标拟合得到的绿色度函数为：

$$y = \begin{cases} 1 & x \leqslant 16.99 \\ 3310.775e^{-\frac{x}{173115.827}} - 3309.45 & x > 16.99 \end{cases} \qquad (19.78)$$

式中 x——施工噪声。

(8) 固体废物排放指标 屋面部品固体废物指标拟合得到的绿色度函数为：

$$y = 1.388 + \dfrac{-0.649 - 1.388}{1 + e^{\frac{x - 0.2038}{0.528}}} \qquad 0 < x \leqslant 1 \qquad (19.79)$$

式中 x——优劣系数。

(9) 建筑部品回收利用率指标 屋面部品回收利用率指标拟合得到的绿色度函数为：

$$y = \begin{cases} 1 & x \geqslant 22.82 \\ -0.927 + \dfrac{221.675}{69.949 \times \sqrt{\pi/2}} e^{-2\frac{(x-48.6)^2}{69.949^2}} & 0 < x < 22.82 \\ 0 & x \leqslant 0 \end{cases} \qquad (19.80)$$

式中 x——利用率。

三、常用典型建筑部品绿色度评价

1. 建筑部品绿色度评价指标权重的确定

以墙体围护部品为例，根据 AHP 法确定的各指标权重 λ_i 如表 19.67 所示，应用熵权法确定的各指标权重 ω_i 如表 19.68 所示，各指标的综合权重 w_i 如表 19.69 所示。

2. 建筑部品绿色度评价结果

应用综合评价中的加法模型，即式 (19.79)，得

$$V_j = \sum_{j=1}^{n} w_i u_{ij} \qquad (19.81)$$

式中 V_j——建筑部品绿色度；

w_i——指标综合权重；

u_{ij}——评价指标绿色度值。

对墙体围护部品、门窗部品、管件部品、楼地面部品、内外墙装饰部品、屋面部品绿色度进行综合评价，具体计算结果如表 19.67～表 19.75 所示。根据各建筑部品绿色度由大到小排序结果如下。专家样本不同，评价结果不同，专家人数愈多，结果愈准确。

典型墙体围护部品绿色度为：蒸压加气混凝土砌块墙＞小型混凝土空心砌块墙＞黏土空

心砖墙＞普通黏土砖墙＞钢筋混凝土墙。

门窗部品绿色度为：单层木门＞单层木窗＞铝合金推拉窗＞铝合金推拉门＞塑钢推拉窗＞单层钢门＞单层钢窗＞塑钢推拉门。

管件部品绿色度为：钢管＞铜管＞塑料管＞钢塑复合管＞铝塑复合管。

楼地面部品绿色度为：硬木条地面＞水泥砂浆楼地面＞陶瓷地砖楼地面＞水磨石楼地面＞地毯楼地面＞大理石楼地面。

内外墙装饰部品绿色度为：陶瓷锦砖墙面＞瓷片面层墙面＞乳胶漆墙面＞轻金属板墙面＞多彩花纹涂料墙面＞大理石墙面。

屋面部品绿色度为：三元乙丙丁基橡胶现浇聚苯蛭石屋面＞三元乙丙丁基橡胶现浇膨胀珍珠岩屋面＞改性沥青水泥聚苯板屋面＞改性沥青发泡聚苯板屋面＞三元乙丙丁基橡胶挤塑聚苯板屋面。

表 19.67　根据 AHP 法确定的墙体围护部品各指标权重 λ_i

指标	人力资源消耗	材料资源消耗	机械资源消耗	能源消耗	隔声性	保温隔热性	耐火性	放射性核素限量	施工噪声	CO_2排放	固体废物排放	回收利用率	回收价值率
λ_i	0.1849	0.0616	0.0616	0.1029	0.0501	0.0313	0.0438	0.0769	0.0433	0.0433	0.2431	0.0287	0.0287

表 19.68　根据熵权法确定的墙体围护部品各指标权重 ω_i

指标	人力资源消耗	材料资源消耗	机械资源消耗	能源消耗	隔声性	保温隔热性	耐火性	放射性核素限量	施工噪声	CO_2排放	固体废物排放	回收利用率	回收价值率
ω_i	0.0311	0.1200	0.1263	0.1435	0.0958	0.1632	0.0861	0.0141	0.0037	0.0575	0.0907	0.0637	0.0045

表 19.69　墙体围护部品各指标的综合权重 w_i

指标	人力资源消耗	材料资源消耗	机械资源消耗	能源消耗	隔声性	保温隔热性	耐火性	放射性核素限量	施工噪声	CO_2排放	固体废物排放	回收利用率	回收价值率
w_i	0.1080	0.0908	0.0940	0.1232	0.0729	0.0973	0.0650	0.0455	0.0235	0.0504	0.1669	0.0462	0.0166

表 19.70　墙体围护部品评价结果

评价指标	资源消耗 A			能源消耗 B	使用效能 C			环境影响 D				再生利用 E		
部品名称	人力资源消耗	材料资源消耗	机械资源消耗	单位部品能源消耗	隔声性	保温隔热性	可靠性	放射性核素限量	施工噪声	CO_2排放	固体废物排放	建筑部品回收利用率	建筑部品回收价值率	绿色度
	A1	A2	A3	B1	C1	C2	C3	D1	D4	D5	D6	E1	E2	
权重	0.1080	0.0908	0.0940	0.1232	0.0729	0.0973	0.065	0.0455	0.0235	0.0504	0.1669	0.0462	0.0166	—
普通黏土砖墙	0.8738	0.9048	0.7847	0.0657	0.2446	0.1961	0.6434	0.2804	0.3640	0.9693	0.2942	0.6124	0.7844	0.4977
黏土空心砖墙	0.9359	0.7933	0.8549	0.3401	0.5437	0.2943	0.9779	0.2804	0.3640	0.9951	0.5599	0.5253	0.7844	0.6178
小型混凝土空心砌块墙	0.9677	0.2083	0.9388	0.9033	0.6532	0.3084	0.2570	0.1872	0.3640	0.6533	0.7840	0.3427	0.6599	0.6363
蒸压加气混凝土砌块墙	0.9392	0.1985	0.9538	0.9294	0.8086	0.8714	0.2570	0.1872	0.3640	0.8147	1.0000	0.2500	0.6599	0.7203
钢筋混凝土墙	0.3732	0.4264	0.0379	0.7862	0.1659	0.1752	0.6434	0.1872	0.2772	0.2453	0.2354	0.8978	0.8848	0.4514

表 19.71 门窗部品评价结果

评价指标	资源消耗 A			能源消耗 B	使用效能 C				环境影响 D				再生利用 E		绿色度
部品名称	人力资源消耗	材料资源消耗	机械资源消耗	单位部品能源消耗	隔声性	保温隔热性	可靠性	使用寿命	放射性核素限量	施工噪声	CO_2排放	固体废物排放	建筑部品回收利用率	建筑部品回收价值率	
	A1	A2	A3	B1	C1	C2	C3	C4	D1	D4	D5	D6	E1	E2	
权重	0.0779	0.0883	0.1013	0.1291	0.0292	0.0429	0.0949	0.0367	0.0976	0.026	0.035	0.1511	0.0642	0.0191	—
单层木门	0.1118	0.8956	0.6092	0.7645	0.2719	0.9261	0.5144	0.3473	0.3585	0.3695	0.9850	0.9827	0.4390	0.7096	0.6267
单层木窗	0.1118	0.8528	0.1329	0.7568	0.2719	0.7321	0.5845	0.3473	0.3585	0.3695	0.9781	0.8636	0.4390	0.7096	0.5538
单层钢门	0.2890	0.8822	0.0537	0.7082	0.3866	0.2682	0.2983	0.6247	0.1735	0.7461	0.5557	0.5524	0.7682	0.7096	0.4734
单层钢窗	0.2890	0.9363	0.0358	0.7289	0.3866	0.2976	0.2318	0.6247	0.1735	0.7461	0.6746	0.4078	0.7682	0.7096	0.4563
铝合金推拉门	0.7077	0.1481	0.5553	0.5292	0.6954	0.2682	0.8472	0.8041	0.1735	0.7461	0.3092	0.2859	0.9760	0.8593	0.5039
铝合金推拉窗	0.7077	0.1372	0.7845	0.5740	0.6954	0.2976	0.9960	0.8041	0.1735	0.7461	0.4045	0.2653	0.9760	0.8593	0.5476
塑钢推拉门	0.8940	0.1863	0.5553	0.6002	0.5688	0.6681	0.1668	0.9883	0.1735	0.7461	0.4429	0.2404	0.1676	0.7096	0.4297
塑钢推拉窗	0.8940	0.3959	0.7845	0.6346	0.5688	0.7321	0.1113	0.9883	0.1735	0.7461	0.5396	0.2251	0.1676	0.7096	0.4744

表 19.72 管件部品评价结果

评价指标	资源消耗 A			能源消耗 B	使用效能 C		环境影响 D			再生利用 E		绿色度
部品名称	人力资源消耗	材料资源消耗	机械资源消耗	单位部品能源消耗	可靠性	使用寿命	施工噪声	CO_2排放	固体废物排放	建筑部品回收利用率	建筑部品回收价值率	
	A1	A2	A3	B1	C3	C4	D4	D5	D6	E1	E2	
权重	0.0313	0.0505	0.188	0.1612	0.0742	0.045	0.0644	0.1943	0.1265	0.0458	0.019	—
钢管($DN80$)	0.7998	0.8779	0.9091	0.6274	0.2279	0.9425	0.3750	0.0135	0.9844	0.9303	0.9642	0.6130
铜管($DN80$)	0.1670	0.6924	0.0227	0.1713	0.9990	0.9425	0.3750	0.0006	0.6925	0.9776	0.9642	0.3636
塑料管(外径90mm)	0.8103	0.8672	0.0813	0.9033	0.1711	0.2727	0.4634	0.0674	0.2573	0.1943	0.7108	0.3529
钢塑复合管($DN80$)	0.3747	0.1308	0.0015	0.6260	0.3845	0.4723	0.3750	0.0007	0.3739	0.2981	0.8582	0.2709
铝塑复合管	0.4446	0.2351	0.0140	0.0932	0.4704	0.4723	0.3750	0.0012	0.3004	0.3511	0.9642	0.1964

表 19.73 楼地面部品评价结果

评价指标 部品名称	资源消耗A			能源消耗B	使用效能C			环境影响D				再生利用E		绿色度
	人力资源消耗	材料资源消耗	机械资源消耗	单位部品能源消耗	隔声性	可靠性	使用寿命	放射性核素限量	施工噪声	CO$_2$排放	固体废物排放	建筑部品回收利用率	建筑部品回收价值率	
	A1	A2	A3	B1	C1	C3	C4	D1	D4	D5	D6	E1	E2	
权重	0.0729	0.1186	0.0465	0.1568	0.0721	0.0994	0.0489	0.0807	0.0201	0.0566	0.1443	0.0654	0.0179	—
水泥砂浆楼地面	0.9372	0.6948	0.9231	0.1710	0.1434	0.8234	0.9611	0.3776	0.4514	0.2926	0.4641	0.3750	0.8673	0.5228
水磨石楼地面	0.3268	0.6701	0.5053	0.1151	0.3159	1.0000	0.9611	0.2854	0.3649	0.2476	0.4477	0.6908	0.9632	0.4854
陶瓷地砖楼地面	0.7875	0.6458	0.8564	0.2323	0.2738	0.4194	0.8202	0.2854	0.3649	0.3920	0.6872	0.2380	0.7224	0.4920
大理石楼地面	0.8219	0.1196	0.8685	0.1617	0.3159	0.5887	0.8202	0.2854	0.3649	0.4785	0.3035	0.5266	0.9632	0.4142
硬木条地面	0.5565	0.4717	0.7903	0.7466	0.5762	0.2420	0.4730	0.3776	0.4514	0.8947	0.9757	0.8645	0.9632	0.6438
地毯楼地面	0.3376	0.5577	0.9231	0.5271	0.7590	0.1586	0.3785	0.3776	0.5422	0.6323	0.2818	0.2380	0.7224	0.4516

表 19.74 内外墙装饰部品评价结果

评价指标 部品名称	资源消耗A			能源消耗B	使用效能C		环境影响D						再生利用E		绿色度
	人力资源消耗	材料资源消耗	机械资源消耗	单位部品能源消耗	可靠性	使用寿命	放射性核素限量	甲苯和二甲苯	甲醛	施工噪声	CO$_2$排放	固体废物排放	建筑部品回收利用率	建筑部品回收价值率	
	A1	A2	A3	B1	C3	C4	D1	D2	D3	D4	D5	D6	E1	E2	
权重	0.0628	0.1067	0.0536	0.0555	0.0855	0.0356	0.0265	0.0851	0.074	0.0151	0.0977	0.0522	0.1266	0.1231	—
大理石墙面	0.3920	0.2021	0.4644	0.8048	0.4426	0.9724	0.2872	0.5580	0.9580	0.4472	0.7383	0.3552	0.4342	0.3786	0.5132
陶瓷锦砖墙面	0.2827	0.9508	0.9670	0.7917	0.6117	0.6715	0.2872	1.0000	1.0000	0.4472	0.0346	0.9695	0.3323	0.3032	0.5980
瓷片面层墙面	0.4106	0.9248	0.8199	0.7861	0.1783	0.6715	0.2872	1.0000	1.0000	0.4472	0.7389	0.3277	0.3323	0.3032	0.5933
轻金属板墙面	0.4590	0.2057	0.6019	0.4854	1.0000	0.8143	0.3788	1.0000	0.2596	0.4472	0.0022	0.4360	0.7567	0.6256	0.5413
乳胶漆墙面	0.9301	1.0000	0.9670	0.8957	0.1360	0.4255	0.3788	0.8728	1.0000	0.6338	0.8921	0.2552	0.0000	0.0000	0.5618
多彩涂料墙面	0.9275	0.9747	0.7119	0.8743	0.3488	0.4255	0.3788	0.9562	1.0000	0.6338	0.4957	0.2445	0.0000	0.0000	0.5301

表 19.75 屋面部品评价指标体系

评价指标	资源消耗 A		使用效能 C			环境影响 D			再生利用 E	
部品名称	人力资源消耗	材料资源消耗	保温隔热性	可靠性	使用寿命	甲苯和二甲苯	施工噪声	固体废物排放	建筑部品回收利用率	绿色度
	A1	A2	C2	C3	C4	D2	D4	D6	E1	
权重	0.1254	0.1565	0.1444	0.1168	0.1061	0.0969	0.0672	0.0893	0.0977	—
改性沥青水泥聚苯板屋面	0.7023	0.1193	0.8536	0.1373	0.6754	0.7703	0.6557	0.6065	0.2356	0.5136
改性沥青发泡聚苯板屋面	0.2146	0.2538	0.8536	0.2082	0.5600	0.7703	0.7513	1.0000	0.2356	0.5111
三元乙丙丁基橡胶挤塑聚苯板屋面	0.0734	0.1077	0.7711	0.4861	0.7855	0.7663	0.5601	0.4497	0.2356	0.4526
三元乙丙丁基橡胶现浇聚苯蛭石屋面	0.3210	0.9016	0.7711	1.0000	0.6754	0.7663	0.4645	0.4756	0.4482	0.6729
三元乙丙丁基橡胶现浇膨胀珍珠岩屋面	0.3291	0.2963	0.7711	0.7055	0.8906	0.7663	0.6557	0.3174	0.4482	0.5663

第四节 绿色建筑部品评价计算机系统

由于建筑部品评价体系过程复杂、数据多，开发建筑部品绿色度计算机评价系统，可使评价过程方便、快捷、准确，有助于建筑部品绿色化的推广与应用。

一、绿色建筑部品评价系统分析

1. 评价系统设计的必要性以及可行性分析

（1）系统必要性分析 绿色建筑部品评价体系研究是以建筑部品为对象，全面考虑建筑部品在全生命周期中的资源消耗、能源消耗、使用效能、环境影响及回收利用等方面，应用不确定性理论，从系统分析的角度，以建立一个能够客观、科学的部品绿色度函数库，以此来评价建筑部品绿色化。

由于建筑部品评价体系本身具有复杂性，所包含内容较多，人工评价具有很多的局限性。一是整个评价体系包括六大建筑部品、十几项评价指标，评价过程中需要对大量数据进行统计处理，以此建立绿色度函数库，这样容易造成人工评价的耗时、耗力、耗财。二是由于整个评价过程涉及处理的数据较多，且评价过程中使用多种复杂的不确定性的数学模型，其计算过程繁琐，这样容易造成数据的遗漏，计算的错误，最终使评价结果出现误差。三是对于拟建部品绿色化的评价，不仅需要得到一个精确绿色化结果，而且还需要将所得结果与已建部品绿色化结果进行比较，从而得到拟建部品是否实现绿色化；但人工行为在对评价结果的比较中，由于建筑部品种类繁多，需要进行大量部品评价结果数据的查询，这样会造成时间的大量浪费。

针对建筑部品绿色化人工评价所存在的局限性，设计和实现一套绿色建筑部品计算机评价系统是十分必要的。通过借助计算机这一强大的工具，能实现建筑部品评价过程的直观性、可视性、准确性、快捷性，尽可能地避免人工评价时带来的问题，促使建筑部品绿色化的快速发展。

在利用建筑部品绿色度评价软件进行评价时，其中使用到的评价体系和手工评价时用到的评价体系完全相同，而且因为评价过程由计算机自动完成，去除了人为因素的影响，增强了评价结果的权威性。具有以下几个的优点，一是借助计算机这一工具，能够很容易地对数据进行必要的处理，从而可以快速地建立一个有效的部品绿色度函数库，得出绿色化结果，大大降低了时间、人力、财力的消耗。二是保证评价结果的准确性。由于评价过程由计算机体系来实现，消除了人为因素的影响（如数据的遗漏和中间环节计算的错误等），使评价过程具有可靠性、准确性。三是拟建部品和已建部品的绿色化评价结果通过计算机体系能够进行快捷、方便的比较，从而实现绿色建筑部品的优选。四是对评价过程及基础数据能进行有效、快速的保存和查询，为以后进行的修改工作和资料调用工作提供一个方便快捷的平台。

（2）系统技术可行性分析　建筑部品评价系统的设计和实现需要解决的技术要点有：大量评价数据的统计分析；评价指标绿色度函数的建立；指标绿色度函数的统一解析；各建筑部品绿色度的快捷计算；指标体系的动态维持等。

针对系统所涉及的技术要点，利用数据库管理数据的优点，即数据处理速度快、数据的结构化程度高、数据查询方便快捷等，将评价体系中所涉及的数据作统一规划，建立结构优化的数据库，用于指标参数数据和部品评价数据的统一管理。

由于绿色建筑部品评价体系中评价指标较多，不同建筑部品所包含的评价指标绿色度函数均不相同，如果在程序中为每一个绿色度函数专门编写代码实现，则是一个庞大的任务，并且这种模式的最大缺点是：一旦软件成形后，其中评价指标绿色度函数就被固化在程序中，无法进行修改，当评价指标绿色度函数有变化时，程序就必须从代码级进行修改；为了解决当指标绿色度函数发生变化时，不至于修改程序，在此将每个绿色度函数看作一个数学表达式存入数据库，通过在程序中编写一个统一解析表达式的功能函数（利用逆波兰式），以增强软件的扩展性。

在设计系统时，还考虑到评价指标体系由于各种因素可能发生变化，因此系统预留了评价指标体系维护接口，实现对评价指标相关参数和权重值的修改。

2. 系统功能和性能需求分析

建筑部品绿色度评价系统的设计和实现，通过对建筑部品评价理论体系的充分研究以及用户的需求全方位考虑，从而建立一个方便快捷的直观可视化的操作平台。在此，把计算机评价系统的需求分为两大部分，即系统功能需求和系统性能需求。

（1）系统功能需求分析　系统功能需求是从部品评价的理论体系出发，实现评价过程的科学性、可操作性、准确性等，使系统完全实现建筑部品的人工评价过程，并且具备一些辅助的必要功能。系统功能分析是基于系统开发的目标。绿色建筑部品计算机评价系统应具备如下功能。

① 系统评价的准确性需求。借助计算机这一强大的处理工具，能够使整个过程都通过计算机实现，减少了人为因素的影响，准确计算出部品的绿色化结果。

② 系统评价结果对比需求。能够将拟建部品绿色化评价结果和已建部品的绿色化评价结果进行快捷、方便的比较，从而实现绿色建筑部品的优选。

③ 系统的查询需求。能够快速提供使用者想要的历史数据查询功能，方便使用者对历史数据的分析统计。

④ 系统的可扩展性需求。随着新材料和新生产工艺的出现，建筑部品的更新也随之加快，从而使建筑部品评价的指标也会不断增加和改变。系统的可扩展性能够使使用者对部品和指标进行不断的更改或新增。

⑤ 对新出现的建筑部品，能够方便、快捷地建立部品绿色度函数，实现绿色度函数库的及时更新。

⑥ 访问权限的管理需求。由于使用者对数据的保密要求的不同，系统将设计成限制和非限制权限登陆。

（2）系统性能需求分析 系统性能需求是从使用者的角度出发，实现使用的直观性、便捷性、可操作性、容错性和可扩展性等。绿色建筑部品计算机评价系统采用结构化、模块化的设计技术，来实现系统性能设计目标。

①操作的直观性。系统给使用者提供了一个可视化的操作窗口，使用者只需将原始数据输入到系统中去，就能对建筑部品绿色化进行快捷、方便的计算。

②使用的方便性。系统提供给使用者一个可视化操作窗口，尽可能地使操作简单明了；并且根据使用者的要求，实现了单个部品自主评价和多个部品的同时评价。

③良好的容错性。由于使用者可能在操作过程中遇见各种原因引起的错误或非人为因素的干扰，因此系统在运行过程中，对各种可能进行了事先控制，使所有数据及时保存，保证使用者更好地完成评价工作。

3. 系统总体架构分析

根据系统需求分析的结果，可将整个建筑部品绿色化评价系统划分为四个主要子系统，分别是部品评价子系统、历史数据子系统、指标体系维护子系统，再附加一个用户管理子系统。

各个子系统具有不同功能，其中部品评价子系统是整个系统的核心。该子系统主要功能如图 19.17 所示。

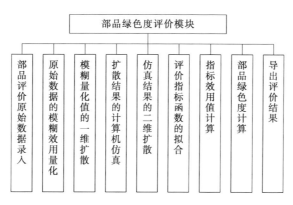

图 19.17 部品评价模块主要功能

历史数据子系统在系统中主要是对历史评价的再查询和分析，以及各部品评价结果之间的对比。指标体系维护用于管理员对指标体系进行维护，即当指标体系有所变动时，管理员即可通过这个模块及时对指标进行修改。用户管理模块主要是对不同用户设置了不同的访问权限，其中分为普通用户和管理员用户。

4. 系统工作流程分析

建筑部品绿色度计算机评价系统中，部品评价流程的设计如图 19.18 所示。首先在模块 101，评价人员通过建筑部品信息、建筑部品指针原始数据录入或采集装置向系统提供评价输入数据。模块 104、107 根据模块 103 中的行业标准数据判断是否调整相关内容，如果需要，执行模块 105 和 108，并分别将数据存入模块 102 和 106。从模块 106 中提取指针绿色度函数，通过模块 109 对绿色度函数进行解析。模块 110 综合绿色度函数解析结果和模块

102 中的部品指针数据进行评价。模块 111 得出评价结果，并同时保存评价结果至模块 102 中。

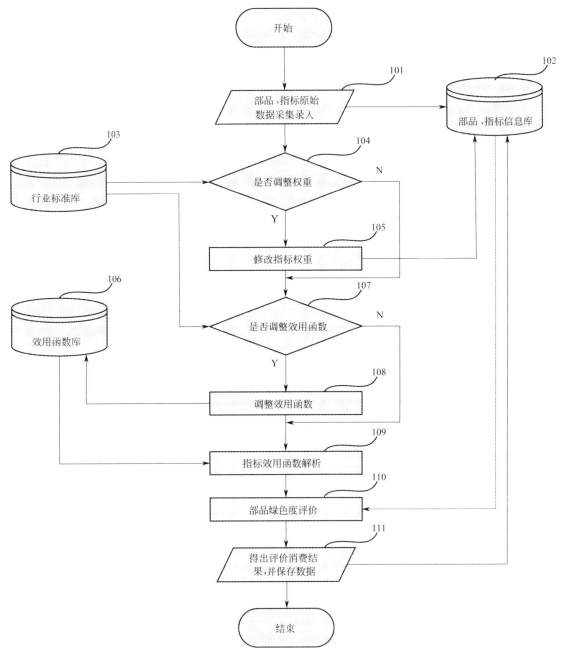

图 19.18　评价流程的逻辑设计

二、建筑部品绿色度评价系统设计

1. 评价系统总体设计

在该评价系统中，涉及的数据比较繁杂，在对数据分析和归类之后，得出以下八种必需的基本数据：部品信息、部品类型信息、指标类型信息、指标评价函数、行业标准信息、评价方案信息、部品评价参数信息和部品标价结果信息。各个信息表的数据结构如表 19.76～表 19.83 所示。

（1）部品信息　见表 19.76。

表 19.76　部品数据结构

字段名称	类型	长度
部品编号	numeric	9
部品类型	varchar	900
部品名称	varchar	1000
备注	varchar	2000

（2）部品类型信息　见表 19.77。

表 19.77　部品类型数据结构

字段名称	类型	长度
部品类型编号	numeric	9
部品类型	varchar	900

（3）指标类型信息　见表 19.78。

表 19.78　指标类型数据结构

字段名称	类型	长度
类型编号	numeric	9
类型名称	varchar	900
权重	numeric	总长度16,精度6
备注	varchar	2000

（4）指标评价函数　见表 19.79。

表 19.79　指标评价函数数据结构

字段名称	类型	长度
指标编号	numeric	9
指标名称	varchar	1000
指标部品类型	varchar	900
指标类型	numeric	9
指标函数	varchar	4000
权重	numeric	总长度16,精度6
边界值	numeric	总长度16,精度6
备注	varchar	2000

（5）行业标准信息　见表 19.80。

表 19.80　行业标准数据结构

字段名称	类型	长度
标准编号	numeric	9
标准名称	varchar	1000
规则	varchar	100
标准值 1	numeric	总长度16,精度6
标准值 2	numeric	总长度16,精度6

（6）评价方案信息　见表 19.81。

表 19.81　评价方案数据结构

字段名称	类型	长度
方案编号	numeric	9
方案名称	varchar	1000
部品类型	varchar	900
部品名称	varchar	1000

（7）部品评价参数信息　见表 19.82。

表 19.82　部品评价参数数据结构

字段名称	类型	长度
方案编号	numeric	9
方案名称	varchar	1000
部品类型	varchar	900
部品编号	numeric	9
指标编号	numeric	9
指标值	varchar	1000
标准编号	numeric	9
指标评价值	numeric	总长度16,精度6

（8）部品标价结果信息　见表 19.83。

表 19.83　部品标价结果数据结构

字段名称	类型	长度
方案编号	numeric	9
方案名称	varchar	1000
部品类型	varchar	900
部品编号	numeric	9
评价值	numeric	总长度16,精度6

2. 建筑部品评价模块设计

建筑部品绿色度评价模块是计算机评价系统中的核心模块。在该模块中，主要实现建筑部品评价指标绿色度函数的快捷建立和建筑部品绿色度的准确评价两个功能。

（1）评价指标模糊绿色度计算机一维信息扩散模块　由于受多方面因素的限制，经常在样本收集方面出现信息量不足，即小样本问题，使得统计估计结果不能趋于母体分布，出现较大误差。信息扩散技术则很好地解决了这一难题（表 19.84）。但是信息扩散技术计算繁杂，且所需要处理的数据较多，容易出错，浪费时间。本系统使用 Matlab 语言实现其计算机化，大大节约时间、提高计算精度、方便使用人员操作。

表 19.84　1 工日/m³ 样本扩散的三点估计均值

三点估计	最乐观绿色度 a	最可能绿色度 m	最悲观绿色度 b
扩散后均值	0.8671	0.7570	0.6984

（2）评价指标模糊绿色度的计算机仿真模块　应用计算机仿真技术对样本一维信息扩散结果进行仿真，主要通过执行尽可能多的样本模拟仿真实验，从而提高样本数字特征在一定可信区间趋进母体的精度。计算机仿真技术的步骤如下。

① 计算样本扩散贝塔分布参数 r、s 的值　由于计划评审技术中的三点估计法所测定评价指标的模糊绿色度值的总体服从贝塔分布，因此利用计算机对样本扩散结果进行仿真，首先要得到贝塔分布参数 r、s 的值。r、s 参数值的求解算法比较繁琐，在此，应用计算机程

序实现快速、准确的计算。将建筑部品的评价指标值代入程序，可得到 r、s 参数计算结果。

② 录入仿真数据 把上述计算所得的原始数据录入到仿真系统的主界面的表格中。

③ 选择仿真模型 应用三点估计法所测定评价指标的模糊绿色度值总体服从贝塔分布，所以选择贝塔分布仿真模型进行仿真。

④ 设置参数值 参数的设置主要是为了实现仿真样本在一定区域范围内进行的模拟试验，使仿真结果始终处于可控区域。

⑤ 设置仿真次数和仿真精度 合理的抽样次数，可使模拟试验结果更加准确、科学。通过中心极限估计法计算可得仿真次数 $N=20000$，其中将仿真精度设置为 95%。

⑥ 创建仿真模型、调整仿真精度 在执行以上过程后，选中单元格 G1，单击菜单 ▷，可对样本数据进行模拟试验。由于需要进行多次抽样模拟试验，使得仿真精度偏离预设范围；因为还要对仿真精度进行调整，以达到所要求的置信度。

⑦ 仿真结果图 在对仿真调整之后，可得最终仿真结果，如图 19.19 所示。

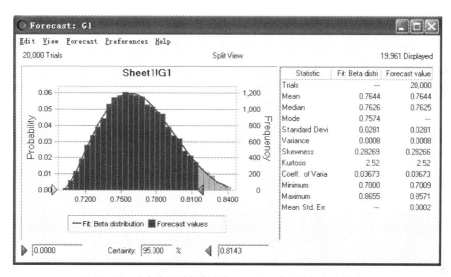

图 19.19 人力资源消耗指标为 1 工日/m³ 时的绿色度仿真图

对仿真过程进行汇总，可得仿真后的结果如表 19.85 所示。

表 19.85 人力资源消耗指标为 1 工日/m³ 时的绿色度仿真评定

a 平均值	m 平均值	b 平均值	r	s	95% 可信度下的绿色度值
0.8671	0.7550	0.6984	3.0375	4.5897	0.8143

最终可得墙体围护部品人力资源消耗在不同指标值下的绿色度值如表 19.86 所示。

表 19.86 墙体围护部品人力资源消耗在不同指标值下的绿色度值

指标值	1	2	3	4	5	6
绿色度值	0.8143	0.7550	0.6553	0.4811	0.2776	0.2246

（3）仿真样本计算机二维信息扩散模块 要得到建筑部品绿色化评价指标的绿色度函数，需要对指标消耗量和仿真后的指标绿色度值分别进行信息扩散，即进行二维信息扩散。

二维信息扩散较一维信息扩散更复杂，在此，通过计算机程序进行扩散结果的计算。

以墙体围护部品人力资源消耗在不同指标值下的仿真绿色度值为例，对其进行二维信息扩散。

设人力资源消耗指标为 x，对应的绿色度值为 y。

通过一维扩散中确定监控论域和扩散系数的程序，可得到二维扩散中人力资源消耗指标和绿色度值各自的监控论域和扩散系数，计算过程在此省略。

人力资源消耗指标值的监控论域和扩散系数为：

$$U_j = \{1,2,3,4,5,6,7,8,9,10\}$$
$$h_x = 7.2591$$

绿色度值的监控论域和扩散系数为：

$$V_k = \{0, 0.0276, 0.2246, 0.2311, 0.2776, 0.4053, 0.4546, 0.4811, 0.5050,$$
$$0.5276, 0.5643, 0.6553, 0.7311, 0.7550, 0.8143, 0.9053, 1.0\}$$
$$h_y = 0.8561$$

将墙体围护部品人力资源消耗指标值以及监控论域、扩散系数，相对应的绿色度值以及监控论域、扩散系数输入到二维信息扩散程序，可得二维信息扩散结果。

(4) 指标绿色度函数的曲线拟合模块

① 样本数据录入　在打开计算机拟合系统的初始界面 Data1 中，输入样本数据，其中将指标值和其模糊绿色度值按对应关系分别输入到列 A(X) 和列 B(Y) 中，如图 19.20 所示。

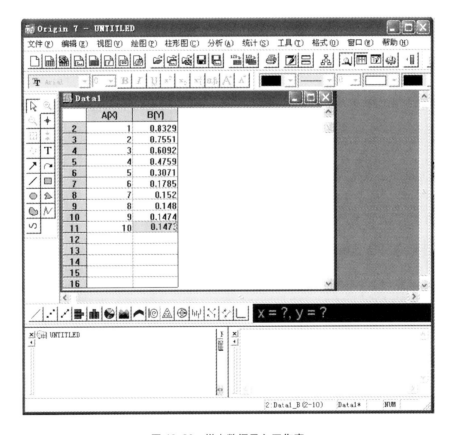

图 19.20　样本数据录入工作表

② 对样本数据绘制散点图　首先在 Data1 中选取 A(X) 和 B(Y) 两列数据，然后通过菜单栏中的"绘图"工具项，选取"直线＋符号"命令来刻画表达二者关系的散点，如图 19.21 所示。

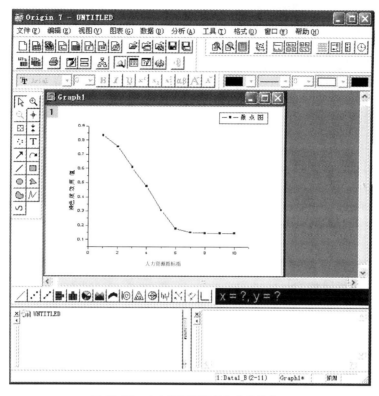

图 19.21 人力资源指标绿色度的散点图

③ 样本数据的拟合 根据绘制出的散点图与已知的分布函数的图形比较即可得到所求评价指标的绿色度函数。图 19.22 所示是利用哥西分布函数拟合所得的拟合曲线及结果记录、据此即可得到评价指标绿色度函数。

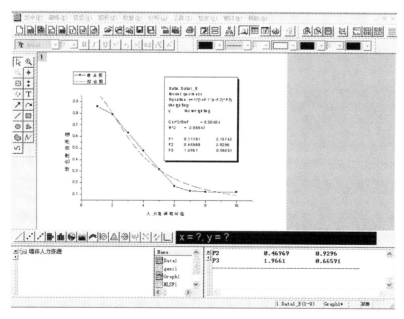

图 19.22 哥西函数拟合曲线图

（5）评价指标权重计算机确定模块　评价指标的合理、科学分配，是建筑部品内在因素对其绿色化影响程度的一个量化，是实现建筑部品绿色化准确评价的关键之一。通过Matlab语言实现建筑部品评价指标权重的计算机确定。

（6）评价指标绿色度值计算模块　通过上述计算机方法，可以科学、准确、快速地建立建筑部品指标的绿色度函数。但由于部品分类较多，每一个建筑部品都有不同的指标体系，所建立的指标绿色度函数数量较多，形式比较复杂，计算各指标绿色度值比较繁琐困难，很难在较短时间内完成对部品绿色化的评价，还需耗费大量的人力、物力以及财力，且在计算过程中也容易出现计算错误，影响最终建筑部品绿色化评价结果。所以，设计并建立了一个可靠、高效的指标绿色度函数库，使用者可以通过调用函数库，只需输入评价的原始数据，系统就能方便、快捷、准确地完成对每一个指标的绿色度值的计算，并综合各个指标之间的绿色度值得到建筑部品的绿色度评价结果。在这一过程中，主要是将指标的原始数据和数据库中预存的绿色度函数结合，生成表达式进行解析并得出指标绿色度值。

3. 其他功能模块设计

（1）行业标准模块设计　行业标准模块的关键在于给评价体系提供标准参考，以便该智能评价系统适用于各个地域和不同的标准。当建筑行业的标准发生变化时，需要对系统的指针权重和绿色度函数等信息进行相应的修正。该模块还提供行业标准的录入和修改接口，以便使用者及时修改行业标准。

（2）历史数据查询模块设计　当对建筑部品的评价进行完成后，如何知道该部品的绿色度在其他同类型部品中处于什么样的位置，绿色度是高还是低，或者需要查询以往的评价参数和评价结果，此时就需要历史数据模块。在该模块中，提供完备的数据查询，包括同类建筑部品评价结果对比、评价结果的精确查询和模糊查询。

（3）指标体系维护模块设计　该建筑部品绿色度评价系统具有很好的可扩展性，用户可以根据自己的需求订制合适的指标权重等重要参数信息。其中包括对指标绿色度函数和部品类型的维护。在指标绿色度函数维护中，用户不仅可以根据实际情况修正绿色度函数，还可以修正各个评价指标的权重。建筑部品类型模块完成部品类型名称的修改和完成新增部品类型的功能。

（4）用户管理扩展模块设计　在该计算机评价系统中，还增加一个用户管理的扩展模块。针对不同级别的用户，软件系统中将用户分为普通用户和管理员用户两种。

普通用户只有录入评价数据、对部品进行评价、查询评价结果的权限。而管理员拥有软件系统提供的所有权限。管理员用户类型与普通用户的最大区别在于具有指标体系维护和行业标准维护等二次开发的功能。对于一般的用户不开放指标体系维护功能，可以保证指标体系的完整性，而对于有相当行业基础的高级用户开发管理员权限，以保证指标体系和行业标准根据地域和时间因素而动态更新。

三、绿色建筑部品评价系统的应用

经过对绿色建筑部品评价系统进行一系列严格有效地测试，软件系统满足规定功能要求，可以投入使用。

以墙体围护部品中的普通黏土砖墙为例，系统使用方法如下。

1. 进入系统登录界面

系统登录界面分为普通用户登录和管理员登录两种形式。登录界面如图19.23所示。

2. 进入系统主界面

系统主界面左边是一个树形动态的控制台，方便用户对建筑部品绿色化评价进行快速操

图 19.23　登录界面

作；系统菜单栏是常见的快捷操作工具。系统主界面如图 19.24 所示。

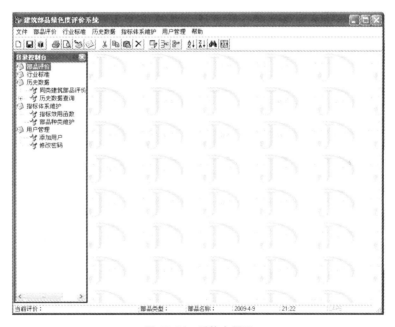

图 19.24　系统主界面

3. 新建评价对象

　　新建一个评价对象，首先建立评价方案名称，如普通砖；其次选择部品类型，如墙体围护部品；最后建立部品名称，如普通黏土砖墙。通过新建评价对象，一方面能够准确调用所评价对象的函数库；另一方面能够实现日后对评价结果的快速查询。新建评价对象如图 19.25 所示。

4. 原始数据录入

　　系统原始数据的录入方式分为两种：直接录入和 Excel 表格导入。直接录入方式提供清晰的表格式录入接口。Excel 表格导入实现大量评价数据的批量导入，达到快速、准确录

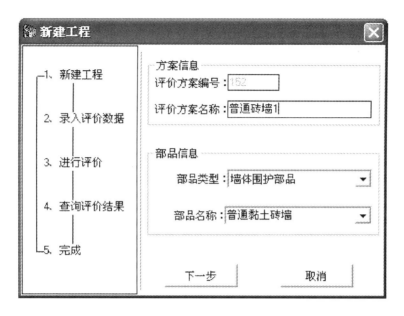

图 19.25　新建评价对象

入。本文采取直接录入的形式，将普通黏土砖墙评价指标的原始数据直接录入系统中。原始
数据录入如图 19.26 所示。

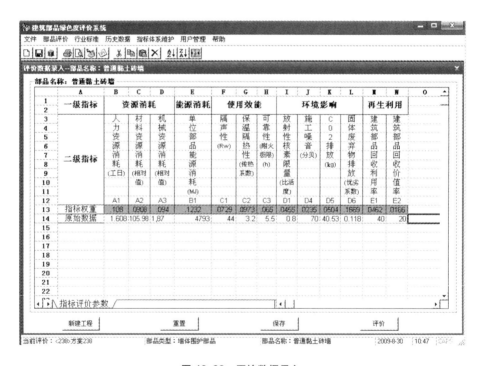

图 19.26　原始数据录入

5. 部品绿色度评价结果

　　在部品原始数据录入后，点击评价按键，可得到普通黏土砖墙图绿色度为 0.4978。其
中原始数据下面一行为各子指标的绿色度值。普通黏土砖墙绿色度评价结果如图 19.27

所示。

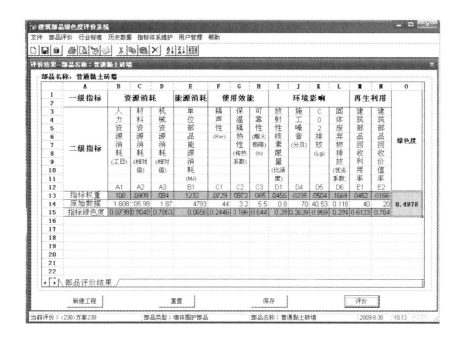

图 19.27　普通黏土砖墙绿色度评价结果

同理可以得到其他墙体围护部品的绿色度。

黏土空心砖墙绿色度为 0.6179，其评价结果如图 19.28 所示。

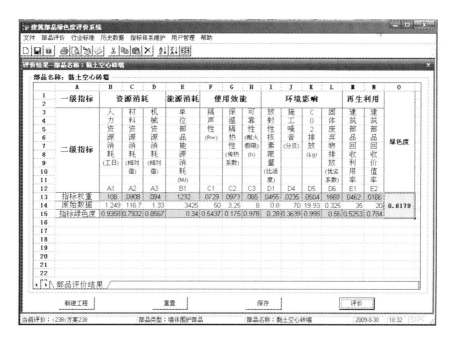

图 19.28　黏土空心砖墙绿色度评价结果

小型混凝土空心砌块墙绿色度为 0.6364，其评价结果如图 19.29 所示。

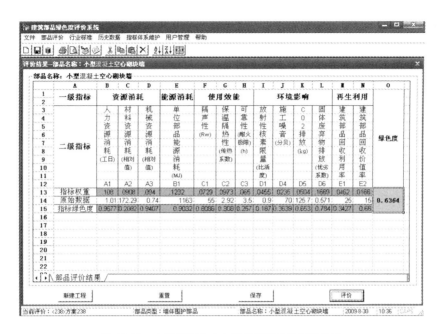

图 19.29　小型混凝土空心砌块墙绿色度评价结果

蒸压加气混凝土砌块墙绿色度为 0.7204，其评价结果如图 19.30 所示。

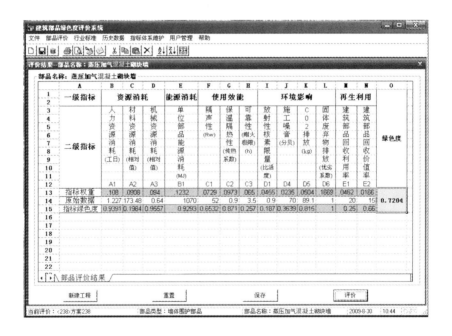

图 19.30　蒸压加气混凝土砌块墙绿色度评价结果

钢筋混凝土墙绿色度为 0.4514，其评价结果如图 19.31 所示。

根据墙体围护部品绿色度由大到小排序结果如下：

典型墙体围护部品绿色度为：蒸压加气混凝土砌块墙＞小型混凝土空心砌块墙＞黏土空心砖墙＞普通黏土砖墙＞钢筋混凝土墙。

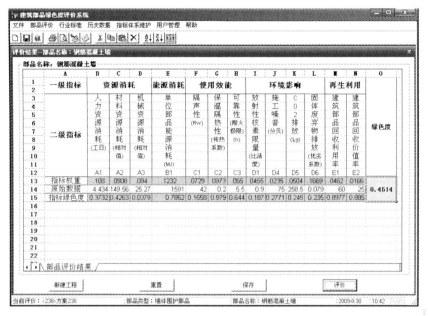

图 19.31　钢筋混凝土墙绿色度评价结果

参考文献

[1] 张学文. 组成论. 合肥:中国科学技术出版社,2003.

[2] 黄崇福. 自然灾害风险评价理论与实践. 北京:科学出版社,2004.

[3] GB/T 50378 绿色建筑评价标准.

[4] GB 50016 建筑设计防火规范.

[5] GB 50118 民用建筑隔声设计规范.

[6] GB 8485 建筑门窗空气声隔声性能分级及检测方法.

[7] GB 8484 建筑外门窗保温性能分级及检测方法.

[8] GB 7106 建筑外门窗气密、水密、抗风压性能分级及检测方法.

[9] GB 11976 建筑外窗采光性能分级及检测方法.

[10] GB/T 17219 生活饮用水输配水设备及防护材料的安全性评价标准.

[11] GB 18583 室内装饰装修材料　胶粘剂中有害物质限量.

[12] GB 12523 建筑施工场界噪声排放标准.

[13] 闫文周. 绿色建筑计算机评价. 智能与绿色建筑文集. 北京:中国建筑工业出版社,2005.

[14] 闫文周. 基于熵理论的信息扩散系数确定. 西安建筑科技大学学报(自然科学版),2009(2):269-272.

[15] 李慧民,闫文周. 基于信息扩散理论的绿色建筑部品评价研究. 西安建筑科技大学学报(自然科学版),2007(3):365-368.

第二十章
室内空气质量的检测与评价

自进入 21 世纪以来，人们在室内度过的时间急剧增加，地点包括办公室、家庭和封闭车辆等。随着人们生活水平的不断提高，各种装饰装修材料、家具和日用化学品大量进入室内，使室内污染物的来源和种类越来越多，同时为了节约能源，现代建筑物的密闭性越来越高，新风量不足，使得大量污染物在室内聚集。 20 世纪 90 年代以来城市以装饰装修为主要污染源的室内空气污染已越来越突出。 因此开展室内空气质量的检测、评价和防治对于人类和环境具有十分重要的意义。

室内空气质量(IAQ)可定义为空气性质，它影响室内居住者的健康和舒适程度。 与劣质的室内空气相关的常见疾病包括许多类型，如触觉和皮肤不适，神经中毒症，极度敏感症，异味综合症等，术语"病态建筑综合征"（Sick building syndrome）用来描述大量的慢性综合症，包括眼睛疼痛、流泪、鼻塞、打喷嚏、喉舌干燥、头疼、似流感综合症、体力不支以及注意力不集中等。 术语"建筑物疾病"（Building related illness）用来描述与建筑环境相关的明确的病症。

据日本《朝日新闻》报道：日本国立医药食品卫生研究所的最新调查表明，日本普通家庭室内空气中的致癌物质——甲醛的浓度相当于室外的 7.8 倍。 前不久，美国环保局的专家们对分散在几个城市里的 10 幢新建筑物，作了室内空气抽样调查，结果发现新建房内空气中含有多种化学物质，比室外空气多 100 倍，其中还有众多致癌化学物质，如氯仿、三氯乙烯、四氯化碳等。 世界卫生组织也证实，一些大厦的室内空气比起户外空气污染要严重 10 倍至百倍以上。 还有报道估计，大约有 2000 种以上的有害物质会构成对室内空气的污染影响。

因此，选择合适的监测方法对室内空气质量进行定性和定量的测定已成为现代人保健的迫切要求。 通过室内空气质量监测确定室内空气污染物的浓度，研究在该浓度下是否对健康造成危害，确定室内空气污染物可接受的效应水平，从而制定室内空气质量标准，最大限度地保护公众免受室内空气污染物的危害。

根据建设部《建标[2001]263 号关于发布国家标准"民用建筑工程室内环境污染控制规范"的通知》的要求，GB 50325—2001 自 2002 年 1 月 1 日起正式实施，分别对新建、扩建和改建的民用建筑和装修材料的选择、工程勘察设计、工程施工中有害物质的限量提出了具体要求，并提出验收时必须进行室内环境污染物浓度检测。 经过十多年的发展，目前该标准经历多次修订和补充，现行有效版本为 2013 年 6 月 24 日发布的 GB 50325—2010《民用建筑工程室内环境污染控制规范（2013 版）》。 由国家质量监督检验检疫总局、卫生部和国家环境保护总局共同颁布的《室内空气质量标准》（GB/T 18883—2002）自 2003 年 3 月 1 日开始实施。 该标准从保护人体健康出发，首次全面规定了室内空气的物理性、化学性、生物性和放射性四类共 19 个指标的限量值。

近年来，很多国家和地区都出台了各自的绿色建筑评价体系，如美国的 LEED、英国的 BREEAM、日本的 CASBEE、荷兰的 GreenCale＋、澳大利亚的 NABERS 以及我国香港地区的 HK-BEAM 等。 这些评价体系都把建筑材料和室内环境的控制作为"绿色建筑"的重要组成部分。 我国

《绿色建筑评价标准》（GB/T 50378—2014）也将室内环境质量作为一个重要的评价指标，从室内空气品质和室内物理环境（声、光、热）两方面提出了相关的要求。我国绿色建筑对室内空气品质的要求为"居住空间能自然通风，通风开口面积在夏热冬暖和夏热冬冷地区不小于该房间地板面积的 8%，在其他地区不小于 5%。室内游离甲醛、苯、氨、氡和 TVOC 等空气污染物浓度符合现行国家标准《民用建筑工程室内环境污染控制规范》（GB 50325）的规定"。

《民用建筑工程室内环境污染控制规范》（GB 50325—2010）和《室内空气质量标准》（GB/T 18883—2002）以及《绿色建筑评价标准》（GB/T 50378—2014）的出台，为我国室内空气质量的评价提供了科学依据，对控制室内空气污染，切实提高我国的室内空气质量具有重要的意义，同时为我国开展大规模的室内空气质量监测，基本查明我国室内空气污染程度及变化规律，提供了技术平台。

第一节　室内空气质量污染来源及危害

室内空气环境是人们接触最频繁、最密切的外环境之一，在发达国家，人们的大部分时间是在室内度过的。比如，最近在美国居民中的一项调查发现，一个人平均日常 88% 的时间在室内，7% 在交通工具中，只有 5% 的时间是在室外度过的。

美国专家检测发现，在室内空气中存在 500 多种挥发性有机物，其中致癌物质就有 20 多种，致病病毒 200 多种。危害较大的主要有氡、甲醛、苯、氨以及酯、三氯乙烯等。室内空气污染已成为危害人类健康的"隐形杀手"，也成为全世界各国共同关注的问题。研究表明，室内空气的污染程度要比室外空气严重 2～5 倍，在特殊情况下可达到 100 倍。因此，美国已将室内空气污染归为危害人类健康的五大环境因素之一。世界卫生组织也将室内空气污染与高血压、胆固醇过高症以及肥胖症等共同列为人类健康的十大威胁。据统计，全球近一半的人处于室内空气污染中，室内环境污染已经引起 35.7% 的呼吸道疾病，22% 的慢性肺病和 15% 的气管炎、支气管炎和肺癌。

专家调查后发现，室内空气污染对儿童和妇女的影响更大。有关统计显示，目前我国每年因上呼吸道感染而致死亡的儿童约有 210 万名，其中 100 多万名儿童的死因直接或间接与室内空气污染有关，特别是一些新建和新装修的幼儿园和家庭室内环境污染十分严重。北京、广州、深圳、哈尔滨等大城市近年白血病患儿都有增加趋势。

因此，现今关于恶劣的室内空气质量对健康影响的关注逐渐增加。尽管现存的大部分建筑的室内空气质量不会立刻反映出问题，但大量的疾病和症状却来源于非工业的室内空气污染。

一、室内空气污染种类

室内空气污染所带来的问题成为人类所面对的最普遍的环境健康问题之一。室内空气污染物可有不同的分类方法，按其性质分类可分为物理、生物、化学和放射性污染物。室内环境中常见不同性质的污染物名称见表 20.1。室内环境中不同来源的污染物名称见表 20.2。

表 20.1　室内空气污染分类（按污染物性质）

污染种类	名称
物理污染因素	静电污染 噪声污染 电磁辐射污染

续表

污染种类	名称
生物污染因素	螨虫污染
	军团菌污染
	寄生虫污染
	呼吸系统病源、花粉
化学污染因素	生活型污染物
	装修型污染物
	燃气污染物
放射性污染因素	建筑主体材料
	装饰装修材料

表 20.2　室内空气污染分类（按污染物来源）

污染种类	名称
建筑和装饰材料、家具的污染	建筑主体材料
	建筑装饰装修材料
	家具产品
日用化学品、化妆品的污染	日用化学品的污染
	化妆品的污染

　　虽然室内环境污染物种类繁多，但从建筑工程污染控制的角度看，值得人们研究的主要是建筑工程材料所引起的室内环境污染问题。

二、室内空气污染来源

　　室内环境一方面作为一个独立的环境系统，另一方面又与外界环境有着物质和能量的交换。室内环境污染来自于室外和室内。从而导致污染物的来源具有多样性、交叉性和复杂性的特点。污染物来源的特点决定了室内空气污染物具有复杂性、多样性，室内空间的相对封闭性决定了室内污染物具有累积性的特点。室内空气主要污染来源途径见表 20.3。

表 20.3　室内空气污染主要来源途径

污染物来源	来源分类	举例
来自室外的污染物	大气中的污染物进入室内	煤烟废气、工厂烟气、汽车尾气
	房基地下污染物进入室内	岩石和土壤中的放射性核素
	人类户外活动沾染的污染物被带入室内	出入工矿、车间、医院后带回
	他人居所中排出的污染物传入室内	邻居厨房中的炊烟、下水道中的浊气
来自室内的污染物	由人体排出的污染物	皮肤、呼气、汗腺排出的废物
	室内燃料燃烧产生的污染物	一氧化碳、二氧化氮、二氧化硫、可吸入颗粒物
	烹调油烟产生的污染物	烹调油烟中含有的化学物质
	香烟烟雾中产生的污染物	一氧化碳、可吸入颗粒物、氮氧化物
	建筑、装修材料及家具中散发出的污染物	甲醛、苯及苯系物、氡、粉尘
	家用化学品散发的污染物	空气清新剂、杀虫剂、清洁剂
	家中存在的大量微生物	宠物、昆虫

　　建筑污染、装饰污染和家具污染已经成为影响室内空气质量的三大污染源。室内空气常见污染物及来源见表 20.4。

表 20.4 常见室内污染物及其来源

污染物名称	主要来源
甲醛（HCHO）	人造板、地毯、家具、绝缘材料、烟草烟雾
苯及苯系物	溶剂型木器涂料
氨（NH₃）	混凝土添加剂（防冻剂）、人造板、板式家具
挥发性有机化合物（VOC）	油漆、涂料、胶黏剂、壁纸、地板
氡	房基土壤、建筑材料、室外空气
颗粒物（PM₁₀/PM₂.₅）	室内吸烟、蚊香烟雾、室外大气扩散

甲醛、苯及苯系物、氨、挥发性有机化合物、氡是目前室内最常见的五类污染物。他们的主要来源描述如下。

1. 甲醛

甲醛（HCHO）是一种无色易溶的刺激性气体，甲醛可经呼吸道吸收，其水溶液"福尔马林"可经消化道吸收。对人体健康影响较大的甲醛污染源主要来自室内环境。

用作室内装饰的胶合板、细木工板、中密度纤维板和刨花板等人造板材中含有甲醛。因为甲醛具有较强的黏合性，还具有加强板材的硬度及防虫、防腐的功能，所以用来合成多种胶黏剂如：脲醛树脂，三聚氰胺甲醛，氨基甲醛树脂，酚醛树脂。含有甲醛成分并有可能向外界散发的其他各种装饰建筑材料，比如用脲醛泡沫树脂作为隔热材料的预制板、贴墙布、贴墙纸、化纤地毯、泡沫塑料和涂料等。目前生产人造板使用的胶黏剂以甲醛为主要成分的脲醛树脂，板材中残留的和未参与反应的甲醛会逐渐向周围环境释放，是形成室内空气中甲醛的主体。装修材料及新的组合家具是造成甲醛污染的主要来源。

2. 苯及苯系物

苯是一种无色具有特殊芳香气味的液体，沸点为80℃。甲苯、二甲苯属于苯的同系物。目前室内装饰中多用甲苯、二甲苯代替纯苯作各种胶、涂料和防水材料的溶剂或稀释剂。

家庭和写字楼里的苯系物主要来自建筑装饰中使用的大量化工原材料，如涂料，填料及各种有机溶剂等，都含有大量的有机化合物，经装修后散发到室内。主要在以下几种装饰材料中较高：油漆，苯化合物主要从涂料中挥发出来；天那水、稀料，涂料的添加剂中大量存在；各种胶黏剂，一些家庭购买的沙发释放出大量的苯，主要原因是生产中使用了含苯的胶黏剂；防水材料，原粉加稀料配制成防水涂料，操作后15h后检测，室内空气中苯含量超过国家允许最高浓度的14.7倍。

3. 氨

氨是一种无色而具有强烈刺激性臭味的气体，比空气轻。氨是一种碱性物质，它对接触的皮肤组织都有腐蚀和刺激作用。可以吸收皮肤组织中的水分，使组织蛋白变性，并使组织脂肪皂化，破坏细胞膜结构。

氨气主要来自建筑施工中使用的混凝土外加剂，特别是在冬季施工过程中，在混凝土墙体中加入尿素和氨水为主要原料的混凝土防冻剂，这些含有大量氨类物质的外加剂在墙体中随着温湿度等环境因素的变化而还原成氨气从墙体中缓慢释放出来，造成室内空气中氨的浓度大量增加。

另外，室内空气中的氨也可来自室内装饰材料中的添加剂和增白剂，但是，这种污染释放比较快，不会在空气中长期大量积存，对人体的危害相应小一些，但是，也应引起大家的注意。

生活中的生物学废物也会释放出氨气体，如粪便、尿液、排泄物、生活污水等；含氮的有机物在细菌作用下可分解成氨；人体分泌的汗液可分解成氨；理发店所使用的染发剂中也含有氨。

4. 挥发性有机化合物

挥发性有机物（VOC）是由一种或多种碳原子组成，容易在室温和正常大气压下蒸发的化合物，它们是存在于室内环境中的无色气体。

室内环境中的 VOC 可能从室外空气中进入，或从建筑材料、清洗剂、化妆品、蜡制品、地毯、家具、激光打印机、影印机、胶黏剂以及室内的油漆中散发出来。一旦这些VOC暂时地或持久地超出正常的背景水平，就会引起室内空气质量问题。

5. 氡

在人们日常生活所接触的室内污染物中，氡气是唯一的放射性气体污染物，从放射性元素镭衰变而来，氡无色无味、易溶于脂肪，可通过呼吸过程中进入人体。

室内环境中氡主要有以下几个来源：

① 来自地基土壤：地基土壤的扩散，通过地表和墙体裂缝而进入室内；

② 来自地下水：研究证明，水中氡浓度达到 $10^4 Bq/m^3$ 时，便是室内的重要氡源；

③ 来自室外大气：室外大气中的氡气会随着室外空气进入室内；

④ 来自天然气的燃烧：在烧天然气和石油液化气时，如果室内通风不好，其中的氡气会全部释放到室内；

⑤ 来自建筑材料和室内装饰材料：特别是一些矿渣砖、炉渣砖等建筑材料通常都含有不同程度的镭，那些含铀高的室内装饰材料，如花岗岩和陶瓷砖、洁具等也会释放出氡气。

三、室内空气污染的危害

国内外学者对室内环境污染进行了大量研究，常见的有毒有害物质有 10 种以上，其中绝大部分为有机物，甲醛、苯及苯系物、氨、挥发性有机化合物、氡是最常见的危害人体健康的主要污染物。这几类污染物对人体的健康危害描述如下。

1. 甲醛

甲醛是一种无色、易溶的刺激性气体。可经呼吸道吸收，甲醛对人体的危害具有长期性、潜伏性、隐蔽性的特点。长期吸入甲醛可引发鼻咽癌、喉头癌等严重疾病。

甲醛具有强烈的致癌和促癌作用。大量文献记载，甲醛对人体健康的影响主要表现在嗅觉异常、刺激、过敏、肺功能异常、肝功能异常和免疫功能异常等方面。其浓度在空气中达到 $0.06 \sim 0.07 mg/m^3$，儿童就会发生轻微气喘。当室内空气中甲醛含量为 $0.1 mg/m^3$ 时，就有异味和不适感；达到 $0.5 mg/m^3$ 时，可刺激眼睛，引起流泪；达到 $0.6 mg/m^3$，可引起咽喉不适或疼痛；浓度更高时，可引起恶心呕吐，咳嗽胸闷，气喘甚至肺水肿；达到 $30 mg/m^3$ 时，会致人死亡。

长期接触低剂量甲醛危害更大，可引起慢性呼吸道疾病，引起鼻咽癌、结肠癌、脑癌、月经紊乱、细胞核的基因突变，DNA 单链内交连和 DNA 与蛋白质交连及抑制 DNA 损伤的修复、妊娠综合征，引起新生儿染色体异常、白血病，引起青少年记忆力和智力下降。在所有接触者中，儿童和孕妇及老人对甲醛尤为敏感，危害也就更大。国际癌症研究所已建议将其作为可疑致癌物对待。

2. 苯及苯系物

苯及苯系物是一种无色、具有特殊芳香气味的气体。苯及苯系物被人体吸入后，可出现中枢神经系统麻醉作用；可抑制人体造血功能，使红细胞、白细胞、血小板减少，再生障碍性贫血患率增高；还可导致女性月经异常，胎儿的先天性缺陷等。苯属于致癌物质，轻度中毒会造成嗜睡、头痛、头晕、恶心、胸部紧束感等，并可有轻度黏膜刺激症状，重度中毒可出现视物模糊、呼吸浅而快、心律不齐、抽搐和昏迷。

人在短时间内吸入高浓度甲苯、二甲苯时，可出现中枢神经系统麻醉作用，轻者有头晕、头痛、恶心、胸闷、乏力、意识模糊，严重者可致昏迷以致呼吸、循环衰竭而死亡。如果长期接触一定浓度的甲苯、二甲苯会引起慢性中毒，可出现头痛、失眠、精神萎靡、记忆力减退等神经衰弱症状。

人们通常所说的"苯"实际上是一个系列物质，包括苯、甲苯、二甲苯。苯化合物已经被世界卫生组织确定为强烈致癌物质，苯可以引起白血病和再生障碍性贫血也被医学界公认。

3. 氨

氨是一种无色而有强烈刺激气味的气体。对眼、喉、上呼吸道有强烈的刺激作用，可通过皮肤及呼吸道引起中毒，轻者引发充血、分泌物增多、肺水肿、支气管炎、皮炎，重者可发生喉头水肿、喉痉挛；也可引起呼吸困难、昏迷、休克等，高浓度的氨气甚至可引起反射性呼吸停止。

长期接触氨，部分人可能会出现皮肤色素沉积或手指溃疡等症状；氨被吸入肺后容易通过肺泡进入血液，与血红蛋白结合，破坏运氧功能。

短期内吸入大量氨气后可出现流泪、咽痛、声音嘶哑、咳嗽、痰带血丝、胸闷、呼吸困难，可伴有头晕、头痛、恶心、呕吐、乏力等，严重者可发出肺水肿、成人呼吸窘迫综合征，同时可能发生呼吸道刺激症状。

4. 挥发性有机化合物（VOC）

挥发性有机化合物种类多，一般不予逐个分别表示，以 TVOC 表示其总量。研究表明，即使室内空气中单个 VOC 含量都低于其限含量，但多种 VOC 的混合存在及其相互作用，就使危害强度增大。TVOC 表现出毒性、刺激性，能引起机体免疫水平失调，影响中枢神经系统功能，出现头晕、头痛、嗜睡、无力、胸闷等症状，还可能影响消化系统，出现食欲不振、恶心等，严重时可损伤肝脏和造血系统，甚至引起死亡。

若暴露在含高浓度 VOC 工业环境中会对人体的中枢神经系统、肝脏、肾脏及血液有毒害影响。

敏感的人即使对低浓度的 VOC 也会有剧烈的反应。这些反应会在暴露在某一敏感气体或是一系列的敏感气体后产生，随后遇到更低的剂量也可能引发类似的症状，但长期暴露在低浓度中也会引起反应。

眼睛不适：灼热、干燥、异物感、水肿；

喉咙不适：喉干；

呼吸问题：呼吸短促，哮喘、头痛、贫血、头昏、疲乏、易怒。

因为目前对 VOC 对人体的毒害及感官影响以及他们的成分的了解有限，所以防止过分暴露在 VOC 中是十分必要的。

5. 氡

氡是一种无色、无味、无法察觉的惰性气体。氡及其子体随空气进入人体，或附着于气管黏膜及肺部表面，或溶入体液进入细胞组织，形成体内辐射，诱发肺癌、白血病和呼吸道病变。世界卫生组织研究表明，氡是仅次于吸烟引起肺癌的第二大致癌物质。

氡能在脂肪组织、神经系统、网状内皮系统和血液中广泛分布，对细胞造成损伤，最终诱发癌变。据研究证明，氡污染在肺癌诱因中仅次于吸烟排在第二位，如果生活在室内氡浓度 $200Bq/m^3$ 的环境中，相当于每人每天吸烟 15 根。根据美国环保机构（EPA）提供的数据，在美国，由于氡污染每年致死 21000 人，超过了艾滋病每年的致死人数。因此，氡被 WHO（世界卫生组织）公布为 19 种主要环境致癌物之一，且被国际癌症研究机构列入室内主要致癌物。调查研究发现，即使居室低浓度氡水平，也会引起肺癌发病率的增加，室内平均氡浓度每增加 100 Bq/m³，肺癌发病率可增高 19%～31%。

第二节　室内空气质量检测的指标和方法

目前，我国室内空气质量限量标准主要有《民用建筑工程室内环境污染控制规范》（GB 50325—2010)和《室内空气质量标准》（GB/T 18883—2002)。

《民用建筑工程室内环境污染控制规范》是国家的强制性标准，它规定在民用建筑工程验收时必须进行室内空气质量检测，合格后才能投入使用，对建设单位、勘查设计和施工单位具有约束作用。该规范适用于新建、扩建和改建的民用建筑工程室内环境污染控制，不适用于工业生产建筑工程、仓储性建筑工程、建筑物和有特殊净化卫生要求的室内环境污染控制，也不适用于民用建筑工程交付使用后，非建筑装修产生的室内环境污染控制。

《室内空气质量标准》属于国家推荐性标准，该标准将室内空气质量污染主要分化学性污染、物理性污染和生物性污染和放射性污染 4 大类，对室内空气质量参数和检验方法作出了规定。该标准适用于所有住宅和公共建筑的室内空气质量检测，不局限于新建、扩建和改建工程。

一、室内空气质量污染物指标及限量

表 20.5 和表 20.6 分别为《民用建筑工程室内环境污染控制规范》（GB 50325—2010）和《室内空气质量标准》（GB/T 18883—2002）对室内空气质量污染物指标及其限量。

表 20.5　《民用建筑工程室内环境污染控制规范》（GB 50325—2010）限量指标

污染物	Ⅰ类民用建筑工程	Ⅱ类民用建筑工程
氡/(Bq/m³)	≤200	≤400
甲醛/(mg/m³)	≤0.08	≤0.1
苯/(mg/m³)	≤0.09	≤0.09
氨/(mg/m³)	≤0.2	≤0.2
TVOC/(mg/m³)	≤0.5	≤0.6

表 20.6　《室内空气质量标准》（GB/T 18883—2002）限量指标

序号	参数类别	参数	单位	标准值	备注
1	物理性	温度	℃	22～28	夏季空调
				16～24	冬季采暖
2		相对湿度	%	40～80	夏季空调
				30～60	冬季采暖
3		空气流速	m/s	0.3	夏季空调
				0.2	冬季采暖
4	化学性	新风量	m³/(h·人)	30	
5		二氧化硫 SO_2	mg/m³	0.50	1h 均值
6		二氧化氮 NO_2	mg/m³	0.24	1h 均值
7		一氧化碳 CO	%	10	1h 均值
8		二氧化碳 CO_2	mg/m³	0.10	日平均值
9		氨 NH_3	mg/m³	0.20	1h 均值
10		臭氧 O_3	mg/m³	0.16	1h 均值

序号	参数类别	参数	单位	标准值	备注
11	化学性	甲醛 HCHO	mg/m³	0.10	1h 均值
12		苯 C_6H_6	mg/m³	0.11	1h 均值
13		甲苯 C_7H_8	mg/m³	0.20	1h 均值
14		二甲苯 C_8H_{10}	mg/m³	0.20	1h 均值
15		苯并[a]芘（ B[a]P）	ng/m³	1.0	日平均值
16		可吸入颗粒物 PM_{10}	mg/m³	0.15	日平均值
17		总挥发性有机物 TVOC	mg/m³	0.60	8h 均值
18	生物性	菌落总数	Cfu/m³	2500	依据仪器定
19	放射性	氡²²²Rn	Bq/m³	400	年平均值(行动水平)

二、室内空气质量污染物的检测方法

以上两个标准对危害严重且较为普遍的甲醛、苯、氨、总挥发性有机化合物（TVOC）、氡等 5 种污染物均提出了限量要求，以下简要介绍这 5 种污染物的检测方法。

1. 室内空气采样

随着人们对室内空气质量重视程度的提高，室内空气监测技术近年来不断得到发展。采样是监测中最重要的环节，采样方案都是根据测定目的和环境空气流动状况确定的，采样时间、位置选择的正确与否直接影响测定的成功与否。

（1）采样方案的分类及其优缺点　室内空气测定的采样方案根据采样时间、采样目的的不同，可分为长期测定和短期测定，区域采样和个人采样，测定设备可选用主动型或被动型。不同的方式各有其优缺点。

长期测定由于采样量大，对分析灵敏度要求不高，得到的数值为时间平均值，具有综合性，这往往是评估污染物对人体健康影响最重要的数据。但长期测定对采样和监测仪器的稳定性要求苛刻，而且环境背景值的波动会带来一系列的问题。短期测定的优点在于它能记录瞬时波动值，这对详细了解污染物浓度变化情况很有帮助，而且短期测定时间短，受外界的影响不大，但其对仪器或技术灵敏度的高要求限制了应用范围，而且在将短期测定与日浓度变化、季浓度变化或其他长期浓度变化相结合方面还有一定的困难。

采用个人接触浓度测定还是区域监测是确定所采用仪器类型和监测方法的重要因素。适于区域监测的设备往往体积庞大，需要供给动力，而用于个人监测的则小巧方便，且监测时可将人们活动的干扰减到最小。

选择采样方案还需考虑是进行主动还是被动采样。被动采样是根据扩散原理进行，一般用于长期测定。气流导致的采样速率变化会使被动采样设备受到影响，所以应尽量减少环境因素的干扰。主动型采样设备又可分为实时采样分析和现场采样实验室分析两种类型。前一种更为常见。采样时要注意泵抽气速率和其他设备参数以保证主动采样的高精度。实时测定的一个最大的缺点就是它的高成本，而测定设备的笨重和需要较多操作训练及维护也限制了它的应用。

（2）采样时间、位置的确定　在采样开始和终了，采样器内的压力和流量有一个变化和平衡过程，为了补偿采样过程对采样体积的影响，保证测量结果的准确性，除了直接采样和直读仪器外，采样持续时间不能少于 10~15min。同一个采样点采样持续时间不同，测出的浓度差别很大，这是由于空气中污染物浓度在时间上并不稳定所至，根据人体活动接触时间，可以选择 1h、8h、24h 时间加权平均值，8h 平均值常用于职业接触评价，采样持续时间至少 6h，24h 平均值常用于环境接触评价，采样持续时间至少 18h，1h 平均值用于特定条件评价，采样持续时间至少 45min，由于采样容量的限制，一个采样器一次采样时间多数不能超过 0.5h，采样持续时间可以用多个采样器连续或断续采样累积计算时间。

考虑污染物对人体的影响，采样点高度一般设在人的呼吸带，即距离地面 0.5～1.5m。采样点应该避开不能代表空间总体的特殊点，如空调的进风口、回风口、门窗缝隙等处，采样点距离墙壁应有 0.5m 的距离。

空气中污染物浓度是由污染源释放和在空气中稀释排放两个因素造成的。判断一个建筑物在修建和装修过程是否造成室内空气污染及污染的程度，即是否符合某项标准，重要的是要知道污染源释放情况，如果释放条件差别很大，测量的空气中污染物浓度将不能用来比较污染源的释放情况。

所以采样前明确测定目的十分重要。目的不同，采样方案也就不同。室内空气测定目的多种多样，大多数情况下最终都是评价污染物对人体健康潜在的负面影响，采样方案也就随之而确定。如正在使用的房间需测定的是室内污染物平均浓度，建筑材料化学风险评价需测定最大浓度；前者在室内中央采样，后者则要将门窗紧闭，待污染物浓度达到平衡后再采样。

2. 几种常见室内污染物的检测方法

（1）甲醛　甲醛的化学性质十分活泼，因此可采用多种定量分析方法测定甲醛，主要方法有滴定分析法、分光光度法、气相色谱法、电化学分析法。而微量甲醛的分析则采用分光光度法、色谱法、极谱法等，尤以分光光度法方便实用。分光光度法主要包括以下几种。

① 酰丙酮法　该法利用甲醛与乙酰丙酮在乙酸铵存在下发生反应。生成浅黄色的 2,6-二甲醛-3,5-二乙酰基吡啶，其最大吸收波长在 412～415nm，此法重现性好，显色液稳定，干扰少，操作简便。

② 铬变酸法　甲醛在硫酸介质中与铬变酸（1,8-二羟基萘-3,6-二磺酸）作用，生成紫色化合物。其最大吸收波长 568～570nm，灵敏度高，显色液稳定性好，由于反应须在浓硫酸介质中进行，酚类存在时有干扰，所以该法应用受到限制。

③ 亚硫酸品红法　甲醛在亚硫酸品红的硫酸或盐酸溶液中，生成玫瑰红色的盐。但显色液稳定性差，其最大吸收波长在 552～554nm，该法操作简便，测定范围广，适合于甲醛含量较高的场合。

④ 酚试剂法（MBTH）　该法是在 $FeCl_3$ 存在下，甲醛与 3-甲基-2-苯并噻唑酮腙（简称酚试剂）生成蓝色调和阳离子。该法最早用于脂肪族醛的测定，后来有人用于测定甲醛，其最大吸收波长为 630nm，灵敏度高，操作条件易控制。

⑤ AHMT 法　甲醛与 4-氨基-3-联氨-5-疏基-1,2,4-三氮杂茂（AHMT）在碱性条件下缩合后，经高碘酸钾氧化成 6-疏基-5-三氮杂茂（4,3-b）-S-四氮杂苯紫红色化合物。本法选择性高，其他醛类如乙醛、丙醛、正丁醛、丙烯醛及苯甲醛等对本法无干扰，醇类如甲醇、乙醇、正丁醇等对本法也无干扰。

⑥ 其他显色体系　分光光度法测定甲醛显色体系还有很多，如间苯三酚法、苯肼法、酶法、银-铁法（邻二氮杂菲法），这些方法各有特点。

（2）苯　通常采用低噪声的恒流空气采样器与填充活性炭吸附剂的玻璃或不锈钢采样管结合，采集室内空气中的苯系物（苯、甲苯和二甲苯），然后用毛细气相色谱法进行检测，其原理为：用活性炭管采集空气中的苯，然后经热解析（脱附）或用二硫化碳提取出来，再经聚乙二醇 6000 色谱柱分离，用氢火焰离子化检测器检测，以保留时间定性、峰高或峰面积定量。

二硫化碳提取法分析步骤主要有：

① 色谱条件　由于色谱分析条件常因实验条件不同而有差异，所以应根据所用气相色谱仪的型号和性能，制定能分析苯的最佳的色谱分析条件。

② 标准溶液的制备　于 5.0mL 容量瓶中，先加入少量二硫化碳，用 1μL 微量注射器准确取一定量的苯（20℃时，1μL 苯重 0.8787mg）注入容量瓶中，加二硫化碳至刻度，配成一定浓度的储备液。临用前取一定量的储备液用二硫化碳逐级稀释成苯含量分别为 2.0μg/mL、5.0μg/mL、10.0μg/mL、50.0μg/mL、100.0μg/mL 的标准液。

③ 绘制标准曲线　取 1μL 标准液进样，测定保留时间及峰高。每个浓度重复 3 次，取峰高的平均值。分别以 1μL 苯的含量（μg/mL）为横坐标（μg），平均峰高为纵坐标（mV），绘制标准曲线。并计算回归线的斜率，以斜率的倒数 B_S（μg/mV）作为样品测定的计算因子。

④ 样品检测　将采集管中的活性炭倒入具塞刻度试管中，加 1.0mL 二硫化碳，塞紧管塞，放置 1h，并不时振荡。取 1μL 进样，用保留时间定性，峰高（mV）定量。每个样品作三次分析，求峰高的平均值。同时，取一个未经采样的活性炭管按样品管同时操作，测量空白管的平均峰高（mV）。

将采样体积按式（20.1）换算成标准状态下的采样体积。

$$V_0 = V \frac{T_0}{T} \times \frac{p}{p_0} \tag{20.1}$$

式中　V_0——换算成标准状态下的采样体积，L；

　　　V——采样体积，L；

　　　T_0——标准状态下的热力学温度，273K；

　　　T——采样时采样点现场的温度（t）与标准态的热力学温度之和，$(t+273)$K；

　　　p_0——标准状态下的大气压力，101.3kPa；

　　　p——采样时采样点的大气压力，kPa。

空气中苯浓度按式（20.2）计算：

$$c = \frac{(h-h')B_S}{V_0 E_S} \tag{20.2}$$

式中　c——空气中苯或甲苯、二甲苯的浓度，mg/m³；

　　　h——样品峰高的平均值，mV；

　　　h'——空白管的峰高，mV；

　　　B_S——计算因子，μg/mV；

　　　E_S——由实验确定的二硫化碳提取的效率；

　　　V_0——标准状况下采样体积，L。

（3）氨　氨是空气中的一种碱性污染物，主要来源于含氮有机物腐败和人为的分解过程。氨对大气中硫酸盐和氮氧化物的形成、迁移、转化和清除的速率起重要作用。空气中氨浓度的时空分布是评述环境质量的一项重要指标。

空气中微量氨的测定方法主要有分光光度法、检气管法和仪器法。

① 分光光度法　该法是目前国内外测定空气中氨浓度最典型的方法。常用的有靛酚蓝法、纳氏试剂法和亚硝酸盐法，其中以靛酚蓝法为首选方法。美国、苏联均将该法定为标准方法，我国大气中氨浓度的测定也将此法定为标准方法之一。

靛酚蓝法　用 0.5% 硼酸溶液吸收空气中的氨，采样后加入酚及碱性氯酸钠，反应生成靛酚蓝染料，比色测定。反应时加入亚硝基铁氰化钠作催化剂，以加速显色反应。靛酚蓝比色法较纳氏试剂法的灵敏度和选择性略高，呈色较为稳定，但操作要求高，而且显色剂酚具有毒性、腐蚀性大，易氧化，给操作带来麻烦。

纳氏试剂法 氨吸收在稀硫酸中，与纳氏试剂（碘化汞钾的强碱溶液）作用生成黄色化合物，根据颜色深浅比色定量。该方法检出限为 $1\mu g/10mL$。纳氏试剂比色法是我国大气和车间空气中氨浓度测定的标准方法。本方法操作简便，但显色后为不十分稳定的胶体溶液，测定重现性略差。而且纳氏试剂毒性很强，在分析过程中使用大量的汞盐易造成环境污染。该方法不是氨特有的反应，硫化氢和醛类对测定有干扰。

亚硝酸盐法 空气中氨采集在用硫酸处理过的石英砂上，形成硫酸铵，用水将铵盐淋洗下来，以溴化物作催化剂，用次氯酸钠将其氧化成亚硝酸盐，剩余的氧化剂用亚砷酸钠破坏，再用盐酸萘乙二胺法测定亚硝酸盐，根据亚硝酸盐的置换算成氨的量。该方法检出限为 $0.5\mu g/5mL$。该法灵敏度较高，干扰少，但操作较复杂，要求也较严。

② 检气管法 检气管又称气体测定管、气体检测管。

氨检气管是一种填有显色指示粉的细玻璃管，管内的指示粉是吸附硫酸和百里酚蓝的精制硅胶。使用时将管两端封头锯断，让空气按规定速度抽过检气管。这时，检测剂与空气中氨迅速反应，改变检测剂的 pH 值，产生颜色变化，根据检测剂的变色层长度进行定量。测定时，须根据空气中的氨浓度，选用不同规格的检气管。低浓度检气管，检出限度为 0.2×10^{-6}，测定量低浓度为 0.5×10^{-6}，测定最高浓度为 5.0×10^{-6}，抽气量为 1L，检测剂为百里酚蓝、乙醇、硫酸、硅胶，颜色变化为橘黄→灰蓝。高浓度检气管检出限度为 $10mg/m^3$，抽气量为100mL，检测剂为百里酚蓝、硫酸、硅胶，颜色变化为红→黄。检气管具有易于操作，灵敏度高，采气量小，现场操作能迅速获取结果等优点。但准确度欠佳，且酸性和酸性气体有干扰。

③ 仪器分析法 随着现代仪器的迅速发展，新的技术和新的方法不断出现，氨的仪器分析应用也愈来愈广泛。报道较多的有离子选择性电极法、化学发光法、溶液导电率法和红外气体分析法。

离子选择性电极法 离子选择性电极测氨是近些年来迅速发展起来的一种新的分析技术。氨气敏电极是选择性最好的电极之一。1983 年日本将氨气敏电极测定气体中氨含量推荐为标准分析方法。美国国家职业安全卫生研究所还以 0.05mol/L 硫酸浸渍的硅胶吸收空气中氨，然后用氨敏电极测定作为标准方法。

化学发光法 在一定温度和催化剂存在下，氨转化为一氧化氮，与臭氧相遇即被氧化为激发状态的二氧化氮，随即释放能量，以光电倍增管接收。这种方法测定气体混合物中的氨，在英国已获专利。我国崔九思等人研制的仪器及标准氨气体渗透管配制方法，也已得到推广应用。

红外气体分析法 此法是利用氨在光谱红外区域中对光的吸收原理，用非分散红外气体分析计测定气体中所含氨的浓度。该分析计的测定范围，最小为$(0\sim100)\times10^{-6}$，最大为 $0\sim100\%$，可以任意选择。另外，若其他气体对氨的红外吸收强度的干扰可以忽略，或在光学上可以除去这种干扰时，或者预先可以除去干扰成分时，均可采用本法进行连续分析。

溶液导电率法 此法是使气体和吸收液按一定比例接触，将气样中含的氨吸收到吸收液中，测定吸收前后的导电率变化，以此连续测定气体中所含氨的浓度。此法的测量范围，根据气体和吸收液的体积混合比以及吸收液浓度的不同而不同，最小为$(0\sim10)\times10^{-6}$，最大为 $0\sim1\%$，可以任意选择。另外，当共有气体引起的吸收液导电率变化可以忽略时，或者预先能把这种影响除去时，也可用此法进行连续测定。

综上所述，水杨酸-靛酚蓝比色法是一种灵敏度高，选择性好，操作简便的分析方法。

实践证明，该法若与扩散法被动式氨个体监测器结合应用，无疑是一种很有发展前途的测定环境空气中氨的分析技术。

（4）总挥发性有机化合物（TVOC）　总挥发性有机化合物（TVOC）可作为室内空气质量（IAQ）的指示剂，但并不是空气采样中挥发性有机化合物VOCs的总浓度。欧盟室内空气质量联合行动委员会从以下四个方面对TVOC进行定义。

① 仪器设备　用Tenax GC或Tenax TA采样，热解吸/GC/FID或MSD分析。

用非极性色谱柱（极性指数小于10）进行分析，系统对甲苯和2-丁氧基乙醇的检出限（3倍噪声水平）分别为$0.51\mu g/m^3$和$1\mu g/m^3$。

分析程序应包括对室内空气中常见的化合物定性和定量。

② 分析窗　应对保留时间在正己烷和正十六烷之间所有化合物进行分析。

考虑在色谱图中从正己烷到正十六烷之间所有感兴趣的化合物，计算TVOC。

③ 定量　根据单一的校正曲线，对尽可能多的VOCs定量，至少应对10个最高峰进行定量，最后与TVOC一起列出这些化合物的名称和浓度。

④ TVOC的计算　计算已鉴定和定量的挥发性有机化合物的浓度S_{id}。

用甲苯的响应系数计算未鉴定的挥发性有机化合物的浓度S_{un}。

S_{id}与S_{un}之和为TVOC的浓度或TVOC的值。

如果检测到的化合物超出了②中TVOC定义的范围，那么这些信息应该添加到TVOC中。

室内空气中总挥发性有机物（TVOC）的检验采用热解吸/毛细管气相色谱法进行，其原理是：选择合适的吸附剂（Tenax GC或Tenax TA），用吸附管采集一定的空气样品，空气流中的挥发性有机化合物保留在吸附管中；采样后，将吸附管加热，解吸挥发性有机化合物，待测样品随惰性载气进入毛细管气相色谱仪，用保留时间定性、峰高或峰面积定量。

在测试室内TVOC浓度过程中，采样是关键的一步，Tenax吸附管是固体吸附法中最常用的，适用范围广，热稳定性好，可在高温下进行解吸，吸附效率受湿度的影响不大。XAD树脂也是一种不错的有机聚合吸附剂。若采用粒状活性炭吸附，则用二硫化碳洗脱后GC法测定。采用空罐采样法采样时，空罐必须使用化学惰性且不释放挥发性物质的材料制成，而且不吸附（解吸）VOC，一般多采用不锈钢或玻璃制造，样品被收集后先去除水蒸气，再用高分辨度的GC法测定。

（5）氡　目前已报道的氡及衰变产物的测量方法很多，按其测量方式可分为：脉冲电离室法、ZnS（Ag）闪烁室法、静电捕集法、α能谱法、γ能谱法、液体闪烁法以及固体核径迹探测器等。按采样方式可分为瞬时测量和累积测量，累积测量又分为主动测量、被动测量和联合测量等。按测试对象还可分为氡气测量和氡子体测量等。

开展室内氡浓度测量的目的是筛选出高氡浓度的房间，然后采取措施降低里面的氡浓度，要求要快。由于大气中氡浓度随时间与空间变化波动幅度大，与房间通风速率有很大关系，需仔细考虑采样时间；而且采样后其组分还将发生变化，因此对氡的监测与分析较复杂。

在对室内氡浓度的检测中发展了瞬时测量和累积测量的方法。闪烁室法和双滤膜法是两种主要的瞬时测量法。累积测量实际上是采用一种积分式采样探测器，用收集到的数月或一年的累计信息，计算出被测场所季节或年的平均浓度。美国EPA推荐了三种累积测量方法，即径迹蚀刻法、活性炭吸收法和驻极体法。

用活性炭吸附的氡通常用γ能谱仪测定其释放的γ射线来计算氡的浓度，其优点是成本低，对于已有γ能谱仪和液体闪烁仪的单位，只需很少的花费就可以开展工作。径迹蚀刻法可以直接得到被测场所氡的年均浓度，从而避免了由于季节、气象因素等变化所带来的影响。另外径迹检测器还具有灵敏度高、测量结果重现性好、操作简便、价格低廉、测量期间不需要电源、体积小、便于布放和邮寄等优点越来越受到重视，从近年 UNSCEAR 报告发表的室内氡浓度调查结果来看，径迹探测器的应用率逐年提高。

近年来，氡的连续测量技术发展很快，一些操作简单、便于携带、间隔时间短（30～60min）的连续电子测氡仪不断出现，而且已经得到广泛的应用。连续氡浓度探测器可以在测量现场给出被测场所瞬间的氡浓度，并进行自动连续测量。目前使用的连续氡浓度探测器主要有 3 种类型：闪烁室型，半导体探测器型和脉冲电离室型。

第三节　室内空气质量的评价与污染防治

环境质量是关系到人民身心健康与生活质量的重要问题。开展综合环境质量评价，是了解环境质量状况的基本手段，也是加强环境质量管理、切实提高人民居住水平的重要基础。因此，正确评价包括空气质量在内的综合环境质量具有十分重要的意义。

居住区空气质量与居民的生活息息相关，是居住区环境质量的一个重要方面，也是人们最为关心的居住环境问题之一。同时，现代人一天中有 80％以上的时间在室内活动，室内空气容量小，流通条件不如室外，尤其是室内存在的污染成分比较复杂，危害更为严重。因此，开展室内空气质量评价，了解室内环境质量状况，可为改善建筑室内空气质量以及开展室内综合环境质量评价提供科学依据。

一、评价标准

由于室内气态污染物的特点是浓度极低，测定困难，尤其对长期的健康影响现在尚无完整的资料能为制定标准提供依据，因此极限浓度的标准控制已从避免危害健康的基点上转变到可接受购基点上。因而评价标准目前均采用主观评价和客观评价两种方法相结合来进行室内环境评价。

客观评价一般先认定评价指标，再进行实验分析测定。对所取得的大量实验测定数据进行数理统计，求得具有科学性和代表性的统计值。常用的统计方法有平均大气质量指数法、综合大气质量指数法和大气质量超标指数法等。

主观评价的常用方法有培养专人进行感官分析，也有采用对大量人群进行调查的方法。调查表采用选择法对各种感觉程度进行量化，为提高置信度有时还对被调查人的背景资料进行调查以排除影响因素。一般调查的结果用百分法进行统计归纳得出规律性。

二、国外现有的评价方法

1. olf-decipol 定量空气污染指标

丹麦哥本哈根大学 Fanger 教授针对室内空气污染物浓度极低并且成分复杂等特点提出用感官法定量描述污染程度。该方法定义：1 olf 表示一个"标准人"的污染物散发量，其他污染源也可用它来定量；1 decipol 表示用 10L/s 未污染的空气稀释 1 olf 污染后所获得的室内空气质量。即 olf 是污染源强度的单位，而 decipol 是空气污染程度的单位。同时，Fanger 教授又提出"室内空气质量是人们满意程度的反映"，这一定义也进一步突出了主观评价的重要性。

2. 美国供暖、 制冷和空调工程师学会评价法

美国供暖、制冷和空调工程师学会新修订的标准 ASHRAE62—1989，对合格的室内空气质量作了新定义，定义为"室内空气中已知的污染物浓度，没有达到公认权威机构所确定的有害浓度指标，并处于该空气中绝大多数人没有表示不满意"。这一定义体现了把客观评价和主观评价相结合的评价标准。该标准还对主观评价作了具体规定，要求有一组至少包括20 位未经训练的评述者，在有代表性的环境下有 80％ 的人认为室内空气完全可以接受，这种空气才被认为是合格的。

3. 线性可视模拟比例尺

线性可视模拟比例尺（linear visual analogous rating scales，LVARS）是一类定量测量人体感觉器官对外界环境因素反应强度的测量手段或方法，近几年来常被国际学者用于评价因室内装饰材料产生的甲醛及挥发性有机物（VOCs）污染，是一类较为灵敏的人体健康指标。

4. 用 decibel 概念评价室内空气质量

捷克布拉格技术大学 Jokl 提出来用 decibel 概念来评价室内空气质量。分贝是声音强度单位，将人对声音的感觉与刺激强度之间的定量关系用对数函数来表达，这同样可用于对建筑物室内空气质量中异味强度和感觉的评价方法。Jokl 用一种新的 dB（odor）单位衡量对室内总挥发性有机物（TVOC）的浓度改变引起的人体感觉的变化。

三、我国室内空气质量评价研究的现状

目前我国尚未正式建立对室内空气质量的评价体系和统一标准。采用《室内空气质量标准》所规定的污染物上限值来判断污染物的浓度是否合格，这种评价方法往往不能正确地对室内空气品质进行综合判断。因此，在这方面的研究工作为建立客观、公正的评价提供了较为合理的评价方法。

1. 室内温度评价

室内温度评价国内外均有许多卓有成效的研究，目前仍方兴未艾。一般受到公认的是 P. O. Fanger 教授提出的 PMV 和 PPD 方法。但该方法涉及参数多，计算复杂繁琐，不便于普及。居住区空气质量评价方法，应简明实用，便于推广。基于这样的考虑，彭绪亚等人选取对热环境影响最直接的室内气温（干球温度）作评价室内温度的指标，并参考国内外相关资料选取评价标准值。室内热环境评价指标及标准见表 20.7。

表 20.7　室内热环境评价指标及标准

项目		评 价 标 准			
室内温度	夏季	22～25	25～28	28～30	≥30
t/℃	冬季	18～22	16～18	16～14	14～12
舒适程度		优	良	中	差

2. 厨房空气评价

家庭最严重的污染区是厨房，通常人家烹调、取暖主要的燃料是煤和煤气，煤炉每燃烧 100kg 煤会产生 3kg 左右 CO，5kg 左右的 CO_2 等多种有害气体。关着门窗做饭 30min，仅 CO 的质量浓度就从开始燃烧的 $21mg/m^3$，迅速上升到 $50～80mg/m^3$。厨房空气污染在良好的通风状况下可以保持在较低水平，可用厨房的通风换气次数作为评价厨房空气质量的指标。当通风换气次数为大于 10、6～10、2～6 和小于 2 时，厨房的空气质量分别为优、良、中和差。

3. 居室空气质量评价

化工产品所释放出来的甲醛和由于建筑材料的辐射性所释放出来的氡气是影响居室中空气质量的主要因素。室内空气中的甲醛与氡气的质量浓度是一个综合性指标，它既可以作为室内气味或其他有害物质污染程度的指标，同时也是室内通风状况的反映。甲醛的质量浓度对居室中空气质量的影响见表 20.8。

表 20.8　甲醛质量浓度对居室空气质量的影响

温度/℃	ρ(甲醛)/(mg/m³)	空气质量	温度/℃	ρ(甲醛)/(mg/m³)	空气质量
10	0.168	优	55	0.158	优
18	0.281	良	65	0.224	良
26	0.412	中	75	0.282	中
34	0.510	差	85	0.310	差

鉴于室内甲醛污染的潜在危害，各国已纷纷制定室内标准，一般国际上制定的室内甲醛质量浓度标准为 0.1~0.5mg/m³，我国对居室内甲醛浓度制定的标准为 0.10mg/m³。当氡气的质量浓度分别为小于 54Bq/m³，54~90Bq/m³，90~186Bq/m³，大于 186Bq/m³ 时，其空气质量分别为优、良、中和差。国际上对居民住宅氡的最大允许质量浓度通常为 70~400Bq/m³，我国室内氡的制定标准为 400Bq/m³。

四、室内空气质量评价模式

室内空气质量往往同时受到若干种污染物的共同作用，必须综合考虑这些污染物的影响。对于室外大气环境质量的评价，国内外都有许多成功的方法与模式。而对于室内空气质量，目前尚没有统一的评价模式。彭绪亚等人在深入分析各种评价模式的基础上，结合室内空气质量评价的特点，选用上海医科大学姚志麟教授提出的空气质量指数法作为室内空气的评价模式。该方法的数学表达式为：

$$I=\sqrt{\max\left[\frac{C_1}{S_1},\frac{C_2}{S_2},\cdots\frac{C_i}{S_i}\right]\left[\frac{1}{k}\prod_{i=1}^{k}\frac{C_i}{S_i}\right]}$$

式中，I 为空气质量指数；C_i 为第 i 种污染物浓度；S_i 为第 i 种污染物的评价标准值；k 为污染物个数。

由此可以看到室内空气质量可以由空气质量指数 I，室内温度和厨房通风换气次数以及室内的甲醛和氡的质量浓度来综合反映，其评价等级见表 20.9。

表 20.9　室内空气质量综合评价等级

室内空气质量指数	室内温度/℃		厨房换气次数/(次/d)	ρ(甲醛)/(mg/m³)	ρ(氡)/(Bq/m³)	评价等级
	夏	冬				
<0.5	20~24	19~21	>10	0.168	<54	优
0.5~1.0	24~26	17~19	6~10	0.281	54~90	良
1.0~1.5	26~28	15~17	2~6	0.412	90~186	中
>1.5	>28	<15	<2	0.510	>186	差

综合反映室内空气质量是一个崭新的领域，还有许多工作要作，室内空气质量评价体系及评价方法的进一步完善与提高，将为改善室内空气质量提供科学的依据。

五、室内空气质量污染的防治

随着人们对生活质量的要求不断提高，对室内装饰装修的追求也随之提高。因此在现代建筑工程中，特别是精装工程中，建筑装饰装修材料的使用越来越普遍。市场上室内建筑装饰装修材料的种类也不断增多。豪华的室内装饰装修一方面改善了室内环境的视觉效果，另一方面却往往带来了室内空气质量的恶化。因此为了保证装修后室内环境质量符合国家标准，顺利通过工程验收，对建筑装饰装修材料的质量要求与控制显得尤为重要。GB 50325—2010中对影响室内环境的主要装饰装修材料的相关指标进行了限量控制。GB 18580～18588系列标准也对各种室内装饰装修材料的有害物质提出了限量要求及相应的检测方法。这些标准和评价体系的出台无疑对控制室内空气污染起到了很好的预防作用，然而现实情况是，有些装饰装修材料及家具即使是合格产品，仍然对室内的空气产生污染，装修后仍存在空气质量超标的现象。原因主要是装饰装修材料使用不当及现在的国标检测方法与现实使用条件差距较大，标准状态下单一材料检测结果并不能完全反映装修后乃至放置家具后室内整体的有害物质释放量。因此进行室内空气污染的防治仍旧是目前急需解决的问题。

1. 建立健全室内空气污染防治的法律和标准体系

现行的关于室内空气污染防治的法律法规，主要是法律的原则性、一般性规定和针对室内空气污染物的具体标准。缺乏室内空气污染防治的针对性的法律规范。尽管目前我国已初步形成了室内空气质量控制标准体系，但不同的标准之间仍存在协调性不好的问题。如材料污染物控制标准与室内空气质量限量标准之间指标之间的关联性不足，室内空气质量检测方法标准与室内空气限量标准之间检测条件、设备、方法等规定不一的问题，卫生标准与验收标准之间、不同行业标准之间都存在协调性的问题。因此需要对目前的标准体系进行梳理、整理、修订、补充，增强标准之间的协调性、关联性，真正建立室内空气污染预防与控制标准体系。

2. 改变思想观念，避免过度装修

要预防家庭装修过程中的室内空气污染，首先要从源头上加以控制。采用符合国家标准的、污染少的装修材料，是降低室内有毒有害气体含量的有效措施。如，选用符合环境指标要求的涂料和胶黏剂、无污染或少污染的水性材料，能够大大降低室内空气中苯的含量。购买和使用经过专门烘烤处理的木材类产品，则可有效减少甲醛的释放量。家庭居室装修应以实用、简约为主，过度装修容易导致污染的叠加效应。如，部分消费者给新居铺设实木地板时，还要在下面加铺一层细木工板，目的是使地板更加平整，踩踏时的脚感更好。但从环保角度考虑，这种过度装修其实没有必要，一旦铺垫在下层的细木工板存在质量问题，甲醛等有毒有害气体会透过上层实木地板向外扩散、释放。

3. 规范室内空气质量治理行业

一旦室内空气污染物超标，进行空气质量治理是常用的方法。室内空气治理是通过物理、化学、生物或复合的方法降低室内空气污染物浓度，使其到达相关标准要求的措施。目前室内空气治理的方法主要有物理吸附法、化学分解、生物分解、空气置换等。近年来，室内空气治理行业火速发展，相关的产品有空气净化活性炭、活性炭雕、光触媒、空气净化器、硅藻泥涂料、室内新风系统等。目前国家和相关行业也出台了一些标准，如《室内空气净化产品净化性能测定方法》(QB/T 2761—2006)、《室内空气净化功能涂覆材料净化性能》(JC/T 1074—2008)、《空气净化器》(GB/T 18801—2008)、《室内空气净化吸附材料净化性能》(JC/T 2188—2013)等。这些标准对于规范相关产品的性能指标起到了一定的引导作用。然而对于室内空气治理过程中的作业流程、验收规范、从业人员、企业资质等方面尚缺乏相关的规范和标准。

参考文献

[1] 徐至钧.住宅室内装修应忌建材的污染.住宅科技,1999,4:25.

[2] 洪鸿.关注家庭隐形杀手--谨防装饰材料对人体的危害.医药与保健,2001,11:4.

[3] 程海丽,姜德民,高振林.开发绿色建材-改善室内空气质量.建筑技术开发,2002,29(5):51.

[4] 于尔捷,姜安玺,徐江兴,刘京.室内空气质量的研究现状及展望.哈尔滨建筑大学学报,1995,28(6):139.

[5] Srivastavau P K,Pandit G G,Sharma S, Mohan Rao A M. Volatile organic compounds in indoor environments in Mumbai. India, The Science of the Total Environment, 2000, 255:161-168.

[6] 陈宗瑜.居住环境与室内空气污染,云南农业大学学报,1999,14(4):432.

[7] 曹杰.建筑材料与室内空气污染,山西建筑,2002,28(3):91.

[8] Brad Bass.,Vanita Economou,Christina K. K. Lee, Trudy Perks,Suzanne A. Smith and Queenie Yip, The inreraction between physical and social-psychological factors in indoor environmental health. Environmental Monitoring and Assessment, 2003, 85:199-219.

[9] Jones A P. Indoor air quality and health. Atmospheric Environment, 1999, 33:4535-4564.

[10] 伊冰.室内空气污染与健康.国外医学卫生学分册,2001,28(3):167.

[11] 北京新材料发展中心,北京科技大学编译.2000年悉尼奥运会空气质量控制指南(节选).新材料产业,2002,7:31-35.

[12] Peder Wolko, Gunnar D. Nielsen. Organic compounds in indoor air-their relevance for perceived indoor air quality. Atmospheric Environment, 2001, 35:4407-4417.

[13] 黄玉凯.室内空气污染的来源、危害及控制.现代科学仪器,2002,4:39.

[14] 程希,羌宁,李学李.室内空气采样及几种重要污染物的监测分析方法探讨.四川环境,2001,20(4):23-25.

[15] 彭绪亚,方俊华,张智.住居区空气质量评价方法的研究.重庆环境科学,1998,20(3):43.

[16] 黄晓鸾.居住区环境设计.北京:中国建筑工业出版社,1994.

[17] Venlilation for acceptable indoor air quality. ASHRAE. Standard 62, l989..

[18] 杨旭,等.线性可视模拟比例尺在评价室内空气质量中的应用.中国环境卫生,1999,2(1):23.

[19] Jokl M V. Evaluation or indoor air quality using the decibel concept. International J of Environ. Health Research, 1997, 7(4).

[20] 姚润明等.通风降温建筑室内热环境模拟及热舒适研究.暖通空调,1997,(6):5.

[21] 建设部城市建设研究院.2000年小康型城乡住宅科技产业工程——居住区环境质量标准(审查稿),1996,6.

[22] 付祥钊.长江流域住宅冬季热环境质量.住宅科技,1993(3):10.

[23] 胡一毅.居室污染.化学教育,1994,15(4):1.

[24] 陈淑怡,陈桂贻,汤利民.环境空气中的氨的采集与测定方法进展.中国卫生检验杂志,1998,8(6):382-384.

[25] 王小逸.室内空气监测方法与应用.北京:中国环境科学出版社,2006.

[26] 中国建筑材料检验认证中心组.装饰装修材料中有害物质检测技术.北京:中国计量出版社,2008.

[27] 王炳强.室内环境检测技术.北京:化学工业出版社,2005.

第二十一章
绿色建材的应用

本章重点介绍了绿色建材的分类及特点、绿色建材的选用导则和绿色建材在预制装配式混凝土结构建筑、轻钢板式复合结构建筑、木结构建筑中的应用实例。

第一节　绿色建材的分类及特点

本节在简要介绍传统建筑材料分类的基础上，重点介绍了绿色建材的建筑应用分类、绿色建材如何适应建筑工程的应用与选择以及绿色建材与建筑工程的关联性及导向性。

一、建筑材料的分类及特点

1. 传统建材的分类及特点

传统建筑材料的分类基本上是按照其在建筑物中所发挥的实用功能来进行，分为结构材料、装饰材料和某些专用材料等。结构材料包含了钢材、水泥、混凝土、木材、竹材、石材、砖瓦、玻璃、陶瓷、工程塑料、新型复合材料等。装饰材料则包含了涂料、油漆、装饰贴面材料、瓷砖、特殊玻璃等。专用材料大致包含了防水、防潮、防火、阻燃、隔声、隔热、保温、密封等。这种分类方法较为笼统，很少考虑材料的具体功能性指标，已经难以满足对绿色建材的选用要求，也不利于绿色建材的使用和推广。

2. 新型建材的分类及特点

新型建材主要包括新型墙体材料、保温隔热材料、防水密封材料和装饰装修材料等四大类。

（1）新型墙体材料及其特点　新型墙体材料一般指采用混凝土、水泥、砂等硅酸质材料，有的再掺加部分粉煤灰、煤矸石、炉渣等工业废料或建筑垃圾等，经过压制或烧结、蒸压等制成的非黏土砖、建筑砌块及建筑板材，通常具有保温、隔热、轻质、高强、节土、节能、利废、保护环境、改善建筑功能和增加房屋使用面积等一系列优点，其中相当一部分品种属于绿色建材。墙体材料具有承重、分隔、遮阳、避雨、挡风、绝热、隔声、吸声和隔断光线等功能作用，是建筑工程中量大面广的大宗建材。新型墙体材料的主要特点包括以下8个方面。

① 节约或少量使用天然原材料，特别是不可再生资源，如水泥、石灰、石膏、黏土等；

② 大量利用工业废渣（如煤矸石、粉煤灰、炉渣等）代替部分或全部天然资源；

③ 尽量使用具有潜在水硬性的工业废渣代替部分水泥等胶凝材料；

④ 生产过程中尽可能地节约能源如煤、电、天然气、油料等，尽可能少排放或不排放

627

有害的废渣、废气、废水等；

⑤ 产品具有较高的质量、较好的多功能性和长期的使用寿命；

⑥ 产品的施工性好、施工便捷、施工效率高、施工劳动强度低、施工技术成熟、施工配套机具齐全、施工质量可得到保证；

⑦ 外墙采用复合保温技术，在长期的使用过程中起到节能降耗的作用；

⑧ 产品使用寿命终结后可循环利用或废弃产品可加工回收利用等。

经过多年的应用和发展，新型墙体材料房屋建筑体系的发展依然缓慢，主要存在以下问题。

① 新型墙材建筑体系比传统的砖混造价高，一次性投资大；

② 某些新型墙体材料的应用（设计、施工、验收等）标准尚不够完善，有些产品规格与旧有建筑体系不匹配，影响了新型墙体材料的推广应用；

③ 某些新型墙材产品应用技术尚未完全掌握，产品配套供应、配套设计、配套应用等不够完善，致使大面积推广困难重重。

为加快新型墙体材料的发展，今后的工作重点应包括：

① 空心砖的发展重点是利用废渣的高掺加量、高孔洞率、高保温性能、高强度的承重多孔砖、外墙饰面的清水墙砖；

② 混凝土砌块的发展重点是双排孔或多排孔的保温承重砌块、外墙饰面砌块；

③ 轻型板材的发展重点是机械化（挤压式）生产的轻质多孔条板、外墙复合保温板或带饰面的装配式板材，并配合建设部门推广应用轻钢结构体系以发展各种装配式条板；

④ 围绕主导产品，形成规模化生产。研发规模化生产线，降低生产成本，促进产品应用。

（2）新型保温隔热材料及其特点　新型保温隔热材料是主要服务于建筑物的保温隔热的功能性要求，以提高建筑物的保温隔热性能。保温隔热材料的用途广泛，不但应用于建筑工程的屋面或墙体保温，还在工业设备、工业管线、储藏空间等领域得到广泛应用。近年来，各种新型保温隔热材料层出不穷，使建筑物的保温隔热性得到显著提高。

目前，建筑领域采用的有机保温材料主要包括聚苯板（EPS）、挤塑板（XPS）和聚氨酯（PU）三种，其最大的优点是质轻、保温、隔热性好。最大的缺点是防火安全性差、易老化、易燃烧。聚苯板（EPS）、挤塑板（XPS）因价格低廉而被广泛应用，聚氨酯（PU）在热导率、施工性能及燃烧性能等方面略胜一筹。由于外墙保温材料的行业标准尚不健全，生产技术门槛不高，生产厂家众多，生产管理上存在漏洞，政府监管很难到位，从而造成有些产品达不到建筑消防设计要求，耐火等级和耐火极限也达不到国家的规范标准，产品推向市场后为建筑火灾事故埋下安全隐患。

无机保温材料是以无机类的轻质保温颗粒作为轻集料、加由胶凝材料、抗裂添加剂及其他填充料等组成的一种新型绿色建材产品，主要包括玻化微珠珍珠岩、玻化微珠，膨胀珍珠岩、闭孔珍珠岩、岩棉、发泡混凝土、复合硅酸镁铝等。

无机保温材料具有节能利废、保温隔热、防火、防冻、变形系数小、抗老化、性能稳定、与墙基层和抹面层结合较好、安全稳固性好、保温层强度及耐久性能高、使用寿命长、施工难度小、工程成本较低、生态环保性好、可以循环再利用以及低廉的价格等特点，市场需求广泛，但容重稍大、保温热效率稍差等，而在应用上受到一些影响。

（3）新型防水密封材料及其特点　新型防水密封材料主要有合成高分子防水卷材、高聚物改性沥青防水卷材以及防水涂料、防水密封材料、堵漏材料、刚性防水材料等。

新型建筑防水密封材料是相对传统石油沥青油毡及其辅助材料等传统建筑材料而言的，主要体现在两个方面，一是材料"新"，二是施工工艺"新"。

改善传统建筑防水材料的性能指标和提高其防水功能，使传统防水材料成为防水"新"材料是一条行之有效的途径。例如，对沥青进行催化氧化处理，使得沥青的低温冷脆性能得到根本改变而变成优质氧化沥青，使纸胎沥青油毡的性能得到了很大提高，在此基础上使用玻璃布胎和玻璃纤维胎代替纸胎，又进一步克服了纸胎强度低、伸长率差、吸油率低等缺点，极大提高了沥青油毡的品质。依照《地下防水工程质量验收规范》（GB 50208—2011），刚性（复合）防水技术主要是由防水砂浆和防水混凝土复合而成的刚性防水系统，采用可提高水泥凝胶密实性的特种外加剂材料，具有减少收缩、控制开裂和良好的抗渗性能，从而减少变形缝或后浇带的设置，满足工程防水且与结构寿命相同。在改善传统建筑防水材料的性能指标和提高其防水功能的同时，为了尽快改善我国防水工程的现状，政府部门制定了发展、推广、应用建筑防水新材料和防水施工新技术的政策法规。在《建筑技术政策》中提出要"改善沥青防水材料与防水涂料质量，发展中、高档防水卷材、涂料以及防水嵌缝密封材料，重点开发防水、防火、隔热材料新品种，全面开展应用技术的研究开发工作，建立和制定产品系列、标准与应用规程，为我国建筑防水新材料的研制提出了开发目标"。目前，这些目标已得到逐步实现。经过多年的发展，大批种类繁多、门类齐全的新型防水材料已先后得到开发和陆续应用。

（4）新型装饰装修材料及其特点　随着人民生活水平的提高，对建筑装饰材料的要求也多种多样，进而促进了我国建筑装饰材料产业的迅速发展。建筑装饰行业已经成为社会发展中的一个新兴行业。建筑装饰业的快速发展又促进了建筑装饰材料的消费需求。目前，装饰材料还远远不能满足社会的发展要求，发展空间较大。对建筑装饰材料除了"绿色""环保"与可持续发展的理念外，对新型建筑装饰材料的自身特性也有了新的要求。例如，更多的体现个性和亲和力、方便、实用、自然、协调的有机统一；由传统模式向生态模式的转变；从单功能材料向多功能材料的转变；从以手工的现场操作为主要生产方式向制品化、部品化方式的转变等。

另外，还可按照原材料及建筑使用目标对新型建材进行分类。

① 按主要原材料分类　可分为新型无机建筑材料、新型有机建筑材料及新型金属建筑材料三类。

新型无机建筑材料包括玻璃马赛克、陶瓷类装饰材料、功能性玻璃、加气混凝土、轻集料混凝土及无机保温材料等。新型有机建筑材料包括建筑涂料、建筑胶黏剂、塑料门窗、壁纸、塑料地板、地毯及有机保温材料等。新型金属建筑材料包括铝合金门窗、金属墙板，建筑五金及新型金属结构材料等。

② 按建筑使用目标分类　可分为新型墙体材料、新型建筑防水材料、新型建筑功能性材料、新型建筑地面装饰材料、新型建筑墙面装饰材料及新型混凝土外加剂等六类。

新型墙体材料包括承重墙体材料及非承重墙体材料。通常按照外观可进一步分为板、块、砖三大类。板又可分为条板、薄板与复合板，砌块又可分为空心砌块和实心砌块，砖有实心砖和空心砖等。新型建筑防水材料包括建筑屋面、墙面、地下空间的防水材料等。新型建筑功能性材料包括吸声、隔声、保温、可呼吸材料等。新型建筑地面装饰材料包括新型地砖、陶瓷薄板、新型地面块材等。新型建筑墙面装饰材料包括功能性涂料、陶瓷薄板、新型装饰墙板、人造石材等。新型混凝土外加剂包括减水剂、早强剂、防水剂等。

二、绿色建材的建筑应用分类

1. 按建筑应用需求的建材产品分类

按照建筑材料在建筑物中的主要用途，可以分为结构性材料和功能性材料两大类。

结构性材料主要应用于建筑物基础和结构部分，也包括部分装饰工程的支撑骨架所用的结构材料等。功能性材料主要包括建筑屋面的防水保温材料、墙体的保温材料、工程安装中的防水隔声材料以及室内装饰材料等。

2. 绿色建材产品的市场需求定位

建筑材料的市场需求定位包括功能定位和目标市场定位两大部分。

功能定位是指产品的用途，如彩板可广泛用于金属屋面、隔声室、建筑企业工地临时办公室、仓库等方面。

目标市场定位是指产品的代表作用，即在各个品种中选择一个或几个品种作为重点推广产品，该产品最能代表制造者的实力、产品的品质以及公司的理念。目标市场定位包括市场地域的选择及目标客户群体的定位。对大多数工程建材企业而言，工程建材物流成本高的特点使市场地域的选择尤为重要，盲目开拓市场，往往难以收到好的效果。有些城市虽然偏远，但有优势的营销资源，就可能销得很好。因此，首先要有针对性地进行市场地域选择。目标客户群体的定位对一般消费者和工业品而言是必要的，市场经济是竞争经济，选择适合自身情况的目标客户群体就能赢得稳定的客户群体。工程建材企业同样也需要进行目标客户群体的定位。

3. 绿色建材产品的分类准则

① 按照产品结构、规格、质量和检验方法所进行的分类，称为产品标准。我国现行的标准分为国家标准、行业标准、地方标准和经备案的企业标准。

② 按照产品性能指标进行分类。如保温材料可以按照防火性能分级进行分类，防水材料按照防水等级分类，钢材按照强度的指标分类等。

③ 按照绿色建材的分类标准进行分类，可分为基本型、节能型、循环型、健康型等。

基本型是指满足使用性能要求且对人体无害的材料，这是对绿色建材的最基本要求。在其生产及配制过程中不得超标使用对人体有害的化学物质，产品中也不能含有过量的有害物质，如甲醛、氨气、VOC 等。

节能型是指采用低能耗的制造工艺。如采用免烧低温合成以及降低热损失、提高热效率、充分利用原料等新工艺新技术和新设备、产品能够大幅度节约能源等。如节能 20% 以上的保温材料等。

循环型是指制造和使用过程中利用新工艺、新技术，大量使用尾矿、废渣、污泥、垃圾等废弃物，以达到循环利用的目的。如用下水道污泥制造生态水泥，做到变废为宝，降低了对环境的污染。

健康型是指产品的设计是以改善生活环境提高生活质量为宗旨，产品为对人体健康有利的非接触性物质。例如具有抗菌、防霉、除臭、隔热、调温、调湿、消磁、防射线、抗静电、产生负离子等功能。

三、绿色建材如何适应建筑工程的应用与选择

1. 传统建材产品的转型

整体而言，全球建材工业呈现三大发展趋势：一是具有特殊优势的传统材料随着建筑业的发展其用量增加、发展较快；二是一些传统建材创新提升、加快更新换代；三是多功能新型材料的发展步伐加快。在我国，随着房地产建设市场的发展，对建材的需求快速增加，导致传统建材产品产能迅速扩张。但随着生产方式的转变，尤其是环境压力的增大和建筑市场的渐趋饱和，传统建材企业的转型和升级显得尤为重要。

总体来讲，我国主要建材产品与世界先进水平还有一定的差距，主要表现为科技创新能力不强、技术研发人才缺乏、基础理论研究趋向弱化、高端技术创新缺乏理论支撑，科技研

发资源分散、行业共性关键技术缺乏联手合作平台，产品标准的滞后，知识产权保护尚缺足够的法律保障等。

我国传统建材产业应以节能减排为主线，在规模化生产的同时，加大节能技术改造的研发和应用、淘汰落后产能、加大科技创新投入和技改投入，尽快实现传统建筑材料的转型升级。与此同时，要加大对传统建材的生态化路径研究，实现循环利用和废物利用，提升传统建材的生态化科技含量，实现传统建材的可持续发展。

2. 建材产品的创新与应用

建材行业的转型升级将驱动新兴产业及加工制造业的高速发展。以 2010 年的数据为基准，到 2020 年，建材新兴产业及加工制造业的工业增加值达到总量的 50%，单位增加值能源消耗、二氧化碳排放量、氮氧化物排放量降低 40% 左右，二氧化硫排放量降低 20% 以上，劳动生产率比翻一番以上，实现建材工业结构调整和转型升级的阶段目标，使行业转入正常发展期。为此，应重点做好几项工作，一是突破关键制造技术瓶颈，实现从中国制造向中国创造的跨越，形成从成本优势到技术领先的国际竞争优势。以工业装备的"4.0"版本升级换代，加快推进技术装备的研发进程，以创新研发为牵引，带动其他产业的技术提升和转型升级。以中国创造、智能制造为引领的绿色、环保、安全、高效制造技术与装备的创新路线图，实现我国建材工业主要产业的转型升级，并在技术与装备的关键领域实现超越和引领。二是要实现关键节能减排技术瓶颈的突破，加快建材工业向绿色节能环保产业转型。三是加快推进新兴产业发展，形成具有国际竞争优势的高新材料产业，为建筑领域的调整结构、转型升级提供支撑。四是要强化新型建材应用领域的创新能力，以应用促发展，以应用促研发，以应用促市场。五是在新材料的应用标准编制、规划、设计、构造、验评等环节加大推广力度，通过各类研讨、奖励、税收、传媒等方面加大支持和扶持，促进新型材料的快速发展。

3. 绿色建材的应用选择与发展趋势

在绿色建材的应用选择及发展趋势层面，具有以下几个特点。

（1）节约自然资源型新型建材　环境保护的压力是人类自身发展绿色环保建材必然要面对的现实，各国都在积极探讨，寻求有效的解决办法。这其中，发展健康建材和有效利用工业废渣是两条主要的途径。新型建材中的许多装饰材料产品，如人造板、建筑涂料、塑料地板、塑料壁纸、密封膏等，在生产和使用过程中，释放出有毒的甲醛、挥发性有机物等，造成空气污染，影响人体健康。这些材料不符合绿色环保建材的标准，应当停止生产或减少产量，需要开发其他新型的健康建材取而代之。利用工业废渣可发展新型墙体材料，利用煤渣、炉渣、煤矸石、粉煤灰等可以制作砖或砖块。粉煤灰可用于加气混凝土、轻质墙板的生产。磷石膏、氟石膏、脱硫石膏可作为原料制造石膏板、石膏砌块；水淬渣可用于生产混凝土砌块、石膏砌块。利用工业废渣生产新型墙体材料不仅减少了污染和资源浪费，而且能收到很好的经济效益，是一条可持续发展的正确路径。

（2）能源节约型新型建材　在生产过程中，新型建材注重节能减排，同时由于其优越的性能，进一步促进了建筑物的节能减排，这是全球环境保护的必然要求，得到各国政府的大力支持和鼓励。随着我国房地产开发市场的转变，房地产市场的走势已明显分化，生态型环保住宅将成为下一步人居科技的发展方向，作为建筑物的基本原料，建材市场的争夺会愈加激烈，随着社会的发展和工业水平的提高，企业绿色建材在方向上开始寻求创新产品。对于绿色建材行业未来的发展走势，市场将做出明确的选择。这将有利于建材行业长远、健康地延续发展。

（3）环境友好型新型建材　随着新型城镇化战略的推出和落实，量大面广的城乡建筑需要更新改造，更为迫切的是，城乡原有的大量民居建筑，无论是在居住安全性和舒适性等方面，确有改造的必要和需求，新型城镇化建设必将成为我国建筑业发展的主战场。因此，结合新型城镇化建设的发展步伐，推进新型建材在广大民居建设中的应用，保护既有的绿水青山，会有事半功倍之效。

新型建材的发展趋势是"低碳""环保"。哥本哈根会议以后，"低碳""环保"已经成为建材行业的发展趋势。

四、绿色建材与建筑工程的关联性及导向性

1. 绿色建材依赖建筑工程的应用

首先，要对绿色建材实现科学分类和标准化管理，实现材料选用的便利性。其次，是产品的可选性，有足够完备的产品性能的要求和比选，使得建筑材料的采购商和建筑技术人员可以选择到最适合自己的绿色建材应用于建设工程，从而使得建筑物的功能更加完备，居住更加安全舒适，建筑对环境更加友好，实现生态人居的发展目标。

建材企业或建材行业，应完善售后服务体系，为社会提供完备的应用服务，无论是售前的产品介绍，还是事中的技术支持，乃至售后的跟踪服务，应该使得社会在完善的服务中，加大对新型材料的认知，进而得到社会的认可与应用。

在产品性能方面，无论是结构性能，还是功能性指标、耐候性、使用寿命期间的材料性能变化都应具有确定的材料可靠性，以确保用户的使用安全和舒适性要求。

2. 绿色建材支撑着绿色建筑工程的实施

随着我国房地产市场的发展和转型，传统建筑市场已然走到了尽头。如何为社会提供满足安全、舒适、环保、具有个性的建筑产品必将成为房地产企业乃至全社会的必然选择。没有足够的绿色建材支撑，绿色建筑工程建设注定是一句空话。只有完备的绿色建材的全力支撑，绿色建筑才能完美实现。

3. 绿色建材对绿色建筑的导向作用

按照绿色建筑的建设目标和客户的个性需求，按照个性化要求的原则建设住宅，必定会成为下一步房地产市场的发展主流。房地产市场已经由短缺型的卖方市场变更成为需求改善型的相对饱和的买方市场。因此，合理的选用绿色建材，调整和修正建筑工程的性能，为满足买受人的个性需求提供了可能，从而激活住房市场，促进建筑市场的升级换代。

4. 绿色建材增加绿色建筑的节能功效和特色

由于绿色建材的研发和发展就是以改善建筑材料的功能性为主要方向，同时又要满足节能、环保、节材、减排等一系列要求，选用绿色建材建设的建筑物很自然地就会在建筑功能和建筑特色方面具有最大的可能性实现上述目标。

5. 绿色建材与建筑工程的衔接方式

要做好绿色建材与建筑工程的衔接，为绿色建筑发展提供安全环保节能的绿色建材支撑，适当提高建筑材料耐久性，推动绿色建材及制品的产业多元发展。

结合绿色建筑、建筑节能、旧城改造、安居工程、新农村建设、防灾减灾及灾后重建等专项工作，以节能门窗、节能墙体、节能屋面系统为重点，生产并推广使用低辐射镀膜中空/真空玻璃制品等建筑节能玻璃、外墙用防火保温材料、阻燃隔热防水材料、轻质节能墙体材料、环保型装饰装修材料等绿色建筑材料及制品，以及新型抗震节能集成房屋。这都将有效地支撑绿色建筑的实施与发展。

绿色建材与建筑工程的衔接，要求与绿色建筑的绿色理念和绿色要求具有一致性和互补性，应达到和提高绿色建筑工程的功能目标，并要在满足不断发展的建筑工程集成化、工厂化要求的同时，以延伸绿色建材成品服务链和产业链进行简易化分类，满足建筑工程对绿色建材及其部品构件的需

求清晰化。依照建筑工程集成化、工厂化的主导方向，提出绿色建材和部品构建的发展目标。

第二节　绿色建材的选用导则和方法

一、绿色建材选用导则

随着生态文明社会的发展，节约资源、节约能源、减少排放和循环经济已成为工业发展的基本要求。我国作为以传统建材产品为主的生产和消费大国，同时也是城乡建设规模宏大的发展中国家，正在对传统建材进行生产工艺技术与产品性能质量的改进。目前，建材市场品种繁多，进入市场的水泥、玻璃、陶瓷等传统工业产品的质量也有较大差异，如何识别和选择绿色建材，除了达到产品标准，满足设计要求外，提出以下几个原则要求。

1. 节约资源

① 选用生产过程中单位产品综合资源消耗量低的建材产品；

② 选用不破坏或占用耕地的建材产品；

③ 选用耐久性好、长寿命的建材产品；

④ 尽可能选用可回收再用或再生的建材产品；

⑤ 尽可能选用以废弃物为原料生产的建材产品；

⑥ 尽可能选用利用率高、施工现场边角废料产生量少的建材产品。

2. 节约能源

① 选用生产过程中单位产品综合能耗低的建材产品；

② 选用可以有效降低建筑运行能耗的建材产品；

③ 尽可能选用应用可循环再生的清洁能源进行生产的建材产品；

④ 尽可能选用本地化生产的建材产品。

3. 保护生态环境

① 选用在建材产品全生命周期内对生态环境不利影响小的建材产品；

② 选用具有改善环境的生态功能性建材产品。

4. 健康安全

① 选用在全生命周期内对人体健康无害的建材产品；

② 选用对人体健康有利的生态功能性建材产品；

③ 选用对其他生物健康威胁小的建材产品。

5. 构造可靠、施工简单

① 选用构造做法可靠的建材产品；

② 尽可能选用施工工艺简单的建材产品。

6. 工厂化程度高

选用工厂化程度高的建材产品。

7. 经济适用

尽可能选用价格适中的建材产品。

二、绿色建材选用方法

1. 绿色建材建筑工程应用比选原则

在保证所选材料满足设计要求的前提下，加入了对建材产品"绿色度"的关注，通过比较方法，使用户得到既满足功能要求，同时经济上合理的"绿色度"高的建材产品。

2. 绿色建材建筑工程应用比选软件

按照"十一五"国家科技支撑计划重点项目"环境友好型建筑材料与产品研究开发"（2006BAJ02B00）的要求，开展了子课题"绿色建材产品应用技术体系的研究"，建立了一套利用计算机软件辅助系统进行绿色建材选用的方法。软件名为"绿色建材选用系统"，主要由两个功能模块组成：绿色建材信息管理、规范标准信息管理。系统功能定位包括如下内容（界面见图 21.1）。

① 帮助建筑设计人员、开发商、建筑商等进行绿色建材选材工作；

② 适用于新建建筑项目和既有建筑改造项目；

③ 选材关注建材产品全生命周期的资源、能源消耗和环境影响；

④ 为建材制造商及建材工程师提供信息发布、技术交流的平台；

⑤ 提供两大功能平台：建材产品信息查询系统、绿色建材产品辅助选用系统。

图 21.1　绿色建材系统主界面

（1）绿色建材信息数据库　绿色建材信息数据库中参数的设计主要考虑关键性能、绿色度、价格三方面的因素，分为基本信息、关键性能指标、绿色度评价、价格四类数据。见图 21.2。

图 21.2　绿色建材模块简单查询界面

（2）规范标准信息管理数据库　规范标准信息管理数据库的设计主要考虑绿色建筑以主要绿色建材应用等的国家标准、行业标准和企业标准。录入格式有文本和图片两种，便于查询和应用。见图 21.3。

图 21.3　规范标准模块简单查询界面

（3）系统主要功能　绿色建材系统可以通过浏览器软件（Web Browser）访问，系统主要功能如下：

① 修改数据　系统管理员通过用户界面新增或修改绿色建材信息。

② 简单查询　系统管理员和用户使用的基本查询功能。用户通过输入"关键词"（搜索条件）来检索绿色建材产品，针对所有大类产品的特定字段进行。

③ 分类浏览数据库　默认以一级类别为搜索条件，展示属于该类别的所有建材信息。

④ 高级查询　通过更多、更详细的搜索条件来检索绿色建材产品，针对不同产品大类具有不同的检索条件，更加方便、快捷地得到检索结果。

⑤ 查询结果的显示与操作　查询结果可以通过页面上的相关按钮实现选择、排序、比较、保存、打印等功能。相关界面见图 21.4～图 21.6。

图 21.4　绿色建材模块分类浏览数据界面

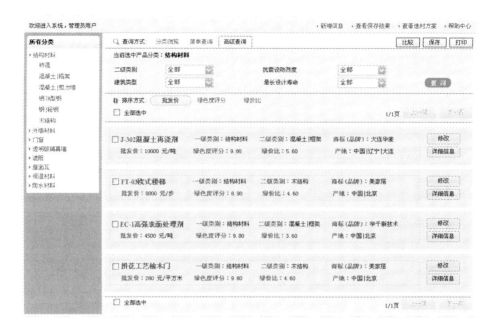

图 21.5　绿色建材模块高级查询界面

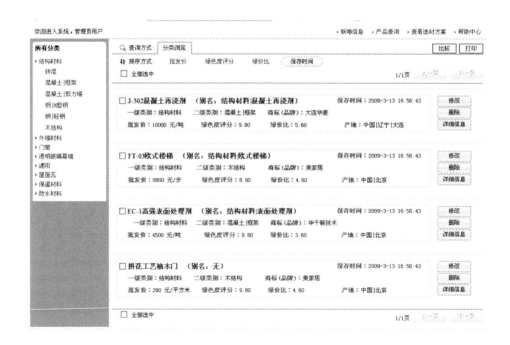

图 21.6　绿色建材模块查询结果保存界面

3. 绿色建材建筑工程应用的比选方法

（1）单一建材产品的比选（图 21.7）通过查选结果的排序、比较功能，可以辅助用户对单一建材产品的选择。

（2）多种建材产品的比选（图 21.8）在建筑工程应用中，常会遇到多种建材产品的选

图 21.7 绿色建材模块单一建材产品信息界面

择，应用多种建材产品组合的"选材方案"的比选查询结果生成备选材料列表。在备选材料列表中选择相应的建材产品组成选择方案，系统会计算出选材方案的绿色度评分，通过对各方案绿色度评分的比较，可以辅助用户进行选择。

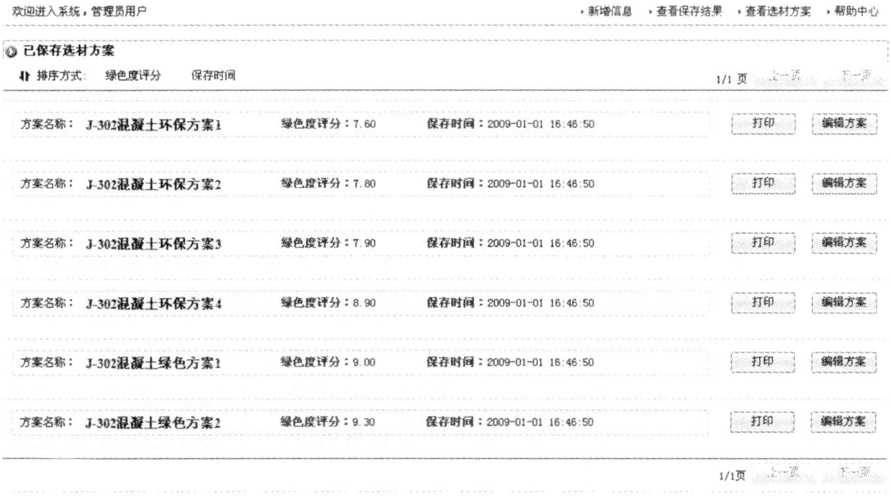

图 21.8 绿色建材模块选材方案列表查询界面

三、绿色建材工程应用评估与评价实例

1. 应用工程概况及特点

中国水电十局医院是都江堰市仅有的两个二级甲等医院之一，承担着都江堰市 1/3 的诊疗任务。在"5·12"地震中严重损毁，基本失去使用功能。

援建工程占地面积 32 亩（1 亩＝666.7m²），由门诊楼、病房楼、手术部、中心供应楼、食堂等单体建筑组成，总建筑面积约 10000m²，内设 35 个科室，可容纳 240 个床位。除门诊楼为 2 层外，其余建筑均为单层，形式采用轻钢结构和钢框架结构，抗震设防烈度为 7 度。工程已于 2008 年 11 月投入使用，基本恢复了震前的诊疗水平，是四川灾区首个建成投入使用的永久性医疗机构。相关图片见图 21.9～图 21.12。

图 21.9　鸟瞰效果图

图 21.10　入口效果图

该工程作为抗震救灾的特殊项目，在设计周期短，技术条件受限的情况下，最大限度地按照绿色公共建筑的要求进行设计。最大特点是以绿色建材构建绿色建筑，以绿色建材选用为核心，充分体现绿色建材对绿色建筑的支持作用。医院建筑对健康无害的室内环境要求甚高，一方面使用绿色建材可以很好地满足其特殊功能要求，室内装修成后即可直接投入使

图 21.11 门诊楼入口实景照片

图 21.12 门诊楼室内实景照片

用；另一方面，医院面临着震后大量伤病员急需入院治疗的巨大压力，选用工厂化程度高、施工安装迅速的绿色建材产品，可在 100d 的时间内完成从设计到施工的建设全过程。此外，工程还遵循了绿色建筑的节能降耗的设计原则，如在平面布局时保证绝大多数房间的自然通风和采光，满足医院的卫生要求和较低的建筑能耗。

2. 绿色建材产品的选用

（1）结构设计与材料选用 工程建设场地位于填方区，在业主仅提供初勘报告的情况下，为了抢工期并节约资金，采用了柱下独立基础换土垫层方案，取得了良好的效果。

考虑到主体设计工期和抗震的要求，确定选用轻钢结构体系，既可以实现钢构件的工厂化加工，加快现场施工安装速度，缩短工期，同时可以充分发挥钢结构的良好延展性能，增强结构的抗震能力。结构设计选用的绿色建材见表 21.1。

表 21.1　结构设计选用的绿色建材

建材产品	应用部位	绿色度体现	选用理由
钢材	主体结构	钢结构具有强度高、自重轻、抗震性能突出、施工迅速等特点,省料、省工、省时,而且钢材本身是 100% 可以回收再用的材料	①安全性要求:大震过后,"抗震"成为灾区重建的首要原则,是建筑功能与心理需求的契合点 ②工期要求:震后,大批伤病员等待救治,急需相对完善的医疗设施,因此这个项目的工期的长短,在一定程度上是与生命安危联系在一起的

（2）建筑设计与材料选用　这里重点介绍围护结构设计与室内装修的材料选用。

①围护结构设计与材料选用　工程的围护结构主要包括外墙、屋面、外窗等。在设计中综合考虑了热工性能、隔声性能和通风采光等方面的要求,达到或超过了相关国家规范的要求。围护结构选用的绿色建材选用见表 21.2。

表 21.2　围护结构选用的绿色建材

建材产品	应用部位	绿色度体现	选用理由
复合外墙系统(由北新金邦板、薄板钢骨、保温岩棉等组成)	外墙	优异的隔热、保温性能:可以有效地反射 80% 以上的紫外线照射,降低室内温度;根据建筑节能的要求,与不同规格的保温材料结合构成的复合外墙体系,可以实现其很好的节能保温效果	充分满足了该项目对外墙的具体要求
新型屋面系统(采用具有节能、通气特性的北新金邦瓦屋面保温系统)	屋面	金邦瓦是目前国际流行的一种新型屋面材料,具有单张瓦体面积大(单张瓦体面积 0.24m²)、轻质高强、双向契合的自身防水结构和经久耐用的特点,因此由北新金邦瓦、保温隔热材料等构成的屋面保温隔热通气结构装饰系统,能够有效地防止外界热量的传播和保持室内居住的舒适度,同时具有优良的轻质、快装、抗震等整体围护性能	充分满足了该项目对屋面的具体要求
节能门窗系统	门窗	保温性能优越:型材断面采用五腔室、三密封设计,更多腔体隔热,加倍密封保温,极大地提高了成窗的节能保温性能; 隔声性能优异:型材采用五腔体设计及玻璃双层中空设计,能够有效地阻止声音的传播,隔声量达 35dB; 抗风压性能好:型材断面大,焊角强度高,配以适当的增强钢衬,抗风压性能可达 5 级以上,完全能够满足高层建筑使用要求; 水密和气密性能突出:独特三道密封型材设计结构、特殊专用密封胶条及密封护角,合理分离水气腔,实现气水等压平衡,显著地提高了门窗的气密性和水密性; 可完整回收再用	充分满足了该项目对门窗的具体要求

②室内装修与材料选用　室内装修设计按照安全、快捷、简约、适用的原则。把安全性——即使用无毒无害的装修材料作为首要原则。尤其作为医院,对此有更加严格的要

求,而且从时间上也提出了更高的要求。因为装修完成后必须立即投入使用,不像普通的室内装修工程,在完工后有一个让有害物质挥发扩散的时间段,因此,要求所使用的装修材料要100%的安全。工程室内装修中使用的石膏板、涂料、陶瓷薄板、塑胶地板等均满足安全的要求。选用施工快捷的装修材料与作法,充分发挥工厂化制造的优势,大大缩短了工期。避免过度装饰,按照功能适用的要求,追求简约的装修设计,不仅节省材料、节约投资,而且大大降低了室内空气受到污染的概率。室内装修选用的绿色建材选用见表21.3。

表 21.3　室内装修选用的绿色建材

建材产品	应用部位	绿色度体现	选用理由
轻质内隔墙系统(由龙牌石膏板、轻钢龙骨、保温岩棉及辅助材料组成)	室内隔墙	①节材:该轻质隔墙系统自重轻,重量是同等厚度砖墙的1/15,而且墙体薄可增加套内使用面积10%(与传统结构对比)。石膏板利用热电厂脱硫石膏制造,充分利用了工业副产品 ②防火:所用材料均为A级不燃材料,所以整体结构具有很好的防火性能,结构耐火极限可达0.5~4h ③调节室内空气:由于石膏板遇潮湿天气可吸收空气中的水分,天气干燥时又能释放内存的水分子,所以该隔墙系统具有独特的呼吸功能,长期使用无任何毒、副作用 ④抗震:该体系是板状结构组合,全部用自攻螺钉固定,与主体四周均是柔性连接,遇强地震顶多产生扭曲、变形,不会造成坍塌,更可避免火灾等次生灾害发生,可最大限度地保障人身安全,所以具有很好的抗震性能 ⑤90%以上材料可回收	充分满足了设计需要
环保型内墙涂料	室内墙面、顶棚	作为中国环境标志认证产品,龙牌漆产品在生产过程中使用纯净水配制,具有优异的环保和耐久性能,其原材料均通过北新建材的国家级实验室严格检测把关,并对粉料进行放射性安全测试。生产设备为世界领先技术,生产过程达到污染物零排放,确保了设备本身不会对涂料带来污染。龙牌漆不含铅汞等重金属,经检测其VOC含量接近于零,远低于涂料国家行业标准,加之能够弥盖细微裂纹,是抗震房屋中的首选内装饰材料	全程无害化产品,充分满足了设计需要
塑胶(PVC)地板	病房、诊室地面	PVC地板是半硬质聚氯乙烯地板,以PVC树脂为基础,由PVC树脂、碳酸钙、颜料、染料、表面处理剂组成。是绿色产品。经国家有关部门检测,无毒、无公害,甲醛含量为"零",许多指标都达到甚至高于国际相关标准,是中国建筑材料流通协会推广使用的绿色建材,被室内环境专业委员会评为"十大安全达标地板"。具有耐热、耐潮不变形、防滑、抗衰老、抗菌、静音、耐磨、防火阻燃等优点	充分满足了设计需要

建材产品	应用部位	绿色度体现	选用理由
陶瓷薄板（PP 板）	门诊楼门厅地面、卫生间地面、墙面	"PP 板"全称为建筑陶瓷薄板，其厚度仅有 5.5mm，甚至能够漂在水上。这样的薄板，完全具备传统建陶的所有功能，但其用料仅是传统陶瓷的 1/3，从而大大节省了原料用量（节约 65%），降低了生产能耗（节约 41%），减少包装运输成本	新型节能节材产品，充分满足了设计需要

3. 环境效益评估

（1）生产节能　目前，建筑节能广受关注，但建材生产环节的能耗在建筑工程中却很少被关注。绿色建材的一个突出特征就是自身生产的节能性，这里对用量最大的墙体材料进行评估。本工程中采用的是复合墙体，与传统砖墙进行比较，分析选用绿色建材产品带来的生产节能效益。外墙对比结果和内隔墙对比结果分别见表 21.4~表 21.7。

表 21.4　复合外墙的单位能耗分析（面积：1m²）

墙体主材	规格/mm	密度/(kg/m³)	重量/kg	能耗指标	能耗/kg 标准煤
金邦板	15 厚	1400	21	185[①] kg 标准煤/t	0.039
纸面石膏板	24 厚 （两层 12 厚）	1100	26.4	2.7[②] kg 标准煤/m²	5.4
轻钢龙骨	100 宽 C 型 （钢板 2 厚，3m 长）	7850	9.42	991[③] kg 标准煤/t	9.3
合计	—	—	56.82	—	14.739

①，③来源：中国建筑材料科学研究院．绿色建材与建材绿色化．北京：化学工业出版社，2003。

②来源：《纸面石膏板能耗等级定额》（JC 523—93），国家二级标准。

表 21.5　砖外墙（240mm 厚）的单位能耗分析（面积：1m²）

墙体主材	规格/mm	密度/(kg/m³)	重量/kg	能耗指标	能耗/kg 标准煤
红砖	240×115×53	1700	408	85.4[①] kg 标准煤/t	34.8

①来源：中国建筑材料科学研究院．绿色建材与建材绿色化．北京：化学工业出版社，2003。

通过以上两表的对比，可以看出本工程采用的复合外墙的生产能耗远远小于传统砖墙的生产能耗，只有后者的 40% 左右，生产节能达到 60%。

表 21.6　复合内隔墙的单位能耗分析（面积：1m²）

墙体主材	规格/mm	密度/(kg/m³)	重量/kg	能耗指标	能耗/kg 标准煤
纸面石膏板	24 厚 （两层 12 厚）	1100	26.4	2.7 kg 标准煤/m²	5.4
轻钢龙骨	75 宽 C 型 （钢板 2 厚）	7850	4.7	991 kg 标准煤/t	4.66
合计	—	—	31.1	—	10.06

表 21.7　砖内墙（120mm 厚）的单位能耗分析（面积：1m²）

墙体主材	规格/mm	密度/(kg/m³)	重量/kg	能耗指标	能耗/kg 标准煤
红砖	240×115×53	1700	204	85.4 kg 标准煤/t	17.4

通过复合内隔墙的单位能耗分析与表砖内墙（120mm 厚）的单位能耗分析比较，可见本工程采用的复合内隔墙的能耗也要小于普通砖隔墙，前者能耗大约相当于后者的 58%，生产节能 42%。

另外，通过对主要建筑物内外墙墙体数量的统计（表 21.8），内外墙工程量比接近 7：3，利用加权平均的办法可以得出复合墙体的生产能耗还不到传统砖墙的一半，整个工程生产节能超过 50%。

表 21.8　主要建筑内外墙比例及生产节能比例　　　　　　　　单位：%

建筑名称	外墙比例	内墙比例	生产节能比例
门诊楼	32	68	47.81
病房	33	67	48.00
妇产病房	35	65	48.33
手术部	36	64	48.52

（2）节约矿产资源　绝大多数建材产品都是以自然矿产资源为原料，如钢材需要铁矿石、水泥需要石灰石矿、玻璃需要石英矿等，因此，减量化即"少用"是节约矿产资源最直接最简单的方法，而其直观表现就是"轻量化"，即降低建材产品的自重。通过前面对墙体的一个分析，不难看出，实现同样的功能，新型复合墙体的重量只有传统砖墙的 15% 左右，即节约 85% 的矿产资源。

（3）废弃资源利用　本工程中主要应用利废建材产品金邦板、石膏板和金邦瓦。其中，金邦板和金邦瓦均利用 30% 的粉煤灰，废弃资源利用率为 30%。石膏板是利用热电厂烟气脱硫石膏为原料，废弃资源利用率达 100%。

以复合外墙为例，单位面积复合墙体按照各部分材料的重量进行比例折算，再根据各部分重量比对废弃资源利用率进行加权平均计算，得到复合外墙的综合废弃资源利用率为 57.6%。这里轻钢龙骨的制造过程中是否利用了废旧钢材无法进行统计，因此结果偏于保守。

利用同样的办法也可得到复合内墙的综合废弃物利用率为 84.9%。

同样，按照内外墙工程量 7：3 计，整个工程墙体工程部分的废弃资源利用率约为 76.7%。从工程量的角度来看，墙体工程所用材料超过全部房屋工程材料的 80%。因此，即使不考虑其他材料的利废因素，仅就墙体工程的废弃资源利用率至少可以达到 61.4%。

（4）其他环境效益　因为本工程采用了新型的复合墙体，在达到同样的保温、隔热、隔声要求的情况下，墙体厚度明显比传统砖墙薄，在总建筑面积相同的情况下，该工程的房屋空间内部使用面积比传统房屋增加 10% 左右，提高 10% 的土地利用率，即节约 10% 的土地空间。

本工程因采用了新型复合墙体，可代替传统红砖 5000 万块，取得社会效益和环境效益指标如下：①节约黏土用地 18000m²（按挖深 6m 计）、节约建筑垃圾占地 11000m²（按堆高 10m 计）；②设备节电 $15×10^4$ kW·h；③减少 SO_2 排放共 9.6t，减少 CO_2 排放 3t。

4. 经济性分析

根据该工程的实施与分析，使用新型建筑体系建造医院项目，在完成室内基本上装修的情况下，造价基本上与框架结构的造价持平或略低。以门诊楼为例，采用钢筋混凝土框架结构时，工程造价大约为1900～2800元/m²，而采用新型集成体系的工程造价大约为1800～2700元/m²。

这里仅仅是从材料成本方面分析，而从工期角度上分析，新型集成体系工期比砖混或框架结构的房屋可节约1/2～2/3建造时间，相应的人工和设备使用费用也可节约1/2～2/3。另外，与传统建筑体系相比，整个项目的运作时间节省1/3，项目管理费用、财务成本亦可节省30%。

第三节　绿色建材在部分装配式建筑中的应用

一、在预制装配式混凝土结构建筑中的应用

预制装配式混凝土结构PC（Precast Concrete）是集工厂化生产、现场拼装于一体的建造体系。工厂预制生产建筑的梁、板、柱等构件，现场完成预制构件的拼装和建筑体系的完整组合。

1. 工厂化构件图示（图片来自芬兰Elematic公司）

① 复合墙板面层及楼板，见图21.13。

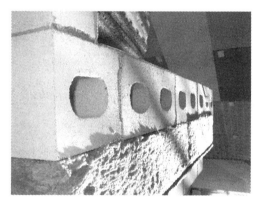
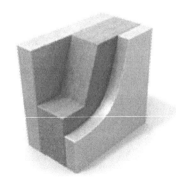
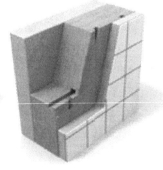

图 21.13　复合墙板面层及楼板

② 构造样件，见图21.14。

③ 节点处置，见图21.15。

图 21.14 构造样件

图 21.15 节点处置

2. 施工现场构件组装

① 芬兰装配式建筑与构件，见图 21.16。

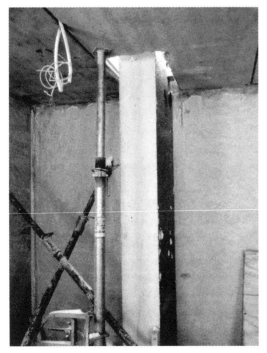

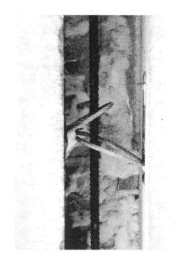

图 21. 16

647

图 21.16　芬兰装配式建筑与构件

② 西班牙装配式集成公寓及快捷酒店，见图 21.17。

图 21. 17

图 21.17　西班牙装配式集成公寓及快捷酒店

③ 万科在北京的装配式建筑，见图 21.18。

图 21.18　万科在北京的装配式建筑

二、在轻钢板式复合结构建筑中的应用

1. 集成房屋

集成房屋（又称可移动或可多次拆装房屋）诞生于 20 世纪 50 年代末，主要概念是通过在工厂预制墙体、屋面等，按照设计要求加工以钢结构为代表的承重结构，能够迅速组装成成套房屋的一种建房模式。是一种专业化设计，标准化、模块化、通用化生产，易于拆迁、仓储，可多次重复使用、周转的临时或具有永久性质的房屋。

利用新型建材系统建造的集成房屋的特点是房屋重量轻，湿地作业少、工期短，房屋热工性能好，所用的大部分建材可回收利用或降解。集成房屋正在逐渐得到人们的认可，快速推广集成房屋已成为新型材料和绿色建筑的发展趋势。

2. 轻钢结构住宅集成技术

（1）技术优势　主要表现在以下方面：结构自重轻，轻钢结构体系自重小于混凝土结构的一半，可以大大减少基础的造价。抗震性能好，钢结构体系用于住宅建筑可以充分发挥优良抗震性能等优点，从而大大地提高住宅的安全性。分隔灵活，轻钢结构住宅能比传统建筑更好地满足建筑上大开间、灵活分隔的要求，并可通过减少柱的截面面积和使用轻质墙板提高使用面积率。利于节能，与轻钢结构配套技术的轻质墙板、复合楼板等的可采用新型材料，符合建筑节能的要求。工业化程度高，可以实现住宅建筑技术集成化。轻钢结构构件及其配套部件绝大部分可以实现工厂化制作、大大减少环境污染。轻钢结构体系施工周期短（约为混凝土结构的 1/3～1/2），可以提高资金的投资效益。轻钢结构住宅中大部分建材可回收再生，符合环保和可持续发展要求。轻钢结构体系住宅的综合效益明显高于传统住宅体系。

（2）其他要求　主要包括：防火，轻钢结构建筑需要整体解决钢结构建筑防火的配套材料及其防火构造措施。围护体系的节能，围护体系应避免钢结构中冷热桥的出现是集成化轻钢结构建筑围护体系必须要解决的问题。隔声，目前轻钢结构建筑薄型的隔声楼板、轻型耐久的隔声内墙是需要重点关注和解决的问题。新型墙体材料的研发，构造简单，安装方便的新型复合墙体是钢结构建筑的最佳选择，围护墙体不仅应满足重量轻、保温、防火、隔声等要求，同时还应兼顾装修的方便性。

3. 轻钢结构建筑应用领域广泛（图片来自北新建材房屋基地和澳洲房屋工厂等）

　　① 轻钢结构建筑工厂，见图 21.19。

图 21.19　轻钢结构建筑工厂

　　② 局部结构样件，见图 21.20。

图 21.20　局部结构样件

　　③ 现场结构体系组装，见图 21.21。
　　④ 轻钢结构建筑案例，见图 21.22。
　　⑤ 四川、山东新农村轻钢结构建筑，见图 21.23。

图 21.21 现场结构体系组装

图 21.22

图 21.22　轻钢结构建筑案例

图 21.23　四川、山东新农村轻钢结构建筑案例

三、在木结构建筑中的应用

这里分别以我国、北美及欧洲的木结构建筑为例介绍。

我国的木结构建筑有着悠久的历史和传承。我国古代的木结构大体上可分为抬梁式、穿斗式、井干式三种类型。其中抬梁式结构应用较广，穿斗式次之，井干式结构多应用于产木材地区。木结构最普遍的运用还是在房屋建造中，从独户的木屋到 3～5 层的现代化公寓式房屋，其中，住宅建筑是木结构应用最为普遍的一个领域。近年来，美国、加拿大、日本及欧洲等成为木结构建筑发展较为发达的国家和地区，平均每年新建的住宅中有超过半数的房屋采用了木结构，并且有继续扩大的趋势。同时，木结构用于大型公共建筑也日益流行，尤其是大型木结构顶棚在大跨度公共建筑中越来越多的应用，成为一种新的发展趋势。我国，过去几十年间，由于林业资源的匮乏和木材的短缺，政府对木材在建筑上的应用制定了限制措施，提倡以钢代木、以塑代木，近年来，我国木结构建筑在有条件的地区也逐步开始实施应用。

现代的木结构建筑部（构）件可模块化、标准化、工厂化生产，生产成本和产品质量、规格均可严格控制，并可运输到符合成本利益的目标市场。木结构建筑符合审美和舒适性、耐久性以及水电安全、节能方面的要求，对环境影响较小，综合性能优越。

① 我国福建土楼木结构实例，见图 21.24。

图 21.24　我国福建土楼木结构实例

② 北美黄石公园木结构建筑实例，见图 21.25。

③ 法国传统和现代木结构建筑实例，见图 21.26。

④ 美国西部一处正在建造中的木结构房屋，见图 21.27。

图 21.25　北美黄石公园木结构建筑实例

图 21.26　法国传统和现代木结构建筑实例

图 21.27　美国西部一处正在建造中的木结构房屋

参考文献

[1] 薛孔宽，王昆，周文华. 新型绿色建材房屋体系生态效益. 建设科技,2010(9);58-60.

[2] 薛孔宽，王岜，周文华. 绿色建筑设计中生态环境建材比选的技术方法. 中国建材科技,2009(3); 15-18.

[3] 薛孔宽. 生态人居：建造理想的家园. 科技湖,2008(03);28-31.

[4] 薛孔宽. 生态文明社会的城乡建设. 建设科技,2007(24);80-81.

[5] 薛孔宽. 发展生态建材建设绿色建筑. 中国住宅设施,2007(5);33-34.

[6] 薛孔宽. 生态人居的建设内涵与技术特点. 城市建筑,2007(4);19-20.

[7] 董文英，文正军. 我国绿色建材发展与研究综述. 家具与室内装饰,2005(8);59-61.

[8] 同继锋，赵平，马眷荣，顾真安. 我国绿色建材的研究与评价. 中国建材科技,2003.12(3);1-8.

[9] 周玉琴. 浅谈我国绿色建材的发展. 资源节约与环保,2006(5); 51-56.

[10] 刘锦子. 浅谈绿色建筑材料的发展. 建材技术与应用,2006(05);74-76.

[11] 赵平，同继锋. 绿色建筑对建筑材料的要求. 中国建材科技,2003(6);1-10.

[12] 杨勇，沈彩萍，张治宇. 绿色建材在生态建筑中的应用. 上海建设科技,2005(4);48-53.

[13] 中国建筑材料科学研究院. 绿色建材与建材绿色化. 北京：化学工业出版社,2003.

[14] 赵平，同继锋. 绿色建材在绿色建筑示范工程中的应用. 中国建材科技,2005(3);1-7.